普通高等教育“十一五”国家级规划教材
科学出版社“十四五”普通高等教育本科规划教材

信息光学

（第三版）

主　编　曹益平　苏显渝

副主编　张启灿　陈文静　刘元坤

科学出版社

北　京

内 容 简 介

信息光学是由光学和信息科学相结合而发展起来的一门新的光学学科，是信息科学的一个重要组成部分，也是现代光学的核心. 在保持第一、二版特色的基础上，编者根据近年来信息光学领域的进展，结合长期的教学实践，对全书内容进行了修订和补充.

全书共 15 章. 第 1～4 章介绍信息光学的基础理论；第 5～12 章介绍光学全息、计算全息、莫尔现象及其应用、空间滤波、波前调制、相干和非相干光学处理等，这些是信息光学的重点应用领域；第 13～15 章介绍了最近发展起来的数字光计算、光通信中的信息光学和光学三维传感. 本书既阐述了信息光学的基本理论，也介绍了这一学科的最新进展，理论体系严谨，物理概念清晰，内容深入浅出，部分章节配有启发性的例题，每一章后附有适量的习题，以培养学生创造性思维和解决实际问题的能力. 书中部分内容包含了编者的研究成果和教学心得.

本书可作为高等院校光学、光学工程、光电信息科学与工程、电子信息工程(光电信息方向)和电子科学技术等有关专业本科生和硕士研究生教材，也可供相应专业的教师和科技工作者参考.

图书在版编目(CIP)数据

信息光学 / 曹益平, 苏显渝主编. -- 3 版. -- 北京 : 科学出版社, 2024.8. -- (普通高等教育“十一五”国家级规划教材) (科学出版社“十四五”普通高等教育本科规划教材). -- ISBN 978-7-03-079335-5

Ⅰ. O438

中国国家版本馆 CIP 数据核字第 20245ND268 号

责任编辑：罗　吉　崔慧娴 / 责任校对：杨聪敏
责任印制：师艳茹 / 封面设计：无极书装

科学出版社 出版
北京东黄城根北街 16 号
邮政编码：100717
http://www.sciencep.com

三河市骏杰印刷有限公司印刷

科学出版社发行　各地新华书店经销

*

1999 年 9 月第一版　开本：787×1092　1/16
2011 年 6 月第二版　印张：26
2024 年 8 月第三版　字数：716 000
2024 年 8 月第二十二次印刷

定价：79.00 元

(如有印装质量问题，我社负责调换)

前　　言

本书自 1999 年 9 月出版后，已历时 20 余年，累计印刷二十余次，累计印数 6 万余册，被国内数十所高等学校相关学科专业选作教材或参考书，受到众多好评. 2011 年《信息光学(第二版)》被列入普通高等教育“十一五”国家级规划教材，为了更好地发挥国家级规划教材的作用，反映近年来的学科发展和技术进步，根据最新教学实践的体会，我们再次对全书内容进行了修订和补充.

本次修订修改了一些错误以及不够准确和严谨的地方，删掉了一些已经由新的技术替代而过时的内容，并在第二版的基础上再次补充和更新了有关信息光学理论与应用的一些新的发展. 在第 1～8 章中统一增加了“历史引言”，对相关理论和技术的发展历程作了较为系统的介绍，以提高学生对所学知识的重视度，激发学生学好知识、报效祖国的热情. 在第 2 章中增加了菲涅耳衍射和夫琅禾费衍射的系统分析，并通过应用案例的介绍，使学生更好地掌握菲涅耳衍射和夫琅禾费衍射线性系统分析方法. 第 3 章增加了一个离焦成像系统的光学传递函数量化案例，使学生进一步理解有像差系统的传递函数概念. 第 7 章增加了采样莫尔法和计算莫尔轮廓术. 第 9 章增加了声光空间光调制器. 新增加了第 14 章光通信中的信息光学. 原第 14 章调整为第 15 章，并增加了全息三维成像与结构光三维成像、基于时频分析技术的光学三维测量方法、相移与垂直扫描同步的调制度测量轮廓术、多工作模式调制度测量轮廓术和散斑面结构光三维面形测量等内容. 书中部分内容包含了编者的研究成果和教学心得.

参与本书第一、二版编写的李继陶教授年事已高，故表示不再参与第三版的编写工作. 在此，特向李继陶教授长期以来在信息光学的教材编写和教学中所付出的心血表示最衷心的感谢，并致以崇高的敬意. 本书第 1、2、3、5 章由曹益平编写，第 7、9、15 章由苏显渝编写，第 10、11、13 章由张启灿编写，第 8、12 章由陈文静编写，第 4、6、14 章由刘元坤编写.

本书第三版坚持前两版的指导思想，既阐述了信息光学的基本理论，又介绍了这一学科的最新进展，并融入了一些课程思政的内容，理论体系严谨，物理概念清晰，内容深入浅出，部分章节配有启发性的例题，每一章后附有适量的习题，以培养学生创造性思维和解决实际问题的能力. 本书内容比较丰富，教学中为适应不同层次学生的要求，教师可以选择讲授不同内容.

由于受编者水平所限，书中不妥之处在所难免，希望读者给予指正.

编　者

2024 年 1 月

第二版前言

本书自 1999 年 9 月出版后，已历时 10 余年，其间 11 次重印，被国内数十所高等学校相关学科专业选作教材或参考书，受到众多好评. 这次被列入普通高等教育“十一五”国家级规划教材. 为了更好地发挥国家级规划教材的作用，反映近年来学科发展和技术进步，根据出版后教学实践的体会，我们对全书内容进行了修订和补充.

在第二版中，修改了一些错误以及不够准确和严谨的地方，删掉了一些已经由新的技术替代而过时的内容，补充和更新了有关信息光学理论与应用的一些新的发展. 在第 1 章中增加了空间频率的局域化的概念与相关内容. 在第 2 章中增加了历史引言、从矢量理论到标量理论以及复杂相干光学系统的分析. 第 3 章增加了超越经典衍射极限的分辨率问题. 第 4 章增加了部分相干成像和部分相干光场中透镜的傅里叶变换性质. 第 5 章增加了数字全息和全息数据存储. 第 6 章增加了计算全息在非球面检测中的应用实例. 第 7 章增加了同心圆莫尔和螺旋莫尔的描述. 由于空间光调制器的进展和在光学信息处理中的重要作用，第二版中增加了波前调制一章，并将原书中照相胶片和衍射光学元件的部分并入该章. 第 10 章中删掉了半色调网屏技术，增加了几种不变的图像识别方法. 第 12 章删掉了应用较少的阿达玛变换，增加了应用更多的 Hankel 变换、Radon 变换和 Hough 变换. 第 13 章增加了数字光计算和离散模拟光学处理器. 第 14 章除了增加调制度测量轮廓术和动态三维传感的内容外，还介绍了最新的三维电视摄像机的内容. 书中部分内容包含了作者的研究成果和教学心得.

本书的第一版由苏显渝、李继陶编写. 李继陶长期担任信息光学教学工作，现虽已退休多年，仍关心学科发展；苏显渝从事信息光学教学与科研正值 30 年，担任本书主编，期望为信息光学教材建设再尽微薄之力. 曹益平和张启灿两位中青年骨干教师近年陆续加入教学团队，为教学改革和发展增添了新的活力. 本书第 1、4 章由李继陶编写，第 2、3、5 章由曹益平编写，第 10、12、13 章由张启灿编写，第 6、7、8、9、11、14 章由苏显渝编写.

本书第二版坚持第一版的指导思想，既阐述了信息光学的基本理论，也介绍了这一学科的最新进展，理论体系严谨，物理概念清晰，内容深入浅出，部分章节配有启发性的例题，每一章后附有适量的习题，以培养学生创造性思维和解决实际问题的能力. 全书内容比较丰富，教学中为适应不同层次学生的要求，可以选择讲授不同内容. 本书亦可作为从事光学信息技术研究和工程应用技术人员的参考书.

希望读者对书中的不足给予指正.

编　者

2010 年 6 月

第一版前言

光学是一门较早发展的学科，它在科学与技术的发展史上占有重要地位，近 50 年来，由于光学自身的发展以及和其他科学技术的广泛结合与相互渗透，这门古老学科迸发出新的青春活力. 随着新技术的出现，新的理论也不断发展，形成了许多新的分支学科或边缘学科. 信息光学是近 40 年发展起来的一门新兴学科，它是在全息术、光学传递函数和激光的基础上，从传统的、经典的波动光学中脱颖而出的.

1948 年全息术的提出，1955 年作为像质评价的光学传递函数的建立，以及 1960 年激光的诞生，是现代光学发展中的几件大事. 激光的应用使全息术获得了新的生命，全息术和光学传递函数的进一步发展，加上将数学中的傅里叶变换和通信中的线性系统理论引入光学，使光学和通信这两个不同的领域在信息学范畴内统一起来，从“空域”走向“频域”. 光学工程师不再仅仅限于用光强、振幅或透过率的空间分布来描述光学图像，也能像电气工程师那样用空间频率的分布和变化来描述光学图像，为光学信息处理开辟了广阔的应用前景. 与其他形态的信号处理相比，光学信息处理具有高度并行、大容量的特点. 近年来，这一学科发展很快，理论体系已日趋成熟，信息光学已渗透到科学技术的诸多领域，成为信息科学的重要分支，得到越来越广泛的应用.

本书是为高年级大学生和研究生的教学需要而编写的，也可供教师及科研人员参考，主要介绍信息光学的基础理论. 全书共分 13 章，除传统的线性系统、标量衍射、传递函数、部分相干、全息和信息处理等内容外，还介绍了莫尔条纹、分数傅里叶变换、阿达玛变换、光学小波变换、光计算和三维面形测量等内容. 在本书的基础部分还编写了习题，为便于教师讲授和学生自学，我们对习题给出了简单解答.

承蒙苗军、陆成强二同志为本书绘制插图，我们深表谢意.

虽然本书是在作者多年教学和科研工作的基础上完成的，但由于作者水平有限，缺点和错误实难避免，敬请专家和读者批评指正.

苏显渝　李继陶

1999 年 3 月于四川大学

目　录

第 1 章　线性系统分析

历史引言

1837 年莫尔斯发明有线电报，标志着电通信的历程开始. 随着电子技术的迅猛发展，人们发展并完善了一套基于时间维通信和信息科学的一维线性系统理论. 一般说来，一个电子系统无论其结构有多么复杂，均可以用一个输入和输出的“黑箱”方框图(双端网络)来表示，其系统对输入信号的作用可以是线性的，也可以是非线性的. 对于线性系统，就可以用上述一维线性系统理论来进行信息处理，线性性质所带来的巨大好处是，它能把对一个复杂激励的响应用对若干个“基元”激励的响应表示出来. 因此，如果一个激励可以分解成基元激励的线性组合，而每个基元激励产生已知的具有简单形式的响应，那么由于线性性质，总响应可以由对基元激励响应的相应线性组合求出. 另外，通过一维傅里叶分析和相关系统理论可以实现从时域到频域，再由频域到时域的自如转换，以实现电信息的收集、处理和传递有机地融为一体.

1864 年，麦克斯韦创立了电磁辐射理论，并被赫兹通过实验成功验证，也促使了后来的无线通信技术得以出现. 特别是麦克斯韦方程作用于光波的矢量分析，验证了“光波也是一种电磁波”的正确性，从而把“光”和“电”有机地联系到一起，随后二者联系越来越紧密，这是因为通信系统和成像系统都是用来处理信息的. 前者处理的信息一般是时间性的(如被调制的电压或电流波形)，而后者处理的信息则是空间性的(如光波振幅或强度在空间的分布). 但从抽象观点看，这一差别并非实质性的，这两门学科之间最紧密的联系大概是：都可用傅里叶分析和系统理论来描写各自感兴趣的系统. 这种相似性的根本原因，并不仅仅是两门学科都拥有“信息”这一共同主题，而更在于通信系统和成像系统具有某些相同的基本性质. 因此，许多电子线性系统的理论可以用来指导光学线性系统分析. 但是，从时域一维傅里叶变换到光学空域二维傅里叶变换的发展，并不是一帆风顺的，20 世纪 40 年代初迪菲厄(Duffieux)首次将傅里叶变换引入光学，是有一些约束条件的，是近似的. 自从有了光学线性系统理论，发展了电子线性系统理论，计算机外存储器由不到 2MB 容量的“磁盘”发展到现在容量高达 4GB 的“DVD 光盘”，由“电缆通信”发展到“光纤通信”，由“时域一维信息处理”到“空域二维甚至更高维信息处理”等案例表明，光学线性系统理论是对电子线性系统理论的发展，是解决电子通信理论的“信息存储”、“信息传输”和“信息处理速度”三大瓶颈的关键.

即使两门学科之间没有线性和不变性的相似性，它们之间还有别的类似. 某些非线性光学元件(如照相底片)具有的输入输出关系，正类似于非线性电子学元件(如二极管、晶体管等)的相应特性，两者可用类似的数学方法来分析.

因此从系统分析角度出发，一个光学系统也是可以用一个输入和输出的方框图来表示的. 光学系统对输入信号的作用可以是线性的，也可以是非线性的. 对于非线性系统，除了一些特例外，目前还没有通用的技术来求解. 虽然任何一个光学系统都不是严格线性的，但许多光学系统都可以近似作为线性系统来处理. 由于光学系统几乎都用二维空间变量来描述，所以本书的开篇将简述有关二维线性系统的一些基本知识.

1.1　几个常用的非初等函数

1.1.1　矩形函数

一维矩形函数定义为

$$\operatorname{rect}\left(\frac{x-x_0}{a}\right)=\begin{cases}1, & \left|\dfrac{x-x_0}{a}\right|<\dfrac{1}{2}\\ \dfrac{1}{2}, & \left|\dfrac{x-x_0}{a}\right|=\dfrac{1}{2}\\ 0, & \text{其他}\end{cases} \tag{1.1.1}$$

函数图像如图 1.1.1 所示，是一个以 x_0 为中心、宽度为 $a(a>0)$ 、高度为 1 的矩形. 当 $x_0=0, a=1$ 时，矩形函数形式变成 $\operatorname{rect}(x)$ ，它是以 $x=0$ 为对称轴的. 高度和宽度均为 1 的矩形. 二维矩形函数可表示为一维矩形函数的乘积 $\operatorname{rect}\left(\dfrac{x-x_0}{a}\right)\operatorname{rect}\left(\dfrac{y-y_0}{b}\right)$ ，其中 $a,b>0$.

1.1.2　sinc 函数

sinc 函数定义为

$$\operatorname{sinc}\left(\frac{x-x_0}{a}\right)=\frac{\sin[\pi(x-x_0)/a]}{\pi(x-x_0)/a} \tag{1.1.2}$$

式中 $a>0$ ，函数在 $x=x_0$ 处有最大值 1. 零点位于 $x-x_0=\pm na(n=1,2,\cdots)$. 对于 $x_0=0$, $a=1$ 的情况，式(1.1.2)变成 $\operatorname{sinc}(x)$ ，函数图像如图 1.1.2 所示. 二维 sinc 函数可表示为一维 sinc 函数的乘积 $\operatorname{sinc}\left(\dfrac{x-x_0}{a}\right)\operatorname{sinc}\left(\dfrac{y-y_0}{b}\right)$ ，其中 $a,b>0$.

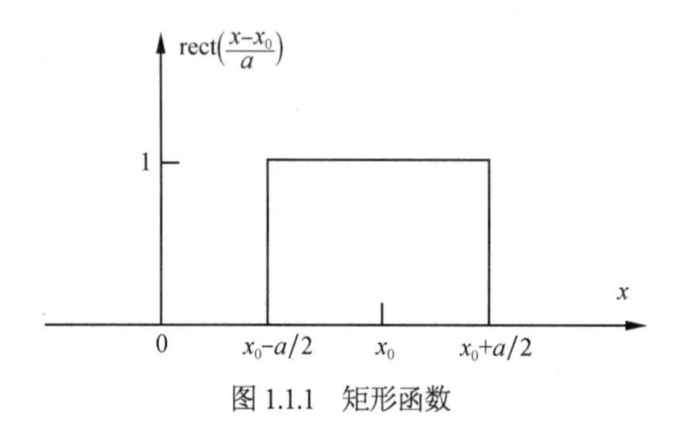

图 1.1.1　矩形函数

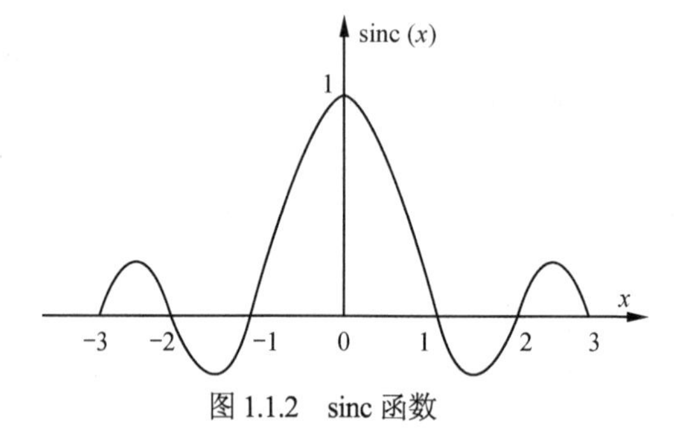

图 1.1.2　sinc 函数

1.1.3　三角形函数

$$\Lambda\left(\frac{x-x_0}{a}\right)=\begin{cases}1-\left|\dfrac{x-x_0}{a}\right|, & \left|\dfrac{x-x_0}{a}\right|\leqslant 1\\ 0, & \text{其他}\end{cases} \tag{1.1.3}$$

其中 $a>0$ ，函数图像是一个以 x_0 为中心、底边长为 $2a$ 、高度为 1 的等腰三角形. 图 1.1.3 给出了 $x_0=0$, $a=1$ 时 $\Lambda(x)$ 的图像. 二维三角形函数可表示为一维三角形函数的乘积 $\Lambda\left(\dfrac{x-x_0}{a}\right)\Lambda\left(\dfrac{y-y_0}{b}\right)$ ，其中 $a,b>0$.

1.1.4　符号函数

符号函数定义为

$$\operatorname{sgn}(x)=\begin{cases}1, & x>0\\ 0, & x=0\\ -1, & x<0\end{cases} \tag{1.1.4}$$

此函数图像如图 1.1.4 所示.

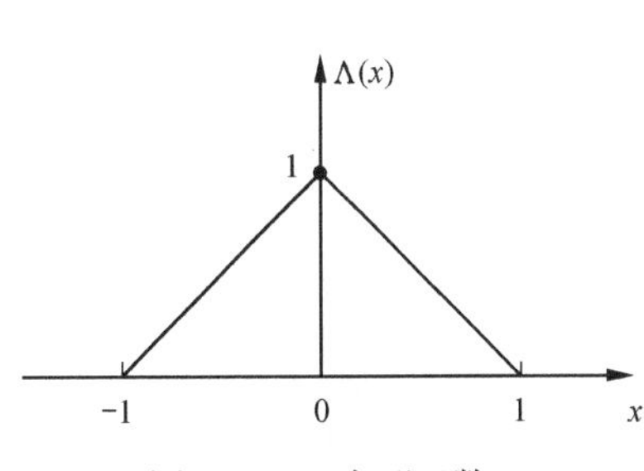

图 1.1.3　三角形函数

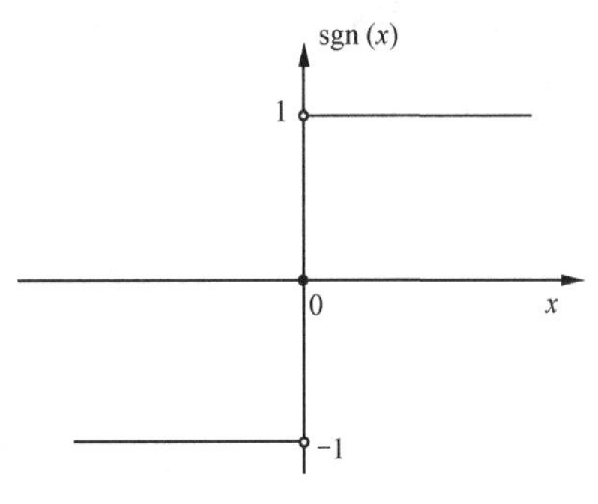

图 1.1.4　符号函数

1.1.5　阶跃函数

阶跃函数定义为

$$\operatorname{step}(x)=\begin{cases}1, & x>0\\ \dfrac{1}{2}, & x=0\\ 0, & x<0\end{cases} \tag{1.1.5}$$

其图像如图 1.1.5 所示.

1.1.6　圆柱函数

在直角坐标系内圆柱函数的定义式为

$$\operatorname{circ}\left(\frac{\sqrt{x^2+y^2}}{a}\right)=\begin{cases}1, & \sqrt{x^2+y^2}\leqslant a\\ 0, & \text{其他}\end{cases} \tag{1.1.6}$$

极坐标内的定义式为

$$\operatorname{circ}\left(\frac{r}{a}\right)=\begin{cases}1, & r\leqslant a\\ 0, & r>a\end{cases} \tag{1.1.7}$$

圆柱函数的图像如图 1.1.6 所示.

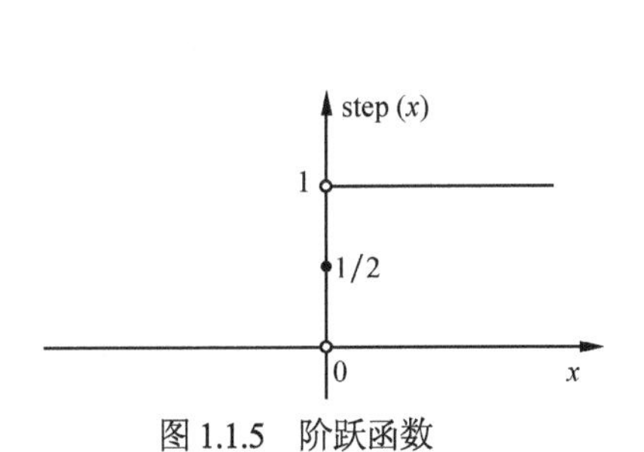

图 1.1.5　阶跃函数

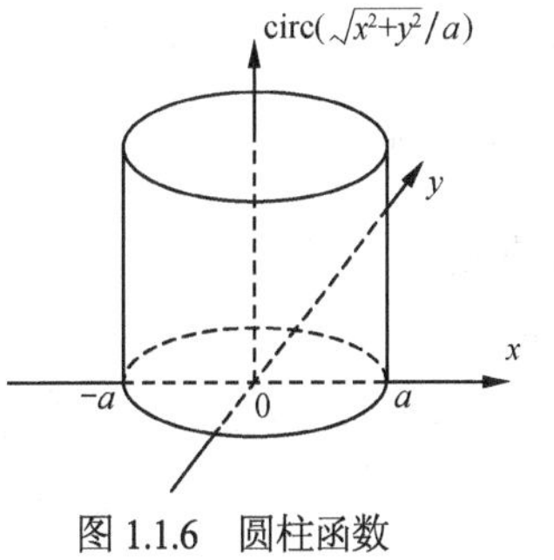

图 1.1.6　圆柱函数

1.2 δ 函 数

在物理学和工程技术中，人们常常要考察质量或能量在空间或时间上高度集中的各种现象. 为此，人们设想了诸如质点、点电荷、点光源以及瞬时脉冲等物理模型. δ函数就是用来描述这类物理模型的数学工具. δ函数不是普通函数，它不像普通函数那样完全由数值对应关系确定. 它是广义函数，其属性完全由它在积分中的作用表现出来. 然而，从应用的角度看，也可以把δ函数与普通函数联系起来，用普通函数描述它的性质，这样既简单直观，又能充分满足要求.

1.2.1 δ函数的定义

1. 类似普通函数形式的定义

$$\begin{cases} \delta(x,y)=\begin{cases}0, & x\neq 0, y\neq 0\\ \infty, & x=y=0\end{cases} \\ \iint_{-\infty}^{\infty}\delta(x,y)\mathrm{d}x\mathrm{d}y=1 \end{cases} \tag{1.2.1}$$

在这个δ函数定义中，与普通函数类似之处就是保留了数值对应关系的痕迹.

2. 普通函数序列极限形式的定义

如果存在这样的函数序列，对该函数序列中的任一函数 $g_n(x,y)$ 来说，皆满足

$$\begin{cases} \iint_{-\infty}^{\infty} g_n(x,y)\mathrm{d}x\mathrm{d}y=1 \\ \lim\limits_{n\to\infty} g_n(x,y)=0, \quad x\neq 0, y\neq 0 \end{cases} \tag{1.2.2}$$

则定义

$$\delta(x,y)=\lim_{n\to\infty} g_n(x,y) \tag{1.2.3}$$

常用的表现形式有

$$\delta(x,y)=\lim_{n\to\infty} n^2\exp[-n^2\pi(x^2+y^2)] \tag{1.2.4}$$

$$\delta(x,y)=\lim_{n\to\infty} n^2\mathrm{rect}(nx)\mathrm{rect}(ny) \tag{1.2.5}$$

$$\delta(x,y)=\lim_{n\to\infty} n^2\sin\mathrm{c}(nx)\sin\mathrm{c}(ny) \tag{1.2.6}$$

$$\delta(x,y)=\lim_{n\to\infty} n^2\Lambda(nx)\Lambda(ny) \tag{1.2.7}$$

3. 广义函数形式的定义

δ函数是一个广义函数. 对一个具有任意性的检验函数 $\phi(x,y)$，只要在原点处连续，如果

$$\iint_{-\infty}^{\infty} f(x,y)\phi(x,y)\mathrm{d}x\mathrm{d}y=\phi(0,0) \tag{1.2.8}$$

则无论 $\phi(x,y)$ 是什么样的函数形式，满足式(1.2.8)条件的 $f(x,y)$ 就可认为与 $\delta(x,y)$ 相等.

1.2.2 δ函数的性质

δ函数的常用性质如下.

1. 筛选性质

设函数 $f(x,y)$ 在 (x_0,y_0) 点连续，则有

$$\iint_{-\infty}^{\infty} f(x,y)\delta(x-x_0,y-y_0)\mathrm{d}x\mathrm{d}y=f(x_0,y_0) \tag{1.2.9}$$

2. 坐标缩放性质

设 a、b 为非零实常数，则有

$$\delta(ax,by)=\frac{1}{|ab|}\delta(x,y) \tag{1.2.10}$$

3. 可分离变量性

$$\delta(x,y)=\delta(x)\delta(y) \tag{1.2.11}$$

4. 与普通函数乘积的性质

设函数 $f(x,y)$ 在 (x_0,y_0) 点连续，则有

$$f(x,y)\delta(x-x_0,y-y_0)=f(x_0,y_0)\delta(x-x_0,y-y_0) \tag{1.2.12}$$

1.2.3　梳状函数

1. 一维梳状函数

一维梳状函数定义为

$$\mathrm{comb}(x)=\sum_{n=-\infty}^{\infty}\delta(x-n) \tag{1.2.13}$$

这是一个间隔为 1 的δ函数的无穷序列，其图像如图 1.2.1 所示. 显然，梳状函数也是广义函数，其性质可由δ函数的性质推出.

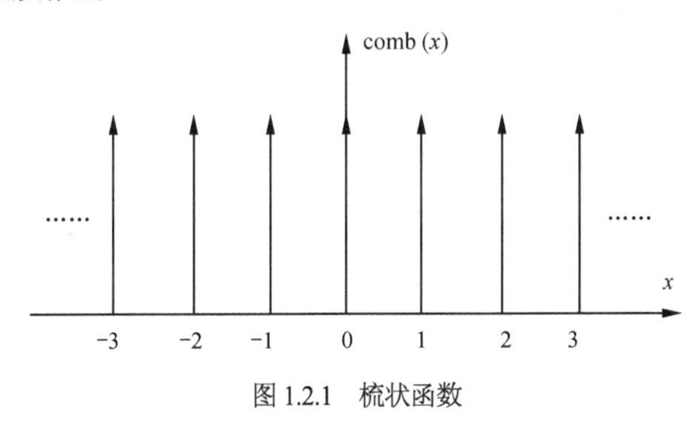

图 1.2.1　梳状函数

2. 二维梳状函数

通常总是在直角坐标系内考察二维梳状函数，并将它记为 $\mathrm{comb}(x,y)$，其定义式为

$$\mathrm{comb}(x,y)=\mathrm{comb}(x)\mathrm{comb}(y) \tag{1.2.14}$$

式中

$$\mathrm{comb}(x)=\sum_{n=-\infty}^{\infty}\delta(x-n) \tag{1.2.15}$$

$$\mathrm{comb}(y)=\sum_{n=-\infty}^{\infty}\delta(y-m) \tag{1.2.16}$$

1.3　二维傅里叶变换

1.3.1　傅里叶级数

一个周期函数 $f(t)$，周期为 $\tau=\dfrac{1}{\nu}$，它满足狄利克雷条件，即函数在一个周期内有有限个极值

点和第一类间断点(所谓第一类间断点是函数的不连续点，在该点附近函数的值有限，其左右极限存在)，则 $\boldsymbol{f}(t)$ 可展开成三角级数

$$\boldsymbol{f}(t)=\frac{a_0}{2}+\sum_{n=1}^{\infty}[a_n\cos(2\pi n\nu t)+b_n\sin(2\pi n\nu t)] \tag{1.3.1}$$

其中傅里叶系数为

$$\begin{cases}a_0=\dfrac{2}{\tau}\displaystyle\int_0^{\tau}\boldsymbol{f}(t)\mathrm{d}t\\ a_n=\dfrac{2}{\tau}\displaystyle\int_0^{\tau}\boldsymbol{f}(t)\cos(2\pi n\nu t)\mathrm{d}t\\ b_n=\dfrac{2}{\tau}\displaystyle\int_0^{\tau}\boldsymbol{f}(t)\sin(2\pi n\nu t)\mathrm{d}t\end{cases} \tag{1.3.2}$$

也可以等效地把周期函数 $\boldsymbol{f}(t)$ 展开成指数傅里叶级数形式

$$\boldsymbol{f}(t)=\sum_{n=-\infty}^{\infty}C_n\exp(\mathrm{j}2\pi n\nu t) \tag{1.3.3}$$

其中

$$\boldsymbol{C}_n=\frac{1}{\tau}\int_0^{\tau}\boldsymbol{f}(t)\exp(-\mathrm{j}2\pi n\nu t)\mathrm{d}t,\quad n=0,\pm1,\pm2,\cdots \tag{1.3.4}$$

$\boldsymbol{C}_n$ 一般是频率 ν 的复函数，通常称为频谱函数. 由于周期函数只包含 $0,\pm\nu,\pm2\nu,\cdots$ 频率分量，频率的取值是离散的，所以周期函数只有离散谱.

1.3.2　傅里叶变换

1. 直角坐标系内的二维傅里叶变换

非周期函数 $\boldsymbol{f}(x,y)$ 在整个无限 xy 平面上满足狄利克雷条件，且 $\iint_{-\infty}^{\infty}|\boldsymbol{f}(x,y)|\mathrm{d}x\mathrm{d}y$ 存在，则二元函数 $\boldsymbol{f}(x,y)$ 的傅里叶变换定义为

$$\boldsymbol{F}(\xi,\eta)=\iint_{-\infty}^{\infty}\boldsymbol{f}(x,y)\exp[-\mathrm{j}2\pi(\xi x+\eta y)]\,\mathrm{d}x\mathrm{d}y \tag{1.3.5}$$

其中，(ξ,η) 是与函数 $\boldsymbol{F}$ 对应的直角坐标系的两个坐标变量，(x,y,ξ,η) 都是实变量. 函数 $\boldsymbol{f}(x,y)$ 可以是实函数，亦可以是复函数，$\boldsymbol{F}(\xi,\eta)$ 或实或复，由函数 $\boldsymbol{f}(x,y)$ 的性态决定. 式中的 $\exp[-\mathrm{j}2\pi(\xi x+\eta y)]$ 称为二维傅里叶变换的核. 用 $\mathscr{F}\{\}$ 表示傅里叶变换算子，即

$$\mathscr{F}\{\boldsymbol{f}(x,y)\}=\iint_{-\infty}^{\infty}\boldsymbol{f}(x,y)\exp\{-\mathrm{j}2\pi(\xi x+\eta y)\}\mathrm{d}x\mathrm{d}y \tag{1.3.6}$$

有正变换，就有逆变换，类似地，定义

$$\boldsymbol{f}(x,y)=\iint_{-\infty}^{\infty}\boldsymbol{F}(\xi,\eta)\exp[\mathrm{j}2\pi(\xi x+\eta y)]\mathrm{d}\xi\mathrm{d}\eta \tag{1.3.7}$$

为二元频谱函数 $\boldsymbol{F}(\xi,\eta)$ 的二维傅里叶逆变换. 利用式(1.3.7)可以把非周期函数分解为连续频率的余弦分量的积分，$\boldsymbol{F}(\xi,\eta)$ 表示各连续频率成分的权重因子. 用 $\mathscr{F}^{-1}\{\}$ 表示傅里叶逆变换算子，即

$$\mathscr{F}^{-1}\{\boldsymbol{F}(\xi,\eta)\}=\iint_{-\infty}^{\infty}\boldsymbol{F}(\xi,\eta)\exp\left[\mathrm{j}2\pi(\xi x+\eta y)\right]\mathrm{d}\xi\mathrm{d}\eta \tag{1.3.8}$$

2. 存在条件

为了保证如上定义的二维傅里叶变换对存在，函数 $\boldsymbol{f}(x,y)$ 要满足狄利克雷条件和绝对可积条件. 从纯数学观点看，对这种条件的探讨自然是有意义的. 这里不讨论这个理论问题，而是从应用

的角度指出以下两点.

(1) 在应用傅里叶变换的各个领域中的大量事实表明，作为时间或空间函数而实际存在的物理量，总具备保证其傅里叶变换存在的基本条件. 可以说，物理上的可能性是保证傅里叶变换存在的充分条件. 因此，从应用的角度看，可以认为傅里叶变换实际上总是存在的.

(2) 在应用问题中，也会遇到一些理想化的函数，例如余弦函数、阶跃函数，乃至最简单的常数等. 它们都是光学中常用的，但不满足保证其傅里叶变换存在的充分条件；同时它们在物理上也是不可能严格实现的. 对这类函数难以讨论其经典意义下的傅里叶变换，然而借助函数序列极限概念或δ函数性质可以得到这类函数的广义傅里叶变换. 这种广义傅里叶变换不仅在理论上自洽，而且在应用上也能给出符合实际的结果.

由此可以认为，今后涉及的函数都存在着相应的傅里叶变换，只是有狭义和广义之分罢了.

1.3.3　广义傅里叶变换

如果只考虑经典意义(或称狭义)上的傅里叶变换，那么对一些很有用的函数都无法确定其傅里叶变换，这给傅里叶变换带来很大的局限性. 傅里叶变换之所以获得如此广泛的应用，在很大程度上与引入广义傅里叶变换有关. 所谓广义傅里叶变换，是指极限意义下的傅里叶变换和δ函数的傅里叶变换.

1. 极限意义下的傅里叶变换

设 $\boldsymbol{f}(x,y)$ 是一个无法确定狭义傅里叶变换的函数. 如果 $\boldsymbol{f}(x,y)$ 和一个函数序列 $\boldsymbol{f}_n(x,y)$ $(n=1,2,\cdots,\infty)$ 具有以下关系：

$$\boldsymbol{f}(x,y)=\lim_{n\to\infty}\boldsymbol{f}_n(x,y) \tag{1.3.9}$$

并且对函数序列中的每一个函数 $\boldsymbol{f}_n(x,y)$ 来说，它的狭义傅里叶变换

$$\boldsymbol{F}_n(\xi,\eta)=\mathscr{F}\{\boldsymbol{f}_n(x,y)\}$$

都存在，而且当 $n\to\infty$ 时，函数序列 $\boldsymbol{F}_n(\xi,\eta)$ 也有确定的极限，则称该极限为函数 $\boldsymbol{f}(x,y)$ 在极限意义下的傅里叶变换. 在应用中，无须对这种傅里叶变换与狭义傅里叶变换作区分. 仍用 $\mathscr{F}\{\cdot\}$ 表示极限意义下的傅里叶变换，即

$$\mathscr{F}\{\boldsymbol{f}(x,y)\}=\lim_{n\to\infty}\mathscr{F}\{\boldsymbol{f}_n(x,y)\} \tag{1.3.10}$$

作为例子，考察符号函数 $\mathrm{sgn}(x)$ 的傅里叶变换. 由于 $\mathrm{sgn}(x)$ 不满足绝对可积条件，无法确定其狭义傅里叶变换. 为此选取适当的函数序列

$$f_n(x)=\begin{cases}\exp(-x/n), & x>0\\ 0, & x=0\\ -\exp(x/n), & x<0\end{cases} \tag{1.3.11}$$

式中 $n=1,2,\cdots,\infty$. 容易看出

$$\mathrm{sgn}(x)=\lim_{n\to\infty}f_n(x)=\begin{cases}1, & x>0\\ 0, & x=0\\ -1, & x<0\end{cases}$$

$$\begin{aligned}\boldsymbol{F}_n(\xi)&=\mathscr{F}\{\boldsymbol{f}_n(x)\}=\int_{-\infty}^{\infty}\boldsymbol{f}_n(x)\exp(-\mathrm{j}2\pi\xi x)\mathrm{d}x\\ &=\int_0^{\infty}\exp(-x/n)\exp(-\mathrm{j}2\pi\xi x)\mathrm{d}x-\int_{-\infty}^{0}\exp(x/n)\exp(-\mathrm{j}2\pi\xi x)\,\mathrm{d}x\\ &=\frac{-\mathrm{j}4\pi\xi}{\dfrac{1}{n^2}+(2\pi\xi)^2}\end{aligned} \tag{1.3.12}$$

根据广义傅里叶变换定义有

$$F(\xi)=\mathscr{F}\{\mathrm{sgn}(x)\}=\lim_{n\to\infty}F_n(\xi)=\begin{cases}-\dfrac{j}{\pi\xi}, & \xi\neq 0\\ 0, & \xi=0\end{cases} \tag{1.3.13}$$

2. δ 函数的傅里叶变换

δ 函数是一个广义函数，狭义傅里叶变换的概念不适用. 然而，根据δ 函数的定义式，可直接求出它的傅里叶变换

$$\mathscr{F}\{\delta(x)\}=\int_{-\infty}^{\infty}\delta(x)\exp(-\mathrm{j}2\pi\xi x)\mathrm{d}x=1 \tag{1.3.14}$$

即 $\delta(x)$ 的傅里叶变换是常数 1. 那么常数 1 的傅里叶逆变换 $\mathscr{F}^{-1}\{1\}$ 是否为 $\delta(x)$？为此我们考察 $\mathscr{F}^{-1}\{1\}$ 在积分中的作用是否与 $\delta(x)$ 相同. 于是可以用δ 函数的第三种定义形式来考察积分

$$\int_{-\infty}^{\infty}\mathscr{F}^{-1}\{1\}f(x)\mathrm{d}x$$

其中 $f(x)$ 是一个具有傅里叶变换的函数. 设 $\mathscr{F}\{f(x)\}=F(\xi)$，可以写出

$$\begin{aligned}\int_{-\infty}^{\infty}\mathscr{F}^{-1}\{1\}f(x)\mathrm{d}x&=\int_{-\infty}^{\infty}\left[\int_{-\infty}^{\infty}1\cdot\exp(\mathrm{j}2\pi\xi x)\mathrm{d}\xi\right]f(x)\mathrm{d}x\\&=\int_{-\infty}^{\infty}\left[\int_{-\infty}^{\infty}f(x)\exp(\mathrm{j}2\pi\xi x)\mathrm{d}x\right]\mathrm{d}\xi\\&=\int_{-\infty}^{\infty}F(-\xi)\mathrm{d}\xi=\int_{-\infty}^{\infty}F(\xi)\mathrm{d}\xi\\&=\int_{-\infty}^{\infty}F(\xi)\exp(\mathrm{j}2\pi\xi\cdot 0)\mathrm{d}\xi=f(0)\end{aligned}$$

亦即

$$\int_{-\infty}^{\infty}\mathscr{F}^{-1}\{1\}f(x)\mathrm{d}x=f(0)$$

这表明 $\mathscr{F}^{-1}\{1\}$ 在积分中的作用与 $\delta(x)$ 相同，故有

$$\mathscr{F}^{-1}\{1\}=\delta(x) \tag{1.3.15}$$

类似地有

$$\mathscr{F}\{1\}=\delta(x) \tag{1.3.16}$$

即

$$\int_{-\infty}^{\infty}\exp(-\mathrm{j}2\pi\xi x)\,\mathrm{d}x=\delta(\xi) \tag{1.3.17}$$

这是一个很重要的结果，解决了关于常数的傅里叶变换问题.

3. 广义傅里叶变换计算举例

例 1.3.1　试求阶跃函数 $\mathrm{step}(x)$ 的傅里叶变换.

解　阶跃函数可借助符号函数表示为

$$\mathrm{step}(x)=\frac{1}{2}[1+\mathrm{sgn}(x)] \tag{1.3.18}$$

于是 $\mathrm{step}(x)$ 的傅里叶变换可写成

$$\mathscr{F}\{\mathrm{step}(x)\}=\frac{1}{2}\mathscr{F}\{1+\mathrm{sgn}(x)\}=\frac{1}{2}\left[\delta(\xi)-\frac{\mathrm{j}}{\pi\xi}\right] \tag{1.3.19}$$

例 1.3.2　试求梳状函数 $\mathrm{comb}\left(\dfrac{x}{a}\right)$ (a 为正实数)的傅里叶变换.

解　按梳状函数定义有

$$\mathrm{comb}\left(\frac{x}{a}\right)=\sum_{n=-\infty}^{\infty}\delta\left(\frac{x}{a}-n\right)=\sum_{n=-\infty}^{\infty}\delta\left[\frac{1}{a}(x-na)\right]=a\sum_{n=-\infty}^{\infty}\delta(x-na) \tag{1.3.20}$$

所以 $\mathrm{comb}\left(\dfrac{x}{a}\right)$ 是周期为 a 的周期函数，可将其展开成傅里叶级数，即

$$\mathrm{comb}\left(\frac{x}{a}\right)=\sum_{n=-\infty}^{\infty}c_n\exp(\mathrm{j}2\pi nx/a)$$

其中

$$c_0=\frac{1}{a}\int_{-a/2}^{a/2}\boldsymbol{f}(x)\mathrm{d}x=\frac{1}{a}\int_{-a/2}^{a/2}a\sum_{n=-\infty}^{\infty}\delta(x-na)\mathrm{d}x=\int_{-a/2}^{a/2}\delta(x)\mathrm{d}x=1$$

$$\begin{aligned}c_n&=\frac{1}{a}\int_{-a/2}^{a/2}\boldsymbol{f}(x)\exp(-\mathrm{j}2\pi nx/a)\mathrm{d}x=\frac{1}{a}\int_{-a/2}^{a/2}a\sum_{n=-\infty}^{\infty}\delta(x-na)\exp(-\mathrm{j}2\pi nx)\mathrm{d}x\\&=\int_{-a/2}^{a/2}\delta(x)\exp(-\mathrm{j}2\pi nx/a)\mathrm{d}x=1\end{aligned}$$

于是

$$\mathrm{comb}\left(\frac{x}{a}\right)=\sum_{n=-\infty}^{\infty}\exp\frac{\mathrm{j}2\pi nx}{a} \tag{1.3.21}$$

所以，$\mathrm{comb}\left(\dfrac{x}{a}\right)$ 的傅里叶变换为

$$\begin{aligned}\mathscr{F}\left\{\mathrm{comb}\left(\frac{x}{a}\right)\right\}&=\sum_{n=-\infty}^{\infty}\mathscr{F}\{\exp(\mathrm{j}2\pi nx/a)\}=\sum_{n=-\infty}^{\infty}\int_{-\infty}^{\infty}\exp(\mathrm{j}2\pi nx/a)\exp(-\mathrm{j}2\pi\xi x)\mathrm{d}x\\&=\sum_{n=-\infty}^{\infty}\delta\left(\xi-\frac{n}{a}\right)=a\sum_{n=-\infty}^{\infty}\delta(a\xi-n)=a\mathrm{comb}(a\xi)\end{aligned} \tag{1.3.22}$$

若 $a=1$，则有

$$\mathrm{comb}(x)=\sum_{n=-\infty}^{\infty}\exp(\mathrm{j}2\pi nx) \tag{1.3.23}$$

$$\mathscr{F}\{\mathrm{comb}(x)\}=\mathrm{comb}(\xi) \tag{1.3.24}$$

1.4　卷积和相关

卷积和相关都是由含参变量的无穷积分定义的函数，与傅里叶变换有密切关系.

1.4.1　卷积

1. 卷积的定义

函数 $\boldsymbol{f}(x)$ 和函数 $\boldsymbol{h}(x)$ 的一维卷积由含参变量的无穷积分定义，即

$$\boldsymbol{g}(x)=\int_{-\infty}^{\infty}\boldsymbol{f}(\alpha)\boldsymbol{h}(x-\alpha)\mathrm{d}\alpha=\boldsymbol{f}(x)*\boldsymbol{h}(x) \tag{1.4.1}$$

这里参变量x和积分变量α皆为实数；函数$\boldsymbol{f}$和$\boldsymbol{h}$可实可复.

卷积既然是一个无穷积分，当然也有一个存在条件问题. 与傅里叶变换的情形类似，在物理上实现的可能性为卷积存在提供了充分条件.

由于光学图像大多是二维图像，故定义$\boldsymbol{f}(x,y)$和$\boldsymbol{h}(x,y)$的二维卷积如下：

$$\boldsymbol{g}(x,y)=\iint_{-\infty}^{\infty}\boldsymbol{f}(\alpha,\beta)\boldsymbol{h}(x-\alpha,y-\beta)\mathrm{d}\alpha\mathrm{d}\beta=\boldsymbol{f}(x,y)*\boldsymbol{h}(x,y) \tag{1.4.2}$$

它是含两个参量的二重无穷积分. 这里的参变量x、y和积分变量α、β皆为实数，函数$\boldsymbol{f}$和$\boldsymbol{h}$可实可复.

2. 一维实函数卷积的几何说明

虽然卷积仍然表示两个函数乘积的积分，但它和通常的两个函数乘积的积分不同，在积分式中出现了$\boldsymbol{h}(x-\alpha)$. 现在说明$\boldsymbol{h}(x-\alpha)$的意义. 首先，将$\boldsymbol{h}(\alpha)$曲线绕纵轴翻转180°便得到$\boldsymbol{h}(-\alpha)$曲线. 其次，对于一个x值，只要将$\boldsymbol{h}(-\alpha)$曲线沿x轴平移x便得到$\boldsymbol{h}(x-\alpha)$曲线. 求式(1.4.1)的积分就是计算被积函数$\boldsymbol{f}(\alpha)\boldsymbol{h}(x-\alpha)$所对应的曲线与横坐标所围成的面积. 对于不同的参量x值，相应的面积就不相同，并且是x的函数. 这个函数就是$\boldsymbol{f}(x)*\boldsymbol{h}(x)$.

参与卷积运算的也可以是复数. 然而复函数的卷积运算也可以归结为实函数的卷积运算(见下页卷积运算举例). 因此，关于实函数卷积运算的说明，对于理解卷积运算具有基本意义.

根据以上讨论，我们可以注意到卷积运算的两个效应.

(1) **展宽效应**　假如函数只在一个有限区间内不为零，这个区间可称为函数的宽度. 一般说来，卷积函数的宽度等于被卷函数宽度之和.

(2) **平滑效应**　被卷函数经过卷积运算，其细微结构在一定程度上被消除，函数本身的起伏振荡变得平缓圆滑. 在数学上有关卷积的一条定理说，在某些相当普遍的条件下，n个函数的卷积，当$n\to\infty$时(在实用上$n=10$也可以)，趋于高斯函数形式.

3. 卷积的基本性质

1) 线性性质

设$\boldsymbol{a}$、$\boldsymbol{b}$为任意常数，且可实可复，则有

$$[\boldsymbol{af}_1(x)+\boldsymbol{bf}_2(x)]*\boldsymbol{h}(x)=\boldsymbol{af}_1(x)*\boldsymbol{h}(x)+\boldsymbol{bf}_2(x)*\boldsymbol{h}(x) \tag{1.4.3}$$

显然，这是由积分运算的线性性质决定的. 下面利用这一性质考察复函数的卷积.

设$\boldsymbol{f}(x)$与$\boldsymbol{h}(x)$都是复函数，因而有

$$\begin{cases}\boldsymbol{f}(x)=f_{\mathrm{R}}(x)+\mathrm{j}f_{\mathrm{I}}(x)\\ \boldsymbol{h}(x)=h_{\mathrm{R}}(x)+\mathrm{j}h_{\mathrm{I}}(x)\end{cases} \tag{1.4.4}$$

于是，$\boldsymbol{f}(x)$与$\boldsymbol{h}(x)$的卷积为

$$\begin{aligned}\boldsymbol{g}(x)&=[f_{\mathrm{R}}(x)+\mathrm{j}f_{\mathrm{I}}(x)]*[h_{\mathrm{R}}(x)+\mathrm{j}h_{\mathrm{I}}(x)]\\&=[f_{\mathrm{R}}(x)*h_{\mathrm{R}}(x)-f_{\mathrm{I}}(x)*h_{\mathrm{I}}(x)]+\mathrm{j}[f_{\mathrm{R}}(x)*h_{\mathrm{I}}(x)+f_{\mathrm{I}}(x)*h_{\mathrm{R}}(x)]=g_{\mathrm{R}}(x)+\mathrm{j}g_{\mathrm{I}}(x)\end{aligned} \tag{1.4.5}$$

由此可见，复函数的卷积运算可归结为实函数的卷积运算.

2) 交换律

给定卷积$\boldsymbol{f}(x)*\boldsymbol{h}(x)$，则有

$$\boldsymbol{f}(x)*\boldsymbol{h}(x)=\boldsymbol{h}(x)*\boldsymbol{f}(x) \tag{1.4.6}$$

3) 平移不变性

给定卷积$\boldsymbol{f}(x)*\boldsymbol{h}(x)=\boldsymbol{g}(x)$，则有

$$\boldsymbol{f}(x-x_1)*\boldsymbol{h}(x-x_2)=\int_{-\infty}^{\infty}\boldsymbol{f}(\alpha-x_1)\boldsymbol{h}(x-\alpha-x_2)\mathrm{d}\alpha=\boldsymbol{g}(x-x_1-x_2) \tag{1.4.7}$$

4) 结合律

对于二重卷积 $\boldsymbol{f}(x)*\boldsymbol{h}_1(x)*\boldsymbol{h}_2(x)$ 恒有

$$[\boldsymbol{f}(x)*\boldsymbol{h}_1(x)]*\boldsymbol{h}_2(x)=\boldsymbol{f}(x)*[\boldsymbol{h}_1(x)*\boldsymbol{h}_2(x)] \tag{1.4.8}$$

5) 坐标缩放性质

设 $\boldsymbol{f}(x)*\boldsymbol{h}(x)=\boldsymbol{g}(x)$，则

$$\boldsymbol{f}(ax)*\boldsymbol{h}(ax)=\frac{1}{|a|}\boldsymbol{g}(ax) \tag{1.4.9}$$

以上以一维卷积为例说明了卷积的性质，但一维卷积的性质可直接推广到二维.

4. 函数 $\boldsymbol{f}(x,y)$ 与 δ 函数的卷积

任意函数 $\boldsymbol{f}(x,y)$ 与 δ 函数的卷积

$$\boldsymbol{f}(x,y)*\delta(x,y)=\iint_{-\infty}^{\infty}\boldsymbol{f}(\alpha,\beta)\delta(x-\alpha,y-\beta)\mathrm{d}\alpha\mathrm{d}\beta=\boldsymbol{f}(x,y) \tag{1.4.10}$$

即任意函数 $\boldsymbol{f}(x,y)$ 与 δ 函数的卷积，得出函数 $\boldsymbol{f}(x,y)$ 本身. 而

$$\boldsymbol{f}(x,y)*\delta(x-x_0,y-y_0)=\boldsymbol{f}(x-x_0,y-y_0) \tag{1.4.11}$$

卷积的结果是把函数 $\boldsymbol{f}(x,y)$ 平移到脉冲所在的空间位置 $(x-x_0,y-y_0)$ 处.

5. 卷积运算举例

例 1.4.1　试求两个矩形函数的卷积运算 $\mathrm{rect}\left(\frac{x}{a}\right)*\mathrm{rect}\left(\frac{x}{a}\right)$.

解　从几何图形上看，卷积运算就是将其中一个矩形函数绕纵轴翻转，然后再对另一个作平移，并不断计算两矩形函数的重叠面积，从而得到卷积运算结果. 显然，这个结果是平移距离 x 的函数. 下面分 $x<0$ 和 $x>0$ 两种情况来考虑.

当 $-a\leqslant x\leqslant 0$ 时，如图 1.4.1(a) 所示，

$$\mathrm{rect}\left(\frac{x}{a}\right)*\mathrm{rect}\left(\frac{x}{a}\right)=\int_{-a/2}^{x+a/2}\mathrm{d}\alpha=a+x=a\left(1-\frac{|x|}{a}\right)$$

当 $0\leqslant x\leqslant a$ 时，如图 1.4.2(b) 所示，

$$\mathrm{rect}\left(\frac{x}{a}\right)*\mathrm{rect}\left(\frac{x}{a}\right)=\int_{x-a/2}^{-a/2}\mathrm{d}\alpha=a-x=a\left(1-\frac{|x|}{a}\right)$$

将以上两式合并写成

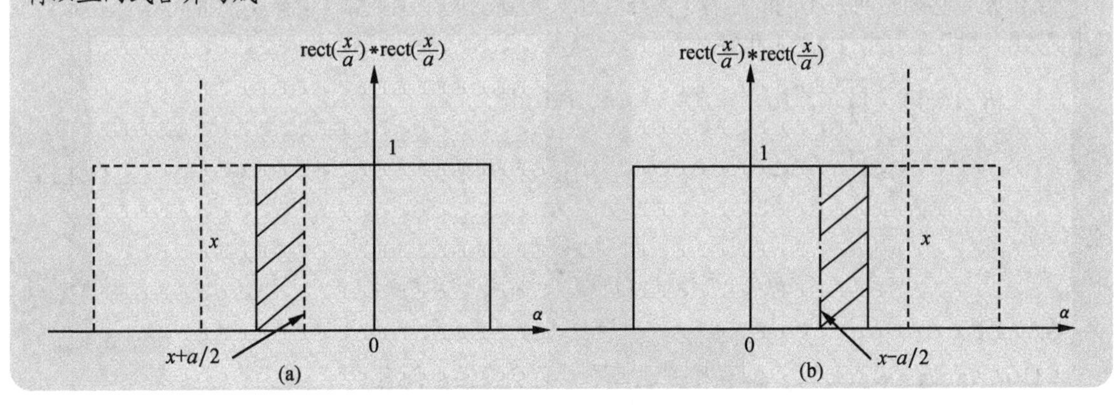

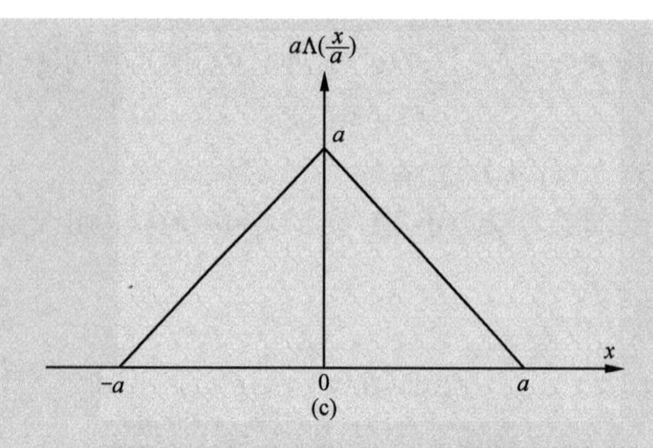

图 1.4.1 矩形函数卷积计算过程

$$\mathrm{rect}\left(\frac{x}{a}\right)*\mathrm{rect}\left(\frac{x}{a}\right)=a\begin{cases}1-\dfrac{|x|}{a}, & |x|\leqslant a\\ 0, & 其他\end{cases}=a\Lambda\left(\frac{x}{a}\right) \tag{1.4.12}$$

其图形如图 1.4.1(c)所示. 当 $a=1$ 时，有

$$\mathrm{rect}(x)*\mathrm{rect}(x)=\Lambda(x) \tag{1.4.13}$$

1.4.2 互相关

1. 互相关的定义

两个函数 $\boldsymbol{f}(x,y)$ 和 $\boldsymbol{g}(x,y)$ 的互相关定义为含参变量的无穷积分，即

$$\boldsymbol{R}_{fg}(x,y)=\iint_{-\infty}^{\infty}\boldsymbol{f}^*(\alpha-x,\beta-y)\boldsymbol{g}(\alpha,\beta)\mathrm{d}\alpha\mathrm{d}\beta=\boldsymbol{f}(x,y)☆\boldsymbol{g}(x,y) \tag{1.4.14}$$

或

$$\boldsymbol{R}_{fg}(x,y)=\iint_{-\infty}^{\infty}\boldsymbol{f}^*(\alpha,\beta)\boldsymbol{g}(x+\alpha,y+\beta)\mathrm{d}\alpha\mathrm{d}\beta=\boldsymbol{f}(x,y)☆\boldsymbol{g}(x,y) \tag{1.4.15}$$

这里的参变量 x、y 和积分变量 α、β 均为实数，而函数 $\boldsymbol{f}$ 和 $\boldsymbol{g}$ 可实可复. 当然，积分中的共轭符号*对复数才有意义. 在多数应用问题中，这个无穷积分是存在的. 对于它不存在的一种特殊情形，后面将另作定义.

2. 互相关的卷积表达式

互相关与卷积是两种不同的运算. 参与互相关运算的两个函数都不翻转，然而可以把它表达成卷积形式. 实际上由式(1.4.14)可写出

$$\begin{aligned}\boldsymbol{R}_{fg}(x,y)&=\iint_{-\infty}^{\infty}\boldsymbol{f}^*(\alpha-x,\beta-y)\boldsymbol{g}(\alpha,\beta)\mathrm{d}\alpha\mathrm{d}\beta\\&=\iint_{-\infty}^{\infty}\boldsymbol{f}^*(-(x-\alpha),-(y-\beta))\boldsymbol{g}(\alpha,\beta)\mathrm{d}\alpha\mathrm{d}\beta=\boldsymbol{f}^*(-x,-y)*\boldsymbol{g}(x,y)\end{aligned} \tag{1.4.16}$$

或写成

$$\boldsymbol{f}(x,y)☆\boldsymbol{g}(x,y)=\boldsymbol{f}^*(-x,-y)*\boldsymbol{g}(x,y) \tag{1.4.17}$$

3. 性质

(1) $\boldsymbol{R}_{gf}(x,y)\neq\boldsymbol{R}_{fg}(x,y)$，即互相关运算不具有交换性，而有

$$\boldsymbol{R}_{gf}(x,y)=\boldsymbol{R}_{fg}^{*}(-x,-y) \tag{1.4.18}$$

证明　根据定义可写出

$$\boldsymbol{R}_{gf}(x,y)=\iint_{-\infty}^{\infty}\boldsymbol{g}^{*}(\alpha-x,\beta-y)\boldsymbol{f}(\alpha,\beta)\mathrm{d}\alpha\mathrm{d}\beta=\left[\iint_{-\infty}^{\infty}\boldsymbol{f}^{*}(\alpha,\beta)\boldsymbol{g}(\alpha-x,\beta-y)\mathrm{d}\alpha\mathrm{d}\beta\right]^{*}$$

令 $\alpha'=\alpha-x,\beta'=\beta-y$，则上式可写成

$$\begin{aligned}\boldsymbol{R}_{gf}(x,y)&=\left[\iint_{-\infty}^{\infty}\boldsymbol{f}^{*}(\alpha'+x,\beta'+y)\boldsymbol{g}(\alpha',\beta')\mathrm{d}\alpha'\mathrm{d}\beta'\right]^{*}\\&=\left[\iint_{-\infty}^{\infty}\boldsymbol{f}^{*}[\alpha-(-x),\beta-(-y)]\boldsymbol{g}(\alpha,\beta)\mathrm{d}\alpha\mathrm{d}\beta\right]^{*}=\boldsymbol{R}_{fg}^{*}(-x,-y)\end{aligned}$$

当 $\boldsymbol{f}$ 和 $\boldsymbol{g}$ 皆为实数时，则有

$$\boldsymbol{R}_{gf}(x,y)=\boldsymbol{R}_{fg}(-x,-y) \tag{1.4.19}$$

(2)
$$\left|\boldsymbol{R}_{fg}(x,y)\right|^{2}\leqslant R_{ff}(0,0)R_{gg}(0,0) \tag{1.4.20}$$

证明　引用柯西-施瓦茨不等式(Cauchy-Schwarz inequality)

$$\left|\iint_{-\infty}^{\infty}\boldsymbol{\varphi}^{*}(\alpha,\beta)\boldsymbol{\psi}(\alpha,\beta)\mathrm{d}\alpha\mathrm{d}\beta\right|^{2}\leqslant\iint_{-\infty}^{\infty}\left|\boldsymbol{\varphi}(\alpha,\beta)\right|^{2}\mathrm{d}\alpha\mathrm{d}\beta\iint_{-\infty}^{\infty}\left|\boldsymbol{\psi}(\alpha,\beta)\right|^{2}\mathrm{d}\alpha\mathrm{d}\beta$$

其中 $\boldsymbol{\varphi}$ 与 $\boldsymbol{\psi}$ 一般为复函数. 这里等号当且仅当 $\boldsymbol{\varphi}=\boldsymbol{k\psi}$ 时才成立，$\boldsymbol{k}$ 是复常数. 若令 $\boldsymbol{\varphi}(\alpha,\beta)=\boldsymbol{f}(\alpha-x,\beta-y),\boldsymbol{\psi}(\alpha,\beta)=\boldsymbol{g}(\alpha,\beta)$，则柯西-施瓦茨不等式具有下述形式:

$$\left|\iint_{-\infty}^{\infty}\boldsymbol{f}^{*}(\alpha-x,\beta-y)\boldsymbol{g}(\alpha,\beta)\mathrm{d}\alpha\mathrm{d}\beta\right|^{2}\leqslant\iint_{-\infty}^{\infty}\left|\boldsymbol{f}^{*}(\alpha-x,\beta-y)\right|^{2}\mathrm{d}\alpha\mathrm{d}\beta\iint_{-\infty}^{\infty}\left|\boldsymbol{g}(\alpha,\beta)\right|^{2}\mathrm{d}\alpha\mathrm{d}\beta$$

即

$$\left|\boldsymbol{R}_{fg}(x,y)\right|^{2}\leqslant R_{ff}(0,0)R_{gg}(0,0)$$

借助柯西-施瓦茨不等式，可以进一步说明由式(1.4.14)定义的互相关函数的意义. 根据该不等式，可以认为以 x,y 为自变量的互相关函数 $\boldsymbol{R}_{fg}(x,y)$，描述了 $\boldsymbol{f}(\alpha-x,\beta-y)$ 和 $\boldsymbol{g}(\alpha,\beta)$ 两者之间的相关性. 对任一给定的 x、y 来说，$\left|\boldsymbol{R}_{fg}(x,y)\right|$ 的数值可以用来估计这种关联性的强弱. 显然，当 $\boldsymbol{f}(\alpha-x,\beta-y)=\boldsymbol{kg}(\alpha,\beta)$ 时，可以合理地认为此时 $\boldsymbol{f}(\alpha-x,\beta-y)$ 与 $\boldsymbol{g}(\alpha,\beta)$ 之间完全相关. 实际上，也正是这时 $\left|\boldsymbol{R}_{fg}(x,y)\right|$ 有最大值.

1.4.3　自相关

1. 定义

当 $\boldsymbol{f}(x,y)=\boldsymbol{g}(x,y)$ 时，即得到函数 $\boldsymbol{f}$ 的自相关的定义式

$$\boldsymbol{R}_{ff}(x,y)=\iint_{-\infty}^{\infty}\boldsymbol{f}^{*}(\alpha-x,\beta-y)\boldsymbol{f}(\alpha,\beta)\mathrm{d}\alpha\mathrm{d}\beta=\boldsymbol{f}(x,y)☆\boldsymbol{f}(x,y) \tag{1.4.21}$$

和

$$\boldsymbol{R}_{ff}(x,y)=\boldsymbol{f}^{*}(-x,-y)*\boldsymbol{f}(x,y) \tag{1.4.22}$$

2. 性质

以下两个性质均可由互相关函数直接推出.

(1) 自相关函数具有厄米对称性，即

$$\boldsymbol{R}_{ff}(x,y)=\boldsymbol{R}_{ff}^{*}(-x,-y) \tag{1.4.23}$$

当 $\boldsymbol{f}(x,y)$ 是实函数时，$\boldsymbol{R}_{ff}(x,y)$ 是偶函数，即

$$\boldsymbol{R}_{ff}(x,y)=\boldsymbol{R}_{ff}(-x,-y) \tag{1.4.24}$$

(2) 自相关在(0,0)处取极大值，即

$$\left|\boldsymbol{R}_{ff}(x,y)\right| \leqslant R_{ff}(0,0) \tag{1.4.25}$$

3. 归一化互相关函数和归一化自相关函数

在应用问题中，常用到归一化互相关函数和归一化自相关函数，它们的定义式分别为

$$\boldsymbol{\gamma}_{fg}(x,y)=\frac{\boldsymbol{R}_{fg}(x,y)}{\left[R_{ff}(0,0)R_{gg}(0,0)\right]^{1/2}}=\frac{\iint_{-\infty}^{\infty}\boldsymbol{f}^*(\alpha-x,\beta-y)\boldsymbol{g}(\alpha,\beta)\mathrm{d}\alpha\mathrm{d}\beta}{\left[\iint_{-\infty}^{\infty}\left|\boldsymbol{f}(\alpha,\beta)\right|^2\mathrm{d}\alpha\mathrm{d}\beta\iint_{-\infty}^{\infty}\left|\boldsymbol{g}(\alpha,\beta)\right|^2\mathrm{d}\alpha\mathrm{d}\beta\right]^{1/2}} \tag{1.4.26}$$

$$\boldsymbol{\gamma}(x,y)=\frac{\boldsymbol{R}_{ff}(x,y)}{R_{ff}(0,0)}=\frac{\iint_{-\infty}^{\infty}\boldsymbol{f}^*(\alpha-x,\beta-y)\boldsymbol{f}(\alpha,\beta)\mathrm{d}\alpha\mathrm{d}\beta}{\iint_{-\infty}^{\infty}\left|f(\alpha,\beta)\right|^2\mathrm{d}\alpha\mathrm{d}\beta} \tag{1.4.27}$$

这里假定 $\iint_{-\infty}^{\infty}\left|\boldsymbol{f}(\alpha,\beta)\right|^2\mathrm{d}\alpha\mathrm{d}\beta$ 和 $\iint_{-\infty}^{\infty}\left|\boldsymbol{g}(\alpha,\beta)\right|^2\mathrm{d}\alpha\mathrm{d}\beta$ 均存在. 显然，对于归一化的互相关函数和自相关函数分别有

$$0 \leqslant \left|\boldsymbol{\gamma}_{fg}(x,y)\right| \leqslant 1 \tag{1.4.28}$$

$$0 \leqslant \left|\boldsymbol{\gamma}(x,y)\right| \leqslant 1 \tag{1.4.29}$$

4. 关于自相关函数意义的说明

$\boldsymbol{f}(x,y)$ 的自相关函数 $\boldsymbol{R}_{ff}(x,y)$ 可以用来描述函数 $\boldsymbol{f}(\alpha-x,\beta-y)$ 与 $\boldsymbol{f}(\alpha,\beta)$ 之间的相关性. 由于 $\boldsymbol{f}(\alpha-x,\beta-y)$ 是由 $\boldsymbol{f}(\alpha,\beta)$ 通过平移 (x,y) 而形成的，它们之间的相关性就反映了函数 $f(\alpha,\beta)$ 变化的快慢.

1.4.4　有限功率函数的相关

公式(1.4.14)中给出的互相关的定义，要求函数是绝对可积函数，有些周期函数、平稳随机函数并不满足这一条件，但却满足下述极限:

$$\lim_{X,Y\to\infty}\frac{1}{4XY}\int_{-X}^{X}\int_{-Y}^{Y}\left|\boldsymbol{f}(x,y)\right|^2\mathrm{d}x\mathrm{d}y<\infty$$

和

$$\lim_{X,Y\to\infty}\frac{1}{4XY}\int_{-X}^{X}\int_{-Y}^{Y}\left|\boldsymbol{g}(x,y)\right|^2\mathrm{d}x\mathrm{d}y<\infty$$

当系统中能量传递的平均功率为有限时，常用这类函数，称它们为有限功率函数. 于是人们把函数 $\boldsymbol{f}(x,y)$ 和 $\boldsymbol{g}(x,y)$ 的互相关定义为

$$\begin{aligned}\boldsymbol{R}_{fg}(x,y)&=\lim_{X,Y\to\infty}\frac{1}{4XY}\int_{-X}^{X}\int_{-Y}^{Y}\boldsymbol{f}^*(\alpha-x,\beta-y)\boldsymbol{g}(\alpha,\beta)\mathrm{d}\alpha\mathrm{d}\beta\\&=\left\langle\boldsymbol{f}^*(\alpha-x,\beta-y)\boldsymbol{g}(\alpha,\beta)\right\rangle\end{aligned} \tag{1.4.30}$$

式中尖括号表示求平均.

有限功率的自相关函数定义为

$$\begin{aligned}\boldsymbol{R}_{ff}(x,y)&=\lim_{X,Y\to\infty}\frac{1}{4XY}\int_{-X}^{X}\int_{-Y}^{Y}\boldsymbol{f}^*(\alpha-x,\beta-y)\boldsymbol{f}(\alpha,\beta)\mathrm{d}\alpha\mathrm{d}\beta\\&=\left\langle\boldsymbol{f}^*(\alpha-x,\beta-y)\boldsymbol{f}(\alpha,\beta)\right\rangle\end{aligned} \tag{1.4.31}$$

1.5　傅里叶变换的基本性质和有关定理

1.5.1　傅里叶变换的基本性质

1. 线性性质

设 $\boldsymbol{F}(\xi,\eta)=\mathscr{F}\{\boldsymbol{f}(x,y)\},\boldsymbol{G}(\xi,\eta)=\mathscr{F}\{\boldsymbol{g}(x,y)\}$，$a$、$b$ 为常数，则

$$\mathscr{F}\{a\boldsymbol{f}(x,y)+b\boldsymbol{g}(x,y)\}=a\boldsymbol{F}(\xi,\eta)+b\boldsymbol{G}(\xi,\eta) \tag{1.5.1}$$

即函数线性组合的傅里叶变换等于各函数傅里叶变换的相应线性组合，这是由积分运算的线性性质所决定的.

2. 对称性

设 $\boldsymbol{F}(\xi,\eta)=\mathscr{F}\{\boldsymbol{f}(x,y)\}$，则

$$\mathscr{F}\{\boldsymbol{F}(x,y)\}=\boldsymbol{f}(-\xi,-\eta) \tag{1.5.2}$$

3. 迭次傅里叶变换

以两次连续傅里叶变换为例，则有

$$\mathscr{F}\{\mathscr{F}\{\boldsymbol{f}(x,y)\}\}=\boldsymbol{f}(-x,-y) \tag{1.5.3}$$

对二元函数 $\boldsymbol{f}(x,y)$ 连续作两次二维傅里叶变换，即得其倒立像.

4. 坐标缩放性质

设 a、b 为不等于零的实常数，若 $\mathscr{F}\{\boldsymbol{f}(x,y)\}=\boldsymbol{F}(\xi,\eta)$，则

$$\mathscr{F}\{\boldsymbol{f}(ax,by)\}=\frac{1}{|ab|}\boldsymbol{F}\left(\frac{\xi}{a},\frac{\eta}{b}\right) \tag{1.5.4}$$

这一性质表明，如果函数 $\boldsymbol{f}(x,y)$ 的图像变窄，则其傅里叶变换 $\boldsymbol{F}(\xi,\eta)$ 的图像将变宽变矮；如果 $\boldsymbol{f}(x,y)$ 变宽，则 $\boldsymbol{F}(\xi,\eta)$ 将变窄变高.

5. 平移性

设 $\mathscr{F}\{\boldsymbol{f}(x,y)\}=\boldsymbol{F}(\xi,\eta)$，且 x_0、y_0 为实常数，则有

$$\mathscr{F}\{\boldsymbol{f}(x-x_0,y-y_0)\}=\exp\{-\mathrm{j}2\pi(\xi x_0+\eta y_0)\}\boldsymbol{F}(\xi,\eta) \tag{1.5.5}$$

6. 体积对应关系

设 $\mathscr{F}\{\boldsymbol{f}(x,y)\}=\boldsymbol{F}(\xi,\eta)$，则有

$$\boldsymbol{F}(0,0)=\iint_{-\infty}^{\infty}\boldsymbol{f}(x,y)\mathrm{d}x\mathrm{d}y \tag{1.5.6}$$

$$\boldsymbol{f}(0,0)=\iint_{-\infty}^{\infty}\boldsymbol{F}(\xi,\eta)\mathrm{d}\xi\mathrm{d}\eta \tag{1.5.7}$$

显然 $\iint_{-\infty}^{\infty}\boldsymbol{f}(x,y)\mathrm{d}x\mathrm{d}y$ 和 $\iint_{-\infty}^{\infty}\boldsymbol{F}(\xi,\eta)\mathrm{d}\xi\mathrm{d}\eta$ 这两个积分分别表示曲面 $\boldsymbol{f}(x,y)$ 和 $\boldsymbol{F}(\xi,\eta)$ 覆盖的体积.

7. 复共轭函数的傅里叶变换

设 $\mathscr{F}\{\boldsymbol{f}(x,y)\}=\boldsymbol{F}(\xi,\eta)$，则

$$\mathscr{F}\{\boldsymbol{f}^*(x,y)\}=\boldsymbol{F}^*(-\xi,-\eta) \tag{1.5.8}$$

$$\mathscr{F}\{\boldsymbol{f}^*(-x,-y)\}=\boldsymbol{F}^*(\xi,\eta) \tag{1.5.9}$$

若 $\boldsymbol{f}(x,y)$ 为实函数，显然有

$$\boldsymbol{F}(\xi,\eta)=\boldsymbol{F}^*(-\xi,-\eta) \tag{1.5.10}$$

此时称 $\boldsymbol{F}(\xi,\eta)$ 具有厄米对称性.

1.5.2　傅里叶变换的基本定理

1. 卷积定理

设 $\mathscr{F}\{\boldsymbol{f}(x,y)\}=\boldsymbol{F}(\xi,\eta), \mathscr{F}\{\boldsymbol{g}(x,y)\}=\boldsymbol{G}(\xi,\eta)$，则有

$$\mathscr{F}\{\boldsymbol{f}(x,y)*\boldsymbol{g}(x,y)\}=\boldsymbol{F}(\xi,\eta)\boldsymbol{G}(\xi,\eta) \tag{1.5.11}$$

和

$$\mathscr{F}\{\boldsymbol{f}(x,y)\boldsymbol{g}(x,y)\}=\boldsymbol{F}(\xi,\eta)*\boldsymbol{G}(\xi,\eta) \tag{1.5.12}$$

卷积定理表明，对于通过傅里叶变换联系起来的数域来说，一个数域中的卷积运算对应着另一个数域中的乘积运算. 卷积定理对某些运算来说是至关重要的. 例如，可利用卷积定理求三角形函数 $\Lambda(x)$ 傅里叶变换. 因为 $\Lambda(x)=\mathrm{rect}(x)*\mathrm{rect}(x)$，所以 $\mathscr{F}\{\Lambda(x)\}=\mathscr{F}\{\mathrm{rect}(x)\}\mathscr{F}\{\mathrm{rect}(x)\}=\mathrm{sinc}^2(\xi)$. 又如要求 $\mathrm{sinc}(x)*\mathrm{sinc}(x)$，我们可利用卷积定理先求其傅里叶变换 $\mathscr{F}\{\mathrm{sinc}(x)*\mathrm{sinc}(x)\}=\mathrm{rect}(\xi)\mathrm{rect}(\xi)=\mathrm{rect}(\xi)$，最后可求得 $\mathrm{sinc}(x)*\mathrm{sinc}(x)=\mathscr{F}^{-1}\{\mathrm{rect}(\xi)\}=\mathrm{sinc}(x)$.

2. 相关定理(维纳-欣钦定理)

1) 互相关定理

设 $\mathscr{F}\{\boldsymbol{f}(x,y)\}=\boldsymbol{F}(\xi,\eta), \mathscr{F}\{\boldsymbol{g}(x,y)\}=\boldsymbol{G}(\xi,\eta)$，则有

$$\mathscr{F}\{\boldsymbol{f}(x,y)\star\boldsymbol{g}(x,y)\}=\boldsymbol{F}^*(\xi,\eta)\boldsymbol{G}(\xi,\eta) \tag{1.5.13}$$

根据有关的卷积表达式(1.4.17)和(1.5.9)即可得出上式. 习惯上，人们称 $\boldsymbol{F}^*(\xi,\eta)$ 和 $\boldsymbol{G}(\xi,\eta)$ 为函数 $\boldsymbol{f}(x,y)$ 和 $\boldsymbol{g}(x,y)$ 的互谱能量密度，或简称互谱密度. 因此，互相关定理表明，两个函数的互相关与其互谱密度构成傅里叶变换对.

2) 自相关定理

设 $\mathscr{F}\{\boldsymbol{f}(x,y)\}=\boldsymbol{F}(\xi,\eta)$，则有

$$\mathscr{F}\{\boldsymbol{f}(x,y)\star\boldsymbol{f}(x,y)\}=|\boldsymbol{F}(\xi,\eta)|^2 \tag{1.5.14}$$

只要在互相关定理中取 $\boldsymbol{g}(x,y)=\boldsymbol{f}(x,y)$ 即得本定理. 习惯上，人们称 $|\boldsymbol{F}(\xi,\eta)|^2$ 为 $\boldsymbol{f}(x,y)$ 的能谱密度. 因此，自相关定理表明，一个函数的自相关函数与其能谱密度构成傅里叶变换对.

3. 帕塞瓦尔定理

设 $\mathscr{F}\{\boldsymbol{f}(x,y)\}=\boldsymbol{F}(\xi,\eta)$，且积分 $\iint_{-\infty}^{\infty}|\boldsymbol{f}(x,y)|^2\,\mathrm{d}x\mathrm{d}y$ 与 $\iint_{-\infty}^{\infty}|\boldsymbol{F}(\xi,\eta)|^2\,\mathrm{d}\xi\mathrm{d}\eta$ 都存在，则有

$$\iint_{-\infty}^{\infty}|\boldsymbol{f}(x,y)|^2\,\mathrm{d}x\mathrm{d}y=\iint_{-\infty}^{\infty}|\boldsymbol{F}(\xi,\eta)|^2\,\mathrm{d}\xi\mathrm{d}\eta \tag{1.5.15}$$

在应用问题中，积分 $\iint_{-\infty}^{\infty}|\boldsymbol{f}(x,y)|^2\,\mathrm{d}x\mathrm{d}y$ 与积分 $\iint_{-\infty}^{\infty}|\boldsymbol{F}(\xi,\eta)|^2\,\mathrm{d}\xi\mathrm{d}\eta$ 都可以表示某种能量. 本定理表明对能量计算既可在空域中进行也可在频域中进行，两者完全等价. 从物理意义上看这是能量守恒的体现，故也称为能量积分定理. 除此之外，此定理还可用来计算较复杂的积分. 例如

$$\int_{-\infty}^{\infty}\mathrm{sinc}^2(x)\mathrm{d}x=\int_{-\infty}^{\infty}[\mathrm{rect}(\xi)]^2\mathrm{d}\xi=\int_{-\infty}^{\infty}\mathrm{rect}(\xi)\mathrm{d}\xi=1$$

4. 广义帕塞瓦尔定理

设 $\mathscr{F}\{\boldsymbol{f}(x,y)\}=\boldsymbol{F}(\xi,\eta), \mathscr{F}\{\boldsymbol{g}(x,y)\}=\boldsymbol{G}(\xi,\eta)$，则有

$$\iint_{-\infty}^{\infty}\boldsymbol{f}(x,y)\boldsymbol{g}^*(x,y)\mathrm{d}x\mathrm{d}y=\iint_{-\infty}^{\infty}\boldsymbol{F}(\xi,\eta)\boldsymbol{G}^*(\xi,\eta)\mathrm{d}\xi\mathrm{d}\eta \tag{1.5.16}$$

5. 导数定理

设$\mathscr{F}\{\boldsymbol{f}(x,y)\}=\boldsymbol{F}(\xi,\eta),\boldsymbol{f}^{(m,n)}(x,y)=\dfrac{\partial^{m+n}\boldsymbol{f}(x,y)}{\partial x^m\partial y^n},\boldsymbol{F}^{(m,n)}(\xi,\eta)=\dfrac{\partial^{m+n}\boldsymbol{F}(\xi,\eta)}{\partial\xi^m\partial\eta^n}$，则有

$$\mathscr{F}\{\boldsymbol{f}^{(m,n)}(x,y)\}=(\mathrm{j}2\pi\xi)^m(\mathrm{j}2\pi\eta)^n\boldsymbol{F}(\xi,\eta) \tag{1.5.17}$$

$$\mathscr{F}\{\boldsymbol{x}^m y^n\boldsymbol{f}(x,y)\}=\left(\frac{\mathrm{j}}{2\pi}\right)^m\left(\frac{\mathrm{j}}{2\pi}\right)^n\boldsymbol{F}^{(m,n)}(\xi,\eta) \tag{1.5.18}$$

6. 积分定理(一维)

设$\mathscr{F}\{\boldsymbol{f}(x)\}=\boldsymbol{F}(\xi)$，则有

$$\mathscr{F}\left\{\int_{-\infty}^{x}\boldsymbol{f}(\alpha)\mathrm{d}\alpha\right\}=\frac{1}{2}\boldsymbol{F}(0)\delta(\xi)-\frac{\mathrm{j}}{2\pi\xi}F(\xi) \tag{1.5.19}$$

证明　首先将$\int_{-\infty}^{x}\boldsymbol{f}(\alpha)\mathrm{d}\alpha$写成如下的卷积形式：

$$\int_{-\infty}^{x}\boldsymbol{f}(\alpha)\mathrm{d}\alpha=\boldsymbol{f}(x)*\mathrm{step}(x)$$

对上式两端取傅里叶变换，并注意到式(1.3.17)得

$$\mathscr{F}\left\{\int_{-\infty}^{x}\boldsymbol{f}(\alpha)\mathrm{d}\alpha\right\}=\boldsymbol{F}(\xi)\frac{1}{2}\left[\delta(\xi)-\frac{\mathrm{j}}{\pi\xi}\right]=\frac{1}{2}\boldsymbol{F}(0)\delta(\xi)-\frac{\mathrm{j}}{2\pi\xi}\boldsymbol{F}(\xi)$$

7. 矩定理

函数$\boldsymbol{f}(x,y)$的$m+n$阶矩，即指积分

$$\iint_{-\infty}^{\infty}x^m y^n\boldsymbol{f}(x,y)\mathrm{d}x\mathrm{d}y,\quad m,n=0,1,2,\cdots$$

下面的矩定理将表明，函数$\boldsymbol{f}(x,y)$的$m+n$阶矩完全由$\boldsymbol{f}(x,y)$的傅里叶变换$\boldsymbol{F}(0,0)$的性态决定；或者说$\boldsymbol{F}(\xi,\eta)$在原点附近的性态包含了关于函数$\boldsymbol{f}(x,y)$的各阶矩的信息. 矩定理实际上是傅里叶变换导数定理的一种应用.

1) 零阶矩定理

此时$m=n=0$，即有

$$\iint_{-\infty}^{\infty}\boldsymbol{f}(x,y)\mathrm{d}x\mathrm{d}y=\boldsymbol{F}(0,0)$$

这实际上就是式(1.5.6).

2) 一阶矩定理

这时$m=1,n=0$或$m=0,n=1$，由式(1.5.18)得

$$\iint_{-\infty}^{\infty}x\boldsymbol{f}(x,y)\mathrm{d}x\mathrm{d}y=\frac{\mathrm{j}}{2\pi}\boldsymbol{F}^{(1,0)}(0,0) \tag{1.5.20}$$

$$\iint_{-\infty}^{\infty}y\boldsymbol{f}(x,y)\mathrm{d}x\mathrm{d}y=\frac{\mathrm{j}}{2\pi}\boldsymbol{F}^{(1,0)}(0,0) \tag{1.5.21}$$

3) 二阶矩定理

这时有三种情况，$m=n=1$；$m=2,n=0$；$m=0,n=2$，即有

$$\iint_{-\infty}^{\infty}xy\boldsymbol{f}(x,y)\mathrm{d}x\mathrm{d}y=\left(\frac{\mathrm{j}}{2\pi}\right)\left(\frac{\mathrm{j}}{2\pi}\right)\boldsymbol{F}^{(1,1)}(0,0) \tag{1.5.22}$$

$$\iint_{-\infty}^{\infty} x^2 \boldsymbol{f}(x,y)\mathrm{d}x\mathrm{d}y = \left(\frac{\mathrm{j}}{2\pi}\right)^2 \boldsymbol{F}^{(2,0)}(0,0) \tag{1.5.23}$$

$$\iint_{-\infty}^{\infty} y^2 \boldsymbol{f}(x,y)\mathrm{d}x\mathrm{d}y = \left(\frac{\mathrm{j}}{2\pi}\right)^2 \boldsymbol{F}^{(0,2)}(0,0) \tag{1.5.24}$$

作为一个例子，计算 $\int_{-\infty}^{\infty} x^2 \exp(-\pi x^2)\mathrm{d}x$. 因 $\boldsymbol{F}(\xi) = \exp(-\pi\xi^2)$，从而有 $\boldsymbol{F}^{(2)}(0) = -2\pi$，故求出

$$\int_{-\infty}^{\infty} x^2 \exp(-\pi x^2)\mathrm{d}x = \frac{1}{2\pi}$$

1.6 线性系统分析

从数学上着眼，很多现象都可抽象为使函数 $\boldsymbol{f}$ 通过一定的变换，形成函数 $\boldsymbol{g}$ 的运算过程. 这种实现函数变换的运算过程称为系统. 这种意义下的系统，既可以是特定功能的元器件组合，例如电子线路、光学透镜组等，也可以是与实际元器件无关的物理现象，例如光波通过自由空间的传播过程等. 这样定义的系统的作用可由算符 $\mathscr{L}\{\cdot\}$ 来表征，从而前述的函数 $\boldsymbol{f}$ 变为 $\boldsymbol{g}$ 的过程即可表示为

$$\boldsymbol{g} = \mathscr{L}\{\boldsymbol{f}\} \tag{1.6.1}$$

为方便起见，把 $\boldsymbol{f}$ 和 $\boldsymbol{g}$ 分别称为系统的输入函数和输出函数. 在应用问题中，这两个函数宗量的意义和量纲可以不同. 因此，对于输入和输出都是二维的情形可表示为

$$\boldsymbol{g}(x_2,y_2) = \mathscr{L}\{\boldsymbol{f}(x_1,y_1)\} \tag{1.6.2}$$

1.6.1 线性系统

一个系统对输入 $\boldsymbol{f}_1$ 和 $\boldsymbol{f}_2$ 的输出响应分别为 $\boldsymbol{g}_1$ 和 $\boldsymbol{g}_2$，即有

$$\boldsymbol{g}_1(x_2,y_2) = \mathscr{L}\{\boldsymbol{f}_1(x_1,y_1)\}, \quad \boldsymbol{g}_2(x_2,y_2) = \mathscr{L}\{\boldsymbol{f}_2(x_1,y_1)\} \tag{1.6.3}$$

如果以这两个输入之和 $\boldsymbol{f}_1 + \boldsymbol{f}_2$ 作为系统的输入，则输出是 $\boldsymbol{g}_1 + \boldsymbol{g}_2$ 即

$$\mathscr{L}\{\boldsymbol{f}_1(x_1,y_1)+\boldsymbol{f}_2(x_1,y_1)\} = \mathscr{L}\{\boldsymbol{f}_1(x_1,y_1)\} + \mathscr{L}\{\boldsymbol{f}_2(x_1,y_1)\} = \boldsymbol{g}_1(x_2,y_2)+\boldsymbol{g}_2(x_2,y_2) \tag{1.6.4}$$

则称这样的系统具有叠加性. 又若 a 为任意常数，若有

$$\mathscr{L}\{a\boldsymbol{f}_1(x_1,y_1)\} = a\mathscr{L}\{\boldsymbol{f}_1(x_1,y_1)\} = a\boldsymbol{g}_1(x_2,y_2) \tag{1.6.5}$$

则称此系统具有均匀性. 若一个系统同时具有叠加性和均匀性，则称此系统为线性系统. 也就是说，一个系统具有线性，是指输入和输出之间应满足如下关系：

$$\begin{aligned}\mathscr{L}\{a_1\boldsymbol{f}_1(x_1,y_1)+a_2\boldsymbol{f}_2(x_1,y_1)\} &= a_1\mathscr{L}\{\boldsymbol{f}_1(x_1,y_1)\} + a_2\mathscr{L}\{\boldsymbol{f}_2(x_1,y_1)\} \\ &= a_1\boldsymbol{g}_1(x_2,y_2) + a_2\boldsymbol{g}_2(x_2,y_2)\end{aligned} \tag{1.6.6}$$

上式表明，当输入函数是两个(或多个)函数的线性组合时，该系统的输出函数等于输入函数中各个函数单独输入时各对应输出函数的线性组合.

一个线性系统必须满足叠加性和均匀性. 叠加性是一个系统作为线性系统的必要条件，所谓叠加性就是指系统中一个输入并不影响系统对其他输入的响应. 线性系统要具有均匀性就是系统能够保持对输入信号的缩放因子不变. 在一般情况下，均匀性并非都可以得到满足. 例如一个成像系统，当像面用照相胶片记录时，由于乳剂感光的非线性，同一物点造成的响应(即冲洗后的光密度)与该物点之光强不成比例关系，也就是说当物点的光强为原光强的两倍时，其输出响应并不为原输出的两倍. 但如果像面强度分布用某种光电转换器件来接收，这种器件的电压输出与光强成正比，这时系统的均匀性可以得到满足.

如果对任何输入函数都可以分解成某些基元函数的线性组合，这些基元函数通过线性系统后的输出可以通过对这些基元响应函数的线性组合来求得，这便是线性系统的最大好处. 基元函数可以有不同的取法，但基元函数的选取必须考虑以下两个方面的因素:是否任何输入函数都可以比较方便地分解成这些基元函数的线性组合；系统的基元函数是否能比较方便地求得. 在光学中，常用的基元函数基本上有两种，一种是点基元函数即δ函数，另一种是指数基元函数. 下面以点基元函数为例说明线性系统的分解和综合的过程.

任何输入函数 $\boldsymbol{f}(x_1,y_1)$ 可以很方便地分解成δ函数的线性组合. 应用δ函数的卷积性质，$\boldsymbol{f}(x_1,y_1)$ 可以用δ函数表达为

$$\boldsymbol{f}(x_1,y_1)=\iint_{-\infty}^{\infty}\boldsymbol{f}(\alpha,\beta)\delta(x_1-\alpha,y_1-\beta)\mathrm{d}\alpha\mathrm{d}\beta \tag{1.6.7}$$

这个积分式可以看成是一种特殊的线性叠加，当 α,β 在整个物平面上取值时，式(1.6.7)是无穷多个不同位置的δ函数$[\delta(x_1-\alpha,y_1-\beta)]$以 $\boldsymbol{f}(\alpha,\beta)\mathrm{d}\alpha\mathrm{d}\beta$ 为系数线性叠加，系数 $\boldsymbol{f}(\alpha,\beta)\mathrm{d}\alpha\mathrm{d}\beta$ 可以看成是 $\delta(x_1-a,y-\beta)$ 在叠加时的权重. 输入函数 $\boldsymbol{f}(x_1,y_1)$ 通过系统后的输出函数 $\boldsymbol{g}(x_2,y_2)$ 为

$$\boldsymbol{g}(x_2,y_2)=\mathscr{L}\left\{\iint_{-\infty}^{\infty}\boldsymbol{f}(\alpha,\beta)\delta(x_1-\alpha,y_1-\beta)\mathrm{d}\alpha\mathrm{d}\beta\right\} \tag{1.6.8}$$

既然 $\boldsymbol{f}(\alpha,\beta)\mathrm{d}\alpha\mathrm{d}\beta$ 只是作为 $\delta(x_1-\alpha,y_1-\beta)$ 的系数，根据线性系统所具有的均匀性，那么算符 $\mathscr{L}$ 只需作用到基元函数上就可以了，于是

$$\boldsymbol{g}(x_2,y_2)=\iint_{-\infty}^{\infty}\boldsymbol{f}(\alpha,\beta)\mathscr{L}\{\delta(x_1-\alpha,y_1-\beta)\}\mathrm{d}\alpha\mathrm{d}\beta \tag{1.6.9}$$

$\mathscr{L}\{\delta(x_1-\alpha,y_1-\beta)\}$ 的意义是:当物平面上位于 $x_1=\alpha$，$y_1=\beta$ 点的单位脉冲(点光源)通过系统以后在像平面上得到的分布是 $\mathscr{L}\{\delta(x_1-\alpha,y_1-\beta)\}$，所以它是脉冲响应函数或点扩散函数. 对于给定的光学系统，点扩散函数既与输入点脉冲的位置 (α,β) 有关，也与像点的位置 (x_2,y_2) 有关，因此一般说来脉冲响应或点扩散函数应表示成

$$\boldsymbol{h}(x_2,y_2;\alpha,\beta)=\mathscr{L}\{\delta(x_1-\alpha,y_1-\beta)\}$$

将上式代入式(1.6.9)，则输出函数 $\boldsymbol{g}(x_2,y_2)$ 可表示为

$$\boldsymbol{g}(x_2,y_2)=\iint_{-\infty}^{\infty}\boldsymbol{f}(\alpha,\beta)\boldsymbol{h}(x_2,y_2;\alpha,\beta)\mathrm{d}\alpha\mathrm{d}\beta \tag{1.6.10}$$

这个表达式称为叠加积分，它表明线性系统的性质完全由它的脉冲响应 $\boldsymbol{h}(x_2,y_2;\alpha,\beta)$ 所表征. 对于 $\boldsymbol{h}(x_2,y_2;\alpha,\beta)$ 已知的线性系统，任何输入函数对应的输出函数可由叠加积分式(1.6.10)求得.

1.6.2　线性平移不变系统

设一个系统与输入函数 $\boldsymbol{f}(x_1,y_1)$ 对应的输出函数为 $\boldsymbol{g}(x_2,y_2)$. 当系统输入函数发生一个平移，即 $\boldsymbol{f}(x_1,y_2)$ 变成 $\boldsymbol{f}(x_1-x_0,y_1-y_0)$ 时，若系统相应的输出函数也只是平移，亦即 $\boldsymbol{g}(x_2,y_2)$ 变成 $\boldsymbol{g}(x_2-Mx_0,y_2-My_0)$，式中 M 是光学系统的垂轴放大率，则说该系统具有平移不变性. 这里是针对空间平移说的，故也称空间平移不变性. 若系统既具有线性又具有空间平移不变性，则称这种系统是线性空间平移不变系统，简称线性平移不变系统或线性不变系统. 这时的叠加积分式(1.6.10)取以下形式:

$$\boldsymbol{g}(x_2,y_2)=\iint_{-\infty}^{\infty}\boldsymbol{f}(\alpha,\beta)\boldsymbol{h}(x_2-M\alpha,y_2-M\beta)\,\mathrm{d}\alpha\mathrm{d}\beta$$

如果物平面和像平面的空间坐标取合适的标度，不难做到 $M=1$，这样

$$\boldsymbol{g}(x_2,y_2)=\iint_{-\infty}^{\infty}\boldsymbol{f}(\alpha,\beta)\boldsymbol{h}(x_2-\alpha,y_2-\beta)\,\mathrm{d}\alpha\mathrm{d}\beta=\boldsymbol{f}(x_2,y_2)*\boldsymbol{h}(x_2,y_2) \tag{1.6.11}$$

对于线性不变系统，由于具有均匀性，物点的成像性质与其强度无关，又由于空间不变的性质，物点的成像性质与其位置无关，故可由物面坐标原点的单位脉冲响应$\boldsymbol{h}(x_2,y_2)$来表征系统的性质.

线性不变系统处理起来比较容易，同时相当多的光学系统都接近于线性空间不变系统. 例如通常的光学成像镜头，如在一定的视场范围内，轴外像差消得很好，可视为与轴上点的像差一样，即等晕成像，则该系统就是空间不变系统. 如果输出端采用线性的光电转换装置，则此光学系统可作为线性空间不变系统来处理.

物平面上一个点光源(δ 函数)，通过成像系统后得到一个弥散像点分布(函数$\boldsymbol{h}$)，这种弥散作用很像日晕月晕现象. 对于线性不变系统，由于像点的形状不随物点的空间位置而变，所以又把这种特性称为等晕性. 对于实际成像系统，一般不可能是严格的空间不变系统，这是由于像差的大小和物点位置有关. 然而绝大多数光学系统像差大小随物点位置的变化是缓慢的，因此，即使是空间不变性不能在整个视场内成立，我们也可以把视场分成若干个区域，在每个区域中使空间不变性(等晕成像性)近似成立，这样划分的区域称为等晕区. 对于每个等晕区都有各自的$\boldsymbol{h}$. 因此，对线性空间不变系统的讨论是具有一定普遍意义的.

至此已经从本质上说明了平移不变的意义，但为了在数学上为这种系统建立统一模型，对具有平移不变性的系统，还要求其输入函数与输出函数具有相同的宗量，即$x_1=x_2$，$y_1=y_2$，从而无需对它们区分，统一用(x,y)表示，对这种系统来说

$$\mathscr{L}\{\boldsymbol{f}(x,y)\}=\boldsymbol{g}(x,y) \tag{1.6.12}$$

$$\mathscr{L}\{\boldsymbol{f}(x-x_0,y-y_0)\}=\boldsymbol{g}(x-x_0,y-y_0) \tag{1.6.13}$$

于是式(1.6.11)写成

$$\boldsymbol{g}(x,y)=\iint_{-\infty}^{\infty}\boldsymbol{f}(\alpha,\beta)\boldsymbol{h}(x-\alpha,y-\beta)\mathrm{d}\alpha\mathrm{d}\beta=\boldsymbol{f}(x,y)*\boldsymbol{h}(x,y) \tag{1.6.14}$$

1.6.3 线性平移不变系统的传递函数

在应用问题中，一个系统的输入是空间函数$\boldsymbol{f}(x,y)$. 若$\boldsymbol{f}(x,y)$的傅里叶变换存在，且为

$$\boldsymbol{F}(\xi,\eta)=\iint_{-\infty}^{\infty}\boldsymbol{f}(x,y)\exp[-\mathrm{j}2\pi(\xi x+\eta y)]\mathrm{d}x\mathrm{d}y \tag{1.6.15}$$

这里的ξ、η具有长度倒数的量纲，即具有空间频率的意义，也就是单位长度内变化的周数(周/mm). 由此可见，上式的傅里叶变换将空间函数$\boldsymbol{f}(x,y)$转换成空间频谱函数$\boldsymbol{F}(\xi,\eta)$，或者说空域和频域通过傅里叶变换联系起来.

确定了ξ、η的频率意义后，再考察式(1.6.15)的傅里叶逆变换

$$\boldsymbol{f}(x,y)=\iint_{-\infty}^{\infty}\boldsymbol{F}(\xi,\eta)\exp[\mathrm{j}2\pi(\xi x+\eta y)]\mathrm{d}\xi\mathrm{d}\eta \tag{1.6.16}$$

上式表明，空间信号$\boldsymbol{f}(x,y)$可以分解成具有不同空间频率ξ、η的基元函数$\exp[\mathrm{j}2\pi(\xi x+\eta y)]$的线性组合，$\boldsymbol{F}(\xi,\eta)\mathrm{d}\xi\mathrm{d}\eta$就是这一线性组合中对应的基元函数的权重因子. 这就是除δ 函数之外的第二种基元函数. 这里以$\exp[\mathrm{j}2\pi(\xi x+\eta y)]$为基元函数则意味着把一个空间信号分解成具有不同空间频率的周期函数的线性组合，各周期信号的权重即为$\boldsymbol{F}(\xi,\eta)\mathrm{d}\xi\mathrm{d}\eta$. 显然，函数$\boldsymbol{F}(\xi,\eta)$描述了空间信号$\boldsymbol{f}(x,y)$中不同频率的基元函数的组成情况. 这里把频谱函数$\boldsymbol{F}(\xi,\eta)$称为频谱密度，或简称谱密度.

对$\boldsymbol{f}(x,y)$、$\boldsymbol{g}(x,y)$、$\boldsymbol{h}(x,y)$作傅里叶变换，求出相应的频谱函数$\boldsymbol{F}(\xi,\eta)$、$\boldsymbol{G}(\xi,\eta)$、$\boldsymbol{H}(\xi,\eta)$.

利用傅里叶变换的卷积定理，根据式(1.6.14)得

$$\boldsymbol{G}(\xi,\eta)=\boldsymbol{H}(\xi,\eta)\boldsymbol{F}(\xi,\eta) \tag{1.6.17}$$

式(1.6.17)与式(1.6.14)一样，描写了系统对输入函数的变换作用，一个在频域，另一个在空域. 当然，频域中的这种描述，只有对线性空间不变系统才成立. 由此可见，对线性平移不变系统可采用两种方法研究. 一是在空域通过输入函数与脉冲响应函数的卷积求得输出函数；二是在空间频域求输入函数与脉冲响应函数两者各自频谱密度的乘积，再对该乘积取傅里叶逆变换求得输出函数. 从表面上看，后一种方法包括正反两个变换和一个乘积运算，似乎比前一种方法复杂烦琐. 然而，情况并非如此，这是因为利用傅里叶变换性质和傅里叶变换对偶表，或利用快速傅里叶变换，常可以使傅里叶变换、求积、傅里叶逆变换这一运算过程远比卷积运算方便. 因此，从频域来考察线性平移不变系统，不仅有重要的理论意义，而且有很高的实用价值.

对系统作频谱分析，就是考察系统对输入函数中不同频率的基元函数 $\exp[\mathrm{j}2\pi(\xi x+\eta y)]$ 的作用. 这种作用应该表现为输出函数与输入函数中同一频率基元成分的权重的相对变化. 因此，用输出函数与输入函数两者频谱密度的比例 $\boldsymbol{G}(\xi,\eta)/\boldsymbol{F}(\xi,\eta)$ 来表征系统的频率响应特性是合理的. 由式(1.6.17)可知，该比值恰为系统的原点脉冲响应的频谱密度 $\boldsymbol{H}(\xi,\eta)$，即

$$\boldsymbol{H}(\xi,\eta)=\frac{\boldsymbol{G}(\xi,\eta)}{\boldsymbol{F}(\xi,\eta)} \tag{1.6.18}$$

这就是说，原点脉冲响应的频谱密度可以表征系统对输入函数中不同频率的基元成分的传递能力. 因此，称 $\boldsymbol{H}(\xi,\eta)$ 为线性平移不变系统的传递函数.

线性平移不变系统的原点脉冲响应的频谱密度 $\boldsymbol{H}(\xi,\eta)$，不仅能表征系统对输入函数中不同频率的基元函数的传递能力，还可以从另外一个角度来进行说明. 既然从频域考察一个系统的性能就是评价该系统对不同基元函数 $\exp[\mathrm{j}2\pi(\xi x+\eta y)]$ 的传递能力，如果能找到一个具有均匀频谱密度的输入函数，则在相应的输出函数中，用各种频率的基元成分权重作为频率的函数，即可直接用来度量这种传递能力或频率响应特性. 什么样的函数具有均匀的频谱密度?显然，位于原点的脉冲信号 $\delta(x,y)$ 是这样的函数，而系统对应于输入函数 $\delta(x,y)$ 的输出函数就是系统的原点脉冲响应. 因此，原点脉冲响应的频谱密度恰好能用来表示系统对不同频率的基元函数的传递能力，而将它定义为线性平移不变系统的传递函数自然是很直观、很合理的.

传递函数 $\boldsymbol{H}(\xi,\eta)$ 一般是复函数，其模的作用在于改变输入函数各种频率基元成分的模，其辐角的作用在于改变这些基元成分的初相位. 输入函数中任一频率的基元成分就是通过模与初相位的上述变化，形成系统的输出函数中同一频率的基元成分，这些基元成分线性叠加即合成输出函数.

1.6.4　线性平移不变系统的本征函数

如果函数 $\boldsymbol{f}(x,y)$ 满足条件

$$\mathscr{L}\{\boldsymbol{f}(x,y)\}=a\boldsymbol{f}(x,y) \tag{1.6.19}$$

式中 a 为一复常数，则称 $\boldsymbol{f}(x,y)$ 为算符 $\mathscr{L}\{\}$ 所表征系统的本征函数. 也就是说，系统的本征函数是一个特定的输入函数，相应的输出函数与输入函数之比是一个复常数. 前面提到的指数函数是基元函数. 把形如 $\exp[\mathrm{j}2\pi(\xi x+\eta y)]$ 的复指数函数选作基元函数并非偶然，正是由于它是线性空间不变系统的本征函数.

现在把函数 $\exp[\mathrm{j}2\pi(\xi x+\eta y)]$ 输入到线性不变系统中去，即令式(1.6.14)中

$$\boldsymbol{f}(x,y)=\exp[\mathrm{j}2\pi(\xi x+\eta y)] \tag{1.6.20}$$

从而得到

$$\boldsymbol{g}(x,y)=\iint_{-\infty}^{\infty}\exp[\mathrm{j}2\pi(\xi\alpha+\eta\beta)]\boldsymbol{h}(x-\alpha,y-\beta)\mathrm{d}\alpha\mathrm{d}\beta$$

令 $x-\alpha=x', y-\beta=y'$，上式可写成

$$\begin{aligned}\boldsymbol{g}(x,y)&=\exp[\mathrm{j}2\pi(\xi x+\eta y)]\iint_{-\infty}^{\infty}\exp[-\mathrm{j}2\pi(\xi x'+\eta y')]\boldsymbol{h}(x',y')\mathrm{d}x'\mathrm{d}y'\\&=\boldsymbol{H}(\xi,\eta)\exp[\mathrm{j}2\pi(\xi x+\eta y)]\end{aligned}\tag{1.6.21}$$

对于给定的 ξ、η 来说，它是一复常数. 对照式(1.6.20)和式(1.6.21)可知，此时输入函数与输出函数之比等于复常数 $\boldsymbol{H}(\xi,\eta)$. 可见，函数 $\exp[\mathrm{j}2\pi(\xi x+\eta y)]$ 确实为线性不变系统的本征函数. 正因为如此，在分析线性不变系统时，取形如 $\exp[\mathrm{j}2\pi(\xi x+\eta y)]$ 的复指数函数作为基元函数是非常简便的.

下面再讨论一类特殊的线性系统，其脉冲响应是实函数. 这种系统可以把一个实值输入变换成一个实值输出，也是一种常见的系统，如非相干成像系统. 这类系统的传递函数 $\boldsymbol{H}(\xi,\eta)$ 是厄米的，即有

$$\boldsymbol{H}(\xi,\eta)=\boldsymbol{H}^*(-\xi,-\eta)\tag{1.6.22}$$

若用 $A(\xi,\eta)$ 和 $\phi(\xi,\eta)$ 分别表示传递函数的模和幅角，分别称为振幅传递函数和相位传递函数. 于是

$$\boldsymbol{H}(\xi,\eta)=A(\xi,\eta)\exp[-\mathrm{j}\phi(\xi,\eta)]\tag{1.6.23}$$

而

$$\boldsymbol{H}^*(-\xi,-\eta)=A(-\xi,-\eta)\exp[\mathrm{j}\phi(-\xi,-\eta)]\tag{1.6.24}$$

将式(1.6.24)、式(1.6.23)代入式(1.6.22)得到

$$A(\xi,\eta)\exp[-\mathrm{j}\phi(\xi,\eta)]=A(-\xi,-\eta)\exp[\mathrm{j}\phi(-\xi,-\eta)]$$

在上式中振幅和相位应分别相等，于是得到

$$A(\xi,\eta)=A(-\xi,-\eta)\tag{1.6.25}$$

$$\phi(\xi,\eta)=-\phi(-\xi,-\eta)\tag{1.6.26}$$

即振幅传递函数为偶函数，相位传递函数是奇函数.

下面我们来证明余弦或正弦函数是这类系统的本征函数. 令系统的传递函数为 $\boldsymbol{H}(\xi,\eta)$，输入函数

$$\boldsymbol{f}(x,y)=\cos[2\pi(\xi_0x+\eta_0y)]$$

输入频谱为

$$\boldsymbol{F}(\xi,\eta)=\frac{1}{2}[\delta(\xi-\xi_0,\eta-\eta_0)+\delta(\xi+\xi_0,\eta+\eta_0)]$$

线性空间不变系统的输出频谱为

$$\boldsymbol{G}(\xi,\eta)=\boldsymbol{H}(\xi,\eta)\boldsymbol{F}(\xi,\eta)=\frac{1}{2}\boldsymbol{H}(\xi_0,\eta_0)\delta(\xi-\xi_0,\eta-\eta_0)+\frac{1}{2}\boldsymbol{H}(-\xi_0,-\eta_0)\delta(\xi+\xi_0,\eta+\eta_0)$$

系统的输出函数为

$$\begin{aligned}\boldsymbol{g}(x,y)&=\mathscr{F}^{-1}\{\boldsymbol{G}(\xi,\eta)\}\\&=\frac{1}{2}\boldsymbol{H}(\xi_0,\eta_0)\exp[\mathrm{j}2\pi(\xi_0x+\eta_0y)]+\frac{1}{2}\boldsymbol{H}(-\xi_0,-\eta_0)\exp[-\mathrm{j}2\pi(\xi_0x+\eta_0y)]\\&=\frac{1}{2}A(\xi_0,\eta_0)\exp[\mathrm{j}2\pi(\xi_0x+\eta_0y)-\mathrm{j}\phi(\xi_0,\eta_0)]+\frac{1}{2}A(\xi_0,\eta_0)\exp[-\mathrm{j}2\pi(\xi_0x+\eta_0y)+\mathrm{j}\phi(\xi_0,\eta_0)]\\&=A(\xi_0,\eta_0)\cos[2\pi(\xi_0x+\eta_0y)-\phi(\xi_0,\eta_0)]\end{aligned}$$

也就是说

$$\mathscr{L}\{\cos[2\pi(\xi_0 x+\eta_0 y)]\}=A(\xi_0,\eta_0)\cos[2\pi(\xi_0 x+\eta_0 y)-\phi(\xi_0,\eta_0)]$$

由于输入余弦函数的频率是任意的，上式可改写成一般形式

$$\mathscr{L}\{\cos[2\pi(\xi x+\eta y)]\}=A(\xi,\eta)\cos[2\pi(\xi x+\eta y)-\phi(\xi,\eta)] \tag{1.6.27}$$

上式表明，对于具有实值脉冲响应的线性不变系统，余弦输入将产生同频率的余弦输出. 但可能产生与频率有关的衰减和相移，这种变化的大小分别决定于传递函数的模和辐角.

1.7　二维光场分析

球面波、平面波都是波动方程的基本解，由波动方程的线性性质知，任何复杂的波都可以用球面波或平面波的线性组合来表示. 因此，有必要讨论这些光波的数学描述，以及如何用傅里叶分析方法对二维光场进行分析.

1.7.1　单色光波场的复振幅表示

单色光场中某点 P 在时刻 t 的光振动可表示成

$$u(P,t)=a(P)\cos[2\pi\nu t-\phi(P)] \tag{1.7.1}$$

式中，ν 是光波的时间频率. $a(P)$ 和 $\phi(P)$ 分别是 P 点光振动的振幅和初相位. 从公式(1.7.1)可以看出，一个理想的单色光波对于时间和空间都是无限的. 考察实际发光过程，它总是发生在一定时间和一定空间范围内，所以理想单色光波是不存在的. 但是在实际存在的光波中，有的光波仅仅包含以某一频率为中心很窄的频率范围，即窄带光. 单色光的有关结论，可以推广到窄带光. 对宽带的非单色光，可以将它们分解成单色光，然后再应用单色光的有关结论，所以对单色光的讨论不仅有理论意义而且还有实际意义.

在运算中，指数函数比三角函数有许多方便之处，通常将 $u(P,t)$ 表示成

$$u(P,t)=\mathrm{Re}(a(P)\exp\{-\mathrm{j}[2\pi\nu t-\phi(P)]\})=\mathrm{Re}\{a(P)\exp[\mathrm{j}\phi(P)]\exp(-\mathrm{j}2\pi\nu t)\}$$

式中符号 $\mathrm{Re}\{\cdot\}$ 表示对括号内的复函数取实部. 显然，利用复指数函数表示光振动，便于把相位中由空间位置确定的部分 $\phi(P)$ 和由时间变量确定的部分 $2\pi\nu t$ 分开来.

定义一个物理量

$$\boldsymbol{U}(P)=a(P)\exp[\mathrm{j}\phi(P)] \tag{1.7.2}$$

$\boldsymbol{U}(P)$ 称为单色光波场中 P 点的复振幅，它包含了 P 点光振动的振幅 $a(P)$ 和初相位 $\phi(P)$. 它与时间 t 无关，而仅是空间位置的函数. 对于单色光波，由于频率 ν 恒定，由时间变量确定的相位因子 $\exp(-\mathrm{j}2\pi\nu t)$ 对于光场中各点来说均是相同的. 光场中光振动的空间分布完全由复振幅 $\boldsymbol{U}$ 随空间位置的变化所确定.

利用复振幅 $\boldsymbol{U}(P)$ ，光振动的表达式可改写为

$$u(P,t)=\mathrm{Re}\{\boldsymbol{U}(P)\exp(-\mathrm{j}2\pi\nu t)\} \tag{1.7.3}$$

在计算干涉、衍射和另一些光学问题时，涉及单色光波的线性运算(加、减、积分和微分等)可直接利用复振幅进行计算，导出所需结果的复振幅. 由复振幅计算光强可按下式进行：

$$I=|\boldsymbol{U}|^2=\boldsymbol{U}\boldsymbol{U}^* \tag{1.7.4}$$

1. 球面波的复振幅

从点光源发出的光，其波面表现为球面，故称球面波. 我们常把一个复杂的光源看成是许多点光源的集合，所以点光源是一个重要的基本光源，球面波是一种基本的波面形式. 球面波的等相位

面是一组同心球面，各点上的振幅与该点到球心的距离成反比. 当直角坐标的原点与球面波中心重合时，单色球面波在场中任一点 P 所产生的复振幅可写成

$$\boldsymbol{U}(P)=\frac{a_0}{r}\exp(\mathrm{j}\boldsymbol{k}\cdot\boldsymbol{r}) \tag{1.7.5}$$

其中，$\boldsymbol{r}$ 是 $P(x,y,z)$ 点的矢径，$r=|\boldsymbol{r}|=(x^2+y^2+z^2)^{1/2}$；$a_0$ 是 $r=1$ 处的振幅值，它正比于点光源的振幅；$\boldsymbol{k}$ 是波矢量，其大小 $k=|\boldsymbol{k}|=2\pi/\lambda$，称为空间角频率或波数，它表示单位长度上的相位变化.

对于发散球面波 $\boldsymbol{k}$ 与 $\boldsymbol{r}$ 的方向一致，式(1.7.5)可写成

$$\boldsymbol{U}(P)=\frac{a_0}{r}\exp(\mathrm{j}kr) \tag{1.7.6}$$

对于会聚球面波，$\boldsymbol{k}$ 与 $\boldsymbol{r}$ 的方向相反，式(1.7.5)可写成

$$\boldsymbol{U}(P)=\frac{a_0}{r}\exp(-\mathrm{j}kr) \tag{1.7.7}$$

当点光源或会聚点位于空间任一位置 $S(x_0,y_0,z_0)$ 时，$r=[(x-x_0)^2+(y-y_0)^2+(z-z_0)^2]^{1/2}$.

在许多问题中，我们所关心的往往是某个选定平面上的光场分布，例如衍射场中的孔径平面、观察平面、成像系统中的物平面和像平面等，因而有必要讨论光波在某一特定平面上产生的复振幅分布的数学描述. 如图 1.7.1 所示，点光源 $S(x_0,y_0,0)$ 位于 x_0y_0 平面，考察与其相距为 z 的 xy 平面上的光场分布. r 可以写为

$$r=[z^2+(x-x_0)^2+(y-y_0)^2]^{1/2}=z\left[1+\frac{(x-x_0)^2+(y-y_0)^2}{z^2}\right]^{1/2}$$

当在 xy 平面上只考虑一个对 S 点张角不大的范围时，有

$$(x-x_0)^2+(y-y_0)^2\ll z^2$$

即满足傍轴条件. 对其作泰勒级数展开，并略去高阶项得

$$r\approx z+\frac{(x-x_0)^2+(y-y_0)^2}{2z} \tag{1.7.8}$$

把式(1.7.8)代入式(1.7.5)，得到发散球面波在 xy 平面上产生的复振幅分布

$$\boldsymbol{U}(x,y)=\frac{a_0}{z}\exp(\mathrm{j}kz)\exp\left\{\mathrm{j}\frac{k}{2z}[(x-x_0)^2+(y-y_0)^2]\right\} \tag{1.7.9}$$

上式振幅中的 r 已用 z 近似，这是由于所考察的区域相对于 z 很小，可以认为各点的振幅近似相等. 但在相位因子中，由于光波长 λ 极短，$k=2\pi/\lambda$ 数值很大，以致 r 的误差对相位值的影响较大，所以在 r 的近似中应多取一项.

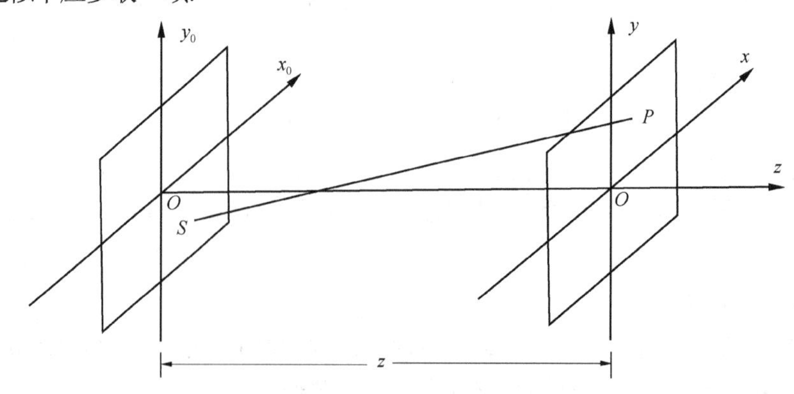

图 1.7.1　球面波在 xy 平面上的复振幅分布

在相位因子中包含两项：$\exp(jkz)$ 为常相位因子；$\exp\left\{j\frac{k}{2z}[(x-x_0)^2+(y-y_0)^2]\right\}$ 描述了相位随 xy 平面坐标的变化，我们称之为球面波的二次相位因子. 若平面上复振幅分布的表达式中含有这样的因子，就可以认为距离平面 z 处发出的球面波经过这个平面.

xy 平面上相位相同点的轨迹，即等相位线方程为

$$(x-x_0)^2+(y-y_0)^2=c \tag{1.7.10}$$

式中 c 为某一常量，不同 c 值所对应的等相位线构成一族同心圆，它们是球面波面与 xy 平面的交线. 相位相距 2π 的同心圆之间的距离不相等，而是由中心向外越来越密.

以上我们讨论的是图 1.7.1 所示的情况，这时 $z>0$，表示观察平面位于点源右方，它表示一个发散球面波的复振幅，其特点是相位 $\phi(x,y)>0$.

若 $z<0$，表示观察平面位于点源左方，式(1.7.9)也可以用来表示一个会聚球面波，注意这时振幅因子中的 z 要用绝对值，或者写成

$$U(x,y)=\frac{a_0}{|z|}\exp(-jk|z|)\exp\left\{-j\frac{k}{2|z|}[(x-x_0)^2+(y-y_0)^2]\right\} \tag{1.7.11}$$

它表示经过 xy 平面向 $(x_0,y_0,0)$ 处会聚的球面波在该平面上产生的复振幅分布.

2. 平面波的复振幅

平面波也是光波最简单的一种形式，它的特点是等相位面是平面. 在各向同性介质中，等相面与传播方向垂直，在平面波光场中，各点的振幅为常数. 点光源发出的光波经透镜准直，或者把点光源移到无穷远，可以近似获得平面波.

在确定的直角坐标系中，若平面波传播方向 $\boldsymbol{k}$ 的方向余弦为 $(\cos\alpha,\cos\beta,\cos\gamma)$，则沿 $\boldsymbol{k}$ 方向传播的单色平面波，在光场中 $P(x,y,z)$ 点处产生的复振幅可以表示为

$$\boldsymbol{U}(x,y,z)=a\exp(j\boldsymbol{k}\cdot\boldsymbol{r})=a\exp[jk(x\cos\alpha+y\cos\beta+z\cos\gamma)] \tag{1.7.12}$$

式中 a 表示常数振幅. 方向余弦 $\cos\alpha$、$\cos\beta$、$\cos\gamma$ 之间存在着下述关系：

$$\cos^2\alpha+\cos^2\beta+\cos^2\gamma=1$$

公式(1.7.12)可以改写成

$$\begin{aligned}\boldsymbol{U}(x,y,z)&=a\exp(jkz\cos\gamma)\exp[jk(x\cos\alpha+y\cos\beta)]\\&=a\exp\left(jkz\sqrt{1-\cos^2\alpha-\cos^2\beta}\right)\exp[jk(x\cos\alpha+y\cos\beta)]\end{aligned} \tag{1.7.13}$$

对于在确定方向传播的平面波，以及所选定的垂直 z 轴的 xy 平面，上式中的第一个相位因子是常数相位因子，与 x、y 坐标无关. 因此引入一个复常数 $\boldsymbol{A}$，令

$$\boldsymbol{A}=a\exp\left(jkz\sqrt{1-\cos^2\alpha-\cos^2\beta}\right) \tag{1.7.14}$$

于是 xy 平面上的复振幅分布可以表示为

$$\boldsymbol{U}(x,y)=\boldsymbol{A}\exp[jk(x\cos\alpha+y\cos\beta)] \tag{1.7.15}$$

通常称 $\exp[jk(x\cos\alpha+y\cos\beta)]$ 为平面波的线性相位因子. 若平面上复振幅分布的表达式中包含这一因子，便可知它代表一个方向余弦为 $(\cos\alpha,\cos\beta)$ 的平面波经过该平面.

等相位线的方程是

$$x\cos\alpha+y\cos\beta=c \tag{1.7.16}$$

式中 c 为常量. 不同的 c 值所对应的等相位线是一些平行直线. 图 1.7.2 中用虚线表示相位值相差

2π 的一组波面与 xy 平面的交线，即等相位线，它们是一组平行等距的平行斜线. 由于相位值相差 2π 的各点的光振动实质上是相同的，所以平面上复振幅分布是以 2π 为周期的周期分布.

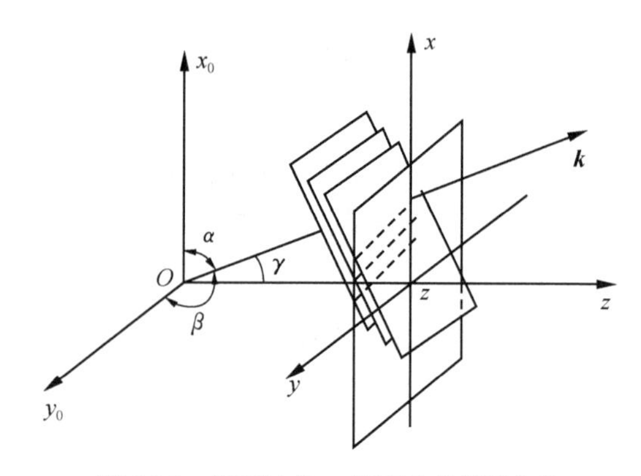

图 1.7.2　平面波在 xy 平面上的等相位线

1.7.2　平面波的空间频率

平面波的空间频率是信息光学中常用的基本物理量，因此深入理解这个概念的物理含义是很重要的.

我们首先研究波矢量 $\boldsymbol{k}$ 位于 x_0z 平面内的简单情况. 这时波面垂直于 x_0z 平面，如图 1.7.2 所示. 由于 $\cos\beta=0$, xy 平面上的复振幅分布为

$$\boldsymbol{U}(x,y)=\boldsymbol{A}\exp(\mathrm{j}kx\cos\alpha) \tag{1.7.17}$$

等相位线方程为

$$kx\cos\alpha=c \tag{1.7.18}$$

与不同 c 值对应的等相位线是一些垂直于 x 轴的平行直线. 图 1.7.3 画出了相位依次相差 2π 的几个波面与 xy 平面相交得出的等相位线，这些等相位线的距离相等. 由于等相位线上的光振动相同(振幅相等，相位差为 2π 的整数倍)，因此复振幅在 xy 面上周期分布的空间周期可以用相位差 2π 的两相邻等相位线的间距 X 表示. 由公式(1.7.18)可得

$$kX\cos\alpha=2\pi$$

所以

$$X=\frac{\lambda}{\cos\alpha} \tag{1.7.19}$$

式中 λ 为光波波长. x 方向的空间频率用 ξ 表示，其单位为周/mm，于是有

$$\xi=\frac{1}{X}=\frac{\cos\alpha}{\lambda} \tag{1.7.20}$$

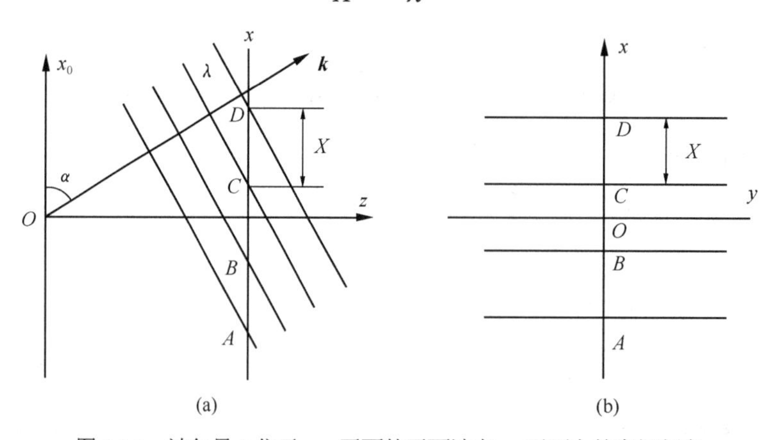

图 1.7.3　波矢量 $\boldsymbol{k}$ 位于 x_0z 平面的平面波在 xy 平面上的空间频率

因为等相位线平行于 y 轴，可以认为沿 y 方向的空间周期 $Y=\infty$，因此 y 方向的空间频率为

$$\eta=\lim_{Y\to\infty}\frac{1}{Y}=0$$

这样一来，传播方向余弦为 $(\cos\alpha,0)$ 的单色平面波在 xy 平面上造成的复振幅分布就可用 x、y 方向

的空间频率 $(\xi=\cos\alpha/\lambda, \eta=0)$ 来描述. 因此，公式(1.7.17)可改写成

$$\boldsymbol{U}(x,y)=\boldsymbol{A}\exp(\mathrm{j}2\pi\xi x) \tag{1.7.21}$$

由空间频率与传播方向余弦之间的对应关系，也可以把式(1.7.21)看成传播方向余弦为 $\cos\alpha=\lambda\xi,\ \cos\beta=0$ 的单色平面波.

在图 1.7.3 中，α 为锐角，$\cos\alpha>0$，空间频率 $\xi=\cos\alpha/\lambda$ 为正值. 这表示 xy 平面上的相位值沿 x 正向增加. 如果传播矢量与 x_0 轴成钝角，$\cos\alpha<0$，空间频率 $\xi=\cos\alpha/\lambda$ 为负值. 这表示 xy 平面上的相位沿 x 正向减小. 因此，空间频率的正负仅表示平面波的不同传播方向.

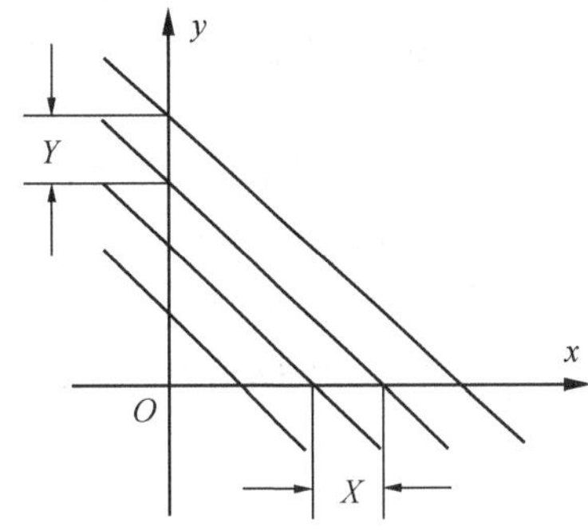

图 1.7.4　任意方向传播的平面波在 xy 平面上的空间频率

在传播方向余弦为 $(\cos\alpha,\cos\beta)$ 的一般情况下，xy 平面上的等相位线是一些平行斜线，如图 1.7.4 所示. 图上画出了相位依次相差 2π 的等相位线，这时 xy 平面上沿 x 方向和 y 方向的复振幅分布都是周期变化的，其空间周期 X 和 Y 分别为

$$X=\frac{\lambda}{\cos\alpha},\quad Y=\frac{\lambda}{\cos\beta}$$

相应的空间频率分别为

$$\xi=\frac{1}{X}=\frac{\cos\alpha}{\lambda},\quad \eta=\frac{1}{Y}=\frac{\cos\beta}{\lambda} \tag{1.7.22}$$

于是式(1.7.15)可写成

$$\boldsymbol{U}(x,y)=\boldsymbol{A}\exp[\mathrm{j}2\pi(\xi x+\eta y)] \tag{1.7.23}$$

上式直接通过空间频率 (ξ,η) 表示 xy 平面上的复振幅分布. 式(1.7.23)代表了一个传播方向余弦为 $\cos\alpha=\lambda\xi, \cos\beta=\lambda\eta$ 的单色平面波.

假如我们的注意力不是集中在某一个平面上，而在于整个空间，可以类似地定义沿 z 方向的空间频率

$$\zeta=\frac{\cos\gamma}{\lambda} \tag{1.7.24}$$

于是式(1.7.12)可表示成

$$\boldsymbol{U}(x,y,z)=a\exp[\mathrm{j}2\pi(\xi x+\eta y+\zeta z)] \tag{1.7.25}$$

根据 $\cos^2\alpha+\cos^2\beta+\cos^2\gamma=1$，可得

$$\xi^2+\eta^2+\zeta^2=\frac{1}{\lambda^2}$$

式中 $1/\lambda$ 表示平面波沿传播方向的空间频率.

注意，空间频率的概念同样可以描述其他物理量的空间周期分布，但它们有不同的物理含义. 例如，对于非相干照明的平面上的光强分布，也可以通过傅里叶分析利用空间频率来描述. 但空间频率 (ξ,η) 不再和单色平面波有关，$\exp[\mathrm{j}2\pi(\xi x+\eta y)]$ 也就不再对应沿某一方向传播的平面波.

1.7.3　复振幅分布的空间频谱

我们用 $\boldsymbol{g}(x,y)$ 表示在 xy 平面上的物体分布，在相干照明下，$\boldsymbol{g}(x,y)$ 就是 xy 平面上的复振幅分布，其模代表每一点的振幅，辐角代表每一点的初相位. 利用傅里叶变换这一数学工具，复振幅分布 $\boldsymbol{g}(x,y)$ 可表示成

$$\boldsymbol{g}(x,y)=\iint_{-\infty}^{\infty}\boldsymbol{G}(\xi,\eta)\exp[\mathrm{j}2\pi(\xi x+\eta y)]\mathrm{d}\xi\mathrm{d}\eta \tag{1.7.26}$$

式中$\boldsymbol{G}(\xi,\eta)$是$\boldsymbol{g}(x,y)$的频谱. 上式表明，物$\boldsymbol{g}(x,y)$可以看成是由无数指数基元$\exp[\mathrm{j}2\pi\cdot(\xi x+\eta y)]$叠加而成的，叠加时任一确定频率$(\xi,\eta)$的指数基元权重是$\boldsymbol{G}(\xi,\eta)\ \mathrm{d}\xi\mathrm{d}\eta$，这些指数基元在物平面上的取向和周期随$(\xi,\eta)$不同而各不相同. 也就是说，物函数$\boldsymbol{g}(x,y)$可以分解为无穷多个不同频率$(\xi,\eta)$、不同取向$(\tan\theta=\eta/\xi)$、不同权重$(\boldsymbol{G}(\xi,\eta)\mathrm{d}\xi\mathrm{d}\eta)$的指数基元.

前面已经指出，指数基元$\exp[\mathrm{j}2\pi(\xi x+\eta y)]$代表一个传播方向余弦为$(\cos\alpha=\lambda\xi,\cos\beta=\lambda\eta)$的单位振幅的单色平面波. 因此，公式(1.7.26)表示的物函数$\boldsymbol{g}(x,y)$可以看成不同方向传播的单色平面波分量的线性叠加. 这些平面波分量的传播方向和空间频率(ξ,η)相对应，其相应的振幅和常数相位取决于频谱$\boldsymbol{G}(\xi,\eta)$，我们称$\boldsymbol{G}(\xi,\eta)$为复振幅分布$\boldsymbol{g}(x,y)$的空间频谱. 因为

$$\xi=\frac{\cos\alpha}{\lambda},\quad \eta=\frac{\cos\beta}{\lambda}$$

$\boldsymbol{G}(\xi,\eta)$也可用方向余弦表示，即

$$\boldsymbol{G}\left(\frac{\cos\alpha}{\lambda},\frac{\cos\beta}{\lambda}\right)=\iint_{-\infty}^{\infty}\boldsymbol{g}(x,y)\exp\left[-\mathrm{j}2\pi\left(\frac{\cos\alpha}{\lambda}x+\frac{\cos\beta}{\lambda}y\right)\right]\mathrm{d}x\mathrm{d}y \tag{1.7.27}$$

这里将平面波的空间频率(ξ,η)与特定的传播方向$(\cos\alpha,\cos\beta)$相对应，称$\boldsymbol{G}\left(\frac{\cos\alpha}{\lambda},\frac{\cos\beta}{\lambda}\right)$为平面波的角谱. 引入角谱的概念有助于进一步理解复振幅分解的物理意义.

1.8　空间频率的局域化

一个物分布函数可看成是许多个在各种方向上传播的平面波叠加而成的，每一个傅里叶分量是一个单一空间频率的复指数函数，它代表一个充满整个空间的平面波. 例如，一个在空间中沿x轴正方向传播的平面波，其波列是从$-\infty$一直延伸到∞的. 因此，不能将一个空间位置与一个特定的空间频率联系起来. 虽然如此，我们知道在实际问题中，一幅图像的某一部分可以包含某一固定间距的平行网栅，也就是说，由这些平行网栅代表的特定频率或频段是局限在图像的某一空间区域内的. 本节我们将引入局域空间频率的概念，并分析它们与傅里叶分量之间的关系.

为了便于理解，我们先考虑一个具有单一空间频率(ξ,η)的基元复指数函数

$$\boldsymbol{g}(x,y)=a\exp[\mathrm{j}2\pi(\xi x+\eta y)]$$

其中a为常数. 显然，其空间频率可以这样来求得，即

$$\xi=\frac{1}{2\pi}\frac{\partial}{\partial x}[2\pi(\xi x+\eta y)],\quad \eta=\frac{1}{2\pi}\frac{\partial}{\partial y}[2\pi(\xi x+\eta y)]$$

现在我们考虑复值函数的一般情况，其表示式为

$$\boldsymbol{g}(x,y)=a(x,y)\exp[\mathrm{j}\phi(x,y)] \tag{1.8.1}$$

其中$a(x,y)$是非负的实值振幅分布，$\phi(x,y)$为实值相位分布. 这里假定振幅分布$a(x,y)$是空间位置(x,y)的慢变化函数. 因此，我们集中讨论相位函数$\phi(x,y)$的行为.

我们定义$\boldsymbol{g}(x,y)$的局域空间频率(ξ_l,η_l)为

$$\xi_l=\frac{1}{2\pi}\frac{\partial}{\partial x}\phi(x,y),\quad \eta_l=\frac{1}{2\pi}\frac{\partial}{\partial y}\phi(x,y) \tag{1.8.2}$$

而且在函数$\boldsymbol{g}(x,y)$值为零的区域，ξ_l和η_l之值也定义为零.

把这个定义用于基元复指数函数$\boldsymbol{g}(x,y)=a\exp[\mathrm{j}2\pi(\xi x+\eta y)]$得

$$\xi_l = \frac{1}{2\pi}\frac{\partial}{\partial x}[2\pi(\xi x+\eta y)]=\xi,\quad \eta_l=\frac{1}{2\pi}\frac{\partial}{\partial y}[2\pi(\xi x+\eta y)]=\eta$$

因此，我们看到对于单个傅里叶分量的情形，局域频率的确就是该分量的频率，这些频率在整个 xy 平面上均为常数.

接下来考虑一个在有限空域上的二次相位函数，这个函数叫有限啁啾函数，即

$$\boldsymbol{g}(x,y)=\exp[\mathrm{j}\pi\beta(x^2+y^2)]\mathrm{rect}\left(\frac{X}{2Z}\right)\mathrm{rect}\left(\frac{y}{2Y}\right) \tag{1.8.3}$$

这个函数在矩形区域 $D=\{(x,y)|-X\leqslant x\leqslant X,-Y\leqslant y\leqslant Y\}$ 内有值，而在这个矩形区域之外为零. 在这个区域内对 x、y 求偏导数得到局域频率为

$$\xi_l=\beta x\mathrm{rect}\left(\frac{x}{2X}\right),\quad \eta_l=\beta y\mathrm{rect}\left(\frac{y}{2Y}\right) \tag{1.8.4}$$

我们看到，在这个情况下，局域空间频率依赖于 xy 平面上的位置；在一个大小为 $2X\times 2Y$ 的矩形内，ξ_l 随 x 坐标呈线性变化，而 η_l 随 y 坐标呈线性变化. 因此，对这个函数(以及更多的其他函数)，局域空间频率与 xy 平面内所在的位置有关.

由于局域空间频率只局限在尺寸为 $2Z\times 2Y$ 的矩形内，我们也许会说，$\boldsymbol{g}(x,y)$ 的傅里叶谱也局限在同样的矩形内. 实际上，这句话只是近似正确的，并不精确成立. 这种函数的傅里叶变换由下式给出：

$$\boldsymbol{G}(\xi,\eta)=\int_{-X}^{X}\int_{-Y}^{Y}\exp[\mathrm{j}\pi\beta(x^2+y^2)]\exp[-\mathrm{j}2\pi(\xi x+\eta y)]\mathrm{d}x\mathrm{d}y$$

这个表达式在直角坐标系中可分离变量，于是只要求出一维频谱就够了.

$$\begin{aligned}\boldsymbol{G}(\xi)&=\int_{-X}^{X}\exp(\mathrm{j}\pi\beta x^2)\exp(-\mathrm{j}2\pi\xi x)\,\mathrm{d}x=\int_{-X}^{X}\exp\left[\mathrm{j}\pi\beta\left(x^2-\frac{2\xi}{\beta}x+\frac{\xi^2}{\beta^2}-\frac{\xi^2}{\beta^2}\right)\right]\mathrm{d}x\\&=\exp\left(-\mathrm{j}\pi\frac{\xi^2}{\beta}\right)\int_{-X}^{X}\exp\left[\mathrm{j}\pi\beta\left(x-\frac{\xi}{\beta}\right)^2\right]\mathrm{d}x\\&=\exp\left(-\mathrm{j}\pi\frac{\xi^2}{\beta}\right)\int_{-X}^{X}\exp\left\{\mathrm{j}\frac{\pi}{2}\left[\sqrt{2\beta}\left(x-\frac{\xi}{\beta}\right)\right]^2\right\}\mathrm{d}x\end{aligned}$$

令 $t=\sqrt{2\beta}\left(x-\dfrac{\xi}{\beta}\right)$，得到

$$\begin{aligned}\boldsymbol{G}(\xi)&=\frac{1}{\sqrt{2\beta}}\exp\left(-\mathrm{j}\pi\frac{\xi^2}{\beta}\right)\int_{-\sqrt{2\beta}\left(X+\frac{\xi}{\beta}\right)}^{\sqrt{2\beta}\left(X-\frac{\xi}{\beta}\right)}\exp\left(\mathrm{j}\frac{\pi}{2}t^2\right)\mathrm{d}t\\&=\frac{1}{\sqrt{2\beta}}\exp\left(-\mathrm{j}\pi\frac{\xi^2}{\beta}\right)\left[\int_0^{\sqrt{2\beta}\left(X-\frac{\xi}{\beta}\right)}\exp\left(\mathrm{j}\frac{\pi}{2}t^2\right)\mathrm{d}t-\int_0^{-\sqrt{2\beta}\left(X+\frac{\xi}{\beta}\right)}\exp\left(\mathrm{j}\frac{\pi}{2}t^2\right)\mathrm{d}t\right]\\&=\frac{1}{\sqrt{2\beta}}\exp\left(-\mathrm{j}\pi\frac{\xi^2}{\beta}\right)\left\{\left[\int_0^{\sqrt{2\beta}\left(X-\frac{\xi}{\beta}\right)}\cos\frac{\pi}{2}t^2\mathrm{d}t-\int_0^{-\sqrt{2\beta}\left(X-\frac{\xi}{\beta}\right)}\cos\frac{\pi}{2}t^2\mathrm{d}t\right]\right.\\&\qquad\left.+\mathrm{j}\left[\int_0^{\sqrt{2\beta}\left(X-\frac{\xi}{\beta}\right)}\sin\frac{\pi}{2}t^2\mathrm{d}t-\int_0^{-\sqrt{2\beta}\left(X+\frac{\xi}{\beta}\right)}\sin\frac{\pi}{2}t^2\mathrm{d}t\right]\right\}\end{aligned}$$

利用已制成数值表的菲涅耳积分公式

$$C(Z)=\int_0^Z \cos\frac{\pi}{2}t^2\mathrm{d}t,\quad S(Z)=\int_0^Z \sin\frac{\pi}{2}t^2\mathrm{d}t$$

可得

$$\begin{aligned}\boldsymbol{G}(\xi)=&\frac{1}{\sqrt{2\beta}}\exp\left(-\mathrm{j}\pi\frac{\xi^2}{\beta}\right)\left\{C\left[\sqrt{2\beta}\left(X-\frac{\xi}{\beta}\right)\right]-C\left[-\sqrt{2\beta}\left(X+\frac{\xi}{\beta}\right)\right]\right.\\&\left.+\mathrm{j}S\left[\sqrt{2\beta}\left(X-\frac{\xi}{\beta}\right)\right]-\mathrm{j}S\left[-\sqrt{2\beta}\left(X+\frac{\xi}{\beta}\right)\right]\right\}\end{aligned}$$

频谱$\boldsymbol{G}(\eta)$的表达式与$\boldsymbol{G}(\xi)$的表达式完全相似，只要将X换成Y，ξ换成η即可. 图 1.8.1 为$\xi=10,\beta=1$时$\boldsymbol{G}(\xi)$与ξ的关系曲线.

由图可以看出，频谱在区域$(-X,X)$上几乎是平的，而在这个区域之外几乎为零. 我们得出的结论是，局域空间频率为傅里叶频谱在何处取得较大值提供了一个良好的但不是绝对精确的指示. 但是，局域空间频率与傅里叶频谱的频率是不同的概念. 可以找到局域空间频率与傅里叶频谱的频率并不像上例那样良好一致的例子. 只有当$\phi(x,y)$在xy面上的变化足够慢，即在任何一点(x,y)附近的相位$\phi(x,y)$，只要用它的泰勒展开式中的前三项(即常数项和两个一阶偏导数项)就能很好近似，二者才会良好一致.

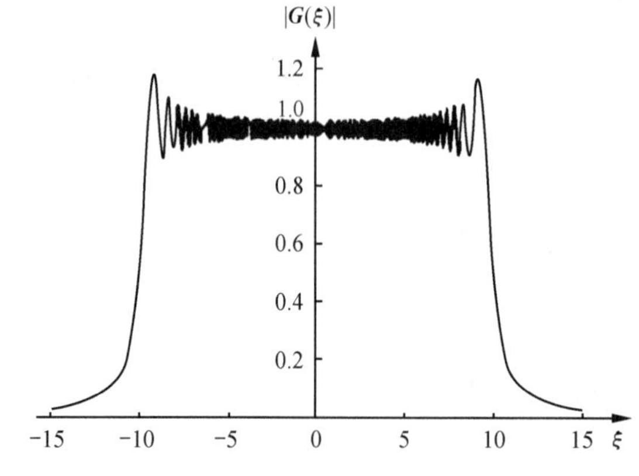

图 1.8.1 有限啁啾函数的频谱($\xi=10,\beta=1$)

局域空间频率在光学中有专门的物理意义. 例如，相干光波复振幅的局域空间频率相当于几何光学描述下的光线方向. 下面解释一下这个结论.

考虑一个单色光波，它在xyz构成的三维空间中沿z轴正方向传播. 在一个z恒定的平面上(即平行于xy面的平面上)的每一点，有一个完全确定的经过该点的光线方向，这个方向与该点的波矢$\boldsymbol{k}$方向一致.

前面提到，一个平面上的任意复场分布可以通过傅里叶变换分解为许多沿不同方向传播的平面波的集合. 每个这样的平面波有自己独立的波矢量，其方向余弦为$(\cos\alpha,\cos\beta,\cos\gamma)$，它可以看成是与这个波矢相联系的一个空间频率.

通过傅里叶分析确定的各个空间频率在空间到处都存在，不能认为是限制于局域的. 但是对于一个相位变化不是很快的复值函数，可以引进局域空间频率的概念. 局域空间频率(ξ_l,η_l)的定义也可看成是定义了该波前局域方向余弦$(\cos\alpha_l,\cos\beta_l,\cos\gamma_l)$，它们和局域空间频率的关系是

$$\cos\alpha_l=\lambda\xi_l,\quad \cos\beta_l=\lambda\eta_l,\quad \cos\gamma_l=\sqrt{1-\cos^2\alpha_l-\cos^2\beta_l} \tag{1.8.5}$$

这些局域方向余弦实际上是在每一点穿过xy平面的光线的方向余弦.

习 题

1.1 简要说明以下系统是否有线性和平移不变性.

(1) $\boldsymbol{g}(x)=\dfrac{\mathrm{d}}{\mathrm{d}x}\boldsymbol{f}(x)$； (2) $\boldsymbol{g}(x)=\int\boldsymbol{f}(x)\mathrm{d}x$； (3) $\boldsymbol{g}(x)=|\boldsymbol{f}(x)|$；

(4) $\boldsymbol{g}(x)=\int_{-\infty}^{\infty}\boldsymbol{f}(\alpha)[\boldsymbol{h}(x-\alpha)]^2\mathrm{d}\alpha$； (5) $\int_{-\infty}^{\infty}\boldsymbol{f}(\alpha)\exp(-\mathrm{j}2\pi\xi\alpha)\mathrm{d}\alpha$.

1.2　证明 $\mathrm{comb}\left(\dfrac{x}{2}\right)=\mathrm{comb}(x)\exp(\mathrm{j}\pi x)+\mathrm{comb}(x)$.

1.3　证明 $\pi\delta(\sin\pi x)=\mathrm{comb}(x)$.

1.4　计算图题 1.1 所示的两函数的一维卷积.

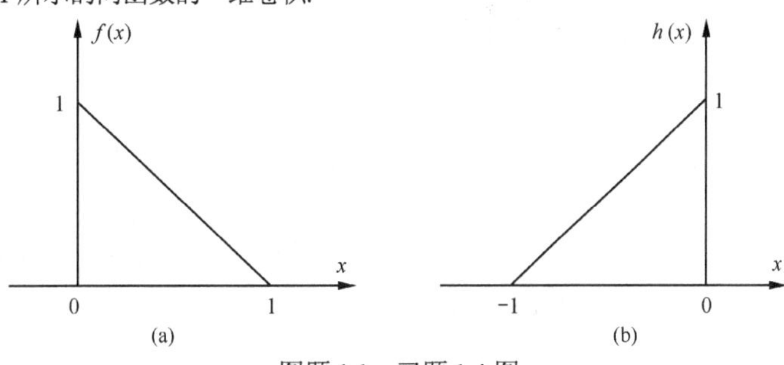

图题 1.1　习题 1.4 图

1.5　计算下列一维卷积.

(1) $\delta(2x-3)*\mathrm{rect}\left(\dfrac{x-1}{2}\right)$ ；(2) $\mathrm{rect}\left(\dfrac{x+1}{2}\right)*\mathrm{rect}\left(\dfrac{x-1}{2}\right)$ ；(3) $\mathrm{comb}(x)*\mathrm{rect}(x)$.

1.6　已知 $\exp(-\pi x^2)$ 的傅里叶变换为 $\exp(-\pi\xi^2)$ ，试求：

(1) $\mathscr{F}\{\exp(-x^2)\}$ ；(2) $\mathscr{F}\{\exp(-x^2/2\sigma^2)\}$.

1.7　计算积分.

(1) $\int_{-\infty}^{\infty}\mathrm{sinc}^4(x)\mathrm{d}x$ ；(2) $\int_{-\infty}^{\infty}\mathrm{sinc}^2(x)\cos(\pi x)\mathrm{d}x$.

1.8　应用卷积定理求 $f(x)=\mathrm{sinc}(x)\mathrm{sinc}(2x)$ 的傅里叶变换.

1.9　设 $f(x)=\exp(-\beta|x|),\beta>0$ ，求：

(1) $\mathscr{F}\{f(x)\}$ ；(2) $\int_{-\infty}^{\infty}f(x)\mathrm{d}x$.

1.10　设线性平移不变系统的原点响应为 $h(x)=\exp(-x)\mathrm{step}(x)$ ，试计算系统对阶跃函数 $\mathrm{step}(x)$ 的响应.

1.11　有两个线性平移不变系统，它们的原点脉冲响应分别为 $h_1(x)=\mathrm{sinc}(x)$ 和 $h_2(x)=\mathrm{sinc}(3x)$. 试计算各自对输入函数 $f(x)=\cos 2\pi x$ 的响应 $g_1(x)$ 和 $g_2(x)$.

1.12　已知一平面波的复振幅表达式为

$$\boldsymbol{U}(x,y,z)=A\exp[\mathrm{j}(2x-3y+4z)]$$

试计算其波长 λ 以及沿 x、y、z 方向的空间频率.

1.13　单色平面波的复振幅表达式为

$$\boldsymbol{U}(x,y,z)=A\exp\left[\mathrm{j}\left(\frac{1}{\sqrt{14}}x+\frac{2}{\sqrt{14}}y+\frac{3}{\sqrt{14}}z\right)\right]$$

求此波在传播方向的空间频率以及在 x、y、z 方向的空间频率.

第 2 章 标量衍射理论

衍射现象是反映光波动学说的经典光学现象之一，在现代光学发展中起着举足轻重的作用. 本章中我们系统回顾衍射的历史沿革，详细介绍标量衍射理论的基本问题，分析讨论一些光学衍射的典型应用. 通过本章的学习，有助于充分理解光学成像系统和光学信息处理系统的特性. 因此，考虑衍射现象及其对系统性能所施加的限制是非常重要的.

历史引言

众所周知，光的波动说在被提出、证明之前，“光的直线传播”长期被人们接受并被广泛应用，它是经典光学的基础. 早在公元前三世纪，欧几里得(Euclid，约公元前 330—前 275)著书《反射光学》，研究了光的反射现象，他以“光的直线传播”认识为基础，综合当时几何数学的研究成果，发现了反射定律，即“光射到两种介质的界面发生反射时，反射光线在入射光线和法线决定的平面内，且与入射光线分别位于法线的两侧，反射角等于入射角”. 反射定律可以很好地解释许多光反射现象，但对光透射中的相关现象却无能为力. 直到 1621 年斯涅尔(Snell，1580—1626)发现了折射定律，从而很好地解释了光学折射现象. 折射被定义为“当光线穿过光波的局域传播速度存在梯度的区域时所发生的光线偏折现象”. 设光在折射率为 n_1 的第一种介质中的传播速度为 $v_1 = c/n_1$，在第二种介质中的传播速度为 $v_2 = c/n_2$（c 为真空中的光速），入射光线在界面上会发生弯折，且入射角 θ_1 和折射角 θ_2 的关系遵从 $n_1 \sin\theta_1 = n_2 \sin\theta_2$，这就是著名的折射定律——斯涅尔定律.

反射定律和折射定律的建立奠定了几何光学的基础，使光学真正发展成为一门学科. 结合反射定律和折射定律，可以解释几乎所有当时观察到的光学现象. 可是，1655 年，意大利科学家格里马尔迪(Grimaldi，1618—1663)在观测放在光束中的小棍子的影子时，发现了一种不遵循折射定律的异常现象，为了确认所观察的现象，他设计了一个实验：在一个暗室里，让一束光穿过一个小孔投射到小孔后的一个屏幕上，发现光线通过小孔后的光影明显变宽了；后来，他让一束光同时穿过两个相邻的小孔后投射到小孔后的一个屏幕上，这时得到了有明暗相间条纹的图像. 当时普遍接受的用来解释光学现象的理论是光线传播的微粒学说，这个学说预言，屏幕后的影子应该是轮廓分明的，具有截然分明的边界. 但是格里马尔迪的观察表明，从明到暗的过渡是渐变的而不是突变的，甚至出现明暗相间的条纹. 这些现象用光的微粒学说无法解释，微粒学说要求光线在没有反射和折射时沿直线传播. 正是基于这一点，后来，索末菲(Sommerfeld，1868—1951)最早把“衍射”一词定义为“不能用反射或折射来解释的光线对直线光路的任何偏离”.

格里马尔迪经过进一步研究认为：光是一种能够做波浪式运动的流体，光的不同颜色是波动频率不同的结果. 毋庸置疑，格里马尔迪是第一个提出“光的衍射”概念的科学家.

光的波动说的第一位倡导者惠更斯(Huygens，1629—1695)于 1678 年迈出了解释这种效应的理论发展过程中的第一步. 他大胆地提出了一个光的波动说假设：如果把光扰动的波前上的每一点看成是一个“次级”球面扰动的新波源，那么随后任一时刻的波前可以由做出次级子波的“包络”而得到. 惠更斯假设是近代光学的一个重要基本理论，可以很好地证明光的反射定律和折射定律，它虽然可以预测光衍射现象的存在，却不能对这些现象做出解释 ，也就是说，它可以确定光波的传播方向，却不能确定沿不同方向传播的光振动振幅. 因此，惠更斯假设是人类对光学现象的一个近似的认识.

由于牛顿(Newton，1643—1727)在当时科学领域处于权威地位，他对整个物理学包括对光学有诸多贡献，是一位具有崇高威望的科学家. 他早在 1704 年就支持光的微粒说，摒弃了光的波动说，而他的追随者也毫不动摇地支持这种观点，使得在整个 18 世纪，人们进一步理解衍射现象的进程受到了阻碍，光的波动说理论因此停滞了将近一个世纪. 18 世纪末，在德国自然哲学思潮的影响下，人们的思想逐渐解放. 英国著名物理学家托马斯·杨(Thomas Young，1773—1829)开始对牛顿的光学理论产生怀疑. 根据一些实验事实，托马斯·杨于 1800 年写成了论文《关于光和声的实验和问题》. 在这篇论文中，托马斯·杨把光和声进行类比，因为二者在重叠后都有相长或相消的现象，他认为光是在以太流中传播的弹性振动，并指出光是以纵波形式传播的. 他同时指出光的不同颜色和声的不同频率是相似的. 1801 年，托马斯·杨进行了著名的杨氏双缝干涉实验，实验中所使用的白屏上明暗相间的黑白条纹证明了光的干涉现象，从而证明了光是一种波. 同年，托马斯·杨在英国皇家学会的《哲学会刊》上发表论文，分别对“牛顿环”实验和自己的实验进行解释，首次提出了光的干涉概念和光的干涉定律.

1803 年，托马斯·杨写成了论文《物理光学的实验和计算》. 他根据光的干涉定律对光的衍射现象作了进一步的解释，认为衍射是由直射光束与反射光束干涉形成的. 但由于他认为光是一种纵波，所以在理论上遇到了很多麻烦，也受到了众多的尖刻批评. 尽管如此，因托马斯·杨引入了干涉这一重要概念，这个概念在当时是非常激进的，因为它阐述了在适当条件下光与光叠加可以产生亮暗相间条纹的观点，并用实验加以了验证，从而巩固了光的波动说. 1804 年后，光的波动说开始获得重大进展，逐渐为人们所接受.

1818 年，菲涅耳(Fresnel，1788—1827)在其著名论文中融合了惠更斯和托马斯·杨的想法，对惠更斯的次级波源的振幅和相位做了一些适当的假设，并允许各个子波相互干涉. 该论文将托马斯·杨关于光的纵波观点修正为光的横波观点，用非常严格的数学证明将惠更斯原理发展为惠更斯-菲涅耳原理，进一步考虑了各次波叠加时的相位关系，圆满地解释了光的反射、折射、干涉和衍射等现象. 此外，论文中还用半波带法给出了各种实验结果的积分计算，能以相当高的精度计算出衍射图样中光强分布. 当菲涅耳向法国科学院的一个评奖委员会宣读此文时，他的理论受到委员会成员之一、伟大的法国数学家泊松的强烈质疑. 泊松指出，该理论预言在不透明圆盘的阴影中心存在一个亮斑，因此是荒谬的. 委员会主席阿拉戈亲自做实验发现了预言的亮斑. 于是菲涅耳赢得了奖金，此后这个效应就叫做“泊松亮斑”. 惠更斯-菲涅耳原理为光的波动学说确立了不可动摇的科学地位.

但是由于菲涅耳在建立惠更斯-菲涅耳原理数学模型中引入了一个倾斜因子，而当时尚未完全揭示出该倾斜因子的本质，仅能表征出其部分特定特征，因此，该理论仍待进一步完善.

1860 年，麦克斯韦(Maxwell，1831—1879)把光等同于一个电磁波，这为正确理解光的本性迈出了极其重要的一步. 但是直到 1882 年基尔霍夫(Kirchhofft，1824—1887)才把惠更斯和菲涅耳的概念放在一个更坚实的数学基础上，建立了比较完整的衍射理论模型，成功揭示出了惠更斯-菲涅耳原理中引入的倾斜因子本质. 他利用自己的衍射理论成功地证明了“菲涅耳赋予次级波源的振幅和相位其实是光的波动本性”的逻辑结论. 然而，基尔霍夫在他的衍射理论数学表述中用到了求解衍射屏边界条件的两个假设，庞加莱(Poincaré，1854—1912)和索末菲先后于 1892 年和 1894 年分别证明了这两个假设是互不相容的. 后来索末菲通过取消两个假设之一，利用格林函数理论修正了基尔霍夫衍射理论，这就是人们所称的瑞利-索末菲衍射理论.

必须强调指出，无论是基尔霍夫衍射理论还是瑞利-索末菲衍射理论，都做了一定的简化和近似，其中最重要的是把光当成标量现象来处理，而忽略了电磁场的矢量本性. 这种方法忽略了这样一个事实：电场和磁场的各个分量是通过麦克斯韦方程组耦合起来的，不能对它们独立地进行处理.

非常巧合的是，在微波波谱区域内所做的实验表明，标量理论若能满足两个基本条件，就能得出非常精确的结果. 这两个基本条件即为：①衍射孔径必须比光波波长大得多；②不要在太靠近衍射孔径的地方观察衍射场. 值得庆幸的是，我们所讨论的大量光学衍射问题均符合以上两个基本条件，因此，研究标量衍射理论具有广泛深远的意义.

2.1　从矢量理论到标量理论

麦克斯韦方程组是矢量理论的基础与出发点. 当介质中没有自由电荷存在时，麦克斯韦方程组为

$$\begin{cases}\nabla\times\boldsymbol{E}=-\mu\dfrac{\partial\boldsymbol{H}}{\partial t}\\ \nabla\times\boldsymbol{H}=\dfrac{\partial\boldsymbol{E}}{\partial t}\\ \nabla\cdot\varepsilon\boldsymbol{E}=0\\ \nabla\cdot\mu\boldsymbol{H}=0\end{cases}\tag{2.1.1}$$

其中，$\boldsymbol{E}$ 为电场强度，在直角坐标中的分量为(E_x,E_y,E_z)；$\boldsymbol{H}$ 为磁场强度，在直角坐标中的分量为(H_x,H_y,H_z)；μ 和 ε 分别为电磁波所在的传播介质的磁导率和介电常量；$\boldsymbol{E}$ 和 $\boldsymbol{H}$ 都是位置 Q 和时间 t 的函数. 符号 $\times$ 和 $\cdot$ 分别代表矢量叉乘和点乘，而 ∇ 表示为

$$\nabla=\frac{\partial}{\partial x}\boldsymbol{i}+\frac{\partial}{\partial y}\boldsymbol{j}+\frac{\partial}{\partial z}\boldsymbol{k}\tag{2.1.2}$$

其中，$\boldsymbol{i}$、$\boldsymbol{j}$、$\boldsymbol{k}$ 分别是 x、y、z 方向上的单位矢量.

当电磁波在一介质中传播时，如果介质符合线性性质，那么这种介质是线性的；如果介质的性质与电磁波的偏振方向(即 $\boldsymbol{E}$ 矢量和 $\boldsymbol{H}$ 矢量的方向)无关，那么此介质是各向同性的；若介质的介电常量在传播区域内不变，则此介质为均匀介质；若介质的介电常量与电磁波波长无关，那么此介质为无色散介质. 通常，介质都是非磁性介质，这意味着这些介质的磁导率永远等于真空中的磁导率 μ_0.

根据矢量计算理论，恒有

$$\nabla\times(\nabla\times\boldsymbol{E})=\nabla(\nabla\cdot\boldsymbol{E})-\nabla^2\boldsymbol{E}\tag{2.1.3}$$

将 $\nabla\times$ 运算作用于麦克斯韦方程组的第一个关于 $\boldsymbol{E}$ 的方程的两边，如果传播介质是线性、各向同性、均匀(ε 为常数)和无色散的，将麦克斯韦方程组中关于 $\boldsymbol{E}$ 的两个方程代入式(2.1.3)，得到

$$\nabla^2\boldsymbol{E}-\frac{n^2}{c^2}\frac{\partial^2\boldsymbol{E}}{\partial t^2}=0\tag{2.1.4}$$

其中，n 为介质的折射率，定义为

$$n=\left(\frac{\varepsilon}{\varepsilon_0}\right)^{1/2}\tag{2.1.5}$$

其中，ε_0 为真空中的介电常量；c 为真空中的光速，可表示为

$$c=\frac{1}{\sqrt{\mu_0\varepsilon_0}}\tag{2.1.6}$$

同理，也可推出关于磁场的方程

$$\nabla^2\boldsymbol{H}-\frac{n^2}{c^2}\frac{\partial^2\boldsymbol{H}}{\partial t^2}=0\tag{2.1.7}$$

由于 $\boldsymbol{E}$ 和 $\boldsymbol{H}$ 都遵从矢量波动方程，于是这些矢量的所有分量也都遵从相同形式的标量波动方

程. 例如，E_X 就遵从方程

$$\nabla^2 E_X - \frac{n^2}{c^2}\frac{\partial^2 E_X}{\partial t^2} = 0 \tag{2.1.8}$$

当然 E_Y、E_Z、H_X、H_Y、H_Z 也遵从类似的方程. 所以用单一的一个标量波动方程就可以概括 $\boldsymbol{E}$ 和 $\boldsymbol{H}$ 的所有各个分量的行为

$$\nabla^2 u(Q,t) - \frac{n^2}{c^2}\frac{\partial^2 u(Q,t)}{\partial t^2} = 0 \tag{2.1.9}$$

其中，$u(Q,t)$ 代表任何标量场分量，与空间位置 Q 和时间 t 有关.

由以上分析可以得出一个结论：在一种线性、各向同性、均匀且无色散的电介质中，电场和磁场的一切分量的行为完全相同，都可由单一的一个标量波动方程描述，表明如果存在这种介质，标量理论可以完全准确地表征矢量理论.

然而，上述结论是在介质同时具有线性、各向同性、均匀性和无色散性的前提下得出的，实际上这种介质仅仅只是一种假设，客观上很难实现，如果我们考虑的不是所假设的那种均匀介质，用标量理论来表征矢量理论就会引入误差，此时，标量理论就是矢量理论的一种近似表征了.

如果介质是非均匀的，其介电常量 $\varepsilon(Q)$ 与空间位置 Q 有关，那么很容易推导出 $\boldsymbol{E}$ 的波动方程为

$$\nabla^2 \boldsymbol{E} + 2\nabla(\boldsymbol{E}\cdot\nabla\ln n) - \frac{n^2}{c^2}\frac{\partial^2 \boldsymbol{E}}{\partial t^2} = 0 \tag{2.1.10}$$

此时波动方程中新增的项将不为零. 更重要的是，这一项引入了各电场分量之间的耦合，结果使 E_X、E_Y 和 E_Z 不再满足同一标量波动方程. 因此，如果还用标量波动方程(2.1.9)来表征，必将是一种近似了.

当对一个在均匀介质中传播的波加上边界条件时，会发生相似的效应. 在边界上，引进了 $\boldsymbol{E}$ 和 $\boldsymbol{H}$ 之间的耦合，以及它们的各个标量分量之间的耦合. 结果，即使传播介质是均匀的，使用标量理论也会带来某种程度的误差. 这种误差只有当边界条件起作用的区域仅为光波通过区域的一小部分时才会变得很小. 在光波被一孔径衍射的情况下，$\boldsymbol{E}$ 场和 $\boldsymbol{H}$ 场仅在孔径边缘改变，光波与组成边缘的材料在那里发生相互作用. 这个效应只延伸到孔径内几个波长的范围. 因此，若孔径的尺度比一个波长大得多，边界条件加在 $\boldsymbol{E}$ 和 $\boldsymbol{H}$ 场上的耦合效应将变得很小.

综上所述，在一定条件下，我们可以将衍射的复杂矢量理论转化为更简单的标量理论；用标量理论表征矢量理论是近似的，只要在实际应用中合理处理近似条件并用于恰当的场合，近似误差将会很小，而且处理过程将大为简化.

2.2　基尔霍夫衍射理论

2.2.1　惠更斯-菲涅耳原理与基尔霍夫衍射公式

惠更斯-菲涅耳原理是在惠更斯子波假设与杨氏干涉原理的基础上提出的，它是描述光传播过程的基本原理. 该原理指出：光场中任一给定曲面上的诸面元可以看成是子波源，如果这些子波源是相干的，则在波继续传播的空间上任一点处的光振动都可看成是这些子波源各自发出的子波在该点相干叠加的结果. 当然，这里所说的光场中任一给定曲面无须是等相位面，即不是原始惠更斯-菲涅耳原理中所说的波面. 经典理论证明，如图 2.2.1 所示，在真空或各向同性、均匀、透明、无源介质中自由传播的单色光波，空间 Q 点的惠更斯-菲涅耳原理的数学表达式是

$$U(Q)=c\iint_{\Sigma}U_0(P)K(\theta)\frac{e^{jkr}}{r}dS \tag{2.2.1}$$

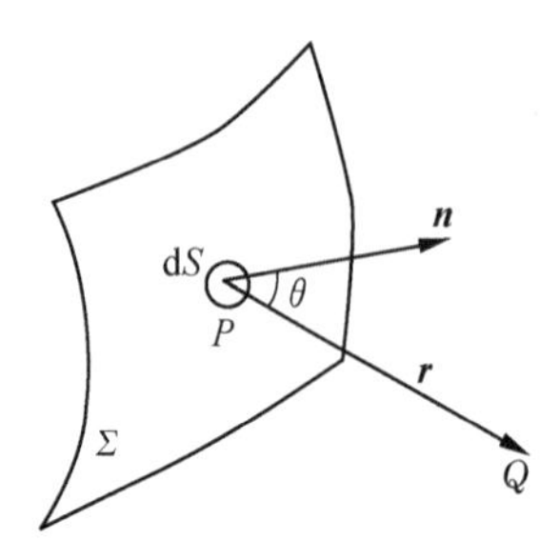

图 2.2.1　计算波面 Σ 在 Q 点产生的复振幅

其中，Σ 为光波的一个波面；$U_0(P)$ 为波面上任一 P 点的复振幅；$U(Q)$ 为光场中任一观察点 Q 的复振幅；r 是从 P 到 Q 点的距离；θ 为 $\overrightarrow{PQ}$ 与过 P 点的波面法线 n 的夹角；$K(\theta)$ 是倾斜因子，表示子波 P 对 Q 的作用，与角度 θ 有关；c 为常数.

利用惠更斯-菲涅耳原理计算一些简单孔径的衍射图样的强度分布，可以得到符合实际的结果. 但是由于它是建立在子波源的假设之上的，所以缺乏严格的理论根据. 为了符合实际，必须假设子波源的振动相位比实际光波在该点的相位超前，即常数 c 中应包含这一因子. 仅由惠更斯-菲涅耳原理无法解释子波源这一特殊性质，$K(\theta)$ 的具体函数形式也难以确定.

单色光场中任意一点 Q 的光振动 u 应满足标量波动方程

$$\nabla^2 u-\frac{1}{c^2}\frac{\partial^2 u}{\partial t^2}=0 \tag{2.2.2}$$

∇^2 是拉普拉斯算符，在直角坐标系中为

$$\nabla^2=\frac{\partial^2}{\partial x^2}+\frac{\partial^2}{\partial y^2}+\frac{\partial^2}{\partial z^2}$$

复振动 u 又可表示为

$$u(Q,t)=U(Q)\exp(-j2\pi\nu t) \tag{2.2.3}$$

将式(2.2.3)代入式(2.2.2)可以得到不含时间的方程

$$(\nabla^2+k^2)U(Q)=0 \tag{2.2.4}$$

式中 k 为波数. 公式(2.2.4)称为亥姆霍兹方程，可以把它看成是自由空间传播的单色光扰动的复振幅必须满足的波动方程. 对于单色光场来说，方程(2.2.4)和方程(2.2.2)是等价的. 方程(2.2.2)同时存在时间和空间变量. 而亥姆霍兹方程与时间变量无关，所以在解单色光场的空间分布时，亥姆霍兹方程更为方便.

衍射理论所要解决的问题：光场中任一点 Q 的复振幅能否用光场中其他各点的复振幅表示出来，例如由孔径平面上的场分布计算孔径后面任一点处的复振幅. 显然，这是一个根据边界值求解波动方程的问题.

基尔霍夫利用格林定理这一数学工具，通过假定衍射屏的边界条件，求解波动方程，导出了更严格的衍射公式，从而把惠更斯-菲涅耳原理置于更为可靠的波动理论基础上. 下面我们仅给出这一结果.

图 2.2.2 表示位于 P_0 点的单色点光源照明平面屏幕的情况. P 为孔径平面 Σ 上任一点，Q 为孔径后方的观察点. r 和 r_0 分别是 Q 和 P_0 到 P 的距离，二者均比波长大得多. n 表示 Σ 面上法线的正方向. 在单色点光源照明下，平面孔径后方光场中任一点 Q 的复振幅为

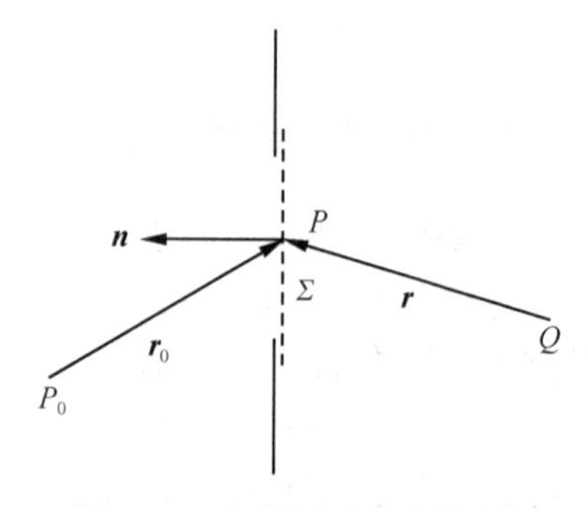

图 2.2.2　点光源照明平面屏幕

$$\boldsymbol{U}(Q)=\frac{1}{\mathrm{j}\lambda}\iint_{\Sigma}\frac{a_0\mathrm{e}^{\mathrm{j}kr_0}}{r_0}\left[\frac{\cos(\boldsymbol{n},\boldsymbol{r})-\cos(\boldsymbol{n},\boldsymbol{r}_0)}{2}\right]\frac{\mathrm{e}^{\mathrm{j}kr}}{r}\mathrm{d}S \tag{2.2.5}$$

式中，$\boldsymbol{r}$ 和 $\boldsymbol{r}_0$ 分别是 Q 和 P_0 点到 P 点的矢径，上式称为基尔霍夫衍射公式. 孔径平面上的复振幅分布是球面波产生的，因此可用

$$\boldsymbol{U}_0(P)=\frac{a_0}{r_0}\mathrm{e}^{\mathrm{j}kr_0} \tag{2.2.6}$$

表示. 将上式代入式(2.2.5)得

$$\boldsymbol{U}(Q)=\frac{1}{\mathrm{j}\lambda}\iint_{\Sigma}\boldsymbol{U}_0(P)\boldsymbol{K}(\theta)\frac{\mathrm{e}^{\mathrm{j}kr}}{r}\mathrm{d}S \tag{2.2.7}$$

把上式与惠更斯-菲涅耳原理的数学表达式相比较，可以看出二者是一致的. 在波动理论的基础上，进一步得出了常数 $\boldsymbol{c}$ 和倾斜因子 $\boldsymbol{K}(\theta)$ 的具体值

$$\boldsymbol{c}=\frac{1}{\mathrm{j}\lambda} \tag{2.2.8}$$

$$\boldsymbol{K}(\theta)=\frac{\cos(\boldsymbol{n},\boldsymbol{r})-\cos(\boldsymbol{n},\boldsymbol{r}_0)}{2} \tag{2.2.9}$$

虽然这里仅仅是就单个球面波照明孔径的情况做出的讨论，但衍射公式却适用于更普遍的任意单色光波照明孔径的情况，因为总可以把任意复杂的光波分解成简单的球面波的线性组合. 波动方程的线性性质允许对每一单个球面波分别应用上述原理，再把它们在 Q 点的贡献叠加起来. 因此，式(2.2.7)中的 $\boldsymbol{U}_0(P)$ 可以理解为在任意单色光照明下对孔径平面 Σ 产生的光场分布.

根据基尔霍夫对平面屏幕假设的边界条件，孔径外的阴影区内 $\boldsymbol{U}_0(P)=0$，因此公式(2.2.7)的积分限可以扩展到无穷，从而有

$$\boldsymbol{U}(Q)=\iint_{-\infty}^{\infty}\boldsymbol{U}_0(P)\boldsymbol{K}(\theta)\frac{\mathrm{e}^{\mathrm{j}kr}}{r}\mathrm{d}S \tag{2.2.10}$$

一般地说，不论以什么方式改变光波波面，或是以一定形式限制波面范围或使振幅以一定分布衰减，或是以一定的空间分布使相位延迟，或是两者兼而有之，都会引起衍射，所以障碍物的概念，除去不透明屏上有开孔这种情况以外，还包含具有一定复振幅的透明片，把能引起衍射的障碍物统称为衍射屏，描写衍射屏自身宏观光学性质的是它的复振幅透过率，用 $\boldsymbol{t}(x_0,y_0)$ 表示，它定义为

$$\boldsymbol{t}(P)=\frac{\boldsymbol{U}_\mathrm{t}(P)}{\boldsymbol{U}_\mathrm{i}(P)} \tag{2.2.11}$$

其中，$\boldsymbol{U}_\mathrm{i}(P)$ 是衍射屏前表面的复振幅或照射到衍射屏上的光场的复振幅；$\boldsymbol{U}_\mathrm{t}(P)$ 是衍射屏后表面的复振幅. 若衍射屏是具有开孔 Σ 的不透明屏，则公式(2.2.10)中的 $\boldsymbol{U}_0(P)$ 既可以理解为衍射屏前表面的复振幅，也可以理解为衍射屏后表面的复振幅，反正积分范围仅仅是 Σ. 有时候也把衍射看成光振动由衍射屏后表面到观察面的自由传播，用公式(2.2.10)来描写这一传播规律. 此时公式中的 $\boldsymbol{U}_0(P)$ 则代表后表面的复振幅分布，衍射屏的透过率特性和照明光源的情况一起由 $\boldsymbol{U}_0(P)$ 反映.

2.2.2　惠更斯-菲涅耳原理与叠加积分

在基尔霍夫衍射公式(2.2.7)中，令

$$\boldsymbol{h}(P,Q)=\frac{1}{\mathrm{j}\lambda}\frac{\mathrm{e}^{\mathrm{j}kr}}{r}\boldsymbol{K}(\theta) \tag{2.2.12}$$

则式(2.2.7)便可重新改写成

$$U(Q)=\iint_{\Sigma}U_0(p)h(P,Q)\mathrm{d}S \tag{2.2.13}$$

为了理解$h(P,Q)$的物理意义，我们可以设想Σ面上任一点P，其复振幅为$U_0(P)$，在P点处的小面元$\mathrm{d}S$对观察点Q的贡献是$\mathrm{d}U(Q)=U_0(P)h(P,Q)\mathrm{d}S$，$h(P,Q)$表示在$P$点有一个单位脉冲(即$U_0(P)\mathrm{d}S=1$时)在观察点$Q$造成的复振幅分布，$h(P,Q)$叫脉冲响应或点扩散函数. 由公式(2.2.13)可知，观察点Q的复振幅$U(Q)$是Σ上所有面元的光振动在Q点引起的复振幅的相干叠加，公式(2.2.13)是叠加积分. 如果把衍射过程看成是一种变换，公式(2.2.13)便是将函数$U_0(P)$变换成$U(Q)$的变换式. 按照系统的观点，衍射过程或传播过程也可以等效为一种线性系统的线性变换，$h(P,Q)$代表这个系统的全部特性.

光波传播的这一线性性质不仅存在于单色光波在自由空间中的传播，也同样存在于孔径和观察平面之间是非均匀介质的情况，如两者之间存在有光学系统，只是线性系统的脉冲响应函数h有不同的形式而已.

2.2.3 相干光场在自由空间传播的平移不变性

当点光源P_0足够远，而且入射光在孔径平面上各点的入射角都不大时，有$\cos(\boldsymbol{n},\boldsymbol{r}_0)\approx-1$. 此外，如果观察平面与孔径平面的距离$z$远大于孔径，而且在观察平面上仅考虑一个对孔径上各点张角不大的范围，即在傍轴近似下，有$\cos(\boldsymbol{n},\boldsymbol{r})\approx1$. 在这些条件下，可以认为倾斜因子$K(\theta)\approx1$.

其实这些近似式对夹角的要求并不苛刻，当夹角等于18°时，$\cos18°\approx0.9511$，此时上面的近似式精度仍在95%以上. 在此条件下式(2.2.12)中的分母上的r可以近似地用z代替. 但是指数部分的r并不能简单地用z代替，其原因在于光波的波长很短，k值很大，r的不大误差可以导致相位差远大于2π的结果. 所以脉冲响应式(2.2.12)可初步简化为

$$h(P,Q)=\frac{1}{\mathrm{j}\lambda}\frac{\mathrm{e}^{\mathrm{j}kr}}{z} \tag{2.2.14}$$

如果孔径平面位于x_0y_0平面，观察点位于xy平面，如图2.2.3所示，式(2.2.13)可表示为

$$U(x,y)=\iint_{-\infty}^{\infty}U_0(x_0,y_0)h(x_0,y_0;x,y)\mathrm{d}x_0\mathrm{d}y_0 \tag{2.2.15}$$

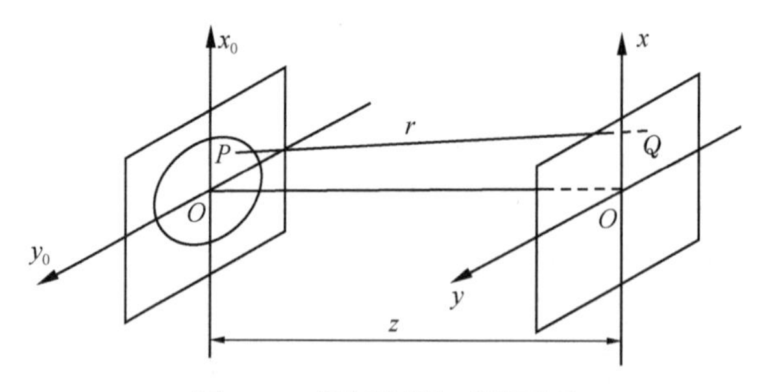

图2.2.3　衍射孔径与观察平面

由图可见，观察点Q到孔径平面上任一点P的距离为$r=[z^2+(x-x_0)^2+(y-y_0)^2]^{1/2}$，因而式(2.2.14)可以写为

$$h(x_0,y_0;x,y)=h(x-x_0,y-y_0)=\frac{1}{\mathrm{j}\lambda z}\exp\left[\mathrm{j}k\sqrt{z^2+(x-x_0)^2+(y-y_0)^2}\right] \tag{2.2.16}$$

显然，脉冲响应具有空间不变的形式. 也就是说，无论孔径平面上子波源的位置如何，所产生的球面子波的形式都是一样的，叠加积分式(2.2.15)可以改写为

$$\boldsymbol{U}(x,y)=\iint_{-\infty}^{\infty}\boldsymbol{U}_0(x_0,y_0)\boldsymbol{h}(x-x_0,y-y_0)\mathrm{d}x_0\mathrm{d}y_0 \tag{2.2.17}$$

上式表明孔径平面上透射光场 $\boldsymbol{U}_0(x_0,y_0)$ 和观察平面上的光场 $\boldsymbol{U}(x,y)$ 之间存在着一个卷积积分所描述的关系，于是我们忽略倾斜因子的变化后，就可以把光波在衍射孔径后的传播过程看成是光波通过一个线性不变系统. 系统在空间域的特性唯一地由其空间不变的脉冲响应式(2.2.16)所确定. 这一结论很简单，但很重要，它是傅里叶变换与光学互相结合的纽带之一.

2.2.4　相干光场在自由空间传播的脉冲响应的近似表达式

式(2.2.16)给出的脉冲响应表达式相当复杂，不过，根据实际条件可使之适当简化，为此，首先将 r 表达为

$$r=z\left[1+\left(\frac{x-x_0}{z}\right)^2+\left(\frac{y-y_0}{z}\right)^2\right]^{1/2} \tag{2.2.18}$$

当 $\cos(\boldsymbol{n},\boldsymbol{r})\approx 1$ 成立时，$\left(\frac{x-x_0}{z}\right)^2$ 和 $\left(\frac{y-y_0}{z}\right)^2$ 都是小量，将式(2.2.18)作二项式展开得

$$r=z\left[1+\frac{(x-x_0)^2+(y-y_0)^2}{2z^2}-\frac{[(x-x_0)^2+(y-y_0)^2]^2}{8z^4}+\cdots\right] \tag{2.2.19}$$

当衍射孔径和观察范围确定后，只要 z 取得足够大，对于相位因子而言，式(2.2.19)的展开式只取前两项而舍去全部高次项是允许的，也就是 r 取这样的近似值不会引起明显的相位误差，这种近似称为菲涅耳近似或傍轴近似

$$r=z\left[1+\frac{1}{2}\left(\frac{x-x_0}{z}\right)^2+\frac{1}{2}\left(\frac{y-y_0}{z}\right)^2\right] \tag{2.2.20}$$

在这种近似条件下，脉冲响应可近似表示为

$$\boldsymbol{h}(x-x_0,y-y_0)=\frac{\exp(\mathrm{j}kz)}{\mathrm{j}\lambda z}\exp\left\{\mathrm{j}\frac{k}{2z}[(x-x_0)^2+(y-y_0)^2]\right\} \tag{2.2.21}$$

将上式代入式(2.2.17)，得到如下叠加积分：

$$\boldsymbol{U}(x,y)=\frac{\exp(\mathrm{j}kz)}{\mathrm{j}\lambda z}\iint_{-\infty}^{\infty}\boldsymbol{U}_0(x_0,y_0)\exp\left[\mathrm{j}k\frac{(x-x_0)^2+(y-y_0)^2}{2z}\right]\mathrm{d}x_0\mathrm{d}y_0 \tag{2.2.22}$$

可以用式(2.2.22)来计算衍射场分布的衍射称为菲涅耳衍射. 脉冲响应总是在叠加积分中起作用，为了保证式(2.2.21)给出的脉冲响应近似表达式在叠加积分中充分有效，只要使传播距离 z 充分大于 Σ 的线度和观察范围的线度即可，这一条件实际上容易得到满足.

如果在菲涅耳近似的基础上进一步限定 Σ 的线度远远小于传播距离 z，以至于 $(x_0^2+y_0^2)/(2z)$ 小到可以忽略不计，而观察范围的线度与 z 相比尽管很小，但还未小到可以略去 $(x^2+y^2)/(2z)$ 的程度，则由式(2.2.20)可进一步得出

$$r=z+\frac{z^2+y^2}{2z}-\frac{x_0x+y_0y}{z} \tag{2.2.23}$$

这一近似称为夫琅禾费近似或远场近似. 在这一近似条件下，脉冲响应可进一步简化为

$$h(x_0, y_0; x, y) = \frac{\exp(jkz)}{j\lambda z}\exp\left[j\frac{k}{2z}(x^2+y^2)\right]\exp\left[-j\frac{k}{z}(x_0x+y_0y)\right] \tag{2.2.24}$$

这时的脉冲响应分别与(x_0, y_0)和(x, y)有关，这表明在夫琅禾费近似意义下的光波传播过程不再具有空间平移不变性. 本章最后对这句话还有进一步的说明.

2.3 衍射的角谱理论

2.3.1 单色平面波与本征函数

如上所述，如果不考虑夫琅禾费近似，则相干光场在给定二平面间的传播过程就是通过一个二维线性空间不变系统. 一方面，由 1.6.4 小节可知，形如$\exp[j2\pi(\xi x+\eta y)]$的函数应该是这种系统的本征函数. 另一方面，在 1.7.2 小节中我们指出，形如$\exp[j2\pi(\xi x+\eta y)]$的函数表示振幅为 1 的平面波在$xy$平面上形成的复振幅分布. 空间频率分量$\xi=\cos\alpha/\lambda$，$\eta=\cos\beta/\lambda$与平面波的传播方向相联系，空间频率表示单色平面波的传播方向.

由以上分析可知，如果把相干光场在自由空间两平面间的传播看成是通过一个二维线性空间不变系统，则单色平面波在该输入平面上形成的分布即为该系统的本征函数. 单色平面波与本征函数之间的这种联系不是偶然的. 单色平面波在自由空间中传播一段距离后，只是相位改变一定数值，而无其他变化，即相当于乘上一个复常数，这恰好与本征函数的定义相符. 由此可以看出单色平面波的复数表示所提供的方便.

2.3.2 角谱的传播

正如 1.7 节所述，孔径平面和观察平面上的光场分布可以分别看成是许多不同方向传播的单色平面波分量的线性组合，每一平面波分量的相对振幅和相位取决于相应的角谱. 设孔径平面(x_0, y_0)的场分布为$\boldsymbol{U}_0(x_0, y_0)$，观察平面上的场分布为$\boldsymbol{U}(x, y)$，则它们相应的角谱为$\boldsymbol{A}_0\left(\frac{\cos\alpha}{\lambda},\frac{\cos\beta}{\lambda}\right)$和$\boldsymbol{A}\left(\frac{\cos\alpha}{\lambda},\frac{\cos\beta}{\lambda}\right)$，于是有

$$\boldsymbol{U}_0(x_0,y_0)=\iint_{-\infty}^{\infty}\boldsymbol{A}_0\left(\frac{\cos\alpha}{\lambda},\frac{\cos\beta}{\lambda}\right)\exp\left[j2\pi\left(\frac{\cos\alpha}{\lambda}x_0+\frac{\cos\beta}{\lambda}y_0\right)\right]d\left(\frac{\cos\alpha}{\lambda}\right)d\left(\frac{\cos\beta}{\lambda}\right) \tag{2.3.1}$$

$$\boldsymbol{U}(x,y)=\iint_{-\infty}^{\infty}\boldsymbol{A}\left(\frac{\cos\alpha}{\lambda},\frac{\cos\beta}{\lambda}\right)\exp\left[j2\pi\left(\frac{\cos\alpha}{\lambda}x+\frac{\cos\beta}{\lambda}y\right)\right]d\left(\frac{\cos\alpha}{\lambda}\right)d\left(\frac{\cos\beta}{\lambda}\right) \tag{2.3.2}$$

假如我们能够找到$\boldsymbol{A}_0\left(\frac{\cos\alpha}{\lambda},\frac{\cos\beta}{\lambda}\right)$和$\boldsymbol{A}\left(\frac{\cos\alpha}{\lambda},\frac{\cos\beta}{\lambda}\right)$之间的关系，就知道了每一平面波分量在传播过程中振幅和相位发生的变化，自然也就可以确定整个光场由孔径平面传播到观察平面所发生的变化.

讨论角谱传播规律的基础仍然是标量波动方程. 对于单色光波场，若着眼点在复振幅这一物理量，可以把式(2.3.2)代入式(2.2.4)的亥姆霍兹方程. 注意到$\boldsymbol{A}$对空域坐标仅是z的函数，指数项仅是空域坐标x、y的函数，便可导出$\boldsymbol{A}\left(\frac{\cos\alpha}{\lambda},\frac{\cos\beta}{\lambda}\right)$所满足的微分方程

$$\frac{d^2}{dz^2}\boldsymbol{A}\left(\frac{\cos\alpha}{\lambda},\frac{\cos\beta}{\lambda}\right)+k^2(1-\cos^2\alpha-\cos^2\beta)\boldsymbol{A}\left(\frac{\cos\alpha}{\lambda},\frac{\cos\beta}{\lambda}\right)=0 \tag{2.3.3}$$

解这个微分方程，得到方程的一个基本解是

$$\boldsymbol{A}\left(\frac{\cos\alpha}{\lambda},\frac{\cos\beta}{\lambda}\right)=\boldsymbol{c}\left(\frac{\cos\alpha}{\lambda},\frac{\cos\beta}{\lambda}\right)\exp\left(\mathrm{j}kz\sqrt{1-\cos^2\alpha-\cos^2\beta}\right)$$

式中，$\boldsymbol{c}\left(\frac{\cos\alpha}{\lambda},\frac{\cos\beta}{\lambda}\right)$由边界条件决定. 在 $z=0$ 处即为孔径平面，角谱是 $\boldsymbol{A}_0\left(\frac{\cos\alpha}{\lambda},\frac{\cos\beta}{\lambda}\right)$.
因此

$$\boldsymbol{c}\left(\frac{\cos\alpha}{\lambda},\frac{\cos\beta}{\lambda}\right)=\boldsymbol{A}_0\left(\frac{\cos\alpha}{\lambda},\frac{\cos\beta}{\lambda}\right)$$

最后得到

$$\boldsymbol{A}\left(\frac{\cos\alpha}{\lambda},\frac{\cos\beta}{\lambda}\right)=\boldsymbol{A}_0\left(\frac{\cos\alpha}{\lambda},\frac{\cos\beta}{\lambda}\right)\exp\left(\mathrm{j}kz\sqrt{1-\cos^2\alpha-\cos^2\beta}\right) \tag{2.3.4}$$

上式表明，知道了 $z=0$ 平面上光场的角谱，就可以求出观察面上的角谱，然后通过傅里叶逆变换求出观察面上的复振幅分布. 因而式(2.3.4)具有和基尔霍夫衍射公式同等的价值.

现对式(2.3.4)作进一步的讨论. 当传播方向余弦$(\cos\alpha,\cos\beta)$满足$\cos^2\alpha+\cos^2\beta<1$时，式(2.3.4)才真正对应于空间某一确定方向传播的平面波. 这些平面波分量在空间传播一定距离 z 仅仅是引入了一定的相位移动，而振幅不发生变化.

对于$\cos^2\alpha+\cos^2\beta>1$的情况，公式(2.3.4)中的平方根是虚数，于是公式改写为

$$\boldsymbol{A}\left(\frac{\cos\alpha}{\lambda},\frac{\cos\beta}{\lambda}\right)=\boldsymbol{A}_0\left(\frac{\cos\alpha}{\lambda},\frac{\cos\beta}{\lambda}\right)\exp(-\mu z) \tag{2.3.5}$$

式中

$$\mu=k\sqrt{\cos^2\alpha+\cos^2\beta-1} \tag{2.3.6}$$

由于 μ 是正实数，所以对一切满足$\cos^2\alpha+\cos^2\beta>1$的波动分量，将随 z 的增大呈指数$\exp(-\mu z)$衰减，在几个波长的距离内几乎衰减为零. 对应于这些传播方向波动分量称为倏逝波，在通常情况下均略而不计.

对于$\cos^2\alpha+\cos^2\beta=1$，即$\cos\gamma=0$的情况，该波动分量的传播方向垂直于 z 轴，它在 z 轴方向的净能量流为零.

把式(2.3.4)改写为

$$\boldsymbol{A}(\xi,\eta)=\boldsymbol{A}_0(\xi,\eta)\boldsymbol{H}(\xi,\eta) \tag{2.3.7}$$

把$\boldsymbol{A}_0(\xi,\eta)$和$\boldsymbol{A}(\xi,\eta)$分别看成系统的输入和输出频谱，由上式给出的输入和输出频谱关系再次说明系统是线性不变系统. 系统在频域的效应由传递函数表征

$$\boldsymbol{H}(\xi,\eta)=\frac{\boldsymbol{A}(\xi,\eta)}{\boldsymbol{A}_0(\xi,\eta)}=\exp\left[\mathrm{j}kz\sqrt{1-(\lambda\xi^2)-(\lambda\eta)^2}\right] \tag{2.3.8}$$

由于在所讨论的问题中传播距离 z 总是远大于几个波长，所以可忽略倏逝波，于是传递函数可以写成

$$\boldsymbol{H}(\xi,\eta)=\begin{cases}\exp\left[\mathrm{j}kz\sqrt{1-(\lambda\xi)^2-(\lambda\eta)^2}\right], & \xi^2+\eta^2<\dfrac{1}{\lambda^2}\\ 0, & \text{其他}\end{cases} \tag{2.3.9}$$

当空间频率满足$\xi^2+\eta^2<1/\lambda^2$时，其模为 1，但引入了与频率有关的相移，其他为零. 这表明该系统的传递函数相当于一个低通滤波器，截止频率为$1/\lambda$，在频率平面上这个滤波器的半径为$1/\lambda$的圆孔. 这一结论告诉我们，对于孔径中比波还小的精细结构，或者说空间频率高于$1/\lambda$的信息，在单色平面波照明下不能沿 z 方向向前传播.

基尔霍夫理论是描述球面子波相干叠加的衍射理论，角谱理论是描述衍射的平面波理论.

基尔霍夫理论与角谱理论是统一的，都证明了光的传播现象可以看成线性不变系统. 基尔霍夫理论是在空域讨论光的传播，是把孔径平面上的光场看成点光源的集合，观察平面上的场分布则等于它们所发出的带有不同权重因子的球面子波的相干叠加. 球面子波在观察平面上的复振幅分布就是系统的脉冲响应. 角谱理论是在频域讨论光的传播，是把孔径平面光场分布看成许多不同方向传播的平面波的线性组合. 观察平面上的场分布仍然等于这些平面波分量的相干叠加，但每个平面波分量引入了相移，相移的大小决定了系统的传递函数，它是系统的脉冲响应的傅里叶变换.

2.3.3　孔径对角谱的影响

在 2.3.2 节中，我们曾简单地分析了孔径平面的入射场、出射场以及孔径的复振幅透过率，并且指出：孔径平面上的场分布 $\boldsymbol{U}_0(x_0,y_0)$ 代表衍射平面的出射场分布，并把孔径的透过率特性和照明光源的情况一起由 $\boldsymbol{U}_0(x_0,y_0)$ 来反映. 于是到目前为止，我们仅讨论了光波在自由空间传播时光场及其角谱发生的变化. 现在我们将进一步讨论照明孔径的入射光场和透射光场之间的关系，特别是角谱之间的关系.

假定入射到孔径平面上的场分布为 $\boldsymbol{U}_\mathrm{i}(x_0,y_0)$，衍射屏的复振幅透过率为 $\boldsymbol{t}(x_0,y_0)$，衍射屏后表面即出射光场为 $\boldsymbol{U}_0(x_0,y_0)$. 它们的关系为

$$\boldsymbol{U}_0(x_0,y_0)=\boldsymbol{U}_\mathrm{i}(x_0,y_0)\boldsymbol{t}(x_0,y_0) \tag{2.3.10}$$

现在我们来研究在频域中衍射屏的透过率函数的作用. 假设入射光场的角谱和透射光场的角谱分别为 $\boldsymbol{A}_\mathrm{i}\left(\frac{\cos\alpha}{\lambda},\frac{\cos\beta}{\lambda}\right)$ 和 $\boldsymbol{A}_0\left(\frac{\cos\alpha}{\lambda},\frac{\cos\beta}{\lambda}\right)$，由傅里叶变换的卷积定理可得

$$\boldsymbol{A}_0\left(\frac{\cos\alpha}{\lambda},\frac{\cos\beta}{\lambda}\right)=\boldsymbol{A}_\mathrm{i}\left(\frac{\cos\alpha}{\lambda},\frac{\cos\beta}{\lambda}\right)*\boldsymbol{T}\left(\frac{\cos\alpha}{\lambda},\frac{\cos\beta}{\lambda}\right) \tag{2.3.11}$$

式中，$\boldsymbol{T}\left(\frac{\cos\alpha}{\lambda},\frac{\cos\beta}{\lambda}\right)$ 是衍射屏或孔径透过率函数的傅里叶变换，即

$$\boldsymbol{T}\left(\frac{\cos\alpha}{\lambda},\frac{\cos\beta}{\lambda}\right)=\iint_{-\infty}^{\infty}t(x_0,y_0)\exp\left[-\mathrm{j}2\pi\left(\frac{\cos\alpha}{\lambda}x_0+\frac{\cos\beta}{\lambda}y_0\right)\right]\mathrm{d}x_0\mathrm{d}y_0 \tag{2.3.12}$$

对于用单位振幅的平面波垂直照射衍射屏这种特殊情况，此时

$$\boldsymbol{A}_\mathrm{i}\left(\frac{\cos\alpha}{\lambda},\frac{\cos\beta}{\lambda}\right)=\delta\left(\frac{\cos\alpha}{\lambda},\frac{\cos\beta}{\lambda}\right)$$

因而

$$\boldsymbol{A}_0\left(\frac{\cos\alpha}{\lambda},\frac{\cos\beta}{\lambda}\right)=\delta\left(\frac{\cos\alpha}{\lambda},\frac{\cos\beta}{\lambda}\right)*\boldsymbol{T}\left(\frac{\cos\alpha}{\lambda},\frac{\cos\beta}{\lambda}\right)=\boldsymbol{T}\left(\frac{\cos\alpha}{\lambda},\frac{\cos\beta}{\lambda}\right)$$

通过衍射屏后，由 δ 函数所表征的入射光场的角谱变成了孔径函数的傅里叶变换，显然角谱分量大大增加了. 因此，从空域看，孔径的作用限制了入射波面的大小；从频域看则是展宽了入射光场的角谱.

2.4　菲涅耳衍射和夫琅禾费衍射

基尔霍夫衍射公式是量化衍射的通用公式，直接用它来计算比较困难. 具有实用意义的是对这个通用公式作某些近似，用所得到的近似公式计算一定范围内的衍射场分布，按照近似程度不同，分为菲涅耳衍射和夫琅禾费衍射.

2.4.1　菲涅耳衍射

在 2.2.4 小节中曾指出，可以用式(2.2.22)，即

$$\boldsymbol{U}(x,y)=\frac{\exp(\mathrm{j}kz)}{\mathrm{j}\lambda z}\iint_{-\infty}^{\infty}\boldsymbol{U}_0(x_0,y_0)\exp\left[\mathrm{j}k\frac{(x-x_0)^2+(y-y_0)^2}{2z}\right]\mathrm{d}x_0\mathrm{d}y_0 \tag{2.4.1}$$

来计算的衍射场分布，称为菲涅耳衍射. 下面进一步讨论菲涅耳衍射区的确定. 从近似条件来看，应当是在 r 的展开式中被略去的高次项不致引起明显的相位差. 这些高次项中起决定作用的是展开式(2.2.19)中右端第三项，由它引起的相位变化为

$$\Delta\varphi=\frac{2\pi}{\lambda}\frac{\left[(x-x_0)^2+(y-y_0)^2\right]^2}{8z^3}$$

为了使菲涅耳近似成立，必须使$[(x-x_0)^2+(y-y_0)^2]^2$取最大值时，$\Delta\varphi$ 远小于 2π，即

$$\frac{2\pi}{\lambda}\frac{\left[(x-x_0)^2+(y-y_0)^2\right]^2}{8z^3}\ll 2\pi$$

也就是要求

$$z^3\gg\frac{1}{8\lambda}[(x-x_0)^2+(y-y_0)^2]^2_{\max} \tag{2.4.2}$$

当 z 满足式(2.4.2)时，式(2.4.1)肯定成立，所以式(2.4.2)是菲涅耳衍射成立的充分条件，但不是必要条件. 实际上当距离 z 较小时，式(2.4.2)的条件并不满足，但也能观察到菲涅耳衍射，这可用所谓的稳相原理来解释. 因为取菲涅耳近似的目的是能够用式(2.4.1)来等效积分式(2.2.17)，并不一定要求满足式(2.4.2). 也就是说，只要展开式(2.2.19)中的第三项不明显改变积分式(2.2.17)的值就可以了，即要求以下近似式成立即可：

$$\begin{aligned}&\iint_{-\infty}^{\infty}\boldsymbol{U}_0(x_0,y_0)\exp\left\{\mathrm{j}k\left[\frac{(x-x_0)^2+(y-y_0)^2}{2z}-\frac{\left[(x-x_0)^2+(y-y_0)^2\right]^2}{8z^3}\right]\right\}\mathrm{d}x_0\mathrm{d}y_0\\&\approx\iint_{-\infty}^{\infty}\boldsymbol{U}_0(x_0,y_0)\exp\left[\mathrm{j}k\frac{(x-x_0)^2+(y-y_0)^2}{2z}\right]\mathrm{d}x_0\mathrm{d}y_0\end{aligned} \tag{2.4.3}$$

由于 $k/(2z)$ 值很大，只要 (x_0,y_0) 与 (x,y) 有一定差值，二次相位因子

$$\exp\left[\mathrm{j}k\frac{(x-x_0)^2+(y-y_0)^2}{2z}\right]$$

就会很快振荡起来，即随 x_0、y_0 的变化，相位变化很快. 如果就相位变化的一个周期来看，x_0、y_0 的变化是很微弱的，故使

$$\boldsymbol{U}_0(x_0,y_0)\exp\left\{-\mathrm{j}k\frac{\left[(x-x_0)^2+(y-y_0)^2\right]^2}{8z^3}\right\}$$

在相位变化的一个周期内基本保持不变. 对于等式(2.4.3)左边积分来说，只有

$$\exp\left[\mathrm{j}k\frac{(x-x_0)^2+(y-y_0)^2}{2z}\right]$$

呈周期变化，故等式左端在一个周期内的积分为零. 所以当 (x_0,y_0) 偏离 (x,y) 一定值以后，每个周期的积分都为零，因而对总的积分没有贡献. 这就是说，尽管孔径 Σ 有一定大小，而对观察点真正有贡献的只是孔径上 $x=x_0,y=y_0$ 点附近的小区域. 在这个小区域内的各点相位的变化率最小. 在这些稳相点的附近，高阶相位项的大小往往可以完全忽略. 由这个小区域的范围

决定$[(x-x_0)^2+(y-y_0)^2]^2_{\max}$值比由$\Sigma$决定的该值要小得多，因而满足式(2.4.2)的$z$值也就相应小得多了．在一般问题中，菲涅耳衍射是很容易实现的．

下面我们从衍射的角谱理论出发，对描述光波传播的传递函数 $\boldsymbol{H}$ 作出近似，导出菲涅耳衍射公式．

由式(2.3.4)，观察面上光扰动的角谱与孔平面上的光扰动的角谱之间的关系为

$$\boldsymbol{A}\left(\frac{\cos\alpha}{\lambda},\frac{\cos\beta}{\lambda}\right)=\boldsymbol{A}_{\rm o}\left(\frac{\cos\alpha}{\lambda},\frac{\cos\beta}{\lambda}\right)\boldsymbol{H}\left(\frac{\cos\alpha}{\lambda},\frac{\cos\beta}{\lambda}\right)\tag{2.4.4}$$

式中$\boldsymbol{H}$为描述传播现象频率效应的传递函数，其值为

$$\boldsymbol{H}\left(\frac{\cos\alpha}{\lambda},\frac{\cos\beta}{\lambda}\right)=\exp\left(\mathrm{j}kz\sqrt{1-\cos^2\alpha-\cos^2\beta}\right)\tag{2.4.5}$$

当$\cos^2\alpha+\cos^2\beta<1$时，可对相位因子中的根式作二项式展开，即

$$[1-(\cos^2\alpha+\cos^2\beta)]^{1/2}=1-\frac{1}{2}(\cos^2\alpha+\cos^2\beta)-\frac{1}{8}(\cos^2\alpha+\cos^2\beta)^2-\cdots\tag{2.4.6}$$

如果展开式中第三项所贡献的相位远小于2π，则上式中从第三项起都可以忽略不计，即z应满足

$$\frac{z}{8\lambda}(\cos^2\alpha+\cos^2\beta)^2_{\max}\ll 1\tag{2.4.7}$$

平面波传播方向与孔径平面和观察平面坐标之间的关系为

$$\cos\alpha\approx\frac{x-x_0}{z},\quad \cos\beta\approx\frac{y-y_0}{z}$$

把它们代入式(2.4.7)得出

$$z^3\gg\frac{1}{8\lambda}\left[(x-x_0)^2+(y-y_0)^2\right]^2_{\max}$$

这与式(2.4.2)是一致的．

在菲涅耳衍射区内

$$\sqrt{1-\cos^2\alpha-\cos^2\beta}\approx 1-\frac{1}{2}(\cos^2\alpha+\cos^2\beta)\tag{2.4.8}$$

把上式代入式(2.4.5)得

$$\boldsymbol{H}\left(\frac{\cos\alpha}{\lambda},\frac{\cos\beta}{\lambda}\right)=\exp(\mathrm{j}kz)\exp\left[-\mathrm{j}\frac{k}{2}z(\cos^2\alpha+\cos^2\beta)\right]\tag{2.4.9}$$

由于$\cos\alpha=\lambda\xi$，$\cos\beta=\lambda\eta$，传递函数也可表示为

$$\boldsymbol{H}(\xi,\eta)=\exp(\mathrm{j}kz)\exp\left[-\mathrm{j}\pi\lambda z(\xi^2+\eta^2)\right]\tag{2.4.10}$$

对式(2.4.4)两边作傅里叶逆变换可得

$$\mathscr{F}^{-1}\{\boldsymbol{A}(\xi,\eta)\}=\mathscr{F}^{-1}\{\boldsymbol{A}_0(\xi,\eta)\}*\mathscr{F}^{-1}\{\boldsymbol{H}(\xi,\eta)\}$$

即

$$\boldsymbol{U}(x,y)=\iint_{-\infty}^{\infty}\boldsymbol{U}_0(x_0,y_0)\boldsymbol{h}(x-x_0,y-y_0)\mathrm{d}x_0\mathrm{d}y_0\tag{2.4.11}$$

式中

$$\begin{aligned}\boldsymbol{h}(x-x_0,y-y_0)&=\iint_{-\infty}^{\infty}\exp(\mathrm{j}kz)\exp[-\mathrm{j}\pi\lambda z(\xi^2+\eta^2)]\times\exp\{\mathrm{j}2\pi[\xi(x-x_0)+\eta(y-y_0)]\}\mathrm{d}\xi\mathrm{d}\eta\\&=\frac{1}{\mathrm{j}\lambda z}\exp(\mathrm{j}kz)\exp\left\{\mathrm{j}\frac{k}{2z}[(x-x_0)^2+(y-y_0)^2]\right\}\end{aligned}\tag{2.4.12}$$

这一表达式恰好就是式(2.2.21)中的 $\boldsymbol{h}$. 这说明根据角谱理论得到的一个近似传递函数，其傅里叶逆变换正好是基尔霍夫理论中给出的一个经过近似的脉冲响应函数. 将式(2.4.12)代入式 (2.4.11)得

$$\begin{aligned}\boldsymbol{U}(x,y)&=\frac{1}{\mathrm{j}\lambda z}\exp(\mathrm{j}kz)\iint_{-\infty}^{\infty}\boldsymbol{U}_0(x_0,y_0)\exp\left\{\mathrm{j}\frac{k}{2z}[(x-x_0)^2+(y-y_0)^2]\right\}\mathrm{d}x_0\mathrm{d}y_0\\&=\frac{1}{\mathrm{j}\lambda z}\exp(\mathrm{j}kz)\boldsymbol{U}_0(x,y)*\exp\left[\mathrm{j}\frac{k}{2z}(x^2+y^2)\right]\end{aligned}\tag{2.4.13}$$

这与基尔霍夫理论得出的叠加积分式(2.2.22)完全相同. 展开指数中的二次项则有

$$\begin{aligned}\boldsymbol{U}(x,y)=&\frac{1}{\mathrm{j}\lambda z}\exp(\mathrm{j}kz)\exp\left[\mathrm{j}\frac{k}{2z}(x^2+y^2)\right]\\&\times\iint_{-\infty}^{\infty}\boldsymbol{U}_0(x_0,y_0)\exp\left[\mathrm{j}\frac{k}{2z}(x_0^2+y_0^2)\right]\times\exp\left[-\mathrm{j}\frac{2\pi}{\lambda z}(x_0x+y_0y)\right]\mathrm{d}x_0\mathrm{d}y_0\end{aligned}\tag{2.4.14}$$

上式可以看成是傅里叶变换形式的菲涅耳衍射公式. 菲涅耳衍射也可看成是 $\boldsymbol{U}_0(x_0,y_0)\times\exp\left(\mathrm{j}k\dfrac{x_0{}^2+y_0{}^2}{2z}\right)$ 的傅里叶变换. 尤其是当照明衍射屏的光波是会聚球面波时，$\boldsymbol{U}_0(x_0,y_0)$ 中将包含关于 x_0、y_0 的二次相位因子，在一定条件下可以与 $\exp\left(\mathrm{j}k\dfrac{x_0^2+y_0^2}{2z}\right)$ 相消，这时菲涅耳衍射的计算变得比较简单. 而对于诸多光学仪器像面上的衍射，均属于这种情况.

2.4.2　塔尔博特效应

当用单色平面波垂直照明一个具有周期性透过率函数的图片时，发现在该透明片后的某些距离上出现该周期函数的像. 这种不用透镜就可对周期物体成像的现象称为塔尔博特效应或称自成像，是一种衍射成像. 这个现象是塔尔博特(Talbot)在 1836 年发现的，但直到 20 世纪 70 年代才有人重新仔细研究它，并在光学和电子显微镜等方面得到广泛应用.

有一维周期物体，其复振幅透过率为

$$\boldsymbol{g}_0(x_0)=\sum_{n=-\infty}^{\infty}\boldsymbol{c}_n\exp\left(\mathrm{j}2\pi\frac{n}{d}x_0\right),\quad n=0,\pm1,\pm2,\cdots\tag{2.4.15}$$

式中 d 为周期. 当采用单位振幅的平面波垂直照明时，紧靠物体后的光场分布即为 $\boldsymbol{g}_0(x_0)$，它可以看成频率取离散值 $(n/d,0)$ 的无穷多个平面波的叠加，$\boldsymbol{c}_n$ 表示各个平面波分量的相对振幅和相位分布.

现讨论与物平面相距为 z 的观察平面上的光场分布，这是一个菲涅耳衍射问题. 对这个问题，从频域研究比从空域研究更方便. 将式(2.4.15)作傅里叶变换，得物分布的空间频率为

$$\boldsymbol{G}_0(\xi)=\sum_{n=-\infty}^{\infty}\boldsymbol{c}_n\delta\left(\xi-\frac{n}{d}\right)\tag{2.4.16}$$

由菲涅耳衍射传递函数的表达式得

$$\boldsymbol{H}(\xi)=\exp(\mathrm{j}kz)\exp(-\mathrm{j}\pi\lambda z\xi^2)$$

观察平面上得到的场分布的频谱为

$$\begin{aligned}\boldsymbol{G}(\xi)=\boldsymbol{G}_0(\xi)\boldsymbol{H}(\xi)&=\sum_{n=-\infty}^{\infty}\boldsymbol{c}_n\delta\left(\xi-\frac{n}{d}\right)\exp(\mathrm{j}kz)\exp(-\mathrm{j}\pi\lambda z\xi^2)\\&=\sum_{n=-\infty}^{\infty}\boldsymbol{c}_n\delta\left(\xi-\frac{n}{d}\right)\exp(\mathrm{j}kz)\exp\left[-\mathrm{j}\pi\lambda z\left(\frac{n}{d}\right)^2\right]\end{aligned}\tag{2.4.17}$$

若 z 满足条件

$$z=\frac{2md^2}{\lambda},\quad m=1,2,3,\cdots \tag{2.4.18}$$

则有

$$\exp\left[-\mathrm{j}\pi\lambda z\left(\frac{n}{d}\right)^2\right]=1$$

在这种情况下

$$\boldsymbol{G}(\xi)=\sum_{n=-\infty}^{\infty}c_n\delta\left(\xi-\frac{n}{d}\right)\exp(\mathrm{j}kz)$$

对上式作傅里叶逆变换得到观察平面上的场分布为

$$\boldsymbol{g}(x_0)=\boldsymbol{g}_0(x_0)\exp(\mathrm{j}kz)$$

其强度分布与物体相同，即

$$I(x_0)=|\boldsymbol{g}(x_0)|^2=|\boldsymbol{g}_0(x_0)|^2$$

于是在 $z_{\mathrm{T}}=2d^2/\lambda$ 的整数倍距离上，可观察到物体的像. z_{T} 称为塔尔博特距离.

如果周期物体是一个光栅，在光栅所产生的塔尔博特自成像后面放一块周期相同的检测光栅，则可以观察到清晰的莫尔条纹. 在两个光栅之间若存在相位物体，由莫尔条纹的改变就可以测量物体的相位变化. 这就是塔尔博特干涉仪的简单原理.

2.4.3　夫琅禾费衍射

若观察平面离开孔径平面的距离 z 进一步增大，使其不仅满足菲涅耳衍射条件，而且要求式(2.4.14)中的 $\exp\left[\mathrm{j}\frac{k}{2z}(x_0^2+y_0^2)\right]$ 可以略去，即要满足

$$\frac{2\pi}{\lambda}\frac{({x_0}^2+{y_0}^2)_{\max}}{2z}\ll 2\pi$$

或

$$z\gg\frac{1}{2\lambda}({x_0}^2+{y_0}^2)_{\max} \tag{2.4.19}$$

满足式(2.4.19)所规定的 z 值范围的衍射叫做夫琅禾费衍射. 此 z 值所限定的区域称为夫琅禾费衍射区. 显然，夫琅禾费衍射是在菲涅耳衍射的基础上进一步近似所得出的结果. 其衍射公式为

$$\begin{aligned}\boldsymbol{U}(x,y)&=\frac{\exp(\mathrm{j}kz)}{\mathrm{j}\lambda z}\exp\left(\mathrm{j}k\frac{x^2+y^2}{2z}\right)\iint_{-\infty}^{\infty}\boldsymbol{U}_0(x_0,y_0)\exp\left[-\mathrm{j}\frac{2\pi}{\lambda z}(x_0x+y_0y)\right]\mathrm{d}x_0\mathrm{d}y_0\\&=\frac{\exp(\mathrm{j}kz)}{\mathrm{j}\lambda z}\exp\left(\mathrm{j}k\frac{x^2+y^2}{2z}\right)\mathscr{F}\{\boldsymbol{U}_0(x_0,y_0)\}\end{aligned} \tag{2.4.20}$$

上式表明，观察平面的场分布正比于孔径平面上出射光场分布的傅里叶变换，频率取值与观察平面坐标的关系为 $\xi=x/(\lambda z),\eta=y/(\lambda z)$. 考虑到积分号前的相位因子，这一变换关系还是不准确的，但它并不影响观察面上的强度分布.

将式(2.4.20)与式(2.4.14)比较，可以看出菲涅耳衍射的复振幅分布正比于 $\boldsymbol{U}_0(x_0,y_0)\times\exp\left[\mathrm{j}\frac{k}{2z}({x_0}^2+{y_0}^2)\right]$ 的傅里叶变换，因此随着距离 z 的增大，观察平面上衍射光场分布会发生变化，即衍射图样会发生变化. 仅就轴上点而言，随着 z 的变化其亮暗是交替变化的. 夫琅禾

费衍射的复振幅分布正比于$\boldsymbol{U}_0(x_0,y_0)$的傅里叶变换. 当$z$变化时，衍射图样只是按比例放大或缩小，图样形状不会发生变化.

这里必须指出，用式(2.4.2)和式(2.4.19)来确定菲涅耳近似和夫琅禾费近似的z值范围，在其他条件相同的情况下，当问题要求的精度不同时，所确定的z值是不同的，一般常用$\pi/10$来估计z值. 由于光波长λ很小，夫琅禾费衍射区所要求的条件实际上相当苛刻. 要在近距离上观察孔径的夫琅禾费衍射图样，关键是要消除菲涅耳衍射公式(2.4.14)中的相位因子$\exp\left[\mathrm{j}\dfrac{k}{2z}(x_0^2+y_0^2)\right]$的影响，为此我们可利用会聚透镜的性质来实现这一要求.

从上面的讨论可知，在夫琅禾费近似满足的范围内，菲涅耳近似必须满足，所以凡能用来计算菲涅耳衍射的公式都能用来计算夫琅禾费衍射，而反过来就不行了. 也就是说，菲涅耳衍射的范围是包含夫琅禾费衍射范围的. 所以必须指出，数学上采用夫琅禾费近似之后，脉冲响应的空间不变性已不复存在，似乎夫琅禾费衍射现象已不再是线性空间不变系统，也没有了传递函数. 但是，正如以上所分析的，菲涅耳衍射区包含夫琅禾费衍射区，传递函数表达式(2.4.10)仍然有效.

2.5　菲涅耳和夫琅禾费衍射的系统分析

为了综合运用二维线性系统理论来解决菲涅耳衍射和夫琅禾费衍射相关问题，本节用系统分析的手段对菲涅耳衍射和夫琅禾费衍射分别展开分析. 由于光学二维傅里叶变换的引入，空域与频域实现了有机转换，为解决菲涅耳衍射和夫琅禾费衍射问题提供了更多的解决思路. 不失一般性，假设衍射屏为Σ_0，观察屏为Σ. 在无特别说明的情况下，入射光是振幅为 1 且平行于光轴的平面波.

2.5.1　菲涅耳衍射的系统分析

式(2.2.21)定义了菲涅耳衍射系统的点扩散函数，因此，从系统分析的角度，菲涅耳衍射的输出与输入之间可以简单地表示为

$$\boldsymbol{U}(x,y)=\boldsymbol{U}_0(x,y)*\boldsymbol{h}(x,y) \tag{2.5.1}$$

对菲涅耳衍射的点扩散函数作傅里叶变换，可得

$$\boldsymbol{H}(\xi,\eta)=\mathscr{F}\{\boldsymbol{h}(x,y)\}=\exp(\mathrm{j}kz)\exp[-\mathrm{j}\pi\lambda z(\xi^2+\eta^2)] \tag{2.5.2}$$

因此，根据卷积定理，观察屏的衍射分布可表示为

$$\boldsymbol{U}(x,y)=\mathscr{F}^{-1}\{\mathscr{F}\{\boldsymbol{U}_0(x,y)\}\exp(\mathrm{j}kz)\exp[-\mathrm{j}\pi\lambda z(\xi^2+\eta^2)]\} \tag{2.5.3}$$

另外，对式(2.2.22)展开指数中的二次项则有

$$\begin{aligned}\boldsymbol{U}(x,y)=&\frac{1}{\mathrm{j}\lambda z}\exp(\mathrm{j}kz)\exp\left[\mathrm{j}\frac{k}{2z}(x^2+y^2)\right]\\&\times\iint_{-\infty}^{\infty}\boldsymbol{U}_0(x_0,y_0)\exp\left[\mathrm{j}\frac{k}{2z}(x_0^2+y_0^2)\right]\times\exp\left[-\mathrm{j}\frac{2\pi}{\lambda z}(x_0x+y_0y)\right]\mathrm{d}x_0\mathrm{d}y_0\end{aligned} \tag{2.5.4}$$

上式可以看成是傅里叶变换形式的菲涅耳衍射公式. 菲涅耳衍射也可看成是$\boldsymbol{U}_0(x_0,y_0)\times\exp\left(\mathrm{j}k\dfrac{{x_0}^2+{y_0}^2}{2z}\right)$的傅里叶变换，即可看成衍射屏光场乘以一个球心恰好在观察屏中心的发散

球面波后再作傅里叶变换，只不过经过傅里叶变换后需要将空间频率按$\xi=\frac{x}{\lambda z},\eta=\frac{y}{\lambda z}$代换映射成观察屏空间坐标. 具体可表示为

$$\boldsymbol{U}(x,y)=\frac{1}{\mathrm{j}\lambda z}\exp(\mathrm{j}kz)\exp\left[\mathrm{j}\frac{k}{2z}(x^2+y^2)\right]\mathscr{F}\left\{\boldsymbol{U}_0(x_0,y_0)\exp\left[\mathrm{j}\frac{k}{2z}(x_0^2+y_0^2)\right]\right\}\Bigg|_{\substack{\xi=\frac{x}{\lambda z}\\ \eta=\frac{y}{\lambda z}}} \tag{2.5.5}$$

尤其是当照明衍射屏的光波是会聚球面波时，$\boldsymbol{U}_0(x_0,y_0)$中将包含关于$x_0,y_0$的二次相位因子，在一定条件下可以与$\exp\left(\mathrm{j}k\frac{x_0^2+y_0^2}{2z}\right)$相消，这时菲涅耳衍射的计算变得比较简单. 而对于诸多光学仪器像面上的衍射，均属于这种情况. 值得关注的是，如果观察屏中心位置与球面波球心不恰好重合，上述简单化菲涅耳衍射计算就不再存在，不管怎样，式(2.5.5)始终是成立的，可定性地表述为，菲涅耳衍射可看成衍射屏的光波$\boldsymbol{U}_0(x_0,y_0)$先与一个球心和观察屏中心重合的发散球面波$\exp\left(\mathrm{j}k\frac{x_0^2+y_0^2}{2z}\right)$相乘后作线性傅里叶变换，再将空间频率作$\xi=\frac{x}{\lambda z},\eta=\frac{y}{\lambda z}$比例变换的结果.

2.5.2　夫琅禾费衍射的系统分析

夫琅禾费衍射系统相比菲涅耳衍射系统较简单，在夫琅禾费近似条件下，式(2.5.5)中的二次相位因子$\exp\left[\mathrm{j}\frac{k}{2z}(x_0^2+y_0^2)\right]$影响可以忽略，可以简单表示为

$$\boldsymbol{U}(x,y)=\frac{1}{\mathrm{j}\lambda z}\exp(\mathrm{j}kz)\exp\left[\mathrm{j}\frac{k}{2z}(x^2+y^2)\right]\mathscr{F}\{\boldsymbol{U}_0(x_0,y_0)\}\Bigg|_{\substack{\xi=\frac{x}{\lambda z}\\ \eta=\frac{y}{\lambda z}}} \tag{2.5.6}$$

可定性地表述为，夫琅禾费衍射可看成衍射屏的光波$\boldsymbol{U}_0(x_0,y_0)$直接作线性傅里叶变换，再将空间频率作$\xi=\frac{x}{\lambda z},\eta=\frac{y}{\lambda z}$比例变换的结果.

2.5.3　菲涅耳衍射的系统分析举例

例 2.5.1　求如图 2.5.1 所示半径为 R 圆孔屏菲涅耳衍射场在中心轴上的分布.

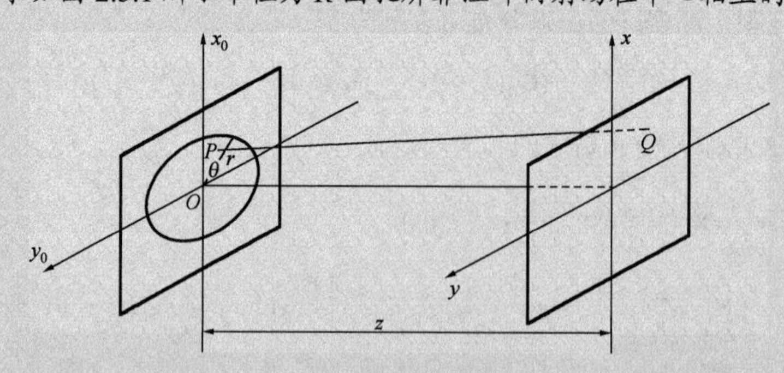

图 2.5.1　圆孔屏与观察平面

解　由题意得，要观察中心轴的衍射特征，意味着要求$x=0,y=0$，也即$\xi=\frac{x}{\lambda z}=0$,

$\eta=\dfrac{y}{\lambda z}=0$，代入式(2.5.5)菲涅耳衍射系统可得

$$U(0,0)=\frac{1}{\mathrm{j}\lambda z}\exp(\mathrm{j}kz)\mathscr{F}\left\{\mathrm{circ}\left(\frac{\sqrt{x_0{}^2+y_0{}^2}}{a}\right)\exp\left[\mathrm{j}\frac{k}{2z}(x_0^2+y_0^2)\right]\right\}\Bigg|_{\substack{\xi=0\\ \eta=0}}$$

由于是求 $x=0, y=0$ 的特例，可展开傅里叶变换得

$$U(0,0)=\frac{1}{\mathrm{j}\lambda z}\exp(\mathrm{j}kz)\iint_{-\infty}^{\infty}\mathrm{circ}\left(\frac{\sqrt{x_0{}^2+y_0{}^2}}{a}\right)\exp\left[\mathrm{j}\frac{k}{2z}(x_0^2+y_0^2)\right]\mathrm{d}x_0\mathrm{d}y_0$$

用极坐标表示为

$$\begin{aligned}U(0,0)&=\frac{\exp(\mathrm{j}kz)}{\mathrm{j}\lambda z}\int_0^{2\pi}\int_0^{R}\mathrm{circ}\left(\frac{r}{R}\right)\exp\left(\mathrm{j}k\frac{r^2}{2z}\right)r\mathrm{d}r\mathrm{d}\theta=\frac{2\pi\exp(\mathrm{j}kz)}{\mathrm{j}\lambda z}\int_0^{R}\frac{1}{2}\exp\left(\mathrm{j}k\frac{r^2}{2z}\right)\mathrm{d}r^2\\&=\exp(\mathrm{j}kz)\left[1-\exp\left(\mathrm{j}k\frac{R^2}{2z}\right)\right]\end{aligned}$$

观察到光强分布

$$\begin{aligned}I(0,0)&=U(0,0)U^*(0,0)\\&=\left\{\exp(\mathrm{j}kz)\left[1-\exp\left(\mathrm{j}k\frac{R^2}{2z}\right)\right]\right\}\left\{\exp(\mathrm{j}kz)\left[1-\exp\left(\mathrm{j}k\frac{R^2}{2z}\right)\right]\right\}^*\\&=\left[1-\exp\left(\mathrm{j}k\frac{R^2}{2z}\right)\right]\left[1-\exp\left(-\mathrm{j}k\frac{R^2}{2z}\right)\right]\\&=2\left[1-\cos\left(k\frac{R^2}{2z}\right)\right]4\sin^2\left(\frac{\pi R^2}{2\lambda z}\right)\end{aligned}$$

图 2.5.2 是圆孔屏菲涅耳衍射场在中心轴上随观察屏移动的光强分布. 从图中可以看出，对于一个开有圆孔的衍射屏，在接近衍射屏附近，基本上可以理解为透视区域；随着衍射距离增大，当满足菲涅耳傍轴近似条件时，光轴中心光强随观察屏距离增大而呈现若干亮暗相间的变化，中心呈现亮点处就是物理光学教程提及的菲涅耳衍射“焦点”；随着衍射距离进一步增大，即进入“*”号表示的光强分布段，光轴中心光强不再随观察屏距离增大而呈现亮暗相间的变化，而基本保持亮态，只是随衍射距离增大而稍稍有所衰减，此时满足夫琅禾费傍轴近似条件，进入夫琅禾费衍射区.

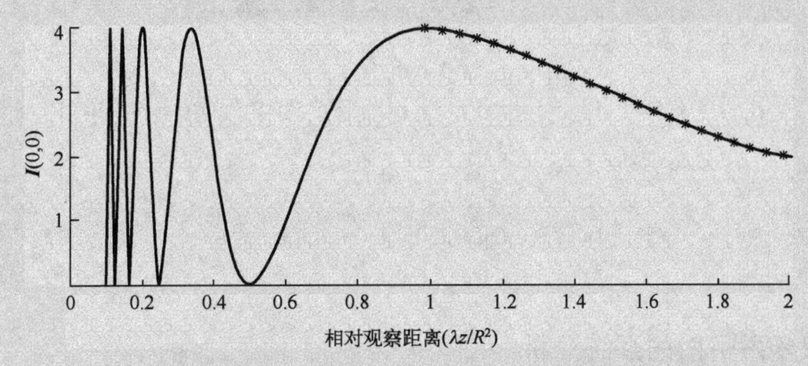

图 2.5.2　半径为 R 圆孔屏的菲涅耳衍射场在中心光轴的光强分布

例 2.5.2 如图 2.5.3 所示，一等腰直角三角形衍射屏 Σ，设照明光波为一会聚球面波，球心在 z 轴上,且距衍射屏为 z，求过球心的观察面 $(x,0,z)$ 上的光强分布.

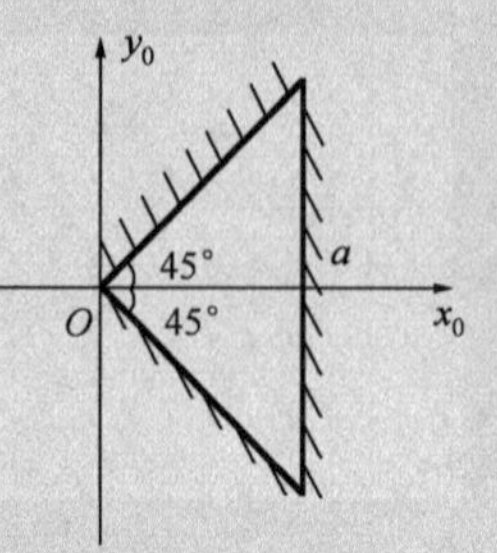

图 2.5.3 例 2.5.2 图

解 设衍射屏的透过率函数为 $t(x_0,y_0)$，入射到衍射屏的球面波为 $\exp\left[-\mathrm{j}\dfrac{k}{2z}(x_0^2+y_0^2)\right]$，则衍射屏的透射波为

$$U_\Sigma(x_0,y_0)=At(x_0,y_0)\exp\left[-\mathrm{j}\frac{k}{2z}(x_0^2+y_0^2)\right]$$

当满足菲涅耳傍轴近似条件时

$$\begin{aligned}
\boldsymbol{U}(x,y)&=\frac{1}{\mathrm{j}\lambda z}\exp(\mathrm{j}kz)\exp\left[\mathrm{j}\frac{k}{2z}(x^2+y^2)\right]\mathscr{F}\{At(x_0,y_0)\}\Big|_{\substack{\xi=\frac{x}{\lambda z}\\ \eta=\frac{y}{\lambda z}}}\\
&=\frac{A}{\mathrm{j}\lambda z}\exp(\mathrm{j}kz)\exp\left[\mathrm{j}\frac{k}{2z}(x^2+y^2)\right]\iint_\Sigma 1\cdot\exp[-\mathrm{j}2\pi(x_0\xi+y_0\eta)]\mathrm{d}x_0\mathrm{d}y_0\Big|_{\substack{\xi=\frac{x}{\lambda z}\\ \eta=\frac{y}{\lambda z}}}\\
&=\frac{A}{\mathrm{j}\lambda z}\exp(\mathrm{j}kz)\exp\left[\mathrm{j}\frac{k}{2z}(x^2+y^2)\right]\int_0^a\int_{-x_0}^{x_0}\exp[-\mathrm{j}2\pi(x_0\xi+y_0\eta)]\mathrm{d}x_0\mathrm{d}y_0\Big|_{\substack{\xi=\frac{x}{\lambda z}\\ \eta=\frac{y}{\lambda z}}}\\
&=\frac{Aa}{2\pi\lambda z\eta}\exp(\mathrm{j}kz)\exp\left[\mathrm{j}\frac{k}{2z}(x^2+y^2)\right]\{\exp[-\mathrm{j}\pi a(\xi+\eta)]\mathrm{sinc}[a(\xi+\eta)]\\
&\quad-\exp[-\mathrm{j}\pi a(\xi-\eta)]\mathrm{sinc}[a(\xi-\eta)]\}\\
&=\frac{Aa}{2\pi\lambda z\eta}\exp(\mathrm{j}kz)\exp\left[\mathrm{j}\frac{k}{2z}(x^2+y^2)\right]\left\{\exp\left[-\mathrm{j}\pi a\frac{(x+y)}{\lambda z}\right]\mathrm{sinc}\left[a\frac{(x+y)}{\lambda z}\right]\right.\\
&\quad\left.-\exp\left[-\mathrm{j}\pi a\frac{(x-y)}{\lambda z}\right]\mathrm{sinc}\left[a\frac{(x-y)}{\lambda z}\right]\right\}\\
&=\frac{Aa}{2\pi y}\exp(\mathrm{j}kz)\exp\left[\mathrm{j}\frac{k}{2z}(x^2+y^2)\right]\left\{\exp\left[-\mathrm{j}ka\frac{(x+y)}{2z}\right]\mathrm{sinc}\left[a\frac{(x+y)}{\lambda z}\right]\right.\\
&\quad\left.-\exp\left[-\mathrm{j}ka\frac{(x-y)}{2z}\right]\mathrm{sinc}\left[a\frac{(x-y)}{\lambda z}\right]\right\}
\end{aligned}$$

根据题意，求过球心的观察面 $(x,0,z)$ 上的光场分布，即 $y=0$，则有

$$U(x,0)=\lim_{y\to0}U(x,y)=\frac{Aa^2\exp(\mathrm{j}kz)\exp\left(\mathrm{j}k\dfrac{x^2}{2z}\right)}{\mathrm{j}\lambda z}\left\{\exp\left[-\mathrm{j}ka\left(\frac{x}{2z}\right)\right]\mathrm{sinc}\left(\frac{xa}{\lambda z}\right)\right\}$$

因此，观察面 $(x,0,z)$ 上的光强分布为

$$I(x,0)=U(x,0)U(x,0)^*=\frac{A^2a^4}{(\lambda z)^2}\left[\mathrm{sinc}\left(\frac{xa}{\lambda z}\right)\right]^2$$

2.5.4 夫琅禾费衍射的系统分析

例 2.5.3 求如图 2.5.4 所示边长和高度分别为 a 和 b 矩形方孔屏 Σ 的夫琅禾费衍射场分布.

解　设衍射屏的透过率函数为$U_\Sigma(x_1,y_1)$，则衍射屏的透射波为

$$U_\Sigma(x_1,y_1)=\mathrm{rect}\left(\frac{x_1}{a}\right)\mathrm{rect}\left(\frac{y_1}{b}\right)=\mathrm{rect}\left(\frac{x_1}{a},\frac{y_1}{b}\right)$$

当满足夫琅禾费傍轴近似条件时

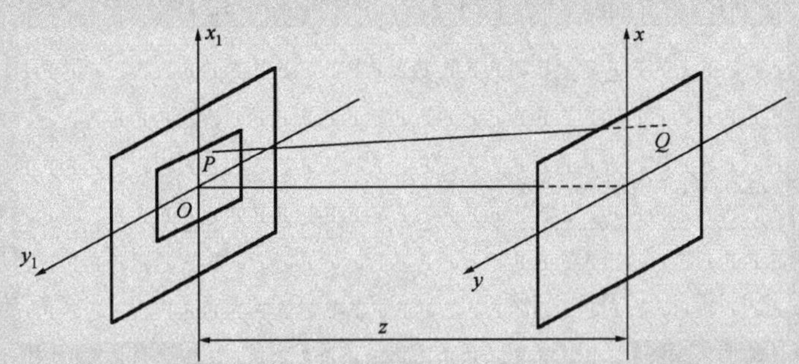

图 2.5.4　矩形方孔的夫琅禾费衍射

$$\begin{aligned}\boldsymbol{U}(x,y)&=\frac{1}{\mathrm{j}\lambda z}\exp(\mathrm{j}kz)\exp\left[\mathrm{j}\frac{k}{2z}(x^2+y^2)\right]\mathscr{F}\{U_\Sigma(x_1,y_1)\}\Big|_{\substack{\xi=\frac{x}{\lambda z}\\ \eta=\frac{y}{\lambda z}}}\\
&=\frac{1}{\mathrm{j}\lambda z}\exp(\mathrm{j}kz)\exp\left[\mathrm{j}\frac{k}{2z}(x^2+y^2)\right]\mathscr{F}\left\{\mathrm{rect}\left(\frac{x_1}{a},\frac{y_1}{b}\right)\right\}\Big|_{\substack{\xi=\frac{x}{\lambda z}\\ \eta=\frac{y}{\lambda z}}}\\
&=\frac{1}{\mathrm{j}\lambda z}\exp(\mathrm{j}kz)\exp\left[\mathrm{j}\frac{k}{2z}(x^2+y^2)\right]ab\mathrm{sinc}(a\xi,b\eta)\Big|_{\substack{\xi=\frac{x}{\lambda z}\\ \eta=\frac{y}{\lambda z}}}\\
&=\frac{\exp(\mathrm{j}kz)\exp\left[\mathrm{j}\frac{k}{2z}(x^2+y^2)\right]}{\mathrm{j}\lambda z}ab\mathrm{sinc}\left(\frac{ax}{\lambda z},\frac{by}{\lambda z}\right)\end{aligned}$$

通过以上分析可知，矩形方孔的衍射光场特征主要表征为二维 sinc 函数.

例 2.5.4　如果将例 2.5.3 的矩形方孔替换成如图 2.5.5 所示矩形方孔+遮挡屏Σ组合，试求其夫琅禾费衍射场分布.

解　设衍射屏的透过率函数为$U_\Sigma(x_1,y_1)$，则衍射屏的透射波为

$$U_\Sigma(x_1,y_1)=\mathrm{rect}\left(\frac{x_1}{2a},\frac{y_1}{2a}\right)-\mathrm{rect}\left(\frac{x_1-x_{1\mathrm{c}}}{a},\frac{y_1-y_{1\mathrm{c}}}{a}\right)$$

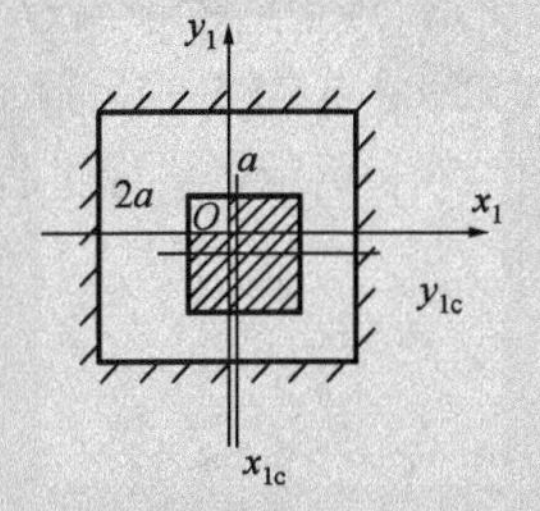

图 2.5.5　矩形方孔+遮挡屏的夫琅禾费场

当满足夫琅禾费傍轴近似条件时

$$\begin{aligned}\boldsymbol{U}(x,y)&=\frac{1}{\mathrm{j}\lambda z}\exp(\mathrm{j}kz)\exp\left[\mathrm{j}\frac{k}{2z}(x^2+y^2)\right]\mathscr{F}\{U_\Sigma(x_1,y_1)\}\Big|_{\substack{\xi=\frac{x}{\lambda z}\\ \eta=\frac{y}{\lambda z}}}\\
&=\frac{1}{\mathrm{j}\lambda z}\exp(\mathrm{j}kz)\exp\left[\mathrm{j}\frac{k}{2z}(x^2+y^2)\right]\mathscr{F}\left\{\mathrm{rect}\left(\frac{x_1}{2a},\frac{y_1}{2a}\right)-\mathrm{rect}\left(\frac{x_1-x_{1\mathrm{c}}}{a},\frac{y_1-y_{1\mathrm{c}}}{a}\right)\right\}\Big|_{\substack{\xi=\frac{x}{\lambda z}\\ \eta=\frac{y}{\lambda z}}}\end{aligned}$$

$$=\frac{1}{\mathrm{j}\lambda z}\exp(\mathrm{j}kz)\exp\left[\mathrm{j}\frac{k}{2z}(x^2+y^2)\right]a^2\{4\mathrm{sinc}(2a\xi,2a\eta)-\mathrm{sinc}(a\xi,a\eta)\exp[-\mathrm{j}2\pi(x_{1\mathrm{c}}\xi+y_{1\mathrm{c}}\eta)]\}\Big|_{\xi=\frac{x}{\lambda z},\ \eta=\frac{y}{\lambda z}}$$

$$=\frac{\exp(\mathrm{j}kz)\exp\left[\mathrm{j}\frac{k}{2z}(x^2+y^2)\right]}{\mathrm{j}\lambda z}a^2\left\{4\mathrm{sinc}\left(\frac{2ax}{\lambda z},\frac{2by}{\lambda z}\right)-\mathrm{sinc}\left(\frac{ax}{\lambda z},\frac{by}{\lambda z}\right)\exp[-\mathrm{j}2\pi(x_{1\mathrm{c}}\xi)+y_{1\mathrm{c}}\eta]\right\}$$

其实，上述结果已经表达出了巴比涅互补原理特征，如果当 $x_{1\mathrm{c}}=y_{1\mathrm{c}}=0$ 时，上式可以简单表示为

$$U(x,y)=\frac{\exp(\mathrm{j}kz)\exp\left[\mathrm{j}\frac{k}{2z}(x^2+y^2)\right]}{\mathrm{j}\lambda z}a^2\left[4\mathrm{sinc}\left(\frac{2ax}{\lambda z},\frac{2by}{\lambda z}\right)-\mathrm{sinc}\left(\frac{ax}{\lambda z},\frac{by}{\lambda z}\right)\right]$$

这更加直观表达了巴比涅互补原理特征. 巴比涅互补原理告诉我们，可以利用狭缝的夫琅禾费衍射来测量金属细丝、光纤、头发丝等丝状物质的直径. 由此可以衍生出一些诸如细小颗粒等不透光物质的参数测量.

2.6 透镜的傅里叶变换性质

前面提到，要在衍射屏后面的自由空间观察夫琅禾费衍射，其条件是相当苛刻的. 要想近距离观察夫琅禾费衍射，可借助会聚透镜来实现. 在单色平面波垂直照射衍射屏的情况下，夫琅禾费衍射就是屏函数的傅里叶变换. 对透射物体进行傅里叶变换运算的物理手段是实现它的夫琅禾费衍射. 也就是说，透镜可以用来实现物体的傅里叶变换. 透镜是光学系统最基本的元件，正是由于透镜在一定条件下能实现傅里叶变换，傅里叶分析方法在光学中得到如此广泛的应用.

2.6.1 透镜的相位变换作用

研究一个无像差的正薄透镜对点光源的成像过程，如图 2.6.1 所示. 取 z 轴为光轴，轴上单色点光源 S 到透镜顶点 O_1 的距离为 p，不计透镜的有限孔径所造成的衍射，透镜将物点 S 成完善像于 S' 点. S' 点到透镜顶点 O_2 的距离为 q. 过透镜两顶点 O_1 和 O_2，分别垂直于光轴作两参考平面 P_1 和 P_2. 由于考虑的是薄透镜，光线通过透镜时入射和出射的高度相同. 从几何光学的观点看，图 2.6.1 所示的成像过程是点物成点像；从波面变换的观点看，透镜将一个发散球面波变换成一个会聚球面波.

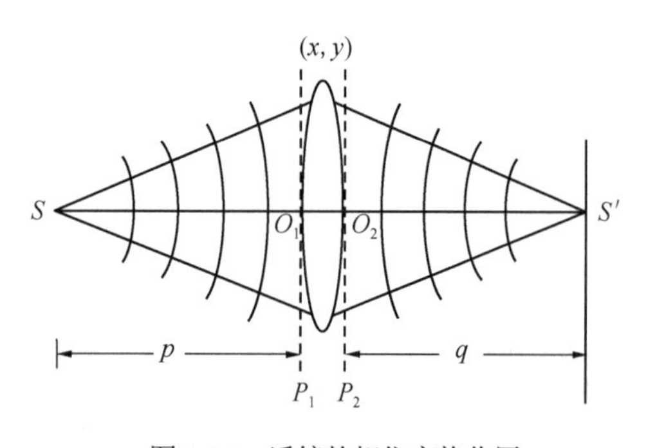

图 2.6.1 透镜的相位变换作用

为了研究透镜对入射波面的变换作用，引入透镜的复振幅透过率 $\boldsymbol{t}(x,y)$，它定义为

$$\boldsymbol{t}(x,y)=\frac{\boldsymbol{U}_1'(x,y)}{\boldsymbol{U}_1(x,y)} \tag{2.6.1}$$

式中，$\boldsymbol{U}_1(x,y)$ 和 $\boldsymbol{U}_1'(x,y)$ 分别是 P_1 和 P_2 平面上的光场分布.

在傍轴近似下，位于 S 点的单色点光源发出的发散球面波在 P_1 平面上造成的场分布为

$$\boldsymbol{U}_1(x,y)=\boldsymbol{A}\exp(\mathrm{j}kp)\exp\left[\mathrm{j}\frac{k}{2p}(x^2+y^2)\right] \tag{2.6.2}$$

式中，$\boldsymbol{A}$ 为常数，表明在傍轴近似下平面 P_1 上的振幅分布是均匀的，发生变化的只是相位. 此球面波经透镜变换后向 S' 点会聚，忽略透镜的吸收，它在 P_2 平面上造成的复振幅分布为

$$\boldsymbol{U}_1'(x,y)=\boldsymbol{A}\exp(-\mathrm{j}kq)\exp\left[-\mathrm{j}\frac{k}{2q}(x^2+y^2)\right] \tag{2.6.3}$$

式(2.6.2)和式(2.6.3)中的相位因子 $\exp(\mathrm{j}kp)$和$\exp(-\mathrm{j}kq)$ 仅表示常数相位变化，它们并不影响 P_1和P_2 平面上相位的相对分布，分析时可略去. 把式(2.6.2)和式(2.6.3)代入式(2.6.1)，得到透镜的复振幅透过率或相位变换因子为

$$\boldsymbol{t}(x,y)=\frac{\boldsymbol{U}_1'(x,y)}{\boldsymbol{U}_1(x,y)}=\exp\left[-\mathrm{j}\frac{k}{2}(x^2+y^2)\left(\frac{1}{p}+\frac{1}{q}\right)\right]$$

由透镜成像的高斯公式可知

$$\frac{1}{q}+\frac{1}{p}=\frac{1}{f} \tag{2.6.4}$$

式中，f 为透镜的像方焦距. 于是透镜的相位变换因子可简单地表示为

$$\boldsymbol{t}(x,y)=\exp\left[-\mathrm{j}\frac{k}{2f}(x^2+y^2)\right] \tag{2.6.5}$$

以上结果表明，通过透镜的相位变换作用，把一个发散球面波变换成了会聚球面波. 当一个单位振幅的平面波垂直于 P_1 面入射时，它在 P_1 面上造成的复振幅分布 $\boldsymbol{U}_1(x,y)=1$，在 P_2 平面上造成的复振幅分布为

$$\boldsymbol{U}_1'(x,y)=\boldsymbol{U}_1(x,y)\boldsymbol{t}(x,y)=\exp\left[-\mathrm{j}\frac{k}{2f}(x^2+y^2)\right]$$

在傍轴近似下，这是一个球面波的表达式. 对于正透镜 $f>0$，上式所表示的是一个向透镜后方 f 处的焦点 F' 会聚的球面波. 对于负透镜 $f<0$，这是一个由透镜前方 $-f$ 处的虚焦点 F' 发出的发散球面波.

如果考虑透镜孔径的有限大小，用 $\boldsymbol{P}(x,y)$ 表示孔径函数(或称光瞳函数)，其定义为

$$\boldsymbol{P}(x,y)=\begin{cases}1, & \text{透镜孔径内}\\ 0, & \text{其他}\end{cases} \tag{2.6.6}$$

于是透镜的相位变换因子可写成

$$\boldsymbol{t}(x,y)=\boldsymbol{P}(x,y)\exp\left[-\mathrm{j}\frac{k}{2f}(x^2+y^2)\right] \tag{2.6.7}$$

透镜对光波的相位变换作用是由透镜本身的性质决定的，与入射光波复振幅 $\boldsymbol{U}_1(x,y)$ 的具体形式无关. $\boldsymbol{U}_1(x,y)$ 可以是平面波的复振幅，也可以是球面波的复振幅，还可以是某种特定分布的复振幅，只要满足傍轴条件，薄透镜就会以式(2.6.5)或式(2.6.7)的形式对 $\boldsymbol{U}_1(x,y)$ 进行相位变换.

2.6.2　透镜的傅里叶变换特性

正透镜除了具有成像性质外还能作傅里叶变换，正因如此，傅里叶分析方法在光学中得到广泛而成功的应用. 前面我们已经看到，单位振幅平面波垂直照明衍射屏的夫琅禾费衍射，恰好是衍射屏透过率函数 $\boldsymbol{t}(x,y)$ 的傅里叶变换(除一相位因子外). 另外，在会聚光照明下的菲涅耳衍射，通过会聚中心的观察屏上的菲涅耳衍射场分布，也是衍射屏透过率函数 $\boldsymbol{t}(x,y)$ 的傅里叶变换(除一相位因子外). 这两种途径都能用透镜比较方便地实现. 第一种情况可在透镜的后焦面(无穷远照明光源的共轭面)上观察夫琅禾费衍射；第二种情况可在照明光源的共轭面上观察屏函数的夫琅禾费衍射图样. 下面分别就透明片(物)放在透镜之前和之后两种情况进行讨论.

1. 物在透镜之前

如图 2.6.2 所示，把要变换的透明片置于透镜前方 d_0 处，其复振幅透过率为 $\boldsymbol{t}(x_0,y_0)$，这个位置称为输入面. 由于是薄透镜，这里把 P_1 和 P_2 平面画在一起了，位于光轴上的单色点光源 S 与透镜的距离为 p. 点光源的共轭像面 (x,y) 与透镜的距离为 q，它是输出面. 按信息光学中的习惯，与一般的应用光学中的符号规则不同，这里的 p、q 和 d_0 均用正值. 假设薄透镜孔径很大，抽象为无穷大.

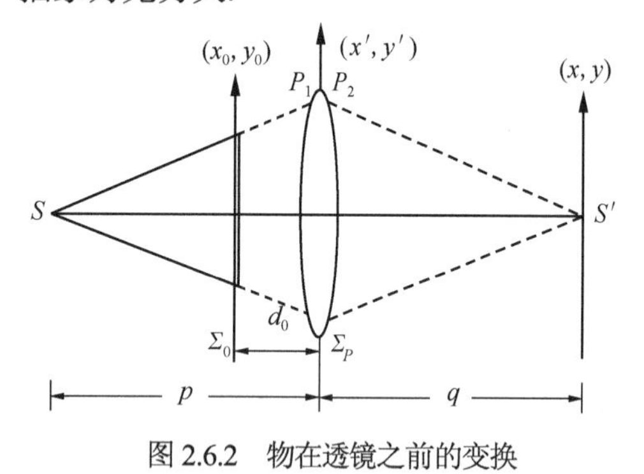

图 2.6.2　物在透镜之前的变换

在傍轴近似下，由单色点光源发出的球面波在物的前表面上造成的场分布为

$$\boldsymbol{A}_0\exp\left[\mathrm{j}k\frac{x_0^2+y_0^2}{2(p-d_0)}\right]$$

透过物体，从输入面上出射的光场为

$$\boldsymbol{A}_0\boldsymbol{t}(x_0,y_0)\exp\left[\mathrm{j}k\frac{x_0^2+y_0^2}{2(p-d_0)}\right]$$

从输入平面出射的光场到达透镜平面，按菲涅耳衍射公式(2.5.1)，其复振幅分布为

$$\boldsymbol{U}_1(x',y')=\frac{\boldsymbol{A}_0}{\mathrm{j}\lambda d_0}\iint_{\Sigma_0}\boldsymbol{t}(x_0,y_0)\exp\left[\mathrm{j}k\frac{x_0^2+y_0^2}{2(p-d_0)}\right]\exp\left[\mathrm{j}k\frac{(x'-x_0)+(y'-y_0)^2}{2d_0}\right]\mathrm{d}x_0\mathrm{d}y_0$$

这里略去了常数相位因子，Σ_0 为物函数所在的范围. 通过透镜后的场分布为

$$\boldsymbol{U}_1'(x',y')=\boldsymbol{U}_1(x',y')\boldsymbol{P}(x',y')\exp\left(-\mathrm{j}k\frac{x'^2+y'^2}{2f}\right)$$

式中 $\boldsymbol{P}(x',y')$ 为式(2.6.6)所定义的光瞳函数. 这样一来，在输出面上，即光源 S 的共轭面上的光场分布为

$$\boldsymbol{U}(x,y)=\frac{1}{\mathrm{j}\lambda q}\iint_{\Sigma_P}\boldsymbol{U}_1(x',y')\exp\left(-\mathrm{j}k\frac{x'^2+y'^2}{2f}\right)\exp\left[\mathrm{j}k\frac{(x-x')^2+(y-y')^2}{2q}\right]\mathrm{d}x'\mathrm{d}y'$$

式中 Σ_P 为光瞳函数所确定的范围. 现将 $\boldsymbol{U}_1(x',y')$ 的表达式代入上式得

$$\boldsymbol{U}'(x,y)=-\frac{\boldsymbol{A}_0}{\lambda^2 qd_0}\iint_{\Sigma_0}\iint_{\Sigma_P}\boldsymbol{t}(x_0,y_0)\exp\left[\mathrm{j}\frac{k}{2}(\varDelta_x+\varDelta_y)\right]\mathrm{d}x_0\mathrm{d}y_0\mathrm{d}x'\mathrm{d}y' \tag{2.6.8}$$

式中

$$\begin{aligned}\varDelta_x&=\frac{x_0^2}{p-d_0}+\frac{(x'-x_0)^2}{d_0}-\frac{x'^2}{f}+\frac{(x-x')^2}{q}\\&=x_0^2\left(\frac{1}{p-d_0}+\frac{1}{d_0}\right)+x'^2\left(\frac{1}{d_0}+\frac{1}{q}-\frac{1}{f}\right)+\frac{x^2}{q}-\frac{2x_0x'}{d_0}-\frac{2xx'}{q}\\&=\frac{fqx_0^2}{d_0[q(f-d_0)+fd_0]}+\frac{x'^2[q(f-d_0)+fd_0]}{d_0fq}+\frac{x^2}{q}-\frac{2x_0x'}{d_0}-\frac{2xx'}{q}\\&=\left\{x_0\sqrt{\frac{fq}{d_0[q(f-d_0)+fd_0]}}-x'\sqrt{\frac{q(f-d_0)+fd_0}{d_0fq}}+x\sqrt{\frac{fd_0}{q[q(f-d_0)+fd_0]}}\right\}^2\\&\quad+\frac{(f-d_0)x^2}{q(f-d_0)+fd_0}-\frac{2fx_0x}{q(f-d_0)+fd_0}\end{aligned}$$

$$\Delta_y=\left\{y_0\sqrt{\frac{fq}{d_0[q(f-d_0)+fd_0]}}-y'\sqrt{\frac{q(f-d_0)+fd_0}{d_0fq}}+y\sqrt{\frac{fd_0}{q[q(f-d_0)+fd_0]}}\right\}^2+\frac{(f-d_0)y^2}{q(f-d_0)+fd_0}-\frac{2fy_0y}{q(f-d_0)+fd_0}$$

在上面的化简中，应用了物像共轭关系的高斯公式$1/p+1/q=1/f$．公式(2.6.8)要分别对物平面和光瞳平面积分．首先完成对光瞳平面的积分

$$\boldsymbol{U}_P=\iint_{\Sigma_P}\exp\left[\mathrm{j}\frac{k}{2}(\Delta_x+\Delta_y)\right]\mathrm{d}x'\mathrm{d}y'$$

由于不考虑透镜有限孔径的影响，对Σ_P的积分可扩展到无穷．做变量代换，令

$$\alpha=q(f-d_0)+fd_0$$

$$\bar{x}=\left(\sqrt{\frac{fq}{d_0\alpha}}x_0-\sqrt{\frac{\alpha}{d_0fq}}x'+\sqrt{\frac{fd_0}{q\alpha}}x\right)$$

$$\bar{y}=\left(\sqrt{\frac{fq}{d_0\alpha}}y_0-\sqrt{\frac{\alpha}{d_0fq}}y'+\sqrt{\frac{fd_0}{q\alpha}}y\right)$$

$$\mathrm{d}\bar{x}=-\sqrt{\frac{\alpha}{d_0fq}}\mathrm{d}x,\quad \mathrm{d}\bar{y}=-\sqrt{\frac{\alpha}{d_0fq}}\mathrm{d}y'$$

于是$\boldsymbol{U}_P$的积分简化成

$$\boldsymbol{U}_P=\frac{d_0fq}{\alpha}\exp\left[\mathrm{j}k\frac{(f-d_0)}{2\alpha}(x^2+y^2)\right]\exp\left[-\mathrm{j}k\frac{f}{\alpha}(x_0x+y_0y)\right]\times\iint_{-\infty}^{\infty}\exp\left[\mathrm{j}\frac{k}{2}(\bar{x}^2+\bar{y}^2)\right]\mathrm{d}\bar{x}\,\mathrm{d}\bar{y}$$

利用积分公式

$$\int_{-\infty}^{\infty}\mathrm{e}^{-ax^2}\mathrm{d}x=\sqrt{\frac{\pi}{\alpha}}$$

可将$\boldsymbol{U}_P$积出

$$\boldsymbol{U}_P=\frac{\mathrm{j}\lambda fqd_0}{\alpha}\exp\left[\mathrm{j}k\frac{f-d_0}{2\alpha}(x^2+y^2)\right]\exp\left[-\mathrm{j}k\frac{f}{\alpha}(x_0x+y_0y)\right]$$

将以上结果代入式(2.6.8)得

$$\boldsymbol{U}(x,y)=\boldsymbol{c}'\exp\left\{\mathrm{j}k\frac{(f-d_0)(x^2+y^2)}{2[q(f-d_0)+fd_0]}\right\}\iint_{-\infty}^{\infty}\boldsymbol{t}(x_0,y_0)\exp\left[-\mathrm{j}k\frac{f(x_0x+y_0y)}{q(f-d_0)+fd_0}\right]\mathrm{d}x_0\mathrm{d}y_0\tag{2.6.9}$$

这就是输入平面位于透镜前，计算光源共轭面上场分布的一般公式．由于照明光源和观察平面的位置始终保持共轭关系，因此式(2.6.9)中的q由照明光源位置决定．当照明光源位于光轴上无穷远，即平面波垂直照明时，$q=f$，这时观察平面位于透镜后焦面上．另外，输入平面的位置决定了d_0的大小，下面讨论输入平面的两个特殊位置．

1) 输入平面位于透镜前焦面

这时$d_0=f$，由式(2.6.9)得到

$$\boldsymbol{U}(x,y)=\boldsymbol{c}'\iint_{-\infty}^{\infty}\boldsymbol{t}(x_0,y_0)\exp\left(-\mathrm{j}k\frac{x_0x+y_0y}{f}\right)\mathrm{d}x_0\mathrm{d}y_0\tag{2.6.10}$$

在这种情况下，衍射物体的复振幅透过率与衍射场的复振幅分布存在准确的傅里叶变换关系，并且只要照明光源和观察平面满足共轭关系，则与照明光源的具体位置无关．这也就是说，不管照明光源位于何处，均不影响观察面上空间频率与位置坐标的关系，始终为$\xi=x/(\lambda f)$，

$\eta = y/(\lambda f)$. 在理论分析中这种情况是很有意义的.

2) 输入面紧贴透镜

这时 $d_0 = 0$，由公式(2.6.9)得

$$\boldsymbol{U}(x,y)=\boldsymbol{c}'\exp\left(\mathrm{j}k\frac{x^2+y^2}{2q}\right)\iint_{-\infty}^{\infty}\boldsymbol{t}(x_0,y_0)\exp\left(-\mathrm{j}k\frac{x_0x+y_0y}{q}\right)\mathrm{d}x_0\mathrm{d}y_0 \tag{2.6.11}$$

在这种情况下，衍射物体的复振幅透过率与观察面上的场分布不是准确的傅里叶变换关系，有一个二次相位因子. 观察面上的空间坐标与空间频率的关系为 $\xi = x/(\lambda q), \eta = y/(\lambda q)$，随 q 的值而不同. 也就是说，频谱在空间尺度上能按一定的比例缩放，这对光学信息处理的应用将具有一定的灵活性，并且也利于充分利用透镜孔径.

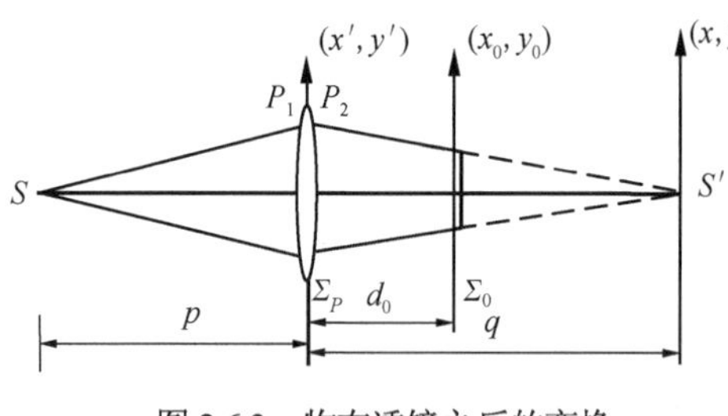

图 2.6.3　物在透镜之后的变换

2. 物在透镜之后

如图 2.6.3 所示，这时入射到透镜前表面的场为 $\boldsymbol{A}_0\exp\left(\mathrm{j}k\dfrac{x'^2+y'^2}{2p}\right)$，从透镜出射的场为

$$\boldsymbol{A}_0\exp\left(\mathrm{j}k\frac{x'^2+y'^2}{2p}\right)\exp\left(-\mathrm{j}k\frac{x'^2+y'^2}{2f}\right)$$

从透镜的后表面出射的场到达物的前表面造成的场分布为

$$\boldsymbol{U}_0(x_0,y_0)=\frac{\boldsymbol{A}_0}{\mathrm{j}\lambda d_0}\iint_{\Sigma_P}\exp\left[\mathrm{j}k\frac{x'^2+y'^2}{2p}\right]\exp\left(-\mathrm{j}k\frac{x'^2+y'^2}{2f}\right)\exp\left[\mathrm{j}k\frac{(x_0-x')^2+(y_0-y')^2}{2d_0}\right]\mathrm{d}x'\mathrm{d}y' \tag{2.6.12}$$

通过物体后的出射光场为

$$\boldsymbol{U}_0'(x_0,y_0)=\boldsymbol{t}(x_0,y_0)\boldsymbol{U}_0(x_0,y_0)$$

这个光场传输到观察平面 (x,y) 上造成的场分布为

$$\boldsymbol{U}(x,y)=\frac{1}{\mathrm{j}\lambda(q-d_0)}\iint_{\Sigma_0}\boldsymbol{t}(x_0,y_0)\boldsymbol{U}_0(x_0,y_0)\exp\left[\mathrm{j}k\frac{(x-x_0)^2+(y-y_0)^2}{2(q-d_0)}\right]\mathrm{d}x_0\mathrm{d}y_0 \tag{2.6.13}$$

将式(2.6.12)代入式(2.6.13)得

$$\boldsymbol{U}(x,y)=-\frac{\boldsymbol{A}_0}{\lambda^2 d_0(q-d_0)}\iint_{\Sigma_P}\iint_{\Sigma_0}\boldsymbol{t}(x_0,y_0)\exp\left[\mathrm{j}\frac{k}{2}(\varDelta_x+\varDelta_y)\right]\mathrm{d}x'\mathrm{d}y'\mathrm{d}x_0\mathrm{d}y_0 \tag{2.6.14}$$

式中

$$\begin{aligned}\varDelta_x&=\frac{x'^2}{p}-\frac{x'^2}{f}+\frac{(x_0-x')^2}{d_0}+\frac{(x-x_0)^2}{q-d_0}\\&=x'^2\left(\frac{1}{p}+\frac{1}{d_0}-\frac{1}{f}\right)+x_0^2\left(\frac{1}{d_0}+\frac{1}{q-d_0}\right)+\frac{x^2}{q-d_0}-\frac{2x_0x'}{d_0}-\frac{2x_0x}{q-d_0}\\&=x'^2\frac{q-d_0}{d_0q}+x_0^2\frac{q}{d_0(q-d_0)}+\frac{x^2}{q-d_0}-\frac{2x_0x'}{d_0}-\frac{2x_0x}{q-d_0}\\&=\left[x'\sqrt{\frac{q-d_0}{d_0q}}-x_0\sqrt{\frac{q}{d_0(q-d_0)}}\right]^2+\frac{x^2}{q-d_0}-\frac{2x_0x}{q-d_0}\end{aligned}$$

$$\Delta_y=\left[y'\sqrt{\frac{q-d_0}{d_0q}}-y_0\sqrt{\frac{q}{d_0(q-d_0)}}\right]^2+\frac{y^2}{q-d_0}-\frac{2y_0y}{q-d_0}$$

用推导式(2.6.9)的方法可得出

$$\boldsymbol{U}(x,y)=\boldsymbol{c}'\exp\left[\mathrm{j}k\frac{x^2+y^2}{2(q-d_0)}\right]\iint_{-\infty}^{\infty}\boldsymbol{t}(x_0,y_0)\exp\left(-\mathrm{j}k\frac{x_0x+y_0y}{q-d_0}\right)\mathrm{d}x_0\mathrm{d}y_0 \tag{2.6.15}$$

由式(2.6.9)和式(2.6.15)可以看出，不管衍射物体位于何处，只要观察面是照明光源的共轭面，则物面(输入面)和观察面(输出面)之间的关系都是傅里叶变换关系，即观察面上的衍射场都是夫琅禾费型. 显然，当 $d_0=0$ 时，由式(2.6.15)也可得出式(2.6.11)，即物从两面紧贴透镜都是等价的.

3. *考虑孔径效应*

迄今为止，我们完全忽略了透镜的孔径效应. 为了把孔径效应考虑进去，需要用几何光学近似. 现在只就物在透镜前且为相干平行光照明的特殊情况列出结果. 作为初步估算，采用几何光学近似考虑，也就是考虑物面与透镜之间的距离 d_0 相对于透镜直径 D 而言不是很大的情况. 这时光波从物到透镜之间的传播可看成直线传播，并忽略透镜的孔径衍射. 这样的条件在实用中的绝大多数情况下都是能得到满足的. 于是有

$$\boldsymbol{U}(x,y)=\boldsymbol{c}'\exp\left[\mathrm{j}k\frac{(f-d_0)(x^2+y^2)}{2f^2}\right]\iint_{-\infty}^{\infty}\boldsymbol{t}(x_0,y_0)p\left(x_0+\frac{d_0}{f}x,y_0+\frac{d_0}{f}y\right)$$
$$\times\exp\left[-\mathrm{j}k\frac{x_0x+y_0y}{f}\right]\mathrm{d}x_0\mathrm{d}y_0 \tag{2.6.16}$$

2.6.3　透镜的一般变换特性

在上文中，照明光源和观察面是一对成物像关系的共轭面. 所以，物透明片无论是放在透镜前或透镜后，除一常相位因子外，观察面总是物的频谱面. 下面我们讨论一种任意情况，物面(输入面)和观察面(输出面)的位置是任意的，我们将导出此时的输入输出关系式. 如图 2.6.4 所示，正透镜焦距为 f，物面 Σ_0 位于透镜前 d_1 处，观察面 Σ_1 位于透镜后 d_2 处，d_1 和 d_2 是任意的. 用振幅为 1 的单色平面波垂直照明物平面，设物面上的场分布为 $\boldsymbol{U}_0(x_0,y_0)$，观察面上的场分布为 $\boldsymbol{U}(x,y)$，并假设光场在 d_1 和 d_2 距离上的传播满足菲涅耳近似条件，则透镜前表上的场 $\boldsymbol{U}_1(x',y')$ 可表示为

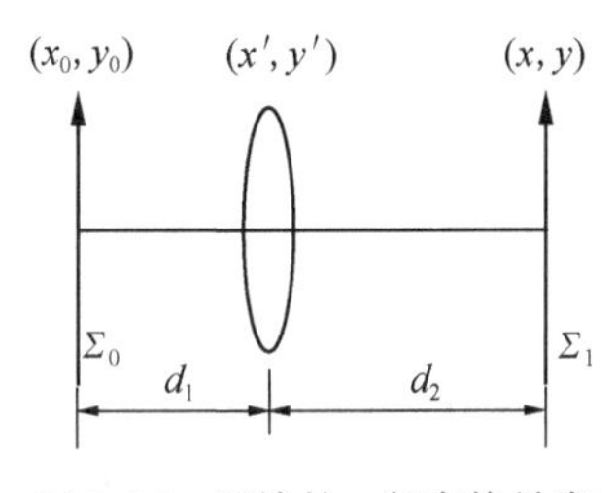

图 2.6.4　透镜的一般变换效应

$$\boldsymbol{U}_1(x',y')=\frac{\exp(\mathrm{j}kd_1)}{\mathrm{j}\lambda d_1}\iint_{-\infty}^{\infty}\boldsymbol{U}_0(x_0,y_0)\exp\left[\mathrm{j}k\frac{(x'-x_0)^2+(y'-y_0)^2}{2d_1}\right]\mathrm{d}x_0\mathrm{d}y_0 \tag{2.6.17}$$

考虑到透镜的相位变换因子，则透镜后表面上的场分布 $\boldsymbol{U}_1'(x',y')$ 为

$$\boldsymbol{U}_1'(x',y')=\exp\left[-\mathrm{j}\frac{k}{2f}(x'^2+y'^2)\right]\boldsymbol{U}_1(x',y') \tag{2.6.18}$$

于是观察平面上的场为

$$\boldsymbol{U}(x,y)=\frac{\exp(\mathrm{j}kd_2)}{\mathrm{j}\lambda d_2}\iint_{-\infty}^{\infty}\boldsymbol{U}_1'(x',y')\exp\left\{\mathrm{j}\frac{k}{2d_2}[(x-x')^2+(y-y')^2]\right\}\mathrm{d}x'\mathrm{d}y'$$

$$
\begin{aligned}
&=-\frac{\exp[\mathrm{j}k(d_1+d_2)]}{\lambda^2 d_1 d_2}\iiiint_{-\infty}^{\infty}\boldsymbol{U}_0(x_0,y_0)\exp\left(-\mathrm{j}k\frac{x'^2+y'^2}{2f}\right)\\
&\quad\times\exp\left[\mathrm{j}k\frac{(x'-x_0)^2+(y'-y_0)^2}{2d_1}\right]\exp\left[\mathrm{j}k\frac{(x-x')^2+(y-y'^2)}{2d_2}\right]\mathrm{d}x_0\mathrm{d}y_0\mathrm{d}x'\mathrm{d}y'\\
&=-\frac{\exp[\mathrm{j}k(d_1+d_2)]}{\lambda^2 d_1 d_2}\exp\left[\mathrm{j}\frac{k}{2d_2}(x^2+y^2)\right]\iint_{-\infty}^{\infty}\boldsymbol{U}_0(x_0,y_0)\\
&\quad\times\exp\left(\mathrm{j}k\frac{x_0^2+y_0^2}{2d_1}\right)\boldsymbol{I}(x_0,y_0)\mathrm{d}x_0\mathrm{d}y_0
\end{aligned}
\tag{2.6.19}
$$

其中

$$
\begin{aligned}
\boldsymbol{I}(x_0,y_0)&=\iint_{-\infty}^{\infty}\exp\left\{\mathrm{j}\frac{k}{2}\left[\left(\frac{1}{d_1}+\frac{1}{d_2}-\frac{1}{f}\right)(x'^2+y'^2)-2\left(\frac{x_0}{d_1}+\frac{x}{d_2}\right)x'-2\left(\frac{y_0}{d_1}+\frac{y}{d_2}\right)y'\right]\right\}\mathrm{d}x'\mathrm{d}y'\\
&=\int_{-\infty}^{\infty}\exp\left\{\mathrm{j}\frac{k}{2}\left[\varepsilon x'^2-2\left(\frac{x_0}{d_1}+\frac{x}{d_2}\right)x'\right]\right\}\mathrm{d}x'\times\int_{-\infty}^{\infty}\exp\left\{\mathrm{j}\frac{k}{2}\left[\varepsilon y'^2-2\left(\frac{y_0}{d_1}+\frac{y}{d_2}\right)y'\right]\right\}\mathrm{d}y'\\
&=\boldsymbol{I}_1(x_0,y_0)\boldsymbol{I}_2(x_0,y_0)
\end{aligned}
\tag{2.6.20}
$$

式中

$$
\varepsilon=\frac{1}{d_1}+\frac{1}{d_2}-\frac{1}{f}
\tag{2.6.21}
$$

利用积分公式

$$
\int_{-\infty}^{\infty}\exp(-Ax^2\pm 2Bx-C)\mathrm{d}x=\sqrt{\frac{\pi}{A}}\exp(-C+B^2/A)
\tag{2.6.22}
$$

对于$\varepsilon\neq 0$的情况可得

$$
\boldsymbol{I}_1(x_0,y_0)=\sqrt{\frac{\mathrm{j}\lambda}{\varepsilon}}\exp\left[-\mathrm{j}\frac{k}{2\varepsilon}\left(\frac{x_0}{d_1}+\frac{x}{d_2}\right)^2\right]
\tag{2.6.23}
$$

$$
\boldsymbol{I}_2(x_0,y_0)=\sqrt{\frac{\mathrm{j}\lambda}{\varepsilon}}\exp\left[-\mathrm{j}\frac{k}{2\varepsilon}\left(\frac{y_0}{d_1}+\frac{y}{d_2}\right)^2\right]
\tag{2.6.24}
$$

将式(2.6.23)和式(2.6.24)代入式(2.6.20)，再将式(2.6.20)代入式(2.6.19)得

$$
\begin{aligned}
\boldsymbol{U}(x,y)&=\frac{\exp[\mathrm{j}k(d_1+d_2)]}{\mathrm{j}\lambda\varepsilon d_1 d_2}\exp\left[\mathrm{j}\frac{k}{2\varepsilon d_1 d_2}\left(1-\frac{d_1}{f}\right)(x^2+y^2)\right]\\
&\quad\times\iint_{-\infty}^{\infty}\boldsymbol{U}_0(x_0,y_0)\exp\left\{\mathrm{j}\frac{k}{2\varepsilon d_1 d_2}\left[\left(1-\frac{d_2}{f}\right)(x_0^2+y_0^2)-2(x_0x-y_0y)\right]\right\}\mathrm{d}x_0\mathrm{d}y_0
\end{aligned}
\tag{2.6.25}
$$

在上式的化简过程中应用了下面的恒等变换：

$$
\frac{1}{d_2}-\frac{1}{\varepsilon d_2^2}=\frac{1}{\varepsilon d_1 d_2}\left(\varepsilon d_1-\frac{d_1}{d_2}\right)=\frac{1}{\varepsilon d_1 d_2}\left(1-\frac{d_1}{f}\right)
$$

$$
\frac{1}{d_1}-\frac{1}{\varepsilon d_1^2}=\frac{1}{\varepsilon d_1 d_2}\left(\varepsilon d_2-\frac{d_2}{d_1}\right)=\frac{1}{\varepsilon d_1 d_2}\left(1-\frac{d_2}{f}\right)
$$

当$d_2=f$，即后焦面作为观察平面时，则式(2.6.25)简化成

$$U(x,y)=\frac{\exp[jk(d_1+f)]}{j\lambda f}\exp\left[j\frac{k}{2f}\left(1-\frac{d_1}{f}\right)(x^2+y^2)\right]$$
$$\times\iint_{-\infty}^{\infty}U_0(x_0,y_0)\exp\left[-j\frac{2\pi}{\lambda f}(x_0x+y_0y)\right]dx_0dy_0 \tag{2.6.26}$$

可见，除一相位因子外，$U(x,y)$ 是 $U_0(x_0,y_0)$ 的傅里叶变换.

当 $d_1=d_2=f$ 时，式(2.6.26)中的相位因子消去，

$$U(x,y)=\frac{\exp(j2kf)}{j\lambda f}\iint_{-\infty}^{\infty}U_0(x,y)\exp\left[-j\frac{2\pi}{\lambda f}(x_0x+y_0y)\right]dx_0dy_0 \tag{2.6.27}$$

这时 $U(x,y)$ 是 $U_0(x,y)$ 的准确傅里叶变换(常数相位因子无关紧要). 一般情况下，d_1 和 d_2 并不相等，有可能实现分数阶傅里叶变换. 这个问题我们将在第 12 章中介绍.

当 $\varepsilon=0$ 时，即输入和输出满足物像共轭关系. 由式(2.6.20)得

$$I_1=\int_{-\infty}^{\infty}\exp\left[j\frac{2\pi}{\lambda}\left(\frac{x_0}{d_1}+\frac{x}{d_2}\right)x'\right]dx'=\int_{-\infty}^{\infty}\exp\left[j\frac{2\pi}{\lambda}\frac{1}{d_1}\left(x_0-\frac{x}{M}\right)x'\right]dx'$$
$$=\lambda d_1\delta(x_0-x/M) \tag{2.6.28}$$

$$I_2=\int_{-\infty}^{\infty}\exp\left[j\frac{2\pi}{\lambda}\left(\frac{y_0}{d_1}+\frac{y}{d_2}\right)y'\right]dy'=\lambda d_1\delta(y_0-y/M) \tag{2.6.29}$$

将这两式代入式(2.6.19)得

$$U(x,y)=\frac{\exp[jk(d_1+d_2)]}{M}\exp\left[-\frac{j\pi}{\lambda Mf}(x^2+y^2)\right]U_0\left(\frac{x}{M},\frac{y}{M}\right) \tag{2.6.30}$$

在输出平面上得到放大 $M=-d_2/d_1$ 倍的像，这就回到了几何光学的结果.

2.7　复杂相干光学系统的分析

前几节分析了几种不同的光学系统. 这几种系统包含的透镜至多一个，至多在两个自由空间区域传播. 其实用上述方法也可以用于分析更复杂的系统. 但是，随着自由空间区域数目的增加，积分的个数也增加；随着所包含的透镜数目的增加，计算的复杂性也增加. 纳扎拉西(Nazarathy)等于 1980 年提出了一种基于“算符”的复杂相干光学系统分析简化方法，以下简称“算符分析法”，通过引入几个算符，并利用这些算符的运算法则和基本性质，在较大程度上简化了计算过程，从而达到分析复杂相干光学系统的目的.

2.7.1　算符分析法的几个约束条件

必须强调指出的是，算符分析法并不是对任意复杂光学系统分析都适用，它受以下几个条件的约束，才能真正起到简化计算的作用.

第一，算符分析法仅限于讨论单色光入射情况. 这个约束表明，算符分析法只适用于分析所谓的“相干”光学系统，不适用于所有“非相干”光学系统.

第二，算符分析法仅限于考虑傍轴条件，因为该方法的简化运算主要采用了几何光学中的光线传播矩阵运算理论，而光线传播矩阵运算理论是建立在傍轴条件下的.

第三，为简单起见，本节将把问题作为一维问题而不是二维问题来处理. 如果问题中的孔径在直角坐标系中可以分离变量，这并不是一个实质性的限制，因为二次相位指数函数可分离变量的性质是两个正交方向中的每一个都可以独立考虑的. 但是，如果光学系统包含的孔径在

直角坐标系中不能分离变量，就必须将我们的讨论对二维进行推广. 这种推广并不难，这里我们不再讨论.

2.7.2 算符分析法

算符分析法基于几种基本运算，每种运算用一个“算符”表示. 大多数算符带有依赖于所分析的光学系统的几何条件参数，参数放在算符后面的方括号[ ]里，算符所作用的量则放在花括号{}里.

1. 四个基本算符的引入

1)“乘一个二次相位因子”算符

该算符用$\mathscr{Q}$表示，其定义为

$$\mathscr{Q}[c]\{U(x)\}=\exp\left(\mathrm{j}\frac{k}{2}cx^2\right)U(x) \tag{2.7.1}$$

其中，$k=2\pi/\lambda$，c的量纲是长度的倒数. $\mathscr{Q}[c]$的逆算符是$\mathscr{Q}[-c]$.

2)“常数标量”算符

该算符用符号$\mathscr{V}$表示，其实质类似于坐标变换运算，其定义为

$$\mathscr{V}[b]\{U(\boldsymbol{x})\}=|b|^{1/2}U(b\boldsymbol{x}) \tag{2.7.2}$$

其中，b是无量纲量. $\mathscr{V}[b]$的逆算符是$\mathscr{V}[1/b]$.

3)“傅里叶变换”算符

这个算符用通常的符号$\mathscr{F}$表示，其定义为

$$\mathscr{F}\{U(x)\}=\int_{-\infty}^{\infty}U(x)\exp(-\mathrm{j}2\pi\xi x)\mathrm{d}x \tag{2.7.3}$$

它的逆算符的定义如常，即改变指数的符号.

4)“自由空间传播”算符

该算符用$\mathscr{R}$表示，其定义为

$$\mathscr{R}[d]\{U(x_1)\}=\frac{1}{\sqrt{\mathrm{j}\lambda d}}\int_{-\infty}^{\infty}U(x_1)\exp[\mathrm{j}(k/2d)(x_2-x_1)^2]\mathrm{d}x_1 \tag{2.7.4}$$

其中，d是传播距离，x_2为传播后所在的坐标. $\mathscr{R}[d]$的逆算符为$\mathscr{R}[-d]$.

2. 算符的基本性质与相互关系

这4个算符已足以分析大多数光学系统. 它们的用处来自它们的一些简单性质和它们之间的某些关系. 很快就将看到，这些性质和关系使繁复的算符串实现简化.

(1)一些简单而有用的性质如下：

$$\mathscr{V}[t_2]\mathscr{V}[t_1]=\mathscr{V}[t_2t_1] \tag{2.7.5}$$

$$\mathscr{F}\mathscr{V}[t]=\mathscr{V}\left[\frac{1}{t}\right]\mathscr{F} \tag{2.7.6}$$

$$\mathscr{F}\mathscr{F}=V[-1] \tag{2.7.7}$$

$$\mathscr{Q}[c_2]\mathscr{Q}[c_1]=\mathscr{Q}[c_2+c_1] \tag{2.7.8}$$

$$\mathscr{R}[d]=\mathscr{F}^{-1}\mathscr{Q}[-\lambda^2d]\mathscr{F} \tag{2.7.9}$$

$$\mathscr{Q}[c]\mathscr{V}[t]=\mathscr{V}[t]\mathscr{Q}\left[\frac{c}{t^2}\right] \tag{2.7.10}$$

根据算符的定义，以上几个性质很容易得到证明.

(2)较复杂相互关系式一

$$\mathscr{R}[d]=\mathscr{Q}\left[\frac{1}{d}\right]\mathscr{V}\left[\frac{1}{\lambda d}\right]\mathscr{F}\mathscr{Q}\left[\frac{1}{d}\right] \tag{2.7.11}$$

它陈述的是菲涅耳衍射操作等价于先乘一个二次相位指数函数，再作一个适当标度的傅里叶变换，然后再乘一个二次相位指数函数.

(3)较复杂相互关系式二

$$\mathscr{V}\left[\frac{1}{\lambda f}\right]\mathscr{F}=\mathscr{R}[f]\mathscr{Q}\left[-\frac{1}{f}\right]\mathscr{R}[f] \tag{2.7.12}$$

它陈述的是一块正透镜的前焦面上的光场和后焦面上的光场通过一个适当标度的傅里叶变换相联系，而不带二次相位指数函数的相乘因子.

表 2.7.1 中总结了算符之间的许多有用的关系式. 有了这些关系式，下面就可以将这些算符应用于一些简单的光学系统分析了.

表 2.7.1　算符之间的关系

	$\mathscr{V}$	$\mathscr{F}$	$\mathscr{Q}$	$\mathscr{R}$
$\mathscr{V}$	$\mathscr{V}[t_2]\mathscr{V}[t_1]=\mathscr{V}[t_2t_1]$	$\mathscr{V}[t]\mathscr{F}=\mathscr{F}\mathscr{V}\left[\frac{1}{t}\right]$	$\mathscr{V}[t]\mathscr{Q}[c]=\mathscr{Q}[t^2c]\mathscr{V}[t]$	$\mathscr{V}[t]\mathscr{R}[d]=\mathscr{R}[t^{-2}d]\mathscr{V}[t]$
$\mathscr{F}$	$\mathscr{F}\mathscr{V}[t]=\mathscr{V}\left[\frac{1}{t}\right]\mathscr{F}$	$\mathscr{F}\mathscr{F}=V[-1]$	$\mathscr{F}\mathscr{Q}[c]=\mathscr{R}\left[-\frac{c}{\lambda^2}\right]\mathscr{F}$	$\mathscr{F}\mathscr{R}[d]=\mathscr{Q}[-\lambda^2d]\mathscr{F}$
$\mathscr{Q}$	$\mathscr{Q}[c]\mathscr{V}[t]=\mathscr{V}[t]\mathscr{Q}\left[\frac{c}{t^2}\right]$	$\mathscr{Q}[c]\mathscr{F}=\mathscr{F}\mathscr{R}\left[-\frac{c}{\lambda^2}\right]$	$\mathscr{Q}[c_1]\mathscr{Q}[c_2]=\mathscr{Q}[c_1+c_2]$	$\mathscr{Q}[c]\mathscr{R}[d]=\mathscr{R}[(d^{-1}+c)^{-1}]$ $\cdot\mathscr{V}[1+cd]\cdot\mathscr{Q}[(c^{-1}+d)^{-1}]$
$\mathscr{R}$	$\mathscr{R}[d]\mathscr{V}[t]=\mathscr{V}[t]\mathscr{R}[t^2d]$	$\mathscr{R}[d]\mathscr{F}=\mathscr{F}\mathscr{Q}[-\lambda^2d]$	$\mathscr{R}[d]\mathscr{Q}[c]=\mathscr{Q}[(c^{-1}+d)^{-1}]$ $\cdot\mathscr{V}[(1+cd)^{-1}]\cdot\mathscr{R}[(d^{-1}+c)^{-1}]$	$\mathscr{R}[d_2]\mathscr{R}[d_1]=\mathscr{R}[d_2+d_1]$

2.7.3　算符分析法的应用举例

下面通过一个实例来加深对算符分析法的理解.

例 2.7.1　如图 2.7.1 所示，这是一个由两块焦距同为 f 的球面透镜组成的相干光学系统，试分析紧贴透镜 L_1 左方的平面 S_1 上的复场分布与紧贴透镜 L_2 右方的平面 S_2 上的复场分布的关系.

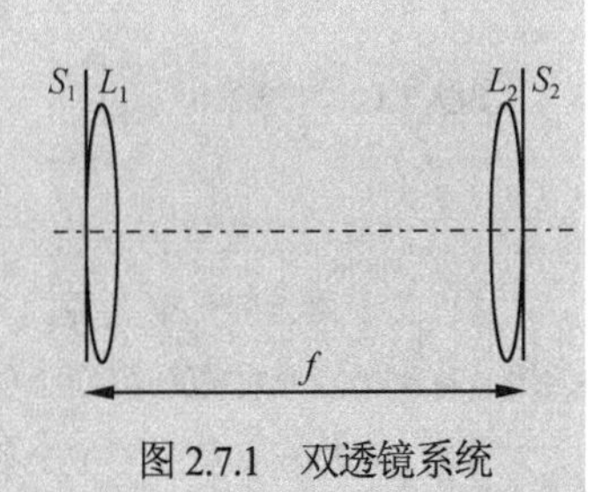

图 2.7.1　双透镜系统

解　第一步，用一个系统算符 S 表示这一关系. 对光波的第一次操作发生在光波穿过 L_1 时，此时完成了一次相位变换，这一变换即可用算符 $\mathscr{Q}[-1/f]$ 表示. 第二步操作是在空间传播一段距离 f 后到达透镜 L_2 左方，可由算符 $\mathscr{R}[f]$ 表示. 第三步操作是通过透镜 L_2 左方到达透镜 L_2 的右方平面 S_2，又完成了一次相位变换，可由算符 $\mathscr{Q}[-1/f]$ 表示. 于是整个一系列操作由下面的算符串表示:

$$S=\mathscr{Q}\left[-\frac{1}{f}\right]\mathscr{R}[f]\mathscr{Q}\left[-\frac{1}{f}\right]$$

将式(2.7.11)应用到上式中 $\mathscr{R}[f]$，这一组算符简化过程如下:

$$S=\mathscr{Q}\left[-\frac{1}{f}\right]\mathscr{R}[f]\mathscr{Q}\left[-\frac{1}{f}\right]=\mathscr{Q}\left[-\frac{1}{f}\right]\mathscr{Q}\left[\frac{1}{f}\right]\mathscr{V}\left[\frac{1}{\lambda f}\right]\mathscr{F}\mathscr{Q}\left[\frac{1}{f}\right]\mathscr{Q}\left[-\frac{1}{f}\right]=\mathscr{V}\left[\frac{1}{\lambda f}\right]\mathscr{F}$$

其中用了关系式

$$\mathscr{Q}\left[-\frac{1}{f}\right]\mathscr{Q}\left[\frac{1}{f}\right]=\mathscr{Q}\left[\frac{1}{f}\right]\mathscr{Q}\left[-\frac{1}{f}\right]=1 \tag{2.7.13}$$

简化结果表明，这个由两块透镜相隔它们共同的焦距 f 所组成的系统实质上完成了一次坐标变换的光学傅里叶变换，结果中不再带有二次相位指数函数. 这个结果用输入场和输出场明显地表述为

$$\boldsymbol{U}_f(\xi)=\frac{1}{\sqrt{\lambda f}}\int_{-\infty}^{\infty}\boldsymbol{U}_0(x)\exp\left(-\mathrm{j}\frac{k}{f}x\xi\right)\mathrm{d}x$$

其中，$\boldsymbol{U}_0$ 是紧贴 L_1 左边的场，$\boldsymbol{U}_f$ 是紧贴 L_2 右边的场.

算符分析法确实具有显著优点，它给我们提供了一种途径，以处理复杂相干系统的计算，这是其他方法无法比拟的. 但这种方法也有它的缺点，算符分析法较抽象，并且要非常熟悉表 2.7.1 中的算符关系，需要有一个经验积累的过程.

习　　题

2.1　单位振幅的单色平面波垂直入射到一半径为 a 的圆形孔径上，试求菲涅耳衍射图样在轴上的强度分布.

2.2　焦距 $f=500\mathrm{mm}$、直径 D=50mm 的透镜将波长 λ=632.8nm 的激光束聚焦，激光束的截面 $D_1=20\mathrm{mm}$. 试问透镜焦点处的光强是激光束光强的多少倍?

2.3　波长 λ 的单位振幅平面波垂直入射到一孔径平面上，在孔径平面上有一个足够大的模板，其振幅透过率为 $\boldsymbol{t}(x_0)=\frac{1}{2}\left(1+\cos\frac{2\pi}{3\lambda}x_0\right)$. 求透射场的角谱.

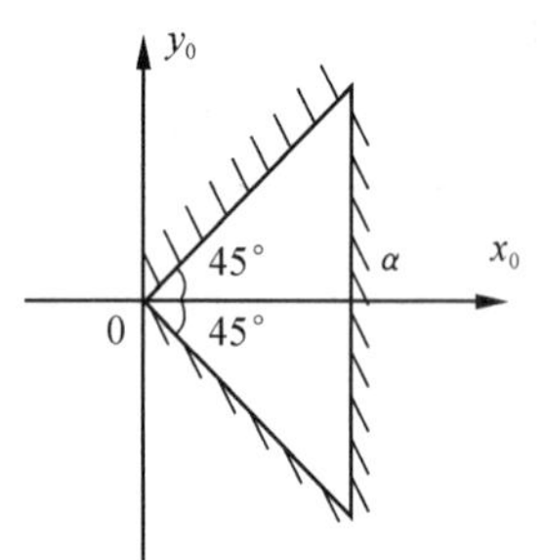

图题 2.1　习题 2.4 图

2.4　如图题 2.1 所示的等腰三角形孔径放在透镜的前焦面上，以单位振幅的单色平面波垂直照明，试求透镜后焦面上的夫琅禾费衍射图样的复振幅分布.

2.5　在夫琅禾费衍射中，只要孔径上的场没有相位变化，则不论孔径形状如何，夫琅禾费衍射图样都有一个对称中心，试证明之.

2.6　在题 2.5 中，若孔径对于某一直线是对称的，那么衍射图样将对于通过原点与该直线平行和垂直的两条直线对称.

2.7　在题 2.5 中，若开孔具有对称中心，则衍射图样将出现条纹图样.

2.8　证明阵列定理. 设衍射屏上有 N 个形状和方位均相同的全等形开孔，在每个孔内取一个位置相应的点代表孔径位置，则其夫琅禾费衍射场是下述两个因子的乘积：

(1) 置于原点的一个孔径的夫琅禾费衍射(衍射屏的原点处不一定有开孔)；

(2) N 个点光源在观察面上的干涉.

2.9　衍射屏是 $M\times N$ 个小圆孔构成的方形阵列，它们的半径都是 a，其中心在 x_0 方向间距为 p，在 y_0 方向间距为 q，把它放在焦距为 f 的凸透镜的前焦面上，采用单位振幅的平面波垂直照明衍射屏，求后焦面上夫琅禾费衍射的强度分布.

2.10　一个衍射屏具有下述圆对称振幅透过率函数：

$$t(r)=\left[\frac{1}{2}+\frac{1}{2}\cos(ar^2)\right]\mathrm{circ}\left(\frac{r}{a}\right)$$

(1) 这个屏的作用在什么方面像一个透镜?

(2) 给出此屏的焦距表达式.

(3) 什么特性会严重地限制这种屏用作成像装置(特别是对于彩色物体)?

第 3 章　光学成像系统的传递函数

历史引言

光学成像系统是信息传递系统. 从物面到像面，输出图像的质量完全取决于光学系统的传递特性. 几何光学是在空域研究光学系统的成像规律. 关于成像质量的评价，主要有星点法和分辨率法. 星点法指检验点光源经过光学系统所产生的像斑，由于像差、玻璃材料不均匀以及加工和装配缺陷等，像斑不规则，所以很难对它做出定量计算和测量，检验者的主观判断将带入检验结果中. 分辨率法虽然能定量评价系统分辨景物细节的能力，但并不能对可分辨范围内的像质好坏给予全面评价.

与空域分析相平行，还可以在频域中分析光学系统的成像质量. 我们知道，光学系统是线性系统，而且在一定条件下是线性空间不变系统，因而可以用线性系统理论来研究它的性能. 把输入信息分解成各种空间频率分量，然后考察这些空间频率分量在通过系统的传递过程中丢失、衰减、相位移动等变化，也就是研究系统的空间频率传递特性即传递函数. 这显然是一种全面评价光学系统成像质量的方法. 传递函数可由光学系统的设计数据计算得出. 虽然计算传递函数的步骤比较麻烦，检查传递函数的仪器也比较复杂，但是大容量高速度电子计算机的出现以及高精度光电测试技术的发展，使光学传递函数的计算和测量日趋完善，并逐渐得到实际应用.

将傅里叶方法用于分析光学系统，是在 20 世纪 30 年代末自发出现的，那时一些光学工作者开始提议利用正弦试样来评价光学系统的性能. 最初的推动力有许多来自法国. 19 世纪初，法国数学家傅里叶(Fourier)首先提出了傅里叶变换的概念，从 20 世纪 40 年代初开始，科学家迪菲厄就致力于把傅里叶变换引入到光学的研究中，他的工作最后总结为一本名为“傅里叶方法在光学中应用”的书，于 1946 年出版，因此迪菲厄被公认为首先把傅里叶变换引入到光学中. 这本书第二版后来于 1983 年在美国被译成英文版. 在美国，对这些课题的关心主要是由电气工程师赛德(Schade)推动的，他曾非常成功地应用线性系统理论方法来分析和改进电视摄像管透镜组. 随后在英国、美国、法国、德国、日本等国科学家的协作下，验证用光学传递函数评价光学系统像质的可行性、正确性，1955 年新的评价光学系统像质方法——光学传递函数正式被世界各国采纳. 1962 年英国科学家霍普金斯(Hopkins)在使用光学传递函数方法来评估成像系统质量方面作出了榜样，并首先计算了有各种像差出现时的多种光学传递函数. 但是必须说明的是，实际上傅里叶光学的基础很早以前就已经奠定了，特别是阿贝(1840—1905)和瑞利(1842—1919)的工作.

我国中国科学院长春光学精密机械与物理研究所著名光学专家蒋筑英师从我国光学泰斗王大珩院士，在 1965 年建立了中国第一台光学传递函数测量装置，可惜 40 多岁英年早逝，为了纪念他对我国科学研究奋斗的一生，拍摄了以他名字命名的纪实性故事片《蒋筑英》，以激励科学工作者.

3.1　相干照明衍射受限系统的点扩散函数

任何平面物场分布都可以看成是无数小面元的组合，而每个小面元都可看成一个加权的 δ 函数. 对于一个透镜或一个成像系统，如果能清楚地知道物平面上任一小面元的光振动通过成像系统后在像平面上所造成的光振动分布情况，通过线性叠加，原则上便能求得任何物面光场分布通过系统后所形成的像面光场分布，进而求得像面强度分布. 这就是相干照明下的成像过程，关键是求出任意小面元的光振动所对应的像场分布. 当该面元的光振动为单位脉冲即δ函数时，这个像场分布函数叫做点扩散函数或脉冲响应，通常用$\boldsymbol{h}(x_{\rm o},y_{\rm o};x_{\rm i},y_{\rm i})$表示，它表示物平面上$(x_{\rm o},y_{\rm o})$点的单位脉冲通过成像系统后在像平面上$(x_{\rm i},y_{\rm i})$点产生的光场分布. 一般说来，这既是$(x_{\rm o},y_{\rm o})$的函数，也是$(x_{\rm i},y_{\rm i})$的函数.

3.1.1　透镜的点扩散函数

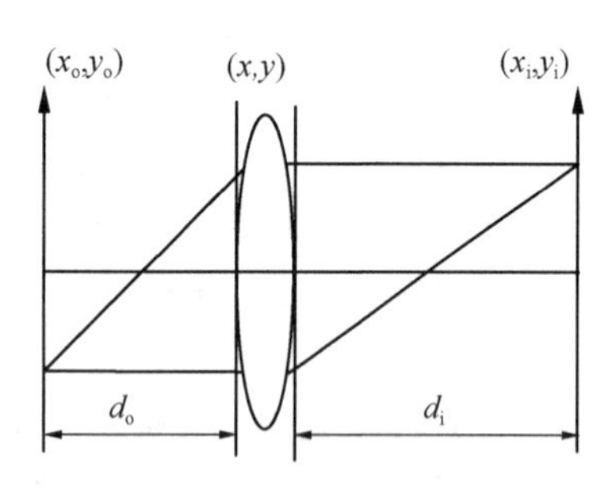

图 3.1.1　推导透镜点扩散函数简图

我们研究在相干照明下一个消像差的正薄透镜对透明物成实像的情况. 如图 3.1.1 所示，物体放在透镜前距离为$d_{\rm o}$的输入平面$x_{\rm o}y_{\rm o}$上，在透镜后距离为$d_{\rm i}$的共轭面$x_{\rm i}y_{\rm i}$上观察成像情况. 假定紧靠物体后的复振幅分布为$\boldsymbol{U}_{\rm o}(x'_{\rm o},y'_{\rm o})$，$(x'_{\rm o},y'_{\rm o})$点处发出的单位脉冲为$\delta(x_{\rm o}-x'_{\rm o},y_{\rm o}-y'_{\rm o})$，沿光波传播方向，逐面计算三个特定平面上的场分布：紧靠透镜前后的两个平面上的场分布$\mathrm{d}\boldsymbol{U}_{\rm i}$和$\mathrm{d}\boldsymbol{U}'_{\rm i}$，观察平面上的场分布$\boldsymbol{h}$. 这样就可最终导出一个点源的输入输出关系.

利用菲涅耳公式(2.5.1)有

$$\begin{aligned}\mathrm{d}\boldsymbol{U}_{\rm i}(x'_{\rm o},y'_{\rm o};x,y)&=\frac{\exp(\mathrm{j}kd_{\rm o})}{\mathrm{j}\lambda d_{\rm o}}\iint_{-\infty}^{\infty}\delta(x_{\rm o}-x'_{\rm o},y_{\rm o}-y'_{\rm o})\exp\left[\mathrm{j}k\frac{(x-x_{\rm o})^2+(y-y_{\rm o})^2}{2d_{\rm o}}\right]\mathrm{d}x_{\rm o}\,\mathrm{d}y_{\rm o}\\&=\frac{\exp(\mathrm{j}kd_{\rm o})}{\mathrm{j}\lambda d_{\rm o}}\exp\left[\mathrm{j}k\frac{(x-x'_{\rm o})^2+(y-y'_{\rm o})^2}{2d_{\rm o}}\right]\end{aligned}$$

由于$(x'_{\rm o},y'_{\rm o})$点是任意的，为书写方便，略去常数相位因子，所以上式可写成

$$\mathrm{d}\boldsymbol{U}_{\rm i}(x_{\rm o},y_{\rm o};x,y)=\frac{1}{\mathrm{j}\lambda d_{\rm o}}\exp\left[\mathrm{j}k\frac{(x-x_{\rm o})^2+(y-y_{\rm o})^2}{2d_{\rm o}}\right]$$

此波通过孔径函数为$P(x,y)$，焦距为f的透镜后，复振幅$\mathrm{d}\boldsymbol{U}'_{\rm i}(x_{\rm o},y_{\rm o};x,y)$为

$$\mathrm{d}\boldsymbol{U}'_{\rm i}(x_{\rm o},y_{\rm o};x,y)=P(x,y)\exp\left(-\mathrm{j}k\frac{x^2+y^2}{2f}\right)\mathrm{d}\boldsymbol{U}_{\rm i}(x_{\rm o},y_{\rm o};x,y)$$

由透镜后表面到观察面，光场的传播满足菲涅耳衍射，于是物平面上的单位脉冲在观察面上引起的复振幅分布即点扩散函数可写成

$$\boldsymbol{h}(x_{\rm o},y_{\rm o};x_i,y_i)=\frac{\exp(\mathrm{j}kd_{\rm i})}{\mathrm{j}\lambda d_{\rm i}}\iint_{-\infty}^{\infty}\mathrm{d}\boldsymbol{U}'_{\rm i}(x_{\rm o},y_{\rm o};x,y)\exp\left[\mathrm{j}k\frac{(x_{\rm i}-x)^2+(y_{\rm i}-y)^2}{2d_{\rm i}}\right]\mathrm{d}x\,\mathrm{d}y$$

将$\mathrm{d}\boldsymbol{U}'_{\rm i}$的表达式代入并略去包括–1 在内的常数相位因子得

$$\begin{aligned}\boldsymbol{h}(x_{\rm o},y_{\rm o};x_{\rm i},y_{\rm i})=&\frac{1}{\lambda^2 d_{\rm o}d_{\rm i}}\exp\left(\mathrm{j}k\frac{x_{\rm i}^2+y_{\rm i}^2}{2d_{\rm i}}\right)\exp\left(\mathrm{j}k\frac{x_{\rm o}^2+y_{\rm o}^2}{2d_{\rm o}}\right)\\&\times\iint_{-\infty}^{\infty}P(x,y)\exp\left[\mathrm{j}\frac{k}{2}\left(\frac{1}{d_{\rm i}}+\frac{1}{d_{\rm o}}-\frac{1}{f}\right)(x^2+y^2)\right]\\&\times\exp\left\{-\mathrm{j}k\left[\left(\frac{x_{\rm i}}{d_{\rm i}}+\frac{x_{\rm o}}{d_{\rm o}}\right)x+\left(\frac{y_{\rm i}}{d_{\rm i}}+\frac{y_{\rm o}}{d_{\rm o}}\right)y\right]\right\}\mathrm{d}x\,\mathrm{d}y\end{aligned}\tag{3.1.1}$$

由于物像平面的共轭关系满足高斯公式，故$1/d_{\rm i}+1/d_{\rm o}=1/f$. 于是点扩散函数简化成

$$\boldsymbol{h}(x_o, y_o; x_i, y_i) = \frac{1}{\lambda^2 d_o d_i} \exp\left(\mathrm{j}k\frac{x_o^2 + y_o^2}{2d_o}\right)\exp\left(\mathrm{j}k\frac{x_i^2 + y_i^2}{2d_i}\right)$$
$$\times \iint_{-\infty}^{\infty} P(x, y) \exp\left\{-\mathrm{j}k\left[\left(\frac{x_i}{d_i} + \frac{x_o}{d_o}\right)x + \left(\frac{y_i}{d_i} + \frac{y_o}{d_o}\right)y\right]\right\}\mathrm{d}x\,\mathrm{d}y \tag{3.1.2}$$

点扩散函数的表达式(3.1.2)比较复杂，现在我们来研究怎样将它简化. 积分号前的相位因子 $\exp[\mathrm{j}k(x_i^2 + y_i^2)/2d_i]$ 不影响最终探测的强度分布，可以略去. 但是对相位因子 $\exp[\mathrm{j}k(x_o^2 + y_o^2)/2d_o]$ 的处理就不那么简单，因为求物面上各点对像面光场的贡献时，这个因子要参与积分.

当透镜的孔径比较大时，物面上每一物点产生的脉冲响应是一个很小的像斑，那么能够对像面上 (x_i, y_i) 点光场产生有意义贡献的，必定是物面上以几何成像所对应的以物点为中心的微小区域. 在这个区域内可近似地认为 x_o、y_o 不变，其值与 (x_i, y_i) 点的共轭物坐标 $x_o = x_i / M$、$y_o = y_i / M$ 相同，即可作以下近似：

$$\exp\left[\mathrm{j}\frac{k}{2d_o}(x_o^2 + y_o^2)\right] \approx \exp\left[\mathrm{j}\frac{k}{2d_o}\left(\frac{x_i^2 + y_i^2}{M^2}\right)\right] \tag{3.1.3}$$

式中，$M = -d_i / d_o$ 是成像透镜的横向放大率，通过近似后的相位因子不再依赖于 (x_o, y_o)，因此不会影响 $x_i y_i$ 平面上的强度分布，于是也可以略去. 这样一来，点扩散函数的形式为

$$\boldsymbol{h}(x_o, y_o; x_i, y_i) = \frac{1}{\lambda^2 d_o d_i} \iint_{-\infty}^{\infty} P(x, y) \exp\left\{-\mathrm{j}k\left[\left(\frac{x_i}{d_i} + \frac{x_o}{d_o}\right)x + \left(\frac{y_i}{d_i} + \frac{y_o}{d_o}\right)y\right]\right\}\mathrm{d}x\,\mathrm{d}y \tag{3.1.4}$$

将 $M = -d_i/d_o$ 代入，则

$$\boldsymbol{h}(x_o, y_o; x_i, y_i) = \frac{1}{\lambda^2 d_o d_i} \iint_{-\infty}^{\infty} P(x, y)\ \exp\left\{-\mathrm{j}\frac{2\pi}{\lambda d_i}\left[(x_i - Mx_o)x + (y_i - My_o)y\right]\right\}\mathrm{d}x\,\mathrm{d}y$$
$$= \frac{1}{\lambda^2 d_o d_i} \iint_{-\infty}^{\infty} P(x, y)\ \exp\left\{-\mathrm{j}\frac{2\pi}{\lambda d_i}\left[(x_i - \tilde{x}_o)x + (y_i - \tilde{y}_o)y\right]\right\}\mathrm{d}x\,\mathrm{d}y \tag{3.1.5}$$

式中，$\tilde{x}_o = Mx_o$，$\tilde{y}_o = My_o$，于是 $\boldsymbol{h}(x_o, y_o; x_i, y_i)$ 可写成 $\boldsymbol{h}(x_i - \tilde{x}_o, y_i - \tilde{y}_o)$，即

$$\boldsymbol{h}(x_i - \tilde{x}_o, y_i - \tilde{y}_o) = \frac{1}{\lambda^2 d_o d_i} \iint_{-\infty}^{\infty} P(x, y)\ \exp\left\{-\mathrm{j}\frac{2\pi}{\lambda d_i}\left[(x_i - \tilde{x}_o)x + (y_i - \tilde{y}_o)y\right]\right\}\mathrm{d}x\,\mathrm{d}y \tag{3.1.6}$$

这说明在近轴成像条件下，以式(3.1.6)所表征的透镜成像系统是空间不变的. 而且透镜的脉冲响应就等于透镜孔径的夫琅禾费衍射图样，其中心位于理想像点 $(\tilde{x}_o, \tilde{y}_o)$ 处，透镜孔径的衍射作用明显与否，是由孔径线度相对于波长 λ 和像距 d_i 的比例决定的，为此对孔径平面上的坐标 x, y 做如下变换：

$$\tilde{x} = \frac{x}{\lambda d_i},\quad \tilde{y} = \frac{y}{\lambda d_i}$$

将 $\tilde{x}$、$\tilde{y}$ 代入式(3.1.6)得

$$\boldsymbol{h}(x_i - \tilde{x}_o, y_i - \tilde{y}_o) = |M| \iint_{-\infty}^{\infty} P(\lambda d_i \tilde{x}, \lambda d_i \tilde{y})\ \exp\left\{-\mathrm{j}2\pi\left[(x_i - \tilde{x}_o)\tilde{x} + (y_i - \tilde{y}_o)\tilde{y}\right]\right\}\mathrm{d}\tilde{x}\mathrm{d}\tilde{y} \tag{3.1.7}$$

这就是透镜的点扩散函数表达式，式中 $|M| = d_i/d_o$.

当孔径大小比 λd_i 大得多时，在 $\tilde{x}\tilde{y}$ 坐标系中，在无限大的区域内 $P(\lambda d_i \tilde{x}, \lambda d_i \tilde{y})$ 的值均为 1. 这样一来

$$\boldsymbol{h}(x_i - \tilde{x}_o, y_i - \tilde{y}_o) = |M| \iint_{-\infty}^{\infty} \exp\left\{-\mathrm{j}2\pi\left[(x_i - \tilde{x}_o)\tilde{x} + (y_i - \tilde{y}_o)\tilde{y}\right]\right\}\mathrm{d}\tilde{x}\,\mathrm{d}\tilde{y}$$
$$= |M|\,\delta(x_i - \tilde{x}_o, y_i - \tilde{y}_o) \tag{3.1.8}$$

这时物点成像为一个像点，即理想成像.

3.1.2　衍射受限系统的点扩散函数

所谓衍射受限系统，是指不考虑系统的几何像差，仅仅考虑系统的衍射限制. 如果忽略衍射效应的话，点物通过系统后形成一个理想的点像. 一般的衍射受限系统可由若干共轴球面透镜组成，这些透镜既可以是正透镜，也可以是负透镜，而且透镜也不一定是薄的. 系统对光束大小的限制是由系统的孔径光阑决定的，也就是说在考察衍射受限系统时，实际上主要是考察孔径光阑的衍射作用. 孔径光阑在物空间所成的像称为入射光瞳，简称入瞳；孔径光阑在像空间所成的像称为出射光瞳，简称出瞳. 当轴上物点的位置确定后，孔径光阑、入瞳、出瞳由系统元件参数及相对位置决定. 对整个光学系统而言，入瞳和出瞳保持物像共轭关系. 由入射光瞳限制的物方光束必定能全部通过系统，成为被出射光瞳所限制的像方光束. 下面我们为这样的系统建立一个普适模型.

如图 3.1.2 所示，任意成像系统都可以分成三部分：从物平面到入瞳平面为第一部分；从入瞳平面到出瞳平面为第二部分；从出瞳平面到像平面为第三部分. 光波在一、三两部分空间的传播可按菲涅耳衍射处理. 对于第二部分的透镜系统，在等晕条件下，可把它作为一个“黑箱”来处理，这个黑箱的两个边端分别是入瞳和出瞳. 只要能够确定这个黑箱的两个边端的性质，整个透镜组的性质便可确定下来，而不必深究其内部结构. 假定在入瞳和出瞳之间的光的传播可用几何光学来描述，所谓边端性质是指成像光波在入瞳和出瞳平面上的物理性质.

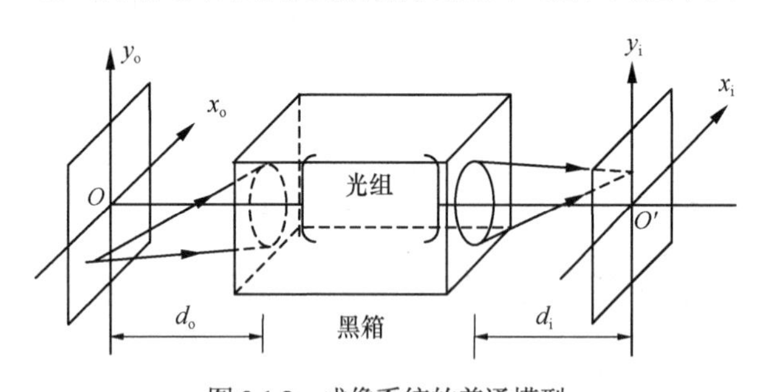

图 3.1.2　成像系统的普通模型

为了确定系统的脉冲响应，需要知道这个黑箱对点光源发出的球面波的变换作用，即当入瞳平面上输入发散球面波时，出瞳平面透射的波场特性. 对于实际光组，这一边端性质千差万别，但总可以分成两类：衍射受限系统和有像差的系统.

当像差很小或者系统的孔径和视场都不大时，实际光学系统就可近似看成衍射受限系统. 这时的边端性质就比较简单，物面上任一点源发出的发散球面波投射到入瞳上，被光组变换为出瞳上的会聚球面波.

有像差系统的边端条件是，点光源发出的发散球面波投射到入瞳上，出瞳处的透射波场明显偏离理想球面波，偏离程度由波像差决定.

阿贝认为衍射效应是由于有限的入瞳大小引起的，1896 年瑞利提出衍射效应来自有限大小的出瞳. 由于一个光瞳只不过是另一个光瞳的几何像，这两种看法是等效的. 衍射效应可以归结为入瞳或出瞳对于成像光波的限制. 本书采用瑞利的说法.

由物点发出的球面波，在像方得到的将是一个被出射光瞳所限制的球面波，这个球面波是以理想像点为中心的. 由于出射光瞳的限制作用，在像平面上将产生以理想像点为中心的出瞳孔径的夫琅禾费衍射图样. 于是可以写出物面上以 (x_o, y_o) 点的单位脉冲通过衍射受限系统后在与物面共轭的像面上的复振幅分布，即点扩散函数为

$$\boldsymbol{h}(x_o, y_o; x_i, y_i) = \boldsymbol{K}\iint_{-\infty}^{\infty} P(x, y)\ \exp\left\{-\mathrm{j}\frac{2\pi}{\lambda d_i}[(x_i - Mx_o)x + (y_i - My_o)y]\right\}\mathrm{d}x\mathrm{d}y \tag{3.1.9}$$

式中，$\boldsymbol{K}$ 是与 x_o、y_o 和 x_i、y_i 无关的复常数；$P(x, y)$ 是出瞳函数(常称光瞳函数)，在光瞳内其值为 1，在光瞳外其值为零；d_i 是光瞳面到像面的距离，已不是通常意义下的像距. 还要说明，在推导公式(3.1.9)时，同样略去了关于 x_i、y_i 和 x_o、y_o 的二次相位因子，式(3.1.9)和式(3.1.4)一样是有

条件的. 式(3.1.9)表明，如果略去积分号前的系统，脉冲响应就是光瞳函数的傅里叶变换，即衍射受限系统的脉冲响应是光学系统出瞳的夫琅禾费衍射图样. 其中心在几何光学的理想像点(Mx_o, My_o)处.

同样对物平面上的坐标(x_o, y_o)和光瞳平面上的坐标(x, y)做坐标变换，令

$$\tilde{x}_o = Mx_o，\tilde{y}_o = My_o；\quad \tilde{x} = \frac{x}{\lambda d_i}，\tilde{y} = \frac{y}{\lambda d_i}$$

得到

$$\boldsymbol{h}(x_i - \tilde{x}_o, y_i - \tilde{y}_o) = \boldsymbol{K}\lambda^2 d_i^2 \iint_{-\infty}^{\infty} P(\lambda d_i \tilde{x}, \lambda d_i \tilde{y}) \exp\left\{-j2\pi\left[(x_i - \tilde{x}_o)\tilde{x} + (y_i - \tilde{y}_o)\tilde{y}\right]\right\} d\tilde{x}\, d\tilde{y} \quad (3.1.10)$$

如果光瞳相对λd_i足够大，在$\tilde{x}\tilde{y}$坐标系中，在无限大区域内$p(\lambda d_i \tilde{x}, \lambda d_i \tilde{y})$都为 1，这样式(3.1.10)变成

$$\boldsymbol{h}(x_i - \tilde{x}_o, y_i - \tilde{y}_o) = \boldsymbol{K}\lambda^2 d_i^2 \delta(x_i - \tilde{x}_o, y_i - \tilde{y}_o) \quad (3.1.11)$$

上式表明，当可以忽略光瞳的衍射时，(x_o, y_o)点的脉冲通过衍射受限系统后在像面上得到的仍然是点脉冲，其位置为$x_i = \tilde{x}_o = Mx_o$，$y_i = \tilde{y}_o = My_o$，这便是几何光学关于点物成点像的理想成像情况.

3.2　相干照明下衍射受限系统的成像规律

现在的任务是确定某一给定的物分布通过衍射受限系统后在像平面上的像分布，包括复振幅分布和光强分布. 一个确定的物分布总可以很方便地分解成无数δ函数的线性组合，而每个δ函数可按式(3.1.10)求出其响应. 然而，在像平面上将这些无数个脉冲响应合成的结果是和物面照明情况有关的，如果物面上某两个脉冲是相干的，则这两个脉冲在像平面上的响应便是相干叠加；若这两个脉冲是非相干的，则这两个脉冲在像平面上的响应将是非相干叠加，即强度叠加. 所以衍射受限系统的成像特性，对于相干照明和非相干照明是不同的. 本节先讨论相干照明情况，非相干照明情况在 3.4 节中讨论.

设物的复振幅分布为$\boldsymbol{U}_o(x_o, y_o)$，在相干光照明下，物面上各点是完全相干的. 按式(1.6.7)，将物分布用δ函数表达为

$$\boldsymbol{U}_o(x_o, y_o) = \iint_{-\infty}^{\infty} \boldsymbol{U}_o(\alpha, \beta)\delta(x_o - \alpha, y_o - \beta)\, d\alpha\, d\beta$$

物面上每一个脉冲通过系统后都形成一个复振幅分布，所有这些分布的相干叠加便是物通过系统后所得到的像的复振幅分布$\boldsymbol{U}_i(x_i, y_i)$，即

$$\begin{aligned}
\boldsymbol{U}_i(x_i, y_i) &= \mathscr{L}\{U_o(x_o, y_o)\} \\
&= \mathscr{L}\left\{\iint_{-\infty}^{\infty} \boldsymbol{U}_o(\alpha, \beta)\delta(x_o - \alpha, y_o - \beta)\, d\alpha\, d\beta\right\} \\
&= \iint_{-\infty}^{\infty} \boldsymbol{U}_o(\alpha, \beta)\, \mathscr{L}\{\delta(x_o - \alpha, y_o - \beta)\}\, d\alpha\, d\beta \\
&= \iint_{-\infty}^{\infty} \boldsymbol{U}_o(\alpha, \beta)\, \boldsymbol{h}(x_i - M\alpha, y_i - M\beta)\, d\alpha\, d\beta \\
&= \frac{1}{M^2}\iint_{-\infty}^{\infty} \boldsymbol{U}_o\left(\frac{\tilde{x}_o}{M}, \frac{\tilde{y}_o}{M}\right) \boldsymbol{h}(x_i - \tilde{x}_o, y_i - \tilde{y}_o)\, d\tilde{x}_o\, d\tilde{y}_o
\end{aligned} \quad (3.2.1)$$

式中，$\tilde{x}_o = Mx_o, \tilde{y}_o = My_o$，$\boldsymbol{h}(x_i - \tilde{x}_o, y_i - \tilde{y}_o)$由式(3.1.10)给出.

为了说明式(3.2.1)的物理意义，先讨论$\boldsymbol{U}_o(\tilde{x}_o / M, \tilde{y}_o / M)$在$\tilde{x}_o\tilde{y}_o$坐标系中的意义. 我们知道，式(3.1.11)代表理想成像的脉冲响应，如果将它代入式(3.2.1)中所得到的像$\boldsymbol{U}_i(x_i, y_i)$应该是理想成

像的像分布，用$\boldsymbol{U}_{\mathrm{g}}(x_{\mathrm{i}},y_{\mathrm{i}})$表示即得

$$\begin{aligned}\boldsymbol{U}_{\mathrm{g}}(x_{\mathrm{i}},y_{\mathrm{i}})&=\frac{1}{M^2}\iint_{-\infty}^{\infty}\boldsymbol{U}_{\mathrm{o}}\left(\frac{\tilde{x}_0}{M},\frac{\tilde{y}_{\mathrm{o}}}{M}\right)\boldsymbol{K}\lambda^2 d_{\mathrm{i}}^2\delta(x_{\mathrm{i}}-\tilde{x}_{\mathrm{o}},y_{\mathrm{i}}-\tilde{y}_0)\,\mathrm{d}\tilde{x}_{\mathrm{o}}\,\mathrm{d}\tilde{y}_{\mathrm{o}}\\&=\frac{\boldsymbol{K}\lambda^2 d_{\mathrm{i}}^2}{M^2}\iint_{-\infty}^{\infty}\boldsymbol{U}_{\mathrm{o}}\left(\frac{\tilde{x}_{\mathrm{o}}}{M},\frac{\tilde{y}_{\mathrm{o}}}{M}\right)\delta(x_{\mathrm{i}}-\tilde{x}_{\mathrm{o}},y_{\mathrm{i}}-\tilde{y}_{\mathrm{o}})\,\mathrm{d}\tilde{x}_{\mathrm{o}}\,\mathrm{d}\tilde{y}_{\mathrm{o}}\\&=\frac{\boldsymbol{K}\lambda^2 d_{\mathrm{i}}^2}{M^2}\boldsymbol{U}_{\mathrm{o}}\left(\frac{x_{\mathrm{i}}}{M},\frac{y_{\mathrm{i}}}{M}\right)\end{aligned}\tag{3.2.2}$$

理想像$\boldsymbol{U}_{\mathrm{g}}$的分布形式与物$\boldsymbol{U}_{\mathrm{o}}$的分布形式是一样的，只是在$x_{\mathrm{i}}$和$y_{\mathrm{i}}$方向放大了$M$倍. $\boldsymbol{U}_{\mathrm{o}}(x_{\mathrm{o}},y_{\mathrm{o}})$与$\boldsymbol{U}_{\mathrm{o}}\left(\frac{\tilde{x}_{\mathrm{o}}}{M},\frac{\tilde{y}_{\mathrm{o}}}{M}\right)$的图形是一样的，只是由于$\tilde{x}_{\mathrm{o}}=Mx_{\mathrm{o}},\tilde{y}_{\mathrm{o}}=My_{\mathrm{o}}$，该图在$\tilde{x}_{\mathrm{o}}\tilde{y}_{\mathrm{o}}$坐标系中的读数比在$x_{\mathrm{o}}y_{\mathrm{o}}$坐标系中放大$M$倍，所以$\boldsymbol{U}_{\mathrm{o}}\left(\frac{\tilde{x}_{\mathrm{o}}}{M},\frac{\tilde{y}_{\mathrm{o}}}{M}\right)$在$\tilde{x}_{\mathrm{o}}\tilde{y}_{\mathrm{o}}$坐标系中与$\boldsymbol{U}_{\mathrm{g}}(x_{\mathrm{i}},y_{\mathrm{i}})$是一样的，因此把$\boldsymbol{U}_{\mathrm{o}}\left(\frac{\tilde{x}_{\mathrm{o}}}{M},\frac{\tilde{y}_{\mathrm{o}}}{M}\right)$叫做$\boldsymbol{U}_{\mathrm{o}}(x_{\mathrm{o}},y_{\mathrm{o}})$的理想像，令

$$\tilde{\boldsymbol{h}}(x_{\mathrm{i}}-\tilde{x}_{\mathrm{o}},y_{\mathrm{i}}-\tilde{y}_{\mathrm{o}})=\frac{1}{\boldsymbol{K}\lambda^2 d_{\mathrm{i}}^2}\boldsymbol{h}(x_{\mathrm{i}}-\tilde{x}_{\mathrm{o}},y_{\mathrm{i}}-\tilde{y}_{\mathrm{o}})\tag{3.2.3}$$

将上式代入式(3.2.1)得

$$\begin{aligned}\boldsymbol{U}_{\mathrm{i}}(x_{\mathrm{i}},y_{\mathrm{i}})&=\frac{\boldsymbol{K}\lambda^2 d_{\mathrm{i}}^2}{M^2}\iint_{-\infty}^{\infty}\boldsymbol{U}_{\mathrm{o}}\left(\frac{\tilde{x}_{\mathrm{o}}}{M},\frac{\tilde{y}_{\mathrm{o}}}{M}\right)\tilde{\boldsymbol{h}}(x_{\mathrm{i}}-\tilde{x}_{\mathrm{o}},y_{\mathrm{i}}-\tilde{y}_{\mathrm{o}})\,\mathrm{d}\tilde{x}_{\mathrm{o}}\,\mathrm{d}\tilde{y}_{\mathrm{o}}\\&=\iint_{-\infty}^{\infty}\boldsymbol{U}_{\mathrm{o}}(\tilde{x}_{\mathrm{o}},\tilde{y}_{\mathrm{o}})\,\tilde{\boldsymbol{h}}(x_{\mathrm{i}}-\tilde{x}_{\mathrm{o}},y_{\mathrm{i}}-\tilde{y}_{\mathrm{o}})\,\mathrm{d}\tilde{x}_{\mathrm{o}}\,\mathrm{d}\tilde{y}_{\mathrm{o}}\\&=\boldsymbol{U}_{\mathrm{g}}(x_{\mathrm{i}},y_{\mathrm{i}})*\tilde{\boldsymbol{h}}(x_{\mathrm{i}},y_{\mathrm{i}})\end{aligned}\tag{3.2.4}$$

由式(3.2.4)可以看出式(3.2.1)的物理意义是：物$\boldsymbol{U}_{\mathrm{o}}(x_{\mathrm{o}},y_{\mathrm{o}})$通过衍射受限系统后的像$\boldsymbol{U}_{\mathrm{i}}(x_{\mathrm{i}},y_{\mathrm{i}})$是$\boldsymbol{U}_{\mathrm{o}}(x_{\mathrm{o}},y_{\mathrm{o}})$的理想像$\boldsymbol{U}_{\mathrm{g}}(x_{\mathrm{i}},y_{\mathrm{i}})$和点扩散函数$\tilde{\boldsymbol{h}}(x_{\mathrm{i}},y_{\mathrm{i}})$的卷积. 这就表明，不仅对于薄的单透镜系统，而且对于更普遍的情形，衍射受限成像系统仍可看成线性空间不变系统. 由$\boldsymbol{U}_{\mathrm{i}}(x_{\mathrm{i}},y_{\mathrm{i}})$可以得到像的强度分布为

$$I_{\mathrm{i}}(x_{\mathrm{i}},y_{\mathrm{i}})=\left|\boldsymbol{U}_{\mathrm{i}}(x_{\mathrm{i}},y_{\mathrm{i}})\right|^2\tag{3.2.5}$$

如果将式(3.1.10)代入式(3.2.3)得

$$\begin{aligned}\tilde{\boldsymbol{h}}(x_{\mathrm{i}}-\tilde{x}_{\mathrm{o}},y_{\mathrm{i}}-\tilde{y}_{\mathrm{o}})&=\frac{1}{\boldsymbol{K}\lambda^2 d_{\mathrm{i}}^2}\boldsymbol{K}\lambda^2 d_{\mathrm{i}}^2\iint_{-\infty}^{\infty}P(\lambda d_{\mathrm{i}}\tilde{x},\lambda d_{\mathrm{i}}\tilde{y})\exp\left\{-\mathrm{j}2\pi\left[(x_{\mathrm{i}}-\tilde{x}_{\mathrm{o}})\tilde{x}+(y_{\mathrm{i}}-\tilde{y}_{\mathrm{o}})\tilde{y}\right]\right\}\mathrm{d}\tilde{x}\,\mathrm{d}\tilde{y}\\&=\iint_{-\infty}^{\infty}P(\lambda d_{\mathrm{i}}\tilde{x},\lambda d_{\mathrm{i}}\tilde{y})\exp\left\{-\mathrm{j}2\pi\left[(x_{\mathrm{i}}-\tilde{x}_{\mathrm{o}})\tilde{x}+(y_{\mathrm{i}}-\tilde{y}_{\mathrm{o}})\tilde{y}\right]\right\}\mathrm{d}\tilde{x}\,\mathrm{d}\tilde{y}\\&=\mathscr{F}\left\{P(\lambda d_{\mathrm{i}}\tilde{x},\lambda d_{\mathrm{i}}\tilde{y})\right\}\end{aligned}\tag{3.2.6}$$

这就是衍射受限成像系统的点扩散函数与光瞳函数的关系. 由于是空间不变的，我们可以用$\tilde{x}_{\mathrm{o}}=\tilde{y}_{\mathrm{o}}=0$的脉冲响应表示成像系统的特性，即

$$\begin{aligned}\tilde{\boldsymbol{h}}(x_{\mathrm{i}},y_{\mathrm{i}})&=\iint_{-\infty}^{\infty}P(\lambda d_{\mathrm{i}}\tilde{x},\lambda d_{\mathrm{i}}\tilde{y})\exp\left\{-\mathrm{j}2\pi\left[x_{\mathrm{i}}\tilde{x}+y_{\mathrm{i}}\tilde{y}\right]\right\}\mathrm{d}\tilde{x}\,\mathrm{d}\tilde{y}\\&=\mathscr{F}\left\{P(\lambda d_{\mathrm{i}}\tilde{x},\lambda d_{\mathrm{i}}\tilde{y})\right\}\end{aligned}\tag{3.2.7}$$

由此可见，在相干照明条件下，对于衍射受限成像系统，表征成像系统特征的点扩散函数$\tilde{\boldsymbol{h}}$仅决定于系统的光瞳函数P. 可见，光瞳函数对于衍射受限系统成像的重要性.

3.3　衍射受限系统的相干传递函数

在相干照明下的衍射受限系统对复振幅的传递是线性空间不变的，式(3.2.4)是物像关系在空域中的表达式. 系统的成像特性在空域中由点扩散函数$\tilde{\boldsymbol{h}}(x_{\mathrm{i}},y_{\mathrm{i}})$表征. 空间不变系统的变换特性在频域中来描写更方便，因此在频域中用$\tilde{\boldsymbol{h}}(x_{\mathrm{i}},y_{\mathrm{i}})$的频谱函数$\boldsymbol{H}(\xi,\eta)$来描述系统的成像特性. $\boldsymbol{H}(\xi,\eta)$称为衍射受限系统的相干传递函数(CTF).

3.3.1　相干传递函数

相干成像系统的物像关系由式(3.2.4)中的卷积积分描述，即

$$\boldsymbol{U}_{\mathrm{i}}(x_{\mathrm{i}},y_{\mathrm{i}})=\iint_{-\infty}^{\infty}\boldsymbol{U}_{\mathrm{g}}(\tilde{x}_{\mathrm{o}},\tilde{y}_{\mathrm{o}})\tilde{\boldsymbol{h}}(x_{\mathrm{i}}-\tilde{x}_{\mathrm{o}},y_{\mathrm{i}}-\tilde{y}_{\mathrm{o}})\mathrm{d}\tilde{x}_{\mathrm{o}}\,\mathrm{d}\tilde{y}_{\mathrm{o}} \tag{3.3.1}$$

式中，$\boldsymbol{U}_{\mathrm{g}}(\tilde{x}_{\mathrm{o}},\tilde{y}_{\mathrm{o}})$是几何光学理想像的复振幅分布，$\tilde{\boldsymbol{h}}$是系统的脉冲响应. 卷积积分是把物点看成基元，像点是物点产生的衍射图样的相干叠加.

也可以从频域来分析成像过程. 选择复指数函数作为物的基元分布，考察系统对各种频率成分的传递特性. 定义系统的输入频谱$\boldsymbol{G}_{\mathrm{gc}}(\xi,\eta)$和输出频谱$\boldsymbol{G}_{\mathrm{ic}}(\xi,\eta)$分别为

$$\boldsymbol{G}_{\mathrm{gc}}(\xi,\eta)=\mathscr{F}\left\{\boldsymbol{U}_{\mathrm{g}}(\tilde{x}_{\mathrm{o}},\tilde{y}_{\mathrm{o}})\right\} \tag{3.3.2}$$

$$\boldsymbol{G}_{\mathrm{ic}}(\xi,\eta)=\mathscr{F}\left\{\boldsymbol{U}_{\mathrm{i}}(x_{\mathrm{i}},y_{\mathrm{i}})\right\} \tag{3.3.3}$$

相干传递函数为

$$\boldsymbol{H}(\xi,\eta)=\mathscr{F}\left\{\tilde{\boldsymbol{h}}(x_{\mathrm{i}},y_{\mathrm{i}})\right\} \tag{3.3.4}$$

在衍射受限系统中，$\tilde{\boldsymbol{h}}$是由光瞳函数$P(\lambda d_{\mathrm{i}}\tilde{x},\lambda d_{\mathrm{i}}\tilde{y})$按式(3.2.7)决定的，将式(3.2.7)代入式(3.3.4)得

$$\begin{aligned}\boldsymbol{H}(\xi,\eta)&=\mathscr{F}\left\{\tilde{\boldsymbol{h}}(x_{\mathrm{i}},y_{\mathrm{i}})\right\}=\mathscr{F}\left\{\mathscr{F}\left[P(\lambda d_{\mathrm{i}}\tilde{x},\lambda d_{\mathrm{i}}\tilde{y})\right]\right\}\\&=P(-\lambda d_{\mathrm{i}}\xi,-\lambda d_{\mathrm{i}}\eta)\end{aligned} \tag{3.3.5}$$

上式指出，相干传递函数$\boldsymbol{H}(\xi,\eta)$等于光瞳函数，仅在空域坐标x、y和频域坐标ξ、η之间存在着一定的坐标缩放关系.

实际上光瞳函数总是取 1 和 0 两个值，所以相干传递函数也是如此，只有 1 和 0 两个值. 若由ξ、η决定的$x=-\lambda d_{\mathrm{i}}\xi$，$y=-\lambda d_{\mathrm{i}}\eta$的值在光瞳内，则这种频率的指数基元按原样在像分布中出现，既没有振幅衰减也没有相位变化，即传递函数对此频率的值为 1. 若由ξ、η决定的x、y的值在光瞳之外，则系统将完全不能让此种频率的指数基元通过，也就是传递函数对这频率的值为 0. 这就是说，在频域中存在一个有限的通频带，在此通带内的频率分量可以通过系统而没有振幅和相位畸变，而通带以外的频率分量完全被衰减掉. 衍射受限系统是一个低通滤波器. 低于某一频率的指数基元成分将按原样通过，高于该频率的指数基元成分将被截止，这个特征频率称为系统的截止频率，用ρ_{c}表示.

假如不考虑孔径的有限大小，认为恒有 $P=1$，则整个频谱面上有$\boldsymbol{H}(\xi,\eta)=1$. 这时像是物的准确复现，没有任何信息丢失. 这正是几何光学理想成像情况.

如果我们在一个反演坐标中来定义P，则可以去掉负号的累赘，把式(3.3.5)改写为

$$H(\xi,\eta)=P(\lambda d_{\mathrm{i}}\xi,\lambda d_{\mathrm{i}}\eta) \tag{3.3.6}$$

尤其是一般光瞳函数都是对光轴呈中心对称的，这样处理的结果不会产生任何实质性的影响.

例如一个直径为D的圆形光瞳，其孔径函数$P(x,y)$可表示为

$$P(x,y)=\mathrm{circ}\left(\frac{\sqrt{x^2+y^2}}{D/2}\right)$$

由式(3.3.6)，其相干传递函数为

$$H(\xi,\eta)=P(\lambda d_i\xi,\lambda d_i\eta)=\mathrm{circ}\left(\frac{\sqrt{\xi^2+\eta^2}}{D/2\lambda d_i}\right) \tag{3.3.7}$$

由圆柱函数的定义可知，在$D/(2\lambda d_i)$区域内$H(\xi,\eta)=1$，在$D/(2\lambda d_i)$之外$H(\xi,\eta)=0$，故截止频率为

$$\rho_c=\frac{D}{2\lambda d_i} \tag{3.3.8}$$

如果出瞳直径$D=60\text{mm}$，出瞳与像面距离$d_i=200\text{mm}$，照明光波$\lambda=600\text{nm}$，则有

$$\rho_c=\frac{60}{2\times6\times10^{-4}\times200}=250(\text{mm}^{-1})$$

由于是圆形光瞳，任何方向的截止频率均是相同的. 注意，这里的ρ_c指的是像面上的截止频率，而物面上的截止频率$\rho_{oc}=|M|\rho_c$.

如果出瞳是边长为a的正方形，则光瞳函数为

$$P(x,y)=\mathrm{rect}\left(\frac{x}{a}\right)\mathrm{rect}\left(\frac{y}{a}\right)$$

相干传递函数为

$$\begin{aligned}H(\xi,\eta)&=P(\lambda d_i\xi,\lambda d_i\eta)=\mathrm{rect}\left(\frac{\lambda d_i\xi}{a}\right)\mathrm{rect}\left(\frac{\lambda d_i\eta}{a}\right)\\&=\mathrm{rect}\left(\frac{\xi}{a/\lambda d_i}\right)\mathrm{rect}\left(\frac{\eta}{a/\lambda d_i}\right)\end{aligned} \tag{3.3.9}$$

显然，不同方位上的截止频率不相同，当物的周期分布的等相位线平行于y轴时，$\eta=0$，系统的截止频率$\rho_c=a/(2\lambda d_i)$. 系统的最大截止频率是等相位线与x轴成$45°$角时，此时$\xi=\eta$，此方向的截止频率$\rho_c=\sqrt{2}a/(2\lambda d_i)$.

例 3.3.1　用一直径为D、焦距为f的理想单透镜对相干照明物体成像. 若物方空间截止频率为ρ_{oc}，试问当系统的放大率M为何值时，ρ_{oc}有最大值?

解　设物距为d_o，像距为d_i，放大率为M，为使成实像时M为正，将像面坐标相对于物面坐标反演，使倒像的影响不反映在M上. 于是M可表示成

$$M=\frac{d_i}{d_0}=\frac{d_i-f}{f}$$

即

$$d_i=(1+M)f$$

此系统的光瞳函数是直径为D的圆形孔径，其截止频率$\rho_c=D/(2\lambda d_i)$，考虑到物像空间截止频率的关系，则有

$$\rho_c=\frac{D}{2\lambda d_i}=\frac{1}{M}\rho_{oc}$$

或

$$\rho_{\text{oc}}=\frac{MD}{2\lambda d_{\text{i}}}=\frac{MD}{2\lambda(1+M)f}$$

为求得当 ρ_{oc} 取最大值 ρ_{ocmax} 时的放大倍数 M，将 ρ_{oc} 对 M 求导并令其为零得

$$\frac{\mathrm{d}\rho_{\text{oc}}}{\mathrm{d}M}=\frac{D}{2\lambda f}\frac{1}{(1+M)^2}=0$$

因此，只有当放大倍数 M 为无穷大时，系统才有最大的空间截止频率，此截止频率为

$$\rho_{\text{ocmax}}=\lim_{M\to\infty}\frac{D}{2\lambda f}\frac{M}{1+M}=\frac{D}{2\lambda f}$$

此时，物置于透镜前焦面，像在像方无穷远，在物空间的通频带为

$$-\frac{D}{2\lambda f}<\rho<\frac{D}{2\lambda f}$$

例 3.3.2　图 3.3.1 表示两个相干成像系统，所用透镜的焦距都相同. 单透镜系统中光阑直径为 D，双透镜系统为了获得相同的截止频率，光阑直径 a 应等于多大(相对于 D 写出关系式)？

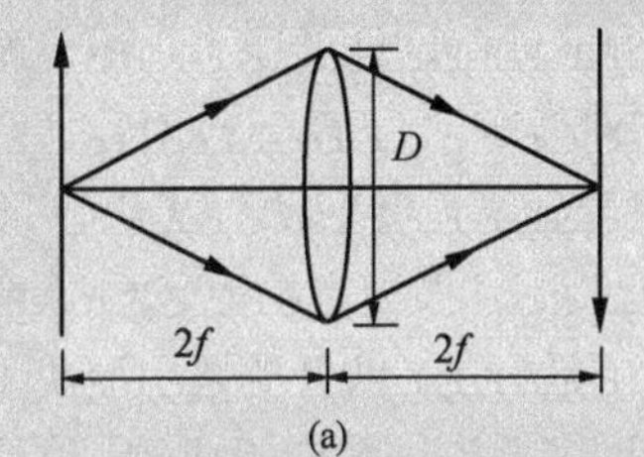

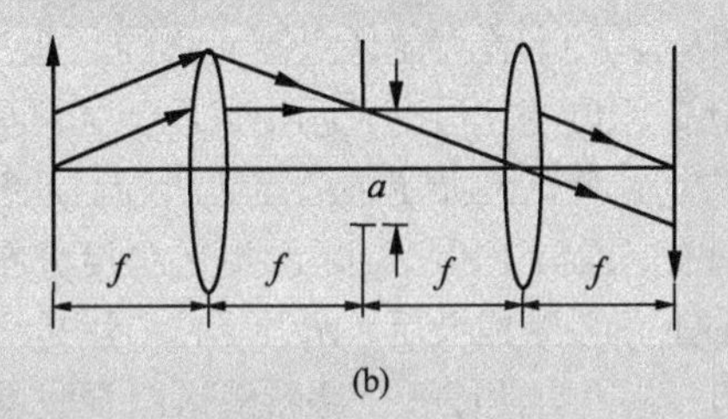

图 3.3.1　两个相干成像系统

解　这两个系统都是横向放大率为 1 的系统，故不必区分物方截止频率和像方截止频率. 对于单透镜系统的截止频率为

$$\rho_{\text{c}}=\frac{D}{4\lambda f}$$

根据相干传递函数的意义可知，凡是物面上各面元发出低于此空间频率的平面波均能无阻挡地通过此成像系统.

对于双透镜成像系统，其孔径光阑置于频谱面上，故入瞳和出瞳分别在物方和像方无穷远处. 入瞳与孔径光阑保持物像共轭关系，孔径光阑与出瞳也保持物像共轭关系. 对于这种放大率为 1 的系统，能通过光阑的最高空间频率也必定能通过入瞳和出瞳，即系统的截止频率可通过光阑的尺寸来计算.

为保证 $4f$ 系统物面上每一面元发出的某一空间频率的平面波都毫无阻挡地通过此成像系统，则要求光阑直径 a 小于或等于透镜直径与物面直径之差，在本题中我们假设光阑直径 a 等于二者之差. 于是相应的截止频率为

$$\rho_{\text{c}}'=\frac{a}{2\lambda f}$$

按照题意要求二者相等，即 $\rho_{\text{c}}=\rho_{\text{c}}'$，于是得

$$a=\frac{D}{2}$$

3.3.2　相干线扩散函数和边缘扩散函数

测量传递函数的方法有两种，一种是计算或测量出系统的点扩散函数，然后对它作傅里叶变换以确定传递函数，但在有些情况下得不到点扩散函数的精确表达式，这种方法不好使用；另一种是把大量频率不同的本征函数逐个输入系统，并确定每个本征函数所受到的衰减及其相移，从而得到传递函数，这种方法较第一种方法直接，但测量数目大，有时实现起来相当困难. 由线扩散函数确定传递函数是另一种方法.

1. 线扩散函数和边缘扩散函数的概念

对于相干照明成像系统，点物在像面上的响应即点扩散函数是一种复振幅分布，所有点物响应的叠加即得像面上的复振幅分布. 这个分布的绝对值的平方即为像面强度分布. 对于非相干照明成像系统，点物在像面上的响应即强度点扩散函数是一种强度分布，所有这些强度点扩散函数的叠加就得像面强度分布. 但无论是复振幅点扩散函数或是强度点扩散函数，叠加成线扩散函数的方式都是一样的. 为直观起见，下面以点物的强度响应为例讨论点扩散函数与线扩散函数的关系. 但公式中的各函数表达式既可理解成强度也可理解成复振幅.

一个点物在像面上造成的强度分布即为点扩散函数 $h(x_i, y_i)$ ，x_i 、y_i 是像面上的位置坐标. 校正好中心的镜头，其轴上物点的像是圆对称的. 图 3.3.2(a)就是这样的像点，图上画出的是点扩散函数的轮廓形状，强度变化没有表示出来，但强度分布对像斑中心 O 呈圆对称，因此过中心的一条狭缝，无论方向如何，例如图中的虚线所示，从缝中看到的强度分布，以离 O 点远近表示，分布状况都是一样的. 通常以沿 x_i 轴的狭缝的强度分布曲线 $h(x_i)$ 作为点扩散函数，如图 3.3.2(b)所示. 一个亮狭缝通过光学系统成像后，光强分布依然是往两侧散开的，散开的情况取决于光学系统的点扩散函数. 因为一根亮直线或一个亮狭缝可以看成是由许多亮点的集合组成的，这许多沿直线排列的点源的像点的叠加就构成亮直线的光强度分布. 如果我们把直线像的长度方向取为 y_i 方向，那么沿 x_i 方向上的光强分布 $L(x_i)$ 就叫做线扩散函数. 图 3.3.2(b)同样可以代表亮直线的成像情况，这就是实际成像的强度分布，也就是线扩散函数. 应该注意，这里只是说它们的表示方式相同，而点扩散函数的曲线形状和线扩散函数的曲线形状是不一样的. 线扩散函数由点扩散函数叠加而成，这就是两者之间的关系. 下面用数学式子将这个关系表达出来.

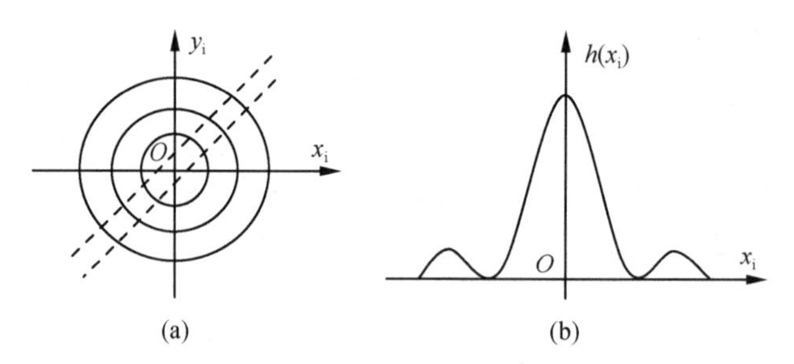

图 3.3.2　点扩散函数的分布

设系统输入一线脉冲，例如平行于 y_o 轴的线光源，即

$$\boldsymbol{U}_o(x_o, y_o) = \delta(x_o)$$

线性空间不变系统的线扩散函数为

$$L(x_i) = \delta(x_i) * h(x_i, y_i) = \iint_{-\infty}^{\infty} \delta(\alpha) h(x_i - \alpha, \beta) \mathrm{d}\alpha \mathrm{d}\beta = \int_{-\infty}^{\infty} h(x_i, \beta) \mathrm{d}\beta \tag{3.3.10}$$

上式表明线扩散函数仅仅依赖于 x_i ，它等于点扩散函数沿 y_i 方向的线积分.

物为一狭缝，它在像面上造成的分布就是线扩散函数. 现将一个与狭缝方向平行的刀片放置在像面上，开始时刀片完全挡住狭缝像，刀片逐渐移动，也就逐渐放入狭缝像的光. 在图 3.3.3 中画出了狭缝的线扩散函数 $L(x_i)$，刀片刃口移动到位置 x_i 时，放入的光通量与图中阴影面积成比例. 这样一来，在刀片的整个移动过程中，进入探测器的光通量随刀口位置 x_i 的变化构成一个函数 $E(x_i)$，这个函数就叫做边缘扩散函数. 由图 3.3.2 可知，边缘扩散函数 $E(x_i)$ 来源于线扩散函数 $L(x_i)$，它们的关系是

$$E(x_i)=\int_{-\infty}^{x_i}L(\alpha)\,\mathrm{d}\alpha \tag{3.3.11}$$

由上式又可得

$$L(x_i)=\frac{\mathrm{d}E(x_i)}{\mathrm{d}x_i} \tag{3.3.12}$$

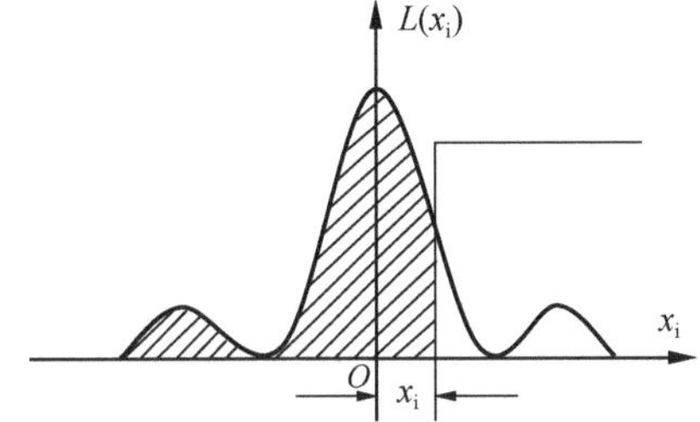

图 3.3.3　由线扩散函数产生边缘扩散函数

边缘扩散函数也可用下面方式导出. 对系统输入一个阶跃函数，例如均匀照明的直边或刀口形成的光分布. 系统的输出叫阶跃响应或边缘扩散函数，即

$$\begin{aligned}E(x_i)&=\mathrm{step}(x_i)*h(x_i,y_i)=\iint_{-\infty}^{\infty}h(\alpha,\beta)\mathrm{step}(x_i-\alpha)\mathrm{d}\alpha\mathrm{d}\beta\\&=\int_{-\infty}^{\infty}\left[\int_{-\infty}^{\infty}h(\alpha,\beta)\,\mathrm{d}\beta\right]\mathrm{step}(x_i-\alpha)\,\mathrm{d}\alpha\\&=\int_{-\infty}^{\infty}L(\alpha)\mathrm{step}(x_i-\alpha)\,\mathrm{d}\alpha=\int_{-\infty}^{x_i}L(\alpha)\,\mathrm{d}\alpha\end{aligned} \tag{3.3.13}$$

2. 相干线扩散函数和边缘扩散函数

相干照明下的狭缝在像面上产生的复振幅分布就是相干线扩散函数，它的一维傅里叶变换等于系统的传递函数沿 ξ 方向截面分布，即

$$\mathscr{F}\{L(x_i)\}=\mathscr{F}\int_{-\infty}^{\infty}\{\boldsymbol{h}(x_i,\beta)\,\mathrm{d}\beta\}=H(\xi,0) \tag{3.3.14}$$

于是改变相干照明的狭缝方向，分别对每一个方向测量线扩散函数，然后做一维傅里叶变换，就可确定相应各个方向的传递函数截面. 对于点扩散函数是圆对称的情况，传递函数也是圆对称的，它只需一个截面就可完全确定. 假如点扩散函数对 x_i、y_i 是可分离变量的，传递函数也是可以分离变量的，确定它只需要两个截面 $H(\xi,0)$ 和 $H(0,\eta)$. 利用线扩散函数的一维傅里叶变换来确定传递函数，有时比由点扩散函数做二维傅里叶变换得到传递函数更为方便.

由式(3.3.14)可知，一个平行于 y_o 轴的狭缝在像面上产生的相干线扩散函数为

$$L(x_i)=\mathscr{F}^{-1}\{H(\xi,0)\} \tag{3.3.15}$$

它是相干传递函数沿 ξ 轴截面的一维傅里叶逆变换. 在衍射受限系统中的相干传递函数在通频带内为常数，无论孔径形状如何，相干传递函数的截面总是矩形函数，因而 $L(x_i)$ 将呈 sinc 函数变化.

对于衍射受限系统，$L(x_i)$ 可表示为

$$L(x_i)=\mathscr{F}^{-1}\{P(\lambda d_i\xi,0)\} \tag{3.3.16}$$

例如，直径为 D 的圆形光瞳，垂直于孔径的任意的截面都是矩形函数，即

$$P(\lambda d_i\xi,0)=\mathrm{rect}\left(\frac{\lambda d_i\xi}{D}\right) \tag{3.3.17}$$

线扩散函数为

$$L(x_i)=\mathscr{F}^{-1}\left\{\operatorname{rect}\left(\frac{\lambda d_i\xi}{D}\right)\right\}=\frac{D}{\lambda d_i}\operatorname{sinc}\left(\frac{Dx_i}{\lambda d_i}\right) \tag{3.3.18}$$

由式(3.3.13)，物面上放置一个刀口或直边，相干光均匀照明，像面上得到的相干边缘扩散函数

$$E(x_i)=\int_{-\infty}^{x_i}L(\alpha)\,\mathrm{d}\alpha$$

将式(3.3.18)给出的$L(x_i)$代入上式得

$$E(x_i)=\int_{-\infty}^{x_i}\frac{D}{\lambda d_i}\operatorname{sinc}\left(\frac{D}{\lambda d_i}\alpha\right)\mathrm{d}\alpha$$

可以把它表示成展开式

$$E(x_i)=\frac{1}{2}+\frac{1}{\pi}\left[\frac{\pi Dx_i}{\lambda d_i}-\frac{1}{18}\left(\frac{\pi Dx_i}{\lambda d_i}\right)^3+\frac{1}{600}\left(\frac{\pi Dx_i}{\lambda d_i}\right)^5-\cdots\right] \tag{3.3.19}$$

图 3.3.4 中给出衍射受限的相干线扩散函数与边缘扩散函数. 注意边缘扩散函数的振荡性质，直边的像不再是亮暗严格分明的.

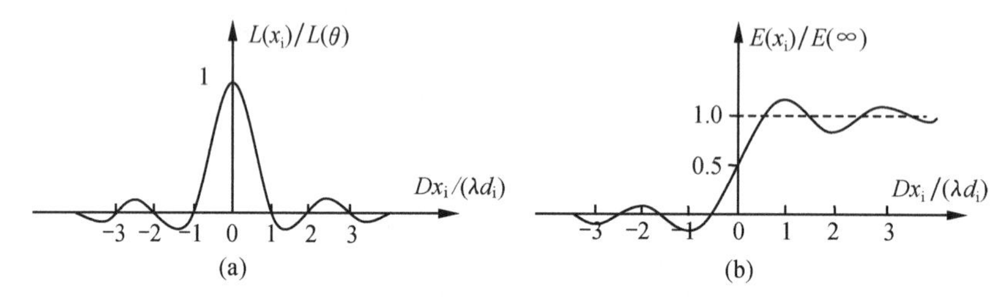

图 3.3.4　相干线扩散函数和边缘扩散函数

3.4　衍射受限非相干成像系统的传递函数

在非相干照明下，物面上各点的振幅和相位随时间变化的方式是彼此独立、统计无关的. 这样一来，虽然物面上每一点通过系统后仍可得到一个对应的复振幅分布，但由于物面的照明是非相干的，故不能通过对这些复振幅分布的相干叠加得到像的复振幅分布，而应该由这些复振幅分布分别求出对应的强度分布，然后将这些强度分布叠加(非相干叠加)得到像面强度分布. 非相干成像系统是强度的线性系统，若成像是空间不变的，则非相干成像系统是强度的线性空间不变系统.

3.4.1　非相干成像系统的光学传递函数(OTF)

非相干线性空间不变成像系统的物像关系满足下述卷积积分：

$$\begin{aligned}I_i(x_i,y_i)&=k\iint_{-\infty}^{\infty}I_g(\tilde{x}_o,\tilde{y}_o)\boldsymbol{h}_I(x_i-\tilde{x}_o,y_i-\tilde{y}_o)\,\mathrm{d}\tilde{x}_o\,\mathrm{d}\tilde{y}_o\\&=kI_g(x_i,y_i)*\boldsymbol{h}_I(x_i,y_i)\end{aligned} \tag{3.4.1}$$

式中，I_g是几何光学理想像的强度分布；I_i为像强度分布；k是常数，由于它不影响I_i的分布形式，所以不用给出具体的表达式；$\boldsymbol{h}_I$为强度脉冲响应(或称非相干脉冲响应、强度点扩散函数). 它是点物产生的像斑的强度分布，应该是复振幅点扩散函数绝对值的平方，即

$$\boldsymbol{h}_I(x_i,y_i)=\left|\tilde{\boldsymbol{h}}(x_i,y_i)\right|^2 \tag{3.4.2}$$

式(3.4.1)和式(3.4.2)表明，在非相干照明下，线性空间不变成像系统的像强度分布是理想像的强度分布与强度点扩散函数的卷积. 系统的成像特性由$\boldsymbol{h}_I(x_i,y_i)$表示，而$\boldsymbol{h}_I(x_i,y_i)$又由$\tilde{\boldsymbol{h}}(x_i,y_i)$决定.

对于非相干照明下的强度线性空间不变系统，在频域中描写物像关系更加方便. 将式(3.4.1)两边进行傅里叶变换并略去无关紧要的常数后得

$$\boldsymbol{G}_\mathrm{i}(\xi,\eta)=\boldsymbol{G}_\mathrm{g}(\xi,\eta)\boldsymbol{H}_\mathrm{I}(\xi,\eta)$$

其中

$$\boldsymbol{G}_\mathrm{i}(\xi,\eta)=\mathscr{F}\{I_\mathrm{i}(x_\mathrm{i},y_\mathrm{i})\}$$

$$\boldsymbol{G}_\mathrm{g}(\xi,\eta)=\mathscr{F}\{I_\mathrm{g}(x_\mathrm{i},y_\mathrm{i})\}$$

$$\boldsymbol{H}_\mathrm{I}(\xi,\eta)=\mathscr{F}\{h_\mathrm{I}(x_\mathrm{i},y_\mathrm{i})\}$$

由于$I_\mathrm{i}(x_\mathrm{i},y_\mathrm{i})$、$I_\mathrm{g}(x_\mathrm{i},y_\mathrm{i})$和$h_\mathrm{I}(x_\mathrm{i},y_\mathrm{i})$都是强度分布，都是非负实函数，因而必有一个常数分量即零频分量，而且它的幅值大于任何非零分量的幅值，即$G(0,0)\geqslant\left|\boldsymbol{G}_\mathrm{i}(\xi,\eta)\right|$，$G_\mathrm{g}(0,0)\geqslant\left|\boldsymbol{G}_\mathrm{g}(\xi,\eta)\right|$，$H_\mathrm{I}(0,0)\geqslant\left|\boldsymbol{H}_\mathrm{I}(\xi,\eta)\right|$，决定像的清晰与否，主要的不是包括零频分量在内的总光强有多大，而在于携带有信息的那部分光强相对于零频分量的比值有多大，所以更有意义的是$\boldsymbol{G}_\mathrm{i}(\xi,\eta)$、$\boldsymbol{G}_\mathrm{g}(\xi,\eta)$和$\boldsymbol{H}_\mathrm{I}(\xi,\eta)$相对于各自零频分量的比值. 这就是用零频分量对它们归一化，得归一化频谱，用$\mathscr{G}_\mathrm{i}(\xi,\eta)$、$\mathscr{G}_\mathrm{g}(\xi,\eta)$、$\mathscr{H}(\xi,\eta)$表示，即

$$\mathscr{G}_\mathrm{i}(\xi,\eta)=\frac{\boldsymbol{G}_\mathrm{i}(\xi,\eta)}{G_\mathrm{i}(0,0)}=\frac{\iint_{-\infty}^{\infty}I_\mathrm{i}(x_\mathrm{i},y_\mathrm{i})\exp\left[-\mathrm{j}2\pi(\xi x_\mathrm{i}+\eta y_\mathrm{i})\right]\mathrm{d}x_\mathrm{i}\,\mathrm{d}y_\mathrm{i}}{\iint_{-\infty}^{\infty}I_\mathrm{i}(x_\mathrm{i},y_\mathrm{i})\mathrm{d}x_\mathrm{i}\,\mathrm{d}y_\mathrm{i}}\tag{3.4.3}$$

$$\mathscr{G}_\mathrm{g}(\xi,\eta)=\frac{\boldsymbol{G}_\mathrm{g}(\xi,\eta)}{G_\mathrm{g}(0,0)}=\frac{\iint_{-\infty}^{\infty}I_\mathrm{g}(x_\mathrm{i},y_\mathrm{i})\exp[-\mathrm{j}2\pi(\xi x_\mathrm{i}+\eta y_\mathrm{i})]\mathrm{d}x_\mathrm{i}\,\mathrm{d}y_\mathrm{i}}{\iint_{-\infty}^{\infty}I_\mathrm{g}(x_\mathrm{i},y_\mathrm{i})\mathrm{d}x_\mathrm{i}\,\mathrm{d}y_\mathrm{i}}\tag{3.4.4}$$

$$\mathscr{H}(\xi,\eta)=\frac{\boldsymbol{H}_\mathrm{I}(\xi,\eta)}{H_\mathrm{I}(0,0)}=\frac{\iint_{-\infty}^{\infty}h_\mathrm{I}(x_\mathrm{i},y_\mathrm{i})\exp[-\mathrm{j}2\pi(\xi x_\mathrm{i}+\eta y_\mathrm{i})]\mathrm{d}x_\mathrm{i}\,\mathrm{d}y_\mathrm{i}}{\iint_{-\infty}^{\infty}h_\mathrm{I}(x_\mathrm{i},y_\mathrm{i})\mathrm{d}x_\mathrm{i}\,\mathrm{d}y_\mathrm{i}}\tag{3.4.5}$$

由于$\boldsymbol{G}_\mathrm{i}(\xi,\eta)=\boldsymbol{G}_\mathrm{g}(\xi,\eta)\boldsymbol{H}_\mathrm{I}(\xi,\eta)$，并且$G_\mathrm{i}(0,0)=G_\mathrm{g}(0,0)H_\mathrm{I}(0,0)$，所以得到的归一化频谱满足

$$\mathscr{G}_\mathrm{i}(\xi,\eta)=\mathscr{G}_\mathrm{g}(\xi,\eta)\mathscr{H}(\xi,\eta)\tag{3.4.6}$$

$\mathscr{H}(\xi,\eta)$称为非相干成像系统的光学传递函数，它描述非相干成像系统在频域的效应.

由于$\mathscr{G}_\mathrm{i}$、$\mathscr{G}_\mathrm{g}$和$\mathscr{H}$一般都是复函数，都可以用它的模和辐角表示，于是有

$$\mathscr{G}_\mathrm{i}(\xi,\eta)=\left|\mathscr{G}_\mathrm{i}(\xi,\eta)\right|\exp[\mathrm{j}\varphi_\mathrm{i}(\xi,\eta)]$$

$$\mathscr{G}_\mathrm{g}(\xi,\eta)=\left|\mathscr{G}_\mathrm{g}(\xi,\eta)\right|\exp[\mathrm{j}\varphi_\mathrm{g}(\xi,\eta)]$$

$$\mathscr{H}(\xi,\eta)=M(\xi,\eta)\exp[\mathrm{j}\varphi(\xi,\eta)]$$

注意到式(3.4.5)和式(3.5.6)的关系，可以得出

$$M(\xi,\eta)=\frac{\left|\boldsymbol{H}_\mathrm{I}(\xi,\mu)\right|}{H_\mathrm{I}(0,0)}=\frac{\left|\mathscr{G}_\mathrm{i}(\xi,\eta)\right|}{\left|\mathscr{G}_\mathrm{g}(\xi,\eta)\right|}\tag{3.4.7}$$

$$\varphi(\xi,\eta)=\varphi_\mathrm{i}(\xi,\eta)-\varphi_\mathrm{g}(\xi,\eta)\tag{3.4.8}$$

通常称$M(\xi,\eta)$为调制传递函数(MTF)，$\varphi(\xi,\eta)$为相位传递函数(PTF). $M(\xi,\eta)$描述了系统对各频率分量对比度的传递特性，$\varphi(\xi,\eta)$描述了系统对各频率分量施加的相移.

由于I_i、I_g和h_I都是非负实函数，它们的归一化频谱$\mathscr{G}_\mathrm{i}$、$\mathscr{G}_\mathrm{g}$和$\mathscr{H}$都是厄米函数. 余弦函数是这种系统的本征函数，即强度余弦分量在通过系统后仍为同频率的余弦输出，其对比度和相位的

变化决定于系统传递函数的模和辐角. 换句话说，如果把输入物看成强度透过率呈余弦变化的不同频率光栅的线性组合，在成像过程中，OTF 唯一的影响是改变这些基元的对比度和相对相位.

例如，一个余弦输入的光强为

$$I_{\mathrm{g}}(\tilde{x}_{\mathrm{o}},\tilde{y}_{\mathrm{o}})=a+b\cos[2\pi(\xi_{\mathrm{o}}\tilde{x}_{\mathrm{o}}+\eta_{\mathrm{o}}\tilde{y}_{\mathrm{o}})+\varphi_{\mathrm{g}}(\xi_{\mathrm{o}},\eta_{\mathrm{o}})]$$

则其频谱 $\boldsymbol{G}_{\mathrm{g}}(\xi,\eta)$ 为

$$\begin{aligned}\boldsymbol{G}_{\mathrm{g}}(\xi,\eta)&=\mathscr{F}\{I_{\mathrm{g}}(\tilde{x}_{\mathrm{o}},\tilde{y}_{\mathrm{o}})\}\\&=a\delta(\xi,\eta)+\frac{b}{2}\{\delta(\xi-\xi_{\mathrm{o}},\eta-\eta_{\mathrm{o}})\exp[\mathrm{j}\varphi_{\mathrm{g}}(\xi_{\mathrm{o}},\eta_{\mathrm{o}})]+\delta(\xi+\xi_{\mathrm{o}},\eta+\eta_{\mathrm{o}})\exp[-\mathrm{j}\varphi_{\mathrm{g}}(\xi_{\mathrm{o}},\eta_{\mathrm{o}})]\}\end{aligned}$$

由于 $I_{\mathrm{i}}(x_{\mathrm{i}},y_{\mathrm{i}})=I_{\mathrm{g}}(x_{\mathrm{i}},y_{\mathrm{i}})*\boldsymbol{h}_{\mathrm{I}}(x_{\mathrm{i}},y_{\mathrm{i}})$，所以

$$\mathscr{F}\{I_{\mathrm{i}}(x_{\mathrm{i}},y_{\mathrm{i}})\}=\mathscr{F}\{I_{\mathrm{g}}(x_{\mathrm{i}},y_{\mathrm{i}})\}*\mathscr{F}\{\boldsymbol{h}_{\mathrm{I}}(x_{\mathrm{i}},y_{\mathrm{i}})\}\tag{3.4.9}$$

根据 $\mathscr{H}(\xi,\eta)$ 的定义

$$\mathscr{F}\{\boldsymbol{h}_{\mathrm{I}}(x_{\mathrm{i}},y_{\mathrm{i}})\}=\boldsymbol{H}_{\mathrm{I}}(\xi,\eta)=H_{\mathrm{I}}(0,0)\mathscr{H}(\xi,\eta)$$

于是

$$\begin{aligned}\mathscr{F}\{I_{\mathrm{i}}(x_{\mathrm{i}},y_{\mathrm{i}})\}=&H_{I}(0,0)a\delta(\xi,\eta)\mathscr{H}(\xi,\eta)+\frac{b}{2}H_{\mathrm{I}}(0,0)\mathscr{H}(\xi,\eta)\\&\times\{\delta(\xi-\xi_{\mathrm{o}},\eta-\eta_{\mathrm{o}})\exp[\mathrm{j}\varphi_{\mathrm{g}}(\xi_{\mathrm{o}},\eta_{\mathrm{o}})]+\delta(\xi+\xi_{\mathrm{o}},\eta+\eta_{\mathrm{o}})\exp[-\mathrm{j}\varphi_{\mathrm{g}}(\xi_{\mathrm{o}},\eta_{\mathrm{o}})]\}\end{aligned}$$

对于确定的系统，$H_{\mathrm{I}}(0,0)$ 是一确定的常数，对像强度的相对分布没有影响，所以在下面取其逆变换得到 I_{i} 时可将其略去不写，即

$$\begin{aligned}I_{\mathrm{i}}(x_{\mathrm{i}},y_{\mathrm{i}})=&a\iint_{-\infty}^{\infty}\delta(\xi,\eta)\mathscr{H}(\xi,\eta)\exp[\mathrm{j}2\pi(\xi x_{\mathrm{i}}+\eta y_{\mathrm{i}})]\mathrm{d}\xi\,\mathrm{d}\eta\\&+\frac{b}{2}\left\{\iint_{-\infty}^{\infty}\delta(\xi-\xi_{\mathrm{o}},\eta-\eta_{\mathrm{o}})\mathscr{H}(\xi,\eta)\exp[\mathrm{j}\varphi_{\mathrm{g}}(\xi_{\mathrm{o}},\eta_{\mathrm{o}})]\exp[\mathrm{j}2\pi(\xi x_{\mathrm{i}}+\eta y_{\mathrm{i}})\mathrm{d}\xi\,\mathrm{d}\eta]\right.\\&\left.+\iint_{-\infty}^{\infty}\delta(\xi+\xi_{\mathrm{o}},\eta+\eta_{\mathrm{o}})\mathscr{H}(\xi,\eta)\exp\left[-\mathrm{j}\varphi_{\mathrm{g}}(\xi_{\mathrm{o}},\eta_{\mathrm{o}})\right]\exp\left[\mathrm{j}2\pi(\xi x_{\mathrm{i}}+\eta y_{\mathrm{i}})\mathrm{d}\xi\,\mathrm{d}\eta\right]\right\}\\=&a\mathscr{H}(0,0)+\frac{b}{2}\{\mathscr{H}(\xi_{\mathrm{o}},\eta_{\mathrm{o}})\exp[\mathrm{j}\varphi_{\mathrm{g}}(\xi_{\mathrm{o}},\eta_{\mathrm{o}})]\exp[\mathrm{j}2\pi(\xi_{\mathrm{o}}x_{\mathrm{i}}+\eta_{\mathrm{o}}y_{\mathrm{i}})]\\&+\mathscr{H}(-\xi_{\mathrm{o}},-\eta_{\mathrm{o}})\exp[-\mathrm{j}\varphi_{\mathrm{g}}(\xi_{\mathrm{o}},\eta_{\mathrm{o}})]\exp[-\mathrm{j}2\pi(\xi_{\mathrm{o}}x_{\mathrm{i}}+\eta_{\mathrm{o}}y_{\mathrm{i}})]\}\end{aligned}$$

因为

$$\begin{aligned}&\mathscr{H}(0,0)=1\\&\mathscr{H}(\xi_{\mathrm{o}},\eta_{\mathrm{o}})=M(\xi_{\mathrm{o}},\eta_{\mathrm{o}})\exp[\mathrm{j}\varphi(\xi_{\mathrm{o}},\eta_{\mathrm{o}})]\\&\mathscr{H}(-\xi_{\mathrm{o}},-\eta_{\mathrm{o}})=M(-\xi_{\mathrm{o}},-\eta_{\mathrm{o}})\exp[\mathrm{j}\varphi(-\xi_{\mathrm{o}},-\eta_{\mathrm{o}})]\\&\qquad\qquad=M(\xi_{\mathrm{o}},\eta_{\mathrm{o}})\exp[-\mathrm{j}\varphi(\xi_{\mathrm{o}},\eta_{\mathrm{o}})]\end{aligned}$$

其中最后一步利用了 $\mathscr{H}(\xi,\eta)$ 的厄米性. 将这些结果代入上式，得到像强度分布为

$$I_{\mathrm{i}}(x_{\mathrm{i}},y_{\mathrm{i}})=a+bM(\xi_{\mathrm{o}},\eta_{\mathrm{o}})\cos[2\pi(\xi_{\mathrm{o}}x_{\mathrm{i}}+\eta_{\mathrm{o}}y_{\mathrm{i}})+\varphi_{\mathrm{g}}(\xi_{\mathrm{o}},\eta_{\mathrm{o}})+\varphi(\xi_{\mathrm{o}},\eta_{\mathrm{o}})]$$

由于 $(\xi_{\mathrm{o}},\eta_{\mathrm{o}})$ 是任意的，故上式可以写成一般形式

$$I_{\mathrm{i}}(x_{\mathrm{i}},y_{\mathrm{i}})=a+bM(\xi,\eta)\cos[2\pi(\xi x_{\mathrm{i}}+\eta y_{\mathrm{i}})+\varphi_{\mathrm{g}}(\xi,\eta)+\varphi(\xi,\eta)]$$

由此可见，余弦条纹通过线性空间不变成像系统后，像仍然是同频率的余弦条纹，只是振幅减小了，相位变化了. 振幅的减小和相位的变化都取决于系统的光学传递函数在该频率处的取值.

对于呈余弦变化的强度分布，很自然地要讨论其对比度或调制度，其定义为

$$V=\frac{I_{\max}-I_{\min}}{I_{\max}+I_{\min}} \tag{3.4.10}$$

式中，$I_{\max}$和$I_{\min}$分别是光强度分布的极大值和极小值. 物(或理想像)和像的调制度为

$$V_{\mathrm{g}}=\frac{I_{\mathrm{gmax}}-I_{\mathrm{gmin}}}{I_{\mathrm{gmax}}+I_{\mathrm{gmin}}}=\frac{(a+b)-(a-b)}{(a+b)+(a-b)}=\frac{b}{a}$$

$$V_{\mathrm{i}}=\frac{I_{\mathrm{imax}}-I_{\mathrm{imin}}}{I_{\mathrm{imax}}+I_{\mathrm{imin}}}=\frac{a+bM(\xi,\eta)-a+bM(\xi,\eta)}{a+bM(\xi,\eta)+a-bM(\xi,\eta)}=\frac{b}{a}M(\xi,\eta)$$

合并以上两式得

$$V_{\mathrm{i}}=M(\xi,\eta)V_{\mathrm{g}} \tag{3.4.11}$$

而$\mathscr{H}(\xi,\eta)$的幅角$\varphi(\xi,\eta)$显然是余弦像和余弦物(或理想像)的相位差，即

$$\varphi_{\mathrm{i}}(\xi,\eta)=\varphi_{\mathrm{g}}(\xi,\eta)+\varphi(\xi,\eta) \tag{3.4.12}$$

即像的对比度等于物的对比度与相应频率的MTF的乘积，PTF给出了相应的相移，空间余弦分布的相位差$\varphi(\xi,\eta)$体现了余弦像分布$I_{\mathrm{i}}(x_{\mathrm{i}},y_{\mathrm{i}})$相对于其物分布$I_{\mathrm{g}}(\tilde{x}_{\mathrm{o}},\tilde{y}_{\mathrm{o}})$移动了多少. 当$\varphi(\xi,\eta)$为$2\pi$时，表示错开一个条纹，当$\varphi(\xi,\eta)=\theta$弧度时，说明错开了$\theta/(2\pi)$个条纹.

由此可见，光学传递函数的模$M(\xi,\eta)$表示物分布中频率为ξ、η的余弦基元通过系统后振幅的衰减$(M(\xi,\eta)\leqslant 1)$，或者说$M(\xi,\eta)$表示频率为ξ、η的余弦物通过系统后调制度的降低，正是这个原因才把$M(\xi,\eta)$叫调制传递函数. 而$\mathscr{H}(\xi,\eta)$的辐角$\varphi(\xi,\eta)$则表示频率为ξ、η的余弦像分布相对于物(理想像)的横向位移量，所以也把$\varphi(\xi,\eta)$叫做相位传递函数.

3.4.2 OTF与CTF的关系

光学传递函数$\mathscr{H}(\xi,\eta)$与相干传递函数$\boldsymbol{H}(\xi,\eta)$分别描述同一系统采用非相干和相干照明的传递函数，它们都决定于系统本身的物理性质，应当有联系. 由式(3.4.5)，注意到根据自相关定理和帕塞瓦尔定理得到

$$\begin{aligned}\mathscr{H}(\xi,\eta)&=\frac{\boldsymbol{H}_{\mathrm{I}}(\xi,\eta)}{\boldsymbol{H}_{\mathrm{I}}(0,0)}=\frac{\mathscr{F}\{h_{\mathrm{I}}(x_{\mathrm{i}},y_{\mathrm{i}})\}}{\iint_{-\infty}^{\infty}h_{\mathrm{I}}(x_{\mathrm{i}},y_{\mathrm{i}})\,\mathrm{d}x_{\mathrm{i}}\,\mathrm{d}y_{\mathrm{i}}}\\&=\frac{\mathscr{F}\left\{\left|\tilde{\boldsymbol{h}}(x_{\mathrm{i}},y_{\mathrm{i}})\right|^{2}\right\}}{\iint_{-\infty}^{\infty}\left|\tilde{\boldsymbol{h}}(x_{i},y_{i})\right|^{2}\mathrm{d}x_{i}\,\mathrm{d}y_{i}}=\frac{\boldsymbol{H}(\xi,\eta)\star\boldsymbol{H}(\xi,\eta)}{\iint_{-\infty}^{\infty}\left|\boldsymbol{H}(\alpha,\beta)\right|^{2}\mathrm{d}\alpha\,\mathrm{d}\beta}\\&=\frac{\iint_{-\infty}^{\infty}\boldsymbol{H}^{*}(\alpha,\beta)\boldsymbol{H}(\xi+\alpha,\eta+\beta)\,\mathrm{d}\alpha\,\mathrm{d}\beta}{\iint_{-\infty}^{\infty}\left|\boldsymbol{H}(\alpha,\beta)\right|^{2}\mathrm{d}\alpha\,\mathrm{d}\beta}\end{aligned} \tag{3.4.13}$$

因此，对同一系统来说，光学传递函数等于相干传递函数$\boldsymbol{H}$的自相关归一化函数. 这一结论是在式(3.4.2)的基础上导出的，所以它对有像差的系统和没有像差的系统都完全成立.

3.4.3 衍射受限的OTF

对于相干照明的衍射受限系统，已知

$$\boldsymbol{H}(\xi,\eta)=P(\lambda d_{\mathrm{i}}\xi,\lambda d_{\mathrm{i}}\eta)$$

把它代入式(3.4.13)得到

$$\mathfrak{H}(\xi,\eta)=\frac{\iint_{-\infty}^{\infty}P(\lambda d_{\mathrm{i}}\alpha,\lambda d_{\mathrm{i}}\beta)\,P[\lambda d_{\mathrm{i}}(\xi+\alpha),\lambda d_{\mathrm{i}}(\eta+\beta)]\mathrm{d}\alpha\,\mathrm{d}\beta}{\iint_{-\infty}^{\infty}P(\lambda d_{\mathrm{i}}\alpha,\lambda d_{\mathrm{i}}\beta)\mathrm{d}\alpha\,\mathrm{d}\beta}$$

令 $x=\lambda d_{\mathrm{i}}\alpha$ ， $y=\lambda d_{\mathrm{i}}\beta$ ，积分变量的替换不会影响积分结果，于是得 $\mathscr{H}(\xi,\eta)$ 与 $P(x,y)$ 的如下关系：

$$\mathfrak{H}(\xi,\eta)=\frac{\iint_{-\infty}^{\infty}P(x,y)P[x+\lambda d_{\mathrm{i}}\xi,y+\lambda d_{\mathrm{i}}\eta]\mathrm{d}x\,\mathrm{d}y}{\iint_{-\infty}^{\infty}P(x,y)\mathrm{d}x\,\mathrm{d}y} \tag{3.4.14}$$

由于光瞳函数只有 1 和 0 两个值，分母中的 P^2 可以写成 P . 式(3.4.14)表明衍射受限系统的 OTF 是光瞳函数的自相关归一化函数.

研究式(3.4.14)可以得到 OTF 的重要几何解释. 式中分母是光瞳的总面积 S_0 ，分子代表中心位于 $(-\lambda d_{\mathrm{i}}\xi,-\lambda d_{\mathrm{i}}\eta)$ 的经过平移的光瞳与原光瞳的重叠面积 $S(\xi,\eta)$，求衍射受限系统的 OTF 只不过是计算归一化重叠面积，即

$$\mathscr{H}(\xi,\eta)=\frac{S(\xi,\eta)}{S_0} \tag{3.4.15}$$

如图 3.4.1 所示，重叠面积取决于两个错开的光瞳的相对位置，也就是和频率 (ξ,η) 有关. 对于简单几何形状的光瞳，不难求出归一化重叠面积的数学表达式. 对于复杂的光瞳，可用计算机计算在一系列分立频率上的 OTF.

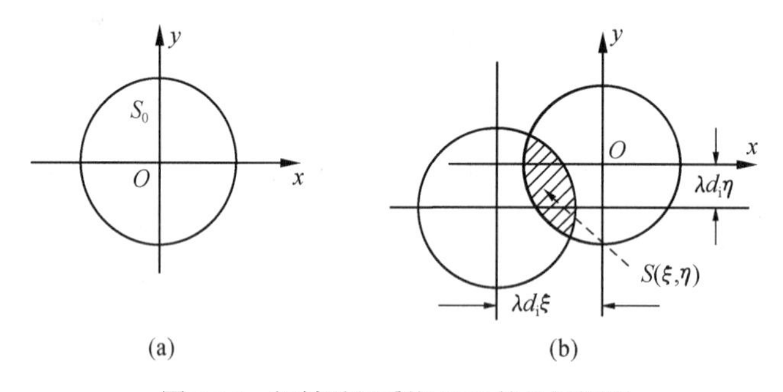

图 3.4.1　衍射受限系统 OTF 的几何解释

从上述的几何解释，不难了解衍射受限系统 OTF 的一些性质.

(1) $\mathscr{H}(\xi,\eta)$ 是实的非负函数. 因此衍射受限的非相干成像系统只改变各频率余弦分量的对比，而不改变它们的相位，即只需考虑 MTF 而不必考虑 PTF.

(2) $\mathscr{H}(0,0)=1$. 当 $\xi=\eta=0$ 时，两个光瞳完全重叠，归一化重叠面积为 1，这正是 OTF 归一化的结果. 这并不意味着物和像的背景光强相同. 由于吸收、反射、散射及光阑挡光等原因，像面背景光强总要弱于物面光强. 但从对比考虑，物像方零频分量的对比度都是零，无所谓衰减，所以 $\mathscr{H}(0,0)=1$

(3) $\mathscr{H}(\xi,\eta)\leqslant\mathscr{H}(0,0)$. 这一结论很容易从两个光瞳错开后重叠的面积小于完全重叠面积得到.

(4) 截止频率. 当 ξ、η 足够大，两光瞳完全分离时，重叠面积为零. 此时 $\mathscr{H}(\xi,\eta)=0$ ，即在截止频率所规定的范围之外，光学传递函数为零，像面上不出现这些频率成分.

例 3.4.1　衍射受限非相干成像系统的光瞳为边长为 l 的正方形，求其光学传递函数.

解　此时的光瞳函数可表示为

$$P(x,y)=\mathrm{rect}\left(\frac{x}{l}\right)\mathrm{rect}\left(\frac{y}{l}\right)$$

显然光瞳总面积 $S_0 = l^2$，当 $P(x,y)$ 在 x、y 方向分别位移 $-\lambda d_i\xi$、$-\lambda d_i\eta$ 以后，得 $P(x+\lambda d_i\xi, y+\lambda d_i\eta)$，从图 3.4.2 可以求出 $P(x,y)$ 和 $P(x+\lambda d_i\xi, y+\lambda d_i\eta)$ 的重叠面积 $S(\xi,\eta)$. 由图可得

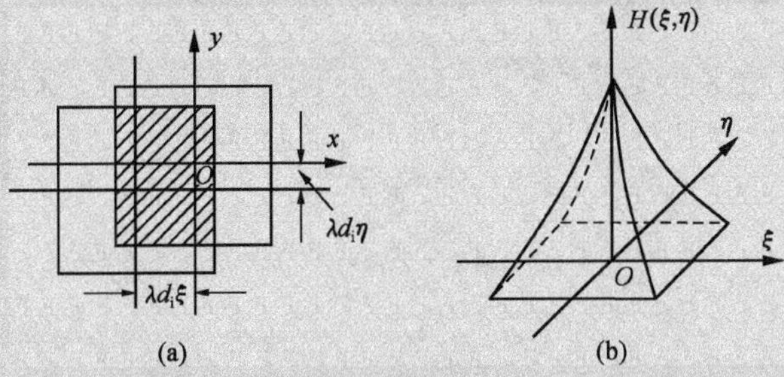

图 3.4.2　方形光瞳衍射受限 OTF 的计算

$$S(\xi,\eta)=\begin{cases}(l-\lambda d_i\xi)(l-\lambda d_i\eta), & \xi,\eta>0\\(l+\lambda d_i\xi)(l+\lambda d_i\eta), & \xi,\eta<0\\0, & \lambda d_i|\xi|>l, \lambda d_i|\eta|>l\end{cases}$$

即

$$S(\xi,\eta)=\begin{cases}(l-\lambda d_i|\xi|)(l-\lambda d_i|\eta|), & \lambda d_i|\xi|<l, \lambda d_i|\eta|<l\\0, & \text{其他}\end{cases}$$

光学传递函数为

$$\mathscr{H}(\xi,\eta)=\frac{S(\xi,\eta)}{S_0}=\Lambda\left(\frac{\xi}{2\rho_c}\right)\Lambda\left(\frac{\eta}{2\rho_c}\right) \tag{3.4.16}$$

式中，$\rho_c = l/(2\lambda d_i)$ 是同一系统采用相干照明时的截止频率. 非相干系统沿 ξ 和 η 轴方向上截止频率是 $2\rho_c = l/(\lambda d_i)$. 图 3.4.2 表示这个结果.

例 3.4.2　衍射受限系统的出瞳是直径为 D 的圆，求此系统的光学传递函数.

解　由于是圆形光瞳，OTF 应该是圆对称的. 只要沿 ξ 轴计算 $\mathscr{H}$ 即可. 参看图 3.4.3(a)，在 x 轴方向移动 $\lambda d_i\xi$ 后，交叠面被 AB 分成两个面积相等的弓形. 根据几何公式，重叠面积

$$S(\xi,0)=\frac{D^2}{2}(\theta-\sin\theta\cos\theta)$$

其中 $\cos\theta$ 由下式定义:

$$\cos\theta=\frac{\lambda d_i\xi/2}{D/2}=\frac{\lambda d_i\xi}{D}$$

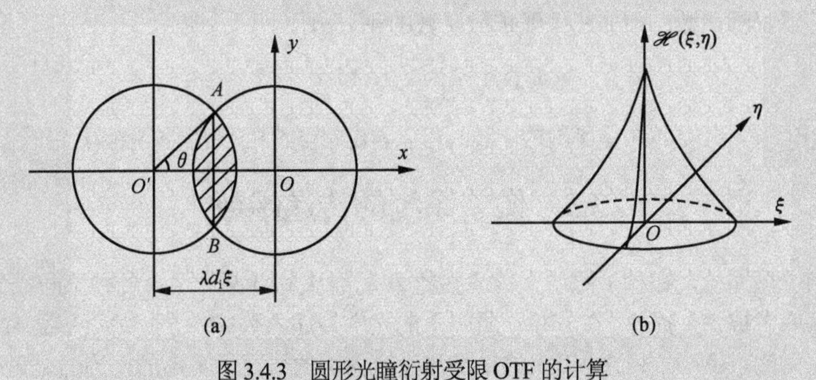

图 3.4.3　圆形光瞳衍射受限 OTF 的计算

在截止频率内

$$\mathscr{H}(\xi,0)=\frac{S(\xi,0)}{S_0}=\frac{S(\xi,0)}{\pi D^2/4}=\frac{2}{\pi}(\theta-\sin\theta\cos\theta)$$

截止频率满足 $\lambda d_i\xi=D$，也就是两个圆中心距离大于直径 D 时，重叠面积为零. 此种系统的相干传递函数的截止频率为 $\rho_c=D/(2\lambda d_i)$. 显然光学传递函数的截止频率恰好又是 $2\rho_c$. 图 3.4.3(b)画出了光瞳函数为圆域函数时 $\mathscr{H}(\xi,\eta)$ 的示意图. $\mathscr{H}(\xi,\eta)$ 在极坐标中的表达式为

$$\mathscr{H}(\rho)=\begin{cases}\dfrac{2}{\pi}(\theta-\sin\theta\cos\theta), & 0\leqslant D/(\lambda d_i)\\ 0, & 其他\end{cases} \tag{3.4.17}$$

式中

$$\rho=\sqrt{\xi^2+\eta^2}\,,\qquad \cos\theta=\frac{\lambda d_i\rho}{D}$$

3.4.4 非相干线扩散函数和边缘扩散函数

在非相干照明下，平行于 y_o 轴的狭缝光源的像面上产生的线响应称为线扩散函数. 它与光学传递函数的关系是

$$L_I(x_i)=\mathscr{F}^{-1}\{\mathscr{H}(\xi,0)\} \tag{3.4.18}$$

它是 OTF 沿 ξ 轴截面分布的一维傅里叶逆变换. 虽然线扩散函数与传递函数之间的关系，在相干与非相干照明时都是相同的，但由于 OTF 与 CTF 的明显不同，线扩散函数的性质也有很大差别. 相干线扩散函数与孔径形状无关，总是 sinc 函数，而 OTF 是光瞳自相关的结果，非相干线扩散函数就与孔径的形状有关.

图 3.4.4(a)给出系统具有直径为 D 的圆形光瞳的线扩散函数. 注意它与图 3.4.3(a)中相干线扩散函数的区别为没有零值.

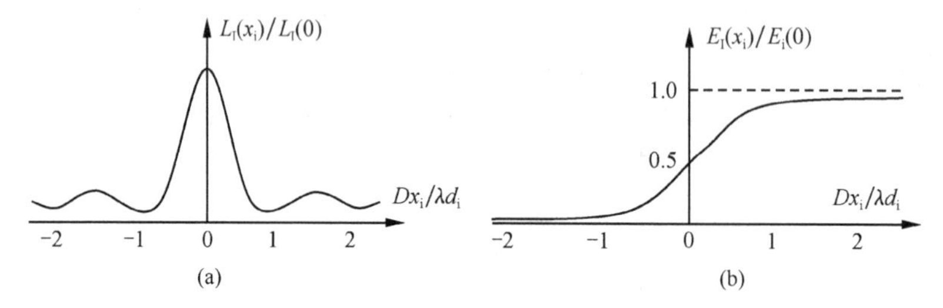

图 3.4.4 非相干线扩散函数与边缘扩散函数

非相干边缘扩散函数，由非相干线扩散函数的积分给出

$$E_I(x_i)=\int_{-\infty}^{x_i}L_I(\alpha)\,\mathrm{d}\alpha \tag{3.4.19}$$

图 3.4.4(b)画出了非相干边缘扩散函数的曲线，可以看出它没有相干边缘扩散函数中的振荡现象.

3.5 像差系统的传递函数

对于衍射受限系统，在相干照明下传递函数 $\boldsymbol{H}$ 只有 1 和 0 两个值，各种空间成分或者无畸变地通过系统，或者被完全挡掉. 在非相干照明下的光学传递函数 $\mathscr{H}$ 是非负实函数，即系统只改变各频率成分的对比，不产生相移. 以上结果是在没有像差的情况下得出的，当然是理想情况. 任何一个实际系统总是有像差的. 像差可能来自于构成系统的元件，也可能来自成像平面的位置误差，

也可能来自理想球面透镜所固有的如球面像差等. 所有这些像差都会对传递函数产生影响，在相干或非相干照明下，往往都是复函数. 系统将对各频率成分的相位产生影响.

3.5.1　广义光瞳函数

在讨论衍射受限系统时，我们通过点扩散函数 $\tilde{\boldsymbol{h}}(x_i, y_i)$ 与光瞳函数的傅里叶变换，最终用光瞳函数来描述传递函数. 对于有像差的系统，仍然采用这种方法，只是对光瞳函数的概念加以推广，然后用广义光瞳函数来描述有像差系统的传递函数.

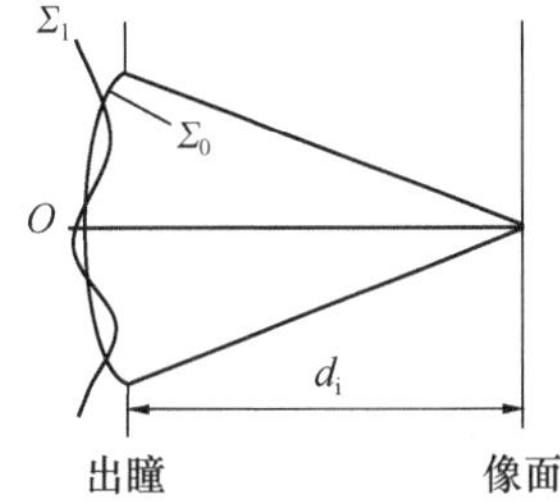

图 3.5.1　像差对出瞳平面波前的影响

在衍射受限系统中，单位脉冲 $\delta(\tilde{x}_o, \tilde{y}_o)$ 通过系统后投射到光瞳上的是以理想像点为中心的球面波. 对于有像差的系统，不论产生像差的原因如何，其效果都是使光瞳上的出射波前偏离理想球面. 如图 3.5.1 所示，由于系统有像差，与 O 点等相位的各点形成波面 Σ_1，若系统没有像差，理想波面应该是 Σ_0. Σ_1 和 Σ_0 每一点的光程差用函数 $W(x,y)$ 表示，它的具体形式由系统像差决定，由它引起的相位变化是 $kW(x,y)$. 若定义

$$\tilde{P}(x,y) = P(x,y)\exp[\mathrm{j}kW(x,y)] \tag{3.5.1}$$

则 $\tilde{\boldsymbol{h}}(x_i, y_i)$ 可以看成是复振幅透过率为 $\tilde{P}(x,y)$ 的光瞳被半径为 d_i 的球面波照明后所得的分布，式中 $P(x,y)$ 为系统没有像差时的光瞳函数，$\tilde{P}(x,y)$ 叫做广义光瞳函数. 这样一来，$\tilde{\boldsymbol{h}}(x_i, y_i)$ 就是广义光瞳函数的傅里叶变换. 我们将式(3.2.7)中 P 用广义光瞳函数 $\tilde{P}$ 代替就可以得到有像差系统的相干点扩散函数，即

$$\begin{aligned}\tilde{\boldsymbol{h}}(x_i, y_i) &= \mathscr{F}\left\{\tilde{P}(\lambda d_i\tilde{x}, \lambda d_i\tilde{y})\right\} \\ &= \mathscr{F}\{P(\lambda d_i\tilde{x}, \lambda d_i\tilde{y})\exp[\mathrm{j}kW(\lambda d_i\tilde{x}, \lambda d_i\tilde{y})]\}\end{aligned} \tag{3.5.2}$$

由此可见，相干脉冲响应不再单纯是孔径的夫琅禾费衍射图样，必须考虑像差的影响. 若像差是对称的，如球差和离焦，点物的像斑仍具有对称性；若像差是非相称的，如彗差、像散等，点物的像斑也不具有圆对称性.

相干传递函数定义为相干点扩散函数的傅里叶变换，利用式(3.3.6)可得

$$\boldsymbol{H}(\xi,\eta) = \tilde{P}(\lambda d_i\xi, \lambda d_i\eta) = P\left(\lambda d_i\xi, \lambda d_i\eta\right)\exp[\mathrm{j}kW(\lambda d_i\xi, \lambda d_i\eta)] \tag{3.5.3}$$

显然，系统的通频带的范围仍由光瞳的大小决定，截止频率和无像差的情况相同. 像差的唯一影响是在通带内引入了与频率有关的相位畸变，像质变坏.

在非相干照明下，强度点扩散函数仍然是相干点扩散函数模的平方，$h_{\mathrm{I}} = |\tilde{\boldsymbol{h}}|^2$. 对于圆形光瞳，$h_{\mathrm{I}}$ 不再是艾里斑图样的强度分布. 由于像差的影响，点扩散函数的峰值明显小于没有像差时系统点扩散函数的峰值. 可以把这两个峰值之比作为像差大小的指标，称为斯特列尔(Strehl)清晰度.

3.5.2　有像差系统的 OTF

借助于式(3.4.13)和式(3.4.14)，由 $\boldsymbol{H}$ 和 $\mathscr{H}$ 以及和孔径函数的关系可知，有像差系统的 OTF 应该是广义光瞳函数的归一化自相关函数

$$\mathscr{H}(\xi,\eta) = \frac{\iint_{-\infty}^{\infty}\tilde{P}^*(x,y)\tilde{P}(x+\lambda d_i\xi, y+\lambda d_i\eta)\mathrm{d}x\mathrm{d}y}{\iint_{-\infty}^{\infty}P(x,y)\mathrm{d}x\mathrm{d}y} \tag{3.5.4}$$

在式(3.5.4)中，广义光瞳函数的相位因子不影响该式中分母的积分值，它仍然是光瞳的总面积 S_0.

式(3.5.4)中分子的积分区域仍然是 $P(x,y)$ 和 $P(x+\lambda d_i\xi, y+\lambda d_i\eta)$ 的重叠区 $S(\xi,\eta)$, 于是式 (3.5.4) 可简写为

$$\mathscr{H}(\xi,\eta)=\frac{\iint_{S(\xi,\eta)}\exp\left[-\mathrm{j}kW(x,y)\right]\exp\left[\mathrm{j}kW(x+\lambda d_i\xi, y+\lambda d_i\eta)\right]\mathrm{d}x\mathrm{d}y}{S_0} \tag{3.5.5}$$

式(3.5.5)给出了像差引起的相位畸变与 OTF 的直接关系. 当波像差为零时，所得结果与式 (3.4.15) 一致，是衍射受限的 OTF. 对于像差不为零的情况，OTF 是复函数. 像差不为零不仅影响输入各频率成分的对比度，而且也产生相移，利用柯西-施瓦茨不等式，不难证明

$$\left|\mathscr{H}(\xi,\eta)\right|_{\text{有像差}}\leqslant\left|\mathscr{H}(\xi,\eta)\right|_{\text{像差}} \tag{3.5.6}$$

因此像差会进一步降低成像质量.

由于 $\boldsymbol{h}_{\mathrm{I}}$ 是实函数，无论有无像差，$\mathscr{H}$ 都是厄米型的，即有 $\mathscr{H}(\xi,\eta)=\mathscr{H}^*(-\xi,-\eta)$. 它的模和辐角分别为偶函数和奇函数，即

$$M(\xi,\eta)=M(-\xi,-\eta) \tag{3.5.7}$$

$$\varphi(\xi,\eta)=-\varphi(-\xi,-\eta) \tag{3.5.8}$$

了解这一点后，在画 MTF 或 PTF 截面曲线时可以只画出曲线的正频部分.

3.5.3 一个只有离焦的成像系统 OTF 应用举例

例 3.5.1 求如图 3.5.2 所示仅仅只有离焦的成像系统的光学传递函数.

解 为了加深对实际有像差系统的光学传递函数的理解，并便于量化计算，我们一起来推导出如图 3.5.2 所示仅仅离焦情况下矩形方孔光瞳的光学传递函数，图中 F 为理想球面波会聚点，F'为实际产生离焦后球面波会聚点，由于光轴均过这两个球面波的球心，光入射高度 r 对应的竖直线将分别把各自球面波在纸面内切割的圆直径分成两段，根据解析几何可知，r 的平方恰好等于直径被分成两段的乘积，即

$$r^2=z_1(2d_i-z_1)=(z_1+\Delta z)[2(d_i-\varDelta)-(z_1+\Delta z)]$$

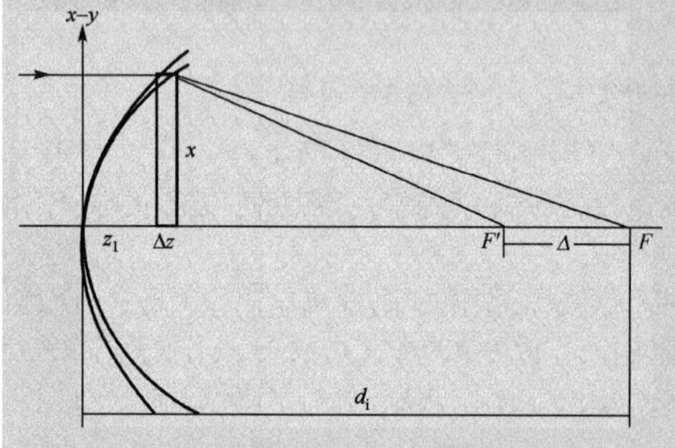

所以

$$\Delta z=\frac{r^2}{2}\left(\frac{1}{d_i-\varDelta}-\frac{1}{d_i}\right)\approx\frac{\varDelta}{2d_i}(x^2+y^2)$$

这就是实际光瞳偏离理想光瞳的光程差(空气折射率为 1).

由题意，理想成像系统的矩形光瞳函数可表示为

$$p(x,y)=\mathrm{rect}\left(\frac{x}{l}\right)\mathrm{rect}\left(\frac{y}{l}\right)$$

$$w(x,y)=\Delta z=\frac{\varDelta}{2d_i}(x^2+y^2)$$

图 3.5.2 仅仅只有离焦的成像系统

根据有离焦量的高斯公式

$$\frac{1}{d_i-\varDelta}+\frac{1}{d_0}-\frac{1}{f}=\varepsilon$$

ε 称为离焦度，比较可得 $\varepsilon=\dfrac{\varDelta}{d_i^2}$，所以

$$w(x,y)=\frac{\varepsilon}{2}(x^2+y^2)$$

所以广义光瞳函数为

$$\tilde{p}(x,y)=p(x,y)\mathrm{e}^{\mathrm{j}kw(x,y)}=\mathrm{rect}\left(\frac{x}{l}\right)\mathrm{rect}\left(\frac{y}{l}\right)\mathrm{e}^{\mathrm{j}k\varepsilon\frac{x^2+y^2}{2}}$$

代入实际光学传递函数

$$\tilde{H}(\xi,\eta)=\frac{\iint_{S(\xi,\eta)}\mathrm{e}^{-\mathrm{j}kw(x,y)}\mathrm{e}^{\mathrm{j}kw(x+\lambda d_i\xi,y+\lambda d_i\eta)}\mathrm{d}x\mathrm{d}y}{S_0}$$

其中，$S_0=l^2$ 对 $S(\xi,\eta)$，表示 $p(x,y)$ 和 $p(x+\lambda d_i\xi,y+\lambda d_i\eta)$ 的重叠面积

$$S(\xi,\eta)=\begin{cases}(l-\lambda d_i\xi)(l-\lambda d_i\eta), & \xi,\eta>0\\(l+\lambda d_i\xi)(l+\lambda d_i\eta), & \xi,\eta<0\\0, & \lambda d_i|\xi|>l,\lambda d_i|\eta|>l\end{cases}$$

$$=\begin{cases}(l-\lambda d_i|\xi|)(l-\lambda d_i|\eta|), & \lambda d_i|\xi|<l,\lambda d_i|\eta|<l\\0, & \text{其他}\end{cases}=\Lambda\left[\frac{\xi}{l/(\lambda d_i)}\right]\Lambda\left[\frac{\eta}{l/(\lambda d_i)}\right]l^2$$

$$\mathscr{H}(\xi,\eta)=\frac{\iint_{S(\xi,\eta)}\mathrm{e}^{-\mathrm{j}k\varepsilon\frac{x^2+y^2}{2}}\mathrm{e}^{\mathrm{j}k\varepsilon\frac{(x+\lambda d_i\xi)^2+(y+\lambda d_i\eta)^2}{2}}\mathrm{d}x\mathrm{d}y}{l^2}=\frac{\iint_{S(\xi,\eta)}\mathrm{e}^{\mathrm{j}k\varepsilon\frac{(x+\lambda d_i\xi)^2+(y+\lambda d_i\eta)^2}{2}-\mathrm{j}k\varepsilon\frac{x^2+y^2}{2}}\mathrm{d}x\mathrm{d}y}{l^2}$$

$$=\Lambda\left[\frac{\xi}{l/(\lambda d_i)}\right]\Lambda\left[\frac{\eta}{l/(\lambda d_i)}\right]\sin\mathrm{c}[\varepsilon\xi d_i(l-|\xi|\lambda d_i)]\sin\mathrm{c}[\varepsilon\eta d_i(l-|\eta|\lambda d_i)]$$

$$=\Lambda\left[\frac{\xi}{l/(\lambda d_i)}\right]\Lambda\left[\frac{\eta}{l/(\lambda d_i)}\right]\mathrm{sinc}\left\{\frac{\varepsilon l^2}{\lambda}\left[\frac{\xi}{l/(\lambda d_i)}\right]\left[1-\frac{|\xi|}{l/(\lambda d_i)}\right]\right\}$$

$$\times\mathrm{sinc}\left\{\frac{\varepsilon l^2}{\lambda}\left[\frac{\eta}{l/(\lambda d_i)}\right]\left[1-\frac{|\eta|}{l/(\lambda d_i)}\right]\right\}$$

取 $\omega=\dfrac{\varepsilon l^2}{8}$，表征成像系统的波相差，最终结果如下：

$$\mathscr{H}(\xi,\eta)=\Lambda\left[\frac{\xi}{l/(\lambda d_i)}\right]\Lambda\left[\frac{\eta}{l/(\lambda d_i)}\right]\mathrm{sinc}\left\{\frac{8\omega}{\lambda}\left[\frac{\xi}{l/(\lambda d_i)}\right]\left[1-\frac{|\xi|}{l/(\lambda d_i)}\right]\right\}\times\mathrm{sinc}\left\{\frac{8\omega}{\lambda}\left[\frac{\eta}{l/(\lambda d_i)}\right]\left[1-\frac{|\eta|}{l/(\lambda d_i)}\right]\right\}\tag{3.5.9}$$

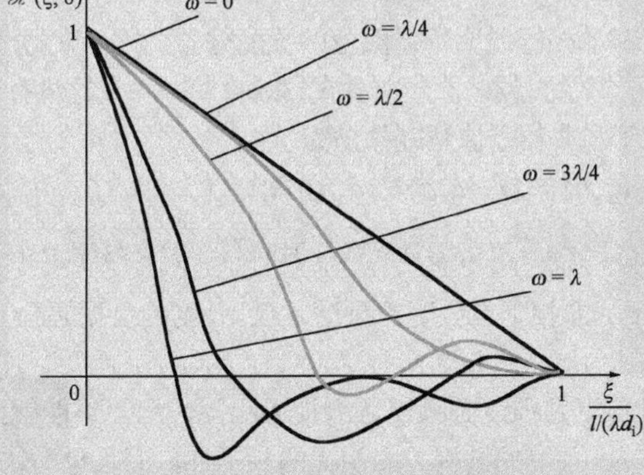

图 3.5.3　离焦成像系统的光学传递函数分布

若$\eta=0$，则

$$\mathscr{H}(\xi,0)=\Lambda\left(\frac{\xi}{l/\lambda d_{\mathrm{i}}}\right)\mathrm{sinc}\left[\frac{8\omega}{\lambda}\left(\frac{\xi}{l/\lambda d_{\mathrm{i}}}\right)\left(1-\frac{|\xi|}{l/\lambda d_{\mathrm{i}}}\right)\right] \tag{3.5.10}$$

图 3.5.3 绘出了ω不同时的离焦成像系统光学传递函数沿ξ轴的剖面截图.

从上图可以分析得到:

(1) 当$\omega=\lambda/2$时，离焦成像系统的光学传递函数不再一定是非负实数，将出现衬度反转现象.

(2) 当$\omega=0$时，成像系统变成了衍射受限系统，其光学传递函数直接呈现三角形函数.

因此，在所有成像系统设计中，从波动学角度出发，无论其广义光瞳函数分布如何，均应严格控制波相差$\omega\leqslant\lambda/4$，以尽可能向衍射受限系统靠拢，确保成像质量.

3.6　相干与非相干成像系统的比较

下面对相干与非相干成像做一些比较，通过这种比较虽然仍不能得出哪一种成像更好些这样一个全面性的结论，但对两者之间的联系和某些基本差异的理解会更深入一些，并能根据一些具体情况判断选用哪种照明更好一些.

3.6.1　截止频率

OTF 的截止频率是 CTF 截止频率的两倍，但这并不意味着非相干照明一定比相干照明好一些. 这是因为不同系统的截止频率是对不同物理量传递而言的. 对于非相干系统，它是指能够传递的强度呈余弦变化的最高频率；对于相干系统是指能够传递的复振幅呈周期变化的最高频率. 显然，从数值上对二者做简单比较是不合适的. 但对于二者的最后可观察量都是强度，因此直接对像强度进行比较是恰当的. 下面将会看到，即使比较的物理量一致，而要判断绝对好坏也是困难的.

3.6.2　像强度的频谱

对相干和非相干照明情况下像强度进行比较，最简单的方法是考察其频谱特性. 在相干和非相干照明下，像强度可分别表示为

$$I_{\mathrm{c}}(x_{\mathrm{i}},y_{\mathrm{i}})=\left|\boldsymbol{U}_{\mathrm{g}}(x_{\mathrm{i}},y_{\mathrm{i}})*\tilde{\boldsymbol{h}}(x_{\mathrm{i}},y_{\mathrm{i}})\right|^{2} \tag{3.6.1}$$

$$I_{\mathrm{i}}(x_{\mathrm{i}},y_{\mathrm{i}})=I_{\mathrm{g}}(x_{\mathrm{i}},y_{\mathrm{i}})*h_{\mathrm{i}}(x_{\mathrm{i}},y_{\mathrm{i}}) \tag{3.6.2}$$

式中，I_{c}和I_{i}分别是相干和非相干照明下像面上的强度分布. $\boldsymbol{U}_{\mathrm{g}}$和$I_{\mathrm{g}}$分别为在物(或理想像)的复振幅分布和强度分布. 为了求像的频谱，分别对式(3.6.1)和式(3.6.2)进行傅里叶变换，并利用卷积定理和自相关定理得到相干和非相干像强度频谱为

$$\boldsymbol{G}_{\mathrm{c}}(\xi,\eta)=[\boldsymbol{G}_{\mathrm{gc}}(\xi,\eta)\boldsymbol{H}(\xi,\eta)]☆[\boldsymbol{G}_{\mathrm{gc}}(\xi,\eta)\boldsymbol{H}(\xi,\eta)] \tag{3.6.3}$$

$$\boldsymbol{G}_{\mathrm{i}}(\xi,\eta)=[\boldsymbol{G}_{\mathrm{gc}}(\xi,\eta)☆\boldsymbol{G}_{\mathrm{gc}}(\xi,\eta)][\boldsymbol{H}(\xi,\eta)☆\boldsymbol{H}(\xi,\eta)] \tag{3.6.4}$$

式中，$\boldsymbol{G}_{\mathrm{c}}$和$\boldsymbol{G}_{\mathrm{i}}$分别是相干和非相干像强度的频谱，$\boldsymbol{G}_{\mathrm{gc}}$是物的复振幅分布的频谱，$\boldsymbol{H}$是相干传递函数.

由此可知，在两种情况下像强度的频谱可能很不相同，但仍不能就此得出结论哪种情况更好些. 因为成像结果不仅依赖于系统的结构与照明光的相干性，而且也与物的空间结构有关. 下面举两个例子来对其进行说明.

例 3.6.1 物体的复振幅透过率为

$$t_1(x)=\left|\cos 2\pi\frac{x}{b}\right|$$

将此物通过一横向放大率为 1 的光学系统成像. 系统的出瞳是半径为 a 的圆形孔径，$\frac{\lambda d_i}{b}<a<\frac{2\lambda d_i}{b}$，并且 d_i 为出瞳到像面的距离，λ 为照明光波波长，试问对该物体成像，采用相干照明和非相干照明中哪一种照明方式为好？

解 当采用相干照明时，对于半径为 a 的圆形出瞳，其截止频率为

$$\rho_c=\frac{a}{\lambda d_i}$$

由于系统的横向放大率为 1，物和理想像等大，空间频谱结构相同. 由题设条件 $\lambda d_i/b<a<2\lambda d_i/b$ 可得

$$\frac{1}{2}\rho_c<\frac{1}{b}<\rho_c$$

将物函数展开成傅里叶级数得

$$\begin{aligned}t_1(x)&=\left|\cos\left(2\pi\frac{x}{b}\right)\right|\\&=\frac{4}{\pi}\left[\frac{1}{2}+\frac{1}{1\cdot 3}\cos\left(4\pi\frac{x}{b}\right)-\frac{1}{3\cdot 5}\cos\left(6\pi\frac{x}{b}\right)+\cdots\right]\end{aligned}$$

此物函数的基频 $2/b>\rho_c$. 所以在相干照明下，成像系统只允许零频分量通过，而其他频谱分量均被挡住，所以物不能成像，像面呈均匀强度分布.

在非相干照明条件下，系统的截止频率 $2\rho_c$ 大于物的基频 $2/b$，所以零频和基频均能通过系统参与成像. 于是在像面上仍有图像存在，尽管像的基频被衰减，高频被截断了. 基于这种分析，显然非相干成像要比相干成像好.

例 3.6.2 在上题中，如果物体换为 $t_2(x)$，其复振幅透过率为

$$t_2(x)=\cos\left(2\pi\frac{x}{b}\right)$$

结论又如何？

解 $t_1(x)$ 和 $t_2(x)$ 这两个物函数的振幅分布不同，但有相同的强度分布 $\cos^2\left(2\pi\frac{x}{b}\right)$. 下面我们将看到，它们通过系统的成像情况是不一样的.

对于相干照明，理想像的复振幅分布为 $\cos\left(2\pi\frac{x_i}{b}\right)$，其频率为 $1/b$. 按题设，系统的截止频率为 $\rho_c=\frac{a}{\lambda d_i}$，且 $1/b<\rho_c$，因此这个呈余弦分布的复振幅能不受影响地通过此系统成像.

对于非相干照明，理想像的强度分布为 $\cos^2\left(2\pi\frac{x_i}{b}\right)=\frac{1}{2}\left[1+\cos\left(2\pi\frac{2}{b}x_i\right)\right]$，其频率为 $2/b$，按题设 $2/b<2\rho_c$，即小于非相干截止频率，故此物也能通过系统成像，但幅度要被衰减. 由此看来，在这种物结构下，相干照明好于非相干照明.

以上结论我们也可通过对像面强度的频谱进行分析得出.

在相干照明情况下，理想像的频谱分布为

$$\boldsymbol{G}_{\mathrm{gc}}(\xi)=\mathscr{F}\{t_2(x_{\mathrm{i}})\}=\frac{1}{2}\delta\left(\xi-\frac{1}{b}\right)+\frac{1}{2}\delta\left(\xi+\frac{1}{b}\right)$$

而系统的相干传递函数在沿 ξ 的截面内，在范围 $-\rho_{\mathrm{c}}<\xi<\rho_{\mathrm{c}}$ 内为常数 1，故 $\boldsymbol{G}_{\mathrm{gc}}(\xi)\times\boldsymbol{H}(\xi,0)=\boldsymbol{G}_{\mathrm{gc}}(\xi)$，所以式(3.6.3)所表示的相干照明下的像面强度谱为

$$\boldsymbol{G}_{\mathrm{c}}(\xi)=[\boldsymbol{G}_{\mathrm{gc}}(\xi)\boldsymbol{H}(\xi,0)]☆[\boldsymbol{G}_{\mathrm{gc}}(\xi)\boldsymbol{H}(\xi,0)]=\boldsymbol{G}_{\mathrm{gc}}(\xi)☆\boldsymbol{G}_{\mathrm{gc}}(\xi)$$

$$=\frac{1}{2}\left[\delta\left(\xi-\frac{1}{b}\right)+\delta\left(\xi+\frac{1}{b}\right)\right]☆\frac{1}{2}\left[\delta\left(\xi-\frac{1}{b}\right)+\delta\left(\xi+\frac{1}{b}\right)\right]=\frac{1}{4}\left[\delta\left(\xi-\frac{2}{b}\right)+\delta\left(\xi+\frac{2}{b}\right)\right]+\frac{1}{2}\delta(\xi)$$

在非相干照明下，像面强度谱为

$$\boldsymbol{G}_{\mathrm{i}}(\xi)=[\boldsymbol{G}_{\mathrm{gc}}(\xi)☆\boldsymbol{G}_{\mathrm{gc}}(\xi)][\boldsymbol{H}(\xi,0)☆\boldsymbol{H}(\xi,0)]=\boldsymbol{G}_{\mathrm{c}}(\xi)[\boldsymbol{H}(\xi,0)☆\boldsymbol{H}(\xi,0)]$$

当 $\xi=0$ 时，$\boldsymbol{H}☆\boldsymbol{H}$ 的值 1，故 $\boldsymbol{G}_{\mathrm{i}}(0)=\boldsymbol{G}_{\mathrm{c}}(0)$，即像强度频谱的零频分量在两种情况下相等. 但对频率为 $2/b$ 的分量，由于这时的 $\boldsymbol{H}☆\boldsymbol{H}$ 值小于 1，故 $\boldsymbol{G}_{\mathrm{c}}\left(\frac{2}{b}\right)>\boldsymbol{G}_{\mathrm{i}}\left(\frac{2}{b}\right)$，即在这个频率上相干像强度的幅度要比非相干强度的频谱幅度大一些，所以相干像的对比度也大一些. 从这个意义上说，相干照明优于非相干照明.

3.6.3　两点分辨

分辨率是评判系统成像质量的一个重要指标. 非相干成像系统所使用的是瑞利分辨判据，可用它来表示理想光学系统的分辨率. 对于衍射受限的圆形光瞳情况，点光源在像面上产生的衍射斑的强度分布称为艾里斑. 根据瑞利判据，对两个强度相等的非相干点源，若一个点源产生的艾里斑中心恰好与第二个点源产生的艾里斑的第一个零点重合，则认为这两个点源刚好能够分辨. 若把两个点源像中心取在 $x=\pm1.92$ 处，则这一条件刚好满足，其强度分布为

$$I(x)=\left[\frac{2J_1(x-1.92)}{x-1.92}\right]^2+\left[\frac{2J_1(x+1.92)}{x+1.92}\right]^2\tag{3.6.5}$$

在图 3.6.1 中给出了刚能分辨的两个非相干点源所产生的像强度分布曲线，中心凹陷大小为 19%. 这时在像面上得到的最小分辨限 σ 等于艾里斑图样的核半径，即

$$\sigma=1.22\frac{\lambda d_{\mathrm{i}}}{D}\tag{3.6.6}$$

式中 D 为出瞳直径.

相干照明时，两点源产生的艾里斑按复振幅叠加，叠加的结果强烈依赖于两点源之间的相位关系. 为了说明问题，我们仍取两个像点的距离为瑞利间隔，看相干照明时是否也能分辨. 因为是相干成像，两点源的像强度分布应为其复振幅相加后模的平方，即

$$I(x)=\left|\frac{2J_1(x-1.92)}{x-1.92}+\frac{2J_1(x+1.92)}{x+1.92}\exp(\mathrm{j}\phi)\right|^2\tag{3.6.7}$$

式中，ϕ 为两个点源的相对相位差. 图 3.6.2 对于 ϕ 分别为 0、$\frac{\pi}{2}$ 和 π 三种情况画出了像强度分布. 当 $\phi=0$ 时，两个点源的相位相同，$I(x)$ 不出现中心凹陷，因此两个点完全不能分辨；当 $\phi=\frac{\pi}{2}$ 时，$I(x)$

与非相干照明完全相同，刚好能够分辨；当 $\phi=\pi$ 时，两个点源的相位相反，$I(x)$ 的中心凹陷为零，这两个点源比非相干照明时分辨得更为清楚.

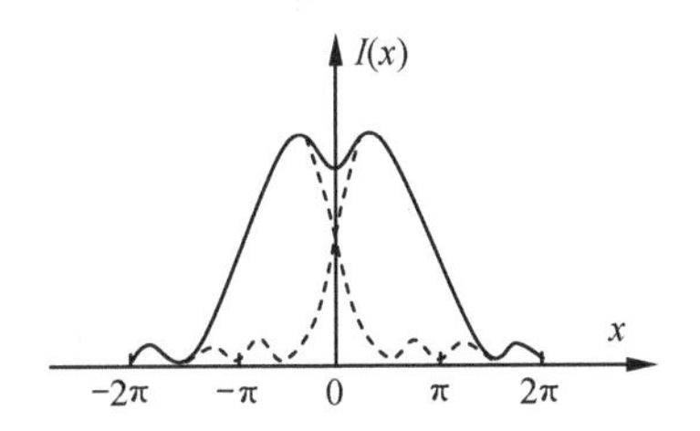

图 3.6.1　刚能分辨的两个非相干点源的像强度分布

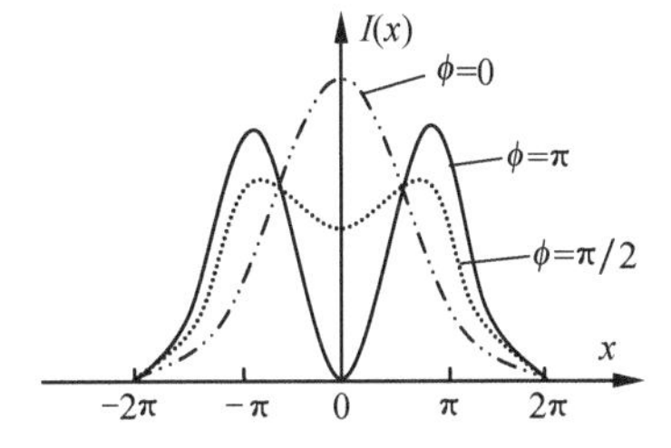

图 3.6.2　相距为瑞利间隔的两个相干点源的像强度分布

因此，瑞利分辨判据仅适用于非相干成像系统，对于相干成像系统能否分辨两个点源，要看它们的相位关系.

3.7　超越经典衍射极限的分辨率问题

早在 19 世纪 70 年代，德国物理学家阿贝(Abbe，1840—1905)发现，可见光由于其波动特性会发生衍射，因而光束不能无限聚焦. 他提出了著名的“阿贝极限”，即可见光能聚焦的最小直径是光波波长的三分之一. 长期以来，“阿贝极限”一直被认为是光学显微镜理论上的分辨率极限. 通常情况下，所有成像系统的分辨能力都受到衍射极限的约束，一般来讲，实际成像系统的分辨率不能超越其衍射极限，人们在设计或制造成像系统时，常常把理论计算的衍射极限作为提高分辨率的目标. 然而，科学工作者在长期的科学探索中发现，对某些特定物体成像时能超越经典衍射极限的分辨率，从而使超越经典衍射极限的分辨率问题备受关注. 超越经典衍射极限的分辨率常常叫做超分辨率或带宽外推，本节将对此做简要介绍.

3.7.1　超分辨率存在的理论依据

成像分辨率之所以可能超越经典极限，首先是有着很基本的数学原因. 它们的理论基础是源于两条基本的数学定理.

定理 3.7.1　一个空间有界函数的二维傅里叶变换是 (ξ,η) 平面上的解析函数.

定理 3.7.2　(ξ,η) 空间频谱平面上一个任意的解析函数，若在此平面上的一个任意小(但有限)的区域内精确知道这个函数的值，那么整个函数可通过解析延拓手段(唯一地)确定出来.

定理 3.7.1 的实质是空间有界函数总是存在二维傅里叶变换，这不难从第 1 章介绍的二维傅里叶变换定义中得到理解. 对于任何成像系统，不论是相干的还是非相干的，像的信息都仅仅来自物的频谱的一个有限部分(在相干情形下是物振幅谱的一部分，在非相干情形下是物强度谱的一部分)，即成像系统的传递函数让通过的那一部分，满足“空间有界”条件，表明该物的傅里叶变换存在.

定理 3.7.2 告诉我们，如果已知某一频谱函数的某一局域频谱值，则该谱函数可以外推出来，对于一个有界物体，如果能够根据像来精确确定物的频谱的这一有限部分，那么就能通过解析延拓求出整个物谱. 而如果能够求得整个物谱，那么该物就可以无限精确地重建.

系统可得到的分辨能力所加的衍射极限，一般认为是实践中能够实际达到极限的一个准确的估值. 但是，人们惊奇地发现，对于某一类物体，超越经典衍射极限的分辨率在理论上是可能的. 在本节中我们将看到，对于空间有界的物，在没有噪声时，原则上能够分辨无穷小的细节. 超越经典衍射极限的分辨率常常叫做超分辨率或带宽外推.

对一个空间有限的物有可能实现超分辨，可以通过一个简单例子来得到较为直观的解释. 设照明是非相干的，并且为简单起见，我们考虑一维情况. 令物体是一个有限长度为 L 的余弦强度分布光栅，假设其空间频率 ξ_0 超出了非相干成像系统的截止频率 $\xi_{\max}$，其强度分布可表示为

$$I_{\mathrm{g}}(x)=\frac{1}{2}[1+m\cos(2\pi\xi_0 x)]\mathrm{rect}\left(\frac{x}{L}\right) \tag{3.7.1}$$

在适当归一化后，可得这一强度分布的谱为

$$G_{\mathrm{g}}(\xi)=\mathrm{sinc}(L\xi)+\frac{m}{2}\mathrm{sinc}[L(\xi-\xi_0)]+\frac{m}{2}\mathrm{sinc}[L(\xi+\xi_0)] \tag{3.7.2}$$

这个谱经成像系统成像，像面的空间频谱分布为

$$G_{\mathrm{i}}(\xi)=G_{\mathrm{g}}(\xi)\cdot\mathscr{F}^{-1}\{\mathscr{H}(\xi)\}=\left\{\mathrm{sinc}(L\xi)+\frac{m}{2}\mathrm{sinc}\left[L(\xi-\xi_0)\right]+\frac{m}{2}\mathrm{sinc}[L(\xi+\xi_0)]\right\}\cdot\mathscr{F}^{-1}\{\mathscr{H}(\xi)\} \tag{3.7.3}$$

由于频率 ξ_0 已在 OTF 的截止频率之外，直观上从采集的图像中已看不到该有界余弦光栅特征了；但进一步分析可知，余弦函数的有限宽度使它的频谱分量展宽为 sinc 函数，频谱延伸到整个频域，虽然频率 ξ_0 是在 OTF 的界限之外，但是中心在 $\xi=\pm\xi_0$ 的 sinc 函数的尾巴部分却越过 OTF 的截止频率并延伸到了可见谱带宽以内. 因此，在成像系统的通带内的确存在着来自处于通带之外的余弦分量的信息. 如果从通带频谱中修正这些极微弱的频谱分量，利用一些必备的知识，可恢复原有界余弦光栅的特征信号，从而实现超分辨率成像.

3.7.2　常用超分辨率方法简介

超分辨率方法有很多，这里介绍两种，即基于抽样定理的外推方法和基于迭代的外推方法.

1. 基于抽样定理的外推方法

为了使分析尽可能简单，我们同样只讨论一维恢复问题. 设一维非相干物的强度分布为 $I_{\mathrm{g}}(x)$，它被限制在 x 轴上的 $(-L/2, L/2)$ 内. 根据抽样定理，物的频谱 $G_{\mathrm{g}}(\xi)$ 可以用它在频域内以频率间隔为 $1/L$ 进行抽样的抽样值来表征，即

$$G_{\mathrm{g}}(\xi)=\sum_{n=-\infty}^{\infty}G_{\mathrm{g}}\left(\frac{n}{L}\right)\mathrm{sinc}\left[L\left(\xi-\frac{n}{L}\right)\right] \tag{3.7.4}$$

理论上 n 取所有整数，但是，由于光学系统的通频带有限，只有对几个较小的整数值 n 才能得到 $G_{\mathrm{g}}(n/L)$ 之值. 设 $-N\leqslant n\leqslant N$，上式可近似为

$$G_{\mathrm{g}}(\xi)\approx\sum_{n=-N}^{N}G_{\mathrm{g}}\left(\frac{n}{L}\right)\mathrm{sinc}\left[L\left(\xi-\frac{n}{L}\right)\right] \tag{3.7.5}$$

N 的大小决定了可能恢复出超出经典衍射极限的频率带宽，N 越大，表征超分辨率能力越强.

为了确定在可观察的通带之外的抽样值，我们在通带之内的任何 $2N+1$ 个不同的频率 ξ_k 上测量 $G_{\mathrm{g}}(\xi)$ 之值 $\hat{G}_{\mathrm{g}}(\xi_k)$（$\xi_k$ 一般不和抽样点 n/L 重合），可获得用 $2N+1$ 个等式

$$\hat{G}_{\mathrm{g}}(\xi_k)=\sum_{n=-N}^{N}G_{\mathrm{g}}\left(\frac{n}{L}\right)\mathrm{sinc}\left[L\left(\xi_k-\frac{n}{L}\right)\right],\quad k=1,2,\cdots,2N+1 \tag{3.7.6}$$

它含有 $2N+1$ 个未知数 $G_{\mathrm{g}}(n/L)$. 实质上式(3.7.6)可写成矩阵形式. 定义一个列矢量 $\boldsymbol{g}$，它是由 $2N+1$ 个待求 $G_{\mathrm{g}}(n/L)$ 值组成的；同样定义一个列矢量 $\hat{\boldsymbol{g}}$，它是由在同频带内直接测得的 $2N+1$ 个测量值 $\hat{G}_{\mathrm{g}}(\xi_k)$ 构成的；再定义一个 $(2N+1)\times(2N+1)$ 矩阵 D，其第 k 行 n 列元素为 $\mathrm{sinc}[L(\xi_k-n/L)]$.

于是方程组(3.7.6))可以写成简单的矩阵方程

$$\hat{\boldsymbol{g}} = D\boldsymbol{g} \tag{3.7.7}$$

我们的目标是求矢量 $\boldsymbol{g}$，由此可以重建出谱 G_g 在正常的截止频率之外的频谱成分. 能够证明，只要各个测量频率 ξ_k 是不同的，D 的行列式便不为零，因此其逆矩阵存在. 因此有

$$\boldsymbol{g} = D^{-1}\hat{\boldsymbol{g}} \tag{3.7.8}$$

由此获得了物谱在通带内外的抽样值，借助于抽样定理的插值函数，就可以重构出物谱在截止频率之外的频谱分布，对该频谱函数进行傅里叶逆变换即可恢复出令人满意的超分辨率图像.

2. 基于迭代的外推方法

基于迭代的外推法首先由 Gerchberg 提出，这种方法是纯数值方法，很容易在计算机上实现.

该方法的基本思想是：分别在空域和频域内施加约束条件，在物的空域和频域之间来回进行迭代，在空域中和在频域中都进行修正，以加强预先就知道的知识或实际测量的数据，直至获得满意的超分辨率图像. 主要步骤如下.

(1) 选取空域约束条件. 我们知道原来的物强度在空域内是有限的和非负的，以此特征作为在空域要加强的约束.

(2) 选取频域的约束条件. 事先测得成像系统的频域通带内的物谱，该物谱是实际测得的，具有不变性特征，这是我们在频域要加强的约束.

(3) 实测物的像，并对这个像作一次傅里叶变换，可以发现处于成像系统的通带之内的那一部分物谱. 掌握了这两组数据，以此为初始值即可开始实行迭代算法了.

(4) 由于成像系统的通带宽度有限，而这个像不是空间有限的(或空间有界的). 但我们知道物是空间有限的，因此我们简单地截断这个像，让它只存在于物的空间边界内(即乘以一个适当宽度的矩形函数). 空间截断的效果是改变新像的频谱，特别是引进了成像系统通带外的频谱分量，此外通带内的频谱分量也变了.

(5) 把通带内的新频谱分量变回老的值，因为老的值是测量得到的并且被当成原始数据，这样再次改变了像，使它伸展到空间边界之外.

(6) 重复空间限界过程，再次做变换，重复对已知频谱分量的加强，这样就引进了超出衍射极限的频谱分量，并使它们得到逐步改善.

(7) 以相邻两次迭代结果的像及其谱改变量小于某一阈值作为迭代评价目标，重复迭代直至结束.

值得一提的是，现有的超分辨率法，不仅需要有丰富而精确的先验知识，而且对噪声都很敏感，噪声较大或先验知识不精确都有可能无法获得超分辨率图像. 正是鉴于这一点，人们还是普遍同意瑞利分辨率极限是用常规的成像系统能达到的一个实用的分辨率极限.

习　题

3.1　参看图 3.1.1，在推导相干成像系统点扩散函数式(3.1.5)时，对于积分号前的相位因子

$$\exp\left[\mathrm{j}\frac{k}{2d_0}(x_0^2+y_0^2)\right] \approx \exp\left[\mathrm{j}\frac{k}{2d_0}\left(\frac{x_i^2+y_i^2}{M^2}\right)\right]$$

试问：

(1) 物平面上半径多大时，相位因子 $\exp\left[\mathrm{j}\frac{k}{2d_0}(x_0^2+y_0^2)\right]$ 相对于它在原点之值正好改变 π 弧度？

(2) 设光瞳函数是一个半径为 a 的圆，那么在物平面上相应 h 的第一个零点的半径是多少？

(3) 由这些结果，设观察是在透镜光轴附近进行，那么 a 、λ 和 d_0 之间存在什么关系时可以弃去相位因子

$\exp\left[\mathrm{j}\dfrac{k}{2d_0}(x_0^2+y_0^2)\right]$?

3.2　一个余弦型振幅光栅，复振幅透过率为

$$t(x_0,y_0)=\frac{1}{2}+\frac{1}{2}\cos(2\pi f_0 x_0)$$

放大图 3.1.1 所示的成像系统的物面上，用单色平面波倾斜照明，平面波的传播方向在 x_0z 平面内与 z 轴夹角为 θ，透镜焦距为 f，孔径为 D.

(1) 求物体透射光场的频谱.

(2) 使像平面出现条纹的最大 θ 角等于多少？求此时像面强度分布.

(3) 若 θ 采用上述极大值，使像面上出现条纹的最大光栅频率是多少？与 $\theta=0$ 时的截止频率比较，结论如何？

3.3　光学传递函数 $\xi=\eta=0$ 处都等于 1，这是为什么？光学传递函数的值可能大于 1 吗？如果光学系统真的实现了点物成点像，这时的光学传递函数怎样？

3.4　试证明当非相干成像系统的点扩散函数 $h_{\mathrm{I}}(x_{\mathrm{i}},y_{\mathrm{i}})$ 成点对称时，其光学传递函数是实函数.

3.5　非相干成像系统的出瞳是由大量随机分布的小圆孔组成的. 小圆孔的直径都为 $2a$，出瞳到像面的距离为 d_{i}，光波长为 λ，这种系统可用来实现非相干低通滤波. 系统的截止频率近似为多大？

第 4 章　部分相干理论

历史引言

在讨论光的干涉、衍射以及成像过程中，常常假定光波是完全相干的或完全非相干的，忽略了它们的中间状态即部分相干状态的存在. 事实上，严格的相干光和非相干光都只是一种理想情况，实际并不存在，实际的光波总是部分相干的，在某些情况下近似当成相干光或非相干光来处理. 而实际光源，即使是最锐的光谱线也具有一定的谱线宽度. 这是在原子发射辐射时，每个原子在能级上有一定的寿命，各原子间的碰撞以及原子运动的多普勒效应等多种原因造成的. 实际光源总是由大量的基元辐射体(原子和分子)组成的，因此再小的光源也不可能是一个理想的点，具有一定的广延性. 光的部分相干性的研究可以追溯到韦尔代(Verdet)在 1865 年对从扩展光源发出的光相干区域大小的研究，其后迈克耳孙(Michelson)确立了干涉条纹可见度与扩展初级光源表面强度分布的内在联系，以及可见度和一条光谱线内能量分布之间的关系，只是迈克耳孙当时并没有用这种关联性来解释. 第一次定量地描述光场波动的关联是由冯·劳厄(von Laue)在 1907 年引入的. 贝雷克(Berek)用相关的概念来研究显微镜的成像. 后来，范西泰特(van Cittert)在 1934 年引入了光场中任意不同两点的扰动合成概率分布. 1938 年，策尼克(Zernike)探讨了部分相干性问题的另一种更简单的方法，他直接用实验相联系的方式定义了光振动的“相干度”，并确定了关于这个量的一些有价值的结果. 在这之前的研究扫除了两种极限情况完全相干和非相干之间的障碍，但是，得到的结果在某种程度上仍主要限制于准单色光或干涉光束之间的路径差别足够小. 对于处理更复杂情况和更严格的理论，有必要作进一步的理论推广，在 1954 年和 1955 年沃尔夫(Wolf)引入了更一般的关联函数，使部分相干理论趋于完善.

由于在自然界中存在的光场是由大量基元辐射体产生的，对每一辐射体来说，光辐射产生的时间、持续的时间间隔以及随时间变化的方式都是随机的. 光场中任一点的光振动的振幅和相位都随时间作随机变化，具有一定的统计特征，要用统计理论来处理. 因此，在部分相干理论中要引进概率统计中的相关函数来描述部分相干系统. 为此，本章先介绍一些有关知识，然后讨论部分相干理论.

4.1　多色光场的解析信号表示

在单色光波的讨论中我们知道，对于线性系统分析，把一个实函数表示成一个复函数常常是很方便的. 对于单色光场，由已知的实函数构造一个相应的复函数比较容易，但对于多色光场就不那么简单了. 本节将介绍多色光场的复表示，即解析信号表示法.

4.1.1　单色信号的复表示

一个单色实信号 $u^{\mathrm{r}}(t)$ 可表示成

$$u^{\mathrm{r}}(t) = A\cos(2\pi\nu_0 t - \phi) \tag{4.1.1}$$

式中，A、ν_0 和 ϕ 分别表示常数振幅、频率和初相位. 而这个信号的复表示为

$$\boldsymbol{u}(t)=A\exp\left[\mathrm{j}(2\pi\nu_0 t-\phi)\right] \tag{4.1.2}$$

它的实部恰好等于原来的实信号$u^{\mathrm{r}}(t)$. 这个复信号的复振幅定义为

$$\boldsymbol{A}=A\exp(\mathrm{j}\phi) \tag{4.1.3}$$

它表示单色信号的振幅和相位. 复表示的虚部不是任意的，它是与原来的实信号密切相关的. 用何种适当的运算就可得到式(4.1.2)那样的复表示呢？这个问题在频域中看得更清楚. 我们把实信号用复数表示成

$$u^{\mathrm{r}}(t)=\frac{1}{2}A\left\{\exp\left[\mathrm{j}(2\pi\nu_0 t-\phi)\right]+\exp\left[-\mathrm{j}(2\pi\nu_0 t-\phi)\right]\right\}$$

对上式两边作傅里叶变换得

$$\mathscr{U}^{\mathrm{r}}(\nu)=\frac{1}{2}A\left[\exp(-\mathrm{j}\phi)\delta(\nu-\nu_0)+\exp(\mathrm{j}\phi)\delta(\nu+\nu_0)\right]$$

式中，$\mathscr{U}^{\mathrm{r}}(\nu)$是单色实信号的傅里叶谱. 然而，对式(4.1.2)所表示的复信号$\boldsymbol{u}(t)$，我们有

$$\mathscr{F}\left\{\boldsymbol{u}(t)\right\}=A\exp(\mathrm{j}\phi)\delta(\nu-\nu_0) \tag{4.1.4}$$

因此，从原来的实信号$u^{\mathrm{r}}(t)$变到复信号$\boldsymbol{u}(t)$，通过在频域中的比较可以得出结论：去掉实信号的负频成分，加倍实信号的正频成分. 由此可见，单色复信号是只有正频分量的单边谱.

4.1.2　多色信号的复表示

设多色实信号$u^{\mathrm{r}}(t)$具有傅里叶变换，其傅里叶频谱为$\mathscr{U}^{\mathrm{r}}(\nu)$. 如何用复信号$\boldsymbol{u}(t)$来表示实信号$u^{\mathrm{r}}(t)$呢？我们沿用在讨论单色信号时所用的程序，将多色实信号的负频分量去掉而将其正频分量加倍. 于是我们定义一个多色复信号

$$\boldsymbol{u}(t)=\int_0^{\infty}2\mathscr{U}^{\mathrm{r}}(\nu)\exp(\mathrm{j}2\pi\nu t)\mathrm{d}\nu \tag{4.1.5}$$

我们称复函数$\boldsymbol{u}(t)$为实函数$u^{\mathrm{r}}(t)$的解析信号. 当然，这个定义也可以按实函数的傅里叶变换性质推导出来. 对于实函数有

$$[\mathscr{U}^{\mathrm{r}}(\nu)]^*=\mathscr{U}^{\mathrm{r}}(-\nu) \tag{4.1.6}$$

上式说明，$\mathscr{U}^{\mathrm{r}}(\nu)$的负频分量和正频分量载有相同的信息，因而只研究正频分量就可以了. $u^{\mathrm{r}}(t)$的傅里叶变换式为

$$\begin{aligned}
u^{\mathrm{r}}(t)&=\int_{-\infty}^{\infty}\mathscr{U}^{\mathrm{r}}(\nu)\exp(\mathrm{j}2\pi\nu t)\mathrm{d}\nu\\
&=\int_0^{\infty}\mathscr{U}^{\mathrm{r}}(\nu)\exp(\mathrm{j}2\pi\nu t)\mathrm{d}\nu+\int_{-\infty}^{0}\mathscr{U}^{\mathrm{r}}(\nu)\exp(\mathrm{j}2\pi\nu t)\mathrm{d}\nu\\
&=\int_0^{\infty}\mathscr{U}^{\mathrm{r}}(\nu)\exp(\mathrm{j}2\pi\nu t)\mathrm{d}\nu+\int_0^{\infty}\mathscr{U}^{\mathrm{r}}(-\nu)\exp(-\mathrm{j}2\pi\nu t)\mathrm{d}\nu\\
&=\int_0^{\infty}\mathscr{U}^{\mathrm{r}}(\nu)\exp(\mathrm{j}2\pi\nu t)\mathrm{d}\nu+\left[\int_0^{\infty}\mathscr{U}^{\mathrm{r}}(\nu)\exp(\mathrm{j}2\pi\nu t)\mathrm{d}\nu\right]^*\\
&=\mathrm{Re}\left\{\int_0^{\infty}2\mathscr{U}^{\mathrm{r}}(\nu)\exp(\mathrm{j}2\pi\nu t)\mathrm{d}\nu\right\}
\end{aligned} \tag{4.1.7}$$

引进一个复值函数$\boldsymbol{u}(t)$，使它满足

$$\boldsymbol{u}(t)=\int_0^{\infty}2\mathscr{U}^{\mathrm{r}}(\nu)\exp(\mathrm{j}2\pi\nu t)\mathrm{d}\nu \tag{4.1.8}$$

显然，它的实部就是原来的实信号 $u^{\mathrm{r}}(t)$，我们称 $\boldsymbol{u}(t)$ 为解析信号. 设 $\boldsymbol{u}(t)$ 的频谱为 $\mathscr{U}(\nu)$，则由式 (4.1.8) 可得

$$\mathscr{U}(\nu)=\begin{cases}2\mathscr{U}^{\mathrm{r}}(\nu), & \nu>0\\ 0, & \nu<0\end{cases} \tag{4.1.9}$$

这样一来，我们就从 $u^{\mathrm{r}}(t)$ 构造了一个解析信号 $\boldsymbol{u}(t)$.

在以上构造解析信号的讨论中，我们只考虑去掉 $u^{\mathrm{r}}(t)$ 的负频分量而将其正频分量加倍. 那么 $u^{\mathrm{r}}(t)$ 的零频分量将如何处理呢？当 $u^{\mathrm{r}}(t)$ 包含有常数项时就属于这种情况. 这时在频域里对应于在 $\nu=0$ 处有一个 δ 函数，这在构造解析信号时应该保留，即要求

$$\mathscr{U}(\nu)=\begin{cases}2\mathscr{U}^{\mathrm{r}}(\nu), & \nu>0\\ \mathscr{U}^{\mathrm{r}}(\nu), & \nu=0\\ 0, & \nu<0\end{cases} \tag{4.1.10}$$

若用符号函数

$$\operatorname{sgn}(\nu)=\begin{cases}1, & \nu>0\\ 0, & \nu=0\\ -1, & \nu<0\end{cases} \tag{4.1.11}$$

则式 (4.1.10) 可写成

$$\mathscr{U}(\nu)=[1+\operatorname{sgn}(\nu)]\mathscr{U}^{\mathrm{r}}(\nu) \tag{4.1.12}$$

因此

$$\boldsymbol{u}(t)=\int_{-\infty}^{\infty}[1+\operatorname{sgn}(\nu)]\,\mathscr{U}^{\mathrm{r}}(\nu)\exp(\mathrm{j}2\pi\nu t)\mathrm{d}\nu \tag{4.1.13}$$

由此可见，在构造解析信号时，我们应当去掉 $u^{\mathrm{r}}(t)$ 的负频分量，保留零频分量，加倍正频分量.

现在我们从式 (4.1.12) 出发来讨论解析信号的另一种表示方法. 将式 (4.1.12) 两边作傅里叶逆变换得

$$\begin{aligned}\boldsymbol{u}(t)&=\mathscr{F}^{-1}\{\mathscr{U}(\nu)\}=\mathscr{F}^{-1}\{\mathscr{U}^{\mathrm{r}}(\nu)\}+\mathscr{F}^{-1}\{\operatorname{sgn}(\nu)\mathscr{U}^{\mathrm{r}}(\nu)\}\\ &=u^{\mathrm{r}}(t)+\mathscr{F}^{-1}\{\operatorname{sgn}(\nu)\}*\mathscr{F}^{-1}\{\mathscr{U}^{\mathrm{r}}(\nu)\}=u^{\mathrm{r}}(t)+\frac{\mathrm{j}}{\pi t}*u^{\mathrm{r}}(t)=u^{\mathrm{r}}(t)-\frac{\mathrm{j}}{\pi}⨍_{-\infty}^{\infty}\frac{u^{\mathrm{r}}(\alpha)}{\alpha-t}\mathrm{d}\alpha\end{aligned} \tag{4.1.14}$$

在上式的推导中利用了 $\mathscr{F}^{-1}\{\operatorname{sgn}(\nu)\}=\dfrac{\mathrm{j}}{\pi \mathrm{t}}$ 这一结果. 因为式 (4.1.14) 被积函数在 $\alpha=t$ 时有一奇点，式中记号 $⨍_{-\infty}^{\infty}$ 表示取柯西积分主值，即

$$\frac{1}{\pi}⨍_{-\infty}^{\infty}\frac{u^{\mathrm{r}}(\alpha)}{\alpha-t}\mathrm{d}\alpha=\frac{1}{\pi}\lim_{\varepsilon\to0}\left\{\int_{-\infty}^{t-\varepsilon}\frac{u^{\mathrm{r}}(\alpha)}{\alpha-t}\mathrm{d}\alpha+\int_{t+\varepsilon}^{\infty}\frac{u^{\mathrm{r}}(\alpha)}{\alpha-t}\mathrm{d}\alpha\right\} \tag{4.1.15}$$

式 (4.1.15) 所表示的积分称为希尔伯特 (Hilbert) 变换. 函数 $u^{\mathrm{r}}(t)$ 的希尔伯特变换用 $\mathscr{H}\{u^{\mathrm{r}}(t)\}$ 来表示. 由式 (4.1.14) 和式 (4.1.15) 看出，解析信号 $\boldsymbol{u}(t)$ 的虚部 $u^{\mathrm{i}}(t)$ 不是任意的，而是实信号 $u^{\mathrm{r}}(t)$ 的希尔伯特变换，即

$$u^{\mathrm{i}}(t)=\mathscr{H}\{u^{\mathrm{r}}(t)\}=\frac{1}{\pi}⨍_{-\infty}^{\infty}\frac{u^{\mathrm{r}}(\alpha)}{\alpha-t}\mathrm{d}\alpha \tag{4.1.16}$$

根据解析信号的这一性质我们又得到了一个由实信号构造解析信号的方法：给定一个实信号 $u^{\mathrm{r}}(t)$，对它实行希尔伯特变换而得出 $u^{\mathrm{i}}(t)$，则所求的解析信号为 $\boldsymbol{u}(t)=u^{\mathrm{r}}(t)-\mathrm{j}u^{\mathrm{i}}(t)$.

由希尔伯特变换式 (4.1.16) 可以看出，函数 $u^{\mathrm{r}}(t)$ 的希尔伯特变换可以看成是函数 $u^{\mathrm{r}}(t)$ 与

$-1/(\pi t)$ 的卷积，即

$$u^{\mathrm{i}}(t)=\mathscr{H}\{u^{\mathrm{r}}(t)\}=u^{\mathrm{r}}(t)*\left(-\frac{1}{\pi t}\right) \tag{4.1.17}$$

换言之，希尔伯变换可以看成是一个线性平移不变系统，该系统的脉冲响应为

$$\boldsymbol{h}(t)=-\frac{1}{\pi t} \tag{4.1.18}$$

于是式(4.1.14)可以写成

$$\boldsymbol{u}(t)=\left[\delta(t)+\frac{\mathrm{j}}{\pi \mathrm{t}}\right]*u^{\mathrm{r}}(t) \tag{4.1.19}$$

与脉冲响应 $\boldsymbol{h}(t)$ 相应的传递函数为

$$\boldsymbol{H}(\nu)=\mathscr{F}\left\{-\frac{1}{\pi t}\right\}=\mathrm{jsgn}(\nu) \tag{4.1.20}$$

若设解析信号的虚部 $u^{\mathrm{i}}(t)$ 的频谱为 $\mathscr{U}^{\mathrm{i}}(\nu)$，则

$$\mathscr{U}^{\mathrm{i}}(\nu)=\mathrm{jsgn}(\nu)\mathscr{U}^{\mathrm{r}}(\nu) \tag{4.1.21}$$

下面举几个希尔伯特变换的例子.

例 4.1.1　求 $\delta(t)$ 的希尔伯特变换.

解　由式(4.1.17)有

$$\mathscr{H}[\delta(t)]=\delta(t)*\left(-\frac{1}{\pi t}\right)=-\frac{1}{\pi t} \tag{4.1.22}$$

例 4.1.2　求 $\cos 2\pi\nu_0 t$ 的希尔伯特变换.

解　$\cos 2\pi\nu_0 t$ 的频谱 $\mathscr{U}^{\mathrm{r}}(\nu)=\dfrac{1}{2}[\delta(\nu-\nu_0)+\delta(\nu+\nu_0)]$，故

$$\mathscr{U}^{\mathrm{i}}(\nu)=\mathscr{H}(\nu)\mathscr{U}^{\mathrm{r}}(\nu)=\mathrm{jsgn}(\nu)\frac{1}{2}[\delta(\nu-\nu_0)+\delta(\nu+\nu_0)]=\begin{cases}-\dfrac{1}{2\mathrm{j}}\delta(\nu-\nu_0), & \nu>0\\ 0, & \nu=0\\ \dfrac{1}{2\mathrm{j}}\delta(\nu+\nu_0), & \nu<0\end{cases}$$

$$=-\frac{1}{2\mathrm{j}}[\delta(\nu-\nu_0)-\delta(\nu+\nu_0)]$$

由它的逆变换可求得

$$u^{\mathrm{i}}(t)=-\sin 2\pi\nu_0 t \tag{4.1.23}$$

用同样的方法可以证明 $\sin 2\pi\nu_0 t$ 的希尔伯特变换是 $\cos 2\pi\nu_0 t$.

例 4.1.3　设 $u^{\mathrm{r}}(t)=\exp(-\beta^2t^2)\cos(2\pi\nu_0 t+\phi)$，其中 $\beta>0,\nu_0>3\sigma,\sigma=\beta/(\sqrt{2}\pi),\phi$ 为常数. 求 $u^{\mathrm{r}}(t)$ 的希尔伯特变换 $u^{\mathrm{i}}(t)$.

解　由高斯函数的傅里叶变换性质可知，$\exp(-\beta^2t^2)$ 的傅里叶变换为 $\dfrac{1}{\sqrt{2\pi}\sigma}\times\exp\left(-\dfrac{\nu^2}{2\sigma^2}\right)$，其中 $\sigma=\dfrac{\beta}{\sqrt{2}\pi}$，因此可直接求得实信号

$$u^{\mathrm{r}}(t) = \exp(-\beta^2 t^2)\frac{1}{2}\{\exp[\mathrm{j}(2\pi\nu_0 t + \phi)] + \exp[-\mathrm{j}(2\pi\nu_0 t + \phi)]\}$$

的频谱为

$$\mathscr{U}^{\mathrm{r}}(\nu) = \frac{1}{2}\exp(\mathrm{j}\phi)\frac{1}{\sqrt{2\pi}\sigma}\exp\left[-\frac{(\nu-\nu_0)^2}{2\sigma^2}\right] + \frac{1}{2}\exp(-\mathrm{j}\phi)\frac{1}{\sqrt{2\pi}\sigma}\exp\left[-\frac{(\nu+\nu_0)^2}{2\sigma^2}\right] \tag{4.1.24}$$

式中 $\frac{1}{\sqrt{2\pi}\sigma}\exp\left[-\frac{\nu^2}{2\sigma^2}\right]$ 为高斯概率密度函数，在 3σ 之外的总概率为 0.0027，所以在 $\nu_0 > 3\sigma$ 时有近似式

$$\frac{1}{\sqrt{2\pi}\sigma}\exp\left[-\frac{(\nu-\nu_0)^2}{2\sigma^2}\right] \approx 0, \quad \nu<0$$

$$\frac{1}{\sqrt{2\pi}\sigma}\exp\left[-\frac{(\nu+\nu_0)^2}{2\sigma^2}\right] \approx 0, \quad \nu>0$$

因此，

$$\begin{aligned}\mathscr{U}^{\mathrm{i}}(\nu) &= \boldsymbol{H}(\nu)\mathscr{U}^{\mathrm{r}}(\nu) = \mathrm{j}\,\mathrm{sgn}(\nu)\mathscr{U}^{\mathrm{r}}(\nu) \\ &= \frac{\mathrm{j}}{2}\exp(\mathrm{j}\phi)\frac{1}{\sqrt{2\pi}\sigma}\exp\left[-\frac{(\nu-\nu_0)^2}{2\sigma^2}\right] - \frac{\mathrm{j}}{2}\exp(-\mathrm{j}\phi)\frac{1}{\sqrt{2\pi}\sigma}\exp\left[-\frac{(\nu+\nu_0)^2}{2\sigma^2}\right]\end{aligned} \tag{4.1.25}$$

与此对应的信号表达式可将式(4.1.25)与式(4.1.24)比较得出

$$u^{\mathrm{i}}(t) = \exp(-\beta^2 t^2)\frac{\mathrm{j}}{2}\{\exp[\mathrm{j}(2\pi\nu_0 t + \phi)] - \exp[-\mathrm{j}(2\pi\nu_0 t + \phi)]\} = -\exp(-\beta^2 t^2)\sin 2\pi\nu_0 t$$

4.2　互相干函数

光场是由大量独立的基元(原子和分子)发出的辐射叠加而成的. 一个光源包含有大量的微观辐射基元，我们对它们的状态和运动无法做出精确的描述，因此对它们所产生的光场也无法做确定的精确描述，而只能作为随机过程来讨论其统计性质. 要对这种随机过程做完备的讨论，是极其困难的. 但是，在大多数实际情况下，无须知道光波的完整统计模型，只要知道某些阶的矩即可. 例如，为了研究光场的相干性，只需讨论二阶矩就可以了.

为了讨论一个具有有限带宽和有限大小的光源发出的光场的相干性问题，需要确定光场中两个不同点 P_1 和 P_2 相对时间延迟为 τ 的相关性. 我们可以把光场中的两点 P_1 和 P_2 看成次波源，考察它们发出的两束光波在空间另一点 Q 的干涉现象. 时间变量 τ 可以通过光程差 $(\overline{P_2Q} - \overline{P_1Q})$ 的形式体现出来. 在时空坐标系中研究两个时空点的相关性，可转化为在空间坐标系中研究三个点的相关性问题.

4.2.1　互相干函数的定义

如图 4.2.1 所示，假定有一个有限带宽的扩展光源 S，由它发出的光照明不透明屏上的两个针孔 P_1 和 P_2，在远离它的观察屏上的 Q 点附近观察两光波叠加的结果. 设针孔 P_1 和 P_2 到观察点 Q 的距离分别为 r_1 和 r_2，t 时刻 P_1 和 P_2 点的光振动分别用解析信号 $\boldsymbol{u}(P_1,t)$ 和 $\boldsymbol{u}(P_2,t)$ 表示. t 时刻 Q 点的光振动是两个光波叠加的结果，即

$$\boldsymbol{u}(Q,t) = \boldsymbol{K}_1\boldsymbol{u}(P_1, t-t_1) + \boldsymbol{K}_2\boldsymbol{u}(P_2, t-t_2) \tag{4.2.1}$$

式中，$t_1 = r_1/c$，$t_2 = r_2/c$，c 是真空中的光速；$\boldsymbol{K}_1$ 和 $\boldsymbol{K}_2$ 称为传播因子，它们分别与 r_1 和 r_2 成反比，

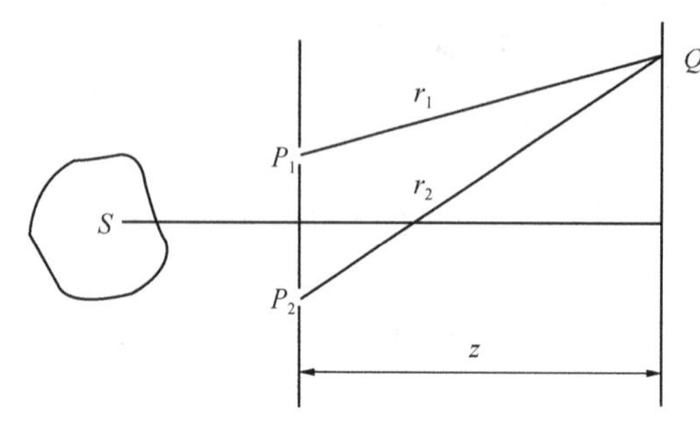

图 4.2.1　扩展光源的杨氏干涉及实验

与针孔的大小及实验的几何布局(P_1和P_2点处的入射角和衍射角)有关. 对于窄带光，针孔足够小，根据惠更斯–菲涅耳原理的数学表达式 (2.1.7) 可知$\boldsymbol{K}_1$和$\boldsymbol{K}_2$是纯虚数.

由于探测器的响应时间比相干时间长得多，在Q点探测到的光强是一个时间平均值

$$I(Q)=\left\langle \boldsymbol{u}(Q,t)\boldsymbol{u}^*(Q,t)\right\rangle \tag{4.2.2}$$

式中，角括号表示时间平均，即

$$\left\langle f(t)\right\rangle=\lim_{T\to\infty}\frac{1}{2T}\int_{-T}^{T}f(t)\mathrm{d}t$$

把式(4.2.1)代入式(4.2.2)，得到

$$\begin{aligned}I(Q)=&K_1^2\left\langle \boldsymbol{u}(P_1,t-t_1)\boldsymbol{u}^*(P_1,t-t_1)\right\rangle+K_2^2\left\langle \boldsymbol{u}(P_2,t-t_2)\boldsymbol{u}^*(P_2,t-t_2)\right\rangle\\&+K_1K_2\left\langle \boldsymbol{u}(P_1,t-t_1)\boldsymbol{u}^*(P_2,t-t_2)\right\rangle+K_1K_2\left\langle \boldsymbol{u}^*(P_1,t-t_1)\boldsymbol{u}(P_2,t-t_2)\right\rangle\end{aligned} \tag{4.2.3}$$

假定光场是平稳的，其统计性质不随时间改变，互相关函数只与时间差$\tau=t_2-t_1=(r_2-r_1)/c$有关. 若光场还是各态历经的，则时间互相关函数等于统计互相关函数. 因此得出

$$\left\langle \boldsymbol{u}(P_1,t-t_1)\boldsymbol{u}^*(P_2,t-t_2)\right\rangle=\left\langle \boldsymbol{u}(P_1,t+\tau)\boldsymbol{u}^*(P_2,t)\right\rangle=\boldsymbol{\Gamma}_{12}(\tau) \tag{4.2.4}$$

式中$\boldsymbol{\Gamma}_{12}(\tau)$称为光场的互相干函数. 显然

$$\left\langle \boldsymbol{u}^*(P_1,t-t_1)\boldsymbol{u}(P_2,t-t_2)\right\rangle=\left\langle \boldsymbol{u}(P_1,t+\tau)\boldsymbol{u}^*(P_2,t)\right\rangle^*=\boldsymbol{\Gamma}_{12}^*(\tau) \tag{4.2.5}$$

当P_1与P_2点重合时，该点光振动的自相干函数为

$$\left\langle \boldsymbol{u}(P_1,t+\tau)\boldsymbol{u}^*(P_1,t)\right\rangle=\boldsymbol{\Gamma}_{11}(\tau) \tag{4.2.6}$$

或

$$\left\langle \boldsymbol{u}(P_2,t+\tau)\boldsymbol{u}^*(P_2,t)\right\rangle=\boldsymbol{\Gamma}_{22}(\tau) \tag{4.2.7}$$

这里把$\boldsymbol{\Gamma}_{11}(\tau)$或$\boldsymbol{\Gamma}_{22}(\tau)$称为光场的自相干函数. 由于自相干函数只涉及一个空间点，仅仅是时间差τ的函数，在不致引起混淆的情况下，可以不再写下标而记为$\boldsymbol{\Gamma}(\tau)$. 当$\tau$=0 时有

$$\left\langle \boldsymbol{u}(P_1,t-t_1)\boldsymbol{u}^*(P_1,t-t_1)\right\rangle=\left\langle \boldsymbol{u}(P_1,t)\boldsymbol{u}^*(P_1,t)\right\rangle=\boldsymbol{\Gamma}_{11}(0) \tag{4.2.8}$$

$$\left\langle \boldsymbol{u}(P_2,t-t_2)\boldsymbol{u}^*(P_2,t-t_2)\right\rangle=\left\langle \boldsymbol{u}(P_2,t)\boldsymbol{u}^*(P_2,t)\right\rangle=\boldsymbol{\Gamma}_{22}(0) \tag{4.2.9}$$

显然，$\Gamma_{11}(0)=I_1$和$\Gamma_{22}(0)=I_2$分别是P_1点和P_2点的光强. 单孔P_1和P_2分别在Q点产生的光强为

$$I_1(Q)=K_1^2\Gamma_{11}(0)=K_1^2I_1 \tag{4.2.10}$$

$$I_2(Q)=K_2^2\Gamma_{22}(0)=K_2^2I_2 \tag{4.2.11}$$

于是，式(4.2.3)可简化为

$$I(Q)=I_1(Q)+I_2(Q)+K_1K_2[\boldsymbol{\Gamma}_{12}(\tau)+\boldsymbol{\Gamma}_{12}^*(\tau)]=I_1(Q)+I_2(Q)+2K_1K_2\,\mathrm{Re}\{\boldsymbol{\Gamma}_{12}(\tau)\} \tag{4.2.12}$$

在许多情况下，用归一化互相干函数处理问题，比用互相干函数本身更为方便，于是有

$$\gamma_{12}(\tau)=\frac{\boldsymbol{\Gamma}_{12}(\tau)}{[\Gamma_{11}(0)\Gamma_{22}(0)]^{1/2}}=\frac{\boldsymbol{\Gamma}_{12}(\tau)}{\sqrt{I_1I_2}} \tag{4.2.13}$$

我们称这个归一化互相干函数$\gamma_{12}(\tau)$为复相干度. 式(4.2.12)最终表示为

$$I(Q)=I_1(Q)+I_2(Q)+2\sqrt{I_1(Q)I_2(Q)}\,\mathrm{Re}\{\gamma_{12}(\tau)\} \tag{4.2.14}$$

上式正是平稳光场的普遍干涉定律. 利用柯西-施瓦茨不等式易于证明

$$|\boldsymbol{\Gamma}_{12}(\tau)| \leqslant [\Gamma_{11}(0)\Gamma_{22}(0)]^{1/2} \tag{4.2.15}$$

再由式(4.2.13)可得

$$0 \leqslant |\boldsymbol{\gamma}_{12}(\tau)| \leqslant 1 \tag{4.2.16}$$

从式(4.2.14)出发可将 $\boldsymbol{\gamma}_{12}(\tau)$ 与 Q 点的干涉条纹可见度联系起来. 条纹可见度是针对正弦型条纹而言的，为此我们研究窄带光. 对于平均频率为 $\bar{\nu}$ 的窄带光，可将互相干函数和复相干度分别表示为

$$\boldsymbol{\Gamma}_{12}(\tau) = \Gamma_{12}(\tau)\exp\{\mathrm{j}[2\pi\bar{\nu}\tau + \alpha_{12}(\tau)]\} \tag{4.2.17}$$

$$\boldsymbol{\gamma}_{12}(\tau) = \gamma_{12}(\tau)\exp\{\mathrm{j}[2\pi\bar{\nu}\tau + \alpha_{12}(\tau)]\} \tag{4.2.18}$$

式中 $\gamma_{12}(\tau) = |\boldsymbol{\gamma}_{12}(\tau)|$ 为 $\boldsymbol{\gamma}_{12}(\tau)$ 的模. 于是式(4.2.14)可写为

$$I(Q) = I_1(Q) + I_2(Q) + 2\sqrt{I_1(Q)I_2(Q)}\gamma_{12}(\tau)\cos[\alpha_{12}(\tau) + 2\pi\bar{\nu}\tau] \tag{4.2.19}$$

或者写成

$$I(Q) = I_1(Q) + I_2(Q) + 2\sqrt{I_1(Q)I_2(Q)}\gamma_{12}(\tau)\cos[\alpha_{12}(\tau) + \delta] \tag{4.2.20}$$

式中

$$\delta = 2\pi\bar{\nu}\tau = \frac{2\pi}{\bar{\lambda}}(r_2 - r_1)$$

为光波从两针孔 P_1 和 P_2 到达 Q 点的相位差，与光源性质无关；$\bar{\lambda}$ 为平均波长，$\alpha_{12}(\tau)$ 为两光波在 P_1 和 P_2 点的相位差，与光源性质有关. 当 $\gamma_{12}(\tau)$ 取最大值 1 时，Q 点的光强与频率为 $\bar{\nu}$ 的单色光波在该点叠加所产生的干涉结果相同，P_1 和 P_2 点的光振动是相干的；当 $\gamma_{12}(\tau)$ 取最小值零时，Q 点的光强为两光束光波在 Q 点产生的光强的简单相加，因此 P_1 和 P_2 点的振动是不相干的；当 $0 < \gamma_{12}(\tau) < 1$ 时，P_1 和 P_2 点的光振动是部分相干的.

光场的相干性质，可通过实验测定干涉条纹的清晰度或可见度来确定. 对于正弦型条纹，迈克耳孙定义的干涉条纹可见度为

$$\mathscr{V} = \frac{I_{\max} - I_{\min}}{I_{\max} + I_{\min}} \tag{4.2.21}$$

式中，$I_{\max}$ 和 $I_{\min}$ 分别是 Q 点附近干涉条纹的极大和极小强度值. 由公式(4.2.20)可得

$$I_{\max} = I_1(Q) + I_2(Q) + 2\sqrt{I_1(Q)I_2(Q)}\gamma_{12}(\tau)$$

$$I_{\min} = I_1(Q) + I_2(Q) - 2\sqrt{I_1(Q)I_2(Q)}\gamma_{12}(\tau)$$

于是

$$\mathscr{V} = \frac{2\sqrt{I_1(Q)I_2(Q)}}{I_1(Q) + I_2(Q)}\gamma_{12}(\tau) \tag{4.2.22}$$

上式表明，只要测出两光束在 Q 点产生的光强及干涉条纹的可见度，就可得到复相干度的模 $\gamma_{12}(\tau)$. 我们从普物光学中知道，由 P_1 和 P_2 发出的两单色光波在 Q 点形成的干涉条纹可见度的表达式为

$$\mathscr{V} = \frac{2\sqrt{I_1(Q)I_2(Q)}}{I_1(Q) + I_2(Q)} \tag{4.2.23}$$

所以 $\gamma_{12}(\tau)$ 的物理意义为：在 Q 点附近的干涉条纹的可见度达到了当 P_1 和 P_2 点完全相干时的多大程度.

$\boldsymbol{\gamma}_{12}(\tau)$ 的辐角 $[\alpha_{12}(\tau) + \delta]$ 也有明显的物理意义. 其中第二项是光波从 P_1 和 P_2 点到达观察点 Q

所引进的相位延迟，与光源性质无关；而第一项 $\alpha_{12}(\tau)$ 是由光源面上各点发出的光场在 P_1 和 P_2 点造成的相位差，与光源性质有关，称为有效相位延迟. 根据杨氏干涉实验，相位延迟 2π 相当于干涉图在平行于 P_1P_2 方向上移动 $\bar{\lambda}z/d$. 因此，相对于 P_1 和 P_2 处单色及同相位照明所形成的干涉条纹，窄带光条纹在平行于双孔连线方向上有一位移量 $\varDelta_1$，它与 $\alpha_{12}(\tau)$ 有如下关系：

$$\frac{\alpha_{12}(\tau)}{2\pi}=\frac{\varDelta_1}{\bar{\lambda}z/d}$$

即

$$\alpha_{12}(\tau)=\frac{2\pi d}{\bar{\lambda}z}\varDelta_1 \tag{4.2.24}$$

于是两束窄带光的复相干度的相位可通过测量干涉条纹的位置来确定.

当两束光波在 Q 点的强度相等，即 $I_1(Q)=I_2(Q)$ 时，复相干度的模就等于干涉条纹的可见度

$$\gamma_{12}(\tau)=\mathscr{V} \tag{4.2.25}$$

4.2.2 互相干函数的谱表示

为了保证能进行傅里叶变换，定义截尾函数 $\boldsymbol{u}_T(P_1,t)$ 为

$$\boldsymbol{u}_T(P_1,t)=\begin{cases}\boldsymbol{u}(P_1,t), & |t|\leqslant T\\ 0, & |t|>T\end{cases} \tag{4.2.26}$$

$\boldsymbol{u}_T(P_1,t)$ 是与 $u_T^{\mathrm{r}}(P_1,t)$ 相应的解析信号. 由式(4.1.8)得

$$\boldsymbol{u}_T(P_1,t)=\int_0^{\infty}\mathscr{U}_T(P_1,\nu)\exp(\mathrm{j}2\pi\nu t)\mathrm{d}\nu \tag{4.2.27}$$

式中，$\mathscr{U}_T(P_1,t)=2\mathscr{U}_T^{\mathrm{r}}(P_1,\nu)$. 类似有

$$\boldsymbol{u}_T(P_2,t)=\int_0^{\infty}\mathscr{U}_T(P_2,\nu)\exp(\mathrm{j}2\pi\nu t)\mathrm{d}\nu \tag{4.2.28}$$

于是互相干函数可以写为

$$\begin{aligned}\boldsymbol{\Gamma}_{12}(\tau)&=\left\langle\boldsymbol{u}(P_1,t+\tau)\boldsymbol{u}^*(P_2,t)\right\rangle=\lim_{T\to\infty}\frac{1}{2T}\int_{-\infty}^{\infty}\boldsymbol{u}_T(P_1,t+\tau)\boldsymbol{u}_T^*(P_2,t)\mathrm{d}t\\&=\lim_{T\to\infty}\frac{1}{2T}\int_{-\infty}^{\infty}\mathrm{d}t\iint_0^{\infty}\mathscr{U}_T(P_1,\nu)\mathscr{U}_T^*(P_2,\nu')\cdot\exp\left[\mathrm{j}2\pi(\nu-\nu')t\right]\cdot\exp(\mathrm{j}2\pi\nu\tau)\mathrm{d}\nu\mathrm{d}\nu'\end{aligned}$$

由于

$$\int_{-\infty}^{\infty}\exp[\mathrm{j}2\pi(\nu-\nu')t]\mathrm{d}t=\delta(\nu-\nu')$$

于是有

$$\boldsymbol{\Gamma}_{12}(\tau)=\int_0^{\infty}\mathscr{G}_{12}(\nu)\exp(\mathrm{j}2\pi\nu\tau)\mathrm{d}\nu \tag{4.2.29}$$

式中

$$\mathscr{G}_{12}(\nu)=\lim_{T\to\infty}\left[\frac{\mathscr{U}_T(P_1,\nu)\mathscr{U}_T^*(P_2,\nu)}{2T}\right] \tag{4.2.30}$$

称为互谱密度. 对于自相干函数，类似有

$$\boldsymbol{\Gamma}(\tau)=\int_0^{\infty}\mathscr{G}(\nu)\exp(\mathrm{j}2\pi\nu\tau)\mathrm{d}\nu \tag{4.2.31}$$

式中，$\mathscr{G}(\nu)$ 为辐射场的功率谱密度函数，也就是光源的光谱分布，其定义为

$$\mathscr{G}(\nu)=\lim_{T\to\infty}\left[\frac{\mathscr{U}_T(P,\nu)\mathscr{U}_T^*(P,\nu)}{2T}\right]=\lim_{T\to\infty}\left[\frac{\left|\mathscr{U}_T(P,\nu)\right|^2}{2T}\right] \tag{4.2.32}$$

式(4.2.31)所表示的自相关函数与功率谱密度之间的关系，正是大家所熟知的自相关定理.

对于复相干度也有类似的关系

$$\gamma_{12}(\tau)=\int_0^\infty \widehat{\mathscr{G}_{12}}(\nu)\exp(\mathrm{j}2\pi\nu\tau)\mathrm{d}\nu \tag{4.2.33}$$

式中，归一化互谱密度函数$\widehat{\mathscr{G}_{12}}(\nu)$为

$$\widehat{\mathscr{G}_{12}}(\nu)=\frac{\mathscr{G}_{12}(\nu)}{[\Gamma_{11}(0)\Gamma_{22}(0)]^{1/2}} \tag{4.2.34}$$

相应地有

$$\gamma(\tau)=\int_0^\infty \widehat{\mathscr{G}}(\nu)\exp(\mathrm{j}2\pi\nu\tau)\mathrm{d}\nu \tag{4.2.35}$$

式中

$$\widehat{\mathscr{G}}(\nu)=\frac{\mathscr{G}(\nu)}{\Gamma(0)} \tag{4.2.36}$$

称为归一化功率谱密度函数，显然

$$\int_0^\infty \widehat{\mathscr{G}}(\nu)\mathrm{d}\nu=1 \tag{4.2.37}$$

4.3　时间相干性

在杨氏干涉实验的一般讨论中，空间相干性和时间相干性都起作用. 如果图 4.2.1 中的初级光源S是一个位于轴上、具有有限带宽的点光源，那么时间相干性将是主要的，这时P_1和P_2点处的光扰动将相同，两点间的互相干函数将变成自相干函数，即$\boldsymbol{\Gamma}_{12}(\tau)=\boldsymbol{\Gamma}_{11}(\tau)=\boldsymbol{\Gamma}(t)$，$\gamma_{12}(\tau)=\gamma_{11}(\tau)=\gamma(\tau)$；如果$S$是一个窄带扩展光源，那么空间相干性效应将是主要的，这时P_1和P_2点的光扰动是不相同的，干涉条纹将取决于$\boldsymbol{\Gamma}_{12}(\tau)$，通过考察中心条纹附近的区域$(r_2-r_1=0,\tau=0)$可以决定$\boldsymbol{\Gamma}_{12}(0)$和$\gamma_{12}(0)$. 实际上$\gamma_{12}(0)$是$P_1$和$P_2$两个点在同一时刻的复相干度，即空间相干度. 下面将分别对时间相干性和空间相干性加以研究，本节先对时间相干性进行讨论.

4.3.1　光场的时间相干性

在理想的单色光场中，空间任一点P的振动，振幅不变而相位随时间做线性变化. 在实际光源所产生的光场中，情况就不是这样了，场中P点的振幅和相位都在随机地涨落，其涨落速度基本上取决于光源的有效频谱宽度$\Delta\nu$，只有当时间间隔τ比$1/\Delta\nu$小得多时，振幅才大体上保持不变. 在这样一个时间间隔内，任何两个分量的相对相位变化都比2π小得多，并且这些分量的叠加所代表的扰动在这个时间间隔内的表现就像平均频率为$\bar{\nu}$的单色光波一样，由$\tau_c=1/\Delta\nu$所决定的时间称为相干时间，而$l_c=c\tau_c$称为相干长度. 相干时间就是我们可以预言光波在某一空间给定点P的相位的那段时间间隔，也就是说，如果τ_c大，光波的时间相干性大，反之则时间相干性小.

同一特性可用不同的观点来解释. 为此我们设想在一窄带点光源的半径上有两个分开的点P_1和P_2，若相干长度l_c比两点间距r_{12}大得多，那么单个波列可以伸展在这个区间上，于是P_1点的振动和P_2点的振动是高度相关的. 反之，若r_{12}比l_c大得多，那么在距离r_{12}内会排下许多个波列，每个波列的相位都是不相关的. 在这种情况下，空间两点的振动在任何时刻都是彼此无关的. 有时

相关的程度叫做纵向相关性的大小. 不论我们用相干时间τ_c或用相干长度l_c来思维，这个效应都是由光波的有效带宽引起的.

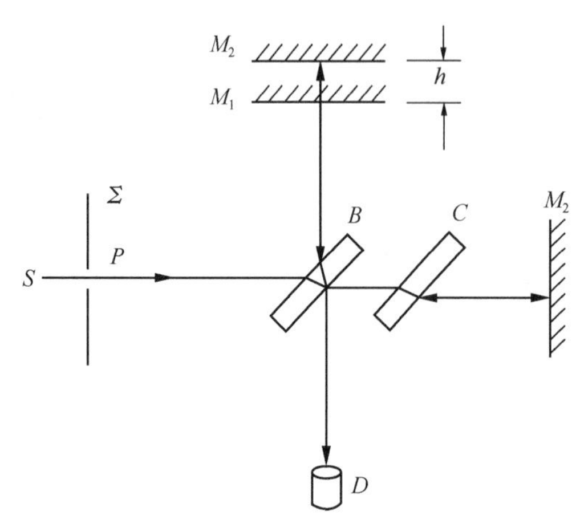

图 4.3.1　迈克耳孙干涉仪示意图

通过考察迈克耳孙干涉仪中光波的干涉，可以更精确地描述和定义时间相干性. 在图 4.3.1 所示的迈克耳孙干涉仪中，由点光源S发出的光束通过分束器B分成两支，一支反射到可动反射镜M_1，经M_1反射后又折回而到达探测器D. 另一支透过分束器B和补偿板C射到固定反射镜M_2上，再经M_2反射后折回也到达探测器D. 当然，实际系统可加入准直透镜和会聚透镜等光学元件以改善性能. 探测器位于干涉场内，这样一来，入射到探测器上的光强取决于干涉仪两支光路中的光的干涉，补偿板C的作用是保证光在干涉仪的两支光路中通过玻璃的光程相同.

如果可动反射镜M_1从两支光路等光程的位置开始移动，其效果就是在两支光路中引入了一个相对时间延迟. 反射镜每移动$\lambda/2$(光程差为λ)，入射到探测器上的光强变化一个周期. 由于光源具有一定的光谱宽度，而不是理想单色光，如两支光路的光程差超过一定范围，干涉条纹的可见度下降到零. 对于某些特种光源，当继续移动M_1加大光程差时，又能产生干涉条纹，只不过可见度已经很小. 下面用解析信号构成的随机过程表示光信号，对迈克耳孙干涉实验做出理论解释.

在迈克耳孙干涉仪中，光源S发出波场，我们研究空间P点场的时间相干性. 为此，用一屏Σ挡住光场只露出P点. 从P点发出的光波分别经干涉仪的两臂而到达D点相互干涉，用探测器D读出光强. 设两臂之差为h，则两光路光程之差为$2h$. 这就相当于把t时刻P点的场与$(t+2h/c)$时刻P点的场进行叠加，即同一点不同时刻的场发生干涉. 移动M_1就相当于改变$\tau=2h/c$，于是可对任何τ进行测量.

我们用解析信号构成的随机过程来表示光源发出的光信号. 我们用$\boldsymbol{u}(t)$表示由P点发出的解析信号，由于P点位置固定，故可将P点的场写成只含时间变量的函数. $\boldsymbol{u}(t)$经分束器后通过两支光路而到达探测器D. 在D处的两束光的解析信号为$K_1\boldsymbol{u}(t)$和$K_2\boldsymbol{u}(t+\tau)$，这里的$K_1$和$K_2$是由两支光路的透过率所决定的实数，$\tau=2h/c$是时间延迟. 探测器上的合成解析信号为

$$\boldsymbol{u}_D(t)=K_1\boldsymbol{u}(t)+K_2\boldsymbol{u}(t+\tau) \tag{4.3.1}$$

探测器D只对照射到它上面的光强产生响应，其响应时间是比较长的. 我们仍用$\langle\cdot\rangle$表示对时间求平均，则入射到探测器上的光强可表示为

$$\begin{aligned}I_D&=\left\langle\boldsymbol{u}_D(t)\boldsymbol{u}_D^*(t)\right\rangle=\left\langle\left|K_1\boldsymbol{u}(t)+K_2\boldsymbol{u}(t+\tau)\right|^2\right\rangle\\&=K_1^2\left\langle\left|\boldsymbol{u}(t)\right|^2\right\rangle+K_2^2\left\langle\left|u(t+\tau)\right|^2\right\rangle+K_1K_2\left\langle\boldsymbol{u}(t+\tau)\boldsymbol{u}^*(t)\right\rangle+K_1K_2\left\langle\boldsymbol{u}^*(t+\tau)\boldsymbol{u}(t)\right\rangle\end{aligned} \tag{4.3.2}$$

假设光场是平稳的和各态历经的，统计量的平均与时间原点无关，时间平均与统计平均相同，则由P点发出的光强I_0为

$$I_0=\left\langle\left|\boldsymbol{u}(t)\right|^2\right\rangle=\left\langle\left|\boldsymbol{u}(t+\tau)\right|^2\right\rangle \tag{4.3.3}$$

解析信号$\boldsymbol{u}(t)$的自相关函数$\boldsymbol{\Gamma}(\tau)$称为光扰动的自相干函数，在各态历经条件假设下可用时间平均代替，即

$$\boldsymbol{\Gamma}(\tau)=\langle \boldsymbol{u}(t+\tau)\boldsymbol{u}^*(t)\rangle \tag{4.3.4}$$

将式(4.3.4)和式(4.3.3)代入式(4.3.2)得

$$I_D=(K_1^2+K_2^2)I_0+K_1K_2[\boldsymbol{\Gamma}(\tau)+\boldsymbol{\Gamma}^*(\tau)]=(K_1^2+K_2^2)\boldsymbol{I}_0+2K_1K_2\,\mathrm{Re}\{\boldsymbol{\Gamma}(\tau)\} \tag{4.3.5}$$

注意到$I_0=\Gamma(0)$，我们用它来归一化，于是得复相干度

$$\boldsymbol{\gamma}(\tau)=\frac{\boldsymbol{\Gamma}(\tau)}{\Gamma(0)} \tag{4.3.6}$$

显然

$$\boldsymbol{\gamma}(0)=1,\quad 0\leqslant|\boldsymbol{\gamma}(\tau)|\leqslant 1 \tag{4.3.7}$$

这样一来，式(4.3.5)可写成

$$I_D(\tau)=(K_1^2+K_2^2)I_0+2K_1K_2I_0\,\mathrm{Re}\{\boldsymbol{\gamma}(\tau)\} \tag{4.3.8}$$

若认为两路光的透过率相等，即$K_1=K_2=K$，更进一步，若不考虑吸收，则$K=1$，于是式(4.3.5)和式(4.3.8)分别简化成

$$I_D(\tau)=2I_0+2\,\mathrm{Re}\{\boldsymbol{\Gamma}(\tau)\} \tag{4.3.9}$$

$$I_D(\tau)=2I_0\{1+\mathrm{Re}[\boldsymbol{\gamma}(\tau)]\} \tag{4.3.10}$$

由于$\boldsymbol{u}(t)$是解析信号，于是它的自相关函数$\boldsymbol{\Gamma}(\tau)$也是具有单边频谱的信号. 当然复相干度$\boldsymbol{\gamma}(\tau)$也是一个解析信号，也具有单边频谱. 我们曾用$\widehat{\mathscr{G}}(\nu)$表示与其对应的归一化功率谱密度，它与$\boldsymbol{\gamma}(\tau)$构成一对傅里叶变换，即

$$\boldsymbol{\gamma}(\tau)=\int_0^{\infty}\widehat{\mathscr{G}}(\nu)\exp(\mathrm{j}2\pi\nu\tau)\mathrm{d}\nu \tag{4.3.11}$$

对于窄带光，$\boldsymbol{\gamma}(\tau)$可以写成

$$\boldsymbol{\gamma}(\tau)=\gamma(\tau)\exp\{\mathrm{j}[2\pi\bar{\nu}\tau+\alpha(\tau)]\} \tag{4.3.12}$$

式中，$\bar{\nu}$是光波的中心频率. 于是式(4.3.10)写成

$$I_D(\tau)=2I_0\{1+\gamma(\tau)\cos[2\pi\bar{\nu}\tau+\alpha(\tau)]\} \tag{4.3.13}$$

由式(4.3.5)所表示的干涉图的条纹可见度为

$$\mathscr{V}=\frac{2K_1K_2}{K_1^2+K_2^2}\gamma(\tau) \tag{4.3.14}$$

当两支光路透射系数相等时，可见度为

$$\mathscr{V}=\gamma(\tau) \tag{4.3.15}$$

例 4.3.1　计算低气压气体放电灯的相干度.

解　对于一个低气压气体放电灯来说，单一谱线的功率谱形状主要是由多普勒加宽所确定的. 在这种情况下谱线的轮廓接近于高斯型，即

$$\widehat{\mathscr{G}}(\nu)=\frac{2\sqrt{\ln 2}}{\sqrt{\pi}\Delta\nu}\exp\left[-\left(2\sqrt{\ln 2}\,\frac{\nu-\bar{\nu}}{\Delta\nu}\right)^2\right] \tag{4.3.16}$$

式中，$\Delta\nu$是半功率带宽，如图 4.3.2(a)所示. 由式(4.3.11)可求得复相干度$\boldsymbol{\gamma}(\tau)$为

$$\boldsymbol{\gamma}(\tau)=\int_0^{\infty}\frac{2\sqrt{\ln 2}}{\sqrt{\pi}\Delta\nu}\exp\left[-\left(2\sqrt{\ln 2}\,\frac{\nu-\bar{\nu}}{\Delta\nu}\right)^2\right]\exp(\mathrm{j}2\pi\nu\tau)\mathrm{d}\nu$$

令$\nu'=\nu-\bar{\nu}$可将上式化为

$$\boldsymbol{\gamma}(\tau)=\int_{-\bar{\nu}}^{\infty}\frac{2\sqrt{\ln 2}}{\sqrt{\pi}\Delta\nu}\exp\left[-\left(2\sqrt{\ln 2}\,\frac{\nu'}{\Delta\nu}\right)^2\right]\exp[\mathrm{j}2\pi(\nu'+\bar{\nu})\tau]\,\mathrm{d}\nu'$$

$$\approx \exp(\mathrm{j}2\pi\bar{\nu}\tau)\int_{-\infty}^{\infty}\frac{2\sqrt{\ln 2}}{\sqrt{\pi}\Delta\nu}\exp\left[-\left(2\sqrt{\ln 2}\frac{\nu'}{\Delta\nu}\right)^2+\mathrm{j}2\pi\nu'\tau\right]\mathrm{d}\nu'$$

$$=\exp\left[-\left(\frac{\pi\Delta\nu\tau}{2\sqrt{\ln 2}}\right)^2\right]\exp(\mathrm{j}2\pi\bar{\nu}\tau) \tag{4.3.17}$$

在上面的运算中，由于$\bar{\nu}$很大，故下限用$-\infty$代替. 最后一步利用了积分公式

$$\int_{-\infty}^{\infty}\exp(-Ax^2\pm 2Bx-C)\mathrm{d}x=\sqrt{\frac{\pi}{A}}\exp\left(-\frac{AC-B^2}{A}\right) \tag{4.3.18}$$

将式(4.3.17)与式(4.3.12)比较可知

$$\gamma(\tau)=\exp\left[-\left(\frac{\pi\Delta\nu\tau}{2\sqrt{\ln 2}}\right)^2\right],\quad \alpha(\tau)=0 \tag{4.3.19}$$

$\gamma(\tau)$随τ变化的曲线如图 4.3.2(b)所示.

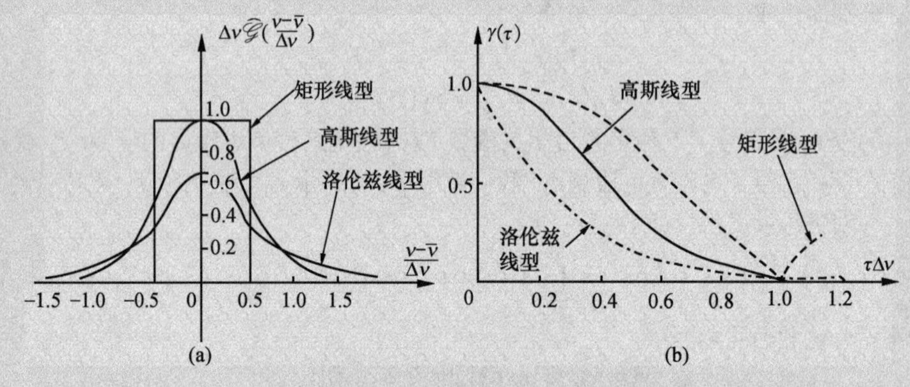

图 4.3.2　三种典型光源的$\hat{\mathscr{G}}(\nu)$和$\gamma(\tau)$

例 4.3.2　对于高气压气体放电灯，谱线形状主要是碰撞加宽，线形为洛伦兹线型，即

$$\hat{\mathscr{G}}(\nu)=\frac{2\pi\Delta\nu}{[2\pi(\nu-\bar{\nu})]^2+(\pi\Delta\nu)^2} \tag{4.3.20}$$

其中，$\bar{\nu}$是谱线的中心频率，$\Delta\nu$是它的半功率带宽，如图 4.3.2(a)所示，计算复相干度.

解　相应的复相干度为

$$\gamma(\tau)=\int_0^{\infty}\frac{2\pi\Delta\nu}{[2\pi(\nu-\bar{\nu})]^2+(\pi\Delta\nu)^2}\exp(\mathrm{j}2\pi\tau)\mathrm{d}\nu$$

令$\nu'=\nu-\bar{\nu}$可将上式化为

$$\gamma(\tau)=\exp(\mathrm{j}2\pi\bar{\nu}\tau)\int_{-\bar{\nu}}^{\infty}\frac{2\pi\Delta\nu}{(\pi\Delta\nu)^2+(2\pi\Delta\nu')^2}\exp(\mathrm{j}2\pi\nu'\tau)\mathrm{d}\nu'$$

$$\approx\exp(\mathrm{j}2\pi\bar{\nu}\tau)\int_{-\infty}^{\infty}\frac{2\pi\Delta\nu}{(\pi\Delta\tau)^2+(2\pi\nu')^2}\exp(\mathrm{j}2\pi\nu'\tau)\mathrm{d}\nu'$$

利用傅里叶变换对

$$\mathscr{F}\{\exp(-\beta|t|)\}=\frac{2\beta}{\beta^2+(2\pi\nu)^2}$$

可由上式得出

$$\gamma(\tau)=\exp(-\pi\Delta\nu|\tau|)\exp(\mathrm{j}2\pi\bar{\nu}\tau) \tag{4.3.21}$$

由此得

$$\gamma(\tau)=\exp(-\pi\Delta\nu|\tau|),\quad \alpha(\tau)=0 \tag{4.3.22}$$

$\gamma(\tau)$ 的图形画在图 4.3.2(b) 中.

例 4.3.3　在理论分析中，假设一个矩形功率谱的密度是很方便的，即

$$\widehat{\mathscr{G}}(\nu)=\frac{1}{\Delta\nu}\mathrm{rect}\left(\frac{\nu-\bar{\nu}}{\Delta\nu}\right) \tag{4.3.23}$$

计算并分析其相干度.

解　其相应的复相干度为

$$\gamma(\tau)=\mathrm{sinc}(\Delta\nu\tau)\exp(\mathrm{j}2\pi\bar{\nu}\tau) \tag{4.3.24}$$

在这种情况下

$$\gamma(\tau)=|\mathrm{sinc}(\Delta\nu\tau)| \tag{4.3.25}$$

而相位 $\alpha(\tau)$ 并不是对所有的 τ 都为零. 更准确地说，当从 sinc 函数的一瓣到另一瓣时，在 0 和 π 之间跳跃

$$\alpha(\tau)=\begin{cases}0, & 2n<|\Delta\nu\tau|<2n+1\\ \pi, & 2n+1<|\Delta\nu\tau|<2n+2\end{cases} \tag{4.3.26}$$

它的归一化功率谱 $\widehat{\mathscr{G}}(\nu)$ 和相应的复相干度 $\gamma(\tau)$ 如图 4.3.2 所示.

在以上的三个例子中，复相干度均被表示成 $\exp(\mathrm{j}2\pi\bar{\nu}\tau)$ 与一个实数因子的乘积. 这个性质是我们选择了谱线形状是 $(\nu-\bar{\nu})$ 的偶函数的结果(即对于 $\bar{\nu}$ 对称). 否则 $\gamma(\tau)$ 应是 $\exp(\mathrm{j}2\pi\bar{\nu}\tau)$ 与一个复函数的乘积.

4.3.2　相干时间

在许多应用中，希望对相干时间有一个精确定义，可以借用复相干度来定义相干时间. 按照曼德尔(Mandel)的意见，将相干时间 τ_c 定义为

$$\boldsymbol{\tau}_c=\int_{-\infty}^{\infty}|\gamma(\tau)|^2\,\mathrm{d}\tau \tag{4.3.27}$$

如果这个定义有意义，则要求 τ_c 具有与 $1/\Delta\nu$ 有相同的数量级. 事实确是如此，只要将式(4.3.17)、式(4.3.21)和式(4.3.24)代入式(4.3.27)便会得出相应的结果.

高斯线型　$$\tau_c=\sqrt{\frac{2\ln 2}{\pi}}\frac{1}{\Delta\nu}\approx 0.664\frac{1}{\Delta\nu} \tag{4.3.28}$$

洛伦兹线型　$$\tau_c=\frac{1}{\pi\Delta\nu}\approx 0.318\frac{1}{\Delta\nu} \tag{4.3.29}$$

矩形线型　$$\tau_c=\frac{1}{\Delta\nu} \tag{4.3.30}$$

但是在一般的应用中常用式(4.3.30)的结果来估计相干时间.

4.3.3　傅里叶变换光谱术

如果光波的功率谱密度已知，由迈克耳孙干涉仪观察到的干涉图的特征就可完全确定. 利用干涉图和功率谱密度之间的这一关系，通过测量干涉图来确定未知的入射光的功率谱密度. 这个原理就是傅里叶变换光谱术的基础.

由傅里叶变换光谱术得到光谱，首先必须测量干涉图. 通常是在干涉仪的控制下，将可动反射镜从零程差的位置移到大程差的范围内，并将光强作为这个过程的时间函数进行测量. 同时，把所

得到的干涉图数字化，这可利用快速傅里叶变换技术，由数字傅里叶变换得到光谱.

在迈克耳孙干涉实验中，D 点光强随反射镜 M_1 移动而发生变化，为简单起见，在式(4.3.5)中令 $K_1 = K_2 = K = 1$，于是

$$I_D(\tau) = 2I_0 + \boldsymbol{\Gamma}(\tau) + \boldsymbol{\Gamma}^*(\tau) \tag{4.3.31}$$

即

$$\begin{aligned} I(\tau) = I_D(\tau) - 2I_0 = \boldsymbol{\Gamma}(\tau) + \boldsymbol{\Gamma}^*(\tau) &= \int_0^\infty \mathscr{G}(\tau)\exp(\mathrm{j}2\pi\nu\tau)\mathrm{d}\nu + \int_0^\infty \mathscr{G}^*(\nu)\exp(-\mathrm{j}2\pi\nu\tau)\mathrm{d}\nu \\ &= 2\int_0^\infty \mathscr{G}(\nu)\cos(2\pi\nu\tau)\mathrm{d}\nu \end{aligned} \tag{4.3.32}$$

其中利用了功率谱为实函数的性质，即 $\mathscr{G}(\nu) = \mathscr{G}^*(\nu)$. 由于在迈克耳孙干涉仪中将 τ 换为 $-\tau$ 时，干涉强度不变，所以 $I_D(\tau)$ 是 τ 的偶函数，因而 $I(\tau)$ 也是 τ 的偶函数. 实偶函数的傅里叶变换也是实偶函数，根据实偶函数的余弦变换性质，由式(4.3.32)得出

$$\mathscr{G}(\nu) = 2\int_0^\infty I(\tau)\cos(2\pi\nu\tau)\mathrm{d}\tau \tag{4.3.33}$$

用迈克耳孙干涉仪记录下 $I(\tau)$，再借助于傅里叶余弦变换就可获得光源的光谱分布，这种方法称为傅里叶变换光谱术. 当然，傅里叶光谱术不是一种直接的方法. 根据色散原理，用一个普通的棱镜光谱仪或光栅光谱仪也可直接得到光源的光谱. 但这种方法有一个缺点，即在每一波长位置上只能接收光源总能量的极小一部分(该波长所含的那部分). 这一缺点对于微弱光源(比如某些红外信号测量)是严重问题. 而在傅里叶变换光谱术中，探测器在任何时刻接收的都是光源全波段所有波场联合作用的结果，因而充分利用了光源能量. 另外，傅里叶变换光谱术有更高的分辨率，它决定于可动反射镜的最大移动距离. 正是由于这些优点，傅里叶变换光谱术已成为从近红外到远红外甚至毫米波区最有力的光谱分析方法，广泛用于物质结构、天体物理、工业检测、环境监护等许多领域.

4.4　空间相干性

我们曾指出，在杨氏干涉实验的一般性讨论中，时间相干性和空间相干性都起作用. 如果在图4.2.1 中，S 是一个窄带扩展光源，那么空间相干效应将是主要的. 这时 P_1 和 P_2 点的光扰动是不相同的，干涉条纹将取决于 $\boldsymbol{\Gamma}_{12}(\tau)$，通过考察中心条纹附近区域 $(r_2 - r_1 = 0, \tau = 0)$ 可以决定 $\boldsymbol{\Gamma}_{12}(0)$ 和 $\boldsymbol{\gamma}_{12}(0)$. 实际上 $\boldsymbol{\gamma}_{12}(0)$ 是 P_1 和 P_2 两点在同一时刻的复相干度，因此在零程差位置形成干涉条纹的能力反映了空间相干效应.

当图 4.2.1 中的 Q 点移向 O 点时，在式(4.2.4)和式(4.2.13)中令 $\tau = 0$ 得

$$\boldsymbol{\Gamma}_{12}(0) = \langle \boldsymbol{u}(P_1,t)\boldsymbol{u}^*(P_2,t)\rangle \tag{4.4.1}$$

$$\boldsymbol{\gamma}_{12}(0) = \frac{\boldsymbol{\Gamma}_{12}(0)}{[\Gamma_{11}(0)\Gamma_{22}(0)]^{1/2}} = \frac{\boldsymbol{\Gamma}_{12}(0)}{\sqrt{I_1 I_2}} \tag{4.4.2}$$

$\boldsymbol{\Gamma}_{12}(0)$ 称为空间互相干函数，$\boldsymbol{\gamma}_{12}(0)$ 称为复(空间)相干度，它们描述在同一时刻 t 光场中两点的空间相干性. 它们一般是复数，可写成

$$\boldsymbol{\Gamma}_{12}(0) = \Gamma_{12}(0)\exp[\mathrm{j}\alpha_{12}(0)] \tag{4.4.3}$$

$$\boldsymbol{\gamma}_{12}(0) = \gamma_{12}(0)\exp[\mathrm{j}\alpha_{12}(0)] \tag{4.4.4}$$

这时 Q 点的光强可表达成

$$I(Q) = I_1(Q) + I_2(Q) + 2\sqrt{I_1(Q)I_2(Q)}\gamma_{12}(0)\cos[\alpha_{12}(0)] \tag{4.4.5}$$

4.5　在准单色条件下的干涉

为了在杨氏干涉实验中用针孔上的场(适当延迟)的加权和来简单表示入射到观察点 Q 的场，必须先假定光是窄带的，其次假定光的相干长度远大于所涉及范围内的最大光程差. 用数学表示窄带和小程差的条件就是

$$\Delta\nu \ll \bar{\nu}, \quad \frac{r_2 - r_1}{c} \ll \tau_c \tag{4.5.1}$$

满足条件式(4.5.1)的光称为准单色光. 其中第二个条件的实质是，认为在感兴趣的观察范围内条纹的可见度是一个常数. 利用这个事实就可简化互相干函数和复相干度的形式.

我们知道，两解析信号的互相关函数仍为解析信号，具有单边频谱，这就是式(4.2.28)所表示的关系，即

$$\boldsymbol{\Gamma}_{12}(\tau) = \int_0^\infty \mathscr{G}_{12}(\nu)\exp(\mathrm{j}2\pi\nu\tau)\mathrm{d}\nu = \exp(\mathrm{j}2\pi\bar{\nu}\tau)\int_0^\infty \mathscr{G}_{12}(\nu)\exp[\mathrm{j}2\pi(\nu-\bar{\nu})\tau]\mathrm{d}\nu \tag{4.5.2}$$

考虑到第一个条件，在满足$|\nu-\bar{\nu}| \ll \bar{\nu}$ 的频率范围内，$\mathscr{G}_{12}(\nu)$ 才有明显不为零的值，或者说上式中对积分的主要贡献来自很窄的范围 $\Delta\nu$ 内. 这个很窄的范围 $\Delta\nu$ 决定了相干时间，即 $\tau_c = 1/\Delta\nu$. 准单色的第二个条件 $(r_2 - r_1)/c \ll \tau_c$ 即 $\tau \ll 1/\Delta\nu$，也即 $\Delta\nu\tau \ll 1$. 因此在这两个条件下，式(4.5.2)积分中的指数函数近似等于 1. 因而有

$$\boldsymbol{\Gamma}_{12}(\tau) = \exp(\mathrm{j}2\pi\bar{\nu}\tau)\int_0^\infty \mathscr{G}_{12}(\nu)\mathrm{d}\nu = \exp(\mathrm{j}2\pi\bar{\nu}\tau)\boldsymbol{\Gamma}_{12}(0) \tag{4.5.3}$$

由式(4.4.3)可知

$$\boldsymbol{\Gamma}_{12}(0) = \Gamma_{12}(0)\exp[\mathrm{j}\alpha_{12}(0)] \tag{4.5.4}$$

令

$$\boldsymbol{J}_{12} = \boldsymbol{\Gamma}_{12}(0), \quad \beta_{12} = \alpha_{12}(0) \tag{4.5.5}$$

则式(4.5.4)可写成

$$\boldsymbol{J}_{12} = J_{12}\exp(\mathrm{j}\beta_{12}) \tag{4.5.6}$$

我们称 $\boldsymbol{J}_{12}$ 为 P_1和P_2 点的互强度，表示 P_1和P_2 两点在相对时间延迟 $\tau = 0$ 情况下的互相关. 于是式 (4.5.3)所表示的 $\boldsymbol{\Gamma}_{12}(\tau)$ 可写成

$$\boldsymbol{\Gamma}_{12}(\tau) = \boldsymbol{J}_{12}\exp(\mathrm{j}2\pi\bar{\nu}\tau) = J_{12}\exp[\mathrm{j}(2\pi\bar{\nu}\tau + \beta_{12})] \tag{4.5.7}$$

此外

$$\begin{aligned}\gamma_{12}(\tau) &= \frac{\boldsymbol{\Gamma}_{12}(\tau)}{[\Gamma_{11}(0)\Gamma_{22}(0)]^{1/2}} = \frac{\boldsymbol{\Gamma}_{12}(0)}{\sqrt{I_1 I_2}}\exp(\mathrm{j}2\pi\bar{\nu}\tau) = \frac{\boldsymbol{J}_{12}}{\sqrt{I_1 I_2}}\exp(\mathrm{j}2\pi\bar{\nu}\tau) = \gamma_{12}(0)\exp(\mathrm{j}2\pi\bar{\nu}\tau)\\ &= \boldsymbol{\mu}_{12}\exp(\mathrm{j}2\pi\bar{\nu}\tau)\end{aligned} \tag{4.5.8}$$

式中

$$\boldsymbol{\mu}_{12} = \gamma_{12}(0) = \mu_{12}\exp(\mathrm{j}\beta_{12}) \tag{4.5.9}$$

称为复相干系数. 于是式(4.5.8)最后写成

$$\gamma_{12}(\tau) = \mu_{12}\exp[\mathrm{j}(2\pi\bar{\nu}\tau + \beta_{12})] \tag{4.5.10}$$

显然 $\boldsymbol{\mu}_{12}$ 满足

$$0 \leqslant |\boldsymbol{\mu}_{12}| \leqslant 1 \tag{4.5.11}$$

这就是说，在准单色条件下互相干函数 $\boldsymbol{\Gamma}_{12}(\tau)$ 和复相干度 $\gamma_{12}(\tau)$ 分别可以用式(4.5.7)和式 (4.5.10)

来表示. 辐射场的干涉定律式(4.2.14)变成

$$I(Q)=I_1(Q)+I_2(Q)+2\sqrt{I_1(Q)I_2(Q)}\mu_{12}\cos(\beta_{12}+2\pi\bar{\nu}\tau) \tag{4.5.12}$$

式中，β_{12} 是与 τ 无关的量. 如果 $I_1(Q)$ 和 $I_2(Q)$ 在观察区内近似不变，在该区域干涉图样具有几乎恒定的可见度和相位. 条纹可见度为

$$\mathscr{V}=\frac{2\sqrt{I_1(Q)I_2(Q)}}{I_1(Q)+I_2(Q)}\mu_{12} \tag{4.5.13}$$

若两支光路的光强相等，$I_1(Q)=I_2(Q)$，则

$$\mathscr{V}=\mu_{12} \tag{4.5.14}$$

由式(4.5.12)可以看出，准单色光场的特点似乎类似于频率为 $\bar{\nu}$ 的严格单色光场，区别是准单色光场的干涉条纹的可见度和位置分别决定于复相干度的模和相位.

4.6 准单色光的传播和衍射

4.6.1 互相干的传播

当光波在空间传播时，其详细结构会发生变化，互相干函数的详细结构也以同样的方式在变化，在这个意义上说互相干函数在传播. 在这两种情况下，传播的最基本物理原因是光波本身服从波动方程. 我们这里只给出在惠更斯-菲涅耳原理基础上的解. 在讨论互相干函数传播之前，引述一下非单色光场的衍射积分公式.

一个单色光波入射到一个无限大表面 Σ 上，如图 4.6.1 所示，我们希望借助于 Σ 上的光场表示右边场中一点 Q 的复振幅. 根据惠更斯-菲涅耳原理式(2.1.7)，可写出 Q 点的复振幅表达式

$$\boldsymbol{u}(Q)=\frac{1}{\mathrm{j}\lambda}\iint_{\Sigma}\boldsymbol{u}(P)K(\theta)\frac{\exp(\mathrm{j}2\pi r/\lambda)}{r}\mathrm{d}S \tag{4.6.1}$$

现在考虑入射到 Σ 面上的场是一个非单色光波，在 Σ 面上的光场分布为 $u(P,t)$, 与其对应的解析信号为 $\boldsymbol{u}(P,t)$. Σ 面上的光场分布在其右边场中 Q 点处产生的光场用 $u(Q,t)$ 表示，其对应的解析信号为 $\boldsymbol{u}(Q,t)$，可以证明 $\boldsymbol{u}(Q,t)$ 可由 Σ 面上的场分布 $\boldsymbol{u}(P,t)$ 表示出来，即

$$\boldsymbol{u}(Q,t)=\iint_{\Sigma}\frac{\frac{\mathrm{d}}{\mathrm{d}t}\boldsymbol{u}(P,t-r/c)}{2\pi cr}K(\theta)\mathrm{d}S \tag{4.6.2}$$

对于窄带光，这个表达式可以简化为

$$\boldsymbol{u}(Q,t)=\iint_{\Sigma}\frac{1}{\mathrm{j}\bar{\lambda}r}\boldsymbol{u}\left(P,t-\frac{r}{c}\right)K(\theta)\mathrm{d}S \tag{4.6.3}$$

式中 $\bar{\lambda}$ 是中心波长.

现在讨论互相干函数的传播问题. 如图 4.6.2 所示，若有任意相干性的光波从左向右传播，已知在 Σ_1 面上的互相干函数为 $\boldsymbol{\Gamma}(P_1,P_2;\tau)$，我们希望找到 Σ_2 面上的互相干函数 $\boldsymbol{\Gamma}(Q_1,Q_2;\tau)$，也就是说，我们的目的是已知针孔 P_1 和 P_2 的杨氏干涉结果，预测针孔 Q_1 和 Q_2 的杨氏干涉实验结果.

我们这里限于讨论窄带情形. Σ_2 面上的互相干函数定义为

$$\boldsymbol{\Gamma}(Q_1,Q_2;\tau)=\left\langle\boldsymbol{u}(Q_1,t+\tau)\boldsymbol{u}^*(Q_2,t)\right\rangle \tag{4.6.4}$$

通过窄带光传播规律式(4.6.3)，可以把 Σ_2 面上的光场同 Σ_1 面上的光场联系起来，于是有

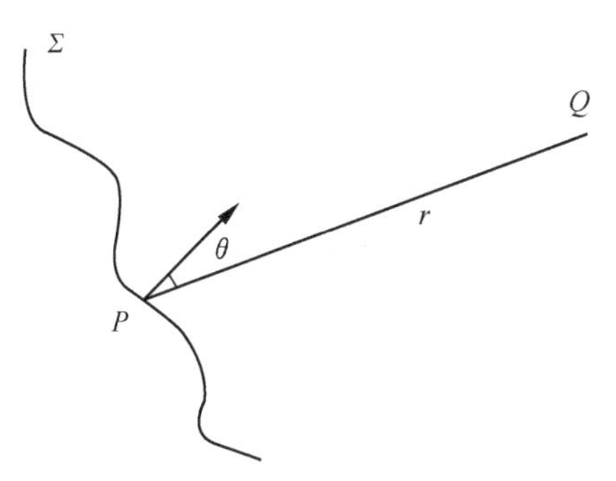

图 4.6.1　传播的空间几何关系

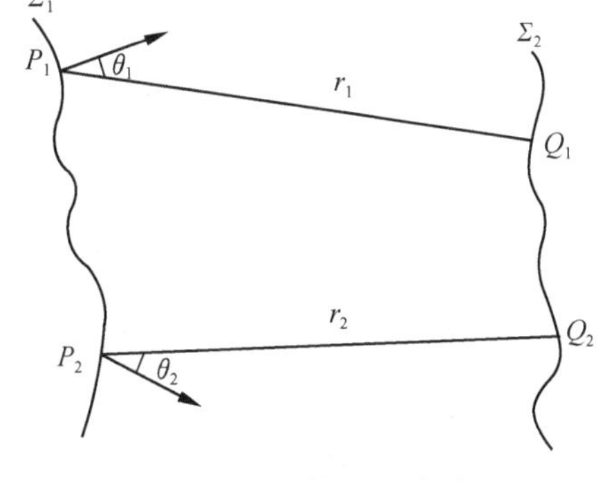

图 4.6.2　互相干传播的几何关系

$$\boldsymbol{u}(Q_1,t+\tau)=\iint_{\Sigma_1}\frac{1}{\mathrm{j}\bar{\lambda}r_1}\boldsymbol{u}\left(P_1,t+\tau-\frac{r_1}{c}\right)K(\theta_1)\mathrm{d}S_1 \tag{4.6.5}$$

$$\boldsymbol{u}^*(Q_2,t)=\iint_{\Sigma_1}-\frac{1}{\mathrm{j}\bar{\lambda}r_2}\boldsymbol{u}^*\left(P_2,t-\frac{r_2}{c}\right)K(\theta_2)\mathrm{d}S_2 \tag{4.6.6}$$

式中，θ_1和θ_2分别是r_1和r_2与该点处波面法线的夹角. 将式(4.6.5)和式(4.6.6)代入式(4.6.4)，并交换积分和求平均的次序得

$$\boldsymbol{\Gamma}(Q_1,Q_2;\tau)=\iint_{\Sigma_1}\iint_{\Sigma_1}\frac{\left\langle\boldsymbol{u}\left(P_1,t+\tau-\frac{r_1}{c}\right)\boldsymbol{u}^*\left(P_2,t-\frac{r_2}{c}\right)\right\rangle}{(\bar{\lambda})^2r_1r_2}K(\theta_1)K(\theta_2)\mathrm{d}S_1\mathrm{d}S_2 \tag{4.6.7}$$

被积函数中的时间平均可借助Σ_1面上的互相干函数来表示，这就得出了在窄带假设下互相干传播的基本定律

$$\boldsymbol{\Gamma}(Q_1,Q_2;\tau)=\iint_{\Sigma_1}\iint_{\Sigma_1}\boldsymbol{\Gamma}\left(P_1,P_2;\tau+\frac{r_2-r_1}{c}\right)\frac{K(\theta_1)}{\bar{\lambda}r_1}\frac{K(\theta_2)}{\bar{\lambda}r_2}\mathrm{d}S_1\mathrm{d}S_2 \tag{4.6.8}$$

式(4.6.8)适用于窄带条件，现在对它作进一步的限制以适用于准单色条件，为此我们要求最大光程差远小于相干长度. 在这个假设下，我们会找到相应的互强度的传播规律. 当准单色条件被满足时，按定义Σ_2面上的互强度为

$$\boldsymbol{J}(Q_1,Q_2)=\boldsymbol{\Gamma}(Q_1,Q_2;0) \tag{4.6.9}$$

在式(4.6.8)中令$\tau=0$并注意到［参看式(4.5.7)］

$$\boldsymbol{\Gamma}\left(P_1,P_2;\frac{r_2-r_1}{c}\right)=\boldsymbol{J}(P_1,P_2)\exp\left(\mathrm{j}2\pi\frac{r_2-r_1}{\bar{\lambda}}\right) \tag{4.6.10}$$

可得

$$\boldsymbol{J}(Q_1,Q_2)=\iint_{\Sigma_1}\iint_{\Sigma_1}\boldsymbol{J}(P_1,P_2)\ \exp\left[\mathrm{j}\frac{2\pi}{\bar{\lambda}}(r_2-r_1)\right]\frac{K(\theta_1)}{\bar{\lambda}r_1}\frac{K(\theta)}{\bar{\lambda}r_2}\mathrm{d}S_1\mathrm{d}S_2 \tag{4.6.11}$$

这就是准单色近似下互强度的传播规律.

让式(4.6.11)中的$Q_1\to Q_2$，则很容易得到Σ_2面上的强度分布，即

$$I(Q)=\iint_{\Sigma_1}\iint_{\Sigma_1}\boldsymbol{J}(P_1,P_2)\exp\left[\mathrm{j}\frac{2\pi}{\bar{\lambda}}(r_2-r_1)\right]\frac{K(\theta_1)}{\bar{\lambda}r_1}\frac{K(\theta)}{\bar{\lambda}r_2}\mathrm{d}S_1\mathrm{d}S_2 \tag{4.6.12}$$

若令$I(P_1)$和$I(P_2)$分别表示P_1和P_2点的光强，则有

$$I(P_1)=\boldsymbol{\Gamma}_{11}(0)=\left\langle\boldsymbol{u}(p_1,t)\boldsymbol{u}^*(p_1,t)\right\rangle$$

$$I(P_2)=\boldsymbol{\Gamma}_{22}(0)=\left\langle\boldsymbol{u}(p_2,t)\boldsymbol{u}^*(p_2,t)\right\rangle$$

于是互强度 $\boldsymbol{J}(p_1,p_2)$ 可表示为

$$\boldsymbol{J}(p_1,p_2)=\sqrt{I(p_1)I(p_2)}\boldsymbol{u}(p_1,p_2)$$

式(4.6.12)可改写为

$$I(Q)=\iint_{\Sigma_1}\iint_{\Sigma_2}\sqrt{I(P_1)I(P_2)}\,\boldsymbol{u}(P_1,P_2)\exp\left[\mathrm{j}\frac{2\pi}{\bar{\lambda}}(r_2-r_1)\right]\frac{K(\theta_1)}{\bar{\lambda}r_1}\frac{K(\theta_2)}{\bar{\lambda}r_2}\mathrm{d}S_1\mathrm{d}S_2 \tag{4.6.13}$$

上式表明，Q 点的光强等于 Σ_1 面上每一对点所作的贡献之和，每一对点所产生的响应为 $\dfrac{\exp\left[\mathrm{j}\frac{2\pi}{\bar{\lambda}}(r_2-r_1)\right]}{\bar{\lambda}^2 r_1 r_2}K(\theta_1)K(\theta_2)$，每一对点的贡献依赖于这两点的强度以及相应的复相干系数 $\boldsymbol{u}(p_1,p_2)$. 式(4.6.13)可以看成是部分相干光场中强度传播的惠更斯-菲涅耳原理. 它与描述单色光波场传播的较初等的惠更斯-菲涅耳公式的相似性并不奇怪，因为互强度的传播也遵循亥姆霍兹方程.

讨论自由空间中准单色光场互相干性传播的另一个重要结论是，当对于所有 $P_1\neq P_2$ 的点和所有时间延迟 τ 都有 $\boldsymbol{\Gamma}(P_1,P_2)=0$ 时，式(4.6.8)的积分为零. 这意味着按照这样的方式定义的非相干光是不能传播的，也就是说完全不相干的表面是不能辐射的，光波不可能由 Σ_1 面传播到 Σ_2 面. 这并不是物理的真实. 注意，这里说的非相干波场具有无穷小的精细结构. 空间的精细度小于一个波长，就对应于不能传播的倏逝波. 但对于实际的波场，仪器的分辨能力远大于一个波长，所以在物理上，我们所说的点均是有一定大小的，应具有大于一个波长的结构范围. 对于一个传播的波，相干性至少在一个波长的范围内是存在的. 对于一般的光学系统，波长相对于波面的尺度可以看成物理上的无穷小量，因此非相干光场的互强度通常近似地表示为

$$\boldsymbol{\Gamma}(P_1,P_2)=KI(P_1)\delta(x_1-x_2,y_1-y_2) \tag{4.6.14}$$

式中，(x_1,y_1) 和 (x_2,y_2) 分别是点 P_1 和 P_2 的坐标，$\delta(*)$ 为二维 δ 函数，K 为一个适当的常数.

4.6.2　薄透明物体对互强度的影响

在很多光学系统中，物体用透射方式照明，像即由透射光形成，这里研究薄透射物体对互强度的影响. 设物体的折射率为 n，用实函数 $B(P)$ 描述物体的吸收作用，它使透光振幅衰减. 为简单起见，认为 n 与 $B(P)$ 均与波长 λ 无关. 用 $\delta(P)$ 描述 P 点透过的光场所经受的时间延迟，它与 P 点的厚度 $d(P)$ 有关，如图 4.6.3 所示.

$$\delta(P)=\frac{d(P)}{c/n}+\frac{d_0-d(P)}{c}=\frac{(n-1)d(P)}{c}+\frac{d_0}{c} \tag{4.6.15}$$

透射光场 $\boldsymbol{u}_\mathrm{t}$ 与入射光场 $\boldsymbol{u}_\mathrm{i}$ 之间的关系为

$$\boldsymbol{u}_\mathrm{t}(P;t)=B(P)\boldsymbol{u}_\mathrm{i}[P;t-\delta(P)]$$

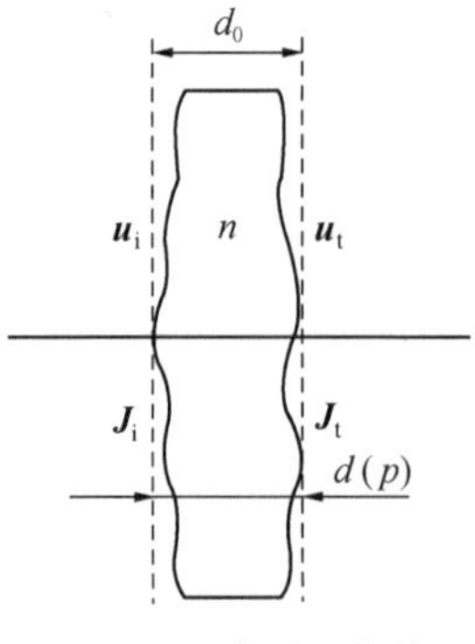

互相干函数为

$$\begin{aligned}\boldsymbol{\Gamma}_\mathrm{t}(P_1,P_2;\tau)&=\left\langle\boldsymbol{u}_\mathrm{t}(P_1;t+\tau)\boldsymbol{u}_\mathrm{t}^*(P_2;t)\right\rangle\\&=B(P_1)B(P_2)\left\langle\boldsymbol{u}_\mathrm{i}\left[P_1;t+\tau-\delta(P_1)\right]\boldsymbol{u}_\mathrm{i}^*[P_2;t+\delta(P_2)]\right\rangle\\&=B(P_1)B(P_2)\boldsymbol{\Gamma}_\mathrm{i}[P_1,P_2;\tau-\delta(P_1)+\delta(P_2)]\end{aligned} \tag{4.6.16}$$

上式给出了入射和透射互相干函数之间的关系.

若光是准单色的，则方便的方法是用随时间变化的复振幅将入射场的解析信号写成

$$\boldsymbol{u}_\mathrm{i}(P;t)=\boldsymbol{A}_\mathrm{i}(P;t)\exp(\mathrm{j}2\pi\bar{\nu}t) \tag{4.6.17}$$

图 4.6.3　薄透明物体

使用对场的这种表示方法，把入射场的互相干函数表示为

$$\boldsymbol{\Gamma}_{\mathrm{i}}(P_1,P_2;\tau)=\left\langle \boldsymbol{A}_{\mathrm{i}}(P_1;t+\tau)\boldsymbol{A}_{\mathrm{i}}^{*}(P_2;t)\right\rangle \exp(\mathrm{j}2\pi\bar{\nu}\tau) \tag{4.6.18}$$

在式(4.6.16)中，采用这一形式，我们得到

$$\begin{aligned}\boldsymbol{\Gamma}_{\mathrm{t}}(P_1,P_2;\tau)=&B(P_1)\exp[-\mathrm{j}2\pi\bar{\nu}\delta(P_1)]B(P_2)\exp(\mathrm{j}2\pi\bar{\nu}\delta(P_2))\\&\cdot\left\langle \boldsymbol{A}_{\mathrm{i}}[P_1;t+\tau-\delta(P_1)+\delta(P_2)]\boldsymbol{A}_{\mathrm{i}}^{*}(P_2;t)\right\rangle \exp(\mathrm{j}2\pi\bar{\nu}\tau)\end{aligned} \tag{4.6.19}$$

若物体造成的时间延迟差$|\delta(P_1)-\delta(P_2)|$远小于相干时间$\tau_{\mathrm{c}}$，即

$$|\delta(P_1)-\delta(P_2)|\ll\tau_{\mathrm{c}} \tag{4.6.20}$$

则时间平均与$\delta(P_1)$和$\delta(P_2)$无关. 在这一条件下，我们得到

$$\boldsymbol{\Gamma}_{\mathrm{t}}(P_1,P_2;\tau)=\boldsymbol{t}(P_1)\boldsymbol{t}^{*}(P_2)\boldsymbol{\Gamma}_{\mathrm{i}}(P_1,P_2;\tau) \tag{4.6.21}$$

式中$\boldsymbol{t}(P)$是物体在P点的振幅透过率，它由下式定义：

$$\boldsymbol{t}(P)=B(P)\exp[-\mathrm{j}2\pi\bar{\nu}\delta(P)] \tag{4.6.22}$$

式(4.6.22)是入射互相干函数与透射互相干函数之间的关系式. 如果在某一给定的物理实验中，有重要意义的时间延迟τ总是小于相干时间τ_{c}，那么式(4.6.21)意味着入射互强度与透射互强度有如下关系：

$$\boldsymbol{J}_{\mathrm{t}}(P_1,P_2)=\boldsymbol{t}(P_1)\boldsymbol{t}^{*}(P_2)\boldsymbol{J}_{\mathrm{i}}(P_1,P_2) \tag{4.6.23}$$

式(4.6.23)表明，P_1、P_2两点的互强度在透过物体时受到两点的振幅及相位透过率的影响. 式(4.6.23)适用于孔径、薄透镜和薄的振幅型或相位型物体，它揭示出物体本身的信息是如何调制载波的互强度的.

4.6.3 部分相干光的衍射

在一般的衍射理论中，要求衍射孔径上的照明为相干照明，而实际的光源总是部分相干的，因此现在讨论部分相干光照明孔径的衍射效应. 如图 4.6.4 所示，孔径位于$\alpha\beta$平面上，观察平面为与之平行的xy平面，它们之间的距离为z，设孔径的复振幅透过率为$\boldsymbol{t}(\alpha,\beta)$，若照明光波在孔径前的互强度为$\boldsymbol{J}_1$，则孔径后的互强度$\boldsymbol{J}_1'$为

$$\boldsymbol{J}_1'(\alpha_1,\beta_1;\alpha_2,\beta_2)=\boldsymbol{t}(\alpha_1,\beta_1)\boldsymbol{t}^{*}(\alpha_2,\beta_2)\boldsymbol{J}_1(\alpha_1\beta_1;\alpha_2\beta_2) \tag{4.6.24}$$

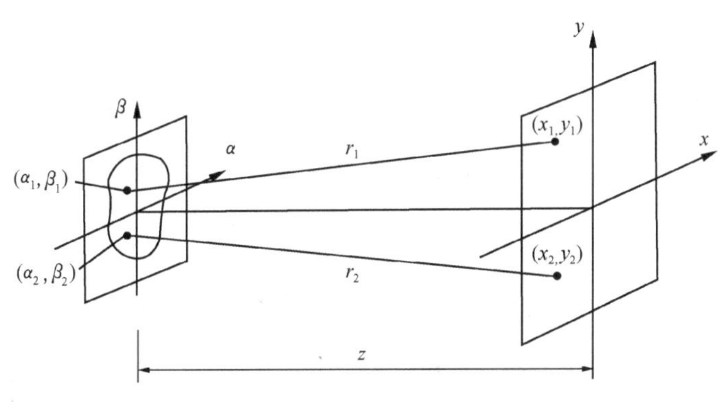

图 4.6.4　部分相干光衍射示意图

考虑在小角度近似下有$K(\theta_1)K(\theta_2)\approx1$，根据式(4.6.11)，观察平面上光场互强度$\boldsymbol{J}_2$可用孔径后方透射互强度$\boldsymbol{J}_1'$表示为

$$\boldsymbol{J}_2(x_1,y_1;x_2y_2)=\iiiint_{-\infty}^{\infty}\boldsymbol{J}_1'(\alpha_1,\beta_1;\alpha_2,\beta_2)\frac{\exp\left[\mathrm{j}\dfrac{2\pi}{\bar{\lambda}}(r_2-r_1)\right]}{\bar{\lambda}^2 r_1 r_2}\mathrm{d}\alpha_1\mathrm{d}\beta_1\mathrm{d}\alpha_2\mathrm{d}\beta_2 \tag{4.6.25}$$

式中，积分区域已扩展到无穷，这是因为假设孔径平面上没有光传播到 xy 平面上的点对，其 $\boldsymbol{J}_1'$ 为零. 引入 2.1 节中的菲涅耳傍轴近似，式(4.6.25)可改写为

$$\boldsymbol{J}_2(x_1,y_1;x_2,y_2)=\frac{\exp(\mathrm{j}\theta)}{\bar{\lambda}^2z^2}\iiiint_{-\infty}^{\infty}\boldsymbol{J}_1'(\alpha_1,\beta_1;\alpha_2,\beta_2)\exp\left[\mathrm{j}\frac{\pi}{\bar{\lambda}z}(\alpha_2^2+\beta_2^2)-(\alpha_1^2+\beta_1^2)\right]$$
$$\cdot\exp\left[-\mathrm{j}\frac{2\pi}{\bar{\lambda}z}(\alpha_2x_2+\beta_2y_2-\alpha_1x_1-\beta_1y_1)\right]\mathrm{d}\alpha_1\mathrm{d}\beta_1\mathrm{d}\alpha_2\mathrm{d}\beta_2 \tag{4.6.26}$$

其中

$$\theta=\frac{\pi}{\bar{\lambda}z}\left[(x_2^2+y_2^2)-(x_1^2+y_1^2)\right] \tag{4.6.27}$$

如果两平面之间的距离 z 增加到足够大，从而满足夫琅禾费条件，上式可进一步改写为

$$\boldsymbol{J}_2(x_1,y_1;x_2,y_2)$$
$$=\frac{\exp(\mathrm{j}\theta)}{\bar{\lambda}^2z^2}\iiiint_{-\infty}^{\infty}\boldsymbol{J}_1'(\alpha_1,\beta_1;\alpha_2,\beta_2)\exp\left[-\mathrm{j}\frac{2\pi}{\bar{\lambda}z}(\alpha_2x_2+\beta_2y_2-\alpha_1x_1-\beta_1y_1)\right]\mathrm{d}\alpha_1\mathrm{d}\beta_1\mathrm{d}\alpha_2\mathrm{d}\beta_2 \tag{4.6.28}$$

上式表明，在这个场条件下 $\boldsymbol{J}_2$ 正比于 $\boldsymbol{J}_1'$ 的四维傅里叶变换. 当 Q_1 和 Q_2 点重合，即 $x_1=x_2=x$，$y_1=y_2=y$ 时，可以得到观察屏上的强度分布

$$I(x,y)=\frac{1}{\bar{\lambda}^2z^2}\iiiint_{-\infty}^{\infty}\boldsymbol{J}_1'(\alpha_1,\beta_1;\alpha_2,\beta_2)\exp\left[-\mathrm{j}\frac{2\pi}{\bar{\lambda}z}[x(\alpha_2-\alpha_1)+y(\beta_2-\beta_1)]\right]\mathrm{d}\alpha_1\mathrm{d}\beta_1\mathrm{d}\alpha_2\mathrm{d}\beta_2 \tag{4.6.29}$$

强度分布 $I(x,y)$ 和孔径平面互强度 $\boldsymbol{J}_1'$ 之间存在准确的傅里叶变换关系.

对于许多实际情况(参阅 4.7 节)，准单色(空间)非相干光源发出的光波照明孔径时，$\boldsymbol{J}_1$ 可以简化，为了分析时简单些，我们假定互强度 $\boldsymbol{J}_1$ 可以表示为

$$\boldsymbol{J}_1(\alpha_1,\beta_1;\alpha_2,\beta_2)=I_0\boldsymbol{\mu}_1(\Delta\alpha,\Delta\beta) \tag{4.6.30}$$

式中，$\Delta\alpha=\alpha_2-\alpha_1,\Delta\beta=\beta_2-\beta_1$. 上式表明复相干系数仅依赖于孔径平面上两点的坐标差. 例如，若来自非相干光源的光通过柯勒聚光系统到达孔径，上式就成立. 于是透射互强度 $\boldsymbol{J}_1'$ 即式(4.6.24)可改写为

$$\boldsymbol{J}_1'(\alpha_1,\beta_1;\alpha_2,\beta_2)=\boldsymbol{t}(\alpha_1,\beta_1)\boldsymbol{t}^*(\alpha_1+\Delta\alpha;\beta_1+\Delta\beta)I_0\boldsymbol{\mu}_1(\Delta\alpha,\Delta\beta) \tag{4.6.31}$$

将式(4.6.31)代入式(4.6.29)得到

$$I(x,y)=\frac{I_0}{\bar{\lambda}^2z^2}\iiiint_{-\infty}^{\infty}\mathscr{P}(\Delta\alpha,\Delta\beta)\,\boldsymbol{\mu}_1(\Delta\alpha,\Delta\beta)\exp\left[-\mathrm{j}\frac{2\pi}{\bar{\lambda}z}(x\Delta\alpha+y\Delta\beta)\right]\mathrm{d}\Delta\alpha\mathrm{d}\Delta\beta \tag{4.6.32a}$$

其中

$$\mathscr{P}(\Delta\alpha,\Delta\beta)=\iint_{-\infty}^{\infty}\boldsymbol{t}(\alpha_1,\beta_1)\,\boldsymbol{t}^*(\alpha_1+\Delta\alpha,\beta_1+\Delta\beta)\mathrm{d}\alpha_1\mathrm{d}\beta_1 \tag{4.6.32b}$$

式(4.6.32)表明，衍射图样的强度分布是孔径自相关函数 $\boldsymbol{P}$ 与入射光波复相干系数乘积的二维傅里叶变换. 式(4.6.32)可以看成远场条件下部分相干光的普遍衍射公式. 这个公式是谢尔(Shell)在他的博士论文中解决的，称为谢尔定理. 由这个定理出发，可以导出在相干和非相干照明这种极端情况下的衍射规律.

当采用完全(空间)相干的平面波照明孔径时，$\boldsymbol{\mu}_1=1$，于是

$$I(x,y)=\frac{I_0}{\bar{\lambda}^2z^2}\iint_{-\infty}^{\infty}\mathscr{P}(\Delta\alpha,\Delta\beta)\,\exp\left[-\mathrm{j}\frac{2\pi}{\bar{\lambda}z}(x\Delta\alpha+y\Delta\beta)\right]\mathrm{d}\Delta\alpha\mathrm{d}\Delta\beta \tag{4.6.33}$$

再利用傅里叶变换的自相关定理，得到

$$I(x,y)=\frac{I_0}{\lambda^2 z^2}\left|\iint_{-\infty}^{\infty}\boldsymbol{t}(\alpha,\beta)\exp\left[-\mathrm{j}\frac{2\pi}{\lambda z}(x\alpha+y\beta)\right]\mathrm{d}\alpha\mathrm{d}\beta\right|^2 \tag{4.6.34}$$

这和以前讲的单色光波的夫琅禾费衍射的强度计算完全一致.

假定照明光波在孔径上产生的相干面积比孔径尺寸小得多，孔径可看成非相干照明. 这时对 $\boldsymbol{u}_1$ 不为零的区域来说，自相关函数 $\boldsymbol{P}(\Delta\alpha,\Delta\beta)$，即错位孔径的重叠面积近似等于最大值 A（孔径面积），所以

$$I(x,y)=\frac{I_0 A}{\lambda^2 z^2}\iint_{-\infty}^{\infty}\boldsymbol{u}_1(\Delta\alpha,\Delta\beta)\exp\left[-\mathrm{j}\frac{2\pi}{\lambda z}(x\Delta\alpha+y\Delta\beta)\right]\mathrm{d}\Delta\alpha\mathrm{d}\Delta\beta \tag{4.6.35}$$

可以看出，观察平面上的强度分布和孔径的形状没有关系，仅取决于复相干系数.

在部分相干光照明孔径的一般情况下，衍射图样的强度 $I(x,y)$ 既然等于乘积 $\mathscr{P}\boldsymbol{u}_1$ 的傅里叶变换，由卷积定理可知，$I(x,y)$ 就应是 $\mathscr{P}$ 和 $\boldsymbol{u}_1$ 各自变换式的卷积. 卷积的效应是使衍射图样平滑化，照明光的相干面积越小，平滑化越明显.

4.7　范西泰特-策尼克定理及其应用

如图 4.7.1 所示，当光场由 Σ_1 面传播到 Σ_2 面时，Σ_2 面上任何一点 Q_1 或 Q_2 的光扰动都是由 Σ_1 面上各点贡献叠加而成的. 因此，即使 Σ_1 面上的光场是非相干的，在 Σ_2 面上的各点对 (Q_1,Q_2) 的光扰动之间都存在一定的联系，也就是有一定的相干性. 作为近代光学中最重要的定理之一的范西泰特-策尼克(van Cittert-Zernike)定理，就是讨论一种由准单色(空间)非相干光源照明而产生的光场的互强度.

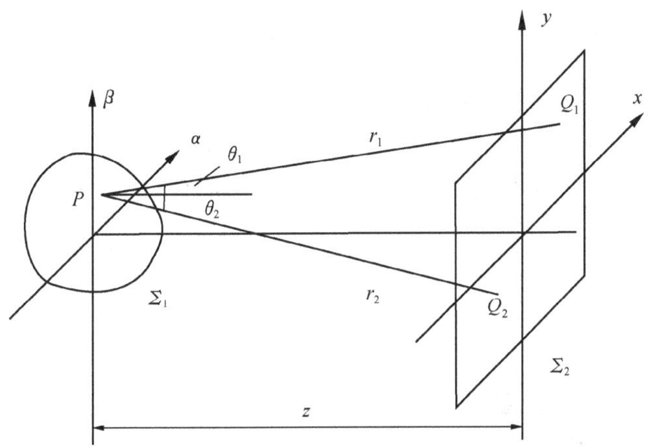

图 4.7.1　范西泰特-策尼克定理的几何关系

4.7.1　范西泰特-策尼克定理

如图 4.7.1 所示，Σ_1 和 Σ_2 平面相互平行，相距为 z. Σ_1 是一个准单色扩展光源，由它发出的非相干光照明 Σ_2 面，我们现在求 Σ_2 面上任意两点 Q_1 和 Q_2 的互强度和复相干系数.

扩展光源 Σ_1 上的互强度 $\boldsymbol{J}(P_1,P_2)$ 和观察面 Σ_2 上的互强度 $\boldsymbol{J}(Q_1,Q_2)$ 由下式联系：

$$\boldsymbol{J}(Q_1,Q_2)=\iint_{\Sigma_1}\iint_{\Sigma_1}\boldsymbol{J}(P_1,P_2)\exp\left[\mathrm{j}\frac{2\pi}{\bar{\lambda}}(r_2-r_1)\right]\frac{K(\theta_1)}{\bar{\lambda}r_1}\frac{K(\theta_2)}{\bar{\lambda}r_2}\mathrm{d}S_1\mathrm{d}S_2 \tag{4.7.1}$$

对于空间非相干光源这种特殊情况，两个不同点的光振动是统计无关的，因而有

$$J(P_1,P_2)=I(P_1)\delta(P_1-P_2) \tag{4.7.2}$$

把它代入式(4.7.1)中，并利用δ函数的筛选性质，得到观察屏幕上的互强度为

$$J(Q_1,Q_2)=\frac{1}{(\bar{\lambda})^2}\iint_{\Sigma_1} I(P_1)\exp\left[\mathrm{j}\frac{2\pi}{\bar{\lambda}}(r_2-r_1)\right]\frac{K(\theta_1)}{r_1}\frac{K(\theta_2)}{r_2}\mathrm{d}S \tag{4.7.3}$$

为了将式(4.7.3)进一步简化，特作如下假设和近似：

(1)光源和观察区的线度与两者之间的距离 z 相比很小，因此$1/r_1r_2\approx 1/z^2$；

(2)只涉及小角度，以致$K(\theta_1)=K(\theta_2)\approx 1$.

于是在观察区的互强度取如下形式：

$$J(Q_1,Q_2)=\frac{1}{(\bar{\lambda}z)^2}\iint_{\Sigma_1} I(P_1)\exp\left[\mathrm{j}\frac{2\pi}{\bar{\lambda}}(r_2-r_1)\right]\mathrm{d}S \tag{4.7.4}$$

现在再对指数函数中的r_1和r_2引入傍轴近似

$$r_2=[z^2+(x_2-\alpha)^2+(y_2-\beta)^2]^{1/2}\approx z+\frac{(x_2-\alpha)^2+(y_2-\beta)^2}{2z}$$

$$r_1=[z^2+(x_1-\alpha)^2+(y_1-\beta)^2]^{1/2}\approx z+\frac{(x_1-\alpha)^2+(y_1-\beta)^2}{2z}$$

令$\Delta x=x_2-x_1,\Delta y=y_2-y_1$,并注意到$\alpha$、$\beta$在有限的光源范围$\Sigma_1$之外时，$I(\alpha,\beta)=0$，于是范西泰特-策尼克定理的最后形式为

$$J(x_1,y_1;x_2,y_2)=\frac{\exp(\mathrm{j}\psi)}{(\bar{\lambda}z)^2}\iint_{-\infty}^{\infty} I(\alpha,\beta)\exp\left[-\mathrm{j}\frac{2\pi}{\bar{\lambda}z}(\Delta x\alpha+\Delta y\beta)\right]\mathrm{d}\alpha\mathrm{d}\beta \tag{4.7.5}$$

式中的相位因子ψ由下式给出：

$$\psi=\frac{\pi}{\bar{\lambda}z}[(x_2^2+y_2^2)-(x_1^2+y_1^2)]=\frac{\pi}{\bar{\lambda}z}(\rho_2^2-\rho_1^2) \tag{4.7.6}$$

其中，ρ_1和ρ_2分别是点(x_1,y_1)和点(x_2,y_2)离光轴的距离.

把这一定理表示成归一化形式往往更方便，为此先计算Q_1和Q_2点的强度. 在式(4.7.5)中令$x_1=x_2,y_1=y_2$，便可得出Q_1点或Q_2点的强度表达式，显然它们相等，即

$$I(x_1,y_1)=I(x_2,y_2)=\frac{1}{(\bar{\lambda}z)^2}\iint_{-\infty}^{\infty} I(\alpha,\beta)\mathrm{d}\alpha\mathrm{d}\beta \tag{4.7.7}$$

于是

$$\mu(x_1,y_1;x_2,y_2)=\frac{J(x_1,y_1;x_2,y_2)}{[I(x_1,y_1)I(x_2,y_2)]^{1/2}}=\frac{\exp(\mathrm{j}\psi)\iint_{-\infty}^{\infty} I(\alpha,\beta)\exp\left[-\mathrm{j}\frac{2\pi}{\bar{\lambda}z}(\Delta x\alpha+\Delta y\beta)\right]\mathrm{d}\alpha\mathrm{d}\beta}{\iint_{-\infty}^{\infty} I(\alpha,\beta)\mathrm{d}\alpha\mathrm{d}\beta} \tag{4.7.8}$$

式(4.7.8)给出了一个十分重要的结论：即当光源本身的线度以及观察区域的线度都比二者间的距离小得多时，观察区域上的复相干系数正比于光源强度分布的归一化傅里叶变换.

相位因子$\exp(\mathrm{j}\psi)$并不影响复相干系数的模$\mu(Q_1,Q_2)$，也就是说不影响我们判断Q_1和Q_2两点杨氏干涉实验中产生干涉条纹的可见度. $\mu(Q_1,Q_2)$只和观察平面上选定的Q_1和Q_2两点的坐标差Δx、Δy有关. 此外，当两点到光轴的距离相等时，$\psi=0$；或者当$z\gg\pi(\rho_2^2-\rho_1^2)/\bar{\lambda}$时$\psi\ll\frac{\pi}{2}$. 在这两种情况下，式(4.7.8)中的相位因子$\exp(\mathrm{j}\psi)$便可略去.

$\mu(Q_1,Q_2)$和$I(\alpha,\beta)$之间存在着傅里叶变换关系. 这种运算关系类似于夫琅禾费衍射. 但是，

范西泰特-策尼克定理在更宽的空间范围内成立，因为我们只涉及了傍轴近似，在衍射问题中对菲涅耳衍射和夫琅禾费衍射都适用.

4.7.2 相干面积

从范西泰特-策尼克定理出发可以导出准单色扩展光源相干性的量度，即空间相干性. 注意到复相干系数的模 μ 只与 xy 平面的坐标差 Δx、Δy 有关，就有可能定义一个相干面积 A_c，它在性质上完全类似于式(4.3.27)所定义的相干时间 τ_c. 相干面积定义为

$$A_c = \iint_{-\infty}^{\infty} |\boldsymbol{\mu}(\Delta x, \Delta y)|^2 \, \mathrm{d}\Delta x \mathrm{d}\Delta y \tag{4.7.9}$$

下面将要证明，对于形状任意，面积为 A_s 的均匀非相干准单色光源在离光源 z 处的相干面积是

$$A_c = \frac{(\bar{\lambda} z)^2}{A_s} \approx \frac{(\bar{\lambda})^2}{\Omega_s} \tag{4.7.10}$$

式中，Ω_s 是光源对观察区原点所张的立体角.

由范西泰特-策尼克定理有

$$|\boldsymbol{\mu}(\Delta x, \Delta y)|^2 = \frac{\left| \exp(\mathrm{j}\psi) \iint_{-\infty}^{\infty} I(\alpha, \beta) \exp\left[-\mathrm{j}2\pi \left(\frac{\Delta x}{\bar{\lambda} z}\alpha + \frac{\Delta y}{\bar{\lambda} z}\beta \right) \right] \mathrm{d}\alpha \mathrm{d}\beta \right|^2}{\left| \iint_{-\infty}^{\infty} I(\alpha, \beta) \mathrm{d}\alpha \mathrm{d}\beta \right|^2}$$

$$= \frac{|\mathscr{F}\{I(\alpha, \beta)\}|^2}{\left| \iint_{-\infty}^{\infty} I(\alpha, \beta) \mathrm{d}\alpha \mathrm{d}\beta \right|^2} = \frac{\left| \mathscr{G}\left(\frac{\Delta x}{\bar{\lambda} z}, \frac{\Delta y}{\bar{\lambda} z} \right) \right|^2}{\left| \iint_{-\infty}^{\infty} I(\alpha, \beta) \mathrm{d}\alpha \mathrm{d}\beta \right|^2}$$

所以

$$A_c = \iint_{-\infty}^{\infty} |\boldsymbol{\mu}(\Delta x, \Delta y)|^2 \, \mathrm{d}\Delta x \mathrm{d}\Delta y = \frac{\iint_{-\infty}^{\infty} \left| \mathscr{G}\left(\frac{\Delta x}{\bar{\lambda} z}, \frac{\Delta y}{\bar{\lambda} z} \right) \right|^2 \mathrm{d}\Delta x \mathrm{d}\Delta y}{\left| \iint_{-\infty}^{\infty} I(\alpha, \beta) \mathrm{d}\alpha \mathrm{d}\beta \right|^2}$$

$$= \frac{(\bar{\lambda} z)^2 \iint_{-\infty}^{\infty} \left| \mathscr{G}\left(\frac{\Delta x}{\bar{\lambda} z}, \frac{\Delta y}{\bar{\lambda} z} \right) \right|^2 \mathrm{d}\left(\frac{\Delta x}{\bar{\lambda} z} \right) \mathrm{d}\left(\frac{\Delta y}{\bar{\lambda} z} \right)}{\left| \iint_{-\infty}^{\infty} I(\alpha, \beta) \mathrm{d}\alpha \mathrm{d}\beta \right|^2}$$

根据帕塞瓦尔定理，上式进一步化简成

$$A_c = \frac{(\bar{\lambda} z)^2 \iint_{-\infty}^{\infty} I^2(\alpha, \beta) \mathrm{d}\alpha \mathrm{d}\beta}{\left[\iint_{-\infty}^{\infty} I(\alpha, \beta) \mathrm{d}\alpha \mathrm{d}\beta \right]^2} \tag{4.7.11}$$

若光源是面积为 A_s 的均匀光源，设其强度为 I_0，则 A_c 可由下式计算：

$$A_c = \frac{(\bar{\lambda} z)^2 \iint_{\Sigma_1} I_0^2 \mathrm{d}\alpha \mathrm{d}\beta}{\left[\iint_{\Sigma_1} I_0 \mathrm{d}\alpha \mathrm{d}\beta \right]^2} = \frac{(\bar{\lambda} z)^2 A_s I_0^2}{(A_s I_0)^2} = \frac{(\bar{\lambda} z)^2}{(A_s)} \approx \frac{(\bar{\lambda})^2}{\Omega_s}$$

上式也可写成

$$A_s = \frac{(\bar{\lambda})^2}{\Omega_c} \tag{4.7.12}$$

式中，Ω_c 是相干面积对光源原点所张的立体角. 式(4.7.10)和式(4.7.12)可以改写为

$$A_c\Omega_s = (\bar{\lambda})^2 \tag{4.7.13}$$

$$A_s\Omega_c = (\bar{\lambda})^2 \tag{4.7.14}$$

或者将式(4.7.10)写成

$$A_c A_s = (\bar{\lambda} z)^2 \tag{4.7.15}$$

4.7.3　均匀圆形光源

作为一个应用范西泰特-策尼克定理的例子，我们计算一个高度均匀、非相干准单色、半径为 a 的圆盘形光源所产生的光场复相干系数 $\boldsymbol{\mu}_{12}$. 设光源的强度分布为

$$I(\alpha,\beta) = I_0 \mathrm{circ}\left(\frac{\sqrt{\alpha^2+\beta^2}}{a}\right) = I_0 \mathrm{circ}\left(\frac{r}{a}\right) \tag{4.7.16}$$

为了求出 $\boldsymbol{J}(\Delta x,\Delta y)$，我们采用极坐标，对强度分布作傅里叶-贝塞尔变换

$$\mathscr{B}\left[I_0 \mathrm{circ}\left(\frac{r}{a}\right)\right] = 2\pi I_0 \int_0^a r \mathrm{J}_0(2\pi r\rho)\mathrm{d}r$$

式中，ρ 为频率中的极坐标半径. 为完成上式的积分，令 $r' = 2\pi r\rho$，并利用第一类零阶和一阶贝塞尔函数的积分关系 $\int_0^x \alpha \mathrm{J}_0(\alpha)\mathrm{d}\alpha = x\mathrm{J}_1(x)$，于是

$$\mathscr{B}\left[\mathrm{J}_0 \mathrm{circ}\left(\frac{r}{a}\right)\right] = \frac{I_0}{2\pi\rho^2}\int_0^{2\pi a\rho} r'\mathrm{J}_0(r')\mathrm{d}r' = \pi a^2 \frac{2\mathrm{J}_1(2\pi a\rho)}{2\pi a\rho} \tag{4.7.17}$$

由式(4.7.5)我们得

$$\begin{aligned}
\boldsymbol{J}(\Delta x,\Delta y) &= \frac{\exp(\mathrm{j}\psi)}{(\bar{\lambda}z)^2}\iint_{-\infty}^{\infty} I(\alpha,\beta)\ \exp\left[-\mathrm{j}2\pi\left(\frac{\Delta x}{\bar{\lambda}z}\alpha + \frac{\Delta y}{\bar{\lambda}z}\beta\right)\right]\mathrm{d}\alpha\mathrm{d}\beta \\
&= \frac{\exp(\mathrm{j}\psi)}{(\bar{\lambda}z)^2}\mathscr{B}\left[I_0\mathrm{circ}\left(\frac{\sqrt{\alpha^2+\beta^2}}{a}\right)\right] \\
&= \frac{\pi a^2 I_0}{(\bar{\lambda}z)^2}\exp(\mathrm{j}\psi)\left[\frac{2\mathrm{J}_1\left(2\pi a\sqrt{\left(\frac{\Delta x}{\bar{\lambda}z}\right)^2 + \left(\frac{\Delta y}{\bar{\lambda}z}\right)^2}\right)}{2\pi a\sqrt{\left(\frac{\Delta x}{\bar{\lambda}z}\right)^2 + \left(\frac{\Delta y}{\bar{\lambda}z}\right)^2}}\right] \\
&= \frac{\pi a^2 I_0}{(\bar{\lambda}z)^2}\exp(\mathrm{j}\psi)\left[\frac{2\mathrm{J}_1(2\pi a\rho)}{2\pi a\rho}\right]
\end{aligned} \tag{4.7.18}$$

式中

$$\rho = \sqrt{\left(\frac{\Delta x}{\bar{\lambda}z}\right)^2 + \left(\frac{\Delta y}{\bar{\lambda}z}\right)^2} = \frac{1}{\bar{\lambda}z}\sqrt{(\Delta x)^2 + (\Delta x)^2} = \frac{s}{\bar{\lambda}z} \tag{4.7.19}$$

而 $s = \sqrt{(\Delta x)^2 + (\Delta y)^2}$ 是两点间的距离. 相应的复相干系数为

$$\boldsymbol{\mu}(\Delta x,\Delta y) = \exp(\mathrm{j}\psi)\left\{\frac{2\mathrm{J}_1\left[2\pi a\sqrt{(\Delta x)^2+(\Delta y)^2}\ /\ \bar{\lambda}z\right]}{2\pi a\sqrt{(\Delta x)^2+(\Delta y)^2}\ /\ \bar{\lambda}z}\right\} \tag{4.7.20}$$

上式中的第一个因子$\exp(\mathrm{j}\psi)=\exp\left\{\mathrm{j}\pi\left[(x_2^2+y_2^2)-(x_1^2+y_1^2)\right]/\bar{\lambda}z\right\}$取决于$(x_1,y_1)$和$(x_2,y_2)$；而第二个因子仅仅取决于两点之间的距离$s$. 这样一来，复相干系数的模$\boldsymbol{\mu}_{12}$仅取决于$\Delta x$和$\Delta y$，如图4.7.2所示. 一阶贝塞尔函数的第一个零点为3.38，即$2\pi a\rho_0=2\pi as_0/(\bar{\lambda}z)=3.38$，因此$\mu_{12}$的第一个零点发生在间距

$$s_0=0.61\frac{\bar{\lambda}z}{a}=1.22\frac{\bar{\lambda}}{\theta} \tag{4.7.21}$$

的地方. 式中$\theta=2a/z$是小角度近似下光源对观察面坐标原点的张角.

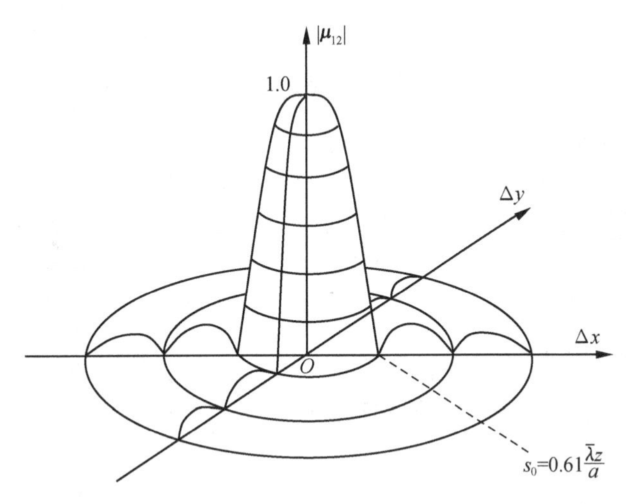

图 4.7.2　复相干系数的模$\boldsymbol{\mu}_{12}$与坐标差Δx和Δy的关系

对于一个半径为a的圆形非相干光源，在离光源距离为z的相干面积为

$$A_{\mathrm{c}}=\frac{(\bar{\lambda}z)^2}{A_{\mathrm{s}}}=\frac{(\bar{\lambda}z)^2}{\pi a^2} \tag{4.7.22}$$

在我们的分析中只包含小角度情况，在xy平面的原点处对光源所张的立体角是$\Omega_{\mathrm{s}}=A_{\mathrm{s}}/z^2$，于是相干面积可表示成

$$A_{\mathrm{c}}\approx\frac{(\bar{\lambda})^2}{\Omega_{\mathrm{s}}} \tag{4.7.23}$$

这与式(4.7.10)是一样的.

假定点(x_1,y_1)和(x_2,y_2)相应于一个不透明屏上的针孔，且在屏后一定距离上观察干涉条纹. 根据$\boldsymbol{\mu}_{12}$的特征可以预示在每种一个可能的针孔间距下得到的条纹特征. 为简便起见，假定两点总是距离光轴等距，这样$\psi=0$. 于是

$$\boldsymbol{\mu}_{12}=\mu_{12}\exp(\mathrm{j}\beta_{12})=\left|\frac{2\mathrm{J}_1(2\pi as/\bar{\lambda}z)}{2\pi as/\bar{\lambda}z}\right|\exp(\mathrm{j}\beta_{12}) \tag{4.7.24}$$

$$\begin{cases}\dfrac{2\mathrm{J}_1(2\pi as/\bar{\lambda}z)}{2\pi as/\bar{\lambda}z}>0, & \beta_{12}=0\\[2ex] \dfrac{2\mathrm{J}_1(2\pi as/\bar{\lambda}z)}{2\pi as/\bar{\lambda}z}<0, & \beta_{12}=\pi\end{cases} \tag{4.7.25}$$

例 4.7.1　在图 4.7.3 所示的杨氏双缝干涉实验中，采用缝宽为a的准单色缝光源，辐射光强均匀分布为I_0，中心波长$\bar{\lambda}=600\mathrm{nm}$.

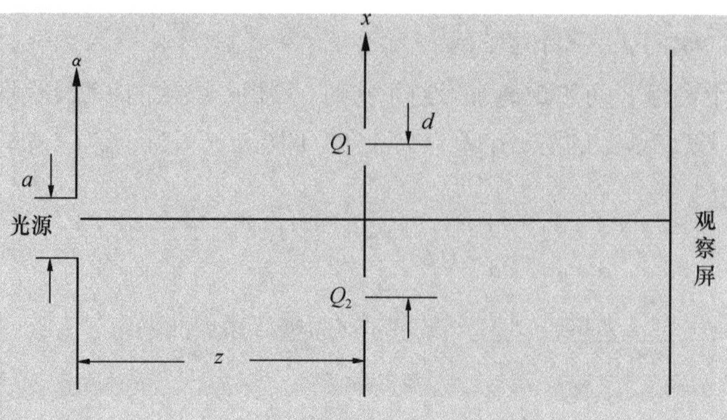

图 4.7.3 例 4.7.1 图

(1)写出 Q_1 和 Q_2 点的复相干系数;

(2)若 $a=0.1\text{mm}, z=1\text{m}, d=3\text{mm}$，求观察屏上杨氏干涉条纹的可见度;

(3)若 z 和 d 仍取上述值，要求观察屏上的可见度为 0.41，缝光源的宽度 a 应为多少?

解 (1)应用范西泰特-策尼克定理可求出 Q_1 和 Q_2 点的复相干系数. 注意到双缝到光轴等距($\psi=0$)，光源是一维分布的. 于是

$$\boldsymbol{\mu}(\Delta x)=\frac{\int_{-\infty}^{\infty}\text{J}_0\text{rect}\left(\frac{\alpha}{a}\right)\exp\left(-\text{j}\frac{2\pi}{\bar{\lambda}z}\Delta x\alpha\right)\text{d}\alpha}{\int_{-\infty}^{\infty}I_0\text{rect}\left(\frac{\alpha}{a}\right)\text{d}\alpha}=\frac{\sin\left(\pi\frac{a\Delta x}{\bar{\lambda}a}\right)}{\pi\frac{a\Delta x}{\bar{\lambda}z}}=\text{sinc}\left(\frac{a\Delta x}{\bar{\lambda}z}\right)$$

所以 Q_1 和 Q_2 两点的复相干系数为

$$\boldsymbol{\mu}(d)=\text{sinc}\left(\frac{ad}{\bar{\lambda}z}\right)$$

(2)在观察屏上观察到的干涉条纹的可见度由 Q_1 和 Q_2 点的复相干系数的模决定，即

$$\mathscr{V}=\mu(d)=\left|\frac{\sin\left(\pi\frac{ad}{\bar{\lambda}z}\right)}{\pi\frac{ad}{\bar{\lambda}z}}\right|$$

由题设数据 $\pi ad/(\bar{\lambda}z)=\pi\cdot 0.1\times 3/(6\times 10^{-4}\times 10^{3})=\pi/2$，故

$$\mathscr{V}=\mu(d)=\frac{\sin(\pi/2)}{\pi/2}=\frac{2}{\pi}=0.64$$

(3)若要求

$$\mathscr{V}=\mu(d)=\frac{\sin[\pi d/(\bar{\lambda}z)]}{\pi ad/(\bar{\lambda}z)}=0.41$$

查表可知

$$\pi\frac{ad}{\bar{\lambda}z}=\frac{2\pi}{3}$$

即

$$a=\frac{2\bar{\lambda}z}{3d}=\frac{2\times 6\times 10^{-4}\times 10^{3}}{3\times 3}\approx 0.13(\text{mm})$$

例 4.7.2　在图 4.7.3 所示的杨氏双缝干涉实验中，用一个很大的均匀发光光源与一个空间频率为 ξ_0 的正弦光栅相叠加来代替缝光源. 正弦光栅的强度透过率为

$$T(\alpha)=\frac{1}{2}(1+\cos 2\pi\xi_0\alpha)$$

为了获得高的可见度，ξ_0 与两缝间距 d 应满足什么条件？

解　由于光源和正弦光栅很大，可近似视为无穷，先假设光栅宽度为 $2a$，然后让 $a\to\infty$，求极限. 由范西泰特-策尼克定理可得双缝上的复相干系数为

$$\boldsymbol{\mu}_{12}=\lim_{a\to\infty}\frac{\int_{-a}^{a}\frac{I_0}{2}(1+\cos 2\pi\xi_0 a)\exp\left(-\mathrm{j}\frac{2\pi}{\bar{\lambda}z}\mathrm{d}\alpha\right)\mathrm{d}\alpha}{\int_{-a}^{a}\frac{I_0}{2}(1+\cos 2\pi\xi_0\alpha)\,\mathrm{d}\alpha}$$

$$=\lim_{a\to\infty}\frac{\frac{\bar{\lambda}z}{2\pi d}\sin\left(\frac{2\pi}{\bar{\lambda}z}da\right)+\frac{\sin\left[2\pi\left(\frac{d}{\bar{\lambda}z}+\xi_0\right)a\right]}{4\pi\left(\frac{d}{\bar{\lambda}z}+\xi_0\right)}+\frac{\sin\left[2\pi\left(\frac{d}{\bar{\lambda}z}-\xi_0\right)a\right]}{4\pi\left(\frac{d}{\bar{\lambda}z}-\xi_0\right)}}{a+\frac{\sin 2\pi\xi_0 a}{2\pi\xi_0}}$$

$$=\lim_{a\to\infty}\left\{\frac{\bar{\lambda}z}{2\pi da}\sin\left(\frac{2\pi}{\bar{\lambda}z}da\right)+\frac{\sin\left[2\pi\left(\frac{d}{\bar{\lambda}z}+\xi_0\right)a\right]}{4\pi\left(\frac{d}{\bar{\lambda}z}+\xi_0\right)a}+\frac{\sin\left[2\pi\left(\frac{d}{\bar{\lambda}z}-\xi_0\right)a\right]}{4\pi\left(\frac{d}{\bar{\lambda}z}-\xi_0\right)a}\right\}$$

$$=\lim_{a\to\infty}\frac{\sin\left[2\pi\left(\frac{d}{\bar{\lambda}z}-\xi_0\right)a\right]}{4\pi\left(\frac{d}{\bar{\lambda}z}-\xi_0\right)a}$$

由此可见，只有当 $d/(\bar{\lambda}z)-\xi_0=0$，即

$$d=\bar{\lambda}z\xi_0$$

时，上式的极限值(即最大值)为 $\frac{1}{2}$. 也就是说，对于一个很大的非相干光源，在其上叠加一个正弦光栅，它的空间频率 ξ_0 与双缝间距 d 满足关系 $d=\bar{\lambda}z\xi_0$，也可得到较大的干涉条纹可见度.

4.8　部分相干光场中透镜的傅里叶变换性质

用范西泰特-策尼克定理解决了准单色非相干光照明产生的光场的互强度问题后，根据准单色光的衍射和互强度的传播规律，就可以研究部分相干光照明的光学系统的性质. 和第 3 章类似，首先讨论单个透镜的傅里叶变换性质，然后讨论准单色光场中薄的凸透镜前后焦面上互强度的关系.

如图 4.8.1 所示，若已知前焦面上的互强度为 $\boldsymbol{J}_{\mathrm{o}}(\alpha_1,\beta_1;\alpha_2,\beta_2)$，可沿光波传播方向逐面计算三个特定平面上的互强度，即紧靠

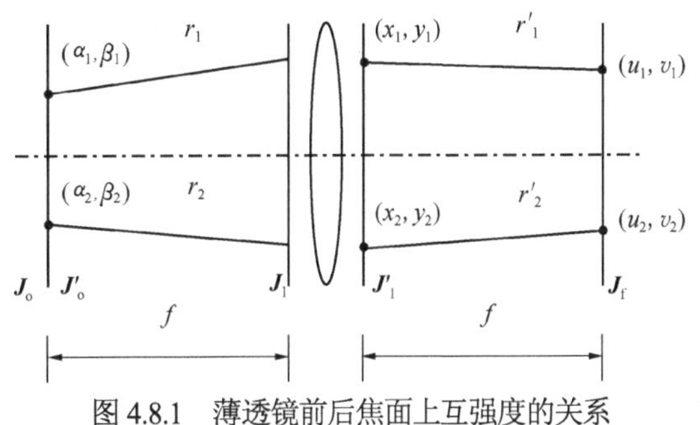

图 4.8.1　薄透镜前后焦面上互强度的关系

透镜前后平面上的互强度 $\boldsymbol{J}_1(x_1,y_1;x_2y_2)$ 和 $\boldsymbol{J}_1'(x_1,y_1;x_2,y_2)$ 以及后焦面上的互强度 $\boldsymbol{J}_{\mathrm{f}}(u_1,v_1;u_2,v_2)$.

由互强度的传播公式(4.6.26)可得

$$\boldsymbol{J}_1(x_1,y_1;x_2,y_2)=\frac{\exp(\mathrm{j}\theta)}{\bar{\lambda}^2 f^2}\iiiint_{-\infty}^{\infty}\boldsymbol{J}_{\mathrm{o}}'(\alpha_1,\beta_1;\alpha_2,\beta_2)\exp\left\{\mathrm{j}\frac{\pi}{\bar{\lambda}f}[(\alpha_2^2+\beta_2^2)-(\alpha_1^2+\beta_1^2)]\right\}$$
$$\cdot\exp\left[-\mathrm{j}\frac{2\pi}{\bar{\lambda}f}(\alpha_2x_2+\beta_2y_2-\alpha_1x_1-\beta_1y_1)\right]\mathrm{d}\alpha_1\mathrm{d}\beta_1\mathrm{d}\alpha_2\mathrm{d}\beta_2 \tag{4.8.1}$$

其中

$$\theta=\frac{\pi}{\bar{\lambda}f}[(x_2^2+y_2^2)-(x_1^2+y_1^2)] \tag{4.8.2}$$

根据式(4.6.23)，当场中的 P_1、P_2 两点互强度在透过物体时受到透明物体上这两点的振幅及相位透过率的影响，不考虑透镜孔径的有限大小，代入透镜的二次相位因子，透镜前各平面上的互强度的关系可表示为

$$\boldsymbol{J}_1'(x_1,y_1;x_2,y_2)=\boldsymbol{t}(x_1,y_1)\boldsymbol{t}^*(x_2,y_2)\boldsymbol{J}_1(x_1,y_1;x_2,y_2)$$
$$=\exp\left\{\mathrm{j}\frac{\pi}{\bar{\lambda}f}[(x_2^2+y_2^2)-(x_1^2+y_1^2)]\right\}\boldsymbol{J}_1(x_1,y_1;x_2,y_2) \tag{4.8.3}$$

再次利用强度传播公式(4.6.26)，将后焦面上的互强度 $\boldsymbol{J}_{\mathrm{f}}(u_1,v_1;u_2,v_2)$ 先用透镜后平面上的互强度表示，同时利用式(4.8.3)再用透镜前平面上的互强度表示，得到

$$\boldsymbol{J}_{\mathrm{f}}(u_1,v_1;u_2,v_2)=\frac{1}{\bar{\lambda}^2 f^2}\exp\left\{\mathrm{j}\frac{\pi}{\bar{\lambda}f}(u_2^2+v_2^2)-(u_1^2+v_1^2)\right\}$$
$$\cdot\iiiint_{-\infty}^{\infty}\boldsymbol{J}_1(x_1,y_1;x_2,y_2)\exp\left[-\mathrm{j}\frac{2\pi}{\bar{\lambda}f}(x_2u_2+y_2v_2-x_1u_1-y_1v_1)\right]\mathrm{d}x_1\mathrm{d}y_1\mathrm{d}x_2\mathrm{d}y_2 \tag{4.8.4}$$

将式(4.8.1)代入式(4.8.4)得到一个八重积分. 可利用高斯函数的傅里叶变换，先对 x_1、y_2、x_2、y_2 积分，即

$$\iiiint_{-\infty}^{\infty}\exp\left\{\mathrm{j}\frac{2\pi}{\bar{\lambda}f}[(x_2^2+y_2^2)-(x_1^2+y_1^2)]\right\}$$
$$\exp\left\{\mathrm{j}\frac{2\pi}{\bar{\lambda}f}[(\alpha_2+u_2)x_2+(\beta_2+v_2)y_2-(\alpha_1+u_1)x_1-(\beta_1+v_1)y_1]\right\}\mathrm{d}x_1\mathrm{d}y_1\mathrm{d}x_2\mathrm{d}y_2$$
$$=(\overline{\lambda f})^2\exp\left\{-\mathrm{j}\frac{\pi}{\bar{\lambda}f}[(\alpha_2+u_2)^2+(\beta_2+v_2)^2-(\alpha_1+u_1)^2-(\beta_1+v_1)^2]\right\} \tag{4.8.5}$$

式(4.8.4)最后变成

$$\boldsymbol{J}_{\mathrm{f}}(u_1,v_1;u_2,v_2)=\frac{1}{\bar{\lambda}^2 f^2}\iiiint_{-\infty}^{\infty}\boldsymbol{J}_{\mathrm{o}}'(\alpha_1,\beta_1;\alpha_2,\beta_2)$$
$$\cdot\exp\left[-\mathrm{j}\frac{2\pi}{\bar{\lambda}f}(\alpha_2u_2+\beta_2v_2-\alpha_1u_1-\beta_1v_1)\right]\mathrm{d}\alpha_1\mathrm{d}\beta_1\mathrm{d}\alpha_2\mathrm{d}\beta_2 \tag{4.8.6}$$

若令

$$\nu_1=-\frac{u_1}{\bar{\lambda}f},\quad \nu_2=-\frac{v_1}{\bar{\lambda}f},\quad \nu_3=\frac{u_2}{\bar{\lambda}f},\quad \nu_4=\frac{v_2}{\bar{\lambda}f} \tag{4.8.7}$$

则

$$\boldsymbol{J}_{\mathrm{f}}(u_1,v_1;u_2,v_2)=\frac{1}{\bar{\lambda}^2 f^2}\iiiint_{-\infty}^{\infty}\boldsymbol{J}'_{\mathrm{o}}(\alpha_1,\beta_1;\alpha_2,\beta_2)\cdot\exp[-\mathrm{j}2\pi(\alpha_1\nu_1+\beta_1\nu_2+\alpha_2\nu_3+\beta_2\nu_4)]\mathrm{d}\alpha_1\mathrm{d}\beta_1\mathrm{d}\alpha_2\mathrm{d}\beta_2 \tag{4.8.8}$$

上式表明，薄凸透镜前后焦面上互强度之间构成一个四维傅里叶变换对. 注意，这一重要结论只有在准单色近似下才成立.

在式(4.8.6)中，令$u_1=u_2=u, v_1=v_2=v$，即两点成一点，互强度变成光强，得到

$$I_{\mathrm{f}}(u,v)=\frac{1}{\bar{\lambda}^2 f^2}\iiiint_{-\infty}^{\infty}\boldsymbol{J}'_{\mathrm{o}}(\alpha_1,\beta_1;\alpha_2,\beta_2)\exp\left\{-\mathrm{j}\frac{2\pi}{\bar{\lambda}f}[u(\alpha_2-\alpha_1)+v(\beta_2-\beta_1)]\right\}\mathrm{d}\alpha_1\mathrm{d}\beta_1\mathrm{d}\alpha_2\mathrm{d}\beta_2 \tag{4.8.9}$$

如果透镜前焦面的互强度是由部分相干光照明一个薄透明物体产生的,则可用照明物体的光场互强度将透镜前后焦面的互强度表示成

$$\boldsymbol{J}'_{\mathrm{o}}(\alpha_1,\beta_1;\alpha_2,\beta_2)=\boldsymbol{t}(\alpha_1,\beta_1)\,\boldsymbol{t}^*(\alpha_2,\beta_2)\boldsymbol{J}_{\mathrm{o}}(\alpha_1,\beta_1;\alpha_2,\beta_2) \tag{4.8.10}$$

式中$\boldsymbol{t}(\alpha,\beta)$表示薄透明物体的振幅和相位透过率，将式(4.8.10)代入式(4.8.8)，则有

$$\boldsymbol{J}_{\mathrm{f}}(u_1,v_1;u_2,v_2)=\frac{1}{\bar{\lambda}^2 f^2}\iiiint_{-\infty}^{\infty}\boldsymbol{t}(\alpha_1,\beta_1)\,\boldsymbol{t}^*(\alpha_2,\beta_2)\boldsymbol{J}_{\mathrm{o}}(\alpha_1,\beta_1;\alpha_2,\beta_2)\cdot\exp[-\mathrm{j}2\pi(\alpha_1\nu_1+\beta_1\nu_2+\alpha_2\nu_3+\beta_2\nu_4)]\mathrm{d}\alpha_1\mathrm{d}\beta_1\mathrm{d}\alpha_2\mathrm{d}\beta_2 \tag{4.8.11}$$

这说明透镜各焦面上的互强度携带了物体本身及照明光场相干性的全部信息.

4.9　部分相干成像

对于部分相干光成像，讨论仍然限制在准单色光照明的范围内，也就是说，仍用窄带光照明，且系统的几何关系满足傍轴近似条件. 在准单色光照明条件下，光学系统传递的基本物理量，即信息的载体是互强度，作为初步了解，我们只限于在空域讨论.

参看图 4.9.1 所示，处于物平面上的物体发出的准单色光互强度分布为$\boldsymbol{J}'_{\mathrm{o}}(\alpha_1,\beta_1;\alpha_2,\beta_2)$，它可以是透射的，也可是反射的，不失一般性，假设透射照明的准单色光互强度为$\boldsymbol{J}_{\mathrm{o}}(\alpha_1,\beta_1;\alpha_2,\beta_2)$，透明物体的复振幅透过率为$\boldsymbol{t}(\alpha,\beta)$，它们与$\boldsymbol{J}'_{\mathrm{o}}(\alpha_1,\beta_1;\alpha_2,\beta_2)$之间的关系可用式(4.8.10)表示，系统物像面之间复振幅满足成像关系，当系统用波长为$\bar{\lambda}$的单色光照明时，点扩散函数为$h(\alpha,\beta;u,v)$，也就是说,在准单色光条件下,复振幅成像过程可以用物面的振幅分布与点扩散函数的卷积来描述，但是，在准单色光照明下，物像的互强度分布和光强度分布之间的关系并不能用准单色光复振幅点扩散函数来直接表达. 根据互强度的定义，物像面的互强度分布可以用物像面的解析函数形式的复振幅$\boldsymbol{u}_{\mathrm{o}}(\alpha,\beta)$和$\boldsymbol{u}_{\mathrm{i}}(u,v)$表示为

$$\boldsymbol{J}'_{\mathrm{o}}(\alpha_1,\beta_1;\alpha_2,\beta_2)=\left\langle\boldsymbol{u}_{\mathrm{o}}(\alpha_1,\beta_1)\boldsymbol{u}^*_{\mathrm{o}}(\alpha_2,\beta_2)\right\rangle \tag{4.9.1a}$$

$$\boldsymbol{J}'_{\mathrm{i}}(u_1,v_1;u_2,v_2)=\left\langle\boldsymbol{u}_{\mathrm{i}}(u_1,v_1)\boldsymbol{u}^*_{\mathrm{i}}(u_2,v_2)\right\rangle \tag{4.9.1b}$$

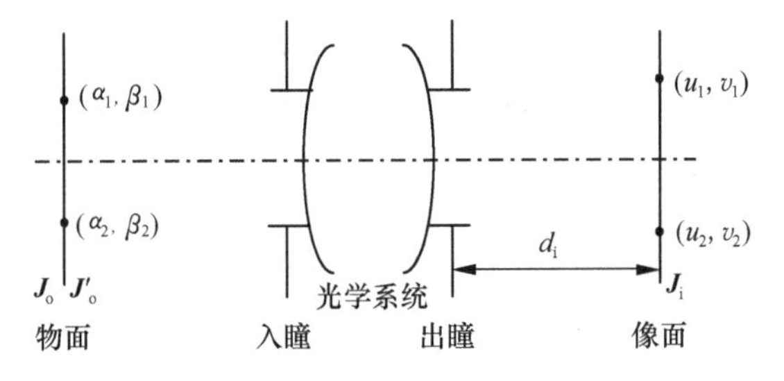

图 4.9.1　准单色光照明的光学成像系统

在式(4.9.1)中将像面的复振幅分布用物面的复振幅分布与点扩散函数的卷积代替，得到

$$\boldsymbol{J}_{\mathrm{i}}(u_1,v_1;u_2,v_2)$$
$$=\left\langle \iint_{-\infty}^{\infty} \boldsymbol{u}_{\mathrm{o}}(\alpha_1,\beta_2)\boldsymbol{h}(u_1-\alpha_1,v_1-\beta_1)\mathrm{d}\alpha_1\mathrm{d}\beta_1 \cdot \iint_{-\infty}^{\infty} \boldsymbol{u}_{\mathrm{o}}^{*}(\alpha_2,\beta_2)\boldsymbol{h}^{*}(u_2-\alpha_2,v_2-\beta_2)\mathrm{d}\alpha_2\mathrm{d}\beta_2 \right\rangle$$

再交换积分与求时间平均的次序，有

$$\boldsymbol{J}_{\mathrm{i}}(u_1,v_1;u_2,v_2)=\iiiint_{-\infty}^{\infty} \boldsymbol{J}_{\mathrm{o}}'(\alpha_1,\beta_1;\alpha_2,\beta_2)\boldsymbol{h}\big(u_1-\alpha_1,v_2-\beta_2\big)\boldsymbol{h}^{*}(u_2-\alpha_2,v_1-\beta_1)\mathrm{d}\alpha_1\mathrm{d}\beta_1\mathrm{d}\alpha_2\mathrm{d}\beta_2 \tag{4.9.2}$$

这是一个四维卷积积分，因而成像系统可以看成是互强度传递的空间不变线性系统，系统在空域对互强度传播的脉冲响应为 $\boldsymbol{h}(u_1,v_1)\boldsymbol{h}^{*}(u_2,v_2)$，它与输入互强度 $\boldsymbol{J}_{\mathrm{o}}'$ 的卷积可得出输出的互强度 $\boldsymbol{J}_{\mathrm{i}}$.

当像面上考察互强度的两点合为一点时，得到像面的光强分布

$$I_{\mathrm{i}}(u,v)=\iiiint_{-\infty}^{\infty} \boldsymbol{J}_{\mathrm{o}}'(\alpha_1,\beta_1;\alpha_2,\beta_2)\boldsymbol{h}(u-\alpha_1,v-\beta_1)\boldsymbol{h}^{*}(u-\alpha_2,v-\beta_2)\mathrm{d}\alpha_1\mathrm{d}\beta_1\mathrm{d}\alpha_2\mathrm{d}\beta_2 \tag{4.9.3}$$

在透射照明情况下，对透过率为 $\boldsymbol{t}(\alpha,\beta)$ 的透明物体，输出面与输入面互强度关系为

$$\begin{aligned}\boldsymbol{J}_{\mathrm{i}}(u_1,v_1;u_2,v_2)=&\iiiint_{-\infty}^{\infty} \boldsymbol{t}(\alpha_1,\beta_1)\boldsymbol{t}^{*}(\alpha_2,\beta_2)\boldsymbol{J}_{\mathrm{o}}(\alpha_1,\beta_1;\alpha_2,\beta_2)\\&\cdot\boldsymbol{h}(u_1-\alpha_1,v_1-\beta_1)\boldsymbol{h}^{*}(u_2-\alpha_2,v_2-\beta_2)\mathrm{d}\alpha_1\mathrm{d}\beta_1\mathrm{d}\alpha_2\mathrm{d}\beta_2\end{aligned} \tag{4.9.4}$$

这说明物体信息在传递过程中受到光学系统相干成像脉冲响应以及照明光场相干性的联合影响.

对于非相干光成像，物光场的互强度可以用式(4.6.14)代入式(4.9.3)得到

$$I_{\mathrm{i}}(u,v)=k\iint_{-\infty}^{\infty} I_{\mathrm{o}}(\alpha,\beta)\left|\boldsymbol{h}(u-\alpha,v-\beta)\right|^2\mathrm{d}\alpha\mathrm{d}\beta \tag{4.9.5}$$

定义光强脉冲响应为

$$h_{\mathrm{I}}(u-\alpha,v-\beta)=\left|\boldsymbol{h}(u-\alpha,v-\beta)\right|^2 \tag{4.9.6}$$

则有非相干成像时的物像光强分布之间的关系如下：

$$I_{\mathrm{i}}(u,v)=k\iint_{-\infty}^{\infty} I_{\mathrm{o}}(\alpha,\beta)h_{\mathrm{I}}(u-\alpha,v-\beta)\mathrm{d}\alpha\mathrm{d}\beta \tag{4.9.7}$$

因而非相干成像系统对强度传递是线性的，而且光强脉冲响应等于复振幅脉冲响应的模的平方.

习　　题

4.1　若光波的波长宽度为 $\Delta\lambda$，频率宽度 $\Delta\nu$，试证明：$\left|\dfrac{\Delta\nu}{\nu}\right|=\left|\dfrac{\Delta\lambda}{\lambda}\right|$. 设光波波长为 $\bar{\lambda}=632.8\text{nm}$，$\Delta\lambda=2\times10^{-8}\text{nm}$，试计算它的频宽 $\Delta\nu$. 若把光谱分布看成是矩形线型，则求其相干长度 l_{c}.

4.2　设迈克耳孙干涉仪所用光源为 $\lambda_1=589\text{nm}$，$\lambda_2=589.6\text{nm}$ 的钠双线，每一谱线的宽度为 0.01nm.

(1) 试求光场的复相干度的模；

(2) 当移动一臂时，可见到条纹总数大约为多少？

(3) 可见度有几个变化周期？每个周期有多少条纹？

4.3　假定气体激光器以 N 个等强度的纵模振荡. 其归一化功率谱密度可表示为

$$\widehat{\mathscr{G}}(\nu) = \frac{1}{N} \sum_{n=-(N-1)/2}^{(N-1)/2} \delta(\nu - \bar{\nu} + n\Delta\nu)$$

式中，$\Delta\nu$ 是纵模间隔，$\bar{\nu}$ 为中心频率. 为简便起见，假定 N 为奇数.

(1)证明复相干度的模为

$$|\gamma(\tau)| = \left| \frac{\sin(N\pi\Delta\nu\tau)}{N\sin(\pi\Delta\nu\tau)} \right|$$

(2)若 $N=3$，且 $0 \leqslant \tau \leqslant 1/\Delta\nu$，画出 $|\gamma(\tau)|$ 与 $\Delta\nu\tau$ 的关系曲线.

4.4　在例 4.7.1 所示的杨氏干涉实验中，若缝光源用两个相距为 a、强度相等的准单色点光源代替，试计算此时的复相干系数.

4.5　利用傍轴条件计算被一准单色点光源照明，距离光源为 z 的平面上任意两点 P_1 和 P_2 之间的复相干系数 $\boldsymbol{\mu}(P_1, P_2)$.

第 5 章　光学全息

普通照相是根据几何光学成像原理，记录下光波的强度(即振幅)，将空间物体成像在一个平面上，由于丢失了光波的相位，因而失去了物体的三维信息. 如果能够记录物光波的振幅和相位，并在一定条件下再现，则可看到包含物体全部信息的三维像，即使物体已经移开，仍然可以看到原始物体本身具有的全部现象，包括三维感觉和视差. 利用干涉原理，将物体发出的特定光波以干涉条纹的形式记录下来，使物光波波前的全部信息都储存在记录介质中，故所记录的干涉条纹图样被称为“全息图”. 当用光波照射全息图时，由于衍射原理能再现出原始物光波，从而形成与原物体极其相似的三维像，这个波前记录和再现的过程称为全息术或全息照相.

本章重点讨论光学全息的基本原理，介绍一些重要类型的全息图，以及光学全息术的主要应用.

历史引言

全息照相术是英籍匈牙利科学家伽博(Gabor)发明的. 1947 年他从事电子显微镜研究，当时电子显微镜的理论分辨率极限是 0.4nm，由于丢失了光波的相位，实际只能达到 1.2nm，比分辨原子晶格所要求的分辨率 0.2nm 差得很多. 这主要是由于电子透镜的像差比光学透镜大得多，从而限制了分辨率的提高.

为此，伽博设想：记录一张不经过任何电子透镜且仅受物体衍射的电子波曝光照片(即电子全息图)，使它能保持物体的振幅和相位的全部信息，然后用可见光照明全息图来得到放大的物体像. 由于光波波长比电子波长高 5 个数量级，这样，再现时物体的放大率 $M=\lambda_{光}/\lambda_{电子}$ 就可获得 10^5 倍而不会出现任何电子成像像差，所以这种无透镜两步成像的过程可期望获得更高的分辨率. 根据这一设想，他在 1948 年提出了一种用光波记录物光波的振幅和相位的方法，并用实验证实了这一想法，从而开辟了光学中的一个崭新领域——光学全息，他也因此而获得 1971 年的诺贝尔物理学奖.

5.1　光学全息的分类

从 1948 年伽博提出全息照相的思想开始一直到 20 世纪 50 年代末期，全息照相都是采用汞灯作为光源，而且是所谓的同轴全息图，它的 ±1 级衍射波是分不开的，即存在所谓的“孪生像”问题，不能获得好的全息像. 这是第一代全息图，是全息术的萌芽时期. 第一代全息图存在两个严重问题，一个是再现的原始像和共轭像分不开，另一个是光源的相干性太差.

1960 年激光的出现提供了一种高相干性光源. 1962 年美国科学家利思(Leith)和乌帕特尼克斯(Upatnieks)将通信理论中的载频概念推广到空域中，提出了离轴全息术. 他用离轴的参考光与物光干涉形成全息图，再利用离轴的参考光照射全息图，使全息图产生三个在空间互相分离的衍射分量，其中一个复制出原始物光. 这样，第一代全息图的两大难题宣告解决，产生了激光记录、激光再现的第二代全息图，从而使全息术在沉睡了十几年之后得到了新生，进入了迅速发展年代，相继出现了多种全息方法，并在信息处理、全息干涉计量、全息显示、全息光学元件等领域得到广泛应用. 由此可见，高相干度激光的出现是全息术发展的巨大动力.

由于激光再现的全息图失去了色调信息，人们开始致力于研究第三代全息图. 第三代全息图是利用激光记录和白光再现的全息图，例如反射全息、像全息、彩虹全息等，在一定的条件下赋予全息图以鲜艳的色彩，采用模压全息(全息印刷术)实现全息图批量生产服务于人类.

激光的高度相干性要求全息拍摄过程中各个元件、光源和记录介质的相对位置严格保持不变，并且相干噪声也很严重，这给全息术的实际使用带来了种种不便. 于是，科学家们又回过头来继续探讨白光记录的可能性. 第四代全息图可能是白光记录和白光再现的全息图，它将使全息术最终走出实验室，进入广泛的实用领域，目前已开始取得进展.

除了用光学干涉方法记录全息图，还可用计算机和绘图设备画出全息图，这就是计算全息图(computer-generated hologram，CGH). 计算全息图是利用数字计算机来综合的全息图，不需要物体实际存在，只需要物光波的数学描述，因此具有很大的灵活性.

全息术不仅可以用于光波波段，也可以用于电子波、X 射线、声波和微波波段. 实际上，利思和乌帕特尼克斯的离轴全息概念就是来自微波领域的旁视雷达——微波全息图. 正如伽博在荣获诺贝尔物理学奖时的演说中所指出的，利思在雷达中用的电磁波长比光波长 10 万倍，而伽博本人在电子显微镜中所用的电子波长又比光波短 10 万倍. 他们分别在相差 10^{10} 倍波长的两个方向上发展了全息照相术，这说明科学的发展总是互相渗透、互相影响的.

5.2　波前记录与再现

用干涉方法得到的像平面上光波的全部信息(振幅和相位)存在于物像之间光波经过的任一平面上. 如果在这些平面上能记录携带物体全部信息的波前，并在一定条件下再现(亦称重现)物光波的波前，那么从效果上看，相当于在记录时被“冻结”在记录介质上的波前从全息图上“释放”出来，然后继续向前传播，以产生一个可观察的三维像. 如果不考虑记录过程和再现过程在时间上的间隔和空间上存在的差异，则再现光波与原始光波毫无区别. 因此，由光波传递信息而构成物体的过程被分解为两步：波前记录与波前再现. 在全息术中通常使用的波是光波，一般把它称为光全息术. 根据使用波的不同，又有微波全息术、声波全息术等. 波前记录与波前再现是全息术的核心.

5.2.1　波前记录

1. *用干涉方法记录物光波波前*

物光波波前信息包括光波的振幅和相位，然后现有的所有记录介质仅对光强产生响应，因此必须设法把相位信息转换成强度的变化才能记录下来. 干涉法是将空间相位调制转换为空间强度调制的标准方法.

波前记录过程如图 5.2.1 所示. 设传播到记录介质上的物光波波前为

$$\boldsymbol{O}(x,y)=O(x,y)\exp[-\mathrm{j}\phi(x,y)] \tag{5.2.1}$$

传播到记录介质上的参考光波波前为

$$\boldsymbol{R}(x,y)=R(x,y)\exp[-\mathrm{j}\psi(x,y)] \tag{5.2.2}$$

则被记录的总光强为

$$I(x,y)=|\boldsymbol{R}(x,y)+\boldsymbol{O}(x,y)|^2=|\boldsymbol{R}(x,y)|^2+|\boldsymbol{O}(x,y)|^2+\boldsymbol{R}(x,y)\boldsymbol{O}^*(x,y)+\boldsymbol{R}^*(x,y)\boldsymbol{O}(x,y) \tag{5.2.3}$$

或者

$$\boldsymbol{I}(x,y)=|\boldsymbol{R}(x,y)|^2+|\boldsymbol{O}(x,y)|^2+2R(x,y)O(x,y)\cos[\psi(x,y)-\varphi(x,y)] \tag{5.2.4}$$

常用的记录介质是银盐感光干板，对两个波前的干涉图样曝光后，经显影、定影处理得到全息图. 因此，全息图实际上就是一幅干涉图. 式(5.2.4)中的前两项是物光和参考光的强度分布，其

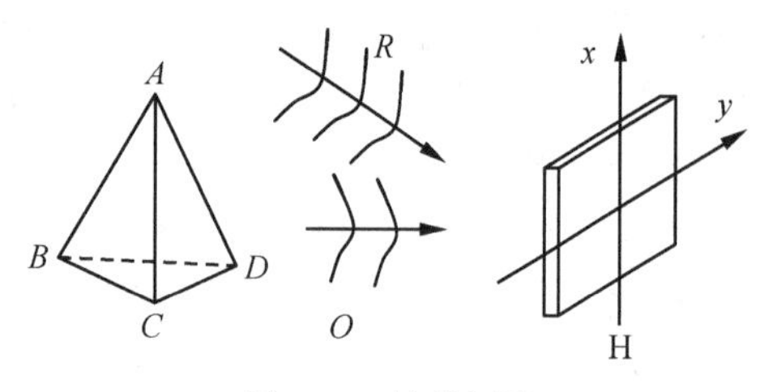

图 5.2.1　波前记录

中参考光波一般选用比较简单的平面波或球面波，因而$|\boldsymbol{R}(x,y)|$是常数或近似于常数，而$|\boldsymbol{O}(x,y)|$是物光波在底片上造成的强度分布，它是不均匀的，但实验上一般都让它比参考光波弱得多. 前两项基本上是常数，作为偏置项，第三项是干涉项，包含物光波的振幅和相位信息. 参考光波作为一种高频载波，其振幅和相位都受到物光波的调制(调幅和调相). 参考光波正好通过与物光波干涉使物光波波前的相位分布转换成干涉条纹的强度分布.

2. 记录过程的线性条件

作为全息记录的感光材料很多，最常用的是由细微粒卤化银乳胶涂敷的超微粒干板，简称全息干板. 假定全息干板的作用相当于一个线性变换器，它把曝光期间内的入射光强线性地变换为显影后负片的振幅透过率，为此必须将曝光量变化范围控制在全息干板 *t-E* 曲线的线性段内. 图 5.2.2 是负片的 *t-E* 曲线，横坐标 *E* 表示曝光量，纵坐标 *t* 表示振幅透过率. 此外，我们还必须假定全息干板具有足够高的分辨率，以便能记录全部入射的空间结构. 这样，全息图的振幅透过率就可记为

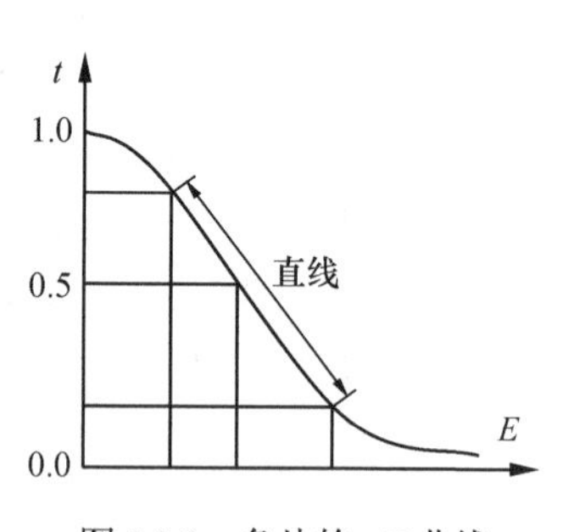

图 5.2.2　负片的 *t-E* 曲线

$$t(x,y)=t_0+\beta E=t_0+\beta[\tau I(x,y)]=t_0+\beta' I(x,y) \tag{5.2.5}$$

式中，t_0和β均为常数，β是 *t-E* 曲线直线部分的斜率，β'为曝光时间τ和β之乘积. 对于负片和正片，β'分别为负值和正值. 假定参考光的强度在整个记录表面是均匀的，则

$$t(x,y)=t_0+\beta'(|\boldsymbol{R}|^2+|\boldsymbol{O}|^2+\boldsymbol{R}^*\boldsymbol{O}+\boldsymbol{R}\boldsymbol{O}^*)=t_{\mathrm{b}}+\beta'(|\boldsymbol{O}|^2+\boldsymbol{R}^*\boldsymbol{O}+\boldsymbol{R}\boldsymbol{O}^*) \tag{5.2.6}$$

式中，$t_{\mathrm{b}}=t_0+\beta'|\boldsymbol{R}|^2$，表示均匀偏置透过率，也就是背景透过率. 如果全息图的记录未能满足上面指出的线性记录条件，将影响再现光波的质量.

5.2.2　波前再现

1. 衍射效应再现物光波波前

用一束相干光波照射全息图，假定它在全息图平面上的复振幅分布为$\boldsymbol{C}(x,y)$，则透过全息图的光场为

$$\boldsymbol{U}(x,y)=\boldsymbol{C}(x,y)t(x,y)=t_{\mathrm{b}}\boldsymbol{C}+\beta'\boldsymbol{O}\boldsymbol{O}^*\boldsymbol{C}+\beta'\boldsymbol{R}^*\boldsymbol{C}\boldsymbol{O}+\beta'\boldsymbol{R}\boldsymbol{C}\boldsymbol{O}^*=\boldsymbol{U}_1+\boldsymbol{U}_2+\boldsymbol{U}_3+\boldsymbol{U}_4 \tag{5.2.7}$$

透射场式(5.2.7)的写法已经表明，我们应当将$\boldsymbol{C}$、$\boldsymbol{O}$、$\boldsymbol{O}^*$看成波前函数，它们分别代表照明光波的直接透射波、物光波及其共轭波，而将它们各自的系数分别看成一种波前变换或一种运算操作. 一般而言，如果它们各自的系数中含有二次相位因子，则说明被作用的波前相当于经过了一个透镜的聚散. 如果系数中出现了线性因子，则说明被作用的波前经过了一个棱镜的偏转；如果系数中既含有二次相位因子又含有线性相位因子，则说明被作用的波前相继经过透镜的聚散和棱镜的偏转，但究竟是哪一种情况，这要看全息记录时的参考波与再现时的再现波(照明波)之间的关系. 先看$\boldsymbol{U}_1$的系数$t_{\mathrm{b}}=t_0+\beta' R^2$，其中$t_0$为常数. 由于参考波通常采用简单的球面波或平面波，故$\boldsymbol{R}$近似为常数，于是$\boldsymbol{U}_1$中两项系数的作用仅仅改变照明光波$\boldsymbol{C}$的振幅，并不改变$\boldsymbol{C}$的特性. $\boldsymbol{U}_2$的系数中含有$\boldsymbol{O}^2$，是物光波单独存在时在底片上造成的强度分布，它是不均匀的，故$\boldsymbol{U}_2=\beta'\boldsymbol{O}^2\boldsymbol{C}$代表振幅受到调制的照明波前，这实际上是$\boldsymbol{C}$波经历$\boldsymbol{O}^2(x,y)$分布的一张底片的衍射，使照明波多少有些离散而出现杂光，是一种“噪声”信息. 这是一个麻烦问题，但实验上可以想些办法，例如适当调整照明度，

使$\boldsymbol{O}^2$与$\boldsymbol{R}^2$相比而成为次要因素. 总之，$\boldsymbol{U}_1$和$\boldsymbol{U}_2$基本上保留了照明光波的特性. 这一项称为全息图衍射场中的 0 级波.

再看$\boldsymbol{U}_3$项，当照明光波是与参考光波完全相同的平面波或球面波时(即$\boldsymbol{C}$=$\boldsymbol{R}$)，透射光波中的第三项为

$$\boldsymbol{U}_3(x,y)=\beta'\boldsymbol{R}^2\boldsymbol{O}(x,y) \tag{5.2.8}$$

因为$\boldsymbol{R}^2$是均匀的参考光强度，所以除了相差一个常数因子外，$\boldsymbol{U}_3$是原来物光波波前的准确再现，它与在波前记录时原始物体发出的光波的作用完全相同. 当这一光波传播到观察者眼睛里时，观察者可以看到原物的形象. 由于原始物光波是发散的，所以观察到的是物体的虚像，如图 5.2.3(a)所示. 这一项称为全息图衍射场中的+1 级波.

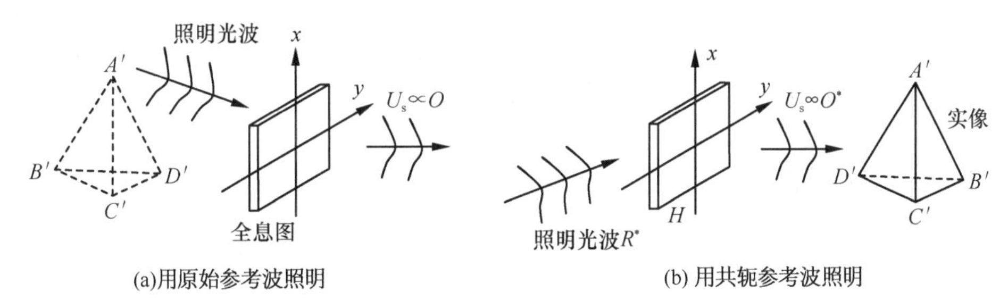

(a)用原始参考波照明　(b) 用共轭参考波照明

图 5.2.3　波前再现

透射光波中的第四项为

$$\boldsymbol{U}_4(x,y)=\beta'\boldsymbol{R}^2\boldsymbol{O}^*(x,y) \tag{5.2.9}$$

当照明光波与参考光波完全相同时，$\boldsymbol{R}^2$中的相位因子一般无法消除. 如果两者都是平面波，则其相位因子是一个线性相位因子，使$\boldsymbol{U}_4$波成为并不严格与原物镜像对称的会聚波，人们在偏离镜像对称位置的某处仍然可以接收到一个原物的实像. 如果照明光波与参考光波是球面波，则$\boldsymbol{R}^2$中有二次相位因子使$\boldsymbol{O}^*$波发生聚散，随之发生位移和缩放，人们在偏离镜像对称位置的某处可能接收到一个与原物大小不同的实像. 我们称$\boldsymbol{U}_4$项为全息图衍射场中的 –1 级波.

只有当照明光波与参考光波均为正入射的平面波时，入射到全息上的相位可取为零. 这时$\boldsymbol{U}_3$和$\boldsymbol{U}_4$中的系数均为实数，无附加相位因子，全息图衍射场中的± 1 级光波才严格地镜像对称. 对观察者而言，由共轭光波$\boldsymbol{U}_4$所产生的实像的凸凹与原物体正好相反，因而给人以某种特殊感觉，这种像称为赝像.

若照明光波$\boldsymbol{C}(x,y)$恰好是参考光波的共轭波$\boldsymbol{R}^*(x,y)$，则再现波场的第三项和第四项分别为

$$\boldsymbol{U}_3(x,y)=\beta'\boldsymbol{R}^*\boldsymbol{R}^*\boldsymbol{O}(x,y) \tag{5.2.10}$$

$$\boldsymbol{U}_4(x,y)=\beta'\boldsymbol{R}^2\boldsymbol{O}^*(x,y) \tag{5.2.11}$$

这时$\boldsymbol{U}_4$再现了物光波波前的共轭波，给出原始物体的一个实像，如图 5.2.3(b)所示. $\boldsymbol{U}_3$再现的是物光波波前，故给出原始物体的一个虚像，由于受$\boldsymbol{R}^*\boldsymbol{R}^*$的调制，虚像也会产生变形.

波前记录是物光波波前与参考波前的干涉记录，它使振幅和相位调制的信息变成干涉图的强度调制. 这种全息图被再现光波照射时又起了一个衍射光屏的作用，正是由于光波通过这种衍射光屏而产生的衍射效应，全息图上的强度调制信息还原为波前的振幅和相位信息，再现了物光波波前. 因此，波前记录和波前再现的过程实质上是光波的干涉和衍射的结果.

2. 波前再现过程的线性性质

无论选择哪一种再现方式，除了我们感兴趣的那个特定场分量(即当$\boldsymbol{C}=\boldsymbol{R}$时的$\boldsymbol{U}_3$项及$\boldsymbol{C}=\boldsymbol{R}^*$时的$\boldsymbol{U}_4$项)外，总是伴随三项附加的场分量. 因此，将波前记录和波前再现的过程看成一个

系统变化，以记录时的物波场为输入，以再现的再现波场为输出，这个系统所实现的变换是高度非线性的. 但是，若把记录时的光波前作为输入，以再现的再现波场为输出，这个系统所实现的变换是高度非线性的. 但是，若把记录时的物光波波前作为输入，再现时的透射场的单项分量$\boldsymbol{U}_3$[式(5.2.10)]或$\boldsymbol{U}_4$式[(5.2.11)]作为输出，那么这样定义的系统就是一个线性系统. 采用线性系统的概念将有助于简化对全息成像过程的分析. 下面将要介绍的离轴全息，为透射场中满足线性变换关系的特定场分量的分离提供了有效的手段.

5.2.3 全息图的基本类型

随着光学全息技术的发展，还出现了多种类型的全息图，从不同的角度考虑，全息图可以有不同的分类方法. 从物光与参考光的位置是否同轴考虑，可以分为同轴全息和离轴全息；从记录时物体与全息图片的相对位置考虑，可以分为菲涅耳全息图、像面全息图和傅里叶变换全息图；从记录介质的厚度考虑，可以分为平面全息图和体积全息图.

例 5.2.1 设一列单色平面波的传播方向平行于 xz 平面并与 z 轴成θ角，如图 5.2.4(a)所示.

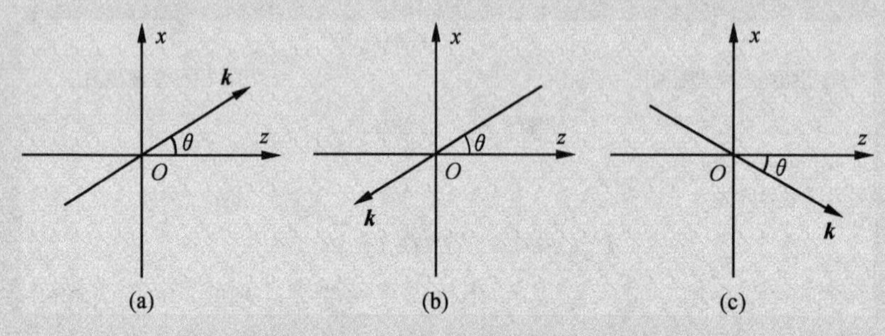

图 5.2.4 例 5.2.1 图

(1)写出原始光波和共轭光波的表达式，并说明其传播方向.

(2)写出原始光波和共轭光波在 $z=0$ 的平面上的表达式，再讨论它们的传播方向.

解 (1)一单色平面波和其共轭波的复表示分别为

$$\boldsymbol{U}(x,y,z;t)=A\exp[-\mathrm{j}(\omega t-\boldsymbol{k}\cdot\boldsymbol{r})]$$

$$\boldsymbol{U}_{\mathrm{c}}(x,y,z;t)=A\exp[-\mathrm{j}(\omega t+\boldsymbol{k}\cdot\boldsymbol{r})]$$

式中，ω为光波的圆频率，$\boldsymbol{k}$为波矢，$\boldsymbol{r}$为空间位置矢量. 由上式可以看出，共轭光波的传播方向与原光波相反，这是共轭光波的原本定义. 对于单色光波. 因子$\exp(-\mathrm{j}\omega t)$总是相同，故略去不写，只写所谓复振幅，即

$$\boldsymbol{U}(x,y,z)=A\exp(\mathrm{j}\boldsymbol{k}\cdot\boldsymbol{r})=A\exp[\mathrm{j}k(x\cos\alpha+y\cos\beta+z\cos\gamma)]$$

$$\boldsymbol{U}_{\mathrm{c}}(x,y,z)=A\exp(-\mathrm{j}\boldsymbol{k}\cdot\boldsymbol{r})=\boldsymbol{U}^*(x,y,z)$$

即共轭光波的数学表达式为原光波复振幅的共轭复数.

由题设条件知：$\alpha=\dfrac{\pi}{2}-\theta,\beta=\dfrac{\pi}{2},\gamma=\theta$，于是

$$\boldsymbol{U}(x,z)=A\exp[\mathrm{j}k(x\sin\theta+z\cos\theta)]$$

$$\begin{aligned}\boldsymbol{U}_{\mathrm{c}}(x,z)&=A\exp[-\mathrm{j}k(x\sin\theta+z\cos\theta)]\\&=A\exp\{\mathrm{j}k[x\sin(\theta+\pi)+z\cos(\theta+\pi)]\}\end{aligned}$$

上式再次说明，共轭波的传播方向与原光波相反，如图 5.2.4(b)所示.

(2)在 $z=0$ 平面上有

$$U(x) = A\exp[\mathrm{j}kx\sin\theta]$$

$$U_{\mathrm{c}}(x) = A\exp[\mathrm{j}kx\sin(\theta+\pi) = A\exp[\mathrm{j}kx\sin(-\theta)]$$

由上式看出，若从在 $z=0$ 平面上造成的效果看，可将共轭波理解为沿 $(-\theta)$ 方向传播的平面波，如图 5.2.4(c) 所示. 此外，我们习惯上总是让光波从左向右传播，因此人们常常偏爱这种解释. 对于单色球面光波可作类似的讨论.

5.3　同轴全息图和离轴全息图

只有使全息图衍射光波中各项有效分离，才能得到可供利用的再现象，这和参考光的方向选取有着直接关系. 根据物光波和参考光波的相对位置，全息图可以分为同轴全息图和离轴全息图.

5.3.1　同轴全息图

伽博最初所提出和实现的全息图就是一种同轴全息图，记录伽博全息图的光路如图 5.3.1(a) 所示.

设相干平面波照明一个高度透明的物体，透射光场可以表示为

$$t(x_0, y_0) = t_0 + \Delta t(x_0, y_0) \tag{5.3.1}$$

式中，t_0 是一个很高的平均透射率，Δt 表示围绕平均值的变化，$|\Delta t| \ll |t_0|$. 因此透射光场可以看成由两项组成：一项是由 t_0 表示的强而均匀的平面波，它相当于波前记录时的参考波；另一项是 Δt 所代表的弱散射波，它相当于波前记录时的物光波. 在距离物体 z_0 处放置全息图干板时的曝光光强为

$$\begin{aligned} I(x,y) &= |\boldsymbol{R} + \boldsymbol{O}(x,y)|^2 \\ &= R^2 + |\boldsymbol{O}(x,y)|^2 + \boldsymbol{R}^*\boldsymbol{O}(x,y) + \boldsymbol{R}\boldsymbol{O}^*(x,y) \end{aligned} \tag{5.3.2}$$

在线性记录条件下所得到的全息图的振幅透过率正比于曝光光强，即

$$t(x,y) = t_{\mathrm{b}} + \beta'\left(|\boldsymbol{O}|^2 + \boldsymbol{R}^* O + \boldsymbol{R}\boldsymbol{O}^*\right) \tag{5.3.3}$$

如果用振幅为 C 的平面波垂直照明全息图，则透射光场可用四项场分量之和表示为

$$\boldsymbol{U}(x,y) = Ct(x,y) = Ct_{\mathrm{b}} + \beta' C|\boldsymbol{O}(x,y)|^2 + \beta'\boldsymbol{R}^* C\boldsymbol{O}(x,y) + \beta\boldsymbol{R}C\boldsymbol{O}^*(x,y) \tag{5.3.4}$$

第一项是透过全息图的受到均匀衰减的平面波；第二项是正比于弱的散射光的光强，可以忽略不计；第三项正比于 $\boldsymbol{O}(x,y)$，再现了原始物光波波前，产生原始物体的一个虚像；第四项正比于 $\boldsymbol{O}^*(x,y)$，将在全息图另一侧与虚像对称位置产生物体的实像，如图 5.3.1(b) 所示.

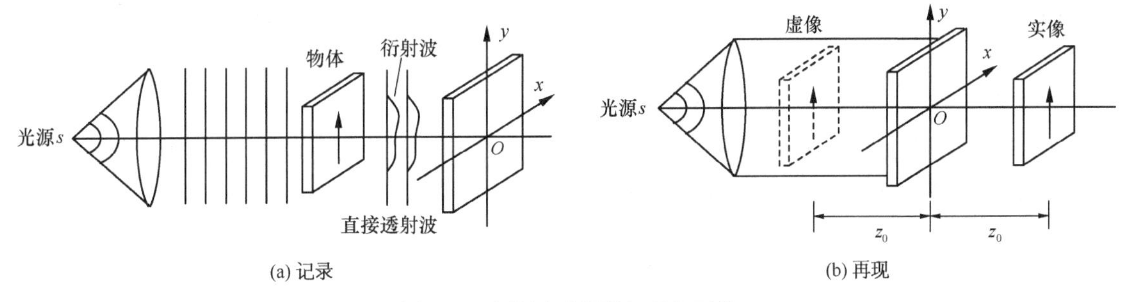

图 5.3.1　同轴全息图的记录与再现

上述四项场分量都在同一方向上传播，其中直接透射光大大降低了像的衬度，且虚像和实像的相距为 $2z_0$，构成不可分离的孪生像. 当对实像聚焦时，总是伴随一离焦的虚像，反之亦然. 孪

生像的存在也大大降低了全息像的质量. 同轴全息的最大局限性还在于我们必须假定物体是超低散射透明的，否则第二项场分量将不能忽略. 这一假定极大地限制了同轴全息图的应用范围.

5.3.2　离轴全息图

为了消除全息图中孪生像的干扰，1962 年美国密歇根大学雷达实验室的利思和乌帕特尼克斯提出了离轴全息图，也叫做偏斜参考光全息图. 记录离轴全息图的光路如图 5.3.2 所示，准直光束一部分直接照射振幅透射率为 $t_0(x,y)$ 的物体，另一部分经物体之上的棱镜 P 偏折，以倾角 θ 投射到全息干板上. 全息干板上的振幅分布应该是物体透射波和倾斜参考波叠加的结果，即

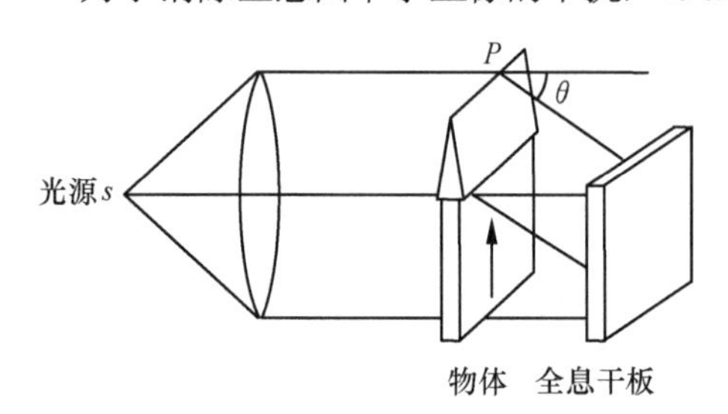

图 5.3.2　记录离轴全息图的光路

$$\boldsymbol{U}(x,y)=A\exp(-\mathrm{j}2\pi\alpha y)+\boldsymbol{O}(x,y) \tag{5.3.5}$$

其中参考波的空间频率 $\alpha=\sin\theta/\lambda$，底片上的强度分布为

$$I(x,y)=A^2+|\boldsymbol{O}(x,y)|^2+A\boldsymbol{O}(x,y)\exp(\mathrm{j}2\pi\alpha y)+A\boldsymbol{O}^*(x,y)\exp(-\mathrm{j}2\pi\alpha y) \tag{5.3.6}$$

把 $\boldsymbol{O}$ 表示为振幅和相位分布，即

$$\boldsymbol{O}(x,y)=O(x,y)\exp[-\mathrm{j}\phi(x,y)] \tag{5.3.7}$$

则式(5.3.6)可以改写为另一种形式

$$\boldsymbol{I}(x,y)=A^2+O^2(x,y)+2AO(x,y)\cos[2\pi\alpha y-\phi(x,y)] \tag{5.3.8}$$

此式表明，物光波波前的振幅信息 $O(x,y)$ 和相位信息 $\varphi(x,y)$ 分别作为高频载波的调幅和调相而被记录下来. 在满足线性记录的条件下，所得到的全息图的振幅透射率应正比于曝光期间的入射光强，即

$$t(x,y)=t_{\mathrm{b}}+\beta'[|\boldsymbol{O}|^2+A\boldsymbol{O}\exp(\mathrm{j}2\pi\alpha y)+A\boldsymbol{O}^*\exp(-\mathrm{j}2\pi\alpha y)] \tag{5.3.9}$$

假定再现光路如图 5.3.3 所示，全息图由一束垂直入射、振幅为 C 的均匀平面波照明，透射光场写成下列四个场分量之和：

$$\begin{cases}\boldsymbol{U}_1=t_{\mathrm{b}}C\\ \boldsymbol{U}_2=\beta'|\boldsymbol{O}(x,y)|^2\\ \boldsymbol{U}_3=\beta'CA\boldsymbol{O}(x,y)\exp(\mathrm{j}2\pi\alpha y)\\ \boldsymbol{U}_4=\beta'CA\boldsymbol{O}^*(x,y)\exp(-\mathrm{j}2\pi\alpha y)\end{cases} \tag{5.3.10}$$

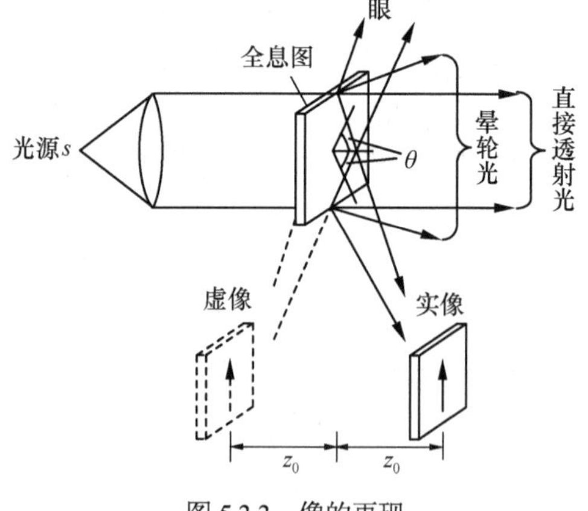

图 5.3.3　像的再现

分量 $\boldsymbol{U}_1$ 是经过衰减的照明光波，代表沿底片轴线传播的平面波. 分量 $\boldsymbol{U}_2$ 是一个透射光锥，主要能量方向靠近底片轴线，光锥的扩展程度取决于 $\boldsymbol{O}(x,y)$ 的带宽. 分量 $\boldsymbol{U}_3$ 正比于原始物波波前 $\boldsymbol{O}$ 与一平面波相位因子 $\exp(\mathrm{j}2\pi\alpha y)$ 的乘积，表示原始物波将以向上倾斜的平面波为载波，在距底片 z_0 处形成物体的一个虚像. 分量 $\boldsymbol{U}_4$ 表示物波的共轭波前将以向下倾斜的平面波为载波，在底片的另一侧距离底片 z_0 处形成物体的一个实像.

从图 5.3.3 可以看到，再现的物波波前 $\boldsymbol{O}$ 和物波共轭波前 $\boldsymbol{O}^*$ 二者具有不同的传播方向，并且还和分量波 $\boldsymbol{U}_1$ 和 $\boldsymbol{U}_2$ 分开. 参考光和全息图之间的夹角 θ 越大，则分量波 $\boldsymbol{U}_3$ 和 $\boldsymbol{U}_4$ 与 $\boldsymbol{U}_1$ 和 $\boldsymbol{U}_2$ 分得

越开. 下面将从全息图所具有的空间频谱的分布来考察这四个场分量，以便对孪生像完全分离的条件给出一个定量的说明.

假定$\boldsymbol{G}_1$、$\boldsymbol{G}_2$、$\boldsymbol{G}_3$、$\boldsymbol{G}_4$分别表示全息图被再现时透射光场四个分量波的空间频谱，又设再现光波C具有单位振幅，并忽略全息图底片的有限孔径，则这四项场分量分别为

$$\boldsymbol{G}_1(\xi,\eta)=\mathscr{F}\{\boldsymbol{U}_1(x,y)\}=t_{\mathrm{b}}\delta(\xi,\eta) \tag{5.3.11}$$

$$\boldsymbol{G}_2(\xi,\eta)=\mathscr{F}\{\boldsymbol{U}_2(x,y)\}=\beta'\boldsymbol{G}_{\mathrm{o}}(\xi,\eta)☆\boldsymbol{G}_{\mathrm{o}}(\xi,\eta) \tag{5.3.12}$$

$$\boldsymbol{G}_3(\xi,\eta)=\mathscr{F}\{\boldsymbol{U}_3(x,y)\}=\beta'\boldsymbol{G}_{\mathrm{o}}(\xi,\eta-\alpha) \tag{5.3.13}$$

$$\boldsymbol{G}_4(\xi,\eta)=\mathscr{F}\{\boldsymbol{U}_4(x,y)\}=\beta' A\boldsymbol{G}_{\mathrm{o}}^*(-\xi,-\eta-\alpha) \tag{5.3.14}$$

式中，☆表示自相关，并且$\boldsymbol{G}_{\mathrm{o}}(\xi,\eta)=\mathscr{F}\{\boldsymbol{O}(x,y)\}$.

因为表征物体到全息图传播过程的传递函数是纯相位函数，所以$\boldsymbol{G}_{\mathrm{o}}$的带宽和物体带宽相同. 假定物的最高空间频率为$B$周/mm，带宽为$2B$，则物体的频谱和全息图四项场分量的频谱如图 5.3.4 所示. 其中$\boldsymbol{G}_1$是频域平面原点上的一个δ函数；$\boldsymbol{G}_2$正比于$\boldsymbol{G}_{\mathrm{o}}$的自相关，以原点为中心，带宽扩展到$4B$；$|\boldsymbol{G}_3|$和$|\boldsymbol{G}_4|$互成镜像，中心位于$(0\pm\alpha)$，带宽为$2B$. 因此，为使$|\boldsymbol{G}_3|$、$|\boldsymbol{G}_4|$和$|\boldsymbol{G}_2|$互相不重叠，必须满足如下条件

$$a\geqslant\frac{2B+4B}{2}=3B \tag{5.3.15}$$

若将$\alpha=\sin\theta/\lambda$代入，则由式(5.3.15)可得$\theta$的最小值为

$$\theta_{\min}=\arcsin(3B\lambda) \tag{5.3.16}$$

一旦θ超过$\theta_{\min}$，实像和虚像即彼此分离，互不干扰，成像波也不会与背景光干涉叠加. 这样，透明底片无论用正片或负片，都可以得到和原物衬度相同的像.

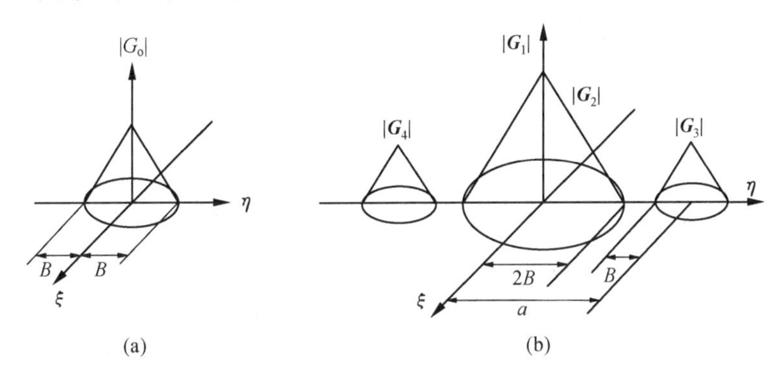

图 5.3.4　物体(a)和全息图(b)的频谱

最后应该指出，这里选用任意方向的平面波照明全息图，只有当记录介质的厚度与全息图上干涉图样的横向结构尺寸差不多时，对再现光波的性质才有严格要求.

5.4　基元全息图

本节我们对全息图所记录的干涉条纹进行分析. 在拍摄全息图时，所用的参考光波总可以人为地简化为平面波或球面波，而物体的形状却很复杂，所以全息图的干涉花样一般说来总是复杂的，但也是有规律的. 它不外乎是平面波与平面波、平面波与球面波、球面波与球面波三种干涉中的一种. 所谓基元全息图是指由单一物点发出的光波与参考光波干涉所构成的全息图. 于是，任何一种全息图均可以看成是许多基元全息图的线性组合. 了解基元全息图的结构和作用，对于深入理解整

个全息图的记录和再现机制是十分有益的.

从空域的观点，可以把物体看成是一些相干点源的集合，物光波波前是所有点源发出的球面波与参考光波相干涉，所形成的基元全息图称为基元波带片. 从频域的观点，可以把物光波看成是许多不同方向传播的平面波(即角谱)的线性叠加，每一平面波分量与参考平面波干涉而形成的基元全息图是一些平行直条纹，称为基元光栅. 当然，正是由于 5.3 节中所指出的系统的线性性质，我们才能用叠加原理来进行讨论.

我们撇开实际光路，只考虑参考光波 $\boldsymbol{R}$ 与物光波 $\boldsymbol{O}$ 的干涉，在图 5.4.1(a)中，参考光波和物光波均为平面波，条纹的峰值强度面是平行的等间距平面，面间距 d 与光束的夹角有关. 图 5.4.1(b)是参考光波为平面光波、物光波为发散球面波的情形，峰值强度面是一簇旋转抛物面. 图 5.4.1(c)是参考光波和物光波均为发散球面波的情形，峰值强度面是旋转双曲面，转轴为两个点光源的连线. 图 5.4.1(d)是一个发散的球面波和一个会聚的球面波相干涉，峰值强度面是一簇旋转椭圆面，两个点源的位置是旋转椭圆面的焦点.

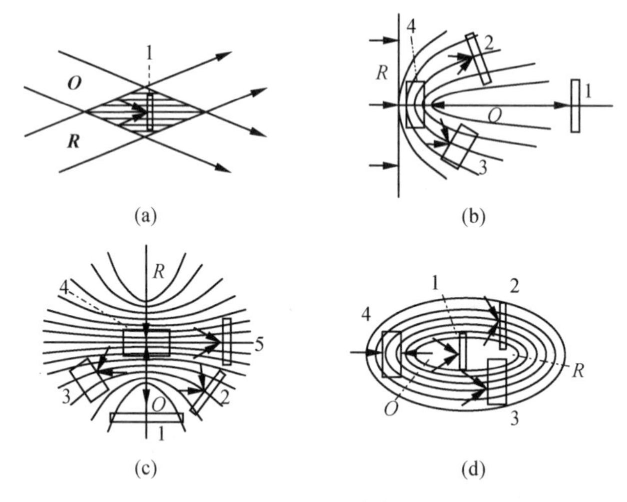

图 5.4.1　基元全息图

在图 5.4.1 中用实线表示记录物体位置，位置不同基元全息图的结构也不同. 图 5.4.1(a)是傅里叶变换全息图结构. 图 5.4.1(b)～(d)中：在位置 1 是同轴全息图，条纹是中心疏边缘密的同心圆环；在位置 2 是离轴全息图；在位置 3 是透射体积全息图；在位置 4 是反射体积全息图. 参考光波与物光波自两边入射在记录介质上. 在图 5.4.1(c)的位置 5 是无透镜傅里叶变换全息图.

例 5.4.1　研究基元光栅，如图 5.4.2(a)所示，参考光和物光均为平行光，对称入射到记录介质 Σ 上，即 $\theta_{\rm o}=-\theta_{\rm r}$，二者之间的夹角为 $\theta=2\theta_{\rm o}$.

(1)求出全息图上干涉条纹的形状和条纹间距公式.

(2)当采用氦氖激光记录时，试计算夹角为 θ=1°和 60°时的条纹间距. 某感光胶片厂生产的全息记录干板，其分辨率为 3000 条/mm，试问当 θ=60°时此干板能否记录下其干涉条纹?

(3)如图 5.4.2(b)所示，当采用的再现光波 $\boldsymbol{C}=\boldsymbol{R}$ 时，试分析 0、±1 级衍射的出射波方向，并作图表示.

解　(1)设物光波和参考光波分别为

$$\boldsymbol{O}=O\exp({\rm j}ky\sin\theta_{\rm o}),\quad \boldsymbol{R}=R\exp({\rm j}ky\sin\theta_{\rm r})$$

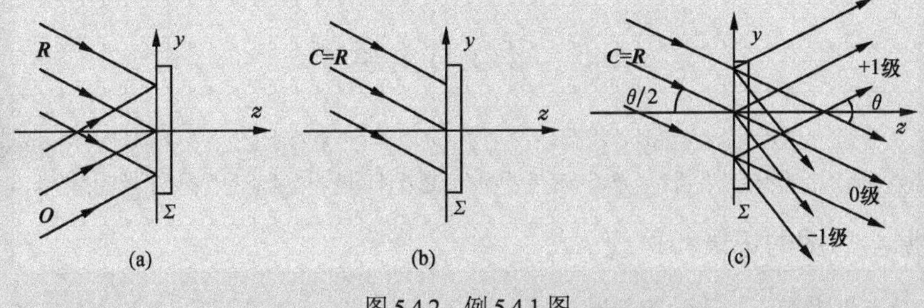

图 5.4.2　例 5.4.1 图

全息干板上的干涉场为

$$U(y)=\boldsymbol{O}+\boldsymbol{R}=O\exp(\mathrm{j}ky\sin\theta_o)+R\exp(\mathrm{j}ky\sin\theta_r)$$

全息干板上的光强分布为

$$\begin{aligned}I(y)&=|\boldsymbol{O}+\boldsymbol{R}|^2=R^2+O^2+RO\exp[\mathrm{j}ky(\sin\theta_o-\sin\theta_r)]+RO\exp[-\mathrm{j}ky(\sin\theta_o-\sin\theta_r)]\\&=R^2+O^2+2RO\cos[ky(\sin\theta_o-\sin\theta_r)]\end{aligned}\tag{5.4.1}$$

显然干涉条纹的形式是正弦型的，条纹峰值由 $\dfrac{2\pi}{\lambda}y(\sin\theta_o-\sin\theta_r)=2m\pi$ 决定，它是一组与 y 轴垂直的平行直线. 条纹间距 Δy 为

$$\Delta y=\frac{\lambda}{\sin\theta_o-\sin\theta_r}\tag{5.4.2}$$

若物光与参考光对称入射，即 $\theta_o=-\theta_r$，于是上式为

$$\Delta y=\frac{\lambda}{2\sin\theta_o}=\frac{\lambda}{2\sin\left(\dfrac{\theta}{2}\right)}\tag{5.4.3}$$

(2) 当 $\theta=1°$ 时

$$\Delta y=\frac{0.6328/2}{\sin0.5°}=\frac{0.3164}{0.0087}=36.26(\mu\text{m})$$

当 $\theta=60°$ 时

$$\Delta y=\frac{0.3164}{0.5000}=0.6328(\mu\text{m})$$

干板的最小分辨距 d 为

$$d=\frac{1}{3000}\text{mm}=\frac{1000}{3000}\mu\text{m}=0.33\mu\text{m}$$

这说明当物光与参考光的夹角 $\theta=60°$ 时，所提供的全息干板可以记录下其干涉条纹.

(3) 全息记录干板经显影、定影等线性处理后，负片的复振幅透过率正比于曝光光强，即

$$t=t_b+\beta'O^2+\beta'RO\exp[\mathrm{j}ky(\sin\theta_o-\sin\theta_r)]+\beta'RO\exp[-\mathrm{j}ky(\sin\theta_o-\sin\theta_r)]$$

若再现波 $\boldsymbol{C}=\boldsymbol{R}=R\exp(\mathrm{j}ky\sin\theta_r)$，于是透射波场为

$$\begin{aligned}\boldsymbol{U}=t\boldsymbol{R}&=(t_b+\beta'O^2)R\exp(\mathrm{j}ky\sin\theta_r)+\beta'R^2O\exp(\mathrm{j}ky\sin\theta_o)+\beta'R^2O\exp[-\mathrm{j}ky(\sin\theta_o-2\sin\theta_r)]\\&=\boldsymbol{U}_0+\boldsymbol{U}_{+1}+\boldsymbol{U}_{-1}\end{aligned}$$

其中，零级衍射波 $\boldsymbol{U}_0=(t_b+\beta'O^2)R\exp(\mathrm{j}ky\sin\theta_r)$ 是照明光波照直前进的透射平面波；当然，振幅有所下降；+1 级波 $\boldsymbol{U}_{+1}=\beta'R^2O\exp(\mathrm{j}ky\sin\theta_o)$ 是物光波的再现波，但振幅有所变化；−1 级波是方向进一步向下偏转的物光波的共轭波，其偏转角度 θ_{-1} 满足 $\sin\theta_{-1}=3\sin\dfrac{\theta}{2}$. 各波的传播情况如图 5.4.2(c) 所示.

5.5 菲涅耳全息图

菲涅耳全息的特点是记录平面位于物体衍射光场的菲涅耳衍射区，物光由物体直接照到底片上. 由于物体可以看成点源的线性组合，所以讨论点源全息图(即基元全息图)具有普遍意义.

5.5.1 点源全息图的记录和再现

两相干单色点光源所产生的干涉图实质上就是一个点源全息图，即波带片型基元全息图. 假定参考波和物波是从点源 $o(x_o, y_o, z_o)$ 和点源 $R(x_r, y_r, z_r)$ 发出的球面波，波长为 λ_1，全息底片位于 $z=0$ 的平面上，与两个点源的距离满足菲涅耳近似条件. 据此可以用球面波的二次曲面近似描述这个球面波. 记录光路如图 5.5.1(a)所示.

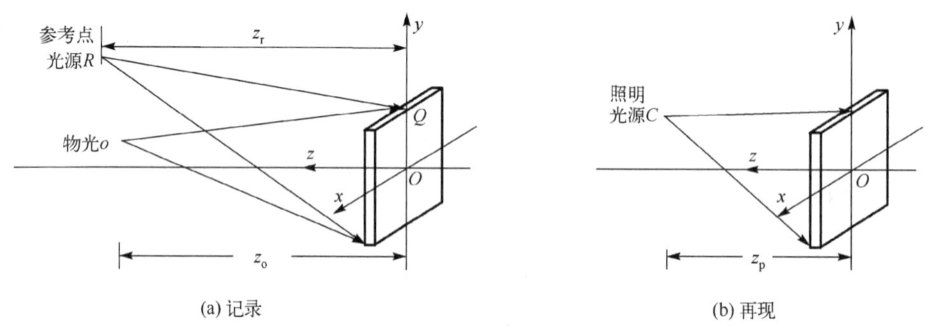

图 5.5.1 点源全息图的记录和再现

设物点 o 投射到记录平面上的物光波的振幅为 O，考虑到一常数相位因子，写成 $\boldsymbol{O}$. 到达记录平面的相位以坐标原点 O 为参考点来计算，并作傍轴近似，即假设 $(x_o^2+y_o^2)\ll z_o^2$，于是物光波入射到记录平面 $Q(x,y)$ 点的相位可简化成

$$
\begin{aligned}
\phi(x,y) &= \frac{2\pi}{\lambda_1}(\overline{oQ}-\overline{oO}) = \frac{2\pi}{\lambda_1}\{[(x-x_o)^2+(y-y_o)^2+z_o^2]^{1/2}-(x_o^2+y_o^2+z_o^2)]\} \\
&= \frac{2\pi}{\lambda_1}\left\{z_o\left[1+\frac{(x-x_o)^2+(y-y_o)^2}{z_o^2}\right]^{1/2}-z_o\left[1+\frac{x_o^2+y_o^2}{2z_o^2}\right]^{1/2}\right\} \\
&\approx \frac{2\pi}{\lambda_1}\left\{z_o\left[1+\frac{(x-x_o)^2+(y-y_o)^2}{2z_o^2}\right]-z_o\left[1+\frac{x_o^2+y_o^2}{2z_o^2}\right]\right\} \\
&= \frac{2\pi}{\lambda_1 z_o}(x^2+y^2-2xx_o-2yy_o)
\end{aligned}
\tag{5.5.1}
$$

于是，物点 o 投射到记录平面上的物光波可写成

$$
\boldsymbol{O}(x,y)=\boldsymbol{O}\exp\left[\mathrm{j}\frac{\pi}{\lambda_1 z_o}(x^2+y^2-2xx_o-2yy_o)\right] \tag{5.5.2}
$$

同理，参考点光源 R 投射到记录平面上的参考光可写成

$$
\boldsymbol{R}(x,y)=\boldsymbol{R}\exp\left[\mathrm{j}\frac{\pi}{\lambda_1 z_r}(x^2+y^2-2xx_r-2yy_r)\right] \tag{5.5.3}
$$

以上两式中的 λ_1 为记录时所用的波长. 记录平面上的复振幅分布为

$$
\boldsymbol{U}(x,y)=\boldsymbol{O}\exp\left[\mathrm{j}\frac{\pi}{\lambda_1 z_o}(x^2+y^2-2xx_o-2yy_o)\right]+\boldsymbol{R}\exp\left[\mathrm{j}\frac{\pi}{\lambda_1 z_r}(x^2+y^2-2xx_r-2yy_r)\right] \tag{5.5.4}
$$

记录平面上的光强分布为

$$I(x,y)=|\boldsymbol{R}|^2+|\boldsymbol{O}|^2+\boldsymbol{R}\boldsymbol{O}^*\exp\left\{-\mathrm{j}\left[\frac{\pi}{\lambda_1 z_\mathrm{o}}(x^2+y^2-2xx_\mathrm{o}-2yy_\mathrm{o})-\frac{\pi}{\lambda_1 z_\mathrm{r}}(x^2+y^2-2xx_\mathrm{r}-2yy_\mathrm{r})\right]\right\}$$
$$+\boldsymbol{R}^*\boldsymbol{O}\exp\left\{\mathrm{j}\left[\frac{\pi}{\lambda_1 z_\mathrm{o}}(x^2+y^2-2xx_\mathrm{o}-2yy_\mathrm{o})-\frac{\pi}{\lambda_1 z_\mathrm{r}}(x^2+y^2-2xx_\mathrm{r}-2yy_\mathrm{r})\right]\right\} \tag{5.5.5}$$

通常需保持记录过程的线性条件，即显影定影后底片的振幅透过率正比于曝光量，即

$$\boldsymbol{t}(x,y)=t_\mathrm{b}+\beta'|\boldsymbol{O}|^2+\beta'\boldsymbol{R}\boldsymbol{O}^*\exp\left\{-\mathrm{j}\left[\frac{\pi}{\lambda_1 z_\mathrm{o}}(x^2+y^2-2xx_\mathrm{o}-2yy_\mathrm{o})-\frac{\pi}{\lambda_1 z_\mathrm{r}}(x^2+y^2-2xx_\mathrm{r}-2yy_\mathrm{r})\right]\right\}$$
$$+\beta'\boldsymbol{R}^*\boldsymbol{O}\exp\left\{\mathrm{j}\left[\frac{\pi}{\lambda_1 z_\mathrm{o}}(x^2+y^2-2xx_\mathrm{o}-2yy_\mathrm{o})-\frac{\pi}{\lambda_1 z_\mathrm{r}}(x^2+y^2-2xx_\mathrm{r}-2yy_\mathrm{r})\right]\right\}$$
$$=\boldsymbol{t}_1+\boldsymbol{t}_2+\boldsymbol{t}_3+\boldsymbol{t}_4 \tag{5.5.6}$$

在透过率中最重要的两项是

$$\boldsymbol{t}_3=\beta'\boldsymbol{R}\boldsymbol{O}^*\exp\left\{\mathrm{j}\left[\frac{\pi}{\lambda_1 z_\mathrm{r}}(x^2+y^2-2xx_\mathrm{r}-2yy_\mathrm{r})-\frac{\pi}{\lambda_1 z_\mathrm{o}}(x^2+y^2-2xx_\mathrm{o}-2yy_\mathrm{o})\right]\right\} \tag{5.5.7}$$

$$\boldsymbol{t}_4=\beta'\boldsymbol{R}\boldsymbol{O}^*\exp\left\{-\mathrm{j}\left[\frac{\pi}{\lambda_1 z_\mathrm{r}}(x^2+y^2-2xx_\mathrm{r}-2yy_\mathrm{r})-\frac{\pi}{\lambda_1 z_\mathrm{o}}(x^2+y^2-2xx_\mathrm{o}-2yy_\mathrm{o})\right]\right\} \tag{5.5.8}$$

在再现过程中，全息底片由位于$(x_\mathrm{p},y_\mathrm{p},z_\mathrm{p})$的点源发出的球面波照明，再现光波波长为$\lambda_2$，如图 5.5.1(b)所示，可记为

$$\boldsymbol{C}(x,y)=\boldsymbol{C}\exp\left[\mathrm{j}\frac{\pi}{\lambda_2 z_\mathrm{p}}(x^2+y^2-2xx_\mathrm{p}-2yy_\mathrm{p})\right] \tag{5.5.9}$$

全息图透射项中，$\boldsymbol{U}_3=t_3\boldsymbol{C}(x,y)$和$\boldsymbol{U}_4=\boldsymbol{t}_4\boldsymbol{C}(x,y)$是我们感兴趣的波前.

$$\boldsymbol{U}_3=\beta'\boldsymbol{R}\boldsymbol{O}^*\boldsymbol{C}\exp\left\{\mathrm{j}\left[\frac{\pi}{\lambda_1 z_\mathrm{r}}(x^2+y^2-2xx_\mathrm{r}-2yy_\mathrm{r})-\frac{\pi}{\lambda_1 z_\mathrm{o}}(x^2+y^2-2xx_\mathrm{o}-2yy_\mathrm{o})\right.\right.$$
$$\left.\left.+\frac{\pi}{\lambda_2 z_\mathrm{p}}(x^2+y^2-2xx_\mathrm{p}-2yy_\mathrm{p})\right]\right\}$$
$$=\beta'\boldsymbol{R}\boldsymbol{O}^*\boldsymbol{C}\exp\left\{\mathrm{j}\pi\left(\frac{1}{\lambda_1 z_\mathrm{r}}-\frac{1}{\lambda_1 z_\mathrm{o}}+\frac{1}{\lambda_2 z_\mathrm{p}}\right)(x^2+y^2)\right\}$$
$$\times\exp\left\{-\mathrm{j}2\pi\left[\left(\frac{x_\mathrm{r}}{\lambda_1 z_\mathrm{r}}-\frac{x_\mathrm{o}}{\lambda_1 z_\mathrm{o}}+\frac{x_\mathrm{p}}{\lambda_2 z_\mathrm{p}}\right)x+\left(\frac{y_\mathrm{r}}{\lambda_1 z_\mathrm{r}}-\frac{y_\mathrm{o}}{\lambda_1 z_\mathrm{o}}+\frac{y_\mathrm{p}}{\lambda_2 z_\mathrm{p}}\right)y\right]\right\} \tag{5.5.10}$$

同理

$$\boldsymbol{U}_4=\beta\boldsymbol{R}^*\boldsymbol{O}\boldsymbol{C}\exp\left[\mathrm{j}\pi\left(-\frac{1}{\lambda_1 z_\mathrm{r}}+\frac{1}{\lambda_1 z_\mathrm{o}}+\frac{1}{\lambda_2 z_\mathrm{p}}\right)(x^2+y^2)\right]$$

$$\times \exp\left\{-\mathrm{j}2\pi\left[-\left(\frac{x_r}{\lambda_1 z_r}-\frac{x_o}{\lambda_1 z_o}+\frac{x_p}{\lambda_2 z_p}\right)x+\left(-\frac{y_r}{\lambda_1 z_r}+\frac{y_o}{\lambda_1 z_o}-\frac{y_p}{\lambda_2 z_p}\right)y\right]\right\} \tag{5.5.11}$$

式(5.5.10)和式(5.5.11)的相位项中，x 和 y 的二次项是傍轴近似的球面波的相位因子，给出了再现像在 z 方向上的焦点. x 和 y 的一次项是倾斜传播的平面波的相位因子，给出了再现像离开 z 轴的距离. 因此，它们给出了再现光波的几何描述：一个向像点 (x_i, y_i, z_i) 会聚或由像点 (x_i, y_i, z_i) 发散的球面波. 这些球面波在 xy 平面上的光场傍轴近似具有下列标准形式：

$$\exp\left[\mathrm{j}\frac{\pi}{\lambda_2 z_i}(x^2+y^2-2xx_i-2yy_i)\right] \tag{5.5.12}$$

z_i 为正表示由点 (x_i, y_i, z_i) 发出的发散球面波，z_i 为负表示向点 (x_i, y_i, z_i) 会聚的球面波. 将它们含 x、y 的二次项和一次项系数与式(5.5.10)和式(5.5.11)比较，可以确定像点坐标

$$z_i=\left(\frac{1}{z_p}\pm\frac{\lambda_2}{\lambda_1 z_r}\mp\frac{\lambda_2}{\lambda_1 z_o}\right)^{-1} \tag{5.5.13}$$

$$x_i=\mp\frac{\lambda_2 z_i}{\lambda_1 z_o}x_o\pm\frac{\lambda_2 z_i}{\lambda_1 z_r}x_r+\frac{z_i}{z_p}x_p \tag{5.5.14}$$

$$y_i=\mp\frac{\lambda_2 z_i}{\lambda_1 z_o}y_o\pm\frac{\lambda_2 z_i}{\lambda_1 z_r}y_r+\frac{z_i}{z_p}y_p \tag{5.5.15}$$

式中，上面的一组符号适用于分量波 $\boldsymbol{U}_3$，下面的一组符号适用于分量 $\boldsymbol{U}_4$. 当 z_i 为正时，再现像是虚像，位于全息图的左侧；当 z_i 为负时，再现像是实像，位于全息图的右侧.

像的横向放大率可以用 $\left|\frac{\mathrm{d}x_i}{\mathrm{d}x_o}\right|$ 和 $\left|\frac{\mathrm{d}y_i}{\mathrm{d}y_o}\right|$ 表示，所以波前再现过程产生的横向放大率为

$$M=\left|\frac{\mathrm{d}x_i}{\mathrm{d}x_o}\right|=\left|\frac{\mathrm{d}y_i}{\mathrm{d}y_o}\right|=\left|\frac{\lambda_2 z_i}{\lambda_1 z_o}\right|=\left|1-\frac{z_o}{z_r}\mp\frac{\lambda_1 z_o}{\lambda_2 z_p}\right|^{-1} \tag{5.5.16}$$

像的纵向放大率可以用 $\left|\frac{\mathrm{d}z_i}{\mathrm{d}z_o}\right|$ 表示，所以

$$M_z=\frac{\lambda_1}{\lambda_2}M^2 \tag{5.5.17}$$

5.5.2　几种特殊情况的讨论

(1) 当再现光波与参考光波完全一样时，即 $x_p=x_r, y_p=y_r, z_p=z_r, \lambda_1=\lambda_2$，由式(5.5.13)～式(5.5.15)可得

$$\begin{cases} z_{i1}=\dfrac{z_r z_o}{2z_o-z_r} \\ x_{i1}=\dfrac{2z_o x_r-z_r x_o}{2z_o-z_r} \\ y_{i1}=\dfrac{2z_o y_r-z_r y_o}{2z_o-z_r} \\ M=\left|1-\dfrac{2z_o}{z_r}\right|^{-1} \end{cases} \quad 及 \quad \begin{cases} z_{i2}=z_o \\ x_{i2}=x_o \\ y_{i2}=y_o \\ M=1 \end{cases} \tag{5.5.18}$$

式(5.5.18)表明，分量波$\boldsymbol{U}_4$产生物点的一个虚像，像点的空间位置与物点重合，横向放大率为 1，它是原物点准确的再现. 分量波$\boldsymbol{U}_3$可以产生物点的实像或虚像，它取决于z_{i1}的正负，当$z_r < 2z_o$时，$z_{i1} > 0$，产生虚像；当$z_r > 2z_o$时，$z_{i1} < 0$，产生实像. 在通常情况下，横向放大率不等于 1.

(2) 再现光波与参考光波共轭时，即$x_p = x_r, y_p = y_r, z_p = -z_r, \lambda_1 = \lambda_2$，则由式(5.5.13)～式(5.5.15)可得

$$\begin{cases} z_{i1} = -z_o \\ x_{i1} = x_o \\ y_{i1} = y_o \\ M = 1 \end{cases} \quad 及 \quad \begin{cases} z_{i2} = \dfrac{z_r z_o}{z_r - 2z_o} \\ x_{i2} = \dfrac{x_o z_r - 2x_r z_o}{z_r - 2z_o} \\ y_{i2} = \dfrac{y_o z_r - 2y_r z_o}{z_r - 2z_o} \end{cases} \tag{5.5.19}$$

式(5.5.19)表明，分量波$\boldsymbol{U}_3$产生物点的一个实像，像点与物点的空间位置相对于全息图镜面对称，因此，观察者看到的是一个与原物形状相同，但凸凹互易的赝实像. 分量波$\boldsymbol{U}_4$可以产生物点的虚像，也可以产生物点的实像，这取决于z_{i2}的正负.

(3) 参考光波和再现光波都是沿 z 轴传播的完全一样的平面波，即$x_r = x_p = 0$，$y_r = y_p = 0$，$z_r = z_p = \infty$，$\lambda_1 = \lambda_2$，则由式(5.5.13)～式(5.5.15)可得

$$z_i = \mp z_o \quad x_i = x_o \quad y_i = y_o, \quad M = 1 \tag{5.5.20}$$

可见，此时得到的两个像点位于全息图两侧对称位置，一个是实像，另一个是虚像.

(4) 如果物点和参考点位于 z 轴上，即$x_o = x_r = y_o = y_r = 0$，这时在线性记录的全息图中与式(5.5.10)和式(5.5.11)相对应的透过率中，重要的两项是

$$\begin{cases} \boldsymbol{t}_3 = \beta' \boldsymbol{R}\boldsymbol{O}^* \exp\left[\mathrm{j}\dfrac{\pi}{\lambda_1}(x^2 + y^2)\left(\dfrac{1}{z_r} - \dfrac{1}{z_o}\right)\right] \\ \boldsymbol{t}_4 = \beta' \boldsymbol{R}^* \boldsymbol{O} \exp\left[-\mathrm{j}\dfrac{\pi}{\lambda_1}(x^2 + y^2)\left(\dfrac{1}{z_r} - \dfrac{1}{z_o}\right)\right] \end{cases} \tag{5.5.21}$$

这时透过率的峰值出现在其相位为 2π 整数倍的地方，由式(5.5.21)得

$$\pm\frac{\pi}{\lambda_1}(x^2 + y^2)\left(\frac{1}{z_r} - \frac{1}{z_o}\right) = 2m\pi, \quad m = 0, \ \pm 1, \ \pm 2, \cdots$$

即

$$\rho^2 = x^2 + y^2 = 2m\lambda_1 \frac{z_o z_r}{z_o - z_r}$$

可见，此时所形成的干涉条纹是一族同心圆，圆心位于原点，为同轴全息图，其半径为

$$\rho = \sqrt{2m\lambda_1 \frac{z_o z_r}{z_o - z_r}} \tag{5.5.22}$$

同轴全息图的再现可以分为两种情况：

其一，在轴上照明光源再现的情况下，$x_p = y_p = 0$，这时像点的坐标是

$$z_i = \left(\frac{1}{z_p} \pm \frac{\lambda_2}{\lambda_1 z_r} \mp \frac{\lambda_2}{\lambda_1 z_o}\right)^{-1}, \quad x_i = 0, \quad y_i = 0 \tag{5.5.23}$$

这表明再现所得到的两个像均位于 z 轴上. 当照明光源与参考光源完全相同，即$z_p = z_r, \lambda_2 = \lambda_1$时，则有

$$z_{i1}=\frac{z_r z_o}{2z_o-z_r},\quad z_{i2}=z_o \tag{5.5.24}$$

这说明分量波U_4产生的虚像与轴上原始物点完全重合，另一个像点的虚实由z_{i1}的符号决定. 当照明光源与参考光源为共轭时，有

$$z_{i1}=-z_o,\quad z_{i2}=\frac{z_r z_o}{z_r-2z_o} \tag{5.5.25}$$

这说明分量波$\boldsymbol{U}_3$产生一个与原始物点位置对称的实像，另一个像点的虚实仍然由z_{i2}的符号决定.

其二，同轴全息图也可能用轴外照明光源再现. 设照明光源坐标是(x_p, y_p, z_p)，这时像点坐标是

$$z_i=\left(\frac{1}{z_p}\pm\frac{\lambda_2}{\lambda_1 z_r}\pm\frac{\lambda_2}{\lambda_1 z_o}\right)^{-1},\quad x_i=\frac{z_i}{z_p}x_p,\quad y_i=\frac{z_i}{z_p}y_p \tag{5.5.26}$$

注意到$x_i/y_i=x_p/y_p$，说明再现的两个像点位于通过全息图原点的倾斜直线上. 这表明即使用轴外照明光源再现，同轴全息图产生的各分量衍射波仍然沿同一方向传播，观察时互相干扰. 图 5.5.2 给出了点源同轴全息图再现的情况.

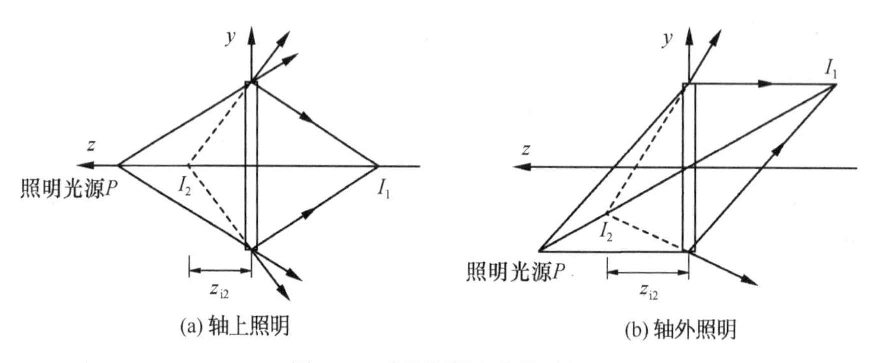

图 5.5.2　点源同轴全息的再现

例 5.5.1　用正入射的平面参考波记录轴外物点$O(0, y_o, z_o)$发出的球面波，用轴上同波长点源$C(0, 0, z_p)$发出的球面波照射全息图以再现物光波波前. 试求:

(1) 两个像点的位置及横向放大率 M;

(2) 若$y_o=5\text{cm}, z_o=50\text{cm}, z_p=100\text{cm}$，像点的位置和横向放大率以及像的虚实.

解　(1) 由题设知，参考光波、物光波和再现光波的位置坐标为: 参考光波$(0, 0, \infty)$、物光波$(0, y_o, z_o)$、再现光波$(0, 0, z_p)$.

利用式(5.5.13)～式(5.5.15)得

$$z_i=\left(\frac{1}{z_p}\pm\frac{1}{z_r}\mp\frac{1}{z_o}\right)^{-1}=\left(\frac{1}{z_p}\mp\frac{1}{z_o}\right)^{-1}=\frac{z_o z_p}{z_o\mp z_p}$$

$$x_i=\frac{z_i}{z_p}x_p\mp\frac{z_i}{z_o}x_o\pm\frac{z_i}{z_r}x_r=0$$

$$y_i=\frac{z_i}{z_p}y_p\mp\frac{z_i}{z_o}y_o\pm\frac{z_i}{z_r}y_r=\mp\frac{z_p y_o}{z_o\mp z_p}$$

由此可知，两个像点的坐标分别为

$$像点 I_1\left(0,-\frac{z_p y_o}{z_o - z_p},\frac{z_o z_p}{z_o - z_p}\right)$$

$$像点 I_2\left(0,+\frac{z_p y_o}{z_o + z_p},\frac{z_o z_p}{z_o + z_p}\right)$$

物上一点的横坐标为 y_o，现分别位移到 $\mp\frac{z_p y_o}{z_o \mp z_p}$ 处，故像 I_1 和像 I_2 的横向放大率分别为

$$M_1 = -\frac{z_p}{z_o - z_p},\quad M_2 = +\frac{z_p}{z_o + z_p}$$

这与用式(5.5.16)计算的结果是一致的.

(2)将数据代入相应公式，得

$$I_1\left(0,-\frac{z_p y_o}{z_o - z_p},\ \frac{z_o z_p}{z_o - z_p}\right) = I_1\left(0,-\frac{100\times 5}{50-100},\frac{50\times 100}{50-100}\right) = I_1(0,\ 10,\ -100)\quad 实像$$

$$I_2\left(0,+\frac{z_p y_o}{z_o + z_p},\ \frac{z_o z_p}{z_o + z_p}\right) = I_2\left(0,-\frac{100\times 5}{50+100},\frac{50\times 100}{50+100}\right) = I_2(0,\ 10/3,\ 100/3)\quad 虚像$$

5.6　傅里叶变换全息图

物体的信息由物光波所携带，全息记录了物光波，也就记录下了物体所包含的信息. 物体信号可以在空域中表示，也可以在频域中表示，也就是说，物体或图像的光信息既表现在它的物体光波中，也蕴含在它的空间频谱内. 因此，用全息方法既可以在空域中记录物光波，也可以在频域中记录物频谱. 物体或图像频谱的全息记录称为傅里叶变换全息图.

5.6.1　傅里叶变换全息图

傅里叶变换全息图不是记录物体光波本身，而是记录物体光波的傅里叶频谱，利用透镜的傅里叶变换性质，将物体置于透镜的前焦面，在照明光源的共轭像面位置就得到物光波的傅里叶频谱，再引入参考光与之干涉，通过干涉条纹的振幅和相位调制，在干涉图样中就记录了物光波傅里叶变换光场的全部信息，包括傅里叶变换的振幅和相位. 这种干涉图称为傅里叶变换全息图.

实现傅里叶变换可以采用平行光照明和点光源照明两种基本方式，这里我们以平行光照明方式为例进行分析，记录光路见图 5.6.1(a). 设物光分布为 $g(x_o, y_o)$，则物光波的频谱公式为

$$\boldsymbol{G}(\xi,\eta) = \iint_{-\infty}^{\infty} g(x_o, y_o)\exp[-j2\pi(\xi x_o + \eta y_o)]dx_o dy_o \tag{5.6.1}$$

式中，$\xi = x/(\lambda f), \eta = y/(\lambda f)$，$\xi$ 和 η 是空间频率；f 是透镜焦距；x、y 是后焦面上的位置坐标. 平面参考光是由位于物平面上点 $(0,-b)$ 处的点源产生的. 点源的复振幅可用 δ 函数表示为 $r(x_o, y_o) = r_o\delta(0, y_o + b)$，它在后焦面上形成的场分布为

$$\mathscr{F}\{r(x_o, y_o)\} = r_o\exp(j2\pi b\eta)$$

后焦面上总的光场分布为

$$\boldsymbol{U}(\xi,\eta) = \boldsymbol{G}(\xi,\eta) + r_o\exp(j2\pi b\eta)$$

这样，记录时的曝光强度为

$$I(\xi,\eta)=r_o^2+|\boldsymbol{G}|^2+r_o\boldsymbol{G}\exp(-j2\pi b\eta)+r_o\boldsymbol{G}^*\exp(j2\pi b\eta) \tag{5.6.2}$$

在线性记录条件下，全息图的复振幅透过率为

$$\boldsymbol{t}=\boldsymbol{t}_b+\beta'|\boldsymbol{G}|^2+\beta' r_o\boldsymbol{G}\exp\left(-j2\pi b\eta\right)+\beta' r_o\boldsymbol{G}^*\exp(j2\pi b\eta) \tag{5.6.3}$$

假定用振幅为 C_o 的平面波垂直照射全息图，则透射光波的复振幅为

$$\boldsymbol{U}'(\xi,\eta)=\boldsymbol{t}_b C_o+\beta' C_o|\boldsymbol{G}|^2+\beta' C_o r_o\boldsymbol{G}\exp(-j2\pi b\eta)+\beta' C_o r_o\boldsymbol{G}^*\exp(j2\pi b\eta) \tag{5.6.4}$$

式中，第三项是原始物的空间频谱，第四项是共轭频谱，这两个谱分布分别由两列平面波为载波向不同方向传播. 这样，就以离轴全息的方式再现了物光波的傅里叶变换. 为了得到物体的再现象，必须对全息图的透射光场作一次傅里叶逆变换. 为此，在全息图后方放置透镜，使全息图位于透镜前焦面上，在透镜后焦面上将得到物体的再现像. 再现光路如图 5.6.1(b)所示. 由于透镜只能做正变换，所以这里取反演坐标，并假定再现和记录透镜的焦距相同，于是后焦面上的光场分布为

$$\boldsymbol{U}(x,y)=\mathscr{F}\{\boldsymbol{U}'(\xi,\eta)\}=\iint_{-\infty}^{\infty}\boldsymbol{U}'(\xi,\eta)\exp[-j2\pi(\xi x+\eta y)]\mathrm{d}\xi\mathrm{d}\eta \tag{5.6.5}$$

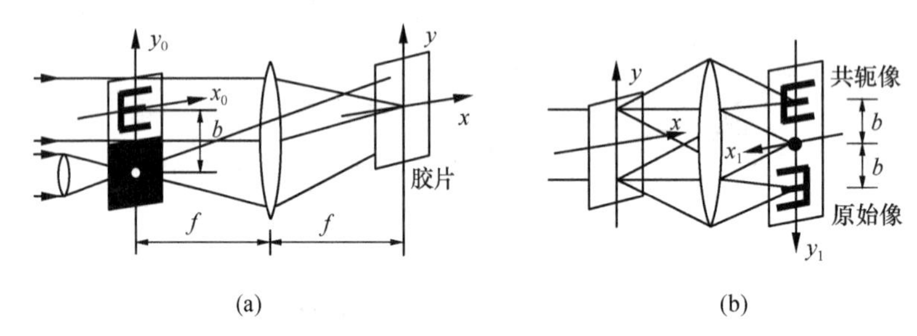

图 5.6.1 傅里叶变换全息图的记录(a)与再现(b)

$$第一项=\iint_{-\infty}^{\infty}t_b C_o\exp[-j2\pi(\xi x+\eta y)]\mathrm{d}\xi\mathrm{d}\eta=t_b C_o\delta(x,y)$$

$$\begin{aligned}
第二项&=\iint_{-\infty}^{\infty}\beta' C_o|\boldsymbol{G}(\xi,\eta)|^2\exp[-j2\pi(\xi x+\eta y)]\mathrm{d}\xi\mathrm{d}\eta\\
&=\beta' C_o\iint_{-\infty}^{\infty}\boldsymbol{G}(\xi,\eta)\boldsymbol{G}^*(\xi,\eta)\exp[-j2\pi(\xi x+\eta y)]\mathrm{d}\xi\mathrm{d}\eta\\
&=\beta' C_o\iint_{-\infty}^{\infty}\left\{\iint_{-\infty}^{\infty}\boldsymbol{g}(x_o,y_o)\exp[-j2\pi(\xi x_o+\eta y_o)]\mathrm{d}x_o\mathrm{d}y_o\right.\\
&\quad\left.\times\left[\iint_{-\infty}^{\infty}g(x_o',y_o')\exp[-j2\pi(\xi x_o'+\eta y_o')]\mathrm{d}x_o'\mathrm{d}y_o']^*\times\exp[-j2\pi(\xi x+\eta y)\right]\right\}\mathrm{d}\xi\mathrm{d}\eta\\
&=\beta' C_o\iint_{-\infty}^{\infty}g(x_o,y_o)\mathrm{d}x_o\mathrm{d}y_o\iint_{-\infty}^{\infty}g^*(x_o',y_o')\mathrm{d}x_o'\mathrm{d}y_o'\\
&\quad\times\iint_{-\infty}^{\infty}\exp\{j2\pi[(x_o'-x-x_o)\xi+(y_o'-y-y_o)\eta]\}\mathrm{d}\xi\mathrm{d}\eta\\
&=\beta' C_o\iint_{-\infty}^{\infty}\iint_{-\infty}^{\infty}\boldsymbol{g}(x_o,y_o)\boldsymbol{g}^*(x_o',y_o')\delta(x_o'-x-x_o,y_o'-y_o-y)\mathrm{d}x_o\mathrm{d}y_o\mathrm{d}x_o'\mathrm{d}y_o'\\
&=\beta' C_o\iint_{-\infty}^{\infty}\boldsymbol{g}(x_o,y_o)g^*(x_o+x,y_o+y)\mathrm{d}x_o\mathrm{d}y_o\\
&=\beta' C_o\iint_{-\infty}^{\infty}\boldsymbol{g}(x_o,y_o)g^*[x_o-(-x),y_o-(-y)]\mathrm{d}x_o\mathrm{d}y_o
\end{aligned}$$

将坐标反演，令 $x_1=-x,y_1=-y$，于是

$$\text{第二项}=\beta' C_{\text{o}}\iint_{-\infty}^{\infty}\boldsymbol{g}(x_{\text{o}},y_{\text{o}})\boldsymbol{g}^{*}(x_{\text{o}}-x_1,y_{\text{o}}-y_1)\mathrm{d}x_{\text{o}}\mathrm{d}y_{\text{o}} = \beta' C_{\text{o}}\boldsymbol{g}(x_1,y_1)☆\boldsymbol{g}(x_1,y_1)$$

同理可证，第三项、第四项在反演坐标中的形式为

$$\text{第三项}=\beta' C_{\text{o}}r_{\text{o}}\iint_{-\infty}^{\infty}\boldsymbol{G}(\xi,\eta)\exp\left(-\mathrm{j}2\pi b\eta\right)\exp[-\mathrm{j}2\pi(\xi x+\eta y)]\mathrm{d}\xi\mathrm{d}\eta = \beta' C_{\text{o}}r_{\text{o}}\boldsymbol{g}(x_1,y_1-b)$$

$$\text{第四项}=\beta' C_{\text{o}}r_{\text{o}}\iint_{-\infty}^{\infty}\boldsymbol{G}^{*}(\xi,\eta)\exp\left(\mathrm{j}2\pi b\mu\right)\exp[-\mathrm{j}2\pi(\xi x+\eta y)]\mathrm{d}\xi\mathrm{d}\eta = \beta' C_0 r_0\boldsymbol{g}^{*}(-x_1,-y-b)$$

所以

$$\boldsymbol{U}(x_1,y_1)=t_{\text{b}}C_{\text{o}}\delta(x,y)+\beta' C_{\text{o}}\boldsymbol{g}(x_1,y_1)☆\boldsymbol{g}(x_1,y_1)+\beta' C_{\text{o}}r_{\text{o}}\boldsymbol{g}(x_1,y_1-b)+\beta' C_{\text{o}}r_{\text{o}}\boldsymbol{g}^{*}(-x_1-y-b) \tag{5.6.6}$$

式中，第一项是δ函数，表示直接透射光经透镜会聚在像面中心产生的亮点；第二项是物分布的自相关函数，形成焦点附近的一种晕轮光；第三项是原始像的复振幅，中心位于反射坐标系的$(0,b)$处；第四项是共轭像的复振幅，中心位于反射坐标系的$(0,-b)$处；第三、四项都是实像. 设物体在y方向上的宽度为ω_y，则第二项自相关函数的宽度为$2\omega_y$，原始像和共轭像的宽度均为ω_y，因此欲使再现像不受晕轮光的影响，必须使$b\geqslant\dfrac{3}{2}\omega_y$，在安排记录光路时应该保证这一条件.

实现傅里叶变换还可以采用球面波照明方式，使物体置于透镜的前焦面，在点源的共轭像面上得到物光分布的傅里叶变换. 用倾斜入射的平面波作为参考光，也能记录傅里叶变换全息图. 根据完全相同的理由，也可以用球面波照射全息图，利用透镜进行傅里叶逆变换，在点源的共轭像面上实现傅里叶变换全息图的再现. 图 5.6.2(a)和(b)给出了采用这种方式的记录和再现光路.

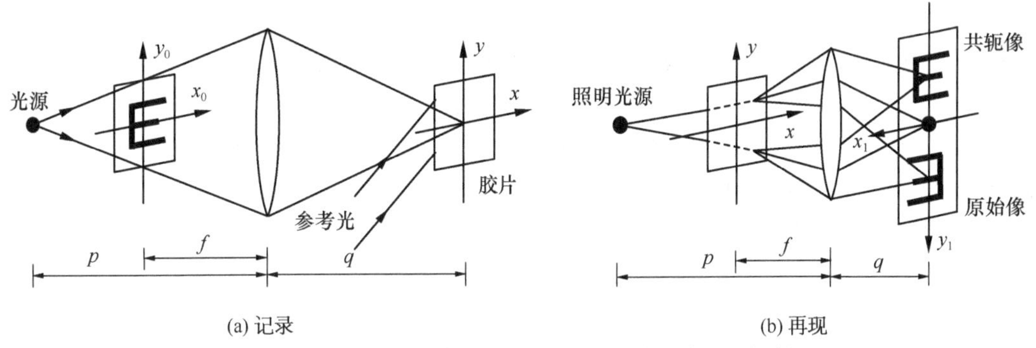

(a) 记录　　(b) 再现

图 5.6.2　傅里叶变换全息的记录与再现(球面波照明方式)

应该说明的是，两种记录和再现的方法都是独立的，例如我们可以采用平行光入射记录，球面波照明再现；反过来也一样，采用球面波入射记录，平行光照明再现.

5.6.2　准傅里叶变换全息图

在图 5.6.3 所示的光路中，平行光垂直照射物体，透镜紧靠物体放置，参考点源与物体位于同一平面上，在透镜后焦面处放置记录介质. 根据透镜的傅里叶变换性质，则在全息图平面上的物光分布为

$$\begin{aligned}\boldsymbol{U}(x,y)&=\boldsymbol{C}'\exp\left(\mathrm{j}k\frac{x^2+y^2}{2f}\right)\cdot\iint_{-\infty}^{\infty}\boldsymbol{g}(x_{\text{o}},y_{\text{o}})\exp[-\mathrm{j}2\pi(\xi x_{\text{o}}+\eta y_{\text{o}})]\,\mathrm{d}x_{\text{o}}\mathrm{d}y_{\text{o}}\\&=\boldsymbol{C}'\exp\left(\mathrm{j}k\frac{x^2+y^2}{2f}\right)\boldsymbol{G}(\xi,\eta)\end{aligned} \tag{5.6.7}$$

式中，$\xi = x/(\lambda f), \eta = y/(\lambda f)$，$\boldsymbol{G}(\xi,\eta)$ 是物函数 $\boldsymbol{g}(x_o, y_o)$ 的傅里叶变换. 注意：由于该项前面出现的二次相位因子，物体的频谱产生了一个相位弯曲，因而全息图平面上的物光波并不是物体准确的傅里叶变换. 设参考点位于 $(0,-b)$ 处，参考点源的表达式为 $r_o\delta(x_o, y_o + b)$，于是在全息图平面上的参考光场分布为

$$r(x,y) = \exp\left(jk\frac{x^2+y^2}{2f}\right)\iint_{-\infty}^{\infty} r_o\delta(x_o, y_o+b)\exp[-j2\pi(\xi x_o + \eta y_o)]dx_o dy_o$$
$$= r_o \exp\left[\frac{jk}{2f}(x^2+y^2+2by)\right] \tag{5.6.8}$$

这样，在线性记录条件下，全息图的复振幅透过率为

$$\boldsymbol{t} = \boldsymbol{t}_b + \beta'|\boldsymbol{G}|^2 + \beta' r_o \boldsymbol{G}\exp\left[\frac{jk}{2f}(x^2+y^2)\right]\exp\left[-\frac{jk}{2f}(x^2+y^2+2by)\right]$$
$$+\beta' r_o \boldsymbol{G}^*\exp\left[\frac{-jk}{2f}(x^2+y^2)\right]\exp\left[\frac{jk}{2f}(x^2+y^2+2by)\right]$$
$$= \boldsymbol{t}_b + \beta'|\boldsymbol{G}|^2 + \beta' r_o \boldsymbol{G}\exp(-j2\pi b\eta) + \beta' r_o \boldsymbol{G}^*\exp(j2\pi b\eta) \tag{5.6.9}$$

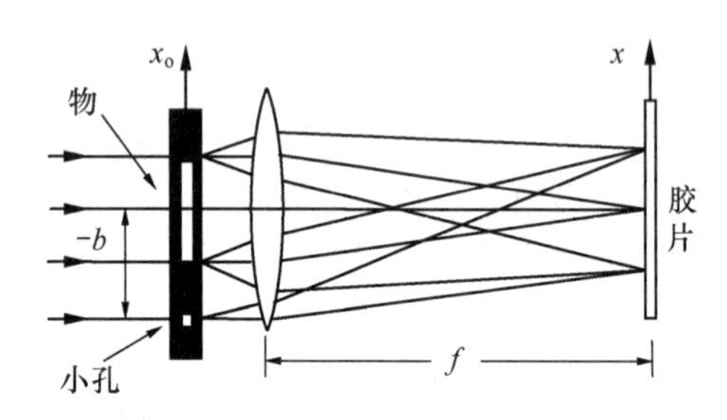

图 5.6.3　准傅里叶变换全息图的记录

上式与式(5.6.3)所表示的傅里叶变换全息图的透过率完全相同，并且球面参考波的二次相位因子抵消了物体频谱的相位弯曲. 因此，尽管到达全息图平面的物光场不是物体准确的傅里叶变换，但由于参考光波的相位被补偿，我们仍然能得到物体的傅里叶变换全息图，故称为准傅里叶变换全息图. 若不考虑记录过程的光路安排，则准傅里叶变换全息图与傅里叶变换全息图具有相同的透过率函数，因此再现方式也完全相同，我们就不再另行讨论了.

从上面的结果中我们得到一个启示，即参考光波的形式提供了一种额外的灵活性，我们甚至可以采用空间调制的参考光来记录一个全息图. 全息术的某些应用，例如信息的保密存储、文字翻译，就是基于这一原理.

5.6.3　无透镜傅里叶变换全息图

下面我们讨论另一种记录光路，如图 5.6.4 所示，参考光束是从和物体共面的一个点发出的一个球面波. 用这种特殊光路所记录的全息图可称为无透镜傅里叶变换全息图，其原理下面即将阐明.

为研究这类全息图的性质，我们仍要用到成像过程的线性特性，但这次是考虑成像系统对单个物点的响应(即只考虑基元全息图)，而不是对一个平面物光束的响应，用 (x_r, y_r) 和 (x_o, y_o) 各自代表参考光束和物光束的点光源的坐标，它们在乳胶上对应复振幅分布可写成

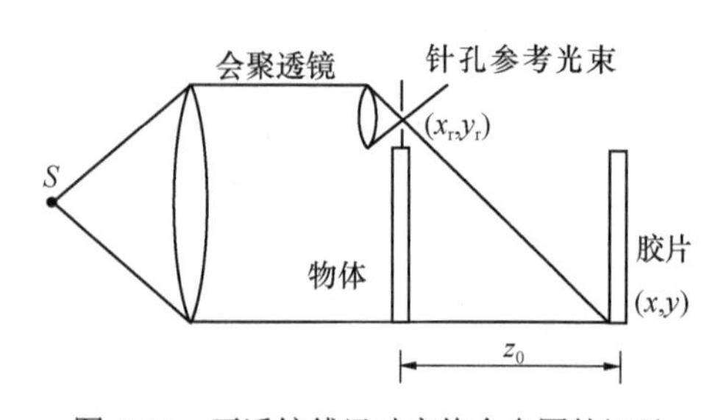

图 5.6.4　无透镜傅里叶变换全息图的记录

$$\boldsymbol{R}(x,y) = \boldsymbol{R}\exp\left[j\frac{\pi}{\lambda z_o}(x^2+y^2-2xx_r-2yy_r)\right]$$

$$\boldsymbol{O}(x,y) = \boldsymbol{O}\exp\left[j\frac{\pi}{\lambda z_o}(x^2+y^2-2xx_o-2yy_o)\right]$$

因此曝光时的入射光强为

$$
\begin{aligned}
I(x,y) &= R^2+|\boldsymbol{O}|^2+R\boldsymbol{O}\exp\left[-\mathrm{j}\frac{\pi}{\lambda z_o}(x^2+y^2-2xx_r-2yy_r)\right]\times\exp\left[\mathrm{j}\frac{\pi}{\lambda z_o}(x^2+y^2-2xx_o-2yy_o)\right] \\
&\quad +\boldsymbol{RO}^*\exp\left[\mathrm{j}\frac{\pi}{\lambda z_o}(x^2+y^2-2xx_r-2yy_r)\right]\times\exp\left[-\mathrm{j}\frac{\pi}{\lambda z_o}(x^2+y^2-2xx_o-2yy_o)\right] \\
&= R^2+|\boldsymbol{O}|^2+2R|\boldsymbol{O}|\cos\left\{2\pi\left[\frac{x_o-x_r}{\lambda z_o}x+\frac{y_o-y_r}{\lambda z_o}y\right]\right\}
\end{aligned}
\tag{5.6.10}
$$

现在对无透镜傅里叶变换全息图这个名称的来由就清楚了. 由坐标为 (x_o, y_o) 的物点发出的光波与参考光波相干涉，形成一个正弦型条纹图样，其空间频率为

$$
\xi=\frac{x_o-x_r}{\lambda z_o},\quad \eta=\frac{y_o-y_r}{\lambda z_o} \tag{5.6.11}
$$

因此，对于这种特殊记录光路，物点坐标和全息图上的空间频率之间具有一一对应关系. 这样一种变换关系正是傅里叶变换运算的特征，但没有用变换透镜就完成了，所以称为无透镜傅里叶变换全息图.

由式(5.6.11)可见，物点离参考点越远，空间频率越高. 粗略地说，若 $\xi_{\max}$ 表示乳胶能分辨的最高空间频率，那么只有坐标满足条件

$$
\sqrt{(x_o-x_r)+(y_o-y_r)^2}\leqslant \lambda z\xi_{\max} \tag{5.6.12}
$$

的那些物点的像才能在再现中出现.

为了从这个全息图得到像，我们用相干光照明底片并且在后面加一正透镜，如图 5.6.5 所示. 在方程(5.5.13)中令 $z_p=\infty$ 及 $z_o=z_r$，全息图本身形成的两个孪生像都位于离底片无穷远处. 正透镜使无穷远处的像成在透镜的后焦面上.

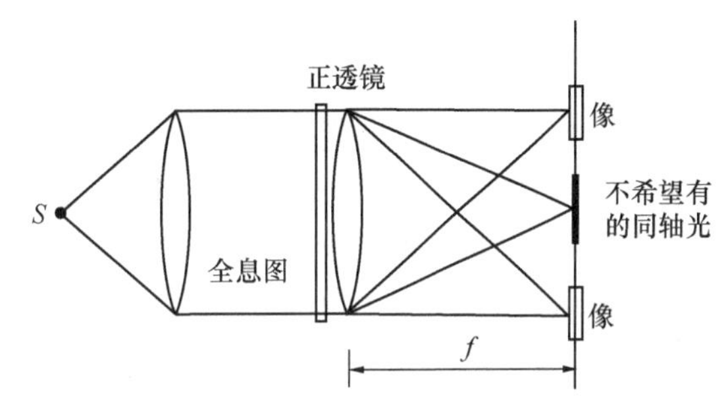

图 5.6.5　无透镜傅里叶变换全息图的再现

5.7　像 全 息 图

物体靠近记录介质，或利用成像系统使物成像在记录介质附近，或者使一个全息图再现的实像靠近记录介质，都可以得到像全息图. 像全息的主要特点是可以扩散的白光光源照明再现，因此广泛用于全息显示.

下面，我们首先讨论光源宽度和光谱宽度对全息再现像的影响，然后介绍像全息的摄制.

5.7.1　再现光源宽度的影响

通常，用点光源照明全息图时，点物的再现像也是点像，若照明光源的线度增加，像的线度也会增加. 理论研究表明，当物体接近全息记录介质时，再现光源的线度可以增大，再现像的线度不变.

若来自点光源的一个球面波与一个平面波干涉，所形成的条纹图样称为波带片干涉图. 它由亮暗相间的同心圆环组成，中心条纹间距大，边缘条纹间距小. 全息图相当于被记录物体上每一点源发出的光波与参考光波之间的干涉所产生的诸多波带片的总和. 当物(或像)移近记录介质平面时，波带片的横向尺寸逐渐变小，直到物体上的点位于全息记录介质平面上时，波带片即变为物体本身. 因为通

常的离轴全息图所形成的波带片的界限被减小，参考光束的空间变化不会使波带片的形状有本质上的变化，所以参考光波的相位变动就不重要了，再现光的线度将不受限制. 因此，在再现过程中，若相位的变动不是很重要，则可将扩展光源用于再现.

关于像全息可用扩展光源再现的特点，也可给予定量解释. 若再现光源在 x 方向上增宽了 Δx_{p}，则像在 x 方向上也相应增宽了 Δx_{i}，由式(5.5.14)得

$$\Delta x_{\mathrm{i}} = z_{\mathrm{i}} \frac{\Delta x_{\mathrm{p}}}{z_{\mathrm{p}}} = z_{\mathrm{i}} \Delta \theta \tag{5.7.1}$$

式中，$\Delta\theta$ 为再现光源的角宽度. 又由式(5.5.13)可知，在一定条件下，当物距 z_{o} 很小时，像距 z_{i} 也很小，当物距 z_{o} 趋于零时，像距 z_{i} 也趋于零，于是 Δx_{i} 也趋于零. 也就是说，这时光源的宽度不会影响再现像的质量.

5.7.2 再现光源光谱宽度的影响

上面说过，任一全息图都可以是许多具有波带片结构的基元全息图的叠加，当用白光照明再现时，再现光的方向因波长而异，再现像点的位置也随波长而变化，其变化量取决于物体到全息图平面的位置. 这是因为用白光再现一张普通的离轴全息图时，由于记录的波带片是离轴部分的，条纹间距很小，有高的色散，从而使像模糊. 像全息记录的是波带片的中心部分，而波带片的这一部分条纹间距较大，色散大小减小. 当物体严格位于全息图平面上时，再现像也位于全息图平面上，表现为消色差，它不随照明波长而改变. 当照明光源方向改变时，像的位置也不变，只是像的颜色有所变化. 而物体上远离全息图的那部分，其像也远离全息图，这些像点有色差并使像模糊. 不过，如果物体到全息图的距离较小，用白光再现仍能得到质量相当好的像.

下面从式(5.5.13)～式(5.5.15)出发，定量讨论再现光的光谱宽度对再现像的影响. 当参考光和再现光均为平行光时，z_{r} 和 z_{p} 均为无穷大，而且 x_{r}、x_{p}、y_{r}、y_{p} 亦可能为无穷大(倾斜平行光). 这样一来，使用式(5.5.13)～式(5.5.15)便发生了困难. 为了在这种情况下也能使用这三个公式，将 $x_{\mathrm{o}}/z_{\mathrm{o}}$、$x_{\mathrm{r}}/z_{\mathrm{r}}$、$x_{\mathrm{p}}/z_{\mathrm{p}}$、$x_{\mathrm{i}}/z_{\mathrm{i}}$ 等均用三角函数表示，而将式(5.5.13)～式(5.5.15)改写成三角函数形式. 在图 5.7.1 中 I 为像点，其坐标为 $(x_{\mathrm{i}}, y_{\mathrm{i}}, z_{\mathrm{i}})$，$OI$ 的射影为 OB，$\angle IBO = \theta_{\mathrm{i}}$，$OB$ 与 z 轴的夹角为 φ_{i}. 在傍轴条件下有 $\overline{IO} \approx z_{\mathrm{i}}$. 于是由图可得

$$\frac{x_{\mathrm{i}}}{\overline{OI}} = \sin\theta_{\mathrm{i}} \approx \frac{x_{\mathrm{i}}}{z_{\mathrm{i}}}, \quad \frac{y_{\mathrm{i}}}{z_{\mathrm{i}}} = \tan\varphi_{\mathrm{i}} \approx \sin\varphi_{\mathrm{i}}$$

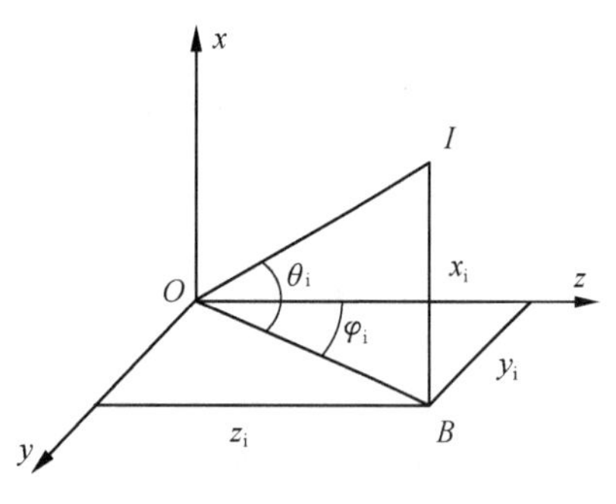

图 5.7.1 像点的三角关系

同样，对物点、参考点源和再现点源均可写出类似的表达式. 于是可以将式(5.5.14)和式(5.5.15)写成

$$\sin\theta_{\mathrm{i}} = \mp\frac{\lambda_2}{\lambda_1}\sin\theta_{\mathrm{o}} \pm \frac{\lambda_2}{\lambda_1}\sin\theta_{\mathrm{r}} + \sin\theta_{\mathrm{p}} \tag{5.7.2}$$

$$\sin\varphi_{\mathrm{i}} = \mp\frac{\lambda_2}{\lambda_1}\sin\varphi_{\mathrm{o}} \pm \frac{\lambda_2}{\lambda_1}\sin\phi_{\mathrm{r}} + \sin\varphi_{\mathrm{p}} \tag{5.7.3}$$

下面从式(5.7.2)出发讨论再现光波长 λ_2 变化时，再现像在 x 方向的色散情况. 对 y 方向和 z 方向的讨论类似，只是 z 方向色散必须由式(5.5.13)得出. 设再现光波中含有 $\lambda_2 \sim \lambda_2 + \Delta\lambda$ 的所有波长的光波，由于全息图中波带片的色散，对应的 θ_{i} 变化 $\Delta\theta_{\mathrm{i}} = \Delta\lambda\dfrac{\mathrm{d}\theta_{\mathrm{i}}}{\mathrm{d}\lambda_2}$，可以认为再现像由于色散在 x 方向的展宽线度 Δx_{i} 为

$$\Delta x_{\mathrm{i}} = z_{\mathrm{i}}\Delta\theta_{\mathrm{i}} = z_{\mathrm{i}}\Delta\lambda\frac{\mathrm{d}\theta_{\mathrm{i}}}{\mathrm{d}\lambda_{\mathrm{i}}}$$

由式(5.7.2)可求出$\mathrm{d}\theta_i / \mathrm{d}\lambda_2$，并将它代入上式，注意到$\cos\theta_i \approx 1$，于是得

$$\Delta x_i = \pm\frac{\Delta\lambda}{\lambda_i}(\sin\theta_o - \sin\theta_r)z_i \tag{5.7.4}$$

对于确定的物点，式(5.7.4)中的$(\sin\theta_o - \sin\theta_r)$是常量，再现像的展宽与$\Delta\lambda$和$z_i$的乘积成正比. 当$z_r$和$z_p$确定后，$z_i$又可以根据式(5.5.13)由$z_o$决定. 在一定条件下，当$|z_o|$很小时，$|z_i|$也很小，即使$\Delta\lambda$有较大值，$\Delta x_i$仍然足够小；当$|z_i|\to 0$时，可用白光再现. 对于$y$方向和$z$方向的色散，可作类似讨论.

5.7.3　色模糊

对于像全息，再现光源的光谱宽度对像清晰程度仍然是有影响的，因为实际上总不能使物上所有点均能满足$|z_o|$为很小. 这时一个物点不是对应一个像点，而是对应一个线段. 这种由于波长的不同而产生的像的扩展叫做像的色模糊. 即使z_o足够小，当$\Delta\lambda$相当大时，仍然会形成不可忽视的色模糊. 当色模糊量大于观察系统(多数情况是人眼)的最小分辨距时，再现像变得完全模糊不清. 要想使再现像清楚，一方面要进一步减小$|z_o|$，另一方面要限制再现光源的光谱带宽. 下面以人眼直接观察的情况作一粗略估算，以便对以上分析建立比较直观的认识.

图 5.7.2 是产生色模糊的示意图，其中H是全息图，C是再现光波，其波长范围是$\lambda_1' \sim \lambda_2'$，物点$O$再现后$x$方向上的展宽为$\overline{I_1I_2}$，$I_1$是$\lambda_1'$的再现像，$I_2$是$\lambda_2'$的再现像.

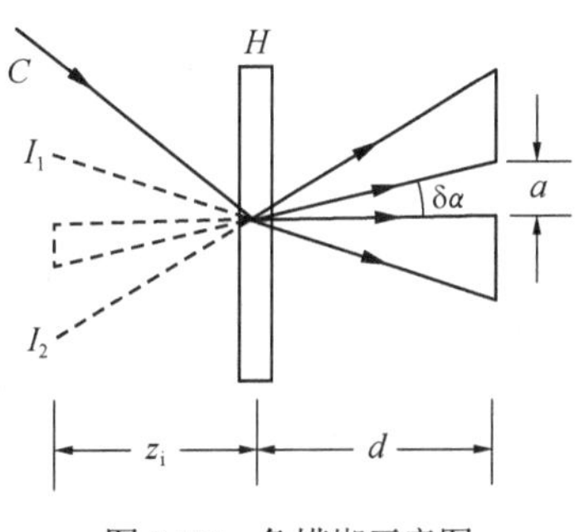

图 5.7.2　色模糊示意图

按式(5.7.4)可以计算出$\overline{I_1I_2}$的大小. 在估算中令$\sin\theta_o - \sin\theta_r = 1$，因为$|\sin\theta_o - \sin\theta_r| < 2$，所以这样假设一般不会对估算结果造成数量上的差错. 若$z_i = 1\mathrm{mm}$，$\Delta\lambda = \lambda_2' - \lambda_1' = 100\mathrm{nm}$，$\lambda_1 = 632.8\mathrm{nm}$，则$\Delta x_i = 16\mu\mathrm{m}$. 也就是说，由于色模糊的原因，物上一点在再现像中的x方向上是长为$16\mu\mathrm{m}$的线段. 如果其长度小于人眼观察时的最小分辨距，则像仍然可以认为是清楚的. 但是当用白光再现时$\Delta\lambda = 4000\mathrm{nm}$，即使$z_i = 1\mathrm{mm}$，$\lambda_1 = 632.8\ \mathrm{nm}$，则$\Delta x_i = 0.64\mathrm{mm}$，在明视距上来看它比人眼的最小分辨距 0.07mm 大得多. 如此小的像距，当用白光再现时，色模糊量都比人眼的最小分辨距大，那么像全息还有实用意义吗? 实际上，上面讨论中用人眼观察时并没有把眼瞳的光阑作用考虑进去，由于人眼瞳孔的孔径限制，可能减小色模糊的影响. 图 5.7.2 中，人眼在距H的距离为d的地方观察，瞳孔径为a，则像上一点发出的光只有一个小光锥能进入人眼，在xz平面内其角距离为δa，而$\delta a = \frac{a}{d}$，这样就限制了进入人眼的波长范围. 对于图 5.7.2 所示的情况，有

$$\delta x_i = z_i\delta a = z_i\frac{a}{d} \tag{5.7.5}$$

又由式(5.7.4)得$\delta\lambda = \frac{\lambda_1}{\sin\theta_o - \sin\theta_r}\cdot\frac{\delta x_i}{z_i}$，将式(5.7.5)代入得

$$\delta\lambda = \frac{a}{d}\cdot\frac{\lambda_1}{\sin\theta_o - \sin\theta_r} \tag{5.7.6}$$

我们知道，人眼的最小分辨角$\delta\phi$为$1' \approx 0.00029\ \mathrm{rad}$，白昼瞳孔直径$a = 2\mathrm{mm}$，若在明视距离250mm处观察全息图，则由式(5.7.5)得

$$d\delta\phi = \delta x_{\rm i} = z_{\rm i}\frac{a}{d}$$

即

$$z_{\rm i} = \frac{d^2}{a}\delta\varphi = \frac{250^2}{2}\times 0.00029 \approx 9.1({\rm mm})$$

也就是最大允许的像距为 9.1mm.

5.7.4 像全息的制作

在记录像全息图时，如果物体靠近记录介质，则不便于引入参考光，因此，通常采用成像方式产生像光波. 一种方式是透镜成像，如图 5.7.3 所示；另一种方式是利用全息图的再现实像作为像光波. 后者通常先对物体记录一张菲涅耳全息图，然后用参考光波的共轭光波照明全息图，再现物体的实像. 实像的光波与制作像全息时参考光波叠加，得到像全息图. 因此，这种方法包括二次全息记录和一次再现的过程，图 5.7.4 表示了这一制作过程.

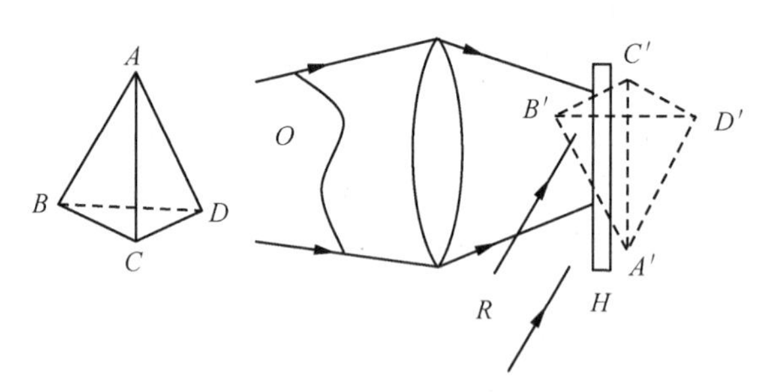

图 5.7.3　像全息图的记录方式之一

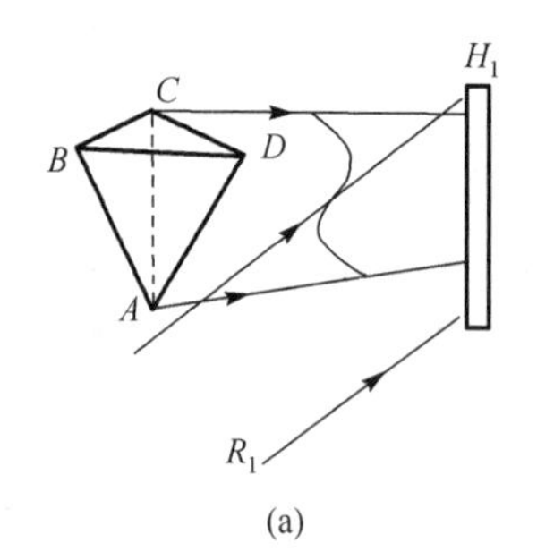

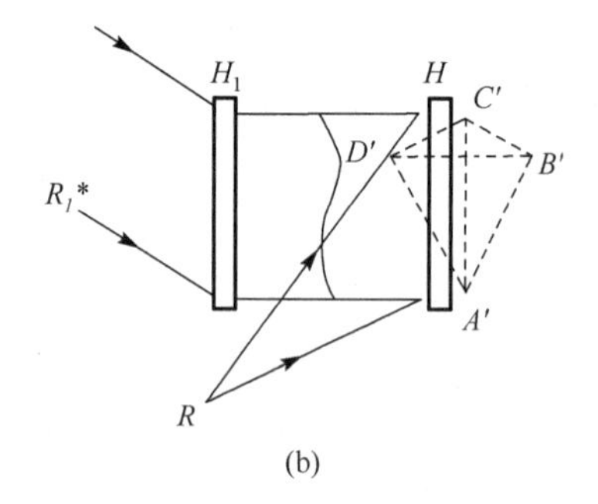

图 5.7.4　像全息图的记录方式之二

例 5.7.1　在图 5.7.5 所示的像全息记录光路中，如果改用与参考光相同的单色光波照明，试画图说明再现像的位置和特点.

解　由记录光路可知，参考光位于 yz 平面内，即参考点源的坐标为 $(0, y_{\rm r}, z_{\rm r})$. 物也是一个位于 yz 面的平面物体，故其坐标应为 $(0, y_{\rm o}, z_{\rm o})$，再现光路如图 5.7.6 所示. 因再现光波为原参考光源，故有

$$x_{\rm p} = x_{\rm r} = 0$$

$$y_{\rm p} = y_{\rm r} < 0$$

$$z_{\rm p} = z_{\rm r} < 0$$

(1)先研究原始像. 用式(5.5.13)～式(5.5.15)中第二组，并注意到放大率公式(5.5.16)，将已知条件代入，得

$$x_{\rm i} = x_{\rm o} = 0$$

$$y_{\rm i} = y_{\rm o}$$

$$z_i = z_o < 0$$

$$M = \frac{z_i}{z_o} = 1$$

即再现的原始像是与原物具有同样的位置和大小的实像.

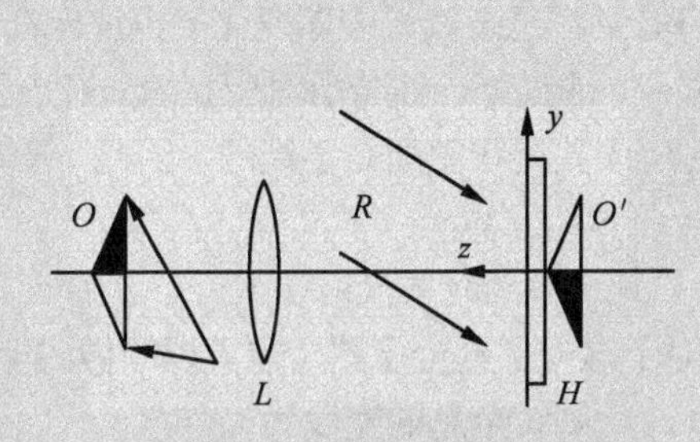

图 5.7.5　像全息记录

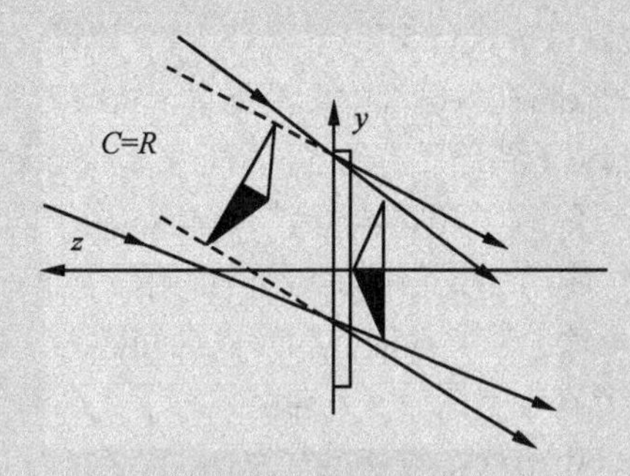

图 5.7.6　像全息再现

(2)现在研究共轭像. 用式(5.5.13)～式(5.5.15)中的第一组，代入已知条件后得

$$x_i = 0$$

$$\frac{1}{z_i} = \frac{1}{z_r/2} - \frac{1}{z_o}$$

$$\frac{y_i}{z_i} = \frac{y_r}{z_r/2} - \frac{y_o}{z_o}$$

由第一式 $x_i = 0$ 可知，共轭像仍位于 yz 面内. 又因 $|z_r/2| > |z_o|$，故由第二式知 $z_i > 0$，且 $|z_o|$ 很小，故 z_i 也很小，即共轭像是一个位于全息图左边且很靠近全息图的虚像. 对于第三式，我们分析 $y_o = 0$ 的一个特殊点，于是得

$$\frac{y_i}{z_i} = \frac{y_r}{z_i/2} > 0$$

即 $y_i > 0$，表明虚像位于 z 轴上方.

5.8　彩虹全息

彩虹全息和像全息一样，也可以用白光照明再现. 不同的是，像全息的记录要求成像光束的像面与记录干板的距离非常小，而彩虹全息没有这种限制. 彩虹全息是利用记录时在光路的适当位置加狭缝，再现时同时再现狭缝像，观察再现像时将受到狭缝再现像的限制. 当用白光照明再现时，对不同颜色的光，狭缝和物体的再现像位置都不同，在不同位置将看到不同颜色的像，颜色的排列顺序与波长顺序相同，犹如彩虹一样，因此这种全息技术称为彩虹全息. 彩虹全息分为二步彩虹全息和一步彩虹全息.

5.8.1　二步彩虹全息

1969 年，本顿(Benton)受到全息图碎片可以再现完整的物体像的启发，提出二步彩虹全息. 它包括二次全息记录过程：首先对要记录的物体摄制一张菲涅耳离轴全息图 H_1，称为主全息图，记录光路如图 5.8.1 所示；第二步是用参考光的共轭光照明 H_1，产生物体的赝实像，在 H_1 的后面置一水平狭缝，在实像与狭缝面之间放置全息干板 H，用会聚的参考光 R 记录第二张全息图 H，这张全息图就叫做彩虹全息图. 如果用共轭参考光 R^* 照射彩虹全息图 H，则产生第二次赝像，由于 H

记录的是原物的赝实像，所以再现的第二次赝像对于原物来说是一个正常的像，与原物的再现像一起出现的是狭缝的再现像，它起一个光阑的作用. 彩虹全息的再现光路如图 5.8.2 所示，如果眼睛位于狭缝的位置，就可以看到物体的再现虚像；若眼睛位于其他位置，则由于受到光阑的限制，不能观察到完整的像. 如果用白光来照明彩虹全息图，则每一种波长的光都形成一组狭缝像和物体像，其位置可按式(5.5.13)～式(5.5.15)计算. 一般地说，狭缝像和物体像的位置随波长连续变化. 若观察者的眼睛在狭缝像附近沿垂直于狭缝方向移动，将看到颜色按波长顺序变化的再现像；若观察者的眼睛位于狭缝后方适当位置，由于狭缝对视场的限制，通过某一波长所对应狭缝只能看到再现像的某一条带，其色彩与该波长对应. 由于同波长相对应的狭缝在空间是连续的，因此，所看到的物体像就具有连续变化的颜色，像雨后天空中的彩虹一样.

在记录全息图 H 时，物光束受到狭缝 S 的限制，只是一束细光束投射在 H 上，因而对应物点 C' 的信息在全息图的 y 方向上只占了一小部分 ΔH . 对于这一部分全息图，也可以叫做线全息图，如图 5.8.1(b)所示. 设狭缝宽为 a，狭缝与 H 的距离为 z_s ，则线全息的宽度为

$$\Delta H = \frac{z_o a}{z_o + z_s} \tag{5.8.1}$$

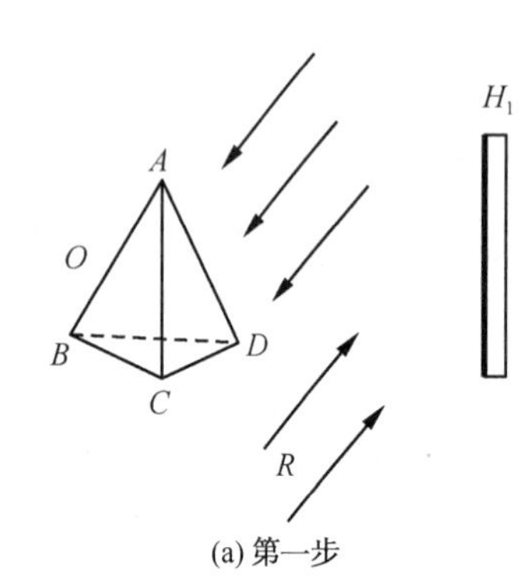

(a) 第一步

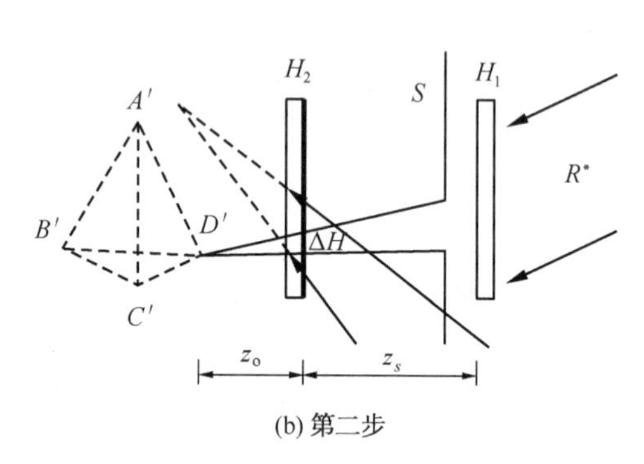

(b) 第二步

图 5.8.1 彩虹全息图的记录

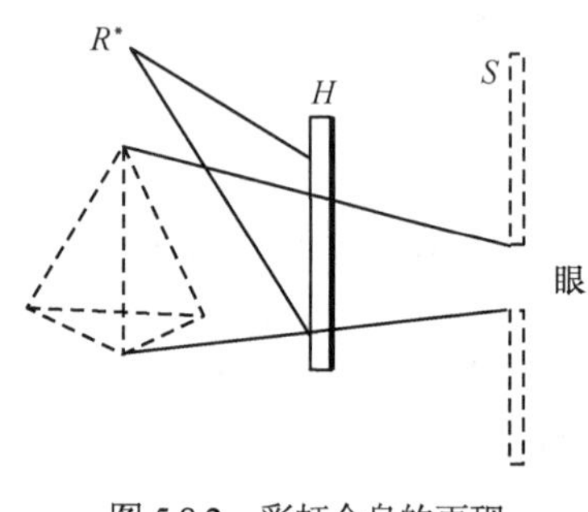

图 5.8.2 彩虹全息的再现

由于物点的全息图大小在垂直方向 y 上受到限制，在水平方向 x 上不受限制，因此，再现像在 y 方向失去了立体感，在 x 方向仍有立体感. 由于人眼是排在水平方向上的，所以并不影响立体感.

二步彩虹全息的优点是视场大，但由于在制作彩虹全息图时，需要经过两次采用激光光源的记录过程，斑纹噪声大，故直接应用有困难. 1977 年杨振寰等研究成功一步彩虹全息术，简化了记录过程，在实用方面取得了进展.

5.8.2 一步彩虹全息

从二步彩虹的记录和再现过程可知，彩虹全息图的本质是要在观察者与物体再现像之间形成一个狭缝像，使观察者通过狭缝看物体，以实现白光再现. 根据这一原理，我们可以用一个透镜使物体和狭缝分别成像，使全息干板位于两个像之间的适当位置. 如图 5.8.3(a)所示，狭缝位于透镜的焦点以内，在狭缝同侧得到其放大正立虚像. 若物体在焦点以外，则物体的像在透镜另一侧，这时的光路结构本质上与二步彩虹全息中第二次记录时相同. 再现时用参考光的共轭光照明，形成狭缝的实像和物体的虚像，眼睛位于狭缝像处可以观察到再现的物体虚像. 再现光路如图 5.8.3(b)所示.

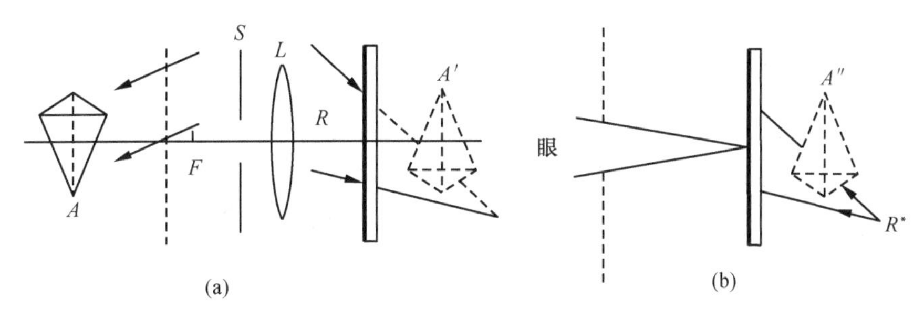

图 5.8.3　一步彩虹全息的记录(a)与再现(b)

在一步彩虹全息中，也可以把物体和狭缝放在透镜焦点以外，使它们在透镜另一侧成像，记录时仍将全息干板置于物体像和狭缝像之间，如图 5.8.4 所示.

一步彩虹全息由于减少了一次记录过程，噪声较二步彩虹小，但视场受到透镜大小的限制.

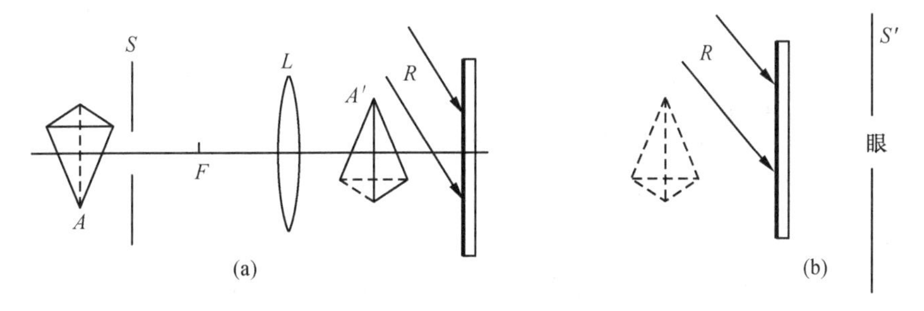

图 5.8.4　一步彩虹全息的记录(物和狭缝在透镜焦点之外)

5.8.3　彩虹全息的色模糊

彩虹全息图可以用白光再现出单色像，这种单色像与激光的再现单色像是不同的，它包含了一个小的波长范围$\Delta\lambda$. 设在某一固定位置所观察到的单色像的波长是从λ到$\lambda+\Delta\lambda$，则$\Delta\lambda/\lambda$称为像的单色性. 另外，根据点源全息图理论知道，像点的位置与波长有关，在$\Delta\lambda$的波段内，一个物点不是对应一个像点，而是对应一个线段ΔI. 这种由波长不同而产生的像的扩展叫做像的色模糊.

1. 像的单色性

前面已经指出，一个物点的全息图是一个线全息图，其宽度为ΔH，如图 5.8.5 所示. 这个线全息图在y方向的空间频率很高，在与狭缝平行的x方向空间频率却很低，所以只讨论在y方向的单色性.

如图 5.8.6 所示，用白光照射全息图，经ΔH的衍射后，对不同波长的光形成的像点位置不同. 假定人眼位于E处，与全息图的距离为z_{E}，瞳孔直径为D，这样人眼所能观察到的两个极端波长λ和λ'对应的像点位于I_λ和$I_{\lambda'}$处. 对于λ和λ'这两种波长形成的狭缝像，位于S_λ和$S_{\lambda'}$处. 由此可见，波长为λ的光是从ΔH和$S_{\lambda'}$开口的下端进入人眼瞳孔上端的；波长为λ'的光是从ΔH和$S_{\lambda'}$开口的上端进入人眼瞳孔上端的. 由图 5.8.6 可知，ΔH对这两种波长所产生的色散角为$\Delta\theta_{\mathrm{I}}$，并有

$$\Delta\theta_{\mathrm{I}}=(D+a)/z_{\mathrm{E}} \tag{5.8.2}$$

设ΔH在y方向的空间频率为η，则由光栅方程可知

$$\sin\theta_{\mathrm{I}}-\sin\theta_{\mathrm{r}}=\eta\lambda \tag{5.8.3}$$

$$\cos\theta_{\mathrm{I}}\cdot\Delta\theta_{\mathrm{I}}=\eta\Delta\lambda \tag{5.8.4}$$

两式相除得

$$\frac{\Delta\lambda}{\lambda}=\frac{\cos\theta_{\mathrm{I}}\Delta\theta_{\mathrm{I}}}{\sin\theta_{\mathrm{I}}-\sin\theta_{\mathrm{r}}} \tag{5.8.5}$$

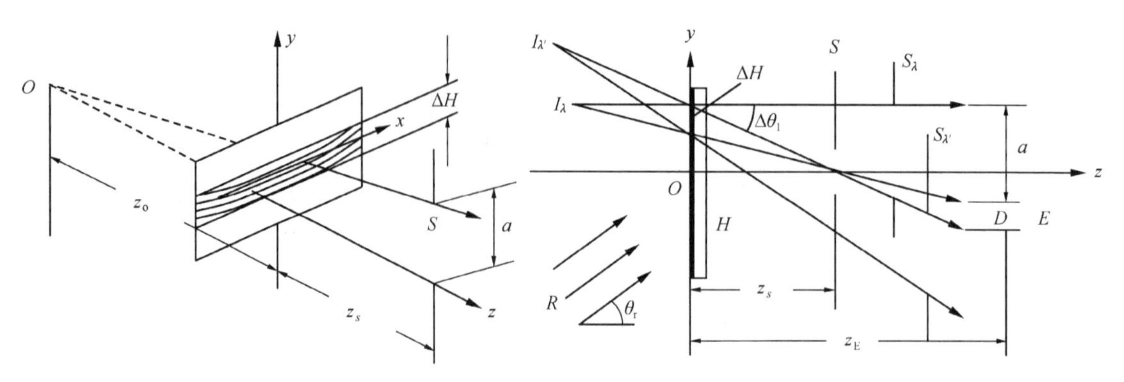

图 5.8.5　物点的线全息图　　　　图 5.8.6　像的单色性示意图

因为物点很靠近 z 轴，θ_I 很小，可令 $\cos\theta_I = 1, \sin\theta_I = 0$，于是上式简化为

$$\left|\frac{\Delta\lambda}{\lambda}\right| \approx \frac{\Delta\theta_I}{\sin\theta_r} = \frac{D+a}{z_E \sin\theta_r} \tag{5.8.6}$$

其中用到了式(5.8.2)的结果.

在彩虹全息中，当然是 $\Delta\lambda$ 越小越好. 这就要求：狭缝窄(a 小)；观察距离远(z_E 大)；参考光束倾斜度大，或者说全息图的空间频率较高等.

2. 像的色模糊

图 5.8.7 和图 5.8.6 相同，只是画出了两个极端波长的边缘光线. 在这种情况下，一个物点在 $\Delta\lambda$ 波长范围内像点变成一段弧线 $\widehat{I_\lambda I_{\lambda'}}$，用眼睛观察时，这段弧线的视宽度为 ΔI. ΔI 称为色模糊，其在 y 和 z 方向的分量 Δy 和 Δz 分别称为 y 和 z 方向的色模糊分量. 可根据点源全息图的物像关系式计算 Δy 和 Δz. 此处，我们用近似方法来计算色模糊量 ΔI. 由图 5.8.7 可知

$$\Delta I = (z_s + z_o)\Delta a \approx (z_s + z_o)\frac{\Delta H}{z_s} = \frac{z_o a}{z_s} \tag{5.8.7}$$

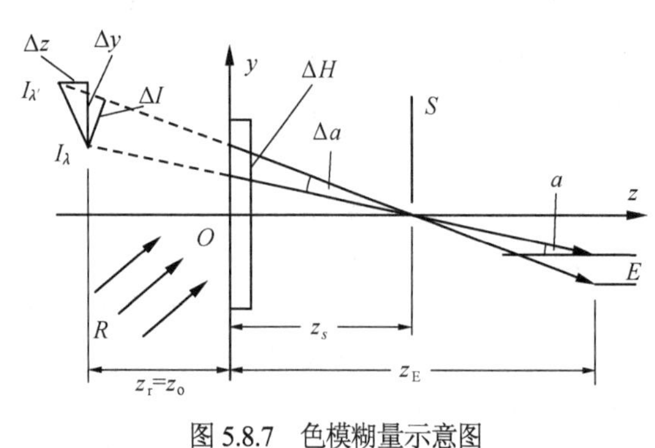

图 5.8.7　色模糊量示意图

在上式的简化过程中，利用了式(5.8.1)，并且这里的 z_o 和 z_s 表示绝对值. 由上式可见，当 $z_o = 0$ 时，色模糊等于零，这就是像面全息的情况；当 $z_o \neq 0$ 时，则要求 z_o 小，狭缝窄和 z_s 大. z_o 小即景深小，z_s 大则要求记录时狭缝 S 靠近成像透镜的前焦点，这样就又限制了视场的大小. 若狭缝窄，则记录时激光斑纹影响大，所以选择恰当的缝宽和缝到底片的距 z_s，对获得一张好的全息图是很重要的. 实验中狭缝宽度一般选为 4mm 左右，z_s 选为 30mm 左右.

5.9　相位全息图

平面全息图的复振幅透过率一般是复数，它描述光波通过全息图传播时振幅和相位所受到的调制，可表示为

$$\boldsymbol{t}(x,y) = t_0(x,y)\exp[\mathrm{j}\varphi(x,y)] \tag{5.9.1}$$

式中，$t_0(x,y)$ 为振幅透过率，$\varphi(x,y)$ 表示相位延迟. 当相位延迟与 (x,y) 无关，即为常量时，有

$$\boldsymbol{t}(x,y) = t_0(x,y)\exp(\mathrm{j}\varphi_0) \tag{5.9.2}$$

这表明照明光波通过全息图时仅仅是振幅被调制，可称之为振幅全息图或吸收全息图. $\exp(\mathrm{j}\varphi_0)$ 不影响透射波前的形状，分析时可以略去. 例如用超微粒银盐干板拍摄全息图，经显影处理后就得到振幅全息图.

若全息图的透过率 t_0 与 (x,y) 无关，则为常数，即

$$\boldsymbol{t}(x,y)=t_0\exp[\mathrm{j}\varphi(x,y)] \tag{5.9.3}$$

照明光波通过全息图，受到均匀吸收，仅仅是相位被调制，可称之为相位全息图.

相位全息图的制作可分为两种类型. 一种是记录物质的厚度改变，折射率不变，称为表面浮雕型. 制作表面浮雕型相位全息图最简单的方法是，将银盐干板制成的振幅全息图经过漂白工艺而成. 首先把它放在鞣化漂白槽中，除去曝光部分的金属银，并使银粒周围的明胶因鞣化而膨胀，膨胀的程度取决于银粒子数量，致使曝光强的那部分明胶较曝光弱的那部分明胶为厚，然后记录介质的厚度随曝光量变化，这样就得到了表面浮雕型相位全息图. 此外，光致抗蚀剂、光导热塑料等，都可以用来制作表面浮雕型相位全息图. 另一种是物质厚度不变，折射率改变，称为折射率型. 它是利用氧化剂(如铁氰化钾、氯化汞、氯化铁、重铬酸铵、溴化铜等)将金属银氧化为透明银盐，其折射率与明胶不同，记录介质内折射率随曝光量变化，这样就得到了折射型相位全息图. 例如，用预硬的重铬酸盐明胶就可以制作这种全息图.

为了考察相位全息图的性质，我们分析物光波和参考光波都是平面波的情况. 两束平面波相干涉产生基元光栅，我们在式(5.4.1)中得出其强度分布公式为

$$I(y)=R^2+O^2+2RO\cos[ky(\cos\theta_{\mathrm{o}}-\cos\theta_{\mathrm{r}})]=R^2+O^2+2RO\cos(2\pi\bar{\xi}y) \tag{5.9.4}$$

式中，$\bar{\xi}$ 为光栅的空间频率，其值为

$$\bar{\xi}=\left|\frac{\sin\theta_{\mathrm{o}}}{\lambda}-\frac{\sin\theta_{\mathrm{r}}}{\lambda}\right|=|\xi_{\mathrm{o}}-\xi_{\mathrm{r}}| \tag{5.9.5}$$

而 ξ_{o} 和 ξ_{r} 分别是两个平面波的空间频率.

在线性记录条件下，相位变化与曝光光强成正比，因此

$$\varphi(y)\propto R^2+O^2+2RO\cos(2\pi\bar{\xi}y)=\varphi_0+\varphi_1\cos(2\pi\bar{\xi}y) \tag{5.9.6}$$

式中 $\varphi_0=R^2+O^2,\varphi_1=2RO$. 忽略吸收，并略去常数相位，相位全息图的复振幅透过率可表示为

$$\boldsymbol{t}(y)=\exp[\mathrm{j}\varphi_1\cos(2\pi\bar{\xi}y)] \tag{5.9.7}$$

这是一个正弦型相位光栅. 利用第一类贝塞尔函数的积分公式，上式可以表示为傅里叶级数形式

$$\boldsymbol{t}(y)=\sum_{n=-\infty}^{\infty}(\mathrm{j})^n\mathrm{J}_n(\varphi_1)\exp(\mathrm{j}2\pi n\bar{\xi}y) \tag{5.9.8}$$

式中，J_n 为第一类 n 阶贝塞尔函数.

用振幅为 C 的平面波垂直照明全息图，透射光场分布为

$$\boldsymbol{U}(y)=C\boldsymbol{t}(y)=C\sum_{n=-\infty}^{\infty}(\mathrm{j})^n\mathrm{J}_n(\varphi_1)\exp(\mathrm{j}2\pi n\bar{\xi}y) \tag{5.9.9}$$

显然，相位全息图不像正弦振幅光栅只有零级和正、负一级衍射，而是包含许多级衍射. 每一级衍射的平面波的空间频率为 $n\bar{\xi}$，相对振幅取决于 $\mathrm{J}_n(\varphi_1)$. 当 n=0 时，表示直接透射光；当 $n=\pm1$ 时，对应我们所需要的成像光波，即

$$\begin{aligned}
\boldsymbol{U}_0&=C\mathrm{J}_0(\varphi_1)\\
\boldsymbol{U}_{+1}&=\mathrm{j}C\mathrm{J}_1(\varphi_1)\exp(\mathrm{j}2\pi\bar{\xi}y)\\
\boldsymbol{U}_{-1}&=C(\mathrm{j})^{-1}\mathrm{J}_{-1}(\varphi_1)\exp(-\mathrm{j}2\pi\bar{\xi}y)\\
&=\mathrm{j}C\mathrm{J}_1(\varphi_1)\exp(-\mathrm{j}2\pi\bar{\xi}y)
\end{aligned}$$

上式中我们利用了关系 $J_{-1}(\varphi_1)=-J_1(\varphi_1)$. 当用原参考光波照明相位全息图时，正、负一级衍射光波将分别再现原始物光波及其共轭光波.

5.10　模压全息图

模压全息术是20世纪70年代提出的用模压方法复制全息图的一项新技术. 模压全息与凸版印刷术类似，所以又称之为全息印刷术. 全息印刷术的发明，解决了全息图的复制问题，可以大规模生产，使全息图迅速商品化，并使全息术走进社会，走进千家万户. 模压全息图的制作，从技术上说可以分为三个阶段，即白光再现浮雕型全息图的制作、电铸金属模板和模压复制. 现分述如下.

5.10.1　白光再现浮雕型全息图的制作

模压全息图需要在白光下再现观察，所以用作母板的全息图多采用彩虹全息图，为了作电铸金属模的母板，彩虹全息图还必须记录成相位型浮雕全息图. 记录介质有多种，通常采用光致抗蚀剂，相应的光源必须用氦镉激光器的441.6nm波长或者氩离子激光器的547.9nm波长.

5.10.2　电铸金属模板

电铸金属模板，简称电铸. 电铸也称电成型，目的是将光致抗蚀剂母板上的精细浮雕全息干涉条纹精确“转移”到金属镍板上，以便在模压机上作为“印压模板”，对热塑性薄膜进行大批量复制.

第一步是铸前清洗. 将拍摄的光致抗蚀剂母板固定于硬聚氯乙烯板上,用中性洗涤剂对表面进行冲洗. 这样做的目的是清除胶膜表面的油污和杂质，以确保像的保真度和镀层的牢固性.

第二步是进行敏化或活化处理. 敏化的目的是使光致抗蚀胶板(亦称光刻胶板)表面离子化，形成均匀分布的离子颗粒(即反应中心). 一般使用氯化铜溶液浮动缓慢喷射，让其充分反应后再用去离子水冲洗.

第三步是制作化学镀层. 制作程序如下：先用化学方法在光刻表面生成一薄层银或镍的导电层(3～5μm)，作为电解镀镍的阴极；然后在浮雕表面上镀上一层颗粒极细的金属，使光致抗蚀剂胶板上的纹槽原封不动地“转移”到金属层上，化学镀层一般用镍溶液，其反应方程为

$$Ni^{2+}+2e\rightarrow Ni$$

这样一来，在胶面上就生成一层Ni金属原子；最后用去离子水冲洗，并马上放入铸槽.

第四步是电铸. 整个电铸过程在电铸槽中进行，槽中镀液主要成分是氨基硫酸镍和硼酸，呈酸性. 置于镀液中的光致抗蚀剂板作为阴极，而装在耐酸尼龙或涤纶布袋中的氨基硫酸镍作为阳极，这是一种强电解质，在镀液中全部离解成镍离子，即

$$NiNH_3SO_3\rightarrow Ni^{2+}+SO_3^{2-}+NH_3\uparrow$$

溶液中带正电的镍离子向阴极(即光致抗蚀剂板)移动，并在阴极接收电子变成镍原子.

将电铸成型的金属板与光致抗蚀剂剥离并清洗干净，就得到了所需的镍原板. 将镍原板纯化后翻铸成多个镍板，即可供模压使用.

5.10.3　模压复制

模压也称压印，即在一定压力和温度下，利用专用模压机将镍板上的全息干涉条纹印刷到聚氯乙烯等热塑料薄膜上以制成模压全息图，再将模压全息图表面镀铝(或直接将干涉条纹压印到镀铝塑料膜上)，使之成为反射再现全息图，便于人们观察.

模压全息技术是建立在全息技术、计算机辅助成图技术、制版技术、表面物理、电化学、精

密机构加工等多学科基础上的一种精细加工技术. 制作模压全息图由于需要昂贵的设备和高超的技术，难以仿制，所以大量用作保安和防伪标记.

5.11 体积全息

物光波和参考光波发生干涉时，在全息图附近的空间形成三维条纹. 在前面的讨论中，我们没有考虑记录材料厚度的影响，而把全息图的记录完全作为一种二维图像来处理. 这种类型的全息图称为平面全息图. 但是，当记录材料的厚度是条纹间距的若干倍时，在记录材料体积内将记录下干涉条纹的空间三维分布，这样就形成了体积全息.

体积全息图对于照明光波的衍射作用如同三维光栅的衍射一样. 按物光和参考光入射方向和再现方式的不同，体积全息可分为两种. 一种是物光和参考光从记录介质的同一侧入射，得到透射的全息图，再现时由照明光的透射光成像；另一种是物光和参考光从记录介质的两侧入射，得到反射体积全息图，再现时由照明光的反射光成像.

5.11.1 透射体积全息图

为简单起见，取物光波和参考光波均为平面波，传播矢量位于 xz 平面，如图 5.11.1 所示.

合光场的复振幅分布为

$$\boldsymbol{U}(x,z)=O_0\exp[\mathrm{j}2\pi(x\xi_{\mathrm{o}}+z\eta_{\mathrm{o}})]+r_0\exp[\mathrm{j}2\pi(x\xi_{\mathrm{r}}+z\eta_{\mathrm{r}})] \tag{5.11.1}$$

式中，$\xi_{\mathrm{o}}=\sin\theta_{\mathrm{o}}/\lambda,\eta_{\mathrm{o}}=\cos\theta_{\mathrm{o}}/\lambda,\xi_{\mathrm{r}}=\sin\theta_{\mathrm{r}}/\lambda,\eta_{\mathrm{r}}=\cos\theta_{\mathrm{r}}/\lambda$. θ_{o}和θ_{r}分别为物光和参考光在记录介质内的传播矢量与 z 轴的夹角，λ 为在记录介质内光波的波长.

合光场强度的空间分布为

$$\begin{aligned}I(x,z)&=r_0^2+O_0^2+O_0r_0\exp\{\mathrm{j}2\pi[x(\xi_{\mathrm{o}}-\xi_{\mathrm{r}})+z(\eta_{\mathrm{o}}-\eta_{\mathrm{r}})]\}+O_0r_0\exp\{-\mathrm{j}2\pi[x(\xi_{\mathrm{o}}-\xi_{\mathrm{r}})+z(\eta_{o}-\eta_{\mathrm{r}})]\}\\&=r_0^2+O_0^2+2O_0r_0\cos\{2\eta[x(\xi_{\mathrm{o}}-\xi_{\mathrm{r}})+z(\eta_{\mathrm{o}}-\eta_{\mathrm{r}})]\}\end{aligned} \tag{5.11.2}$$

在线性记录条件下，记录介质内振幅透射率的空间分布为

$$t(x,y,z)=t_{\mathrm{b}}+\beta'2r_0O_0\cos\{2\pi[x(\xi_{\mathrm{o}}-\xi_{\mathrm{r}})+z(\eta_{\mathrm{o}}-\eta_{\mathrm{r}})]\} \tag{5.11.3}$$

$t(x,y,z)$ 取极大值和极小值的条件分别为

$$x(\xi_{\mathrm{o}}-\xi_{\mathrm{r}})+z(\eta_{\mathrm{o}}-\eta_{\mathrm{r}})=m \tag{5.11.4}$$

$$x(\xi_{\mathrm{o}}-\xi_{\mathrm{r}})+z(\eta_{\mathrm{o}}-\eta_{\mathrm{r}})=m+\frac{1}{2} \tag{5.11.5}$$

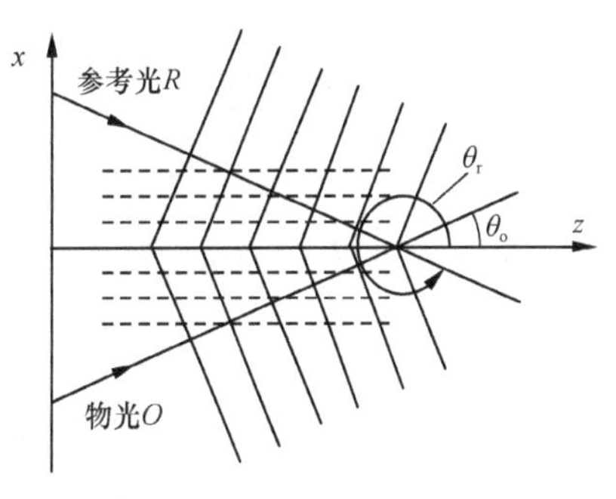

图 5.11.1　透射体积全息图的记录

式中，$m=0,\ \pm1,\ \pm2,\cdots$，上述两个方程各自确定一组与 xz 平面垂直的彼此平行等距的平面. 对 $t(x,y,z)$ 取极大值的平面波，显影时乳胶析出的银原子数目也最多. 这些平面相对于 z 轴的倾角 φ 满足

$$\tan\varphi=\frac{\mathrm{d}x}{\mathrm{d}z}=-\frac{\eta_{\mathrm{o}}-\eta_{\mathrm{r}}}{\xi_{\mathrm{o}}-\xi_{\mathrm{r}}}=-\frac{\cos\theta_{\mathrm{o}}-\cos\theta_{\mathrm{r}}}{\sin\theta_{\mathrm{o}}-\sin\theta_{\mathrm{r}}}=\tan\left(\frac{\theta_{\mathrm{o}}+\theta_{\mathrm{r}}}{2}\right) \tag{5.11.6}$$

由上式可知，在乳胶层内，$t(x,y,z)$ 相等的平面平分物波和参考波传播方向所构成的夹角形成一组垂直于 xz 平面的体积光栅. 在特殊情况下，$\theta_{\mathrm{r}}=-\theta_{\mathrm{o}}$，即物光与参考光相对于 z 轴对称，这时 $\xi_{\mathrm{r}}=-\xi_{\mathrm{o}},\eta_{\mathrm{r}}=\eta_{\mathrm{o}}$，光栅平面方程变为

$$t(x,y,z)_{\max}:2\xi_{\mathrm{o}}x=m \tag{5.11.7}$$

$$t(x,y,z)_{\min}: 2\xi_o x = m + \frac{1}{2} \tag{5.11.8}$$

且光栅平面垂直于 x 轴. 光栅间距 d 为

$$d = \frac{1}{2\xi_o} = \frac{\lambda}{2\sin\theta_o} \tag{5.11.9}$$

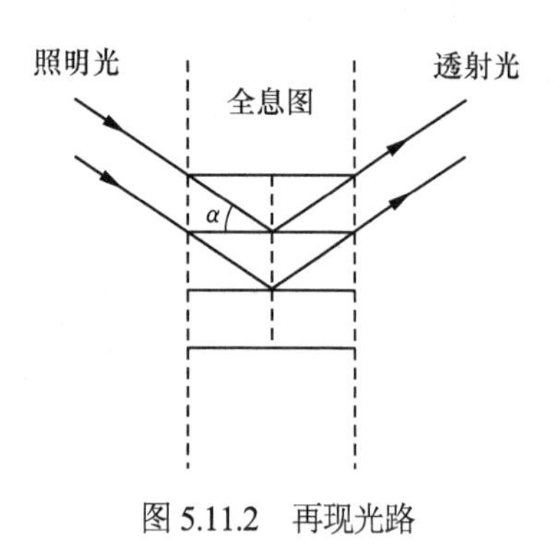

图 5.11.2　再现光路

再现时用平面光波照明全息图，将体积光栅中的每个银层看成是一面具有一定反射能力的平面反射镜，它按反射定律把一部分入射的光能量反射回去，如图 5.11.2 所示.

设照明光波的传播方向与银层平面的夹角为 α ，相邻银层平面反射光波之间的光程差为 $\Delta L = 2d\sin\alpha$. 显然，只有当 ΔL 为再现光波长的整倍数时，反射光波才能相干叠加，从而产生一个明亮的再现像，其条件是

$$2d\sin\alpha = \pm\lambda \tag{5.11.10}$$

通常将公式(5.11.10)称为布拉格条件. 与公式(5.11.9)对比可知，只有当

$$\alpha = \pm\theta_o \tag{5.11.11}$$

或

$$\alpha = \pm(\pi - \theta_o) \tag{5.11.12}$$

时才能得到明亮的再现像.

以上所述表明：当用与参考光相同的光波照明时，再现波的传播方向与物光波传播方向一致，这时给出物体的虚像. 如果用一束与参考光传播方向相反的光波照射全息图，则再现波的传播方向与原始物波相反，这种共轭物光波将产生原来物体的一个实像. 当然，若用原始物波或者共轭波照明全息图，则可分别再现参考波或共轭参考波.

由于记录时物光波与参考光波位于记录介质同侧，这种体积全息的银层结构近似垂直于乳胶表面，再现时反射光波位于全息图两侧，故将这种全息图形象地称为透射体积全息图. 透射体积全息图具有对角度灵敏的特性，即当照明光波的方向偏离布拉格条件时，衍射像很快消失，所以体积全息可用于多重记录.

5.11.2　反射全息图

如果记录体积全息图时，物光和参考光来自记录材料两侧，近似相反方向，如图 5.11.3(a)所示，那么，这两束光的相干叠加问题可以作为驻波问题来处理. 这时条纹平面垂直于光波传播方向，相邻两平面的间距为 $\lambda/2$. 显影后与干涉条纹对应的是一系列彼此平行相距 $\lambda/2$ 的银层平面，这些银层平面对波长为 λ 的光具有很强的反射能力，相当于干涉滤波器. 由于这种全息图对波长具有很高的选择性，因此可以用白光照明再现出单色像. 再现时，若照明光与参考光方向相同，则反射光与物光传播方向相同，再现出原物体的一个虚像，如图 5.11.3(b)所示. 若照明光与参考光共轭，即从反面照射全息图，则反射光与原始物光传播方向相反，再现出原物体的一个实像，如图 5.11.3(c)所示. 再现像的光波波长与记录时一样，照明白光中其余波长的光不满足布拉格条件，只能透过乳胶或被部分吸收. 在实际显影和定影过程中，乳胶会发生收缩，银层平面间距离要减小，因而再现像的色彩会向短波方向移动.

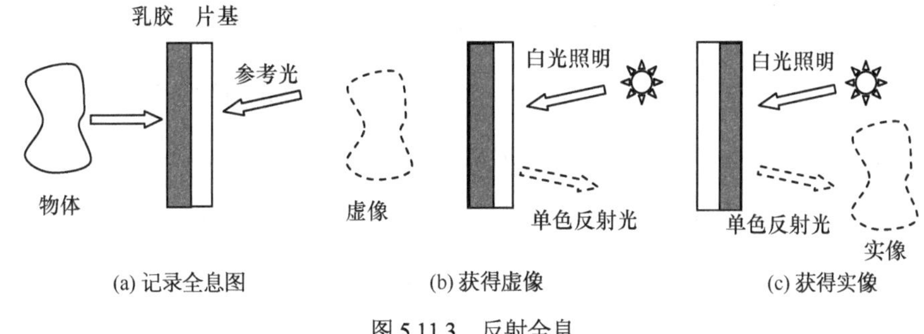

图 5.11.3　反射全息

例 5.11.1　试求如图 5.11.4 所示对称记录反射全息图干涉条纹间距公式.

解　由式(5.11.2)

$$I(x,z)=R_0^2+O_0^2+2R_0O_0\cos\{2\pi[x(\xi_{\mathrm{o}}-\xi_{\mathrm{r}})+z(\eta_{\mathrm{o}}-\eta_{\mathrm{r}})]\}$$

若用对称式记录光路，即要求 $\theta_{\mathrm{r}}=\pi-\theta_{\mathrm{o}}$，由此得 $\psi_{\mathrm{r}}=\pi-\psi_{\mathrm{o}}$，于是有

$$\xi_{\mathrm{o}}-\xi_{\mathrm{r}}=\frac{\sin\psi_{\mathrm{o}}-\sin\psi_{\mathrm{o}}}{\lambda}=0$$

$$\eta_{\mathrm{o}}-\eta_{\mathrm{r}}=\frac{\cos\psi_{\mathrm{o}}-\cos\psi_{\mathrm{r}}}{\lambda}=\frac{2\cos\psi_{\mathrm{o}}}{\lambda}$$

条纹极大值出现在 $z(\eta_{\mathrm{o}}-\eta_{\mathrm{r}})=\dfrac{2z\cos\psi_{\mathrm{o}}}{\lambda}=n$ 的地方，与 x 无关，即条纹垂直于 z 轴. 条纹间距为

$$d=\frac{\lambda_{\mathrm{o}}}{2\cos\psi_{\mathrm{o}}}=\frac{\lambda_{\mathrm{o}}/n}{2\sqrt{1-\sin^2\psi_{\mathrm{o}}}}$$

$$=\frac{\lambda_{\mathrm{o}}}{2\sqrt{n^2-n^2\sin\psi^2\psi_{\mathrm{o}}}}$$

$$=\frac{\lambda_{\mathrm{o}}}{2\sqrt{n^2-\sin^2\theta_{\mathrm{o}}}}=\frac{\lambda_{\mathrm{o}}}{2\sqrt{n^2-\sin^2\theta_{\mathrm{r}}}} \qquad (5.11.13)$$

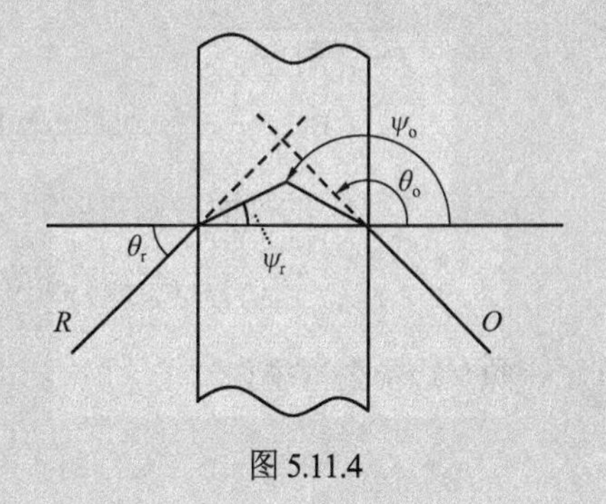

图 5.11.4

式中，λ_0 为真空中的光波波长，n 为乳剂的折射率. 若 $\theta_{\mathrm{r}}\approx\theta_{\mathrm{o}}\approx0$，则 $d=\lambda/2$.

5.12　平面全息图的衍射效率

全息图的衍射效率直接关系到全息再现像的亮度. 通常把它定义为全息图的一级衍射成像光通量与照明全息图的总光通量之比. 表示平面全息图和体积全息图衍射效率的公式是不相同的，我们在这里只限于讨论平面全息图的情况. 对于平面全息图又有振幅调制和相位调制的区别.

5.12.1　振幅全息图的衍射效率

当物光波和参考光波都是平面波时，记录的是正弦型振幅全息图，其振幅透过率一般可表示为

$$t(x)=t_0+t_1\cos(2\pi\xi x)=t_0+\frac{1}{2}t_1[\exp(\mathrm{j}2\pi\xi x)+\exp(-\mathrm{j}2\pi\xi x)] \qquad (5.12.1)$$

式中，ξ 为全息图上条纹的空间频率；t_0 为平均透射系数；t_1 为调制幅度，它与记录时参考光和物光光束之比以及记录介质的调制传递函数有关. 在理想情况下 $t(x)$ 可在 0 到 1 之间变化. 当

$t_0=1/2, t_1=1/2$ 时，能达到这一最大变化范围. 此时

$$\boldsymbol{t}(x)=\frac{1}{2}+\frac{1}{2}\cos(2\pi\xi x)=\frac{1}{2}+\frac{1}{4}\exp(\mathrm{j}2\pi\xi x)+\frac{1}{4}\exp(-\mathrm{j}2\pi\xi x) \tag{5.12.2}$$

假定用振幅为 C_0 的平面波垂直照明全息图，则透射光场为

$$\boldsymbol{U}_{\mathrm{t}}(x)=C_0 t(x)=\frac{1}{2}C_0+\frac{C_0}{4}\exp(\mathrm{j}2\pi\xi x)+\frac{C_0}{4}\exp(-\mathrm{j}2\pi\xi x) \tag{5.12.3}$$

对于与再现像有关的正、负一级衍射光，它们的强度为 $(C_0/4)^2$. 因此，衍射效率为

$$\eta=\frac{(C_0/4)^2 S_{\mathrm{H}}}{C_0^2 S_{\mathrm{H}}}=\frac{1}{16}=6.25\% \tag{5.12.4}$$

式中，S_{H} 表示全息图上照明光的照明面积. 事实上，并不存在一种记录介质使 t 从 0 到 1 之间变化的整个曝光量范围都是线性的. 因而，在线性记录条件下正弦型振幅全息图的衍射效率比 6.25%还要小，所以 6.25%是最大衍射效率.

如果全息图不是正弦型的，而透过率 $t(x)$ 的变化作为 x 的矩形函数，则透和不透各占一半，周期为 x_0（即空间频率 $\xi=\frac{1}{x_0}$）. 若坐标原点选在不透明部分的中心处，则透过率函数的傅里叶级数展开为

$$t(x)=\frac{1}{2}+\frac{2}{\pi}\cos(6\pi\xi x)-\frac{2}{\pi}\cos(6\pi\xi x)+\cdots \tag{5.12.5}$$

矩形函数的零级和 ±1 级为

$$t(x)=\frac{1}{2}+\frac{2}{\pi}\cos(2\pi\xi x)=\frac{1}{2}+\frac{1}{\pi}\left[\exp(\mathrm{j}2\pi\xi x)+\exp(-\mathrm{j}2\pi\xi x)\right] \tag{5.12.6}$$

当用振幅为 C_0 的平面波垂直照明全息图时，透射光场为

$$U_t(x)=C_0 t(x)=\frac{C_0}{2}+\frac{C_0}{\pi}\exp(\mathrm{j}2\pi\xi x)+\frac{C_0}{\pi}\exp(-\mathrm{j}2\pi\xi x) \tag{5.12.7}$$

其正、负一级衍射效率为

$$\eta=\frac{\left(\frac{C_0}{\pi}\right)^2 S_{\mathrm{H}}}{\mathrm{C}_0^2 S_{\mathrm{H}}}=\frac{1}{\pi^2}=10.13\% \tag{5.12.8}$$

由此可见，矩形函数全息图一级像的衍射效率较正弦型全息图的为高，但矩形光栅具有较高级次的衍射波. 计算机产生的全息图就可能是矩形光栅型全息图. 这样，我们看到通过改变透射函数的波形就可适当提高衍射效率. 例如，用非线性显影就可以提高一级像的衍射效率.

5.12.2 相位全息图的衍射效率

如果相位全息图是两束平面波干涉而产生的正弦型相位光栅，其透过率可表示为

$$\boldsymbol{t}(x)=\exp[\mathrm{j}\varphi_1\cos(2\pi\xi x)] \tag{5.12.9}$$

式中，φ_1 为调制度，ξ 为相位光栅的空间频率. 根据贝塞尔函数的积分公式

$$\exp(\mathrm{j}x\cos\theta)=\sum_{n=-\infty}^{\infty}\mathrm{j}^n\mathrm{J}_n(x)\exp(-\mathrm{j}n\theta) \tag{5.12.10}$$

式(5.12.9)可以写成级数形式

$$\exp[\mathrm{j}\varphi_1\cos(2\pi\xi x)]=\sum_{n=-\infty}^{\infty}\mathrm{j}^n\mathrm{J}_n(\varphi_1)\exp(-\mathrm{j}2\pi n\xi x) \tag{5.12.11}$$

用振幅为 C_0 的平面波垂直照明全息图时，透射光场为

$$\boldsymbol{U}_{\mathrm{t}}(x)=C_0 t(x)=C_0\sum_{n=-\infty}^{\infty}\mathrm{j}^n\mathrm{J}_n(\varphi_1)\exp(\mathrm{j}2\pi n\xi x) \tag{5.12.12}$$

第 n 级的衍射效率为

$$\eta_n=\frac{C_0^2\left|\mathrm{J}_n(\varphi_1)\right|^2 S_{\mathrm{H}}}{C_0^2 S_{\mathrm{H}}}=\left|\mathrm{J}_n(\varphi_1)\right|^2 \tag{5.12.13}$$

式中，S_{H} 表示全息图上照明光的照明面积. 对于成像光束，我们通常感兴趣的是正、负一级衍射. 注意，当 $\varphi_1=1.85$ 时 J_1 有最大值，$\mathrm{J}_1(1.85)=0.582$. 由此可计算出一级衍射像的最大衍射效率 $\eta_1=|\mathrm{J}_1(1.85)|^2=0.582^2=33.9\%$，这时零级和其他衍射级的衍射效率均小于正、负一级. 由于相位全息图的衍射效率比振幅全息图高得多，能够产生更明亮的全息再现像，从而使人们对相位全息图产生了浓厚的兴趣.

对于矩形光栅形式的相位全息图的衍射效率，计算表明其正、负一级的最大衍射效率为

$$\eta=\left(\frac{2}{\pi}\right)^2=40.4\% \tag{5.12.14}$$

总之，不管振幅全息图还是相位全息图，矩形函数型的衍射效率都比正弦函数型的衍射效率高，用计算机制作的全息图大多是矩形波函数形式的.

表 5.12.1 中列出了正弦调制情况下全息图的最大理论衍射效率，表中同时列出了体积透射型全息图和体积反射型全息图的衍射效率，以供比较. 由表 5.12.1 可以看出，体积相位型全息图的衍射效率最高.

表 5.12.1　各种全息图的最大理论衍射效率

全息图类型	平面透射型全息图		体积透射型全息图		体积反射型全息图	
调制方式	振幅型	相位型	振幅型	相位型	振幅型	相位型
衍射效率	0.0625	0.339	0.037	1.000	0.072	1.000

5.13　全息干涉计量

全息术的原理已渗透到各个领域. 全息术由于具有许多独特性能，成为一种非常有价值的科学手段. 全息术用途十分广泛，最重要的应用领域是：全息干涉量度、全息光学元件、全息显示、信息处理. 其中关于全息术在信息处理中的应用，我们将结合光学信息处理的有关章节对其进行介绍.

全息干涉计量是全息应用的一个重要领域，干涉计量的基础是波前比较. 全息术是唯一能记录和再现波前的技术，这使我们有可能用一个标准波前与一个变形物体产生的波前相比较而实现干涉计量. 由于标准波前和变形波前是通过同一光路来产生的，因而可以消除系统误差，这样对光学元件的精度要求可以降低，这是其他干涉计量方法不容易做到的. 最常用的全息干涉方法是二次曝光法、单次曝光法和时间平均法.

5.13.1　二次曝光法

二次曝光法是通过二次曝光将标准物光波波前和变形后的物光波波前按不同时刻记录在同一张全息图上，再现时，通过两个波面之间的干涉条纹了解波面的变化，从而分析两次曝光之间物体的变形.

记录光路如图 5.13.1 (a) 所示. 在底片平面上，参考光波 $R(x,y)=r_0(x,y)\exp[\mathrm{j}\varphi_{\mathrm{r}}(x,y)]$，初始物光波 $O(x,y)=O_0(x,y)\exp[\mathrm{j}\varphi_{\mathrm{o}}(x,y)]$，变形后的物光波 $O'(x,y)=O_0(x,y)\ \exp[\mathrm{j}\varphi_{\mathrm{o}}'(x,y)]$. 假定两次

曝光时间相同，则总的曝光光强为

$$\begin{aligned}\boldsymbol{I}(x,y)=&|\boldsymbol{O}+\boldsymbol{R}|^2+|\boldsymbol{O}'+\boldsymbol{R}|^2=2(r_0^2+O_0^2)+O_0r_0\exp[\mathrm{j}(\varphi_\mathrm{o}-\varphi_\mathrm{r})]\\&+O_0r_0\exp[-\mathrm{j}(\varphi_\mathrm{o}-\varphi_\mathrm{r})]+O_0r_0\exp[\mathrm{j}(\varphi_\mathrm{o}'-\varphi_\mathrm{r})]+O_0r_0\exp[-\mathrm{j}(\varphi_\mathrm{o}'-\varphi_\mathrm{r})]\end{aligned}\tag{5.13.1}$$

在线性记录条件下，全息图的复振幅透过率正比于曝光光强

$$t(x,y)=t_0+\beta' I(x,y)\tag{5.13.2}$$

假定用参考光波照明全息图[见图 5.13.1(b)]，则在全息图的透射光波中，与原始物光波和变形物光波有关的分量波为

$$\boldsymbol{U}_\mathrm{t}(x,y)=\beta' O_0r_0^2\exp(\mathrm{j}\varphi_\mathrm{o})+\beta' O_0r_0^2\exp(\mathrm{j}\varphi_\mathrm{o}')\tag{5.13.3}$$

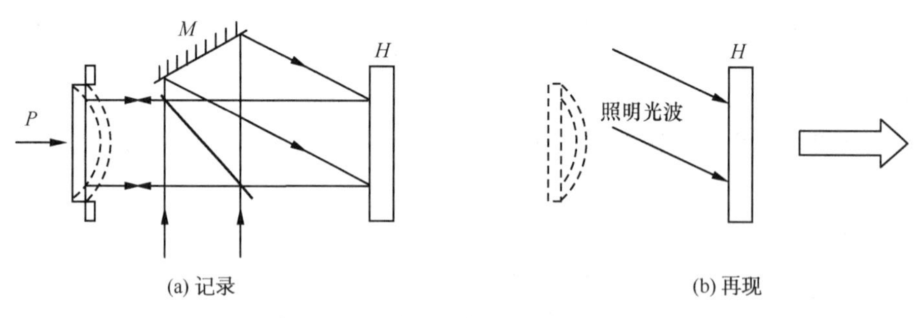

图 5.13.1　二次曝光全息图的记录与再现

再现的原始物光波波前和变形物光波波前沿同一方向传播，产生干涉. 这时干涉条纹的强度分布为

$$I_\mathrm{t}=C\cos(\varphi_\mathrm{o}-\varphi_\mathrm{o}')\tag{5.13.4}$$

因为变形前后的物光波波前已经“冻结”在全息图中，在适当照明条件下就可以通过再现产生干涉条纹，从而给定量分析提供了很大方便. 图 5.13.2(a)是用于透明物体的一种全息干涉光路. 用平行光照射透明物体，透射光与参考光干涉产生全息图. 第二次曝光时是初始状态的样品(或不放样品)，第二次曝光时，样品已发生变化(或放入样品). 参考光用平行光波或球面光波都可以，但用平面光波再现时，调整起来比较方便. 图 5.13.2(b)是一种再现观察方式，用原来的参考光照明，并在全息图后置一会聚透镜，眼睛位于透镜焦点处的小孔光阑处，可以观察到整个物面上的条纹.

采用脉冲激光作为光源，可以用二次曝光法对某些瞬态现象(如冲击波，流场等)进行分析. 图 5.13.3 给出了白炽灯的干涉场照片，第一次曝光灯丝未通电，灯丝通电后进行第二次曝光，再现时干涉条纹显示了灯丝通电后气体受热产生的折射率变化.

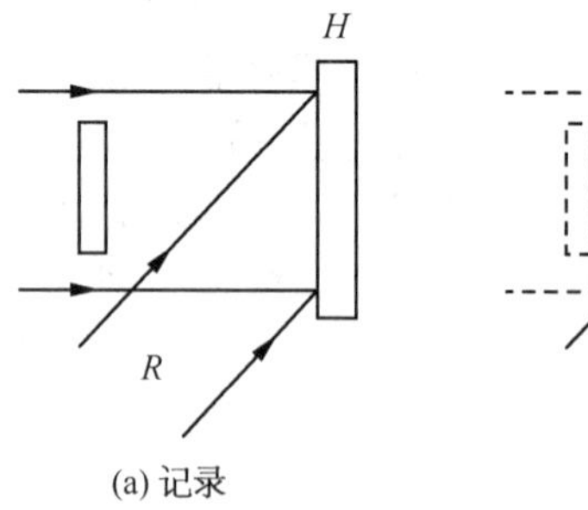

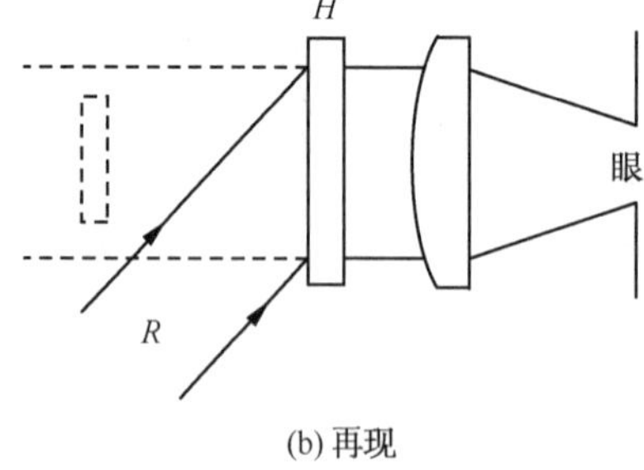

图 5.13.2　用于透明物体的全息干涉仪

图 5.13.3　白炽灯通电前后两次曝光产生的干涉图

二次曝光法有利于分析物体两种状态的差异，但要观察和分析物体变形的过程，则需要用一种实时显示变形的方法，即单次曝光法.

5.13.2　单次曝光法

单次曝光法是通过一次曝光把初始物光波面记录在全息图上，底片经处理后用变形后的物光波面和参考光同时照射全息图，参考光可以再现初始物光波面，这个初始物光波面与直接透过全息图的变形后的物光波面相干涉，产生干涉条纹，这样人们可以通过观察干涉条纹的连续变化分析整个变形过程. 为了使再现的标准波前与实际的波面重合，对全息图的复位有严格要求，通常采用就地显影、定影，或用精密复位装置，也可以采用干显影的记录介质，如光导热塑料、光致变色材料等.

设参考光波 $\boldsymbol{R}(x,y)=r_0(x,y)\exp[\mathrm{j}\varphi_{\mathrm{r}}(x,y)]$，初始物光波 $\boldsymbol{O}(x,y)=O_0(x,y)\exp[\mathrm{j}\varphi_{\mathrm{o}}(x,y)]$，则记录的光强分布为

$$\boldsymbol{I}(x,y)=O_0^2+r_0^2+r_0O_0\exp[\mathrm{j}(\varphi_{\mathrm{o}}-\varphi_{\mathrm{r}})]+r_0O_0\exp[-\mathrm{j}(\varphi_{\mathrm{o}}-\varphi_{\mathrm{r}})] \quad (5.13.5)$$

在线性记录条件下，全息图的复振幅透过率为

$$\boldsymbol{t}(x,y)=t_{\mathrm{b}}+\beta'O_0^2+\beta'r_0O_0\exp[\mathrm{j}(\varphi_{\mathrm{o}}-\varphi_{\mathrm{r}})]+\beta'r_0O_0\exp[-\mathrm{j}(\varphi_{\mathrm{o}}-\varphi_{\mathrm{r}})] \quad (5.13.6)$$

全息图精确复位后，用原参考光波和变形后的物光波 $\boldsymbol{O}'(x,y)=O_0(x,y)\exp[\mathrm{j}\varphi_{\mathrm{o}}'(x,y)]$ 同时照射全息图，于是在全息图的衍射光波中与初始物光波和变形物光波有关的分量波为

$$\boldsymbol{U}_{\mathrm{t}}(x,y)=\beta'r_0^2O_0\exp(\mathrm{j}\varphi_{\mathrm{o}})+(t_{\mathrm{b}}+\beta'O_0^2)O_0\exp(\mathrm{j}\varphi_{\mathrm{o}}') \quad (5.13.7)$$

分量波中的两项均在同一方向传播，产生干涉，干涉条纹的强度分布为

$$I_{\mathrm{t}}(x,y)=\boldsymbol{U}_{\mathrm{t}}(x,y)\boldsymbol{U}_{\mathrm{t}}^*(x,y)=O_0^2[\beta'^2r_0^4+(t_{\mathrm{b}}+\beta'O_0^2)^2+2\beta'r_0^2(t_{\mathrm{b}}+\beta'O_0^2)\cos(\varphi_{\mathrm{o}}-\varphi_{\mathrm{o}}')] \quad (5.13.8)$$

上式表明，光强按余弦规律变化，不过由于再现的原始物光波和变形的物光波的振幅不大相同，干涉条纹的反衬度较差. 适当选择参考光波与物光波的强度比例，可以改善条纹对比度.

只要记录时参考光波的入射角度选择适当，使全息图透射场中的其他分量衍射波具有不同的传播方向，就不会影响对干涉场的观察.

5.13.3　时间平均法

全息干涉术还可用来进行振动分析. 记录振动物体的全息图时，物体的位置每时每刻都在变化，我们记录的实际上是振动物体位于不同位置时物光波波前与参考光波波前干涉结果的时间平均，即得到时间平均全息图. 它的再现像就是时间平均全息干涉条纹图样，由条纹的形状和强度分布可以确定振动的模式及振动物体表面各点的振幅.

以最简单的简谐振动为例说明时间平均法的数学处理过程，见图 5.13.4. 设振动角频率为 ω，膜片任一点 P 的振幅 $A(x)$，在时刻 t 沿 z 方向的位移量为

$$z(x,t)=A(x)\cos(\omega t) \quad (5.13.9)$$

与平衡位置相比较，在时刻 t，P 点的相位变化是

$$\varphi_0(x,t)=\frac{2\pi}{\lambda}A(x)\cos(\omega t)(\cos\theta_1+\cos\theta_2) \quad (5.13.10)$$

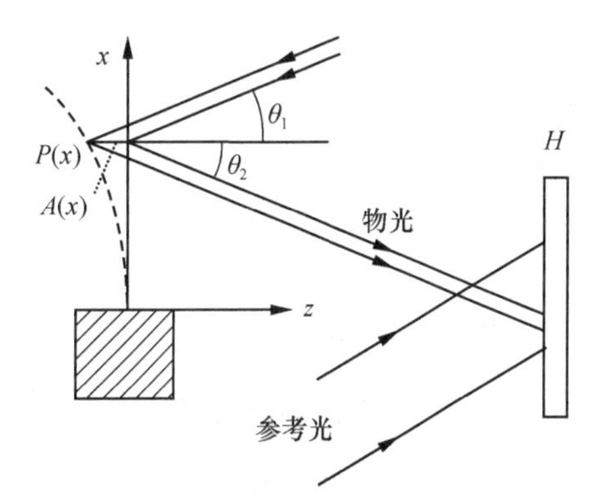

图 5.13.4　记录振动膜片的时间平均全息图

其中，λ 是照明光源的光波波长，θ_1 和 θ_2 是入射光和反射光传播方向与 z 轴的夹角. 这时物光波波前可以表示为空间坐标 x 和时间变量 t 的函数

$$\boldsymbol{O}(x,t)=\boldsymbol{O}_0(x)\exp[\mathrm{j}\varphi_0(x,y)] \quad (5.13.11)$$

设参考光波为平面波，其波前记为

$$\boldsymbol{R}(x)=r_0\exp[\mathrm{j}\varphi_{\mathrm{r}}(x)] \quad (5.13.12)$$

则在全息图上光强度为

$$I(x,t)=r_0^2+|\boldsymbol{O}_0(x)|^2+\boldsymbol{OR}^*+\boldsymbol{O}^*\boldsymbol{R} \tag{5.13.13}$$

假定记录时间比物体振动的时间周期 T 长得多，则在全息图上的平均曝光量为

$$\langle I\rangle=\frac{1}{T}\int_0^T I(x,t)\mathrm{d}t \tag{5.13.14}$$

在线性记录条件下，全息图的复振幅透过率与平均曝光量成正比. 所以，若用原参考光照明全息图，并单独考虑透射场中与原始物波有关的场分量，则有

$$\boldsymbol{U}_\mathrm{t}(x)=\frac{\boldsymbol{RR}^*}{T}\int_0^{2\pi}\boldsymbol{O}(x,t)\mathrm{d}t=\frac{r_0^2}{2\pi}\int_0^{2\pi}\boldsymbol{O}(x,t)\mathrm{d}(\omega t) \tag{5.13.15}$$

将式(5.13.11)和式(5.13.10)代入上式，有

$$\boldsymbol{U}_\mathrm{t}(x)=\frac{r_0^2\boldsymbol{O}_0(x)}{2\pi}\int_0^{2\pi}\exp[\mathrm{j}kA(x)\cos(\omega t)(\cos\theta_1+\cos\theta_2)]\mathrm{d}(\omega t) \tag{5.13.16}$$

考虑到贝塞尔函数关系式

$$\mathrm{J}_0(a)=\frac{1}{2\pi}\int_0^{2\pi}\exp(\mathrm{j}a\cos\theta)\mathrm{d}\theta \tag{5.13.17}$$

有

$$\boldsymbol{U}_\mathrm{t}(x)=r_0^2O_0(x)\mathrm{J}_0[kA(x)(\cos\theta_1+\cos\theta_2)] \tag{5.13.18}$$

在振动物体上的强度分布为

$$I_\mathrm{t}(x)=r_0^4|\boldsymbol{O}_0(x)|^2\,\mathrm{J}_0^2[kA(x)(\cos\theta_1+\cos\theta_2)] \tag{5.13.19}$$

上式表明，物体的原始像上光强按零阶贝塞尔函数的平方分布，其中干涉条纹表示等振幅线(见图 5.13.5)，并且随振幅 $A(x)$ 的增大，干涉条纹强度减小. 通过对条纹强度分布的测量，可以计算出振动模式及物体表面的振幅.

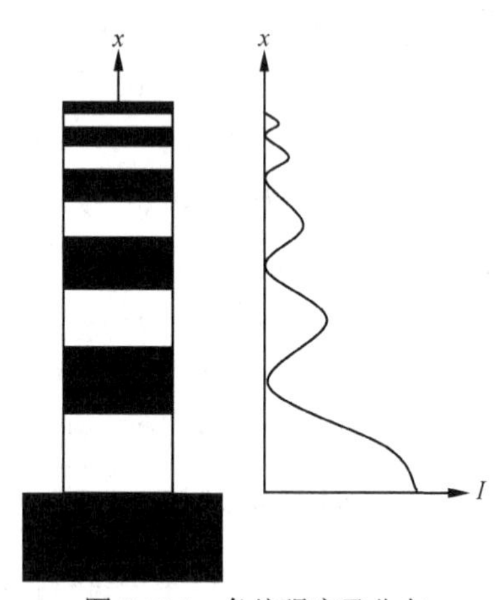

图 5.13.5　条纹强度及分布

5.14　数 字 全 息

数字全息是 20 世纪 60 年代提出的，但当时由于电子成像硬件设备发展较慢的限制，直到 20 世纪 80 年代末才真正起步发展. 随着 CCD 或 CMOS 等数字化光电成像器件的分辨率和解析度的不断提高，以及计算机技术的飞速发展，数字全息技术发展的瓶颈已经基本解决，近年来该技术发展迅速，其理论基础日趋完善，并广泛应用于三维形貌测量、振动测量、全息显微术、材料泊松比的测量、三维目标识别等多个领域，备受人们关注. 本节将简要介绍数字全息的特点以及数字全息的记录和再现基本原理.

5.14.1　数字全息的基本概念及其特点

数字全息术是古德曼(J. W. Goodman)等在 1967 年首次提出的，其记录光路实质上与传统光学全息基本相同，传统光学全息采用模拟全息干板来记录，而数字全息采用 CCD 或 CMOS 等数字化光电成像器件记录，由于 CCD 或 CMOS 在记录平面内以像元大小对全息图实行了抽样，同时对全息图透过率函数以灰度形式实行了数字化，最后以图像形式在计算机中保存下来，因而顾名思义，称之为数字全息图；数字全息的再现方法与光学全息的再现方法却有显著的不同，光学全息的再现

需要专门的再现光学系统才能再现，而数字全息的再现是用计算机实现三维信息的重构过程，即对记录过程得到的数字全息图进行快速计算，以得到被测物体的振幅和相位信息.

数字全息与光学全息的最大差别在于采用光电成像器件代替传统的全息干板拍摄全息图，重构过程在计算机中通过数字计算来实现. 因此，数字全息术是一种利用光电成像器件即 CCD 或 CMOS 进行数字记录，并通过计算机的快速运算进行数字再现的全息术.

与传统的光学全息技术相比，数字全息技术具有以下主要特点.

(1) 采用光电成像器件直接记录全息图，并将数字化的全息图传入计算机内存储以备分析计算，实现了全息的快速、准确记录，避免了传统全息术的线性记录、显影、定影、漂白、烘干等复杂工艺过程.

(2) 与全息干板相比，用 CCD 记录只需很短的曝光时间，且准确自动控制，大大降低了传统光学全息对系统稳定性要求，同时还可以实时记录运动物体瞬间变化的数字全息视频序列，已实现实时再现.

(3) 通过数字重构可以同时获取物体的强度分布和相位分布，便于进行进一步的处理，特别有利于对物体三维形貌进行分析与测量.

(4) 由于记录和再现都借助了计算机，所以非常容易实现自动化、仪器化.

值得一提的是，不要把数字全息与第 6 章将要介绍的计算全息相混淆，数字全息的记录过程依赖于光学全息记录装置，再现过程由计算机重构，而计算全息正好相反，其记录过程是由计算机来完成的，而再现过程与光学全息再现一样完全依赖于再现光路.

5.14.2　数字全息的基本原理

数字全息跟光学全息一样，也包括记录和再现两个过程.

1. 数字全息的记录

如图 5.14.1 所示，数字全息的记录光路与光学全息的记录光路基本相同，只是用 CCD 直接代替光学全息记录干板即可. 假设 CCD 感光面 xy 到物平面 x_0y_0 的距离为 d_0，CCD 的线性度很好，可以认为 CCD 是线性记录，因此，在感光面上的全息图透过率函数 $t(x,y)$ 可由式(5.2.6)来表征，设 CCD 的分辨率为 M 像素×N 像素，像素尺寸为 $\varDelta_x\times\varDelta_y$，则 CCD 采集的数字全息图可表示为

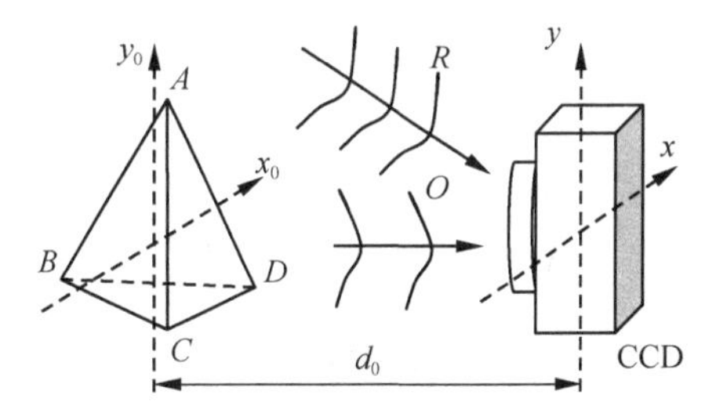

图 5.14.1　数字全息记录示意图

$$H(x,y)=\frac{1}{\varDelta_x\varDelta_y}\mathrm{comb}\left(\frac{x}{\varDelta_x}\right)\mathrm{comb}\left(\frac{y}{\varDelta_y}\right)t(x,y) \tag{5.14.1}$$

2. 数字全息的重构

数字全息的再现是通过计算机计算重构出来的. 我们知道，利用光学方法记录了一幅全息图，然后利用参考光波照射全息图时可以重构原物信息，这一过程是一个衍射过程，在建立重构数学模型之前，应建立如图 5.14.2 所示的数字全息重构模型，观察屏平面 x_1y_1 到数字全息图平面 xy 的距离为 d_i，落在菲涅耳衍射区，可用菲涅耳衍射积分表示为

$$\boldsymbol{U}(x_1,y_1)=\frac{\exp(\mathrm{j}kd_\mathrm{i})}{\mathrm{j}\lambda d_\mathrm{i}}\iint_{-\infty}^{\infty}\boldsymbol{R}(x,y)H(x,y)\exp\left[\mathrm{j}k\frac{(x-x_1)^2+(y-y_1)^2}{2d_\mathrm{i}}\right]\mathrm{d}x\mathrm{d}y \tag{5.14.2}$$

这就是数字全息的重构数学模型.

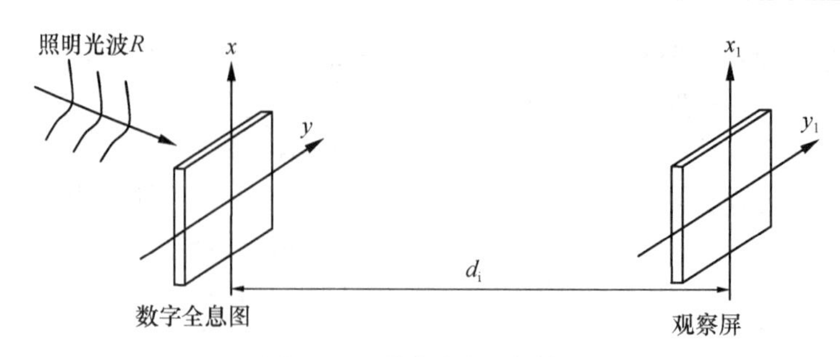

图 5.14.2　数字全息重构模型

然而，上式中除了 $H(x,y)$ 已数字化，其他部分仍然还是模拟函数，需要进一步进行数字化处理，以获得 $\boldsymbol{U}(x_1,y_1)$ 的数字解. 获得 $\boldsymbol{U}(x_1,y_1)$ 的数字解的方法有很多，这里介绍其中三种常用方法.

1) 菲涅耳近似重构法

菲涅耳近似重构法是最直接的重构方法. 设 (m,n) 为 CCD 采集的数字全息像素坐标，其取值满足

$$\begin{cases}0\leqslant m\leqslant M-1\\ 0\leqslant n\leqslant N-1\end{cases}\tag{5.14.3}$$

设 p、q 为两个整数，且满足

$$\begin{cases}0\leqslant p\leqslant M-1\\ 0\leqslant q\leqslant N-1\end{cases}\tag{5.14.4}$$

在满足抽样定理的情况下，式(5.14.2)可直接离散化为

$$\begin{aligned}\boldsymbol{U}(m,n)=&\frac{\exp(\mathrm{j}kd_\mathrm{i})}{\mathrm{j}\lambda d_\mathrm{i}}\exp\left[\mathrm{j}\pi\lambda d_\mathrm{i}\left(\frac{m^2}{M^2\varDelta_x^2}+\frac{n^2}{N^2\varDelta_y^2}\right)\right]\\&\times\sum_{p=0}^{p=M-1}\sum_{q=0}^{q=N-1}\boldsymbol{R}(p,q)H(p,q)\exp\left[\mathrm{j}\frac{\pi}{\lambda d_\mathrm{i}}(p^2\varDelta_x^2+q^2\varDelta_y^2)\right]\exp\left[\mathrm{j}2\pi\left(\frac{pm}{M}+\frac{qn}{N}\right)\right]\end{aligned}\tag{5.14.5}$$

$U(m,n)$ 即为数字全息的菲涅耳近似重构像，进一步分析可以推导出重构像的水平和竖直方向的分辨率 $\varDelta_{x_1}$、$\varDelta_{y_1}$ 分别为

$$\begin{cases}\varDelta_{x_1}=\dfrac{\lambda d_\mathrm{i}}{M\varDelta_x}\\[2ex] \varDelta_{y_1}=\dfrac{\lambda d_\mathrm{i}}{N\varDelta_y}\end{cases}\tag{5.14.6}$$

可见重构像的分辨率与观察屏的距离 d_i 成正比，与 CCD 的分辨率成反比，如果选用分辨率为 1024 像素 × 1024 像素的 CCD，其像素大小为 7μm×7μm，激光波长为 0.6328μm，观察屏距离 d_i 选为 500mm，则有

$$\varDelta_{x_1}=\varDelta_{y_1}=\frac{0.6328\times500\times10^3}{1024\times7}=44.14(\mu\mathrm{m})$$

表明此时已达到很高的重构分辨率. 如果选用同样像元尺寸的分辨率为 2048 像素×2048 像素的 CCD，则重构分辨率将倍增到 22.07μm，当然该分辨率与光学全息相比相差较大，但在许多实际应用中是可以满足实用性要求的.

2) 基于卷积定理的重构法

从式(5.14.2)分析可知，公式中的积分运算实质上是 $H(x,y)R(x,y)$ 与二次相位因子 $\exp\left(\mathrm{j}k\dfrac{x^2+y^2}{2d_\mathrm{i}}\right)$ 的卷积计算，因此，式(5.14.2)可写成

$$\boldsymbol{U}(x_1,y_1)=\frac{\exp(\mathrm{j}kd_\mathrm{i})}{\mathrm{j}\lambda d_\mathrm{i}}[H(x,y)\boldsymbol{R}(x,y)]*\exp\left(\mathrm{j}k\frac{x^2+y^2}{2d_\mathrm{i}}\right) \tag{5.14.7}$$

根据卷积定理，有

$$\boldsymbol{U}(m,n)=\frac{\exp(\mathrm{j}kd_\mathrm{i})}{\mathrm{j}\lambda d_\mathrm{i}}\mathscr{F}^{-1}\{\mathscr{F}\{H(m,n)\boldsymbol{R}(m,n)\}\}\cdot\mathscr{F}\left\{\exp\left(\mathrm{j}k\frac{m^2+n^2}{2d_\mathrm{i}}\right)\right\} \tag{5.14.8}$$

公式(5.14.8)就是基于卷积定理重构法重构的结果.

3) 傅里叶变换重构法

傅里叶变换重构法是针对图 5.6.4 所示的无透镜傅里叶变换全息图提出的. 由于此时参考光是一球面波，在菲涅耳近似条件下，可以表征为

$$\boldsymbol{R}(x,y)=\frac{1}{d_\mathrm{i}}\exp(-\mathrm{j}kd_\mathrm{i})\exp\left[-\mathrm{j}\frac{\pi}{\lambda d_\mathrm{i}}(x^2+y^2)\right] \tag{5.14.9}$$

代入式(5.14.2)中并简化得

$$\begin{aligned}\boldsymbol{U}(x_1,y_1)&=\frac{\exp\left(\mathrm{j}k\dfrac{x_1^2+y_1^2}{d_\mathrm{i}}\right)}{\mathrm{j}\lambda d_\mathrm{i}^2}\iint_{-\infty}^{\infty}H(x,y)\exp\left(-\mathrm{j}2\pi\frac{xx_1+yy_1}{\lambda d_\mathrm{i}}\right)\mathrm{d}x\mathrm{d}y\\&=\frac{\exp\left(\mathrm{j}k\dfrac{x_1^2+y_1^2}{d_\mathrm{i}}\right)}{\mathrm{j}\lambda d_\mathrm{i}^2}\mathscr{F}\{H(x,y)\}\Big|_{\substack{\xi=\frac{x_1}{\lambda d_\mathrm{i}}\\ \eta=\frac{y_1}{\lambda d_\mathrm{i}}}}\end{aligned} \tag{5.14.10}$$

因此，将之简化成了一个简单的傅里叶变换运算关系，进一步数字离散化，可得

$$\boldsymbol{U}(m,n)=\frac{\exp\left(\mathrm{j}k\dfrac{m^2+n^2}{d_\mathrm{i}}\right)}{\mathrm{j}\lambda d_\mathrm{i}^2}\mathscr{F}\{H(m,n)\} \tag{5.14.11}$$

就是傅里叶变换重构法重构的结果. 虽然傅里叶变换重构法只针对无透镜傅里叶变换数字全息有效，不具备普适性，但该方法计算简单、速度快、操作简单，并且可以很方便地重构再现像，已成为一种常用的典型数字全息方法.

总之，数字全息由于实现了数字化，可以将许多数字图像处理技术引入到数字全息图的处理过程中，从而非常方便地消除像差、噪声等的影响，改善数字全息图的质量.

5.15　全息数据存储

信息存储就是将信息有效地记录下来以便保存. 文字、图片、视频流以及实物等都可作为信息保存下来. 全息术之所以能作为一种有效的数据存储技术，首先是因为它具有巨大的信息存储密度，一般高达 $10^9\mathrm{bit/mm^2}$，是其他存储技术无法比拟的.

当然，全息术可以用于信息存储，还因它有许多诱人而独特的性质，最明显的特性是全息存储的高度分散性. 根据惠更斯-菲涅耳原理，一幅模拟图像中的单个像素或者二进制数据阵列中的

一位可以用分布方式存储在全息图的一个相当大的区域内，当然该分散性与光作用距离有关，傅里叶变换全息图的分散性最多，像全息图的分散性最少，而菲涅耳全息图则介于两者之间. 正是由于这种分散性特性，确保了信息存储的高可靠性和信息再现快速的优点，因为此时即使记录介质中的一个灰尘污点或缺陷会掩盖全息图上的一个小局部区域或损坏它，但在像上则不会造成局部缺陷，因而所存储的数据不会出现局部的损失. 傅里叶变换全息图信息记录正是由于具有最大的分散性，因而被作为专用信息存储系统而得到重视.

第二个明显的特性是傅里叶变换记录光路所特有的. 根据傅里叶变换的平移特性，全息图空间的位移只会导致傅里叶空间的线性相位倾斜，对像强度分布的位置没有影响. 因此，傅里叶全息图对定位的容错能力很强. 这个特点对高密度存储极其重要，尤其是对具有较高放大率(意指一幅小全息图产生很大的像)的存储方式.

如图 5.15.1 所示，是一个具有图像放大功能且能再现实像的全息信息记录装置光路图. 激光器射出一束细小的激光束，经分光镜 BS 分成两束光，其中一束经反射镜 M_1 和准直扩束镜产生宽光束平面波垂直照射到待记录物平面而形成物光波 O，另一束细小光束经过一可旋转角度的反射镜 M_2，直接作为平面参考光束，透镜 L 是普通成像透镜，d_o 与 d_i 分别为物距和像距，控制 d_o 使之在成像透镜 L 的一倍焦距和两倍焦距之间，表现为图像放大功能，根据阿贝两步成像原理(详见第 8 章 8.1.1 节)，从波动性角度考虑，物光波成像是经过从物平面到成像透镜后焦平面，再由后焦平面到像平面的两次傅里叶变换过程，只不过每次变换增加了一个二次相位因子而已，可以理解为两次准傅里叶变换过程，这样，如果将待记录信息 File1 置于物平面，调节 M_2 使之产生参考细光束 R_1，当将全息干板置于透镜的后焦平面上，则在干板上参考细光束 R_1 照射到的区域内与物光波完成一次准傅里叶变换后的光波干涉，而记录下信息 File1；如果将待记录信息 File2 置于物平面，调节 M_2 使之产生参考细光束 R_2，则在干板上参考细光束 R_2 照射到的区域内与物光波完成一次准傅里叶变换后的光波干涉，而记录下信息 File2；依此类推，如果逐一放置 $M\times N$ 幅待记录信息，通过二维扫描系统控制 M_2，即可在一块全息干板上存储下 $M\times N$ 幅待记录信息.

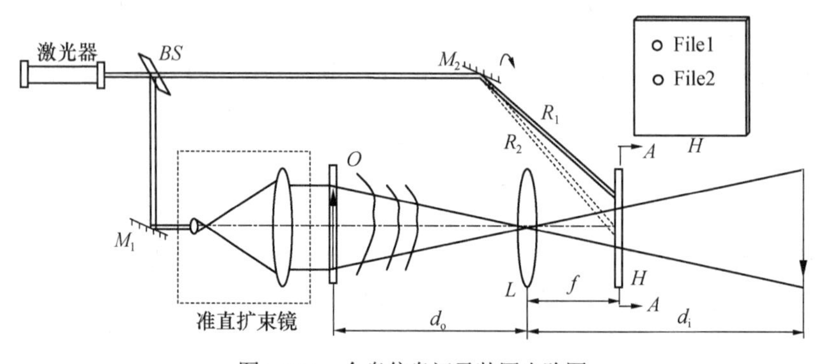

图 5.15.1　全息信息记录装置光路图

对应的全息信息再现光路如图 5.15.2 所示. 该光路实质上是阿贝成像第二步，通过这一步，即可在原记录成像透镜的真实像平面，即距全息干板 $z_i=d_i-f$ 处准确再现一个完整的、放大的实像. 如果控制 M_2 实现二维扫描逐一照射全息干板上原记录的 $M\times N$ 个小全息图样，即可逐一再现 $M\times N$ 幅原记录信息.

上面记录和再现光路中 M_2 依赖于机械运动控制，扫描速度和定位控制精度有可能都较低，影响了信息记录效率，现在均采用可电控的光束偏转器(如声光偏转器)来取代原机械控制部件，可以以视频速度(30 帧/秒)依次记录或读取一幅幅信息.

那么一块全息干板能存储多少幅信息呢？直观上取决于参考细光束 R 的直径. 是不是单一地尽可能减小参考光直径就能提高干板的存储信息呢？答案是否定的.

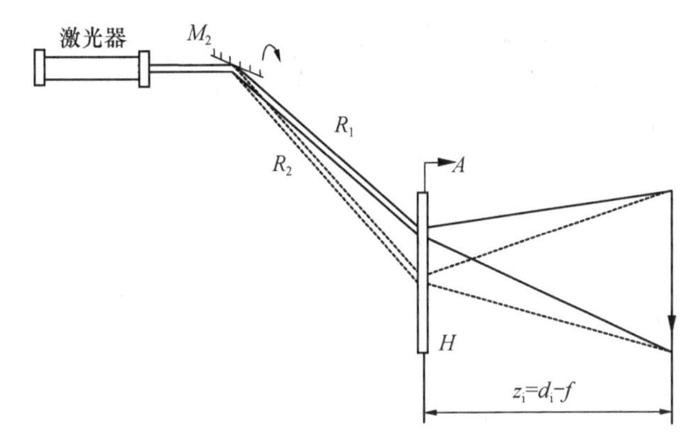

图 5.15.2　全息信息再现光路

全息图的直径 D 与待记录信息的最小分辨距离 ε 有关，与记录激光波长 λ 有关，还与成像透镜的焦距 f 有关，根据信息论相关理论，可完整记录整幅信息的最小全息图直径 $D_{\min}$ 为

$$D_{\min}=\frac{2\lambda f}{\varepsilon} \tag{5.15.1}$$

例 5.15.1　设待记录信息的最小分辨距离 ε 为 0.05mm，记录激光波长为 0.6328μm，记录用成像透镜的焦距为 50mm，为避免信息混叠或干扰，要求相邻全息图边沿之间分开 1mm，试确定 10cm 见方的全息干板能存储多少幅相同大小的信息图样.

解　全息干板的长宽尺寸为 W，每行、每列分别能存储的全息图个数均为 N，相邻全息图边缘间距为 l，根据题意可知，能确保准确记录信息的全息图直径为

$$D_{\min}=\frac{2\lambda f}{\varepsilon}=\frac{2\times 0.6328\times 50\times 10^{-3}}{0.05}=1.27(\text{mm})$$

为保证全息干板边沿的全息图的有效性，全息干板边缘均留出 l，如图 5.15.3 所示，可得

$$(D_{\min}+l)(N-1)+D_{\min}+2l=W$$

所以

$$N=\frac{W-D_{\min}-2l}{D_{\min}+l}+1 \tag{5.15.2}$$

将已知参数代入得 $N=43.66$，取最接近且小于 43.66 的整数，即 $N=43$，表明该全息干板能存储 $43\times 43=1849$ 幅信息图样.

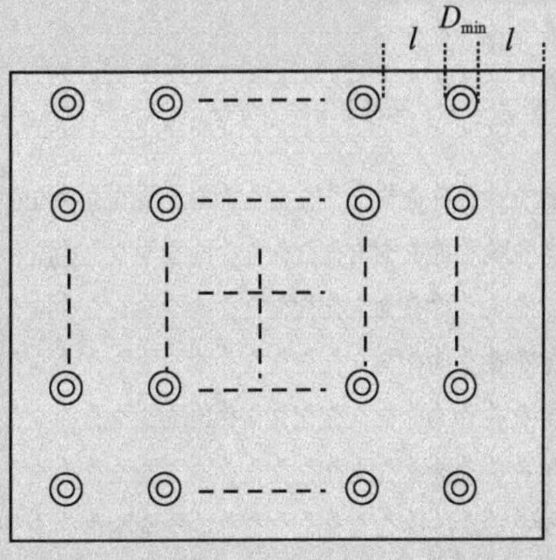

图 5.15.3　全息干板存储全息图阵列分布

另外，全息术用作信息存储还有一个其他方法难以实现的功能，即能够利用三维记录材料(如厚的记录胶片或光折变晶体)的第三维空间进行存储，因而全息术提供了一种三维光存储方法，实现高密度体积存储. 有关全息体信息存储可参看相关参考文献.

习　题

5.1　证明：若一平面物体的全息图记录在一个与物体相平行的平面内，则最后所得到的像将在一个与全息图平行的平面内(为简单起见，可设参考光为一平面波).

5.2　制作一全息图，记录时用的是氩离子激光器波长为 488.0nm 的光，而成像时则是用 He-Ne 激光器波长为 632.8nm 的光，问：

(1) 设 $z_p=\infty, z_r=\infty, z_0=10\text{cm}$，像距 z_i 是多少?

(2) 设 $z_p=\infty, z_r=2z_0, z_0=10\text{cm}$，$z_i$ 是多少? 放大率 M 是多少?

5.3　证明：若 $\lambda_2=\lambda_1$，及 $z_p=z_r$，则得到一个放大率为 1 的虚像；若 $\lambda_2=\lambda_1$，及 $z_p=-z_r$，则得到一个放大率为 1 的实像.

5.4　下表列举了几种底片的 MTF 的近似截止频率：

厂商	型号	线/mm	厂商	型号	线/mm
Kodak	Tri-x	50	Kodak	SO-243	300
Kodak	高反差片	60	Agfa	Agepam FF	600

设用 632.8nm 波长照明，采用无透镜傅里叶变换记录光路，参考点和物体离底片 10cm. 若物点位于某一大小的圆(在参考点附近)之处，则不能产生对应的像点，试对每种底片估计这个圆的半径大小.

5.5　证明图题 5.1(a)和(b)的光路都可以记录物体的准傅里叶变换全息图.

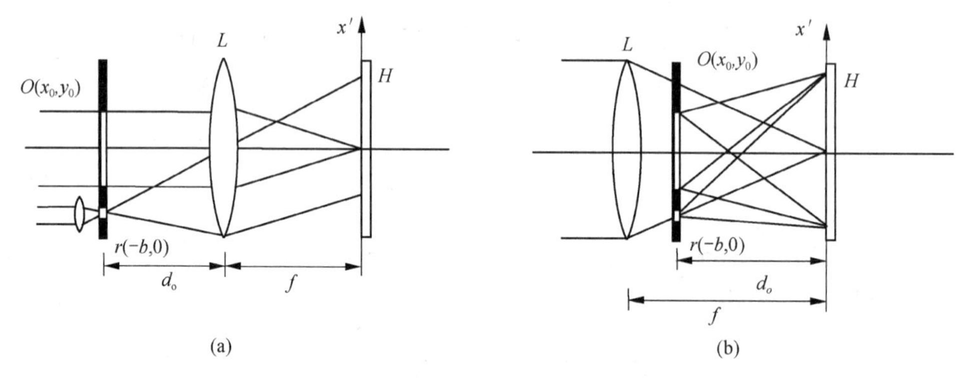

图题 5.1　准傅里叶变换全息图的两种光路

5.6　散射物体的菲涅耳全息图的一个有趣性质是，全息图上局部区域的划痕和脏迹并不影响像的再现，甚至取出全息图的一个碎片，仍能完整地再现原始物体的像，这一性质称为全息图的冗余性.

(1) 应用全息照相的基本原理，对这一性质加以说明.

(2) 碎片的尺寸对再现像的质量有哪些影响?

5.7　见图题 5.2(a)，点源置于透镜前焦点，全息图可以记录透镜的像差. 试证明：用共轭参考光照明[图题 5.2(b)]可以补偿透镜像差，在原点源处产生一个理想的衍射斑.

5.8　彩虹全息照相中使用狭缝的作用是什么? 为什么彩虹全息图的色模糊主要发生在与狭缝垂直的方向上?

5.9　说明傅里叶变换全息图的记录和再现过程中，可以采用平行光入射和点源照明两种方式，并且这两种方式是独立的.

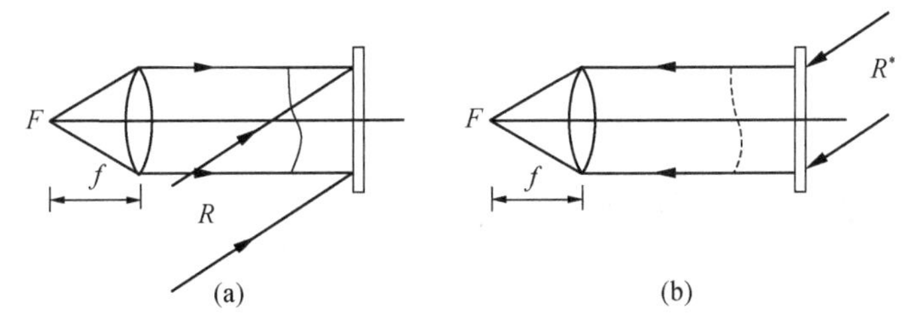

图题 5.2　习题 5.7 图

5.10　曾有人提出用波长为 0.1nm 的辐射来记录一张 X 射线全息图，然后用波长为 600.0nm 的可见光来再现像. 选择如图题 5.3 (a) 所示的无透镜傅里叶变换记录光路，物体的宽度为 0.1mm，物体和参考点源之间的最小距离选为 0.1mm，以确保孪生像和“同轴”干涉分离开. X 射线底片放在离物体 2cm 处，问：

(1) 投射到底片上的强度图案中的最大频率 (周/mm) 是多少？

(2) 假设底片分辨率足以记录所有的入射强度变化，有人提议用图题 5.3 (b) 所示方法来再现成像，为什么这个实验不会成功？

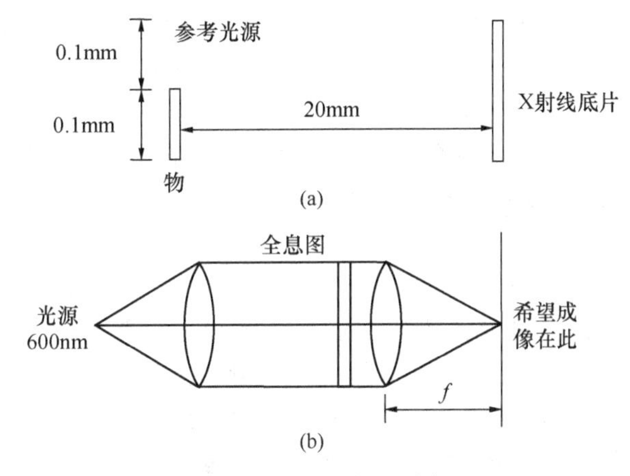

图题 5.3　习题 5.10 图

第 6 章　计算全息

历史引言

随着数字计算机与计算技术的迅速发展，人们广泛地使用计算机去模拟、运算、处理各种光学过程，在计算机科学和光学相互促进和结合的发展进程中，1965 年在美国 IBM 公司工作的德国光学专家罗曼(Lohmann)使用计算机和计算机控制的绘图仪做出了世界上第一个计算全息图. 计算全息图不仅可以全面地记录光波的振幅和相位，而且能综合复杂的或者世间不存在物体的全息图，因而具有独特的优点和极大的灵活性. 从光学发展的历史上看，计算全息首次将计算机引入光学处理领域. 很多光学现象都可以用计算机来进行仿真，计算全息图成为数字信息和光学信息之间有效的联系环节，为光学和计算机科学的全面结合拉开了序幕. 近年来，计算全息发展极其迅速，已成功应用在三维显示、全息干涉计量、空间滤波、光学信息存储和激光扫描等诸多方面. 计算全息除了具有重要的科学意义和广阔的应用前景外，还是一个很好的教学工具. 要做好一个计算全息图，必须了解全息学、干涉术、调制技术、傅里叶变换、数字计算方法和计算机程序设计，这些都是光学和应用光学的学生必须掌握的，也是有关领域的研究人员不可缺少的知识.

计算全息的发展受到两个不同因素的刺激，一个是全息学的发展处于极盛时期，另一个是电子计算机控制绘图刚开始普及. 罗曼在光学研究方面的成就，加上他在 IBM 公司工作，使他很容易地走上了计算全息研究的这条路. 据罗曼说，他研究计算全息的动机开始于 1965 年，那年夏天他在密歇根大学暑期班授课时，密歇根大学环境研究所的柯兹马(Koz-ma)和他谈起用计算机绘制振幅滤波器的问题，同年罗曼在 IBM 工作时，由于激光器坏了，又要做全息图，在危急时刻，他用计算机代替激光器做出了全息图，这是第一个记录振幅和相位信息的计算全息图. 虽然他的方法在准确性方面存在一些缺点，但因原理简单，到目前为止初学的人还常常采用他的方法. 1967 年巴里斯(Paris)把快速傅里叶变换算法应用到快速变换计算全息图中，并且与罗曼一起完成了几个用光学方法很难实现的空间滤波，显示了计算全息的优越性. 1969 年赖塞姆(Lesem)等又提出相息图，1974 年李威汉(Wai-Hon Lee)提出计算全息干涉图的制作技术. 计算全息的主要应用范围是：①二维和三维物体像的显示；②在光学信息处理中用计算全息制作各种空间滤波器；③产生特定波面用于全息干涉计量；④激光扫描器；⑤数据存储.

本章重点讨论计算全息的理论基础、基本原理及制作方法，介绍一些典型的计算全息图及其主要应用.

6.1　计算全息的理论基础

6.1.1　计算全息的生成和再现过程

光学全息图是用光学干涉法在记录介质上直接记录物光波和参考光波叠加后形成的干涉图样. 假如物体并不存在，而只知道光波的数学描述，也可以利用电子计算机，并通过计算机控制绘图仪或其他记录装置(如激光扫描器、电子束、离子束扫描器等)将模拟的干涉图样绘制和复制在全息干版或透明胶片上. 这种计算机合成的全息图称为计算全息图. 计算全息图和光学全息图一样，可以用光学方法再现出物光波，但两者有本质的差别. 光学全息唯有实际物体存在时才能制作，而在计算全息的合成中，只要在计算机中输入实际物体或虚构物体的数学模型就行了. 计算全息再现的三维像是现有技术所能得到的唯一的三维虚构像，具有重要的科学意义.

计算全息图的制作和再现过程主要分为以下几个步骤. ①抽样. 得到物体或波面在离散样点上的值. ②计算. 计算物光波在全息平面上的光场分布. ③编码. 把全息平面上的光波复振幅分布编码成全息图的透过率变化. ④成图. 在计算机控制下，将全息图的透过率变化在成图设备上成图. 如果成图设备分辨率不够，再经光学缩版得到实用的全息图. ⑤再现. 这一步骤在本质上与光学全息图的再现没有区别. 一张傅里叶变换计算全息图制作的典型流程如图6.1.1所示.

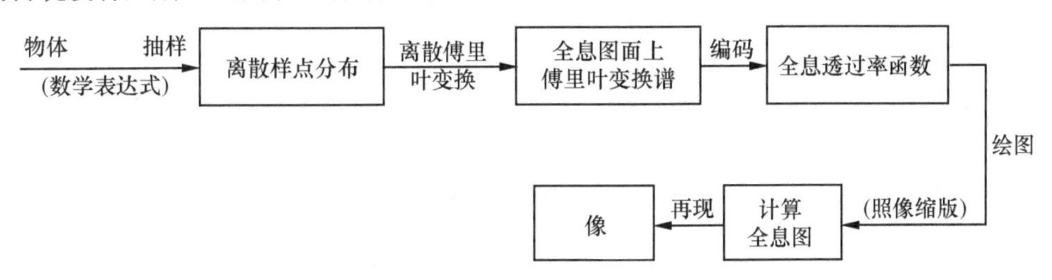

图6.1.1　傅里叶变换计算全息图制作流程

计算全息的优点很多，最主要的是可以记录物理上不存在的实物的虚拟光波，只要知道该物体的数学表达式就可能用计算全息记录下这个物体的光波，并再现该物体的像. 这种性质非常适宜于信息处理中空间滤波器的合成，干涉计量中产生特殊的参考波面，三维虚构物体的显示等. 计算全息制作过程采用数字定量计算，精度高，特别是二元全息图，透过率函数只有两个取值，抗干扰能力强、噪声小、易于复制. 要制作一张高空间带宽积的全息图，对计算机的存储容量、计算速度和成图设备的分辨率都有很高的要求. 随着大容量、高速计算机的不断出现，以及激光扫描、电子束、离子束成图技术的发展，计算全息必将显示更大的优越性，扩展更多的应用领域.

6.1.2　抽样定理

光学图像信息往往具有连续分布的特点，而数字计算机所处理的信息却表现为序列的形式. 在实现信息记录、存储、发送和处理时，由于物理器件有限的信息容量，一个连续函数也常常用它在一个离散点集上的函数值，即抽样值来表示. 例如，连续函数 $f(t)$ 和序列 $f(n)$ 之间满足

$$f(x)=f(t_0+n\Delta t),\qquad n=0,1,\cdots,N-1 \tag{6.1.1}$$

式中，t_0 为抽样起始点，n 为抽样点序号，Δt 是抽样间隔，$f(n)$ 是抽样值或抽样序列. 直观上，抽样间隔越小，则抽样序列越准确地反映原来的连续函数. 但是，抽样间隔越小，对于信息检测、传送、存储和处理都提出了更高的要求. 如何选择一个合理的抽样间隔，以便做到既不丢失信息，又不对检测、处理等过程提出过分要求，并由这样的抽样值恢复一个连续函数呢？这些正是抽样定理所要回答的问题.

抽样是制作计算全息图的一个重要和必不可少的步骤，抽样定理是计算全息技术中的重要理论基础之一. 下面我们将结合函数的抽样和复原来介绍抽样定理.

1. 函数的抽样

下面要用梳状函数 $\mathrm{comb}(x)$ 来表示一些运算. 梳状函数具有下列性质：

$$\begin{cases} \text{comb}(x)=\sum\limits_{-\infty}^{\infty}\delta(x-m) \\ \text{comb}\left(\dfrac{x}{\Delta x}\right)=\Delta x\sum\limits_{-\infty}^{\infty}\delta(x-m\Delta x) \\ \text{comb}(\Delta x x)=\dfrac{1}{\Delta x}\sum\limits_{m=-\infty}^{\infty}\delta\left(x-\dfrac{m}{\Delta x}\right) \\ \text{comb}(x)\stackrel{\mathscr{F}}{\longleftrightarrow}\text{comb}(\xi) \\ \text{comb}\left(\dfrac{x}{\Delta x}\right)\stackrel{\mathscr{F}}{\longleftrightarrow}\Delta x\text{comb}(\Delta x\xi) \end{cases} \tag{6.1.2}$$

式中，$\mathscr{F}$ 表示傅里叶变换，Δx 是抽样间距，ξ 是与空间变量 x 相对应的空间频域变量. 在推导二维抽样定理时，给出了一个一维的图解分析，以便更直观地了解函数抽样和复原的过程中，在空域和频域所产生的相应变化. 图 6.1.2 是推导抽样定理的图解分析.

利用梳状函数对连续函数 $f(x,y)$ 抽样，抽样函数 $f_s(x,y)$ 由 δ 函数的阵列构成

$$f_s(x,y)=\text{comb}\left(\frac{x}{\Delta x}\right)\text{comb}\left(\frac{y}{\Delta y}\right)*f(x,y) \tag{6.1.3}$$

式中，Δx 和 Δy 分别是在 x 和 y 方向上的抽样间距，利用卷积定理，抽样函数的频谱为

$$\begin{aligned} F_s(\xi,\eta)&=\mathscr{F}\left\{\text{comb}\left(\frac{x}{\Delta x}\right)\text{comb}\left(\frac{y}{\Delta y}\right)\right\}*F(\xi,\eta) \\ &=\Delta x\Delta y\text{comb}(\Delta x\xi)\text{comb}(\Delta y\eta)*F(\xi,\eta) \\ &=\sum_{n=-\infty}^{\infty}\sum_{m=-\infty}^{\infty}\delta\left(\xi-\frac{n}{\Delta x},\eta-\frac{m}{\Delta y}\right)*F(\xi,\eta) \end{aligned} \tag{6.1.4}$$

函数在空间域被抽样，导致函数频谱 $F(\xi,\eta)$ 在空间频域的周期性重复. 空间域抽样间隔是 Δx 和 Δy，空间频域被重复的频谱岛中心的间距为 $\dfrac{1}{\Delta x}$ 和 $\dfrac{1}{\Delta y}$. 假定 $f(x,y)$ 是有限带宽函数，其频谱在空间频域的一个有限区域上不为零. 记 $2B_x$ 和 $2B_y$ 是这个有限区域沿 ξ 和 η 方向上的宽度，即满足

$$\mathscr{F}\{f(x,y)\}=\begin{cases} F(\xi,\eta), & -B_x\leqslant\xi\leqslant B_x, -B_y\leqslant\eta\leqslant B_y \\ 0, & \text{其他} \end{cases} \tag{6.1.5}$$

则只要 $\dfrac{1}{\Delta x}\geqslant 2B_x$ 及 $\dfrac{1}{\Delta y}\geqslant 2B_y$，或者抽样间隔

$$\Delta x\leqslant\frac{1}{2B_x},\quad \Delta y\leqslant\frac{1}{2B_y} \tag{6.1.6}$$

$F_s(\xi,\eta)$ 中的各个频谱岛就不会出现混叠现象，这样就可能用滤波的方法从 $F_s(\xi,\eta)$ 中分离出原函数的频谱 $F(\xi,\eta)$，再由 $F(\xi,\eta)$ 恢复原函数. 因而，能由抽样值还原原函数的条件是

(1) $f(x,y)$ 是限带函数，带宽为 $2B_x$ 和 $2B_y$.

(2) 在 x 和 y 方向抽样点最大允许间隔分别为 $\dfrac{1}{2B_x}$ 和 $\dfrac{1}{2B_y}$.

通常 $\dfrac{1}{2B_x}$ 和 $\dfrac{1}{2B_y}$ 称为奈奎斯特(Nyquist)间隔. 奈奎斯特抽样定理又可表述如下：一个有限带

宽的函数，它没有频率在 B_x 和 B_y 以上的频谱分量，则该函数可以由一系列间隔小于 $\frac{1}{2B_x}$ 和 $\frac{1}{2B_y}$ 的抽样值唯一地确定.

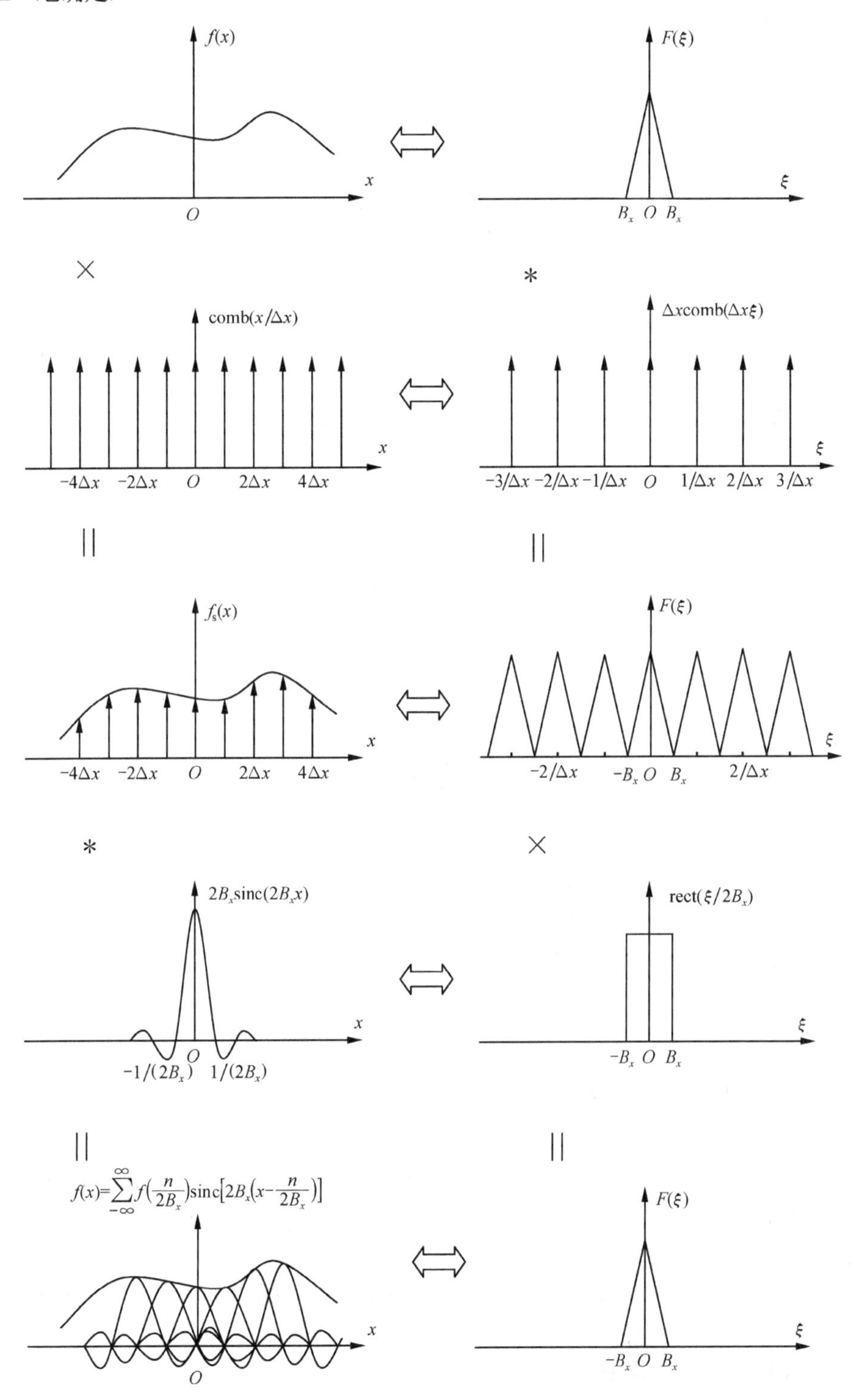

图 6.1.2　推导抽样定理的图解分析

2. 函数的复原

将抽样函数作为输入加到一个低通滤波器上，只要抽样函数的频谱不产生混叠，总可以选择一个适当的滤波函数，使 $F_s(\xi,\eta)$ 中 $n=0$、$m=0$ 的项无畸变通过，而滤除其他各项，这时滤波器的输出就是复原的原函数，这一过程可由图 6.1.3 所示的框图表示.

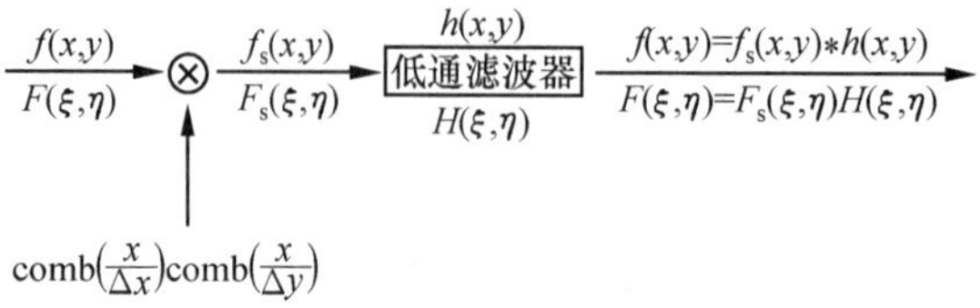

$f(x,y)$ / $F(\xi,\eta)$ → ⊗ → $f_s(x,y)$ / $F_s(\xi,\eta)$ → [低通滤波器] $h(x,y)$ / $H(\xi,\eta)$ → $f(x,y)=f_s(x,y)*h(x,y)$ / $F(\xi,\eta)=F_s(\xi,\eta)H(\xi,\eta)$

$\mathrm{comb}\left(\frac{x}{\Delta x}\right)\mathrm{comb}\left(\frac{x}{\Delta y}\right)$

图 6.1.3　由抽样函数还原一个限带函数

如果选择矩形函数

$$H(\xi,\eta)=\mathrm{rect}\left(\frac{\xi}{2B_x}\right)\mathrm{rect}\left(\frac{\eta}{2B_y}\right) \tag{6.1.7}$$

作为滤波函数，将从 $F_s(\xi,\eta)$ 中分离出 $F(\xi,\eta)$，其表达式为

$$F(\xi,\eta)=F_s(\xi,\eta)\mathrm{rect}\left(\frac{\xi}{2B_x}\right)\mathrm{rect}\left(\frac{\eta}{2B_y}\right) \tag{6.1.8}$$

这一频域的滤波过程可以等效于空域中的卷积运算，即

$$f_s(x,y)*h(x,y)=f(x,y) \tag{6.1.9}$$

式中

$$f_s(x,y)=\mathrm{comb}\left(\frac{x}{\Delta x}\right)\mathrm{comb}\left(\frac{y}{\Delta y}\right)f(x,y)=\Delta x\Delta y\sum_{n=-\infty}^{\infty}\sum_{m=-\infty}^{\infty}f(n\Delta x,m\Delta y)\delta(x-n\Delta x,y-m\Delta y)$$

$$h(x,y)=F\left\{\mathrm{rect}\left(\frac{\xi}{2B_x}\right)\cdot\mathrm{rect}\left(\frac{\eta}{2B_y}\right)\right\}=4B_xB_y\mathrm{sinc}(2B_xx)\mathrm{sinc}(2B_yy)$$

把它们代入式(6.1.9)，得

$$f(x,y)=4B_xB_y\Delta x\Delta y\sum_{n=-\infty}^{\infty}\sum_{m=-\infty}^{\infty}(n\Delta xm\Delta y)\times\mathrm{sinc}[2B_x(x-n\Delta x)]\mathrm{sinc}[2B_y(y-m\Delta y)]$$

若取最大允许的抽样间隔，即 $\Delta x=\dfrac{1}{2B_x},\Delta y=\dfrac{1}{2B_y}$，则

$$f(x,y)=\sum_{n=-\infty}^{\infty}\sum_{m=-\infty}^{\infty}f\left(\frac{n}{2B_x},\frac{m}{2B_y}\right)\mathrm{sinc}\left[2B_x\left(x-\frac{n}{2B_x}\right)\right]\mathrm{sinc}\left[2B_y\left(y-\frac{m}{2B_y}\right)\right] \tag{6.1.10}$$

公式(6.1.10)称为惠特克-香农(Whittaker-Shannon)抽样定理，它表明了只要抽样间隔满足式(6.1.6)所给的条件，则在每一个抽样点上放置一个以抽样值为权重的 sinc 函数作为内插函数，由这些加权 sinc 函数的线性组合可复原原函数. 图 6.1.2 的图解分析清楚地表明了在抽样和复原的过程中在空域和频域所产生的相应变化.

式(6.1.8)和式(6.1.10)告诉我们，由抽样函数复原原函数有两条途径：频域滤波和空域内插. 抽样定理回答了前面提出的问题，即一个连续的限带函数可由一个合理抽样间隔的序列代替，而不丢失任何信息，以及由抽样值序列恢复原函数的方法.

严格说来，频带有限的函数在物理上并不存在. 一个有限宽度的函数，其频谱范围总是扩展到无穷. 但表征大多数物理量的函数，其频谱在频率高到一定程度时总是大大减小，以致舍去高频分量所引入的误差是可以容许的. 实际上,信号的检测、传递过程采用的仪器都是有限通频带宽的. 所以，很多物理量函数都可视为有限带宽函数，从而可用离散的抽样序列代替.

6.1.3　计算全息的抽样与信息容量

当用计算机分析和处理一个光场的二维分布时，仍然是依据抽样理论，即必须用一个离散点集上的值来描述连续分布的函数. 在对图像抽样时，若抽样过密就会导致大的计算量和存储量，并给成图带来困难；若抽样过疏将无法保证足够的精度. 因此，能否选择合理的抽样间隔，以便做到既不丢失信息，又不会对计算和成图设备提出过分的要求，同时又能由一个光波场的二维抽样值恢复一个连续的二维光场分布. 这些都是计算全息技术的重要问题.

在计算全息中必须考虑两个问题：首先，物函数经过抽样输入计算机进行计算和编码时，抽样间隔应满足抽样定理的条件，以避免出现频谱混叠；其次，计算全息图的再现过程应选择合适的空间滤波器，这样才能恢复所需要的波前.

在计算全息中，空间信号(二维图像)的信息容量也是用空间带宽积来描述的. 任何光学系统都具有有限大小的孔径光阑，因此光学系统都只有有限大小的通频带，超过极限频率的衍射波将被孔径光阑挡住,不能参与成像,原则上说光学系统是一个低通滤波器. 我们希望光学系统的通带有足够的宽度，以容纳尽可能多的信息，获得较好的成像质量，从信息传递的角度讲，通频带宽度越宽越好.

此外，一般来说，通过一个光学系统我们只能看到外部世界的一部分，若物体相当大，则不可能看到它的全貌. 例如，通过显微镜只能看到大规模集成电路的一部分；通过望远镜也许只能看到军舰的一部分. 这是由于目视光学仪器中有一个视场光阑，视场越大，能够观察到的物体空间就越大，进入光学系统的信息量也就越大.

光学图像在光学仪器中的传递受到两方面的限制：一是孔径光阑挡掉了超过截止频率的高频信息；二是视场光阑限制了视场以外的物空间. 由此可以得到通过光学信道的信息量公式

$$\text{信息量}=\text{频带宽度}\times\text{空间宽度}$$

等式右边称为空间带宽积,用 SW 表示. 空间带宽积是空间信号 $f(x,y)$ 在空间域和频谱域中所占的空间量度，其一般表达式为

$$\mathrm{SW}=\iint\mathrm{d}x\mathrm{d}y\iint\mathrm{d}\xi\mathrm{d}\eta \tag{6.1.11}$$

空间带宽积是通过光学信道信息量的量度. SW 越大，标志着通过光学系统我们能获得更多的信息. 大孔径、大视场的高质量光学系统正是光学工作者追求的目标.

如果图像在空域和频域中所占据的面积都是矩形，其各边长为 Δx、Δy、$\Delta\xi$、$\Delta\eta$，则有

$$\mathrm{SW}=\Delta x\Delta y\Delta\xi\Delta\eta$$

或

$$\mathrm{SW}=\Delta x\Delta y 2B_x 2B_y \tag{6.1.12}$$

空间带宽积具有传递不变的特性，当图像发生空间位移、缩放、受到调制或变换等操作时，为了不丢失信息，应使空间带宽积保持不变. 空间带宽积还确定了图像上可分辨的像元数，因此应用空间带宽积的概念，可以很方便地确定制作计算全息图时所需要的抽样点总数. 例如，图像的空间尺寸是 40mm×40mm，最高空间频率 B_x=10 线/mm，B_y=10 线/mm，则该图像的空间带宽积为 SW= 40×40×20×20=800^2，对这样的图像制作计算全息图时，其抽样点总数也是 800^2.

在用普通的方法(微型计算机和绘图仪)制作计算全息图时，能够达到的空间带宽积是很有限的，例如在初期，常常取 SW 为 64×64=4096 或 128×128=16384. 对一般的图像，这个数值比按抽样定理规定的抽样点数少很多，这主要是由于受到计算机存储量、运算速度及绘图仪分辨率的限制，

从而不同程度地引入了混叠误差. 只有采用高速、大容量计算机和电子束、离子束、激光扫描器等高分辨成图设备，才有可能制出高质量的计算全息图.

6.1.4　时域信号和空域信号的调制与解调

从光学全息的基本原理我们已经知道，由于记录介质只能记录光场强度分布，对波前(复振幅分布)的记录必须通过与参考光干涉形成干涉花样(强度分布)才有可能实现. 再现过程中，通过照明光照射全息图产生的衍射效应，又将干涉花样(强度分布)还原成所需要的波前(复振幅分布). 这种对光场分布信号的处理方法，类似于通信理论中对时域信号的处理. 例如，信号的远距离传送，在发送端将连续时间信号 $S(t)$ 变成脉冲序列，在接收端将脉冲序列还原成连续时间信号，前一过程称为调制(编码)，后一过程称为解调(解码)，由此可见，通信理论中的调制技术完全可以移植到光学中来，通信中对时间信号波形(电压或电流波形)进行调制，类似于光学中对空间信号波形(光波复振幅或强度的空间分布)进行调制，两者并无本质上的差别. 计算全息中各种编码方法正是借鉴了通信中的相应编码技术.

图 6.1.4 分别表示通信系统中的三种脉冲调制方式：脉冲幅度调制(PAM)、脉冲宽度调制(PWM)、脉冲位置调制(PPM). 后两种调制方式使信号二值化，具有很强的抗干扰和抗噪声的能力. 二元计算全息图就是空间信号脉冲宽度调制和脉冲位置调制的结果. 图 6.1.5 画出了二元全息图上的抽样单元，每个单元中有一矩形开孔，其透过率为 1，未开孔部分的透过度率为 0，用开孔面积表示对应抽样点的物波幅值，用开孔中心偏离单元中心的距离表示抽样点物波的相位. 因为光场分布一般是用复值函数表示，所以对振幅和相位分别采用了空间脉冲宽度调制和空间脉冲位置调制两种方式.

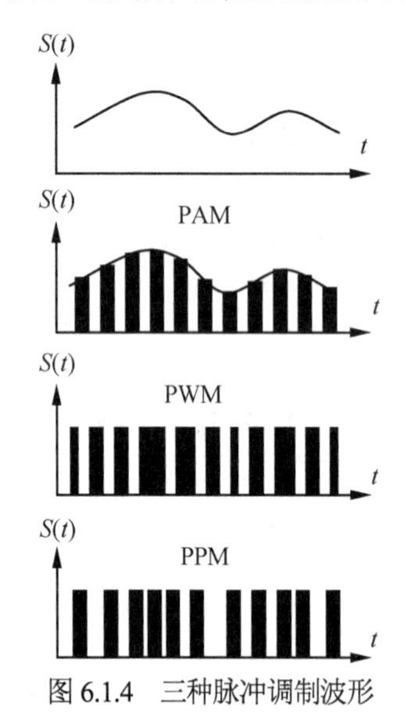

图 6.1.4　三种脉冲调制波形

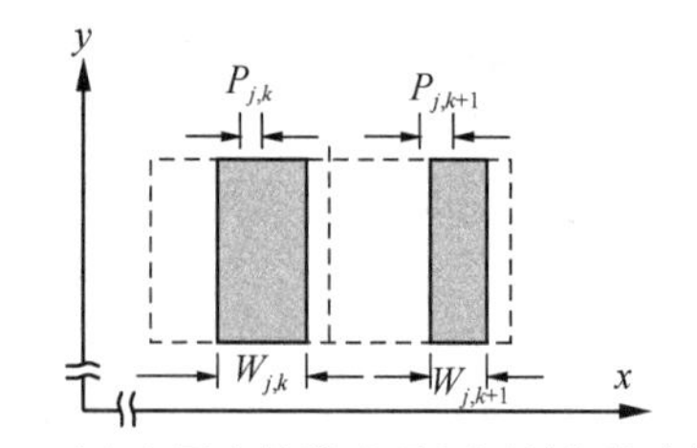

图 6.1.5　二元全息图上的脉冲面积调制和脉冲位置调制

6.1.5　计算全息的分类

1. 第一种分类法

计算全息的第一种分类方法与普通光学全息类似，可根据物体(指物体的坐标位置)和记录平面(指计算全息平面的坐标位置)的相对位置不同，分为以下 3 种.

(1) 计算傅里叶变换全息：被记录的复数波面是物波函数的傅里叶变换. 在光学傅里叶变换全息中，由变换透镜实时地完成物波函数的傅里叶变换，而在这里是由计算机借助快速傅里叶变换算法来完成的. 计算傅里叶变换全息直接再现的是物波的傅里叶谱，必须通过变换透镜进行一次逆变换才能再现物波本身.

(2) 计算像全息：被记录的复数波面是物波函数本身，或者是物波的像场分布. 制作计算像全息，只需要物波函数的复振幅分布编码成全息图的透过率变化.

(3) 计算菲涅耳全息：被记录的复数波面是物体发出的菲涅耳衍射波. 根据物波函数计算在某一特定距离平面上(全息图平面上)的菲涅耳衍射波的复振幅分布，再将该复振幅分布编码成全息图的透过率变化.

2. *第二种分类法*

计算全息的第二种分类方法，根据全息透过率函数的性质，可分为振幅型和相位型两类. 在这两类中还可根据透过率变化的特点，进一步分为二元计算全息和灰阶计算全息. 振幅型灰阶计算全息图，要求成图设备具有灰阶输出能力，因而对胶片曝光、显影处理要求比较严格. 振幅型二元计算全息图的振幅透过率只有两个值 0 或 1，利用普通的成图设备(例如大多数绘图仪)就可以绘制，由于对照相底片的非线性效应不敏感，具有很强的抗干扰能力，这种全息图的应用十分广泛. 相位型计算全息图不衰减光的能量，衍射效率一般都很高，特别是闪烁计算全息图，最大衍射效率可达 100%. 但相位型全息图制作工艺比较复杂.

3. *第三种分类法*

计算全息的第三种分类方法，根据全息图制作时所采用的编码技术，也就是待记录的光波复振幅分布到全息图透过率函数的转换方式，大致可分为迂回相位型计算全息图、修正型离轴参考光计算全息、相息图和计算全息干涉图等.

上述计算全息分类方法是从三个不同角度考虑的，例如制作一张傅里叶变换全息图，既可以采用迂回相位编码方法，也可以采用修正型离轴参考光编码方法；而使用迂回相位编码方法，既可以制作计算傅里叶变换全息，又可以制作计算像全息. 因此，三种分类方法既有区别，又通过一个具体的计算全息图的制作过程而相互联系.

6.2　计算全息的编码方法

6.2.1　计算全息的编码

“编码”在通信中的意义，是指把输入信息变换为信道上传送的信号的过程. 一般来说，把从信息变到信道信号的整个变换都叫做广义的编码. 在计算全息中输入信息是待记录的光波复振幅，而中间的传递介质是全息图，其信息特征是全息图上透过率的变化，因此将二维光场复振幅分布变换为全息图的二维透过率函数分布的过程，称为计算全息的编码.

由于成图设备的输出大多只能是实值非负函数，因此编码问题归结为将二维离散的复值函数变换为二维离散的实值函数的问题. 而且，这种转换能够在再现阶段完成其逆转换，从二维离散的实值函数恢复二维复值函数.

编码过程可以用数学公式表示为

$$h_i(x,y)=C_i[\boldsymbol{f}(x,y)] \tag{6.2.1}$$

式中，$h_i(x,y)$ 是计算全息图的透过函数，它是一个实值非负函数；$\boldsymbol{f}(x,y)$ 是待记录的光波复振幅分布；C_i 可看成编码算符，表示不同的编码技术. 如果 $\boldsymbol{f}(x,y)$ 是像场分布或物光波本身，则这种全息图称为计算像全息；如果 $\boldsymbol{f}(x,y)$ 是物光波的傅里叶变换，则这种全息图就称为计算傅里叶变换全息图.

将复值函数变换为实值非负函数的编码方法可以归纳为两大类. 第一种方法是把一个复值函

数表示为两个实值非负函数，例如用振幅和相位两个实参数表示一个复数，分别对振幅和相位编码. 第二种方法是依照光学全息的办法，如离轴参考光波，通过光波和参考光波的干涉产生干涉条纹的强度分布，成为实值非负函数，因此每个样点都是实的非负值，可以直接用实参数来表示. 由于没有相位编码问题，第二种方法比第一种方法简便. 但是，参考光波的加入增加了空间带宽积，因此全息图上的抽样点数必须增加.

6.2.2　迂回相位编码方法

1. 罗曼型

对光波的振幅进行编码比较容易，它可以通过控制全息图上小单元的透过率或开孔面积来实现. 对于光波的相位编码比较困难，虽然原则上可以使光波通过一个具有二维分布的相位板，但这在技术上十分困难. 罗曼根据不规则光栅的衍射效应，成功地提出了迂回相位编码方法.

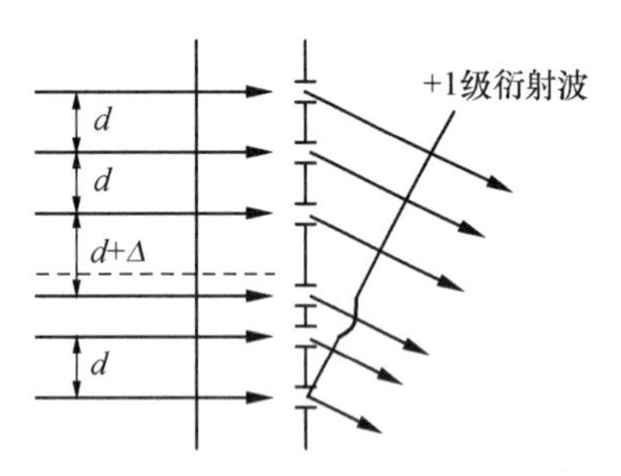

图 6.2.1　不规则光栅的衍射效应

如图 6.2.1 所示，当用平面波垂直照射线光栅时，假定栅距恒定，第一级衍射都是平面波，等相位面是垂直于这个方向的平面，并设栅距为 d，第 K 级的衍射角为 θ_K，则由光栅方程可知，在 θ_K 方向上相邻光线的光程差是 $L_K = d\sin\theta_K = K\lambda$. 如果光栅的栅距有误差，例如在某一位置处栅距增大了 Δ，则该处沿 θ_K 方向相邻光线的光程差变为 $L'_K = (d+\Delta)\sin\theta_K$. θ_K 方向的衍射光波在该位置处引入的相应的相位延迟为

$$\phi_K = \frac{2\pi}{\lambda}(L'_K - L_K) = \frac{2\pi}{\lambda}\Delta\sin\theta_K = 2\pi K\frac{\Delta}{d} \tag{6.2.2}$$

ϕ_K 被罗曼称为迂回相位，迂回相位的值与栅距的偏移量和衍射级次成正比，而与入射光波波长无关. 迂回相位效应提示我们，通过局部改变光栅栅距的办法，可以在某个衍射方向上得到所需要的相位调制. 在迂回相位二元全息图中，罗曼等利用这一效应对相位进行编码. 假定全息图平面共有 $M\times N$ 抽样单元，抽样间距为 δx 和 δy，则在全息图上待记录的光波复振幅的样点值是

$$f_{mn} = A_{mn}\exp(\mathrm{j}\varphi_{mn}) \tag{6.2.3}$$

式中，$-\frac{M}{2}\leqslant m\leqslant\frac{M}{2}-1, -\frac{N}{2}\leqslant n\leqslant\frac{N}{2}-1$；$A_{mn}$ 为归一化振幅，并且 $0\leqslant A_{mn}\leqslant 1$. 在全息图每个抽样单元内放置一个矩形通光孔径，通过改变通光孔径的面积来编码复数波面的振幅，改变通光孔径中心与抽样单元中心的位置来编码相位，这种编码方式如图 6.2.2 所示. 图中矩形孔径的宽度为 $W\delta x$，W 是一个常数，矩形孔径的高度是 $L_{mn}\cdot\delta y$，与归一化振幅成正比. $P_{mn}\delta x$ 是孔径中心与单元中心的偏移量，并与抽样点的相位成正比. 孔径参数与复值函数的关系如下：

$$L_{mn} = A_{mn},\quad P_{mn} = \frac{\varphi_{mn}}{2\pi K} \tag{6.2.4}$$

这种编码方式，在 y 方向采用了脉冲宽度调制，在 x 方向采用了脉冲位置调制. 在确定了每个抽样单元开孔尺寸和位置后，就可以用计算机控制绘图设备产生原图，再经光学缩版得到计算全息图. 由于在迂回相位编码方法中，全息图的透过率只有 0 和 1 两个值，故制作简单，噪声低，抗干扰能力强，对记录材料的非线性效应不敏感，并可多次复制而不失真，因而应用较为广泛.

这种全息图的再现方法与光学全息图相似，观察范围应限于沿 x 方向的某个特定衍射级次 K，仅在这个衍射方向上，全息图才能再现我们所期望的波前 $f(x,y)$. 为了使所期望的波前与其他衍射级次上的波前有效地分离，可以通过频域滤波. 对此，我们将在后面的内容中结合几种基本的计算全息图进行说明.

2. 四阶迂回相位法

李威汉于 1970 年提出了一种延迟抽样全息图，这种方法从直观上可以理解为四阶迂回相位编码法. 他将全息图的一个单元沿 x 方向分为四等份，各部分的相位分别是 0、$\frac{\pi}{2}\left(-\frac{3}{2}\pi\right)$、$\pi(-\pi)$、$\frac{3}{2}\pi\left(-\frac{\pi}{2}\right)$，与复数平面上实轴和虚轴所表示的四个方向相对应，如图 6.2.3(a)所示. 全息图上待记录的一个样点的复振幅可以沿图中四个相位方向分解为四个正交分量

$$\boldsymbol{f}(m,n)=f_1(m,n)\boldsymbol{r}^{+}+f_2(m,n)\boldsymbol{j}^{+}+f_3(m,n)\boldsymbol{r}^{-}+f_4(m,n)\boldsymbol{j}^{-} \tag{6.2.5}$$

式中，$\boldsymbol{r}^{+}$、$\boldsymbol{r}^{-}$、$\boldsymbol{j}^{+}$、$\boldsymbol{j}^{-}$ 是复平面上的四个基矢量，即

$$\boldsymbol{r}^{+}=\exp(\mathrm{j}0),\ \boldsymbol{j}^{+}=\exp\left(\mathrm{j}\frac{\pi}{2}\right),\ \boldsymbol{r}^{-}=\exp(\mathrm{j}\pi),\ \boldsymbol{j}^{-}=\exp\left(\mathrm{j}\frac{3}{2}\pi\right)$$

f_1、f_2、f_3、f_4 是实的非负数. 对于一个样点，$f_1\sim f_4$ 这四个分量中最多有两个分量为非零值，因此要描述一个样点的复振幅，只需要在相应子单元中用开孔大小或灰度等级来表示就行了，图 6.2.3(b)是用灰度等级表示的情况.

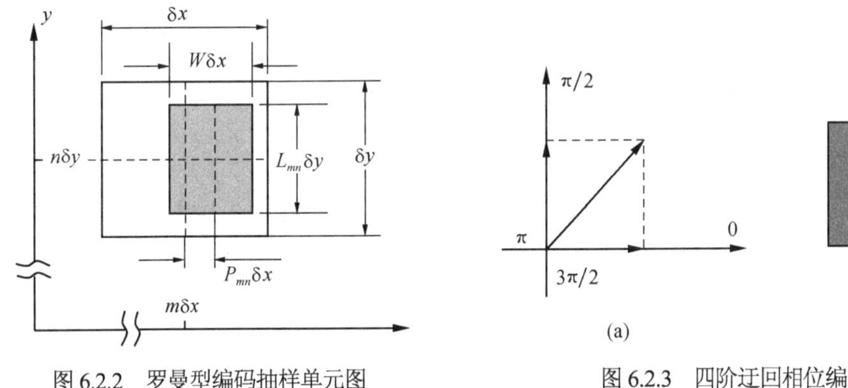

图 6.2.2　罗曼型编码抽样单元图　　　　图 6.2.3　四阶迂回相位编码法

3. 三阶迂回相位法

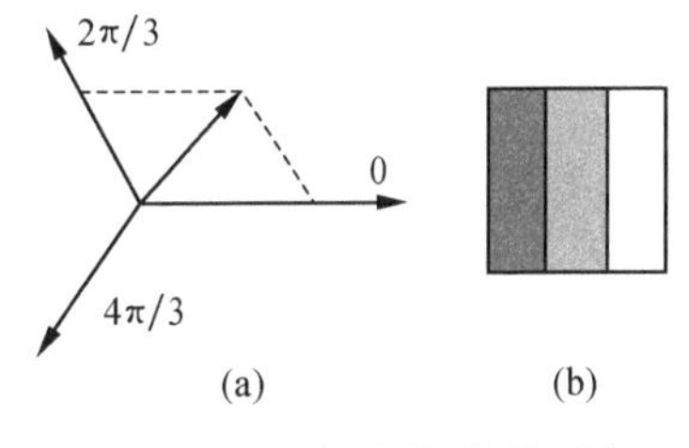

图 6.2.4　三阶迂回相位编码法

由于在复平面上用三个基矢就可以表征平面上任一复矢量，因此，全息图上的一个单元可以为三个子单元，分别表示复平面上相位差为 $\frac{2}{3}\pi$ 的三个基矢. 这样一来，同样最多在两个子单元中用开孔面积或灰度等级来表示振幅分量的大小. 这种方法是伯克哈特(Burckhardt)提出的，图 6.2.4 是这种方法的示意图.

6.2.3　修正离轴参考光的编码方法

迂回相位编码方法是用抽样单元矩形开孔的两个结构参数，分别编码样点处光波复振幅的振幅和相位. 如果模仿光学离轴全息的方法，在计算机中实现光波复振幅分布与一虚拟的离轴参考光叠加，使全息图平面上待记录的复振幅分布转换成强度分布，就避免了相位编码问题. 这时，只需要在全息图单元上用开孔面积或灰度变化来编码这个实的非负函数，即可完成编码.

设待记录的物光波复振幅为 $\boldsymbol{f}(x,y)$，离轴的平面参考光波为 $\boldsymbol{R}(x,y)$，即

$$\boldsymbol{f}(x,y)=A(x,y)\exp[\mathrm{j}\phi(x,y)]$$

$$\boldsymbol{R}(x,y)=R(x,y)\exp[\mathrm{j}\,2\pi\alpha x]$$

在线性记录的条件下，并忽略一些不重要的常数因子，光学离轴全息的透过率函数为

$$\begin{aligned}h(x,y)&=|\boldsymbol{f}(x,y)+\boldsymbol{R}(x,y)|^2\\&=R^2+A^2(x,y)+2RA(x,y)\cos[2\pi\alpha x-\phi(x,y)]\end{aligned}\tag{6.2.6}$$

在透过率函数所包含的三项中，第三项通过对余弦型条纹的振幅和相位调制记录了物波的全部信息；第一、二项是这种光学全息方法不可避免地伴生的，除了其中均匀的偏置分量使 $h(x,y)$ 为实的非负函数的目的外，它们只是占用了信息通道，而从物波信息传递的角度来说，完全是多余的. 从光学全息形成的过程来看，第一、二项是不可避免地伴生的，但是计算机制作全息图的灵活性使人们在做计算全息时可以人为地将它们去掉而重新构造全息函数，即

$$h(x,y)=0.5\{1+A(x,y)\cos[2\pi\alpha x-\phi(x,y)]\}\tag{6.2.7}$$

式中，$A(x,y)$ 是归一化振幅. 从频域更容易理解光学离轴全息函数(6.2.6)和修正型离轴全息函数(6.2.7)的差别. 图 6.2.5(a)是物波的空间频谱范围，带宽为 $2B_x$ 和 $2B_y$. 图 6.2.5(b)是光学离轴全息图的空间频谱，图中，中心为 $\xi=\pm\alpha$ 的两个矩形代表物波的频率成分；中间的圆点表示直流项 R^2 的频谱，即δ函数；中间的大矩形是 $A^2(x,y)$ 的自相关频率成分. 为了避免这些分量在频域中的重叠，要求载频 $\alpha\geqslant 3B_x$. 设想直接对式(6.2.6)所表示的全息函数抽样制作计算全息图，则根据抽样定理，其抽样间隔必须为 $\delta x\leqslant\dfrac{1}{8B_x}$，$\delta y\leqslant\dfrac{1}{4B_y}$. 这些计算全息图的空间频谱如图 6.2.5(c)所示，它是光学离轴全息空间频谱的周期性重复. 由于修正后的全息函数已经去掉 $A^2(x,y)$ 项，故在频率域

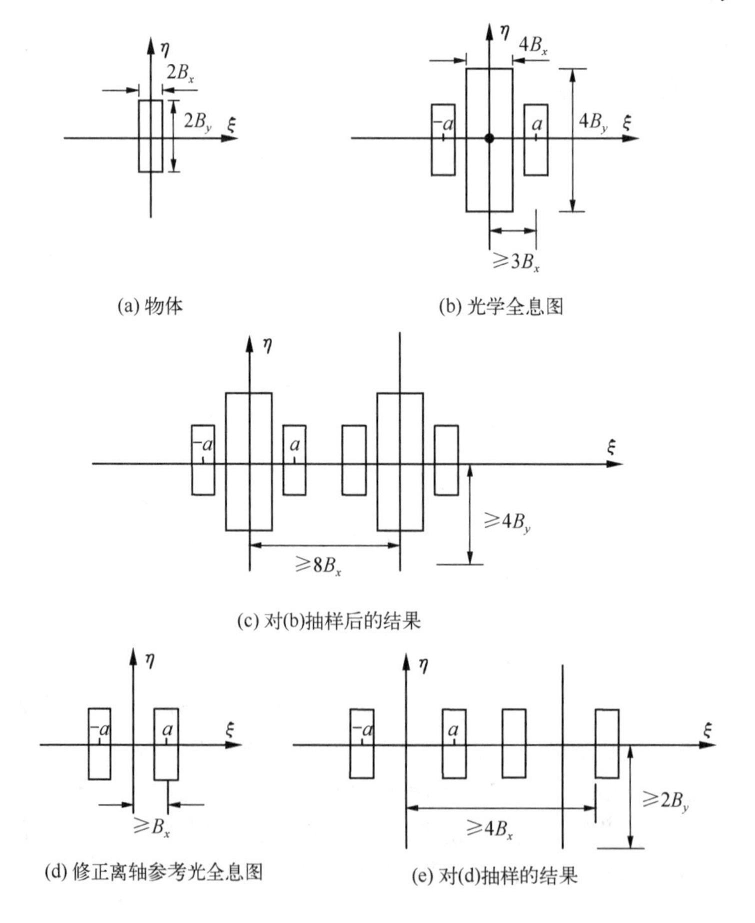

(a) 物体
(b) 光学全息图
(c) 对(b)抽样后的结果
(d) 修正离轴参考光全息图
(e) 对(d)抽样的结果

图 6.2.5　空间频率分布

中自相关项的频率成分已不存在，只有代表物波频率成分的两个矩形和直流项的频率成分δ函数. 如图 6.2.5(d)所示，为了在频域中避免这些量的重叠，只需要求载频 $\alpha \geqslant B_x$. 因此，由式(6.2.6)所表示的全息函数抽样制作计算全息图时，根据抽样定理其抽样间隔 $\delta x \leqslant \dfrac{1}{4B_x}, \delta y \leqslant \dfrac{1}{2B_y}$ ，于是总的抽样点数就降低为原来的 1/4，这时计算全息图的频谱如图 6.2.5(e)所示.

应该指出，载频在全息图上的表现形式是余弦型条纹的间距，这与光学全息是相同的，但光学离轴全息函数与我们所构造的全息函数的频域结构不同，因此载频也不同. 选取载频的目的是保证全息函数在频域中各结构分量不混叠. 对全息函数进行抽样是制作计算全息的要求，抽样间隔必须保证全息函数的整体频谱(包含各个结构分量)不混叠，这两个概念不可混淆.

这种以常量为偏置项的全息图是博奇在 1966 年提出的，称为博奇全息图. 由于计算机处理的灵活性，偏置项还可以采取其他形式. 加进偏置项的目的是使全息函数变成实值非负函数，每个样点都是实的非负值，因此不存在相位编码问题，比同时对振幅和相位编码的方法简单. 但是，由于加进了偏置分量，增加了要记录的全息图的空间带宽积，因而增加了抽样点数. 一般来说，物波函数的信息容量越大，抽样点数就越多. 任何一种编码方法都是不能违背抽样定理的，正如前面所述，避免了对相位的编码，但又以增加抽样点数为代价.

由于每个样点都是实的非负值，因此在制作全息图时，只需要在每个单元中用开孔大小或灰度等级来表示这个实的非负值就行了.

6.2.4　二元脉冲密度编码

二元脉冲密度编码是计算全息的另一种编码方法. 与修正离轴参考光的方法相类似，对于要记录的物波函数 $\boldsymbol{f}(x,y)=A(x,y)\exp[\mathrm{j}\phi(x,y)]$ ，构造一个计算全息函数

$$h(x,y)=0.5\,\{1+A(x,y)\cos[2\pi\alpha x-\phi(x,y)]\}$$

式中，$A(x,y)$ 是归一化振幅，$0\leqslant h(x,y)\leqslant 1$. 然后对计算全息函数 $h(x,y)$ 高密度抽样，在对每一个像素的透过率二值化的同时，将误差向相邻像素扩散. 这一过程可用图 6.2.6 加以说明. 例如，像素 1 的透过率小于 0.5，被二值化为 0，其剩余误差(+)加入第二个像素. 由于第二个像素原有透过率加上第一个像素转移的误差之和仍小于阈值 0.5，因此仍被二值化为 0. 积累的误差(+)加上第三个像素，虽然第三个像素原有透过率小于 0.5，但合并前面转移的误差后，其和大于 0.5，因此被二值化为 1，依此类推. 图 6.2.6(a)中圆点表示抽样点上的透过率，箭头表示误差是如何传递到相邻像素的. 图 6.2.6(b)是二值化的抽样点上的透过率. 图 6.2.6 以一维情况为例说明了误差扩散的基本过程. 在制作计算全息图时，必须考虑二维图像的情况，图 6.2.7 表明了二维图像二值化后误差扩散

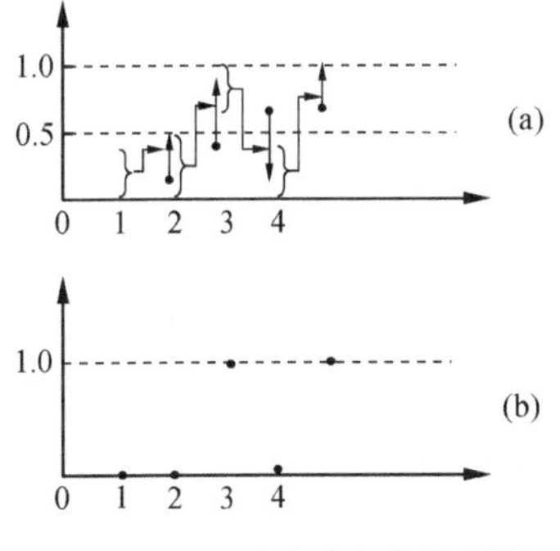

图 6.2.6　二元脉冲密度编码图

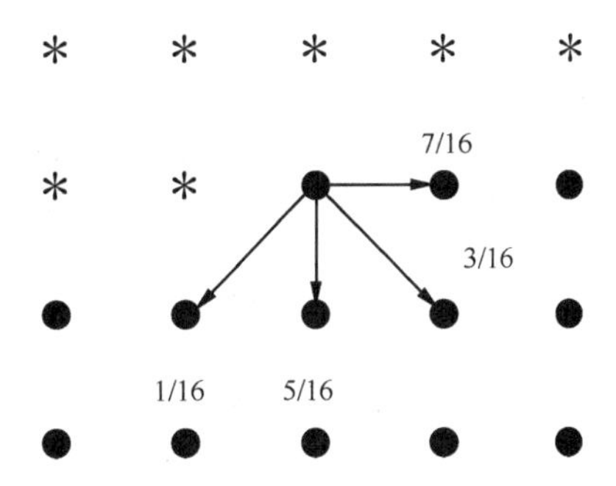

图 6.2.7　二维图像二值化后误差的扩散和校正

和校正的原理. 图中，“*”表示已处理过的像素，“ • ”表示未处理的像素. 每一个像素二元化后的误差向它相邻的未处理邻域扩散，扩散区域的尺寸和误差分配系数将影响二元化像素的微结构. 图中采用的扩散矩阵称为 Floyd-Steinberg 矩阵. 在得到二值化后的点阵图像后，就可以用高密度的点阵成图设备输出计算全息图.

6.3 计算傅里叶变换全息

在这种全息图中，被记录的复数波面是物波函数的傅里叶变换. 由于这种全息图再现的是物波函数的傅里叶谱，所以要得到物波函数本身，必须通过变换透镜再进行一次逆变换，这与光学傅里叶变换全息图的基本原理是一致的. 对复数波面进行编码可以采用 6.2 节介绍的两种方法：一种是迂回相位编码方法，直接对抽样点上复数波面的振幅和相位进行编码；另一种是修正离轴参考光编码方法，将全息函数造成实的非负函数，从而只对振幅进行编码.

现以迂回相位编码方法为例，说明计算傅里叶变换全息的制作过程.

6.3.1 抽样

抽样包括对物波函数抽样和对全息图抽样，设物波函数为 $f(x,y)$，其傅里叶频谱为 $F(\xi,\mu)$，其中 x、y 和 ξ、η 分别是连续的空间变量和空间频域变量. 假定物波函数在空域和频域都是有限的，空域宽度为 Δx 、Δy ，频域带宽为 $\Delta\xi$、$\Delta\eta$ ，或者 $2B_x$、$2B_y$ ，于是有

$$\boldsymbol{f}(x,y)=a(x,y)\exp[\mathrm{j}\phi(x,y)]$$

$$\boldsymbol{F}(\xi,\eta)=A(\xi,\eta)\exp[\mathrm{j}\phi(\xi,\eta)]$$

并且

$$\begin{cases}\boldsymbol{f}(x,y)=0, & \text{当}|x|>\dfrac{\Delta x}{2},|y|>\dfrac{\Delta y}{2}\text{时}\\[2ex] \boldsymbol{F}(\xi,\eta)=0, & \text{当}|\xi|>\dfrac{\Delta\xi}{2},|\eta|>\dfrac{\Delta\eta}{2}\text{时}\end{cases}\tag{6.3.1}$$

根据抽样定理，对于物波函数，在 x 方向的抽样间隔 $\delta x\leqslant\dfrac{1}{\Delta\xi}$，在 y 方向的抽样间隔 $\delta y\leqslant\dfrac{1}{\Delta\eta}$. 当取等号的条件时，有 $\delta x=\dfrac{1}{\Delta\xi}$，$\delta y=\dfrac{1}{\Delta\eta}$，于是可以计算空域的抽样单元数 JK 为

$$JK=\frac{\Delta x}{\delta x}\frac{\Delta y}{\delta y}=\Delta x\Delta y\Delta\xi\Delta\eta\tag{6.3.2}$$

在谱平面上的抽样情况与物面类似，在 ξ 方向的抽样间隔 $\delta\xi=\dfrac{1}{\Delta x}$，在 η 方向的抽样间隔 $\delta\eta=\dfrac{1}{\Delta y}$，频域的抽样单元数 MN 为

$$MN=\frac{\Delta\xi}{\delta\xi}\frac{\Delta\eta}{\delta\eta}=\Delta\xi\Delta\eta\Delta x\Delta y\tag{6.3.3}$$

由此可见，物面抽样单元数和全息图平面上抽样单元数相等，即物空间具有和谱空间同样的空间带宽积. 确定了抽样点总数后，物波函数和物谱函数可以表示为如下离散形式：

$$\begin{cases}\boldsymbol{f}(j,k)=a(j,k)\exp[\mathrm{j}\phi(j,k)], & -\dfrac{J}{2}\leqslant j\leqslant\dfrac{J}{2}-1,-\dfrac{K}{2}\leqslant k\leqslant\dfrac{K}{2}-1\\[2ex] \boldsymbol{F}(m,n)=A(m,n)\exp[\mathrm{j}\phi(m,n)], & -\dfrac{M}{2}\leqslant m\leqslant\dfrac{M}{2}-1,-\dfrac{N}{2}\leqslant n\leqslant\dfrac{N}{2}-1\end{cases}\tag{6.3.4}$$

6.3.2　计算离散傅里叶变换

这一过程是采用计算机并基于快速傅里叶变换算法(FFT)完成的. 对于连续函数的傅里叶变换可表示为

$$F\{\xi,\eta\}=\iint_{-\infty}^{\infty} f(x,y)\exp[-\mathrm{j}2\pi(x\xi+y\eta)]\,\mathrm{d}x\mathrm{d}y \tag{6.3.5}$$

而计算机完成傅里叶变换必须采用离散傅里叶变换的形式，二维序列 $f(j,k)$ 的离散傅里叶变换定义为

$$\boldsymbol{F}(m,n)=\sum_{j=-\frac{J}{2}}^{\frac{J}{2}-1}\sum_{k=-\frac{K}{2}}^{\frac{K}{2}-1}\boldsymbol{f}(j,k)\exp\left[-\mathrm{j}2\pi\left(\frac{mj}{J}+\frac{nk}{K}\right)\right] \tag{6.3.6}$$

直接用公式(6.3.6)作二维离散傅里叶变换,涉及极大的计算量,1965 年库列(Cooley)和图基(Tukey)提出矩阵分解的新算法，也就是快速傅里叶变换算法，大大缩短了计算时间，才使二维图形的离散傅里叶变换在实际上成为可能. 快速傅里叶变换的程序可以在各种计算机语言版本的程序库中查到，使用时直接调用相应的库函数就可以了.

$\boldsymbol{F}(m,n)$ 通常是复数，记为

$$\boldsymbol{F}(m,n)=R(m,n)+\mathrm{j}I(m,n)$$

$$\boldsymbol{F}(m,n)=A(m,n)\cdot\exp[\mathrm{j}\phi(m,n)]$$

式中，

$$\begin{cases}A(m,n)=\sqrt{R^2(m,n)+I^2(m,n)}\\ \phi(m,n)=\mathrm{arctg}\left[\dfrac{I(m,n)}{R(m,n)}\right]\end{cases} \tag{6.3.7}$$

由于光学模板的振幅透过率最大为 1，所以在编码前还应对 $A(m,n)$ 的值进行规一化，使其最大值为 1.

6.3.3　编码

编码的目的是将离散的复值函数 $\boldsymbol{F}(m,n)$ 转换成实的非负值函数(全息图透过率函数). 以前面介绍的迂回相位编码方法为例，编码过程就是确定全息图每个抽样单元内矩形通光孔径的几何参数，通过改变通光孔径的面积来编码复值函数 $\boldsymbol{F}(m,n)$ 的振幅，通过改变孔径中心与单元中心的位置来编码 $\boldsymbol{F}(m,n)$ 的相位. 这些几何参数的确定方法已在 6.2 节中作过详细讨论.

6.3.4　绘制全息图

计算机完成振幅和相位编码的计算后，按计算得到的全息图的几何参数来控制成图设备以输出原图. 由于有些成图设备的分辨率有限(例如常规的绘图仪)，所以原图是按放大的尺寸绘制的，还需经过光学缩版到合适的尺寸才可以得到实际可用的计算全息片. 图 6.3.1 (a) 是迂回相位编码的计算傅里叶变换全息图的原图.

6.3.5　再现

计算全息的再现方法与光学全息相似，仅在某个特定的衍射级次上才能再现我们所期望的波前. 图 6.3.2 是计算傅里叶变换全息图的再现光路，当用平行光垂直照明全息图时，在透射光场中沿某一特定衍射方向的分量波将再现物光波的傅里叶变换，而直接透过分量具有平面波前，并且另

一侧的衍射分量将再现物谱的共轭光波. 于是经透镜 L 进行傅里叶逆变换后，输出平面中心是一个亮点，两边是正、负一级像和高级次的像，如图 6.3.1(b) 所示.

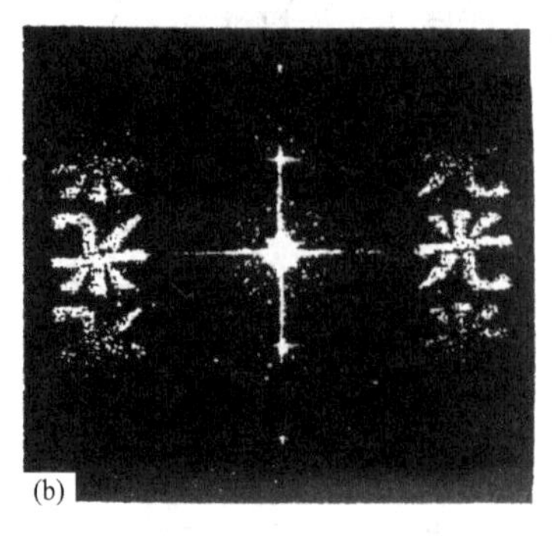

图 6.3.1　迂回相位编码计算傅里叶变换全息图(a)及其再现像(b)

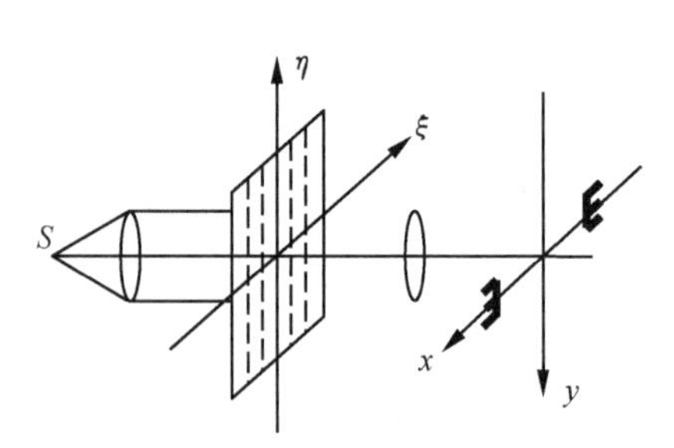

图 6.3.2　计算傅里叶变换全息图的再现

尽管范德拉格特提出的全息滤波器的记录方法在很大程度上克服了制作复滤波器的困难，但是当脉冲响应比较复杂，或者只有脉冲响应的数学表述时，光学全息的方法就显得无能为力了. 计算傅里叶变换全息图提供了极大的灵活性，使得可以制作各种滤波器，从而能广泛用于各种光学信息处理工作中.

6.3.6　几点讨论

1. 模式溢出校正

在对相位编码时，当 $\phi(m,n) > \dfrac{\pi}{2}$ 时，第 m 单元的矩孔将跨入邻近的 $(m+1)$ 单元，因而有可能与相邻单元矩孔发生重叠，这时重叠部分的振幅本应叠加，但对于这种二元模板就不可能做到，致使全息图再现时失真. 解决的办法是将溢出部分移到本单元的另一侧，如图 6.3.3 所示.

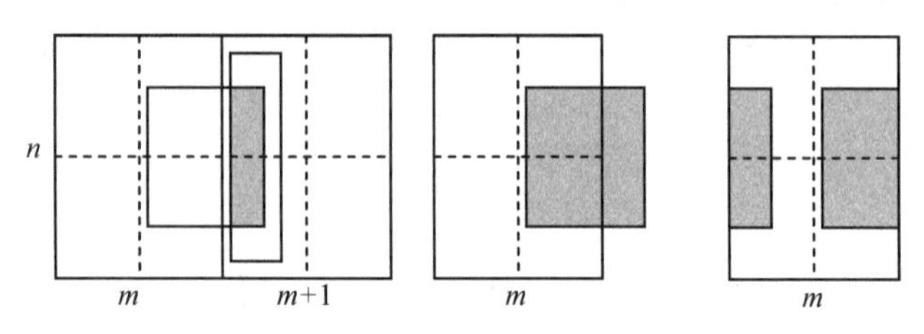

图 6.3.3　模式溢出校正

模式溢出校正依据的原理是光栅衍射理论. 由于计算全息图可以看成是类光栅结构，各抽样单元中相应位置具有同样相位值，而 $\phi(m,n)$ 的计算是取主值范围，即对模数 2π 取的余数，所以把溢出至邻近单元的矩形孔移到本单元另一侧，对相位编码没有任何影响.

2. 相位误差的校正

在罗曼早期提出的迂回相位编码方法中，孔径处的相位是用单元中心处的相位来近似的，这隐含了整个抽样单元内相位值的变化是相等的. 如果在抽样单元内，相位 $\phi(\xi,\eta)$ 的变化很缓慢，则这个近似是大致成立的，但实际上单元内的相位总会有变化，因此早期的编码方法引入了相位误差. 校正的办法是用孔径位移处的实际相位来确定孔径的位置，也就是说，矩形孔中心的偏移量要正比于矩形孔中心处的实际相位值. 孔径的位置函数为

$$\xi = m\delta\xi + \frac{\delta\xi}{2\pi}\mathrm{mod}_{2\pi}[\phi(\xi,\eta)] \tag{6.3.8}$$

校正前后的孔径位置变化如图 6.3.4 所示. 用校正法编码相位址，不仅要求知道单元中心的相位，还要求知道单元内部连续的相位分布，在实际应用时，可以通过插值的办法来确定.

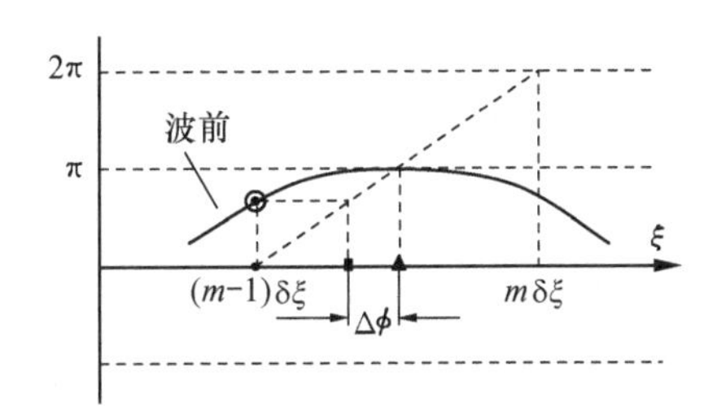

图 6.3.4　波前和孔径位置的变化

3. 降低振幅的动态范围

由离散傅里叶变换算出傅里叶频谱 $\boldsymbol{F}(m,n)$ 时，其振幅 $A(m,n)$ 往往具有很大的动态范围，这意味着编码孔径的几何参数 l_{mm} 具有很大的变化范围，这给绘制计算全息图带来困难. 为了降低动态范围，可以在作离散傅里叶变换前，将物函数的样点值乘以一个随机相位，用它来平滑傅里叶变换谱. 这个随机相位因子对于再现像的观察是不重要的，因为在大多数应用中我们感兴趣的只是再现像的强度，而随机相位因子并不影响强度的变化. 实质上，这种做法与光学全息中在物体前旋转毛玻璃产生漫射光线的效应相同.

6.4　计算像面全息

计算像面全息与计算傅里叶变换全息的不同之处仅在于被记录的复数波面是物波函数本身，或者是物波的像场分布，因此只需要对物波函数进行抽样和编码. 这表明计算像面全息比傅里叶变换全息更为简单. 计算像面全息也可以采用多种编码方法，下面以四阶迂回相位编码方法为例，说明计算全息的制作和再现过程.

6.4.1　抽样

设物波(或其像)的复振幅分布为

$$\boldsymbol{f}(x,y)=a(x,y)\exp[\mathrm{j}\phi(x,y)] \tag{6.4.1}$$

进一步假定物波函数在空域和频域都是有限的. 因为物波面和全息图面重合，根据抽样定理的要求，可以确定在全息图上的抽样间距. 抽样后的物波函数可以表示为下列离散形式：

$$\boldsymbol{f}(j,k)=a(j,k)\exp[\mathrm{j}\phi(j,k)],\quad -\frac{J}{2}\leqslant j\leqslant\frac{J}{2}-1,-\frac{K}{2}\leqslant k\leqslant-\frac{K}{2}-1 \tag{6.4.2}$$

6.4.2　编码

对每一个样点的复数值，分解为复平面上实轴和虚轴正负方向上的四个分量，即

$$f(j,k)=f_1(j,k)-f_3(j,k)+\mathrm{j}f_2(j,k)-\mathrm{j}f_4(j,k) \tag{6.4.3}$$

其中

$$f_1(j,k)=\begin{cases}|\boldsymbol{f}(j,k)|\cos[\phi(j,k)], & \cos\phi(j,k)\geqslant 0\\ 0, & \cos\phi(j,k)<0\end{cases}$$

$$f_2(j,k)=\begin{cases}|\boldsymbol{f}(j,k)|\sin[\phi(j,k)], & \sin\phi(j,k)\geqslant 0\\ 0, & \sin\phi(j,k)<0\end{cases}$$

$$f_3(j,k)=\begin{cases}-|\boldsymbol{f}(j,k)|\cos[\phi(j,k)], & \cos\phi(j,k)<0\\ 0, & \cos\phi(j,k)\geqslant 0\end{cases}$$

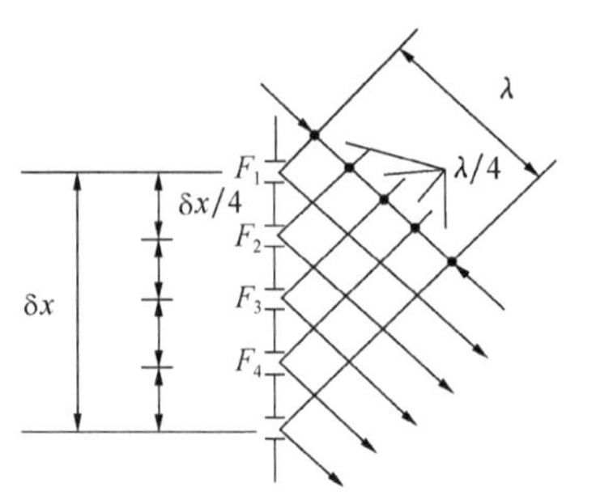

图 6.4.1　四阶迂回相位编码全息图子单元侧视

$$f_4(j,k)=\begin{cases}-\left|\boldsymbol{f}(j,k)\right|\sin\left[\phi(j,k)\right], & \sin\phi(j,k)<0\\ 0, & \sin\phi(j,k)\geqslant 0\end{cases}$$

在上述四个分量中，对于一个确定复数的分解，最多只有两个分量非零. 将每个抽样单元分成四个等距子单元，如图 6.4.1 所示. 当一束平行光垂直照射全息图观察一级衍射波形时，可以看到从子样点 F_2、F_3、F_4 发出的光线与 F_1 发出的光线之间的光程差分别为 $\lambda/4$、$\lambda/2$、$3\lambda/4$，相应的相位差为 $\pi/2$、π、$3\pi/2$. 四个分量波组合起来就形成

$$F_1\exp(\mathrm{j}0)+F_2\exp\left(\mathrm{j}\frac{\pi}{2}\right)+F_3\exp(\mathrm{j}\pi)+F_4\exp\left(\mathrm{j}\frac{3}{2}\pi\right)=F_1-F_3+\mathrm{j}F_2-\mathrm{j}F_4$$

即合成了样点处的复数波前.

6.4.3　全息图的绘制和再现

每个抽样单元所分解的四个分量，实际上最多只有两个分量为非零值. 若作成灰阶计算全息图，则需要用成图设备控制每个子单元的灰度，以扫描出一张灰阶全息图. 若作成具有二元透过率的全息图，则需要用绘图设备控制子单元的开孔面积. 如果成图设备的空间分辨率不够高，所绘制的原图还需缩版到合适尺寸，才能得到实际可用的计算全息图.

再现光路如图 6.4.2 所示，用平行光垂直照射全息图，在透镜 L_1 的后焦面上产生全息图的频谱. 若在该平面上放置空间滤波器，让所需的衍射级次通过，则在像面上得到所需的复数物波波面 $\boldsymbol{f}(x,y)$. 如果制作全息图时对物波的抽样不满足抽样定理，则再现时谱面上将产生频谱混叠，因而不能准确地恢复原始物波.

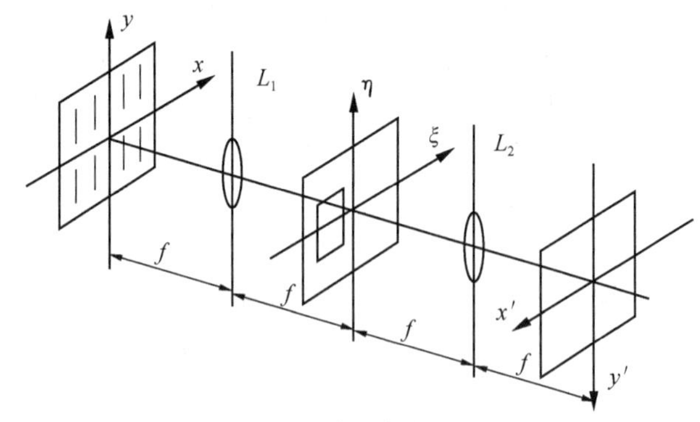

图 6.4.2　像面全息的再现

6.4.4　四阶迂回相位编码的一个理论解释

本节以四阶迂回相位编码方法为例介绍了计算像全息. 通过编码和再现的过程，我们从延迟抽样的概念出发，对于四阶迂回相位全息给出另一个理论解释.

设 $f(x)$ 是一个有限带宽的函数，其抽样函数为 $f_\mathrm{s}(x)$，其抽样间隔为 $\mathrm{d}x$，则

$$f_\mathrm{s}(x)=\mathrm{comb}\left(\frac{x}{\mathrm{d}x}\right)f(x)=\mathrm{d}x\sum_{m=-\infty}^{\infty}f(m\mathrm{d}x)\delta(x-m\mathrm{d}x) \tag{6.4.4}$$

如果对原函数抽样时，抽样点对原点有一个小的偏移量 ε，则抽样函数可改写为

$$f_\mathrm{s}(x)=\mathrm{d}x\sum_m f(m\mathrm{d}x-\varepsilon)\delta(x-m\mathrm{d}x+\varepsilon) \tag{6.4.5}$$

然后将 $f_\mathrm{s}(x)$ 通过一个低通滤波器，就可以从 $f_\mathrm{s}(x)$ 中恢复 $f(x)$. 这一程已在前面讨论抽样定理时给予证明. 但是，如果 $f_\mathrm{s}(x)$ 通过带通滤波器

$$H(\xi)=\mathrm{rect}\left[\left(\xi-\frac{1}{\mathrm{d}x}\right)\bigg/\frac{1}{\mathrm{d}x}\right] \tag{6.4.6}$$

则该滤波器的脉冲响应为

$$\boldsymbol{h}(x)=\frac{1}{\mathrm{d}x}\frac{\sin(\pi x/\mathrm{d}x)}{\pi x}\exp(\mathrm{j}2\pi x/\mathrm{d}x) \tag{6.4.7}$$

由此可以得到滤波后的输出，它是抽样函数 $f_s(x)$ 与滤波器脉冲响应 $h(x)$ 的卷积，即

$$\begin{aligned} f_h(x) &= f_s(x)*h(x) \\ &= \sum f(m\mathrm{d}x-\varepsilon)\frac{\sin(\pi x-m\mathrm{d}x+\varepsilon/\mathrm{d}x)}{\pi(x-m\mathrm{d}x+\varepsilon)}\exp\left[\mathrm{j}\pi x(x-m\mathrm{d}x+\varepsilon)/\mathrm{d}x\right] \\ &= \exp(\mathrm{j}2\pi x/\mathrm{d}x)\exp(\mathrm{j}2\pi\varepsilon/\mathrm{d}x)\sum f\left(m\mathrm{d}x-\varepsilon\right)\frac{\sin\left[\pi(x-m\mathrm{d}x+\varepsilon)/\mathrm{d}x\right]}{\pi(x-m\mathrm{d}x+\varepsilon)/\mathrm{d}x} \end{aligned}$$

根据抽样定理，上式中最后一个求和项恰好是抽样定理所描述的原函数 $f(x)$，因此上式可简化为

$$f_h(x)=\exp(\mathrm{j}2\pi x/\mathrm{d}x)\exp(\mathrm{j}2\pi\varepsilon/\mathrm{d}x)f(x) \tag{6.4.8}$$

上式中第一项的线性相位表示再现像的传播方向与光轴之间有一夹角；第二项是由于延迟抽样加上带通滤波所产生的附加相位. 因此，这种延迟抽样的概念可用来对相位进行编码.

6.5 计算全息干涉图

6.5.1 二元全息函数

光学全息图本质上是物光和参考光干涉的记录，但是一般的光学干涉图的透过率是连续变化的函数，而计算机制作全息图的方法更适合于制作具有二元透过率的干涉条纹图，即计算全息干涉图. 我们知道用高反差胶片记录干涉条纹时可以得到二元干涉图，与此相类似，一个非线性硬限幅器模型可以对干涉条纹函数作类似高反差胶片的非线性处理，从而得到二元干涉条纹函数. 非线性硬限幅器的工作原理如图 6.5.1 所示，图中所表示的是一种最简单的情况，即输入函数是 $\cos(2\pi x/T)$，偏置函数是 $\cos(\pi q)$，而输出的二元函数是宽度为 qT 的矩形脉冲，它可以展开成傅里叶级数

$$\boldsymbol{h}(x)=\sum_{m=-\infty}^{\infty}\frac{\sin(m\pi q)}{m\pi}\exp\left(\mathrm{j}m\frac{2\pi x}{T}\right) \tag{6.5.1}$$

如果限幅器的输入为 $\cos[(2\pi x/T)-\phi(x,y)]$，偏置函数为 $\cos[\pi q(x,y)]$，则可以得到二元函数的普遍形式

$$\boldsymbol{h}(x,y)=\sum_{m=-\infty}^{\infty}\frac{\sin\left[\pi m q(x,y)\right]}{m\pi}\exp\{\mathrm{j}m[(2\pi x/T)-\phi(x,y)]\} \tag{6.5.2}$$

式中，$q(x,y)=\arcsin[A(x,y)]/\pi$，$A(x,y)$ 和 $\phi(x,y)$ 分别为物光波的振幅和相位函数，输出脉冲的位置受到 $\phi(x,y)$ 的调制，其工作原理如图 6.5.2 所示.

当用单位振幅的平面波垂直照射全息图时，透过光波就是式(6.5.2)所述的二元全息函数. 我们只对 m=1(或−1)感兴趣，若在上式取中 $m=-1$，便可得到

$$\begin{aligned} f(x,y) &= \frac{\sin[\pi q(x,y)]}{\pi}\exp\{-\mathrm{j}[(2\pi x/T)-\phi(x,y)]\} \\ &= \frac{A(x,y)}{\pi}\exp[\mathrm{j}\phi(x,y)]\exp(-\mathrm{j}2\pi x/T) \end{aligned} \tag{6.5.3}$$

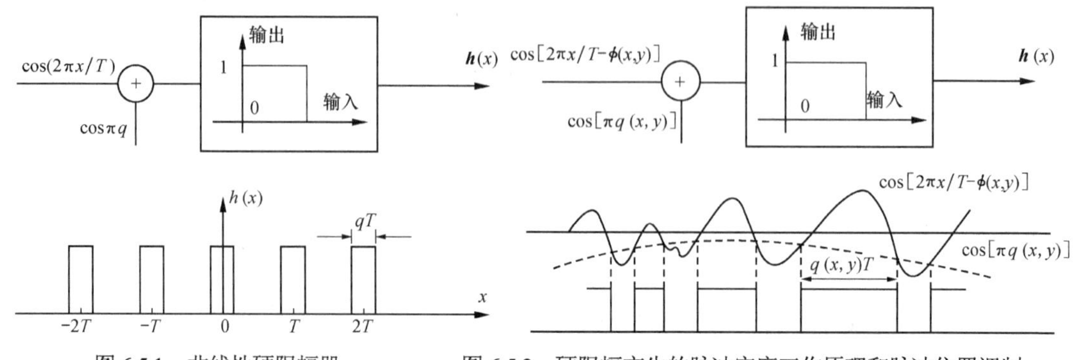

图 6.5.1　非线性硬限幅器　　　图 6.5.2　硬限幅产生的脉冲宽度工作原理和脉冲位置调制

上式表明，透射光波的−1 级衍射项完全再现了物光波 $A(x,y)\exp[\mathrm{j}\phi(x,y)]$，包括其振幅和相位，而线性相位项 $\exp(-\mathrm{j}2\pi x/T)$ 作为载波给出了再现物光波传播的方向. 如果限幅器的输入为 $\cos[(2\pi x/T)+\phi(x,y)]$，则透射光波的+1 级衍射项将再现原来的物光波.

6.5.2　二元全息干涉图的制作

二元全息函数的取值为 0 或 1. 为了利用计算机控制绘图仪制作全息干涉图，只需要确定二元全息函数 $h(x,y)$ 由 0→1 或由 1→0 的边界点的坐标位置，这样，满足方程

$$\cos[(2\pi x/T)-\phi(x,y)]-\cos[\pi q(x,y)]=0 \tag{6.5.4}$$

的点就构成了二元全息干涉图的画线边界，也就是

$$(2\pi x/T)-\phi(x,y)=2\pi n\mp\pi q(x,y),\qquad n=0,\pm1,\pm2 \tag{6.5.5}$$

其中，“−”表示全息函数 $h(x,y)$ 由 0→1 的前沿点，“+”表示由 1→0 的后沿点. $h(x,y)$ 的值为 1 条纹的，其坐标应满足方程

$$\cos[2\pi x/T-\phi(x,y)]\geqslant\cos[\pi q(x,y)]$$

即

$$-\frac{q(x,y)}{2}\leqslant\frac{x}{T}-\frac{\phi(x,y)}{2\pi}+n\leqslant\frac{1}{2}q(x,y) \tag{6.5.6}$$

方程(6.5.5)或(6.5.6)就是我们要推导的基本方程，它确定了计算全息干涉图上条纹的位置和形状. 求解基本方程并确定画线边界后，就可以用计算机控制绘图设备画出干涉图.

当要再现的物波函数只有相位变化，即 $A(x,y)$ 等于常数时，基本方程可以简化为如下形式：

$$(2\pi x/T)-\phi(x,y)=2\pi n,\quad n=0,\pm1,\pm2,\cdots \tag{6.5.7}$$

式(6.5.7)表明，可以用细线条绘制全息图. 因此，计算全息干涉图特别适合于再现纯相位的物波.

6.5.3　载波频率的选择

只有选择合理的载频 $1/T$，才能在再现时把一级衍射波和其他高级次衍射波分离. 从式 (6.5.2) 的二元全息函数出发，在 x 方向，不同衍射级次的局部空间频率为

$$\nu_x=m\left[\frac{1}{T}-\frac{1}{2\pi}\frac{\delta\phi(x,y)}{\delta x}\right] \tag{6.5.8}$$

类似地，在 y 方向有

$$\nu_x=m-\frac{m}{2\pi}\cdot\frac{\delta\phi(x,y)}{\delta y} \tag{6.5.9}$$

由式(6.5.8)和式(6.5.9)可见，沿 x 和 y 方向空间频率带宽随衍射级次 m 呈线性增长，高级次衍射

项比低级次衍射项占据更大的带宽，而 y 方向的空间频率并不影响载频的选择. 假定在 x 方向的局部空间频率限于 $-B_x$ 和 B_x 之间，则要避免在空间频域第一级衍射波和二级以上的衍射波不相互重叠，载频 $\frac{1}{T}$ 应满足：$\frac{1}{T}+B_x<\frac{2}{T}-2B_x$，即

$$\frac{1}{T}>3B_x \tag{6.5.10}$$

在实际中，常取 $\frac{1}{T}=4B_x$.

6.5.4　计算举例

以计算全息干涉图产生球面波为例，说明其制作方法. 球面波的相位变化(傍轴近似)可以表示为

$$\phi(x,y)=\frac{k}{2f}(x^2+y^2) \tag{6.5.11}$$

式中，$k=2\pi/\lambda$，f 是球面波的曲率半径. 其在 x 和 y 方向上的局部空间频率分别为

$$\begin{aligned}\nu_x&=\frac{1}{2\pi}\frac{\partial\phi(x,y)}{\partial x}=\frac{x}{\lambda f}\\ \nu_y&=\frac{1}{2\pi}\frac{\partial\phi(x,y)}{\partial y}=\frac{y}{\lambda f}\end{aligned} \tag{6.5.12}$$

上式表明，局部空间频率是随 x、y 线性变化的，而且与球面波曲率半径成反比，其最大的空间频率位于波面边沿. 设球面波直径为 D，则 $\nu_{\max}=\frac{D}{2}\frac{1}{\lambda f}$，所以带宽 $2B_x=\frac{D}{\lambda f}$. 按前面的分析，选择载波频率 $\frac{1}{T}=4B_x$，即 $\frac{1}{T}=\frac{2D}{\lambda f}$. 由此可以确定二元干涉条纹的周期和平均条纹数分别为

$$T=\frac{\lambda f}{2D} \tag{6.5.13}$$

$$N=\frac{D}{T}=\frac{2D^2}{\lambda f} \tag{6.5.14}$$

假定 $f=1000\text{mm}, D=20\text{mm}, \lambda=0.6328\times10^{-3}\text{ mm}$，可以得到二元干涉图上平均的条纹周期 $T\approx0.016\text{mm}$，条纹总数 $N\approx1264$. 将 T 和 $\phi(-x,-y)$ 代入基本方程(6.5.7)就可以用计算机算出每一条纹的空间位置，并控制绘图仪画出计算全息干涉图. 由于干涉条纹很细，通常需要按一定比例放大绘图，然后用光学缩版办法得到可用的全息图.

球面波在光学中可以简单地用透镜或波带板获得，而另一些复杂的波面，如螺旋形波面、非球面等，用光学技术却难以得到. 由于计算机仿真干涉图的灵活性很大，计算全息干涉图很适合产生用单纯光学方法难以实现的特殊相应型变化的波前.

6.6　相　息　图

相息图是另一种形式的计算全息图，它与一般计算全息图的区别有两点：其一是它只记录物光波的相位，而把物光波的振幅当成常数；其二是记录波面相位信息的方法不同，一般的计算全息将光波信息转化为全息图的透过率变化或干涉图形而记录在胶片上，而相息图却是将光波的相位信息以浮雕形式记录在胶片上. 这里必须指出，由于未对振幅信息进行编码处理，所以相息图就不能保存物体的全部信息，因而它与全息图是有区别的. 但是，当波场在全息图平面上的振幅分布近于

常量(比如菲涅耳变换场，漫射照明场)时，仅作相位编码记录就可以了.

制作相息图时，物光波的复振幅可写成

$$\boldsymbol{f}(x,y)=\exp[\mathrm{j}\phi(x,y)] \tag{6.6.1}$$

这是一个纯相位函数，制作相息图的方法应确保这种纯相位信息以浮雕形式记录在全息图上. 因此，相息图可以看成是一块由计算机制作的复杂透镜，对同轴再现的相息图来说，其表面形状很像光学菲涅耳透镜，而对离轴像的再现来讲，相息图则像一块精密制作的闪耀光栅.

早期制作相息图的方法依赖于对胶片的显影和漂白处理. 通过对相位函数抽样，以多级灰阶将相位函数进行编码，并用一种精密阴极射线示波器将相位的变化以光强的形式记录在感光胶片上，然后将曝光后的胶片进行显影和漂白处理，就可以得到相息图. 由于相息图是依靠改变胶片的光学厚度来调制物波相位的，所以在曝光量控制、显影和漂白过程中均有严格要求，才能使处理后的胶片对入射光波的相位调制与要求的物波相位匹配. 需要强调的是，由于复指数函数的周期性，因而对相位函数编码时，只需考虑$0\sim 2\pi$之间的相位变化. 图 6.6.1 右端是一个球面波相息图的示意图，其作用与左端的平凸透镜相同.

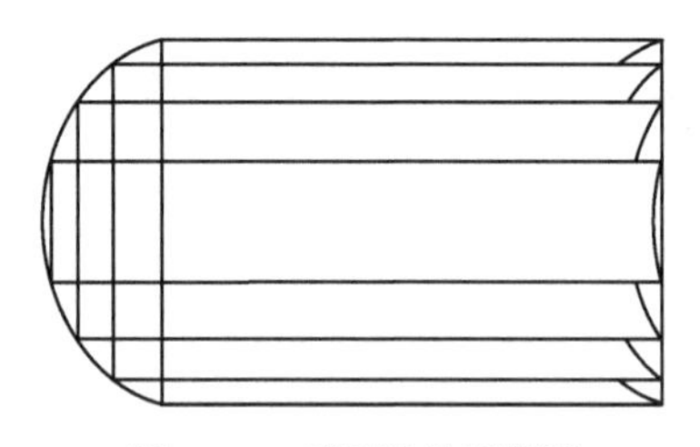

图 6.6.1　球面波的相息图

一些相位型记录材料，如光导热塑材料、重铬酸明胶等，也可以用来制作相息图. 另外，用计算机控制的电子束、离子束刻蚀技术，可以产生高质量的相息图.

相息图的最大优点是衍射效率特别高，它在原理上可以看成是由计算机控制制作的复杂透镜，照明相息图后仅产生单一的波面，没有共轭像或多余的衍射级次. 特别值得指出的是，到目前为止，相息图还只能由计算机控制产生，而不能直接就用光学方法来实现.

6.7　计算全息的应用

由于计算全息比一般的光学全息有很多独特的优点，例如，它能综合出世间不存在的物体的全息图，可以灵活地控制波面的振幅和相位，并且二元计算全息图可以直接拷贝复制，因此它在许多方面获得广泛的应用.

6.7.1　空间滤波器

大多数的光学信息处理工作都依赖于在频率平面对波面进行所期望的变换，而计算全息提供了一种灵活地制作各种空间滤波器的方法，计算全息微分滤波器就是其中的一例. 设输入图像为$f(x,y)$，其频谱为$\boldsymbol{F}(\xi,\eta)$，因为

$$\frac{\delta f(x,y)}{\delta x}\xleftrightarrow[\mathscr{F}^{-1}]{\mathscr{F}}\mathrm{j}2\pi\xi\boldsymbol{F}(\xi,\eta) \tag{6.7.1}$$

如果希望经过滤波后在像面上得到微分的结果，则所需要的滤波器函数为

$$\boldsymbol{H}(\xi,\eta)=\mathrm{j}2\pi\xi \tag{6.7.2}$$

显然，滤波器的透过率与频率平面坐标ξ成正比，并且在$\pm\xi$平面的相位相差π，而$\mathrm{j}2\pi$是与坐标无关的一个常量，满足这种条件的计算全息滤波器如图 6.7.1 所示. 这种滤波器只

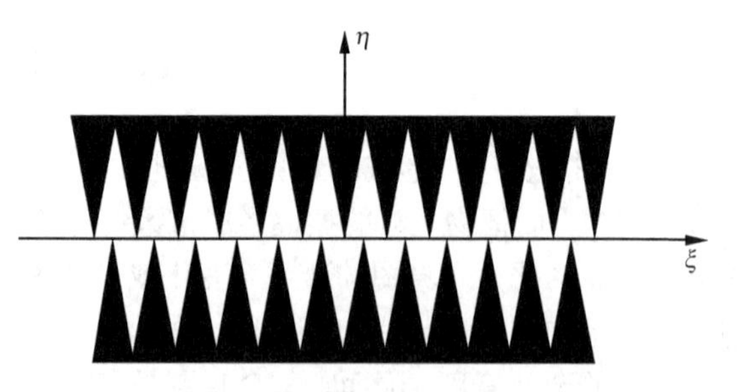

图 6.7.1　计算全息一维微分的滤波器

能在一维方向对图像实现微分运算.

当要实现图像在二维方向的微分时，相应的计算全息滤波器可以采用如下滤波函数：

$$H(\xi,\eta)=2\pi(\mathrm{j}\xi-\eta) \tag{6.7.3}$$

可以证明

$$\iint_{-\infty}^{\infty}2\pi(\mathrm{j}\xi-\eta)\boldsymbol{F}(\xi,\eta)\ \exp[\mathrm{j}2\pi(\xi x+\eta y)]\mathrm{d}\xi\mathrm{d}\eta=\frac{\partial f(x,y)}{\partial x}+\mathrm{j}\frac{\partial f(x,y)}{\partial y} \tag{6.7.4}$$

而经滤波后，在输出面上得到的强度分布为

$$I(x,y)=\left|\frac{\partial f(x,y)}{\partial x}+\mathrm{j}\frac{\partial f(x,y)}{\partial f}\right|^2=\left[\frac{\partial f(x,y)}{\partial x}\right]^2+\left[\frac{\partial f(x,y)}{\partial y}\right]^2 \tag{6.7.5}$$

从而实现了图像的二维微分. 有了滤波函数 $\boldsymbol{H}(\xi,\eta)=2\pi(\mathrm{j}\xi-\eta)$ 后，就可能选择一种编码方法制作计算全息滤波器. 图 6.7.2 是用罗曼的迂回相位编码方法制作的二维微分滤波器，抽样单元为 32×33，图 6.7.3 是微分处理后的结果.

图 6.7.2　微分滤波器计算全息图

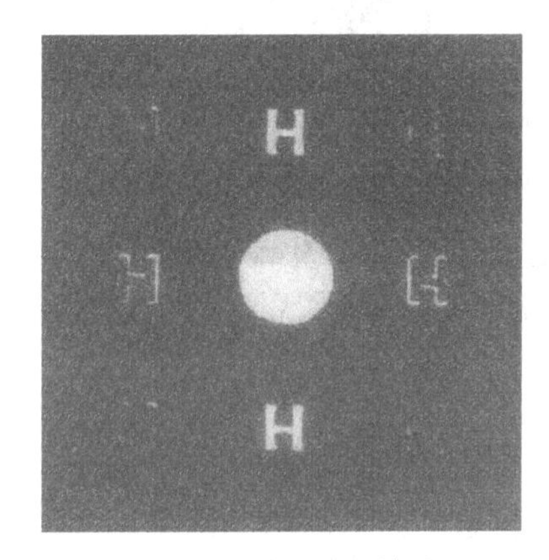

图 6.7.3　微分处理结果

6.7.2　干涉计量

由于计算全息可以产生特定的波面，因此在干涉计量中具有广阔的应用前景. 图 6.7.4 是一个用计算全息图检测非球面的装置示意图. 图 6.7.5 是一个典型的计算全息图. 图 6.7.6 是该计算全息图的频谱图. 在图 6.7.4 中，计算全息图 CGH 插在光路中的适当位置上，它所产生的波面可以补偿被测非球面镜 M_1 与透镜 L 产生的标准球面之间的波像差. 空间滤波器 F 选择产生干涉的波前，零

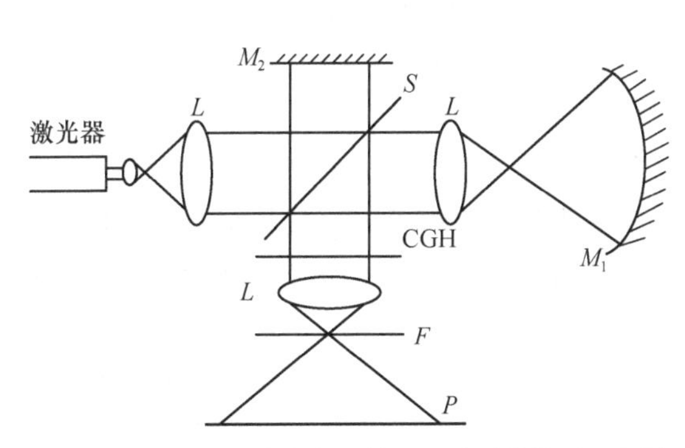

图 6.7.4　用计算全息图检测非球面的装置示意图

图 6.7.5　一个典型的用于非球面检测的计算全息图

级通过参考光的波前，+1 级通过被测非球面镜返回并经计算全息图衍射的测试波前，两者相互干涉形成干涉条纹. 而被测非球面镜的面形偏差将引起干涉条纹弯曲，其弯曲量代表了被测非球面镜的面形误差. 实际测试中，CGH 与入射波前的对准精度将极大地影响测试结果，因此在制作计算全息图时，在图形外围同时精密制作了用于对准的多个图形，以控制计算全息图安装时的自由度，如图 6.7.7 所示.

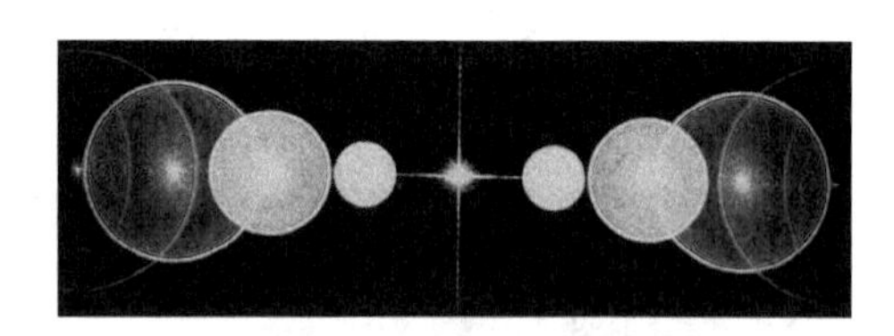

图 6.7.6 计算全息图的频谱图

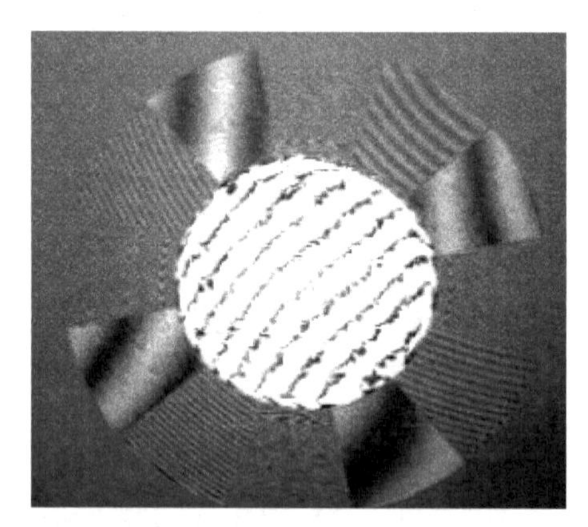

图 6.7.7 对准过程中的计算全息图及干涉图形

计算全息还可以产生锥形波面或螺旋形波面作为参考波. 在这种情况下，当被测波面为平面时，干涉图形是等间距圆环或径向辐射状条纹，从而直观地显现出被测波面的相位变化，易于观察和定量研究.

6.7.3 再现三维像

计算全息由于可以将实际不存在的物体制成全息图，并再现这种虚构物体的三维像，因此受到极大的重视. 例如，可以用这种方法显示数学形式形体的三维图像，研究所设计的建筑物的造型等. 从原理上讲，只要物体的数学模型存在，就可以制作计算全息图来显示. 但实际上要制作具有一定视角范围的三维物体的计算全息图，要求计算全息图有很高的空间带宽积，这对计算和成图设备的分辨率提出了很高的要求. 因此直到如今，应用计算全息图只能显示一些简单物体的三维图像. 随着技术的发展，显示各种复杂形体的三维图像的目标最终是会实现的.

6.7.4 计算全息扫描器

使用计算全息图可以控制衍射光的出射方向，因此设计特殊的计算全息图，并使之相对于入射激光束运动，就可以使出射激光束按所需的轨迹进行扫描. 计算全息扫描器可以做成筒状或盘状，以便于高速旋转实现快速扫描，图 6.7.8 是用计算全息制作的圆筒形光栅扫描器示意图.

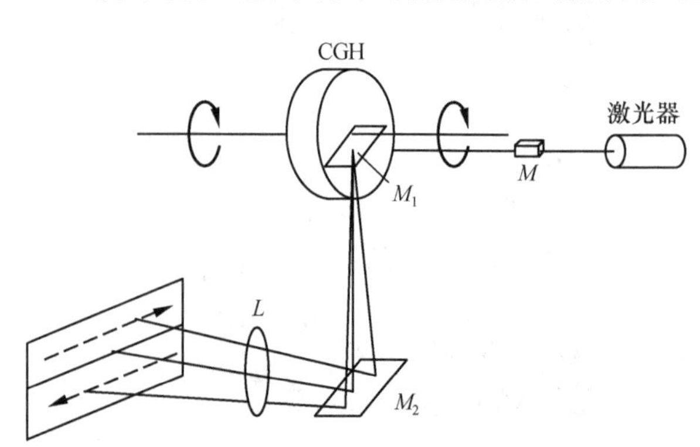

图 6.7.8 圆筒形光栅扫描器

以上所举例子只是计算全息应用的一部分. 随着计算技术(计算速度和存储容量)和成图技术(例如激光扫描器、电子束、离子束图形发生器)的进一步发展，有可能制作更高空间带宽积的计算全息图，使计算全息在三维显示、光学信息处理、干涉计量、数据存储、光计算等领域获得更多更好的应用.

6.8　计算全息的几种物理解释

当计算全息技术逐渐被人们理解、熟悉之后，人们才发现在其他学科领域类似技术似曾相识，只是并非所有的人都能得到发现新技术的灵感. 事过之后，让我们看看各行专家是怎样解释计算全息的，这也许能给我们一些有益的启示. 这几种物理解释是前国际光学学会主席、德国学者罗曼教授介绍的.

1. 光谱学家的解释

光栅是一种重要的色散元件，具有很高的分辨率. 与棱镜光谱仪不同，由于光栅制造误差，它会出现假线. 1872 年克温科发现了光谱图上的假线，后来称为罗兰鬼线，还有一些其他类别的假线，如莱曼鬼线. 某些鬼线容易被误认为是真谱线，这在光谱学发展历史上曾闹过一些笑话. 这些现象曾使光谱学家疑惑不解，后来瑞利建立了鬼线理论才解释了这些现象，鬼线是不完善光栅所产生的.

在计算全息中，要解决的问题正好与上述相反，这种不完善光栅引起的鬼线叫做像点. 因此光谱学家认为，计算全息只不过是产生预期鬼线的光栅.

2. 物理学家的解释

从物理学家的角度看，计算全息实现一种复数波面变换. 一张计算全息图就是一个复数波面变换器，可以使一个平面波前变换成其振幅和相位都受到调制的复数波前. 采用常规光学元件可以实现简单的波面变换，例如一个透镜可以将平面波变换为球面波，其原理是基于光线在不同介质表面上的折射. 在计算全息中，采用迂回相位编码，通过在类光栅结构上的衍射，实现了波面的变换. 计算全息技术为复杂的波面变换提供了一种手段.

3. 天线工程师的解释

天线工程师将计算全息图看成是一种天线阵列. 一个口径很大的天线往往不容易随意改变接收或发射波阵面的方向，而由小天线构成的天线阵列则比较容易控制波阵面的方向. 当其中的一些小天线发射的子波的相位延迟或提前时，则合成天线的波阵面发生变化. 计算全息图上的抽样单元，如同天线阵列上的小天线，当其中抽样单元开孔位置发生变化时，也会使子波的相位发生改变，从而引起整个波面的变化.

4. 通信工程师的解释

通信工程师是应用通信中的调制理论来解释计算全息图的. 通信中对时间信号波形进行调制，计算全息中对空间信号(光波复振幅的二维分布)进行调制，从数学上看，两者并无本质的差别. 计算全息在很多方面正是借鉴了通信中的理论和方法. 罗曼的迂回相位编码方法就是直接采用了脉冲宽度调制和脉冲位置调制. 空间脉冲调制概念，不仅在计算全息图的分析和综合中很重要，而且对图像传输、存储、显示、处理及图像的印刷技术等也很重要. 在光学数据处理领域，应用空间脉冲宽度调制和空间脉冲位置调制，在空间将模拟信号转换成二元信号，再利用这种二元信号系统和数学计算机、脉冲调制通信网络等的兼容，将会使得光学、数字计算机和电子学系统更易于实现联机混合处理.

习　题

6.1　一个二维物函数 $f(x,y)$，在空域尺寸为 10mm×10mm，最高空间频率为 5 线/mm，为了制作一张傅里叶变换全息图：

(1) 确定物面抽样点总数.

(2)若采用罗曼型迂回相位编码方法，计算全息图上抽样单元总数是多少？

(3)若采用修正离轴参考光编码方法，计算全息图上抽样单元总数是多少？

(4)两种编码方法在全息图上抽样单元总数有何不同？原因是什么？

6.2 对比光学离轴全息函数和修正型离轴全息函数，说明如何选择载频和制作计算全息图的抽样频率.

6.3 一种类似傅奇型计算全息图的方法，称为黄氏(Huang)法，这种方法在偏置项中加入物函数本身，所构成的全息函数为 $h(x,y)=\dfrac{1}{2}A(x,y)\{1+\cos[2\pi\alpha x-\phi(x,y)]\}$，则

(1)画出该全息函数的空间频率结构，说明如何选择载频.

(2)画出黄氏计算全息图的空间频率结构，说明如何选择抽样频率.

6.4 罗曼型迂回相位编码方法有三种衍射孔径形式，如图题 6.1 所示. 利用复平面上矢量合成的方法解释，在这三种孔径形式中，是如何对振幅和相位进行编码的.

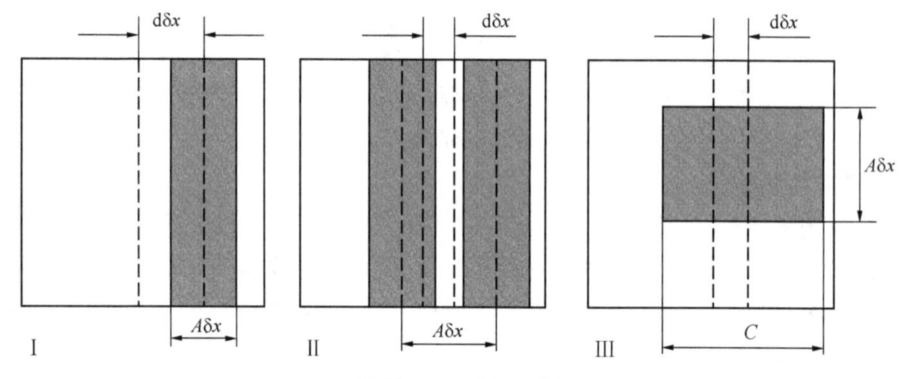

图题 6.1 习题 6.4 图

6.5 计算全息图也可用于测试大口径凸非球面，图题 6.2 是测试 1.8m 凸非球面镜装置示意图. 图中，计算全息图(CGH)制作在测试板的凹球面上，由圆环形光栅组成. 测试板的凹球面同时也是参考面，试分析这种计算全息图测试凸非球面的工作原理.

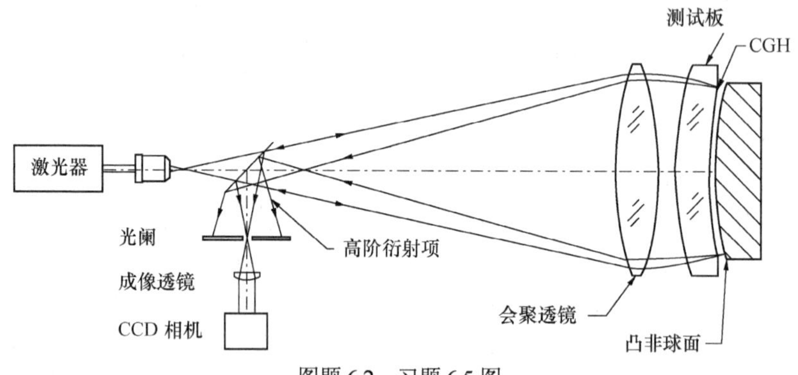

图题 6.2 习题 6.5 图

第 7 章　莫尔现象及其应用

历史引言

莫尔现象是日常生活中一种图形现象，当两组或多组线以重叠的方式相交时，形成特殊的图案. 中国古代的真丝织物，以特殊工艺叠合在一起，会产生高低起伏的波纹形态. 当光线照射到织物上，会产生波纹闪动的效果，且绸缎上的波纹会伴随视角的转移而变化，呈现丰富的美丽多彩的图样. 1754 年，这种布料被英国的经销商贝吉尔(Badger)引入法国. 因为布料花纹有如波动起伏的水波，因而法国人将其命名为 Moiré，其原来的含义是波动的，或起波纹的. 莫尔一词来自法文“Moiré”的音译.

当两块薄的丝绸织物叠在一起时，可以看到一种不规则的波纹图案，像天空漂亮的云彩一样. 云纹是中国传统纹样中人们喜闻乐见的一种吉祥图案，贯穿中国古代装饰艺术的发展历程，体现出中华文化的博大精深. 法文的“Moiré”一词也意译为中文的云纹. 在物理学、光学、结构光计量领域，习惯使用音译“莫尔”的术语；在实验力学和光测力学领域，习惯使用意译“云纹”的术语. 很早人们就发现，两组线重叠在一起，其交点位置形成莫尔条纹. 在生活中，两组网格状物体重叠在一起，也可以看到莫尔现象，1874 年，英国物理学家瑞利首先揭示出了莫尔条纹的科学和工程价值，指出了通过观察莫尔条纹的移动来测量光栅相对位移的可能性. 在工程技术中常用两块透射光栅叠合在一起，可以看到一组与刻线垂直的条纹，当一块光栅移动时，莫尔条纹也随着移动，利用莫尔条纹的移动，可以进行长度计量. 现在，莫尔现象已广泛用于科学研究和工程技术之中，莫尔条纹作为精密测量手段可用于测长、测角、测变形、测振等领域. 1970 年，高崎(Takasaki)首次提出莫尔轮廓术，从此莫尔条纹又广泛用于三维物体的表面轮廓测量，经过数十年的发展，形成丰富多彩的莫尔轮廓术大家族，被应用于各种类型的三维面形测量中.

本章将介绍莫尔现象的基本规律，讨论莫尔现象与干涉和全息现象之间的关系，并简要介绍莫尔现象在工程计量技术中的应用，同时介绍莫尔轮廓术在结构光三维面形测量中的应用，包括阴影莫尔、投影莫尔、扫描莫尔、采样莫尔、数字莫尔、计算莫尔等.

7.1　莫尔现象的基本规律

7.1.1　莫尔条纹的形成

为简明起见，先考虑两块一维的余弦光栅相叠合的情况. 假设两块光栅在 x 方向上的周期分别为 d_1 和 d_2，或空间频率为 $\xi_1 = 1/d_1$ 和 $\xi_2 = 1/d_2$，其透射率可记为

$$T_1(x) = \frac{1}{2}[1 + \cos(2\pi\xi_1 x)] \tag{7.1.1}$$

$$T_2(x) = \frac{1}{2}[1 + \cos(2\pi\xi_2 x)] \tag{7.1.2}$$

当用单位强度的平面光波照射这样两块重叠的光栅时，其透射的强度为

$$\begin{aligned}T(x)&=T_1(x)T_2(x)\\&=\frac{1}{4}[1+\cos(2\pi\xi_1 x)+\cos(2\pi\xi_2 x)+\cos(2\pi\xi_1 x)\cos(2\pi\xi_2 x)]\\&=\frac{1}{4}\left\{1+\cos(2\pi\xi_1 x)+\cos(2\pi\xi_2 x)+\frac{1}{2}\cos[2\pi(\xi_1+\xi_2)x]+\frac{1}{2}\cos[2\pi(\xi_1-\xi_2)x]\right\}\end{aligned} \tag{7.1.3}$$

式中，第一项是均匀的透过率；第二、三项保持了原有的两块光栅的周期结构；第四项是和频项，其空间频率是相叠合的两块光栅空间频率之和；第五项是差频项，其空间频率是相叠合的两块光栅空间频率之差. 在大多数应用中，相叠合的两块光栅具有较接近的空间频率，所以在上述各项中，第二、三、四项具有较高的频率，而第五项具有较低的空间频率. 因此，采用空间频域滤波或空间域卷积的办法，很容易将差频从其他各项中分离出来. 而差频项常常携带了我们所感兴趣的信息，这也是人们广泛应用莫尔现象的重要原因之一.

从数学上看，三角函数的积化和差提示，两个周期相近的余弦函数相乘，产生一个差频函数与一个和频函数之和. 由于两者的频率有明显的差异，有可能在频域上将其分离，而将人们感兴趣的差频分量单独提取出来.

如果用 m_1 和 m_2 表示相叠合的两块光栅线条的序数，并有 $m_1=\xi_1 x, m_2=\xi_2 x$ ，则式(7.1.1)～式(7.1.3)可以改写为

$$T_1(x)=\frac{1}{2}[1+\cos(2\pi m_1)] \tag{7.1.4}$$

$$T_2(x)=\frac{1}{2}[1+\cos(2\pi m_2)] \tag{7.1.5}$$

$$\begin{aligned}T(x)&=T_1(x)T_2(x)\\&=\frac{1}{4}\left\{1+\cos(2\pi m_1)+\cos(2\pi m_2)+\frac{1}{2}\cos[2\pi(m_1+m_2)]+\frac{1}{2}\cos[2\pi(m_1-m_2)]\right\}\end{aligned} \tag{7.1.6}$$

式(7.1.6)中，(m_1+m_2)项所对应的条纹又称等和条纹，(m_1-m_2)项所对应的条纹又称等差条纹. 令

$$\begin{cases}p=m_1+m_2\\q=m_1-m_2\end{cases} \tag{7.1.7}$$

虽然 m_1 和 m_2 各自变化,但只要 p 或 q 不变,则等和条纹或等差条纹就具有相同的序数. 方程(7.1.7)称为等和条纹和等差条纹的序数方程.

考虑图 7.1.1 中两块光栅的叠合，这两块光栅的周期相同，即 $d_1=d_2=d$ 或 $\xi_1=\xi_2=\xi$. 刻线方向以 y 轴对称放置，当 y 轴的夹角分别为 α 和 $-\alpha$ 时，这样两块光栅的透射率可记为

$$T_1(x,y)=\frac{1}{2}\left\{1+\cos\left[2\pi\left(\frac{x\cos\alpha+y\sin\alpha}{d}\right)\right]\right\} \tag{7.1.8}$$

$$T_2(x,y)=\frac{1}{2}\left\{1+\cos\left[2\pi\left(\frac{x\cos\alpha-y\sin\alpha}{d}\right)\right]\right\} \tag{7.1.9}$$

两块光栅的刻线方程为

$$\begin{cases}\dfrac{x\cos\alpha+y\sin\alpha}{d}=m_1\\[2ex]\dfrac{x\cos\alpha-y\sin\alpha}{d}=m_2\end{cases} \tag{7.1.10}$$

将两块光栅叠合，用单位强度的平面光波连续通过这两块光栅，其透射光场包含 5 项，如同式(7.1.6)所表示的那样. 将式(7.1.10)代入序数方程(7.1.6)，可以得到等和条纹方程

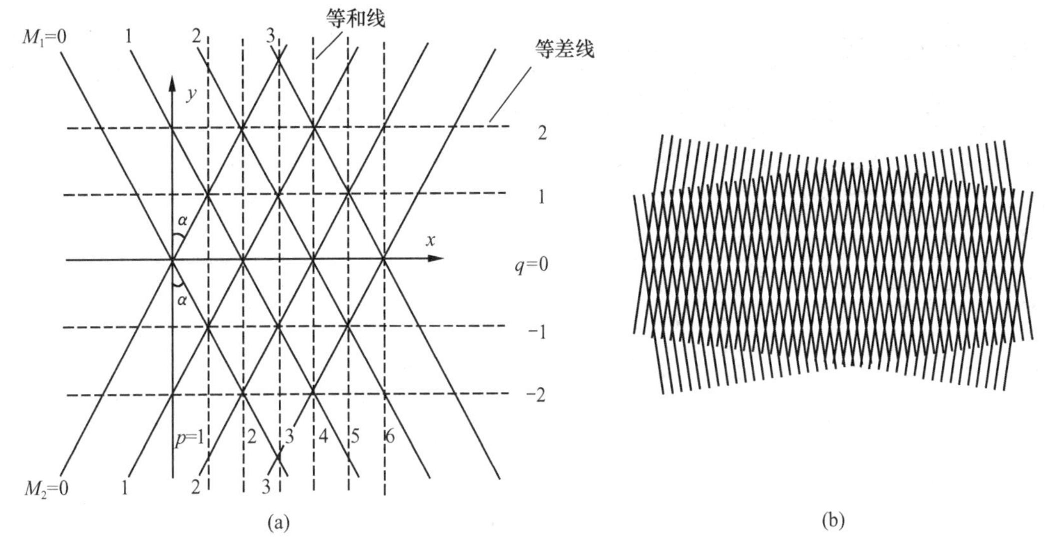

图 7.1.1　两光栅叠合产生的条纹

$$\frac{2x\cos\alpha}{d}=p \tag{7.1.11}$$

和等差条纹方程

$$\frac{2y\sin\alpha}{d}=q \tag{7.1.12}$$

式(7.1.11)和式(7.1.12)表明，等和条纹是平行于 y 轴的一族直线，等差条纹是平行于 x 轴的一族直线，其周期分别为 $d/(2\cos\alpha)$ 和 $d/(2\sin\alpha)$.

对于一般的条纹图形，如果两组初级条纹的方程已知，就很容易求出次级条纹的方程. 设初级条纹的方程为

$$\begin{cases}F_1(x,y,z)=m_1\\F_2(x,y,z)=m_2\end{cases} \tag{7.1.13}$$

则次级等和条纹与等差条纹的方程分别为

$$\begin{cases}F_1(x,y,z)+F_2(x,y,z)=p\\F_1(x,y,z)-F_2(x,y,z)=q\end{cases} \tag{7.1.14}$$

下面以两组等间距的同心圆为例，说明如何通过初级条纹方程求出次级条纹方程. 设两组同心圆间距为 a，中心相距为 $2l$，则初级条纹的方程为

$$\begin{cases}(x-l)^2+y^2=(m_1a)^2\\(x+l)^2+y^2=(m_2a)^2\end{cases}$$

代入序数方程，求得等和线方程为

$$\frac{x^2}{\left(\dfrac{ap}{2}\right)^2}+\frac{y^2}{\left(\dfrac{ap}{2}\right)^2-l^2}=1 \tag{7.1.15}$$

等差线方程为

$$\frac{x^2}{\left(\dfrac{ap}{2}\right)^2}-\frac{y^2}{\left(\dfrac{ap}{2}\right)^2-l^2}=1 \tag{7.1.16}$$

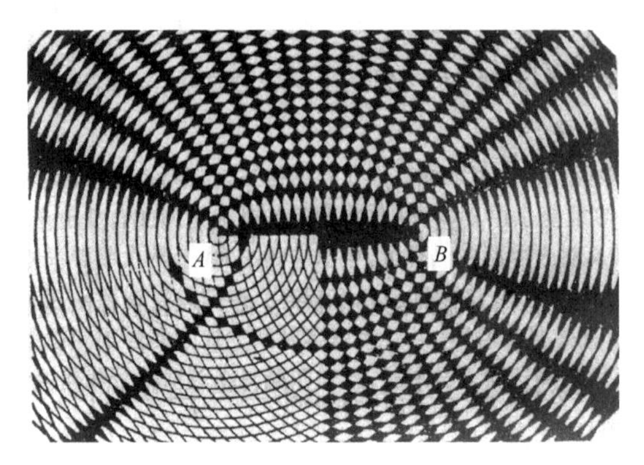

图 7.1.2　两组同心圆叠合所形成的莫尔条纹

由以上两个方程可知，等和条纹是椭圆，等差条纹是双曲线. 图 7.1.2 是以 A 和 B 为圆心的两组等间距同心圆叠加所形成的图形. 为了突出等和条纹的椭圆与等差条纹的双曲线，图中的一个象限中(左下部)只画出了各一条条纹，以表明等和条纹是椭圆，等差条纹是双曲线.

7.1.2　莫尔条纹的基本性质

两块初级条纹光栅叠合后，其透射光场的分布已在前文中由式(7.1.6)和式(7.1.14)解析地给出. 在透射光场中最重要的两项是等和条纹和等差条纹，它们具有以下几个特点.

(1) 如果两块光栅同时移动，并且保持 m_1 和 m_2 的变化速度相同，即单位时间内移过的条纹数相同，则等和条纹将以二倍的速度运动，而等差条纹将保持不动. 这里所说的速度是相对于条纹数而言的，而不是相对于空间坐标来说的. 假定相对于空间坐标，第一块光栅的移动速度为 v_1，第二块光栅的移动速度为 v_2，则条纹的移动速度分别是 v_1/d_1 和 v_2/d_2. 于是等和条纹和等差条纹的序数方程分别为

$$\begin{cases} p = m_1 + \dfrac{v_1 t}{d_1} + m_2 + \dfrac{v_2 t}{d_2} \\ p = m_1 + \dfrac{v_1 t}{d_1} - m_2 + \dfrac{v_2 t}{d_2} \end{cases} \tag{7.1.17}$$

只有当 $\dfrac{v_1 t}{d_1} = \dfrac{v_2 t}{d_2}$，即条纹序数的变化速度相同时，才有

$$\begin{cases} p = m_1 + m_2 + 2\dfrac{v_1 t}{d_1} \\ q = m_1 - m_2 \end{cases} \tag{7.1.18}$$

因此，同时移动两块光栅将使等和线由于对时间的平均作用而平滑，容易将等差线单独分离出来，所以等和线观察不出来，只看到等差线. 一般说来，莫尔条纹都是指等差条纹. 应该指出的是，在光栅移动过程中，透射光场中的另外两项［式(7.1.6)中第二、三项］也将被平滑. 这一性质可用于莫尔等高技术中消除高频项在等高线图上形成的假条纹，得到清晰的等高线.

(2) 如果两块光栅之一移动，则等和条纹和等差条纹均发生移动，而且这种移动是完全同步的. 也就是说，当光栅移动一个条纹时，等和条纹和等差条纹也各自移动一个条纹. 由于光栅的条纹间距与等和或等差条纹的间距是完全不相同的，这一特点可以用于制作计量光栅.

例如图 7.1.1 所示的两块光栅的叠合，其等差条纹方程如式(7.1.12)所示，即

$$\frac{2y\sin\alpha}{d} = q$$

当两光栅刻线之间的夹角很小时，令 $2\sin\alpha \approx 2\alpha = \theta$，上式简化为

$$\theta y = dq \tag{7.1.19}$$

由于 θ 值很小，莫尔条纹的间距 $\dfrac{d}{\theta} \gg d$，因此对位移具有明显的放大作用.

7.2　干涉、全息与莫尔现象

7.2.1　干涉条纹的莫尔模拟

如果将一相干平面波分成两束，并使两光束以某一角度相交，这样就可以产生干涉条纹，图 7.2.1 示出了这种现象的莫尔模拟. 两光束分别由 A 射向 D 和由 B 射向 C，直的波阵面由间距相等并与光束方向垂直的各直线表示，一条暗线加一条亮线代表一个波长. 如果把间距为波长的等相位面看成一种线族，干涉条纹就是这种线族产生的莫尔条纹. 因此，干涉现象可以用莫尔条纹来模拟，这时莫尔条纹就等价于干涉条纹.

如果考虑相距 l 的两个相干点源产生的两组球面波的干涉，其干涉条纹可用以相距 l 的 A、B 两点为圆心的两组等间距圆产生的莫尔条纹来模拟. 这时，等和条纹是椭圆，等差条纹是双曲线. 在三维情况下，圆变成了球面，椭圆变成了椭球面，双曲线变成了双曲面. 如果用以 A、B 为球心的球面来表示从两个相干光源向外移动的光波波阵面，则双曲面在空间保持静止，然而椭球面将以 Kc 的速度向外运动(c 是光速，K 是一个与该点空间位置有关的一个常量). 如果用以 A 为球心的同心球面表示向外传播的球面波阵面，而用以 B 为球心的同心球面表示向内传播的球面波阵面，则椭球面是等差曲面，在空间保持静止，而双曲面是等和曲面，却以 Kc 的速度做横向运动. 最后，如果光束向 A、B 会聚，则静止的干涉曲面又恢复成为一组双曲面.

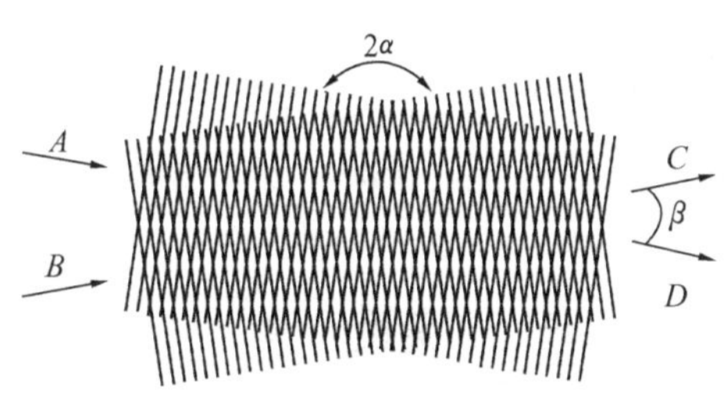

图 7.2.1　干涉条纹的莫尔模拟

对于复杂波面的两列相干光波的叠加，光波的干涉条纹与两列光波的等相位面构成的线族所形成的莫尔条纹具有同样的规律.

7.2.2　全息与莫尔

全息图记录了物光波和参考光波的干涉图形，因此全息图可以用全息记录平面上的莫尔条纹来模拟.

由于全息现象和莫尔现象之间存在某些共同之处，所以它们也具有一些相似的规律. 例如，在莫尔现象中两个动态的光栅可以产生一组静态的莫尔条纹；一个动态的光栅和一个静态的光栅产生动态的莫尔条纹. 而在全息术中，两个行波产生一个驻波，驻波条纹就是全息图. 一个行波与一个驻波条纹相遇产生另一个行波，这就是全息图的再现.

7.2.3　全息干涉条纹的莫尔模拟

任何两组条纹，把它们叠合在一起若能产生一组新的条纹，则原有的两级条纹就称为初级条纹，新的一组条纹就称为二级条纹. 两组二级条纹叠合在一起，又可能产生另一组新的条纹，称为三级条纹，等等. 较高级数的条纹表示两较低级数条纹图形的差频条形图纹.

在全息干涉计量中，我们在同一张全息图上记录了两组干涉条纹，一组是原始波面与参考光干涉形成的条纹，另一组是第二次曝光时所记录的变形波面与参考光干涉形成的条纹. 这两组能再现原始波面和变形波面的条纹是初级条纹，而在双曝光全息干涉图中表示位移、变形、振动或折射率变化的粗条纹均是二级条纹. 由于莫尔图形和全息干涉图形都是二级条纹，因此有理由认为，这两种现象之间存在某些有用的相似性. 我们既可以将全息干涉图形看成再现的原始波面与变形波面干涉的结果，也可以理解为再次曝光所形成的两级全息图形产生的莫尔现象.

7.3 莫尔计量术

1874 年，瑞利首次将莫尔条纹用于计量测试. 莫尔条纹现象是光栅传感器的理论基础，莫尔条纹可以用包括直线光栅、径向圆光栅、切向圆光栅以及同心圆光栅等光栅产生，不同的光栅产生的莫尔条纹不一样. 关于莫尔条纹的形成机制主要有三种理论：①光线光学原理，即由条纹构成的交点轨迹可表示为莫尔条纹的光强分布；②衍射干涉原理，即由莫尔条纹构成的新的光强分布可按衍射波之间的干涉结果来描述；③频谱分析原理，即莫尔条纹是由低于光栅频率的空间频率分量组成，可以在空间频域通过低通滤波来提取莫尔条纹，也可以对莫尔现象进行频谱分析与傅里叶描述. 其中，频谱分析原理是一种广义的解释，光栅线纹稀疏时用光线光学原理来解释比较合适，而光栅线纹密集时用衍射干涉原理来解释更为恰当.

将两块相近的光栅重叠时，能产生莫尔条纹. 由于莫尔条纹的特殊性质，莫尔计量方法在长度、角度、振动、变形等测量中得到广泛的应用，成为现代光学计量领域中的一种重要方法.

7.3.1 长度和角度测量

在长度计量中，通常将两块栅距相等，栅线夹角为 θ 的光栅重叠，其中一块是固定的，另一块是可移动的. 当一块光栅移动一个栅距时，莫尔条纹移动一个节距. 设两块光栅栅距为 d，当夹角 θ 很小时，莫尔条纹的节距为

$$d_m = \frac{d}{2\sin\left(\dfrac{\theta}{2}\right)} \approx \frac{d}{\theta} \tag{7.3.1}$$

由于光栅的移动与莫尔条纹的移动是同步的，如果测出莫尔条纹移动的数量为 n，被测长度 l 就等于光栅的移动量，即

$$l = nd \tag{7.3.2}$$

计量光栅的栅距一般都很小，因此测量精度可以达到很高. 在对莫尔条纹计数时，利用电子处理技术中对条纹的细分处理，可以准确到一个条纹的若干分之一，这又进一步提高了测量精度.

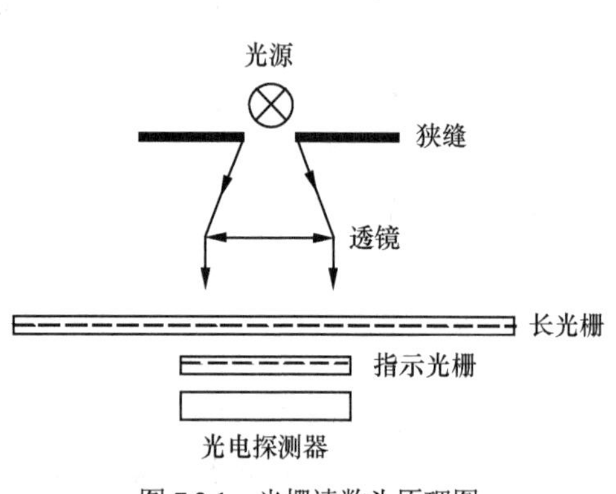

图 7.3.1 光栅读数头原理图

计量光栅在长度测量中主要是采用一种名叫光栅读数头的结构，如图 7.3.1 所示. 这种读数头与信号处理和数字显示装置一起使用，可以安装在机床或仪器上，作为精密长度计量的一种手段.

在角度测量中主要采用径向圆盘光栅或切向圆盘光栅.

所谓径向圆盘光栅，其刻线是以圆心为中心的辐射状光栅，刻线数通常为 360 的倍数. 相邻两刻线之间的夹角称为栅角 γ. 若两个径向光栅相互重叠，并保持一个不大的偏心量，便形成莫尔条纹. 在光栅的不同位置，局部的莫尔条纹的形状和节距并不相同，但是，当其中一个光栅转动一个栅角时，莫尔条纹同步地移动一个节距，因此可用于精密角度测量.

对于切向圆盘光栅，其刻线相切于一个小圆，小圆半径为 r，称为刻线偏心. 切向圆盘光栅的

栅线是切于一个小圆的等栅角的离心切线. 莫尔条纹也产生位移，当光栅转动一个栅角时，莫尔条纹移动一个节距，因此可以用切向圆盘光栅测量角度.

7.3.2　同心圆莫尔及其在二维位移测量中的应用

1. 相同栅距的同心圆光栅莫尔

若将两组圆环光栅(栅线是等距同心圆)进行叠合，两组光栅的栅距相等，记为 d，两个同心圆圆心距为 $2c$，则形成以圆心连线中点为中心对称分布的放射状莫尔条纹. 在转动其中一块光栅时，这种放射状莫尔条纹是不动的，但当沿两光栅圆心连线方向移动其中一块光栅时，莫尔条纹数将随 $2c$ 的增大而增多. 莫尔条纹总数 k 与环形光栅栅距 d 和两环形光栅中心距 $2c$ 之间存在如下关系：

$$2c = \frac{k}{4}d \tag{7.3.3}$$

如果已知光栅栅距和所观察到的莫尔条纹总数，就可以求出中心距 $2c$，从而达到测量偏心量或振动的目的. 图 7.3.2 是三种不同偏心量(d、$2d$、$3d$)的同心圆光栅叠合形成的莫尔条纹.

图 7.3.2　不同偏心量的同心圆光栅叠合的莫尔条纹图

2. 不同栅距的同心圆光栅莫尔

记圈数相差 1 的两同心圆光栅分别为 G_1 和 G_2，光栅 G_1 和 G_2 的最大半径均为 R，在 G_1 上有 $N-1$ 个同心圆，G_2 上有 N 个同心圆. 设光栅 G_1 的振幅透过函数为正弦曲线，以极坐标的方式表示如下：

$$S_1(r,\theta) = \frac{1}{2}\left[1+\cos\frac{2\pi(N-1)}{R}r\right] \tag{7.3.4}$$

类似地，光栅 G_2 的振幅透过系数可以表示成

$$S_2(r_2,\theta) = \frac{1}{2}\left(1+\cos\frac{2\pi N}{R}r_2\right) \tag{7.3.5}$$

从同心圆光栅的表达式中可以看出它们在各个 θ 方向上随半径变化的强度分布相同. 一般情况下，当两个同心圆圆心不重合时，莫尔条纹发生变化. 两同心圆光栅之间的具体参数如图 7.3.3 中所示，r_2 表示光栅 G_2 内各点到其中心的距离，偏心距 ε 表示两同心圆光栅中心点之间的距离，偏心角 ϕ 表示两同心圆中心点连线与水平面之间的夹角，光栅 G_2 中心点的位置可以通过偏心距 ε 和偏心角

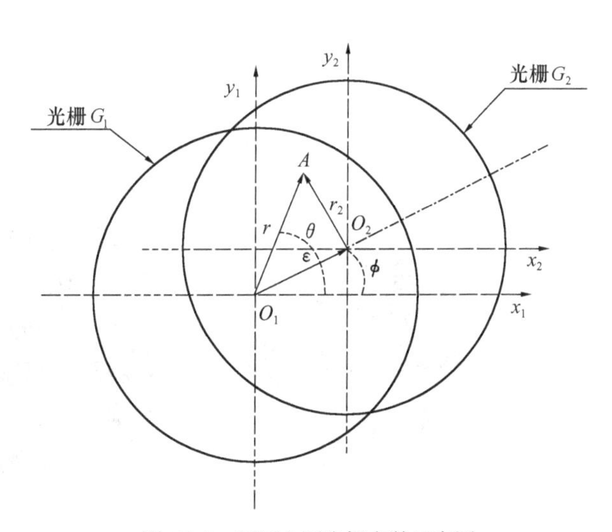

图 7.3.3　两同心圆光栅参数示意图

ϕ来确定.

由余弦定理，我们可以看到r_2满足

$$r_2^{\ 2} = r^2 + \varepsilon^2 - 2\varepsilon r\cos(\theta - \phi) \tag{7.3.6}$$

即

$$r_2^{\ 2} = [r - \varepsilon\cos(\theta - \phi)]^2 + \varepsilon^2\sin^2(\theta - \phi) \tag{7.3.7}$$

通常，我们所要测量的偏心距ε非常小，这样在方程(7.3.7)中ε^2可以忽略不计，即

$$r_2 \approx r - \varepsilon\cos(\theta - \phi) \tag{7.3.8}$$

这样两个圆心不重合的同心圆光栅叠加，用光强为I_0的平行光照明，则透过的光强为

$$I(r,\theta) = I_0 S_1 S_2 \tag{7.3.9}$$

将方程(7.3.4)、(7.3.5)和(7.3.8)代入方程(7.3.9)，我们可以得到

$$\begin{aligned} I(r,\theta) = {} & \frac{I_0}{4} + \frac{I_0}{4}\cos\left\{\frac{2\pi N}{R}[r - \varepsilon\cos(\theta - \phi)]\right\} + \frac{I_0}{4}\cos\left[\frac{2\pi}{R}(N-1)r\right] \\ & + \frac{I_0}{8}\cos\left\{\frac{2\pi}{R}[(2N-1)r - N\varepsilon\cos(\theta - \phi)]\right\} + \frac{I_0}{8}\cos\left\{\frac{2\pi}{R}[r - N\varepsilon\cos(\theta - \phi)]\right\} \end{aligned} \tag{7.3.10}$$

在方程(7.3.10)中，右面的第一项是均匀的透过率；第二项和第三项保持了原有的两块光栅的周期结构；第四项是和频项，其空间频率是相叠合的两光栅空间频率之和；第五项是差频项，其空间频率是相叠合的两块光栅空间频率之差，即莫尔条纹项.

两个半径相同、圈数相差为 1 的同心圆光栅重叠产生莫尔条纹，几种不同偏心距和偏心角情况下的莫尔条纹图如图 7.3.4 所示. 偏心距ε和偏心角ϕ是影响莫尔条纹形态的特征参数. 偏心距ε和偏心角ϕ的微小变化将导致莫尔条纹图形的剧烈变化. 正是利用同心圆莫尔条纹对偏心距和偏心角的放大作用，进行二维平面的位移测量.

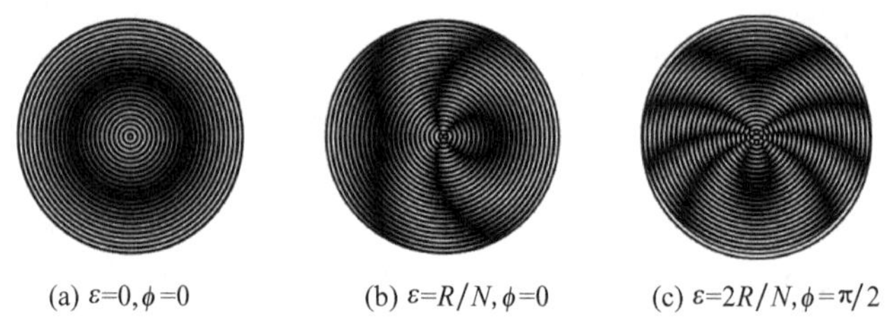

(a) $\varepsilon=0, \phi=0$　(b) $\varepsilon=R/N, \phi=0$　(c) $\varepsilon=2R/N, \phi=\pi/2$

图 7.3.4　不同偏心距和偏心角下的莫尔条纹图

公式(7.3.10)可以单独提取出差频项，即纯莫尔条纹项，计算机仿真出的纯莫尔条纹图如图 7.3.5 所示.

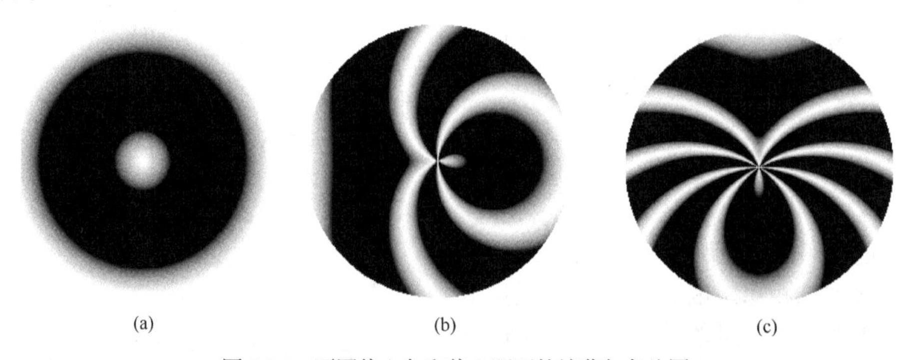

(a)　(b)　(c)

图 7.3.5　不同偏心角和偏心距下的纯莫尔条纹图

7.3.3　用于应力变形测量

在材料试件的表面制出一组栅线，称为“试件栅”，它与试件一起变形，在其上面重叠一块“基准栅”，就可以得到反映试件各点位移的莫尔条纹，从而计算出试件的应力变形. 这种方法对模型材料没有光学性能要求，在金属材料、有机玻璃、橡皮、塑料、木材、水泥等实物或模型上贴上有栅线的薄膜片就可以了. 因此，莫尔条纹的分析方法是一种非常有效的实验力学研究方法.

图 7.3.6 给出了一个用莫尔条纹法进行应力分析的实例. 图 7.3.6(a)是吊钩试件，在试件 *A-A* 剖面处贴上 50 线/mm 的试件光栅. 在试件加载前，将基准光栅(50 线/mm)重叠在试件光栅上，基准栅线与试件栅线之间有一小的夹角θ，则得到空载时的莫尔条纹图，如图 7.3.6 (b)所示. 加载后，试件栅与试件一起变形，而基准栅保持不变(可适当调整基准栅的方向，使莫尔条纹便于计量)，得到加载后的莫尔条纹，如图 7.3.6 (c)所示. 由试件受力情况和莫尔条纹图形，就可以计算出应力分布.

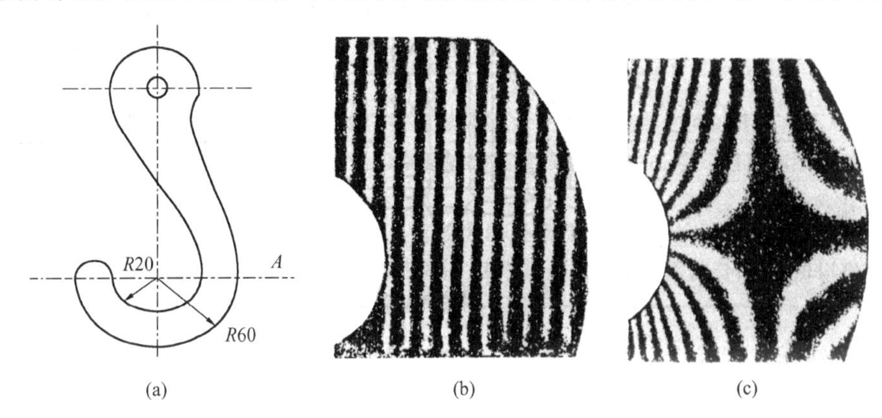

图 7.3.6　吊钩试件及其莫尔条纹图形

利用两束平行激光干涉可以生成每毫米 5000 线的全息光栅，粘贴或刻蚀到物体表面作为试件栅，同样利用两束平行激光照射到物体表面可以产生参考光栅，这时产生的莫尔条纹可以检测 0.2μm 的位移和变形. 近年来在刻栅技术上有了新的进展，采用电子束、离子束刻蚀技术可以使试件栅密度达到每毫米 10000 线，检测灵敏度得到了进一步提高.

7.3.4　螺旋莫尔及其在光束准直性测量中的应用

1. 双螺旋莫尔条纹检测光束准直性的基本原理

检测光束准直性的实验光路如图 7.3.7 所示，S 为激光光源，CL 为准直透镜，OP 为观察屏. 螺旋光栅 SG_2 放置于螺旋光栅 SG_1 的塔尔博特自成像 SG_1' 处.

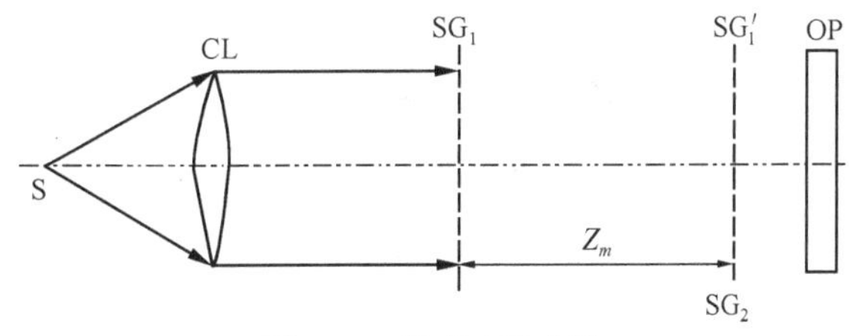

图 7.3.7　准直实验光路

在准直光束照明下，塔尔博特距离 Z_m 由下式给出：

$$Z_m = \frac{2mp^2}{\lambda} \tag{7.3.11}$$

为简洁起见，螺旋光栅 SG_1、SG_2 的振幅透过率函数分别写成

$$t_1(r,\theta)=\frac{1}{2}+\frac{1}{2}\cos\left(\frac{2\pi}{p_1}r-N\theta\right) \tag{7.3.12}$$

$$t_2(r,\theta)=\frac{1}{2}+\frac{1}{2}\cos\left(\frac{2\pi}{p_2}r-N\theta\right) \tag{7.3.13}$$

其中，p_1、p_2 分别为 SG_1、SG_2 的周期，并且为便于描述，我们人为地规定：$p_i>0$，螺旋线逆时针旋转；$p_i<0$，螺旋线顺时针旋转；N 为螺旋线的头数.

光栅 SG_1 的塔尔博特自成像 SG_1' 的光场可写成

$$t_1'(r,\theta)=\frac{1}{2}+\frac{1}{2}\cos\left(\frac{2\pi}{p_1'}r-N\theta\right) \tag{7.3.14}$$

如表 7.3.1 所示，在不同的照明形式下，塔尔博特效应的塔尔博特距离和自成像周期不同，通过表中的计算公式，我们可以计算出不同照明形式下的塔尔博特距离和自成像周期.

表 7.3.1　不同照明形式下的塔尔博特效应(m=0,±1,⋯)

照明光波	塔尔博特距离 Z_m	自成像周期 p'
发散球面波 $R>0$ 会聚球面波 $R<0$	$\frac{RZ_m}{R+Z_m}=\frac{2mp^2}{\lambda}$	$\left(1+\frac{Z_m}{R}\right)p$
平面波	$Z_m=\frac{2mp^2}{\lambda}$	P

于是，SG_1' 和 SG_2 所产生的莫尔条纹的等效振幅透过率为

$$\begin{aligned}t(r,\theta)&=t_1'(r,\theta)t_2(r,\theta)\\&=\frac{1}{4}+\frac{1}{4}\cos\left(\frac{2\pi}{p_1'}r-N\theta\right)+\frac{1}{4}\cos\left(\frac{2\pi}{p_2}r-N\theta\right)\\&\quad+\frac{1}{8}\cos\left[2\pi\left(\frac{1}{p_1'}+\frac{1}{p_2}\right)r-2N\theta\right]+\frac{1}{8}\cos\left[2\pi\left(\frac{1}{p_1'}-\frac{1}{p_2}\right)r\right]\end{aligned} \tag{7.3.15}$$

由于 $I_m(r,\theta)\propto|t(r,\theta)|^2$，且 $t(r,\theta)\in[0,1]$，所以有

$$\sqrt{I_m(r,\theta)}\propto\cos\left[2\pi\left(\frac{1}{p_1'}+\frac{1}{p_2}\right)r-2N\theta\right] \tag{7.3.16}$$

2. 莫尔条纹的初步分析

考虑到在光束准直性的检测中我们总是期望莫尔条纹能实现对准直误差的放大，即微小的准直误差就能引起莫尔条纹的显著变化. 因此，SG_1 和 SG_2 选用旋转方向相反且条纹间距相等的螺旋光栅，即 $p_1=-p_2$.

由式(7.3.16)知，当θ从 0 到 2π变化时，共有 $2N$ 个条纹，其条纹方程为

$$2\pi\left(\frac{1}{p_1'}+\frac{1}{p_2}\right)r-2N\theta=2n\pi,\quad n=0,1,\cdots,2N-1 \tag{7.3.17}$$

(1) 当光束准直，即 $\frac{1}{p_1'}+\frac{1}{p_2}=0$ 时，

$$\theta=-\frac{n}{N}\pi,\quad n=0,1,\cdots,2N-1 \tag{7.3.18}$$

莫尔条纹为放射状直条纹.

(2) 当光束非准直时，

$$\frac{2\pi}{p}r-2N\theta=2n\pi,\quad n=0,1,\cdots,2N-1 \tag{7.3.19}$$

莫尔条纹为头数为 $2N$，旋转方向由

$$p=\frac{p_2 p_1'}{p_2+p_1'} \tag{7.3.20}$$

的符号而定的螺旋状条纹.

进而，我们就以直观的莫尔现象实现了对光束准直性的检测，并可以根据莫尔条纹的旋转方向和旋转程度来调整光源 S 与准直透镜 CL 之间的距离. 图 7.3.8 是双螺旋光栅以及它们在光束会聚、准直和发散情况下形成的莫尔条纹图. 提取莫尔条纹的特征参数可以进一步定量计算被测光束的会聚(发散)角.

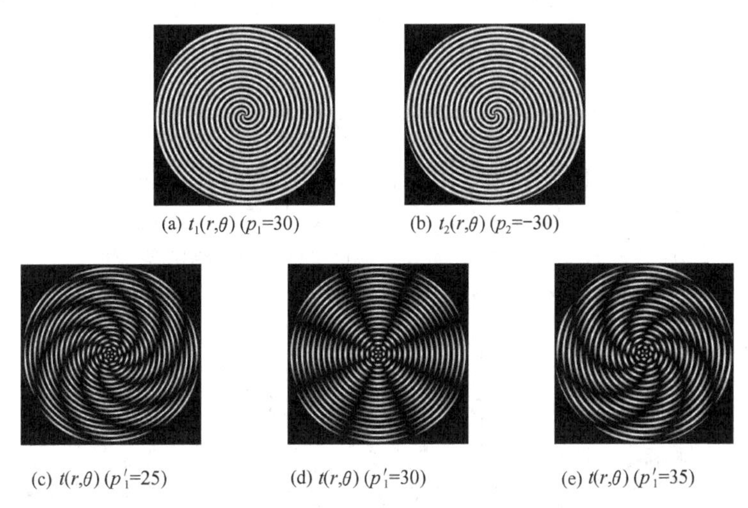

(a) $t_1(r,\theta)$ (p_1=30)　(b) $t_2(r,\theta)$ (p_2=−30)

(c) $t(r,\theta)$ (p_1'=25)　(d) $t(r,\theta)$ (p_1'=30)　(e) $t(r,\theta)$ (p_1'=35)

图 7.3.8　双螺旋莫尔条纹的计算机模拟

7.3.5　莫尔条纹在光刻对准中的应用

光刻技术在芯片和集成电路制造工艺中起着举足轻重的作用，是近代信息技术中的一种关键技术. 莫尔条纹最早的应用是为了计量及测试的需要，随着光刻技术，特别是光刻对准技术的发展及莫尔条纹技术应用领域的扩展，莫尔条纹技术开始广泛应用于光刻对准中. 1972 年提出了莫尔条纹技术，应用于光刻对准，人们提出用周期稍有不同的圆光栅或菲涅耳线波带片作为掩模和基片的对准标记. 经过多年的发展，从早期圆形莫尔条纹用于较低精度的人工对准方式，到应用线莫尔条纹进行纳米级高精度自动对准，以及更复杂的复合光栅莫尔条纹用于更高精度的对准方法不断出现，莫尔方法已成为光刻领域主流对准技术之一.

根据莫尔现象的基本规律，栅线频率相差不大的光栅重叠后将产生放大的莫尔条纹，且条纹的移动相对于光栅移动具有很高的灵敏度，即莫尔条纹具有很高的位移探测灵敏度. 所以在光刻对准中，将掩模和硅片标记做成光栅对准标记，利用莫尔条纹可以反映两光栅对准标记的相对位移，如图 7.3.9 和图 7.3.10 所示. 图 7.3.9 是根据本书前述光栅对莫尔条纹的调制规律仿真的两圆光栅标记对准时产生的莫尔条纹. 其中，(a) 为掩模硅片完全对准时的条纹图案；(b)、(c)、(d) 分别为两圆光栅标记中心相距为 1、2、4 个光栅周期大小时产生的莫尔条纹. 从图中可以看出，穿过中心区域的条纹数目相当于两圆光栅错开的光栅周期数目的 2 倍.

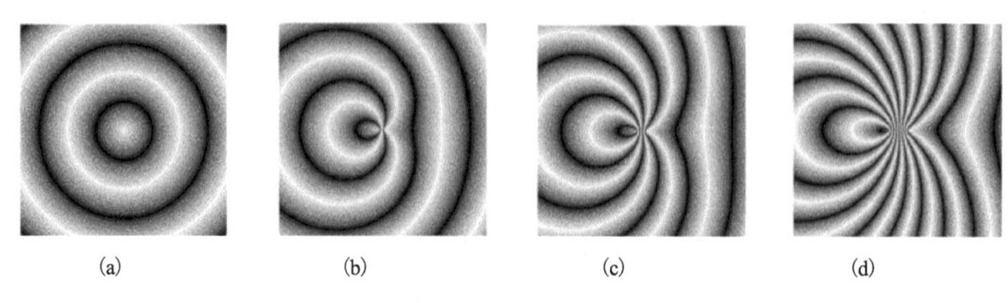

图 7.3.9　光刻对准中圆光栅标记产生的莫尔条纹

除了圆光栅，在光刻对准中还可采用线光栅，如图 7.3.10 所示仿真的两组线光栅标记及其产生的两组莫尔条纹. 图中(a)、(b)分别为掩模硅片上的两种差动光栅标记，当两光栅横向相对移动 Δx 时，两组莫尔条纹将向相反的方向移动，且间距为

$$\Delta L = \Delta x D_1/(D_2 - D_1) + \Delta x D_2/(D_2 - D_1) = \Delta x(D_1 + D_2)/(D_2 - D_1) \tag{7.3.21}$$

则只有满足

$$\Delta x = \frac{2D_1D_2}{D_2 - D_1}\cdot\frac{m}{2} = D_{\text{average}}\cdot\frac{m}{2}, \quad m = 0,1,2,\cdots \tag{7.3.22}$$

即光栅的相对移动距离为两光栅平均周期(D_{average})的半整数倍时，两组条纹间距等于条纹周期的整数倍，条纹才会再次完全重合，实现对准. 图中(c)～(e)是在两组标记光栅相对位移逐渐减小过程中，分别为$\Delta x = D_{\text{average}}/4$、$\Delta x = D_{\text{average}}/8$ 及$\Delta x = D_{\text{average}}/16$ 时对应的莫尔条纹图案，而图中(f)则是两组标记完全重合，实现光刻对准时的条纹图案.

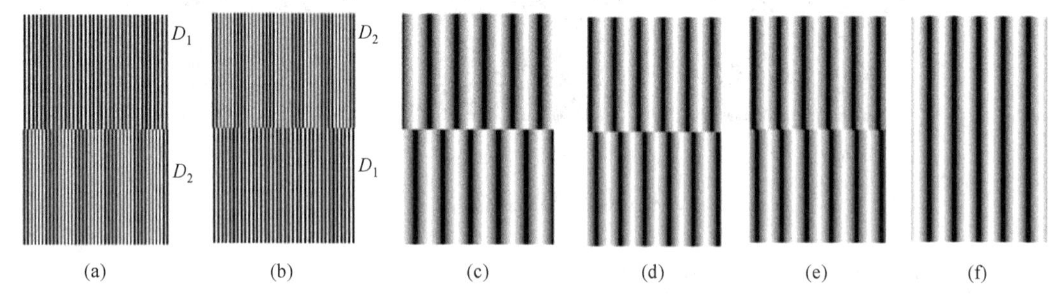

图 7.3.10　光刻对准中线光栅标记产生的莫尔条纹

7.4　莫尔轮廓术

莫尔轮廓术(又称莫尔等高线法)是一种非接触的三维物体面形测量方法. 1970 年，高崎首次提出这种三维面形测量方法. 现在，莫尔轮廓术已发展成为一种计量新技术. 莫尔轮廓术的基本原理是利用一个基准光栅与投影到三维物体表面上并受表面高度调制的变形光栅叠合形成莫尔条纹. 莫尔条纹等高线计量是一种非接触的三维测量，特别适合于医学上的人体检测，以及汽车、造船、制鞋、服装工业等的立体曲面测量.

7.4.1　阴影莫尔法

将基准光栅放置在物体的上面，用光源照明，在物体表面形成阴影光栅，阴影光栅受到物体表面高度的调制发生变形. 如果从另一方向透过基准光栅观察物体，基准光栅与变形的阴影光栅重叠形成莫尔条纹. 图 7.4.1 给出了这种方法的原理. 图中 S 是照明点光源，P 是观察系统入瞳中心，基准光栅的周期为 d. 透过基准光栅的照射光线用从 S 点发出的实线族表示，透过光栅的观察光线

用会聚于 P 点的虚线族表示，两组线在物体表面相交的地方形成亮条纹. 设照明点和观察点相距 l，与基准光栅的距离为 h. 根据图 7.4.1，由三角形 A_2BC 与三角形 A_2PS 的相似关系，可以得到

$$h_2 = \frac{2dh}{l-2d} \tag{7.4.1}$$

式中，h_2 是第二条等高线与光栅的距离. 类似地，可求出第 q 条等高线所代表的深度

$$h_q = \frac{qdh}{l-qd} \tag{7.4.2}$$

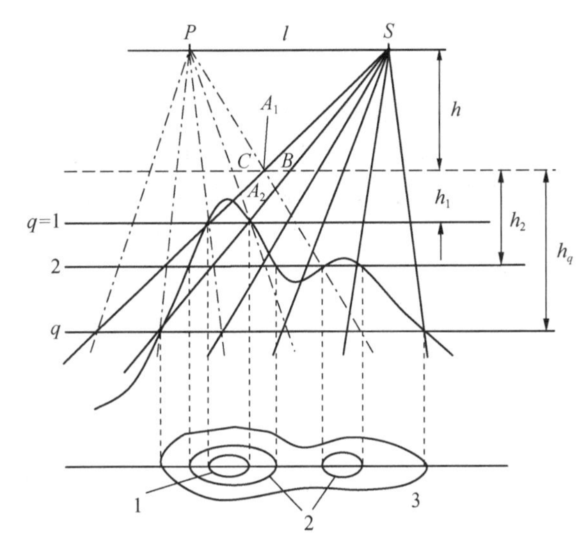

图 7.4.1　阴影莫尔等高原理

由等高线的位置就可以知道被测三维表面的形状，这和大地测量中用地形等高线来代表地形起伏的原理一样. 从式(7.4.2)可知，h_q 与 q 之间存在着非线性关系，说明各等高线之间的距离并不相等. 因此，在这种方法的应用中，除了必须知道系统的几何参数外，还必须知道莫尔条纹级次，才能从莫尔条纹图形上计算出物体表面的高度.

阴影莫尔法是一种非常简便的三维面形测量方法，能直接观察到物体表面的等高线分布，具有独特的优点. 例如，在早期的人体背部测量中，可以通过莫尔条纹直观地判断和评估人体脊柱和/或躯干偏差，可以是放射学研究的一种可行的替代方法，或者作为一种人体脊柱和/或躯干健康状态初步筛查和诊断工具. 图 7.4.2 是高崎 1973 年首次完成的人体莫尔等高图. 在当时的技术条件下，要用阴影莫尔方法测量全尺寸活体，所需的视场的尺寸和深度是相当大的，例如需要 1.8m×1.8m×0.9m 的视场和足够大的光栅，为了在这样的场上获得足够的照度，光源应该发出足够的光通量，光瞳也应该足够小，才可以将光栅的明显阴影投射到所需的深度. 在考虑了这些因素后，一种足够大的测量全尺寸活体的仪器才建造出来.

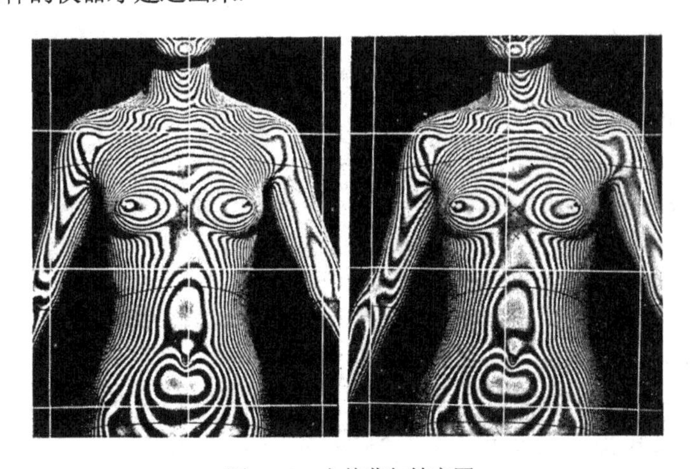

图 7.4.2　人体莫尔等高图

也应指出的是，这种方法也有一些局限性. 被测物体前必须放置基准光栅，这在物体不大时是现实的，但当物体很大时，制作大尺寸的基准光栅就比较困难. 为了提高测量精度，必须减小栅距，而阴影光栅的形成是基于光线直线传播的假定而忽略了光栅的衍射，栅距越小，衍射越大. 因此，在使用小栅距光栅时，被测物面必须离光栅很近. 这意味着不能同时兼顾测量精度和测量范围.

7.4.2 投影莫尔法

对尺寸大、测量精度要求高的物体，可用投影莫尔法. 图 7.4.3 是投影莫尔法的光学系统. 从光源 S 出射的光线，经聚光镜 C_1 而照射基准光栅 G_1. 投影物镜 L_1 将基准光栅的像投影到物体表面，受物体表面高度调制而形成的变形光栅，经成像物镜 L_2 成像到另一块光栅 G_2 的平面上. 一般情况下，L_1 与 L_2 相同，G_1 与 G_2 相同，于是变形光栅像与 G_2 之间形成莫尔等高条纹. 可用相机 E 记录下莫尔等高条纹.

在这种情况下，等高线位置的计算与阴影莫尔略有不同. 设在 $q=0$ 的平面上光栅像间距为 d'，透镜焦距为 f，由物像关系有

$$d' = \frac{d(h-f)}{f} \tag{7.4.3}$$

用 d' 代替式(7.4.2)中的 d，可求出第 q 条等高线所对应的深度

$$h_q = \frac{h(h-f)qd}{fl(h-l)qd} \tag{7.4.4}$$

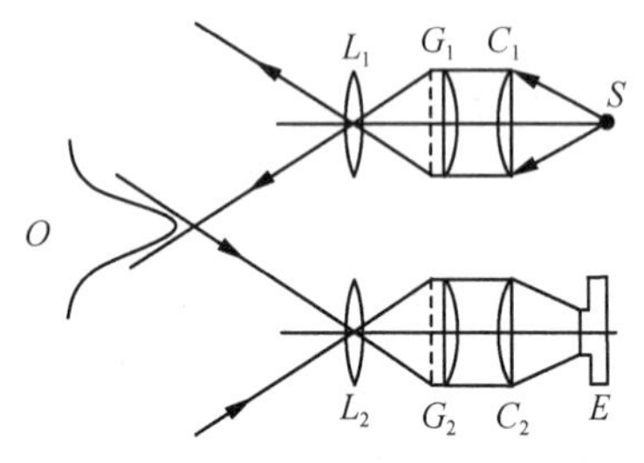

图 7.4.3　投影莫尔的光学系统

h_q 与 q 之间仍然保持非线性关系，说明在投影莫尔法中各等高线之间的距离并不相等. 因此，在这种方法的应用中，除了必须知道系统的几何参数外，也必须知道莫尔条纹的级次，才能计算出物体表面的实际高度.

与阴影莫尔法相比较，投影莫尔法具有较大的灵活性. 改变投影和成像物镜的放大率，可以适应较大物体的测量. 对于较小的物体，也可以采用缩小投影的办法，既可以提高测量灵敏度，又可以控制衍射现象对测量的影响.

7.4.3 扫描莫尔法

在阴影莫尔法和投影莫尔法中，单从莫尔等高线上并不能判断表面的凹凸，这就增加了计量中的不确定性. 为了使莫尔法用于三维面形的自动测量，在投影莫尔法中可以让一块基准光栅(投影系统中的光栅 G_1 或成像系统的光栅 G_2)沿垂直于栅线方向做微小移动，根据莫尔条纹同步移动的方向来确定表面的凹凸.

如果类似于投影莫尔方法，但在成像系统中不用第二块基准光栅去观察，而像电视扫描线一样用电子扫描的办法形成观察的基准光栅. 这种方法称为扫描莫尔法，其基本原理如图 7.4.4 所示. 实际上，代替第二块基准光栅的扫描线可以通过计算机图像处理系统加入，这意味着只要用图像系统(包括摄像输入)获取一幅变形光栅像，就可通过计算机产生光栅的办法来产生莫尔条纹. 由计算机产生的第二块基准光栅的周期和光栅的移动都容易改变，这种扫描莫尔的图像系统可以实现三维面形的自动测量.

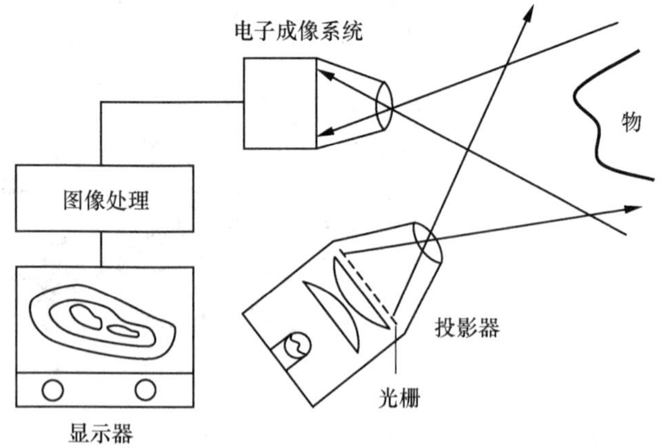

图 7.4.4　扫描莫尔法的基本原理

在过去的几十年中,由于各种新的实验技术的引入、光栅制作工艺的不断改进以及各种高分辨率电镜的出现，莫尔方法取得了令人瞩目的重要进展，其中之一是扫描电镜莫尔法(或电子束莫尔法).

从莫尔条纹形成的原理来看,扫描电镜莫尔法与传统的几何莫尔法相类似，两者最主要的区别在于：①传统的几何莫尔法使用的光栅频率较低，例如低于 100 线，而扫描电镜莫尔法使用的光栅频率最高可达 10000 线以上，因此测量的灵敏度得到极大的提高；②扫描电镜莫尔法中无须制作参考栅，扫描电镜的扫描线代替了几何莫尔法中的参考栅线形成莫尔条纹.

相类似的原理可以用来解释其他高分辨率电镜莫尔法，如原子力电镜(AFM)莫尔法，扫描隧道显微镜(STM)莫尔法等. 这些高分辨率电镜莫尔法为实验力学提供了微米至纳米量级的分辨率，并被成功地应用于微、纳米尺度下物体面形的观察和测量.

尽管莫尔干涉法和扫描电镜莫尔法可用作微米尺度下变形观测的一种有效手段，但这两种方法仍有不足之处，比如，莫尔干涉法需要较复杂的光学系统，且对测量环境和隔振条件要求严格；而扫描电镜莫尔法只能在真空环境中进行测量，由于扫描电子显微镜的真空室尺寸有限，所以对待测试样的形状尺寸提出了要求. 此外，扫描电镜莫尔法还要求待测试样表层必须导电等，这些例外的限制无疑增加了测量过程的复杂性. 因此，发展一种操作简便、适用广泛的微米尺度莫尔方法，不仅是实验方法的拓展，而且对于实验力学的研究人员来说更是有实际意义.

20 世纪 80 年代发展起来的激光扫描共聚焦显微镜(laser scanning confocal microscopy，LSCM)是当今生物学研究领域中的一种先进的图像采集和分析仪器. LSCM 利用激光作为照明光源，在传统的光学显微镜的基础上采用了共轭聚焦的原理和扫描成像装置，与传统的光学显微镜相比，它不仅能够提供更高的空间分辨率(水平方向的分辨率可达到 0.2μm)，并能够提供更高质量的试样图片，且对工作环境无特殊要求.

7.4.4　采样莫尔法

采样莫尔技术，又称抽样莫尔技术，是一种空间相位分析方法，与傅里叶变换、窗口傅里叶变换、小波变换等方法一样，适用于单帧条纹图像处理. 这些空间相位分析方法最大的优点是可以分析动态的物理现象. 另一种使用多帧相移条纹图案的相位分析方法也被称为时间相移方法，是在时域内按每个像素的相位信息独立分析，虽然具有更高的精度，但不利于分析动态物理现象. 采样莫尔技术采用了一种被称为降采样(down-sampling)和强度插值(intensity interpolation)技术，可用于被测对象的面形变化或位移或应变. 用相机将物体上的变形光栅图像记录下来，利用降采样和强度插值产生相移莫尔条纹，这对莫尔条纹的相位分析提供了方便. 本节将简要介绍采样莫尔法的原理.

采样莫尔法是一种有效的单帧条纹图像分析技术，这种技术基于从单帧条纹图像中提取莫尔条纹的相位分布. 图 7.4.5 说明了采样莫尔法的基本原理以及数据处理流程，图中包括“降采样”的图像处理过程和“强度插值”的插值过程.

图中(a)显示了一个规则的周期线光栅投射在或附着在水平方向物体的表面，被数字相机采样的情况，(b)显示捕获的光栅图像(只显示在 CCD 平面一条水平线上的分布)，其强度表示为

$$f(x)=a(x)\cos\left(2\pi\frac{x}{P}+\varphi_0\right)+b(x)=a(x)\cos[\varphi(x)]+b(x) \tag{7.4.5}$$

式中，$a(x)$是光栅的振幅，$b(x)$是背景强度，φ_0是在位置 x 处的初始相位值，P 是获取的初始光栅在 CCD 平面上的周期. 图 7.4.5(c)显示了几个相移的莫尔条纹图案，通过细化每 T 个像素(在图例这种情况下，T=4)，可以得到在图 7.4.5(b)左侧的点第一个采样点到 T−1 采样点的图像，这个图像处理步骤被称为降采样，T 是采样间距. 改变采样点过程对应于单莫尔条纹图案的空间相移. 如果所有的采样图像都用相邻点的采样数据插值，所有的莫尔图像就变得更加清晰和容易观察，图像

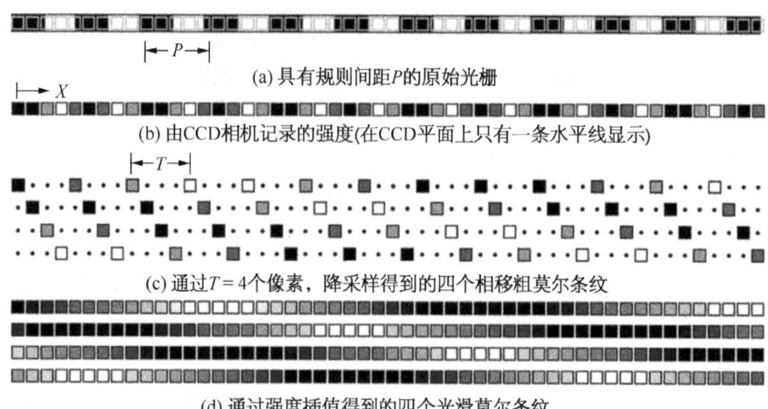

(a) 具有规则间距P的原始光栅

(b) 由CCD相机记录的强度(在CCD平面上只有一条水平线显示)

(c) 通过$T=4$个像素，降采样得到的四个相移粗莫尔条纹

(d) 通过强度插值得到的四个光滑莫尔条纹

图 7.4.5 采样莫尔法的原理图

大小也保持在原有的图像尺寸上，如图 7.4.5(d)所示. 强度插值的方法可以使用任何一种算法(如线性插值算法)、利用 B-样条函数，进行高阶插值或拉格朗日多项式插值. 其中，线性插值算法比较简单、快速. 经过强度插值后，可以从图 7.4.5(b)所示的单帧图像中得到莫尔条纹图案的多帧相移图像，第 k 帧相移莫尔条纹图像可以确定为

$$
\begin{aligned}
f_m(x;k) &= a(x)\cos\left[2\pi\left(\frac{1}{P}-\frac{1}{T}\right)x+2\pi\frac{k}{T}+\varphi_0\right]+b(x)=a(x)\cos\left[\varphi(x)-\varphi_s(x)+2\pi\frac{k}{T}\right]+b(x)\\
&= a(x)\cos\left[\varphi_m(x)+2\pi\frac{k}{T}\right]+b(x)
\end{aligned}
\tag{7.4.6}
$$

然后，与传统的相移方法一样，可以通过相移算法或离散傅里叶变换(DFT)得到莫尔条纹图的相位分布 φ_m. 最后，通过加入采样点的相位分布 $\varphi_s=2\pi x/T$，可以得到原始光栅 φ 的相位分布

$$
\varphi(x)=\varphi_m(x)+2\pi\frac{x}{T} \tag{7.4.7}
$$

在说明采样莫尔方法的原理时，我们仅仅从莫尔条纹的数学形态上分析从单帧条纹图像获取莫尔条纹的方法，并未涉及单帧条纹图像的来源. 实际上，单帧条纹图像的来源在不同的应用领域可以是不同的. 例如，在三维面形测量领域，我们可以将条纹图像投影到被测三维表面，从另一个方向获取变形条纹图像，与傅里叶变换轮廓术的获取方法相同，属于离面变形测量. 又如，在面内位移与变形测量中，我们将制作的条纹光栅附着在待测表面，或者直接在被测样件表面制作条纹光栅，甚至直接利用样品物理上的晶格结构. 因此，采样莫尔方法涉及较为广泛的应用领域，包括三维面形测量，位移与变形测量，建筑结构变形测量与监测，应力测量，动态测量等.

7.4.5 计算莫尔轮廓术

早期的莫尔轮廓术，例如阴影莫尔与投影莫尔，其本质的特征是由纯光学的方法使携带三维面形信息的变形条纹与不携带三维面形信息的参考条纹叠加，产生反映面形信息的、较低频率的莫尔条纹. 其数学特征是，两个包含余弦函数的初级条纹，一个被面形信息调制，另一个没有被面形调制，两者相乘，即两个三角函数相乘，根据三角函数的积化和差，产生和频与差频两项，差频项就是较低频率的莫尔条纹. 随着数字图像处理技术的发展，以及高分辨率的数字相机的出现，人们逐渐认识到，两组条纹中的参考条纹并不一定由物理的实体光栅产生，而可以用数字的光栅代替. 换句话说，我们只需要采集一帧被三维面形信息调制的变形条纹图，另一帧参考条纹图完全可以用计算机生成的数字光栅代替，用计算的方法产生莫尔条纹. 其数学特征也不仅仅限于参考光栅条纹与变形光栅条纹相乘，也可以是包括加、减、乘、除以及逻辑运算在内的更复杂运算形式. 于是，在莫尔轮廓术发展的过程中陆续出现了一些新的概念和术语，例如，前面已讨论过的扫描莫尔、采样莫尔，以及下面要讨论的数字莫尔(digital Moiré)、逻辑莫尔(logical Moiré)、计算机生成莫尔(computer-generated Moiré，以下简称计算莫尔)，它们的基本特征相近，但相对独立发展，且各具特色，适用于不同的应用场景，形成丰富多彩的莫尔轮廓术大家族. 本节所讨论的计算莫尔，除了强调用数字光栅取代物理上的参考条纹外，更多强调形成莫尔条纹的更复杂的数学运算形式，这些运算形式突破了早期莫尔的两个透过率函数相乘的模式，也就是突破了三角函数的积化和差产生低频莫尔条纹的模式，用更复杂的运算形式达到消除背景干扰、减少频谱混叠、提高精度等目的.

1. 数字莫尔与逻辑莫尔

早期的莫尔条纹是由两个光栅重叠而形成的，一个是参考光栅，另一个是变形光栅. 阴影莫尔的参考光栅是物理光栅，变形光栅是该物理光栅的投影. 在早期的投影莫尔中，变形光栅是物理光栅在被测表面上的像，参考光栅是另一块物理光栅. 随着探测器(包括相机)分辨率的提高，探测器上的阵列像素点可以产生各种类型的虚拟光栅或参考光栅，用简单的数字图像处理方法就可以生成莫尔条纹，这种莫尔条纹就称为数字莫尔.

数字莫尔提供了一种简单而鲁棒的单帧条纹三维重建技术，因为参考光栅是用数字图像处理技术生成的，很容易生成多步相移的参考光栅，结合数字滤波和数字实现的相移方法，就可以重建被测表面三维面形.

另一种莫尔技术称为逻辑莫尔，又称逻辑云纹. 它是基于计算机的逻辑运算，即将二值化变形条纹与二值化参考条纹进行逻辑运算得到的，可以选择的逻辑运算操作方式有 AND(与)、OR(或)和 XOR(异或). 其逻辑运算真值表如表 7.4.1 所示

表 7.4.1　逻辑运算真值表

二值栅		逻辑运算		
参考栅	变形栅	AND	OR	XOR
0	0	0	0	0
1	1	1	1	0
1	0	0	1	1

AND 莫尔为乘法莫尔，图 7.4.6 以一维的例子给出. 图 7.4.6(a)中最上为变形栅，栅距为 25 个像素；中间为参考栅，栅距 p 为 24 个像素；下边为 AND 莫尔. 如果参考栅移动(这在计算机中用软件极容易实现)，逻辑莫尔也发生移动. OR 莫尔是 AND 莫尔的黑白翻转. XOR 莫尔有更好的清晰度. 图 7.4.6(b)是 XOR 莫尔，最上为变形栅，栅距为 25 个像素；中间为参考栅，栅距 p 为 24 个像素；下边为 XOR 莫尔. 图 7.4.6(c)是参考栅等间隔地向右移动 5 次，每次相移 5 个像素，分别得到的 5 个逻辑莫尔图像.

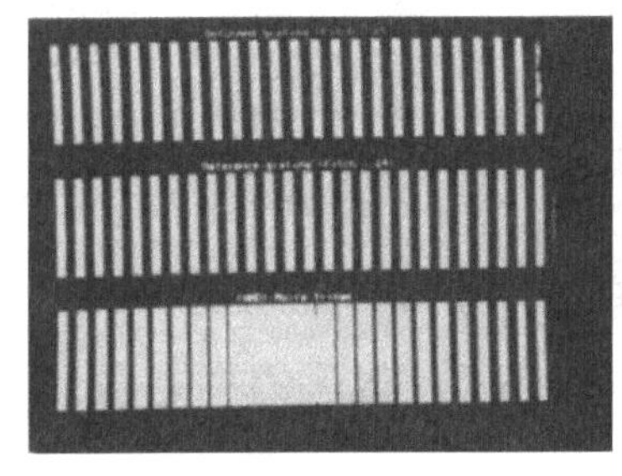

(a) AND 莫尔

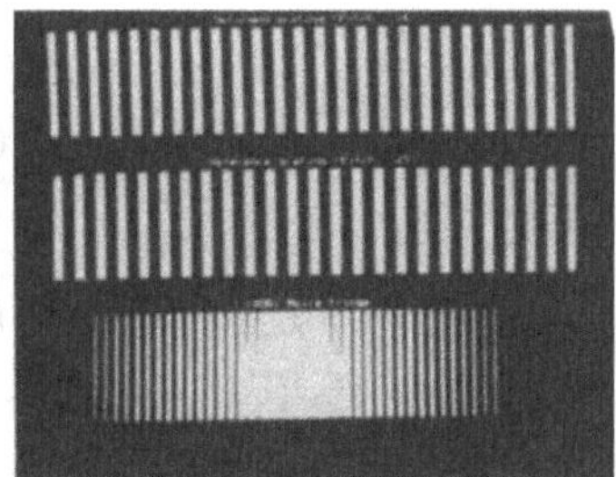

(b) XOR 莫尔

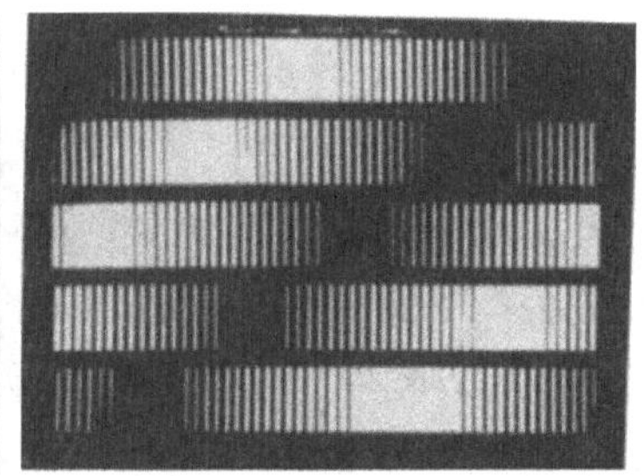

(c) 5 步相移 XOR 莫尔

图 7.4.6　AND 和 XOR 逻辑莫尔图形

逻辑莫尔能够利用变形光栅和通过逻辑操作叠加的计算机参考光栅产生数字条纹. 在一位二进制光栅上的 AND 和 OR 运算给出了一个乘法莫尔，而 XOR 运算符提供了一个具有条纹锐化和乘法的莫尔. 对于定性可视化，逻辑 XOR 莫尔具有良好的对比与快速运算能力，在可视化和分析非均匀位移等领域具有良好的应用前景. 对于定量测量，逻辑莫尔可以与条纹位移相结合，以最小一个像素的相移，提供较高精度与灵敏度的分析能力.

2. 计算莫尔轮廓术

对于获取的变形条纹，通过计算机图像处理功能，消除背景光后，与预存储于计算机中的参考面变形进行叠加，产生莫尔条纹，从而通过单帧变形条纹提取出待测物体的相位信息. 将这种方法称为计算莫尔轮廓术(computer-generated moiré profilometry，CGMP). 这意味着在测量时，只需获取单帧变形条纹即可实现相位提取，与 FTP 一样，具有单帧测量特点，可用于动态三维测量.

1) 原理与计算公式

测量前，将一组四步相移的满周期等相移数字正弦光栅投影至参考面表面，得到对应的受参考面调制的变形条纹，然后用图像采集系统对变形条纹进行采集，采集得到的变形条纹可用数学模型表示如下：

$$\begin{aligned}
I_1(x,y) &= R(x,y)\{A+B\cos[2\pi f_0 x+\phi_0(x,y)]\} \\
I_2(x,y) &= R(x,y)\{A+B\cos[2\pi f_0 x+\phi_0(x,y)+\pi/2]\} \\
I_3(x,y) &= R(x,y)\{A+B\cos[2\pi f_0 x+\phi_0(x,y)+\pi]\} \\
I_4(x,y) &= R(x,y)\{A+B\cos[2\pi f_0 x+\phi_0(x,y)+3\pi/2]\}
\end{aligned} \tag{7.4.8}$$

式中，$R(x,y)$ 表示参考平面的反射率分布情况，A 为光栅图样中的背景光分量，B 是数字光栅的条纹对比度，$\phi_0(x,y)$ 则是受参考面调制产生的相位信息. 将相差 π 相位的两帧变形条纹两两相减进行背景光消除处理，得到互余的参考面条纹图像的交流分量，结果分别如公式 (7.4.9) 和 (7.4.10) 所示

$$\tilde{I}_{0^\circ}^{\mathrm{R}}(x,y)=\frac{1}{2}[I_1(x,y)-I_3(x,y)]=R(x,y)B\cos[2\pi f_0 x+\phi_0(x,y)] \tag{7.4.9}$$

$$\tilde{I}_{90^\circ}^{\mathrm{R}}(x,y)=\frac{1}{2}[I_2(x,y)-I_4(x,y)]=R(x,y)B\cos[2\pi f_0 x+\phi_0(x,y)+\pi/2] \tag{7.4.10}$$

将上述两个互余的交流分量存储于计算机，留待后续条纹处理使用.

测量时，仅投影一帧数字正弦条纹至待测物体表面，受待测物体三维面形调制产生变形条纹由图像采集系统采集，该条纹可表示为

$$I_0(x,y)=R'(x,y)A+R'(x,y)B\cos[2\pi f_0 x+\phi(x,y)]\} \tag{7.4.11}$$

式中，$R'(x,y)$ 为物体表面的反射率分布，$\phi(x,y)$ 为受到待测物体和参考面共同调制的相位分布. 设该变形条纹的零频沿 x 、y 方向的频谱宽度分别为 $\xi_{\max}$、$\eta_{\max}$，经 FFT 变换到频域滤除其零频后再作逆 FFT 变换，可得变形条纹图像的交流分量，如式(7.4.12)所示

$$\begin{aligned}
\tilde{I}_0^{\mathrm{O}}(x,y) &= I_0(x,y)-abs\left(\mathrm{FFT}^{-1}\left\{\left[\mathrm{FFT}\{I_0(x,y)\}\mathrm{rect}\left(\frac{\xi}{\xi_{\max}},\frac{\eta}{\eta_{\max}}\right)\right]\right\}\right) \\
&= R'(x,y)B\cos[2\pi f_0 x+\phi(x,y)]
\end{aligned} \tag{7.4.12}$$

通过计算机处理的方式将处理后的待测物体变形条纹与之前存储于计算机中的两帧参考面交流分量分别进行乘法，可以得到如式(7.4.13)和式(7.4.14)所示的结果

$$\begin{aligned}
I_{0^\circ}^{\mathrm{OR}}(x,y) &= \tilde{I}_{0^\circ}^{\mathrm{O}}(x,y)\tilde{I}_{0^\circ}^{\mathrm{R}}(x,y) \\
&= R(x,y)R'(x,y)B^2\cos[4\pi f_0 x+\phi_0(x,y)+\phi(x,y)] \\
&\quad + R(x,y)R'(x,y)B^2\cos[\phi(x,y)-\phi_0(x,y)]
\end{aligned} \tag{7.4.13}$$

$$
\begin{aligned}
I_{90^\circ}^{\mathrm{OR}}(x,y) &= \tilde{I}_{0^\circ}^{\mathrm{O}}(x,y)\tilde{I}_{90^\circ}^{\mathrm{R}}(x,y) \\
&= R(x,y)R'(x,y)B^2\sin[4\pi f_0 x+\phi_0(x,y)+\phi(x,y)] \\
&\quad + R(x,y)R'(x,y)B^2\sin[\phi(x,y)-\phi_0(x,y)]
\end{aligned} \tag{7.4.14}
$$

与原始的变形条纹相比，叠加生成的新条纹中一共有两个频率成分，分别是零频成分和二倍频成分. 而两帧新条纹中的零频成分包含了仅由物体高度引起的相位信息的正弦分布和余弦分布，且该正弦和余弦具有相同的系数. 提取新条纹的零频成分，也就可以提取出我们定义的由计算机生成的莫尔条纹，结果如公式(7.4.15)和(7.4.16)所示

$$
I_{\mathrm{moire}0^\circ}(x,y) = R(x,y)R'(x,y)B^2\cos[\phi(x,y)-\phi_0(x,y)] \tag{7.4.15}
$$

$$
I_{\mathrm{moire}90^\circ}(x,y) = R(x,y)R'(x,y)B^2\sin[\phi(x,y)-\phi_0(x,y)] \tag{7.4.16}
$$

将两帧莫尔条纹分别定义为 0° 莫尔条纹和 90° 莫尔条纹. 其中 0° 莫尔条纹中包含了待测物体相位的余弦分布情况，90° 莫尔条纹包含待测物体相位的正弦分布情况. 将两帧莫尔条纹相除，可以直接得到待测物体相位的正切函数分布

$$
\tan[\phi(x,y)-\phi_0(x,y)] = \frac{I_{\mathrm{moire}90^\circ}(x,y)}{I_{\mathrm{moire}0^\circ}(x,y)} \tag{7.4.17}
$$

最后，根据三角函数公式求解待测物体的截断相位，并展开成连续相位，从而恢复物体的三维高度信息.

2) 计算莫尔测量流程说明

计算莫尔轮廓术的测量流程示意图如图 7.4.7 所示，测量过程可分为准备部分(左上角虚线框部分)和测量部分(其余虚线框部分). 测量用到一组四步满周期等相移的相移量为π/2 的数字正弦条纹. 在测量前先对参考面进行条纹投影并采集对应的参考面变形条纹，通过将两帧相位差为π的变形条纹分别相减来消除变形条纹中的背景光分量，并存储于计算机中，留作后续处理之用. 测量时，将第一帧数字正弦光栅投影至物体表面并采集对应的变形条纹，将采集的变形条纹变换至频域并滤除其中的零频分量，从而消除条纹中的背景光分量. 然后将处理后的待测物体变形条纹与已存储于计算机的处理后的参考面变形条纹进行乘法叠加，可得到一组新的条纹，该组条纹的零频分量包含了仅由物体面形引起的相位信息. 通过低通滤波器提取出该成分即可得到包含物体相位的有效信息，我们称之为莫尔条纹，它们分别包含了物体相位的正弦和余弦分布. 待测物体的截断相位信息可通过上述莫尔条纹直接解算所得，而待测物体的三维面形高度信息则可在进行相位展开算法

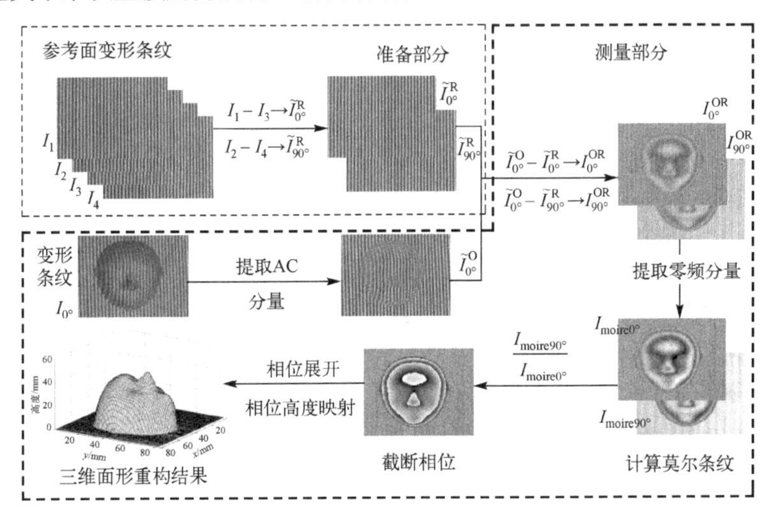

图 7.4.7　计算莫尔轮廓术的测量流程示意图

后根据系统标定参数恢复得到. 这种方法的特点是消除背景光的影响，通过计算机将经过背景光消除处理后的参考面变形条纹与待测物体的变形条纹进行乘法叠加,可以产生仅包含物体相位信息的莫尔条纹，通过莫尔条纹即可求得物体的相位分布情况，进而重构待测物体的三维面形.

已经讨论的计算莫尔轮廓术，除了强调用数字光栅取代物理上的参考条纹外，更多强调形成莫尔条纹的数学运算形式，这些运算形式突破了早期莫尔的两个透过率函数相乘的模式，也就是突破了三角函数的积化和差产生低频莫尔条纹的模式，用更复杂的运算形式达到消除背景干扰、减少频谱混叠、提高精度等目的. 由于突破了物理光栅的限制，可以用计算机数据处理的方法对参考条纹和变形条纹分别进行处理，采用更复杂的数学运算形式，具体计算莫尔轮廓术的方法不断拓展，出现了基于π相移技术的计算莫尔、基于代数加法的计算莫尔、基于计算的载频莫尔、基于灰阶扩展的计算莫尔、基于二元编码的高频动态计算莫尔和无须滤波的空间计算莫尔等方法.

第 8 章　空间滤波

历史引言

从傅里叶逆变换的定义可知，空间任意函数可以看成不同频率(ζ,η)指数基元函数的叠加. 空间滤波的目的是有意识地改变像的频谱，使像产生所希望的变换. 光学信息处理是一个更为宽广的领域，它主要是用光学方法实现对输入信息的各种变换或处理. 例如，光波通过两个重叠摆放的光栅可实现光栅像的乘运算；光波通过两个间隔一定位置摆放的光栅可实现光栅像的加运算；利用光学系统可以实现傅里叶变换、滤波、卷积和相关等运算. 空间滤波和光学信息处理可以追溯到 1873 年阿贝(Abbe)提出二次成像理论. 阿贝于 1893 年和波特(Porter)于 1906 年为验证这一理论所做的实验，科学地说明了成像质量与系统传递的空间频谱之间的关系，1953 年策尼克(Zernike)提出的相衬显微镜是空间滤波技术早期最成功的应用. 1946 年迪菲厄(Duffieux)把光学成像系统看成线性滤波器，成功地用傅里叶方法分析成像过程，发表了《傅里叶变换及其在光学中的应用》的著名论著. 20 世纪 50 年代，埃里亚斯(Elias)及其同事的经典论文《光学和通信理论》和《光学处理的傅里叶方法》为光学信息处理提供了有力的数学工具. 20 世纪 60 年代，由于激光的出现和全息术的重大发展，光学信息处理进入了蓬勃发展的新时期.

8.1　空间滤波的基本原理

8.1.1　阿贝成像理论

阿贝研究显微镜成像问题时提出了一种不同于几何光学的新观点，他将物看成是不同空间频率信息的集合，把像与系统传递的空间频谱对应. 相干成像过程分两步完成，如图 8.1.1 所示，第一步是入射光场经物平面 P_1 发生夫琅禾费衍射，在透镜后焦面 P_2 上形成一系列衍射斑；第二步是各衍射斑作为新的次波源发出球面次波，在像面上互相叠加，形成物体的像. 将显微镜成像过程看成是上述两步成像的过程，是波动光学的观点，后来人们称其为阿贝成像理论. 阿贝成像理论不仅用傅里叶变换阐述了显微镜成像的机制，更重要的是首次引入频谱的概念，启发人们用改造频谱的手段来改造信息.

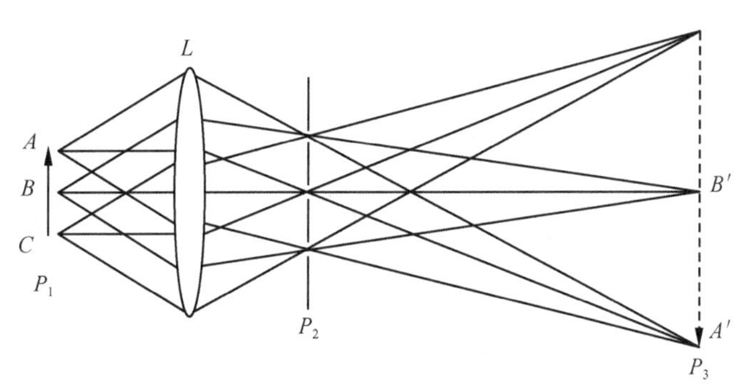

图 8.1.1　阿贝成像原理

阿贝-波特实验是对阿贝成像原理最好的验证和演示. 这项实验的一般做法如图 8.1.2 所示，用平行相干光束照明一张细丝网格，在成像透镜的后焦面上出现周期性网格的傅里叶频谱，这些傅里叶频谱分量再组合，在像平面上再现网格的像. 若把各种遮挡物(如光圈、狭缝、小光屏)放在频谱面上，就能以不同方式改变像的频谱，从而在像平面上得到由改变后的频谱分量重新组合得到的对应的像. 图 8.1.2 中，(a)是实验装置图，(b)是使用一条水平狭缝时透过的频谱，对应的像如图(c)所示，它只包括网格的垂直结构. 如果将狭缝旋转 90°，则透过的频谱和对应的像如图(d)、(e)所示. 若在焦面上放一个可变光圈，开始时光圈缩小，使得只通过轴上的傅里叶分量，然后逐渐加大光圈，就可以看到网格的像怎样由傅里叶分量一步步综合出来. 如果去掉光圈换上一个小光屏挡住零级频谱，则可以看到网格像的对比度反转. 这些实验以其简单的装置十分明确地演示了阿贝成像原理，对空间滤波的作用给出了直观的说明，为光学信息处理的概念奠定了基础.

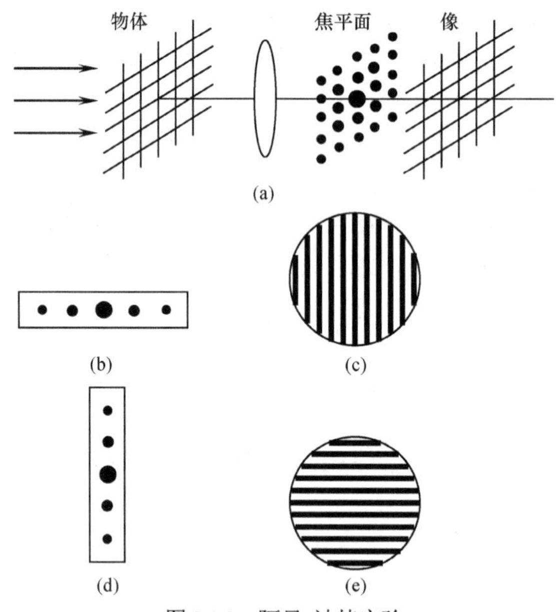

图 8.1.2　阿贝-波特实验

8.1.2　空间滤波的傅里叶分析

现在我们以一维光栅为例，用傅里叶分析的手段讨论空间滤波过程，以便更透彻地了解改变系统透射频谱对像结构的影响. 为简明起见，采用最典型的相干滤波系统，通常称为 $4f$ 系统，如图 8.1.3 所示. 图中，L_1 是准直透镜；L_2 和 L_3 为傅里叶变换透镜，焦距均为 f；P_1、P_2 和 P_3 分别是物面、频谱面和像面，并且 P_3 平面采用反演坐标系. 设光栅常量为 d，缝宽为 a，光栅沿 x_1 方向的宽度为 L，则它的透过率为

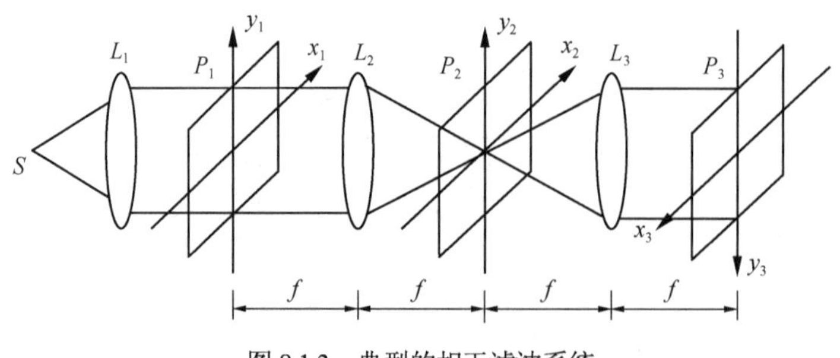

图 8.1.3　典型的相干滤波系统

$$t(x_1)=\left[\mathrm{rect}\left(\frac{x_1}{a}\right)*\frac{1}{d}\mathrm{comb}\left(\frac{x_1}{d}\right)\right]\mathrm{rect}\left(\frac{x_1}{L}\right) \tag{8.1.1}$$

在 P_2 平面上的光场分布应正比于

$$\begin{aligned}T(\zeta)&=\frac{aL}{d}\sum_{m=-\infty}^{\infty}\mathrm{sinc}\left(\frac{am}{d}\right)\mathrm{sinc}\left[L\left(\xi-\frac{m}{d}\right)\right]\\&=\frac{aL}{d}\left\{\mathrm{sinc}(L\xi)+\mathrm{sinc}\left(\frac{a}{d}\right)\mathrm{sinc}\left[L\left(\zeta-\frac{1}{d}\right)\right]+\mathrm{sinc}\left(\frac{a}{d}\right)\mathrm{sinc}\left[L\left(\xi+\frac{1}{d}\right)\right]+\cdots\right\}\end{aligned} \tag{8.1.2}$$

式中，$\zeta=x_2/(\lambda f)$，x_2 是频谱面上的位置坐标，ζ 是同一平面上用空间频率表示的坐标. 为了避免各级频谱重叠，假定 $L\gg d$. 下面我们将讨论在频谱面上放置不同的滤波器时，在输出面上像场的变化情况.

(1) 滤波器是一个适当宽度的狭缝，只允许零级谱通过，也就是说只让式(8.1.2)中第一项 $(aL/d)\,\mathrm{sinc}(L\xi)$ 通过，则狭缝后的透射光场为

$$T(\xi)H(\xi)=\frac{aL}{d}\mathrm{sinc}(L\xi) \tag{8.1.3}$$

式中，$H(\xi)$ 是狭缝的透过函数. 于是在输出平面上的场分布为

$$g(x_3)=\mathscr{F}^{-1}\{T(\xi)H(\xi)\}=\frac{a}{d}\mathrm{rect}\left(\frac{x_3}{L}\right) \tag{8.1.4}$$

空间滤波的全部过程如图 8.1.4 所示.

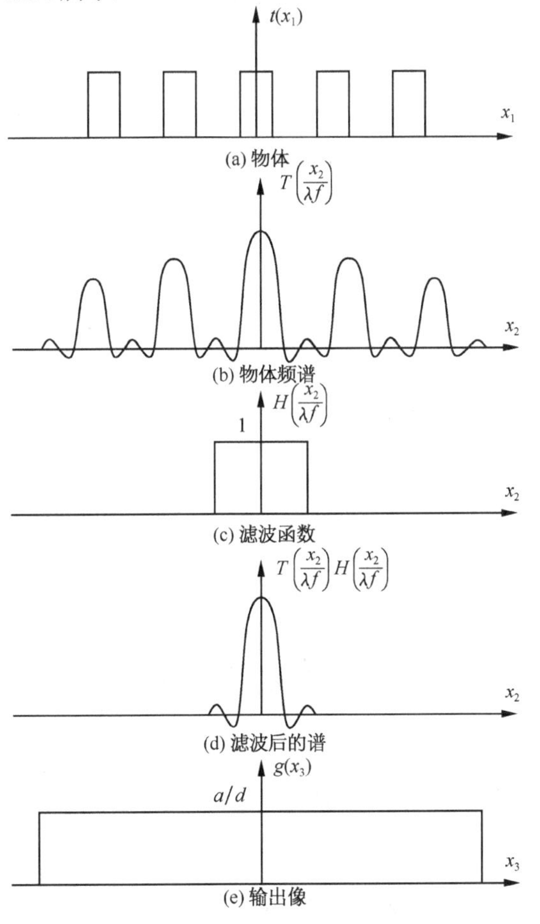

图 8.1.4　一维光栅经滤波的像(透过零级)

(2) 狭缝加宽允许零级和正、负一级频谱通过，这时透射的频谱包括式(8.1.2)中的前三项，即

$$\boldsymbol{T}(\xi)\boldsymbol{H}(\xi)=\frac{aL}{d}\left\{\operatorname{sinc}(L\xi)+\operatorname{sinc}\left(\frac{a}{d}\right)\times\operatorname{sinc}\left[L\left(\xi-\frac{1}{d}\right)\right]+\operatorname{sinc}\left(\frac{a}{d}\right)\times\operatorname{sinc}\left[L\left(\xi+\frac{1}{d}\right)\right]\right\} \tag{8.1.5}$$

于是输出平面上的场分布为

$$\begin{aligned}\boldsymbol{g}(x_3)&=\mathscr{F}^{-1}\{\boldsymbol{T}(\xi)\boldsymbol{H}(\xi)\}\\&=\frac{a}{d}\operatorname{rect}\left(\frac{x_3}{L}\right)+\left\{\operatorname{sinc}\left(\frac{a}{d}\right)\operatorname{rect}\left(\frac{x_3}{L}\right)\times\exp\left(\mathrm{j}2\pi\frac{x_3}{d}\right)+\operatorname{sinc}\left(\frac{a}{d}\right)\operatorname{rect}\left(\frac{x_3}{L}\right)\times\exp\left(-\mathrm{j}2\pi\frac{x_3}{d}\right)\right\}\frac{a}{d}\\&=\frac{a}{d}\operatorname{rect}\left(\frac{x_3}{L}\right)\left[1+2\operatorname{sinc}\left(\frac{a}{d}\right)\cos\left(\frac{2\pi x_3}{d}\right)\right]\end{aligned} \tag{8.1.6}$$

空间滤波的全过程如图 8.1.5 所示. 在这种情况下，像与物的周期相同，但由于高频信息的丢失，像的结构变成余弦振幅光栅.

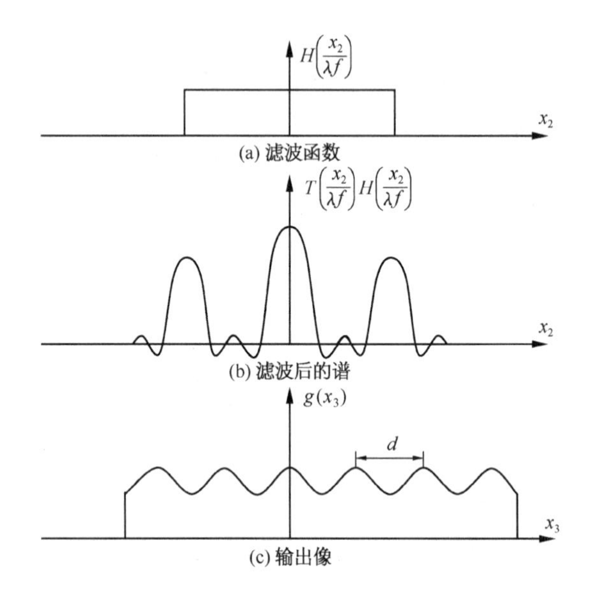

图 8.1.5　一维光栅经滤波的像(透过零级和正、负一级频谱)

(3) 在滤波面上放置双缝，只允许正、负二级谱通过，这时系统透射的频谱为

$$\boldsymbol{T}(\xi)\boldsymbol{H}(\xi)=\frac{aL}{d}\operatorname{sinc}\left(\frac{2a}{d}\right)\left\{\operatorname{sinc}\left[L\left(\xi-\frac{2}{d}\right)\right]+\operatorname{sinc}\left[L\left(\xi+\frac{2}{d}\right)\right]\right\} \tag{8.1.7}$$

输出平面上的场分布为

$$\boldsymbol{g}(x_3)=\mathscr{F}^{-1}\{\boldsymbol{T}(\xi)\boldsymbol{H}(\xi)\}=\frac{2a}{d}\operatorname{sinc}\left(\frac{2a}{d}\right)\operatorname{rect}\left(\frac{x_3}{L}\right)\cos\left(\frac{4\pi x_3}{d}\right) \tag{8.1.8}$$

在这种情况下，像的周期是物的周期的一半，像的结构是余弦振幅光栅，如图 8.1.6 所示.

(4) 在频谱面上放置不透光的小圆屏，挡住零级谱，而让其余频率成分通过，这时透射频谱可表示为

$$\boldsymbol{T}(\zeta)\boldsymbol{H}(\zeta)=\boldsymbol{T}(\zeta)-\frac{aL}{d}\operatorname{sinc}(L\zeta) \tag{8.1.9}$$

像面上的光场分布为

$$
\begin{aligned}
\boldsymbol{g}(x_3) &= \mathscr{F}^{-1}\{\boldsymbol{T}(\zeta)\} - \mathscr{F}^{-1}\left\{\frac{aL}{d}\operatorname{sinc}(L\zeta)\right\} = t(x_3) - \frac{a}{d}\operatorname{rect}\left(\frac{x_3}{L}\right) \\
&= \left[\operatorname{rect}\left(\frac{x_3}{a}\right)\frac{1}{d}\operatorname{comb}\left(\frac{x_3}{d}\right)\right]\operatorname{rect}\left(\frac{x_3}{L}\right) - \frac{a}{d}\operatorname{rect}\left(\frac{x_3}{L}\right)
\end{aligned} \tag{8.1.10}
$$

当 $a=d/2$，即缝宽等于缝的间隙时，直流分量为 1/2，像场的复振幅分布仍为光栅结构，并且周期与物相同，但强度分布是均匀的，即实际上看不见条纹，如图 8.1.7 所示. 当 $a>d/2$，即缝宽大于缝的间隙时，直流分量大于 1/2. 去掉零级谱以后像场分布如图 8.1.8 所示，对应物体上亮的部分变暗，暗的部分变亮，实现了对比度反转.

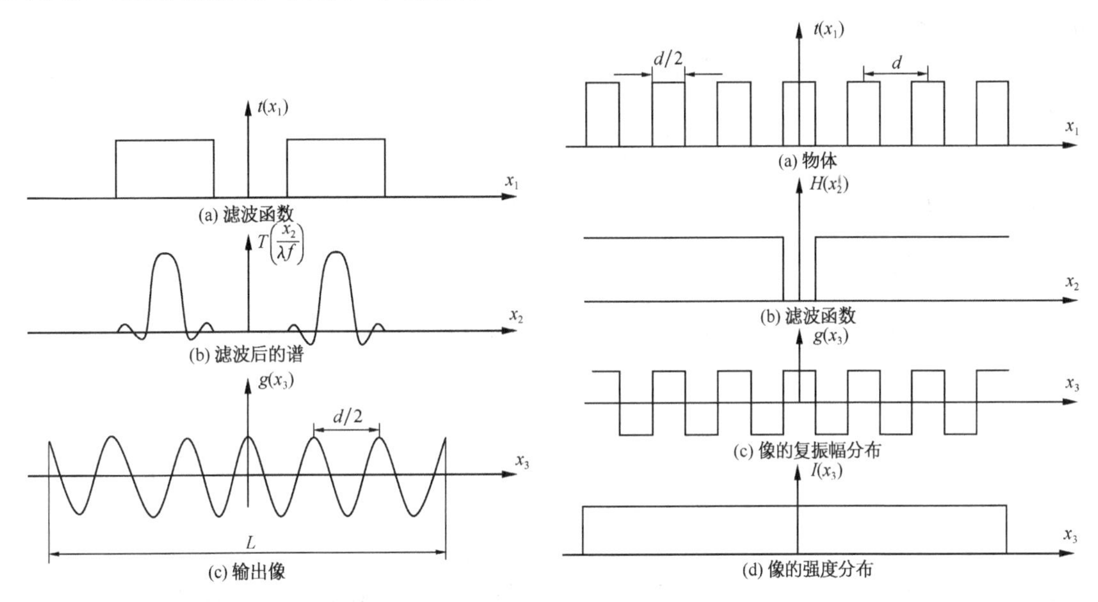

图 8.1.6 一维光栅经滤波的像(透过正、负二级频谱)　　图 8.1.7 去掉零频后一维光栅的像($a=d/2$)

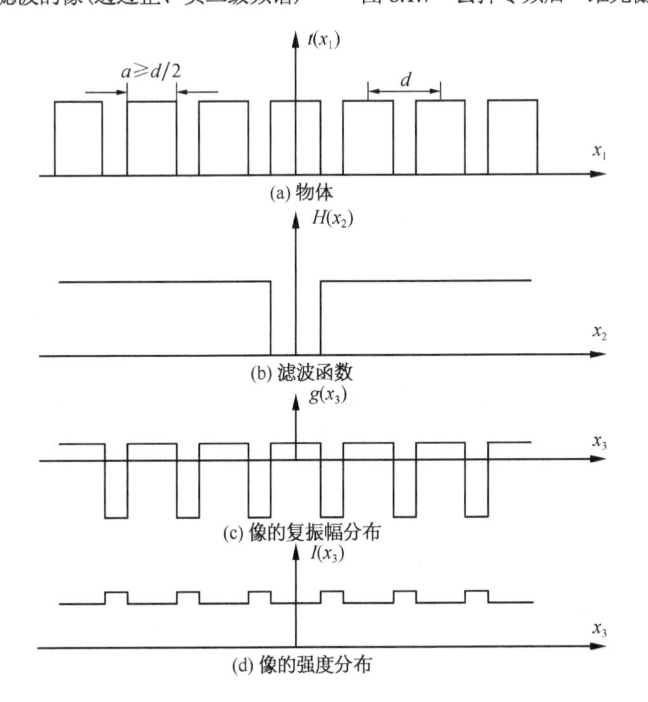

图 8.1.8　去掉零级谱后一维光栅的像($a>d/2$)

上述讨论说明了利用空间滤波技术可以改变成像系统中像场的光分布.

例 8.1.1　在图 8.1.3 所示的系统中，在 x_1y_1 平面上放置一正弦光栅，其振幅透过率为 $\boldsymbol{t}(x_1)=t_0+t_1\cos(2\pi\xi_0x_1)$.

(1)在频谱面的中央设置一小圆屏挡住光栅的零级谱，求像的强度分布及可见度；

(2)移动小圆屏，挡住光栅的 +1 级谱，像面的强度分布和可见度又如何？

解　按一般程序应先求出 $\boldsymbol{t}(x_1)$ 的频谱，然后求出滤波后的频谱，再作傅里叶逆变换(因像面坐标已反演)求得像，但也可这样考虑：遮挡哪级频谱，就相当于其对应的物信息分量没有通过.

(1)设用振幅为 1 的单色平面波垂直照明物平面，频谱面上的零级斑对应于物平面上与 t_0 项相联系的直流信息，所以挡住零级斑相当于完全通过系统的物信息为

$$\boldsymbol{u}_0(x_1,y_2)=t_1\cos(2\pi\xi_0x_1)$$

故输出的信息成为

$$\boldsymbol{u}_{\mathrm{i}}(x_3,y_3)=\boldsymbol{u}_0(x_3,y_3)=t_1\cos(2\pi\xi_0x_3)$$

输出图像的强度为

$$\boldsymbol{I}_{\mathrm{i}}(x_3,y_3)=\left|\boldsymbol{u}_{\mathrm{i}}(x_3,y_3)\right|^2=t_1^2\cos^2(2\pi\xi_0x_3)=\frac{1}{2}t_1^2\left[1+\cos(2\pi\xi_0x_1)\right]$$

除直流成分外，其交流成分的空间频率 $\xi=2\xi_0$，而条纹可见度为

$$\mathscr{V}=\frac{I_{\max}-I_{\min}}{I_{\max}+I_{\min}}=\frac{t_1^2/2}{t_1^2/2}=1$$

(2)如果挡住 +1 级谱，输出强度又如何变化呢？为此先展开输入图像的物信息

$$t(x_1)=t_0+\frac{1}{2}t_1\exp(\mathrm{j}2\pi\xi_0x_1)+\frac{1}{2}t_1\exp(-\mathrm{j}2\pi\xi_0x_1)$$

谱平面上的 +1 级谱与物信息中含有的 $\frac{1}{2}t_1\exp(\mathrm{j}2\pi\xi_0x_1)$ 相对应，故挡住 +1 级谱相当于完全通过的物信息为

$$\boldsymbol{u}_0(x_1,y_1)=t_0+\frac{1}{2}t_1\exp(-\mathrm{j}2\pi\xi_0x_1)$$

此时的输出信息为

$$\boldsymbol{u}_{\mathrm{i}}(x_3,y_3)=u_0(x_3,y_3)=t_0+\frac{1}{2}t_1\exp(-\mathrm{j}2\pi\xi_0x_3)$$

输出图像的强度分布为

$$\boldsymbol{I}_{\mathrm{i}}(x_3,y_3)=\left|u_i(x_3,y_3)\right|^2=t_0^2+\frac{1}{4}t_1^2+t_0t_1\cos(2\pi\xi_0x_3)$$

除直流分量外，其交流成分的空间频率仍为 ξ_0，但条纹可见度降为

$$\mathscr{V}=\frac{t_0t_1}{t_0^2+t_1^2/4}$$

例 8.1.2　在图 8.1.3 所示的系统中，在 x_1y_1 平面上有两个图像，它们的中心在 x_1 轴上，距离坐标原点分别为 a 和 $-a$，今在频谱面上放置一正弦光栅，其振幅透过率为 $T(\xi,\eta)=1+\cos(2\pi a\xi)$，试证明在像面中心可得到两个图像相加.

解　用单位振幅的相干平面波垂直照射物平面，则 x_1y_1 平面上两个像的复振幅分布为

$$\boldsymbol{u}(x_1,y_1)=\boldsymbol{u}_1(x_1-a,y_1)+\boldsymbol{u}_2(x_1+a,y_1)$$

物的频谱为 $\boldsymbol{U}(\xi,\eta)$，滤波函数 $\boldsymbol{T}(\xi,\eta)=\boldsymbol{H}(\xi,\eta)$，可看成系统的传递函数. 于是像的复振幅为

$$\boldsymbol{u}_i(x_3,y_3)=\mathscr{F}^{-1}\{\boldsymbol{U}(\xi,\eta)\boldsymbol{H}(\xi,\eta)\}=\boldsymbol{u}(x_3,y_3)*\boldsymbol{h}(x_3,y_3)$$

式中，$\boldsymbol{h}(x_3,y_3)$ 是 $\boldsymbol{H}(\xi,\eta)$ 的点扩散函数，即

$$\boldsymbol{h}(x_3,y_3)=\mathscr{F}^{-1}\{1+\cos(2\pi a\xi)\}=\delta(x_3,y_3)+\frac{1}{2}\delta(x_3-a,y_3)+\frac{1}{2}\delta(x_3+a,y_3)$$

于是像的复振幅为

$$\begin{aligned}\boldsymbol{u}_i(x_3,y_3)&=[\boldsymbol{u}_1(x_3-a,y_3)+\boldsymbol{u}_2(x_3+a,y_3)]*\left[\delta(x_3,y_3)+\frac{1}{2}\delta(x_3-a,y_3)+\frac{1}{2}\delta(x_3+a,y_3)\right]\\&=\frac{1}{2}[\boldsymbol{u}_1(x_3,y_3)+\boldsymbol{u}_2(x_3,y_3)]+\boldsymbol{u}_1(x_3-a,y_3)+\boldsymbol{u}_2(x_3+a,y_3)+\frac{1}{2}[\boldsymbol{u}_1(x_3-2a,y_3)+\boldsymbol{u}_2(x_3+2a,y_3)]\end{aligned}$$

可见，在像面中心得到图像 $\boldsymbol{u}_1$ 和 $\boldsymbol{u}_2$ 的相加. 思考：若光栅的振幅透过率为 $\boldsymbol{T}(\xi,\eta)=1+\cos\left(2\pi a\xi+\dfrac{\pi}{2}\right)$，可以实现什么样的图像运算?

例 8.1.3　在 4f 成像系统中，为了在像面上得到输入图像的微分图像，试问在频谱面上应该使用怎样的滤波器?

解　设输入图像的复振幅分布为 $\boldsymbol{u}_0(x_1)$，其频谱为 $\boldsymbol{U}_0(\xi)$，因此有

$$\boldsymbol{u}_0(x_1)=\int_{-\infty}^{\infty}\boldsymbol{U}_0(\xi)\exp(\mathrm{j}2\pi\xi x_1)\mathrm{d}\xi$$

又设输出像的复振幅为 $\boldsymbol{u}_\mathrm{i}(x_3)$，在没有空间滤波器的情况下，像面上复振幅分布应为

$$\boldsymbol{u}_\mathrm{i}(x_3)=\boldsymbol{u}_0(x_3)$$

若使

$$\boldsymbol{u}_\mathrm{i}(x_3)=\frac{\mathrm{d}}{\mathrm{d}x_3}\boldsymbol{u}_0(x_3)=\frac{\mathrm{d}}{\mathrm{d}x_3}\int_{-\infty}^{\infty}\boldsymbol{U}_0(\xi)\exp(\mathrm{j}2\pi\xi x_3)\mathrm{d}\xi=\int_{-\infty}^{\infty}\mathrm{j}2\pi\xi\boldsymbol{U}_0(\xi)\exp(\mathrm{j}2\pi\xi x_3)\mathrm{d}\xi$$

透过变换平面的频谱应为

$$\boldsymbol{U}_0'(\xi)=\boldsymbol{T}(\xi)\boldsymbol{U}_0(\xi)=\mathrm{j}2\pi\xi\boldsymbol{U}_0(\xi)$$

所以滤波器的透射函数为

$$\boldsymbol{T}(\xi)=\mathrm{j}2\pi\xi$$

ξ 可取正、负两值. 为实现负值，可将两块模片叠合，一块是振幅模片，其透过率为

$$\boldsymbol{T}_1(\xi)=|2\pi\xi|$$

另一块是相位模片，做成在 ξ 的正的范围和负的范围中其相位差为 π 的相位掩模，其透过率函数为

$$\boldsymbol{T}_2(\xi)=\begin{cases}\mathrm{j}, & \xi>0\\-\mathrm{j}, & \xi<0\end{cases}$$

其组合情况如图 8.1.9 所示.

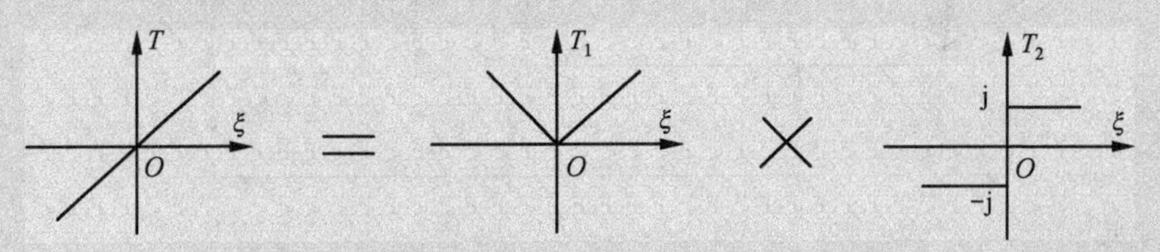

图 8.1.9　微分运算的滤波器

8.2　系统与滤波器

8.2.1　空间滤波系统

空间滤波强调对输入信息实现期望的改变. 空间滤波系统需要完成从空域到频域，又从频域还原到空域的两次傅里叶变换，以及在频域的乘法运算. 傅里叶变换的性质蕴含于光波的衍射中，借助透镜的作用可方便地利用存在于衍射中的傅里叶变换性质. 因此，系统应包括实现傅里叶变换的物理实体，即光学透镜，以及具有与空域和频域相对应的输入、输出和频谱平面. 频域上的乘法运算是通过在频谱面上放置所需要的滤波器来完成的.

典型的滤波系统是三透镜系统，即图 8.1.3 所示的系统. 两次傅里叶变换的任务各由一个透镜承担，两透镜之间的距离是两透镜的焦距之和，系统的垂轴放大率等于两个透镜焦距之比. 为简单起见，常取两者焦距相等，于是从输入平面到输出平面之间，各元件相距 f，这种系统简称为 4f 系统. 若输入透明片置于 P_1 平面上，其复振幅透过率为 $f(x_1, y_1)$，用单位振幅的相干平面波垂直照射，则在 P_2 平面上得到物体的频谱 $\boldsymbol{F}\left(\dfrac{x_2}{\lambda f},\dfrac{y_2}{\lambda f}\right)$；若在这个平面上放置滤波器，滤波函数表示为 $\boldsymbol{H}\left(\dfrac{x_2}{\lambda f},\dfrac{y_2}{\lambda f}\right)$，则滤波器后方的光场分布等于两个函数相乘，即 $\boldsymbol{F}\left(\dfrac{x_2}{\lambda f},\dfrac{y_2}{\lambda f}\right)\boldsymbol{H}\left(\dfrac{x_2}{\lambda f},\dfrac{y_2}{\lambda f}\right)$. 这样，就在 L_3 的后焦面即输出平面上得到两个函数乘积的傅里叶变换. 在我们采用的反演坐标系下，输出平面光场的复振幅分布为

$$\boldsymbol{g}(x_3, y_3) = \mathscr{F}^{-1}\left\{\boldsymbol{F}\left(\frac{x_2}{\lambda f},\frac{y_2}{\lambda f}\right)\cdot \boldsymbol{H}\left(\frac{x_2}{\lambda f},\frac{y_2}{\lambda f}\right)\right\} = \boldsymbol{f}(x_3, y_3) * \boldsymbol{h}(x_3, y_3) \tag{8.2.1}$$

式中，$\boldsymbol{f}(x_3, y_3)$ 是物体 $\boldsymbol{f}(x_1, y_1)$ 的几何像；$\boldsymbol{h}$ 是 $\boldsymbol{H}$ 的傅里叶逆变换，称为滤波器的脉冲响应. 从频域来看，系统改变了输入信息的空间频谱结构，这就是空间滤波或频域综合的含义；从空域来看，系统实现了输入信息与滤波器脉冲响应的卷积，完成了所期望的一种变换.

图 8.2.1 是另外三种典型的系统. 图 8.2.1(a) 是一种双透镜系统，L_1 是准直透镜，透镜 L_2 同时起傅里叶变换和成像作用，频谱面在 L_2 的后焦面上，输出平面 P_3 位于 P_1 的共轭像面处. 图 8.2.1(b) 是另一种双透镜系统，L_1 既是照明镜又是傅里叶变换透镜，照明光源 S 与频谱面是物象共轭面，L_2 则起第二次傅里叶变换和成像作用. 图 8.2.1(c) 是单透镜系统，L 具有成像和变换双重功能，照明光源与频谱面共轭，物面和像面形成另一对共轭面.

在图 8.2.1(b) 和 (c) 两种系统中，前后移动物面 P_1 的位置，可以改变输入频谱的比例大小，这种灵活性方便了滤波操作.

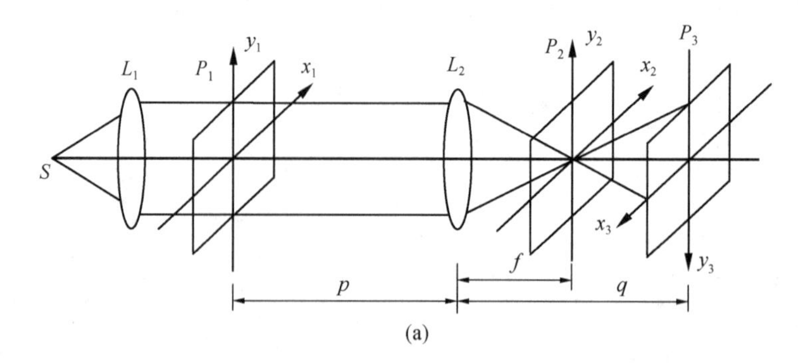

(a)

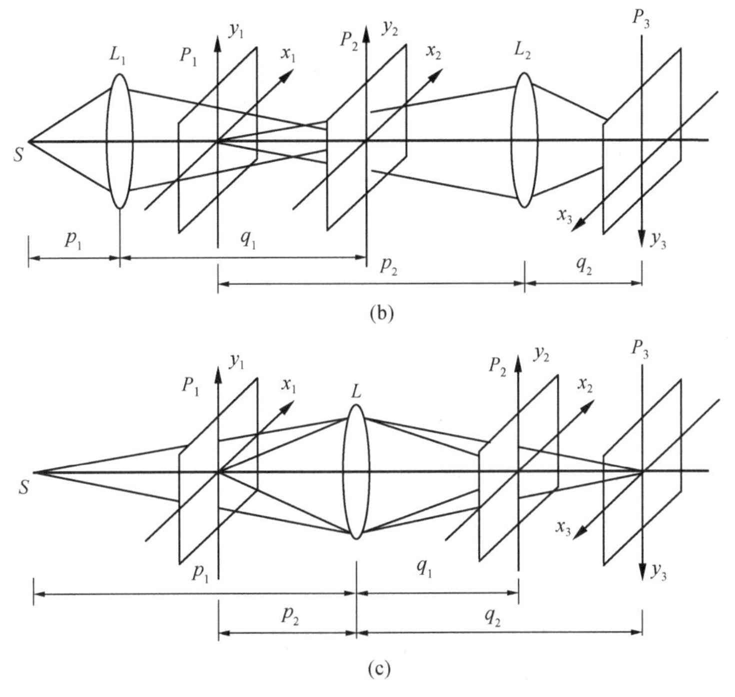

图 8.2.1　其他三种典型的滤波系统

这三种系统结构简单，但是它们在 P_2 面上给出的物体频谱都不是物函数准确的傅里叶变换关系，而附带有球面相位因子，在某些运用中将对滤波操作带来影响. 对于典型的 4*f* 系统，由于变换透镜前后焦面上存在准确的傅里叶变换，分析起来十分方便，故后面介绍的多数例子都采用 4*f* 系统.

8.2.2　空间滤波器

在光学信息处理系统中，空间滤波器是位于空间频率平面上的一种模片，它改变输入信息的空间频谱，从而实现对输入信息的某种变换. 空间滤波器的透过率函数一般是复函数

$$\boldsymbol{H}(\xi,\eta)=\boldsymbol{A}(\xi,\eta)\exp\left[\mathrm{j}\varphi(\xi,\eta)\right] \tag{8.2.2}$$

根据透过率函数的性质，空间滤波器可以分为以下几种.

1. *二元振幅滤波器*

作为最简单的振幅滤波器，这种滤波器的复振幅透过率是 0 或 1，表示阻挡和通过某些空间频率. 由二元滤波所作用的频率区间又可细分为：①低通滤波器，它只允许位于频谱面中心及其附近的低频分量通过，可用来滤掉高频噪声；②高通滤波器，它阻挡低频分量而允许高频通过，可以实现图像的衬度反转或边缘增强；③带通滤波器，它只允许特定区间的空间频谱通过，可以去除随机噪声；④方向滤波器，它阻挡(或允许)特定方向上的频谱分量通过，可以突出某些方向性特征. 上述四种二元振幅滤波器的形状如图 8.2.2 所示. 但这类滤波器也会因为存在锐截边缘使得输出像附加了衍射效应.

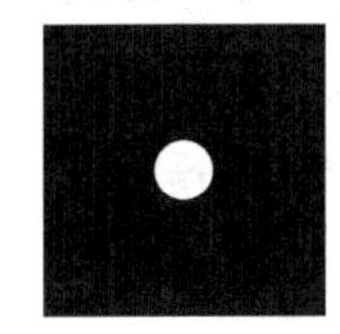   

图 8.2.2　四种二元振幅滤波器

2. 振幅滤波器

这种滤波器仅改变各频率成分的相对振幅分布，而不改变其相位分布. 通常是使感光胶片上的透过率变化正比于 $A(\xi,\eta)$，从而使透过光场的振幅改变. 为了做到这一点，必须按一定的函数分布来控制底片的曝光量分布.

3. 相位滤波器

这种滤波器只改变空间各频率分量的相对相位分布，不改变它的振幅分布. 由于不衰减入射光场的能量，所以具有很高的光学效率. 这种滤波器通常用真空镀膜的方法得到，例如通过控制镀膜的厚度得到$\frac{\pi}{2}$、π 或者其他特定值相移的相位滤波器，但由于工艺方法的限制，要得到复杂的相位变化是很困难的.

4. 复数滤波器

这种滤波器对各种频率成分的振幅和相位同时起调制作用，滤波函数是复函数. 它的应用很广泛，但难于制造. 1963 年范德拉格特用全息方法综合出复数空间滤波器，1965 年罗曼和布劳恩用计算全息技术制作成复数滤波器，从而克服了制作空间滤波器的重大障碍.

8.3 空间滤波应用举例

8.3.1 策尼克相衬显微镜

在一般情况下，用显微镜只能观察物体亮暗的变化，不能辨别物体相位的变化. 最初，相位物体(如细菌标本)的观察必须采用染色法，但染色的同时会杀死细菌，改变标本的原始结构，从而不能在显微镜下如实研究标本的生命过程. 1935 年策尼克提出的相衬显微镜，利用相位滤波器将物体的相位变化转换成可以观察到的光的强弱变化，这种转换通常又称为幅相变换. 相衬显微镜为研究有机体的生命机制提供了有力的工具，策尼克也因相衬显微技术而获 1953 年诺贝尔物理学奖.

为了阐述相衬显微镜的原理，采用图 8.2.1 (a) 所示的滤波系统，将透明相位物体置于 P_1 平面，其复振幅透过率为

$$\boldsymbol{t}(x_1,y_1)=\exp[\mathrm{j}\varphi(x_1,y_1)] \tag{8.3.1}$$

假定相移 $\varphi\ll 1$ 弧度，则可忽略 φ^2 及更高阶的项，于是复振幅透射率可以近似写成

$$\boldsymbol{t}(x_1,y_1)\approx 1+\mathrm{j}\varphi(x_1,y_1) \tag{8.3.2}$$

物光波实际上可看成两部分，强的直接透射光和由于相位起伏造成的弱衍射光，两光之间相位相差 90°. P_2 面上得到的频谱为

$$\boldsymbol{F}(\xi,\eta)=\delta(\xi,\eta)+\mathrm{j}\Phi(\xi,\eta) \tag{8.3.3}$$

一个普通的显微镜对上述物体成像，在 P_3 平面的像场分布为 $\boldsymbol{g}(x_3,y_3)\approx 1+\mathrm{j}\varphi(x_3,y_3)$，其强度可以写成

$$\boldsymbol{I}\approx|1+\mathrm{j}\varphi(x_3,y_3)|^2\approx 1$$

策尼克认识到，衍射光 $\varphi(x_3,y_3)$ 之所以观察不到，是由于它与很强的本底之间相差 90°，只有改变这两部分之间的相位正交关系，才能使两部分光叠加时产生干涉，从而产生可观察的像强度变化. 直接透射光在谱面上将会聚成轴上的一个焦点，而衍射光由于包含较高的空间频率而在谱面上较为分散. 由于这两部分信息在空间频域通道上的分离，因此可以简单地在谱面放置相位滤波器，使零频的相位相对于其他频率的相位改变 $\pm\pi/2$ 滤波函数为

$$\boldsymbol{H}(\xi,\eta)=\begin{cases}\pm\mathrm{j}, & \xi=\eta=0\\ 1, & \text{其他}\end{cases} \tag{8.3.4}$$

滤波后的频谱为

$$\boldsymbol{F}(\xi,\eta)\boldsymbol{H}(\xi,\eta)=\pm\mathrm{j}\delta(\xi,\eta)+\mathrm{j}\varphi(\xi,\eta) \tag{8.3.5}$$

像面复振幅分布为

$$\boldsymbol{g}(x_3,y_3)=\pm\mathrm{j}+\mathrm{j}\varphi(x_3,y_3) \tag{8.3.6}$$

像强度分布为

$$\boldsymbol{I}(x_3,y_3)=\left|\mathrm{j}[\pm1+\varphi(x_3,y_3)]\right|^2\approx1\pm2\varphi(x_3,y_3) \tag{8.3.7}$$

于是像的强度和相位呈线性关系. 在式(8.3.7)中，取正号时，相位值大的部位光强也强，叫做正相衬；取负号时，相位值大的部位光强弱，叫做负相衬. 采用在玻璃基片上镀一定厚度的膜层可以做成相位滤波器，相位改变$\pm\pi/2$，膜的厚度分别为$\lambda/4$和$3\lambda/4$.

由于直接透射光相对于衍射光太强，像的对比度很低. 如果使零级衍射光产生相移的同时受到部分衰减，可以提高像衬度，更有利于观察. 这种方法还可以用于观察金相表面、抛光表面以及透明材料不均匀性检测等. 相衬显微镜是空间滤波技术早期最成功的应用之一.

8.3.2　补偿滤波器

提高光学系统的成像质量始终是光学工作者所追求的目标. 20 世纪 50 年代初期，麦尔查(Marécha)认为，照片中的缺陷是由于成像系统的光学传递函数中存在相应缺陷引起的，如果能在频谱平面上放置适当的滤波器，使得滤波器的传递函数补偿原来系统传递函数的缺陷，则两者的乘积产生一个较为满意的频率响应，于是照片的质量将得到部分改善. 假定成像缺陷是由于成像系统严重离焦引起的，则在几何光学近似下，离焦系统的脉冲响应是一个均匀的圆形光斑，其点扩散函数为

$$\boldsymbol{h}_1(r)=\frac{1}{\pi a^2}\mathrm{circ}\left(\frac{r}{a}\right) \tag{8.3.8}$$

式中，a 为圆形光斑半径，$1/(\pi a^2)$是归一化因子. 为求相应的传递函数，可将式(8.3.8)作傅里叶-贝塞尔变换，即

$$\boldsymbol{H}(\rho)=\mathscr{B}\left[\frac{1}{\pi a^2}\mathrm{circ}\left(\frac{r}{a}\right)\right]=\frac{1}{\pi a^2}2\pi\int_0^a r\mathrm{J}_0(2\pi r\rho)\mathrm{d}r \tag{8.3.9}$$

式中，$\rho=\sqrt{\xi^2+\eta^2}$ 是极坐标下的空间频率变量. 令$r'=2\pi a\rho$，则上式可写成

$$\boldsymbol{H}(\rho)=\frac{1}{\pi a^2}\frac{1}{2\pi\rho^2}\int_0^{2\pi a\rho}r'\mathrm{J}_0(r')\mathrm{d}r'$$

利用积分公式

$$\int_0^x\xi\mathrm{J}_0(\xi)\mathrm{d}\xi=x\mathrm{J}_1(x)$$

可将上式积出

$$\boldsymbol{H}(\rho)=\frac{1}{\pi a^2}\frac{1}{2\pi\rho^2}2\pi a\rho\mathrm{J}_1(2\pi a\rho)=\frac{2\mathrm{J}_1(2\pi a\rho)}{2\pi a\rho}$$

即

$$\boldsymbol{H}(\rho)=\frac{2\mathrm{J}_1(2\pi a\rho)}{2\pi a\rho} \tag{8.3.10}$$

由式(8.3.10)所表达的传递函数的高频损失严重，而且在某一中间频率区域传递函数的符号发生反转. 20 世纪 50 年代初期，巴黎大学的麦尔查等采用图 8.3.1(a)所示的组合滤波器，放在 4f 系统的频谱面上补偿这个带缺陷的传递函数，其中吸收板用来衰减很强的低频峰值，以便提高像的对比，

突出细节；相移板使 H 的第一个负瓣相移 π，以纠正对比反转. 图 8.3.1(b)表示原来的以及补偿后的传递函数，输出图像的像质因而获得改善.

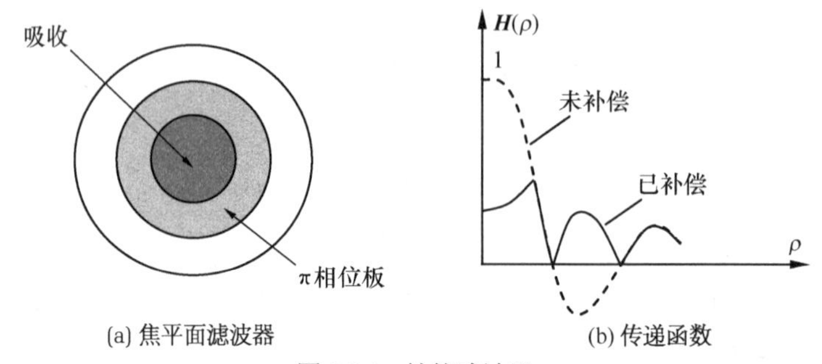

(a) 焦平面滤波器　　(b) 传递函数

图 8.3.1　补偿滤波器

麦尔查和他的同事还研究了衰减物频谱的低频分量从而突出像中微小细节的方法，以及用简单的滤波器消除半色调图片上的周期性结构. 他们的成就对人们研究光学信息处理是一种强有力的推动.

8.4　傅里叶变换透镜

在空间滤波和光学信息处理系统中，用于进行傅里叶变换的透镜是最常用的基本部件. 下面对傅里叶透镜的有关知识作一介绍.

8.4.1　傅里叶透镜的截止频率、空间带宽积和视场

1. 截止频率

根据透镜前后两个焦面互为傅里叶变换关系的理论，为了获得严格的傅里叶变换，多把被处理面(输入面)置于透镜的前焦面，而频谱面(滤波面)置于透镜的后焦面，如图 8.4.1 所示. 假设物函数被一个直径为 $D_1=2h$ 的孔径限制，傅里叶透镜的直径为 D，并且设 $D>D_1$. 现在我们来研究傅里叶透镜后焦面上频谱的强度分布.

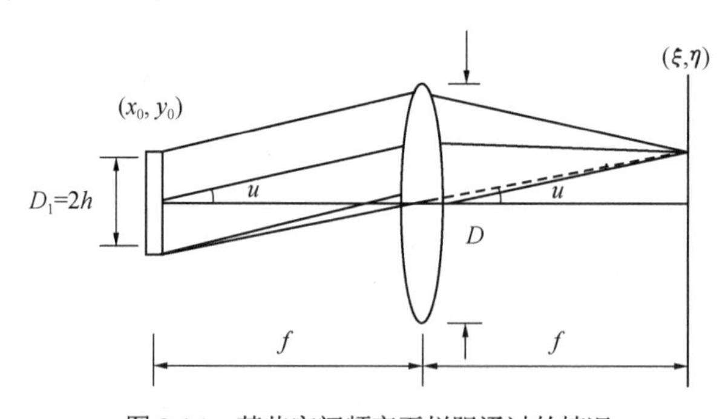

图 8.4.1　某些空间频率无拦阻通过的情况

傅里叶透镜的有限孔径对于物面空间频率成分传播的限制称为渐晕. 仅当某一方向上的平面波分量不受阻拦地通过傅里叶透镜时，在透镜的后焦面上相应会聚点测得的强度才准确代表物相应空间频率的模的平方. 参看图 8.4.1，在小角度情况下(即 D_1，$D\ll f$)，满足这一要求的平面波分量的传播方向角 u 最大为

$$u\approx\frac{(D/2)-(D_1/2)}{f}=\frac{D-D_1}{2f}\tag{8.4.1}$$

因透镜是圆形孔径，在圆周方向上都有相应的最大空间频率，其值为

$$\xi = \frac{\sin u}{\lambda} \approx \frac{u}{\lambda} = \frac{D - D_1}{2\lambda f} \tag{8.4.2}$$

式(8.4.2)就是所测得的强度准确代表了物的傅里叶谱的模的平方的最大空间频率表达式，即截止频率表达式.

当某一方向传播的平面波分量完全被透镜孔径阻拦时，在后焦面上没有该频率成分，测得的频谱强度为零. 参看图 8.4.2，当传播方向倾角超过θ时，该平面波分量正是这种情况. 在小角度情况下，有

$$\theta = \frac{(D/2) + (D_1/2)}{f} = \frac{D + D_1}{2f} \tag{8.4.3}$$

相应的空间频率为

$$\xi = \frac{\sin\theta}{\lambda} \approx \frac{\theta}{\lambda} = \frac{D + D_1}{2f} \tag{8.4.4}$$

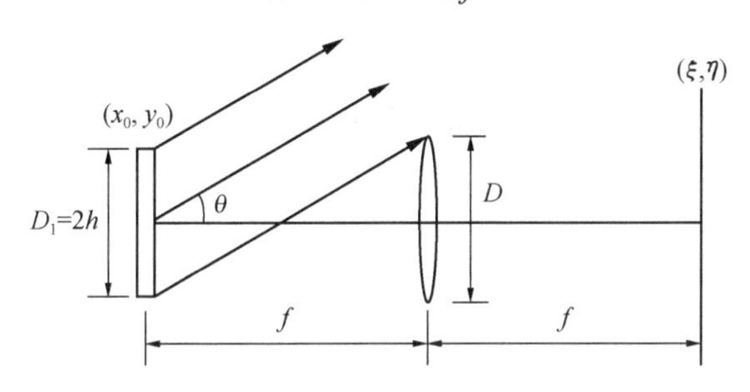

图 8.4.2　某些空间频率不能通过的情况

综上所述，可以得到如下结论：当$\xi \leqslant (D - D_1)/(2\lambda f)$时，透镜后焦面上可以得到物体相应的空间频率成分的准确的傅里叶谱；当$(D - D_1)/(2\lambda f) < \xi < (D + D_1)/(2\lambda f)$时，透镜后焦面上得到的并非准确的傅里叶谱，各空间频率成分受到透镜孔径程度不同的阻拦；当$\xi \geqslant (D+D_1)/(2\lambda f)$时，虽然物可能有更高的空间频率成分，但因这些分量全部被透镜的有限孔径所阻拦，在后焦面上完全得不到物的傅里叶谱中的这些高频成分，这是渐晕效应对物的频谱传播的影响. 从公式可以看出，当傅里叶透镜的孔径增大时，可以减小这一效应的影响.

2. 傅里叶透镜的信息容量——空间带宽积

凡是与信息有关的系统，不论是信息的记录和存储系统，还是信息的传输和处理系统，都存在一个信息容量问题. 一般地说，信息容量可由系统的频带宽度与单频线宽之比来估算，即

$$信息容量N = \frac{频带宽度\Delta\xi}{单频线度\delta\xi} \tag{8.4.5}$$

这里所谓单频线宽是指，由于各种原因(主动的或被动的)，系统记录或传输的总不可能是理想的单频信息，而是有一定线宽的准单频信息，如有限长波列的准单色光、有限尺寸的正弦光栅等. 对傅里叶透镜来说，它处理的是光学图像这类空间信息，由图 8.4.1 可知，截止频率的表达式为$\xi=(D-D_1)/(2\lambda f)$，那么通带宽度

$$\Delta\xi = 2\xi = \frac{D - D_1}{\lambda f} \tag{8.4.6}$$

另外，有限尺寸的正弦信息存在一定的衍射发散角

$$\delta u = \frac{\lambda}{D_1 \cos u} \tag{8.4.7}$$

又由空间频率公式 $\sin u=\xi\lambda$，两边微分得 $\cos u\delta u=\lambda\delta\xi$，因此空域中的发散角 δu 对应频域中的单频线宽为

$$\delta\xi=\frac{\cos u}{\lambda}\delta u=\frac{\cos u}{\lambda}\frac{\lambda}{D_1\cos u}=\frac{1}{D_1} \tag{8.4.8}$$

由式(8.4.6)和式(8.4.8)可得傅里叶变换透镜的信息容量

$$N=\frac{\Delta\xi}{\delta\xi}=\Delta\xi D_1=\frac{D-D_1}{\lambda f}D_1=\mathrm{SW} \tag{8.4.9}$$

信息容量 N 等于带宽 $\Delta\xi$ 与图像空间宽度 D_1 的乘积，这就是空间带宽积 SW，即傅里叶透镜的信息容量也是用空间带宽积来表示的.

3. 视场

由 $\dfrac{\partial N}{\partial D_1}=0$ 可求得：当

$$D_1=\frac{D}{2} \tag{8.4.10}$$

时，信息容量为最大. 这就是说，物的线度 D_1(也就是待处理的图片线度，即视场)不宜过大，也不宜过小，取为透镜的一半时最佳. 这时

$$N_{\mathrm{m}}=\mathrm{SW}_{\mathrm{m}}=\frac{f}{4\lambda}\left(\frac{D}{f}\right)^2 \tag{8.4.11}$$

式中，D/f 为傅里叶透镜的相对孔径，一般不大，在 1/3～1/1.5. 例如，某傅里叶透镜的相对孔径为 1/3，焦距 $f=200\mathrm{mm}$，光波长 $\lambda=6\times10^{-4}\mathrm{mm}$，则图片线度 D_1 取 35mm 为宜，空间带宽积 $\mathrm{SW}\approx9\times10^3$.

式(8.4.11)所表示的空间带宽积，可以改写成另外的形式，只要注意 $D/2=D_1=2h$ 便可得

$$\mathrm{SW}=\frac{2}{\lambda}h\left(\frac{D/2}{f}\right) \tag{8.4.12}$$

式(8.4.12)中的 h 相当于几何光学中的物高，$(D/2)/f$ 相当于孔径角 u，并且这里的折射率为 1. 因此，空间带宽积等价于几何光学中的拉赫不变量 $J=nhu$.

SW 大，即 J 大，从信息系统的观点来看，表示传递的信息量大；从成像系统的观点来看，表示视场大或分辨率高；从光能系统的观点来看，表示传递的光能量大. SW 大的系统，本身的设计、制造难度也高，故价格也高.

8.4.2 傅里叶透镜对校正像差的要求

1. 正弦条件

普通成像物镜都要对一对共轭面校正像差，经过严格校正像差的透镜可以近似看成理想光学系统. 比如一个透镜对无限远物面校正了球差、彗差、像散、场曲和畸变等所有单色像差，那么在后焦面上一定形成无穷远物体的一个理想像. 如图 8.4.3 所示，在方向余弦 β 方向，以 $\cos\beta=\sin u$ 传播的平行光通过透镜，按几何光学成像理论，通过透镜在透镜后焦面上的理想像高为

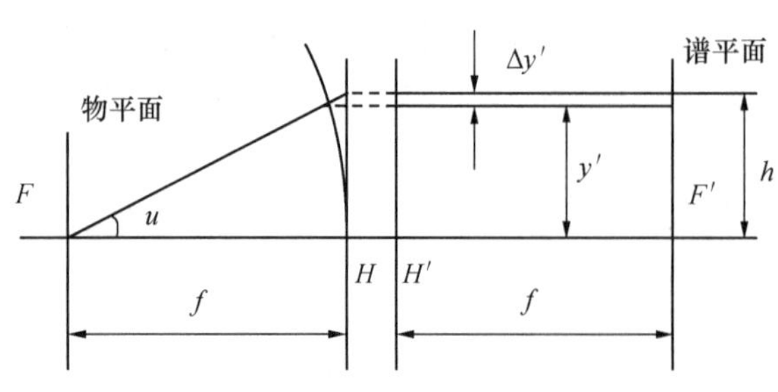

图 8.4.3　频谱的畸变

$$h=f\tan u=f\eta\lambda/\cos u \tag{8.4.13}$$

式中 $\eta=\sin u/\lambda$ 为 y 方向的空间频率. 由上式可见，理想光学成像在非近轴区，像高与空间频率不能保持线性关系. 若在近轴区，由于 $\cos u\approx1$，上式简化成

$$h=f\eta\lambda \tag{8.4.14}$$

即理想像的像点位置与空间频率成线性关系.

用成像物镜对物体进行傅里叶分析时，可将物透明片放在透镜的前焦面上，用相干平行光照明而发生衍射，与光轴成 u 角的衍射光，按夫琅禾费衍射理论和空间频率的概念有 $\eta=\sin u/\lambda=y'/(\lambda f)$，于是在后焦面上形成的衍射斑即谱点位置为

$$y'=f\sin u=f\eta\lambda \tag{8.4.15}$$

谱点位置与空间频率成线性关系. 比较(8.4.14)和(8.4.15)两式可知，在近轴区理想像的位置和谱点位置是重合的. 也就是说，尽管透镜具有理想成像性质，但要给出准确傅里叶谱，必须在近轴区，即在低频范围内. 当超出近轴区时，空间频率与理想像高之间便失去了线性关系，傅里叶变换透镜的实际像高不等于理想像高，所以存在误差

$$\Delta y'=f\tan u-f\sin u\approx\frac{1}{2}fu^3 \tag{8.4.16}$$

称为非线性误差或频谱畸变. 由像质评价标准可知，只要将 $\Delta y'$ 控制在瑞利分辨极限 $\sigma=1.22\lambda f/D$ 以内，就可以认为频谱是无畸变的. 令 $\Delta y'\leqslant\sigma$ 即可求得

$$u=\left(\frac{2.44\lambda}{D}\right)^{\frac{1}{3}}=\theta \tag{8.4.17}$$

由此可见 θ 角是很小的，只有在此角度范围内的频谱才是无畸变的. 例如取 λ=600nm，光瞳直径 D=30mm，可求得 θ=0.0365rad，即 $\theta\approx2°$，这符合近轴条件. 所以，普通成像透镜(即使无像差)也只有在很小范围内才能得到准确的傅里叶谱. 但是对谱点性质没有要求的场合，像差得到校正的普通透镜也是适合于作傅里叶变换的.

为了克服普通成像透镜完成准确傅里叶变换所受到的限制，必须专门设计一种所谓傅里叶变换透镜，它具有完成准确傅里叶变换的功能. 为了保证频谱的准确分布，必须让傅里叶变换透镜产生一个与谱点非线性误差大小相等、符号相反的畸变值. 如果我们不按常规对透镜校正像差，而是保留适当畸变，但要消除透镜球差和彗差，即要求满足正弦条件，对于平行光轴出射的无限远正弦条件为

$$h=f\sin u=f\eta\lambda \tag{8.4.18}$$

上式表明，当出射光线满足正弦条件时，像点坐标与空间频率成线性关系. 由像差理论可知，当消除的球差和彗差时，必然剩余一定的畸变量. 这一点正是傅里叶变换透镜与普通成像透镜的区别.

2. *傅里叶变换透镜的像差校正*

傅里叶变换透镜必须对两对物像共轭位置校正像差. 如图 8.4.4 所示，平行光照射前焦面的透明物体(如光栅)时发生衍射，不同方向的衍射光经傅里叶变换透镜后，在后焦面(频谱面)上形成夫琅禾费衍射图样，所以第一对物像共轭位置是以输入面衍射后的平行光作为物方(相当于物在无穷远)，对应的像方是谱平面，

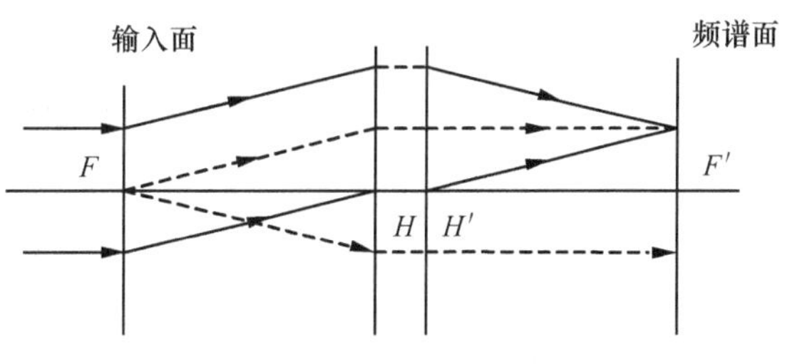

图 8.4.4　傅里叶变换透镜的设计

于是傅里叶变换透镜必须使无穷远来的平行光束在后焦面上完善地成像，如图 8.4.4 中的实线所示；第二对必须控制的像差共轭平面是以输入面作为物面，对应的像在像方无穷远，如图 8.4.4 中的虚线所示.

为了减小杂散光的影响，宜在输入面和频谱面上放置光阑. 输入面和频谱面中的任何一个都可以视为孔径光阑，而另一个为视场光阑，与此对应有两种处理方法.

(1) 设物在无穷远，孔径光阑(即入瞳)在前焦面，出瞳在像无穷远(像方远心光路)，频谱面为视场光阑. 对单色像差来说，在频谱面要消球差、彗差、像散和场曲.

(2) 设物在前焦面，孔径光阑(即出瞳)在后焦面，入瞳在物方无穷远(物方远心光路)，输入面为视场光阑，对输入面要消光瞳球和光瞳彗差.

傅里叶变换透镜用于相干光学处理系统时采用单色激光，一般不需要考虑色差. 输入面与频谱面的直径决定了傅里叶变换透镜的相对孔径和视场，为把相对孔径和视场控制在一定范围内，以保证整个像面上的像质优良，目前大多数傅里叶变换透镜的焦距都很长，通常为 300～1000mm.

8.4.3 傅里叶变换透镜的结构

傅里叶变换透镜的结构形式很多，图 8.4.5 给出两种典型结构. 图 8.4.5(a) 为单组形式，由正负两片透镜组成，这能使两对共轭面上的球差和正弦差得到很好的校正，因为视场和孔径都很小，轴外像差不严重，相对孔径一般小于 1/10. 图 8.4.5(b) 为两组正负透镜所组成，所以可以校正场曲，其他像差也可以得到很好的校正，这种形式的最大优点是前后焦点之间距离可以小于焦距. 因此，同样大小的工作台，采用此种结构的透镜时，其焦距可长一倍. 焦距长的透镜，频谱面上的衍射图样尺寸大，便于进行滤波.

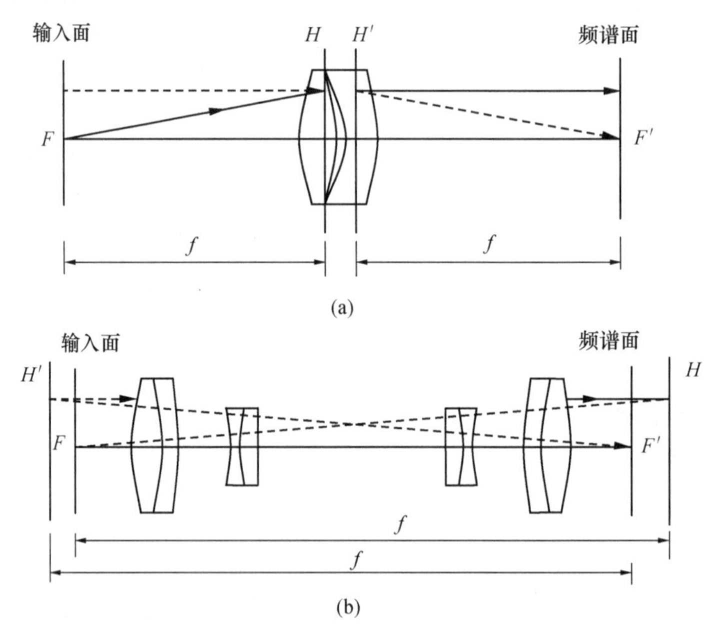

图 8.4.5　傅里叶变换透镜的两种典型结构

习　题

8.1　利用阿贝成像原理导出相干照明条件下显微镜的最小分辨距离公式，并同非相干照明下的最小分辨距离公式比较.

8.2　在 $4f$ 系统输入平面放置 400mm^{-1} 的光栅，入射光波长 632.8nm. 为了使频谱面上至少能够获得 ±5 级衍射斑，并且相邻衍射斑间距不小于 2mm，求透镜的焦距和直径.

8.3　观察相位型物体的所谓中心暗场方法，是在成像透镜的后焦面上放一个细小的不透明光阑以阻挡非衍射的光. 假定通过物体的相位延迟远小于 1 弧度，求所观察到的像强度(用物体的相位延迟表示出来).

8.4　当策尼克相衬显微镜的相移点还有部分吸收，其强度透射率等于 $\alpha\ (0<\alpha<1)$ 时，求观察到的像强度表示式.

8.5　用 CRT(阴极射线管)记录一帧图像透明片，设扫描点之间的间隔为 0.2mm，图像最高空间频率为 10mm^{-1}. 如欲完全去掉离散扫描点，得到一帧连续灰阶图像，空间滤波器的形状和尺寸应当如何设计？输出图像的分辨率如何(设傅里叶变换物镜的焦距 f=1000mm，λ=632.8nm).

8.6　某一相干处理系统的输入孔径为 30mm×30mm 的方形，第一个变换透镜的焦距为 100mm，波长是 632.8nm. 假定频率平面模片结构的精细程度可与输入频谱相比较，问此模片在焦平面上的定位必须精确到何种程度？

第 9 章　波前调制

在光学信息处理系统中，光波作为信息的载体，通过光学系统对信息进行运算和处理，例如空间滤波、傅里叶变换、卷积和相关等. 人们需要有一种装置将信息导入光学系统中，也需要有一种装置修正和操纵系统中的光场分布. 在许多光学的应用中，我们需要具有操控光的空间振幅和相位的能力. 在全息术中制作有衍射光学元件的系统时，以及在某些光学信息处理系统中，这种能力尤为重要. 因此，在本章中我们集中讨论空间调制光波场的方法，尤其是相干场的调制方法.

历史上最通用的探测和调制的方法是使用照相材料. 虽然在 20 世纪 90 年代 CCD 探测器得到充分的发展，在许多摄像的应用中取代了照相材料，但是在信息光学的发展进程，以及初期图像信息的记录过程、波前变换与处理中传统的调制手段一直是用照相胶片，照相材料在信息光学发展历史上起过重要作用，至今仍在多种光学全息照相术中发挥着作用，因此我们首先讨论这种材料的特性.

如果用能够响应光控制信号或电控制信号实时改变透射光的空间光调制器取代照相胶片，就可以实现更有力的光学信息处理系统. 这些年来，已经研究了许多构建空间光调制器的方法. 这里，我们将简要介绍这类器件中最重要的几种. 区别“不变的”掩模和“动态的”器件是有用的，其中前者是以不变的方式调制光的空间分布，而后者以极快的速度改变着光的空间调制. 照相材料和光刻确定的掩模是不变形的，而液晶器件、微机电驱动器件以及声-光器件属于动态型. 确实存在着许多不变掩模的应用，它们的功能足够好，但如果将不变掩模代之以变动掩模，会使许多光学系统变得更灵活并强有力. 在 9.2 节中，我们会讨论几种典型的空间光调制器.

在 9.3 节，我们考虑构建所谓衍射光学元件的方法，这种元件用固定的但是复杂的方式控制透射光的复振幅. 如其名称所示，这种元件通过衍射而不是折射来控制透射光. 这类通常要用计算机来设计和制造，它们的性质比折射元件复杂得多. 我们将主要讨论一类最重要的衍射光学元件，即二元光学元件.

在 9.4 节，我们将讨论另一种波前调制的方法，即声光空间光调制器.

9.1　用照相胶片进行波前调制

照相胶片和干板在历史上一直是成像系统的基本元件，例如，玻璃照相干板多年来用于天文学、高能物理学、电子显微镜和医疗成像. 胶片和干板在光学中可以起三个非常根本的作用. 首先可以用来作为光辐射的探测器，非常有效；其次，作为存储图像的介质，可以将信息保存很长时间；再次，可以作为透射光或反射光的空间调制器. 例如，全息记录中胶片记录了物光和参考光的干涉条纹，再现过程中胶片作为透过再现光的空间光调制器；又如，在匹配滤波过程中，胶片记录了频率平面模板，并且又作为匹配滤波器对输入信号的空间频谱进行波前调制，这个作用在光学信息处理中特别重要. 所有这些功能都以极低的成本获得.

照相胶片不仅对全息照相很重要，对光学的整体来说也一直起着重要作用，所以我们要在这里花费一些时间讨论它的特性.

9.1.1　胶片处理的物理过程

1. 曝光

未曝光的照相胶片或底板通常由极大量的微小卤化银(通常是 AgBr)颗粒悬浮在一层明胶支座上构成，明胶支座又附着在一层坚实的“片基”上，胶片的片基由醋酸盐或聚酯构成，底板的片基则是玻璃. 软乳胶的曝光面上还有一薄层保护膜，如图 9.1.1 中的截面所示. 此外，在明胶中还要加入一些敏化剂，这些敏化剂对卤化银晶体中位错中心的产生有很强的影响.

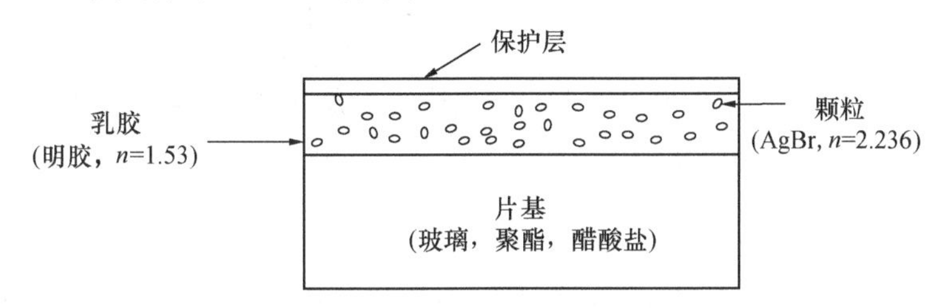

图 9.1.1　照相胶片或底板的结构

光射到乳胶上将引起复杂的物理过程. 简单地说，吸收到一定能量的卤化银颗粒将形成银斑，叫做显影斑. 在这个过程中存在一个阈值，要求有几个电子被捕获才能激活显影过程，这是尚未曝光的胶片有良好稳定性的原因. 已曝光的乳胶中显影斑的集合叫做潜像. 这时候的胶片就可以进入显影和定影过程了.

2. 显影

曝光的照相透明片浸入一种化学液即显影液中，在显影过程中，这些细小的显影中心会促使整个卤化银晶粒变成金属银沉积下来，而没有曝光或没有吸收足够能量的晶粒则保持不变. 在显影后的颗粒中的银原子数和为了使这个颗粒进入可显影的状态而必须吸收的光子数之比的典型值是 10^9 的量级，它通常叫做照相过程的“增益”.

3. 定影

显影处理过的乳胶由两种颗粒组成，一种已转变成银，另一种没有吸收足够的光因而未形成显影中心. 后一种晶体仍然是卤化银，若不进一步处理，最终会通过热过程自己转换成金属银. 因此，为了保证影像的稳定性，必须除掉未显影的卤化银颗粒，这个过程叫做乳胶的定影. 将透明片浸在第二种化学液中，它将剩余的卤化银晶体从乳胶中除去，只留下稳定的金属银. 图 9.1.2 描述了曝光、潜像显影及定影的过程.

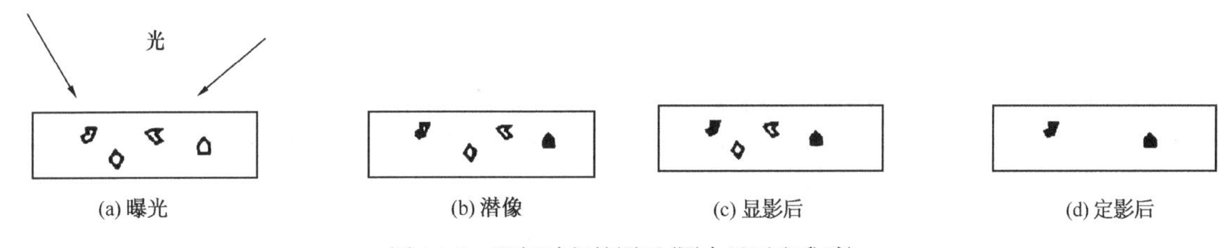

图 9.1.2　照相过程的图示(图中只示出乳胶)

9.1.2　*H-D* 曲线

定影时已除去未曝光的卤化银晶粒，而留下金属银. 金属银粒在可见光范围内是不透明的，显影、定影后的胶片或干板的透过率取决于明胶上银粒的密度分布.

设用 $I_i(x,y)$ 和 $I_t(x,y)$ 分别表示投射到胶片上某点 (x,y) 附近的一个小范围内和透过该小范围内的光强值，该点的阻光率可表示为

$$O(x,y)=\left\langle\frac{I_i(x,y)}{I_t(x,y)}\right\rangle \tag{9.1.1}$$

阻光率 $O(x,y)$ 也称黑度. 当然，阻光率是在一定的面积上测得的，故它是一个局域平均值，用 $\langle\ \ \rangle$ 表示. 胶片上图像的阻光率和透过率 $\tau(x,y)$ 是对应的，可表示为

$$\tau(x,y)=\frac{1}{O(x,y)}=\left\langle\frac{I_t(x,y)}{I_i(x,y)}\right\rangle \tag{9.1.2}$$

阻光率与银粒在光波传播方向上的密度有关，略去反射和吸收损失，可用阻光率描述银粒的密度，称之为光密度，用 D 表示，定义为

$$D=\lg O=\lg\frac{1}{\tau} \tag{9.1.3}$$

实验表明，胶片的光密度 D 既与入射光强 I 有关，也与曝光时间 T 有关. I 和 T 的乘积称为曝光量，用 E 表示，即

$$E=IT \tag{9.1.4}$$

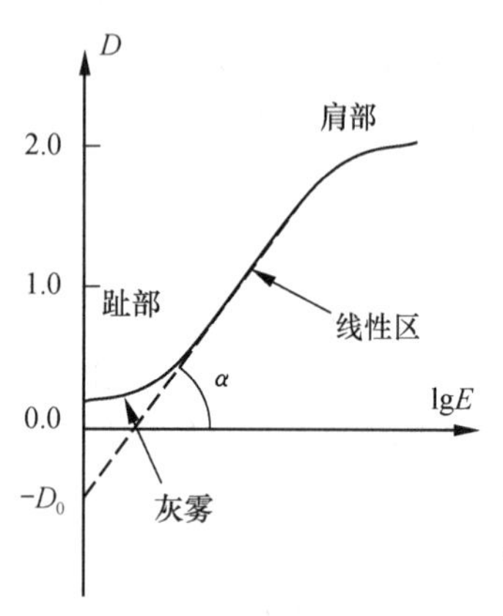

图 9.1.3　负片的 *H-D* 曲线

照相胶片的感光特性，通常用光密度 D 与曝光量 E 的常用对数表示，即 D-lg$E$ 曲线，称为 *H-D* 曲线，即赫特(hurter)－德里菲尔德(Driffield)曲线. 图9.1.3为一负片的典型 *H-D* 曲线. 当曝光量低于一定水平时，光密度与曝光量无关，并且等于一个极小值，称为灰雾. 在曲线的趾部，密度开始随曝光量的对数呈线性关系，这一线性区域的斜率称为胶片的 γ 值. 最后，曲线在肩部达到饱和，这时随着曝光量的增加光密度基本不变.

H-D 曲线的线性区段是照相术中常用的部分. γ 值大的胶片称为高反差胶片；γ 值小的胶片称为低反差胶片. γ 值的大小与乳剂类型、显影剂种类和显影时间有关. 若胶片、显影剂和显影时间选择得当，可相当精确地得到预先指定的 γ 值.

9.1.3　胶片用于非相干光学系统中

在许多应用中，胶片可以看成是一个将曝光时的入射光强分布 I 变换为显影后的透射光强分布 I_t 的元件. 这种观点特别适用于把胶片当成非相干光学系统的元件.

设胶片是在线性区段中使用，因而光密度 D 可写成

$$D=\gamma_1\lg E-D_0=\gamma_1\lg(IT)-D_0 \tag{9.1.5}$$

式中，γ_1 是曲线线性区段的斜率，下标 1 表示我们讨论的是负片，$-D_0$ 是曲线的直线部分的延长线与 D 轴交点的光密度值. 由公式(9.1.3)得

$$\lg\tau_1=-\gamma_1\lg(IT)+D_0$$

或

$$\tau_1=10^{D_0}(IT)^{-\gamma_1}=K_1I^{-\gamma_1} \tag{9.1.6}$$

式中，$K_1=10^{D_0}T^{-\gamma_1}$ 是正常数. 无论 γ_1 取何值，上式给出的负片的强度透过率与曝光光强之间的关系总是非线性的. 为了得到线性关系，需要通过接触翻印得到一张正片，办法是用第一张负片紧贴在另一张未曝光的胶片上，用强度为 I_0 的非相干光照射. 第二张胶片上的曝光光强为 τ_1I_0，它的强

度透过率为

$$\tau_p = K_2(I_0\tau_1)^{-\gamma_2} = K_2K_1^{-\gamma_2}I_0^{-\gamma_2}I^{\gamma_1\gamma_2} = K_pI^{\gamma_p} \tag{9.1.7}$$

式中，$K_p = K_2K_1^{-\gamma_2}I_0^{-\gamma_2}$ 是常数. $\gamma_p = \gamma_1\gamma_2$ 是两个过程的总 γ . 显然，只有在 $\gamma_p = 1$ 的特殊情况下，正片的强度透过率与曝光光强才成正比，把它放入非相干系统，就实现了对强度的线性变换.

9.1.4　胶片用于相干光学系统中

在相干光学系统中，复振幅是系统传递的基本量. 要求胶片能将曝光期间的入射光强变换成显影后透射光的复振幅，或者使胶片曝光的光波本身是相干光，则要求将曝光期间入射光的复振幅变换成显影后透射光的复振幅. 因此，一张透明片必须用其复振幅透过率 t 来描写. 当然，最好是把 t 简单地定义成 τ 的平方根值，但这个定义忽略了光波通过胶片时产生的相对相移. 这种相移是由胶片的厚度变化引起的，而厚度的变化，一方面是胶片片基厚度的随机变化，另一方面是厚度随着显影后透明片的银粒密度发生变化. 因此，胶片的振幅透过率的完备描述应当写成

$$t(x,y) = \sqrt{\tau(x,y)}\exp[j\varphi(x,y)] \tag{9.1.8}$$

式中，$\varphi(x,y)$ 是胶片引起的相位移动. 为了消除相移的影响，利用一个叫液门的器件，这个器件由两块光学平板组成，在两块平板之间夹入透明胶片和折射率匹配油，如图 9.1.4 所示. 油的折射率必须折中选择，这是因为油的折射率不可能同时与片基、乳胶和玻璃的折射率相同. 但作适当选择后，可以使通过液门的光程接近常数，这时 $t(x,y)$ 可以写成

$$t(x,y) = \sqrt{\tau(x,y)} \tag{9.1.9}$$

对于负片和正片分别利用式(9.1.6)和式(9.1.7)，得

$$t_1 = k_1I^{-\gamma_1/2} = k_1|\boldsymbol{u}|^{-\gamma_1} \tag{9.1.10}$$

$$t_p = k_pI^{\gamma_p/2} = k_p|\boldsymbol{u}|^{\gamma_p} \tag{9.1.11}$$

式中，$\boldsymbol{u}$ 是曝光期间入射光的复振幅，$k_1 = \sqrt{K_1}, k_p = \sqrt{K_p}$.

显然，在两步过程中，只要让 $\gamma_p = \gamma_1\gamma_2 = 2$ ，胶片的复振幅透过率将与曝光光强 I 成线性关系，我们称之为平方律作用. 在前面已经讨论过的全息照相和相干光处理及其应用中，我们总是希望胶片能按平方律对复振幅进行变换.

事实上，任意 γ 值的正片或负片都能在有限动态范围内得到平方律作用，也就是说，在相干系统中也可以不用 *H-D* 曲线，而直接用振幅透过率对曝光量的关系曲线(即 *t-E* 曲线). 图 9.1.5 给出了负片的典型复振幅透过率与曝光量的关系曲线. 在线性区，有

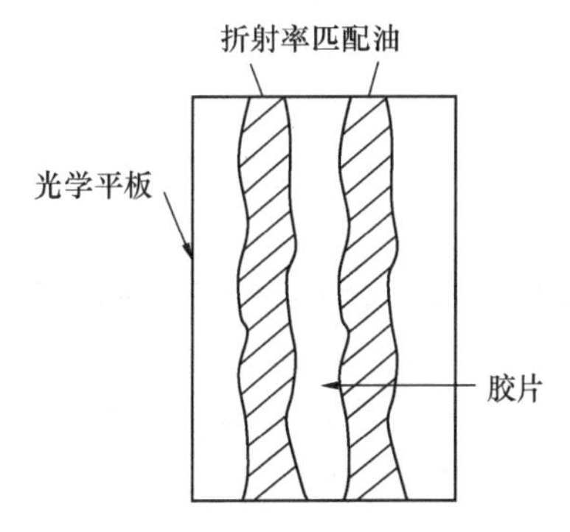

图 9.1.4　消除胶片厚度变化的液门

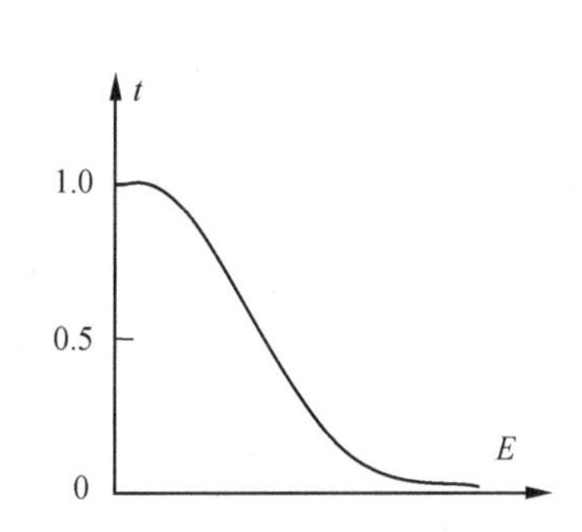

图 9.1.5　负片的 *t-E* 曲线

$$t(x,y)=t_0+\beta E(x,y)=t_0+\beta' I(x,y) \tag{9.1.12}$$

式中，t_0 为常数，β 是曲线的直线区段的斜率，$\beta'=\beta T$. 对于负片，β 和 β' 均为负值.

通常情况下，记录时控制好平均曝光量，使胶片偏置到 t-E 曲线最大线性区内的一个工作点上，则在一定动态范围内将给出入射光强对显影后的振幅透过率的线性变换，即

$$t(x,y)=t_b+\beta(E-E_b)=t_b+\beta'\Delta I(x,y) \tag{9.1.13}$$

式中，t_b 为偏置透过率，ΔI 表示光强变化量. 应当指出，能够得到的最大动态的偏置点，一般都落在相应 H-D 曲线的趾部附近.

9.2 空间光调制器

9.2.1 概述

照相胶片技术有很悠久的历史，发展得很完善. 然而，将它用于图像处理或信号处理时， 照相材料有一个显著的缺点，那就是化学处理所需要的很长的时间滞后. 当要处理的数据原本就是照相形式时，可能问题不大， 但是，如果信息是在快速收集中(比如用电子手段)，人们可能希望在电子信息和数据处理系统之间有一个更直接的界面. 由于这个原因，在光学信息处理领域工作的人们开发了大量的器件，它们能将电子形式的数据(或者有时是非相干光形式的数据)转换为空间调制的相干光信号. 这种器件叫做空间光调制器(spatial light modulator，SLM). 它是一种能对光波的空间分布进行调制的器件. 空间光调制器能对光波的某种或某些特性(如相位、振幅或强度、频率、偏振态等)的一维或二维分布进行空间和时间的变换或调制. 换句话说，其输出光信号是随控制(电的或光的)信号变化的空间和时间的函数.

各种 SLM 可以粗分为两类：①电写入的 SLM；②光写入的 SLM. 在前一种情况下，输进系统的信息是电信号，它直接驱动 SLM，方式是控制其吸收或相移的空间分布. 在后一种情况下，信息一开始可能是以光学图像的形式(例如从阴极射线示波管的显示器)，而不是以电子形式输入到 SLM. 在这种情况下，SLM 的功能可能是将非相干光图像转化成相干光图像，接着用相干光学系统做下一步处理. 一种给定的 SLM 技术常常可能有两种不同的形式，一种适合于电子学寻址，另一种适合于光学寻址.

光学寻址的 SLM 除了快速的时间响应之外，还具有几个关键的性质，这些性质对光学处理系统十分有用. 第一，如上所述，它们能够将非相干光图像转换成相干光图像；第二，它们能提供图像增强功能，一个输入到光学寻址的 SLM 的弱的非相干图像可以用一个强的相干光源读出；第三，它们能提供波长转换功能，例如，一幅红外的非相干图像可以用来控制一个可见光波段的器件的振幅透射率.

SLM 不仅用来输入待处理的数据，而且也用来生成可以实时修改的空间滤波器. 这时，SLM 放在一个傅里叶变换透镜的后焦面上，按照所要求的复空间滤波来修正透射场的振幅，从而实现实时的光学相关运算.

习惯上，把控制像素的光电信号称为“写入光”或“写入(电)信号”，把照明整个器件并被调制的输入光波称为“读出光”，经过空间光调制器后出射的光波称为“输出光”. 显然，读出光应该能照明空间光调制器的所有像素，并能接收写入光或写入电信号传递给它的信息，经调制或变换转换成输出光. 按写入信号工作方式分，可有电写入或光写入；按读出光工作方式分，可有透射式或反射式，如图 9.2.1 所示.

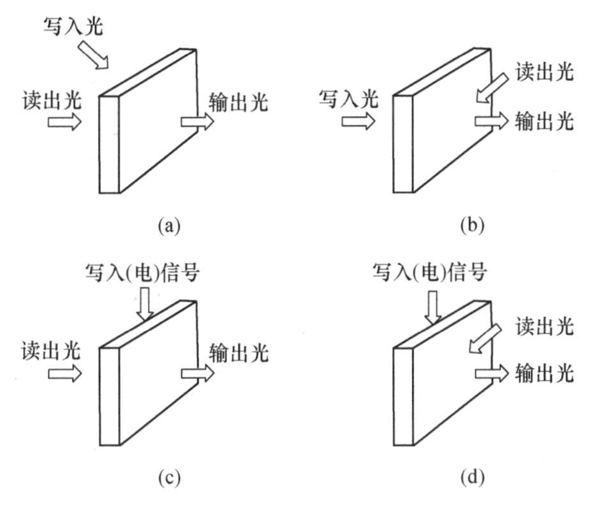

图 9.2.1　空间光调制器输入输出工作方式

在光学信息处理的历史上，已开发了非常多不同的 SLM 技术，包括：①液晶 SLM；②磁-光 SLM；③可变形反射镜 SLM；④多重量子阱(MQW)SLM；⑤声-光布拉格调制单元.

9.2.2　液晶光阀

1. 液晶的光电特性

液晶是某些有机高分子物质在一定条件下呈现的一种特殊物质状态，其结构介于液体、固体之间. 例如，这些物质的分子没有固定的排列，可以自由移动，因而具有液体的流动性，但同时它的分子排列取向又存在一定的规律性，因而又具有晶体的各向异性的特点. 把这种介于固相和液相之间的相态称为液晶相. 把具有液晶相的物质称为液晶物质，常见的主要是一些有机化合物(例如芳香族化合物)及它们的混合物. 这些物质处在液晶相时，就叫做液晶.

光学中普遍感兴趣的液晶有不同的三大类型(或晶相)：①近晶型，②向列型，③胆甾型，如图 9.2.2 所示，这些类型的区别在于不同的分子排列次序或者组织约束. 对于近晶型液晶，分子也倾向于平行排列，但是分子的中心位于互相平行的层内，在层内是随机分布的. 对于向列型液晶(NLC)，它的整个体积中的所有分子都倾向于平行排列，分子中心在这个体积中随机分布. 最后，胆甾型液晶是近晶型液晶的一种扭曲形式，在这种液晶内，分子在不同层内的排列方向绕一个轴做螺旋旋转. 空间光调制器主要基于向列型液晶和一类叫做铁电液晶(FLC)的特殊的近晶型液晶.

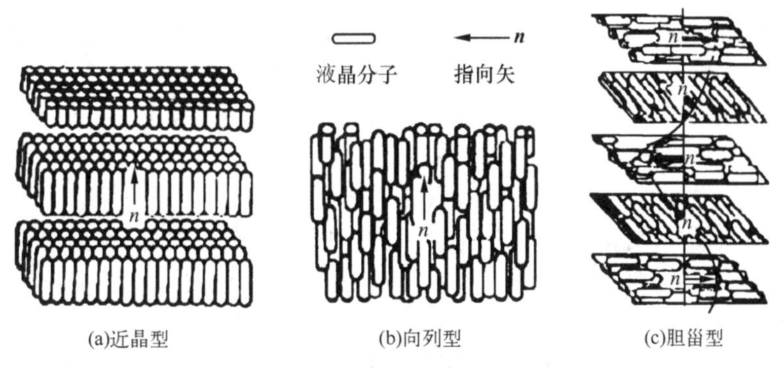

图 9.2.2　液晶分子排列的三种类型

由于液晶分子之间的相互作用力远低于固体分子之间的相互作用力，所以液晶的各向异性在外场的作用下会发生显著的变化，其电、磁、光、力学各向异性远比普通晶体强烈. 例如，磷酸二氢钾(KDP)晶体的半波电压为 9.3kV，BSO 晶体的半波电压为 3.9kV，而表征液晶电光效应的特征参数——开关电压略为 5V，比晶体半波电压低三个数量级，这是液晶流动性和各向异性双重特性的综合效果. 由于这一特性，我们可以把液晶作为调制介质，构成低能耗、低电压的空间光调制器.

2. 光学寻址液晶光阀

硫化镉液晶光阀(LCLV)，是利用液晶混合场效应制成的一种光学寻址空间光调制器. 我们选择了由休斯研究实验室(Hughes Research Laboratory)开发的 SLM 为光驱动的液晶空间调制器的例子，与电寻址器件依靠直接外加电场改变状态不同，它是用光学方法写入而不是用电学方法写入的. 不过，光学写入的结果是建立了某一内部电场，因此这种器件的功能仍然可以在电寻址器件的背景知识的基础上来理解.

这种器件的结构如图 9.2.3 所示. 它可以用任何偏振态的非相干光或相干光来写入，而用偏振的相干光来读出. 如下面将讨论的，这种器件要外接一个起偏器与检偏器. 我们从图 9.2.3 右边所示的“写入”一边开始讨论，来理解器件的运作.

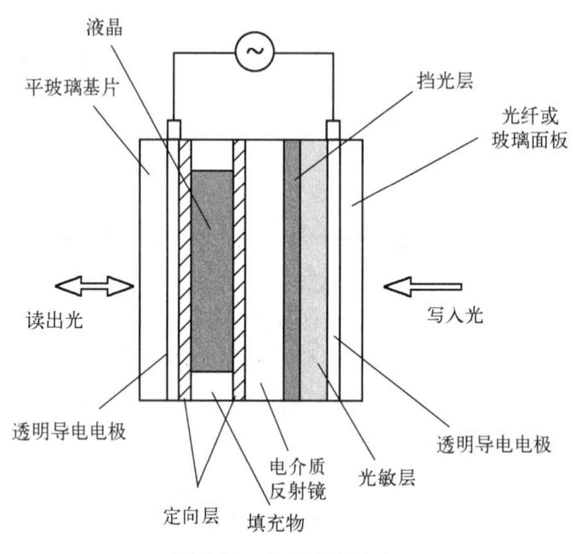

图 9.2.3　休斯液晶 SLM

把一个光学图像投射到器件右边入口处，此入口可以只有一块玻璃板，或为了有更好的分辨率，由一块光纤面板构成. 光经过一个透明的导电电极，被一层光电导体检测，最常用的是硫化镉(CdS). 光电导体在没有写入光照射时应该有尽可能高的电阻率，而当有强的写入光照射时有尽可能低的电阻率，因此被光电导体吸收的光使局部的电导率增加，与入射光的强度成正比. 在光电导体左边是一层由碲化镉(CdTe)构成的挡光层，它使器件的写入侧与读出侧在光学上隔离. 在器件电极上加了一个音频交流电压，其均方根电压为 5～10V.

在器件的读出一边，有一块光学平坦的平面玻璃面板，其右面是一个透明导电电极，再右面是一个薄的向列型液晶盒，它的两边是定向层. 两定向层的取向互成 45° 夹角，因此没有外加电压时液晶分子有 45° 的扭转. 液晶后面是一个电介质反射镜，它将入射的读出光反射回来，使之第二次通过器件. 电介质反射镜也防止了直流电流过器件，从而延长其寿命.

从电学观点看，是施加在液晶层两侧的交流电压的均方根值决定了器件的读出边的光学状态. 这种器件的一个简化的电学模型如图 9.2.4 所示. 在关闭状态(不加写入光)下，两个电阻足够大，可以忽略，而光敏层和电介质层的电容值与液晶层的电容值相比必须足够小(即它们在驱动电压频率下的阻抗必须足够高)，使得液晶层两侧的均方根电压太小，不能使分子离开原来的扭转状态. 在开启状态下，理想情况是光敏层上完全没有电压降，外加到液晶两端的那部分电压的均方根值必然足够大，从而引起分子明显的转动. 在设计器件时，通过适当选择层厚，可以控制有关的电容值，以满足这些要求.

用这种器件可以达到 100∶1 量级的对比度，其分辨率是每毫米几十个线对. 写入时间是在 10ms 的量级，擦除时间约为 15ms. 由于器件的读出一边是达到光学抛光的面板，从这个器件出来的波前具有很好的光学质量，因而这个器件适合在相干光数据处理系统中使用. 由于反射率对外加电压的非单调依赖关系(不加电压及加非常高的电压都会使检偏器阻挡全部或大部分光)，器件可以在几种不同的线性和非线性模式下工作，依所加的电压而定.

3. 电寻址液晶光阀

电荷耦合器寻址液晶光阀(CCD-LCLV)是一种电寻址的空间调制器，其结构如图 9.2.5 所示. 它的特点是用 CCD 电路代替了前面介绍的 CdS-LCLV 中的光电导层和光阻挡层，而液晶仍用 45° 扭曲液晶盒.

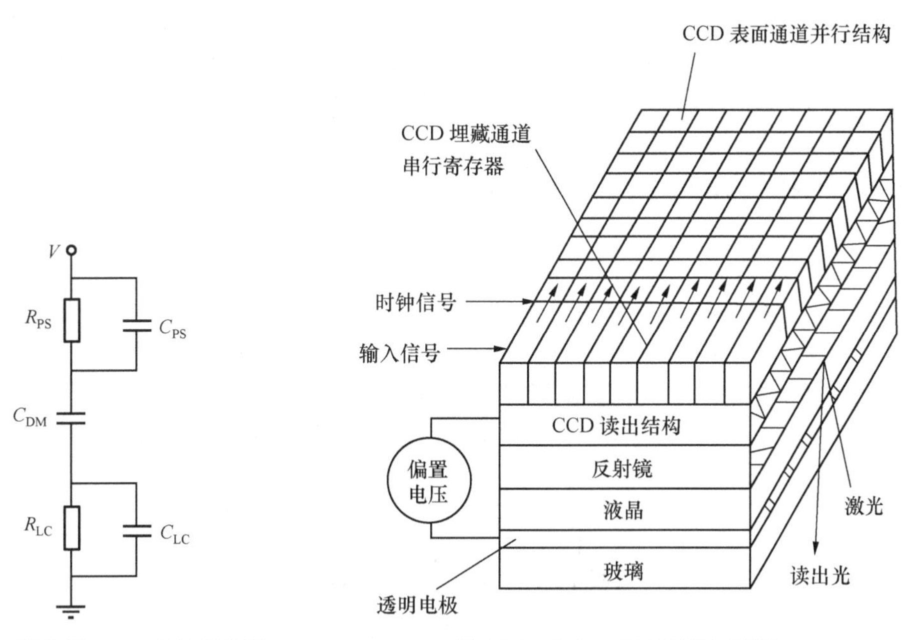

图 9.2.4　硫化镉 LCLV 结构示意图

图 9.2.5　CCD-LCLV 结构示意图

CCD 是一种由 MOS 结构单元组成的阵列器件，基本功能是在每个 MOS 结构单元中都可存储一定数量的电荷(即信息)，每个单元中的电荷在时钟脉冲信号控制下可以依次转移到相邻单元中去(即图中串行寄存器)，然后在时钟脉冲信号控制下整行转移到相邻的一行中去，多次重复，形成电荷的并行结构(面阵). 也就是说，CCD 电路的作用是把一个串行的输入电压信号转变成电荷的二维矩阵分布，从而改变电极上的电压，实现对读出光的二维空间调制.

目前 CCD-LCLV 的工作面积为 5mm×5mm，像元素为 512×512，分辨率为 50 lp/mm，串行数据写入速率大于 6.5MHz，相当于每秒 100 帧二进制图像，反差为 50∶1.

另一种电学寻址的液晶光阀是矩阵寻址液晶光阀. 它的特点是液晶盒基片上透明电极不是整个面上的片状电极，而是由一组平行条带组成的栅状电极，前、后两基片上的电极栅条互相垂直，从而把两组电极间的液晶分割成了按矩阵形式排列的像素. 对两组电极上的每条栅条电极施加合适的电压信号，就可以控制液晶像素的透过率，实现空间调制.

铁电液晶(FLC)光阀和表面稳定铁电液晶(SSFLC)光阀是又一种电学寻址空间光调制器，由于它采用了性能良好的近晶型铁电液晶，器件的响应速度提高了几个数量级，在室温下上升和下降时间可达 180 ns，反差也有很大改善，室温下达 1500∶1.

液晶光阀空间光调制器在光信息处理、光学互连及光计算系统中具有多种用途. 首先，它可用作输入变换器，例如前面提到的相干光与非相干光的变换、波长变换、串行电信号与并行光信号(或图像)的变换器，或用作输入寻址器. 其次，LCLV 还可用于实时变化的光学互连、并行的光学逻辑运算、光学数字运算、光学矩阵运算，进而实现解方程组等有关数学运算. 同时，它也可用于图像处理，如边缘增强、图像加减等.

9.2.3　磁光空间光调制器

前面所讨论的 SLM 都是通过电光效应来运作的，其偏振是通过改变跨过器件的电场来旋转的. 我们现在来关注另外一种器件，它的运作是通过偏振在外加磁场下旋转，即法拉第效应. 我们在这里用简称 MOSLM 代表磁-光空间光调制器.

MOSLM 由二维阵列的磁-光元素以下述形式组成：它们是在一个透明非磁性背部基底上外延生长的磁性石榴石膜上的一个个孤立的台面. 这些石榴石台面对于光线是十分透明的，但是当完全磁化时，由于法拉第效应的结果，它们转动入射光的偏振，转动的方向依赖于台面磁化的方向，当磁化的方向恰好和光传播的方向一致时，线偏振光会以右手螺旋定则转$+\theta_f$，取决于石榴石膜的厚度；而当磁化与传播方向相反时，偏振转动$-\theta_f$. 因此，和 FLC SLM 一样，MOSLM 是一个有记忆的二进制器件.

像素的磁化方向由两个磁场的组合所控制，一个是由偏置线圈所提供的外磁场，另一个是在每一个像素的角上由行与列的金属电极产生的磁场. 图 9.2.6 表示了其结构. 绕着像素化的石榴石膜有一个偏置线圈，可以用电流在两个方向(平行于光的传播方向，或者反平行于这个方向)的任一个驱动，从而在两个方向中任一个建立强磁场. 此外，用光刻技术将金属导体的行-列矩阵恰当地沉积，以使得行电极和列电极在像素的角上彼此不接触地交叉，两者在垂直方向上用一个绝缘膜相隔开.

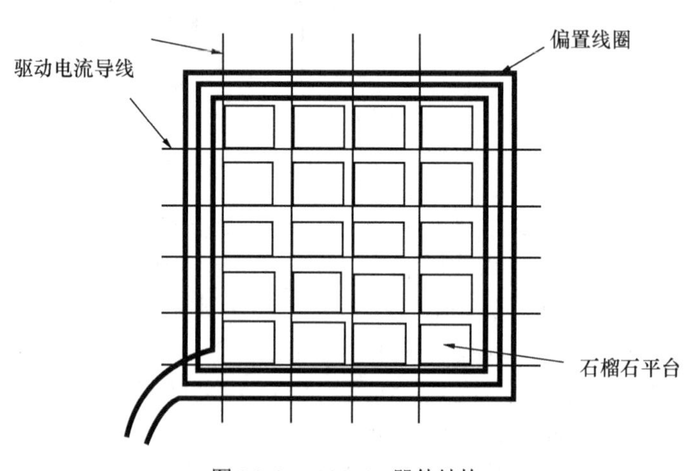

图 9.2.6　MOSLM 器件结构

为改变单独一个像素的状态，必须要进行下述一系列的运作. 第一，一定要用电流来驱动偏置线圈，以在要求的磁化方向建立一个强磁场；第二，必须要将电流脉冲加到在所关注的像素相交的行和列电极上，电流的方向必须合适，因此可以建立一个小磁场，集结一个磁域，在像素角上沿所要求的方向磁化. 尽管在所选择的行和列上的所有的像素由于电流脉冲而感受到一点磁场，只有在两个电极重叠的地方才有足够强的磁场可以集结像状态的变化. 随着集结场的出现，像素角上的磁化状态发生变化. 强偏置场的存在使得这个变化以高速传播跨过整个像素，因而改变了那个台面的磁化状态.

每次只能写入一个像素. 注意：如果必须要改变两个像素的磁化状态使它们互相相反，就必须要用两次写入，在改变之间偏置线圈中的电流要反向.

可以用琼斯(Jones)矩阵帮助定量分析 MOSLM. 可以证明，法拉第旋转的原因在于被传播的波的左手-螺旋及右手-螺旋圆偏振的分量感受了不同的折射率. 对于在一个方向的磁场，左旋圆偏振的分量感受了 n_1，而右旋圆偏振分量感受了 n_2，当磁场方向相反时，折射率也相反. 从这个事实出发，可以证明，除了两者共同具有的相位因子之外，两个磁场方向下的琼斯矩阵就是旋转矩阵

$$
\begin{aligned}
L_{+} &= \begin{bmatrix} \cos\theta_{\mathrm{f}} & -\sin\theta_{\mathrm{f}} \\ \sin\theta_{\mathrm{f}} & \cos\theta_{\mathrm{f}} \end{bmatrix} \\
L_{-} &= \begin{bmatrix} \cos\theta_{\mathrm{f}} & \sin\theta_{\mathrm{f}} \\ -\sin\theta_{\mathrm{f}} & \cos\theta_{\mathrm{f}} \end{bmatrix}
\end{aligned}
\tag{9.2.1}
$$

当膜的厚度是 d 时，旋转角由下式给出：

$$
\theta_{\mathrm{f}} = \frac{\pi(n_2 - n_1)d}{\lambda_0} \tag{9.2.2}
$$

一般情况下，法拉第旋转角 θ_{f} 是很小的，因此在器件两个状态之间发生的偏振旋转的总数比 90° 小得多. 结果，为了将器件作为强度调制器，输出检偏器方向应该正交于两个转动状态之一的光的偏振方向. 器件的一个状态因此全部关闭，而另一个状态部分开启. 当沿 y 轴偏振的光用来作为照明，检偏器和 x 轴夹角为 $+\theta_{\mathrm{f}}$ 时，在“关闭”状态的像素上强度透射率是零，而在“开启”状态的强度透射率可以证明是

$$
\tau = \eta_{\mathrm{p}} \mathrm{e}^{-\alpha d} \sin^2(2\beta d) \tag{9.2.3}
$$

式中，η_{p} 是起偏-检偏器组合的合成效率，d 是膜厚(微米)，α 是每微米膜厚的损失，β 是每微米膜厚的旋转($\beta d = \theta_{\mathrm{f}}$). 因此，法拉第转角随着石榴石膜厚度而增加，但是与此同时，由于吸收的缘故，器件的衰减也随着厚度而增加. 因此，对于任何一个给定的膜，有一个使得在“开启”状态的强度透射率达到最大的优化厚度.

9.2.4　可变形反射镜空间光调制器

目前已有多种器件用静电导入的机械形变来调制反射波. 这种器件通常叫做“可形变反射镜器件”，或 DMD(deformable mirror device). 最先进的这一类 SLM 是由德州仪器公司开发的. 早期的器件是用连续的薄膜，它通过像素化的驱动电极产生电场而变形. 这种 SLM 逐渐演化为可变形镜器件，在这种器件中，所有分立的悬臂镜通过设置在浮动 MOS(金属氧化物半导体)源上的电压，一个个被寻址，整个器件集成在硅上. 最近的版本已采用了两个支持点的反射镜，它们在外加场下扭转.

图 9.2.7 给出了薄膜器件和悬臂梁器件. 制作薄膜器件时，要将镀金属的聚合薄膜拉直覆盖在一个定位格架上，格架在膜和地址电极中间构成了一个空气层. 在镀金属的膜上施加负的偏置电压，当将一个正电压加到在膜底下的地址电极时，膜在静电力的影响下往下弯；当地址电压移去时，薄膜又回到原来的位置. 通过这个方式，引入了相位调制.

悬臂梁器件的结构很不一样. 镀金属的梁偏置于一个负电压，通过一个薄的金属铰链连接在一个间隔杆上. 当下面的地址电极以正电压激励时，悬臂往下转，尽管还没有远到能接触到地址电极，

一束入射光束因此被倾斜的像素偏斜不能被随后的光学系统收集. 这样一来，在每一个像素都引入了强度调制.

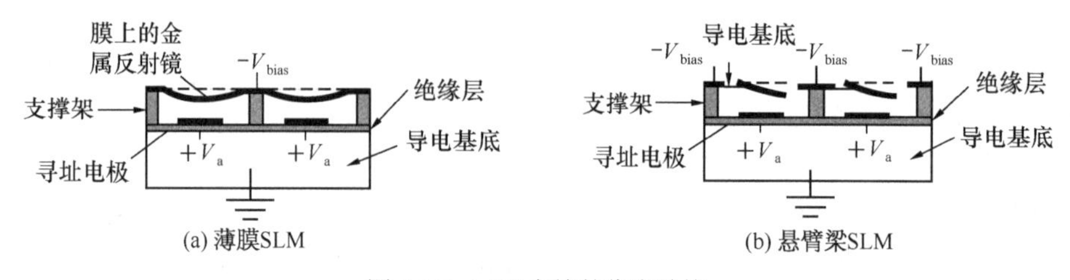

图 9.2.7　可形变镜的像素结构

最先进的 DMD 结构是以和悬臂梁有关的结构为基础的，但是它用的是一个扭力梁，通过两个点连接，而不是只通过单一的金属铰链. 器件的基底是硅，采用大规模集成电路技术，在硅片上制出 RAM，每个存储器有两个寻址电极和两个搭接电极，在两个支撑柱上，通过扭臂梁铰链安装一个微型反射镜，形成跷跷板式的结构. 反射镜是镀金属的，工作时接负偏置电压. 如图 9.2.8 所示，这种器件称为数字微反射镜器件(digital micro-mirror device)，缩写也是 DMD，所以它与可形变反射镜器件都统称为 DMD 器件.

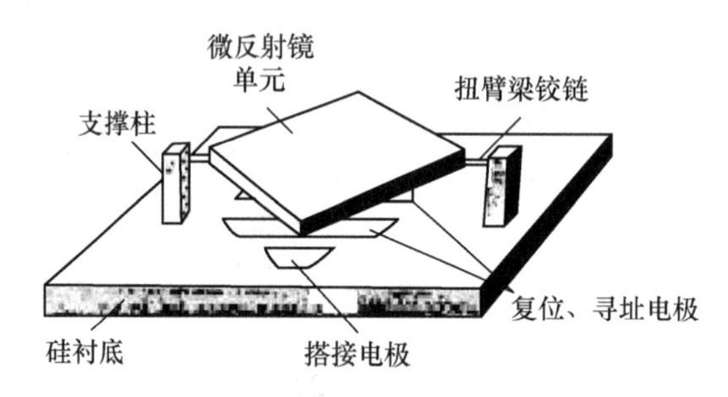

图 9.2.8　悬臂梁 DMD 结构示意图

器件工作时，当一个地址电极用一个正电压所激励时，镜子往一个方向扭转，而当另一个电极激励时，镜子往反方向扭转. 在每一个镜元素下面有两个复位电极，设置在偏置电压，因此当反射镜末端扭转到与复位电极相碰时，就不放电. 入射到每个像素上的光往反射镜被激励时的两个方向之一而偏转，而当镜子没有被激励时就不偏转. 器件既可以在模拟方式工作，即扭转是外加的寻址电压的连续函数，也可以在数字方式工作，这时，器件有两个或三个稳定状态，取决于外加的偏置电压.

这类 SLM 技术的优势是以硅为基础的，与用在 SLM 像素同样的基底上制作的 CMOS(互补金属氧化硅)驱动器是兼容的. 线寻址及帧寻址 DMD 尺寸在 128×128 或更大(已有报道). 像素多到 1152×2048 的这类器件可以用作高清电视(HDTV)显示. 另一个优势是这种器件能在各种波长中工作，在任何一个波长下，可以用集合起来一起制作的方式做出质量完好的反射镜.

DMD 的所有机构都在硅基片上制备，结构微小，因此微镜的转速极快，光学开关时间为 2μs，机械开关时间，包括转动到位而且稳定住的时间约为 15μs，因此可用单位时间内的出光光脉冲的个数来显示某个像素的灰度，以实现对光场的真正数字式调制. 美国德州仪器公司还研究开发了一套基于 DMD 的数字光处理(digital light processing，DLP)技术. 数字光处理技术提供了一种基于 DMD 的全新的数字光调制技术，灰度调制的原理可以用图 9.2.9 表示.

对于一个 4 位灰度的图像(16 个灰度等级)，相当于场频时间被分成四个单位：1/15、2/15、4/15 以及 8/15 帧长，由此四个单位时间的二进制组合构成 16 个等间隔灰阶. 而实际的 DLP 系统均采用

24 位比特(8 位或者 256 灰度/每种颜色)或者 30 位比特(10 位或 1024 灰度/每种颜色). 对时间平均的强度而言，DMD 的电光特性可以完全看成是线性的，亦即具有一个完全的数字特征的电光响应特性. 应用 DMD 芯片可以构成多种投影显示系统，也可以用于非相干光信息处理. 由于 DMD 芯片工作在脉冲记数模式，不仅在画面的组成——像素上是一个一个数字的，而且在图像的灰度表现上也是一个一个脉冲记数的，因此，它是完全数字式的空间光调制器.

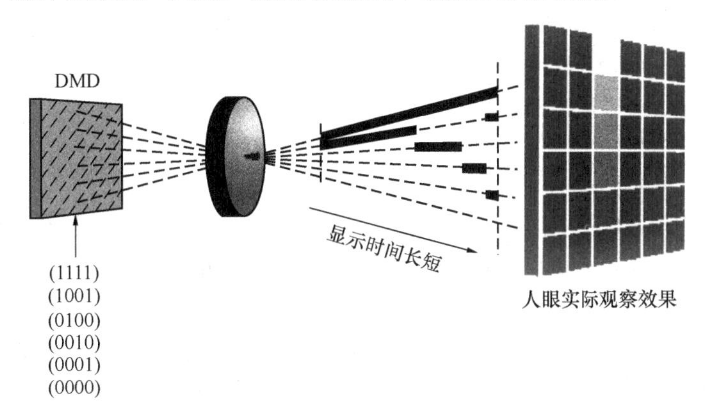

图 9.2.9　DMD 光脉冲产生灰度原理图(4 位灰度)

从光学信息处理的观点来看，DMD 空间光调制器是一个时间变化的空间光调制器，只有在时间平均的意义上才能提供一个稳定的空间光场调制，虽然微镜的开关转速极快，可以作为显示器件和非相干光调制器，但用于相干光处理系统时，这种时间变化的空间光调制器在应用上将受到很大的限制. 也就是说，如果将 DMD 用于相干光处理系统，仍有很多问题需要进一步分析和解决.

9.2.5　LCOS 空间光调制器

硅基液晶(liquid crystal on silicon，LCOS)是一种新型的结合了半导体与 LCD 技术的空间光调制器. 它具有高分辨率、高亮度的特性，加上其产品结构简单，亦具有低成本潜力，将是数字投影技术和光学信息处理技术中的新的一类空间光调制器.

LCOS 芯片是集成在硅基板上的图像芯片. 由于硅基板对可见光不透明，所以 LCOS 一般做成反射式的，其工作原理如图 9.2.10 所示. 芯片中像素寻址电路集成在硅基板上，上面覆盖镀有透明导电薄膜的玻璃基板，两者之间放置一定厚度的间隔层，并灌装液晶. 光线从玻璃基板入射，透过液晶层，到达硅基板上的铝电极，经铝电极反射后再次通过液晶层，出射到芯片外. 其中液晶层上的电压由玻璃基板上透明电极(ITO)和硅基板上的铝电极之间电压决定. 当硅基板上铝电极电压发生变化时，液晶电压发生变化，由此调制反射光的偏振状态，产生图像. LCOS 芯片的寻址是由 CMOS 管来完成的，由于采用硅作为基板，采用集成电路的制作工艺，可以将 LCOS 驱动电路的部分或全部集成在硅基板上，以简化外驱动板的电路，减少引出电极的个数.

用于投影显示的反射型液晶器件都采用了扭曲向列液晶或电控双折射，因为这些液晶工作模式的光效率较高，对比度较大. 它们的光强调制原理如图 9.2.11 所示，其中液晶器件前面放置了一个偏振分束镜(PBS). 非偏振光进入 PBS 后，s 偏振光被反射进入液晶显示芯片. 当液晶显示芯片上的像素点处于亮态时，s 偏振光通过液晶层以及反射镜的反射后，变成 p 偏振光. 光线沿原光路反射后，通过 PBS 棱镜进入镜头，产生图像. 而对于处在暗态的像素点，液晶对入射 s 偏振光无调制，因此通过显示芯片反射的 s 光仍被 PBS 反射，无法进入镜头. 这种工作模式主要利用了 LCOS 对光场的振幅调制，广泛用于投影显示.

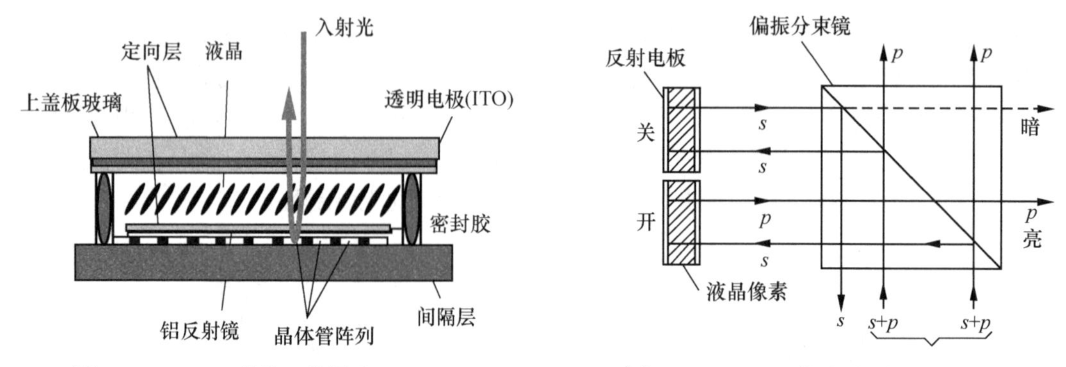

图 9.2.10　LCOS 芯片工作原理

图 9.2.11　LCOS 芯片用于投影显示的原理

选择适当的结构参数，可使 LCOS 处于相位调制工作模式. 纯相位调制器是现代光信息处理的关键器件，例如，在图像识别中用于频谱滤波要比振幅调制器的灵敏度高，假如这种纯相位调制器有足够高的分辨率，则可在一些应用中代替二元光学元件，从而可以克服二元光学元件一次设计和制造只能针对一种特殊的应用，而相位空间光调制器的相位变化是非常灵活的，它可以根据使用场合的要求和变化而随时随地用程序控制的办法来改变它的相位分布，进行信息的实时处理. 这种 LCOS 面板还可以再现以纯相位编码方式产生的全息图. 随着 LCOS 空间光调制器分辨率的提高和芯片尺寸的增大，LCOS 将会在全息和光学信息处理技术中得到越来越多的应用.

9.3　衍射光学元件

大多数现今用的光学仪器使用折射或反射的光学元件(如透镜、反射镜、棱镜等)来控制光的分布. 在某些情况下，有可能用衍射元件来替代折射和反射元件，这种改变可以在某些应用中带来相当大的好处. 衍射光学元件(diffractive optical element，DOE)是基于光波衍射理论，借助计算机辅助设计技术获取二值化的离散数据，利用微纳加工技术制造出的两个或多个台阶的相位/振幅光学元件. 1964 年，基于当时最先进的集成电路光刻掩模制造设备(IBM 7094 计算机和 Calcomp 绘图仪)，IBM 工程师 Lohmann 研制出世界上第一块计算机全息图，并且指出“平面光学的优势是用轻量化的元件取代笨重而复杂的长焦镜头”. 1987 年，美国 MIT 林肯实验室 Veldkamp 研究组在设计传感系统中，将标准 CMOS 工艺中的光刻掩模制造技术引入 DOE 制作，并提出了“二元光学”概念. 随后，DOE 成为现代光学、计算机与集成电路技术等领域的新兴交叉学科，加快了现代光学仪器设备小型化、轻量化和集成化进程. 近年来，随着集成电路装备、物联网、人工智能、大数据及增强现实等领域的快速发展，DOE 在光学系统中的应用需求增长迅速，逐渐成为引领集成电路装备和光学仪器两大产业发展的核心元器件. 一般而言，衍射光学元件比对应的折射或反射元件轻得多，占有的体积也小. 它们也可能较便宜地制作，在某些情况下可能有优越的光学性能(如较广的视场). 这种元件应用的例子包括光盘用的光学头、激光光束整形、光栅分束器以及在干涉计量测试时的参考元件.

与这些优势共同存在的是，衍射光学元件有一个显著的难点：因为它们以衍射为基础，所以是高度色散的(即波长敏感的). 因为这个原因，它们最好用来处理高度单色光的问题. 这正是多数相干光学系统的情形. 然而，衍射光学可以和折射光学，或者和另外的衍射元件一起用，以致部分地去除它们的色散性质，从而允许它们用在非高度单色光的系统中.

通过在微纳米尺度上对红外线、可见光、紫外、极紫外、软 X 射线乃至硬 X 射线光波进行波前精确调控，DOE 将衍射光波集中到设定的衍射级次上，从而实现成像、色散、均匀化、准直、聚焦和任意设定波前等光学功能. DOE 具有精度高、质量轻、紧凑、设计自由度大、色散特性独特和易于校准等优点，广泛应用于光通信、微光机电系统、传感测量等领域，以及先进光刻、同步辐射、激光聚变和 X 射线天文学 4 大光学工程.

特别地，DOE 的研究进展与先进光刻机的进展相辅相成，DOE 的精度依赖于先进光刻机水平，DOE 的精度提高在先进光刻机的发展中一直发挥着决定性的作用. DOE 已经广泛应用于第四代光刻机（193nm 步进扫描投影光刻机）和第五代光刻机（极紫外步进扫描投影光刻机），包括激光带宽压缩、光束整形、离轴照明、非球面高精度检测、调焦和套刻控制、工件台位移超精密控制、计量学等重要环节.

衍射光学元件的基础是二元光学，在本节中我们讨论这个主题时，只对一种叫做二元光学的衍射光学构建的方法进行详细的讨论.

9.3.1　微光学与二元光学

微光学（micro optics）这一术语是 1969 年在一家日本杂志上出现的. 1981 年，日本微光学研究组织及刊物也应运而生，微光学的名称自此成立. 微光学当时主要指梯度折射率光纤和微小物镜，但目前微光学的含义远不止于此. 微光学是研究微米、纳米级尺寸的光学元器件的设计、制作工艺及利用这类元器件实现光波的发射、传输、变换及接收的理论和技术的新学科. 微光学发展的两个主要分支是：①基于折射原理的梯度折射率光学；②基于衍射原理的二元光学. 二者在器件性能、工艺制作等方面各具特色.

微光学是光学与微电子学相互渗透、交叉而形成的前沿学科. 光学仪器的微型化及微系统工程的开发迫切要求系统结构及光学元件的微型化，从而诞生了微光学，而微电子技术又为微光学的发展创造了条件. 微光学元件包括梯度折射率透镜、微透镜阵列、平板透镜、菲涅耳波带片、微棱镜、远红外带通滤波器、光耦合器、小型衍射光学元件、全息光学元件和二元光学元件等.

二元光学（binary optics）这一名称是美国林肯实验室于 1987 年正式提出的，它是在计算全息与相息图制作技术、微电子加工技术发展的基础上，运用光学衍射原理，集几种光学功能于一体发展起来的一门新兴光学分支，属于微光学范畴，目前已形成独立学科，是 20 世纪 90 年代光学前沿研究领域之一.

二元光学是指基于光波的衍射理论，利用计算机辅助设计和超大规模集成（VLSI）电路制作工艺，在片基上（或传统光学器件表面）刻蚀产生两个或多个台阶深度的浮雕结构，形成纯相位、同轴再现、具有极高衍射效率的一类衍射光学元件. 二元光学不仅在改变常规光学元件、变革传统光学技术上具有创新意义，而且能够实现传统光学许多难以达到的目的和功能，因而被誉为 20 世纪 90 年代的光学. 二元光学元件除了具有体积小、重量轻、容易复制等明显优点外，还具有以下独特的功能和特点.

1. 高衍射效率

二元光学元件是一种纯相位衍射光学元件，为得到高的衍射效率，可做成多相位阶数的浮雕结构. 一般使用 N 块模板可得到 $L(=2^N)$ 个阶数，其衍射效率为：$\eta =|\sin(\pi/L)/(\pi/L)^2|$. 当 $L=2,4,6,8,16$ 时，由此计算得 $\eta = 40.5\%,81\%,94.9\%,98.6\%$. 利用亚波长微结构及连续相位面形，可达到接近 100% 的衍射效率.

2. 独特的色散性能

在一般情况下，二元光学元件多在单色光下使用，但正因为它是一个色散元件，具有不同于常规元件的色散特性，故可在折射光学系统中同时校正球差和色差，构成混合光学系统，以常规折射元件的曲面提供大部分的聚焦功能，再利用表面上的浮雕相位波带结构校正像差. 这一方法已用于新的非球面设计和温度补偿等技术中.

3. 更多的设计自由度

在传统的折射光学系统或镜头设计中只能通过改变曲面的曲率或使用不同的光学材料校正像差，而在二元光学元件中，则可通过波带片的位置、槽宽与槽深及槽形结构的改变产生任意波面，大大增加了设计变量，从而能设计出许多传统光学所不能的全新功能光学元件，这是对光学设计的一次新的变革.

4. 宽广的材料可选性

二元光学元件是将二元浮雕面形转移至玻璃、电介质或金属基底上，可用材料范围大；此外，在光学材料的选取中，一些红外材料(如 ZnSe 和 Si 等)，由于它们有一些不理想的光学特性，故经常被限制使用，而二元光学技术则可利用它们并在相当宽广的波段做到消色差；另外，在远紫外应用中，可使有用的光学成像波段展宽 1000 倍.

5. 特殊的光学功能

二元光学元件可产生一般光学元件所不能实现的光学波面，如非球面、环状面、锥面和镯面等，并可集成得到多功能元件；使用亚波长结构还可以得到宽带、大视场、消反射和偏振等特性；此外，二元光学在促进小型化、阵列化、集成化方面更是不言而喻了.

9.3.2　二元光学的产生和发展

光学元件的作用从本质上讲可以说是为了实现所希望的波面转变. 例如，不同焦距的球面透镜将平面波转换成不同半径的球面波. 多年来，传统的光学元件的设计都是以几何光学理论为基础，以磨制和抛光为主要加工手段，无论是球面透镜还是非球面透镜，其表面形状都是连续变化的. 元件制造工艺复杂、生产速度慢、效率低、成本高、尺寸大、重量大，制成阵列困难，在当前仪器走向光、机、电集成化趋势中显得极不匹配.

自从全息出现以后，以衍射理论为基础的光学元件得到迅速发展，特别是计算全息的出现，使衍射光学元件的设计有了突破性进展. 采用计算全息手段，原则上可以设计产生任何形状的波面元件，这是以前用任何方法都不能做到的. 但是计算全息和光学全息一样，一般都使用离轴一级衍射光，而且同时对振幅和相位进行调制，这不仅限制了视场，而且光能利用率也低. 可以认为相息图就是早期的二元光学元件，它利用透明体表面浮雕直接改变光波相位，相息图是能实现光波相位作任意转变的纯相位光学元件，是同轴再现，光能利用率极高，但由于工艺长期未能解决，因此进展缓慢，实用受限. 二元光学技术则同时解决了衍射元件的效率和加工问题，它以多阶相位结构近似相息图的连续浮雕结构. 其浮雕结构从两个台阶发展到多个台阶，直至近似连续分布，但由于其主要制作方法仍基于表面分步成形，每次刻蚀可得到二倍的相位台阶数，故仍称其为二元光学，而且往往就称为衍射光学.

随着大规模集成电路和计算机辅助设(CAD)以及光刻技术的发展，制作诸如相息图这种二元光学元件跃上了一个新台阶. 二元光学的内容包括对一种特定的衍射光学元件的制作. 这种元件以光学衍射理论为基础，采用大规模集成电路的制作工艺，在片基(或传统光学元件)表面刻蚀产生 2 个或 2^N 个光学厚度差相等的台阶分布，它是纯相位型的，具有极高的衍射效率，特征尺寸为光波长数量级.

二元光学元件的相位值是二值或多值的不连续量，按照相位的分等情况，二元光学器件一般分成三种类型，即二值型、多值型与混合型，如图 9.3.1(a)～(c)所示. 二值型器件的相位只有 0 和 π 两个值，表面起伏与空间周期和光波波长相当，并且在大多数情况下，相位 0 和 π 的占空比是不规则的，按照衍射波面的要求确定其空间分布情况，这种器件的衍射效率低. 多值型器件的相位等级在 2π 范围内按 2^N 的形式分等，即多值器件的相位等级可以是 4, 8, 16, ⋯. 这类器件的表面台阶深度小于光波波长，空间周期却大于光波波长，可在准单色光下使用，具有很高的同轴衍射效率，对偏振方向也不敏感，具有极高的应用价值. 混合型器件是由多值型器件与传统的折射光学器件组合而成，即片基表面做成多值型器，而片基本身做成折射光学元件，如图 9.3.1(c)所示. 这种器件的优点除了具有极高的同轴衍射效率和对偏振不敏感外，还可以在宽带光下使用. 因为衍射和折射二者的色散作用在一定程度上相互补偿，所以整个器件对波长的变化变得不敏感，因此这类器件应用性能更好，使用范围更广泛.

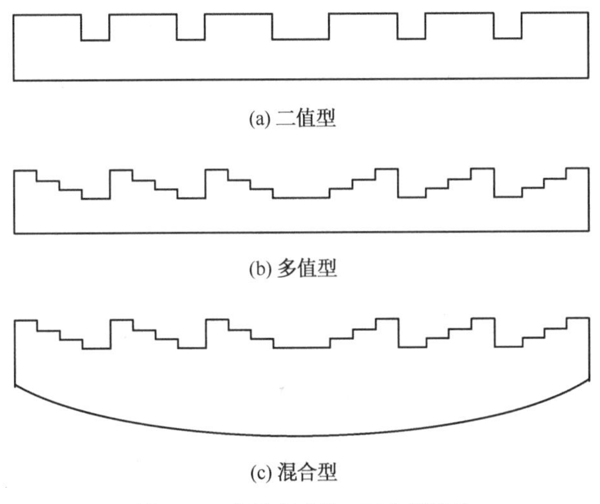

(a) 二值型

(b) 多值型

(c) 混合型

图 9.3.1　几种典型的二元光学器件

9.3.3　二元光学元件的设计

二元光学元件的设计理论通常归结为两大类，即标量衍射理论和矢量衍射理论. 当二元光学元件上的精细结构的特征尺寸可以与光波长相比较时，标量衍射理论就不适用了. 此时光波的偏振性质和不同偏振光之间的相互作用对光波的衍射结果起重要作用，必须严格求解麦克斯韦方程组和适当的边界条件来进行二元光学元件的设计. 相关的一系列理论已经提出，当衍射结构的横向空间特征尺寸大于光波波长时，光波的偏振特性就不那么重要了，传统的标量衍射理论就可以用来解决二元光学元件的设计问题.

二元光学元件的设计问题十分类似于光学变换系统中的相位恢复问题：已知成像系统中的入射场和输出平面上的光场分布，如何计算输入平面上相位调制元件的相位分布，制作工艺水平的发展和衍射元件应用领域扩大，二元光学元件特征尺寸进一步缩小，其设计理论已逐渐从标量衍射理论向矢量衍射发展.

通常情况下，当二元光学元件的衍射特征尺寸大于光波波长时，可以采用标量衍射理论进行设计. 计算全息就是利用光的标量衍射理论和傅里叶光学进行分析的，关于二元光学的衍射效率与相位阶数之间的数学表达式也是标量衍射理论的结果. 在此范围内，可将二元光学元件的设计看成是一个逆衍射问题，即由给定的入射光场和所要求的出射光场求衍射屏的透过率函数. 基于这一思想的优化设计方法大致有盖师贝格-撒克斯通算法、直接二元算法、模拟退火法和遗传算法，在国内杨国桢和顾本源提出任意线性变换系统中振幅-相位恢复的一般理论和杨-顾算法，并且成功地用于解决多种实际问题，并应用于变换系统中.

图 9.3.2 所示是由一个折射透镜演变成 2π 模的连续浮雕及多阶浮雕结构表面的二元光学元件过程. 由于透镜是大家熟悉的普通光学元件，我们以它为例来阐述二元光学元件设计的基本框架.

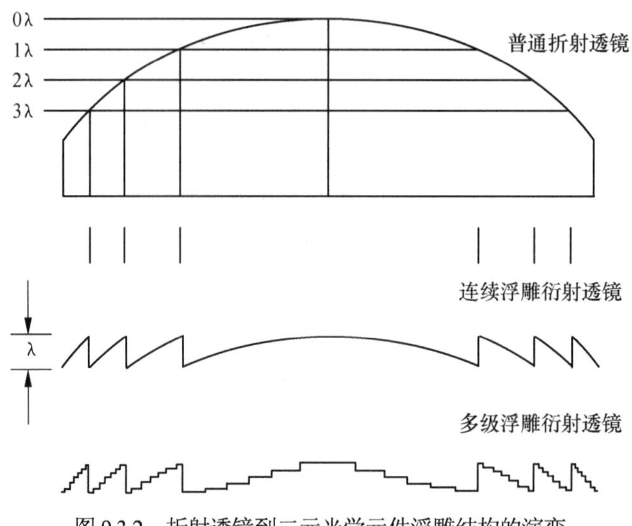

图 9.3.2　折射透镜到二元光学元件浮雕结构的演变

透镜的作用可以当作一个相位变换器，若要求它的焦距为 f，则透镜的相位变换因子

$$t(r)=\exp(\mathrm{j}kn\Delta_0)\exp\left(-\mathrm{j}k\frac{r^2}{2f}\right) \tag{9.3.1}$$

式中，n 是折射率，Δ_0 是透镜的最大厚度，与普通透镜的相位变换因子表达式相比较，这里保留了常数相位因子 $\exp(\mathrm{j}kn\Delta_0)$. 图 9.3.3(a) 是普通平凸透镜的截面图，纵坐标 z 表示透镜厚度，横坐标 r 表示透镜口径的半径. 以 2π 为周期的函数 $f(x)$ 满足 $f(x)=f(x-2m\pi)$. 对于式(9.3.1)所表示的透过率，相位函数 $\phi(r)=k\left(n\Delta_0\dfrac{r^2}{2f}\right)$ 中，对每一点均把 2π 的整数倍减去，所得结果对光波的作用不变. 将图 9.3.3(a) 中各点减去 2π 整数倍后的相位分布画在图 9.3.3(b) 中，它表示相位改变最大值为 2π 的、分段连续的透镜截面图. 用相位差的多个台阶分布来逼近图 9.3.3(b) 中的连续相位分布而得到图 9.3.3(c) 所示离散化相位分布图. 它的功能与图 9.3.3(a) 所表示的透镜是相同的.

连续函数不能用于刻蚀二元光学元件，必须将它二元化变成离散的台阶形分布. 如果套刻次数为 N，则 0 到 2π 之间可取的相位值只有 $L=2^N$ 个，相邻台阶之间的相位差为 $2\pi/L$，这个 L 个相位值为 $\phi_i=2\pi i/L\ \ (i=0,1,2,\cdots,L-1)$. 例如 N=3，最小相位差为 $\pi/4$，能取的相位值为 0、$\pi/4$、$\pi/2$、$3\pi/4$、$5\pi/4$、$3\pi/2$、$7\pi/4$. 综上所述，二元光学件的设计，其主要内容是根据对元件功能的要求，给出能用于刻蚀的离散相位分布函数. 通常用所谓的连续函数计算方法，根据光学系统的配置，求出需要的相位转换函数

$$H(x,y)=\exp[\mathrm{j}\phi(x,y)] \tag{9.3.2}$$

其中，$\phi(x,y)$ 即为相位调制深度. 然后对其二元化，具体做法是：先取出每一个像素单元的中心函数 $\phi(x,y)$，减去 2π 的整数倍，然后根据不同的套刻次数 N，把 L 量级中最接近的一级相位值赋予它即可.

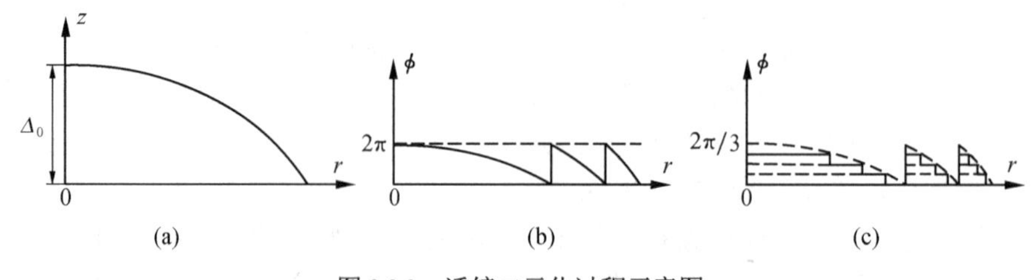

图 9.3.3　透镜二元化过程示意图

对于二元光学器件来说，一个重要的参数是衍射效率. 从连续函数的二元化过程可以看到，套刻次数 N 越大，每个周期中的相位除数 L 越大，二元化后离散相位分布与连续相位分布就越接近.

下面以连续闪耀光栅和量化为 2^N 级的光栅的量化模型为例说明二元光学元件的衍射效率. 图 9.3.4 表示了一个具有完好的锯齿周期的理想相位光栅的剖面，也是一个量化为 2^N 级的光栅的量化模型. 一个连续闪耀光栅具有这样的性质，即如果它引入的峰-峰相位变化正好是 2π 弧度，100% 的入射光将被衍射到单一的第一衍射级. 图中与这个光栅近似的二元光学元件是具有 4 个离散级的量化形式. 更为一般的 2^N 量化级可以通过一系列的 N 次曝光以及微切削加工操作来实现. 量化元件的峰-峰厚度变化是 $(2^N-1)/2^N$ 乘以未量化元件的峰-峰厚度.

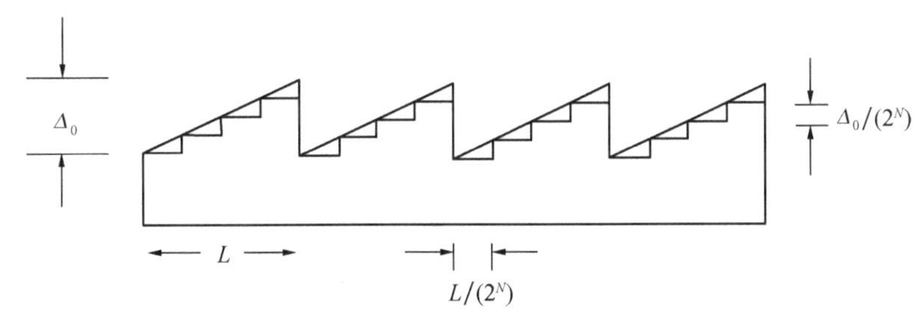

图 9.3.4　闪耀光栅的理想锯齿厚度的剖面以及剖面的二元光学近似(N=2)

为得到锯齿光栅阶梯式近似的衍射效率，可以将它的周期性的振幅透过率展开成傅里叶级数. 计算表明第 q 衍射级的衍射效率可以表达为

$$\eta_q = \operatorname{sinc}^2\left(\frac{q}{2^n}\right)\frac{\operatorname{sinc}^2\left(q-\dfrac{\phi_0}{2\pi}\right)}{\operatorname{sinc}^2\left(\dfrac{q-\dfrac{\phi_0}{2\pi}}{2^n}\right)} \tag{9.3.3}$$

其中，ϕ_0 是连续锯齿光栅的峰-峰相位差，它和峰-峰厚度变化(仍然是连续光栅的)的关系为

$$\phi_0 = 2\pi\frac{\Delta_0(n_2-n_1)}{\lambda_0} \tag{9.3.4}$$

其中，n_2 是基底的折射率，n_1 是周围介质的折射率，而 λ_0 是光的真空波长.

引起特别兴趣的情况是，当闪耀光栅的量化近似具有峰-峰相位差 $\phi_0 = 2\pi$ 时，代入方程(9.3.3)，得到

$$\eta_q = \operatorname{sinc}^2\left(\frac{q}{2^n}\right)\frac{\operatorname{sinc}^2(q-1)}{\operatorname{sinc}^2\left(\dfrac{q-1}{2^n}\right)} \tag{9.3.5}$$

此刻让我们只考虑由两个 sinc 函数之比构成的末项. 对于所有除了 1 之外的整数 q，分子均为零，当 q=1 时分子是 1，分母也是 1，而且除了 $q-1=p2^N$(式中 p 是除零之外的任何整数)，分母都不是零. 对于使得分子和分母同时为零的 q 值，可以用洛必达法则证明这两项的比是 1. 因此只有当 $q=p2^N+1$ 时，我们所讨论的这一项是 1，其他情况是零. 衍射效率由下式给出：

$$\eta_{(p2^N+1)} = \operatorname{sinc}^2\left(p+\frac{1}{2^N}\right) \tag{9.3.6}$$

当所用的相位台阶 2^N 增加时，非零衍射级之间的角间距也增大，因为它与 2^N 成比例. 我们感

兴趣的级是$+1$级($p=0$)，其衍射效率是

$$\eta_1 = \mathrm{sinc}^2\left(\frac{1}{2^N}\right) \tag{9.3.7}$$

图 9.3.5 表示了各个非零级衍射效率作为离散级值(台数)的函数. 可以看到，当 $N\to\infty$时，除了$+1$级之外的所有的衍射级均消失了，而没有消失的$+1$ 级的衍射效率趋于 100%，这和有同样的峰-峰相位移动的连续闪耀光栅的情况是一致的. 因此，连续闪耀光栅的阶梯式近似具有的性质，随着阶梯数的增加，的确趋于连续光栅.

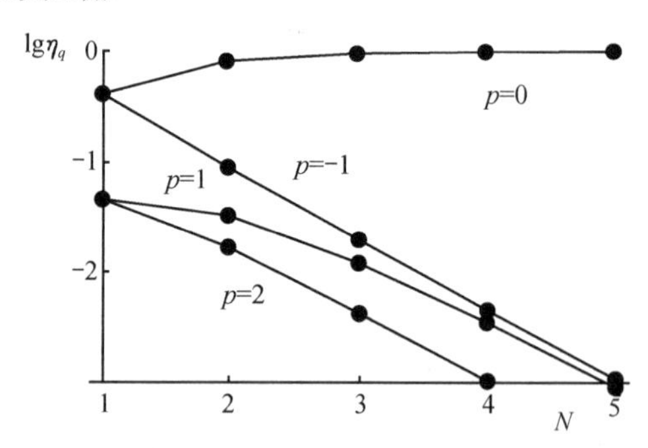

图 9.3.5　锯齿光栅阶梯式近似的不同级的衍射效率

参数 p 决定了特殊的衍射级，其级数由 $p^{2N}+1$ 给出，其离散级的数是 2^N

9.3.4　二元光学元件的制作

二元光学元件是用大规模集成电路的光刻技术加工而成的二元化器件，其加工技术主要由掩模制作技术、图形曝光技术和图形刻蚀技术组成.

二元掩模是通过对掩模片基上的感光胶进行有控制的曝光和显影获得的. 制作掩模的常规方法是利用半导体微电子加工技术. 例如，用电子束扫描仪的电子束曝光技术或图样产生器的快速光学曝光技术，可以制作出精细结构为 0.25μm 的高质量掩模，也可以利用商业化的桌面制版技术，通过特殊软硬件、激光打印机以及可缩小的光学照相机，实现快捷而低廉的相当高精度的二元掩模制作.

二元光学元件制作的第一步是按照计算出的相位分布，制作刻蚀用的二元振幅型掩模，通常 L 级相位台阶需要设计 N 个掩模，使 $L=2^N$. 接下来是进行光刻，所谓光刻是指图形曝光和图形刻蚀. 它先通过图形曝光将掩模图形精确复制到表面涂有光刻胶的待刻片基上，如图 9.3.6(a)所示. 通过显影，使掩模上通光部分的光刻胶被清除，片基裸露，如图 9.3.6(b)所示. 然后在光刻胶的保护下

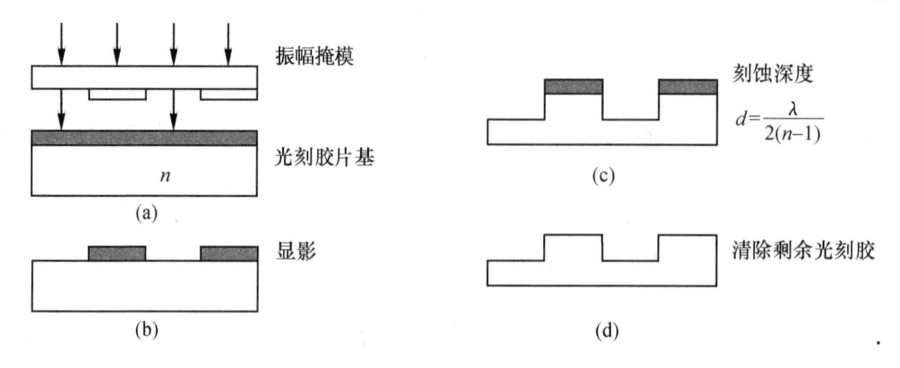

图 9.3.6　二值元件制作过程

对片基进行刻蚀，当 N=1 时，刻蚀深度 $\lambda/[2(n-1)]$，如图 9.3.6(c)所示. 清除剩余的光刻胶，得到相位台阶为 0、π的所需的浮雕图形，如图 9.3.6(d)所示. 相位空间与掩模相同. 制作高性能的二元光学器件，通常要进行多次这样的刻蚀过程，即套刻. 每次光刻掩模的几何图形都不同，$N=2$ 的四台阶元件工艺流程第一步与图 9.3.6 相同，第二步如图 9.3.7 所示. 经过两次套刻以后，得到相位深度为 0、π/2、3π/2 的浮雕结构，其空间分布由两块掩模决定. 经过多次刻蚀，得到锐而细的相位浮雕结构，即二元光学器件.

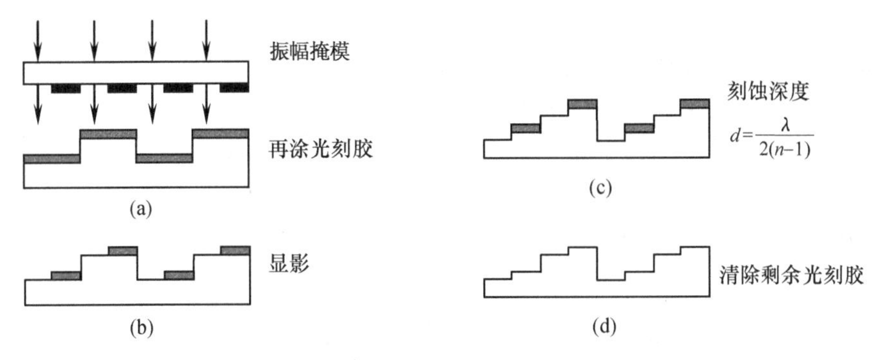

图 9.3.7　四值元件制作过程

9.4　声光空间光调制器

1922 年布里渊提出的声波对光波的衍射效应已经为实验所证实. 声光效应也提供了一种方便地控制光的强度、频率和传播方向的手段，和电光效应一样得到了广泛的应用. 前面几节考虑的 SLM 能够调制一个二维波前，调制可以用连续方式，也可以用分立的二维阵列元素的方式. 我们现在转向一种 SLM 技术，它最常见的形式是一维形式，经过多年的开发，已经是高度成熟的技术. 这种波前调制方法用一列声的行波与入射的一束相干光的相互作用来调制透射光波波前的性质. 利用超声波与光波的相互作用，改变声波驱动频率的强度和频率，从而对衍射光束的强度和方向进行控制和偏转，实现对光波的调制.

图 9.4.1 所示为声光 SLM 的两种模式，各自在不同的物理机制下工作. 在两种情况下，声光调制单元都由一块透明介质(如一种液体或一块透明晶体)构成，声波可以由一个压电换能器发射到透明介质中. 换能器由一个射频电压源驱动，发射一个压缩波(或在有些情况中是一个切变波)进入传声介质. 声波通过分子的小的局部位移(应变)在介质中传播. 与这些应变相伴随的是局部折射率的小变化，这个现象叫做声光效应或光弹效应. 驱动电压的频谱在射频范围有一个中心频率 f_c 和围绕中心频率的带宽 B.

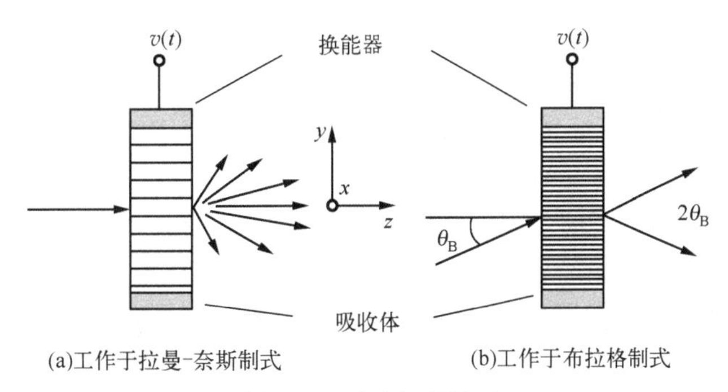

图 9.4.1　声光调制单元

9.4.1 连续波驱动电压

对于一个理想的频率为 f_c 的正弦驱动电压(即一个连续波电压)，换能器在单元中发射一个正弦声波行波，它以介质固有的声速 V 行进. 这个行波引发一个运动的正弦相位光栅，周期为 $\Lambda=V/f_c$，并且和入射光波波前相互作用，产生了各级衍射. 然而，存在两种不同的机制，即拉曼-奈斯(Raman-Nath)衍射和布拉格(Bragg)衍射，两种机制中声光相互作用显示不同的性质.

拉曼-奈斯衍射发生在用液体作声介质的单元中，常见的是声波中心频率为几十兆赫(MHz)范围内. 运动的光栅起着一个薄相位光栅的作用，其行为几乎同一个薄正弦相位光栅相同，只有一个差别，那就是由于光栅在单元中运动的结果，自它发出的不同衍射级具有不同的光学频率. 如果调制器单元在与声波传播垂直的方向被照明，如图 9.4.1(a)所示，零级分量的频率仍然以入射光的频率 ν 为中心，但是高级分量却有频率移动，这可以用由光栅运动引起的多普勒频移解释. 由于光栅周期是 Λ，第 q 个衍射级离开单元时与入射波成一角度 θ_q，则有

$$\sin\theta_q = q\frac{\lambda}{\Lambda} \tag{9.4.1}$$

其中，λ 是声光介质中的光波波长. q 级衍射的光学频率可以由多普勒频移关系决定

$$\nu_q = \nu_0\left(1-\frac{V}{c}\right)\sin\theta_q \approx \nu_0 - qf_c \tag{9.4.2}$$

因此，q 衍射级的光学频率移动量是射频频率的 q 倍，其中 q 可以是正数或负数. 按照光栅方程所引入的约定，如果衍射级向逆时针方向偏转，q 是正整数；若向顺时针方向偏转，q 是负整数. 因此，如图 9.4.1(a)所示，向下偏的级有负的 q，而向上翘的级有正的 q，负的各级光学频率往上移动了$|q|f_c$. 像任何薄正弦相位光栅一样，在拉曼-奈斯衍射制式中，各衍射级的强度正比于第一类贝塞尔函数的平方 $J_q^2(\Delta\phi)$，其中 $\Delta\phi$ 是相位调制量的峰-峰值.

对于在几百 MHz 到 GHz 范围内的射频频率，并且是在晶体构成的声介质中，当声-光柱的厚度与声波波长可比拟时，会对某些衍射级引入择优加权(preferential weighting)，而抑制其他衍射级. 这个效应叫做布拉格效应，需要更多的篇幅讨论. 暂且只需要指出下面一点：在这种制式下处于支配地位的衍射级是零级和单个第一级(如图 9.4.1(b)所示的情况，即−1 级). 第一衍射级只发生在以下情形(参见图 9.4.1(b))：若入射光束和声波前平面成一特殊角 θ_B，它满足

$$\sin\theta_B = \pm\frac{\lambda}{2\Lambda} \tag{9.4.3}$$

式中 Λ 仍是声介质中的光波长. 满足这个关系的角叫做布拉格角. 等价地，如果 $\boldsymbol{k}_i$ 是入射光波的波矢量($|\boldsymbol{k}_i| = 2\pi/\lambda$)，$\boldsymbol{K}$ 是声波的波矢量($|\boldsymbol{k}_i| = 2\pi/\Lambda$) ,于是

$$\sin\theta_B = \pm\frac{|\boldsymbol{K}|}{2|\boldsymbol{k}_i|} \tag{9.4.4}$$

对于图 9.4.1(b)中的几何关系，一级衍射分量的频率是$\nu_0 + f_c$，一级分量的强度可以比拉曼-奈斯衍射中的强度大得多.

图 9.4.2 所示的波矢量图能够直观地摹想光矢量和声矢量之间的关系. 对于强布拉格衍射，波矢图必须如图所示是闭合的，这个性质可以看成是动量守恒的表述.

拉曼-奈斯衍射制式和布拉格衍射制式之间的界限并不是很分明的，而是用所谓的 Q 因子来描写，Q 因子由下式给出：

$$Q = \frac{2\pi\lambda_0 d}{n\Lambda^2} \tag{9.4.5}$$

式中，d 是声柱在 z 方向的厚度，n 是声光单元的折射率，λ 是光在真空中的波长. 如果 $Q<2\pi$，工作于拉曼-奈斯制式，而如果 $Q>2\pi$，工作于布拉格制式.

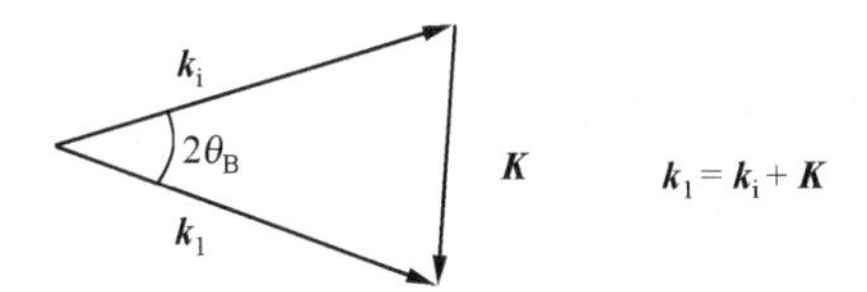

图 9.4.2　布拉格相互作用的波矢量图

k_i 是入射光的波矢量，k_1 是衍射到第一衍射级的分量的波矢量，K 是声波波矢量

9.4.2　受调制的驱动电压

迄今为止，假设驱动声光单元的电压是理想的连续波信号. 现在我们来作推广，允许这个电压是下述形式的受振幅和相位调制的连续波信号：

$$\upsilon(t)=A(t)\sin[2\pi f_c t-\psi(t)] \tag{9.4.6}$$

式中，$A(t)$ 和 $\psi(t)$ 分别是受调制的振幅和相位. 这个外加电压产生的折射率扰动以速度 V 传播通过调制单元. 参照图 9.4.1，如果 y 坐标与声波行进方向相反，其中心是单元的中心(图 9.4.1)，而 x 垂直于图面，那么在任一时刻 t，折射率的微扰在单元中的分布可以写成

$$\Delta n(y,t)=\sigma\upsilon\left(\frac{y}{V}+t-\tau_0\right) \tag{9.4.7}$$

式中，σ 是比例常数，$\tau_0=L/(2V)$ 是声传播过单元长度 L 的一半所要求的时间，并且我们忽略了对 x 的依赖关系，因为在这里及以后的讨论中它都不起作用.

在拉曼-奈斯衍射制式中，光波波前只是受到运动折射率光栅的相位调制，得到的透射信号复振幅为

$$U(y,t)=U_0\exp\left\{\mathrm{j}\frac{2\pi\sigma d}{\lambda_0}A\left(\frac{y}{V}+t-\tau_0\right)\sin\left[2\pi f_c\left(\frac{y}{V}+t-\tau_0\right)-\psi\left(\frac{y}{V}+t-\tau_0\right)\right]\right\}\mathrm{rect}\frac{y}{L} \tag{9.4.8}$$

式中，U_0 是入射单色光波的复振幅. 现在可以把下面的展开式：

$$\exp[\mathrm{j}\phi\sin\beta]=\sum_{q=-\infty}^{\infty}J_q(\phi)\exp(\mathrm{j}q\beta) \tag{9.4.9}$$

用于 $U(y,t)$ 的表示式. 此外，光波通过调制器时所受的相位调制的峰值通常很小，结果对我们最感兴趣的两个衍射一级近似式

$$J_{\pm1}(\phi)\approx\pm\phi/2$$

成立. 因此，透射到两个一级衍射的复振幅(分别用 $U_{\pm1}$ 表示)可近似给出为

$$U_{\pm1}\approx\pm\frac{\pi\sigma d}{\lambda_0}U_0A\left(\frac{y}{V}+t-\tau_0\right)\times\mathrm{e}^{\pm\mathrm{j}\psi\left(\frac{y}{V}+t-\tau_0\right)}\mathrm{e}^{\pm\mathrm{j}2\pi y/\Lambda}\mathrm{e}^{\pm\mathrm{j}2\pi f_c(t-\tau_0)}\mathrm{rect}\frac{y}{L} \tag{9.4.10}$$

式中，“±”中取“+”号对应于“+1”衍射级(在图 9.4.1 中向上衍射)，而“±”中取“−”号对应于“−1”衍射级(向下衍射).

一个简单的空间滤波操作可以消除不想要的衍射级，只让想要的级次通过. 因此，声光调制单元起了一维空间光调制器的作用，将外加调制电压转换为离开调制器的光波波前.

上面的讨论是在拉曼-奈斯衍射的框架内进行的，但在布拉格衍射的情况下也有类似的各级衍射表达式，主要的差别只在于各级的强度. 如前所述，在布拉格衍射中，衍射到一个第一级的衍射

效率一般要比拉曼-奈斯衍射的效率高很多，而其他级通常被衍射过程自身强烈抑制. 因此，在布拉格衍射下工作的声光单元也是起一维空间光调制器的作用，将外加的电压调制转化为一个空间波前，但是它比拉曼-奈斯衍射的效率更高.

声光空间光调制器作为一种波前调制器件，广泛应用于光学通信、激光干涉测量、光学成像、光学信息等领域. 例如在光学通信领域，利用声光调制器对光信号进行调制，实现光纤传输中的信号增强和光束的空间调制. 在光谱分析中，结合声光调制器和光谱仪，可以实现高速、高灵敏度的光谱分析. 在激光干涉测量中，利用声光调制器进行干涉信号的调制，可以实现激光干涉测量系统的高精度测量. 在光学成像领域，通过对激光束进行一维或二维的空间调制，可以实现激光三维成像；在结构光计量领域，可以产生动态散斑结构光投影，实现激光散斑面结构光三维测量.

习　题

9.1　一个低对比度的强度分布$I(x,y)=I_0+\Delta I(x,y)$，$|\Delta I|\ll I_0$曝光一个照相底板，形成了一个负的透明片，假定I_0是固定的，是*H-D*曲线线性区的偏置. 证明：当对比度$\Delta I/I_0$足够低时，通过透明片的对比度分布和曝光量的对比度分布成线性关系.

9.2　两个平面波

$$U_1(x,y)=A\exp(\mathrm{j}2\pi\beta_1 y)$$
$$U_2(x,y)=B\exp(\mathrm{j}2\pi\beta_2 y)$$

之间的干涉记录在一个照相底片上. 底片有一个已知的形式为$M(f)$的MTF,它被处理后产生一个伽马值为–2的正的透明片. 于是将该透明片($L\times L$维)放在一个焦距为f的正的透镜前，用一个垂直入射的平面波照明，后焦平面上的强度分布被测出，光波长是λ. 假设在曝光量的全部区间中有同样的照相的伽马值，画出在后焦平面上光强度的分布，尤其是标出所出现的各种频率分量的相对强度和位置.

9.3　说明光寻址的液晶光阀和电寻址的液晶光阀在结构和工作原理上的区别.

9.4　一个理想的光栅有一个如图题9.1中的三角形的曲线所描述的剖面. 这个理想的剖面为图示的四级量化光栅的剖面所近似. 由连续光栅引入的峰-峰相位的差异正好是2π弧度.

(1)求连续光栅的±4、±3、±2、±1和0级的衍射系数.

(2)求量化光栅在同样级的衍射效率.

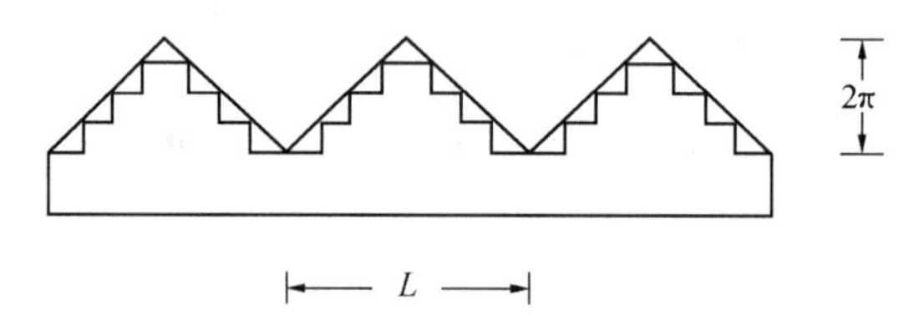

图题9.1　理想的和量化的光栅的剖面

第 10 章　相干光学处理

信息处理包括对信息进行加工、变换、识别、增强和复原等，采用光学手段和技术实现的信息处理通常有两种分类方法：从物像关系或者输入和输出的关系来说，可分为线性处理与非线性处理，空间不变与空间变处理；从所使用光源的空间和时间相干性来说，可分为相干处理、非相干光处理和白光光学处理. 本章按第二种分类方法进行论述，先介绍几种典型的相干光学处理方法.

10.1　图 像 相 减

图像相减可以用于检测两张近似图像之间的差异，使我们能突出研究图像内容反映的事物变化，例如不同时间拍摄的两张病理照片相减可以发现病情变化；用于军事上则有利于发现基地上新增添的军事设施. 图像相减的方法很多，这里介绍光栅编码和光栅衍射两种方法.

10.1.1　空域编码频域解码相减方法

1. 编码

将间距为 x_0，透光部分与不透光部分相等的罗奇光栅贴放在照相底片上，对像进行编码，如图 10.1.1(a)所示. 在第一次曝光时，我们记录下乘以光栅透射因子 $t(x)$ 的像 A. 注意到周期函数的傅里叶级数展开公式为

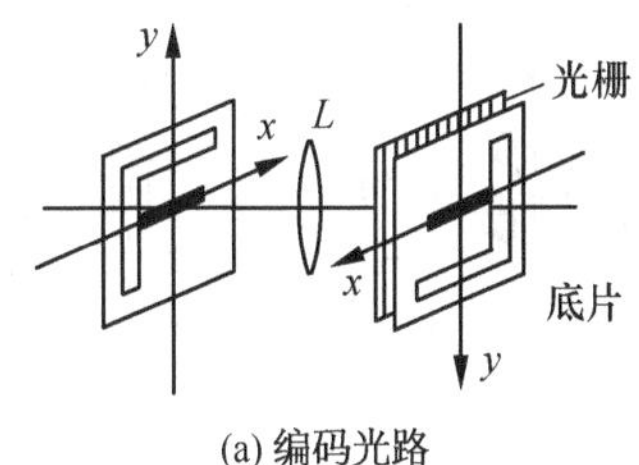

(a) 编码光路

(b) 光栅透过因子

图 10.1.1　光栅编码图像相减

$$f(x)=\frac{a_0}{2}+\sum_{n=1}^{\infty}\left[a_n\cos\left(\frac{2n\pi x}{x_0}\right)+b_n\sin\left(\frac{2n\pi x}{x_0}\right)\right]$$

其中

$$a_0=\frac{2}{x_0}\int_0^{x_0}f(x)\,\mathrm{d}x$$

$$a_n=\frac{2}{x_0}\int_0^{x_0}f(x)\cos\left(\frac{2n\pi x}{x_0}\right)\mathrm{d}x$$

$$b_n=\frac{2}{x_0}\int_0^{x_0}f(x)\sin\left(\frac{2n\pi x}{x_0}\right)\mathrm{d}x$$

$t(x)$可由下式给出：

$$t(x)=\frac{1}{2}\left\{1+\frac{4}{\pi}\left[\sin\left(\frac{2\pi x}{x_0}\right)+\frac{1}{3}\sin\left(3\frac{2\pi x}{x_0}\right)+\cdots\right]\right\}=\frac{1}{2}(1+R)\qquad(10.1.1)$$

第二次曝光时，将光栅平行移动半个周期，这时光栅透射因子 $t'(x)$ 为

$$t'(x)=\frac{1}{2}\left\{1-\frac{4}{\pi}\left[\sin\left(\frac{2\pi x}{x_0}\right)+\frac{1}{3}\sin\left(3\frac{2\pi x}{x_0}\right)+\cdots\right]\right\}=\frac{1}{2}(1-R) \tag{10.1.2}$$

于是得到乘以光栅透射因子 $t'(x)$ 的第二个像 B. 两次曝光时的光栅位置互补，如图 10.1.1(b) 所示. 设图像 A 和图像 B 的光强分别为 I_A 和 I_B，于是照相底片上的曝光量为

$$H\propto I_A\left[\frac{1}{2}(1+R)\right]+I_B\left[\frac{1}{2}(1-R)\right]=\frac{1}{2}(I_A+I_B)+\frac{1}{2}(I_A-I_B)R$$

上式的物理意义明显，在图像 A 和图像 B 相同的部分得到一张普通的负片，在图像 A 和图像 B 不同的部分得到一张其差值受光栅调制的负片.

2. 解码

解码光路采用常规的 4f 系统，将调制片置于输入平面上，假定图像的频率低于光栅频率，使用高通滤波器，阻止 I_A+I_B 频谱的相应低频部分通过，而允许 $(I_A-I_B)R$ 频谱的相应高频成分通过. 在输出平面上我们只得到 $(I_A-I_B)R$ 项，实现了图像相减. 结果显示出两个图像不同的区域，这些区域在暗背景上出现光亮.

采用这种空域编码的方法，使图像和与图像差的信息分别受到光栅零频和较高频率的调制，在空间频域上实现了和、差信息的信道分离，因此通过频域滤波，可以单独提取图像 A 和 B 的差异. 空域编码和频域解码是相干光学信息处理中的一种基本技术，它不仅可以用于图像相减，还可以用于图像的其他运算.

10.1.2 正弦光栅滤波器相减方法

图 10.1.2 是用于图像相减的 4f 系统. 将正弦光栅置于频谱平面位置，并忽略光栅的有限尺寸，则滤波函数可以写为

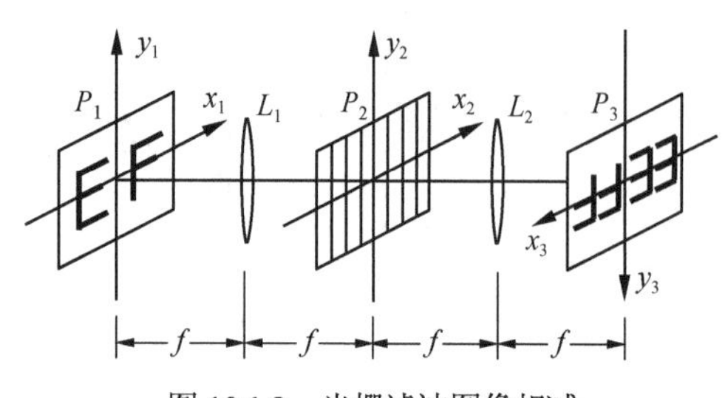

图 10.1.2 光栅滤波图像相减

$$\begin{aligned}H(\xi,\eta)&=\frac{1}{2}+\frac{1}{2}\cos\left(2\pi\xi_0x_2+\phi_0\right)\\&=\frac{1}{2}+\frac{1}{4}\exp\left[\mathrm{j}\left(2\pi\xi_0x_2+\phi_0\right)\right]\\&\quad+\frac{1}{4}\exp\left[-\mathrm{j}(2\pi\xi_0x_2+\phi_0)\right]\end{aligned} \tag{10.1.3}$$

式中，$\xi=x_2/(\lambda f)$，$\eta=y_2/(\lambda f)$；f 是透镜焦距；ξ_0 是光栅频率；ϕ_0 表示初相位，它决定了光栅相对于坐标原点的位置. 图像(图中字符 E)A 和 B(图中字符 F)在 4f 系统物面上，沿 x_1 方向相对原点对称放置，其中心点与原点的距离为 $b=\lambda f\xi_0$，输入场分布可表示为

$$\boldsymbol{f}(x_1,y_1)=\boldsymbol{f}_A(x_1-b,y_1)+\boldsymbol{f}_B(x_1+b,y_1) \tag{10.1.4}$$

则入射到光栅上的光场复振幅是上式的傅里叶变换，即

$$\begin{aligned}\boldsymbol{F}(\xi,\eta)&=\boldsymbol{F}_A(\xi,\eta)\exp(-\mathrm{j}2\pi b\xi)+\boldsymbol{F}_B(\xi,\eta)\exp(\mathrm{j}2\pi b\xi)\\&=\boldsymbol{F}_A(\xi,\eta)\exp(-\mathrm{j}2\pi\xi_0x_2)+\boldsymbol{F}_B(\xi,\eta)\exp(\mathrm{j}2\pi\xi_0x_2)\end{aligned} \tag{10.1.5}$$

经光栅滤波后的频谱为

$$
\begin{aligned}
\boldsymbol{F}(\xi,\eta)\boldsymbol{H}(\xi,\eta) &= \frac{1}{4}\left[\boldsymbol{F}_A(\xi,\eta)\exp(\mathrm{j}\phi_0) + \boldsymbol{F}_B(\xi,\eta)\exp(-\mathrm{j}\phi_0)\right] \\
&+ \frac{1}{2}\left[\boldsymbol{F}_A(\xi,\eta)\exp(-\mathrm{j}2\pi\xi_0 x_2) + \boldsymbol{F}_B(\xi,\eta)\exp(\mathrm{j}2\pi\xi_0 x_2)\right] \\
&+ \frac{1}{4}\left\{\boldsymbol{F}_A(\xi,\eta)\exp\left[-\mathrm{j}(4\pi\xi_0 x_2 + \phi_0)\right] + \boldsymbol{F}_B(\xi,\eta)\exp\left[\mathrm{j}(4\pi\xi_0 x_2 + \phi_0)\right]\right\}
\end{aligned} \tag{10.1.6}
$$

P_3 平面上输出场的分布是上式的傅里叶逆变换

$$
\begin{aligned}
\boldsymbol{g}(x_3,y_3) &= \frac{1}{4}\exp(\mathrm{j}\phi_0) + [\boldsymbol{f}_A(x_3,y_3)] + [\boldsymbol{f}_B(x_3,y_3)\exp(-\mathrm{j}2\phi_0)] \\
&+ \frac{1}{2}[\boldsymbol{f}_A(x_3-b,y_3) + \boldsymbol{f}_B(x_3+b,y_3)] \\
&+ \frac{1}{4}[\boldsymbol{f}_A(x_3-2b,y_3)\exp(-\mathrm{j}\phi_0) + \boldsymbol{f}_B(x_3+2b,y_3)\exp(\mathrm{j}\phi_0)]
\end{aligned} \tag{10.1.7}
$$

当光栅的初相位 $\phi_0 = \pi/2$，即光栅偏离光轴 1/4 周期时，因子 $\exp(-\mathrm{j}2\phi_0) = -1$，上式中的第一项表明，在 P_3 平面中心部位实现了图像相减.

光栅滤波器的作用还可以通过系统的脉冲响应来理解. 当 $\phi_0 = \pi/2$ 时，滤波系统的脉冲响应为

$$
\begin{aligned}
\boldsymbol{h}(x_3,y_3) &= \mathscr{F}\left\{H(f_z,f_y)\right\} \\
&= \frac{1}{2}\delta(x_3,y_3) + \frac{1}{4}\mathrm{j}\delta(x_3+b,y_3) - \frac{1}{4}\mathrm{j}\delta(x_3-b,y_3)
\end{aligned} \tag{10.1.8}
$$

当图像 A 和 B 按前述在物平面对称放置时，输出平面上的复振幅是输入图像的几何像与系统脉冲响应的卷积

$$
\boldsymbol{g}(x_3,y_3) = \boldsymbol{f}(x_3,y_3) * \boldsymbol{h}(x_3,y_3)
$$

图 10.1.3 表示了输入、输出与光栅滤波系统脉冲响应的关系. 图中用 Re 和 Im 复平面来表示输入与输出脉冲响应的复振幅分布，以便对式(10.1.8)中后两项的方向相反有更深入的理解.

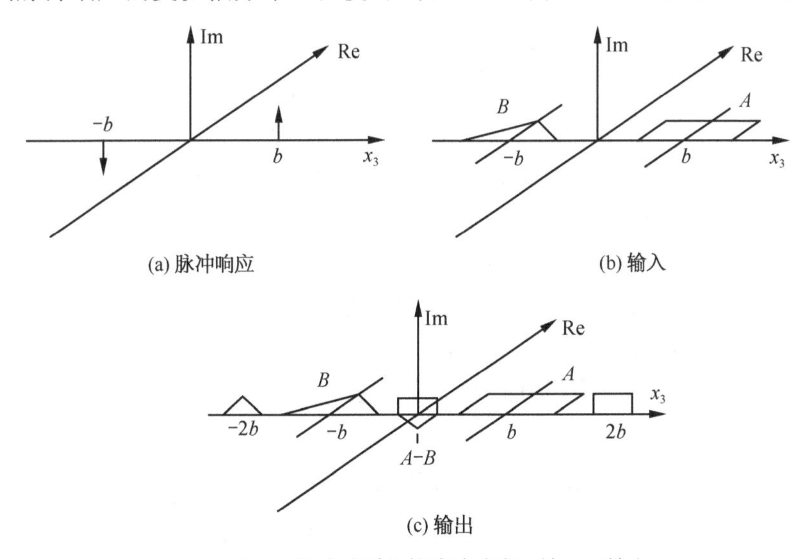

图 10.1.3　光栅滤波系统的脉冲响应、输入及输出

通过以上分析，我们可以了解光栅滤波器在图像相减过程中的作用. 从频域看，它使通过频谱面的信息沿三个不同的方向传播，使沿 +1 级衍射的图像 A 的信息与沿−1 级衍射的图像 B 的信息在输出平面相干叠加. 由于沿 ±1 级传播的衍射光相位差 π，因此在输出平面上实现了图像相减.从空域看，光栅滤波系统提供了一对大小相等、相位相反，但空间位置不同的两个脉冲响应，即式(10.1.8)中的后两项. 当图像 A 相对于其中一个卷积像与图像 B 相对于另一个卷积像重合时，在输出平面上实现了图像相减. A 与 B 在输入平面上放置的位置，正是为了保证两个卷积像的相干叠加. 空域分析法和频域分析法是等价的.

10.2 匹配滤波与图像识别

10.2.1 匹配空间滤波器

相干光学处理还能作两个函数的卷积运算和相关运算. 由于这两种操作极为相似，也由于相关运算能直接用于人们备受关注的图像识别(特征识别)，本节主要介绍匹配滤波器和相关图像识别.

函数 $\boldsymbol{s}(x,y)$ 和 $\boldsymbol{f}(x,y)$ 的卷积运算和相关运算分别定义为

$$\boldsymbol{s}(x,y)*\boldsymbol{f}(x,y)=\iint_{-\infty}^{\infty}s(\alpha,\beta)f(x-\alpha,y-\beta)\mathrm{d}\alpha\mathrm{d}\beta$$

$$\boldsymbol{s}(x,y)☆\boldsymbol{f}(x,y)=\iint_{-\infty}^{\infty}s^{*}(\alpha,\beta)f(x+\alpha,y+\beta)\mathrm{d}\alpha\mathrm{d}\beta$$

如果把相关运算用卷积表示，则有

$$\boldsymbol{s}(x,y)☆\boldsymbol{f}(x,y)=\boldsymbol{s}^{*}(-x,-y)*\boldsymbol{f}(x,y)$$

空域中两个函数的卷积运算在频域中对应于相乘运算，若要对 $\boldsymbol{s}(x,y)$ 和 $\boldsymbol{f}(x,y)$ 进行卷积运算，可先用全息方法制作 $\boldsymbol{s}(x,y)$ 的频谱函数 $\boldsymbol{S}(\xi,\eta)$，然后把 $\boldsymbol{f}(x,y)$ 作为 4f 系统的输入函数，把 $\boldsymbol{S}(\xi,\eta)$ 作为滤波函数 $\boldsymbol{H}(\xi,\eta)$，在频谱面上的复振幅分布为 $\boldsymbol{H}(\xi,\eta)\boldsymbol{F}(\xi,\eta)=\boldsymbol{S}(\xi,\eta)\boldsymbol{F}(\xi,\eta)$，输出面上的分布则为 $\boldsymbol{s}(x,y)*\boldsymbol{f}(x,y)$. 对于作相关运算，可根据相关运算和卷积运算的关系，只需制作具有如下透过率的滤波器：

$$\boldsymbol{H}(\xi,\eta)=\mathscr{F}\left[\boldsymbol{s}^{*}(-x,-y)\right]=\left\{\mathscr{F}\left[\boldsymbol{s}(x,y)\right]\right\}^{*}=\boldsymbol{S}^{*}(\xi,\eta)$$

将 $\boldsymbol{f}(x,y)$ 放在 4f 系统的输入面上，$\boldsymbol{H}(\xi,\eta)=\boldsymbol{S}^{*}(\xi,\eta)$ 放在频谱面上，则输出面上得到的分布为

$$\boldsymbol{S}^{*}(-x,-y)*\boldsymbol{f}(x,y)=\boldsymbol{s}(x,y)☆\boldsymbol{f}(x,y)$$

一般 $\boldsymbol{H}(\xi,\eta)=\boldsymbol{S}^{*}(\xi,\eta)$ 称为 $\boldsymbol{s}(x,y)$ 的匹配滤波器.

如果一个空间滤波器的复振幅透过率 $\boldsymbol{H}(\xi,\eta)$ 与输入信号 $\boldsymbol{s}(x,y)$ 的频谱 $\boldsymbol{S}(\xi,\eta)$ 共轭，即

$$\boldsymbol{H}(\xi,\eta)=\boldsymbol{S}^{*}(\xi,\eta)$$

则这种滤波器称为匹配空间滤波器，亦称匹配滤波器. 当信号 $\boldsymbol{s}$(滤波器与之匹配)在输入平面上出现时，则由匹配滤波器所透过光场分布的特性，可以深入理解匹配滤波的本质. 图 10.2.1 是匹配滤波操作的原理示意图. 假定信号频谱可以表示为

$$\boldsymbol{S}(\xi,\eta)=\left|\boldsymbol{S}(\xi,\eta)\right|\exp[\mathrm{j}\phi(\xi,\eta)]$$

则根据定义，匹配滤波器函数可以表示成

$$\boldsymbol{H}(\xi,\eta)=\left|\boldsymbol{S}(\xi,\eta)\right|\exp[-\mathrm{j}\phi(\xi,\eta)]$$

信号频谱经过匹配滤波器后变为 $|\boldsymbol{S}(\xi,\eta)|^2$，这个量完全是实数，这意味着滤波器完全抵消了入射波前 $\boldsymbol{s}$ 的全部弯曲. 于是透射场是一个振幅加权但相位均匀的平面波前，这一平面波前继续向前传播，在输出平面上产生信号的自相关光斑. 显然，所谓“匹配”，实质上是在频域对输入信号频谱进行相位补偿，

形成平面相位分布. 匹配空间滤波器在光学特征识别问题中起着重要作用，即可以根据输出平面是否出现自相关峰值以及它的位置，判断输入信号中是否存在待识别信号及其在输入平面上的位置.

匹配滤波器是复数滤波器，可以用光学全息或计算全息的方法制作.

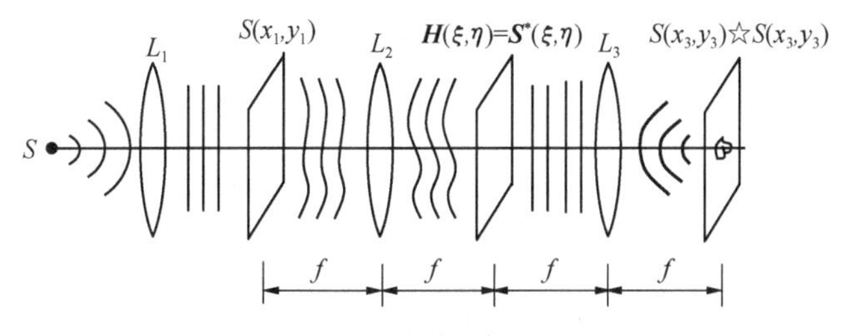

图 10.2.1　匹配滤波操作的光学解释

10.2.2　用全息制作复数滤波器

复数滤波器的全息记录光路如图 10.2.2 所示，实际上就是制作一张傅里叶变换全息图. 透镜 L_1 使点光源 S 发出的光准直，一部分光照射模片 P_1，其复振幅透过率等于所需要的脉冲响应 $\boldsymbol{h}$，透镜 L_2 对振幅分布 $\boldsymbol{h}$ 进行傅里叶变换，在胶片上产生一个分布 $\boldsymbol{H}(\xi,\eta)$. 另一部分准直光从模片 P_1 之上通过，经过棱镜 P_2 后，以角度 θ 入射到胶片上. 这种用于相干光学处理的频率平面掩模新方法是范德拉格特(VanderLugt)在 1963 提出的，因此这样的复数滤波器也称为范德拉格特滤波器. 在线性记录条件下，胶片的复振幅透过率正比于曝光光强，即

$$
\begin{aligned}
t(\xi,\eta) &\propto \left|\boldsymbol{H}(\xi,\eta)+A\exp(-\mathrm{j}2\pi b\eta)\right|^2 \\
&= A^2+\left|\boldsymbol{H}(\xi,\eta)\right|^2+A\boldsymbol{H}^*(\xi,\eta)\exp(-\mathrm{j}2\pi b\eta)+A\boldsymbol{H}(\xi,\eta)\exp(\mathrm{j}2\pi b\eta)
\end{aligned}
\tag{10.2.1}
$$

式中，$\xi=x_2/(\lambda f)$，$\eta=y_2/(\lambda f)$，$b=f\sin\theta$. 式(10.2.1)中的第三、第四项表明，这种全息图中包含了所需的滤波函数 $\boldsymbol{H}$ 和 $\boldsymbol{H}^*$，综合出频率平面模片之后，就可以将其插入 4f 系统的频率平面. 如果输入平面上的物函数是 $\boldsymbol{f}(x_1,y_1)$，那么 P_3 平面上的复振幅分布为

$$
\begin{aligned}
\boldsymbol{g}(x_1,y_1) &= \mathscr{F}^{-1}\{\boldsymbol{F}(\xi,\eta)\boldsymbol{t}(\xi,\eta)\} \\
&\propto \mathscr{F}^{-1}\{A^2\boldsymbol{F}(\xi,\eta)+\boldsymbol{F}(\xi,\eta)\left|\boldsymbol{H}\right|^2+A\boldsymbol{F}(\xi,\eta)\boldsymbol{H}^*(\xi,\eta)\exp(-j2\pi b\eta) \\
&\quad +A\boldsymbol{F}(\xi,\eta)\boldsymbol{H}(\xi,\eta)\exp(j2\pi b\eta)\} \\
&= A^2\boldsymbol{f}(x_3,y_3)+\boldsymbol{f}(x_3,y_3)*\boldsymbol{h}(x_3,y_3)☆\boldsymbol{h}(x_3,y_3) \\
&\quad +A\boldsymbol{f}(x_3,y_3)☆\boldsymbol{h}(x_3,y_3)*\delta(x_3,y_3-b) \\
&\quad +A\boldsymbol{f}(x_3,y_3)*\boldsymbol{h}(x_3,y_3)*\delta(x_3,y_3+b)
\end{aligned}
\tag{10.2.2}
$$

上式中的第三和第四项在 P_3 平面上给出了 $\boldsymbol{f}$ 和 $\boldsymbol{h}$ 的互相关和卷积，其中心坐标为$(0,\pm b)$. 式中的第一项和第二项在通常的滤波运算中没有什么特别的用途，其中心坐标在(x_3,y_3)平面原点上. 显然，如果参考光倾角足够大，那么卷积项和互相关项将与中心项充分分离，从而避免相互影响. 为了定量说明对参考光倾角的要求，考虑图 10.2.3 所示的各个输出项宽度. 假定 $\boldsymbol{f}$ 和 $\boldsymbol{h}$ 沿 y_3 方向的最大宽度为 W_f 和 W_h，公式(10.2.2)中前两项沿 y_3 方向宽度为 W_f 和 W_f+2W_h，相关项和卷积项的宽度都是 W_f+W_h.由图可以清楚地看出，若 $\alpha>\left(\dfrac{3}{2}W_h+W_f\right)/(\lambda f)$，即参考光倾角(取小角度近似，$\sin\theta\approx\theta$)

$$
\theta>\left(\frac{3}{2}\frac{W_h}{f}+\frac{W_f}{f}\right)
$$

则各项将会完全分离.

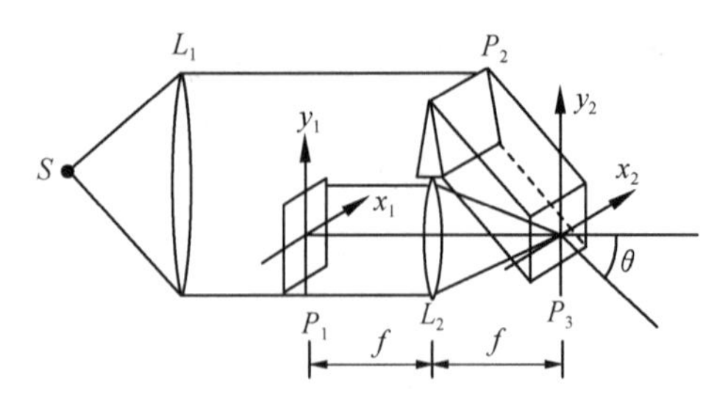

图 10.2.2　复数滤波器的全息记录光路

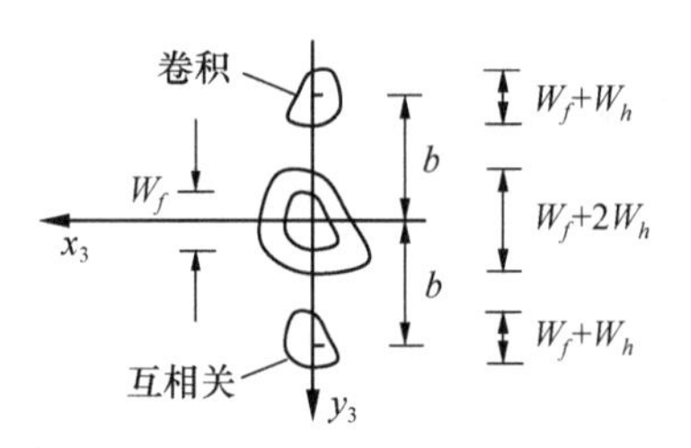

图 10.2.3　采用复数滤波器的系统各项输出

尽管滤波器模片是单个的吸收模片，但其透过的光场中包含了可分离的复值滤波函数，从而解决了制作匹配空间滤波器的困难，不再需要用复杂的方法来控制频率平面的相位透过率函数. 另外，想要得到一个指定的脉冲响应时，不必去计算相联系的传递函数，而是通过综合频率平面模片的系统，用光学方法进行傅里叶变换直接综合出所需的 $\boldsymbol{H}$ 或 $\boldsymbol{H}^*$.

10.2.3　图像识别

图像识别是指检测和判断图像中是否包含某一特定信息的图像. 例如，从许多指纹中鉴别有无某人的指纹；从许多文字中找出所需的文字；在病理照片中识别出癌变细胞等. 采用匹配滤波器进行相关检测，是图像识别的一种重要手段.

假定基准图像为 $\boldsymbol{s}(x_1,y_1)$，制作匹配空间滤波器时要求滤波函数 $\boldsymbol{H}(\xi,\eta)\propto\boldsymbol{S}^*(\xi,\eta)$，将此匹配空间滤波器置于 4$f$ 系统的谱面，在输入平面放置待识别的图像 $\boldsymbol{f}(\xi,\eta)$，如果待识别图像中包含基准图像和相加性噪声，则

$$\boldsymbol{f}(x_1,y_1)=\boldsymbol{s}(x_1,y_1)+\boldsymbol{n}(x_1,y_1)$$

其频谱为

$$\boldsymbol{F}(\xi,\eta)=\boldsymbol{S}(\xi,\eta)+\boldsymbol{N}(\xi,\eta) \tag{10.2.3}$$

再经过滤波和傅里叶逆变换，则在输出平面上的复振幅分布

$$\begin{aligned}\boldsymbol{g}(x_3,y_3)&=\boldsymbol{f}(x_3,y_3)☆\boldsymbol{s}(x_3,y_3)\\&=\boldsymbol{s}(x_3,y_3)☆\boldsymbol{s}(x_3,y_3)+\boldsymbol{n}(x_3,y_3)☆\boldsymbol{s}(x_3,y_3)\end{aligned} \tag{10.2.4}$$

式中，第一项是较强的自相关输出，在输出平面上产生一个亮点，亮点位置与待识别图中包含的基准图像位置对应；第二项是噪声与信号的互相关，能量比较弥散. 因此，可根据输出平面是否出现自相关亮点，判断输入图像中是否包含待识别的信号.

用全息制成的匹配滤波器，如公式(10.2.1)表示的那样，除了包含所需的滤波函数 $\boldsymbol{H}^*$外，还有其余三项，它们在输出平面上所对应的输出在相关识别问题中没有什么特别的用途，又与我们感兴趣的相关输出在空间上是分离的，我们就不去讨论了.

现在考虑一个更一般的图像识别问题：一个处理系统的输入 $\boldsymbol{g}$ 可以是 N 个可能的字符 $\boldsymbol{s}_1,\boldsymbol{s}_2,\cdots,\boldsymbol{s}_N$ 之一，要由相干光学识别机来确定到底出现哪个具体字符. 图 10.2.4 是识别机的原理方框图，输入同时(或依次地)被加到传递函数分别为 $\boldsymbol{S}_1^*$， $\boldsymbol{S}_2^*$， $\cdots$， $\boldsymbol{S}_N^*$ 的 N 个匹配滤波器上，考虑到各个字符的能量一般不相等，故每个滤波器的输出要用各自所匹配字符总能量的平方根值来规范化. 最后对各个输出的模平方 $|\boldsymbol{V}_1|^2$， $|\boldsymbol{V}_2|^2$， $\cdots$， $|\boldsymbol{V}_N|^2$ 进行比较，如果输入平面上是第 k 个特定字符 $\boldsymbol{g}(x,y)=\boldsymbol{s}_k(x,y)$，可以证明，特定的输出 $|\boldsymbol{V}_k|^2$ 将是 N 响应中最大的. 因此，这种相干光学识别机可以辨认一组可能的字符中究竟是哪一个字符实际输入到系统中.

为了实现图 10.2.4 所示的匹配滤波器组，可以采用两种方法. 一种方法是综合出 N 个分离的全息滤波器，而将输入依次加到滤波器上. 另一种方法是把整个滤波器组综合在一个单独频率平面模

片上，即用不同的载波频率将每个滤波器记录在同一张透明片上. 由于胶片动态范围的限制，N 不能太大. 图 10.2.5(a)是记录多路滤波器的一种方法，字母 Q、W 和 P 相对于参考光成不同角度，因此 Q、W 和 P 与输入字符的互相关出现在离原点不同的距离上，如图 10.2.5(b)所示.

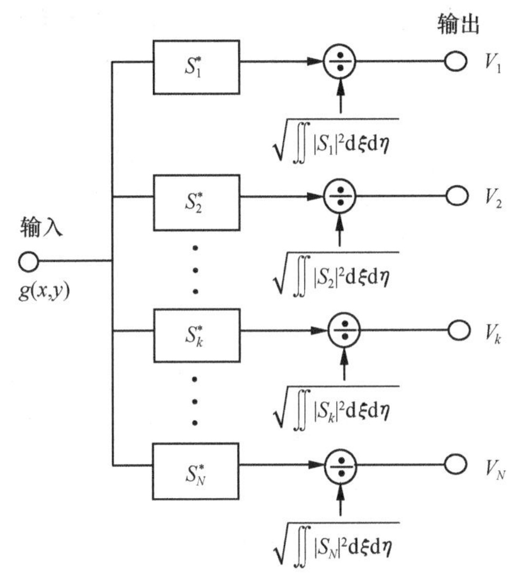

图 10.2.4　字符辨认系统的原理示意图

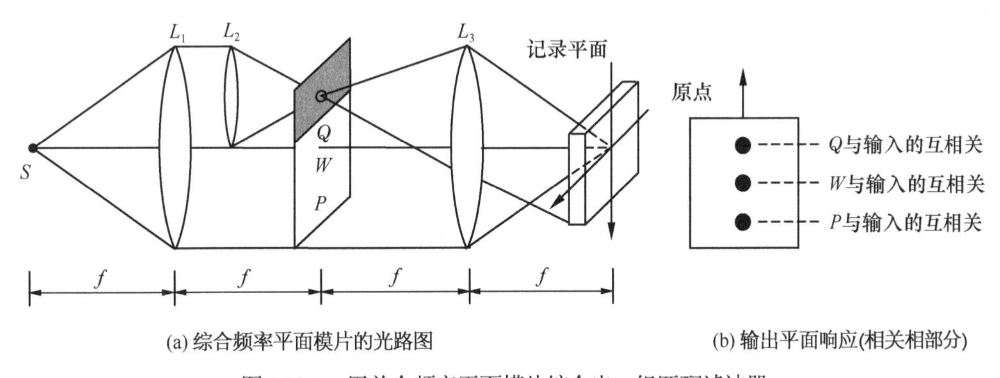

图 10.2.5　用单个频率平面模片综合出一组匹配滤波器

从识别的目的来看，匹配滤波并不是唯一的，甚至也不是最好的方法，实际上在某些情况下，我们能够修改全部滤波器，使得特征之间的甄别更加完善. 学者们已研究了多种相关识别方法，例如采用纯相位滤波器综合鉴别函数滤波器等. 图 10.2.6 是采用纯相位组合滤波器的识别结果，(a)是制作相位组合滤波器的四种机械零件；(b)是以其中一种作为输入时，在相关输出平面上的响应(计算机模拟结果).

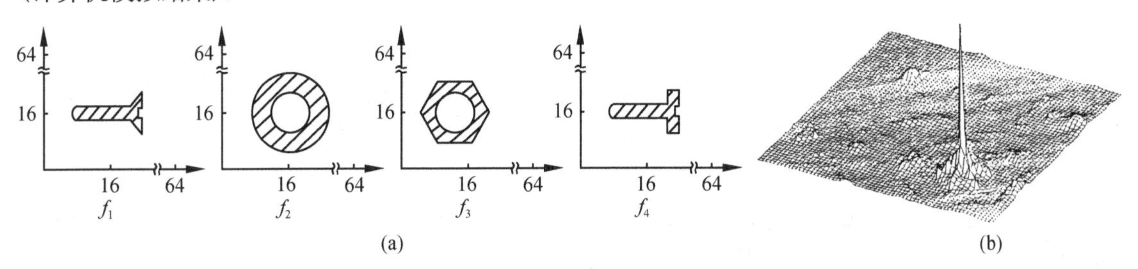

图 10.2.6　采用纯相位组合滤波器的识别结果

10.2.4　联合变换相关识别

联合变换相关方法由 C.S.Weaver 和 J.W.Goodman 于 1966 年提出，是利用空间载波对振幅和相位信息编码进行复滤波的方法. 20 世纪 80 年代后期，由于实时光电转换器件的发展，给这种方法带来新的活力，近年来有关研究日趋活跃，联合变换相关器(JTC)已成为模式识别的重要手段.

联合变换相关识别与匹配空间滤波相关识别在原理和方法上存在明显的差异，它在记录过程中既要提供想要的脉冲响应也要提供待滤波处理的数据. 在这种方法中，参考图像和待识别图像同时置于输入平面上，对称地分别放在光轴两侧，在傅里叶频谱平面上可以记录下其干涉功率谱. 如果对谱图像进行傅里叶变换，则在输出平面上可以得到自相关和互相关输出. 图 10.2.7 是联合变换相关的原理图.

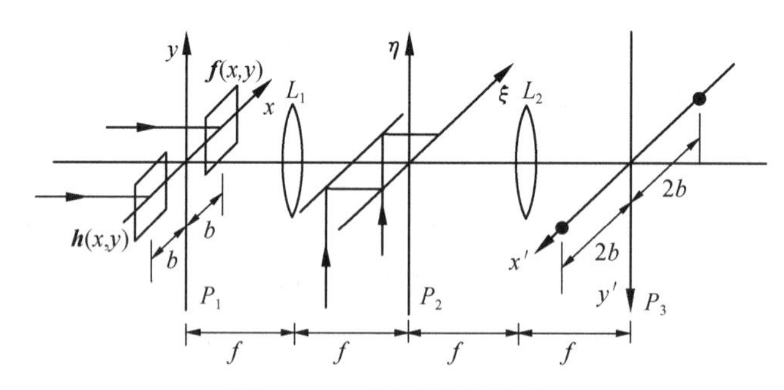

图 10.2.7　联合变换相关原理

设输入面 P_1 上并排放着目标图像和参考图像 $\boldsymbol{f}(x,y)$ 和 $\boldsymbol{h}(x,y)$，则输入函数可记为

$$\boldsymbol{g}(x,y)=\boldsymbol{f}(x+b,y)+\boldsymbol{h}(x-b,y) \tag{10.2.5}$$

经傅里叶变换透镜 L_1 变换后，其联合频谱为

$$\boldsymbol{G}(\xi,\eta)=\boldsymbol{F}(\xi,\eta)\exp(\mathrm{j}2\pi b\xi)+\boldsymbol{H}(\xi,\eta)\exp(-\mathrm{j}2\pi b\xi) \tag{10.2.6}$$

式中，$\boldsymbol{G}(\xi,\eta)$、$\boldsymbol{F}(\xi,\eta)$、$\boldsymbol{H}(\xi,\eta)$ 分别为 $\boldsymbol{g}(x,y)$、$\boldsymbol{f}(x,y)$ 和 $\boldsymbol{h}(x,y)$ 的傅里叶变换. 在 P_2 平面上的记录介质，例如全息干板，仅对光强有响应，则

$$\begin{aligned}|\boldsymbol{G}(\xi,\eta)|^2=&|\boldsymbol{F}(\xi,\eta)|^2+|\boldsymbol{H}(\xi,\eta)|^2+\boldsymbol{F}^*(\xi,\eta)\boldsymbol{H}(\xi,\eta)\exp(-\mathrm{j}4\pi b\xi)\\&+\boldsymbol{F}(\xi,\eta)\boldsymbol{H}^*(\xi,\eta)\exp(\mathrm{j}4\pi b\xi)\end{aligned} \tag{10.2.7}$$

在线性记录的条件下，并忽略透过率函数中的均匀偏置和比例常数，用单位振幅的平面波读出，则经 L_2 的傅里叶逆变换后，在输出平面 P_3 得到

$$\begin{aligned}\boldsymbol{g}'(x',y')=&\boldsymbol{f}(x',y')☆\boldsymbol{f}(x',y')+\boldsymbol{h}(x',y')☆\boldsymbol{h}(x',y')\\&+\boldsymbol{f}(x',y')☆\boldsymbol{h}(x',y')*\delta(x'-2b,y')\\&+\boldsymbol{h}(x',y')☆\boldsymbol{f}(x',y')*\delta(x'+2b,y')\end{aligned} \tag{10.2.8}$$

式中，符号☆表示相关运算，*表示卷积运算. 前两项 $\boldsymbol{f}(x',y')$ 和 $\boldsymbol{h}(x',y')$ 的自相关，位于输出平面中心；后两项表示 $\boldsymbol{f}(x',y')$ 和 $\boldsymbol{h}(x',y')$ 的互相关，其中心位于 $(x'=\pm 2b, y'=0)$ 处，如果考虑透过率函数中的均匀偏置，则输出项中还应增加一个 $\delta(x',y')$ 项.

近年来发展了多种实时光电混合的联合变相关器，图 10.2.8 是一种采用两个液晶光阀(LCLV)的光电混合式实时联合变换相关器. 一束 He-Ne 激光经针孔滤波和扩束后，由偏振分束镜 BS_2 将其分为两束，作为空间光调制器 $LCLV_1$ 和 $LCLV_2$ 的读出光. 参考图像由摄像机采集后预先存在主计算机内存，目标图像由摄像机实时采集，在计算机控制下两个图像显示在监视器左、右两侧，成像透镜 L_1 将其写入 $LCLV_1$. 一束读出光将 $LCLV_1$ 上的图像读出，经 FTL_1 傅里叶变换后，得到联合功率谱，并写入 $LCLV_2$；另一束读出光将联合变换功率谱读出，经 FTL_2 傅里叶变换后，在输出平面得到目标图像与参考图像的相关输出.

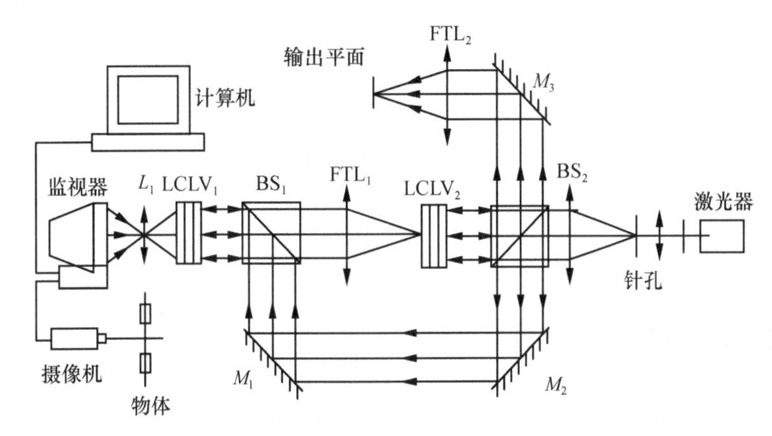

图 10.2.8　光电混合式实时联合变换相关器

类似的联合变换相关器还用于指纹和汉字手写体的实时识别. 一种实用铁电液晶(FLC)空间光调制器作为输入和联合谱记录的实时光学联合相关器，可对粒子的位移和速度进行测量. 另外，学者们还研究了采用二元空间光调制器的联合变换相关器，以及消色差白光联合变换相关器.

联合变换相关器在某些情况下比范德拉格特滤波器所采用的几何光路更方便，不过两者都得到了广泛应用. 范德拉格特滤波器光路中要求透明模片精准对准，而联合变换相关器则无须这种对准. 此外，联合变换方法对实时系统(即要求能迅速改变滤波器的脉冲响应系统)更具有优势性. 为此联合变换相关器付出的代价是，它一般会使输入传感器提供给待滤波数据的空间-带宽积有所下降，因为空间-带宽积的一部分必须给滤波器的脉冲响应.

10.3　不变的图像识别光学方法

正如 10.2 节描述的那样，光学图像的相关识别有两类基本方法: 一类是运用复数滤波器进行的范德拉格特相关识别(VanderLugt correlator, VLC)，另一类是联合变换相关识别(joint transform correlator, JTC). 它们都具有并行性、速度快和容量大等优点.

用前一类方法(VLC)进行相关识别时需要将参考图像制作成复数匹配滤波器，制作较为复杂，并且在匹配识别时需要精确地复位. 同时，经典的匹配滤波方法对平移并不敏感，也就是说无论物体在输入场的什么地方，总会有一个亮斑出现在输出面内的相应位置，亮斑的强度不受物体平移的影响. 要处理对不同尺寸大小和旋转角度的图样识别，必须合成出用于具有固定大小和旋转角度的物体的匹配滤波器，并通过旋转、放大或缩小系统输入的机械方法进行搜索，这种方法不方便，并且费时.

相比之下，后一类方法(JTC)具有原理简单、操作容易、不需要制作复数匹配滤波器等优点，更适合实时处理. 但是，联合变换相关器对输入目标特征的尺度和旋转变化十分敏感，识别目标特征的较小变化都会引起相关峰的较大改变，从而对识别结果的判读带来困难. 在实际应用中，待识别目标的这些放大率和角度变化是经常存在的，因此寻找一个不变的相关方法来识别这些变化目标，就成为模式识别领域中的重要研究课题. 为了使光学相关识别系统具有这样的“不变应万变”的鲁棒性，降低或消除对诸如尺寸大小和旋转等额外参数的敏感程度，常用的解决方法有梅林变换相关、圆谐波相关和合成判别式函数等. 本节将简单介绍这三种用于不变图样识别的不同方法.

10.3.1 梅林相关器

梅林变换与傅里叶变换密切相关，而又有所不同，它对物体放大率具有某种不变性. 为简单起见，这里只讨论一维形式的梅林变换，它很容易推广到二维情形.

函数 $g(\xi)$ 的梅林变换定义为

$$\boldsymbol{M}(\boldsymbol{s})=\int_0^{\infty} g(\xi)\,\xi^{s-1}\mathrm{d}\xi \tag{10.3.1}$$

式中，$\boldsymbol{s}$ 一般情况下是复变量. 如果这个复变量 $\boldsymbol{s}$ 限定在虚轴上，即 $\boldsymbol{s}=\mathrm{j}2\pi f$，同时令 $\xi=\exp(-x)$，得到 g 的梅林变换表达式

$$\boldsymbol{M}(j2\pi f)=\int_{-\infty}^{\infty} g(\exp(-x))\exp(-\mathrm{j}2\pi fx)\mathrm{d}x \tag{10.3.2}$$

这是一个典型的傅里叶变换. 梅林变换正是函数 $g(\exp(-x))$ 的傅里叶变换. 这表明了傅里叶变换与梅林变换之间的一个简单关系. 由此可知，可以用光学傅里叶变换系统来实现梅林变换，只要把输入送到一个“缩放”坐标系中，在这个坐标系统中对空间变量做对数式的缩放（$x=-\ln\xi$）. 例如，可以通过用一个对数放大器驱动阴极射线管的偏转电压，并将得到的缩放信号写入空间光调制器(SLM)来实现这种缩放.

梅林变换的模值与输入的尺度大小变化无关. 为了证明这一点，令 $\boldsymbol{M}_1$ 表示 $g(\xi)$ 的梅林变换，令 $\boldsymbol{M}_a$ 表示 $g(a\xi)$ 的梅林变换，这里 $0<a<\infty$. 大于 1 的 a 值意味着 g 的尺寸缩小，而介于 0 与 1 之间的 a 值意味着 g 的尺寸放大. $g(a\xi)$ 的梅林变换可表示为

$$\begin{aligned}\boldsymbol{M}_a(\mathrm{j}2\pi f)&=\int_0^{\infty} g(a\xi)\xi^{\mathrm{j}2\pi f-1}\mathrm{d}\xi=\int_0^{\infty} g(\xi')\left(\frac{\xi'}{a}\right)^{\mathrm{j}2\pi f-1}\frac{\mathrm{d}\xi'}{a}\\&=a^{-\mathrm{j}2\pi f}\int_0^{\infty} g(\xi')\xi'^{\mathrm{j}2\pi f-1}\mathrm{d}\xi'\end{aligned} \tag{10.3.3}$$

其中，$\xi'=a\xi$. 取 $\boldsymbol{M}_a$ 的模，并且注意到 $\left|a^{-\mathrm{j}2\pi f}\right|=1$，这就证明了 $|\boldsymbol{M}_a|$ 与尺度大小 a 无关. 结合梅林变换可以作为缩放输入的傅里叶变换来实现这一事实，梅林变换模值与物体尺寸大小无关给我们提供了一种与尺寸大小无关的相关识别方法.

接下来我们来考虑如何消除物体旋转的影响，物体旋转一定角度相当于该物体在极坐标系内的一维平移，只要使极坐标系中心与物体旋转中心重合即可. 在 0 到 2π 弧度内，物体转动 θ 角的结果可能是部分物体移动 θ 而物体的其他部分则“卷绕”角坐标一圈，出现在 $2\pi-\theta$ 的位置上. 如果允许角坐标覆盖两个或更多个 2π 周期，则这个问题可以得到解决，这时“卷绕”问题可以减小到最低程度或被消除掉.

Casasent 和 Psaltis 提出了同时获得尺度不变性和旋转不变性的方法. 一个二维物体 $g(\xi,\eta)$ 被送入一个具有变形极坐标系的光学系统，这种变形是由径向坐标按对数变换缩放而成. 随后的光学系统是一个匹配滤波系统，制作匹配滤波器时，它的输入也经过了相同的坐标变换. 该方法的输出强度将随着输入物体的旋转而平移，但其大小不因输入的尺寸大小变化或旋转而减小. 用上述方法实现尺寸大小和旋转不变性，会影响传统匹配滤波器的平移不变性. 为了同时得到对所有三个参数的不变性，可以用原来输入函数 g 的傅里叶变换模 $|G|$ 作为输入函数，它对 g 的平移是不变的. 该模函数经过与上述相同的坐标变换，而滤波器经过同样的坐标变换后与感兴趣图样的傅里叶变换相匹配. 此时，由于没有考虑输入的傅里叶变换和匹配滤波器的传递函数二者的相位，所以相关器性能会有所下降.

10.3.2 圆谐波相关

圆谐波分析能很好地解决物体的旋转不变性问题. 考虑一个用极坐标表示的一般二维函数 $g(r,\theta)$，它是变量 θ 的周期函数，周期为 2π，因此可将函数 $g(r,\theta)$ 按 θ 角变量展开成傅里叶级数

$$g(r,\theta)=\sum_{m=-\infty}^{\infty}g_m(r)\exp(\mathrm{j}m\theta) \tag{10.3.4}$$

式中傅里叶系数是向径的函数

$$g_m(r)=\frac{1}{2\pi}\int_0^{2\pi}g(r,\theta)\exp(-\mathrm{j}m\theta)\mathrm{d}\theta \tag{10.3.5}$$

式(10.3.4)中的每一项称为函数 g 的“圆谐波分量”. 若函数 $g(r,\theta)$ 转动一个角度 α 后成为 $g(r,\theta-\alpha)$，则相应的圆谐波展开式变为

$$g(r,\theta-\alpha)=\sum_{m=-\infty}^{\infty}g_m(r)\exp(-\mathrm{j}m\alpha)\exp(\mathrm{j}m\theta) \tag{10.3.6}$$

于是，第 m 个圆谐波分量发生了 $-m\alpha$ 弧度的相位变化.

现在考察两个函数 g 和 h 的互相关，在直角坐标系中它可以写成

$$\boldsymbol{R}(x,y)=\iint_{-\infty}^{\infty}g(\xi,\eta)h^*(\xi-x,\eta-y)\mathrm{d}\xi\mathrm{d}\eta \tag{10.3.7}$$

这个互相关在原点的值有特殊意义，在直角坐标系和极坐标系内它可以写成

$$\boldsymbol{R}_0=\boldsymbol{R}(0,0)=\iint_{-\infty}^{\infty}g(\xi,\eta)h^*(\xi,\eta)\mathrm{d}\xi\mathrm{d}\eta=\int_0^{\infty}r\mathrm{d}r\int_0^{2\pi}g(r,\theta)h^*(r,\theta)\,\mathrm{d}\theta \tag{10.3.8}$$

函数 $g(r,\theta)$ 与转过某一角度的同一函数 $g(r,\theta-\alpha)$ 的互相关是

$$\boldsymbol{R}_\alpha=\int_0^{\infty}r\mathrm{d}r\int_0^{2\pi}g^*(r,\theta)g(r,\theta-\alpha)\,\mathrm{d}\theta \tag{10.3.9}$$

将函数 $g^*(r,\theta)$ 做圆谐波展开，则上式可等价地表示为

$$\boldsymbol{R}_\alpha=\int_0^{\infty}r\left[\sum_{m=-\infty}^{\infty}g_m^*(r)\int_0^{2\pi}g(r,\theta-\alpha)\exp(-\mathrm{j}m\theta)\mathrm{d}\theta\right]\mathrm{d}r \tag{10.3.10}$$

其中

$$\frac{1}{2\pi}\int_0^{2\pi}g(r,\theta-\alpha)\exp(-\mathrm{j}m\theta)\mathrm{d}\theta=g_m(r)\exp(-\mathrm{j}m\alpha) \tag{10.3.11}$$

从而

$$\boldsymbol{R}_\alpha=2\pi\sum_{m=-\infty}^{\infty}\exp(-\mathrm{j}m\alpha)\int_0^{\infty}r\left|g_m(r)\right|^2\mathrm{d}r \tag{10.3.12}$$

由这个结果我们看到互相关的每个圆谐波分量都有一个不同的相移 $-m\alpha$.

如果用数字方法求出了 $\boldsymbol{R}_\alpha$ 的一个特定圆谐波分量，例如第 M 个，那么根据与这一分量相对应的相位，就能够确定物的一种形态所经历的角度变化. 构建一个与特定物体的第 M 个圆谐波分量匹配的光学滤波器，并将它放在一个光学相关系统内，那么，同一物体转过任一角度后，再作为系统的输入，就将产生一个强度正比于 $\int_0^{\infty}r\left|g_m(r)\right|^2\mathrm{d}r$ 的相关峰值，而与转动无关. 这样构成的光学相关器，能识别该物体同时又与转动无关.

实现转动不变性是以牺牲相关峰值的强度为代价，转动不变性的相关峰值强度要小于与未转动物体的互相关得到的峰值，未转动情况下的相关峰强度同时用到了所有的圆谐波分量. 容易证

明，只用第 M 个圆谐波分量所导致的峰值相关强度减小的程度，可以由下式给出：

$$K_M = \frac{\int_0^{\infty} r\left|g_m(r)\right|^2 \mathrm{d}r}{\sum_{m=-\infty}^{\infty} \int_0^{\infty} r\left|g_m(r)\right|^2 \mathrm{d}r} \tag{10.3.13}$$

10.3.3　合成判别式函数

合成判别式函数(SDF)的方法主要源自于 Braunecker 和 Lobmann 的工作以及 Caulfield 和 Haimes 的想法，D. Casasent 和他的学生们将其发展到现在的状况.

合成判别式函数方法可以用来制作单个的图样识别滤波器，这个滤波器的相关性质是用某一组“训练”图像预先制作的，这些图像与参考滤波器之间所需的相关性质事先已经知道. 训练图像组的成员可以是单一物体经尺寸变化和转动的若干变形，也可以是该物体更一般的变形，甚至可以是别的物体样本，对这些成员，要使滤波器有零输出. 令 N 个图像的训练组由 $\{g_n(x,y)\}$ 表示，其中 $n = 1, 2, \cdots, N$. 对一个特定训练图像，可以要求它与滤波器的脉冲响应 $h(x, y)$ 的相关度为 1(也就是说，该特定训练图像是理想图像的一个变化版本)，而在有些情况下，我们可以要求它是 0(也就是说该特定训练图像代表一个完全不同的理想图像的变化版本). 把集合 $\{g_n\}$ 分成两个子集，一个是 $\{g_n^+\}$，我们要求其相关度为 1，另一个是 $\{g_n^-\}$，我们要求其相关度为 0. 于是有约束条件

$$\iint_{-\infty}^{\infty} g_n^+(x,y)h(x,y)\mathrm{d}x\mathrm{d}y = 1, \qquad \iint_{-\infty}^{\infty} g_n^-(x,y)h(x,y)\mathrm{d}x\mathrm{d}y = 0 \tag{10.3.14}$$

为了得到与训练组有理想相关性的滤波器脉冲响应 $h(x, y)$，先用训练图像作为基函数，把此脉冲响应展开成级数

$$h(x,y) = \sum_{n=1}^{N} a_n g_n(x,y) \tag{10.3.15}$$

式中的 a_n 目前还是未知的. 现在考察训练组中的任一成员，例如 $g_k(x, y)$，与滤波器函数 $h(x, y)$ 相关性

$$c_k = \iint_{-\infty}^{\infty} g_k^*(x,y)h(x,y)\mathrm{d}x\mathrm{d}y = \sum_{n=1}^{N} a_n \iint_{-\infty}^{\infty} g_k^*(x,y)g_n(x,y)\mathrm{d}x\mathrm{d}y \tag{10.3.16}$$

式中，c_k 为 0 还是为 1，取决于 g_k 是由哪一子集取出. 令 p_{kn} 表示 g_k 和 g_n 之间的相关，有

$$c_k = \sum_{n=1}^{N} a_n p_{kn} \tag{10.3.17}$$

现在考虑训练图像组的全部 N 个成员，建立含 N 个未知数 a_n 的线性方程组，其中每个方程都与式(10.3.17)相似，只是有不同的 k 值. 这些方程的完整集合表示为一个矩阵方程

$$\boldsymbol{c} = \begin{bmatrix} c_1 \\ c_2 \\ \vdots \\ c_N \end{bmatrix} = \begin{bmatrix} p_{11} & \cdots & p_{1N} \\ p_{21} & \cdots & p_{2N} \\ \vdots & & \vdots \\ p_{N1} & \cdots & p_{NN} \end{bmatrix} \begin{bmatrix} a_1 \\ a_2 \\ \vdots \\ a_N \end{bmatrix} = \boldsymbol{Pa} \tag{10.3.18}$$

式中，$\boldsymbol{a}$ 和 $\boldsymbol{c}$ 是长度为 N 的列矢量，$\boldsymbol{P}$ 是由训练图像两两之间的相关组成的一个 $N \times N$ 矩阵.

在式(10.3.18)描述的关系中，矢量 $\boldsymbol{c}$ 是已知值的列矢量(在所考察的情况下，每个元素为 0 或 1，也可以有更一般的值)，矩阵 $\boldsymbol{P}$ 包含的是事先算出的已知元素，矢量 $\boldsymbol{a}$ 未知，它可以让我们按

照式(10.3.15)确定滤波器所需要的脉冲响应. 这个未知矢量可通过求 $\boldsymbol{P}$ 的逆矩阵并用矢量 $\boldsymbol{c}$ 与之相乘求出

$$\boldsymbol{a}=\boldsymbol{P}^{-1}\boldsymbol{c} \tag{10.3.19}$$

这为我们提供了一个制作滤波器的方法，这个滤波器在训练组内图像之间产生特定的相关.

10.4　模糊图像的复原

相干光学信息处理的一项有用应用是模糊图像的复原. 在成像过程中，成像系统的像差、目标和底片的相对运动、大气扰动等因素导致像模糊，其原因可以归结为系统传递函数的缺陷. 如果在相干光学滤波系统中，从频谱平面对系统传递函数作适当补偿，将在输出平面上得到清晰像，这一处理过程称为消模糊. 本节将着重介绍用逆滤波器和维纳滤波器对模糊图像进行复原以及它们的光学实现方法.

10.4.1　逆滤波器

设物的光场分布为 $\boldsymbol{f}(x,y)$，造成模糊像的点扩散函数为 $\boldsymbol{h}_{\mathrm{I}}(x,y)$，则像的光场分布可以表示为卷积的过程

$$\boldsymbol{g}(x,y)=\boldsymbol{f}(x,y)*\boldsymbol{h}_{\mathrm{I}}(x,y)$$

消模糊实际上是解卷积的过程.在空域实现解卷积十分困难，但在相干光处理所提供的频域滤波能力却使这一过程变得十分简单. 将模糊图像置于 4f 系统的输入平面上，谱分布为

$$\boldsymbol{G}(\xi,\eta)=\boldsymbol{F}(\xi,\eta)\boldsymbol{H}_{\mathrm{c}}(\xi,\eta) \tag{10.4.1}$$

式中，$\boldsymbol{F}(\xi,\eta)$ 是物的频谱；$\boldsymbol{G}(\xi,\eta)$ 是像的频谱；$\boldsymbol{H}_{\mathrm{c}}(\xi,\eta)$ 是带有系统缺陷的相干传递函数，即 $\boldsymbol{h}_{\mathrm{I}}(x,y)$ 的傅里叶变换，在理想情况下，$\boldsymbol{H}_{\mathrm{c}}(\xi,\eta)=1$. 由此可见，若在 4$f$ 系统的频谱面用一个透射系统为 $\boldsymbol{H}(\xi,\eta)=1/\boldsymbol{H}_{\mathrm{c}}(\xi,\eta)$ 的逆滤波器进行滤波，就可在输出面上得到消模糊的像，即

$$\boldsymbol{G}(\xi,\eta)\frac{1}{\boldsymbol{H}_{\mathrm{c}}(\xi,\eta)}=\boldsymbol{F}(\xi,\eta)\boldsymbol{H}_{\mathrm{c}}(\xi,\eta)\frac{1}{\boldsymbol{H}_{\mathrm{c}}(\xi,\eta)}=\boldsymbol{F}(\xi,\eta)\cdot 1 \tag{10.4.2}$$

这时传递函数为 1，输出像与输入的理想像完全一样.

因为

$$\boldsymbol{H}(\xi,\eta)=\frac{1}{\boldsymbol{H}_{\mathrm{c}}(\xi,\eta)}=\frac{\boldsymbol{H}_{\mathrm{c}}^{*}(\xi,\eta)}{\left|\boldsymbol{H}_{\mathrm{c}}(\xi,\eta)\right|^{2}} \tag{10.4.3}$$

所以逆滤波器的制作可分两步进行：第一步制作 $\boldsymbol{H}_{\mathrm{c}}^{*}$ 滤波器，第二步制作 $1/\left|\boldsymbol{H}_{\mathrm{c}}\right|^{2}$ 滤波器. 使用时将二者叠合在一起便得到了逆滤波器.

制作 $\boldsymbol{H}_{\mathrm{c}}^{*}$ 滤波器可用全息法，即利用范德拉格特光路由 $\boldsymbol{h}_{\mathrm{I}}(x,y)$ 制作 $\boldsymbol{H}_{\mathrm{c}}^{*}$，显然要预先知道 $\boldsymbol{h}_{\mathrm{I}}(x,y)$，这是问题的关键.

制作 $1/\left|\boldsymbol{H}_{\mathrm{c}}\right|^{2}$ 滤波器可用普通照相方法，在 $\boldsymbol{h}_{\mathrm{I}}(x,y)$ 的频谱面上拍摄它的频谱像，小心处理使照相干板的 $\gamma=2$. 这样，滤波器的光密度分布与 $\left|\boldsymbol{H}_{\mathrm{c}}\right|^{2}$ 成比例，透过率则与 $1/\left|\boldsymbol{H}_{\mathrm{c}}\right|^{2}$ 成比例.

将这两个滤波器对正紧贴在一起就得到了逆滤波器. 由于胶片动态范围的限制，所以只能得到近似的逆滤波函数. 此外，逆滤波过程与成像过程一样，也受到系统空间带宽积的限制，因此期望用逆滤波的办法实现超越衍射极限的复原是不现实的.

这个简单直接的解法有几个严重缺点.

(1) 衍射把传递函数 $\boldsymbol{H}_{\mathrm{c}}(\xi, \eta)$ 不为零的频率集合限定在有限范围内. 在这个范围外 $\boldsymbol{H}_{\mathrm{c}}(\xi, \eta)=0$，并且它的倒数没有意义. 因此，必须把逆波器的应用限制在衍射受限通带内的频率上.

(2) 在衍射受限传递函数不为零的频率范围内传递函数 $\boldsymbol{H}_{\mathrm{c}}(\xi, \eta)$ 可能(确实常常会)有孤立的零点，严重的离焦和多种运动模糊就属于这种情况. 在这种孤立零点所在频率上恢复滤波器的值是不确定的，这个问题的另一种说法是，恢复滤波器将需要一个有无限动态范围的传递函数，才能恰当地补偿像的频谱.

(3) 在检测图像中，不可避免地还有噪声与想要的信号在一起的情况，逆滤器没有考虑这种情况. 逆滤波器极大地增强了那些信噪比最差的频率成分，结果是在恢复的图像中通常是噪声占优势.

上述最后一个问题的唯一解决方法是采取新方法来确定所需的恢复滤波器，这个方法要考虑噪声的影响. 下面将描述这样的方法，它也能解决前两个问题.

例 10.4.1　摄影时由于不小心，在横向抖动了 $2a$，形成两个像的重影，设计一个能改良此照片的逆滤波器.

解　在此情况下造成成像缺陷的点扩散函数为

$$h_{\mathrm{I}}(x, y)=\delta(x+a)+\delta(x-a)$$

它的傅里叶变换(即有成像缺陷的系统)的传递函数 $\boldsymbol{H}_{\mathrm{c}}$ 为

$$\begin{aligned}\boldsymbol{H}_{\mathrm{c}}(\xi,\eta)&=\mathscr{F}\{h_{\mathrm{I}}(x,y)\}=\mathscr{F}\{\delta(x+a)+\delta(x-a)\}\\&=\exp(\mathrm{j}2\pi a\xi)+\exp(-\mathrm{j}2\pi a\xi)\\&=2\cos(2\pi a\xi)\end{aligned}$$

逆滤波器 $\boldsymbol{H}(\xi, \eta)$ 的透过率函数为

$$\boldsymbol{H}(\xi,\eta)=\frac{1}{\boldsymbol{H}_{\mathrm{c}}(\xi,\eta)}=\frac{1}{2\cos(2\pi a\xi)}$$

10.4.2　维纳滤波器

如果考虑到成像过程存在噪声干扰，我们应该建立一种新的成像模型. 将像的光场分布表示成

$$\boldsymbol{g}(x,y)=\boldsymbol{f}(x,y)*\boldsymbol{h}_{\mathrm{I}}(x,y)+\boldsymbol{n}(x,y) \tag{10.4.4}$$

式中，$\boldsymbol{n}(x, y)$ 是成像过程中的噪声. 在这个表达中，噪声和物函数 $\boldsymbol{f}(x, y)$ 均可以当成随机过程处理. 假设物和噪声的功率谱密度(即平均功率在频率上的分布)是已知的，分别表示为 $\boldsymbol{F}(\xi, \eta)$ 和 $\boldsymbol{N}(\xi, \eta)$. 我们通过制作一个线性复滤波器，使真正的物 $\boldsymbol{f}(x,y)$ 与物的估计值 $\hat{\boldsymbol{f}}(x, y)$ 之间的均方差最小，以达到图像消模糊复原的目的，亦即使

$$e^{2}=\boldsymbol{E}\left\{\left|\boldsymbol{f}-\hat{\boldsymbol{f}}\right|^{2}\right\} \tag{10.4.5}$$

最小，其中 $\boldsymbol{E}\{\cdot\}$ 表示期望值.

最优复原滤波器的传递函数由下式给出：

$$\boldsymbol{H}(\xi,\eta)=\frac{\boldsymbol{H}_{\mathrm{c}}^{*}(\xi,\eta)}{\left|\boldsymbol{H}_{\mathrm{c}}(\xi,\eta)\right|^{2}+\boldsymbol{N}(\xi,\eta)/\boldsymbol{F}(\xi,\eta)} \tag{10.4.6}$$

这种类型的滤波器称为维纳(Wiener)滤波器，也称最小均方误差滤波器. $\boldsymbol{H}_{\mathrm{c}}(\xi, \eta)$ 是有噪声情况下的相干传递函数，即 $\boldsymbol{h}_{\mathrm{I}}(x, y)$ 的傅里叶变换.

在信噪比高 $\boldsymbol{N}(\xi,\eta)/\boldsymbol{F}(\xi,\eta)\ll 1$ 的频率范围内，最优滤波器转化为逆滤波器

$$H(\xi,\eta) \approx \frac{H_c^*(\xi,\eta)}{\left|H_c(\xi,\eta)\right|^2} = \frac{1}{H_c(\xi,\eta)} \tag{10.4.7}$$

而在信噪比低 $N(\xi,\eta)/F(\xi,\eta) \gg 1$ 的频率范围内，它转化为一个强烈衰减的匹配滤波器

$$H(\xi,\eta) \approx \frac{F(\xi,\eta)}{N(\xi,\eta)} H_c^*(\xi,\eta) \tag{10.4.8}$$

值得注意的是，在成像系统衍射受限通带外的频率上没有物信息出现，因此信噪比为无穷大，因而维纳滤波器并不会恢复那些不出现在像中的物的频率成分.

Ragnarsson 提出了实现维纳滤波器的光学方法，制作的滤波器的动态范围较大. 这种滤波器是使用干涉法在一组特定的记录参数下生成滤波器来实现的，用衍射来衰减频率分量，生成的滤波器经过漂白，因此在透射光中只引入相移.

该滤波器的记录方法以三个重要的假设为基础：①假设滤波器引入的最大相移远小于 2π 弧度，振幅透射率为 $t_A = \exp(\mathrm{j}\phi) \approx 1 + \mathrm{j}\phi$；②假设漂白后透明片的相移正比于漂白前呈现的银密度 D，即 $\phi \propto D$. 若采用非鞣化漂白，这个假设在很好的近似程度上是正确的，因为这种漂白使金属银变回透明的银盐，而这种透明物质的密度决定了漂白后的透明片引入的相移；③假设滤波器的曝光和处理的操作是在 H-D 曲线的线性部分进行的，密度与曝光的对数成线性关系，即 $D = \gamma \lg E - D_0$. 记录光路就是记录匹配滤波器的光路，正如前面图 10.2.5(a)所示，但是输入透明片上只出现函数 $h_I(x,y)$. 由这个干涉记录产生的曝光为

$$E(x,y) = T\{A^2 + a^2\left|H_c(\xi,\eta)\right|^2 + 2Aa\left|H_c(\xi,\eta)\right|\cos[2\pi\alpha x + \phi(\xi,\eta)]\} \tag{10.4.9}$$

式中，A 是胶片平面上参考波强度的平方根，a 是胶片平面原点物波强度的平方根，α 是由离轴参考波引入的载波频率，ϕ 是模糊传递函数 H_c 的相位分布，T 是曝光时间.

上面三个假设导致曝光量变化与所产生的振幅透射率变化成正比关系，对数曝光量的变化会导致振幅透射率成比例地变化，即有 $\Delta t_A \propto \Delta\phi \propto \Delta D \propto \Delta(\lg E)$. 此外，如果曝光图样由一个强的平均曝光量 $\bar{E}$ 和一个弱的变化曝光量 ΔE 构成，那么 $\Delta(\lg E) \approx \Delta E/\bar{E}$，从而使得

$$\Delta t_A \propto \frac{\Delta E}{\bar{E}} \tag{10.4.10}$$

记录 Ragnarsson 滤波器时，所用的物波在胶片平面原点处比参考波强得多，即 $A^2 \ll a^2$. 因此，平均曝光量 $\bar{E}$ 和曝光量的变化部分 ΔE 可以分别写成

$$\begin{cases} \bar{E} = T[A^2 + a^2\left|H_c(\xi,\eta)\right|]^2 \\ \Delta E = 2AaT\left|H_c(\xi,\eta)\right|\cos[2\pi\alpha x + \phi(\xi,\eta)] \end{cases} \tag{10.4.11}$$

选取处理后透明片透射率中与 H_c^* 成正比的那一项，我们有

$$\Delta t_A \propto \frac{\Delta E}{\bar{E}} \propto \frac{H_c^*}{A^2/a^2 + \left|H_c\right|^2} \tag{10.4.12}$$

Δt_A 正是当信号和噪声都具有平的频谱，而噪声功率与信号功率之比在所有频率上都是 A^2/a^2 时，维纳滤波器所需要的振幅透射率.

10.5　合成孔径雷达

合成孔径雷达(synthetic aperture radar, SAR)是 20 世纪 50 年代出现的装载在飞机上的一种制图雷达. 初期的合成孔径雷达是用电子学处理来获得图像的，后来利思等采用光学方法处理，从合成孔径雷达所收集到的数据绘制出高分辨率地形图，这是光学信息处理技术最成功的应用之一.

10.5.1　合成孔径概念

合成孔径雷达通过回波信息处理，能够将分辨率提得很高. 参看图 10.5.1，我们研究以匀速 v_a 沿 x 方向直线航行的飞机所携带的一个雷达系统. 假定雷达的作用是要得到航线邻近地域的一幅高分辨率地形反射率地图. 为绘制出正确的地形图，在飞机前进方向(x 方向)和与之垂直的地面方向上，都必须具有较高的清晰度. 与前进方向相垂直的方向上的清晰度，能够以脉冲方法简单获得，即通过发射脉冲雷达信号并记录接收该信号作为时间函数的回波，可以分辨离开航线的距离. 前进方向上的清晰度只有使用方位范围极窄的雷达波束才能得到. 为了使雷达波束的方位范围变窄，一般说来，必须加大天线孔径尺寸. 例如，一个线度大小为 D 的天线在距离 r_0 上所能得到的方位分辨率(对应前进方向的清晰度)大致为 $\lambda_r r_0/D$. 因为微波波长 λ_r 比光波波长要大几个数量级，因此要得到与光学测量系统相比拟的分辨率，天线就要数百米或数千米，那是不可能实现的.

合成孔径技术提供了解决这个问题的一种办法. 合成孔径雷达的原理是机载一个小天线(图 10.5.1)，飞行过程中，飞机在图中各“×”点所示位置处向侧向发射一脉冲波束(故又称侧视雷达). 波束随飞机扫过一条形地带，在各个位置处接收并记录(存储)被地面反射回来的回波振幅和相位. 这样，用一个小的探测天线在孔径面上一边移动一边记录波面(即用机载小天线的运动来实现一个小天线阵列，最终合成一个大天线)，取得等价于大孔径的信息，以达到高的分辨率.

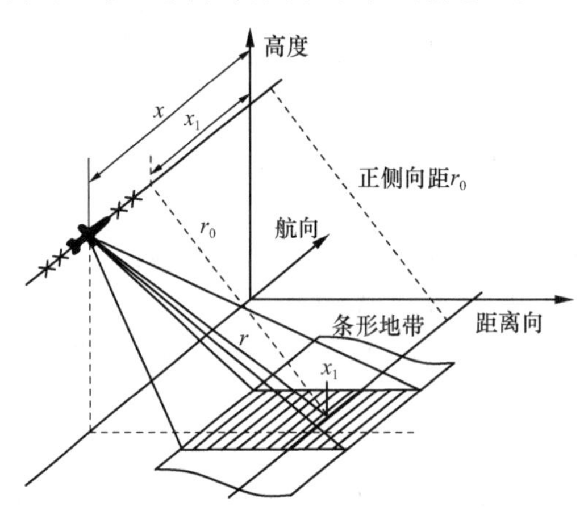

图 10.5.1　合成孔径雷达几何关系

合成孔径雷达最简单的发射波形是时间 τ 极短的矩形脉冲，用微波波段(例如频率 ν_r=8000～9000MHz，波长 $\lambda_r \approx 30$mm)的连续正弦波载波发射，合成波形如图 10.5.2 所示.

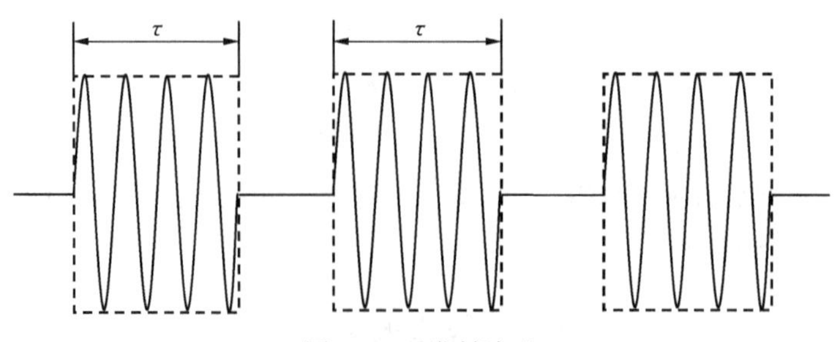

图 10.5.2　发射波形

合成孔径雷达在距离向上充分利用了发射波形的脉冲性质，在航向上利用了连续正弦波的性质.

10.5.2　航向信息的记录

1. 信号发射与接收回波

要详细地考察信号收集过程，仍然考虑图 10.5.1 所示的几何关系. 用坐标 x 代表沿航线的距离，为简单起见，我们假定在坐标 x_1 处有单个点散射体，它与航线的距离为 r_0. 更进一步简化，假定雷达发射的波形是频率为 ν_r 的稳定正弦波，实际发射信号的脉冲特性导致最终的结果不过是对所假设的正弦信号进行周期性抽样. 发射机发射连续的正弦波信号 $\cos(2\pi\nu_r t)$，从所设的点散射体返回飞机的回波信号是

$$S_1(t)=a_1\cos 2\pi\nu_r\left(t-\frac{2r}{c}\right) \tag{10.5.1}$$

式中，ν_r 为雷达的射频频率；r 是图 10.5.1 中某一点 x_1 到雷达的距离，亦称斜距；c 是光速；a_1 为常数，其值取决于 x_1 点的反射率和衰减因子等. 设图 10.5.1 中飞机的航向坐标为 x，x_1 点的航向坐标为 x_1，x_1 点离飞机的正侧向距离为 r_0，则

$$r=\sqrt{r_0^2+(x-x_1)^2}\approx r_0+\frac{(x-x_1)^2}{2r_0} \tag{10.5.2}$$

于是，回波信号为

$$S_1(t)=a_1(x_1,r_0)\cos\left[2\pi\nu_r t-\frac{4\pi r_0}{\lambda_r}-\frac{2\pi(x-x_1)^2}{\lambda_r r_0}\right] \tag{10.5.3}$$

可见，回波信号经历了平方项的相位调制.又 $x=v_a t$，$x_1=v_a t_1$（v_a 是飞机的飞行速度），故上式还可写成

$$S_1(t)=a_1(x_1,r_0)\cos\left[2\pi\nu_r t-\frac{4\pi r_0}{\lambda_r}-\frac{2\pi v_a^2(t-t_1)^2}{\lambda_r r_0}\right] \tag{10.5.4}$$

式(10.5.3)所表示的回波信号正是在全息中遇到过的按平方律变化的相位函数，是中心在 $x=x_1$ 的一维波带片或圆柱形波带片的数学表达式. 回波信号不仅是时间的函数，还是空间坐标 r_0、r_1 的函数. 为了方便地用 r_0 和 x_1 表示地面不同目标点的位置，可将其下标换成变量，写为 r_m、x_{mn}. 于是，r_m 表示地面上平行于飞机航线的第 m 条直线与航线的距离，x_{mn} 表示第 m 条直线上第 n 个目标物点的位置. 将 r_m、x_{mn} 代入式(10.5.3)，即得不同目标点产生回波的线性叠加. 如果仅对 n 求和，则表示地面上与航线相距为 r_m 的那条直线上不同目标物点回波场的叠加，即

$$S(t)=\sum_n S_n(t)=\sum_n a_{mn}\cos\left[2\pi\nu_r t-2k_r r_m-\frac{k_r}{r_m}(x-x_n)^2\right] \tag{10.5.5}$$

式中，$k_r=2\pi/\lambda_r$，x 是飞机的坐标.

2. 雷达信号的记录

由于雷达回波频率很高，不便于胶片分辨，因此在记录前先对回波信号作一些处理. 如图 10.5.3 所示，由天线接收的回波信号，通过环形器反馈至放大器，经放大器的回波信号与参考信号混频，通过检波后被同步解调而变成频率比载频低的视频信号，其典型值为 100MHz. 设视频频率为 ν_e，现将解调的信号表示为

$$S'(t)=\sum_n a_{mn}\cos\left[2\pi\nu_e t-2k_r r_m-\frac{k_r}{r_m}(x-x_n)^2\right] \tag{10.5.6}$$

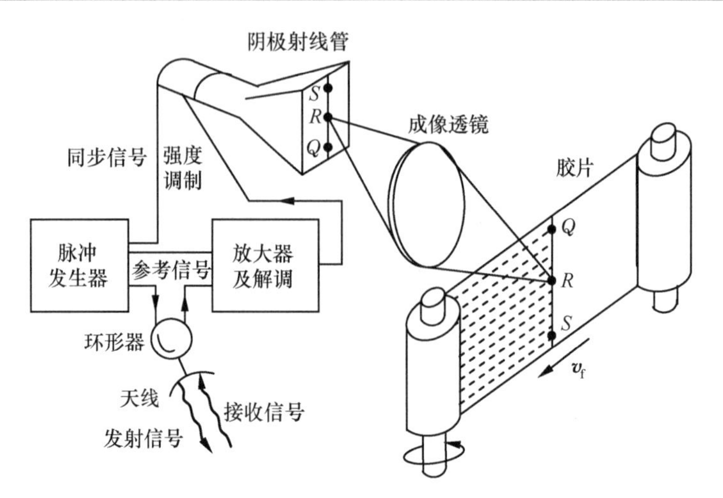

图 10.5.3　雷达信号记录

将解调的视频信号用于调制示波管的扫描栅，扫描栅只沿一条线扫描. 用会聚透镜将视波管屏上的像投射到摄影胶片上，该胶片沿着垂直于扫描栅扫描方向移动. 用发射脉冲的时间同步信号控制扫描栅开始扫描，由 S 点移向 Q 点. 当回波信号到达时，扫描栅的强度增大，如此在屏幕上的 R 点处变亮，则 SR 表示从发射到目标一个来回所需的时间. r_m 越大，SR 就越长；目标物反射率越大，R 点就越亮. 这样一来，回波脉冲信号以光强调制扫描线显示在阴极射线管上. 这条扫描线上的每一个点代表一个距离 r_m 处收集到的一个数据抽样. 这些点的轨迹在照相底片上被记录成一条竖直线，即记录下了距离信息，下一个脉冲记录在相邻位置上. 如此继续下去，就可把携带地面物体信息的微波时变信号转换成编码的空间信号. 例如，在距离 r_0 处有一个目标物点，则在记录好的底片上对应于距离 r_0 处的振幅透过率将沿横向的 x 方向起伏，起伏的规律与一维波带片或柱形波带片的形式相同.

3. 透明编码胶片的聚焦性质

在进行讨论之前，对式(10.5.6)作一些变换. 公式(10.5.6)是一个方位信息表达式，式中的 r_m 是一个确定的参数，求和是针对某一距离上的各目标点，故可略去常数相位项 $2k_r r_m$，并利用 $t=x/v_a$ 消去 t，于是得

$$S'(x)=\sum_n a_{mn}\cos\left[2\pi\xi' x-\frac{k_r}{r_m}(x-x_n)^2\right] \tag{10.5.7}$$

式中，空间频率 $\xi'=v_e/v_a$. 此外，还要注意，x 是飞机的空间位置，每秒变化上百米，每个信号所存在的实际范围很大. 因此，我们必须引入一个比例系数 p，它等于胶片运动速度 v_f 与飞机的飞行速度 v_a 之比，即 $p=v_f/v_a$. 将式(10.5.6)中的 x 用 px 代替得

$$S'(x)=\sum_n a_{mn}\cos\left[2\pi\xi x-\frac{k_r p^2}{r_m}\left(x-\frac{x_n}{p}\right)^2\right] \tag{10.5.8}$$

式中，$\xi=\xi'/p=v_e/v_f$ 为空间载频. 此时记录长度的数量级为毫米或厘米，适合输入到光学系统中.

下面研究胶片的处理问题.我们仍然只注意一个固定的距离 r_0，因而只考虑沿水平直线 $y=y_1$(例如 SR)记录在胶片上的数据. 只要适当注意曝光，接收信号随方位角的变化过程就形成一张照相记录，其振幅透过率为

$$t(x,y_1)=t_b+\sum_n a(x_n,y_1)\cos\left[2\pi\xi x-\frac{k_r p^2}{r_m}\left(x-\frac{x_n}{p}\right)^2\right] \tag{10.5.9}$$

式中，t_b 是为了便于记录双极性视频信号而引入的偏置透过率.

将式(10.5.9)中的余弦函数分解成两个复指数因子，那么透过率可以表示成偏置透过率 t_{b} 和另外两项之和，这另外两项是

$$\boldsymbol{t}_{\alpha}(x,y_1)=\frac{1}{2}\sum_{n}\boldsymbol{a}(x_n,y_1)\exp\left\{\mathrm{j}\left[2\pi\xi x-\frac{k_{\mathrm{r}}p^2}{r_m}\left(x-\frac{x_n}{p}\right)^2\right]\right\} \tag{10.5.10}$$

$$\boldsymbol{t}_{\beta}(x,y_1)=\frac{1}{2}\sum_{n}\boldsymbol{a}^{*}(x_n,y_1)\exp\left\{-\mathrm{j}\left[2\pi\xi x-\frac{k_{\mathrm{r}}p^2}{r_m}\left(x-\frac{x_n}{p}\right)^2\right]\right\} \tag{10.5.11}$$

若只考虑单一的某一个散射点，比方说指标 $n=N$ 的那一个，则 t_{α}的分量是

$$\boldsymbol{t}_{\alpha}^{(N)}(x,y_1)=\frac{1}{2}\sum_{n}\boldsymbol{a}(x_N,y_1)\exp(\mathrm{j}2\pi\xi x)\exp\left[-j\frac{k_{\mathrm{r}}p^2}{r_m}\left(x-\frac{x_N}{p}\right)^2\right] \tag{10.5.12}$$

第一个指数因子的相位与坐标 x 成线性关系，它只是使透射光中的一个波面发生简单的倾斜. 对透明编码平面的倾角 θ 由

$$\sin\theta=\lambda_0\xi \tag{10.5.13}$$

确定，其中 λ_0 是照明胶片的再现光波波长.

至于第二个指数因子，它是一个中心在 $x=x_N/p$ 的一维波带片或圆柱波带片的表达式. 将这个式子与圆柱透镜的透过函数

$$\boldsymbol{t}_{\mathrm{p}}(x)=\exp\left[-\mathrm{j}\frac{\pi}{\lambda_0 f}(x-x_0)^2\right] \tag{10.5.14}$$

相比，可得这个一维波带片的焦距为

$$f=\frac{\lambda_{\mathrm{r}}r_m}{2\lambda_0 p^2} \tag{10.5.15}$$

类似地，$\boldsymbol{t}_{\beta}$的第 N 分量为

$$\boldsymbol{t}_{\beta}^{(N)}(x,y_1)=\frac{1}{2}\boldsymbol{a}^{*}(x_N,y_1)\exp(-\mathrm{j}2\pi\xi x)\exp\left[j\frac{k_{\mathrm{r}}p^2}{r_m}\left(x-\frac{x_N}{p}\right)^2\right] \tag{10.5.16}$$

第一个因子引起反方向的倾斜，即倾角为$-\theta$，而第二个因子等同于一个焦距为负的一维波带片或负圆柱透镜的透过率，透镜中心仍在 $x=x_N/p$ 处，其焦距大小仍由式(10.5.15)给出.

图 10.5.4 画出了单个散射点情形下透射光的三个分量. $\boldsymbol{t}_{\mathrm{b}}$ 为直透光；$\boldsymbol{t}_{\alpha}^{(N)}$ 表示倾斜出射的会聚光，成一实像点；$\boldsymbol{t}_{\beta}^{(N)}$ 是与 $\boldsymbol{t}_{\alpha}^{(N)}$ 对称的方向上出射的发散光，呈现一虚像点. $\boldsymbol{t}_{\alpha}^{(N)}$ 和 $\boldsymbol{t}_{\beta}^{(N)}$ 是目标散射点方位角方向上的一对像点.

注意，由公式(10.5.15)可知，x 方向的一维波带片的焦距与 r_m 成线性关系，又因 r_m 已转换成编码透明片上的 y 坐标，即波带的焦距与 y 坐标成线性关系. 整个编码透明片犹如一个锥面透镜，当用平行光照明这个透明胶片时，近距离信号的再现像距小，远距离信号的再现像距大，因此再现像位于一个倾斜平面上.

另外，在 x 为常量，即与 yz 平面平行的截面内，透明编码胶片的再现光是不聚焦的，因为圆柱透镜或圆锥透镜沿母线方向是没有聚焦能力的.

在距离飞机航向为 r_0 的地表直线上有许多目标散射点，在光学处理阶段中，每一个散射点都要产生一对自己的实像点和虚像点. 目标散射点的相对方位决定了编码透明片上一维波带片中心的相对位置，因此目标散射点的相对方位信息就储存在相应像点的位置中. 这样，距离 r_0 上散射点方位角分布的一个完整像将在透明胶片后一个适当的平面上再现出来.

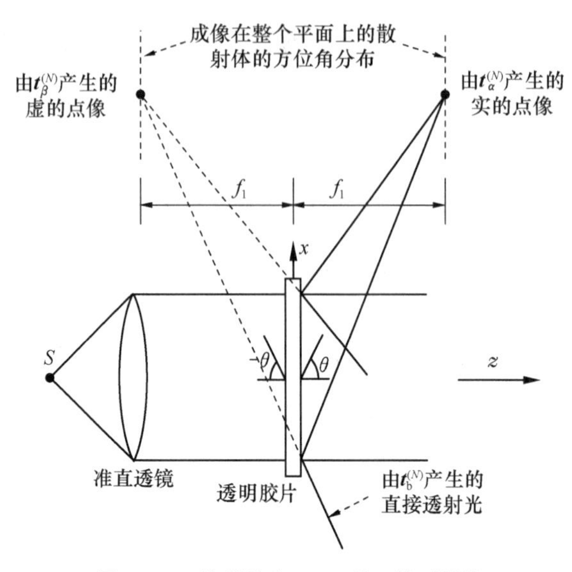

图 10.5.4　编码片上 $y=y_1$ 的一维再现像

4. 最后像的形成

我们的最终希望是构成一个像，它不仅显示目标散射点随方位角的分布，而且也显示它们随距离的分布. 一个散射点的距离坐标在胶片上已变换成散射点在方位角变化过程中的 y 坐标，因此必须把胶片透过率在 y 方向的变化直接成像到方位角信号的像平面上. 这个任务相当复杂，因为方位变化的焦距是距离 r_m 的函数，因此依赖于所考虑的具体 y 值. 为了构成最后的雷达地图，显然必须把透过率在 y 方向的变化成像到方位角像点所在的一个倾斜平面上. 为了完成这个任务，需要设计一个补偿畸变的系统，它能对焦距随距离的变化进行校正，并且使每个像点在每一个方向上都聚焦到一个位置上，或者等价地说，这个补偿系统使该倾斜平面不倾斜，使它与准确的距离成像面重合.

出现最早也是最容易理解的一种补偿畸变系统如图 10.5.5 所示. 它由一个球面透镜、一个柱面透镜和一个锥面透镜组成. 锥面透镜正对透明编码片紧贴放置. 锥面透镜沿着 x 方向的任一截面都是一个圆柱透镜，这样的选择可使它的正焦距与对应距离的波带片负焦距大小相等、符号相反. 既然这些一维波带片的焦距与距离成正比，则补偿透镜的焦距必须与 y 成线性关系，所以使用锥面透镜，在每一个距离上的虚像被锥面透镜再成像到无穷远处，这样尽管不便于定位，但倾斜平面却被补偿摆正了. 然后，用一个柱面透镜把准确的距离平面即编码透明胶片平面成像到无穷远，为此将

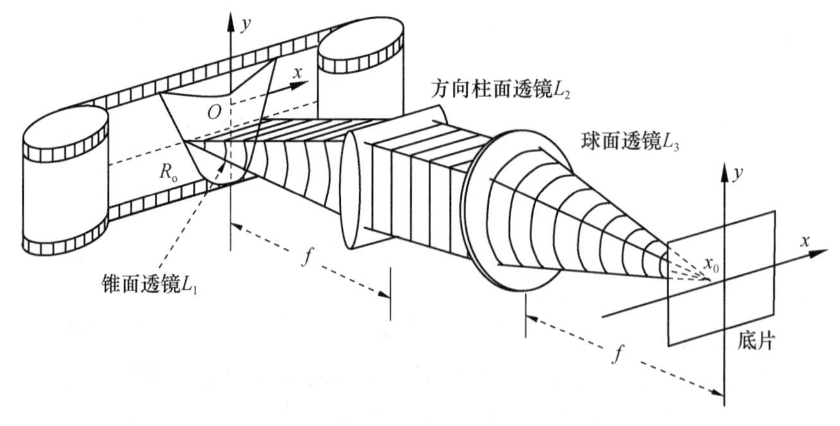

图 10.5.5　锥面透镜的光学处理机制

编码胶片放在柱面透镜的前焦面上，柱面透镜的取向要使其聚焦沿着 y 方向. 这样，柱面透镜就可以把距离信号平面成像到无穷远处. 然后用一块普通的球面透镜将已校正好的像从无穷远再次成像到球面透镜的后焦面上.

图 10.5.6 是图 10.5.5 的俯视图和正视图.

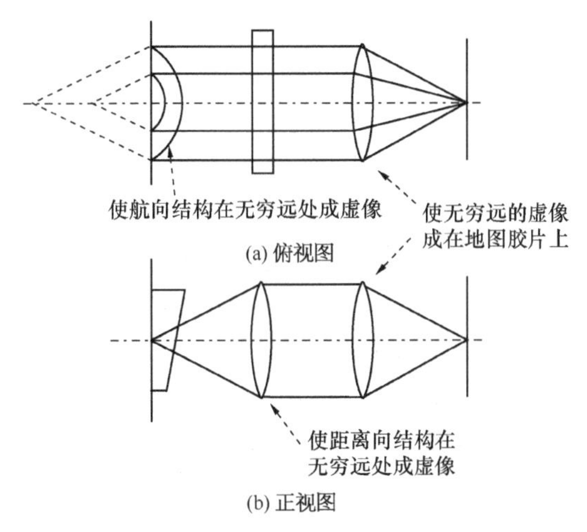

图 10.5.6　成像光学系统的俯视图和正视图

习　题

10.1　参看图 10.1.1，在这种图像相减方法的编码过程中，如果所使用的光栅透光部分和不透光部分间距分别为 a 和 b，并且 $a \neq b$.试证明图像和信息与图像差信息分别受到光栅偶数倍频与光栅奇数倍频的调制.

10.2　用范德拉格特方法来综合一个频率平面滤波器，如图题 10.1(a)所示，一个振幅透射率为 $s(x,y)$ 的“信号”底片紧贴着放在一个会聚透镜的前面，用照相底片记录后焦面上的强度，并使显影后底片的振幅透射率正比于曝光量.这样制得的透明片放在图题 10.1(b)的系统中，假定在下述每种情况下考察输出平面的适当部位，问输入平面和第一个透镜之间的距离 d 应为多少，才能综合出：

(1) 脉冲响应为 $s(x,y)$ 的滤波器?

(2) 脉冲响应为 $s^*(-x,-y)$ 的“匹配”滤波器?

10.3　振幅透射率为 $\boldsymbol{h}(x,y)$ 和 $\boldsymbol{g}(x,y)$ 的两张输入透明片放在一个会聚透镜之前，其中心位于坐标 $(x=0, y=Y/2)$ 和 $(x=0, y=-Y/2)$ 上，如图题 10.2 所示，把透镜后焦面上的强度分布记录下来，由此制得一张 γ 为 2 的正透明片.把显影后的透明片放在同一透镜之前，再次进行变换.试证明透镜后焦面上的光场振幅含有 $\boldsymbol{h}$ 和 $\boldsymbol{g}$ 的互相关，并说明在什么条件下，互相关项可以从其他的输出分量中分离出来.

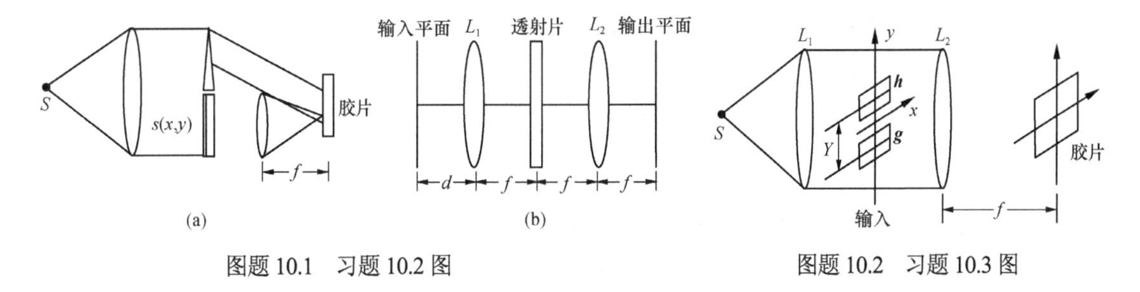

图题 10.1　习题 10.2 图　　图题 10.2　习题 10.3 图

10.4　在照相时，若相片的模糊只是由于物体在曝光过程中的匀速直线运动导致，运动的结果使像点在底片上的位移为 0.5mm，试写出造成模糊的点扩展函数 $\boldsymbol{h}(x,y)$；如果要对该相片进行消模糊处理，写出逆滤波器的透过率函数.

第 11 章　非相干光学处理

非相干光学处理是指采用非相干光照明的信息处理方法，系统传递和处理的基本物理量是光场的强度分布. 早期的光学处理多属于非相干光学处理，由于光场的非相干性质，输入函数和脉冲响应都只能是非负的实函数. 对于大量双极性质的输入和脉冲响应，处理起来比较困难. 激光出现后，相干系统具有一个物理上的频谱平面，可以实现傅里叶变换运算，大大增加了处理的灵活性. 又由于全息术的推动，相干光学处理的研究极为活跃，曾一度使非相干处理技术相形失色. 但是多年的实践表明，相干处理系统的突出问题是相干噪声严重，导致对系统元件提出较高要求，而非相干处理系统由于装置简单，又没有相干噪声，因而再度受到广泛的重视.

本章 11.4 节介绍一类新的处理方法，它采用非相干光源照明，但采取了一些提高空间相干性和时间相干性的措施，从而在某种程度上既保留了相干处理系统对复振幅进行运算的能力，又增加了处理的灵活性，所以受到越来越多的重视.

11.1　相干与非相干光学处理

11.1.1　相干与非相干光学处理的比较

我们把一张透明图像片作为一个线性系统的输入，当用相干光照明它时，图片上每一点的复振幅均在其输出面上产生相应的复振幅输出. 整个输出图像是这些复振幅的线性叠加，即

$$\boldsymbol{U}(x,y)=\sum_i \boldsymbol{U}_i(x,y) \tag{11.1.1}$$

也就是合成复振幅满足复振幅叠加原则. 然而人眼、感光胶片或其他接收器可感知的是光强，即合成振幅绝对值的平方

$$\begin{aligned} I(x,y)&=\left|\boldsymbol{U}(x,y)\right|^2=\left|\sum_i \boldsymbol{U}_i(x,y)^2\right| \\ &=\sum_i\left|\boldsymbol{U}_i(x,y)\right|^2+\sum_{i\neq j}\boldsymbol{U}_i(x,y)\boldsymbol{U}_j^*(x,y)=\sum_i I_i+\sum_{i\neq j}\boldsymbol{U}_i(x,y)\boldsymbol{U}_j^*(x,y) \end{aligned} \tag{11.1.2}$$

对于完全非相干系统，输入图像上各点的光振动是互不相关的，每个点源发出的光是完全独立的，或者说是完全随机的，其振幅和初相位均随时间作随机变化，而观察是对时间的平均效应. 这样一来，式(11.1.2)中的第二项在非相干情况下其平均值为零，即有

$$I(x,y)=\sum_i I_i(x_i,y_i) \tag{11.1.3}$$

由此可知，非相干光处理系统是强度的线性系统，满足强度叠加原则.

因此，相干光处理与非相干光处理系统的基本区别在于，前者满足复振幅叠加原则，后者满足强度叠加原则. 显然，复振幅可取正负或其他复数值. 这样一来，相干光处理系统有可能完成加、减、乘、除、微分和卷积积分等多种运算. 特别是能利用透镜的傅里叶变换性质，在特定的频谱面

上提供输入信息的空间频谱，在这个频谱面上安放滤波器，可以方便而巧妙地进行频域综合，实现空间滤波，而在非相干光学处理系统中，光强只能取正值. 同时由于非相干光处理采用扩展光源，信息可以有更多的通道传输，系统的冗余度增大，噪声影响被削弱，信噪比得到增强，故相干光学处理信息的能力比非相干光学处理系统要丰富得多，这就是常采用相干光而不是非相干光进行信息处理的主要原因.

然而，相干光学处理也有几个固有缺点.

(1) 相干噪声和散斑噪声问题. 在光学系统中(如透镜、反射镜和分束器等)不可避免地存在一些缺陷，如气泡、擦痕以及尘埃、指印或霉斑等. 当用相干光照明时，这些缺陷将产生衍射，而这些衍射波之间又会互相干涉，从而形成一系列杂乱条纹与图像重叠在一起，无法分开. 这就是所谓相干噪声.

另外，当用激光照明一个漫射体时，物体表面上各点反射的光在空间相遇而发生干涉. 由于漫射物体表面的微观起伏与光波长相比是粗糙的，也是无规律的，因而这种干涉也是无规律的. 当用相干光照明漫射物体时，这个物体看上去总是麻麻点点的，这就是散斑噪声.

由于以上两种噪声的存在，因此相干光处理的图像总是斑纹重叠，结果不令人满意，有时甚至把信号淹没. 噪声问题成了相干光信息处理发展的严重阻碍.

(2) 输入和输出上存在的问题. 由于信息是以光场复振幅分布的形式在系统中传递和处理，这就要求把输入图像制成透明片，然后用激光照明，从而排除了直接使用阴极射线管(CRT)和发光二极管(LED)阵列作为输入信号的可能性. 而在许多实际应用中的信号是以这种方式提供的，现在已广为使用的光学与电子学混合处理系统，可以直接使用这类非相干信号.

(3) 激光是单色性极好的光源，因此，相干处理系统原则上只能处理单色图像，对彩色图像几乎无能为力.

11.1.2　非相干光学处理系统的噪声抑制

非相干光学处理系统对噪声的抑制作用，是从通信理论中的多余通道概念发展而来的. 例如，发送某个信号用了 N 个信息通道(如同同时用几路电话通道来传送一个电话)，那么第 i 个通道的输出信号为

$$a_i = s + n_i \tag{11.1.4}$$

式中，n_i 为第 i 个通道上的噪声，不同通道上的噪声是不同的；s 为信号，它对所有的通道都是相同的. 这样，总的输出信号为

$$I = E\left\{\left(\sum_{i=1}^{N} a_i\right)^2\right\} \tag{11.1.5}$$

这里的 $E\{\cdot\}$ 表示对集合求平均. 把式(11.1.4)代入式(11.1.5)得

$$I = N^2 s^2 + 2Ns\sum_{i=1}^{N} E\{n_i\} + \sum_{i,j=1}^{N} E\{n_i n_j\} \tag{11.1.6}$$

由于噪声是完全随机的，其振幅的平均值为零，即 $E\{n_i\} = 0$，而且不同噪声之间互不相关，因此

$$E\{n_i n_j\} = \begin{cases} 0, & i \neq j \\ \sigma^2, & i = j \end{cases} \tag{11.1.7}$$

式中，σ^2 为噪声方差，σ 称为标准偏差，为平均噪声水平. 于是

$$I = N^2 s^2 + N\sigma^2 \tag{11.1.8}$$

由以上分析可知，单一通道上的信噪比为s^2/σ^2. 当引入N个通道后，信噪比为$N^2s^2/(N\sigma^2)$. 因此，多余通道的引用使输出信噪比可提高N倍.

关于这一点在光学系统中也容易理解. 如图 11.1.1 所示，用三个互不相干的点光源代表单色空间非相干扩展光源. 光源放在准直透镜L_1前焦面上. 显然，不同点光源发出的光经准直透镜后，将通过不同的路径到达像面. 由图可见，不同路径的光所成的像相互重叠，也就是不同通道上的信号是相同的. 这就使得光学元件上的尘埃或其表面缺陷对处理的影响微不足道. 例如，在图中的第三通道中，由于透镜表面的尘埃挡掉了来自物体某一部分的信息，但它还可以从另外两个通道传到输出面. 另外，即使系统内各处都有尘埃或缺陷，但由于不同的路径所通过的光学系统的区域是不相同的，也就是说不同通道上的噪声分布是不相同的，而这些通道上各光场之间互不相干，故输出平面上的噪声是不同通道上噪声的强度相加，最终的结果就是对噪声求平均. 因此，用空间非相干扩展光源可提高输出图像的信噪比.

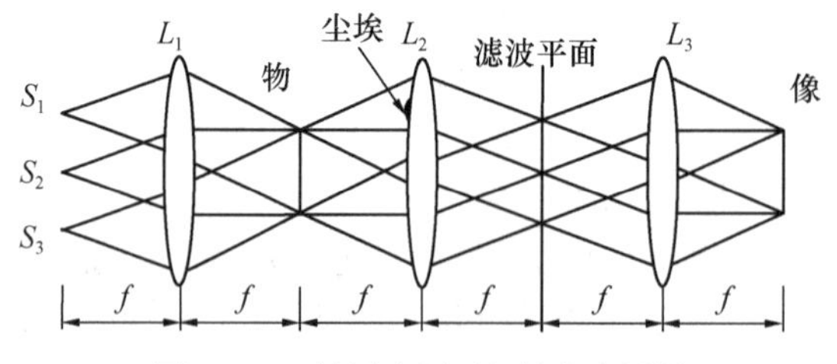

图 11.1.1　扩展光源引入的多余通道

同样也可降低光源的时间相干性(即用多色光)达到相同的目的. 例如，在白光系统中插入某种光栅结构，由于不同的照明波长，光栅的衍射角各不相同，不同波长的光从不同的通道通过光学系统，这与空间非相干光照明的情况相类似. 因此，白光处理系统同样有抑制噪声的作用.

因此，现在发展的非相干光学处理系统实际上采用的不是完全非相干光，而是部分相干光. 其主要思想在于，适当地降低光源的相干性，使该系统不失去相干光学处理的优点，即满足复振幅叠加而不是强度叠加的原则. 但又由于非相干光源的应用，系统获得了多余通道，从而降低了噪声. 因此，这种系统兼有相干光学处理系统与非相干光学处理系统的优点，十分引人注目.

通常用的白光光源，由于灯丝或电弧总有一定大小，是扩展光源. 它不具备所要求的空间相干性. 如果将白光光源通过一个会聚透镜聚焦，焦点就是光源的像，也有一定大小. 为获得足够的空间相干性，可以在焦点处放一个针孔，这相当于把一个扩展光源变成了一个点光源，得到了适当的空间相干性，以满足系统进行振幅变换的需要，针孔大小应根据实际要求而定，一般在几十微米到200μm 范围内.

11.2　基于几何光学的非相干处理系统

11.2.1　成像

实现两个函数的卷积和相关是光学信息处理中最基本的运算，在相干光学处理系统中，这些运算是通过两次傅里叶变换和频域乘法运算完成的. 非相干处理系统由于没有物理上的频谱平面，故不能按照同样的方法处理. 但是从空域来看，卷积和相关运算都包括位移、相乘、积分三个基本步骤，采用非相干成像系统也可以完成这些运算.

若把强度透射率为t_1的一张透明片在强度透过率为t_2的另一张透明片上成像，那么在第二张透明片后面每点的光强都正比于乘积t_1t_2，所以用光电探测器来测量透过两块透明片的总强度时，

给出的光电流 I 为

$$I = \iint_{-\infty}^{\infty} t_1(x,y)t_2(x,y)\mathrm{d}x\mathrm{d}y \tag{11.2.1}$$

图 11.2.1 是实现这一运算的系统，透镜 L_2 将 t_1 以相等大小成像在 t_2 上，而透镜 L_3 将透过 t_2 的一个缩小像投射到探测器 D 上，若使其中一张透明片匀速运动，并把测量的光电流响应作为时间的函数，就可以实现 t_1 和 t_2 的一维卷积. 例如，让透明片 t_2 按反射的几何位置放入，使得式(10.2.1)变成

$$I = \iint_{-\infty}^{\infty} t_1(x,y)t_2(-x,-y)\mathrm{d}x\mathrm{d}y$$

若使 t_2 在 x 和 y 的正方向分别移动 x_0 和 y_0，则 $t_2(-x,-y)$ 变成 $t_2[-(x-x_0),-(y-y_0)] = t_2(x_0-x, y_0-y)$，这时探测器的响应为

$$I(x_0,y_0) = \iint_{-\infty}^{\infty} t_1(x,y)t_2(x_0-x,y_0-y)\mathrm{d}x\mathrm{d}y$$

显然光电探测器测得的 $I(x_0,y_0)$ 值是 $t_1 * t_2$ 在 $x=x_0, y=y_0$ 点的卷积值. 若使 t_2 沿 x 正方向以速率 v 运动，则光电探测器测得的是随时间变化的 $I(t)$ 值

$$I(t) = \iint_{-\infty}^{\infty} t_1(x,y)t_2(vt-x,-y)\mathrm{d}x\mathrm{d}y$$

这表示一维卷积运算随 x_0 的变化关系，也就是说用光电探测器对卷积函数扫描，要是把 $t_2(x,y)$ 放在能做二维运动的装置上，便可实现对二维卷积函数的扫描. 在 x 方向每次作扫描时，沿 y 的正方向有不同位移 y_m，那么光电探测器的响应为

$$I_m(t) = \iint_{-\infty}^{\infty} t_1(x,y)t_2(vt-x,y_m-y)\mathrm{d}x\mathrm{d}y\,, \qquad m=1,2,3,\cdots \tag{11.2.2}$$

即得到完整的二维卷积(虽然在 y 方向是抽样的).

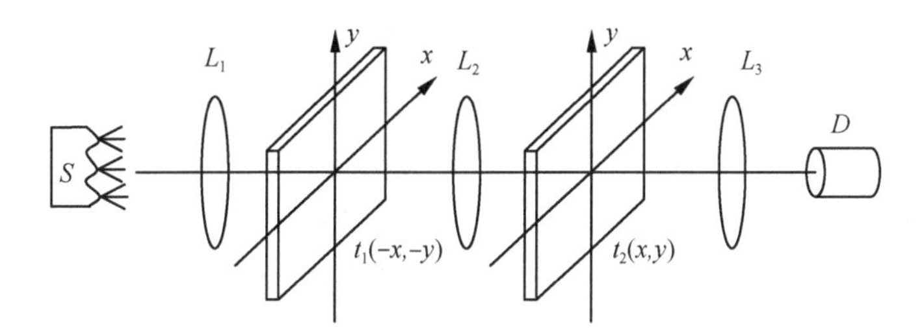

图 11.2.1　实现一个乘积的积分系统

相关运算与卷积运算的区别在于，两个函数之一没有“折叠”的步骤，所以只要使 t_2 透明片按正向几何位置放入就可实现两者的相关运算. 若使 t_2 沿 x 和 y 的负方向移动 x_0 和 y_0，则 $t_2(x,y)$ 变成 $t_2(x+x_0,y+y_0)$，于是光电探测器的响应为

$$I(x_0,y_0) = \iint_{-\infty}^{\infty} t_1(x,y)t_2(x+x_0,y+y_0)\mathrm{d}x\mathrm{d}y$$

这便是 t_1 和 t_2 在 $x=x_0$，$y=y_0$ 点的相关值.

利用这种系统可以使模糊图像复原，这时 $t_1(x,y)$ 是模糊图像，$t_2(x,y)$ 是用来消模糊的脉冲响应函数. 这种系统也可以用来作目标识别，这时的 $t_2(x,y)$ 将设计成识别特定目标的掩模板.

11.2.2　无运动元件的卷积和相关运算

为了避免机械扫描的麻烦，可以采用图 11.2.2 所示的系统来实现卷积和相关运算. 均匀漫射光

源 S 放在透镜 L_1 的前焦面上，透射率为 $f(x,y)$ 的透明片紧贴着放在 L_1 之后，在离 $f(x,y)$ 的距离为 d 处，并且在透镜 L_2 的前面紧贴放置透明片 $h(x,y)$，然后在 L_2 的后焦面上用胶片或二维阵列检测器进行记录.

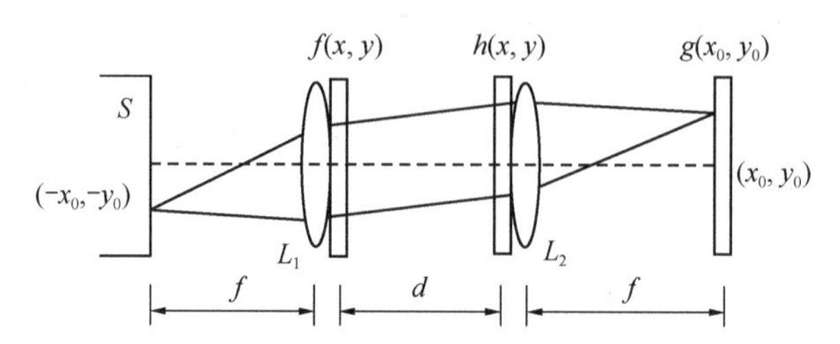

图 11.2.2　实现无运动卷积和相关运算的系统

为了解释这个系统的工作原理，考虑由光源上特定一点 $(-x_0,-y_0)$ 发出的光，经 L_1 后变成平行光，若把第一张透明片投影到第二张透明片上，则通过 L_2 把光束会聚到探测器的 (x_0,y_0) 点，如果假定两个透镜的焦距相同，那么在检测器上的强度分布为

$$g(x_0,y_0)=\iint_{-\infty}^{\infty} f\left(x-\frac{d}{f}x_0, y-\frac{d}{f}y_0\right)h(x,y)\mathrm{d}x\mathrm{d}y \tag{11.2.3}$$

这正是所要求的相关. 若第一张输入透明片按反射的几何位置放入，则检测器上的强度分布为

$$g(x_0,y_0)=\iint_{-\infty}^{\infty} f\left(\frac{d}{f}x_0-x, \frac{d}{f}y_0-y\right)h(x,y)\mathrm{d}x\mathrm{d}y \tag{11.2.4}$$

这正是所要求的卷积.

这种系统的优点是简单易行，缺点是对 $f(x,y)$ 的空间结构越细，得到的相关值误差就越大. 因为从 $f(x,y)$ 到 $h(x,y)$ 是按几何投影考虑，完全忽略了结构的衍射，结构越细，衍射越显著，所以用这个系统所处理图像的分辨率是受到限制的.

11.2.3　用散焦系统得到脉冲响应的综合

利用散焦系统可以直接综合出一个非负的脉冲响应，图 11.2.3 是实现这种综合的光路. 均匀散射光源 S 经 L_1 在输入透明片 $f(x,y)$ 上成像，透镜 L_2 使 $f(x,y)$ 在平面 P' 上 1∶1 成像. 具有非负脉冲响应形式的透明片 $h(x,y)$ 直接位于 L_2 的后面，在离像面 Δ 距离的离焦平面上得到系统的输出.

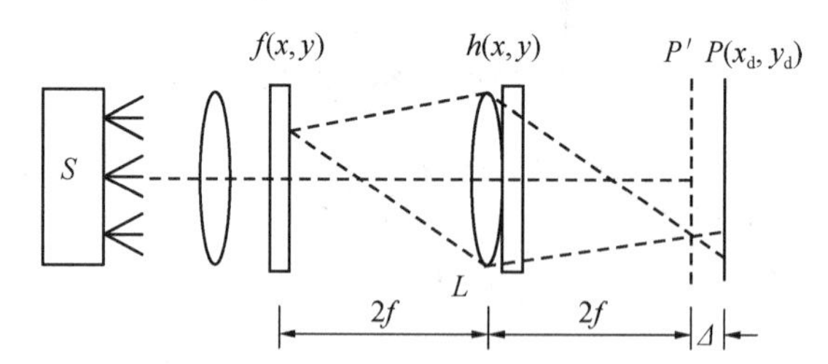

图 11.2.3　用散焦系统得到脉冲响应的综合

为了解释这个系统的工作原理，$f(x,y)$ 上一个单位强度的点光源在 P 平面上的脉冲响应，在几何光学近似条件下，就是 $h(x,y)$ 在 P 面上形成的缩小投影，投影中心的坐标为 $\left[a=-\left(1+\dfrac{\Delta}{2f}\right)x, b=-\left(1+\dfrac{\Delta}{2f}\right)y\right]$. 考虑到投影时 $h(x,y)$ 的方向将发生几何反射，于是对点光源的响应为

$$h\left\{-\frac{2f}{\Delta}\left[x_{\mathrm{d}}+\left(1+\frac{2f}{\Delta}\right)x\right],\frac{2f}{\Delta}\left[y_{\mathrm{d}}+\left(1+\frac{\Delta}{2f}\right)y\right]\right\}$$

这样，输出点$(-x_{\mathrm{d}},-y_{\mathrm{d}})$的强度可以写成卷积积分

$$I(-x_{\mathrm{d}},-y_{\mathrm{d}})=\iint_{-\infty}^{\infty}f(x,y)h\left\{\frac{2f}{\Delta}\left[x_{\mathrm{d}}-\left(1+\frac{\Delta}{2f}\right)x\right],\frac{2f}{\Delta}\left[y_{\mathrm{d}}-\left(1+\frac{\Delta}{2f}\right)y\right]\right\}\mathrm{d}x\mathrm{d}y \tag{11.2.5}$$

以几何光学为基础的非相干处理系统有两个明显的限制：一个是由于照明的非相干性质，系统传递和处理的物理量只能是非负的强度分布，给处理双极性(具有正负值)信号和综合双极性脉冲响应造成困难；另一个限制是我们在所有分析过程中均忽略了衍射效应，这实际上是限制了系统处理的信息容量. 因为信息容量的增大，意味着透明片上的空间结构变得越来越精细，通过透明片的光就越来越多地被衍射，只剩下越来越少的光遵从几何光学定律，所以输出将偏离按几何关系给出的结果.

11.3　基于衍射的非相干处理——非相干频域综合

在相干处理系统中，可以由直接改变变换透镜后焦面上的振幅透过率来综合所需要的滤波运算. 当使用非相干光照明时，频域综合仍然是可能的，因为非相干系统的光瞳函数和光学传递函数之间存在着一个简单的自相关函数关系.

图 11.3.1 绘出了典型非相干空间滤波系统，类似于相干成像系统，输入与输出强度分布的关系可以表示为

$$i'(x,y)=i(x,y)*h_{\mathrm{I}}(x,y) \tag{11.3.1}$$

h_{I}为系统的强度点扩展函数(PSF)，上式经傅里叶变换后的归一化频谱分布为

$$I'(\xi,\eta)=I(\xi,\eta)H(\xi,\eta) \tag{11.3.2}$$

式中，I和I'分别为输入和输出强度分布的归一化频谱，$H(\xi,\eta)$为系统的光学传递函数(OTF). 非相干空间滤波是改变输入光强频谱中各频率余弦分量的对比和相位关系，只要根据所需的输入输出关系，在频域综合出所需的 OTF(等效在空域综合 PSF)，就可实现各种形式的滤波.

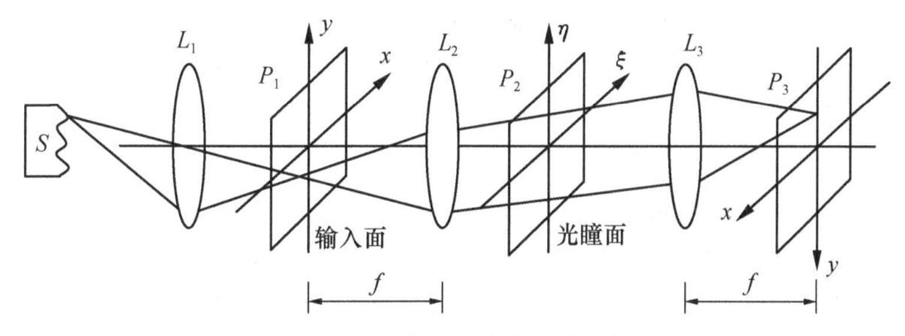

图 11.3.1　非相干空间滤波系统

衍射受限系统的 OTF 等于光瞳函数(即出射光瞳函数，简称光瞳函数)的归一化自相关函数，即

$$H(\xi,\eta)=\frac{P(\lambda d_i\xi,\lambda d_i\eta)☆P(\lambda d_i\xi,\lambda d_i\eta)}{\iint_{-\infty}^{\infty}|P(u,v)|^2\,\mathrm{d}u\mathrm{d}v} \tag{11.3.3}$$

式中，☆表示相关，d_i为系统的出瞳至像面的距离. 对半径为a圆形光瞳，其光学传递函数如图 11.3.2 所示. ρ为极坐标下的空间频率，曲线在$\rho=0$处有最大值，随着空间频率上升，H值单调

下降，直至截止频率 $\rho_0 = 2a/(\lambda d_{\mathrm{i}})$. 若透镜有像差，则根据像差形式及数值，OTF 曲线的形状发生变化，但通常在 $\rho = 0$ 处取极大值这一点是不变的. 因此，由这种光学系统得到的像能够用作允许 0～ρ_0 频率通过的低通滤波器. 由式(11.3.3)可知，根据系统所需的 OTF 设计光瞳函数，频域综合可在光瞳面着手.

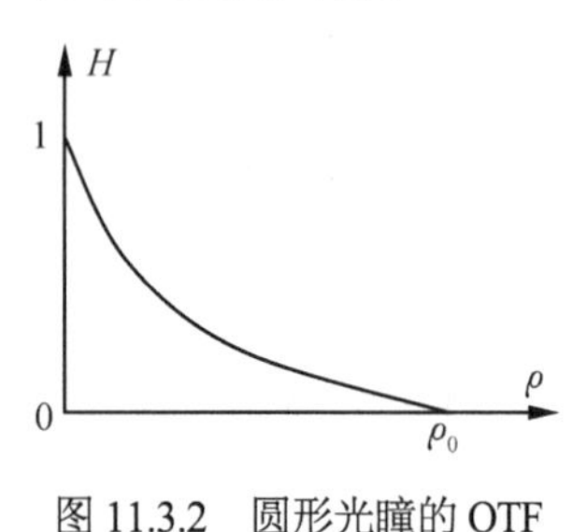

图 11.3.2　圆形光瞳的 OTF

相干系统中有一个物理上实实在在的频谱面，通常光瞳面与频谱面重合，非相干系统中关系不这样直接，光瞳函数与传递函数之间通过自相关相联系. 当光瞳面上仅是一个简单孔径时，系统就是非相干成像系统，也可看成低通滤波系统. 若光瞳面上放置其他形式的滤波器，P 应该等于滤波器的透过率函数. 对于滤波器的位置精度要求，不像相干系统那么苛刻. 非相干系统的频域综合存在两个明显缺点. 首先，由于 OTF 是自相关函数，频域综合只能实现非负的实值脉冲响应；其次，由所需的传递函数确定光瞳函数的解并不是唯一的，现在对如何由 OTF 确定最简单光瞳函数的步骤还不知道.

下面给出非相干频域综合的两个实例.

11.3.1　切趾术

在非相干成像系统中，点物在像面上的响应称为点扩散函数. 为说明概念，我们考虑一个单透镜成像系统，若孔径光阑紧贴透镜放置，则孔径光阑也是出瞳. 我们知道，凡在照明点源(物点看成照明点源)的像面上接收的衍射场皆为夫琅禾费衍射，故其强度分布就是点扩散函数. 若孔径是半径为 a 的圆形，则点扩散函数为

$$h(r) = \left\{ \frac{2J_1(2\pi ar/\lambda q)}{2\pi ar/\lambda q} \right\}^2 \tag{11.3.4}$$

式中，r 为像面上距理想像点的距离；q 为光瞳(出瞳)面到像面的距离，但不是一般意义下的像距；λ 为照明光的波长. 该点扩散函数就是艾里斑图样，它的中央是一个亮斑，并围绕以亮暗相间的圆环. 艾里斑的中央亮斑占有绝大部分能量，根据瑞利判据，系统的分辨率完全决定于中央亮斑半径. 次级亮环的峰值仅是中央峰值的 1.75%，可以忽略它的影响.

但是，这个分辨率判据仅适合于分辨两个等强度光点的情况. 当两个光点强度的差别与艾里斑中央和大级次之间的差别相当时，大级次的存在将干扰我们判断较弱光点的存在. 例如，观测天狼星附近很弱的伴星，在其光谱测量中观察弱的附属谱线时，就会遇到这种情况. 切趾术就是为了使中央亮斑周围的亮环去掉而采取的一种非相干频域的综合技术.

由于光瞳边界透过率呈阶跃变化，所以导致次级衍射环产生. 要切去点扩展函数的趾部(次级亮环)，应把光瞳的透过率分布改为缓变形式. 例如，采用高斯型透过率孔径函数(光瞳函数)，由于高斯型孔径的夫琅禾费衍射图样仍是高斯型的(即高斯函数的傅里叶变换仍是高斯函数)，故点扩散函数仍是高斯型分布，能够满意地消除次级环的影响. 从 OTF 的观点看，这是增大低频的调制传递函数(MTF)值，削弱高频传递能力的结果. 图 11.3.3 比较了切趾前后的光瞳函数、点扩散函数和调制传递函数(光学传递函数的模).

下面介绍一个具体的结构. 图 11.3.4 表示一个望远物镜 L，孔径光阑 P 紧贴物镜放置. 被观察的远方物体在其后焦面上产生的像是孔径函数的夫琅禾费衍射图样，其强度分布如图 11.3.3(b)中的实线所示. 为了既不增大孔径光阑 P，又使中央亮斑之外的次极大被切掉，可在孔径光阑 P 上放入一块玻璃制成的很薄的平行平板 Q，在其上镀以非均匀的吸收膜层，使它的振幅透过率从中心到边缘逐渐减小，呈高斯分布曲线变化，如图 11.3.3(a)的虚线所示. 这样，孔径面上光场的分布就由原来的均

匀分布变成了高斯分布，所以后焦面上的衍射斑也就是高斯函数的傅里叶变换，它仍然是高斯分布，如图 11.3.3(b)中的虚线所示. 中央亮斑的宽度虽然略有变宽，但它的边缘次级大被切掉了.

(a) 光瞳函数　(b) 点扩散函数　(c) MTF

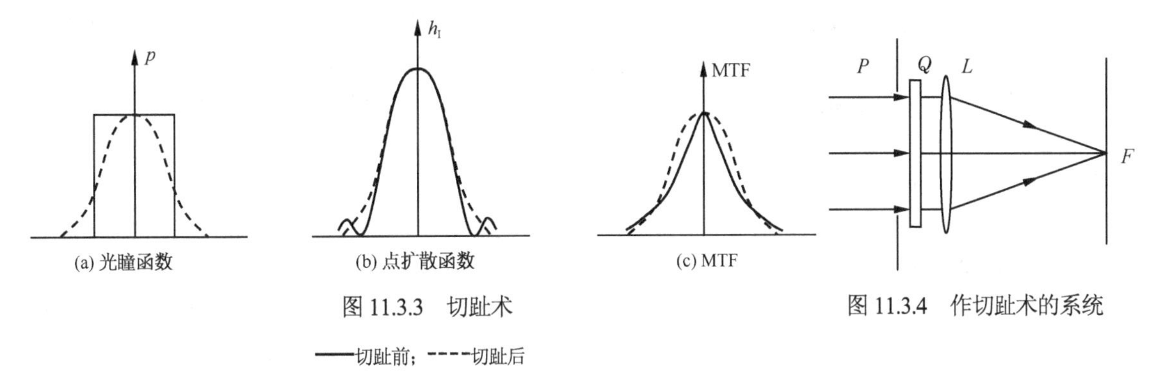

图 11.3.3　切趾术

——切趾前；----切趾后

图 11.3.4　作切趾术的系统

11.3.2　沃耳特最小强度检出滤波器

这是一个在光瞳面上建立适当的相位分布，从而改变系统成像性质的例子. 矩形光瞳分成两半，其中一半蒸镀了产生 π 相位差的透明薄膜，如图 11.3.5(a)所示. 在这种情况下，光学系统的点扩散函数为

$$h(x)=\left|\int_{-u_0}^{0}(-1)\exp(-\mathrm{j}2\pi ux/\lambda f)\mathrm{d}u+\int_{0}^{u_0}(+1)\exp(-\mathrm{j}2\pi ux/\lambda f)\mathrm{d}u\right|^2$$

$$=4u_0^2\left[\frac{\sin^2(\pi u_0 x/\lambda f)}{\pi u_0 x/\lambda f}\right]^2 \tag{11.3.5}$$

图 11.3.5(b)画出了式(11.3.5)的函数图形，由图看出，在 $x=0$ 处产生极锐的暗线. 图 11.3.5(c)是用式(11.3.5)算出的系统 OTF 的形状，其特征是 ξ 的中间部分下降，而相位反转的高频区域却保持理想值. 如果用这样的光学系统产生接近于点光源或线光源的物体像，则在像的中心将出现很窄的暗线，用它测定物体的位置特别有利. 这种方法用于摄谱仪，可以求出光谱线的正确位置；而在测量显微镜中可用来测定狭缝和小孔的位置.

(a)　(b)　(c)

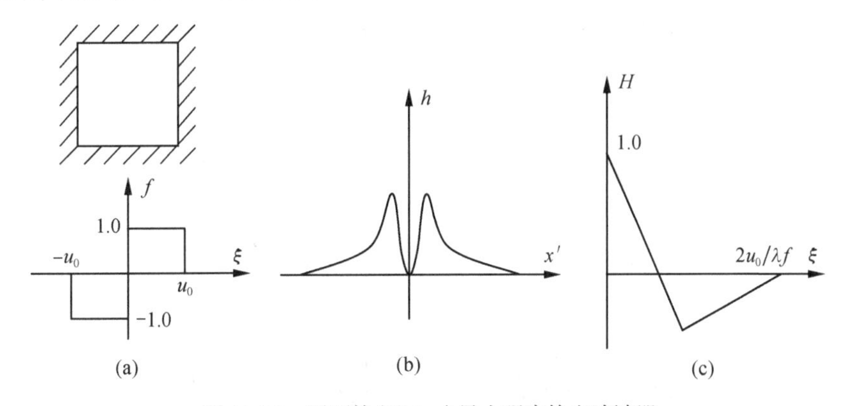

图 11.3.5　沃耳特(Wolter)最小强度检出滤波器

11.4　白光光学信息处理技术

采用相干光源能使光学系统实现许多复杂的信息处理运算，这主要是由于相干光学系统的复振幅处理能力很强. 可是，正如伽博所指出的，相干噪声是光学信息处理的头号敌人. 此外，相干

光源的价格通常较为昂贵，并且对光学处理的环境要求非常严格，这些因素均限制了相干光处理的推广应用.

非相干光学处理采用横向扩散的光源，没有空间相干性，若同时采用白光，则时间相干性也减少到很小的程度，因此这种处理方法具有噪声低、结构简单的优点. 可是，非相干处理系统没有物理上的频谱平面，因而频域综合就比较困难. 由于系统的输入和脉冲响应都只能是非负的实函数，这又大大限制了系统所能完成的运算. 于是，人们提出这样一个问题：在光学处理中能否降低对光源相干性的要求，但又同时保持对复振幅的线性运算性质？

为了回答这个问题，人们研究了一类新的光学处理方法，称为白光光学处理. 白光光学处理一方面采用宽谱带白光光源，但采用微小的光源尺寸以提高空间相干性，另一方面在输入平面上引入光栅来提高时间相干性，这样既不存在相干噪声，又在某种程度上保留了相干光学处理系统对复振幅进行运算的能力，运算灵活性好. 该方法由于采用宽谱带光源，所以特别适合于处理彩色图像，近年来受到越来越多的重视. 有时将白光光学处理归入非相干光学处理一类，仅仅是从它采用了非相干光源这一角度考虑，我们应该注意到，它与通常所说的非相干光学处理是明显不同的.

11.4.1 白光光学处理的基本原理

常用的白光光学处理系统如图 11.4.1 所示. 其中 S 是白光点光源或者白光光源照明的小孔，L_1 为准直透镜，L_2 和 L_3 是消色差傅里叶变换透镜，P_1、P_2 和 P_3 分别是系统的输入平面、频谱平面和输出平面. 这一系统类似于相干光学处理的 4f 系统. 但在白光处理中，通常物函数均用光栅抽样(调制)后才放在输入面上，通过对频谱面上色散的物频谱作处理，实现对物函数的处理. 令输入透明片的复振幅透过率为 $\boldsymbol{t}(x_1,y_1)$，与输入透明片紧贴的正弦光栅为

$$t_{\mathrm{g}}(x_1)=1+\cos(2\pi\xi_0 x_1) \tag{11.4.1}$$

式中，ξ_0 为光栅频率，并假定物透明片对照明光源中各种波长光波的振幅透过率相同，则经光栅抽样后的复振幅分布为

$$\boldsymbol{f}(x_1,y_1)=\boldsymbol{t}(x_1,y_1)[1+\cos(2\pi\xi_0 x_1)] \tag{11.4.2}$$

对某一确定的波长 λ，在消色差变换透镜 L_2 后焦面 P_2 的空间频谱为

$$\begin{aligned}\boldsymbol{F}(\xi,\eta)&=\boldsymbol{T}(\xi,\eta)*\left[\delta(\xi,\eta)+\frac{1}{2}\delta(\xi-\xi_0,\eta)+\frac{1}{2}\delta(\xi+\xi_0,\eta)\right]\\&=\boldsymbol{T}(\xi,\eta)+\frac{1}{2}\boldsymbol{T}(\xi-\xi_0,\eta)+\frac{1}{2}\boldsymbol{T}(\xi+\xi_0,\eta)\end{aligned} \tag{11.4.3}$$

利用 P_2 平面上频率坐标与空间坐标的关系：$\xi=x_2/(\lambda f)$，$\eta=y_2/(\lambda f)$，式(11.4.3)可写为

$$\boldsymbol{F}(x_2,y_2;\lambda)=\boldsymbol{T}\left(\frac{x_2}{\lambda f},\frac{y_2}{\lambda f}\right)+\frac{1}{2}\boldsymbol{T}\left(\frac{x_2}{\lambda f}-\xi_0,\frac{y_2}{\lambda f}\right)+\frac{1}{2}\boldsymbol{T}\left(\frac{x_2}{\lambda f}+\xi_0,\frac{y_2}{\lambda f}\right) \tag{11.4.4}$$

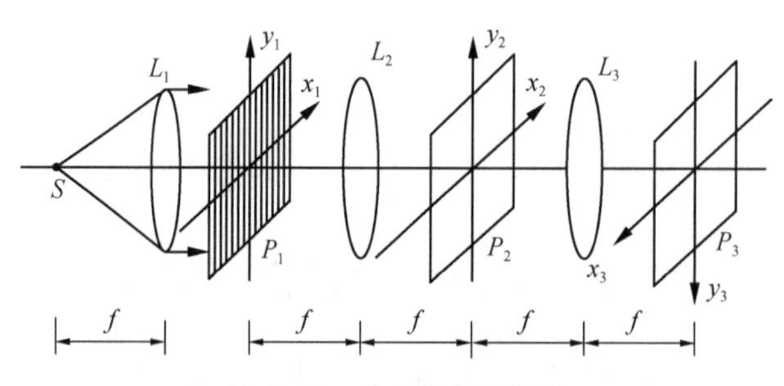

图 11.4.1 白光光学处理器

从式(11.4.4)看到：第一项为零级物谱，而且不同波长的零级物谱中心位置是相同的；第二项和第三项是±1 级信号谱带，每个谱带中心在 $x_2=\pm\lambda f\xi_0$ 处，色散为彩虹颜色. 对于波长间隔为 $\Delta\lambda$ 的两种色光，其一级谱中心在 x_2 轴上的偏移量是 $\Delta x_2=\Delta\lambda f\xi_0$. 假定信号的空间频带宽度为 W_{t} ，则不同波长的物谱能够分离的条件是

$$\frac{\Delta\lambda}{\bar{\lambda}}\gg\frac{W_{\mathrm{t}}}{\xi_0}\tag{11.4.5}$$

式中 $\bar{\lambda}$ 为两种色光的平均波长.

显然，只要光栅频率 ξ_0 远大于输入信号带宽，就可以忽略各波长频谱间的重叠，从而在+1 级或 −1 级谱面像相干处理那样对一系列的波长进行滤波操作. 对于某一确定波长 λ_n 来说，若设滤波函数为 $\boldsymbol{H}_n\left(\dfrac{x_2}{\lambda_n f}-\xi_0,\dfrac{y_2}{\lambda_n f}\right)$ ，则经过滤波和 L_3 的傅里叶逆变换后，如同相干光处理那样，在输出平面上波长为 λ_n 的像场复振幅为

$$\boldsymbol{g}_n(x_3,y_3;\lambda_n)=\mathscr{F}^{-1}\left\{\boldsymbol{T}\left(\frac{x_2}{\lambda_n f}-\xi_0,\frac{y_2}{\lambda_n f}\right)\boldsymbol{H}_n\left(\frac{x_2}{\lambda_n f}-\xi_0,\frac{y_2}{\lambda_n f}\right)\right\}\tag{11.4.6}$$

忽略与强度分布无关的量，输出平面上波长为 λ_n 的像强度分布为

$$I(x_3,y_3;\lambda_n)=|\boldsymbol{t}(x_3,y_3)*\boldsymbol{h}_n(x_3,y_3;\lambda_n)|^2$$

式中，$\boldsymbol{h}_n$ 是 $\boldsymbol{H}_n$ 的傅里叶逆变换. 实际上滤波器 $\boldsymbol{H}_n$ 不可能做到只让 λ_n 的光波通过，至少让包含 λ_n 的某一波长间隔 $\Delta\lambda_n$ 的光波都能通过. 当然，当 $\Delta\lambda_n$ 比 λ_n 小得多时，可以作为准单色处理. 考虑到这一点，可以把通过 $\boldsymbol{H}_n$ 滤波后在像平面上的像强度分布写成

$$\Delta I_n=\Delta\lambda_n|\boldsymbol{t}(x_3,y_3)*\boldsymbol{h}_n(x_3,y_3;\lambda_n)|^2\tag{11.4.7}$$

式中，$\boldsymbol{h}_n$ 是第 n 个滤波器的脉冲响应. 当有 N 个离散的滤波器同时作用于频谱面时，由于不同波长的色光是不相干的，因而输出平面上得到的是不同波长输出的非相干叠加，即

$$I(x_3,y_3)=\sum_{n=1}^{N}\Delta\lambda_n|\boldsymbol{t}(x_3,y_3)*\boldsymbol{h}_n(x_3,y_3;\lambda_n)|^2\tag{11.4.8}$$

从上述分析可以看出，白光光学处理系统采用点光源(加小孔光阑)提高空间相干性；利用光栅的色散本领使各波长产生的信号频谱分离，以便对各波长的谱独立滤波，从而提高了时间相干性. 因此，系统既具有相干光系统的运算能力，又没有相干噪声. 白光处理技术的确能够处理复振幅信号，并且由于输出强度是互不相干的窄带光强度之和，因而又能抑制令人讨厌的相干噪声. 应该指出，我们采用的分析方法是将确定波长的处理看成相干光处理，而将对不同波长处理后像的叠加看成是完全非相干的，这在理论上是不严格的，更严格的讨论涉及部分相干理论. 尽管如此，在很多实际应用中，我们只涉及少数几个分离的波长(例如红、绿、蓝三原色)，此时若在信号频谱后加滤色片，还可以进一步改善时间相干性，而且在采用矩形光栅时，由于光栅的多级衍射，在各个频谱上都可以进行滤波操作. 对于这一类问题的处理，上述的近似分析已经足够了. 实际上式(11.4.5)的条件对很多应用是过分严格了.

11.4.2　实时假彩色编码

人类视觉对于灰阶的层次分辨有限，但对彩色层次的分辨能力却高很多. 将黑白图像彩色化，并使彩色图像特征鲜明，易于识别. 这类假彩色编码技术一直是图像处理中的一个重要课题，它对遥感图像、医学图像的判读和分析有着重要意义.

假彩色编码技术的实质是把一个光强调制的信号变换为不同波长调制(或者不同时间频率调制)的信号，信息的内容没变，但表达形式发生了变化. 白光信息处理系统对不同波长的单色光提供了类似于相干光处理系统的运算能力，采用宽谱带光源使系统可以使用不同的色通道，有利于对图像进行彩色化处理. 这里介绍两种图像假彩色编码的方法：等密度假彩色编码和等空间频率假彩色编码. 这两种方法都不需要对输入的图像透明片进行预处理，而只需要在白光信息处理系统的频谱面上放置适当的滤波器，就可以在输出平面上直接得到彩色化的图像，由于具有实时处理的特点，因而又称为实时假彩色编码.

1. 等空间频率假彩色编码

将一复振幅透过率 $\boldsymbol{t}(x_1,y_1)$ 的黑白透明片与正交光栅一起放入图 11.4.1 所示的白光处理系统输入平面 P_1 处，为分析简便起见，假定正交光栅在两个正交方向上是相加性的，其振幅透过率可以记为

$$t_g(x_1,y_1)=\left[1+\frac{1}{2}\cos(2\pi\xi_0x_1)+\frac{1}{2}\cos(2\pi\eta_0y_1)\right] \tag{11.4.9}$$

式中，ξ_0、η_0 分别是光栅在 x_1、y_1 方向上的空间频率. 在频谱平面 P_2 上，相应于波长 λ 的复振幅分布正比于

$$\begin{aligned}\boldsymbol{F}(x_1,y_1;\lambda)=&\boldsymbol{T}\left(\frac{x_2}{\lambda f},\frac{y_2}{\lambda f}\right)+\frac{1}{4}\left[\boldsymbol{T}\left(\frac{x_2}{\lambda f}-\xi_0,\frac{y_2}{\lambda f}\right)+\boldsymbol{T}\left(\frac{x_2}{\lambda f}+\xi_0,\frac{y_2}{\lambda f}\right)\right.\\&\left.+\boldsymbol{T}\left(\frac{x_2}{\lambda f},\frac{y_2}{\lambda f}-\eta_0\right)+\boldsymbol{T}\left(\frac{x_2}{\lambda f},\frac{y_2}{\lambda f}+\eta_0\right)\right]\end{aligned} \tag{11.4.10}$$

由上述方程可见，沿 x_2 和 y_2 轴共有四个彩虹色信号的一级衍射谱. 由于空间滤波只有在沿着垂直于颜色弥散的方向上才有效，所以我们用图 11.4.2 所示的空间滤波器来进行假彩色化. 高、低频滤波器分别使某一种颜色的低频成分和另一种颜色的高频成分通过，于是，平面 P_2 上经过滤波后的谱函数可写为

$$\begin{aligned}\boldsymbol{G}\left(\frac{x_2}{\lambda f},\frac{y_2}{\lambda f};\lambda\right)=&\boldsymbol{T}_b\left(\frac{x_2}{\lambda f}-\xi_0,\frac{y_2}{\lambda f}\right)\boldsymbol{H}_1\left(\frac{y_2}{\lambda f}\right)+\boldsymbol{T}_b\left(\frac{x_2}{\lambda f},\frac{y_2}{\lambda f}+\eta_0\right)\boldsymbol{H}_1\left(\frac{x_2}{\lambda f}\right)\\&+\boldsymbol{T}_r\left(\frac{x_2}{\lambda f},\frac{y_2}{\lambda f}-\eta_0\right)\boldsymbol{H}_2\left(\frac{x_2}{\lambda f}\right)+\boldsymbol{T}_r\left(\frac{x_2}{\lambda f}+\xi_0,\frac{y_2}{\lambda f}\right)\boldsymbol{H}_2\left(\frac{y_2}{\lambda f}\right)\end{aligned} \tag{11.4.11}$$

式中，$\boldsymbol{T}_b$ 和 $\boldsymbol{T}_r$ 分别是所选择的蓝色及红色彩色信号谱. 在输出平面 P_3 上，相应的复振幅分布为

$$\begin{aligned}\boldsymbol{g}(x_1,y_1;\lambda)=&\mathscr{F}\left[\boldsymbol{T}_b\left(\frac{x_2}{\lambda f}-\xi_0,\frac{y_2}{\lambda f}\right)\boldsymbol{H}_1\left(\frac{y_2}{\lambda f}\right)+\boldsymbol{T}_b\left(\frac{x_2}{\lambda f},\frac{y_2}{\lambda f}+\eta_0\right)\boldsymbol{H}_1\left(\frac{x_2}{\lambda f}\right)\right]\\&+\mathscr{F}\left[\boldsymbol{T}_r\left(\frac{x_2}{\lambda f},\frac{y_2}{\lambda f}-\eta_0\right)\boldsymbol{H}_2\left(\frac{x_2}{\lambda f}\right)+\boldsymbol{T}_r\left(\frac{x_2}{\lambda f}+\xi_0,\frac{y_2}{\lambda f}\right)\boldsymbol{H}_2\left(\frac{y_2}{\lambda f}\right)\right]\\=&\exp(\mathrm{j}2\pi\xi_0x_3)\boldsymbol{t}_b(x_3,y_3)*\boldsymbol{h}_1(y_3)+\exp(-\mathrm{j}2\pi\eta_0y_3)\boldsymbol{t}_b(x_3,y_3)*\boldsymbol{h}_1(x_3)\\&+\exp(\mathrm{j}2\pi\eta_0y_3)\boldsymbol{t}_r(x_3,y_3)*\boldsymbol{h}_2(x_3)+\exp(-\mathrm{j}2\pi\xi_0x_3)\boldsymbol{t}_r(x_3,y_3)*\boldsymbol{h}_2(y_3)\end{aligned} \tag{11.4.12}$$

如果光栅的空间频率 ξ_0 及 η_0 足够高，则式(11.4.12)可近似地表示为

$$\begin{aligned}I(x_3,y_3)\approx&\Delta\lambda_b\left|\exp(\mathrm{j}2\pi\xi_0x_3)\boldsymbol{t}_b(x_3,y_3)*\boldsymbol{h}_1(y_3)+\exp(-\mathrm{j}2\pi\eta_0y_3)\boldsymbol{t}_b(x_3,y_3)*\boldsymbol{h}_1(x_3)\right|^2\\&+\Delta\lambda_r\left|\exp(\mathrm{j}2\pi\eta_0y_3)\boldsymbol{t}_r(x_3,y_3)*\boldsymbol{h}_2(x_3)+\exp(-\mathrm{j}2\pi\xi_0x_3)\boldsymbol{t}_r(x_3,y_3)*\boldsymbol{h}_2(y_3)\right|^2\end{aligned} \tag{11.4.13}$$

式中，$\Delta\lambda_b$ 和 $\Delta\lambda_r$ 分别是信号的蓝色及红色的光谱宽度；$\boldsymbol{h}_1$ 及 $\boldsymbol{h}_2$ 分别是 $\boldsymbol{H}_1$ 和 $\boldsymbol{H}_2$ 的点扩散函数. 上

式表明，两个非相干像在输出平面 P_3 合成彩色编码像，像的低频结构呈蓝色，高频结构呈红色. 相等的空间频率结构呈现同一颜色，故称为等空间频率假彩色编码. 采用各种带通滤波器将原来黑白图像的不同光密度信息用不同颜色编码表征，得到色彩更丰富、观察效果更佳的假彩色图像.

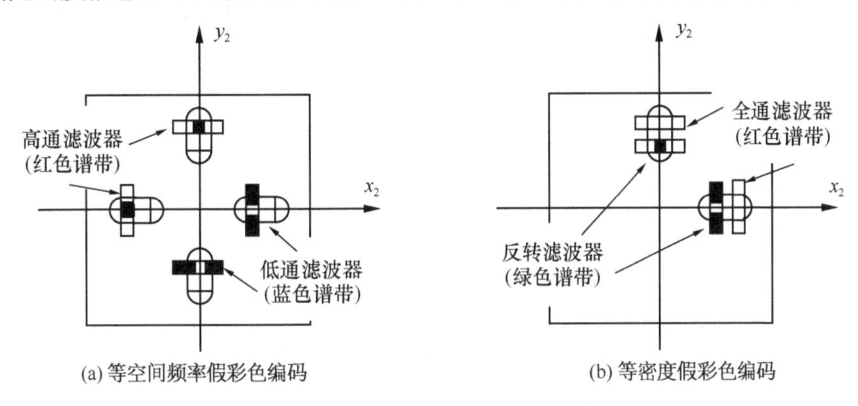

图 11.4.2　实时假彩色编码滤波器

2. 等密度假彩色编码

如果在上例中，在 P_2 平面上两个呈彩虹颜色的一级谱处安放如图 11.4.2(b) 所示的滤波器，其中红色滤波器是一个简单的红滤色片，另一个绿色滤波器是由一个绿滤色片和绿色频带中心位置的 π 相位滤波器组成的. 于是，在输出平面上形成红色原像和绿色反转像叠加的结果，使得原图像不同密度的区域呈现不同的颜色.

下面作一些具体分析. 谱平面上的红色谱带处放置的是一个全通滤波器，而在绿色谱带处是由一个绿色滤色片并在其中心加一个 π 相位滤波器组成，其数学表达式为

$$\begin{cases} \boldsymbol{H}\left(\dfrac{x_2}{\lambda f}\right)=\begin{cases}-1, & x_2/(\lambda f)\approx 0\\ 1, & 其他\end{cases} \\ \boldsymbol{H}\left(\dfrac{y_2}{\lambda f}\right)=\begin{cases}-1, & y_2/(\lambda f)\approx 0\\ 1, & 其他\end{cases}\end{cases} \tag{11.4.14}$$

于是谱平面上滤波后的频谱分布为

$$\begin{aligned}\boldsymbol{G}\left(\frac{x_2}{\lambda f},\frac{y_2}{\lambda f};\lambda\right)=&\boldsymbol{T}_{\mathrm{r}}\left(\frac{x_2}{\lambda f}-\xi_0,\frac{y_2}{\lambda f}\right)+\boldsymbol{T}_{\mathrm{r}}\left(\frac{x_2}{\lambda f},\frac{y_2}{\lambda f}-\eta_0\right)\\&+\boldsymbol{T}_{\mathrm{g}}\left(\frac{x_2}{\lambda f}-\xi_0,\frac{y_2}{\lambda f}\right)\boldsymbol{H}\left(\frac{y_2}{\lambda f}\right)+\boldsymbol{T}_{\mathrm{g}}\left(\frac{x_2}{\lambda f},\frac{y_2}{\lambda f}-\eta_0\right)\boldsymbol{H}\left(\frac{x_2}{\lambda f}\right)\end{aligned} \tag{11.4.15}$$

在白光处理的输出平面 P_3 上的复振幅分布为

$$\begin{aligned}\boldsymbol{g}(x_3,y_3;\lambda)=&\mathscr{F}\left\{\boldsymbol{T}_{\mathrm{r}}\left(\frac{x_2}{\lambda f}-\xi_0,\frac{y_2}{\lambda f}\right)+\boldsymbol{T}_{\mathrm{r}}\left(\frac{x_2}{\lambda f},\frac{y_2}{\lambda f}-\eta_0\right)\right\}\\&+\mathscr{F}\left\{\boldsymbol{T}_{\mathrm{g}}\left(\frac{x_2}{\lambda f}-\xi_0,\frac{y_2}{\lambda f}\right)\boldsymbol{H}\left(\frac{y_2}{\lambda f}\right)+\boldsymbol{T}_{\mathrm{g}}\left(\frac{x_2}{\lambda f},\frac{y_2}{\lambda f}-\eta_0\right)\boldsymbol{H}\left(\frac{x_2}{\lambda f}\right)\right\}\end{aligned} \tag{11.4.16}$$

如果光栅频率足够高，则式(11.4.16)可近似地写成

$$\begin{aligned}\boldsymbol{g}(x_3,y_3;\lambda)=&[\exp(\mathrm{j}2\pi\xi_0x_3)+\exp(\mathrm{j}2\pi\eta_0y_3)]\boldsymbol{t}_{\mathrm{r}}(x_3,y_3)\\&+[\exp(\mathrm{j}2\pi\xi_0x_3)+\exp(\mathrm{j}2\pi\eta_0y_3)]\boldsymbol{t}_{\mathrm{g}}^{n}(x_3,y_3)\end{aligned} \tag{11.4.17}$$

式中，$\boldsymbol{t}_{\mathrm{g}}^{n}(x_3,y_3)$ 是绿色的对比度反转像，即

$$\boldsymbol{t}_{\mathrm{g}}^{n}(x_3,y_3)=\boldsymbol{t}_{\mathrm{g}}(x_3,y_3)-2\langle\boldsymbol{t}_{\mathrm{g}}(x_3,y_3)\rangle \tag{11.4.18}$$

这里的 $\langle\boldsymbol{t}_{\mathrm{g}}(x_3,y_3)\rangle$ 表示 $\boldsymbol{t}_{\mathrm{g}}(x_3,y_3)$ 的集平均或系统平均. 由于像 $\boldsymbol{t}_{\mathrm{r}}$ 和 $\boldsymbol{t}_{\mathrm{g}}^{n}$ 分别来自光源中不同颜色的光谱带，它们之间是非相干的，所以输出平面强度分布是

$$I(x_3,y_3)=\int|g(x_3,y_3;\lambda)|^2\,\mathrm{d}\lambda=\Delta\lambda_{\mathrm{r}}I_{\mathrm{r}}(x_3,y_3)+\Delta\lambda_{\mathrm{g}}I_{\mathrm{g}}^{n}(x_3,y_3) \tag{11.4.19}$$

式中，$I_{\mathrm{r}}(x_3,y_3)$ 是红色正像，$I_{\mathrm{g}}^{n}(x_3,y_3)$ 是绿色负像，$\Delta\lambda_{\mathrm{r}}$ 和 $\Delta\lambda_{\mathrm{g}}$ 分别是红色和绿色的光谱宽度. 当这两个像重合在一起时就得到了密度假彩色编码的像. 原物中密度最小处呈红色，密度最大处呈绿色，中间部分分别对应粉红、黄、浅绿等颜色，密度相同处出现相同的颜色.

这种等密度假彩色编码技术，操作简便，光强利用率高，噪声低，输出色彩较等空间频率假彩色编码丰富，可在遥感、生物医学、气象等图像处理中得到应用.

11.5　相位调制假彩色编码

相位调制假彩色编码方法经过对信息的调制和解调，实现了空间强度调制信息与空间波长调制信息的转换. 这些技术对于理解光学信息处理的实质具有典型的意义，也是白光光学处理的原理性概念的一种具体应用.

相位调制假彩色编码可分为三个步骤：光栅抽样，漂白处理，白光信息处理系统中滤波解调.

11.5.1　光栅抽样

将周期为 a 的罗奇光栅与输入图像重叠在一张复制底片上均匀曝光. 设输入图像的密度为 $D_{\mathrm{i}}(x,y)$，罗奇光栅的透过率为

$$T_{\mathrm{s}}(x,y)=\mathrm{rect}\left(\frac{2x}{a}\right)*\frac{1}{a}\mathrm{comb}\left(\frac{x}{a}\right) \tag{11.5.1}$$

则经光栅抽样后所得负片的密度分布 $D(x,y)$ 为

$$D(x,y)=\{[D_{10}-\gamma D_{\mathrm{i}}(x,y)]-D_0\}\mathrm{rect}\left(\frac{2x}{a}\right)*\frac{1}{a}\mathrm{comb}\left(\frac{x}{a}\right)+D_0 \tag{11.5.2}$$

式中，D_0 是底片的灰雾密度，D_{10} 是可通过改变曝光条件来控制的常数，γ 是底片的反差系数. 这样得到的一张矩形级数光栅，其底片光密度可以简记为

$$D(x,y)=\begin{cases}D_0, & T_{\mathrm{s}}\text{为0处}\\ D_{10}-\gamma D_{\mathrm{i}}(x,y), & T_{\mathrm{s}}\text{为1处}\end{cases} \tag{11.5.3}$$

11.5.2　漂白处理

将经抽样所得到的负片进行漂白处理，并适当控制漂白工艺，可以得到近似满足光程差正比于底片密度的效果，即

$$L(x,y)=\begin{cases}L_0=CD_0, & T_{\mathrm{s}}=0\\ L_1=C[D_{10}-\gamma D_{\mathrm{i}}(x,y)], & T_{\mathrm{s}}=1\end{cases} \tag{11.5.4}$$

其相位分布为

$$\varphi(x,y)=\begin{cases}\varphi_0=2\pi L_0/\lambda, & T_{\mathrm{s}}=0\\ \varphi_1=2\pi L_1/\lambda, & T_{\mathrm{s}}=1\end{cases} \tag{11.5.5}$$

复振幅透过率为

$$\exp[\mathrm{j}\varphi(x,y)]=\begin{cases}\exp(\mathrm{j}\varphi_0)=\exp\left(\mathrm{j}\dfrac{2\pi}{\lambda}CD_0\right), & T_s=0\\ \exp\left\{\mathrm{j}\dfrac{2\pi}{\lambda}C[D_{10}-\gamma D_i(x,y)]\right\}, & T_s=1\end{cases} \tag{11.5.6}$$

或

$$T(x,y)=\begin{cases}T_0=\exp(\mathrm{j}\varphi_0)=\exp\left(\mathrm{j}\dfrac{2\pi}{\lambda}CD_0\right), & T_s=0\\ T_1=\exp(\mathrm{j}\varphi_1)=\exp\left\{\mathrm{j}\dfrac{2\pi}{\lambda}C[D_{10}-\gamma D_i(x,y)]\right\}, & T_s=1\end{cases} \tag{11.5.7}$$

最后得到编码的相位光栅振幅透过率为

$$T(x,y)=(T_1-T_0)\mathrm{rect}\left(\frac{2x}{a}\right)*\frac{1}{a}\mathrm{comb}\left(\frac{x}{a}\right)+T_0 \tag{11.5.8}$$

式中，$T_0=E^{\mathrm{j}\phi_0},T_1=\mathrm{e}^{\mathrm{j}\phi_1}$，并记$\Delta\varphi=\varphi_1-\varphi_0=\dfrac{2\pi}{\lambda}(L_1-L_0)$.

11.5.3　白光信息处理系统中的滤波解调

将编码相位光栅放在白光信息处理系统的输入平面上，设入射单色光强度为$A(\lambda)$，则频谱平面(x_2,y_2)上的复振幅为

$$\boldsymbol{F}(x_2,y_2;\lambda)=\sqrt{A(\lambda)}\mathscr{F}\{\boldsymbol{T}(x_1,y_1)\} \tag{11.5.9}$$

式中，$x_2=\lambda f\xi,y_2=\lambda f\eta$，$\xi$ 和 η 是空间频率坐标，用 f 表示傅里叶变换透镜的焦距. 将式(11.5.8)代入式(11.5.9)，计算并化简后得

$$\boldsymbol{F}(x_2,y_2;\lambda)=\sqrt{A(\lambda)}(\boldsymbol{T}_1-\boldsymbol{T}_0)\frac{1}{2}\mathrm{sinc}\left(\frac{ax_2}{2\lambda f}\right)\times\sum_m\delta\left(x_2-\frac{m\lambda f}{a}\right)\delta(y_2)+\boldsymbol{T}_0\delta(x_2)\delta(y_2) \tag{11.5.10}$$

当$m=0$时，有

$$\boldsymbol{F}(x_2,y_2;\lambda)=\sqrt{A(\lambda)}\left[\frac{1}{2}(\boldsymbol{T}_1-\boldsymbol{T}_0)+\boldsymbol{T}_0\right]\delta(x_2)\delta(y_2) \tag{11.5.11}$$

当$m\neq 0$时，有

$$\boldsymbol{F}(x_2,y_2;\lambda)=\sqrt{A(\lambda)}\frac{1}{2}(\boldsymbol{T}_1-\boldsymbol{T}_0)\mathrm{sinc}\left(\frac{m}{2}\right)\delta\left(x_2-\frac{m\lambda f}{a}\right)\delta(y_2) \tag{11.5.12}$$

如滤波器分别让零级频谱和m级频谱通过，则在输出平面上的复振幅分布为

$$\begin{cases}\boldsymbol{E}_0(x_3,y_3;\lambda)=\sqrt{A(\lambda)}\left[\dfrac{1}{2}(\boldsymbol{T}_1-\boldsymbol{T}_0)+\boldsymbol{T}_0\right]\\ \boldsymbol{E}_m(x_3,y_3;\lambda)=\sqrt{A(\lambda)}\dfrac{1}{2}(\boldsymbol{T}_1-\boldsymbol{T}_0)\mathrm{sinc}\left(\dfrac{m}{2}\right)\exp\left(\mathrm{j}2\pi\dfrac{mx_3}{a}\right)\end{cases} \tag{11.5.13}$$

其对应的强度只与相位差$\Delta\phi$和λ有关，则

$$\begin{cases}I_0(x_3,y_3;\lambda)=\dfrac{A(\lambda)}{2}(1+\cos\Delta\phi)\\ I_m(x_3,y_3;\lambda)=\dfrac{2A(\lambda)}{m^2\pi^2}(1-\cos\Delta\phi)\end{cases} \tag{11.5.14}$$

若用Δd表示与相位差$\Delta\phi$相对应的光程差，则式(11.5.14)可改写为

$$\begin{cases} I_0(x_3,y_3;\lambda)=\dfrac{A(\lambda)}{2}\left[1+\cos\left(\dfrac{2\pi}{\lambda}\Delta d\right)\right] \\ I_m(x_3,y_3;\lambda)=\dfrac{2A(\lambda)}{m^2\pi^2}\left[1-\cos\left(\dfrac{2\pi}{\lambda}\Delta d\right)\right] \end{cases} \tag{11.5.15}$$

该式表明，对于每一个衍射级次，输出图像的强度随波长和光程差而变化.

图 11.5.1(a)和(b)分别为零级和一级的输出强度随光程差Δd而变化的曲线，其中$A(\lambda)=1$，λ为参变量.

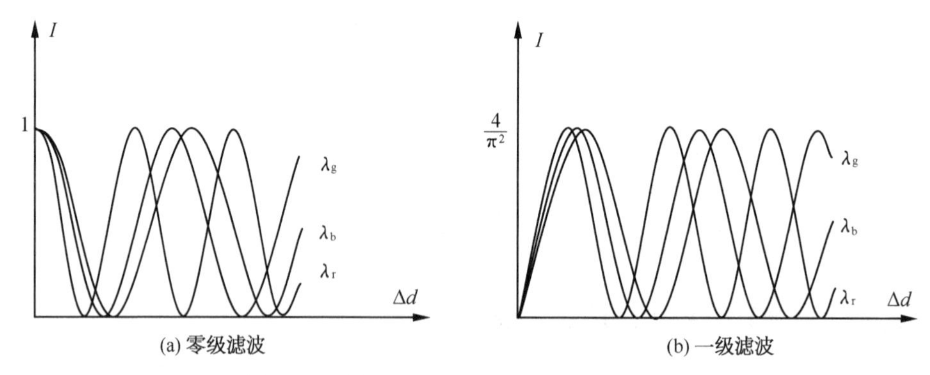

图 11.5.1　输出强度随光程差Δd而变化的曲线

假如用图中画出的红、绿、蓝三种色光λ_r、λ_g、λ_b作为光源，则强度输出是三种色光输出的非相干叠加，

$$I(\Delta d)=I(\Delta d,\lambda_r)+I(\Delta d,\lambda_g)+I(\Delta d,\lambda_b) \tag{11.5.16}$$

即得到随Δd而变化的彩色输出. 当采用白光光源时，各色光的非相干叠加变成下列积分：

$$I(\Delta d)=\int I(\Delta d,\lambda)\mathrm{d}\lambda$$

仍然是随Δd而变化的彩色输出. 由于在编码和漂白处理中，已使光程差随输入密度而改变，因此得到按输入图像密度变化的假彩色编码. 这种编码方法输出图像的色度丰富，饱和度也很好，在低衍射级次(包括零级)输出的情况下，也能得到彩色化效果很好的输出图像，因此光强度利用率高，图像亮度好.

在已研究的实现图像彩色化的众多方法中，相位调制彩色编码方法由于光强利用率高，色饱和度好，噪声低，操作简单，同样也已在遥感、生物医学、气象等图像处理中得到应用.

习　题

11.1　图题 11.1 为一投影式非相干光卷积运算装置，由光源S和散射板D产生均匀的非相干光照明，$m(x,y)$和$O(x,y)$是两张透明片，在平面P上可以探测到$m(x,y)$和$O(x,y)$的卷积.

(1) 写出此装置的系统点扩散函数.

(2) 写出P平面上光强分布的表达式.

(3) 若$m(x,y)$的空间宽度为l_1, $O(x,y)$的空间宽度为l_2，求卷积的空间宽度.

11.2　参看图题 11.2，要设计一个“散焦”的(非相干)空间滤波系统，使得它的传递函数的第一零点落在ξ_0周/mm 的频率上，假定要进行滤波的数据放在一个直径为L的圆透镜前面$2f$距离处. 问所要求的“误聚焦距离”$\varDelta$

为多少(用 f, L 和 ξ_0 表示)？对于 $\xi_0=1$ 周/mm，f=100mm 和 L=20mm，Δ的数值是多少？

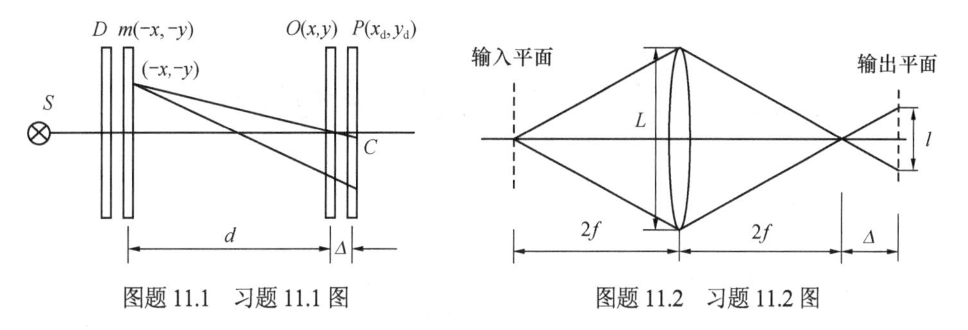

图题 11.1　习题 11.1 图　　　　图题 11.2　习题 11.2 图

11.3　讨论相干光学处理、非相干光学处理和白光光学处理的特点和局限性.

11.4　图题 11.3 是非相干多通道二维相关器原理示意图，图中掩模板由子掩模 $h_{mn}(x,y)$ 的二维阵列组成，S 是由许多小透镜组成的“蝇眼”透镜组，输入函数 $f(x,y)$ 经透镜 L_1 和“蝇眼”透镜组，在每个子掩模上产生一个 $f(x,y)$ 的像，然后再经 L_2 成像在二维探测器阵列上. 试说明这种系统为什么可以用于多种不同类型目标的识别.

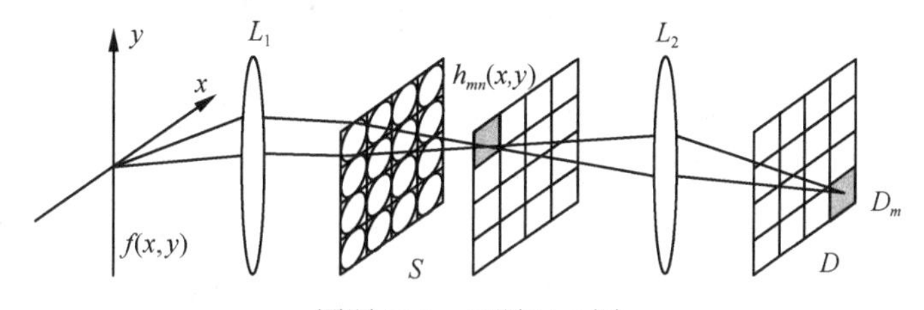

图题 11.3　习题 11.4 图

第 12 章 几个变换在光学中的应用

由于透镜的傅里叶变换效应，光学傅里叶变换成为光学信息处理的基础. 典型的 $4f$ 光学处理系统就是由两个傅里叶变换光学系统串联构成的. 在相干光学处理系统中，若在频谱面上设置适当的滤波器或相关器，就能实现图像滤波、图像复原、图像相关、匹配运算和目标检测等操作. 设计更复杂的光学处理系统还可完成分数傅里叶变换、几何变换、Hankel 变换、Radon 变换、Hough 变换以及小波变换等运算. 本章介绍几个变换在光学中的应用.

12.1 分数傅里叶变换

分数傅里叶变换(fractional Fourier transform)是一种扩展的傅里叶变换，通过引入控制变换阶的参数来调节信号在时域和频域之间的过渡. 1980 年，Namias 比较完整地提出了分数傅里叶变换的定义和性质. 1987 年 McBride 等又从纯数学的角度作了一些补充，使其成为一个比较完整的理论. 1993 年 Mendlovic 和 Ozak-tas 把分数傅里叶变换引入到光学领域，并采用渐变折射率介质(CRIN)光学理论给出了这一概念的光学定义，讨论了分数傅里叶变换的一些基本性质，给出了实现二分之一次傅里叶变换的透镜结构，随后，罗曼采用维格纳(Wigner)函数定义了光学分数傅里叶变换，并给出了任意分数值傅里叶变换的单透镜和双透镜光学实现装置. 此后，分数傅里叶变换成为信息光学的一个重要内容，已经有了不少的应用，下面仅对分数傅里叶变换的基础知识作一个简单介绍.

12.1.1 分数傅里叶变换的定义

我们在这里介绍分数傅里叶变换的数学定义. 为简单起见，仅讨论一维函数的分数傅里叶变换，有关的定义和性质可直接推广到二维情况.

函数 $\boldsymbol{f}(x)$ 的分数傅里叶变换定义为

$$\begin{aligned}\boldsymbol{F}(\xi) &= \mathscr{F}_{\alpha}\{\boldsymbol{f}(x)\} \\ &= \left\{\frac{\exp\left[-\mathrm{j}\left(\frac{\pi}{2}-\alpha\right)\right]}{2\pi\sin\alpha}\right\}^{1/2}\int_{-\infty}^{\infty}\exp\left[\frac{\mathrm{j}(\xi^2+x^2)}{2\tan\alpha}-\frac{\mathrm{j}\xi x}{\sin\alpha}\right]\boldsymbol{f}(x)\mathrm{d}x \qquad (12.1.1)\end{aligned}$$

式中，$\boldsymbol{F}(\xi)$ 称为 $\boldsymbol{f}(x)$ 的分数傅里叶谱，α 称为分数傅里叶变换的阶，其值应满足 $|\alpha|\leqslant\pi$. 以 $-\alpha$ 代替上式中的 α 得到

$$\mathscr{F}_{-\alpha}\{\boldsymbol{f}(x)\} = \left\{\frac{\exp\left[\mathrm{j}\left(\frac{\pi}{2}-\alpha\right)\right]}{2\pi\sin\alpha}\right\}^{1/2}\int_{-\infty}^{\infty}\exp\left[\frac{-\mathrm{j}(\xi^2+x^2)}{2\tan\alpha}+\frac{\xi x}{\sin\alpha}\right]\boldsymbol{f}(x)\mathrm{d}x \qquad (12.1.2)$$

在得出上式时用到了 $-1=\exp(\mathrm{j}\pi)$. $\mathscr{F}_{-\alpha}$ 其实是 $\mathscr{F}_{\alpha}$ 的逆变换. 为此只需证明 $\mathscr{F}_{-\alpha}\mathscr{F}_{\alpha}\{\boldsymbol{f}(x)\}=\boldsymbol{f}(x)$ 即可.

$$
\begin{aligned}
\mathscr{F}_{-\alpha}\mathscr{F}_{\alpha}\{\boldsymbol{f}(x)\} &= \boldsymbol{F}_{-\alpha}\{\boldsymbol{F}(\xi)\} \\
&= \left\{\frac{\exp\left[\mathrm{j}\left(\dfrac{\pi}{2}-\alpha\right)\right]}{2\pi\sin\alpha}\right\}^{1/2} \int_{-\infty}^{\infty} \exp\left[\frac{-\mathrm{j}(x'^2+\xi^2)}{2\tan\alpha}+\frac{\mathrm{j}x'\xi}{\sin\alpha}\right]\boldsymbol{F}(\xi)\mathrm{d}\xi \\
&= \left\{\frac{\exp\left[\mathrm{j}\left(\dfrac{\pi}{2}-\alpha\right)\right]}{2\pi\sin\alpha}\right\}^{1/2} \int_{-\infty}^{\infty} \exp\left[\frac{-\mathrm{j}(x'^2+\xi^2)}{2\tan\alpha}+\frac{\mathrm{j}x'\xi}{\sin\alpha}\right] \\
&\quad \times\left[\left\{\frac{\exp\left[-\mathrm{j}\left(\dfrac{\pi}{2}-\alpha\right)\right]}{2\pi\sin\alpha}\right\}^{1/2} \int_{-\infty}^{\infty} \exp\left[\frac{\mathrm{j}(\xi^2+x^2)}{2\tan\alpha}-\frac{\mathrm{j}\xi x}{\sin\alpha}\right]\boldsymbol{f}(x)\mathrm{d}x\right]\mathrm{d}\xi \\
&= \frac{1}{2\pi\sin\alpha}\int_{-\infty}^{\infty}\exp\left[\frac{\mathrm{j}(x^2-x'^2)}{2\tan\alpha}\right]\boldsymbol{f}(x)\left\{\int_{-\infty}^{\infty}\exp\left[\frac{\mathrm{j}(x'-x)\xi}{\sin\alpha}\right]\mathrm{d}\xi\right\}\mathrm{d}x \\
&= \frac{1}{2\pi\sin\alpha}\int_{-\infty}^{\infty}\exp\left[\frac{\mathrm{j}(x^2-x'^2)}{2\tan\alpha}\right]\boldsymbol{f}(x)\delta\left(\frac{x'-x}{2\pi\sin\alpha}\right)\mathrm{d}x \\
&= \int_{-\infty}^{\infty}\exp\left[\frac{\mathrm{j}(x^2-x'^2)}{2\tan\alpha}\right]\boldsymbol{f}(x)\delta(x'-x)\mathrm{d}x = \boldsymbol{f}(x')
\end{aligned} \tag{12.1.3}
$$

当 $\alpha=\pi/2$ 和 $\alpha=-\pi/2$ 时，公式(12.1.1)转化成如下两种形式：

$$\mathscr{F}_{\pi/2}\{\boldsymbol{f}(x)\}=\frac{1}{\sqrt{2\pi}}\int_{-\infty}^{\infty}\boldsymbol{f}(x)\exp(-\mathrm{j}\xi x)\mathrm{d}x \tag{12.1.4}$$

$$\mathscr{F}_{-\pi/2}\{\boldsymbol{f}(x)\}=\frac{1}{\sqrt{2\pi}}\int_{-\infty}^{\infty}\boldsymbol{f}(x)\exp(\mathrm{j}\xi x)\mathrm{d}x \tag{12.1.5}$$

可见，分数傅里叶变换是意义更广的傅里叶变换，常规傅里叶变换是它的特例.

式(12.1.1)所定义的变换，当 $\alpha=0$ 时没有意义，因而 $\mathscr{F}_0$ 必须另外定义. 我们现在来计算 $\alpha\to 0$ 时的分数傅里叶变换. 由于 $\alpha\approx 0$，所以有 $\sin\alpha\approx\alpha,\tan\alpha\approx\alpha$，于是

$$
\begin{aligned}
\mathscr{F}_{\alpha\to 0}\{\boldsymbol{f}(x)\} &= \lim_{\alpha\to 0}\left\{\frac{\exp\left[-\mathrm{j}\left(\dfrac{\pi}{2}-\alpha\right)\right]}{2\pi\alpha}\right\}^{1/2}\times\int_{-\infty}^{\infty}\exp\left[\frac{\mathrm{j}(\xi^2+x^2)}{2\alpha}-\frac{\mathrm{j}\xi x}{\alpha}\right]\boldsymbol{f}(x)\mathrm{d}x \\
&= \int_{-\infty}^{\infty}\frac{\exp\left[-(x-\xi)^2/(\mathrm{j}2\alpha)\right]}{\sqrt{\mathrm{j}2\pi\alpha}}\boldsymbol{f}(x)\mathrm{d}x \\
&= \int_{-\infty}^{\infty}\boldsymbol{f}(x)\delta(x-\xi)\mathrm{d}x = \boldsymbol{f}(\xi)
\end{aligned} \tag{12.1.6}
$$

其中用到极限意义下的 δ 函数的定义

$$\lim_{\varepsilon\to 0}\frac{[\exp(-x^2/(\mathrm{j}\varepsilon)]}{\sqrt{\mathrm{j}\pi\varepsilon}}=\delta(x) \tag{12.1.7}$$

因此我们可以通过极限过程来定义 $\mathscr{F}_0$，即

$$\mathscr{F}_0\{\boldsymbol{f}(x)\}=\boldsymbol{f}(\xi) \tag{12.1.8}$$

用类似方法可定义 $\mathscr{F}_\pi$，即

$$\mathscr{F}_\pi\{\boldsymbol{f}(x)\}=\boldsymbol{f}(-\xi) \tag{12.1.9}$$

以上两式表明，0 阶的分数傅里叶变换给出函数本身，π 阶的分数傅里叶变换则给出它的倒像. α 取其他值，分数傅里叶变换可表示光波的菲涅耳衍射传播过程.

分数傅里叶变换仍然是线性变换，即有

$$\mathscr{F}_\alpha\{\boldsymbol{A}f(x)+\boldsymbol{B}h(x)\}=\boldsymbol{A}\mathscr{F}_\alpha\{f(x)\}+\boldsymbol{B}\mathscr{F}_\alpha\{h(x)\} \tag{12.1.10}$$

式中 $\boldsymbol{A}$、$\boldsymbol{B}$ 为常数.

12.1.2 分数傅里叶变换的几个基本性质

1. 位移性质

$$\mathscr{F}_\alpha\{f(x+\alpha)\}=\left\{\frac{\exp\left[-\mathrm{j}\left(\frac{\pi}{2}-\alpha\right)\right]}{2\pi\sin\alpha}\right\}^{1/2}\int_{-\infty}^{\infty}\exp\left[\frac{\mathrm{j}(\xi^2+x^2)}{2\tan\alpha}-\frac{\mathrm{j}\xi x}{\sin\alpha}\right]f(x+\alpha)\mathrm{d}x$$

令 $x'=x+\alpha$ ，则上式变成

$$\begin{aligned}\mathscr{F}_\alpha\{f(x+\alpha)\}&=\left\{\frac{\exp\left[-\mathrm{j}\left(\frac{\pi}{2}-\alpha\right)\right]}{2\pi\sin\alpha}\right\}^{1/2}\\&\quad\times\int_{-\infty}^{\infty}\exp\left[\frac{\mathrm{j}(\xi^2+x'^2-2ax'+a^2)}{2\tan\alpha}-\frac{\mathrm{j}(x'-a)\xi}{\sin\alpha}\right]f(x')\mathrm{d}x'\\&=\exp\left[\mathrm{j}a\sin\alpha\left(\xi+\frac{a\cos\alpha}{2}\right)\right]\left\{\frac{\exp\left[-\mathrm{j}\left(\frac{\pi}{2}-\alpha\right)\right]}{2\pi\sin\alpha}\right\}^{1/2}\\&\quad\times\int_{-\infty}^{\infty}\exp\left[\mathrm{j}\frac{(\xi+a\cos\alpha)^2+x'^2}{2\tan\alpha}-\frac{\mathrm{j}(\xi+a\cos\alpha)}{\sin\alpha}\right]f(x')\mathrm{d}x'\\&=\exp\left[\mathrm{j}a\sin\alpha\left(\xi+\frac{a\cos\alpha}{2}\right)\right]F(\xi+a\cos\alpha)\end{aligned} \tag{12.1.11}$$

2. 可加性

α 阶和 β 阶变换依次作用的结果相当于 $(\alpha+\beta)$ 阶的一次变换. 按定义有

$$\begin{aligned}&\mathscr{F}_\alpha\{\mathscr{F}_\beta[f(x)]\}=\mathscr{F}_\alpha\{F(\xi)\}\\&=\left\{\frac{\exp\left[-\mathrm{j}\left(\frac{\pi}{2}-\alpha\right)\right]}{2\pi\sin\alpha}\right\}^{1/2}\int_{-\infty}^{\infty}\exp\left[\frac{\mathrm{j}(x'^2+\xi^2)}{2\tan\alpha}-\frac{\mathrm{j}x'\xi}{\sin\alpha}\right]F(\xi)\mathrm{d}\xi\\&=\left\{\frac{\exp\left[-\mathrm{j}\left(\frac{\pi}{2}-\alpha\right)\right]}{2\pi\sin\alpha}\right\}^{1/2}\int_{-\infty}^{\infty}\exp\left[\frac{\mathrm{j}(x'^2+\xi^2)}{2\tan\alpha}-\frac{\mathrm{j}x'\xi}{\sin\alpha}\right]\\&\quad\times\left[\int_{-\infty}^{\infty}\left\{\frac{\exp\left[-\mathrm{j}\left(\frac{\pi}{2}-\beta\right)\right]}{2\pi\sin\beta}\right\}^{1/2}\exp\left[\frac{\mathrm{j}(\xi^2+x^2)}{2\tan\beta}-\frac{\mathrm{j}\xi x}{\sin\beta}\right]f(x)\mathrm{d}x\right]\mathrm{d}\xi\\&=\frac{1}{2\pi}\left\{\frac{\exp[-\mathrm{j}(\pi-\alpha-\beta)]}{\sin\alpha\sin\beta}\right\}^{1/2}\int_{-\infty}^{\infty}f(x)\exp\left[\frac{\mathrm{j}}{2}(x'^2\cot\alpha+x^2\cot\beta)\right]\mathrm{d}x\\&\quad\times\int_{-\infty}^{\infty}\exp\left[\mathrm{j}\frac{\xi^2}{2}(\cot\alpha+\cot\beta)-\mathrm{j}\xi\left(\frac{x'}{\sin\alpha}+\frac{x}{\sin\beta}\right)\right]\mathrm{d}\xi\end{aligned}$$

利用积分公式

$$\int_{-\infty}^{\infty}\exp(-Ax^2\pm 2Bx-C)\mathrm{d}x=\sqrt{\frac{\pi}{A}}\exp(-C+B^2/A)$$

可将后一个积分积出

$$\int_{-\infty}^{\infty}\exp\left[\mathrm{j}\frac{\xi^2}{2}(\cot\alpha+\cot\beta)-\mathrm{j}\xi\left(\frac{x'}{\sin\alpha}+\frac{x}{\sin\beta}\right)\right]\mathrm{d}\xi$$

$$=\left[\frac{\exp\left(\mathrm{j}\frac{\pi}{2}\right)2\pi\sin\alpha\sin\beta}{\sin(\alpha+\beta)}\right]^{1/2}\exp\left\{-\frac{\mathrm{j}}{2}\left[\frac{x'^2\sin\beta}{\sin\alpha\sin(\alpha+\beta)}+\frac{x^2\sin\alpha}{\sin\beta\sin(\alpha+\beta)}\right]\right\}\times\exp\left[-\mathrm{j}\frac{x'x}{\sin(\alpha+\beta)}\right]$$

将此式代回上式得

$$\begin{aligned}\mathscr{F}_\alpha\mathscr{F}_\beta\{\boldsymbol{f}(x)\}&=\left\{\frac{\exp\left[-\mathrm{j}\left(\frac{\pi}{2}-\alpha-\beta\right)\right]}{2\pi\sin(\alpha+\beta)}\right\}^{1/2}\exp\left[\mathrm{j}\frac{x'^2}{2}\left(\cot\alpha-\frac{\sin\beta}{\sin\alpha\sin(\alpha+\beta)}\right)\right]\\&\quad\times\int_{-\infty}^{\infty}\exp\left\{\mathrm{j}\frac{x^2}{2}\left[\cot\beta-\frac{\sin\alpha}{\sin\beta\sin(\alpha+\beta)}\right]-\frac{\mathrm{j}x'x}{\sin(\alpha+\beta)}\right\}\boldsymbol{f}(x)\mathrm{d}x\\&=\left\{\frac{\exp\left[-\mathrm{j}\left(\frac{\pi}{2}-\alpha-\beta\right)\right]}{2\pi\sin(\alpha+\beta)}\right\}^{1/2}\int_{-\infty}^{\infty}\exp\left[\frac{\mathrm{j}\cot(\alpha+\beta)}{2}(x'^2+x^2)-\frac{\mathrm{j}x'x}{\sin(\alpha+\beta)}\right]\boldsymbol{f}(x)\mathrm{d}x\\&=\mathscr{F}_{\alpha+\beta}\{\boldsymbol{f}(x)\}\end{aligned}\tag{12.1.12}$$

在上式的化简中，用到恒等式 $\cot\alpha-\sin\beta/[\sin\alpha\sin(\alpha+\beta)]=\cot\beta-\sin\alpha/[\sin\beta\sin(\alpha+\beta)]=\cot(\alpha+\beta)$.

由于在式(12.1.12)中 α 和 β 是对称的，所以有

$$\mathscr{F}_\alpha\mathscr{F}_\beta\{\boldsymbol{f}\}=\mathscr{F}_\beta\mathscr{F}_\alpha\{\boldsymbol{f}\}=\mathscr{F}_{\alpha+\beta}\{\boldsymbol{f}\}$$

即分数傅里叶变换算符是可对易的. 特别是当 $\beta=-\alpha$ 时，有

$$\mathscr{F}_\alpha\mathscr{F}_{-\alpha}\{\boldsymbol{f}\}=\mathscr{F}_{-\alpha}\mathscr{F}_\alpha\{\boldsymbol{f}\}=\mathscr{F}_0\{\boldsymbol{f}\}=\boldsymbol{f}\tag{12.1.13}$$

3. 周期性

由于分数傅里叶变换的定义中出现了 $\tan\alpha$ 和 $\sin\alpha$，所以变换关于 α 有周期性，周期为 2π，这样一来就有以下结果

$$\mathscr{F}_{2n\pi}\{\boldsymbol{f}(x)\}=\boldsymbol{f}(x)\tag{12.1.14}$$

$$\mathscr{F}_{(2n+1)\pi}\{\boldsymbol{f}(x)\}=\boldsymbol{f}(-x)\tag{12.1.15}$$

$$\mathscr{F}_{2n\pi+\alpha}\{\boldsymbol{f}(x)\}=\mathscr{F}_\alpha\{\boldsymbol{f}(x)\}\tag{12.1.16}$$

于是，当 $\alpha<-\pi,\alpha>\pi$ 时的变换 $\mathscr{F}_\alpha$ 均可化为主值区内的变换. 设

$$\alpha=p\pi/2\tag{12.1.17}$$

则 α 阶分数傅里叶变换还可表示为 $\mathscr{F}^{(p)}\{\boldsymbol{f}\},p$ 的变化范围 $-2<p\leqslant 2$.

12.1.3　用透镜系统实现分数傅里叶变换

我们知道，当用单色平面光波照射位于透镜或透镜系统前焦面上的二维透明图像时，在后焦面上将出现它的傅里叶变换图样. 下面我们将进一步研究当透明片到透镜的距离 d_1 及输出图像到

透镜的距离 d_2 不等于透镜的焦距 f 时，透镜或透镜系统对输入图像的变换. 当 d_1 和 d_2 满足一定的条件时，输出平面上将出现输入图像的分数傅里叶变换.

1. 实现分数傅里叶变换的第一类基本光学单元

可加性是分数傅里叶变换的基本特征之一. 连续执行 N 个阶数为 $\alpha_i(i=1,2,\cdots,N)$ 的变换结果，相当于执行阶为 $\alpha=\sum_{i=1}^{N}\alpha_i$ 的一次变换. 例如，$\alpha=\pi/2$ 的常规傅里叶变换，既可由一个焦距为 $\tilde{f}$ 的透镜来实现，也可由两个焦距相同的透镜组成的透镜组来实现. 它们的焦距为

$$f_1=f_2=f=\tilde{f}/\sin(\pi/4) \tag{12.1.18}$$

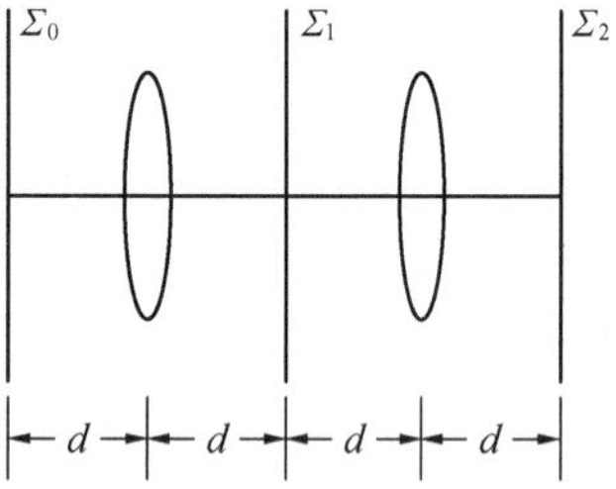

两透镜之间的间隔为 $2d$ ，而

$$d=f\left[1-\cos(\pi/4)\right]=\tilde{f}\tan(\pi/8) \tag{12.1.19}$$

图 12.1.1　用两个透镜实现傅里叶变换

如图 12.1.1 所示，这一结果可用三次菲涅耳衍射和两次透镜的相位变换来加以证明. 当然，用几何光学的办法更简单，当图中的 Σ_0 和 Σ_2 分别为组合系统的前后焦面时，组合系统的焦距恰为 $\tilde{f}$. 由两光组组合系统焦距公式 $f_c=f_1f_2/(f_1+f_2-\bar{d})$ ，可求得组合系统的焦距，式中 $\bar{d}=2d$ 是两光组的间隔. 于是

$$\begin{aligned}f_c&=\frac{\tilde{f}^2/\sin^2(\pi/4)}{2\tilde{f}/\sin(\pi/4)-2\tilde{f}\tan(\pi/8)}=\frac{\tilde{f}}{2\left[\sin(\pi/4)-\sin^2(\pi/4)\tan(\pi/8)\right]}\\&=\frac{\tilde{f}}{2\left[\sqrt{2}/2-(\sqrt{2}-1)/2\right]}=\tilde{f}\end{aligned} \tag{12.1.20}$$

图 12.1.1 中的 Σ_0 面恰好是组合系统的前焦面，这可由两光组组合物方焦点位置公式算出. Σ_0 面相对于第一个透镜的距离为

$$l_F=-f_c\left(1-\frac{\bar{d}}{f_2}\right)=-\tilde{f}\left[1-\frac{2\tilde{f}\cdot\tan(\pi/8)}{2\tilde{f}/\sin(\pi/4)}\right]=-\tilde{f}(\sqrt{2}-1)=-\tilde{f}\cdot\tan(\pi/8)=-d \tag{12.1.21}$$

这里的负号表示在第一个透镜之前，Σ_2 面恰好为组合系统的后焦面，这也可由两光组组合像方焦点位置公式算出. Σ_2 面相对于第二个透镜的位置为

$$l'_F=f_c\left(1-\frac{\bar{d}}{f_1}\right)=\tilde{f}\tan(\pi/8)=d \tag{12.1.22}$$

l'_F 值为正表示在第二透镜之后. 组合系统物方主平面的位置可由下式算出：

$$l_H=\tilde{f}\frac{\bar{d}}{f_2}=\tilde{f}\frac{2\tilde{f}\tan(\pi/8)}{\tilde{f}/\sin(\pi/4)}=2\tilde{f}\sin(\pi/4)\tan(\pi/8)=(2-\sqrt{2})\tilde{f} \tag{12.1.23}$$

即组合系统的物方主平面在第一个透镜后 $(2-\sqrt{2})\tilde{f}$ 处. 组合系统的像方主平面位置可由下式求出：

$$l'_H=-\tilde{f}\frac{\bar{d}}{f_1}=-\tilde{f}\frac{2\tilde{f}\tan(\pi/8)}{\tilde{f}/\sin(\pi/4)}=-(2-\sqrt{2})\tilde{f} \tag{12.1.24}$$

即组合系统的像方主平面在第二个透镜之前 $(2-\sqrt{2})\tilde{f}$ 处.

几何光学的计算还可以证明，一个合成焦距为 $\tilde{f}$ 的组合系统，可以由 N 个焦距为

$$f=\tilde{f}/\sin(\pi/2N) \tag{12.1.25}$$

间距参数为

$$d = f[1-\cos(\pi/2N)] = \tilde{f}\tan(\pi/4N) \tag{12.1.26}$$

的透镜按图 12.1.1 的方式串联起来，且前焦面位于第一个透镜前 d 处，后焦面位于第 N 个透镜后 d 处.

下面研究这个级联系统中一个光学单元的功能, 并证明整个系统能实现傅里叶变换功能. 我们知道，单色光波通过一个透镜单元相当于经过两次距离为 d 的菲涅耳衍射和一次透镜的相位变换，下面证明其效果相当于 $\alpha = \pi/(2N)$ 阶分数傅里叶变换；再利用分数阶傅里叶变换的可加性，证明这个透镜系统能实现傅里叶变换的普遍结论.

2.6.3 节讨论了透镜的一般变换特性. 在图 2.6.4 中，透镜焦距为 f ，输入面 Σ_0 和输出面 Σ_1 到透镜的距离分别为 d_1 和 d_2 ，设 d_1 和 d_2 的值是任意的. 用单色平面波垂直照射 Σ_0 面，若 Σ_0 面上的场分布为 $\boldsymbol{f}_0(x_0,y_0)$ ，则输出面 Σ_1 上的场分布为 $\boldsymbol{f}(x,y)$ 可根据公式(2.6.25)写成

$$\boldsymbol{f}(x,y) = \frac{\exp[\mathrm{j}k(d_1+d_2)]}{\mathrm{j}\lambda\varepsilon d_1 d_2}\exp\left[\frac{\mathrm{j}\pi}{\lambda\varepsilon d_1 d_2}\left(1-\frac{d_1}{f}\right)(x^2+y^2)\right]$$
$$\times\iint_{-\infty}^{\infty}\boldsymbol{f}_0(x_0,y_0)\exp\left\{\frac{\mathrm{j}\pi}{\lambda\varepsilon d_1 d_2}\left[\left(1-\frac{d_2}{f}\right)(x_0^2+y_0^2)-2(x_0x+y_0y)\right]\right\}\mathrm{d}x_0\mathrm{d}y_0 \tag{12.1.27}$$

式中

$$\varepsilon = \frac{1}{d_1}+\frac{1}{d_2}-\frac{1}{f} \tag{12.1.28}$$

若 $d_1 = d_2 = f$, 则得

$$\boldsymbol{f}(x,y) = \frac{\exp(\mathrm{j}2kf)}{\mathrm{j}\lambda f}\iint_{-\infty}^{\infty}\boldsymbol{f}_0(x_0,y_0)\exp\left[-\mathrm{j}\frac{2\pi}{\lambda f}(x_0x+y_0y)\right]\mathrm{d}x_0\mathrm{d}y_0 \tag{12.1.29}$$

式(12.1.29)是我们熟知的傅里叶变换的光学实现方法，也就是说薄透镜单元在特殊的输入、输出距离的配置下产生了 $\alpha = \pi/2$ 的常规傅里叶变换效应.

设想 d_1 和 d_2 不等于 f ，将式(12.1.29)与式(12.1.1)比较，发现要产生分数傅里叶变换必须满足下面条件：

$$d_1 = d_2 = d \tag{12.1.30}$$

仿照式(12.1.18)和式(12.1.19)，设

$$\tilde{f} = f\sin\alpha \tag{12.1.31}$$

$$d = f(1-\cos\alpha) = \tilde{f}\tan(\alpha/2) \tag{12.1.32}$$

再利用式(12.1.28)，得

$$\varepsilon d^2 = d^2\left(\frac{2}{d}-\frac{1}{f}\right) = \frac{d(2f-d)}{f} = \tilde{f}\sin\alpha \tag{12.1.33}$$

把上面的结果代入式(12.1.27)得到

$$\boldsymbol{f}(x,y) = \frac{\exp(\mathrm{j}2kd)}{\mathrm{j}\lambda\tilde{f}\sin\alpha}\iint_{-\infty}^{\infty}\boldsymbol{f}_0(x_0,y_0)\exp\left[\frac{\mathrm{j}\pi(x_0^2+x^2+y_0^2+y^2)}{\lambda\tilde{f}\tan\alpha}-\frac{\mathrm{j}2\pi(x_0x+y_0y)}{\lambda\tilde{f}\sin\alpha}\right]\mathrm{d}x_0\mathrm{d}y_0 \tag{12.1.34}$$

引入归一化坐标

$$\tilde{x}_0 = \mu x_0,\quad \tilde{y}_0 = \mu y_0,\quad \tilde{x} = \mu x,\quad \tilde{y} = \mu y \tag{12.1.35}$$

其中

$$\mu = \sqrt{2\pi/(\lambda\tilde{f})} = \sqrt{2\pi/(\lambda f\sin\alpha)} \tag{12.1.36}$$

式(12.1.34)变成

$$\boldsymbol{f}(\tilde{x},\tilde{y}) = \boldsymbol{c}\iint_{-\infty}^{\infty}\boldsymbol{f}_0(\tilde{x}_0,\tilde{y}_0)\exp\left[\frac{\mathrm{j}(\tilde{x}_0^2+\tilde{x}^2+\tilde{y}_0^2+\tilde{y}^2)}{2\tan\alpha} - \frac{\mathrm{j}(\tilde{x}_0\tilde{x}+\tilde{y}_0\tilde{y})}{\sin\alpha}\right]\mathrm{d}\tilde{x}_0\mathrm{d}\tilde{y}_0 \tag{12.1.37}$$

其中常数

$$\boldsymbol{c} = \exp(\mathrm{j}2kd)/(\mathrm{j}\lambda\tilde{f}\sin\alpha) \tag{12.1.38}$$

将式(12.1.37)与式(12.1.1)相比较，除一常数因子外，它就是二维α阶分数傅里叶变换，即

$$\begin{aligned}\boldsymbol{f}(\tilde{x},\tilde{y}) &= \boldsymbol{c}_0\mathscr{F}_\alpha\{\boldsymbol{f}_0(\tilde{x}_0,\tilde{y}_0)\}\\ &= \boldsymbol{c}\iint_{-\infty}^{\infty}\boldsymbol{f}_0(\tilde{x}_0,\tilde{y}_0)\exp\left[\frac{\mathrm{j}(\tilde{x}_0^2+\tilde{x}^2+\tilde{y}_0^2+\tilde{y}^2)}{2\tan\alpha} - \frac{\mathrm{j}(\tilde{x}_0\tilde{x}+\tilde{y}_0\tilde{y})}{\sin\alpha}\right]\mathrm{d}\tilde{x}_0\mathrm{d}\tilde{y}_0\end{aligned} \tag{12.1.39}$$

以上讨论表明，在式(12.1.31)和式(12.1.32)成立时，薄透镜在单色平面波照射下可以实现二维分数傅里叶变换，它将透镜前面d处的输入图像$\boldsymbol{f}_0$变成分数傅里叶谱，形成在透镜后d处，如图 12.1.2 所示.

由式(12.1.31)定义的$\tilde{f}$称为族参数，由式(12.1.32)定义的d称为间距参数. 光学分数傅里叶变换表达式(12.1.34)与式(12.1.1)的最大差别在于光学系统中存在族参数. 很明显，只有族参数相同的分数傅里叶变换才能组成群，不同族参数的变换不具备可加性. 族参数仅取决于α及f，当α确定后，透镜的焦距也就确定了.

在用透镜系统实现分数傅里叶变换时，一般不用归一化公式(12.1.39)，而用公式(12.1.34)，即定义

$$\mathscr{F}_\alpha\{\boldsymbol{f}_0(x_0,y_0)\} = \boldsymbol{c}_\alpha\iint_{-\infty}^{\infty}\boldsymbol{f}_0(x_0,y_0)\exp\left[\frac{\mathrm{j}\pi(x_0^2+x^2+y_0^2+y^2)}{\lambda\tilde{f}\tan\alpha} - \frac{\mathrm{j}2\pi(x_0x+y_0y)}{\lambda\tilde{f}\sin\alpha}\right]\mathrm{d}x_0\mathrm{d}y_0 \tag{12.1.40}$$

其中积分号前的系数为

$$\boldsymbol{c}_\alpha = \frac{\exp(\mathrm{j}2kd)}{\mathrm{j}\lambda\tilde{f}\sin\alpha} = \frac{\exp\left[\mathrm{j}\varepsilon k\tilde{f}\tan(\alpha/2)\right]}{\mathrm{j}\lambda\tilde{f}\sin\alpha} \tag{12.1.41}$$

这与数学定义中的归一化系数并不相同，但由于我们只能探测光强分布，因此这一差别并无实质性影响.

分数傅里叶变换的阶数还有另一种定义，在光学中常使用. 令

$$p = 2\alpha/\pi \tag{12.1.42}$$

则式(12.1.40)变成

$$\mathscr{F}^{(p)}\{\boldsymbol{f}_0(x_0,y_0)\} = \boldsymbol{c}_p\iint_{-\infty}^{\infty}\boldsymbol{f}_0(x_0,y_0)\exp\left[\frac{\mathrm{j}\pi(x_0^2+x^2+y_0^2+y^2)}{\lambda\tilde{f}\tan(p\pi/2)} - \frac{\mathrm{j}2\pi(x_0x+y_0y)}{\lambda\tilde{f}\sin(p\pi/2)}\right]\mathrm{d}x_0\mathrm{d}y_0 \tag{12.1.43}$$

式(12.1.40)和式(12.1.43)都是经常用到的.

显然，$\mathscr{F}_{\pi/2}$或$\mathscr{F}^{(1)}$即常规的傅里叶变换，$\mathscr{F}_{-\pi/2}$或$\mathscr{F}^{(-1)}$即常规的傅里叶逆变换. 常规傅里叶变换只能用正透镜实现，当我们把它推广到分数傅里叶变换时，用负透镜同样能实现分数傅里叶变换. 在式(12.1.31)中，当$f<0$时，保持$\tilde{f}>0$，则$\alpha<0$，我们得到负阶数的分数傅里叶变换，它可由图 12.1.3 所示的负透镜单元实现. 由式(12.1.32)，当$\tilde{f}>0$，$\alpha<0$时，$d<0$，表示输入平面Σ_0在透镜右方，输出平面Σ_1在透镜左方. 当在Σ_0上输入二维图像$f_0(x_0,y_0)$时，它的α阶分数傅里叶变换谱出现在Σ_1处，阶数α由下式确定：

$$\cos\alpha = 1 - d/f \tag{12.1.44}$$

这里的 d 和 f 都是负数. 不过在这种情况下，f_0 和 f 分别是光学的虚物和虚像.

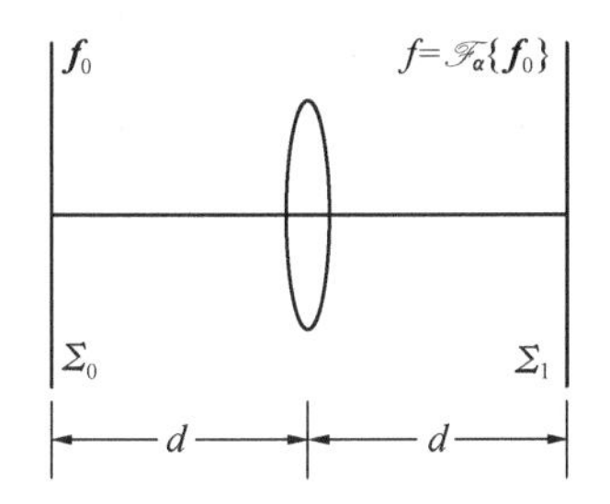

图 12.1.2　用正透镜实现分数傅里叶变换

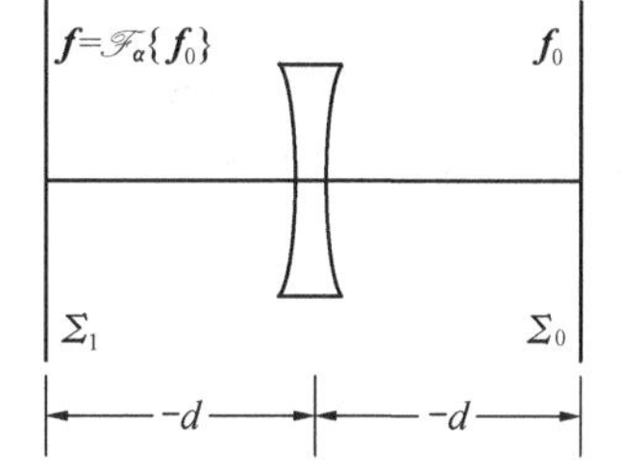

图 12.1.3　用负透镜实现分数傅里叶变换

2. 实现分数傅里叶变换的第二类基本光学单元

可以实现分数傅里叶变换的第二类基本光学单元如图 12.1.4 所示，两个焦距均为 f 的正透镜，相距为 d，在紧贴第一个透镜之前的 Σ_0 面上输入图像 f_0，在紧贴第二个透镜之后的 Σ_1 面上观察输出图像 f.

用单位振幅的单色平面光波垂直照射输入面 Σ_0，设 Σ_0 面上的场分布为 $f_0(x_0,y_0)$，则第一个透镜后表面上的场为

$$f_1(x_0,y_0) = f_0(x_0,y_0)\exp\left[-\mathrm{j}\frac{k}{2f}(x_0^2+y_0^2)\right] \tag{12.1.45}$$

这个光场分布通过空间距离 d 传到第二个透镜的前表面，造成的场分布为

$$f_2(x,y) = \frac{\exp(\mathrm{j}kd)}{\mathrm{j}\lambda d}\iint_{-\infty}^{\infty} f_0(x_0,y_0)\exp\left[-\mathrm{j}\frac{k}{2f}(x_0^2+y_0^2)\right]\times\exp\left[\mathrm{j}k\frac{(x-x_0)^2+(y-y_0)^2}{2d}\right]\mathrm{d}x_0\mathrm{d}y_0$$

此场通过第二个透镜在 Σ_1 面上造成的场分布为

$$\begin{aligned} f(x,y) &= \exp\left(-\mathrm{j}k\frac{x^2+y^2}{2f}\right)f_2(x,y) \\ &= \frac{\exp(\mathrm{j}kd)}{\mathrm{j}\lambda d}\iint_{-\infty}^{\infty} f_0(x_0,y_0)\exp\left[\frac{\mathrm{j}\pi(f-d)}{\lambda df}(x_0^2+x^2+y_0^2+y^2)-\frac{\mathrm{j}2\pi(x_0x+y_0y)}{\lambda d}\right]\mathrm{d}x_0\mathrm{d}y_0 \end{aligned} \tag{12.1.46}$$

按式(12.1.32)和式(12.1.44)设 α 和 d，并规定 d 的方向从 Σ_0 指向 Σ_1，向右为正，向左为负，则有

$$f(x,y) = c\iint_{-\infty}^{\infty} f_0(x_0,y_0)\exp\left[\frac{\mathrm{j}\pi\cos\alpha(x_0^2+x^2+y_0^2+y^2)}{\lambda f(1-\cos\alpha)}-\frac{\mathrm{j}2\pi(x_0x+y_0y)}{\lambda f(1-\cos\alpha)}\right]\mathrm{d}x_0\mathrm{d}y_0 \tag{12.1.47}$$

将上式与式(12.1.34)相比较，发现只要设

$$d = f(1-\cos\alpha) = \tilde{f}\sin\alpha \tag{12.1.48}$$

即

$$\tilde{f} = f\frac{1-\cos\alpha}{\sin\alpha} = f\tan(\alpha/2) \tag{12.1.49}$$

则有 $f\dfrac{1-\cos\alpha}{\cos\alpha} = \tilde{f}\tan\alpha$，公式(12.1.47)就改写为

$$f(x,y) = c\iint_{-\infty}^{\infty} f_0(x_0,y_0)\exp\left[\frac{\mathrm{j}\pi(x_0^2+x^2+y_0^2+y^2)}{\lambda\tilde{f}\tan\alpha}-\frac{\mathrm{j}2\pi(x_0x+y_0y)}{\lambda\tilde{f}\sin\alpha}\right]\mathrm{d}x_0\mathrm{d}y_0 = c\mathscr{F}_\alpha\{f_0\} \tag{12.1.50}$$

即第二类基本单元也能实现分数傅里叶变换. 应注意两种基本单元的族参数的定义式(12.1.31)和

式(12.1.49)不相同.

将图 12.1.4 中的两个正透镜改为负透镜，并设 f 和 α 均为负值，此时的 $\tilde{f}$ 仍为正值，而间距

$$d = f(1-\cos\alpha) = \tilde{f}\sin\alpha < 0 \tag{12.1.51}$$

上式表示 $\boldsymbol{f}_0$ 在 $\boldsymbol{f}$ 的右面，如图 12.1.5 所示，它能实现负阶数的分数傅里叶变换. 由此可知，用两个透镜构成也能实现分数傅里叶变换.

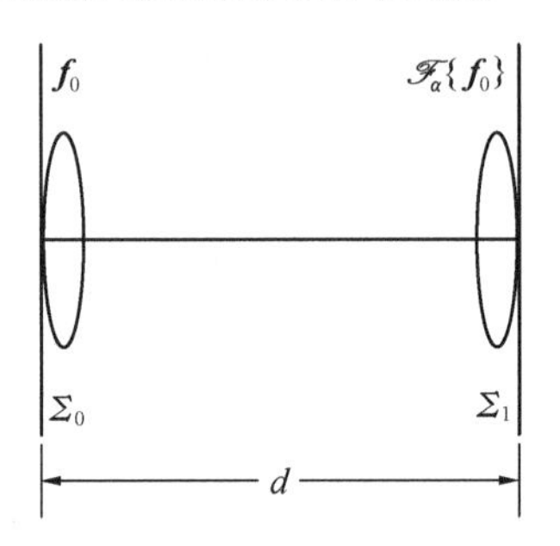

图 12.1.4　第二类基本光学单元

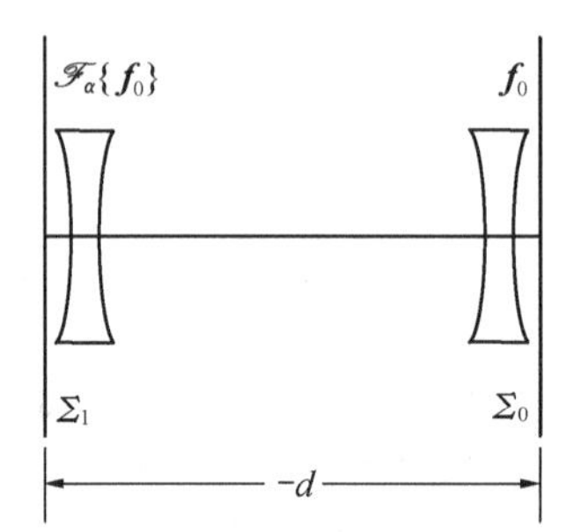

图 12.1.5　用负透镜的第二类基本光学单元

12.2　几 何 变 换

几何变换的本质是坐标变换，早期主要用来简化方程或积分等数学运算形式，比如，将在直角坐标系中进行的球的体积分变换到球坐标系中进行，运算会变得更为容易. 在光学领域中，包含有相位全息片的光学系统可以实现几何变换. 光学几何变换可用于照明光的重新分布、成像系统的像差矫正和畸变补偿、光束整形以及含不变量的模式识别等. 另外，利用变形的麦克斯韦方程组，坐标变换近年来还被用来分析表面浮雕和多层光栅等问题.

12.2.1　几何变换定义和种类

几何变换是一个坐标变换，定义为

$$\boldsymbol{F}(u) = \int \boldsymbol{f}(x)\boldsymbol{\delta}[x-\varphi^{-1}(u)]\mathrm{d}x \tag{12.2.1}$$

其中，$\boldsymbol{f}(x)$ 为输入函数，$\varphi^{-1}(u)$ 被定义为一个坐标系的 x 到另一个坐标系的 u 的坐标变换，为 $u=\varphi(x)$，其逆变换为 $x=\varphi^{-1}(u)$. 根据 $\boldsymbol{\delta}$ 函数的性质得

$$\boldsymbol{F}(u) = \boldsymbol{f}\left[\varphi^{-1}(u)\right] = \boldsymbol{f}(x) \tag{12.2.2}$$

该公式说明使用几何变换来恢复原始的输入.

常用的几何变换有如下几种.

(1) 位移变换：几何变换函数为 $\boldsymbol{F}(u)=\boldsymbol{f}(u-a)$，映射关系为 $u=\varphi(x)=x+a$ 和 $x=\varphi^{-1}(u)=u-a$. 它是最简单的一种几何变换，变换后，$F(u)$ 为输入函数沿 x 正方向移动了距离 a 的结果.

(2) 缩放变换：几何变换函数为 $\boldsymbol{F}(u)=\boldsymbol{f}(u/a)$，映射关系为 $u=\varphi(x)=ax$ 和 $x=\varphi^{-1}(u)=u/a$，它反映了图像的缩放变换. 输入函数由缩放比例因子 a 控制，对于 $\boldsymbol{f}(u/a)$，$a>1$，图像缩小，$0<a<1$，实现图像放大.

(3) 对数变换：几何变换函数为 $\boldsymbol{F}(u)=\boldsymbol{f}(\exp(u))$，因此坐标变换关系为 $u=\varphi(x)=\ln x$，逆变换为 $x=\varphi^{-1}(u)=\exp(u)$. 这种变换用于比例不变的模式识别.

(4) 旋转变换：用二维方程组描述旋转变换的两个映射关系分别定义为

$$\begin{cases} u = \varphi_1(x,y) = x\cos\theta + y\sin\theta \\ v = \varphi_2(x,y) = -x\sin\theta + y\cos\theta \end{cases} \tag{12.2.3}$$

在旋转变换中，输入光场 $\boldsymbol{f}(x,y)$ 的几何变换为 $\boldsymbol{F}(u,v) = \boldsymbol{f}[(u\cos\theta - v\sin\theta),(u\sin\theta + v\cos\theta)]$，可以看出，变换后的光场是初始光场旋转了 $-\theta$ 角后的结果.

(5) 极坐标变换：由笛卡儿坐标系变换到极坐标系的映射关系可表示为

$$\begin{cases} r = \varphi_1(x,y) = \sqrt{x^2 + y^2} \\ \theta = \varphi_2(x,y) = \tan(y/x) \end{cases} \tag{12.2.4}$$

如果输入光场为 $\boldsymbol{f}(x,y)$，经极坐标变换后为 $\boldsymbol{F}(r,\theta) = f(r\cos\theta, r\sin\theta)$. 这样的极坐标变换可用于旋转不变的模式识别.

12.2.2　广义几何变换

因为映射或逆映射不是唯一的，所以有一些几何变换没有可逆性. 例如，对于坐标变换 $u = \varphi(x) = x^2$，因为其逆映射不唯一，有 $x = \varphi^{-1}(u) = \sqrt{u}$ 和 $x = \varphi^{-1}(u) = -\sqrt{u}$ 存在，在 x 平面中的两点均可以映射到 u 平面上的同一个点，所以该映射关系是不可逆的.

为了处理这种二到一的映射，我们将几何变换定义推广到

$$F(u) = f(\sqrt{u}) + f(-\sqrt{u}) \tag{12.2.5}$$

通常，当映射关系为多点到一点时，例如 $\varphi(x) = u$，$x \in A$，其广义几何变换定义为

$$F(u) = \int_A f(x)\mathrm{d}x \tag{12.2.6}$$

12.2.3　几何变换的光学实现

目前有多种技术可以用于光学实现几何变换. 图 12.2.1 给出了一种典型的几何变换光学系统. 准直的相干光照射幻灯片得到输出光场. 在输入平面后放置一块相位掩模板，该相位掩模板就可以用来实现几何变换.

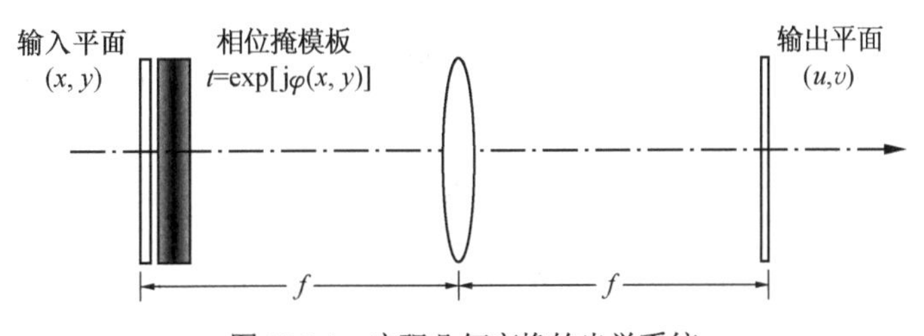

图 12.2.1　实现几何变换的光学系统

相位掩模板的复振幅透过率为 $t = \exp[\mathrm{j}\varphi(x,y)]$，是通过与其对应的坐标映射关系计算出来的，表示为

$$\begin{cases} u = \varphi_1(x,y) = \dfrac{\lambda f}{2\pi}\dfrac{\partial\varphi(x,y)}{\partial x} \\ v = \varphi_2(x,y) = \dfrac{\lambda f}{2\pi}\dfrac{\partial\varphi(x,y)}{\partial y} \end{cases} \tag{12.2.7}$$

在该光学系统中，输入光场 $\boldsymbol{f}(x,y)$ 与相位掩模板乘积的傅里叶变换在输出面上可以表示为

$$G(u,v)=\iint f(x,y)\exp[\mathrm{j}\varphi(x,y)]\exp\left[-\mathrm{j}2\pi\left(\frac{ux}{\lambda f}+\frac{vy}{\lambda f}\right)\right]\mathrm{d}x\mathrm{d}y$$
$$=\iint f(x,y)\exp\left[\mathrm{j}\frac{2\pi}{f}h(x,y;u,v)\right]\mathrm{d}x\mathrm{d}y \tag{12.2.8}$$

其中，$h(x,y;u,v)=\dfrac{f\varphi(x,y)}{2\pi}-\dfrac{ux}{\lambda}-\dfrac{vy}{\lambda}$.

在这种类型的积分中，当波长λ比坐标u、v和x、y小几个数量级时，相位因子h就会在x、y上快速变化，这时积分就会变为零. 通过鞍点(x_0, y_0)附近的一些分区积分，可以准确地计算此积分.鞍点处h的导数等于0，相位因子是稳定的.

$$\left.\frac{\partial h}{\partial x}\right|_{(x_0,y_0)}=\left.\frac{\partial h}{\partial y}\right|_{(x_0,y_0)}=0 \tag{12.2.9}$$

因为仅鞍点附近区域才对积分的值有贡献. 从方程(12.2.1)和(12.2.9)可以看出，方程(12.2.7)所要求的映射在鞍点附近是满足的.

通常，鞍点都不止一个. 因此，可以将xy平面分成一些子平面，每个子平面包含一个鞍点.只考虑输出强度分布时，几何变换像为$|G(u,v)|\propto\left|f[\varphi_1^{-1}(u),\varphi_2^{-1}(v)]\right|$，这项技术可以理解为相位掩模板$\exp\left[\mathrm{j}\pi\dfrac{h(x,y;u,v)}{\lambda}\right]$起到一个局部光栅或局部棱镜的作用，在满足相位平稳条件的xy平面上的一组子区域上实现了从$f(x,y)$到$G(u,v)$的衍射.

12.3　Hankel 变换

成像系统和激光器的谐振腔等大多数光学系统都是圆对称或轴对称的系统，在这类系统中使用极坐标会给运算带来方便. 极坐标下的二维傅里叶变换可以推导出零阶 Hankel 变换，它在光学系统的分析和设计中已得到了广泛应用.

12.3.1　Hankel 变换的数学定义

汉克尔(Hankel)变换是一种积分变换，最早由德国数学家汉克尔提出. 在数学中，一个函数$f(r)$的 Hankel 变换表示为

$$H_m(\rho)=\int_0^\infty f(r)\mathrm{J}_m(2\pi r\rho)r\mathrm{d}r \tag{12.3.1}$$

式中，$\mathrm{J}_m(2\pi r\rho)$是第一类m阶的贝塞尔函数，如果$m>-1/2$，可以证明输入函数$f(r)$通过 Hankel 逆变换得到恢复，即

$$f(r)=\int_0^\infty H_m(\rho)\mathrm{J}_m(2\pi r\rho)\rho\mathrm{d}\rho \tag{12.3.2}$$

12.3.2　极坐标下的傅里叶变换

用$f(x,y)$和$F(u,v)$分别表示二维函数及其傅里叶变换，则

$$F(u,v)=\iint f(x,y)\exp[-\mathrm{j}2\pi(ux+vy)]\mathrm{d}x\mathrm{d}y \tag{12.3.3}$$

在极坐标系下，像平面上以$f(r,\theta)$表示的函数的傅里叶变换，在以极坐标(ρ,φ)表示的傅里叶平面上表示为

$$F(\rho,\varphi)=\int_0^{2\pi}\int_0^{\infty}f(r,\theta)\exp[-\mathrm{j}2\pi r\rho\cos(\theta-\varphi)]r\mathrm{d}r\mathrm{d}\theta \tag{12.3.4}$$

式中，$x=r\cos\theta, y=r\sin\theta, u=\rho\cos\varphi, v=\rho\sin\varphi$. 如果输入光场是圆对称的，则$f(r,\theta)$与$\theta$无关，退化为$f(r)$，这时公式(12.3.4)可以写成

$$F(\rho,\varphi)=\int_0^{\infty}f(r)r\mathrm{d}r\int_0^{2\pi}\exp\left[-\mathrm{j}2\pi r\rho\cos(\theta-\varphi)\right]\mathrm{d}\theta=\int_0^{\infty}f(r)\mathrm{J}_0(2\pi r\rho)r\mathrm{d}r \tag{12.3.5}$$

其中，$\mathrm{J}_0(\cdot)$为第一类零阶贝塞尔函数. 傅里叶变换式$F(\rho,\varphi)$为输入光场的零阶 Hankel 变换. 由零阶 Hankel 变换可知，圆对称输入光场的傅里叶变换$F(\rho,\varphi)$与φ无关，它也是圆对称的. 当光束通过一个圆孔时就属于这种情况，这时通过光阑的夫琅禾费衍射是一个艾里斑，可由圆孔的零阶 Hankel 变换计算出来.

通常$f(r,\theta)$都和θ有关. 这时，可以计算$f(r,\theta)$和$F(\rho,\varphi)$的圆谐波展开式，它是对角向坐标的一维傅里叶变换，分别为

$$\begin{cases} f_m(r)=\dfrac{1}{2\pi}\displaystyle\int_0^{2\pi}f(r,\theta)\exp(-\mathrm{j}m\theta)\mathrm{d}\theta \\ F_m(\rho)=\dfrac{1}{2\pi}\displaystyle\int_0^{2\pi}F(\rho,\varphi)\exp(-\mathrm{j}m\varphi)\mathrm{d}\varphi \end{cases} \tag{12.3.6}$$

其中，m 是整数，$f_m(r)$和 $F_m(\rho)$也称为输入光场及其傅里叶变换的圆谐波函数. 因为$f(r,\theta)$和$F(\rho,\varphi)$都是周期为 2π 的周期函数，所以$f_m(r)$和$F_m(\rho)$实际上就是傅里叶级数展开式中的系数

$$\begin{cases} f(r,\theta)=\displaystyle\sum_{-\infty}^{\infty}f_m(r)\exp(\mathrm{j}m\theta) \\ F(\rho,\varphi)=\displaystyle\sum_{-\infty}^{\infty}F_m(\rho)\exp(\mathrm{j}m\varphi) \end{cases} \tag{12.3.7}$$

因此，可以发现，输入光场的圆谐波函数及其傅里叶变换圆谐波函数之间的关系，可以在式(12.3.4)两边对φ进行角向傅里叶变换得到，其中用输入光场的圆谐波展开式$f_m(r)$代替输入光场$f(r,\theta)$

$$\begin{aligned} F_m(\rho)&=\frac{1}{(2\pi)^2}\int_0^{2\pi}\exp(-\mathrm{j}m\varphi)\mathrm{d}\varphi\int_0^{2\pi}\int_0^{\infty}\sum_{m=-\infty}^{\infty}f_m(r)\exp(\mathrm{j}m\theta)\exp[\mathrm{j}2\pi r\rho\cos(\theta-\varphi)]r\mathrm{d}r\mathrm{d}\theta \\ &=\int_0^{\infty}f_m(r)\mathrm{J}_m(2\pi r\rho)r\mathrm{d}r \end{aligned} \tag{12.3.8}$$

其中，第一类 m 阶贝塞尔函数可表示为$\mathrm{J}_m(x)=\dfrac{\mathrm{j}}{2\pi}\displaystyle\int_0^{2\pi}\exp(\mathrm{j}m\alpha)\exp(\mathrm{j}x\cos\alpha)\mathrm{d}\alpha$，其中$\alpha=\theta-\varphi$. 式(12.3.8)中的第二个等式定义为 m 阶 Hankel 变换. 因此，Hankel 变换也称傅里叶-贝塞尔变换.

在光学中，所有能进行光学傅里叶变换的系统，都可以像式(12.3.8)那样进行 Hankel 变换. 其中$f_m(r)$为输入像的 m 阶圆谐波函数，$F_m(\rho)$为输入像傅里叶变换的 m 阶圆谐波函数. 因此，一个二维输入函数的圆谐波函数的 Hankel 变换为其傅里叶变换的圆谐波函数.

12.4　Radon 变换

Radon 变换描述的是用于计算机断层摄影术(CT)、射电天文学和核医学等的投影算子. 1917 年 Radon 变换被提出，它将定义在二维平面上的一个函数$f(x,y)$ 沿着平面上的任意一条直线做线积分，相当于对函数$f(x,y)$做计算机断层摄影术(CT)扫描. Radon 变换的反演问题是根据 CT 的透射光强重建出投影前的函数$f(x,y)$，具有重要的应用.

12.4.1　Radon 变换的定义

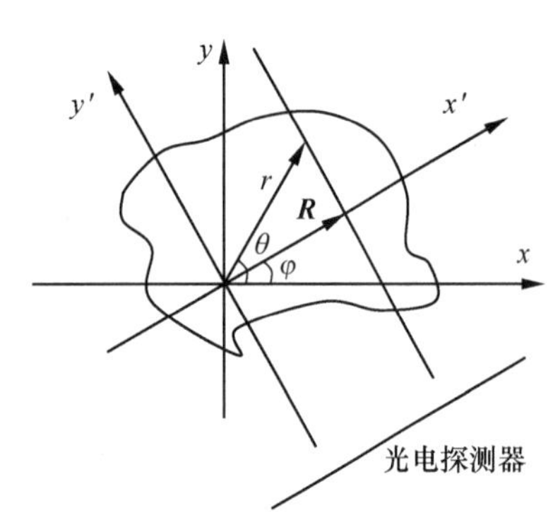

图 12.4.1　光学 Radon 变换

在断层摄影术中，待成像的三维物体可以由一系列投影平面描述. 假定在某投影平面上，物体的切面用极坐标形式表示为 $\boldsymbol{f}(r,\theta)$. 如图 12.4.1 所示，当光场以某个入射角通过该物体时，一维光电探测器阵列所接收的信号是沿光程的线积分结果，用 $g(R,\varphi)$ 表示，R 是从坐标原点到光线的距离，φ 是光线的垂直方向与 $\theta=0$ 轴所成的夹角. 辐射光场以一系列不同的入射角度 φ 转动，光电探测器阵列随之转动，从而得到一系列的投影结果.

每一个切面的投影可以看成是一个二维函数，在 Radon 变换中表示为

$$\boldsymbol{g}(R,\varphi)=\int_0^{2\pi}\int_0^{\infty}\boldsymbol{f}(r,\theta)\delta[r\cos(\varphi-\theta)-R]r\mathrm{d}r\mathrm{d}\theta \tag{12.4.1}$$

其中，δ 为狄拉克函数，它体现了受约束的平行投影，位置 r 应该保持在路径 $r\cdot\boldsymbol{R}/R=R$ 上，其中 $\boldsymbol{R}$ 的方向是路径的垂线方向，如图 12.4.1 所示.

Radon 变换具有对称性，表示为 $\boldsymbol{g}(-R,\varphi)=\boldsymbol{g}(R,\varphi+\pi)$.

12.4.2　像的重构

扫描目标的像可以从 Radon 逆变换中重构恢复出来. 从原理上讲，可以反投影每一个投影，然后对反投影求和得到每一个切片图. 傅里叶中心切片定理是更常用的像恢复方法. 式(12.4.1)的一维傅里叶变换为

$$\begin{aligned}\int\boldsymbol{g}(R,\varphi)\exp\left(-\mathrm{j}2\pi\rho R\right)\mathrm{d}R&=\int_0^{2\pi}\int_0^{\infty}\boldsymbol{f}(r,\theta)\exp\left[-\mathrm{j}2\pi u\rho r\cos(\varphi-\theta)\right]r\mathrm{d}r\mathrm{d}\theta\\&=\iint\boldsymbol{f}(x,y)\exp\left[-\mathrm{j}2\pi(ux+vy)\right]\mathrm{d}x\mathrm{d}y=\boldsymbol{F}(u,v)\end{aligned} \tag{12.4.2}$$

其中，$x=r\cos\theta, y=r\sin\theta, u=\rho\cos\varphi, v=\rho\sin\varphi$. 可见，$\boldsymbol{g}(R,\varphi)$ 的一维傅里叶变换是函数 $\boldsymbol{f}(r,\theta)$ 的直角坐标表示形式的二维傅里叶变换的一个切片，可以通过傅里叶逆变换方法从 $F(u,v)$ 恢复.

在像空间中的投影面，对于一个给定的投影方向，将笛卡儿坐标系 (x,y) 旋转一个角度 φ 变为 (x',y')，这样投影 $R=x'$，式(12.4.1)的积分变为一个一维积分，表示为

$$\boldsymbol{g}(R,0)=\int\boldsymbol{f}(x',y')\mathrm{d}y' \tag{12.4.3}$$

相应地，如果在频域空间中将傅里叶变换同样旋转一个角度 φ，使频域坐标 (u,v) 变为 (u',v')，这样式(12.4.2)变成

$$\int\boldsymbol{g}(R,0)\exp\left(-\mathrm{j}2\pi\rho R\right)\mathrm{d}R=\int\boldsymbol{f}(x',y')\exp\left(-\mathrm{j}\pi u'x'\right)\mathrm{d}y'=\boldsymbol{F}(u',0) \tag{12.4.4}$$

从这个结果可以看出，对每一个给定投影角的二维目标切片，它的一维傅里叶变换可以通过目标函数的二维傅里叶变换将之变成一条直线. 式(12.4.4)称为中心切片定理. 当旋转角 φ 后，投影函数的一维傅里叶变换 $\boldsymbol{g}(R,\varphi)$ 就可以给出目标切片上的整个二维傅里叶变换. 对于每个投影角，目标切片的傅里叶变换都可以被过原点的直线取样(又称中心切片).

式(12.4.2)的 Radon 逆变换给出了目标和目标本身的所有二维傅里叶变换. 这种直接使用傅里叶变换方法的像恢复原理很简单，要运用坐标变换，同时还要求考虑从极坐标到笛卡儿坐标的傅里叶频谱. 另外，由投影变换或 Radon 变换中恢复像的方法还有很多，比如滤波反投影算法以及 Hankel 变换的圆谐波重构法等.

12.5　Hough 变换

Hough 变换是一种特殊的积分变换，是 Radon 变换的一种特殊情况. 虽然 Hough 变换的定义可以从 Radon 变换推出，但两者是有根本区别的. Radon 变换用来处理图像投影在多维子空间中的情况，而 Hough 变换用来处理图像的坐标变换. Hough 变换在图像的曲面检测、移动目标的跟踪以及图像处理和模式识别中有很多应用.

12.5.1　Hough 变换定义

在笛卡儿坐标系中，直线的 Hough 变换定义为

$$\boldsymbol{H}(\theta,r)=\iint \boldsymbol{f}(x,y)\delta(r-x\cos\theta-y\sin\theta)\mathrm{d}x\mathrm{d}y=\begin{cases}1, & (\theta_1,r_1)\\ 0, & 其他\end{cases} \tag{12.5.1}$$

其中

$$\boldsymbol{f}(x,y)=\begin{cases}1, & (x,y)\in r_1=x\cos\theta_1+y\sin\theta_1\\ 0, & 其他\end{cases}$$

是 xy 空间内的一条直线，在 θr 空间中，该直线变换为一个点(θ_1, r_1)，如图 12.5.1 所示.

另外，在 x-y 坐标系中，任意点 $\delta(x-x_0, y-y_0)$ 的 Hough 变换表示为

$$\boldsymbol{H}(\theta,r)=\iint \delta(x-x_0,y-y_0)\delta(r-x\cos\theta-y\sin\theta)\mathrm{d}x\mathrm{d}y=\delta(r-x_0\cos\theta-y_0\sin\theta) \tag{12.5.2}$$

式(12.5.2)描述 θr 平面中的一个伪正弦函数，如图 12.5.2 所示. 事实上，xy 平面上的一个点可以表示为多条直线相交而成的交点. 依据直线的方向及距 x-y 坐标系原点的距离，每条直线映射为 θr 平面内的一个点，所有这些点组成一个伪正弦曲线.

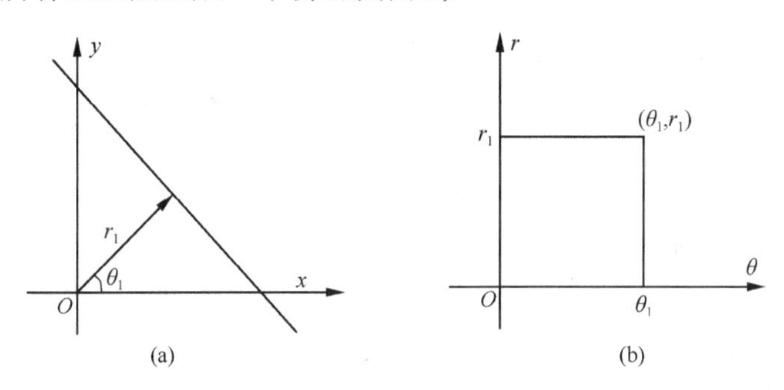

图 12.5.1　位于 xy 平面内的一条直线经 Hough 变换后在 θr 平面内变成一个点

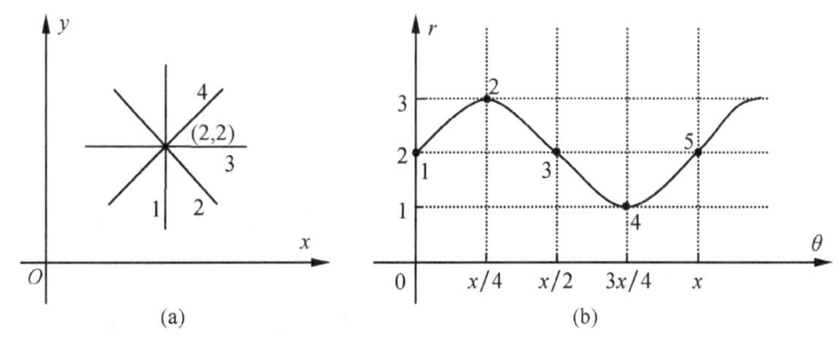

图 12.5.2　xy 平面内一个点经 Hough 变换后变为 θr 平面内的一条近似正弦曲线

(θr 空间中用 1,2,3,4,5 标注的点对应于 xy 平面内的直线)

12.5.2 Hough 变换的光学实现

光学系统的 Hough 变换是由 Gindi 和 Gmitro 提出的，如图 12.5.3 所示，光学系统对一个输入目标进行成像，由两个柱透镜分别在垂直和水平方向实现一维傅里叶变换. 用 CCD 提取零阶傅里叶变换谱，就可得到给定的 θ 角的 Hough 变换线，旋转 Dove 棱镜可使 θ 角做角向扫描，线阵 CCD 探测器就以扫描速度记录下 Hough 变换的结果.

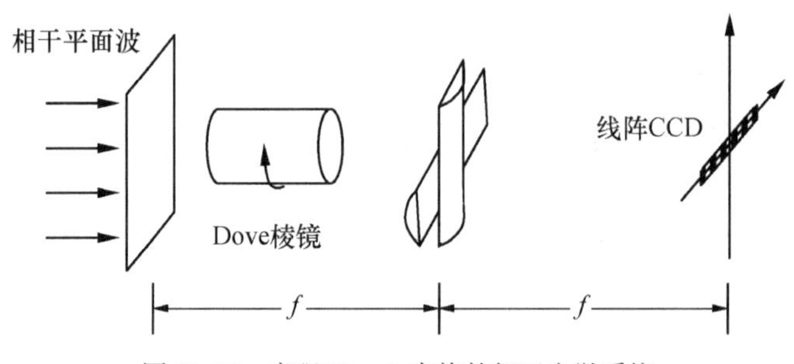

图 12.5.3 实现 Hough 变换的相干光学系统

虽然 Hough 变换直线映射的光学实现在一定范围内可行，但 Hough 变换的空间误差在广义变换时可能会产生严重的问题. 另外，Hough 变换的有效性与映射的准确度有关，光学系统的性能与输入信号的信噪比及杂散光有关；此外，还存在多目标问题. 因此，Hough 变换大多用在数字图像处理中.

12.6 光学小波变换

傅里叶变换已经广泛地和成功地用于信号处理和光学图像处理. 一个信号通过傅里叶变换分解成两组正弦和余弦三角函数的线性组合，这些基函数在时间(t)轴上无限扩展，因此傅里叶变换比较适合于较长时间范围内的稳态信号处理. 但是，在很多应用领域，人们常常需要处理有限范围内的瞬时信号，如语音信号、地震信号和心电图信号. 傅里叶变换在任何有限频段上的信息并不足以确定在任意小范围内的函数，所以傅里叶分析将引起高频噪声. 此外，傅里叶变换不能反映频谱随时间的变化.

小波变换(wavelet transform，WT)是一种表达在时域(包括空域)和频域(包括空间频域)都有限的信号的新方法. 这种变换对于小范围内的瞬态信号的频谱分析是非常有效的. 小波变换可以用光学方法，采用一组光学子波滤波器来实现. 这种新方法在 20 世纪 90 年代初提出后立即引起广泛注意，在信号和图像处理领域得到迅速发展.

在本节中，我们首先从短时傅里叶变换入手，引入小波变换的概念，然后简要地介绍小波变换的定义、基本性质、常用小波函数和小波变换的光学实现方法.

12.6.1 从短时傅里叶变换到小波变换

1. 短时傅里叶变换

为了有效地提取一个局部信号 $\boldsymbol{s}(t)$ 的信息，我们必须引入一个局部化的变换. 所谓局部化，就是被分析的区间有一个中心坐标 t_c 和一定的宽度 Δt ，我们仅对 t_c 附近 Δt 范围内的信息进行处理，当 t_c 改变时，就可提取不同的信息.

为了实现局部化，一个有效的办法是在傅里叶变换中加一个窗函数 $\boldsymbol{w}(t)$ ，即

$$\mathcal{S}_{\mathrm{w}}(\nu,t_0)=\int_{-\infty}^{\infty}\boldsymbol{s}(t)\exp(-\mathrm{j}2\pi\nu t)\boldsymbol{w}(t-t_0)\mathrm{d}t \tag{12.6.1}$$

在频域中，上式可表示为

$$\mathcal{S}_{\mathrm{w}}(\nu,t_0)=[\boldsymbol{W}(\nu)\exp(-\mathrm{j}2\pi\nu \mathrm{t}_0)]*\boldsymbol{s}(\nu) \tag{12.6.2}$$

式中 $\boldsymbol{W}(\nu)$ 和 $\boldsymbol{s}(\nu)$ 分别是 $\boldsymbol{w}(t)$ 和 $\boldsymbol{s}(t)$ 的傅里叶变换.

只要 $\boldsymbol{w}(t)$ 和 $\boldsymbol{W}(\nu)$ 有足够的衰减速度，窗函数就是一个局部化的函数. 窗函数的中心 t_{c} 定义为

$$t_{\mathrm{c}}=\frac{\int_{-\infty}^{\infty} t\boldsymbol{w}^*(t)\boldsymbol{w}(t)\mathrm{d}t}{\int_{-\infty}^{\infty} \boldsymbol{w}^*(t)\boldsymbol{w}(t)\mathrm{d}t} \tag{12.6.3}$$

t_{c} 和 t_0 不一定相等. 窗函数的宽度定义为

$$\Delta w=2\left[\frac{\int_{-\infty}^{\infty}(t-t_{\mathrm{c}})^2\boldsymbol{w}^*(t)\boldsymbol{w}(t)\mathrm{d}t}{\int_{-\infty}^{\infty} \boldsymbol{w}^*(t)\boldsymbol{w}(t)\mathrm{d}t}\right] \tag{12.6.4}$$

由于窗函数有局部处理的功能，因此式(12.6.1)所定义的变换称为短时傅里叶变换(short-time Fourier transform). 在表达式(12.6.1)中，频率变量 ν 和时间变量 t_0 同时出现在变换函数中，这是短时傅里叶变换和常规傅里叶变换的一个重要区别. 在常规傅里叶变换中，时间变量和频率变量分别出现在信号函数 $\boldsymbol{s}(t)$ 和它的频谱 $\boldsymbol{S}(\nu)$ 中. 在短时傅里叶变换中，窗口宽度隐含于 $\mathcal{S}_{\mathrm{w}}(\nu,t_0)$ 中，正是 t_0 和窗口宽度 $\Delta\boldsymbol{w}$ 使这一变换具有局部处理功能. 改变 t_0，窗口就在时域中移动，以获取不同区域的信息，t_0 通常称为位移因子；$\Delta\boldsymbol{w}$ 则限制被处理的时间范围.

与 t_{c}、$\Delta\boldsymbol{w}$ 对应，存在频率中心坐标

$$\nu_{\mathrm{c}}=\frac{\int_{-\infty}^{\infty}\nu\boldsymbol{W}^*(\nu)\boldsymbol{W}(\nu)\mathrm{d}\nu}{\int_{-\infty}^{\infty}\boldsymbol{W}^*(\nu)\boldsymbol{W}(\nu)\mathrm{d}\nu} \tag{12.6.5}$$

和频率窗宽度

$$\Delta W=2\left[\frac{\int_{-\infty}^{\infty}(\nu-\nu_{\mathrm{c}})^2\boldsymbol{W}^*(\nu)\boldsymbol{W}(\nu)\mathrm{d}\nu}{\int_{-\infty}^{\infty}\boldsymbol{W}^*(\nu)\boldsymbol{W}(\nu)\mathrm{d}\nu}\right]^{1/2} \tag{12.6.6}$$

$\Delta w\Delta W$ 称为时间-频率窗，它限制了时域和频域中被处理区域的范围. 根据光学中的测不准关系，应当有

$$\Delta w\Delta W\geqslant 1/\pi \tag{12.6.7}$$

当把高斯函数取为窗函数时，式(12.6.7)中的等号成立，这种情况下的短时傅里叶变换具有最小处理区域.

短时傅里叶变换具有局部性，表现在处理过程限制在时间-频率窗内进行. 窗的位置是可变的，但窗的大小不能改变，这使短时傅里叶变换在处理一些奇异性的信号时显得无能为力. 小波变换的窗口宽度可变就克服了这一缺点.

下面举两个具体的变换来说明上面的分析. 一个是伽博(Gabor)变换，它的窗口宽度是不能改变的；另一个是 Morlet 变换，它的窗口宽度是可变的.

2. 伽博变换

伽博选择高斯函数为窗函数，在 1946 年提出下面的伽博变换

$$\boldsymbol{G}_{\sigma,\mu}\{s\}=\frac{1}{\sqrt{2\pi}\sigma}\int_{-\infty}^{\infty}\boldsymbol{s}(t)\exp(-\mathrm{j}2\pi\nu t)\exp\left[-\frac{(t-\mu)^2}{2\sigma^2}\right]\mathrm{d}t \tag{12.6.8}$$

式中，σ 和 μ 均为变换参数. 上式又可表示为

$$\boldsymbol{G}_{\sigma,\mu}\{s\}=\int_{-\infty}^{\infty}\boldsymbol{s}(t)\exp(-\mathrm{j}2\pi\nu t)\boldsymbol{w}(t-\mu)\mathrm{d}t \tag{12.6.9}$$

式中

$$\boldsymbol{w}_\sigma(t)=\frac{1}{\sqrt{2\pi}\sigma}\exp\left(-\frac{t^2}{2\sigma^2}\right) \tag{12.6.10}$$

因此，伽博变换就是高斯窗短时傅里叶变换.

式(12.6.10)所示的高斯函数，正是概率论中的高斯概率密度函数，因此由概率密度函数的定义有

$$\frac{1}{\sqrt{2\pi}\sigma}\int_{-\infty}^{\infty}\exp\left(\frac{-t^2}{2\sigma^2}\right)\mathrm{d}t=1 \tag{12.6.11}$$

由 n 阶矩公式有

$$\frac{1}{\sqrt{2\pi}\sigma}\int_{-\infty}^{\infty}t^n\exp\left(-\frac{t^2}{2\sigma^2}\right)\mathrm{d}t=\begin{cases}0, & n\text{为奇}\\ 1\cdot3\cdot5\cdot\cdots\cdot(n-1)\sigma^2, & n\text{为偶}\end{cases} \tag{12.6.12}$$

利用窗函数的这两个性质，易于求出窗函数的中心坐标和窗口宽度.

窗函数的中心坐标为

$$t_{\mathrm{c}}=\frac{\dfrac{1}{2\pi\sigma^2}\displaystyle\int_{-\infty}^{\infty}t\exp\left(-\frac{t^2}{\sigma^2}\right)\mathrm{d}t}{\dfrac{1}{2\pi\sigma^2}\displaystyle\int_{-\infty}^{\infty}\exp\left(-\frac{t^2}{\sigma^2}\right)\mathrm{d}t}=0 \tag{12.6.13}$$

$$\Delta\boldsymbol{w}=2\left[\frac{\dfrac{1}{2\pi\sigma^2}\displaystyle\int_{-\infty}^{\infty}t^2\exp\left(-\frac{t^2}{\sigma^2}\right)\mathrm{d}t}{\dfrac{1}{2\pi\sigma^2}\displaystyle\int_{-\infty}^{\infty}\exp\left(-\frac{t^2}{\sigma^2}\right)\mathrm{d}t}\right]^{1/2}=2\left(\frac{\sigma/(4\sqrt{\pi})}{1/(2\sqrt{\pi}\sigma)}\right)^{1/2}=\sqrt{2}\sigma \tag{12.6.14}$$

$\boldsymbol{w}_\sigma(t)$ 的傅里叶变换

$$\boldsymbol{W}_\sigma(\nu)=\exp(-2\pi^2\sigma^2\nu^2) \tag{12.6.15}$$

也是高斯函数，频率宽度为

$$\Delta W=1/(\sqrt{2}\sigma\pi) \tag{12.6.16}$$

因此有 $\Delta w\Delta W=1/\pi$.

伽博变换在频域中的表示式由式(12.6.2)推出

$$\begin{aligned}\boldsymbol{G}_{\sigma,\mu}\{s\}&=[\exp(-2\pi^2\sigma^2\nu^2)\exp(-\mathrm{j}2\pi\nu\mu)]*\boldsymbol{s}(\nu)\\&=\int_{-\infty}^{\infty}\boldsymbol{s}(\nu')\exp[-2\pi^2\sigma^2(\nu-\nu')^2]\exp[-\mathrm{j}2\pi(\nu-\nu')\mu]\,\mathrm{d}\nu'\\&=\sqrt{2\pi}\sigma\exp(-\mathrm{j}2\pi\nu\mu)\boldsymbol{G}_{\tau,\mu}\{s\}\end{aligned} \tag{12.6.17}$$

式中

$$\tau=1/(2\pi\sigma) \tag{12.6.18}$$

可见伽博变换在频域和时域中的表达式具有相似的形式.

由以上分析可知，伽博变换给出了一个中心位于 μ，宽度为 $\sqrt{2}\sigma$ 的时间窗，从而实现了时域处理的局部化；与之相应，它又给出了一个中心位于 ν，宽度为 $1/(\sqrt{2}\pi\sigma)$ 的频率窗，从而实现了频域处理的局部化. 用伽博变换处理信号时，处理过程限制在时-频窗内进行，窗的面积为 $1/\pi$，与参数 σ 无关，不随 σ 而变化，这正是短时傅里叶变换的缺点.

3. 复 Morlet 小波变换

为了克服伽博变换中窗口尺寸不能变动的缺点，只要对它略加改造就得到 Morlet 小波母函数

$$\boldsymbol{h}(t)=\exp(\mathrm{j}2\pi\nu t)\boldsymbol{w}_{\sigma}(t)=\frac{1}{\sqrt{2}\pi\sigma}\exp(\mathrm{j}2\pi\nu t)\exp\left(-\frac{t^2}{2\sigma^2}\right) \tag{12.6.19}$$

再引入参数 a、b 生成子函数

$$\boldsymbol{h}_{a,b}(t)=\frac{1}{\sqrt{a}}\boldsymbol{h}\left(\frac{t-b}{a}\right)=\frac{1}{\sqrt{2}\pi a\sigma}\exp\left[\mathrm{j}2\pi\left(\frac{\nu}{a}\right)(t-b)\right]\exp\left[-\frac{1}{2\sigma^2}\left(\frac{t-b}{a}\right)^2\right] \tag{12.6.20}$$

现定义信号函数 $\boldsymbol{s}(t)$ 的 Morlet 小波变换为

$$\boldsymbol{W}_{a,b}(s)=\frac{1}{\sqrt{a}}\int_{-\infty}^{\infty}\boldsymbol{h}^*\left(\frac{t-b}{a}\right)\boldsymbol{s}(t)\mathrm{d}t=\frac{\exp\left(\frac{\mathrm{j}2\pi b\nu}{a}\right)}{\sqrt{2}\pi a\sigma}\int_{-\infty}^{\infty}\boldsymbol{s}(t)\exp\left(\frac{-\mathrm{j}2\pi\nu t}{a}\right)\exp\left[\frac{-1}{2\sigma^2}\left(\frac{t-b}{a}\right)^2\right]\mathrm{d}t \tag{12.6.21}$$

将上式与式(12.6.8)比较，发现 Morlet 小波变换与伽博变换的实质差别在于：小波变换的中心频率为 (ν/a)，随参数 a 的增大而减小. 而窗函数为

$$\boldsymbol{w}_{\sigma,a}(t)=\frac{1}{\sqrt{2}\pi a\sigma}\exp\left[-\frac{1}{2\sigma^2}\left(\frac{t}{a}\right)^2\right] \tag{12.6.22}$$

显然，窗函数中心 $t_{\mathrm{c}}=0$，时间窗宽度为

$$\Delta\boldsymbol{w}=2\left[\frac{\frac{1}{2\pi a\sigma^2}\int_{-\infty}^{\infty}t^2\exp\left(-\frac{t^2}{a^2\sigma^2}\right)\mathrm{d}t}{\frac{1}{2\pi a\sigma^2}\int_{-\infty}^{\infty}\exp\left(-\frac{t^2}{a^2\sigma^2}\right)\mathrm{d}t}\right]^{1/2}=2\left[\frac{a^2\sigma/(4\sqrt{\pi})}{1/(2\sqrt{\pi}\,\sigma)}\right]=\sqrt{2}a\sigma \tag{12.6.23}$$

频率窗函数为

$$\boldsymbol{W}_{\sigma,a}(\nu)=\sqrt{a}\exp(-2\pi^2a^2\sigma^2\nu^2) \tag{12.6.24}$$

频率窗宽度为

$$\Delta W_{\sigma,a}=1/(\sqrt{2}\pi a\sigma) \tag{12.6.25}$$

当中心频率增高时(a 减小)，时间窗宽度变小而频率窗宽度增大，可以处理更多的高频信息；当中心频率低时(a 增大)，频率窗变小而时间窗加宽，可容纳足够的时间周期，以保证处理精度.

12.6.2　小波变换

1. 一维连续小波变换定义

更通用的小波变换的基函数写为 $\boldsymbol{h}_{a,b}(t)$，它是由小波母函数 $\boldsymbol{h}(t)$ 以扩缩和位移的方式产生的. 基函数由下式表示：

$$\boldsymbol{h}_{a,b}(t)=\frac{1}{\sqrt{a}}\boldsymbol{h}\left(\frac{t-b}{a}\right) \tag{12.6.26}$$

式中，扩缩因子 $a>0$，信号 $\boldsymbol{s}(t)$ 的小波变换被定为希尔伯特空间的内积

$$\boldsymbol{W}_s(a,b)=\langle \boldsymbol{h}_{a,b}(t),\boldsymbol{s}(t)\rangle=\frac{1}{\sqrt{a}}\int_{-\infty}^{\infty}\boldsymbol{h}^*\left(\frac{t-b}{a}\right)\boldsymbol{s}(t)\mathrm{d}t \tag{12.6.27}$$

上式亦为信号与扩缩子波之间的相关运算. $\boldsymbol{W}_s(a,b)$ 也可看成某一组扩缩因子 a 下，时间位移 b 的函数. 扩缩因子 a 体现了不同的分辨率. 当扩缩因子 a 趋于 0 时，$\boldsymbol{h}_{a,b}(t)$ 向 $t=b$ 点集中或压缩，但由于 $1/\sqrt{a}$ 同时变大，因而不同尺度的子波具有相同的能量；当扩缩因子 a 减小时，$\boldsymbol{W}_s(a,b)$ 显示了信号 $\boldsymbol{s}(t)$ 的小尺度高频特征；而当扩缩因子 a 增大时，$\boldsymbol{W}(a,b)$ 显示了信号的粗的低频特征.

图 12.6.1 给出了公式(12.6.20)所示的 Morlet 小波子函数的实部. 图中参数 m、n 用来控制小波的扩缩和平移量，将 $\boldsymbol{h}_{a,b}(t)$ 写为 $\boldsymbol{h}_{m,n}(t)$，$m,n=0,1,2,\cdots$；$a=a_0^m$；$b=nb_0$. 当 $m=n=0$ 时，$a=1,b=0$，为母函数；当 $m=1,n=0$ 时，$a=a_0,b=0$，对应的一阶小波函数为

$$\boldsymbol{h}_{1,0}(t)=\frac{1}{\sqrt{a_0}}\frac{1}{\sqrt{2\pi}\sigma}\exp\left(\frac{\mathrm{j}2\pi\nu_0 t}{a_0}\right)\exp\left(-\frac{t^2}{2\sigma^2a_0^2}\right)$$

当 $m=-1,n=0$ 时，$a=a_0^{-1},b=0$，有负一阶小波函数

$$\boldsymbol{h}_{-1,0}(t)=\frac{1}{\sqrt{1/a_0}\sqrt{2\pi}\sigma}\exp(\mathrm{j}2\pi\nu_0a_0t)\exp\left(-\frac{a_0^2t^2}{2\sigma^2}\right)$$

$h(t),h_{1,0}(t)$ 和 $h_{-1,0}(t)$ 已分别在图 12.6.1 中画出.

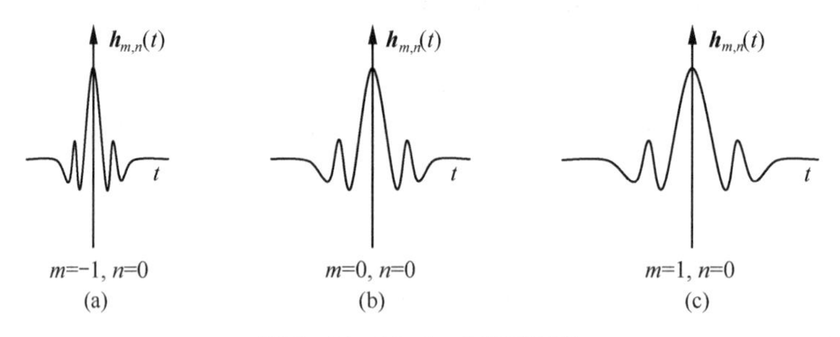

图 12.6.1 Morlet 小波子函数

2. 频域中的小波变换

在频域中，小波可表示为

$$\boldsymbol{H}_{a,b}(\nu)=\int_{-\infty}^{\infty}\exp(-\mathrm{j}2\pi\nu t)\boldsymbol{h}_{a,b}(t)\mathrm{d}t=\sqrt{a}\exp(-\mathrm{j}2\pi\nu b)\boldsymbol{H}(a\nu) \tag{12.6.28}$$

式中，$\boldsymbol{H}(\nu)$ 是小波母函数 $\boldsymbol{h}(t)$ 的傅里叶变换. 当时间域的扩大 t/a 等价于频域的压缩 $a\nu$，时间域的位移 b 等价于频域的相位移动 $\exp(-\mathrm{j}2\pi\nu b)$.

在公式(12.6.27)中，小波变换也可以在频域中表示为信号频谱 $\boldsymbol{S}(\nu)$ 和频域小波 $\boldsymbol{H}_{a,b}(a\nu)$ 的内积

$$\boldsymbol{W}_s(a,b)=\sqrt{a}\int_{-\infty}^{\infty}\boldsymbol{H}^*(a\nu)\exp(\mathrm{j}2\pi\nu b)\boldsymbol{S}(\nu)\mathrm{d}\nu \tag{12.6.29}$$

上式表明，小波变换可以在一个光学相关器中实现，只要我们采用一组具有不同尺度因子 a 的光波滤波器 $\boldsymbol{H}(a\nu)$ 就可以了.

3. 存在条件

小波必须满足存在条件，才能将信号 $\boldsymbol{s}(t)$ 展开为小波函数的加权叠加积分，即

$$\boldsymbol{s}(t)=\frac{1}{C_{\mathrm{h}}}\iint_{-\infty}^{\infty}\langle \boldsymbol{h}_{a,b},\boldsymbol{S}\rangle \boldsymbol{h}_{a,b}(t)\frac{1}{a^2}\mathrm{d}a\mathrm{d}b \tag{12.6.30}$$

式中，归一化函数 C_{h} 定义为

$$C_{\mathrm{h}}\equiv\int_{-\infty}^{\infty}\frac{|\boldsymbol{H}(\nu)|^2}{|\nu|}\mathrm{d}\nu<\infty \tag{12.6.31}$$

只有满足 $C_{\mathrm{h}}<\infty$ 小波逆变换才成立，所以这个条件称为小波存在条件. 这个存在条件意味着在 $\nu=0$ 时 $|\boldsymbol{H}(\nu)|^2=0$, 而且

$$\int_{-\infty}^{\infty}\boldsymbol{h}(t)\mathrm{d}t=0 \tag{12.6.32}$$

这意味着小波函数具有零均值，其傅里叶谱直流分量为零.

4. 离散小波变换(DWT)

与傅里叶变换类似，对于离散信号可以进行离散小波变换. 我们假定信号 $\boldsymbol{s}(x)$ 也是离散的. 离散小波变换的形式为

$$\boldsymbol{W}_{ij}=\sum_{x}\boldsymbol{s}(x)\boldsymbol{h}[(x-x_i)/a_j]\Big/\sqrt{a_j} \tag{12.6.33}$$

对应于信号的重建过程，离散小波逆变换为

$$\boldsymbol{s}(x)=\sum_{i}\sum_{j}\boldsymbol{W}_{ij}\,\boldsymbol{h}[(x-x_i)/a_j]\Big/\sqrt{a_j} \tag{12.6.34}$$

12.6.3　小波函数

下面介绍几种常用的小波函数.

1. Haar 小波

Haar 小波是双极性阶跃函数

$$\boldsymbol{h}(t)=\mathrm{rect}\left[2\left(t-\frac{1}{4}\right)\right]-\mathrm{rect}\left[2\left(t-\frac{3}{4}\right)\right] \tag{12.6.35}$$

它是以 $t=1/2$ 为中心的奇对称实函数，满足小波存在条件的式(12.6.32). Haar 小波的傅里叶变换是

$$\boldsymbol{h}(\nu)=2\mathrm{j}\exp(-\mathrm{j}\pi\nu)\frac{1-\cos(\pi\nu)}{\pi\nu} \tag{12.6.36}$$

它的模是正的偶函数，以 $\nu=0$ 为对称轴. 相位因子 $\exp(-\mathrm{j}\pi\nu)$ 是由于 $\boldsymbol{h}(t)$ 是以 $t=1/2$ 为中心的奇对称性所引起的. Haar 小波及其傅里叶变换如图 12.6.2 所示.

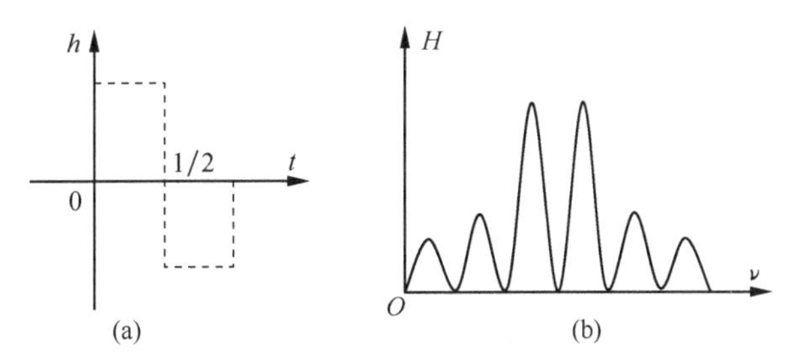

图 12.6.2　Haar 小波及其傅里叶变换

Haar 小波对于离散的缩放因子和位移量是正交的，其傅里叶谱的振幅 $|\boldsymbol{H}(\nu)|$ 随 $1/\nu$ 很慢地收敛到零.

2. Morlet 小波

Morlet 小波是由分析声像技术引入的，它的一种简洁的复数表达式为

$$\boldsymbol{h}(t)=\exp(\mathrm{j}2\pi\nu_0 t)\exp\left(-\frac{t^2}{2}\right) \tag{12.6.37}$$

其实部是余弦-高斯函数，也被称为实 Morlet 小波. 实 Morlet 小波的傅里叶谱是平移到 ν_0 及 $-\nu_0$ 处的两个高斯函数，即

$$\boldsymbol{h}(\nu)=2\pi\{\exp[-2\pi^2(\nu-\nu_0)^2]+\exp[-2\pi^2(\nu+\nu_0)^2]\} \tag{12.6.38}$$

显然，$\boldsymbol{H}(\nu)$ 是正的实偶函数. 图 12.6.3 是 $\boldsymbol{h}(t)$ 的实部和傅里叶谱 H. 由于 $\boldsymbol{H}(0)\geqslant 0$，所以小波变换的存在条件没有满足，但是对于较大的 ν_0，$\boldsymbol{H}(0)$ 十分接近于 0，在数值计算时可近似地看成 0.

3. Mexican-hat 小波

Mexican-hat 小波母函数实际上是高斯函数的二阶导数，因形状如墨西哥帽，被称为墨西哥帽小波，广泛用于零交叉多分辨边缘检测，表达式为

$$\boldsymbol{h}(t)=(1-|t|^2)\exp\left(-\frac{|t|^2}{2}\right) \tag{12.6.39}$$

该函数是实偶函数，满足小波变换存在条件. Mexican-hat 小波的傅里叶变换是

$$\boldsymbol{H}(\nu)=4\pi^2\nu^2\exp(-2\pi\nu^2) \tag{12.6.40}$$

它也是实偶函数，如图 12.6.4 所示.

高斯函数的高阶导数也可以用来作为小波函数. 高斯函数 n 阶导数的傅里叶谱 $\boldsymbol{H}(\nu)$ 将是乘以 $(\mathrm{j}2\pi\nu)^n$ 的高斯函数，所以 $\boldsymbol{H}(0)=0$，满足子波变换的存在条件. Mexican-hat 小波变换收敛速度很快.

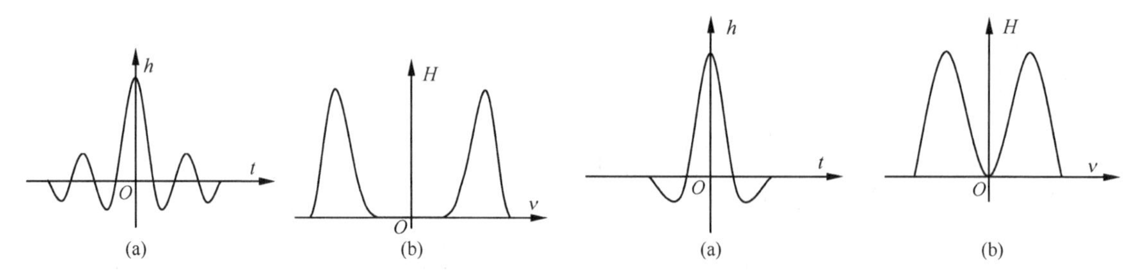

图 12.6.3　Morlet 小波及其傅里叶变换　　图 12.6.4　Mexican-hat 小波及其傅里叶变换

4. Meyer 小波

Meyer 小波在频率域定义为

$$\boldsymbol{H}(\nu)=\exp(-\mathrm{j}\pi\nu)\sin[\omega(\nu)] \tag{12.6.41}$$

式中 $\omega(\nu)$ 是偶对称函数，如图 12.6.5 所示. 图中，$\widehat{AB}$ 弧段有一个对称中心，在 $\nu=\dfrac{1}{2}$ 和 $\omega\left(\dfrac{1}{2}\right)=\dfrac{\pi}{4}$ 处，即

$$\omega(1-\nu)=\frac{\pi}{2}-\omega(\nu),\qquad \frac{1}{3}\leqslant\nu\leqslant\frac{2}{3} \tag{12.6.42}$$

而 $\widehat{BC}$ 弧段具有相同的形状，是 $\widehat{AB}$ 弧段的翻转和展开，其对称中心在 $\nu=1$ 和 $\omega(1)=\dfrac{\pi}{4}$ 处，即

$$\omega(2\nu)=\frac{\pi}{2}-\omega(\nu),\qquad \frac{1}{3}\leqslant\nu\leqslant\frac{2}{3} \tag{12.6.43}$$

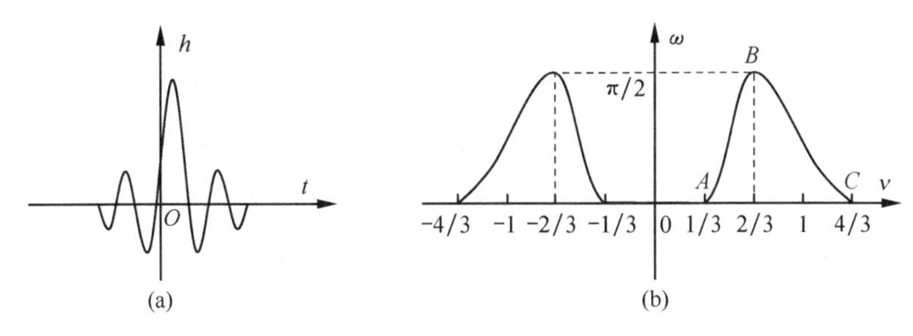

图 12.6.5　Meyer 小波和形成傅里叶谱的 $\omega(\nu)$ 函数

如果式(12.6.43)中相移因子 $\exp(-\mathrm{j}\pi\nu)$ 被忽略，则 $\boldsymbol{H}(\nu)$ 为实偶函数. 相移因子的作用是使 $\boldsymbol{h}(t)$ 在时间轴上的位移为 $t=\dfrac{1}{2}$.

时域中，Meyer 小波可表示为

$$\boldsymbol{h}(t)=2\int_{-\infty}^{\infty}\sin[\omega(\nu)]\cos\left[2\pi\left(t-\frac{1}{2}\right)\nu\right]\mathrm{d}\nu \tag{12.6.44}$$

正如图 12.6.5 所示，它也是一个以 $t=\dfrac{1}{2}$ 为对称点的实函数，衰减较快. Meyer 已经证明，具有离散缩放和位移因子的这种小波，可以构成一组正交基底.

12.6.4　光学小波变换

信号分解为小波系数，以及由小波变换系数重建信号，可以利用计算机多分辨分析算法完成. 对于离散和正交的小波变换，算法是完全递归的、简单的和快速的. 用于小波变换的 VLSI 专用集成块已有报道制成. 但是，光学所提供的实时小波变换的潜力却引起人们极大的兴趣和关注.

根据式(12.6.27)的定义，小波变换是信号 $\boldsymbol{s}(t)$ 和由缩放因子 a 定标的小波 $\boldsymbol{h}(t)$ 之间的相关. 光学小波变换在傅里叶平面采用 $\boldsymbol{H}(a\nu)$ 作为小波变换滤波器，小波变换滤波器是 $b=0$ 的扩缩小波 $\boldsymbol{h}\left(\dfrac{t}{a}\right)$ 的傅里叶变换. 根据公式(12.6.29)，相关输出中还存在与 b 有关的相位因子. 对于一个给定的小波变换滤波器，缩放因子 a 是固定的. 在多分辨小波变换分析中，我们需要一组具有离散的缩放因子 a 的小波变换滤波器.

一般说来，小波及其傅里叶变换是复值函数，因此小波滤波器 $\boldsymbol{H}(a\nu)$ 应该作成全息滤波器，它可以用光学方法记录或者用计算机产生. 正如我们在前面所介绍的，也存在很多实小波函数，光学相关器所具有的平移不变特点使我们可以取消位移因子，在小波变换滤波器中，令 $b=0$. 此外，光学小波变换与时间原点的选择无关，因此我们可以移动原来相对于 $t=1/2$ 对称的小波，使得 $\boldsymbol{h}(t)$ 相对于 $t=0$ 对称. 这样相应的相移因子 $\exp(\mathrm{j}\pi\nu)$ 就从小波变换滤波器中取消了，这一特点大大地简化了小波变换滤波器. 实际上，很多小波变换滤波器是正的实函数，例如用于编码 Haar、实 Morlet、Mexian-hat、Meyer 小波的小波变换滤波器都是正的实函数. 这些滤波器可以是非常简单的光学透过率模板，也可用液晶光阀等空间光调制器实时实现.

一个二维的光学相关器可以实现一个一维的小波变换，图 12.6.6 是这种光学相关器的原理图. 一维输入信号 $\boldsymbol{S}(t)$ 被显示在空间光调制器上，例如可用声光电池作为这样的调制器，用一个平行光速作为声光调制器的照明光源. 信号 $\boldsymbol{S}(t)$ 的傅里叶变换由一柱面透镜沿 x 方向实现，而 y 方向没有任何变换. 在傅里叶平面 u-ν，一维信号谱 $\boldsymbol{S}(\nu)$ 沿 u 轴分布，同时沿 ν 轴扩展. 一组滤波器 $\boldsymbol{H}(a\nu)$ 被放置在傅里叶平面上，其在水平方向由几个条带构成，分别代表一个具有不同缩放因子 a 的一维小波滤波器 $\boldsymbol{H}(a\nu)$. 因子 a 沿垂直轴变化，一个球面和柱面透镜组合沿水平轴实现傅里叶逆变换，并且沿垂直轴形成条带滤波器的像. 所以光学相关器的输出平面与傅里叶平面一样，也被分成几个水平的条带，每一个条带代表输入信号的一维小波变换$\boldsymbol{W}_s(a,b)$，参数b对应于水平轴，而参数a沿垂直轴变化，对应于条带滤波器的缩放因子a. 这种二维输出是信号的相空间或时间-频率联合表述，以水平轴为连续位移参数b，以垂直轴为离散的扩缩参数a. 小波变换的输出用一个CCD相机检测，在公式(12.6.27)中用$\dfrac{1}{\sqrt{a}}$进行的归一化运算由计算机完成.

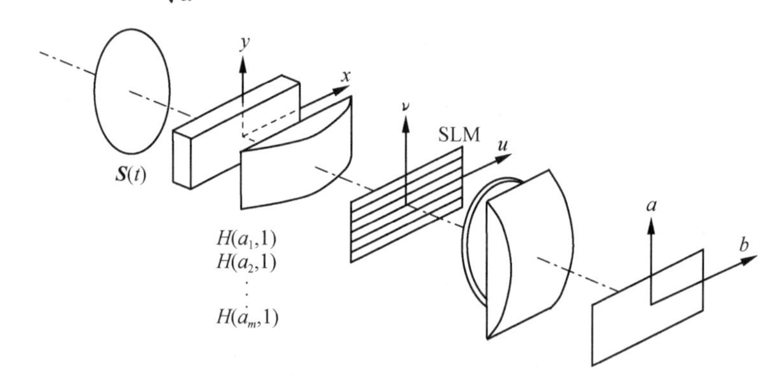

图 12.6.6　实现一维小波变换的二维光学相关器

12.6.5　光学 Morlet 小波变换的实例

在这一实例中，采用图 12.6.6 所示的光学多通道小波变换相关器. 两个柱面透镜的焦距为240mm，球面透镜焦距为 210mm. 相关器用He-Ne激光作为光源.小波函数是余弦-高斯 Morlet 函数

$$\boldsymbol{h}(t)=\cos(2\pi\nu_0 t)\frac{1}{\sqrt{2\pi}\sigma}\exp\left(-\frac{t^2}{2\sigma^2}\right) \tag{12.6.45}$$

它的傅里叶变换是

$$\boldsymbol{H}(\nu)=\frac{1}{2}\{\exp[-2\pi^2\sigma^2(\nu-\nu_0)^2]+\exp[-2\pi^2\sigma^2(\nu+\nu_0)^2]\} \tag{12.6.46}$$

$\boldsymbol{H}(\nu)$是一个实函数，表达式$\boldsymbol{H}(0)=\exp(-2\pi^2\sigma^2\nu_0^2)\neq 0$，但是随余弦函数频率$\nu_0$的增加而迅速下降. 例如，当$2\pi\nu_0=5$，$\sigma=1$时，$\boldsymbol{H}(0)=3.7\times10^{-6}$, 因此小波变换的存在条件在一个非常好的近似范围内被满足.

要制作一组六个小波变换滤波器，扩缩因子是随意选择的，它们是$a=1.0$，1.56，2.42，3.75，7.5，21.43，如图 12.6.7(a)所示，图中小波变换滤波器的高斯剖面已用矩形函数近似. 图 12.6.7(b)是对于如同δ函数的输入信号经小波变换后的输出. 随因子a减小，小波变换系数的强度集中于b轴上的b_0点，该点表示输入δ函数的位置. 图 12.6.7(c)是矩形函数作为输入时的输出，输入函数的边缘在小的因子a的小波变换输出项中被明显地检测到，而在大的a值的变换输出项中边缘是模糊的. 在轴b上小波变换系数高强度的位置指示了物体(输入信号)边缘位置. 图 12.6.7(d)显示了当输入是由不同频率的两段波形组成时，小波变换的输出. 我们可以观察到在时间-频率联合表达的输出中沿因子a轴的跃变，相应于在输入信号频率的变化，而在空间-频率联合表达中变化的位置指示了在输入信号中频率变化的位置.

上述方法的局限仅仅在于只检测出小波变换系数的强度而损失了其相位，虽然对于大多数小波，变换系数可以是简单的实的双极性函数.当时间信号在声光调制器中沿水平轴移动时，相关输出的小波系数也将在输出平面沿水平轴移动. 因此，为了确定位移参数 b，必须要求在输出平面的检测器具有非常快的时间响应，或者使用短脉冲激光照明.

应该指出，图 12.6.6 所示的方案只是实现光学小波变换的方法之一. 已经研究了很多实现一维信号和二维图像的小波变换的光学方法，例如，采用阴影投影的非相干光学相关器也可以实现二维的小波变换. 有兴趣的读者可以从本书末所列的参考书目中查阅有关方法的详细报道.

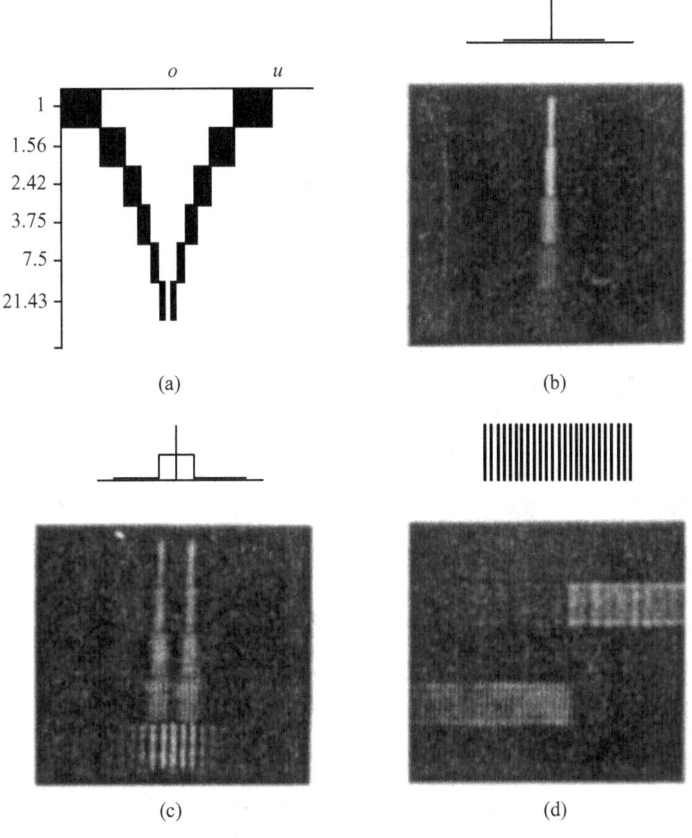

图 12.6.7　光学小波变换的实验结果

第 13 章 数字光计算

传统意义上的光学是用来处理二维成像以及光波的产生、传播、变换和探测等问题的. 利用前面讨论的光学信息处理系统就可以进行模拟光计算. 模拟光计算虽然能高速并行地处理模拟量数据，但是也存在一些缺点，主要是精度不高和通用性差，所以人们自然提出数字光计算的设想.

数字光计算技术是指以光学手段实现数字量运算处理和数据传输的技术和设备. 数字光计算利用光学原理实现高速数据传输和处理，主要应用于图像处理、语音识别和自然语言处理等方面. 该技术利用光学图像识别方法实现快速、准确的图像识别，比传统方法更快而且更精确. 另外，还可以用光学语音识别方法来对语音信号进行高效识别和采集，提高语音识别的准确性和速度. 简单来讲，数字光计算技术是一种利用光波作为载体进行信息处理的技术，它给人们提供了一种“传输即计算，结构即功能”的计算架构，相较于电子计算，数字光计算具有低延时、低功耗、二维并行处理、高速度、大容量、空间传输和抗电磁干扰等优点.

1990 年，美国贝尔(Bell)实验室报道了世界上第一台数字光学处理器，向数字光计算迈出了重要的一步. 光子和电子不同，光子属于玻色子，它不带电荷，不容易发生相互作用，因此，光束可以相互交叉通过而不会相互影响，具有并行处理的能力；光子在真空中的速度为光速，不受 RC 时间常数的限制. 光子的这些特点恰好为解决目前电子计算机的互连带宽、时钟歪斜和冯 • 诺依曼“瓶颈”等限制提供了一条可以选择的途径. 近年来，光学逻辑元件、光存储器件、光学互连、算法和体系结构都有很快的发展，不久的将来，数字光计算机一定能够在信息社会中发挥重要作用. 光计算的领域十分广泛，本章将只局限于介绍数字光计算机的基本原理、离散模拟光学处理器、光学存储、光学互连和光计算机等基础内容.

13.1 光学逻辑运算

光学双值逻辑器件是数字光计算的最基本器件，图 13.1.1(a)是用光双稳器件作存储器的原理，设输入初态和输出初态为“0”，当输入光脉冲为“1”时，输出也为“1”，输入光脉冲消失，输出仍保持“1”状态不变，即具有存储器的功能. 图 13.1.1(b)是用光非线性阈值器件作逻辑门的原理，当作为与门时，取阈值为 O(and)，当作为或门时，取阈值为 O(or)，该器件所实现的逻辑运算关系见图中列出.

下面以液晶光阀(LCLV)为例，说明具体的光学器件是怎样实现逻辑运算的. 实现逻辑运算必须采用具有非线性阈值特性的元件，美国南加利福尼亚大学的 A. A. Sawchuk 等采用休斯公司的一种液晶光阀构成一套组合逻辑系统. 休斯公司的 LCLV 是一种光学图像转换器，它接收低强度输入的空间图像后，通过来自另一光源的读出光将输入图像转变为输出图像. 其结构如图 13.1.2 所示，它由很多个薄层构成，有一个 CdS 光电导体层，一个 CdFe 光阻挡层，一个介质反射镜和一个介于铟锡氧化物透明电极之间的双苯基液晶层. 加在电极间的交流偏压使得该元件处于工作状态. 如图 13.1.3 所示，一个输入图像对光电导体的阻抗进行空间调制，这样就改变了液晶物质上的电压分布，从而使其电光特性产生相应的变化，输入图像的信息就储进了液晶物质. 当另一面射入的读出光穿过液晶又被介质反射镜反射出来后，就把液晶中的入射光信息带出来. 由于输入光的不同调制，各处液晶对读出光(线偏振光)的偏振方向改变也对应不同，转过 45° 或 0°，这就是非线性处理. 这样通过第二块偏振片后输出图像是一明暗分明的图像.

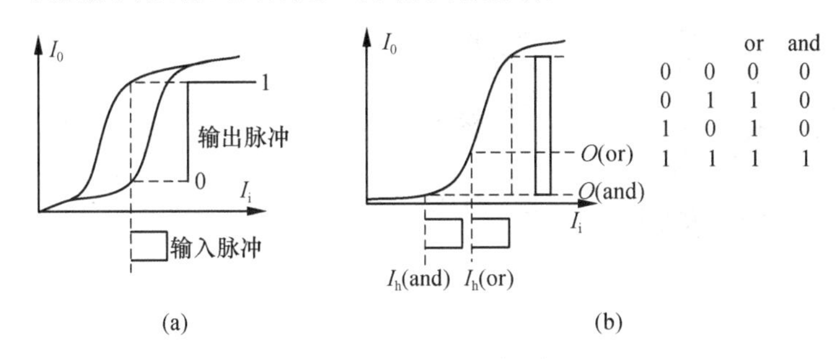

图 13.1.1　光学双值逻辑

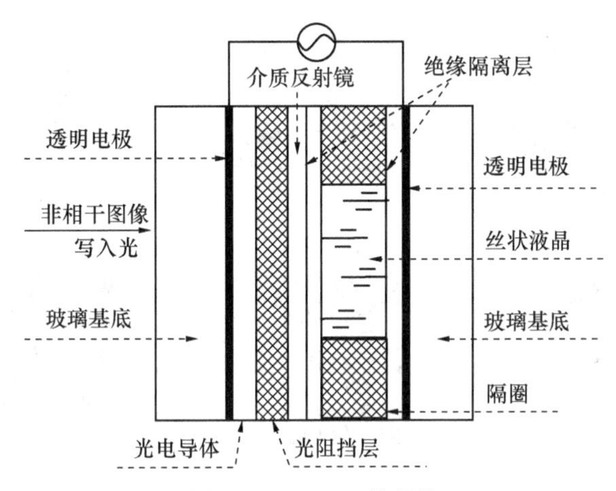

图 13.1.2　LCLV 的结构

图 13.1.4 是由图 13.1.3 所示系统实现“或非”运算过程中测试出的输入-输出特性曲线. 其输出具有两种状态“0”和“1”，由输出光的两种强度级别表示，对应二进制逻辑门输出. 逻辑运算过程如下：两输入光强度叠加后产生 0、1 或 2 三种强度状态，经 LCLV 非线性处理得到二进制输出 0 或 1，通过调节 LCLV 的参数，就可以实现各种逻辑运算.

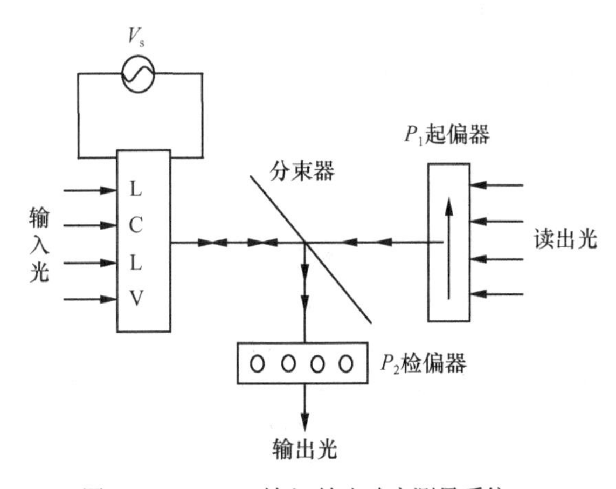

图 13.1.3　LCLV 输入/输出响应测量系统

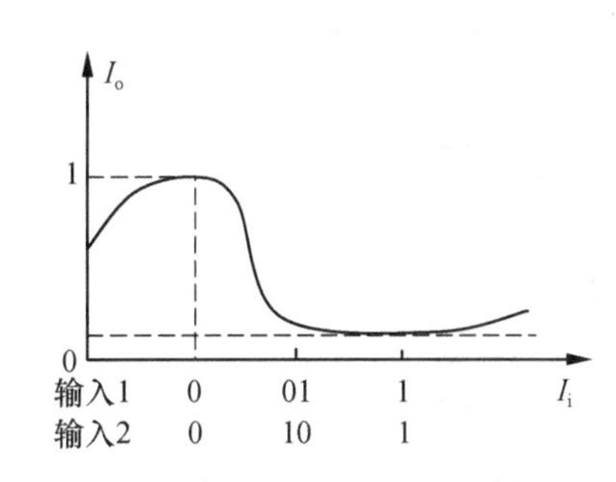

图 13.1.4　LCLV 输入-输出特性(实现或非运算)

如果输入 1 和 2 的图样如图 13.1.5(a)所示，就可以得到图 13.1.5(b)所示的各种图样，它们代表六种不同的逻辑运算. 实际上，只要实现了一种逻辑运算，如或非门，就可以由此组合出其他任何一种所需的逻辑门. 一片 LCLV 的尺寸大小是厘米数量级，然而这样一块基片上却可以划分出 $10^5 \sim 10^6$ 个逻辑门，而且所有运算是并行完成的.

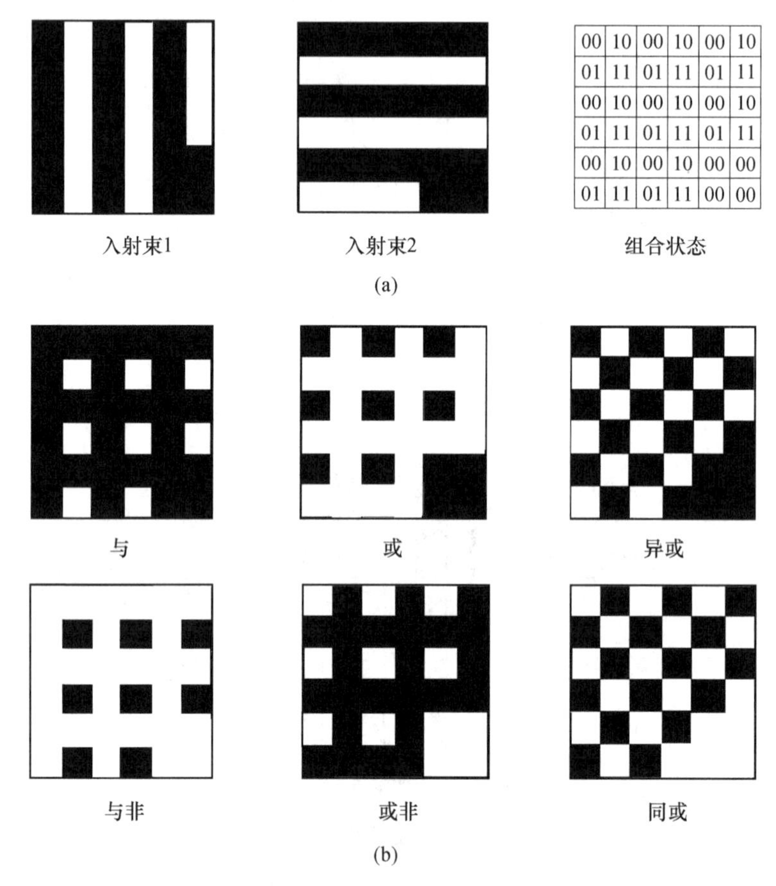

图 13.1.5　LCLV 实现各种逻辑运算

前面只是介绍了种类繁多的逻辑元件中的一种. 另外还有一种不同的液晶图像转换器，它是利用输入光调制液晶使其成为空间频率随图像变化的相位光栅，读出光经其衍射后，再经不同的滤波得到不同的二进制逻辑输出，这种元件称为可变光栅模(variable grating mode)逻辑元件.

13.2　离散模拟光学处理器

在第 9 章和第 10 章中，我们讨论了处理连续模拟光学信号的光学系统，这里再讨论另外一个系统，用来处理离散模拟光学信号.

离散信号在许多不同应用中都会出现. 例如，一个传感器阵列采集到的测量结果是一个离散集合，这些测量结果可以随时间连续变化，每一个离散的传感器阵列在任一时刻所得到的只是一个离散的数据阵列. 另外，为了处理数据，常常必须把连续数据离散化，因此离散数据会以多种不同的方式出现. 离散并不意味着数据是数字式的，相反，这里讨论的数据是模拟值，并未被数字化，只是有这样一个数据有限集合待处理. 本节后续提及的所有光学处理系统都是这样的模拟处理系统.

13.2.1　信息和系统的离散表示

任何一个依赖于时间坐标 t 或空间坐标 (x, y) 的信号 $\boldsymbol{s}$，都可以抽样成一个离散的数据阵列，这个阵列可以用一个数值矢量

$$
\boldsymbol{s}=\begin{bmatrix} s_1 \\ s_2 \\ \vdots \\ s_N \end{bmatrix} \tag{13.2.1}
$$

表示. 如果函数 $\boldsymbol{s}$ 是带限函数或接近带限函数，并且对它的离散采样足够充分，我们就能精确(在带限情形下)或高精度(在接近带限情形下)地重建 $\boldsymbol{s}$. 此时，如果信号 $\boldsymbol{s}$ 来自于离散的传感器阵列，那么 $\boldsymbol{s}$ 的每个分量都是时间的函数.

对于离散信号，叠加积分演变为一个矩阵-矢量积. 于是，一个以 $\boldsymbol{s}$ 为输入信号(N 个样本)的线性系统，对应的输出信号 $\boldsymbol{g}$(M个样本)可表示为

$$
\boldsymbol{g}=\begin{bmatrix} g_1 \\ g_2 \\ \vdots \\ g_M \end{bmatrix}=\begin{bmatrix} h_{11} & h_{12} & \cdots & h_{1N} \\ h_{21} & h_{22} & \cdots & h_{2N} \\ \vdots & \vdots & & \vdots \\ h_{M1} & h_{M2} & \cdots & h_{MN} \end{bmatrix}\begin{bmatrix} s_1 \\ s_2 \\ \vdots \\ s_N \end{bmatrix}=\boldsymbol{Hs} \tag{13. 2. 2}
$$

式中 $\boldsymbol{H}$ 为线性系统的系统矩阵，是一个 M 行 N 列的矩阵. 进行上述运算需要 $M\times N$ 次模拟乘法运算和 $M\times N$ 次模拟加法运算.

于是，在离散信号处理中，矩阵-矢量积就像叠加积分(或特殊情况下是卷积积分)那样具有根本性的意义，因此设计出能用光学方法进行这种运算的系统，同时最好能充分发挥光学并行处理的优点就成为一个研究热点.

13.2.2 串行矩阵-矢量乘法器

针对处理离散数据问题，Bocher 提出了一个最为重要的光学处理器，即串行非相干矩阵-矢量处理器. 这个处理器的目的是串行地处理数据样本，并利用光学系统的并行性以并行方式进行 M 次模拟乘法运算. 下面对其运作过程做简单描述.

图 13.2.1 说明该系统的运作. 为简单起见，先假设输入矢量 $\boldsymbol{s}$ 的所有元素和系统矩阵 $\boldsymbol{H}$ 的所有元素都是非负的实数. 推广的方法在后面讨论. 离散的模拟数据以一系列先后施加于发光二极管(LED)的电流脉冲形式输入该系统，每个电流脉冲的振幅正比于矢量 $\boldsymbol{s}$ 的一个元素振幅，则 LED 发出的每个光脉冲强度正比于信号矢量的一个元素. 这些光脉冲被允许散开，照到一个二维矩阵掩模上，矩阵每个元素的强度透过率正比于系统矩阵 $\boldsymbol{H}$ 的一个元素. 掩模最终透射强度正比于所施加的信号脉冲 s_k 和系统矩阵所有元素的乘积，亦即掩模透射的是一个正比于 $s_k\boldsymbol{H}$ 的光强度矩阵. 从矩阵掩模透射出来的光投射到一个二维电荷耦合器件(CCD)探测器上，每个矩阵掩模透射光脉冲转化成探测器上的一个电荷包，储存在探测器对应的离散势阱内. 在下一个光脉冲到达之前，探测器每一行中的所有电荷并行地向右移动一个势阱. 下一个信号脉冲接着照明矩阵掩模，CCD 探测器阵列检测到一组新的信号，这组信号又产生电荷，这些电荷将添加到已存在于势阱内的电荷包内. 这些电荷再次向右移动，这一过程将重复到处理完最后一个信号脉冲为止.

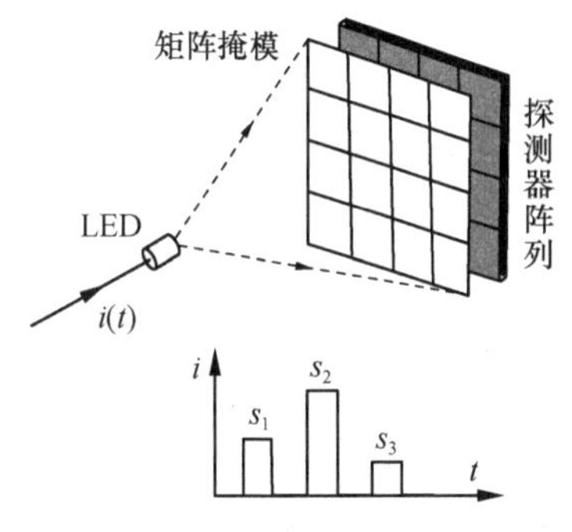

图 13.2.1　串行非相干矩阵-矢量乘法器

我们来着重分析其中的某一列电荷，这列电荷从探测器阵列最左部位开始启动，又在最后的信号脉冲达到后，在阵列最右边部位终止. 在检测到第一个脉冲后，第一列第 j 行的单元累积电荷

正比于 $g_{j1}=h_{j1}s_1$. 此电荷右移一个单元，在检测到信号脉冲 s_2 后，累积的总电荷是第一个电荷包与第二个电荷包之和，即 $g_{j2}=h_{j1}s_1+h_{j2}s_2$. 这个过程继续下去，直到 N 次循环后，最右边的电荷列包含一组 M 个电荷，它们正比于矢量 $\boldsymbol{g}$ 的元素.

于是，这个系统的并行性来自同时在 CCD 阵列上产生 M 个有用的模拟乘积. 每次循环还产生更多的电荷包，然而最终用到的只是其中的 M 个. 此外，每次循环中产生 M 次有用的模拟加法运算. 在 N 次循环后，就累积出完整的矢量 $\boldsymbol{g}$，它将被从 CCD 阵列中先后顺次读出.

这个系统的显著特点是，它串行地(顺序地)接收离散数据，串行地生成离散结果，而并行实施 M 个光学乘法运算和 M 个电学加法运算.

13.2.3　并行的非相干光矩阵-矢量乘法器

图 13.2.2 是一个全并行非相干光矩阵-矢量乘法器，图中忽略了所用光学元件的详情. 这个系统叫做“斯坦福矩阵-矢量乘法器”，现在它在光学信号处理中的用途几乎与范德拉格特滤波器一样广泛. 这个系统从根本上说要比前面的串行系统快，这是由于信号矢量 $\boldsymbol{s}$ 的全部元素在一个同步脉冲周期内同时进入系统.

掩模前面的光路排布使得来自任一输入光源(LED 或激光二极管)的光在竖直方向扩展而在水平方向成像，并使光布满掩模的单一竖列，于是每个光源照明不同的一列. 掩模后面的光路使来自矩阵掩模每一行的光在水平方向上聚焦，而在竖直方向上成像，从而落在输出探测器阵列的单一探测单元上. 于是掩模每行的透射光在一个唯一的探测单元上按光学方式相加. 这里用的探测器不积累电荷，而是很快地产生响应，产生与接收光强度一致变化的输出信号.

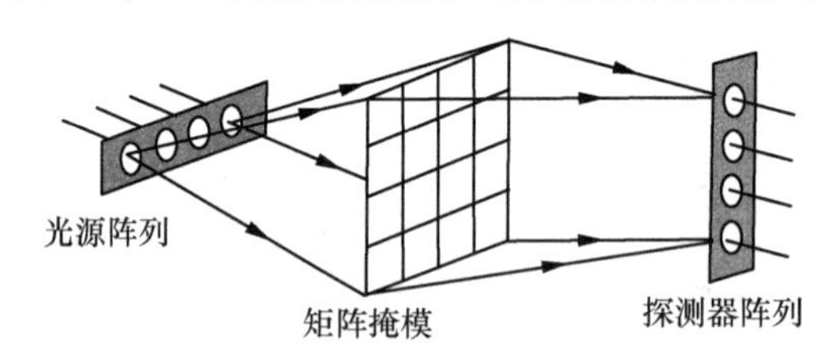

图 13.2.2　一个全并行非相干光矩阵-矢量乘法器

事实上，输入矢量 $\boldsymbol{s}$ 在竖直方向扩展，从而每个输出探测器能测量到输入矢量与存储在矩阵掩模中不同行矢量的内积，因此这样的处理器有时也被称为“内积处理器”.

有几种不同的光学系统能实现图 13.2.2 所示的运算，图 13.2.3 所示元件是其中的一种. 因为在矩阵掩模之前和之后在水平和竖直两个维度上都需要进行不同的运算，所以光学系统必须是由球面透镜和柱面透镜组合成的变形系统. 这一光学系统的运作如下：焦距均为 f 的球面透镜和柱面透镜紧密接触组成一个复合系统，柱面透镜在有聚焦能力的方向上，焦距为 $f/2$，在无聚焦能力的方向上为 f. 于是，这样一对透镜将聚焦能力较弱方向上的发散光准直，而将聚焦能力较强方向上的发散光成像. 最终，该透镜组合 L_1 和 L_2 将来自输入光源竖直方向上的发散光准直，而在水平方向上成像，从而照亮矩阵掩模的一列. 类似地，透镜组合 L_3 和 L_4 将掩模的一行成像到单个探测单元所在的竖直位置上，而将来自矩阵掩模一列的光进行准直或发散. 在理想的情况下，探测器在水平方向上尺寸应该较长，从而能检测到掩模的一行上大部分的光. 但是尺寸长的探测器电容也大，会限制后面的电子通道带宽.

并行的矩阵-矢量乘法器在一个同步脉冲周期内实施全部 $N \times M$ 次乘法运算和加法运算. 一个同步脉冲周期可以很短，例如 10ns，这取决于来自每个光源的可用光的多少. 尽管这个系统用的是非相干叠加，但还是可以用激光器作为光源，因为全部加法运算是用来自不同激光器的光实现的，对于大多数类型的半导体激光器，它们在一个同步脉冲周期的时间尺度上是互不相干的.

并行矩阵-矢量乘法器系统是光学信息处理领域中的一个得力工具，已经提出并验证了它的许多应用，包括光学交叉开关矩阵的迭代形式、Hopfield 神经网络的构建等.

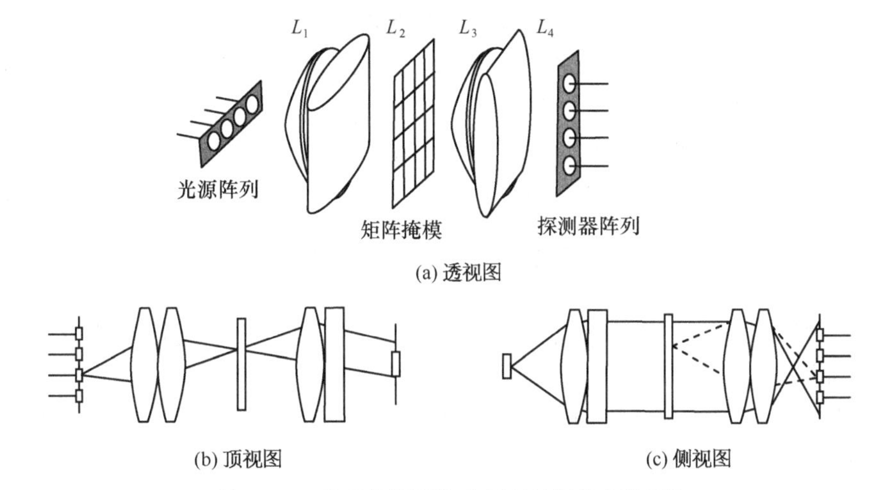

图 13.2.3　构成并行矩阵-矢量乘法器的光学元件

13.2.4　外积处理器

如果要完成矩阵-矩阵相乘的离散运算，可以运用 Athale 和 Collins 提出的外积处理器.

假设要使两个 3×3 矩阵 $\boldsymbol{A}$ 和 $\boldsymbol{B}$ 相乘，产生一个 3×3 乘积矩阵 $\boldsymbol{C}$，这里

$$\boldsymbol{A}=\begin{bmatrix} a_{11} & a_{12} & a_{13} \\ a_{21} & a_{22} & a_{23} \\ a_{31} & a_{32} & a_{33} \end{bmatrix} \quad \boldsymbol{B}=\begin{bmatrix} b_{11} & b_{12} & b_{13} \\ b_{21} & b_{22} & b_{23} \\ b_{31} & b_{32} & b_{33} \end{bmatrix} \quad \boldsymbol{C}=\begin{bmatrix} c_{11} & c_{12} & c_{13} \\ c_{21} & c_{22} & c_{23} \\ c_{31} & c_{32} & c_{33} \end{bmatrix} \tag{13.2.3}$$

此时，$\boldsymbol{C}$ 可以表示成 $\boldsymbol{A}$ 的列矢量和 $\boldsymbol{B}$ 的行矢量二者外积之和，即

$$\boldsymbol{C}=\begin{bmatrix} a_{11} \\ a_{21} \\ a_{31} \end{bmatrix}\begin{bmatrix} b_{11} & b_{12} & b_{13} \end{bmatrix}+\begin{bmatrix} a_{12} \\ a_{22} \\ a_{32} \end{bmatrix}\begin{bmatrix} b_{21} & b_{22} & b_{23} \end{bmatrix}+\begin{bmatrix} a_{13} \\ a_{23} \\ a_{33} \end{bmatrix}\begin{bmatrix} b_{31} & b_{32} & b_{33} \end{bmatrix} \tag{13.2.4}$$

外积之和可以在图 13.2.4 所示的系统中用光学方法得到. 用两个二维的 SLM，它们每一个的运作就像是一个一维 SLM 的阵列. 透镜 L_0 将来自光源 S 的光准直. 这束光投射到一个 SLM 可独立编址的各行上，它的输出由球面透镜 L_1 成像到另一个 SLM 上，后一个 SLM 的每一列可独立编址. 最后，透镜 L_2 把第二个 SLM 透射的光成像到一个二维的时间积分探测器阵列上.

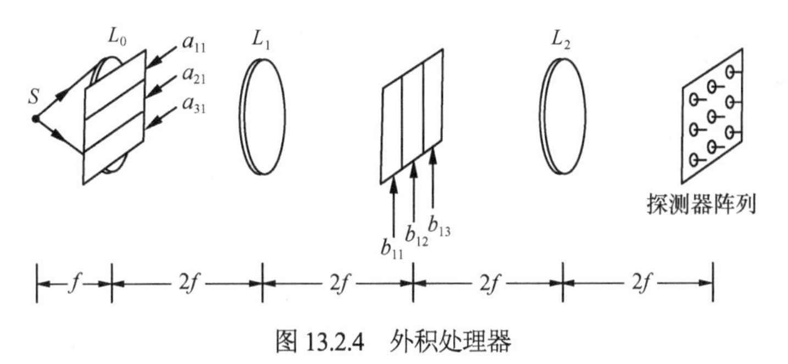

图 13.2.4　外积处理器

在这个系统中，先将 $\boldsymbol{A}$ 的第一个列矢量输入到第一个 SLM，$\boldsymbol{B}$ 的第一个行矢量输入到第二个 SLM. 于是探测器阵列就存储了一定的电荷，该电荷正比于式(13.2.4)中第一个外积. 现在第一个 SLM 被 $\boldsymbol{A}$ 的第二个列矢量所填充，而第二个 SLM 则被 $\boldsymbol{B}$ 的第二个行矢量所填充. 投射到探测器阵列的光使电荷增加，增加的电荷正比于式(13.2.4)中的第二个外积. 这一过程对 $\boldsymbol{A}$ 的第三个列矢量和 $\boldsymbol{B}$ 的第三个行矢量再重复一次，总的存储电荷正比于外积矩阵 $\boldsymbol{C}$ 的元素，最终被探测器读出.

忽略探测到的电荷转移时间，这个方法的运算速度是：对于一个 $N\times M$ 矩阵 $\boldsymbol{A}$ 和一个 $M\times N$ 矩阵 $\boldsymbol{B}$ 的一般乘积，每个 $N\times N$ 外积分量需要一个循环，而累积整个输出矩阵要 M 个这样的循环，在每个循环中发生 N^2 次乘法和加法运算. 当 $N=M$ 时，并行程度与前面讨论的并行矩阵-矢量乘法器相似.

13.3　光学互连

现行电子计算机中信息的载体是电子，逻辑门之间、芯片之间、芯片和插板之间的信息必须通过内部或外部引线作为电子载体传输的介质，这就受到回路 RC 参数延迟效应的限制. 在极大规模的门阵列芯片中，器件的尺寸已缩小到微米量级，内部引线的阻值相应提高，延迟时间增加，这就导致超快信息流传输中的瓶颈阻塞效应.

用光子作为载体来传递进行逻辑运算的信息是突破瓶颈限制的最好途径，光学互连不仅对光计算有用，也是电子计算机进一步发展中兴起的必然应用. 光学互连的优越性主要表现在：①传播速度快，不受 RC 参数延迟效应的限制. ②光子和电子不同，光子属于玻色子，不带电荷，不容易发生相互作用，因此，光束可以相互交叉通过而不会相互影响，具有并行处理的能力；③光子互连具有大的空间和时间带宽积，空间带宽由光学系统的空间带宽决定，对于时间带宽，因为光子载频约为 10^{14} Hz, 所以能利用的带宽可达 10^{13}Hz, 这意味着可能的传输数据速率比目前最快的电子通信数据速率高三个数量级.

光学互连按传播介质和传播规律的不同，可分为自由空间光互连、光纤和集成光波导光互连；也可以按信息载体的不同，分为纯光型互连和光电混合互连.

13.3.1　自由空间光互连

自由空间光互连是指光束不经过特殊传播介质，按自由空间传播的规律传播，通过光学元件时遵守折射、反射和衍射原理而进行互连的一种方法. 利用普通的光学元件，可以实现比较有规则的互连网络，而利用计算全息图可以完成任意结构的互连网络. 计算全息图实际上就是一个束控元件，它将多路输入光束按要求分成很多束，并控制其方向输出到不同的接收位置. 这些联络光束可以是平行的，也可以是交叉的，它们交叉时几乎互不干扰，没有电子导线联络的局限性，因而可以纵横来往，自由自在. 系统中的空间光调制器上写有可编程的计算全息图，该全息图可以按需要进行改变，从而改变联络关系，具有很大的灵活性. 图 13.3.1 是用计算全息图作光学互连的示意图.

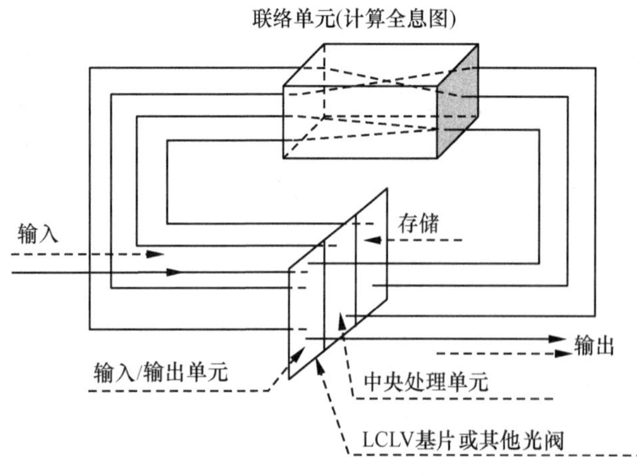

图 13.3.1　用计算全息图作光学互连的示意图

13.3.2　光纤和集成光波导光互连

采用光纤或者集成光波导作为导光介质，将光束通过这些导光介质进行传播的光纤和波导互连方式已经被广泛用于长距离通信中. 在计算机中，光学互连由于具有的高速、大带宽等优点，可适用于计算机与外部设备之间、电路板之间、模块之间、芯片上和芯片之间等各层次上的互连，同样也适用于光计算机中的互连. 集成光波导器件是微光学器件，它将诸如透镜、棱镜、光栅、光调制器、光耦合器、光开关、双稳器件、模数转换器等基本元件集成到一起，构成集成光学的基本部件，这种部件具有体积小、重量轻、性能稳定、功能强等优点.

13.4　光　存　储

现代化的信息系统除了具有大容量的信息传输和超快的处理功能外，还包括超量的信息存取能力. 磁盘存储技术已经相当成熟，在数字计算机中得到广泛应用，然而磁盘存储容量已难进一步提高. 光存储技术的引入为提高存储容量的发展开辟了一个更为广阔的天地.

13.4.1　光盘存储器

光存储技术是 20 世纪 70 年代发展起来的一种新的信息存储手段，由于其存储量大、可靠性高，80 年代以来得到了快速发展. 光盘存储技术是用半导体激光器产生的相干和单色激光束，经透镜会聚产生直径为 1μm 或更小的光斑，照射到光存储介质上，光斑上光存储介质发生物理或化学变化，从而使该照射点上介质的光学性质发生变化，这就是信息的写入过程. 读出时用连续激光束扫描光存储介质，由于记录引起的介质上不同微区域光学性质的差异，解调从介质反射回的信号，就可以读出写入过程中记录的信息.

光盘存储器可分为只读式光盘和可擦式光盘. 前者只能用来读出制造厂记录好的信息，如激光视盘和激光唱盘，后者才能作为计算机的存储器. 可擦式光盘的记录介质目前主要有两种. 一种是相变型，利用激光热效应，使晶体材料在晶态与非晶态之间转变. 写入时用信号调制的高功率短脉冲聚焦到光盘上，介质薄膜吸热后温度迅速升至熔点，并在骤冷条件下形成非晶态；擦除时采用较长脉冲和较低功率的激光束作用于记录点，使该点的温度达到高于非晶态的转变温度而低于材料的熔点，从而恢复成晶态；读出时由于晶态和非晶态时材料的折射率和反射率不同，用小功率激光器可读出这种差异所反映的记录信息. 另一种介质是热磁反转型，利用激光热效应，使磁光材料的磁性发生反转. 写入前用强磁场对磁光介质进行初始化，使介质的磁畴具有相同方向；记录时激光束聚焦于介质上，当介质光斑上的温度上升至居里温度或补偿温度时，净磁化强度为零，此时通过外部磁场反向磁化，记录区产生与周围相反的微区磁畴；读出时利用激光克尔效应，不同方向的磁畴反射的激光偏振方向不同，检测器可读出这种差异所反映的记录信息.

13.4.2　光全息存储

光盘存储器要求记录介质与读写头之间有机械运动，使记录的信息密度被限制在机械调节的精度以内，并使存取时间受到机械运动的限制，因此发展高密度的光全息存储技术有重要价值.

光全息存储系统按记录介质的厚度来分类，可分为使用面全息图的二维存储系统和使用体全息图的三维存储系统. 体全息存储技术是一种复用技术，利用空间光调制器将被存储信息调制成“0”“1”的明暗图像，而与同步的参考光束会聚，形成全息干涉条纹，被记录在介质的某一层面上. 当改变参考光束的入射角时，干涉图样将被记录在不同深度的介质层面上，如同书中的页片一样，从而实现了信息的立体存储. 有机高分子光折变材料和 $LiNbO_3$ 光折变晶体都可用作此类介质，

有报道在 $LiNbO_3$ 晶体中可以存储 10000 页的重叠全息图像.

角度扫描是立体存储技术的重要部分，用机械扫描的方法，速度和精度都满足不了更高的要求，采用面发射激光器面阵，可以实现快速切换不同位置的激光器元的激射状态，相当于切换不同的参考光束角度，实现高速大容量的信息存储.

全息存储的优点是有极高的存储容量和数据存取速度，潜在的数据传输速率和取数时间比现有的磁盘快 100～1000 倍.

13.5 光 计 算 机

数字光计算技术中采用的基本器件包括纯光学器件和光电器件，由这些器件构成各种逻辑门和数字处理器，并进一步构成光计算机. 光计算机具有与电子计算机不同的体系结构，充分发挥光的并行性、高频宽和无干扰性，可以实现并行输入输出、大传输容量的多功能并行处理，还可以实现空间光学柔性灵活的互连. 从光学角度研究光计算机的体系结构，早期提出过基于双轨逻辑的函数块以及互连网络，随后又提出符号替代逻辑，重复使用这种技术并采用不同的替代规则可实现布尔逻辑、双值运算、细胞逻辑和图像自动机，由此又发展了单一替代规则的通用符号替代系统.

光电子混合处理可结合光学的并行特性和电子学的灵活性，是较为现实的发展光计算机的途径. 第一种是光电分列的混合处理系统，它利用光存储的特点构成超级计算机. 这种处理体系可以是单一计算机使用光存储，多计算机采用光存储和光互连，也可以是光存储和光互连以及光处理相结合的数字计算机. 第二种是光电交叉混合处理系统，可选择的基本体系有两种，一种以光子为传输介质，光电子列阵中的电子运算结果调制通过的光束，可采用光互连；另一种以电子作为传输介质，光检测列阵和发光器列阵作为输入和输出的转换器件，其间是并行布置的电子线路. 第三种是光电子混合处理体系，采用光电混合图像处理，空间光调制器是关键性输入/输出和运算器件. 主要体系和已实现的结构有：①特征空间变换，如傅里叶变换、矩特征空间变换、弦分布特征空间变换、Hellin 变换、Chord 变换等；②数学形态学，这是一种循环式近域操作处理；③细胞逻辑列阵.

光计算机有全光学型和光电混合型两大类，相比之下，全光学型计算机可以达到更高的运算速度. 全光数字计算机，以光子代替电子，光互连代替导线互连，光硬件代替计算机中的电子硬件，光运算代替电运算.

光子同电子相比具有许多独特的优势：光子的速度永远等于光速，同时还具有电子所不具备的频率及偏振等特征，从而传载信息的能力大为增强. 一块直径仅 20mm 的光棱镜，其通过的信息比特率在 2010 年已超过全世界全部现有电缆总和的 300 多倍. 与电子计算机相比，光计算机的“无导线计算机”信息传递平行通道密度极大. 光信号根本不需要导线，即使在光线交汇时也不会互相干扰造成影响. 一枚直径为 5 分硬币大小的棱镜，它的通过能力超过全世界现有电话电缆的许多倍. 电子计算机的速率始终限制在电子学所能达到的范围，而光的并行、高速天然地决定了光计算机的并行处理能力很强，具有超高运算速度，光计算机的理论速率可达每秒 100 亿～1000 亿次，比目前最快的电子计算机速率高 100～1000 倍. 光计算机的存储容量也比目前的电子计算机大百万倍. 光计算机能识别和合成语言、图画和手势，能学习文字，连潦草的手写文字都能辨认，甚至在遇到错误的文字时，它还能“联想”出正确的字形. 超高速电子计算机只能在低温下工作，而光计算机在室温下即可开展工作；另外，光计算机还具有与人脑相似的容错性，当系统中某一元件损坏或出错时，并不影响最终的计算结果. 科学家们预计，光计算机的进一步研制将成为 21 世纪高科技课题之一.

研制光计算机的设想早在 20 世纪 50 年代后期就已提出. 1986 年，贝尔实验室的戴维 · 米勒成功研制了小型光开关，为同实验室的艾伦 · 黄研制光处理器提供了必要的元件. 1990 年 1 月底，贝尔实验室制成了第一台光计算机，尽管它的装置很粗糙，由激光器、透镜、棱镜等组成，只能用来计算，但是，它毕竟是光计算机领域中的一大突破. 现在，全世界除了贝尔实验室外，日本和德国的其他公司都投入巨资研制光计算机，预计在 21 世纪将出现更加先进的光计算机.

正像电子计算机的发展依赖于电子器件(尤其是集成电路)一样，光计算机的发展也主要取决于光逻辑元件和光存储元件(即集成光路)的突破. 目前全光计算机技术和对应器件尚未成熟，相关研究还处在初级阶段，还没有形成公认的全光数字处理器体系结构，但其中的光信息传输和光信息存储技术环节已经取得了巨大的成功. 近二十年来 CD-ROM 光盘、VCD 光盘和 DVD 光盘的接踵出现，是光存储研究的巨大进展. 网络技术中的光纤信道和光转接器技术已相当成熟. 光计算机的关键技术，如光存储技术、光互联技术、光集成器件等方面的研究都已取得突破性的进展，为光计算机的研制、开发和应用奠定了基础. 与此同时，实用性商用光学阵列处理器和混合光/电计算机系统已相继问世.

研制光计算机，需要开发出可用一条光束控制另一条光束变化的光学“晶体管”. 现有的光学“晶体管”庞大而笨拙，若用它们造成台式计算机将有辆汽车那么大. 因此，要想在短期内使光学计算机实用化还很困难. 但是，光计算的前景已使各发达国家投入大量人力和经费进行深入研究，光计算机关键技术之一的集成光学正从实验研究走向开发应用阶段，为光计算机的研制又增添了一块坚实的基石. 预计在 21 世纪，光学计算机将在各个领域获得广泛的应用.

第 14 章 光通信中的信息光学

由于通信系统与光学系统之间具有极大的相似性，特别是光纤通信和相应元器件的出现，进一步促进了光学与通信学科的结合，但要指出本书前面的理论主要适用于分析自由空间的光传播，却不太适用于研究波导器件. 这是因为自由空间传播的光波的自然“模式”是向不同的角度传播和无限延展的平面波，事实上，这些模式就是传播信号的傅里叶分量，而在集成光波导和光纤等受限介电介质中，传播的自然模式不是平面波分量，而是由波导本身的横截面形状、折射率分布以及波导中的光波波长决定的独特的传播模式. 而且，与自由空间中存在无数个正交模式不同，波导器件只允许有限的正交模式存在. 但是用于分析自由空间光路的方法在有些情况下可以提供分析波导器件工作原理的一阶近似. 本章将简要讨论信息光学在光纤通信中的两种应用.

14.1 光纤布拉格光栅

光纤布拉格光栅(fiber Bragg grating，FBG)技术是 1978 年由加拿大通信研究中心的 Hill 等发明的. 相关技术包括利用紫外激光器写入光栅技术、依靠氢分子在曝光前扩散进入普通光纤使玻璃对紫外线敏化的技术以及使用相位掩模板在曝光时产生适当的相干光束技术. 一个 FBG 基本上就是一幅记录在一段玻璃光纤上的厚全息图，因为它的光栅是在光纤内部，有光栅的这一段玻璃光纤与普通光纤本身就连在一起，从而可以在光纤内集成低损耗的窄带滤波器、色散补偿器件以及其他种类的滤波器等器件.

14.1.1 光纤简介

在讨论光纤布拉格光栅的制作之前，首先对光纤进行简要介绍. 图 14.1.1 所示为一小段玻璃光纤，其包层是折射率为 n_2、半径为 b 的圆柱形玻璃，包裹着折射率为 n_1、半径为 a 的玻璃纤芯，因此 $a < b$ 且 $n_2<n_1$. 一般地说，这种结构支持多个主要存在于纤芯中的传播模式，它们的倏逝波也会渗透到包层内. 最低阶模式的分布形状为高斯分布，通常称为 LP_{01}，该模式对于单模光纤来讲是唯一的传播模式. 对于单模光纤，包层的直径通常远大于纤芯的直径.

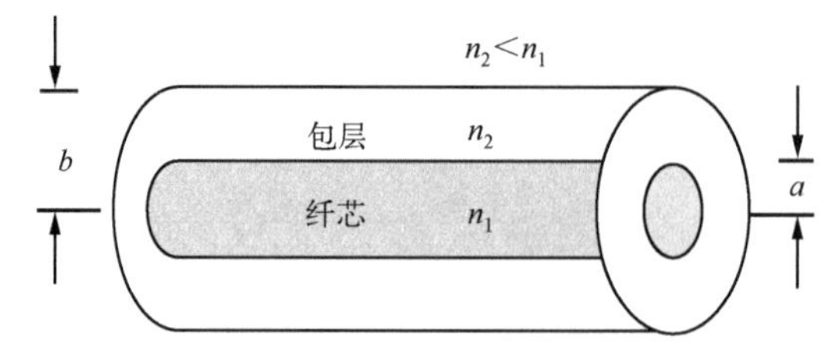

图 14.1.1 光纤基本结构

光纤具有极低损耗，损耗最低光波长在 1550nm 上，单模光纤的损耗可以低到每千米仅 0.16dB.

从光纤出射到空气中的光束发散角和能够有效耦合到光纤内的光束发散角是相同的，一般用数值孔径 NA 描述，可以证明是

$$\mathrm{NA}_{空气} = \sin\theta_a = (n_1^2 - n_2^2)^{1/2} \approx n_1(2\Delta)^{1/2} \tag{14.1.1}$$

其中，θ_a 为光线与光纤轴线所成的最大半角，$\Delta=(n_1-n_2)/n_1$ 为光纤纤芯和包层折射率的相对差值. 由折射定律易知，纤芯内数值孔径的对应表达式为

$$\mathrm{NA}_{纤芯}=\sqrt{\frac{n_1^2-n_2^2}{n_1^2}}\approx(2\Delta)^{1/2} \tag{14.1.2}$$

其中，折射率 n_1 的典型值为 1.44～1.46，相对折射率差 Δ 的典型值为 0.001～0.02.

由于玻璃的材料色散和光纤的波导色散，不同波长的光在单模光纤中传播速度有细微的差别. 大多数情况下材料色散占主要地位，但是如果要完全补偿色散，则两种色散都必须考虑. 由于一个短的光脉冲的频谱包含相当宽的波长范围，因此它所产生的脉冲展宽的展宽量由所用的单模光纤的类型、光脉冲的中心波长和光纤长度决定. 考虑一个宽带信号在单模光纤中传播的情况，忽略光信号在光纤中的空间断面分布，信号 $u(t)$ 的复数表达式可写成

$$u(t)=U(t)\exp[-\mathrm{j}(wt-\beta(\omega)L)] \tag{14.1.3}$$

其中，$U(t)$ 为复振幅，表示对入射光信号的幅度和相位调制；$\omega=2\pi\nu$ 为光波的角频率；L 为信号传播所经过的光纤长度. 这里 $\beta(\omega)$ 是光纤的传播常数，它是频率的函数，一方面是由于玻璃的折射率与频率有关，另一方面也由于模式断面分布与频率有关. 随着频率的改变，传播模式渗透到包层中的部分也有微小变化，从而导致该模式传播常数的改变，产生波导色散.

由于信号的谱宽通常比信号的中心频率低得多，故将 $\beta(\omega)$ 在中心频谱 ω_0 展开为泰勒级数，保留展开式的前四项，得到

$$\beta(\omega)=\beta(\omega_0)+(\omega-\omega_0)\frac{\partial\beta}{\partial\omega}+\frac{1}{2}(\omega-\omega_0)^2\frac{\partial^2\beta}{\partial\omega^2}+\frac{1}{6}(\omega-\omega_0)^3\frac{\partial^3\beta}{\partial\omega^3} \tag{14.1.4}$$

其中导数都是在频率 ω_0 处取值的. 这个级数的第一项引起的相移对不同频率是常数，可以忽略不计；第二项包含一个随频率线性变化的线性相移因子，它只会使信号产生简单的延迟，而不会使信号的时域结构内部发生改变，这一项可以用来定义群速度，即脉冲沿光纤的传播速度. 脉冲的时延为 $\tau=L(\partial\beta/\partial\omega)$，因此群速度为

$$v_g=\frac{L}{\tau}=\frac{\partial\omega}{\partial\beta} \tag{14.1.5}$$

为在中心频率 ω_0 处取值的偏微商；第三项在信号的全部频谱上引入二次相位失真，通常在光纤色散中起主导作用；第四项对应于光纤的色散曲线(作为 ω 的函数)的斜率，在某些应用中有重要作用.

由第二次相位项引起的脉冲的时间展宽 $\Delta\tau$ 和信号传播所经过的光纤长度 L 及信号的谱宽 $\Delta\omega$ 有关，即

$$\Delta\tau=\frac{\partial^2\beta}{\partial\omega^2}L\Delta\omega \tag{14.1.6}$$

群速度色散系数 D 定义为光脉冲信号在单位长度传播距离内由波长变化引起的时间展宽(单位为 $\mathrm{ps/(km\cdot nm)}$)，由下式给出：

$$D=-\frac{2\pi c}{\lambda^2}\frac{\partial^2\beta}{\partial\omega^2} \tag{14.1.7}$$

其中 λ 是光在空气中的波长，从式(14.1.7)可以看到，脉冲的时间展宽为

$$\Delta\tau=|D|L\Delta\lambda \tag{14.1.8}$$

这是因为

$$\Delta\omega = \omega_2 - \omega_1 = 2\pi c\left(\frac{1}{\lambda_2} - \frac{1}{\lambda_1}\right) = -\frac{2\pi c}{\lambda^2}\Delta\lambda$$

式中，$\Delta\lambda=\lambda_2-\lambda_1$，且 $\Delta\lambda \ll \lambda_1$ 及 λ_2 .

在光纤通信中有多种技术能够消色散，最普通的是利用色散位移光纤，通过改变光路和光纤剖面内的折射率分布使光纤的零色散波长从 1300nm 附近移到光纤损耗最低的 1550nm 处；另一种方法是用色散补偿光纤，通过特殊设计改变光纤色散的符号，产生与正常光纤色散相反的色散，把正常光纤与色散补偿光纤拼接到一起，减小色散. 最后还有一种可能的方法是在光纤路径上安置用来补偿色散的分立器件以实现消色散，其中就包括利用光纤布拉格光栅消色散的方法.

14.1.2　在光纤中记录光栅

在玻璃光纤中记录相位光栅有两种方法：直接干涉法和相位光栅衍射干涉法. 图 14.1.2(a)所示为直接干涉法. 由紫外激光器产生的光经分束而得的两束相干光，从侧面照亮一段光纤.这两束光传播的光程近似相等，二者之间具有很好的相干性，可以在光纤段周围区域内干涉.图中干涉条纹与光纤的长轴方向垂直.由于紫外激光器的光波长与通信系统滤波器的近红外光波长差别很大，所以需调节干涉光束的角度，使干涉条纹间隔与红外波长相匹配.

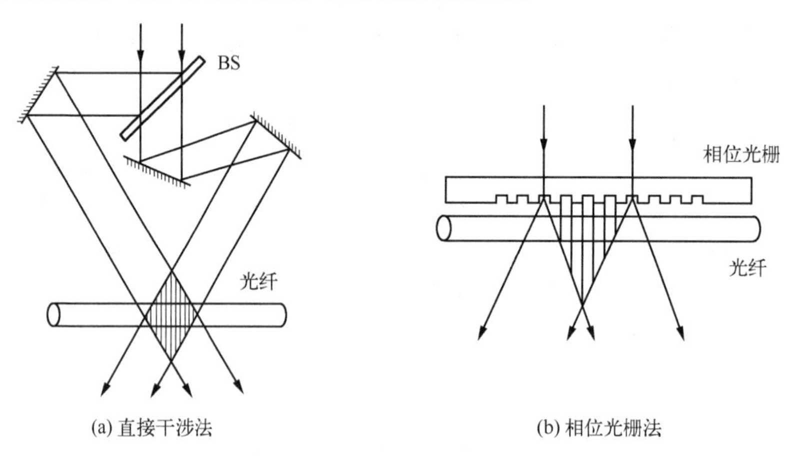

(a) 直接干涉法　　(b) 相位光栅法

图 14.1.2　记录布拉格光栅的两种方法

FBG 的第二种制作方法如图 14.1.2(b)所示，这种方法在玻璃平板上蚀刻凹槽以制作相位光栅的母板. 典型的相位光栅凹槽截面形状非常接近方波，并且刻槽的凸峰和凹槽之间的光程相位差为 π. 这样的光栅不存在零级和偶数级衍射光，其主要透射光是包含 80%以上透射光能的两束一级衍射光. 这两束一级衍射光在光纤中产生干涉，生成周期为半个母板光栅周期的干涉条纹图样. 相位光栅法的优点在于它尽可能地降低了对记录用的激光相干性要求，生成的干涉条纹的周期不受激光波长的微小改变的影响. 与直接干涉法相比，相位光栅方法更适合于 FBG 的批量生产，其缺点是光栅母板一旦制成，所制作的 FBG 的周期也就难以改变了.

14.1.3　FBG 的应用

FBG 在光通信领域中有很多应用，这里讨论上面介绍的反射型 FBG 的两种应用.

1. 用于光分插复用器的窄带滤波器

密集波分复用技术(dense wavelength division multiplexing, DWDM)是实现极高速率光学数据传输比较常用的方法，通过为每一个数据流指定唯一波长，许多不同的数据流被复用在单一的一根光纤中. 典型信道的波长以密集的梳状形式排列，相邻信道间隔为 100GHz、50GHz 甚至 25GHz, 在实际中一根光纤上可以复用几百个信道.

在这样一个系统中，关键的器件或子系统是(光)分插复用器(add/drop multiplexers, ADM)，它可以在不影响其他信道波长的条件下从光纤提取或向光纤增添一个信道波长. 图 14.1.3 所示为一个 FBG(光)分插复用器的典型结构. 图中光环行器是一种单向器件，仅允许光在一个方向从输入端向输出端传播(向前传播)，而将反向传播的光送到一个分离端口，在分离端口上只出现向后传播的光. 这种设备中向前传播的信号和向后传播的信号的隔离度一般很高(～ 50dB). 进入第一个环行器的光穿过环行器后到达 FBG，这个 FBG 被设计为一个窄带反射滤波器，它仅仅反射波长为 λ_2 的光波，而让所有其他波长的光波通过并到达第二个环行器. 与此同时，被反射回来的 λ_2 光波按反方向传到分离端口，在这个端口上可以检测到这个特定波长信道上的信号. 回过来看第二个环行器，现在少了 λ_2 的各个波长的光信号不受干扰地穿过它到输出端. 一个新波长 λ'_2 的信道加到这个环行器的第二个输入端口上，向后传到 FBG，在这里被反射，然后穿过第二个环行器，填满原 λ_2 的信道空间. 于是用这样一个结构，就能够提取一个特定的波长和增添一个新的波长. 如果把两个 FBG 在中间串接起来，第一个调谐到 λ_2，第二个调谐为 λ'_2，λ_2 和 λ'_2 不必相同.

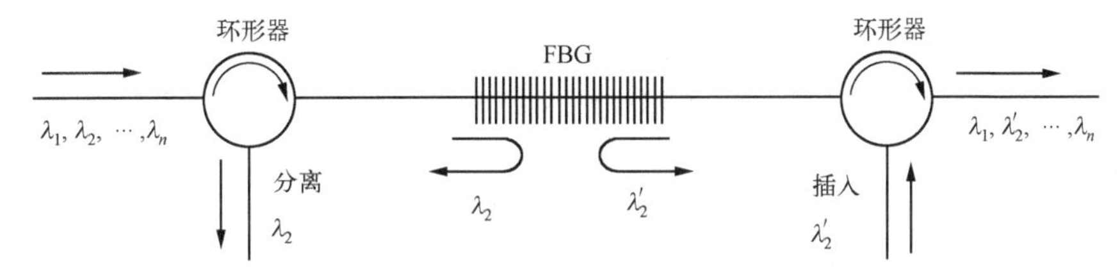

图 14.1.3　FBG(光)分插复用器的典型结构

在典型的密集波分复用系统中，各信道波长的间隔非常紧密，因此将 FBG 设计成带宽非常窄是很重要的. 为了得到带宽很窄的滤波器，光栅的峰谷折射率差 δ_n 必须很小，因此光栅中的有效反射面的数目可能非常大. 在所有的光波被变为向后传播之前，光信号应当传播得尽可能远，因此在这种应用中折射率调制不可能很大.

2. *用作光纤系统的色散补偿器*

FBG 已经实现的第二个应用是光纤系统中的色散补偿. 前面已经看到，由于在光纤中不同波长的光波以不同的速度传播，色散的出现是必然的. 通常情况下，光的频率更高(波长更短)的分量比频率更低(波长更长)的分量传播得快一些. 尽管能够用色散补偿光纤克服这种失真，但一般需要很长的这种光纤才能提供适当的补偿. FBG 却能够在短得多的长度内提供类似的补偿.

图 14.1.4 所示为用 FBG 实现色散补偿的基本思想，为此需要制作一个啁啾周期光栅. 在理想情况下要把这一光栅设计成能够引进一个作为频率函数的时间延迟，这个时间延迟可准确地补偿

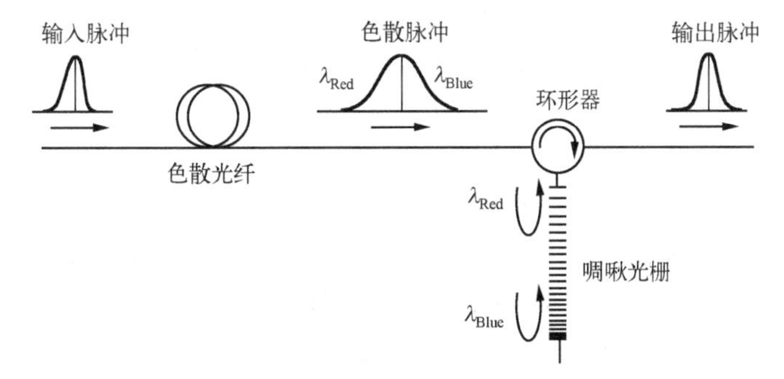

图 14.1.4　啁啾光纤光栅色散补偿原理图

式(14.1.8)给出的时间延迟.以下的定性说明可以给出一个更简单的理解：长波长的光被色散光纤延迟得最多，在啁啾周期光栅中却延迟得最少，而短波长的情况则相反. 结果，补偿后的信号脉冲中的色散在很大程度上被消除了.

可通过加热或者拉伸 FBG 来调谐这种光栅的周期，这种方法使光栅内的反射面移动，以至于彼此离得更开一些，从而改变了每个波长的相位延迟. 因此，可根据需要对色散补偿进行微量调节.

14.2 阵列波导光栅

随着光通信领域内密集波分复用技术的兴起，迎来了对波长复用、解波长复用和波长路由等技术的需求，并且要求这些技术具有很高的光谱精度. 很自然，在选择解决这些需求的方案时，成本和可靠性是极其重要的因素. 集成光学是能保证成本和可靠性的一种解决方案. 本节介绍一种用于密集波分复用技术的集成阵列波导光栅(arrayed waveguide grating，AWG)，包括它的基本部件、总体结构以及一些应用.

14.2.1 阵列波导光栅的基本部件

AWG 是一种由简单的集成元件组成的相当复杂的集成器件，如图 14.2.1 所示. 其基本部件包括传送光信号的波导、光信号扇入和扇出的星形耦合器与产生波长色散的波导光栅.

1. 集成光波导

集成光路的基本结构单元是波导. 由于这种工艺基本上是平面的，所以波导的形状通常是矩形的而不是光纤的圆形. 图 14.2.2 表示一个典型矩形波导的截面.

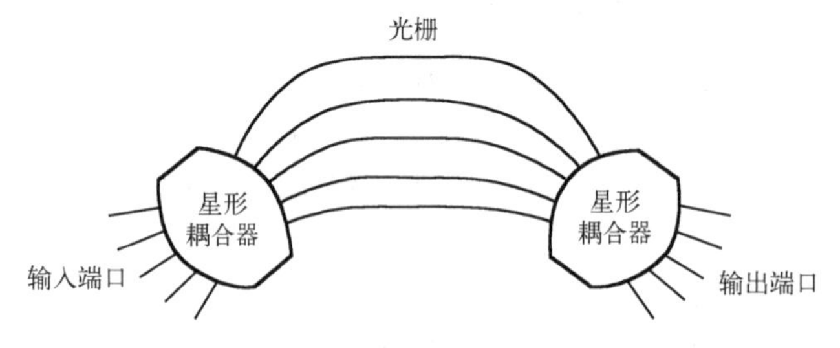

图 14.2.1 AWG 的结构

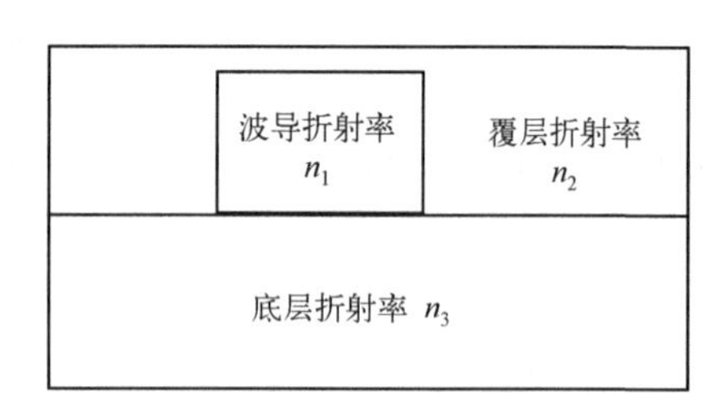

图 14.2.2 一个矩形波导的截面

单模矩形电介质波导的传播理论很复杂，原因有两个：一是矩形的几何形状，在水平方向和竖直方向上对模式的限制不同；二是当$n_2 \neq n_3$时在波导的顶部界面和底部界面对传播模式的限制也不同. 这里用一个有效传播常数$\beta_{\text{eff}} = 2\pi n_{\text{eff}} / \lambda$来表示波导的特征，其中$n_{\text{eff}}$是有效折射率，$\lambda$是自由空间波长. β_{eff}一般取决于波导的几何形状、光的偏振和光的频率，一般要用数值方法才能准确计算. 设计一个 AWG 器件需要对这些波导建立准确的模型，但是，若只限于理解这种器件的一般工作原理，把矩形波导看成是电路中的导线，具有连接各个光学部件、传递光信号，以及控制相位延迟的功能.

2. 集成星形耦合器

星形耦合器的用处是把出现在每个和所有输入端中输入信号的一部分传给所有的输出端口(扇出)，并且在每个和所有输出端口收集来自每个输入端口的部分信号(扇入). 输入端口和输出端口都是用来把信号传送进器件和从器件中传出的矩形波导. 有些星形耦合器有一个输入端口和 N 个输出端口，另一些星形耦合器则有 N 个输入端口和一个输出端口. 但是，输入端口和输出端口均为 N 个的星形耦合器也许是最常见的. 图 14.2.3 示了扇出和扇入操作的星形耦合器. 这种方法是由

Dragone 最先提出的.

星形耦合器由一个比较宽但在垂直方向上很薄的平面波导(所谓“平板波导”)构成，它的两个弯曲端面在输入端口和输出端口与较小的矩形波导相连接，每个端面的形状都是一段圆弧，每段圆弧的曲率中心都在对面的圆弧的中点，因此这两段圆弧是共焦的. 图 14.2.4 所示为其几何关系，其中 f 是两段圆弧的半径. 在实际中，这些小矩形波导彼此之间要比图中显示的情况靠近得多，以得到最大效率.

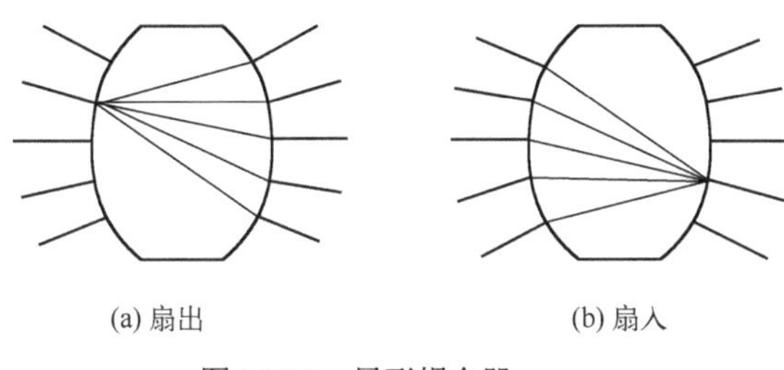

图 14.2.3　星形耦合器

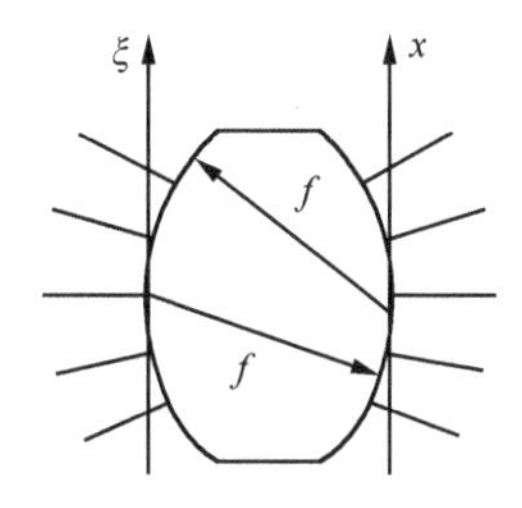

图 14.2.4　星形耦合器的几何关系

在傍轴条件下，两个共焦球冠之间发生衍射时，得到的结果是两个曲面上的复数场之间呈二维傅里叶变换关系. 类似地，在傍轴条件下，星形耦合器的两个圆弧面上的场由一个一维傅里叶变换相联系. 如果用 $U(\xi)$ 表示星形耦合器左端面上的相干复数场，用 $U(x)$ 表示星形耦合器右端面上的复数场，光从左向右传播，则有

$$U(x)=\frac{\mathrm{e}^{\mathrm{j}2\pi f/\tilde{\lambda}}}{\sqrt{\mathrm{j}\tilde{\lambda}f}}\int_{-\infty}^{\infty}U(\xi)\,\mathrm{e}^{-\mathrm{j}\frac{2\pi}{\tilde{\lambda}f}x\xi}\,\mathrm{d}\xi \tag{14.2.1}$$

其中，x 和 ξ 坐标是在两条平行直线上，与构成星形耦合器两个端面的圆弧在中点相切；$\tilde{\lambda}$ 是在平板波导内的光波波长，它依赖于光的频率和光在此波导中传播的有效速度.

如果忽略波导之间的耦合、波导包层中的光，以及在波导的薄的一维上的竖直结构，那么一个输入波导端面上的场可合理地近似为一个被截断的高斯函数. 于是星形耦合器输出面上的场就是一个 sinc 函数(来自截断效应)和一个高斯函数(高斯函数的傅里叶变换还是高斯函数)的卷积. 一个输入波导的宽度必须足够小，才能使得输出场散布到输出面上包括所有输出波导的区域.

对一个独立使用的星形耦合器，一般想要在输出波导上得到一个尽可能均匀的光场分布. 但是，对作为 AWG 的一个组成部分的星形耦合器，一般并没有这样的要求. AWG 的输出场分布从中心向两旁逐渐削弱，在中心附近强度最大，这使星形耦合器的傅里叶变换操作产生一些切趾效应，从而减小了 AWG 的旁瓣.

应当指出，进入一个 AWG 各输入端口的各个光信号通常是互不相干的——它们常常来自不同的互不相干的光源. 然而，由任何一个输入波导引入输入星形耦合器左边的场在这个波导的范围内是相干的，在星形耦合器输出面上的这个场的傅里叶变换(即对光栅截面的输入)是完全相干的.

对 AWG 中的输出星形耦合器，进入这个星形耦合器的各个波导包含一些互相相干的信号，也包括一些互不相干的信号. 每一组互相相干的信号都被星形耦合器聚焦到一个输出波导上.

在设计这样一个星形耦合器时必须加一个限制条件，那就是输出波导的接收角必须足够大，使来自输入波导的尽可能宽的角度的光也能够被输出波导捕捉到. 另一个表述这个限制条件的方式是基于光的可逆性原则：如果将光从一个输出端输入星形耦合器，那么这束光应当足够宽地散布到耦合器的整个输入表面以覆盖全部输入波导. 这个条件进而对星形耦合器的线度加了一个限制.

3. 波导光栅

如图 14.2.5 所示,(a)为一个自由空间光栅,它由一个不透明屏上等间距分布的一些孔组成,(b)是 AWG 的波导光栅部分,显示了波导和这个区域的两个端面. 图 14.2.5(a)中的自由空间光栅满足光栅方程

$$\sin\theta_2 = \sin\theta_1 + m\frac{\lambda}{\Lambda} \tag{14.2.2}$$

式中,λ 为入射波长,Λ 为光栅周期

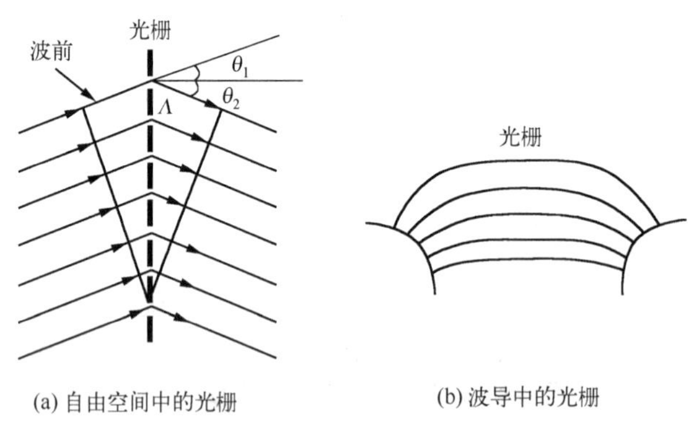

图 14.2.5 波导光栅原理示意图

因为屏上的孔很小,所以存在着许多衍射级. 如果照明光的波长改变,那么透射的衍射级的角度也按照这些关系改变.

图 14.2.5(b)所示的波导光栅结构以完全一样的方式工作. 随着在阵列中向上移动一个波导,波导长度增加 ΔL,相当于自由空间光栅衍射角度增大的负衍射级($m<0$),而且 $\Delta L = -m\tilde{\lambda}$,其中 $\tilde{\lambda}$ 是波导中的波长. 因而,考虑到角度的正负号,可得自由空间光栅和波导光栅之间存在如下对应关系:

$$\Lambda\left(-\sin\theta_2 + \sin\theta_1\right) \leftrightarrow \Delta L \tag{14.2.3}$$

4. 总体系统

现在转而考虑图 14.2.1 所示的总体系统的性能,讨论光波波长改变引起的整个系统输出的改变.

假设波长为 λ_0 的光波输入到第一个星形耦合器的中央位置的波导上,并使该波长输出到第二个星形耦合器的中央位置的输出波导上. 当波长从 λ_0 改变为 λ_1 后,在图中的波导光栅横截面上,一个波导的输出与此波导下面一个波导的输出之间的相位差 $\Delta\phi$ 是正值并且是波长的函数,即

$$\Delta\phi(\lambda) = 2\pi n_{\mathrm{g}}\frac{\Delta L}{\lambda} \tag{14.2.4}$$

式中,n_{g} 为光栅波导中的有效折射率. 当波长从 λ_0 变到 λ_1 时,$\Delta\phi$ 的变化为

$$\delta\phi = \Delta\phi(\lambda_1) - \Delta\phi(\lambda_0) = 2\pi n_{\mathrm{g}}\Delta L\left(\frac{1}{\lambda_1} - \frac{1}{\lambda_0}\right) \approx -2\pi n_{\mathrm{g}}\frac{\Delta L\Delta\lambda}{\lambda_0^2} \tag{14.2.5}$$

这里假定波长的改变相对于 λ_0 很小,并且 $\Delta\lambda = \lambda_1 - \lambda_0$. 当 $\lambda_1 > \lambda_0$ 时,$\Delta\lambda$ 为正,当 $\lambda_1 < \lambda_0$ 时,$\Delta\lambda$ 为负,也就意味着波长增大时 $\delta\phi$ 为负.

$\Delta\phi$ 的这一变化使离开波导光栅的圆形波前发生一个小的倾斜,并使第二个星形耦合器的输出

端面上的亮点位置产生移动. 输出位置 x 的变化可用下述系统的色散来计算：

$$\frac{\partial x}{\partial \lambda}=\frac{\partial \phi}{\partial \lambda}\cdot\frac{\partial x}{\partial \phi} \tag{14.2.6}$$

上式右边第一项可由式(14.2.5)求出

$$\frac{\partial \phi}{\partial \lambda}\approx\frac{\delta \phi}{\Delta \lambda}=-2\pi n_{\mathrm{g}}\frac{\Delta L}{\lambda_0^2} \tag{14.2.7}$$

第二项可以计算由波前斜率变化导致的 x 的改变，即

$$\frac{\partial x}{\partial \phi}=-\frac{\lambda_0 f}{2\pi n_{\mathrm{s}}\Lambda} \tag{14.2.8}$$

式中，n_{s} 是星形耦合器中平板波导的有效折射率. 综合以上结果，可得波导光栅的色散为

$$\frac{\partial x}{\partial \lambda}=\frac{n_{\mathrm{g}}\Delta L f}{n_{\mathrm{s}}\lambda_0\Lambda}=-m\frac{f}{n_{\mathrm{s}}\Lambda} \tag{14.2.9}$$

上式中最后一步推导时假设了 $\Delta L=-m\lambda_0/n_{\mathrm{g}}$ ，即用的是第 $-m$ 级衍射. 因此，随着波长增大，一个给定的输出级在最后一个星形耦合器的输出面上向下移动.

至于 AWG 的分辨率，当光栅的最上一个波导和最下一个波导的输出相位差为 2π 时，两个波长刚刚可以分辨. 这时，对于有 N 个波导的波导光栅，需要相邻波导之间的相位改变为 $|\partial\phi/\partial\lambda|\cdot\delta\lambda=2\pi/N$. 用前面得到的 $\partial\phi/\partial\lambda$ 的表示式，可以得到波长分辨率为

$$\delta\lambda=\frac{\lambda_0}{Nm} \tag{14.2.10}$$

再应用前面已知的 $\partial x/\partial\lambda$ 的表示式，可得空间分辨率为

$$\delta x=\left|\frac{\partial x}{\partial \lambda}\right|\cdot\delta\lambda=\frac{\lambda_0 f}{n_{\mathrm{s}}N\Lambda} \tag{14.2.11}$$

为了达到这个分辨率，来自最末一个星形耦合器的输出波导必须窄于 δx .

还有一个重要的问题是总体系统的自由光谱范围. AWG 有许多衍射级，如果假定输入耦合器上只有中央位置的输入波导受到激励，波长的改变会使输出亮点在系统输出处的各个波导上挨个移动，直到这个亮点通过最后一个输出波导(要么在输出阵列波导的顶部，要么在底部，这取决于波长是减小还是增大). 每当输出亮点挪出最后一个输出波导时，一个新的亮点就出现在与输出阵列相反一端的波导上. 当一个光栅级移出了这个输出波导阵列，一个相邻的光栅级就产生一个新的亮点代替它，但在输出阵列的相反一端上. 事实上，由于衍射级数太多，存在着输出亮点的“卷绕”现象，在“卷绕”现象发生之前可以提供的波长的范围叫做系统的自由光谱范围.

通过计算光栅级从 m 级变到 $m+1$ 级之前输出亮点能够移动的最大距离，就可以确定系统的自由频谱范围 X . 也就是，当式(14.2.5)中的 $\delta\phi$ (相邻的光栅波导之间的)刚好改变 2π 时，或者当

$$X=\left|\frac{\partial x}{\partial \phi}\right|\cdot 2\pi=\frac{\lambda_0 f}{n_{\mathrm{s}}\Lambda} \tag{14.2.12}$$

时，光栅级发生改变.

14.2.2　阵列波导光栅的应用

AWG 有两种主要的应用. 首先，它已经被广泛地用作密集波分复用信号的复用器和解复用

器. 其次，它有一个相当独特的本领，能够重整到达不同输入信道的不同波长的信号，产生多个输出信道，每个输出信道都有取自不同输入信道的各个波长. 下面对每种应用作一综述.

1. 波长复用器和解复用器

图 14.2.6 所示为 AWG 用作解复用器和复用器. 先考虑解复用器，单个输入端口带着等间隔的光波波长 $\lambda_1, \lambda_2, \cdots, \lambda_N$ 到达 AWG 的输入端. AWG 解复用器这些信号，在 N 个分离的输出端口的每个端口上产生这 N 个不同波长中的一个波长. 波分复用信道之间的波长分离程度必须大于或等于 AWG 的波长分辨本领. 光栅中至少需要 N 个不同的波导来对 N 个不同的等间隔光波波长解复用.

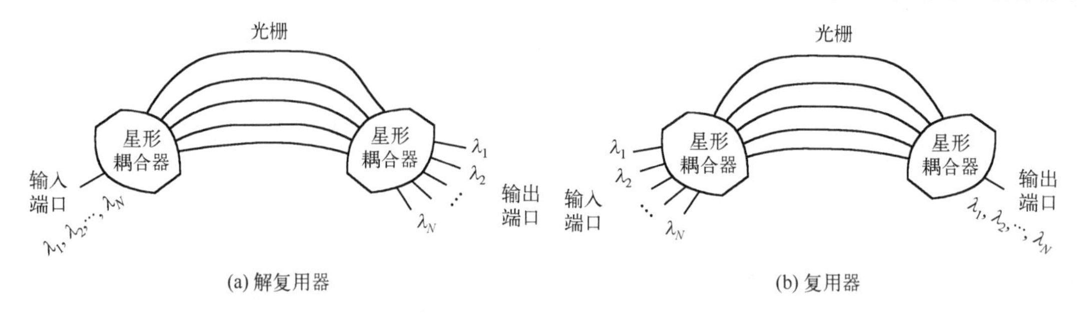

图 14.2.6　AWG 用作解复用器和复用器

复用器有相似的光路，只不过作为复用器现在有 N 个不同的输入端口，每个载有单一的光波波长和一个输出端口，上面载有各个波长. 光栅中仍然需要至少 N 个不同的波导以复用 N 个不同的等间隔波长.

2. 波长路由器

AWG 的波长路由器功能通过它与有色散的自由空间成像系统的类比很容易理解. 考虑图 14.2.7 所示的成像系统，图中显示有两个正透镜，每个的焦距均为 f，它们沿系统的光轴方向与光栅的距离都是 f. 若没有光栅的话，这就是一个 $4f$ 成像系统，它将产生一个放大率为 1 的倒像.光栅的出现使系统的后半部分偏转一个角度，并且使系统产生色散. 每个透镜和其前后的两个自由空间一起组合，类似于一个星形耦合器，而图中的光栅则与 AWG 中的波导光栅相似.

AWG 的波长路由原理如图 14.2.8 所示. 现在考虑 AWG 在几种不同输入条件下的情况. 图 14.2.8(a)表示 AWG 有一个波长的光在它的中心输入端口输入，所有其他输入端口均未激活. 标注出波长 λ_0 是为了表明系统正是被设计成在这个波长上直接从中心输入端口成像到中心输出端口. 图 14.2.8(b)所示为同一波长 λ_0 的光被往上移一个输入端口. 根据简单的成像定律，结果是输出往下移一个端口，用这种方式，可以用成像规则来确定，当波长为 λ_0 的光输入到任何一个输入端口上时，它将出现在那个输出端口.

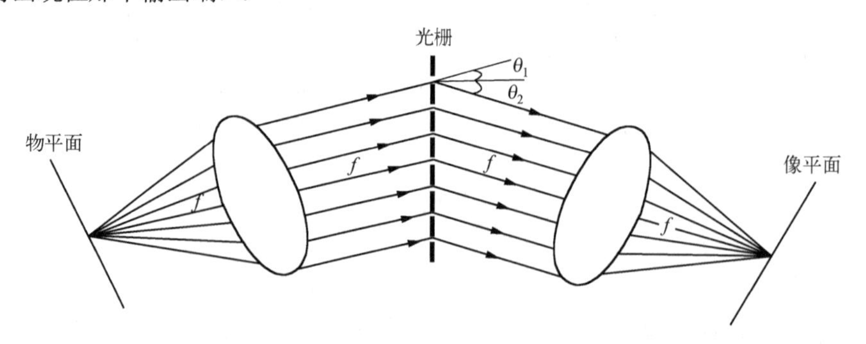

图 14.2.7　与 AWG 类似的成像光路

在图 14.2.8(c)所示的情况下，我们将波长从 λ_0 增大到 $\lambda_1=\lambda_0+\delta\lambda$，这里 $\delta\lambda$ 是将输出往下移动一个输出端口所需的波长改变量($\delta\lambda$ 是 AWG 的波长分辨本领)，于是在波长 λ_1 下，输出往下移动一个输出端口. 如果将波长为 λ_1 的输入移到一个别的输入端口，输出总是出现在由简单成像规律预言的位置往下移动一个端口，除非这种往下移动会将预期的输出端口移出阵列的末端，在后一种情况下会发现 λ_1 光位于输出阵列的顶端，如图 14.2.8(d)所示. 事实上，波长从 λ_0 开始变化会使输出在各个输出端口上循环移动，移动的端口数目就是波长变化中增量 $\delta\lambda$ 的个数. 若我们用的是 AWG 中的负衍射级，那么波长增长导致往下移动，波长缩短导致往上移动.

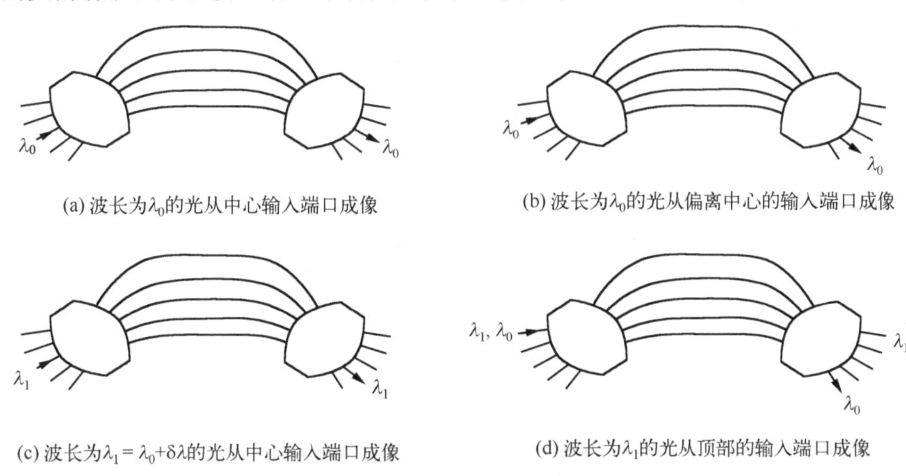

(a) 波长为λ_0的光从中心输入端口成像　　(b) 波长为λ_0的光从偏离中心的输入端口成像

(c) 波长为$\lambda_1=\lambda_0+\delta\lambda$的光从中心输入端口成像　　(d) 波长为$\lambda_1$的光从顶部的输入端口成像

图 14.2.8　AWG 的波长路由原理示意图

再来理解一个 AWG 的最普遍的波长路由应用. 如图 14.2.9 所示，考虑一个波长编号系统，这个系统既根据这些波长进入的输入端口，也根据它们对 λ_0 的偏移量对波长编号. λ_0 标记的是成像时不引起循环变化的波长. 输入端口从底部到顶部依次编号为 0 到 $N-1$. 赋予波长两个下标，第一个下标表示这个波长进入的输入端口，第二个下标是以 $\delta\lambda$ 为单位从 λ_0 偏移的数量，$\delta\lambda$ 是 AWG 的分辨本领，因而标记为 $\lambda_{n,m}$ 的波长表示出现在第 $n(n=0,1,\cdots,N-1)$ 个输入端口的波长为 $\lambda_0+m\delta\lambda(m=0,1,\cdots,N-1)$ 的光波.

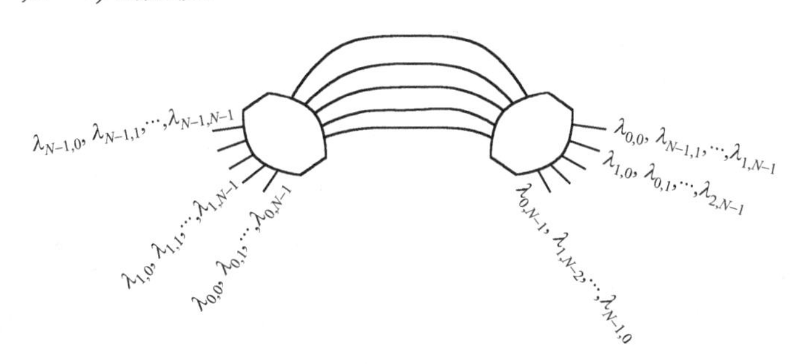

图 14.2.9　AWG 的波长路由应用示意图

假定每个输入端口都填满全部波长，也就是说每个输入端口都有所有 N 个可能的波长. 图 14.2.9 的输入处表示的就是这种情况. 上面描述的路由功能现在可以在一个一个波长的基础上应用于全部输入的集合. AWG 右边的波长下标表示出现在每个输出端口的波长，每个输出端口都包含有全部波长，但是每一个输入端口只有一个不同的波长，于是 AWG 起着一个复杂的波长重新排列器件的作用，它在每个输出端口填满全部波长，而每个波长来自一个不同的输入端口. 这样的路由功能是一种波长交换器，它对在复杂网络拓扑结构中连接网络各个分支是很有用的.

第 15 章 光学三维传感

光学三维传感就是指用光学的手段获得物体三维空间信息的方法和技术，在可见光波段主要是指获得物体表面三维空间信息的方法和技术. 光学三维传感技术能够获取物体三维空间信息(包括三维形貌、灰度、颜色信息)，并且在重建过程中可以完整地恢复物体的三维特征，所形成的三维数据是三维信息传播、三维制造、三维打印、三维显示的基础，具有重要的科学意义和应用价值. 目前，计算机技术、信息技术的迅速发展极大地改变了传统的光学计量技术. 光学计量初期所采用的感光胶片记录方式已为固态摄像机技术所取代，高性能的微型计算机和图像处理系统使光学图像的计算机辅助分析技术迅速发展，这些信息获取和处理技术上的进步又给光学传感和计量方法上的革新和发展以新的活力，使新的三维传感和计量方法不断涌现. 因此，光学三维传感作为信息光学和光学计量领域的前沿方向之一得到迅速发展.

获取三维面形信息的基本方法可以分为两大类：被动三维传感和主动三维传感. 被动三维传感采用非结构照明方式，从一个或多个摄像系统获取的二维图像中确定距离信息，形成三维面形数据. 从一个摄像系统获取的二维图像中确定距离信息时，人们必须依赖对于物体形态、光照条件等的先验知识. 如果这些知识不完整，对距离的计算可能产生错误. 从两个或多个摄像系统获取的不同视觉方向的二维图像中，通过相关或匹配等运算可以重建物体的三维面形. 双摄像机的传感系统如图 15.0.1 所示，它与人眼双目立体视觉的原理相似. 从两个或多个摄像系统获取的不同视觉方向的二维图像中确定距离信息，常常要求大量的数据运算. 当被测目标的结构信息过分简单或过分复杂，以及被测目标上各点反射率没有明显差异时，这种计算变得更加困难. 因此，被动三维传感的方法常常用于对三维目标的识别、理解，以及用于位置、形态分析. 这种方法的系统构成比较简单，在无法采用结构照明的时候更具有独特的优点. 随着计算技术的发展，运算速度已不再是一个主要的限制因素. 在机器视觉领域已经广泛地应用被动三维传感技术.

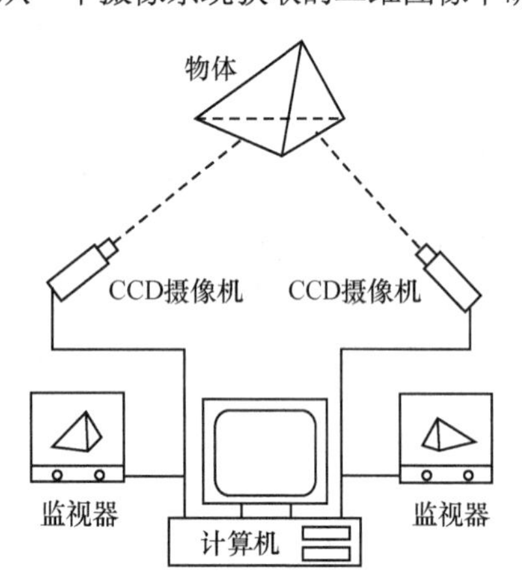

图 15.0.1　被动三维传感：双摄像机系统

主动三维传感采用结构照明方式. 由于三维面形对结构光场的空间或时间调制，可以从携带有三维面形信息的观察光场中解调得到三维面形数据. 这种方法具有较高的测量精度，因此大多数以三维面形测量为目的的三维传感系统都采用主动三维传感方式.

作为结构照明所采用的光源，原则上可以采用激光光源和普通光源. 激光具有亮度高、方向性和单色性好、易于实现强度调制等优点，所以在很多领域常常采用以激光为光源的三维传感系统. 采用白光光源的结构照明方式具有噪声低、结构简单的优点，特别是在面结构照明的三维传感系统中受到越来越多的重视. 本章将介绍三维传感的理论、方法和三维传感系统的应用实例.

15.1　主动三维传感的基本概念

15.1.1　主动照明的三维传感方法

大多数实用的三维传感系统采用主动照明技术. 投影器发出结构照明光束，接收器接收由被测三维表面返回的光信号，由于三维面形对结构照明光束产生空间或时间调制，因此解调接收到的光信号就可以得到三维面形数据. 对于采用单光束的点结构照明系统，所测量的只是该光束方向上的距离. 为了形成完整的三维面形数据，必须加上二维扫描机构. 如果采用片状光束的线结构照明系统，每次可完成被测物体上一个剖面的测量，这时只要附加一维扫描就可以形成三维面形数据. 如果采用空间编码的面结构照明系统，则可直接完成三维面形的测量.

根据三维面形对结构照明光场调制方式的不同，人们将主动三维传感方法分为时间调制与空间调制两大类. 一类方法称为飞行时间法(time of flight，TOF)，它基于三维面形对结构照明光束产生的时间调制. 该方法的原理如图 15.1.1 所示. 一个激光脉冲信号从发射器发出，经物体表面漫反射后，沿几乎相同的路径反向传回到接收器，检测光脉冲从发出到接收之间的时间延迟，就可以计算出距离 z. 用附加的扫描装置使光束扫描整个物面可形成三维面形数据. 这种方法虽然原理简单，又可以避免阴影和遮挡等问题，但是要得到较高的距离测量精度，对信号处理系统的时间分辨率有极高的要求. 为了提高测量精度，实际的 TOF 系统往往采用时间调制光束，例如采用单一频率调制的激光束，然后比较发射光束和接收光束之间的相位，计算出距离. 同样采用飞行时间法原理，最近研制出一种三维电视摄像机，这种摄像机采用红外 LED 光源，光源发出三角波调制的光照射被测物体，摄像机通过将上行的和下行的强度调制光与超快速快门照相机结合完成同步深度探测，并实时计算出深度信息，与同一个摄像机同时获取的可见光图像相结合，形成包括深度信息的三维视频图像.

另一类更常用的方法，是基于三维面形对结构照明光束产生的空间调制. 例如三角法，它以传统的三角测量为基础，由于三维面形对结构照明光束产生的空间调制，改变了成像光束的角度，即改变了成像光点在检测器阵列上的位置，通过对成像光点位置的确定和系统光路的几何参数，计算出距离. 三角测量法的原理可用图 15.1.2 表示. 事实上，大多数三维面形测量仪器都源于三角测量原理，图中所示的只是一种采用单光束点结构照明的最简单的情况. 采用片状光束的线结构照明是三角测量法的扩展. 已经研究的另一些更复杂的三维面形测量技术，包括莫尔轮廓术、傅里叶变换轮廓术、相位测量轮廓术等也最终归结于三角测量法，只不过在不同的测量技术中采用不同的方式从观察光场中提取三角计算中所需要的几何参数.

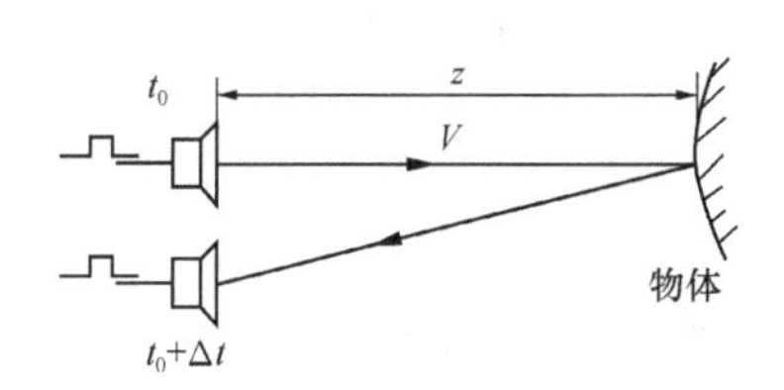

图 15.1.1　飞行时间法原理图

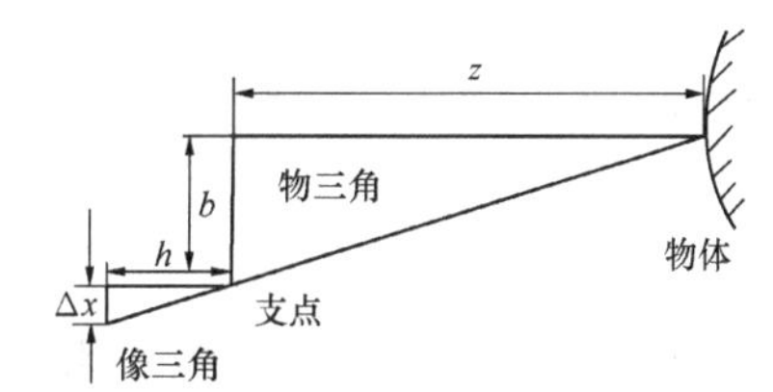

图 15.1.2　三角测量法原理

15.1.2　三种基本的结构照明方式

最简单的结构照明系统投射一个光点到待测物体表面，如图 15.1.3(a)所示. 激光具有高亮度和良好的方向性，是理想的点结构照明光源. 点结构照明将光能集中在一个点上，具有高的信噪比，可以测量较暗的和远距离的物体，由于每次只有一个点被测量，为了形成完整的三维面形，必须有附加的二维扫描. 对于单点投影的三角测量系统，通常采用线阵探测器作为接收器件.

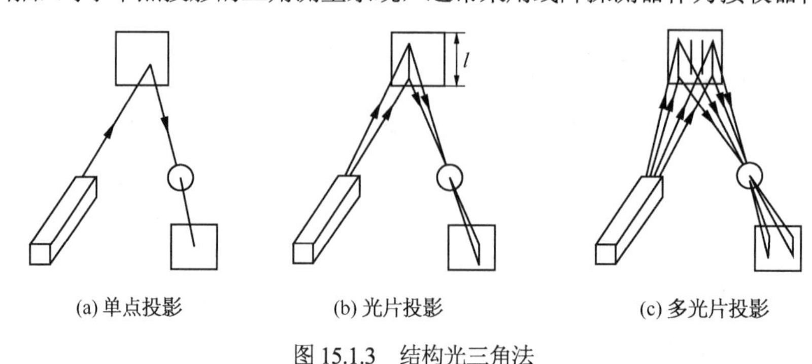

(a) 单点投影　(b) 光片投影　(c) 多光片投影

图 15.1.3　结构光三角法

第二种结构照明系统投射一个片状光束到待测物体表面，形成线结构照明，如图 15.1.3(b)所示. 采用这种照明的传感系统使用二维面阵探测器作为接收器件，只需要附加一维扫描就可以形成完整的三维面形数据. 在某些实际应用中，被测物体本身沿一个方向移动通过视场，例如传送带上的工件，这时只需要一个固定的线结构照明传感系统就可以完成三维面形测量任务.

第三种结构照明系统投射一个二维图形到待测物体表面，形成面结构照明，其中最简单的一种是多个片状光束构成的多线结构照明，如图 15.1.3(c)所示. 与单线结构相比较，多线结构照明每次测量可以得到多个剖面的数据，设线数为 n，则附加的一维扫描移动距离相当于单线照明的 n 分之一. 但是对于同样的光学系统和检测器件，多线照明所实现的深度测量范围下降到单线照明时的 n 分之一，或者说在同样的测量范围情况下，深度分辨率下降到 n 分之一. 其他常用的面结构照明的二维图形还有罗奇光栅和正弦型光栅，这些面结构照明方式已在莫尔轮廓术、相位测量轮廓术、傅里叶变换轮廓术及空间相位检测等三维面形测量技术中应用，是使用最多的结构照明方式 .本章将结合具体的应用背景，分析这些结构照明的特点和三维面形信息的调制与解调方案. 从广义上讲，很多种时间和/或空间编码的二维图形都可以作为面结构照明光场，其编码保证每一测量点都唯一对应一个编码. 时间编码需要多幅图像，每个测量点的光学特征，即明暗(二元编码)或者灰度(灰度编码)、颜色(颜色编码)以一个唯一确定的序列变化；空间编码则通过每个测量点及其周围点的光学特征的组织进行编码，或者由多个光学信息点组成一个测量点. 在后续的信号处理过程中，从观察光场中解调恢复原来的空间位置关系.

15.1.3　三维传感系统的基本组成

三维传感系统涉及现代电子、光学、计算机图像处理、计算机视觉、计算机图形学、软件等技术，是多种先进技术集成的高技术装备. 系统硬件主要包括光学机械装置、图像传感器、图像存储器、扫描装置、控制模块和其他附件. 计算机、计算机图像系统已成为光学三维传感系统中不可分割的一部分.

图像传感器可将二维辐射(光学图像)信息转换为容易处理和传输的电信号. 从所接收的辐射来区分，主要是可见光以及不可见辐射(红外、紫外及 X 射线)；从读出方式来区分，有电子束扫描摄像管和采用移位或电荷传输扫描的固态摄像器件. 摄像管是在 20 世纪 80 年代广泛使用的一种电子束摄像器件，它是由玻璃壳、光导靶和电子枪组成的电子束管，近年来，它已经被更轻便的固体摄像器件所替代. 固态摄像器件是 20 世纪 70 年代在美国首先研制成的一种新型图像传感器. 随着大规模集成电路工艺的不断完善和推广，许多高性能的固态摄像器件已在空间探测、光谱测量、高速传真、复印系统及各种成像技术领域得到广泛应用.由于它的基本工作原理为电荷通过半导体势阱发生转移，因此也称为电荷转移器件(CTD)，主要包含三种类型：电荷耦合器件(CCD)、CMOS 器件和电荷注入器件(CID)，其中尤以电荷耦合器件(CCD)的应用更为广泛. CCD 器件是一种光电转换器件，有面阵和线阵之分，对于采用线或面结构照明的三维传感系统，主要采用面阵 CCD. 普通商用面阵 CCD 摄像机的扫描帧率为 30 帧/秒，可以满足一般三维传感的要求. 高速面阵 CCD 摄像机的扫描帧率达到 10000 帧/秒，可以满足动态过程三维传感的要求. CMOS 器件是一种用传统的芯片工艺方法将光敏元件、放大器、A/D 转换器、存储器、数字信号处理器和计算机接口电路等集成在一块硅片上的图像传感器件. 它的重要特点之一是可以直接访问任意像元，并能对任意像元进行操作运算，因此它具有开任意兴趣区域窗读出的能力，这使得 CMOS 相机具有体积更小、速度快、读出灵活、可以开窗、功耗低、总体成本也更低等优点，已经在很多场合成为固态摄像器件的首选. 电荷注入器件 CID 具有快速窗口扫描和恢复功能，可用于动态过程的三维传感系统. 固态摄像器件这种光电子器件，具有体积小、分辨率高、畸变小、重量轻、电压及功耗低、可靠性高、寿命长等一系列优点.

图像存储设备普遍采用可插入微型计算机扩展槽的各种不同性能和存储容量的图像卡来实现. 由于集成电路的迅速发展，普通的单片图像卡可以完成 1024bit×1024bit×8bit 图像的存储，多片图像卡已经可以满足存储 32 幅以上 512bit×512bit×8bit 的图像要求. 在使用功能方面有单色(也称伪彩色)和彩色图像卡. 目前不少图像卡还装有各种不同功能的图像处理芯片(如 TMS 34010)，具有硬件快速图像处理能力. 它们通过图像卡上的算术逻辑单元(ALU)、乘法器、查找表(LUT)可以实现对图像的卷积、形态学、算术逻辑运算甚至高速傅里叶变换等功能. 一些图像卡还具有窗口化功能，减少专用图像监视器，只要在微机上插上图像卡便可以实现各种图像处理功能，为图像处理的普及化提供条件.

数字相机将图像传感器和数字化转换功能集成在一起，直接输出数字图像信号.这种相机具有很好的感光像元与数字图像的像素点的几何对应性，避免了模拟视频信号数字化过程中因扫描同步误差引起的像素抖动问题，可以获得定位质量高的图像. 数字相机的输出标准有 RS-422、RS-644、Camera Link、IEEE 火线(firewire)、USB 和千兆网等数字输出接口标准.

用于三维传感系统的软件基本上可分为两大类，一类是通用的图像获取与处理软件和三维数据后处理软件，另一类是针对不同三维传感方法的系统应用软件. 图像卡供应商一般提供通用的图像获取与处理软件，这些软件中包含有图像的采集、冻结、存取、直方图显示、图像的放大、缩小等基本功能和对图像的复杂运算甚至变换等功能. 针对不同三维传感方法的应用软件通常由三维传感设备供应商提供. 由于三维传感系统是一个光、机、电相结合的复杂的光电测量系统，三维面形重建与三维面形数据统计分析涉及数据量较大的计算，在设计和研制系统软件时，设计指导思想是注意光、机、电硬件功能与软件的整体协调，尽可能提高系统的运行效率，给用户提供一个由多层菜单驱动的比较容易掌握和使用的操作环境.

15.1.4　全息三维成像与结构光三维成像

全息三维成像是一种记录和重现三维信息的重要科学方法，它可以完整地再现物光波的信息，从三维再现的真实性来看，是无与伦比的. 从三维显示的角度来看，全息三维显示的分辨率和真三维显示特点也是无与伦比的. 在理论上，全息显示可以提供所有种类的深度线索，被认为是三维显示的终极实现方式，但是全息记录和再现过程要求采用相干照明，对环境振动要求小于波长数量级，使这种方法并不适于室外作业. 另外，全息方法本质上是一种模拟、非实时性、实验室的纯光学技术，从信息的数字记录和实物仿形意义上的重建来说，难以提供数字化的三维数据. 自 1948 年 Gabor 发明全息术以来，全息术经历了不断发展的阶段，如离轴全息、反射全息、彩虹全息、计算全息、模压全息等. 近年来，兴起的数字信号处理技术及其相关器件设备(计算机、数码摄像机、CCD 器件、新型液晶显示屏、空间光调制器和因特网等)以及自动化控制技术，不断促进传统全息成像技术，使之向现代全息显示技术发展. 实际上，很多现代全息显示技术已经在很大程度上突破了最初光学全息的概念，即不再限于将全息技术看成利用光学干涉和衍射原理记录并再现物体真实三维图像的技术，而是一种广义的物体三维信息传递和显示的技术. 数字信息处理技术及其有关器件设备的进展为三维成像和三维显示技术的发展提供了更大的发展空间.

结构光三维成像技术是一种利用辅助的结构光照明获取物体三维像的技术，它采用的技术方案是投影一个载频条纹到被成像的物体表面，用成像设备从另一个角度记录受被成像物体高度调制的变形条纹图像，再从获取的变形条纹图中数字解调重建出被测物体的三维数字像. 与全息三维成像相对应，结构光三维成像过程也是两步成像过程，先获取物体被结构光条纹调制的二维图像(调制加光学成像)，然后从包含变形条纹的二维像中通过数字重建方法得到物体的三维数字像，前者包括投影和成像，本质上是应用光学中的成像过程，后者是条纹图像的信息处理过程，类似于干涉测量中的干涉条纹的处理. 结构光三维成像的过程包含数字重建的步骤，并以物体三维空间信息的数字量作为输出. 虽然其早期的目的不是三维显示，而是三维测量，但基于结构光的三维面形测量技术具有非接触、测量速度快、精度高和易于在计算机控制下实行自动化测量等优点，特别是以物体三维空间信息的数字量作为输出，因此被深入研究并被广泛用于三维机器视觉、实物仿形、三维显示、三维动画和影视特技制作等领域. 从广义信息传递和变换的观点来看，全息三维成像和结构光三维成像也存在相似性. 随着数字信号处理技术及其有关器件设备的进一步发展，结构光三维成像技术还有很大的发展空间，结构光三维成像技术将向高速度、高精度的方向发展，成像对象将向大尺寸和微结构的方向发展. 元宇宙是一个与现实世界相互平行、彼此影响并且始终在线的数字虚拟世界，结构光三维成像技术将成为元宇宙中数字虚拟世界的数据来源之一，具有广阔的发展空间.

本章将要介绍点、线、面结构光三维测量的基本原理与应用举例，介绍结构光三维传感的基本方法，包括相位测量轮廓术、傅里叶变换轮廓术、调制度测量轮廓术、飞行时间法等.

15.2　采用单光束的三维传感

15.2.1　基本原理与计算公式

激光束本身就是典型的点结构光源，激光束以一定入射角照射被测物体，光束在物体表面反射和散射，并将反射的激光束以另一个角度经过成像透镜聚集点在 CCD 或 CMOS 等位置传感器上成像. 当被测物体沿激光方向移动时，位置传感器上的像点就会移动，其位移对应于被测物体的移动距离. 因此，通过算法设计，可以从被测点的位移中计算出被测点与基准平面之间的距离. 由于入射光和反射光形成了一个三角形，所以用几何三角形定理来计算光斑的位移. 因此，该测量方法被称为激光三角测量. 三角测量法是一种传统的距离测量方法，具有悠久的历史. 由于新的光电扫描技术与阵列型光电探测器件的发展，加之微机的控制与数据处理，这种传统的方法有了很多新的进展及应用.

图 15.2.1 是一般的三角测量系统原理图，图中给出了物体、光源、探测器和成像透镜孔径中心的坐标，坐标系统原点位于主探测器透镜孔径中心，像点的(x, y)坐标按相对于相应的成像透镜中心给出，照明光束在 xz 和 yz 平面上的投影线相对于 z 轴的夹角为 θ_x 和 θ_y，所以被照明的物点的坐标为

$$x_0 = x_s - (z_0 - z_s)\tan\theta_x \tag{15.2.1}$$

$$y_0 = x_s - (z_0 - z_s)\tan\theta_y \tag{15.2.2}$$

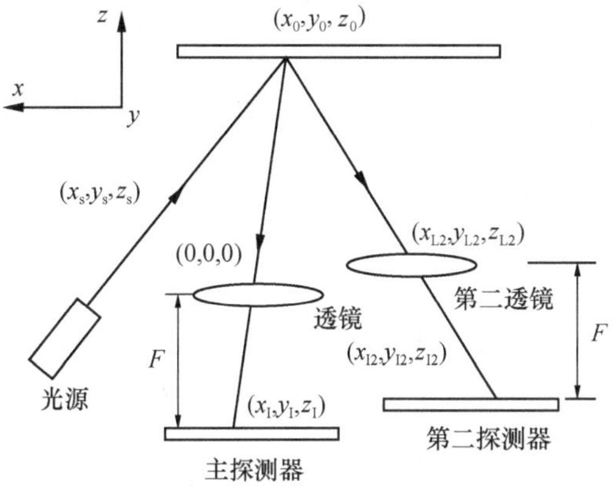

图 15.2.1　一般的三角测量系统原理

该点在主探测器上形成的像点坐标为

$$x_i = \frac{F}{z_0}x_0 = \frac{F}{z_0}(x_s + z_s\tan\theta_x) - F\tan\theta_x \tag{15.2.3}$$

$$y_i = \frac{F}{z_0}y_0 = \frac{F}{z_0}(y_s + z_s\tan\theta_y) - F\tan\theta_y \tag{15.2.4}$$

式中，F 是成像透镜和探测器之间的距离，对于较长的工作距离(大的 z_0)，该值近似等于透镜的焦距. 如果比较物面上和参考平面上的光点在探测器上的像点位置，则像点位置的差异可以表示为

$$\Delta x_i = F(x_s + z_s\tan\theta_x)\left(\frac{1}{z_0} - \frac{1}{z_{ref}}\right) \tag{15.2.5}$$

$$\Delta y_i = F(y_s + z_s\tan\theta_y)\left(\frac{1}{z_0} - \frac{1}{z_{ref}}\right) \tag{15.2.6}$$

用 x 方向的位移量计算物体的距离，可以得到

$$z_0 = \frac{z_{ref}}{1 + \Delta x_i \cdot z_{ref} / [F(x_s + z_s\tan\theta_x)]} \tag{15.2.7}$$

上式表明，z_0 和 Δx_i 之间存在明显的非线性关系. 通常采用一维线阵探测器，使投影光轴、成像光轴和探测器阵列位于同一平面，这时像点的位置只在 x 方向上沿探测器阵列移动，有效光源位于 x 轴上，即 $\Delta y_i=0$，$y_x=z_s=0$，这时上式可以简化为

$$z_0 = \frac{z_{ref}}{1 + \Delta x_i \cdot z_{ref} / (Fx_s)} \tag{15.2.8}$$

这种由一个投影光轴和一个成像光轴构成的测量系统又称为单三角测量系统. 这种测量方法要求投影光轴和成像光轴之间保持恒定的夹角.如果用这种系统完成一维或二维物面高度的测量，必须在整个传感器(包括投影和成像)和被测物体之间附加一维或二维的相对扫描，如果引入第二个成像系统，则可以构成双三角测量系统. 这时距离的测量可以通过比较在两个探测器上像点的差异而实现，而单三角法中距离的测量是通过比较一个相对于物面的像点和一个相对于基准面的像点而实现的. 正如图 15.2.1 所示，在第二个探测器平面上像点的坐标为

$$x_{i2} = \frac{F(x_0 - x_{L2})}{z_0 - z_{L2}} \tag{15.2.9}$$

$$y_{i2} = \frac{F(y_0 - y_{L2})}{z_0 - z_{L2}} \tag{15.2.10}$$

(15.2.3)和(15.2.9)两式联立，可以得到

$$z_0 = \frac{Fx_{L2} - z_{L2}x_{i2}}{x_i - x_{i2}} \tag{15.2.11}$$

上式表明，双三角测量方法并不依赖于投影光轴与成像光轴之间保持固定的夹角，这意味着简单地沿一个方向扫描投影光轴就可以完成一个剖面的距离测量. 这两种三角测量方法的特点将在后面的应用实例中作进一步说明.

应该指出，在三角测量法中坐标系统的建立也可以采用与图 15.2.1 不同的方法. 例如，将投影光轴作为 z 轴，使基准平面与投影光轴垂直，如图 15.2.2 所示，(a)具有最简单的形式，投影光轴与成像光轴平行，所构成的物三角形和像三角形是相似的直角三角形. 在这种测量系统中，物三角形的基线 b 和像三角形的高度 h 是已知量，物体的距离或高度 z 可以通过像三角形的基线 Δx 的测量确定. 测量方程是

$$z = \frac{bh}{\Delta x} \tag{15.2.12}$$

上式表明，首先，被测距离 z 和测量变量 Δx 之间存在单调关系，因此从原理上来说这一技术可以适应于所有 z 值；其次，z 和 Δx 之间的非线性关系，意味着测量关系的精度将是不均匀的.

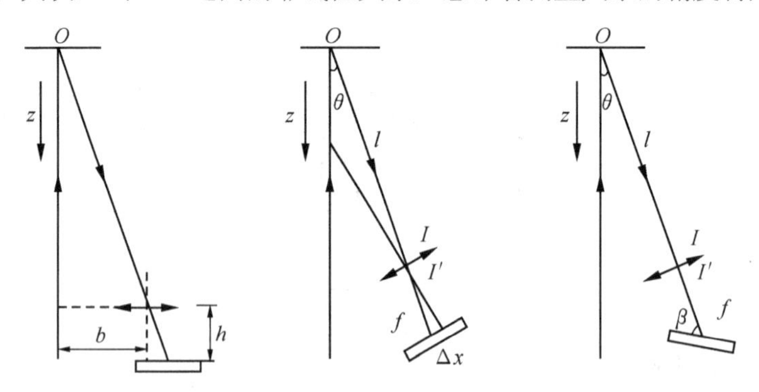

(a)投影光轴和成像光轴平行　(b)投影光轴和成像光轴相交　(c)满足Scheimpflug条件

图 15.2.2　几种三角测量的坐标关系

图 15.2.2(b)中，成像光轴与观察方向一致，使成像镜头工作在近轴状态，具有较大的测量范围. 在图中，θ 是投影光轴与成像光轴的夹角，O 是两光轴交点并作为物体高度计量的原点，I 和 I' 分别是成像系统的入瞳和出瞳. 线阵探测器与成像光轴垂直，与 I'点的距离为 f，当物距 l 较大时，f 近似地等于成像透镜的焦距. 由图中所示的几何关系可以导出

$$z = \frac{l\Delta x}{\sin\theta \cdot f + \cos\theta \cdot \Delta x} \tag{15.2.13}$$

上式表明，在待测距离 z 和可测变量 Δx 之间仍然存在单调的和非线性的关系. 在上面两种三角测量光路中，当被测物体高度变化时，像点就沿线阵探测器方向移动. 但是，由于探测器基线与光轴垂直，只有一个准确调焦的位置，其余位置的像点都处于不同程度的离焦状态. 由于离焦引起的像点的弥散，降低了系统的测量精度. 为了解决这一问题，可以使探测器基线与成像光轴成一倾角 β，当满足 Scheimpflug 条件，即满足关系

$$\tan\theta = k \cdot \tan\beta \tag{15.2.14}$$

时，在一定景深范围内的被测点都能正确地成像在探测器阵列上，从而保证了测量精度. 上式中，

k 是成像系统的放大倍率. 按照 Scheimpflug 条件构成的三角测量系统如图 15.2.2(c)所示，这时待测距离 z 和可测变量 Δx 之间的关系式为

$$z=\frac{(l-f)\sin\beta\cdot\Delta x}{f\sin\theta+\cos\theta\sin\beta\cdot\Delta x} \tag{15.2.15}$$

上面的三种三角测量系统光路都是针对单三角测量法进行讨论的. 实际上，双三角测量法中也可以采用上述光路条件，例如使双三角测量关系中两个成像三角都满足 Scheimpflug 条件，从而得到较高的测量精度.

15.2.2　散斑对激光三角法精度的影响

激光光源的高亮度和方向性使之成为非常理想的投影光源. 激光三角法成为很多距离传感技术和由这种技术派生的三维面形测量技术的基础. 前面介绍的基本原理和计算公式已经表明，待测距离 z 和可测变量 Δx(像点在探测器上的位移量)之间存在单调的和非线性的关系. 这样一种传感技术的精度直接受到成像光点位置测量精度的影响，因此下面的技术措施常常采用. ①使用 CCD 线阵探测器或类似的阵列元件，这些器件具有高灵敏度，大动态范围，无几何畸变等优点. ②由于阵列元件有限的空间像元数目(例如线阵 CCD2048 具有 2048 个可分辨单元)，安排光路参数使像点覆盖几个像素单元，通过计算光点中心位置，可以达到亚像素的精度，例如采用阈值法、重心法、曲线拟合法及同态滤波等. ③待测距离 z 和光点位置之间的关系除了按相应的计算公式得到外，还可以通过校准过程确定. 也就是说，通过测量一组已知的距离，建立待测距离 z 和光点位置之间的直接映射(表)关系，可以消除系统几何参数和像差的影响.

人们曾试图相信，三角法距离测量精度的唯一限制来自技术方面而不是物理上的限制，例如取决于探测器有限的像素，电信号噪声等. 如果这些困难能够克服，成像系统的衍射限制也可以通过校准过程来考虑. 后来的理论研究和实验工作表明，三角法距离测量精度的限制还来自物理上的原因，激光散斑对三角法测量精度具有重要影响.

如果物体表面是粗糙的(相对波长而言)，在探测器上的像点将受散斑影响. G.Haüsler 通过理论分析，给出了由于散斑引起的光点中心的定位误差 δx (光点重心的标准差)为

$$\delta x=\frac{1}{2\pi}\cdot\frac{\lambda}{\sin u} \tag{15.2.16}$$

式中，$\sin u$ 是观察透镜的数值孔径，λ 是激光的波长. 统计定位误差略小于横向分辨率的瑞利极限. 式(15.2.16)是在通常的散斑理论的假定下导出的. 应特别注意的是，在推导中假定了在观察孔径内存在着很多散斑. 换句话说，在物体上光点的尺寸大于相应的成像透镜的衍射脉冲响应函数的尺寸. 式(15.2.16)仅对于相干情况成立. 如果考虑散斑的对比度 C，可以得到更一般的定位误差表达式为

$$\delta x=C\cdot\frac{1}{2\pi}\cdot\frac{\overline{\lambda}}{\sin u} \tag{15.2.17}$$

式中，$\overline{\lambda}$ 是加权平均波长，散斑的对比度可以通过减少时间和/或空间相干性而减弱. 上式提供了改进激光三角法测量精度的可能性，对于这一问题已经进行了大量的理论和实验研究，例如已研究了热空气扰动法、孔径扫描法等方法，有兴趣的读者可以参考有关的文献. 提高测量精度的另一条途径是，用信号处理的方法减弱散斑的影响. 可以对成像光点的强度分布取对数运算，使相乘性的散斑转化为相加性的噪声，然后用数字滤波的方法加以滤除.

15.2.3　测量实例(鞋楦三维面形测量)

在制鞋工业中，无论是新设计的样楦，还是大批生产的鞋楦，都必须对其楦身各特征部位的

尺寸及外形进行测量检验. 鞋楦测量是款式设计的基础. 现代制鞋业采用的制鞋计算机辅助设计(CAD)系统和计算机辅助制造(CAM)系统更需要整个鞋楦的三维面形数据.

1. 测量原理

测量仪采用激光三角测量原理，图 15.2.3 是原理光路图. 图中 z 是旋转轴，被测鞋楦可以绕 z 轴转动和沿 z 轴移动，由激光器投射的光线通过 z 轴并垂直 z 轴，成像光轴与投影光线夹角为 α . 探测器采用 CCD 线阵，并与成像光轴成一倾角 β，以满足 Scheimpflug 条件. 记被测表面一点到转轴中心的距离为 r，类似于式(15.2.15)，可以得到被测距离 r 的计算式为

$$r = r_0 + \frac{(L-f)\sin\beta \cdot \Delta x}{f\sin\alpha + \cos\alpha \cdot \sin\beta \cdot \Delta x} \tag{15.2.18}$$

考虑到鞋楦绕 z 轴转动和沿 z 轴的移动，可以在柱坐标系统 (z,θ,r) 中建立鞋楦的全楦面面形表达式 $r=r(z,\theta)$.全楦面三维数据是制鞋计算机辅助设计和制鞋计算机辅助加工的基础.

2. 系统构成与特点

系统由仪器主体、微机、软件系统三部分构成. 仪器主体由投影和成像光学系统、移动和转动工作台、CCD 线阵探测器和驱动电路、单片机等组成，如图 15.2.4 所示. 根据三角测量原理和细光束相对扫描方式进行非接触光电测量. 工作台带动鞋楦沿轴向移动和绕轴转动，以使投射光线能对鞋楦的整个面形进行相对扫描. 驱动工作台的两路步进电机与单片机相连. 由单片机控制工作台的移动和转动，完成 CCD 线阵的扫描驱动、输出信号的预处理、模数转换和数据处理. 单片机还完成仪器主体与微机之间数据和控制信号的双向传递. 测量结果由微机输出，以数据和图形方式实时显示. 仪器主体与微机之间通过 RS-232 标准接口实现通信.

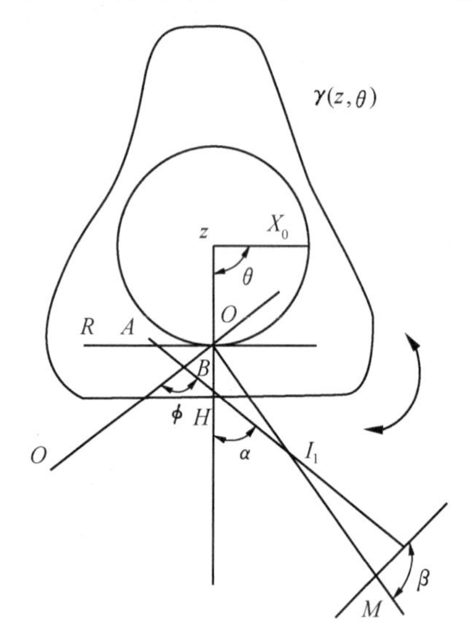

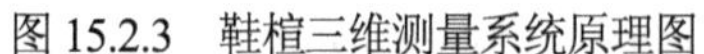
图 15.2.3　鞋楦三维测量系统原理图

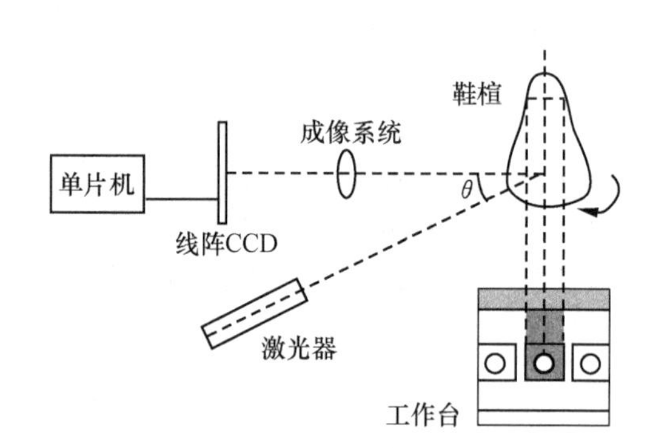

图 15.2.4　仪器主体结构示意图

系统采用了光强自适应调整技术和成像光点位置高精度算法等光电信息获取与处理技术，主要技术指标如下：分辨率，轴向(z)为 0.1mm，圆周 1°；测量范围，轴向为 350mm，圆周为 360°，径向为 90mm，精度为 0.1mm. 测量速度为每分钟 2000 点. 系统具有自校准功能，可以在运输或重新安装之后进行自动校准，也可以定期进行自动校准. 系统具有多种工作方式，可以进行全楦面测量、特征部位点测量、坐标寻址测量，以满足鞋楦测量的各种要求. 测量结果可用数据和图形方式实时显示. 显示功能包括：多方位鞋楦立体图形显示，楦体轮廓和楦体断面显示等. 图 15.2.5 是鞋楦三维面形光电自动测量仪器外观图以及测量结果的立体图形显示.

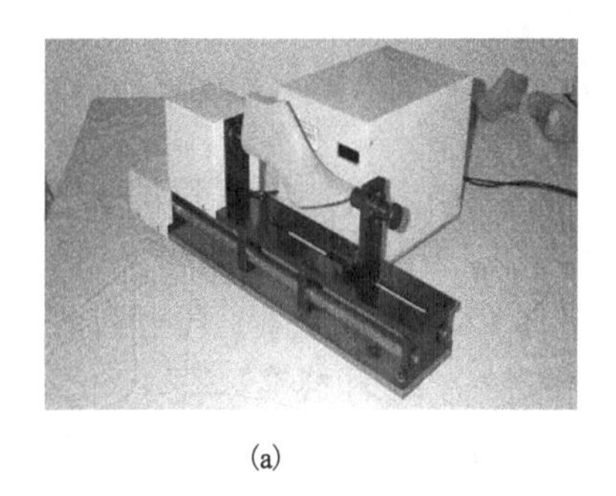

(a)

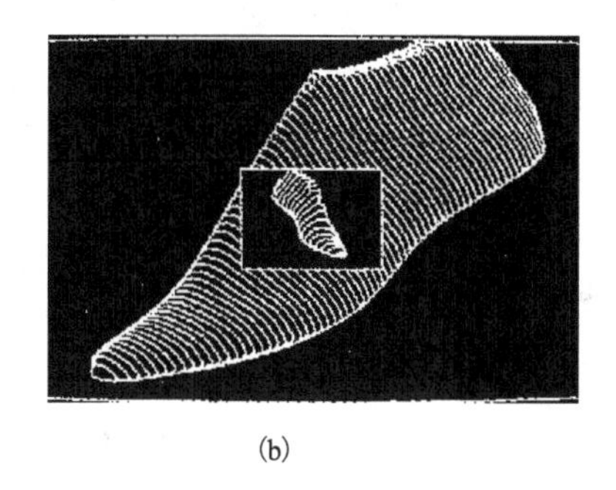

(b)

图 15.2.5　鞋楦三维面形光电自动测量仪器外观图(a)以及测量结果的立体图形显示(b)

15.2.4　基于激光同步扫描的三维面形测量

在激光三角测量技术中，投影光线与成像光轴之间常常保持固定的夹角，通过计算成像光点在探测器上的位置来确定被测表面沿投影方向上的位置变化，也就是说只能测量物体一维的变化，例如在图 15.2.2 中的 z 坐标. 这时为了测量物面上某一剖面或整个面形，就必须在传感器和被测物面之间引入一维或二维相对移动. 另一种可选择的方案是，让投影光束沿物体一维方向扫描，只要在扫描过程中投影光线与成像光轴之间的夹角是已知的，就可以利用三角关系计算被扫描的物点的二维坐标(例如 z 和 x). 但是，位置传感器空间带宽积中的一大部分将用于测量 x 坐标，从而导致距离维(z)方向测量精度下降.

1. 基本概念

激光同步扫描的基本概念在于同步地扫描投影光线和成像光轴，从而在获得大的测量视场的同时，基本上不降低距离维的测量精度. 为了说明激光同步扫描的几何关系，首先分析图 15.2.6 所示的光路. 投影光束从激光器发出，经反射镜 M_1 投向基准点 P ，成像光束经反射镜 M_2 和成像透镜到达位置传感器基准点上. 当反射镜 M_1 和 M_2 同步旋转时，投影光束转向另一个位置 P_1，由于两个反射镜同步地转动，在位置传感器上像点的位置靠近基准点.

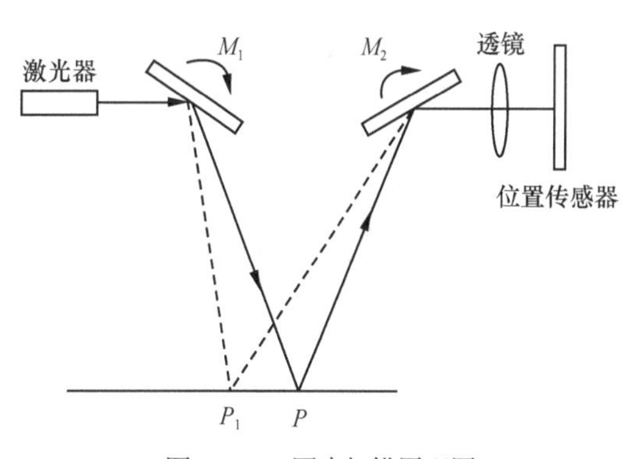

图 15.2.6　同步扫描原理图

从以上的分析和原理图可以看出，在同步扫描情况下，像点在位置传感器上的移动主要用于测量距离，而在只采用投影光束扫描的情况下，位置传感器的大部分还被用于测量视场坐标. 因此，同步扫描可以在不降低视场的情况下增加距离维的分辨率.

如果在同步扫描的整个过程中都要求像点在位置传感器上的位置不变，则交点轨迹的坐标应满足一个通过基准点和两个扫描器转轴的圆的方程. 交点轨迹是圆这一结论说明了在同步扫描情况下，如果物面与该圆重合，则像点将定在位置传感器的同一位置. 这种方法对于测量圆形或接近圆形的表面特别有利，人们可以用低分辨的位置传感器得到高分辨的剖面测量精度.

2. 同步扫描的三维面形测量系统

下面是激光同步扫描在不同情况下的应用实例.

1) 双面镜扫描

图 15.2.7 是一个双面镜扫描系统. 系统由激光光源、可旋转的双面扫描镜、两个固定反射镜、成像透镜和 CCD 线阵探测器构成，线阵与光轴的夹角满足 Scheimpflug 条件. 由于扫描镜是一个双

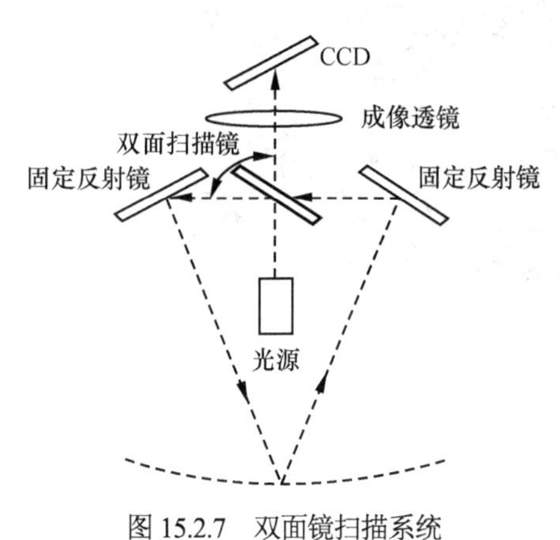

图 15.2.7　双面镜扫描系统

面镀膜的反射镜，保证投影光线和成像光线完全同步旋转.

2) 多面棱锥镜扫描

图 15.2.8 所示的系统使用了一个由六个面组成的棱锥镜. 由光源 S 投影的光线经过扫描器的一个面反射到固定反射镜 M_1，经 M_1 和 M_3 两次反射后投射到物面上，从物面上的散射光线经 M_3、M_2 和棱锥镜的另一面进入位置传感器 D. 多面锥棱镜的旋转完成了 x 方向的同步扫描，而 M_3 反射镜的慢速旋转完成了 y 方向的扫描，从而构成三维面形测量功能.

3) 旋转体测量

对于旋转体的测量，常常采用图 15.2.9 所示系统，这时基准点被设置在物体的转轴上. 由于物体的旋转提供了附加的一维扫描，所以采用多面棱镜扫描器使整个系统非常简单和紧凑.

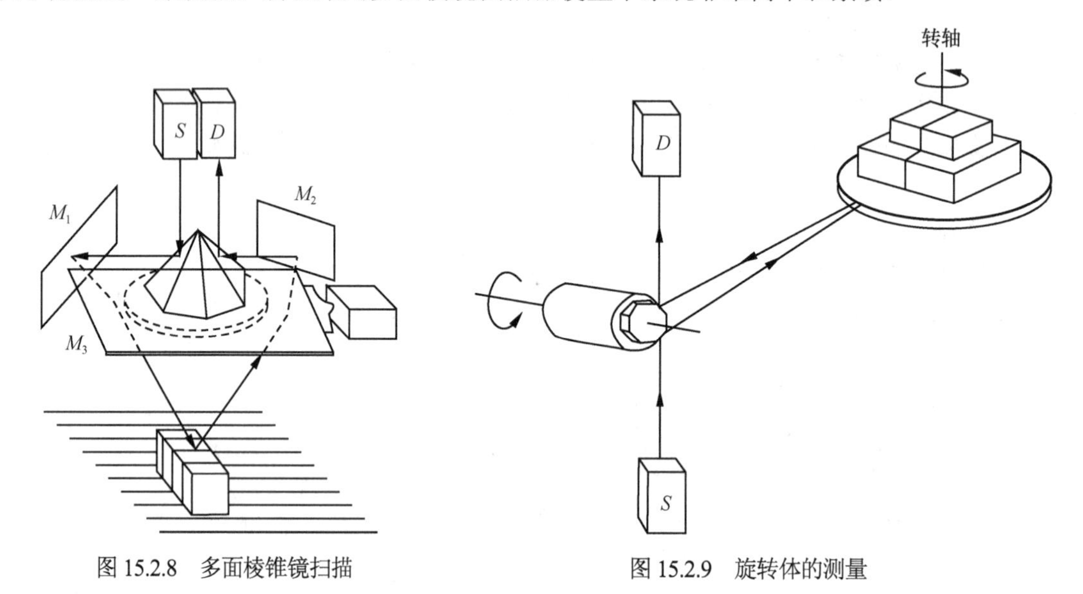

图 15.2.8　多面棱锥镜扫描

图 15.2.9　旋转体的测量

15.3　采用激光片光的三维传感

15.3.1　激光片光的产生

在采用线结构照明的三维传感系统中，投影器投射片状光束，这种光束又称片光或光刀. 光刀与被测物体表面相交形成剖面线，探测器接收到的是一条受到三维面形空间调制的剖面线，解调接收到的信号就可以得到该剖面线上各点的深度数据. 产生光刀的方法很多，比较典型的是柱面镜和球面镜组合的方法. 其他的方法包括衍射法和转镜扫描法等.

柱面镜和球面镜组合法如图 15.3.1(a) 和 (b) 所示. 激光束剖面光强呈高斯分布，经柱透镜和球面透镜后在一维方向 (y 轴) 上发散，在另一维方向上 (x 轴) 会聚，于投影距离 s 处聚焦，形成一条沿 y 轴扩展、宽度为 W 的窄细光刀，其 x 和 y 方向光强仍保持高斯函数分布. 对于商用的光刀投影器，最小可达到的线宽大约为 0.1mm，投影距离大约为 100mm. 随着投影距离的增加，最小可达到的线宽也近似地成比例增大.

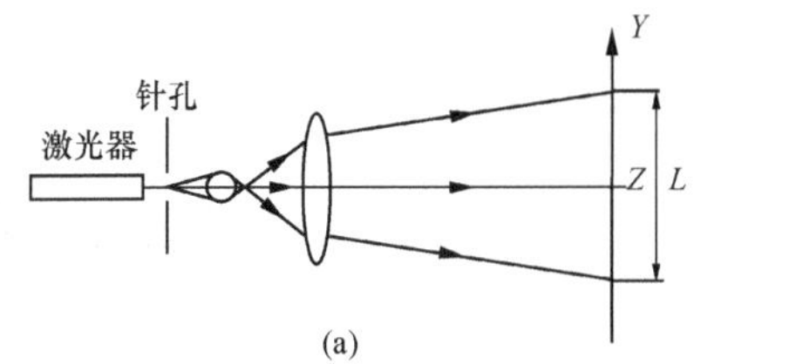

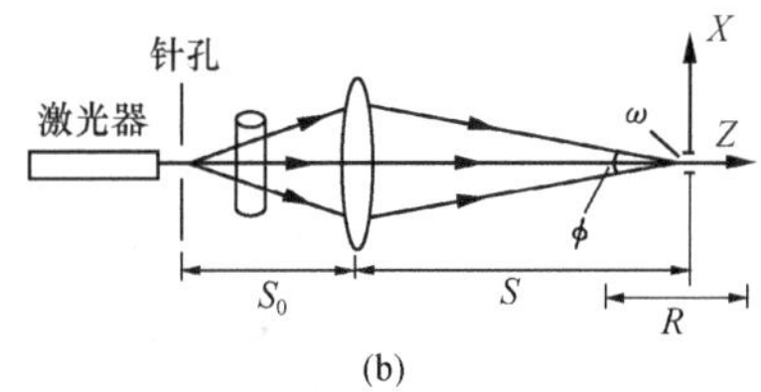

图 15.3.1　产生光刀模式的柱面镜和球面镜组合

15.3.2　测量原理

1. 测量原理

激光光刀被垂直投射到被测物体表面，CCD 面阵探测器从另一角度观察由于面形引起的光刀像中心的偏移，并按三角测量原理获得剖面数据. 图 15.3.2 是光路原理图，θ 为成像光轴 QO 与投影光轴 PO 的夹角，α 为 CCD 阵列与成像光轴的夹角，两光轴交于 O 点，R 为参考平面，H 为面形上某一点，I 和 I'分别是成像系统的入瞳和出瞳. H 点成像于 CCD 面阵上 N 点，N 点相对于中心像素 M 的偏移量 $\Delta=\overline{MN}$.

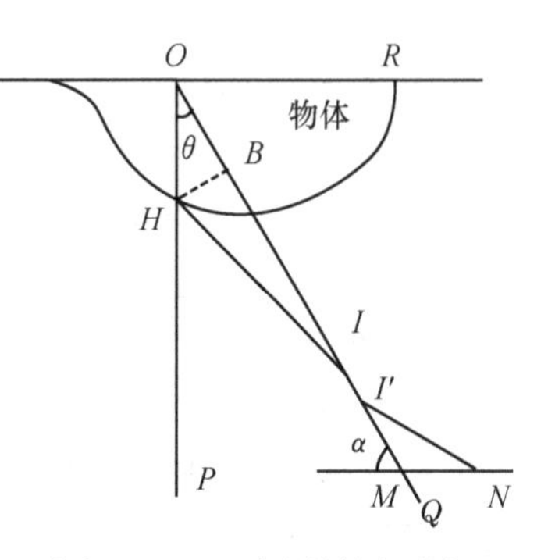

图 15.3.2　三角测量原理图

在测量中，为了使被测范围内的物点都能成像于 CCD 阵列上而不产生离焦，θ 和 α 必须满足 Scheimpflug 条件，即

$$\tan\theta=\beta\cdot\tan\alpha \tag{15.3.1}$$

式中，β 为横向放大率.

由简单的几何关系，可以得到面形高度 $\overline{OH}$ 与偏移量 Δ 间的关系为

$$\overline{OH}=\frac{(\overline{OI}-f)\cdot\Delta\cdot\sin\alpha}{f\cdot\sin\theta+\Delta\cdot\sin\alpha\cdot\cos\theta} \tag{15.3.2}$$

上式中，f 是成像系统的焦距. 高度与偏移量成非线性关系.

2. 信息处理方案

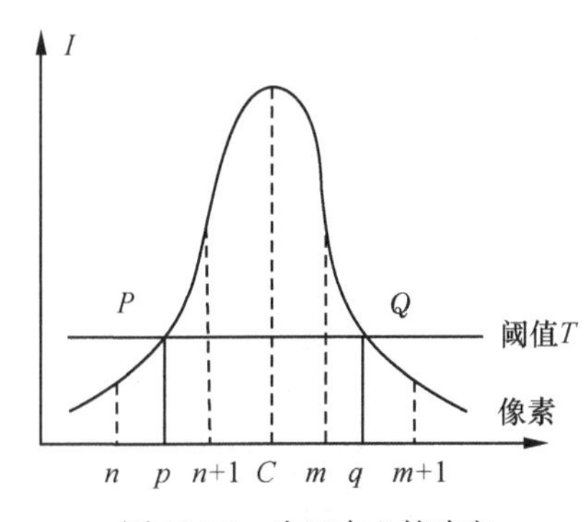

图 15.3.3　光刀中心的确定

为了得到被测面形的数据，就要测得光刀像点的偏移量 Δ，即必须精确地确定光带高斯分布中心位置. 确定高斯分布中心有多种算法，例如极值法、阈值法、重心法、曲线拟合法等. 为了处理好精度与速度的矛盾，所选择的信息处理方案通常包括：①确定采样窗口，多帧平均；②确定光带峰值位置，以其为中心确定一个浮动小窗口作二维卷积滤波；③采用阈值法与重心法相结合确定高斯光束中心位置.

在图 15.3.3 中，设阈值 T 与曲线交于 P、Q 两点，由线性插值可求得 P、Q 对应的位置 p、q 值分别为

$$\begin{aligned}q&=m+\frac{T-I(m)}{I(m+1)-I(m)}\\p&=n+\frac{T-I(n)}{I(n+1)-I(n)}\end{aligned} \tag{15.3.3}$$

式中 m 、n 为如图 15.3.3 所示的像素序号. 再由重心确定中心为

$$c = p + \sum_{i=p}^{q} I(i)\cdot(i-p) \Big/ \sum_{i=p}^{q}(i-p) \tag{15.3.4}$$

式中求和是对在 $p<i<q$ 范围内的整数像素，包括 P、Q 两点在内. 原则上计算出像点中心位置，并代入式(15.3.2)，就可以计算出高度值.

15.3.3　测量实例

1. 发动机叶片三维面形测量

发动机叶片面形测量是机械行业一个量大面广和技术复杂的问题，具有重要意义和广泛的应用前景. 使用三维面形自动测量方法可以测出全面形三维坐标数据，显示叶片三维形态图、横断面线图，也可对坐标点、横断面和全面形误差进行单项和综合分析. 下面介绍一种采用激光光刀的叶片三维面形测量方法，测量装置的框图如图 15.3.4 所示. 光刀投影器由一个氦-氖激光管和一个薄等腰棱镜及一个球面透镜组合构成，其产生的光刀型空间光场投射到被测叶片的表面. CCD 面阵摄像机以视频速度获得观察光场信息，视频信号通过高速模数转换进入帧存储器，由微机进行后续的信号处理. 微机通过接口同时控制工作台移动的驱动电机，使待测叶片移动. 测量结果可以由 CRT 显示或绘图仪输出.

实验装置采用的主要系统参数如下：光刀投射距离为 400mm，θ=26.5°，CCD 面阵为 542×582 个像素，单元像素的尺寸约为 18μm，镜头焦距为 50mm，采用 PcVision 图像采集板，帧存储器为 1024×512. 被测物体为某种型号的飞机发动叶片. 实验中深度测量范围确定为 65mm，测量值与拟合值之间的均方差 σ=0.03mm. 如果增加探测器分辨率和减少测量范围，测量精度可望进一步提高. 图 15.3.5 是重建的叶片三维面形图. 对测量结果的分析表明，测量精度主要受到 CCD 阵列的分辨率、激光散斑、系统参数和系统随机噪声等因素的影响. 研究表明，激光散斑对测量精度的影响相当大，是误差的主要来源之一. 因此，降低散斑影响，提高采用激光光刀的三维传感系统的精度，一直是该领域国内外普遍关注的问题. 为了降低散斑的影响，人们已经研究了几种方法，包括热空气扰动法、孔径内扫描法等，虽然深度分辨率有所提高，但都以牺牲横向分辨率为代价，具有一定的局限性.

最近提出的降低散斑影响的新方法，采用激光片光的面内扫描，可以在保持理想几何像不变的情况下，产生空间变化的动态散斑光场，其时间平均的效果降低了散斑对测量精度的影响. 这种方法的突出优点是可以在保持三维传感系统横向分辨率不变的情况下明显提高系统的深度分辨率，在片光型三维传感领域具有重要的理论意义和实用价值，可广泛用于工业检测、机器视觉、实物仿形、生物医学等领域.

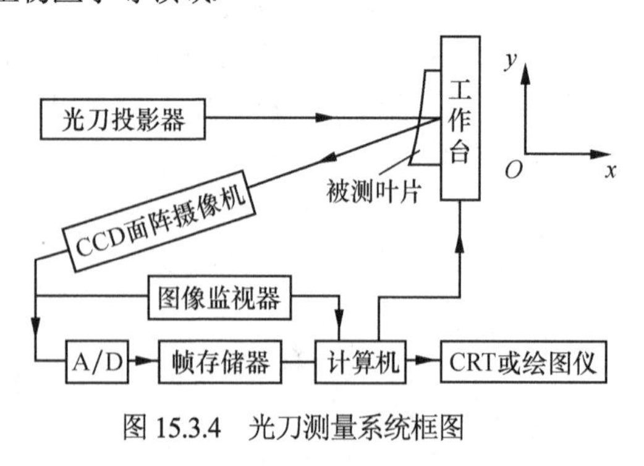

图 15.3.4　光刀测量系统框图

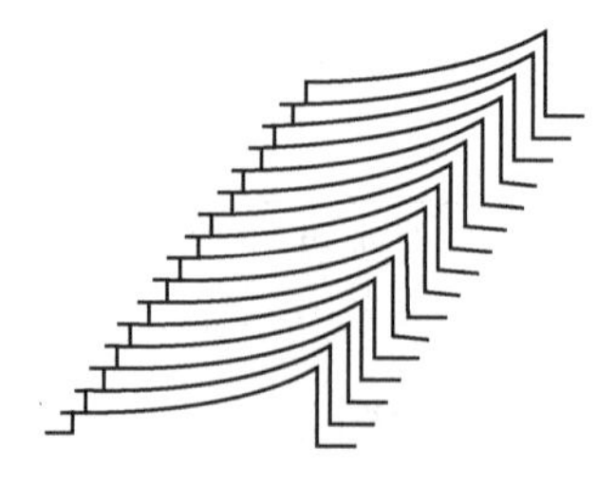

图 15.3.5　叶片的三维面形图

2. 旋转体的 360° 面形测量

旋转体的 360° 面形测量是另一类三维面形测量问题. 在这一类问题中三维物体面形可以用

极坐标表示为 $r=r(z,\theta)$，z 是旋转轴上的坐标，θ 为转角，r 是面形上的一点到转轴的距离. 这种类型的三维面形测量很适合采用激光光刀的三维传感技术，下面介绍的测量系统采用柱透镜和球面透镜组合的投影装置，测量系统的框图如图 15.3.6 所示. 系统框图、测量原理和信息处理方案与前面介绍的发动机叶片面形测量系统类似. 被测物体置于由步进电机驱动的旋转工作台上，计算机控制步进电机，使物体绕 z 轴作等角度间隔的转动，每次测量得到物体的一个剖面数据，物体旋转一周完成 360° 面形测量. 图 15.3.7 是对一女孩头部石膏模型的测量结果，图中(a)、(b)是重建的三维物体表面的两个视图，表明对旋转体 360° 面形的完整测量.

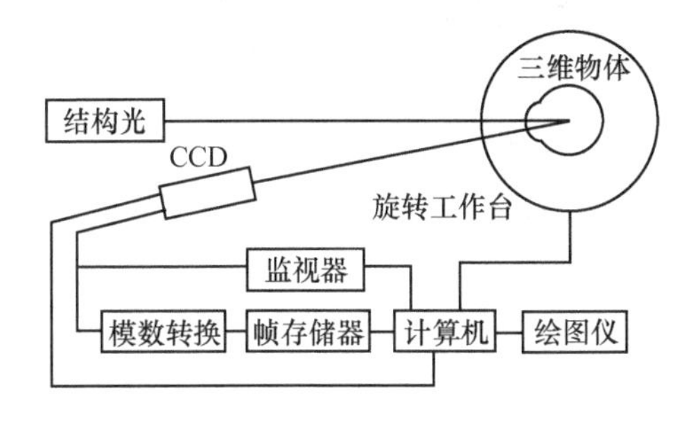

图 15.3.6　旋转体 360°面形测量系统框图

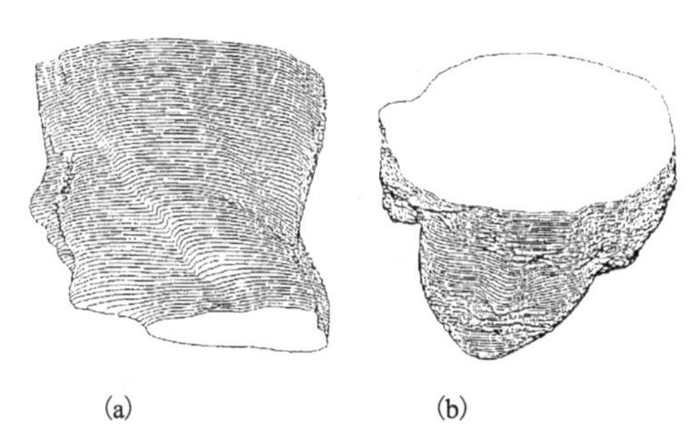

图 15.3.7　头部石膏模型的测量结果

3. 激光多线结构光在脚型测量中的应用

制造个性化的鞋成为制鞋业的一重要发展方向. 只有获得准确的脚型参数，才可能设计出合脚的鞋楦. 鞋楦是鞋的母体与灵魂，是制鞋工艺中款式的基准. 款式的变化直接依赖于鞋楦的造型设计，并且鞋楦的质量直接影响鞋的质量. 在制鞋工业中，无论是新设计的样楦，还是大批量生产的鞋楦，都必须对其楦身各特征部位的尺寸及外形进行测量检验，因此制鞋 CAD/CAM 都需要脚形与鞋楦面形的三维数据. 制鞋工业中鞋楦被称为“鞋的灵魂”，而脚型数据是灵魂的核心.

脚型扫描仪通常采用三线结构光的扫描方式，其中单线结构光系统的基本构成如图 15.3.8 (a)所示，激光光源 S 发出的片光照射到物体表面后形成光带曲线 C，该光带曲线在与片光平面呈一定角度的面阵CCD平面 P 上产生一条被物体表面调制而变形的光带曲线 C'. 计算出变形曲线 C' 与参考位置(P 平面中的虚线位置)的偏移量后即可获得物体表面 C 处的高度分布. 当物体以速度 v 移动时，即可形成物体表面的面形. 同样，当传感器(包括线结构光与面阵 CCD)移动时，也可形成物体表面的面形. 图 15.3.8(a) 的单线系统只能形成物体的部分面形，对该系统进行三通道扩展后，如图 15.3.8(b)所示，即可获得一个物体的完整面形. 该系统由三个图 15.3.8(a)所示的线结构光和采集单元组成，这三个单元的片光的光平面重合，并平行于 XY 平面，三个单元的激光器光轴相互成一定夹角，形成一个闭合的完整光平面. 光平面移动扫描通过被测三维物体，就可以获得被测物体的三维数据.

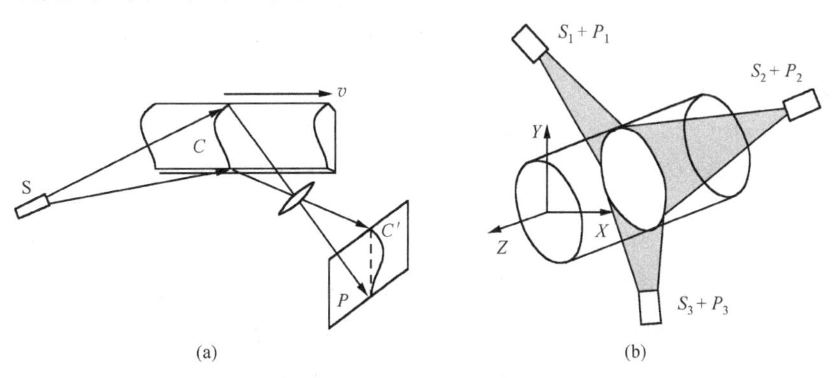

图 15.3.8　三线结构光脚型(楦型)测量原理图

脚型(楦型)三维测量仪如图 15.3.9 所示. 仪器采用图 15.3.8 中介绍的三线结构光测量原理，三个线结构光传感器作为一个整体沿 Z 轴方向扫描，获得完整的脚型(或楦型)数据.

(a) 测鞋楦　　(b) 测脚

图 15.3.9　脚型(楦型)三维测量仪工作图

15.4　相位测量轮廓术

相位测量轮廓术(phase measuring profilometry，PMP)是一种面结构光三维传感方法. 这种方法采用正弦光栅投影和数字相移技术，能以较低廉的光学、电子和数字硬件设备为基础，以较高的速度和精度获取和处理大量的三维数据. 这种方法作为一种重要的三维传感手段，已在工业检测、实物仿型、医学诊断等领域获得广泛应用.

15.4.1　相位测量轮廓术的原理

相位测量轮廓术系统的框图可用图 15.4.1 表示，系统由投影、成像、数据获取与处理三大部分组成. 当一个正弦光栅图形被投影到三维漫反射物体表面时，从成像系统获取的变形光栅像可表示为

$$I(x,y)=R(x,y)[A(x,y)+B(x,y)\cos\phi(x,y)] \tag{15.4.1}$$

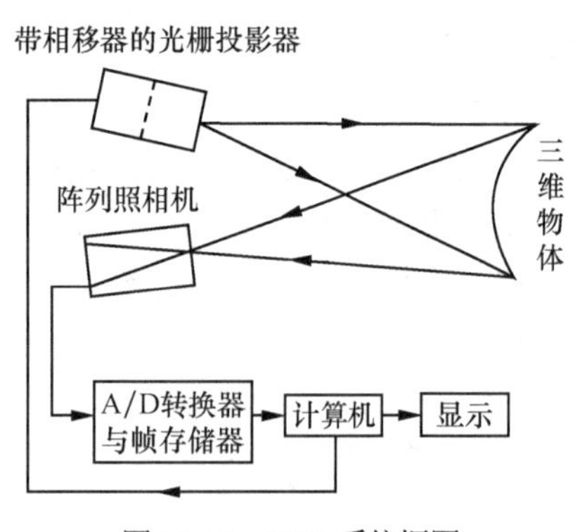

图 15.4.1　PMP 系统框图

式中，$R(x, y)$是物体表面不均匀的反射率，$A(x, y)$表示背景强度，$B(x, y)/A(x, y)$是条纹的对比. 相位函数$\phi(x,y)$表示条纹的变形，并且与物体的三维面形 $z=h(x, y)$有关. 相位和三维形状之间的关系取决于系统结构参数. 由于变形光栅像与传统的干涉条纹图相类似，因此变形光栅像有时又被称为“干涉图”. 在干涉计量中，光波长被作为度量微观起伏的尺度，而在 PMP 方法中与投影条纹间距有关的“等效波长”被作为度量三维宏观面形的尺度. 人们注意到，干涉计量主要用于光学波面检测，结构光计量主要用于粗糙表面(相对于波长而言)检测，虽然这是两个完全不同的物理过程，光波长和等效波长在数量上存在巨大差异，但从广义的信息传递和变换观点来看又存在共性. 这些共性主要体现在：①干涉条纹和结构光变形条纹具有相近的形态和数学表达式；②两种计量方法都采用相移测量技术和相移算法或者傅里叶分析方法计算相位，计算得到的相位被截断在反三角函数的主值范围内，因而是不连续的，为了从相位函数重建波面或重建三维面形，需要对截断相位进行相位展开；③两种方法测量精度和测量范围不同，但具有大致相同的相

对测量精度. 由于这种概念上和处理方法上的相似性，在数字相移干涉术中所使用的相移算法被成功地用于相位测量轮廓术中.

1. 相位计算

直接分析式(15.4.1)所示的强度分布而确定相位$\phi(x,y)$是困难的，而相移算法却提供了一种精确测定相位的手段. 当投影的正弦光栅被移动其周期的 N 分之一时，条纹图的相位被移动 N 分之 2π，产生一个新的强度函数 $I_n(x,y)$. 使用三个或更多的对应不同相移值的条纹图，相位函数$\phi(x,y)$就可以独立于式(15.4.1)中的其他参数而单独提出. 例如，在四步相位算法中，相位移动的增量是π/2，所产生的四个相移条纹图可表示为

$$\begin{cases} I_1(x,y)=R(x,y)\cdot[A(x,y)+B(x,y)\cos\phi(x,y)] \\ I_2(x,y)=R(x,y)\cdot[A(x,y)-B(x,y)\sin\phi(x,y)] \\ I_3(x,y)=R(x,y)\cdot[A(x,y)-B(x,y)\cos\phi(x,y)] \\ I_4(x,y)=R(x,y)\cdot[A(x,y)+B(x,y)\sin\phi(x,y)] \end{cases} \tag{15.4.2}$$

从这四个方程可以计算出相位函数

$$\phi(x,y)=\arctan\frac{I_4(x,y)-I_2(x,y)}{I_1(x,y)-I_3(x,y)} \tag{15.4.3}$$

对于更普遍的 N 相位算法，可以从 N 个相移条纹图计算出相位函数. 算法如下：

$$\phi(x,y)=\arctan\left[\frac{\sum_{n=1}^{N}I_n(x,y)\sin(2\pi n/N)}{\sum_{n=1}^{N}I_n(x,y)\cos(2\pi n/N)}\right] \tag{15.4.4}$$

与对条纹图的直接几何测量相比较，相移技术具有明显的优点. ①这种方法对相位测量的精度可以达到几十分之一到几百分之一个条纹周期. ②这种方法对背景、对比度和噪声的变化不敏感. ③计算得到相位值是一个均匀分布的正交网格上的点的测值，测点与探测器阵列或图像处理板上的阵列一一对应，有利于进一步信号处理，实现自动的三维面形测量.

2. 相位展开

由式(15.4.3)或式(15.4.4)计算出的相位分布$\phi(x,y)$，被截断在反三角函数的主值范围内，因而是不连续的. 为了从相位函数计算被测物体的高度分布，必须将由于反三角运算引起的截断相位恢复成原有的相位分布，这一过程称为相位展开(phase unwrapping). 相位展开方法可以分为空域和时域两大类. 空域相位展开法是只利用一幅截断相位图来恢复连续相位分布的方法；而时域相位展开法则借助于多幅不同灵敏度的相位图在时间轴上展开相位. 对于空域相位展开法，在一般情况下，可以沿着截断的相位数据矩阵的行或列方向展开. 具体的做法如下：在展开的方向上比较截断处相邻两个点的相位值，如果差值小于π，则后一点的相位值应该加上 2π；如果差值大于π，则后一点的相位应该减 2π. 下面以一维相位函数为例说明上述相位展开过程的数学表达式. 假定有一维的截断相位函数$\phi_{\mathrm{w}}(j)$，$0\leqslant j\leqslant N-1$，其中，$j$ 是采样点序号，N 是采样点总数. 展开后的相位函数为$\phi_{\mathrm{u}}(j)$，则相位展开过程可表示为

$$\begin{cases} \phi_{\mathrm{u}}(j)=\phi_{\mathrm{w}}(j)+2\pi n_j \\ n_j=\mathrm{INT}\{[\phi_{\mathrm{w}}(j)-\phi_{\mathrm{w}}(j-1)]/2\pi+0.5\}+n_{j-1} \\ n_0=0 \end{cases} \tag{15.4.5}$$

式中，INT 是取整算符. 由于实际得到的相位数据是一个二维的采样点阵列，所以相位展开应针对二维进行. 首先沿二维数据阵列中某一列(一般可取第一列)进行相位展开，然后以该列展开后的相

位为基准，沿每一行进行相位展开，得到连续分布的二维相位函数. 当然也可以先对某一行进行展开，然后再对每一列进行展开. 在上述相位展开过程中，实际上已经假定任何两个相邻抽样点之间的非截断相位变化小于π，也就是说必须满足抽样定理的要求，每个条纹至少有两个抽样点，即抽样频率大于最高空间频率的 2 倍. 只要满足这个条件，相位展开可以沿任意路径进行.

在一个复杂物体的三维传感问题中，由于物体的表面起伏较大，得到的相移条纹图形十分复杂. 例如，条纹图形中存在局部阴影，条纹图形断裂，在条纹局部区域不满足抽样定理，即相邻抽样点之间的相位变化大于π. 对于这种非完备条纹图形，相位展开是一个非常困难的问题，这一问题也同样出现在干涉型计量领域. 最近已研究了多种复杂相位场展开的方法，包括网格自动算法(cellular automata)、基于调制度分析的方法、基于可靠性导向的展开方法、基于条纹密度分析的方法，以及二元模板法、条纹跟踪法、最小间距树等，使上述问题能够在一定程度上得到解决或部分解决. 另一类相位展开方法称为时间相位展开，它借助于多幅不同灵敏度的相位图在时间轴上展开相位，每个像素的展开不受相邻像素相位是否连续的影响，可以解决不连续相位场和孤立区域的相位展开问题，比空间相位展开具有更高的可靠性. 由于采用多幅不同灵敏度的相位图，这种方法需要更多的时间获取多幅相位图，所以在动态测量中受到限制. 时间相位展开方法包括线性展开、指数展开、复指数展开、三频光栅展开、外差法展开等. 另外一些方法，包括将相移技术和二元编码光栅(格雷码)相结合的方法、双频光栅法、非线性小数重合法等，本质上也属于时间相位展开. 时间相位展开算法已在一些用于静态三维测量的商用仪器中广泛使用.

3. 高度计算

仍然用 $\phi(x,y)$ 表示展开后的相位分布，从相位到高度的计算取决于光学系统的结构. 光学系统的结构有多种形式，本节只论及两种. 图 15.4.2 是采用远心光路的 PMP 系统，这种系统适用于小物体的测量，采用高频率光栅照明可以达到很高的测量精度. 这种结构照明的实现方法将在后面详细介绍.

在参考平面上看到的投影正弦光栅是等周期分布的，其周期为 p_0. 在参考平面上的相位分布 $\phi(x)$ 是坐标 x 的线性函数，记为

$$\phi(x) = Kx = \frac{2\pi}{p_0}x \tag{15.4.6}$$

探测器上一点 D_C 对应参考平面上 C 点的相位为

$$\phi_C = \frac{2\pi}{p_0}\cdot\overline{OC} \tag{15.4.7}$$

该点测量的是三维表面 D 点的相位，该点相位等于参考平面 A 点的相位，为

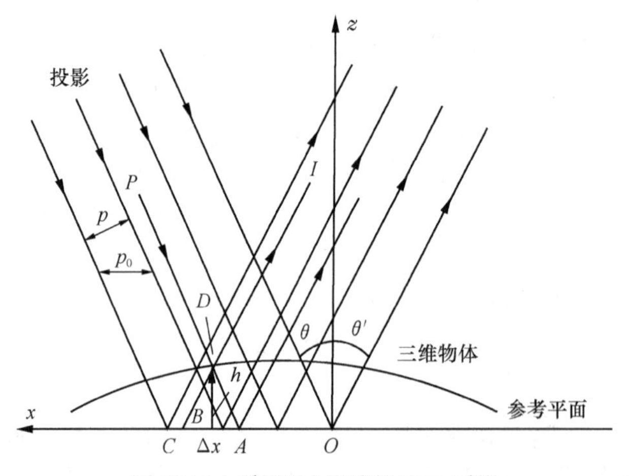

图 15.4.2　采用远心光路的 PMP 系统

$$\phi_D = \phi_A = \frac{2\pi}{P_0}\overline{OA} \tag{15.4.8}$$

于是有

$$\overline{AC} = \frac{P_0}{2\pi}\phi_{CD} = \frac{P_0}{2\pi}\cdot(\phi_C - \phi_D)$$

记该点物体高度 $\overline{DB} = h$ ，可得

$$h = \overline{AC} / (\tan\theta + \tan\theta') \tag{15.4.9a}$$

式中，θ 和 θ'分别表示照明和观察方向，当观察方向垂直于参考平面时，上式简化为

$$h = \overline{AC} / \tan\theta = (P_0 / \tan\theta)\cdot\frac{\phi_{CD}}{2\pi} = \frac{\lambda_e\phi_{CD}}{2\pi} \tag{15.4.9b}$$

式中 λ_e 为等效波长，是一个系统参数，定义为

$$\lambda_e = p_0 / \tan\theta \tag{15.4.10}$$

一个等效波长正好等于引起 2π 相位变化量的高度变化. 结构照明型条纹图形可以等效为物体面形作为物波波面，而照明方向的条纹作为参考波面所产生的干涉条纹. 与真实的光波干涉的区别之一在于波长的尺度存在巨大差异. 以真实光波波长为尺度，人们可以计量微观的变形和不平度，以这里定义的等效波长为尺度，人们可以计量宏观的三维面形. 等效波长 λ_e 是 PMP 方法中的一个重要参数，它由系统结构参数 p_0 和 θ 决定，代表了系统检测精度.

另一种采用发散照明的 PMP 系统如图 15.4.3 所示. 这是一种更一般的情况，适合于测量较大的物体面形. 由于投影光线是发散的，在基准平面上的相位分布已不是线性分布，因此情况比前面介绍的更复杂，需要一种相位映射算法来处理从相位到高度的计算过程.在图 15.4.3 中，P_1 和 P_2 是投影系统的入瞳和出瞳，I_2 和 I_1 是成像系统的入瞳和出瞳. 成像光轴垂直于参考平面，并与投影光轴相交于参考平面上的 O 点.当正弦光栅模板被投影到参考平面上时，在参考平面上沿 x 方向的强度分布如下所示

$$I_R(x,y) = A(x,y) + B(x,y)\cos\phi(x,y) \tag{15.4.11}$$

式中，$A(x, y)$ 是物体表面不均匀的反射率，$B(x, y)$ 是条纹的调制度，$\phi(x,y)$ 是 x 的非线性函数，但是参考平面上每一点相对于参考点 O 的相位值是唯一的和单调变化的. 根据系统结构参数，可以计算在参考平面上光场的相位分布，建立参考平面坐标 (x, y) 与相位分布 $\phi(x,y)$ 之间的映射关系. 将这一映射关系以数据表的形式存储在计算机中备用. 映射表的建立也可以通过对一基准平面的实测确定. 在测量三维物体表面时，在探测器阵列上 D_0 点可以测量物点 D 的相位 ϕ_D，它对于应于参考平面上 A 点的相位 ϕ_A. 另一方面，由阵列上同一点 D_0 在参考平面上所对应的相位 ϕ_C 已经以映射表的形式存储在计算机中，这意味着距离 OC 是已知的. 参考平面上位置 A 的确定可以先在映射表中查找与 ϕ_A 最接近的两个相位值 ϕ_i 和 ϕ_{i+1}，使 $\phi_i \leqslant \phi_A \leqslant \phi_{i+1}$，然后通过线性插值实现，因而 $\overline{OA}$ 可以通过对相位的测量和映射关系求出，进而可得 $\overline{CA} = \overline{OC} - \overline{OA}$. 由相似三角形 P_2DI_2 和 ADC 可以计算出物点的高度分布为

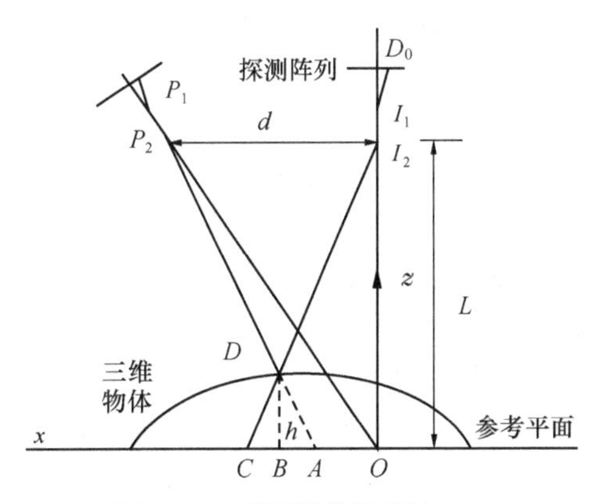

图 15.4.3　采用发散照明的 PMP

$$h = \frac{\overline{AC}(L/d)}{1+\overline{AC}/d} \tag{15.4.12}$$

式中，d 和 L 是如图 15.4.3 中所示的系统结构的两个参数. 在大多数实际应用中，$\overline{AC} \ll d$，上式可进一步简化为

$$h = \overline{AC} \cdot \frac{L}{d} = \frac{\overline{AC}}{\tan\theta} \tag{15.4.13}$$

综上所述，在采用远心光路和发散照明两种情况下，都可以通过对相位的测量而计算出被测物体的高度. 只是前者的相位差与高度之间存在简单的线性关系，而在后一种情况下，相位差与高度差之间的映射关系是非线性的.

15.4.2　产生结构照明的方法

产生相位测量轮廓术所需的结构照明的典型方法有两种，一种是采用激光光源的干涉型结构照明，另一种是采用白光光源的投影型结构照明.

1. 干涉型结构光场的产生

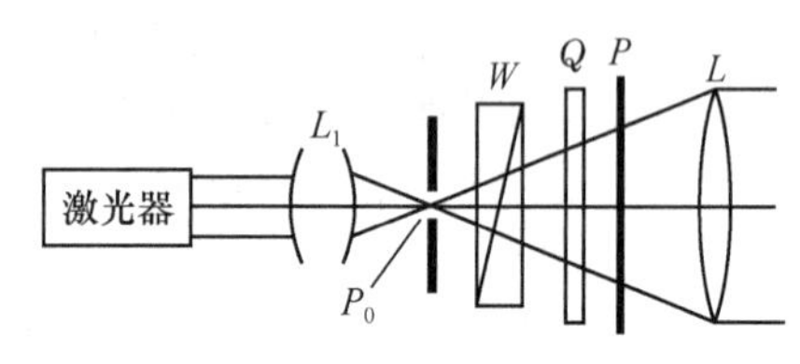

图 15.4.4　干涉型结构照明光路

产生干涉型结构照明光场的系统如图 15.4.4 所示. 它是一个激光照明的剪切偏振干涉计.激光发出的线偏振光束通过透镜 L_1 和针孔 P_0 组成的空间滤波器后，被沃拉斯顿棱镜剪切. 相位调制器由 1/4 波片 Q 和可旋转的偏振器 P 构成. 通过旋转偏振器 P，干涉图形的正弦强度分布被调制.偏振器旋转 180° 对应于 2π 相位调制. 用这种方法可以产生 N 步相位所需的精密相位移动. 由于针孔位于透镜的前焦点上，所产生的正弦强度分布的条纹是一种远心照明方式，在干涉场中具有线性相位分布. 改变沃拉斯顿棱镜与针孔的距离可以很方便地调整条纹的周期，以适应不同三维测量要求.

2. 白光投影的结构照明

白光投影的结构照明是由一个类似于幻灯机的投影器产生的. 图 15.4.5 是一个采用这种结构照明的 PMP 系统. 图中的投影单元由白光光源、聚光镜组、投影透镜、正弦光栅模板和相移器组成. 相移器是一个由计算机控制,并由步进电机驱动的微位移工作台. 正弦光栅模板置于工作台上，可沿与投影器光轴垂直的方向移动，通过投影在基准平面或被测物体表面产生相移条纹.由于这种投影器采用了发散照明方式，可以在很大范围内产生结构照明，很适宜测量较大的物体面形. 另一类电子投影仪,采用 LCD 或者 DMD 芯片，也可作为结构光投影器. 其主要优点是用数字图像代替幻灯片，用电子相移代替机械相移，减少了相移误差，又可灵活地改变光栅周期，已被普遍采用.

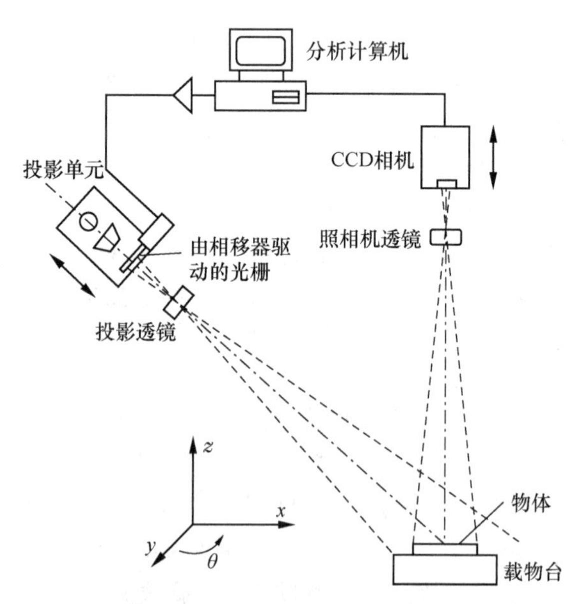

图 15.4.5　采用白光投影的 PMP 系统

15.4.3 相位测量轮廓术应用举例

1. 井底模式探测与分析

所谓井底模式(bottomhole pattern)，就是石油钻井用的牙轮钻头在钻凿岩石的过程中，钻头上的许多牙齿在井底岩石上打出的凹坑的集合. 国际上先进的钻头厂家和科研单位都十分重视井底模式的研究，把它作为评价钻头的优劣、提取进一步改善钻头设计参数的有力手段. 四川大学和西南石油学院在原石油部支持下，以准正弦投影光场相位测量轮廓术为基础，研制成功了用于井底模式探测的三维面形自动测量系统. 该系统能以很高的速度测量整个井底模式的三维面形数据，包括井底模式上各个破碎坑的大小、形状、深度、破碎面积、破碎体积等，并对整个三维面形或指定区域进行统计分析，为钻头设计及钻井工艺研究开辟了一条新途径. 采用这项技术可以把成百上千的数量化的井底模式保存在计算机的存储系统中，为各类钻头的井底模式进行统计分析、对比、择优及模式识别提供了十分有效手段. 井底模式探测与分析系统是一个光、机、电相结合的计算机辅助测量系统，该系统以离焦投影的相位测量轮廓术为基础，采用全场调制和大数据量并行获取技术，使系统满足井底模式三维面形的高速度、高精度测量要求. 系统设计有光强自适应调整模块，可以自动调整采样图像的增益和偏置，使之达到最佳对比度，从而大大提高了信噪比，使系统能适应不同岩石(灰岩、砂岩、花岗岩等)井底模式的测量要求. 系统设置有系统参数自动校正、系统误差自动补偿等软件功能，保证了系统具有长期稳定的精度. 系统还具有多种模式的图形和数据输出功能，能以图(图像和图形)文(数据与统计分析结果)相结合的方式给出三维面形数据，例如，任意方位三维形态显示、等高线假彩色显示、破碎坑面积和体积统计分析、井底灰度直方图与划痕显示和分析等. 由于该系统具有这些特点，它能快速、精确地探测与分析整个井底模式，包括划痕与破碎坑大小、形状、深度、面积、体积等细节在内的井底模式三维形态的数据信息. 该系统由仪器主体、图像子系统、控制电路、微机与外部设备、系统软件等五部分构成. 硬件配置框图如图 15.4.6 所示.

图 15.4.7 是对成都石油总机厂生产的 8.5×HP3 型钻头在钻压为 7.64×10^4N、转速为 60 转/分的条件下，在嘉陵江灰岩上钻出的井底模式测量的结果.

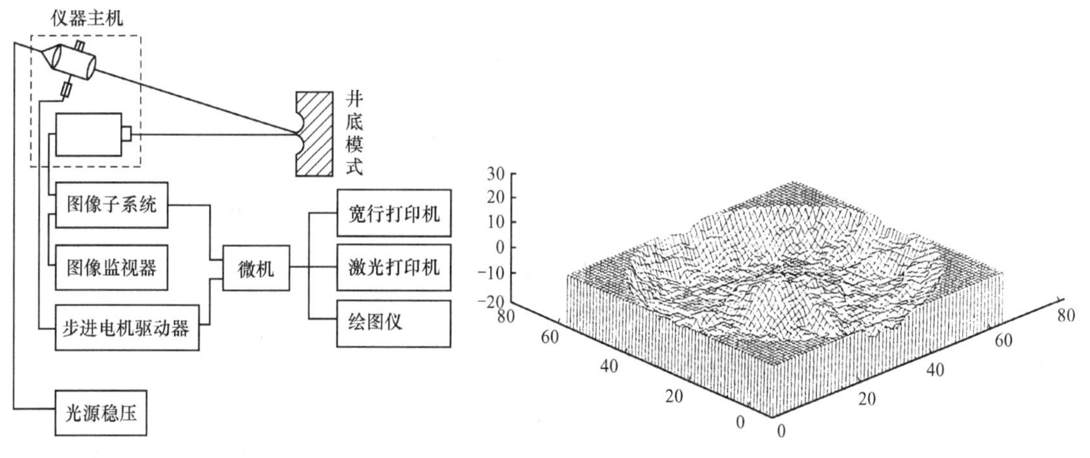

图 15.4.6　井底模式测量系统框图

图 15.4.7　井底模式测量结果：井底三维形态图

2. 口腔全牙型三维面形测量

采用结构光照明的相位测量轮廓术在定量的医学研究中也成为一种重要的诊断工具. 在某些应用领域，例如口腔全牙型三维面形测量，由于复杂的表面形状特征，给测量造成困难. 复杂的表面起伏、表面坡度的突然变化是复杂物体三维面形测量的明显特征. 这些特征将导致局部的阴影，条纹图形不连续. 按照常规的算法将无法得到正确展开的相位函数，因此不能重建三维面形. 复杂物体轮廓测量是一个比较困难的问题，也是这种方法实用化必须解决的关键问题.

1）主要问题

首先，由于结构光照明，投影和观察方向之间存在一定角度，在获取的条纹图形中存在局部阴影，在阴影区域相位具有不确定的值. 其次，由于表面起伏较大，条纹图形中产生条纹裂断或周期的突变. 当相邻两个采样点之间的相位差大于 π 时，对相位函数的空间抽样不满足抽样定理的条件，这时相位展开将导致错误. 相位展开的过程是一个积分过程，在一个样点上的错误将沿着相位展开的路径扩散，从而导致更大范围内的错误. 所以，必须确定相位展开的区域和相位展开的路径. 另一个问题是如何将被测物体与背景分离. 在结构光照明的情况下正确地确定物体与背景之间的边界也并不容易.

2）相移条纹图形分析方法

当正弦光栅图形被投影到三维漫反射物体表面时，变形光栅像可以表示为

$$I(x,y)=I_0B(x,y)\{1+C(x,y)\cos[\phi(x,y)]\} \tag{15.4.14}$$

式中，I_0 是偏置强度，$B(x,y)$ 表示表面不均匀的反射率，$C(x,y)$ 是投影条纹的对比. 在获取 N 帧相位条纹图形并按式(15.4.4)计算离散相位的同时，考虑一个新的参数，即条纹图形的调制函数 $M(x,y)$ 是必要的，定义为

$$M(x,y)=\left\{\left[\sum_{n=1}^{N}I_n(x,y)\sin(2\pi n/N)\right]^2+\left[\sum_{n=1}^{N}I_n(x,y)\cos(2\pi n/N)\right]^2\right\}^{1/2} \tag{15.4.15}$$

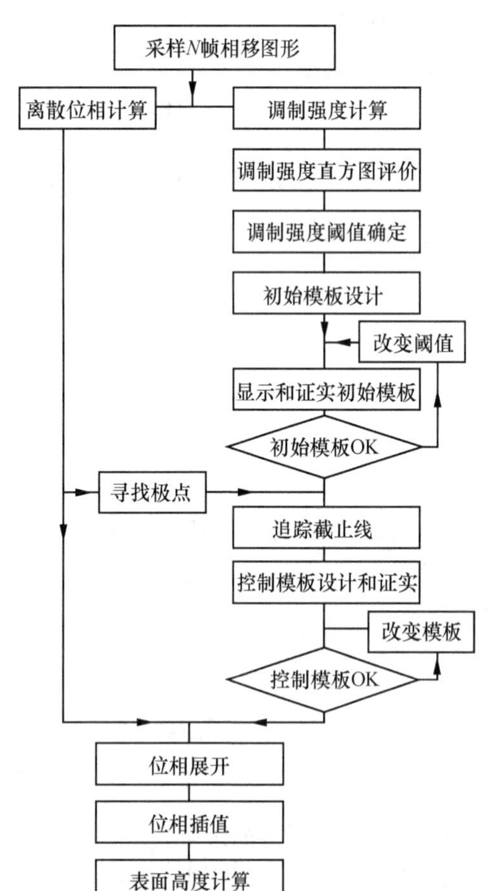

图 15.4.8　相移条纹分析流程框图

在相位计算中，调制函数 $M(x,y)$ 具有明显的几何意义，采样点的调制深度越低，该样点处相位值计算的误差越大. 将式(15.4.13)代入式(15.4.14)，可以得到

$$M(x,y)=\frac{1}{2}NI_0B(x,y)C(x,y) \tag{15.4.16}$$

上式表示，调制函数 $M(x,y)$ 与表面反射率和投影条纹的对比成正比. 很明显，在局部阴影区域，调制度是很低的，这意味着相位有不确定的值. 类似地，在表面起伏大的区域，由于照明方向角与观察方向角相对于表面法线存在很大差异，使得从成像系统看来，表面的定向反射率很低，这导致调制度下降. 在物体与背景存在一定的距离时，由于有限的焦深，背景区域具有低的调制度，所以调制函数用来识别局部阴影、条纹不连续区域及区分被测物体和背景. 基于这种认识的以调制度分析为基础的相移条纹图形分析方法成功地用于口腔全牙型测量，其分析过程如图 15.4.8 所示.

3）测试结果

口腔全牙型测量在口腔医学中具有重要意义. 它可以用于诊断、治疗效果评价、几何参数以及对称性分析、假牙自动加工及建立口腔牙形数据档案等. 下面介绍对口腔上牙托模型测试结果. 图 15.4.9 是牙托模型实物，图 15.4.10 是在结构光照明条件下 N 帧相移条纹图形之一. 可以看出，由于复杂表面形状所引起的明显阴

影、条纹图形断裂、错位等情况，该图右下角给出了条纹图形上部某一剖面的光强分布. 按前面介绍的方法对相移条纹图形进行分析和处理，被测物体的最后重建结果如图 15.4.11 所示，图中(a)是被测物体的三维形态图，(b)是等高线图. 测试结果表明，这种基于调制强度分析的相移条纹图形处理方法可以有效地解决复杂物体表面测量中的主要问题，即使在局部阴影和条纹断裂等情况下，也可以获得比较满意的测量结果. 复杂物体三维面形自动测量系统不仅可用于口腔全牙型三维面形测量，其原理也适用于其他复杂面形的检测，只要进行适当的系统配置，即可用于不规则面形工业零件、叶轮、叶片、实物模型、生物体或人体的高速度、高精度、非接触的面形自动测量，在工业检测、机器视觉、产品质量监控、实物仿形、医学调查、人类工程学等众多领域具有广阔的应用前景. 应该指出，上面介绍的相位展开方法除了可用于复杂物体面形测量外，还可以用于相移全息干涉计量术和光弹性应力分析中的非完备条纹图形处理.

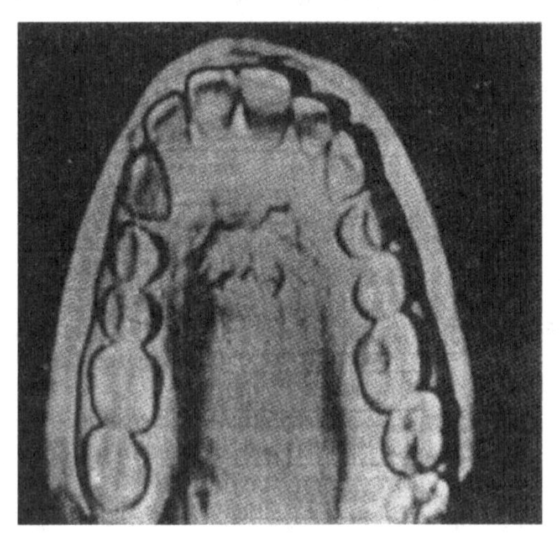

图 15.4.9　牙托模型实物

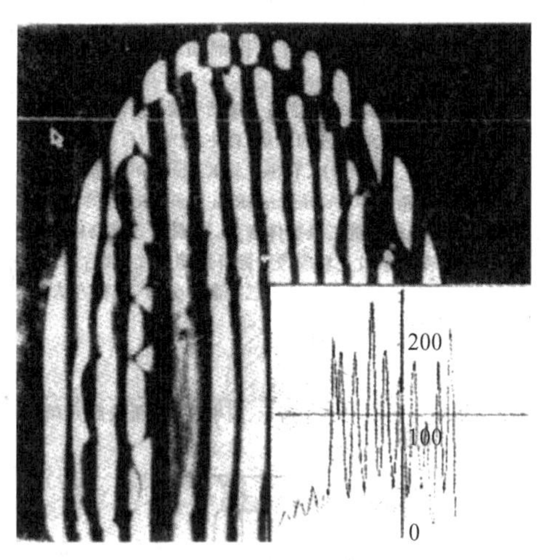

图 15.4.10　变形条纹图

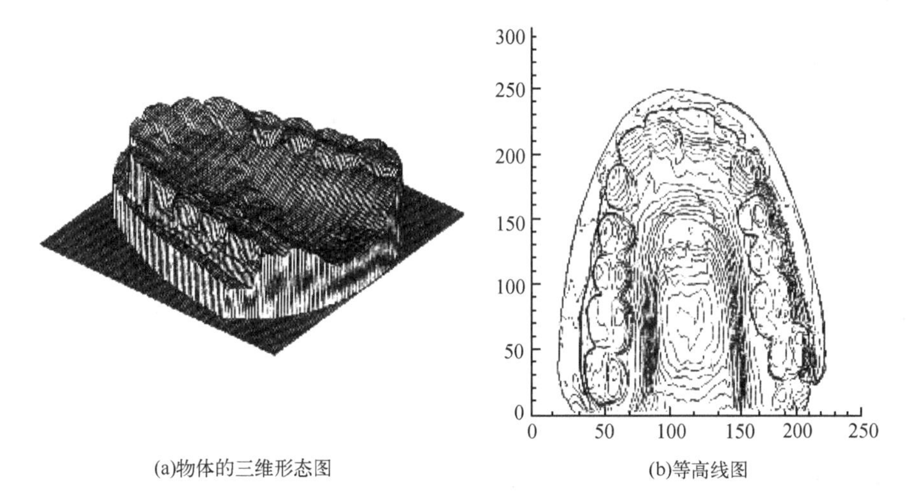

(a)物体的三维形态图　　(b)等高线图

图 15.4.11　物体三维表面的重建

15.5　傅里叶变换轮廓术

数字计算和快速傅里叶变换算法(FFT)促进了傅里叶变换方法在工业和科学研究领域的应用. 傅里叶变换在信息光学中也具有重要的地位和作用，已被成功地用于干涉条纹的处理，实现光学元件的质量检测. 从信息处理的角度，投影光栅条纹和干涉条纹具有类似的特征. 1983 年 M.Takeda 和 K.Muloh 将傅里叶变换用于结构光投影三维物体面形测量，提出了傅里叶变换轮廓术(Fourier transform profilometry，FTP). 这种方法把罗奇光栅产生的结构光场投影到待测三维物体表面，得到被三维物体面形分布调制的变形条纹光场. 成像系统将此变形条纹光场成像于面阵探测器上，然后用计算机对像的强度分布进行傅里叶分析、滤波和傅里叶逆变换等处理，得到物体的三维面形分布. 这种方法的数据获取速度快，具有较高精度，并适于计算机进行处理.

15.5.1　基本原理

傅里叶变换轮廓术测量系统的光路原理如图 15.5.1 所示. 图中 $E'_{\mathrm{p}}E_{\mathrm{p}}$ 是投影系统的光轴，$E'_{\mathrm{c}}E_{\mathrm{c}}$ 是成像系统光轴，两光轴相交于参考平面 R 上的 O 点. 罗奇光栅 G 的栅线垂直于 $E_{\mathrm{p}}E_{\mathrm{c}}O$ 平面，光栅像被投影系统投影在待测物体表面. 由于物体面形的调制，观察系统得到变形的光栅像，S 是接收变形光栅像的面阵检测器. 不失一般性，成像系统得到的变形光栅像可以记为

$$\boldsymbol{g}(x,y)=\boldsymbol{r}(x,y)\sum_{n=-\infty}^{\infty}A_n\exp\{\mathrm{j}[2\pi nf_0x+n\phi(x,y)]\}=\sum_{n=-\infty}^{\infty}\boldsymbol{q}_n(x,y)\exp(\mathrm{j}2\pi nf_0x) \tag{15.5.1}$$

式中，$\boldsymbol{q}_n(x,y)=A_n\boldsymbol{r}(x,y)\exp[\mathrm{j}n\phi(x,y)]$，$A_n$ 是傅里叶级数的系数，$\boldsymbol{r}(x,y)$ 是物体表面非均匀的反射率，f_0 是光栅像的基频，$\phi(x,y)$ 是物体高度分布引起的相位调制，即

$$\phi(x,y)=2\pi f_0\overline{BD} \tag{15.5.2}$$

当 $h(x,y)=0$，即对参考平面 R 测量时，变形光栅像为

$$\boldsymbol{g}_0(x,y)=\sum_{n=-\infty}^{\infty}A_n\exp\{\mathrm{j}[2\pi nf_0x+n\phi_0(x,y)]\} \tag{15.5.3}$$

式中 $\phi_0(x,y)=2\pi f_0\overline{BC}$. 以一维傅里叶变换为例，固定 y 坐标，对式(15.5.1)所示的变形光栅像进行傅里叶变换，频谱分布为

$$\boldsymbol{G}(f,y)=\sum_{n=-\infty}^{\infty}\boldsymbol{Q}_n(f-nf_0,y) \tag{15.5.4}$$

$\boldsymbol{Q}_n(f,y)$ 和 $\boldsymbol{G}(f,y)$ 分别是 $\boldsymbol{q}_n(x,y)$ 和 $\boldsymbol{g}(x,y)$ 的一维傅里叶频谱，如图 15.5.2 所示. 再对频谱滤波，取出图中阴影所示的基频分量，然后作傅里叶逆变换，所得光场分布变为

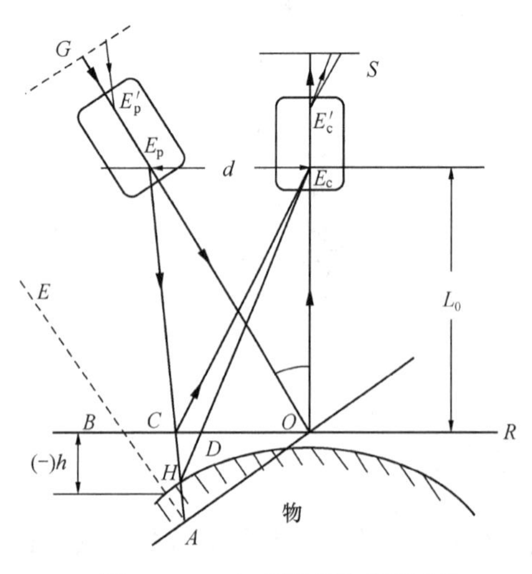

图 15.5.1　FTP 测量系统光路原理

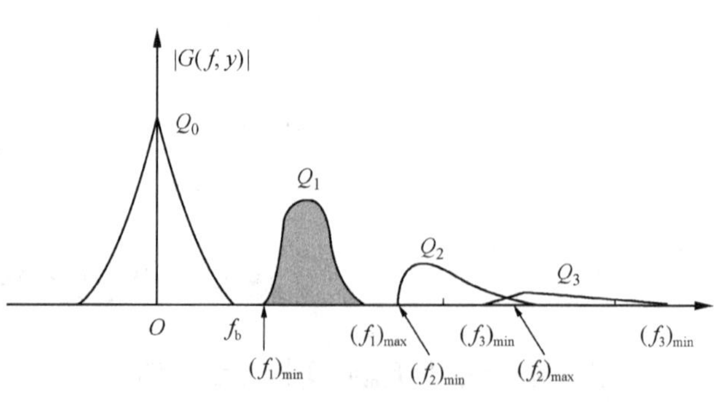

图 15.5.2　变形光栅像的空间频谱

$$\boldsymbol{g}_1(x,y)=A_1\boldsymbol{r}(x,y)\exp\{\mathrm{j}[2\pi f_0x+\phi(x,y)]\} \tag{15.5.5}$$

对式(15.5.3)进行相同的运算得到

$$\boldsymbol{g}_{01}(x,y)=A_1\exp\{\mathrm{j}[2\pi f_0x+\phi_0(x,y)]\} \tag{15.5.6}$$

式中，$\phi_0(x,y)$ 是由发散投影结构光测量系统的出瞳 E_p 在有限远所引入的附加相位调制. 当投影系统的出瞳位于无穷远时，参考平面上的相位分布是线性的，附加相位调制 $\phi_0(x,y)$ 等于零. 在这种情况下，图 15.5.1 中入射线 $E_\mathrm{p}A$ 变为 EA，与光轴 $E_\mathrm{p}O$ 平行. 对于发散照明情况，单纯由高度引起的相位调制 $\Delta\phi(x,y)$ 为

$$\Delta\phi(x,y)=\phi(x,y)-\phi_0(x,y)=2\pi f_0\overline{CD} \tag{15.5.7}$$

这一相位调制可从式(15.5.5)和式(15.5.6)通过下列运算得到：

$$\Delta\phi(x,y)=\mathrm{Im}\{\ln[\boldsymbol{g}_1(x,y)\boldsymbol{g}_{01}^*(x,y)]\} \tag{15.5.8}$$

式中，*表示共轭运算，$\mathrm{Im}\{\cdot\}$表示取复数的虚部. 利用三角形 HCD 和 $HE_\mathrm{p}E_\mathrm{c}$ 的相似关系，可以得到所需的三维面形 $\boldsymbol{h}(x,y)$ 为

$$\boldsymbol{h}(x,y)=\frac{l_0\Delta\phi(x,y)}{\Delta\phi(x,y)-2\pi f_0 d} \tag{15.5.9}$$

15.5.2　FTP 方法的测量范围

FTP 方法采用傅里叶变换、频域滤波和傅里叶逆变换步骤对条纹图进行操作，为了得到正确的恢复面形，必须避免携带有用信息的一级频谱与零级频谱和高次谐波频谱之间的混叠. 防止频谱混叠的要求限制了 FTP 可测量的最大范围，下面给出定量分析.

类似频率调制信号的瞬时频率概念，定义第 n 级频谱的局部空间频率为

$$f_n=\frac{1}{2\pi}\frac{\partial}{\partial x}[2n\pi f_0x+n\phi(x,y)]=nf_0+\frac{n}{2\pi}\frac{\partial\phi(x,y)}{\partial x} \tag{15.5.10}$$

如图 15.5.2 所示，为了防止一级频谱分量与其他各级频谱混叠，必须满足下列条件：

$$\begin{cases}(f_1)_{\max}<(f_n)_{\min}, & n>1\\ (f_1)_{\min}>f_\mathrm{b}\end{cases} \tag{15.5.11}$$

将式(15.5.10)代入，得到

$$\begin{cases}nf_0-\dfrac{n}{2\pi}\left[\dfrac{\partial\phi(x,y)}{\partial x}\right]_{\max}>f_0+\dfrac{1}{2\pi}\left[\dfrac{\partial\phi(x,y)}{\partial x}\right]_{\max}, & n>1\\ f_0+\dfrac{1}{2\pi}\left[\dfrac{\partial\phi(x,y)}{\partial x}\right]_{\min}>f_\mathrm{b}\end{cases} \tag{15.5.12}$$

一个更安全实用的条件为

$$\begin{cases}nf_0-\dfrac{n}{2\pi}\left|\dfrac{\partial\phi(x,y)}{\partial x}\right|_{\max}>f_0+\dfrac{1}{2\pi}\left|\dfrac{\partial\phi(x,y)}{\partial x}\right|_{\max}, & n>1\\ f_0-\dfrac{1}{2\pi}\left|\dfrac{\partial\phi(x,y)}{\partial x}\right|_{\max}>f_\mathrm{b}\end{cases} \tag{15.5.13}$$

式中，$\left|\dfrac{\partial\phi(x,y)}{\partial x}\right|_{\max}$ 表示 $\left\|\dfrac{\partial\phi(x,y)}{\partial x}\right\|_{\max}$ 和 $\left\|\dfrac{\partial\phi(x,y)}{\partial x}\right\|_{\min}$ 中较大的一个值. 上述条件可以进一步简化为

$$\begin{cases}\left|\dfrac{\partial\phi(x,y)}{\partial x}\right|_{\max}<\left(\dfrac{n-1}{n+1}\right)2\pi f_0, \quad n>1\\ \left|\dfrac{\partial\phi(x,y)}{\partial x}\right|_{\max}<2\pi(f_0-f_b)\end{cases} \tag{15.5.14}$$

因为在大多数情况下，f_b 小于 $f_0/2$，而 $(n-1)/(n+1)$ 随 n 单调增加，所以实际的限制条件是

$$\left|\frac{\partial\phi(x,y)}{\partial x}\right|_{\max}<\min\left\{\left(\frac{n-1}{n+1}\right)2\pi f_0, \pi f_0\right\} \tag{15.5.15}$$

Min{}表示取小值. 在讨论最大测量范围时，可以假定 $\phi(x,y)$ 大于 $\phi_0(x,y)$，在一个实际系统中还可假定 $l_0 \gg h(x,y)$，于是有

$$\phi(x,y)\approx\Delta\phi(x,y)\approx-\frac{2\pi f_0 d}{l_0}h(x,y) \tag{15.5.16}$$

结合式(15.5.15)和式(15.5.16)，得到

$$\left|\frac{\partial \boldsymbol{h}(x,y)}{\partial x}\right|_{\max}<\min\left\{\frac{n-1}{n+1}\frac{l_0}{d},\frac{l_0}{2d}\right\} \tag{15.5.17}$$

例如，为了避免基频分量同具有最大权重的二次谐波之间的混叠，式(15.5.15)变为

$$\left|\frac{\partial\phi(x,y)}{\partial x}\right|_{\max}<\frac{2\pi}{3}f_0 \tag{15.5.18}$$

由式(15.5.17)得到的限制条件是

$$\left|\frac{\partial \boldsymbol{h}(x,y)}{\partial x}\right|_{\max}<\frac{1}{3}\frac{l_0}{d} \tag{15.5.19}$$

这个条件表明，FTP 最大的测量范围并不受高度分布 $h(x,y)$ 本身限制，而是受到高度分布在与栅线垂直的方向上变化率限制. 虽然增加 l_0/d 可以增加测量范围，但这同时意味增加了系统的等效波长，但会降低系统的灵敏度，所以在不降低系统的灵敏度的前提下增加测量范围才有实际意义.

15.5.3 抽样对 FTP 测量的影响

实际测量时，计算机处理的条纹图像是离散的，抽样过程也可能导致频谱混叠. 离散过程在数学上表示为条纹 $\boldsymbol{g}(x,y)$ 与二维梳状函数相乘，x 、y 方向的抽样间隔分别为 Δx 、Δy，则离散变形条纹 $\boldsymbol{g}_s(x,y)$ 为

$$\begin{aligned}\boldsymbol{g}_s(x,y)&=\boldsymbol{g}(x,y)\mathrm{comb}\left(\frac{x}{\Delta x}\right)\mathrm{comb}\left(\frac{y}{\Delta y}\right)\\&=\sum_{n=-\infty}^{\infty}\boldsymbol{q}_n(x,y)\exp(\mathrm{j}2\pi n f_0 x)\mathrm{comb}\left(\frac{x}{\Delta x}\right)\mathrm{comb}\left(\frac{y}{\Delta y}\right)\end{aligned} \tag{15.5.20}$$

$\boldsymbol{g}_s(x,y)$ 的二维傅里叶变换为

$$\begin{aligned}\boldsymbol{G}_s(f_x,f_y)&=\sum_{n=-\infty}^{\infty}\boldsymbol{Q}_n(f_x,f_y)*\delta(f-nf_0)*\Delta x\mathrm{comb}(f_x\Delta x)*\Delta y\mathrm{comb}(f_y\Delta y)\\&=\sum_{n=-\infty}^{\infty}\boldsymbol{Q}_n(f_x-nf_0,f_y)*\Delta x\mathrm{comb}(f_x\Delta x)*\Delta y\mathrm{comb}(f_y\Delta y)\end{aligned} \tag{15.5.21}$$

梳状函数的傅里叶谱依然是梳状函数，例如 $\mathrm{comb}(f_x\Delta x)=\dfrac{1}{\Delta x}\sum\limits_{N=-\infty}^{\infty}\delta(f_x-N/\Delta x)$，所以

$$\boldsymbol{G}_{\mathrm{s}}(f_x,f_y)=\sum_{N=-\infty}^{\infty}\sum_{M=-\infty}^{\infty}\sum_{n=-\infty}^{\infty}\boldsymbol{Q}_n(f_x-nf_0-N/\Delta x,f_y-M/\Delta y) \tag{15.5.22}$$

式中，N 和 M 为整数，分别表示在 f_x、f_y 方向的周期级次. 当条纹载频只出现在 x 方向，如公式(15.5.1)所示，可将 $1/\Delta x$ 写为 mf_0，m 为一正数，表示抽样频率与光栅基频的比值，则

$$\boldsymbol{G}_{\mathrm{s}}(f_x,f_y)=\sum_{N=-\infty}^{\infty}\sum_{M=-\infty}^{\infty}\sum_{n=-\infty}^{\infty}\boldsymbol{Q}_n(f_x-nf_0-Nmf_0,f_y-M/\Delta y) \tag{15.5.23}$$

其中，$\boldsymbol{Q}_n(f_x,f_y)$ 和 $\boldsymbol{G}_{\mathrm{s}}(f_x,f_y)$ 分别是 $\boldsymbol{q}_n(x,y)$ 和 $\boldsymbol{g}_{\mathrm{s}}(x,y)$ 的二维傅里叶频谱. 可见，抽样引起了条纹频谱的周期性重复，称每个频谱周期为“频谱岛”. 图 15.5.3 以一维抽样为例，给出两个相邻周期间的频谱分布在 f_x 方向的剖面意图. 此时，相邻“频谱岛”之间以 mf_0 决定是否发生混叠，若 m 取得过小，相邻“频谱岛”之间的间距不满足 Nyquist 间隔，频谱发生混叠.

可见，相邻周期间频谱不发生混叠的条件是

$$(f_n)_{\max}<mf_0-(f_n)_{\max} \tag{15.5.24}$$

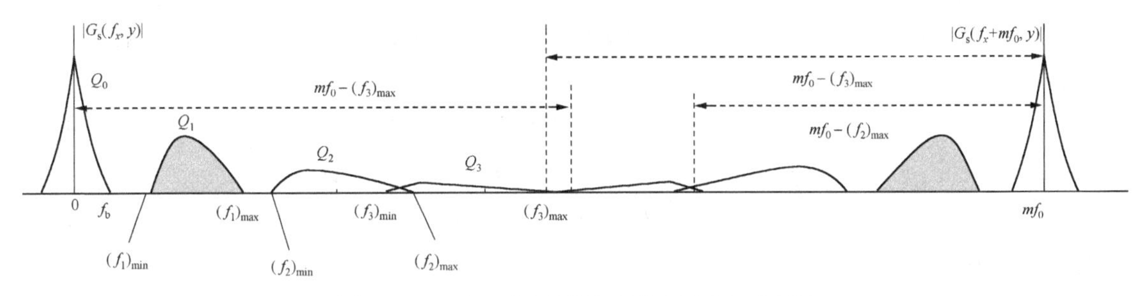

图 15.5.3　f_x 方向相邻两周期间的频谱分布示意图

主周期基频分量同相邻周期的高次频谱分离的条件为 $(f_1)_{\max}<mf_0-(f_n)_{\max}$. 将瞬时频率的定义式代入，得到

$$f_0+\frac{1}{2\pi}\left[\frac{\partial\phi(x,y)}{\partial x}\right]_{\max}>mf_0-nf_0-\frac{n}{2\pi}\left[\frac{\partial\phi(x,y)}{\partial x}\right]_{\max},\quad n\geqslant 1 \tag{15.5.25}$$

即

$$\left[\frac{\partial\phi(x,y)}{\partial x}\right]_{\max}<\frac{m-n-1}{n+1}2\pi f_0,\quad n\geqslant 1 \tag{15.5.26}$$

用 $\left|\frac{\partial\phi(x,y)}{\partial x}\right|_{\max}$ 表示 $\left[\left[\frac{\partial\phi(x,y)}{\partial x}\right]\right]_{\max}$，结合公式(15.5.16)，得到

$$\left|\frac{\partial\boldsymbol{h}(x,y)}{\partial x}\right|_{\max}<\frac{m-n-1}{n+1}\frac{l_0}{d} \tag{15.5.27}$$

可见，为了得到正确的三维重建，必须保证携带物体高度信息的基频分量不与其他频谱分量混叠. 此处提到的不混叠包含两个含义：①同一周期内，确保基频分量与二阶频谱不发生混叠；②周期间，确保基频分量与相邻频谱岛的 n 阶频谱不发生混叠. 结合方程(15.5.19)和(15.5.27)，可以得到

$$\frac{1}{3}\frac{L_0}{d}<\frac{m-n-1}{n+1}\frac{L_0}{d} \tag{15.5.28}$$

即

$$m>\frac{4}{3}(n+1)$$

严格占空比为 1∶1 的罗奇光栅光场只有奇数级频谱分布，三次谐波的频谱分量的权重最大，应取 n=3 来讨论周期内频谱混叠问题和抽样对 FTP 测量的影响. 光场结构在 y 方向的分析类似.

15.5.4　一种改进的方法

考虑一种理想的情况，当条纹的空间频域只存在 x(或 y) 方向的基频分量时，基频分量中的最低频率可以扩展到零，考虑抽样影响，最高的频率可以扩展到接近 $mf_0-(f_1)_{\max}$ 而不产生频率混叠，如图 15.5.3 所示，因而可以在不改变系统其他参数的条件下明显地扩大测量范围. 1990 年提出的正弦光栅投影加 π 相移技术的改进傅里叶变换轮廓术(improved Fourier transform profilometry，IFTP)是最经典方法之一.

该方法采用正弦光栅投影代替罗奇光栅投影，由成像系统得到的受物体表面调制的变形光栅像可以表示为

$$\boldsymbol{g}(x,y)=a(x,y)+b(x,y)\cos[2\pi f_0 x+\phi(x,y)] \tag{15.5.29}$$

在变形光栅像中，只存在零级和一级频谱分量. 为了消除零级分量的影响，可以让投影光栅沿与栅线垂直方向移动 1/2 个周期，即产生 π 相位移动. 这就要求观察光场采样两次，获得的两帧条纹可以表示为

$$\boldsymbol{g}_1(x,y)=a(x,y)+b(x,y)\cos\left[2\pi f_0 x+\phi(x,y)\right] \tag{15.5.30}$$

$$\begin{aligned}\boldsymbol{g}_2(x,y)&=a(x,y)+b(x,y)\cos[2\pi f_0 x+\phi(x,y)+\pi]\\&=a(x,y)-b(x,y)\cos[2\pi f_0 x+\phi(x,y)]\end{aligned} \tag{15.5.31}$$

两式相减可以得到

$$\boldsymbol{g}(x,y)=2b(x,y)\cos[2\pi f_0 x+\phi(x,y)] \tag{15.5.32}$$

由此可见，采用正弦投影光场和 π 相移技术后，只留下了基频分量，基频分量的频带在低端可以扩展到零，这时，在一个周期内，根据公式(15.5.14)，当 $f_b=0$ 时，得到公式(15.5.33)在高端可以扩展到 $mf_0-(f_1)_{\max}$，而不发生频谱混叠. 只要 m 的取值大于 4，这时，限制测量范围的新条件为公式(15.5.34).

$$\left|\frac{\partial\phi(x,y)}{\partial x}\right|_{\max}<2\pi f_0 \tag{15.5.33}$$

$$\left|\frac{\partial\boldsymbol{h}(x,y)}{\partial x}\right|_{\max}<\frac{l_0}{d} \tag{15.5.34}$$

将式(15.5.34)和式(15.5.19)相比较，在系统其他参数保持不变的情况下，改进的方法比原有方法的测量范围扩大 3 倍. 图 15.5.4 展示了这种改进的 FTP 方法对一个“猫脸”面具的重建结果.

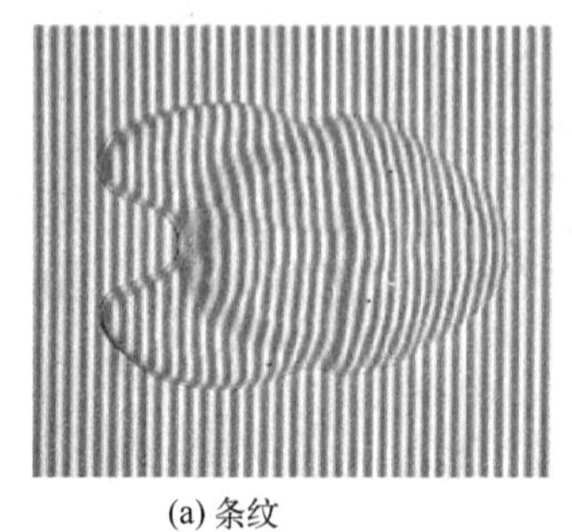

(a) 条纹

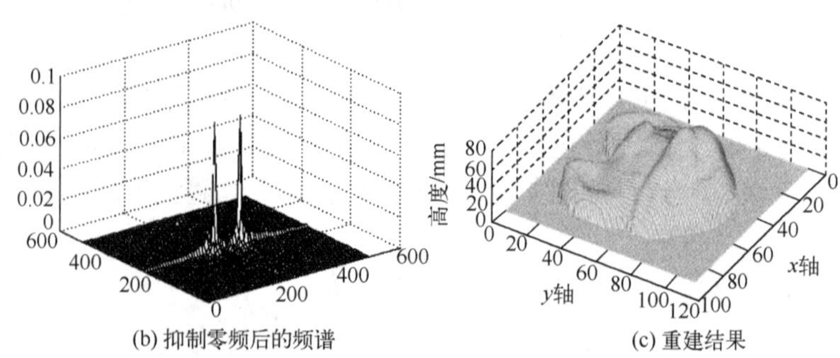

(b) 抑制零频后的频谱　　(c) 重建结果

图 15.5.4　正弦光栅投影加 π 相移技术的结果

随着数字投影设备的出现和发展，实现数字正弦光栅投影已不是难事. 即使在一些需要物理光栅的测量系统中，实验和理论已经证明，采用离焦投影的罗奇光栅所形成的准正弦光场或者不同编码方式产生的二值分布正弦光场也可以在很大程度上抑制高阶分量，得到与正弦光栅投影类似的结果.

15.5.5　动态过程三维面形测量

在三维面形测量方法中，傅里叶变换轮廓术的主要优点是只需要采集一帧变形条纹图像，因此特别适合于动态过程的三维面形测量. 动态过程的三维面形是随时间变化的量，如果能够沿时间轴对它采样，那么单独对于每一个时刻来说，仍然可以用类似传统 FTP 方法来进行测量.

用于动态三维测量的系统光路结构与传统静态 FTP 一样，首先将一幅罗奇(或正弦)光栅投影到参考平面，通过 CCD 记录下参考平面上的光强分布；然后再将光栅投影到待测物体的表面，当物体处于动态变化过程中时，用 CCD 进行快速摄像，记录下一系列变形条纹的强度分布.

为了讨论和数据处理的方便，将成像系统拍摄获得的参考平面上的条纹定义为零时刻(t=0)获得的无形变“变形”条纹，可以将式(15.5.3)改写为

$$\boldsymbol{g}_0(x,y)=\boldsymbol{g}(x,y,t=0)=\boldsymbol{g}(x,y,0)=\sum_{n=-\infty}^{+\infty}A_n\boldsymbol{r}(x,y,0)\exp\{\mathrm{j}[2n\pi f_0x+n\phi(x,y,0)]\} \tag{15.5.35}$$

这样一来，CCD 拍摄到的参考平面和处于动态变化过程中的物体表面上的一系列变形条纹的强度分布就可统一写成

$$\boldsymbol{g}(x,y,t)=\sum_{n=-\infty}^{+\infty}A_n\boldsymbol{r}(x,y,t)\exp\{\mathrm{j}[2n\pi f_0x+n\phi(x,y,t)]\},\quad t=0,1,2,\cdots,s \tag{15.5.36}$$

式中，A_n 是傅里叶级数的系数，$\boldsymbol{r}(x, y, t)$ 是不同时刻拍摄对象表面上的非均匀反射率分布函数，$\phi(x,y,t)$ 是不同时刻由于拍摄对象表面高度变化所引起的相位调制，s 为拍摄到的变形条纹总帧数. 对随时间变化的变形条纹的强度分布函数 $\boldsymbol{g}(x,y,t)$ 进行傅里叶变换，在得到的频谱分布中，基频包含了所需的相位信息. 通过频域滤波，将其中的基频分量滤出来，然后对滤波后的基频分量进行傅里叶逆变换，得到的复分布为

$$\hat{\boldsymbol{g}}(x,y,t)=A_1\boldsymbol{r}(x,y,t)\exp\{\mathrm{i}[2\pi f_0x+\phi(x,y,t)]\},\quad t=0,1,2,\cdots,s \tag{15.5.37}$$

从投影光路的几何关系可以看出，物体每个时刻的高度信息被编码在三维相位分布 $\phi(x,y,t)$ 中，而 $\Delta\phi(x,y,t)=\phi(x,y,t)-\phi(x,y,0)$ 对应着待测物体各个时刻的真实高度分布 $h(x,y,t)$，因此只需要求出 $\Delta\phi(x,y,t)$ 后再利用相位和高度的对应关系式

$$h(x,y,t)=\frac{l_0\Delta\phi(x,y,t)}{\Delta\phi(x,y,t)-2\pi f_0d}\approx-\frac{l_0\Delta\phi(x,y,t)}{2\pi f_0d} \tag{15.5.38}$$

即可恢复出运动变化物体每个时刻的三维表面形态高度分布.

应该指出，计算得到的 $\phi(x,y,t)$ 同样被截断在反三角函数的主值范围内，因而是不连续的，需要进行三维相位展开，以确保三维相位场在二维平面(x, y)上的连续性和在时序上(t)的前后关联性.

动态过程三维面形测量在机器视觉、流体力学、高速旋转、材料变形、应力分析、振动分析、碰撞变形、爆轰过程、生物医学等领域具有重要意义和应用价值. 例如，将频闪效应与动态三维面形测量技术相结合，形成频闪结构光动态三维面形测量系统，用来完成高速旋转与瞬态过程中三维面形测量工作. 图 15.5.5 是旋转风扇叶片的动态面形测量结果，风扇转速每分钟 1080 转，图中显示了从风扇开始旋转到相对稳定的过程中，叶片某一剖面变形的情况. 从这个结果可以清晰地看出，随着旋转的加快，叶片面上离转轴中心越远的区域变形量越大；当风扇转动频率越接近相对稳定时，变形量也逐渐趋于稳定值.

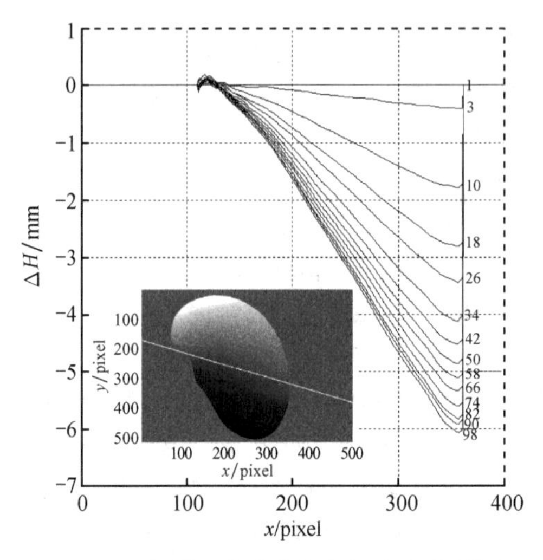

图 15.5.5 旋转风扇叶片的动态面形测量结果

动态三维面形测量技术也可用于流体力学中液面旋涡生成分析. 图 15.5.6 是液面旋涡生成的动态液面测量结果，图中显示了某一时刻液面旋涡的形态和每一时刻的旋涡剖面图. 液面旋涡生成过程三维数字化的结果为流体力学分析提供了有利的手段.

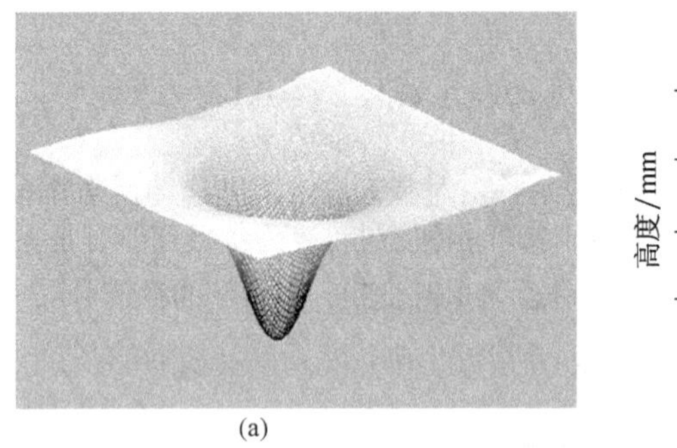

(a)

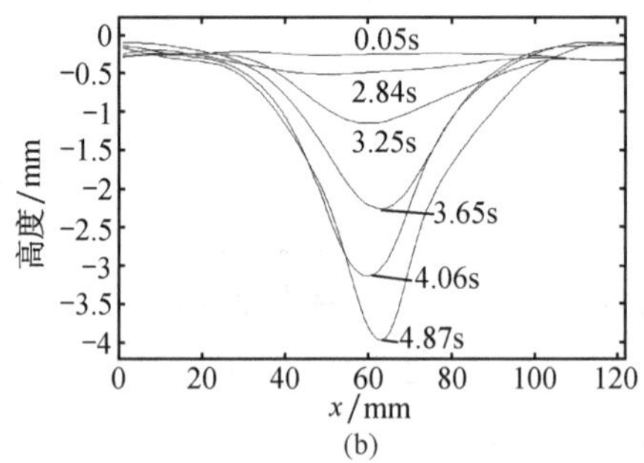

(b)

图 15.5.6 液面旋涡生成的动态液面形测量结果

15.5.6 基于条纹局域分析的光学三维测量方法

FTP 只需要采集一帧变形条纹图就能实现三维面形测量，具有简单、快速的特点，但其缺乏局部分析的能力. 条纹中出现的局部缺陷(阴影、低对比度、局部断裂等)会影响整个重建结果. 频谱混叠问题也限制了 FTP 的测量精度和范围，所以 FTP 无法测量不连续表面和大梯度变化的复杂物体. 一些在时(空)频具有局域分析能力的技术被引入到结构光投影轮廓术中，主要包括窗口傅里叶变换轮廓术(WFTP)、小波变换轮廓术(WTP)以及 S 变换轮廓术(STP)等，它们是FTP 的补充. 下面简单介绍窗口傅里叶变换轮廓术和小波变换轮廓术.

1. 窗口傅里叶变换轮廓术

1946 年 D.Gabor 引入了“窗口”傅里叶变换(又称 Gabor 变换)概念. 他将一个局部化“窗函数” $\boldsymbol{w}(x-u)$ 引入到傅里叶变换公式中，移动的窗口函数可以“扫描”整个信号区域. 窗口傅里叶变换具有局部分析能力，用于光学三维测量领域，被称为窗口傅里叶变换轮廓术(windowed Fourier transform profilometry，WFTP). 通常而言，变形条纹图在一个局部区域的瞬时频率接近，局部频谱比全局傅里叶频谱的结构更简单，滤波操作更容易提取出局部基频分量，用来构造条纹的基频分量，所以在解调复杂变形条纹时，WFTP 比 FTP 具有更高的相位计算准确度. 高斯函数是最常用的窗函

数, 中心在 u 处的一维高斯函数 $\boldsymbol{w}(x-u)$ 表示为

$$\boldsymbol{w}(x-u)=\frac{1}{\sqrt{2\pi}\sigma}\exp[-(x-u)^2/(2\sigma^2)] \tag{15.5.39}$$

一维窗口傅里叶变换公式为

$$\boldsymbol{W}(u,f)=\int_{-\infty}^{+\infty}\int_{-\infty}^{+\infty}\boldsymbol{g}(x)\boldsymbol{w}(u-x)\exp(-\mathrm{j}2\pi fx)\mathrm{d}x\mathrm{d}y \tag{15.5.40}$$

图 15.5.7(a)示意了一维高斯窗口在条纹中的移动情况，图 15.5.7(b)是以等高线表示的窗口傅里叶变换谱(裁剪掉了零频和负频率部分)，图中用 x 表示位置变量(u).

传统的窗口傅里叶变换轮廓术采用公式(15.4.41)所示的二维高斯函数对条纹 $\boldsymbol{g}(x,y)$ 进行二维窗口傅里叶变换

$$\boldsymbol{w}(x,y)=\frac{1}{2\pi\sigma_x\sigma_y}\exp\left(\frac{-x^2}{2\sigma_x^2}+\frac{-y^2}{2\sigma_y^2}\right) \tag{15.5.41}$$

式中，σ_x、σ_y 是高斯窗函数在 x 和 y 方向上的标准差，控制着窗口的大小. 条纹图的二维窗口傅里叶变换表示为

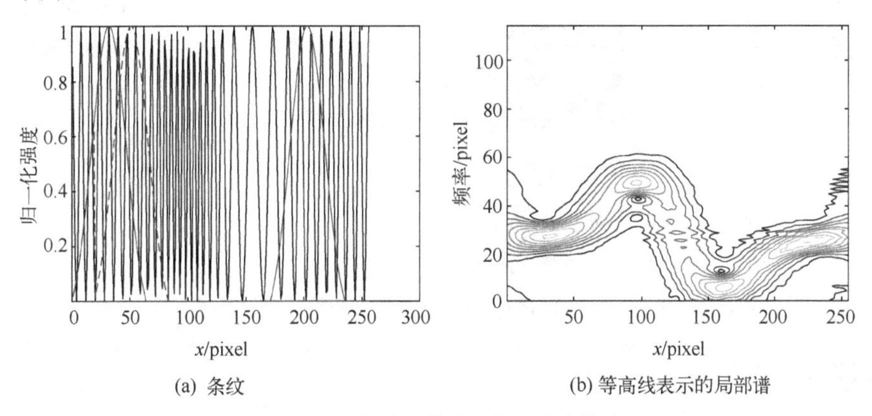

(a) 条纹　(b) 等高线表示的局部谱

图 15.5.7　条纹及其窗口傅里叶变换谱

$$\boldsymbol{W}(u,v,f_u,f_v)=\int_{-\infty}^{+\infty}\int_{-\infty}^{+\infty}\boldsymbol{g}(x,y)\boldsymbol{w}(u-x,v-y)\exp[-\mathrm{j}2\pi(f_ux+f_vy)]\mathrm{d}x\mathrm{d}y \tag{15.5.42}$$

式中，$\boldsymbol{w}(u-x,v-y)$ 为移动的窗函数，f_u 和 f_v 表示信号在位置(u,v)处两个正交方向上的频率因子. 该公式也可以写成卷积形式

$$\boldsymbol{W}(u,v,f_u,f_v)=\{\boldsymbol{g}(u,v)\otimes[\boldsymbol{w}(u,v)\exp(\mathrm{j}2\pi f_uu+\mathrm{j}2\pi f_vv)]\}\cdot\exp[-2\pi(\mathrm{j}f_uu+\mathrm{j}f_vv)] \tag{15.5.43}$$

由于高斯函数特殊的性质，窗口傅里叶变换也具有如下特点：

$$\int_{-\infty}^{+\infty}\int_{-\infty}^{+\infty}\boldsymbol{W}(u,v,f_u,f_v)\mathrm{d}u\mathrm{d}v=\boldsymbol{G}(f_u,f_v) \tag{15.5.44}$$

即沿着 u 和 v 两个方向进行积分，可以将窗口傅里叶变换局部谱叠加为完整的二维傅里叶谱. 在实际应用过程中，为了抑制噪声影响，通常会对窗口傅里叶变换局部谱设置阈值，进行门限处理，其过程可表示为

$$\overline{\boldsymbol{W}}(u,v,f_u,f_v)=\begin{cases}\boldsymbol{W}(u,v,f_u,f_v), & |\boldsymbol{W}(u,v,f_u,f_v)|\geqslant \mathrm{thr}\\ 0 & |\boldsymbol{W}(u,v,f_u,f_v)|<\mathrm{thr}\end{cases} \tag{15.5.45}$$

式中，thr 为设置的门限值. 为了从条纹中提取基频分量，频率的积分范围需限制在条纹基频所在的区间$[f_{u1}\sim f_{u2},f_{v1}\sim f_{v2}]$，相当于实现滤波操作，然后再进行逆窗口傅里叶变换得到复指数信号

$$\overline{\boldsymbol{G}}(x,y)=\int_{-\infty}^{+\infty}\int_{-\infty}^{+\infty}\int_{f_{u_1}}^{f_{u_2}}\int_{f_{v_1}}^{f_{v_2}}\overline{\boldsymbol{W}}(u,v,f_u,f_v)\boldsymbol{w}(x-u,y-v)\cdot\exp(\mathrm{j}2\pi f_u x+\mathrm{j}2\pi f_v y)\mathrm{d}u\mathrm{d}v\mathrm{d}f_u\mathrm{d}f_v \tag{15.5.46}$$

取出其相角就是条纹中携带的与物体高度信息有关的相位分布. 图 15.5.8 给出利用局部基频组合出条纹的基频谱，再获得截断相位的示意图. 以上方法称为基于滤波方式的窗口傅里叶变换轮廓术. 当然在窗口傅里叶变换系数中，也可以利用类似小波变换轮廓术中的“脊”思想来获得条纹中的截断相位信息.

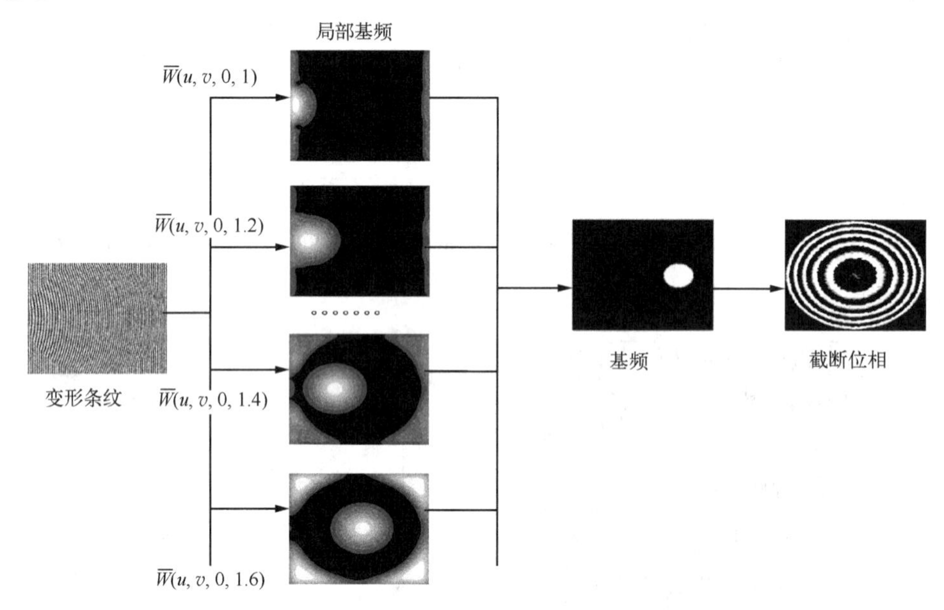

图 15.5.8　窗口傅里叶变换获得截断相位的示意图

2. 小波变换轮廓术

小波变换的局部化和多分辨率分析能力使得其在条纹分析中发挥作用，形成小波变换轮廓术(WTP). 当局部条纹出现错误时，采用小波变换轮廓术，相位计算误差被限制在该区域，不会影响周围区域的相位计算. 本节先以一维小波变换为例，介绍小波变换轮廓术.

一维连续小波变换空域定义为

$$\boldsymbol{W}(a,b)=\frac{1}{\sqrt{a}}\int_{-\infty}^{\infty}\boldsymbol{I}(x)\boldsymbol{\psi}^*\left(\frac{x-b}{a}\right)\mathrm{d}x \tag{15.5.47}$$

其中，a 是尺度因子，b 是平移因子，$\boldsymbol{I}(x)$ 为待处理函数，$\boldsymbol{\psi}_{a,b}(x)=\frac{1}{\sqrt{a}}\boldsymbol{\psi}\left(\frac{x-b}{a}\right)$ 称为以 $1/\sqrt{a}$ 归一化的子小波，其对应的频谱 $\hat{\boldsymbol{\psi}}_{a,b}(\omega)=\sqrt{a}\hat{\boldsymbol{\psi}}(a\omega)\mathrm{e}^{-\mathrm{j}\omega b}$. 从公式(15.5.47)可以看出，小波变换可以看成空域卷积操作，在位置 b 处，小波系数体现了被处理信号与不同尺度小波之间的相似程度. 尺度最合适的子小波，得到的小波系数模值最大，此时，小波系数中的相位信息就是条纹在此位置的相位. 1D 复 Morlet 小波具有单边带分布，且在空域和频域均具有良好的局部化特性，是一维小波变换轮廓术中常用的小波，其表达形式为

$$\boldsymbol{\psi}(x)=\frac{1}{\sqrt{\pi F_{\mathrm{b}}}}\exp(\mathrm{j}2\pi F_{\mathrm{c}}x)\exp\left(-\frac{1}{F_{\mathrm{b}}}x^2\right) \tag{15.5.48}$$

式中，F_{b} 和 F_{c} 分别表示它的带宽和中心频率.

对条纹图 $\boldsymbol{g}(x,y)$ 沿垂直于栅线方向作一维小波变换，得到小波变换系数 $\boldsymbol{W}(a,b)$，其实部和虚部为 $\mathrm{real}[\boldsymbol{W}(a,b)]$ 和 $\mathrm{imag}[\boldsymbol{W}(a,b)]$，则小波系数的模值 $\boldsymbol{A}(a,b)$ 和相位 $\phi(a,b)$ 可分别表示为

$$\boldsymbol{A}(a,b)=\sqrt{\{\mathrm{real}[\boldsymbol{W}(a,b)]\}^2+\{\mathrm{imag}[\boldsymbol{W}(a,b)]\}^2} \tag{15.5.49}$$

$$\phi(a,b)=\arctan\{\mathrm{imag}[\boldsymbol{W}(a,b)]/\mathrm{real}[\boldsymbol{W}(a,b)]\} \tag{15.5.50}$$

沿尺度轴方向上，小波变换系数最大模值的位置定义为小波“脊”，表示为 $\mathrm{ridge}(b)$，“脊”所对应的 a 就是最佳尺度，记做 a_{r}：

$$\mathrm{ridge}(b)=\max[A(a,b)] \tag{15.5.51}$$

提取小波脊处的相位信息，就是该行条纹在 b 处的相位

$$\phi(b)=\arctan\left\{\frac{\mathrm{imag}[\boldsymbol{W}(a_{\mathrm{r}},b)]}{\mathrm{real}[\boldsymbol{W}(a_{\mathrm{r}},b)]}\right\} \tag{15.5.52}$$

当所有行上的所有点均处理后，就得到截断相位 $\phi(x,y)$，进行相位展开后即可得到条纹图的相位信息. 图 15.5.9 给出了一维小波(复 morlet)获取条纹图截断相位的过程，每行的位函数 $\phi(x)$ 表示为

$$\phi(x)=2\pi\left[\frac{x}{13+(8/512)x}-\frac{x}{16}\right],\quad x=1:1024 \tag{15.5.53}$$

(a)为条纹，(b)为标识行的小波系数的幅值分布，其中黑线为“脊”线，(c)表示该行的相位，(d)为提取出的“脊”线处的相位，(e)为从条纹图(a)计算出的截断相位.

二维小波除了伸缩、平移外，还可以旋转，二维连续小波变换定义为

$$\boldsymbol{W}(a,b_x,b_y,\theta)=\iint \boldsymbol{g}(x,y)\boldsymbol{\psi}^*_{a,b_x,b_y,r_\theta}(x,y)\mathrm{d}x\mathrm{d}y \tag{15.5.54}$$

这里 $r_\theta=\begin{bmatrix}\cos\theta & \sin\theta\\ -\sin\theta & \cos\theta\end{bmatrix}$ 表示旋转因子，θ 为旋转角，b_x 和 b_y 分别为 x 方向和 y 方向的平移因子，a 为尺度因子. 二维小波变换通过坐标旋转，引入方向选择性，进一步提高了小波变换的局部分析能力. 对二维信号进行二维小波变换得到的系数是四维分布. 图 15.5.10 展示了 $a=[1,2,3,4]$、$\theta=[0,0.5,1]$ 时，对一幅 512×512 的图像做二维小波变换得到的小波系数示意图.

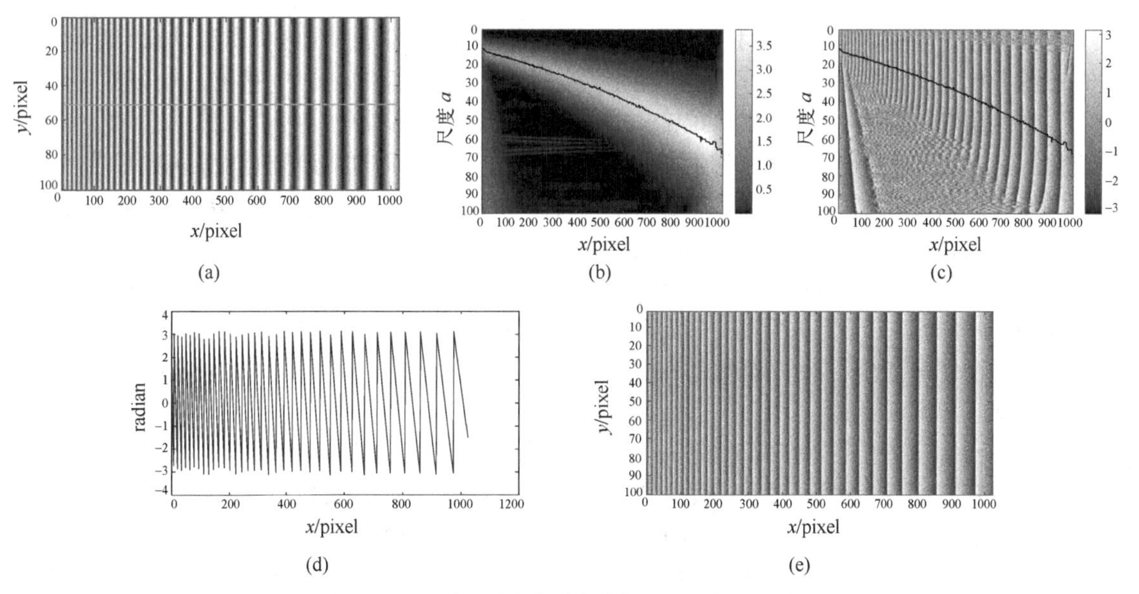

图 15.5.9　一维小波变换轮廓术的处理的步骤和结果

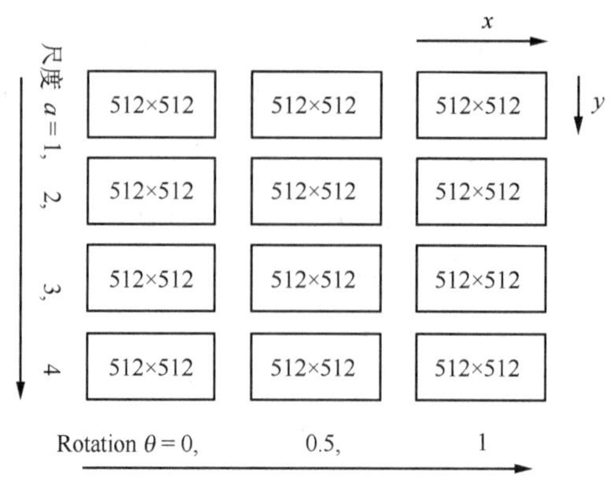

图 15.5.10　二维小波变换系数示意图

与一维情况类似，在位置(b_x,b_y)处，尺度和旋转角最合适的子小波，得到的小波系数模值最大，此时小波系数中的相位信息就是条纹在此位置的相位. 图 15.5.11 显示了受到噪声影响的条纹，采用二维 Fan 小波，2D-Mexican hat 小波的相位重建结果，说明小波变换轮廓术具有很好的抗噪能力.

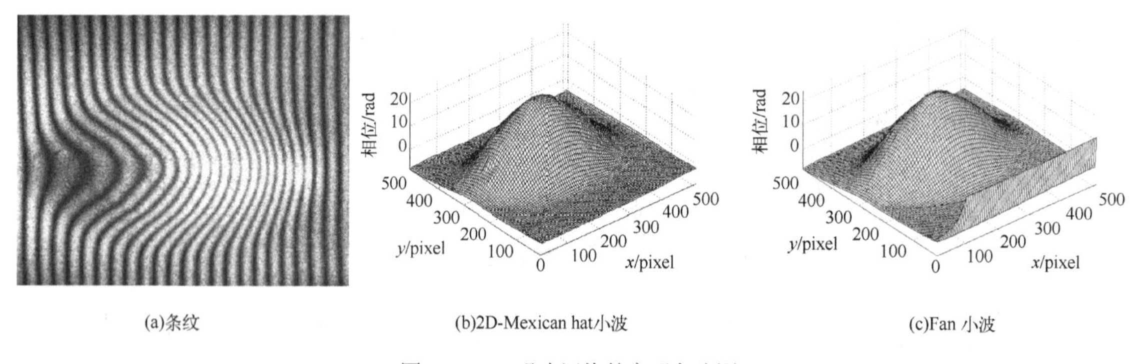

图 15.5.11　噪声污染的变形条纹图

15.6　调制度测量轮廓术

前面介绍的相位测量轮廓术和傅里叶变换轮廓术是基于三角测量原理，即通过分析受物面调制的投影条纹的变形情况获取空间信息. 由于条纹投影方向和观察方向之间存在一个角度，所以这种方法受到阴影、遮挡、相位截断的限制，不能测量剧烈的面形变化.飞行时间法虽然可以实现垂直测量，但因空间信息是靠光线的时间差得到的，对信号处理的时间分辨率有特别高的要求，所以一般用于大范围绝对距离测量. 在这些基于三角测量原理的方法中，投影光轴和观察光轴之间存在一个夹角，例如投影一个正弦光栅(直条纹)到被测三维表面，从另一个方向观察到的是变形条纹，正是通过计算条纹的变形量重建三维面形. 投影光轴和观察光轴之间的夹角越大，变形量越大，重建精度越高. 然而，夹角越大可能产生的遮挡和阴影问题越严重. 通常，解决这一矛盾的方法是保证必要的精度(保持投影光轴和观察光轴之间一定的夹角)，遮挡和阴影问题通过两次或两次以上不同方向的测量和拼接解决.

随着三维面形测量技术应用领域的扩大，很多领域的应用希望一次完成一个视觉方向上的完整三维数据获取，避免由于三角测量引起的阴影和遮挡问题. 人们一直希望在三维测量系统中，投影光轴和观察光轴重合，避免三角测量中的阴影和遮挡问题，这种测量方式简称为同轴测量. 在一个视觉方向上无阴影和遮挡的同轴问题，是三维面形测量中的关键科学问题，具有重要的科学意义和广阔应用前景. 从广义信息传递和变换的观点研究三维面形对空间结构光场的调制后，人们发现：三维面形对空间结构光场的调制，不仅体现在使观察条纹发生变形，还在投影方向上使条纹的调制度(条纹对比度)发生变化，即使投影光轴和观察光轴重合，由于离焦的影响，条纹的调制度也受到三维面形深度方向的调制，因此利用三维面形对空间结构光场的这种调制，仍然有可能通过适当的解调方法重建三维面形. 基于这种认识，提出调制度测量轮廓术的同轴测量方法. 类比相位测量轮廓术，傅里叶变换轮廓术的命名方法，将其命名为调制度测量轮廓术(modulation measurement profilometry，MMP). 调制度测量轮廓术完全基于投影到待测物面上的正弦条纹的调制度分布，并且投影方向和探测方向一致，所以可以实现对物体的同轴测量，不用求解相位和相位展开，也可以测量物表面高度剧烈变化或不连续的区域. 此方法对三维传感及机器视觉的应用具有重要的意义.

15.6.1　基本原理

将一正弦光栅投影到物体上，从与投影方向相同的方向上探测被测物体上的条纹图形，物体上的光强分布可表示为

$$I(x,y)=I_0B(x,y)\{1+C(x,y)\cos[2\pi fx+\phi_0(x,y)]\} \tag{15.6.1}$$

式中，I_0是偏置强度，$B(x,y)$表示表面不均匀的反射率，$C(x,y)$是投影条纹的对比度，f是投影条纹空间频率，ϕ_0是初相位. 在正弦光栅的成像面上，条纹对比度最大，而在成像面前后，即离焦像面上条纹对比度降低，在光轴方向就有一对比度分布，如图 15.6.1 所示.

为了计算调制度，在与正弦光栅条纹垂直的方向上，以等间距移动光栅 $L(L\geqslant 3)$次，总移动量为一个光栅周期，则可得 L 帧条纹图，由此就可计算对应点的调制度.

考虑某一点的所有相移强度值，该点条纹的调制度函数定义为

$$M(x,y)=\sqrt{\left[\sum_{i=0}^{L-1}I_i(x,y)\sin(2i\pi/L)\right]^2+\left[\sum_{i=0}^{L-1}I_i(x,y)\cos(2i\pi/L)\right]^2} \tag{15.6.2}$$

此处I_i是第 i 次相移的强度值.

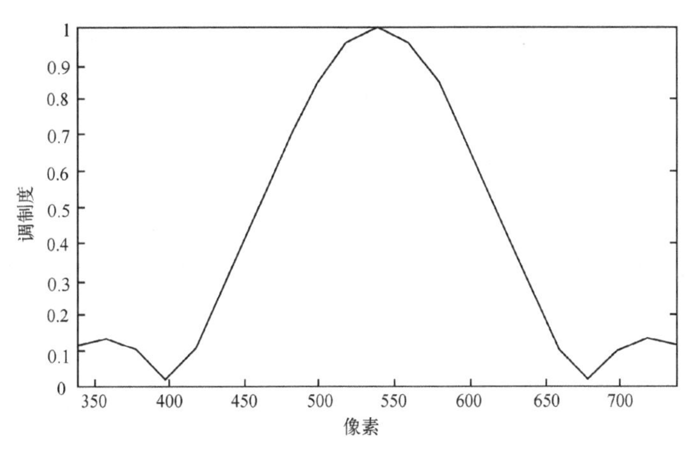

图 15.6.1　投影光栅像的调制度分布

将方程(15.6.1)代入方程(15.6.2)可得如下表达式：

$$M(x,y)=\frac{1}{2}LI_0B(x,y)C(x,y) \tag{15.6.3}$$

由此可知，调制度函数 $M(x,y)$ 与条纹对比度 $C(x,y)$ 成正比. 在 MMP 测量中的调制度相当于条纹对比度. 在光栅像平面上的像素点调制度最大，在光栅像平面前后的像素点调制度变小. 在实际测量中，通过前后移动投影系统，保持探测系统和物体的相对位置不动，则可由物体纵深范围内的调

制度三维分布得到待测物体的空间信息.

获取条纹调制度信息的另一种方法利用傅里叶分析获取条纹调制度. 简单来说，就是将获取的一帧条纹图进行傅里叶变换，然后滤出傅里叶频谱中的基频成分，并作傅里叶逆变换，最后得到物面的条纹调制度信息.

15.6.2　信息处理方法

调制度测量轮廓术装置如图 15.6.2 所示. 在测量过程中，保持待测物体、分束器、CCD 摄像机的位置不动，在投影光轴方向依次平移投影系统，使光栅的成像面扫描待测物体的纵深范围.对于相移方法，每次平移后在同一扫描面上利用相移技术获得 L 帧条纹图，由此 L 帧条纹图计算这一扫描面上所有像素点的调制度. 对于傅里叶变换方法，只需一帧条纹图就可计算得到物面的条纹调制度信息. 如果总平移次数为 N，则在 CCD 面阵上，相对于时间轴，就有 N 幅调制度图，如图 15.6.3 所示. 对于同一像素点，就有 N 个调制度值，如图 15.6.4 所示，图中平移次数为横坐标，调制度值为纵坐标，此即 CCD 面阵上这一像素点在平移过程中的调制度分布. 因为平移次数是分立的整数，所以有可能调制度最大的真实位置处于两个整数之间，这就需要用一定的算法求出调制度最大的位置. 因为在几何光学近似下像平面前后的调制度分布可看成是对称的，可以采用的方法之一是在测得最大调制度的位置向两边取一定数目的调制度值，然后求出这些调制度值的重心位置作为调制度最大的真实位置.

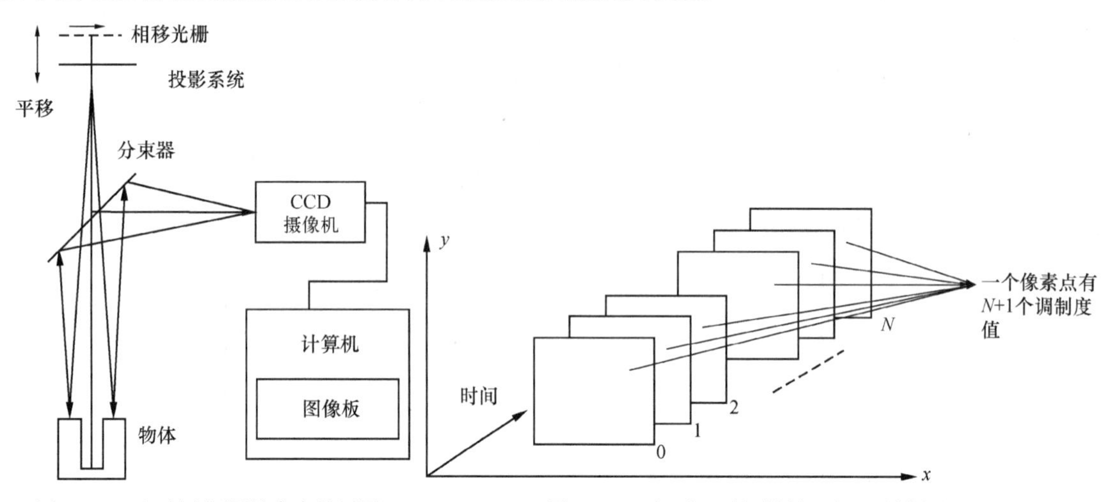

图 15.6.2　调制度测量轮廓术装置图　　图 15.6.3　相对于时间轴的 N 幅调制度图

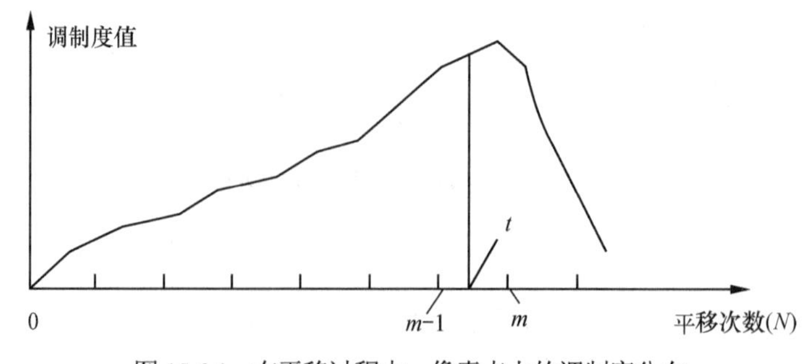

图 15.6.4　在平移过程中一像素点上的调制度分布

如果求重心后，t 是最大调制度的真实位置且处于两个相邻的平移次数 $m-1$ 和 m 之间($m-1$、m 是整数且 $0 \leqslant m-1$、$m \leqslant N$)，则此像素点相对于参考平面的高度为

$$l_t = l_{m-1} + [t-(m-1)](l_m - l_{m-1}) - l_0 \tag{15.6.4}$$

式中，l_0、l_{m-1}、l_m 分别是投影系统移动前、移动到第 $m-1$ 次位置、移动到第 m 次位置时，与参考平面的距离.

15.6.3　测量实例

实验系统如图 15.6.2 所示，被测物体选用的是一中心带孔(圆孔直径为 10mm)、外部有定位凹槽的圆台模型. 圆台外周和圆孔均具有垂直边界，因此用三角测量的其他方法，例如相位测量轮廓术、傅里叶变换轮廓术等，由于阴影的影响，将无法得到完整的三维面形分布.

在实验中，光栅投影系统的平移次数 N 为 37，采用傅里叶条纹分析方法计算得到每次平移后条纹图像的调制度分布图. 平移间隔为 2mm. 采用重心算法可以找出调制度最大的确切位置，并最后得到物体的高度分布，如图 15.6.5 所示. 物体本身的总高度为 57mm，测量结果的最大绝对误差为 0.21mm. 图中还给出物体的截面图.

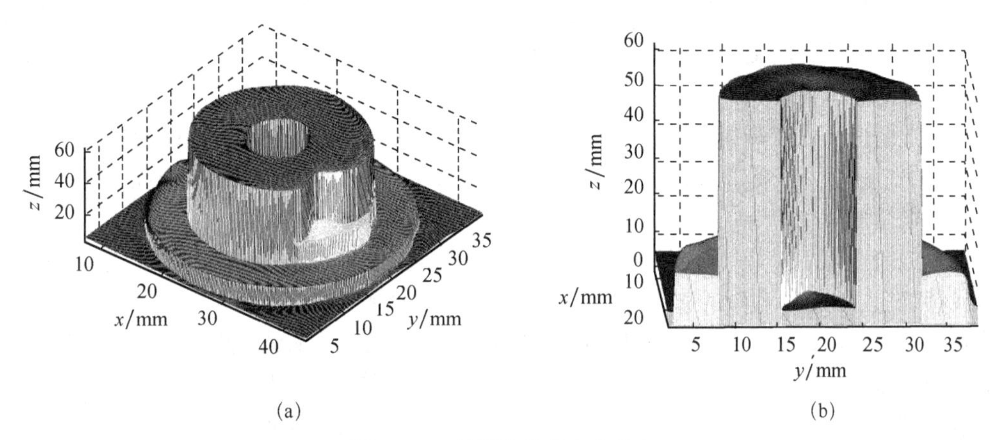

(a)　　(b)

图 15.6.5　被测物体的高度分布

所有基于三角测量的三维传感方法的弱点是不能测量阴影区域. 但在调制度测量轮廓术中，因为投影方向和观察方向一致，所以就没有阴影、遮挡等问题，亦即可测量高度有剧烈变化和空间不连续的复杂物体. 调制度测量轮廓术对获取复杂物体的三维数据具有良好的应用前景.

15.6.4　相移与垂直扫描同步的调制度测量轮廓术

通过相移计算调制度的方法，其测量过程需要断断续续地平移投影系统，以及在每一个投影像面的位置移动投影光栅，获取多帧相移条纹图，这种轴向扫描-停-多帧相移-重复上述过程的工作方式，是一种走走停停的方式，影响了测量速度. 对于通过傅里叶变换计算调制度的方法，是一种连续轴向扫描并采样的方法，具有较快的速度，但数据处理中的傅里叶变换与全场滤波失去了点对点计算的优势，从而影响了测量精度. 已经研究了一种相移与垂直扫描自动同步的调制度测量轮廓术，兼顾了测量精度与测量速度的要求.

1. 测量原理

相移与垂直扫描同步的调制度测量轮廓术原理如图 15.6.6 所示. 在该系统中，一个正弦光栅通过投影透镜投影到待测物体上. 通过一面半反半透镜，CCD 相机从与投影光轴相同的方向观测待测物体. 测量过程中保持光源、投影透镜、分束镜以及 CCD 相机的相对位置关系不变，使得形成投影设备与观测设备共光轴的测量系统.

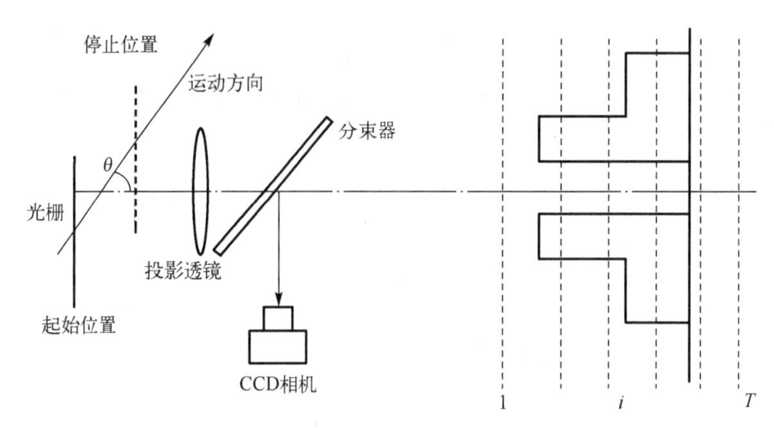

图 15.6.6　相移与垂直扫描同步的调制度测量轮廓术原理图

在测量的过程中，投影的正弦光栅垂直于光轴放置在一维平移台上，平移台带动光栅沿与光轴成 θ 夹角方向移动，实现相移和垂直扫描自动同步. 实际扫描的过程中，平移台每间隔特定的位移量产生的触发脉冲控制 CCD 拍摄投影的光栅条纹图. 该特定位移量可分解为垂直于光轴和平行于光轴两个方向，垂直于光轴方向的位移当量为光栅的相移量 $2\pi/N$(通常 $N\geqslant3$)；平行于光轴方向位移量实现光栅像平面在测量空间的垂直扫描. 在投影光栅扫描的过程中 CCD 将拍摄一系列条纹图，如图 15.6.7(a)所示. 提取条纹图序列上具有相同(x, y)坐标的像素点构成曲线 $I(t)_{(x,y)}$，该曲线如图 15.6.7(b)中的实线所示.

从图 15.6.7(b)可以发现，扫描条纹图上的特定点沿扫描时间轴的强度分布，包含了条纹相移产生的载频(正弦分布)，载频的包络线又受到物体高度的调制，调制度分布可以从该点沿时间轴的强度分布中计算得出，可采用时域信号分析中的时间傅里叶变换、滤波、傅里叶逆变换方法. 因此，本方法是一个点对点的处理方法，而不是基于全场条纹分析的空域傅里叶变换方法. 条纹图的每一个像素点均可通过该方法得到其调制度分布，像素点之间不会因空域滤波操作的平滑效果而相互影响，明显地提高了测量精度.

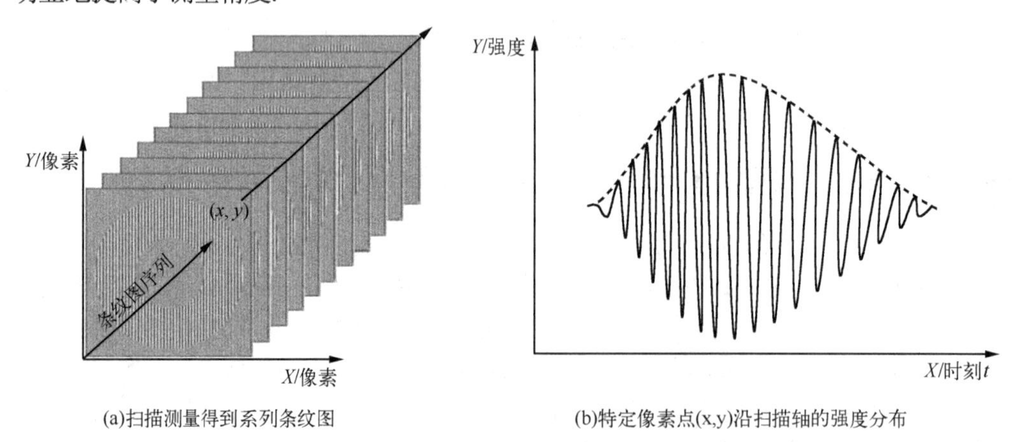

(a)扫描测量得到系列条纹图　(b)特定像素点(x,y)沿扫描轴的强度分布

图 15.6.7　扫描得到条纹图序列及单点强度分布

2. 实验结果

测量系统在对复杂面形测量之前需要进行标定，为了验证本方法能够以垂直测量的模式实现对复杂陡变形面的测量，对一个面形复杂的佛像物体进行了测量. 图 15.6.8(a)为物体条纹图，从图中可以看出本章的测量系统即使是在物体形貌陡变的位置(如佛像的鼻尖至嘴部)依然实现了无阴影和遮挡地观察测量. 条纹图未发生相位形变，在不同的位置只有调制度发生了改变. 通过上文介绍的相移

与垂直扫描同步的过程，以及按每个像素获取信息的时间傅里叶变换算法，实现了调制度点对点的测量，最终确定调制度最大值的位置，并带入标定过程中得到的高度映射查找表恢复物体三维形貌，恢复物体如图 15.6.8(b) 所示. 从图 15.6.8(b) 中可以看到，物体形貌陡变部分得到了较好重建. 这是因为测量过程中使用时间傅里叶变换方法，实现了点对点的测量，避免了空间傅里叶变换的滤波过程中对包含物体形貌细节的高频信息的损失.

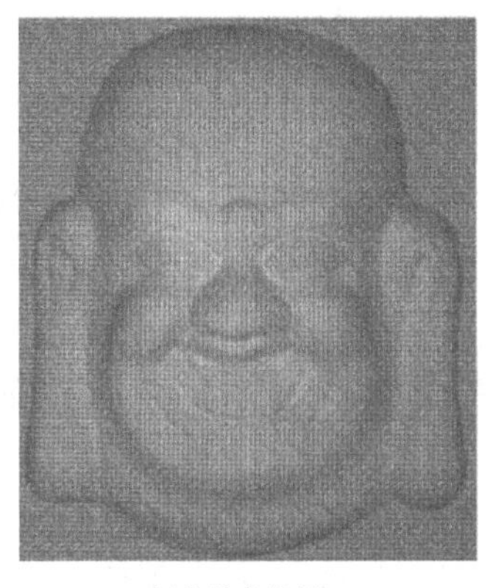

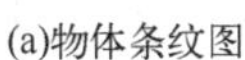
(a)物体条纹图

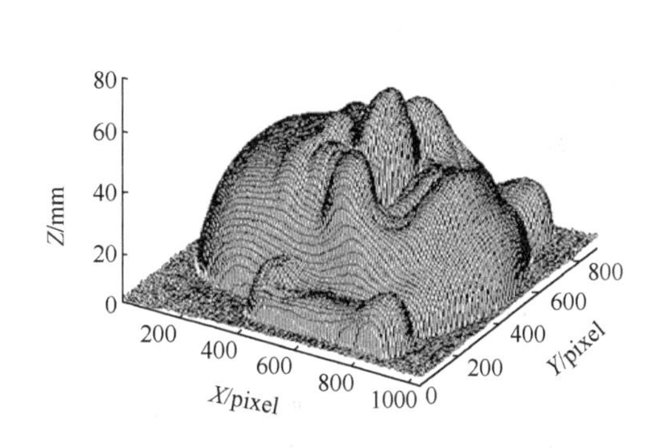

(b)恢复物体三维面形图

图 15.6.8　复杂面形物体测量结果

15.6.5　多工作模式调制度测量轮廓术

前面章节已阐述了基于调制度分析的三维面形垂直测量方法的基本原理与关键技术要点，在此基础上提出一种新的同时具有多种工作模式的三维面形同轴测量实验系统. 该实验平台支持三种工作模式，每个模式对应着一种调制度分析方法，即基于傅里叶变换分析的模式、基于相移技术分析的模式和基于时间傅里叶变换分析的模式. 因不同的调制度方法各有其优势和不足，所以每种模式的适用场景也有差异. 这种多工作模式垂直测量系统实验平台，模式间切换方便，用户可依据具体需求来进行模式选择.

综合三种成像面垂直扫描方式的特点，本实验平台采用 EF 镜头及其控制器实现物距调节，实现条纹的轴向扫描；选用 DMD 数字投影系统实现相移，基于 DMD 的系统较 LCD 投影系统具有更高的速度和更高的对比，以 8 位灰度图方式进行投影时帧频可达 120fps，而在二值化模式下更高达数千 fps. 实验平台原理与总体框架如图 15.6.9 所示. 通过控制 EF 镜头来调节投影系统物距，从

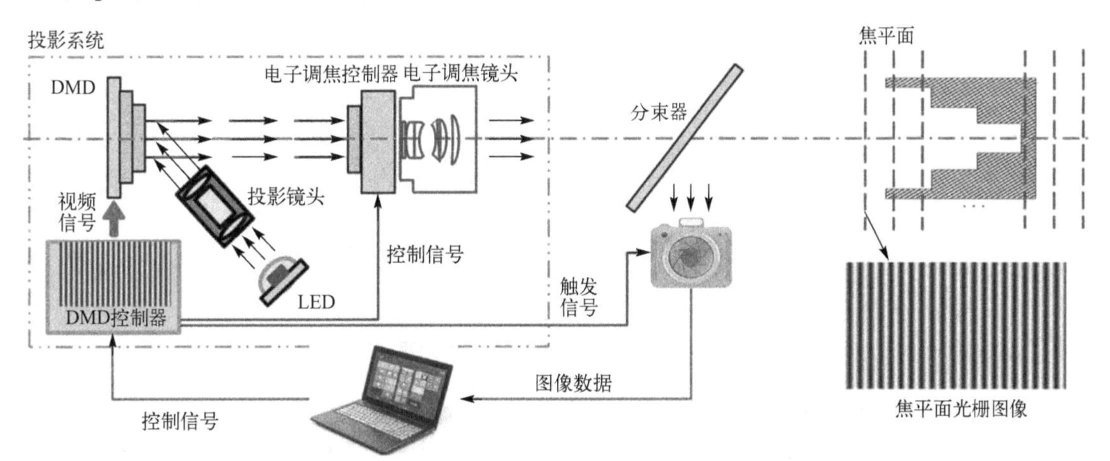

图 15.6.9　多功能同轴测量系统原理与总体框架

而实现光栅成像面在测量空间中的轴向扫描；基于 DMD 的数字投影系统实现光栅投影，光栅的生成和相移均以数字信号形式快速、高精度完成.

15.6.6　用正交光栅投影的高速调制度测量轮廓术

前面讨论过的调制度测量轮廓术，测量过程中需要轴向扫描，重建物体高度所需数据量较大，无法实现动态测量. 这里将介绍一种使用柱面镜结合正交光栅投影的快速同轴测量方法，以垂直测量的模式实现对动态三维面形的测量. 本方法中将一个柱面镜与一个普通投影镜头相结合组成一个特殊的投影透镜，柱面镜将改变投影镜头某一方向的焦距. 将柱面镜母线与正交光栅某一方向的条纹平行，使得正交光栅的横条纹分量与竖条纹分量在投影像方分开成像，两个像面之间则构成测量范围空间. 在测量范围内由同轴的相机获取正交光栅的像，通过傅里叶变换的方法获得正交条纹不同方向上的调制度分布，标定过程中建立调制度分布函数与被测面物理位置的对应关系，测量时拍摄单帧物体条纹图即可得到两种条纹的调制度，依据在系统标定时已建立好的调制度-高度映射关系，即可重建物体的高度.

1. 测量原理

高速调制度测量轮廓术的原理如图 15.6.10 所示. 系统选取投影系统的光轴方向为 Z 方向，正交正弦光栅经 L_1 与 L_2(L_1 为投影镜头，L_2 为柱面镜)组成的投影系统投射. 柱面镜将改变投影系统某一方向的焦距，且该方向与柱面镜的母线方向一致，此处以垂直方向为例进行阐述. 根据柱面镜的成像原理，本投影系统中物方的一个点将在像方“成像”为两条分离的两条线，分别平行和垂直于柱面镜的母线，且平行于母线的一条线离投影系统更近.

调整正交光栅使某一方向的条纹(以竖条纹为例阐述)与柱面镜母线方向一致. 根据上文分析，竖条纹相比于横条纹将靠近投影系统成像. 因此，通过在投影系统中添加一个柱面镜，我们实现了将正交光栅的两个条纹分量成像. 如图 15.6.10 所示，横竖条纹的像面分别为 P_1 与 P_3. CCD 相机通过一个半反半透镜，实现与投影系统共轴的方向观察受物体高度调制的变形条纹图.

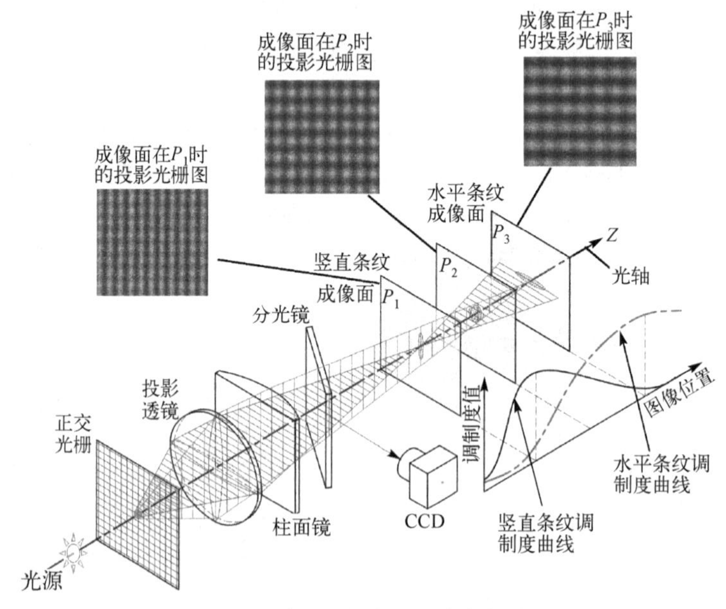

图 15.6.10　高速调制度测量轮廓术原理图

柱面镜使得竖条纹与横条纹分离成像，在投影像方的任意位置竖条纹与横条纹都有不同的离焦量，CCD 相机观察到的竖条纹与横条纹的对比度也不同，这里将竖条纹与横条纹的对比度分别记为 $c_v[Z(x,y)]$与 $c_h[Z(x,y)]$. 对于某一像面位置，CCD 相机拍摄到的条纹图可以表示为

$$g(x,y)=\frac{r(x,y)}{M_{\mathrm{T}}^2}\left(I_{\mathrm{b}}+I_0\left\{\frac{1}{2}+c_{\mathrm{v}}[Z(x,y)]\cdot\frac{1}{4}\cos(2\pi f_{\mathrm{v}}x)+c_{\mathrm{h}}[Z(x,y)]\cdot\frac{1}{4}\cos(2\pi f_{\mathrm{h}}y)\right\}\right) \quad (15.6.5)$$

式中，$r(x,y)$ 为物体表面不均匀的反射率，M_{T} 为 CCD 镜头的放大率，I_{b} 为环境背景光，I_0 为投影系统投影的均匀背景光，f_{v} 与 f_{h} 分别为竖条纹与横条纹的空间频率.

若使用一个平面在投影像方沿 Z 轴向远离投影系统方向进行扫描：在起始位置(例如 P_1 位置)，竖条纹具有较高的对比度，在中间位置(例如 P_2 位置)，竖条纹与横条纹具有差不多的对比度，当平面移动到终点位置(例如 P_3 位置)时，横条纹具有较高的对比度. 因此，在所获取图像中，局部位置的竖条纹与横条纹的对比度反映了该位置被测物面的高度信息，通过系统标定可以建立调制度与高度的映射关系，通过对获取的单帧正交条纹图像的分析，就可以重建被测表面的三维信息.

2. 动态液面漩涡面形测量

为了检验所提出的方法能够实现对动态过程的面形测量，对一个液面漩涡的形成过程进行了测量. 测量系统示意图如图 15.6.11 所示，进行测量前已对系统进行了标定. 正交光栅通过一面反射镜投影到待测液面上，液体中混入了一定量的白色颜料以提高液面的漫反射率. 使用一个电磁搅拌器搅动液体形成漩涡，CCD 相机通过半反半透镜以 25 帧/s 的帧速拍摄液面漩涡的形成过程.

实验中，启动搅拌器的同时 CCD 相机开始拍摄液面的条纹图. 从液面静止到形成稳定漩涡，共历时 6s，拍摄了 149 帧条纹图，其中一帧液面漩涡条纹图如图 15.6.12(a)所示. 在图 15.6.12(b)中，显示了重建的漩涡形貌的剖面图，它们分别对应的时刻为 $t=0.84\text{s}, 1.68\text{s}, 2.52\text{s}, 3.6\text{s}, 4.2\text{s}, 5.32\text{s}$，与之对应的条纹图分别为第 1 帧、42 帧、63 帧、84 帧、105 帧与 133 帧.

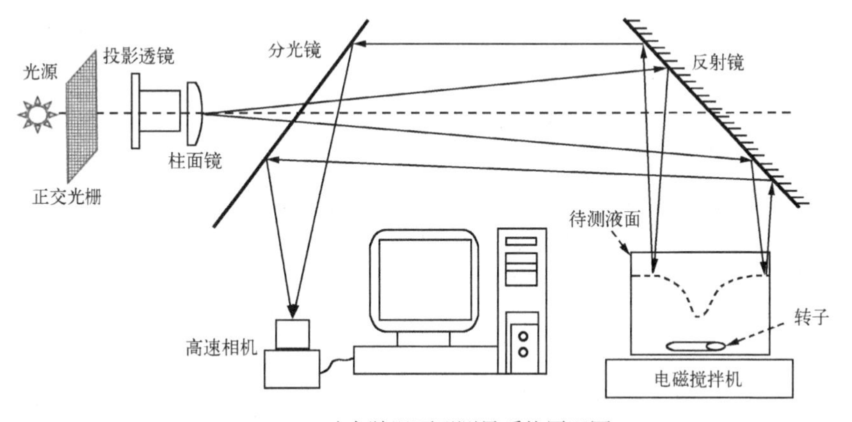

15.6.11　动态漩涡面形测量系统原理图

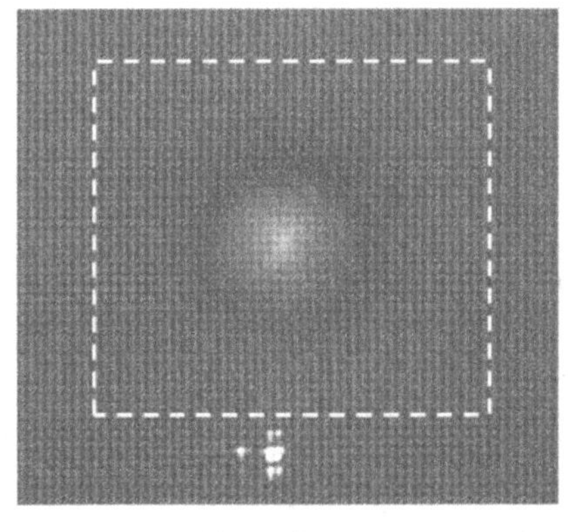

(a)漩涡液面条纹图

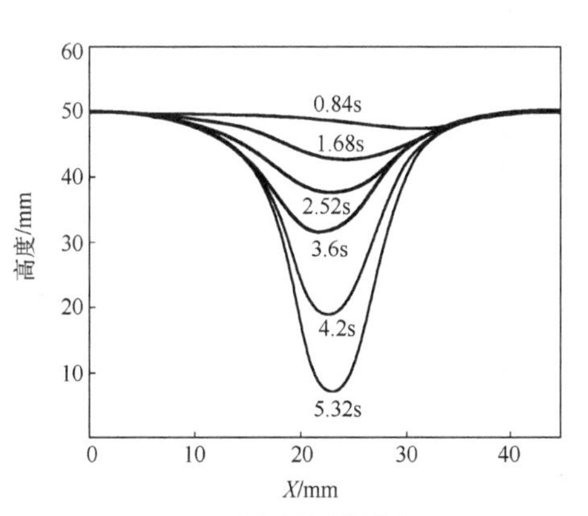

(b)重建漩涡形貌剖面图

图 15.6.12　动态液面漩涡测量实验

通过理论分析及实验验证，可以看出这种柱面镜结合正交光栅投影的动态面形垂直测量方法，具有以下特点. 作为单帧条纹三维重建的共性，为了从单帧条纹图中获取调制度信息，使用了傅里叶变换方法，待测形貌细节处，即频谱中的高频信息在滤波的过程中有所损失，因此单帧条纹测量精度不如基于时间傅里叶变换的那种连续相移及垂直扫描的测量方法. 但在高速三维重建的应用领域，这种柱面镜结合正交光栅投影的动态面形垂直测量方法却具有独特的优势，动态信息获取的速度仅仅取决于高速相机的速度. 随着硬件技术的进步，特别是高分辨率的投影条纹技术，以及 CCD 相机分辨率与速度的提高，本测量方法精度将明显改善.

15.7 三维轮廓测量的其他光学方法

15.7.1 采用激光扫描的三维共焦成像

采用激光扫描的三维共焦成像系统可以得到高分辨的三维像，已在材料科学和生物医学等领域应用. 共焦激光扫描显微镜采用可见光或红外激光作为光源，被测试的物体由激光束顺序扫描，物体表面的散射光由检测器接收后通过计算机数据处理形成一个焦平面上的 x、y 坐标显示图像，焦平面是 z 方向对物体的扫描形成共焦像序列，从而产生高分辨的三维显示.

共焦扫描光学系统的原理如图 15.7.1(a)所示，三维共焦像的形成如图 15.7.1(b)所示. 在共焦成像系统中，照明光源被聚焦在物体表面的一个点上，一个二维光束扫描器由两个扫描反射镜构成(图中未画出详细结构)，使扫描点在物方共焦平面上作 x、y 方向的二维扫描，从物体表面散射的光线经同一个二维光束扫描器和半透半反镜成像在带针孔的隔板上，由针孔后方的探测器接收形成共焦像. 如果让系统沿 z 方向移动以改变共焦平面的位置，就可以得到一系列的共焦像. 对于一个固定的(x, y)坐标点，其共焦像序列的强度分布如图 15.7.2 所示. 图中，横坐标代表 z 轴距离，纵坐标代表接收信号的强度，强度最大的位置对应物体上(x,y)点的 z 坐标. 因此，寻找每一个(x, y)点的共焦像序列的强度最大值，就可以计算出完整的三维图像.例如，一种用于眼底测量的共焦激光扫描显微镜，在测量过程中需要获取 32 个共焦像，共焦像对应的 z 方向深度为 0.50～4.0mm，也就是说，相邻的两个共焦平面的间距为 16～130μm. 在图像系统中，每个共焦像由 256×256 个像素构成，数据精度为 8 比特. 因此，每次测量所获取的数据量约为 2 兆，采用微机作数据处理.

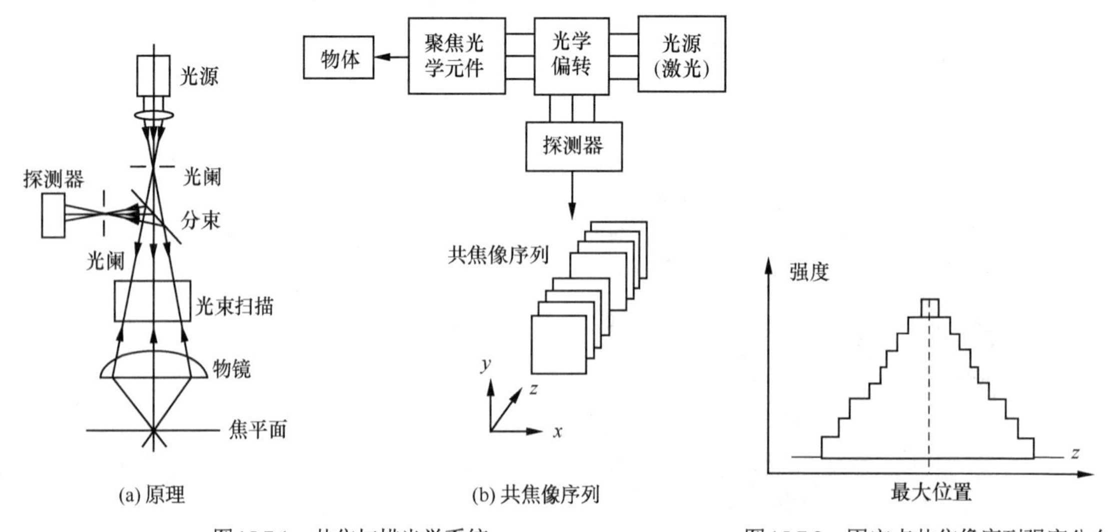

图 15.7.1 共焦扫描光学系统

图 15.7.2 固定点共焦像序列强度分布

15.7.2 飞行时间法

飞行时间法(TOF)是基于直接测量激光或其他光源脉冲的飞行时间来确定物体面形的方法.飞行时间法距离测量技术与三角法一样也有悠久历史. 人们很早就知道从闪电和雷声之间的时间延迟来判断雷电区的距离，某些动物视觉系统就是很好的飞行时间测量系统，例如蝙蝠的视觉系统. 飞行时间的原理是相当简单的，一个信号载波(例如声波或光波)以已知的速度从测量系统发出，再从物体表面反射回到观察系统，测量时间的延迟就可以确定距离. 为了得到三维面形信息，信号束必须对整个景物进行扫描. TOF 系统原理如图 15.7.3(a)所示，已知传播速度 v 和被测的飞行时间 Δt，则距离 z 可以表示为

$$z = kv\Delta t \tag{15.7.1}$$

式中，k 是系统几何参数确定的常数. 如果信号从被测系统传播到被测物面，然后原路返回接收器，则 k=1/2. 这时可以避免在三角测量法中所碰到的由于阴影产生的“盲点”问题. 式(15.6.5)与三角法中的基本方程(如式(15.2.12))的本质区别在于，距离是被测量 Δt 的线性函数，而且重要的定标因子 v 并不受测量系统的控制，也就是说，TOF 不容易改变精度以适应不同的测量范围. 另一个不同点是在于，在三角法中通过提高成像光点位置的空间分辨精度来获得距离的测量精度，而 TOF 是以对信号检测的时间分辨精度来换取距离测量精度.

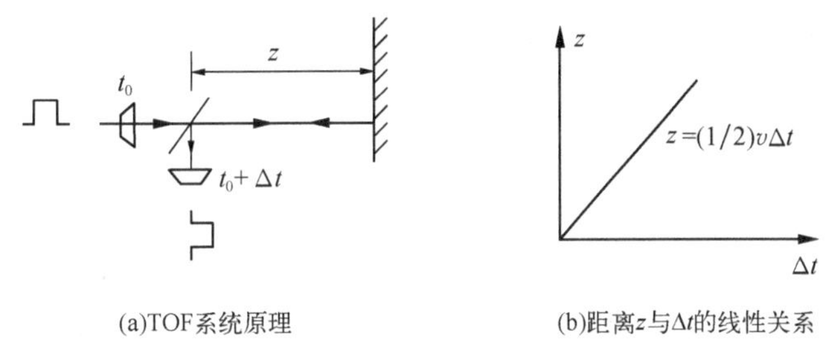

图 15.7.3　飞行时间法

1. 单脉冲技术

最初的 TOF 系统是单脉冲系统，该系统使用发射短脉冲的固体激光器. 由于定时精度的限制，这种系统只具有较低的测量精度. 改进信噪比的一个方法是对一个测点重复多次测量，即以时间换取精度.

2. 线性调频技术

在单脉冲情况下，被传递信号的时间带宽积为 1. 因此，可以考虑用时间带宽积大于 1 的信号来提高信噪比和测量精度，通常采用的一种方法是发射线性调频信号，即在发射期间频率线性变化的信号，这不仅提高了信噪比，而且提供了一种方便的获取距离信息的方法.

3. 相位检测技术

对时间的测量可以通过对调制光波的相位测量来实现. 图 15.7.4 是采用相位检测技术的 TOF 系统框图.一个扫描镜系统将光束投射到被测物体一个点上，然后共轴返回，由光电倍增管接收. 系统采用 15mW 的 He-He 激光作为光源，光束经 9MHz 的调制器调制后投射到物面，接收的信号经 9MHz 的滤波器后与基准信号比较，然后从相位变化计算出距离的变化.

4. 小结

飞行时间法可以避免三角法中“盲点”问题，是一种很有前景的方法. 但是由于光波的速度为 3×10^8m/s，为了达到较高的距离测量精度，对于定时系统的时间分辨率有特别高的要求，这给技术

上的实现带来困难. 近年来高分辨阵列型探测器和扫描技术的发展，使得基于位置检测的三角测量技术迅速发展成为三维面形测量技术的一个主要发展方向. 传统的飞行时间法的分辨率不高，约为1mm. 若采用亚皮秒脉冲，分辨率可以达到亚毫米. 目前采用时间相干的单光子计数法(single photon counting method)，测量1m的距离，深度分辨率可以达到30μm. 飞行时间法在本质上的一些特点，将随高速电子器件的发展和系统定时精度的提高而得以充分发挥.飞行时间法与三角测量法一样将在三维面形传感领域发挥重大作用.

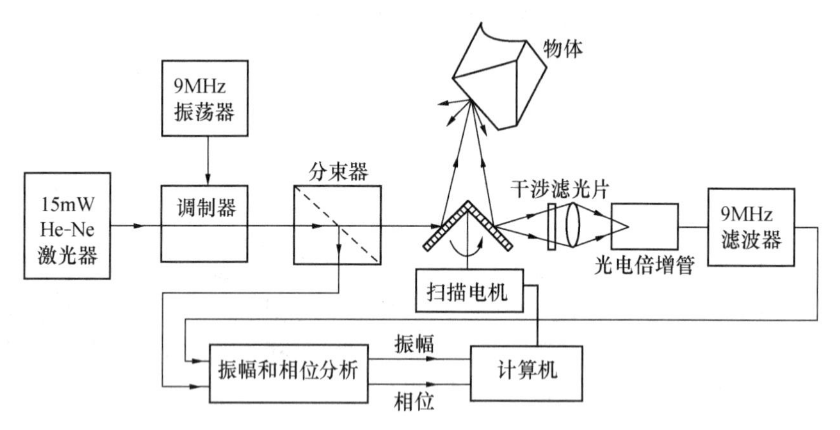

图 15.7.4　采用相位检测技术的 TOF 系统框图

15.7.3　散斑面结构光三维面形测量

面结构光三维面形测量方法中的两种代表性方法分别是条纹投影轮廓术和散斑投影轮廓术. 条纹投影轮廓术是一种高精度、全视场的三维测量方法，主要包括莫尔轮廓术、相位测量轮廓术、傅里叶变换轮廓术、调制度测量轮廓术等，相关技术已经较为成熟，也已在本书前面章节中做过详细的介绍.

以相移技术为主要特征的相位测量轮廓术，以高精度实现了点对点的三维重建，成为高精度三维面形测量的主流技术. 但多帧相移条纹的获取，难以实现高速动态三维成像，关键的条纹投影设备结构复杂且成本高昂，例如核心部件数字微镜器件，难以实现系统小型化，也不容易进入大众消费领域. 条纹投影技术必须在求得条纹相位后，进行相位展开处理. 当物体面形复杂、存在较大的突变时，相位展开会出现较大困难，导致相位展开处理错误，无法重建物体的实际三维面形. 尽管采用可靠性导向的空间相位展开等方法可以适当提高相位展开的准确性,但仍不能完全解决复杂的相位展开问题. 时间相位展开技术可以有效解决条纹投影中的相位展开问题，但时间的延长使得动态测量更难以实现.

相位截断问题是由于条纹的周期性而引起，为了完全避免相位展开处理，一些学者提出了一种用随机散斑图取代周期条纹图的投影散斑三维形貌测量术. 该技术将散斑图通过投影机投射到被测物体表面，CCD 摄像机在不同于投影的方向拍摄被测物体表面的散斑图，利用相关运算，获取纵向不同深度平面的散斑图相对基准面散斑图的横向位移量，来解调物体表面的深度信息，从而重建被测物体表面形貌.

1. 散斑的产生及其类型

一般地说，电磁波以及粒子束经过介质的无规则散射后，其散射场常会呈现无规则分布的斑纹结构，这就是散斑. 从光波长尺度上来看，一般物体的表面是极其粗糙的，可以看成是由无规则分布的大量面元构成. 当用相干光照明这样的表面时，每个面元就相当于一个衍射单元，整个表面则相当于由无规则分布的大量衍射单元构成的，不同衍射单元给入射光引入的附加位相之差可达光波长的若干倍. 经由表面上不同面元透射或反射的光振动在空间相遇时将发生干涉，从而形成具有无规则分布颗粒状结构的衍射图样. 这种在光场通过自由空间传播条件下形成的散斑，称为自由空间散斑. 如果物体表面通过光学系统成像，只要成像系统受到衍射限制，振幅点扩散函数折算到物平面后能够在物体表面覆盖足够多的面元，则来自这些面元的光线将在同一像点处叠加干涉，从而形成散斑，称为成像散斑.

实际上，散斑作为信息载体，既可以是相干光干涉形成的(例如激光散斑)，也可以是人工散斑，既可以是附着在物体表面的散斑，也可以是投影到物体表面的散斑，或者物体表面的某些自然纹理. 相干光散斑的主要表观特征是满足统计特征的随机分布的斑点，在散斑计量中作为信息传播的载体，从广义的信息传播与变换的观点看，任何满足一定统计特征的随机分布的斑点，都可以起到相干光散斑的信息传播的作用. 因此，各种数字设计的散斑图像，又称数字散斑，在散斑测量中广泛使用.

2. *数字散斑相关方法*

数字散斑相关方法是在 20 世纪 80 年代初由. Yamaguchi 及 Peter 和 Ranson 等提出的. 数字散斑相关方法是对变形前后采集的物体表面的两幅散斑图像进行相关处理，以实现物体变形场的测量. 数字散斑相关方法也可以是对双目视觉中两个摄像机获取的两幅图像进行相关处理，以实现物体面形的三维重建.

相关运算公式是相关运算的关键，对相关运算应有两个要求：一是精度；二是时间，也即复杂程度. 这两个因素有时是矛盾的. 在数字散斑相关文献中可以找到 10 种相关运算公式，其中 4 种常用且物理概念比较明确的公式如下.

1) 直接相关

数学表达式为

$$C(x,y)=\sum_{i,j\in W} f(x+i,y+j)g(i,j) \tag{15.7.2}$$

其中，$C(x, y)$ 为相关函数，$f(x, y)$ 为目标所在源图像，$g(i, j)$ 为模板，W 为模板区域. 当 $f(x, y)$ 和 $g(i,j)$ 确定后，两者在空间和灰度上的重叠度或相似度越大，则 $C(x,y)$ 值越大. 因此，通过确定相关函数的最大值位置就可以确定目标的位置.

2) 协方差(均值归一化)相关

数学表达式为

$$C(x,y)=\sum_{i,j\in W}[f(x+i,y+j)-\overline{f}][g(i,j)-\overline{g}] \tag{15.7.3}$$

其中 $\overline{f}$ 与 $\overline{g}$ 分别为 $f(x,y)$ 与 $g(i,j)$ 在各自相关窗口的平均值. 由于从相关公式中减去了各自窗口的灰度均值，相当于去掉了直流分量信号，明显提高了相关函数峰值的峰顶尖锐程度，提高了定位精度. 对于灰度值方差较小、灰度均值较大的情况，使用协方差相关法，得到的相关系数值会呈明显的单峰分布，同时协方差法还具有消除虚假峰值和抗灰度反转的性质.

3) 标准化相关法

数学表达式为

$$C(x,y)=\frac{\sum\limits_{i,j\in W} f(x+i,y+j)g(i,j)}{\sqrt{\sum\limits_{i,j\in W} f^2(x+i,y+j)\sum\limits_{i,j\in W} g^2(i,j)}} \tag{15.7.4}$$

标准化相关法是用相关窗口内灰度平方及直接相关法得到的相关系数作归一化，其相关函数的取值范围为[0,1]. 当两函数确有相同特征时，相关函数最大值通常应大于 0.8，甚至可达 1. 当最大相关函数值小于 0.6 时，表明搜索到的目标可疑或目标受到较大的干扰. 此方法定出了目标的位置，同时给出了目标的可信度.

4) 标准化协方差相关

数学表达式为

$$C(x,y)=\frac{\sum\limits_{i,j\in W}[f(x+i,y+j)-\bar{f}][g(i,j)-\bar{g}]}{\sqrt{\sum\limits_{i,j\in W}[f(x+i,y+j)-\bar{f}]^2}\sqrt{\sum\limits_{i,j\in W}[g(i,j)-\bar{g}]^2}} \tag{15.7.5}$$

其中，相关运算公式是相关运算的关键，以上 4 个公式是物理概念比较明确且常用的公式，还有一些相关运算公式可以在本章参考文献中找到.

3. 双目散斑三维面形测量

双目立体视觉是模仿人类双眼观察物体，形成立体视觉感知，即利用两个摄像机从不同方向获取物体 2D 图像，通过匹配这两帧 2D 图像信息得到视差图，然后根据标定的左右摄像机参数和位置关系重建物体三维形貌. 双目立体视觉可以同步快速获得左右相机的图像，相比于激光雷达、线扫描结构光等以扫描为特征的三维成像方式，具有更好的动态适应性.

双目立体视觉辅以主动散斑投射照明，可增强目标表面的纹理信息，提高左、右图像对应点的匹配精度，是一种常用的手段. 目前对主动散斑投射双目立体视觉系统的研究已经比较成熟. 双目立体视觉几何模型如图 15.7.5 所示. M 点为被测物体上任意点，M_l 和 M_r 分别为 M 点在左右摄像机成像平面上的成像点. 如果已知 M_l 和 M_r 的图像坐标，通过相关运算计算 M 点的视差，然后根据标定结果计算 M 点的世界坐标，进而重建被测物体三维面形. 然而，当物体表面本身没有纹理或者特征点时，相关点匹配会变得相当困难. 为解决此问题，将数字散斑相关与双目立体视觉相结合，用投影散斑在空间上对物体进行编码，进行数字散斑相关测量.

数字散斑相关以投影随机数字散斑图的灰度信息为载体，通过计算左右两帧图像子区域的相关值来判定其相似性，认为相关值最大的二者子区域为左右图像对应的匹配点，通过空间相关计算视差，重建物体三维面形. 数字散斑空间相关原理如图 15.7.6 所示. 左散斑图中取以 p 点为中心，大小为 $2\times m+1$ 的子区域 A，同样在右散斑图中取相同大小的子区域 B. 根据概率统计原理，计算 A 与 B 的相关值大小，若为最大值，则 A 与 B 互为匹配区域，由相关函数的峰值确定 B 的中心位置. 数字散斑空间相关方法通过空间上相关运算，逐个找到对应匹配点，实现视差的提取，重建物体三维面形.

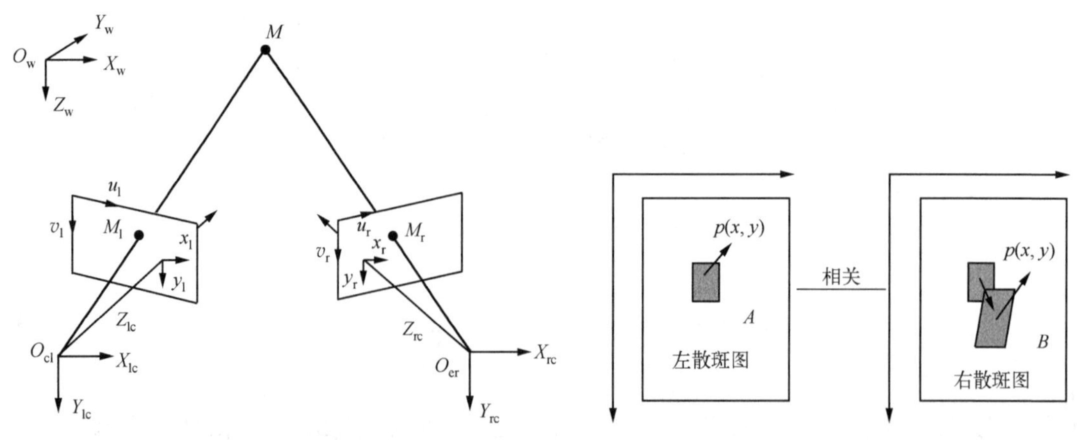

图 15.7.5　双目立体视觉几何模型

图 15.7.6　数字散斑空间相关示意图

相关值的计算是数字散斑相关中评价左右散斑图子区域灰度相关性的关键环节. 采用上述二维图像相关运算公式，例如标准化协方差相关公式(15.7.5)，计算相关值. 当相关值 $C=1$ 时，完全相关；当 $C=0$ 时完全不相关. 匹配点具有较高的相关值，相关值是寻找正确匹配点的依据.

对于双目立体视觉系统，通过对两个相机的标定，建立两个相机之间的几何极线约束关系，即建立了一个相机的图像点与另一个相机的直线的对应关系，将对应点匹配从整幅图像压缩到在一条直线上寻找，可以降低对远离真实匹配点的范围搜索时间.

完成两个摄像机标定后，在实际操作层面，还需要完成摄像机校正的工作，所谓摄像机校正的目的是将物理上的摄像机在数学上对准到同一个观察平面，从而使摄像机之间的像素行是严格的互相对准，匹配点之间在像平面上具有相同的 y 坐标和不同的 x 坐标. 立体标定(stereo calibration)是计算空间上两台摄像机几何关系的过程. 而立体校正(stereo rectification)是对每个图像进行纠正的过程，使每个图像变成数学意义上完全对准的图像，校正后的摄像机变成数学意义上对准的摄像机(具有同一个像平面，相同的焦距，平行的光轴). 虽然双目相机的标定与校正的计算过程比较复杂，但在技术层面已经有不少的计算机视觉软件与平台提供了完整的计算程序和调用函数，如 Matlab、OpenCV 等. 基于上述双目散斑三维面形测量原理与相关技术方法，借助现有的计算机视觉软件与平台，就可以实现三维面形重建.

4. 基于 vcsel 投影阵列的三维面形测量

1) vcsel 投影阵列

结构光 3D 传感技术已经发展了几十年，特别是在工业应用领域. 最近，基于廉价的激光点阵技术使大众消费级的三维传感应用成为可能. 垂直腔表面发射激光器(vertical-cavity surface-emitting laser, VCSEL)是一种半导体激光器，其激光发射方向垂直于半导体衬底表面，激光束呈圆形对称. VCSEL 的主要结构由 p 型和 n 型两个分布式布拉格反射镜(DBR)及中间的有源区构成. VCSEL 腔长量级与波长相近，容易实现单纵模激射，并具有出色的光束质量，适用于数据通信及各种传感领域. VCSEL 散斑投射器示意图如图 15.7.7 所示.

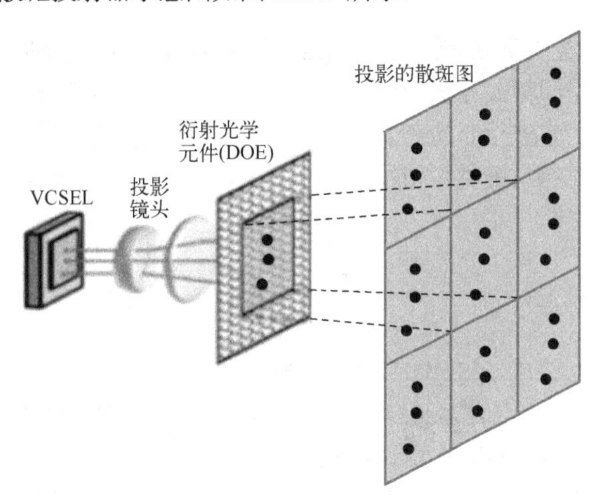

图 15.7.7　VCSEL 散斑投射器示意图

VCSEL 顶层开孔处的出射光点阵被透镜准直后照射到衍射光学元件 DOE 上，随后 DOE 衍射出与入射光完全相同的照射角度分散的若干子光线块，由于每个 VCSEL 顶层上的激光点可以做到数百个，最终 DOE 实现散斑点数量的增加，以大量的散斑点照射到被测三维物体表面. 此外，VCSEL 和红黄光 LED 同属于 GaAs 材料体系，使得厂家可以大幅缩短开发周期. 现在移动设备中 3D 传感的爆发式发展也引发了 VCSEL 的空前需求. VCSEL 被迅速推广和采用的另外一个原因在于每个投射器(或投射器阵列)都可以在晶圆划片之前进行制造和测试，这一方式无疑大大降低了整个投影器件的设计和加工成本. 这是 VCSEL 相比其他点阵激光投射器(例如边缘发射激光器(EEL))的另一大优势，因为它极大地简化了后端组装测试流程，能够大批量生产.

2) 测量系统构成

VCSEL 散斑投射器可以与摄像机构成单目(单相机)或双目(双相机)三维测量系统. 采用 VCSEL 散斑投射器的双目三维测量系统如图 15.7.8 所示. 其三维重建的基本流程为：首先，对物体投射随机散斑图案，利用提前标定好的双目相机同时拍摄物体获取左右原始散斑图；其次，对原始散斑图像进行极线校正和散斑区域提取，在此基础上利用数字散斑相关方法搜索整像素对应点，并根据视差约束剔除误匹配；然后通过合适的亚像素搜索方法得到准确的亚像素对应点；最后，利用三角测量原理重建出物体的三维形貌.

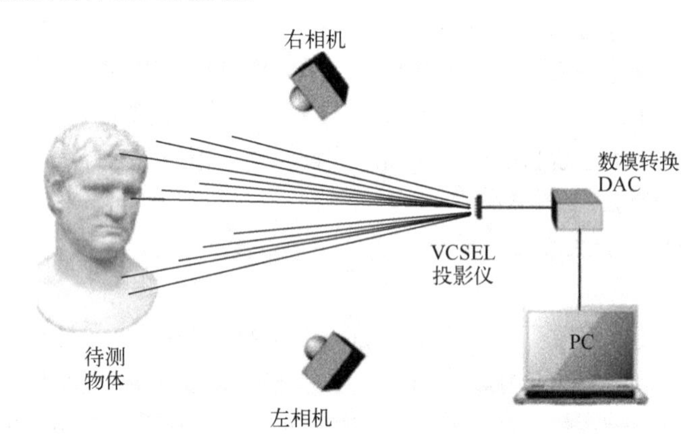

图 15.7.8　采用 VCSEL 散斑投射器的双目三维测量系统

3) 应用前景

由于 VCSEL 阵列具有空间和时间编码能力，在结构光三维测量系统构建时，可以适应单目结构光测量系统和双目结构光测量系统；在采用三维重建算法时，可以根据需要选择空间相关算法、时间相关算法或者时间-空间相关算法，具有很大的灵活性. 由于 VCSEL 阵列投影器具有小型化的特点，具有在晶圆划片之前进行制造和测试的芯片生产工艺以及大规模生产的成本优势，基于 VCSEL 投影阵列的三维传感与视觉识别技术将在大众化的电子消费领域发挥重要作用，越来越多地出现在大众消费者的面前.

习　题

15.1　试比较被动三维传感和主动三维传感系统的原理、系统结构、适用范围和优缺点.

15.2　在三角测量法中通常采用的三种坐标系统如图 15.2.2 所示. 试推导三种坐标关系中物体的距离或高度 z 与测量变量 Δx 之间的关系式，即三角测量法中的测量方程.

15.3　为什么说激光散斑对三角法测量精度具有重要影响，试解释式(15.2.16)和式(15.2.17)的物理含义，并说明如何提高激光三角法的测量精度.

15.4　在相位测量轮廓术中，由于变形光栅像与传统的干涉条纹图类似，因此变形光栅像有时又被称为“干涉图”. 在干涉计量中，光波长被作为度量微观起伏的尺度，而在相位测量轮廓术中与投影条纹间距有关的“等效波长”被作为度量三维宏观面形的尺度. 试比较这两种方法在物理概念上和条纹处理方法上的异同性.

15.5　由于实际得到的相位数据是一个二维的采样点阵列，所以相位展开应针对二维进行. 例如，首先沿二维数据阵列中某一列进行相位展开，然后以该列展开后的相位为基准，沿每一行进行相位展开，得到连续分布的二维相位函数. 模仿一维相位函数的相位展开过程，推导二维截断相位函数 $\phi_w(i,j)$ 展开过程的数学表达式.

15.6　采用远心光路的 PMP 系统如图 15.4.2 所示. 设图中 $\theta=30^\circ$，$\theta'=0^\circ$，在参考平面上看到的投影正弦光栅是等周期分布的，其周期 p_0=5mm，求该系统的等效波长. 如果系统对条纹相位的测量精度为 2π/100，求系统的测量精度. 试讨论提高系统的测量精度的方法.

15.7　相位测量轮廓术和傅里叶变换轮廓术是基于三角测量原理，试比较调制度测量轮廓术与上面两种方法在原理上的区别，并比较三种方法的测量精度.

15.8　飞行时间法(TOF)是基于直接测量激光或其他光源脉冲的飞行时间来确定物体面形的方法.图 15.7.4 是采用相位检测技术的 TOF 系统框图，对时间的测量可以通过对调制光波的相位测量来实现. 光束经 9MHz 的调制器调制后投射到物接收的信号经 9MHz 的滤波器后与基准信号比较，然后从相位变化计算出距离的变化. 假定相位的测量精度为 2π/100，求系统的测量精度. 如果保持相位的测量精度不变，光束的调制频率提高到 90MHz，系统的测量精度是多少？

本章参考文献

边宸舒, 刘元坤, 于馨. 2022. 基于概率密度函数的彩色相位测量轮廓术校正.光学学报, 42(7): 152-161.

曹益平, 张鹤晨. 2023. 计算莫尔轮廓术及其发展动态.光学与光电技术, 21(5): 1-23.

陈泽先, 苏显渝. 1989. 采用准正弦投影光场的三维面形测量系统. 仪器仪表学报, 10(4): 409.

郝煜东, 赵洋, 李达成. 1999. 非线性小数重合法及其在轮廓测量中的应用.光学学报, 19(11): 1518.

贾波, 苏显渝, 郭履容. 1992. 用光刀投影的叶片三维面测量方法. 中国激光, 19(4): 27.

李继陶, 苏显渝, 李杰林. 1997. 光弹性测量中的位相展开. 光学学报, 17(11): 1538.

李思坤, 苏显渝, 陈文静. 2010. 一种新的小波变换空间载频条纹相位重建方法.中国激光, 37(12): 3060-3065.

邵双运, 苏显渝, 张启灿. 2004. 调制度测量轮廓术在复杂面形测量中的应用. 光学学报, 24(12): 1623-1628.

苏万勇, 苏显渝. 1993. 井底模式光电三维面形测量系统.石油机械, 21(9): 6.

苏显渝, 陈文静, 曹益平, 等. 2004. 参数图导向的相位展开方法.光电子・激光, 4: 463-467.

苏显渝, 李杰林, 李继陶. 1997. 激光片光三维传感中降低散斑影响的新方法.光学学报, 17(2): 211.

苏显渝, 张冠申, 陈泽先, 等. 1989. 鞋楦三维面形光电自动测量系统. 光电工程, 16(6): 1.

苏显渝, 张启灿, 陈文静. 2014. 结构光三维成像技术. 中国激光, 41(2): 9-18.

苏显渝, 周文胜. 1993. 采用罗奇光栅离焦投影的位相测量轮廓术. 光电工程, 20(4): 17.

孙娟, 陈文静, 苏显渝, 等. 2007. 小波变换轮廓术的测量范围研究. 光学学报, 27(4): 647-653.

孙学真, 苏显渝, 邹小平. 2008. 基于互补型光栅编码的相位展开. 光学学报, 28(10): 1947-1951.

唐朝伟, 梁锡昌, 施进展. 1993. 人体曲面轮廓激光扫描三维视觉传感系统. 重庆大学学报, 16(1): 117-123.

王浩然, 吴周杰, 张启灿, 等. 2023. 基于时间复用编码的高速三维形貌测量方法.光学学报, 43(1): 117-127.

翁嘉文, 钟金钢. 2005. 小波变换在载频条纹相位分析法中的应用研究.光学学报, 25(4): 454-459.

徐珍华, 苏显渝. 2008. 一种时间相位展开算法. 四川大学学报(自然科学版), 45(3): 537-540.

张启灿, 苏显渝, 邹小平. 2005. 多个线结构光传感器三维测量系统的校准. 激光技术, 29（3）: 225-227, 232.

张启灿, 苏显渝. 2001. 动态液面面形测量. 光学学报, (12): 1506-1508.

周文胜, 苏显渝. 1991. 距离查找表的产生及其在三维传感中的应用. 光电工程, 18(2): 28.

An H H, Cao Y P, Li H M,et al. 2023. Temporal phase unwrapping based on unequal phase-shifting code. Ieee Transactions on Image Processing, 32: 1432-1441.

An H H, Cao Y P, Li H M, et al. 2023. High-speed 3-D reconstruction based on phase shift coding and interleaved projection. Expert Systems with Applications, 234: 121067.

Chen F, Brown G M, Song M. 2000. Overview of three-dimensional shape measurement using optical methods. Opt.Eng., 39(1): 10.

Chen Q L, Han M Q, Wang Y, et al. 2022. An improved circular fringe fourier transform profilometry. Sensors, 22(16): 6048.

Chen W J, Hu Y, Su X Y, et al. 1999. Error caused by sampling in Fourier transform profilometry. Opt. Eng. 38(6): 1029-1034.

Chen Z D, Li X R, Wang H R, et al. 2023. Multi-dimensional information sensing of complex surfaces based on fringe projection profilometry. Opt. Express, 31(25): 41374-41390.

Cheng X X, Su X Y, Guo L R. 1991. Automated measurement method for 360° profilometry of 3-D diffuse objects. Appl. Opt., 30(10): 1274.

Connie J. 2019. Chang-Hasnain VCSEL array for 3D sensing. 24th Microoptics Conference, Toyama, Japan, 17-20.

Dai H J, Su X Y. 2001. Shape measurement by digital speckle temporal sequence correlation with digital light projector.Opt. Eng., 40(5): 793-800.

Dorsch R G, Hausler G, Herrman J M. 1994. Laser triangulation: fundamental uncertainty in distance measurement. Appl. Opt., 33(7): 1036.

Halioua M, Liu H C. 1989. Optical three-dimensional sensing by phase measuring profilometry. Opt. Lasers Eng., 11: 185.

Han M Q, Chen W J. 2021. Two-dimensional complex wavelet with directional selectivity used in fringe projection profilometry. Optics Letters, 46(15): 3653-3656.

Han M Q, Chen W J. 2022. Dual-angle rotation two-dimensional wavelet transform profilometry. Optics Letters, 47(6): 1395-1398.

Hou Y L, Su X Y, Chen W J, et al. 2021. Calibration method of multi-projector display system with extra-large FOV and quantitative registration accuracy analysis.Opt. Express, 29(22): 36704-36719.

Huntley J M, Saldner H O. 1993. Temporal phase-unwrapping algorithm for automated interferogram analysis. App.Opt.,32(17): 3047-3052.

Jarikio J A, Kim R C, Case S K. 1985. Three-dimensional inspection using multi-stripe structured light. Opt. Eng., 24(6): 966.

Jars R A. 1983. A laser time-of flight range scanner for robotic vision. IEEE on Pattern Analysis and Machine Intelligence, PAML-S(3): 505.

Jiang Y S, Wu Z J, Liu Y K,et al. 2023. High-speed 3D shape measurement using efficient moire-assisted three-frequency heterodyne phase unwrapping algorithm.Opt. Lasers Eng., 161: 107383.

Jing H L, Su X Y, You Z S, et al. 2017. Uniaxial 3D Shape measurement using DMD grating and EF lens. Optik, 138: 487-493.

Jing H L, Su X Y, You Z. 2017. Uniaxial three-dimensional shape measurement with multioperation modes for different modulation algorithms. Opt. Eng., 56(3): 034115.

Judge T R, Bryanston-Cross P J. 1994. A review of phase unwrapping techniques in fringe analysi.Opt. Lasers Eng., 21: 199.

Kemao Q. 2004. Windowed Fourier transform for fringe pattern analysis. Appl. Opt., 43(13): 2695-2702.

Li J L, Su H J, Su X Y. 1997. Two-frequency grating used in phase-measuring profilometr. App.Opt., 36(1): 277.

Li J L, Su X Y. 1995. 3-D sensing using laser sheet projection: influence of speckle. Optical Review, 2(2): 144.

Li J, Su X Y, Guo L R. 1990. An improved Fourier transform profilometry for automatic measurement of 3-D object shapes. Opt. Eng., 29(24): 1439.

Liu Y K, Yu X, Xue J P,et al. 2020. A flexible phase error compensation method based on probability distribution functions in phase measuring profilometry.OPT laser Technol., 129: 106267.

Lu M T, Su X Y, Cao Y P, et al. 2016. Modulation measuring profilometry with cross grating projection and single shot for dynamic 3D shape measurement. Opt. Lasers Eng., 87: 103-110 .

Ma S P, Jin G C. 2003. New correlation coefficients designed for digital speckle correlation method (DSCM). SPIE 5058: 25-33.

Peter W H, Ranson W F. 1982. Digital image techniques in experimental stress analysis. Opt.Eng., 21 (3): 427-431.

Reich C, Ritter R, Thesing J. 1997. White light heterodyne principle for 3D-measurement. Sensors, Sensor Systems, and Sensor Data Processing June 16-20; Munich, Germany.

Ren H, Liu Y K, Wang Y J, et al. 2021. Uniaxial 3D measurement with auto-synchronous phase-shifting and defocusing based on a tilted grating. Sensors, 21 (11): 3730.

Rioux M. 1984. Laser range finder based on synchronized scanners. Appl. Opt., 23 (21): 3837.

Sjödahl M, Synnergren P. 1999. Measurement of shape by using projected random patterns and temporal digital speckle photography. App.Opt., 38 (10): 1990-1997.

Srinivasan V, Liu H C, Halioua M. 1984. Automated phase-measuring profilometry of 3-D diffuse objects. Appl. Opt., 23 (18): 3105.

Strand T C. 1985. Optical three-dimensional sensing for machine vision. Opt. Eng., 24 (1): 33.

Su L K, Su X Y, Li W S. 1999. Application of modulation measurement profilometry to objects with surface holes. App. Opt., 38 (7): 1153.

Su X Y, Chen W J, Zhang Q C. 2001. Dynamic 3-D shape measurement method based on FTP. Opt. Lasers Eng., 36 (1): 49-64.

Su X Y, Chen W J. 2001. Fourier transform profilometry: A review. Opt. Lasers Eng. 35 (5): 263-284.

Su X Y, Chen W J. 2004. Reliability-guided phase unwrapping algorithm: A review. Opt. Lasers Eng., 42 (3): 245-261.

Su X Y, Jia B. 1990. A method for the generation of light knife and its application in 3-D sensing. Proc. SPLE., 1319: 362.

Su X Y, Von Bally G, Vukicevic D. 1993. Phase-stepping grating profilometry: Utilization of intensity modulation analysis in complete object evaluation. Opt. Commun., 98: 141.

Su X Y, Xue L. 2001. Phase unwrapping algorithm based on fringe frequency analysis in Fourier-transform profilometry. Opt. Eng., 40 (4): 637-643.

Su X Y, Zarubin A M, von Bally G. 1994. Modulation analysis of phase-shifted holographic interferograms. Opt. Commun. 105 (5): 379.

Su X Y, Zhang Q C. 2010. Dynamic 3-D shape measurement method: A review. Opt. Lasers Eng., 48 (2): 191-204.

Su X Y, Zhou W S, von Bally G,et al. 1992. Automated phase-measuring profilometry using defocused projection of the Ronchi grating. Opt. Commun., 94: 561.

Takasaki H. 1970. Generation of surface contours by moiré patterns. Appl. Opt., 9 (6): 1467.

Takeda M , Muton K. 1983. Fourier transform profilometry for automatic measurement of 3-D object shapes. Appl. Opt., 22 (24): 3977.

Toyooka S, Laws Y. 1986. Automatic profilometry of 3-D diffuse objects by spatial phase detection. Appl. Opt., 25 (10): 1630.

Wang J, Cao Y P, Wu H T, et al. 2023. Absolute phase retrieval based on fringe amplitude encoding without any additional auxiliary pattern. Opt. Express, 31 (25): 41952-41966.

Wu H T, Cao Y P, Dai Y B,et al. 2023. Ultra-fast 3D imaging by a big codewords space division multiplexing binary coding. Optics Letters, 48 (11): 2793-2796.

Yamaguchi I. 1981. A Laser-speckle strain gauge.Journal of Physics E: Scientific Instruments, 14：1270-1273.

Zhang Q C, Su X Y, Cao Y P. 2005. Optical 3-D shape and deformation measurement of rotating blades using stroboscopic structured illumination. Opt. Eng., 44(11): 113601.

Zhang Q C, Su X Y. 2005. High-speed optical measurement for the drumhead vibration. Opt. Express, 13(8): 3110.

Zhong M, Su X Y, Chen W J, et al. 2014. Modulation measuring profilometry with auto-synchronous phase shifting and vertical scanning. Opt. Express, 22: 31620-31634.

Zhu S J, Cao Y P, Zhang Q C,et al. 2022. High-efficiency and robust binary fringe optimization for superfast 3D shape measurement. Opt. Express, 30(20): 35539-35553.

Zhu S J, Wu Z J, Zhang J, et al. 2022. Superfast and large-depth-range sinusoidal fringe generation for multi-dimensional information sensing. Photonics Research, 10(11): 2590-2598.

习题参考答案

习题 1

1.1 (1)线性，平移不变；(2)线性，平移不变；(3)非线性，平移不变；

(4)线性，平移不变；(5)线性，非平移不变.

1.2 $左边=\mathrm{comb}\left(\frac{x}{2}\right)=\sum_{n=-\infty}^{\infty}\delta\left(\frac{x}{2}-n\right)=\sum_{n=-\infty}^{\infty}\delta\left[\frac{1}{2}(x-2n)\right]=2\sum_{n=-\infty}^{\infty}\delta(x-2n)$

$$右边=\mathrm{comb}(x)+\mathrm{comb}(x)\exp(\mathrm{j}\pi x)=\sum_{n=-\infty}^{\infty}\delta(x-n)+\sum_{n=-\infty}^{\infty}\exp(\mathrm{j}\pi x)\delta(x-n)$$

$$=\sum_{n=-\infty}^{\infty}\delta(x-n)+\sum_{n=-\infty}^{\infty}\exp(\mathrm{j}n\pi)\delta(x-n)=\sum_{n=-\infty}^{\infty}\delta(x-n)+\sum_{n=-\infty}^{\infty}(-1)^n\delta(x-n)$$

当$n=$奇数时，右边=0，当$n=$偶数时，右边$=2\sum_{n=-\infty}^{\infty}\delta(x-2n)$.

1.3 根据复合函数形式的δ函数公式

$$\delta[h(x)]=2\sum_{i=1}^{\infty}\frac{\delta(x-x_i)}{|h'(x_i)|},\quad h'(x_i)\neq 0$$

式中x_i是$h(x)=0$的根，$h'(x_i)$表示$h(x)$在$x=x_i$处的导数.于是

$$\pi\delta(\sin\pi x)=\pi\frac{\sum_{n=-\infty}^{\infty}\delta(x-n)}{\pi}=\mathrm{comb}(x)$$

1.4 设卷积为$g(x)$. 当$-1\leqslant x\leqslant 0$时,如题1.4图(a)所示,$g(x)=\int_0^{1+x}(1-\alpha)(1+x-\alpha)\mathrm{d}\alpha=\frac{1}{3}+\frac{1}{2}x-\frac{1}{6}x^3$. 当$0<x\leqslant 1$时，如题1.4图(b)所示，$g(x)=\int_x^{-1}(1-\alpha)(1+x-\alpha)\mathrm{d}\alpha=\frac{1}{3}-\frac{1}{2}x+\frac{1}{6}x^3$.

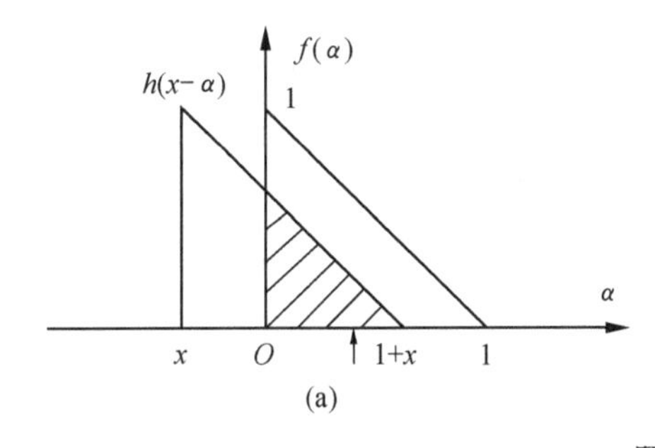

(a)

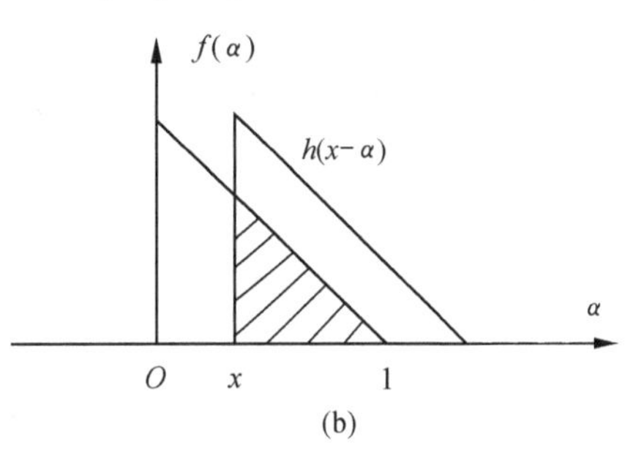

(b)

题 1.4 图

即

$$g(x)=\begin{cases}\dfrac{1}{3}+\dfrac{1}{2}x-\dfrac{1}{6}x^3, & -1\leqslant x\leqslant 0\\ \dfrac{1}{3}-\dfrac{1}{2}x+\dfrac{1}{6}x^3, & 0<x\leqslant 1\\ 0, & \text{其他}\end{cases}$$

1.5　(1) $\delta(2x-3)*\mathrm{rect}\left(\dfrac{x-1}{2}\right)=\dfrac{1}{2}\delta\left(x-\dfrac{3}{2}\right)*\mathrm{rect}\left(\dfrac{x-1}{2}\right)=\dfrac{1}{2}\mathrm{rect}\left(\dfrac{2x-5}{4}\right)$

(2) 设卷积为 $g(x)$，当 $x\leqslant 0$ 时，如题 1.5 图(a)所示，$g(x)=\int_0^{x+2}\mathrm{d}\alpha=x+2$；当 $0<x$ 时，如题 1.5 图(b)所示，$g(x)=\int_x^2\mathrm{d}\alpha=2-x$．

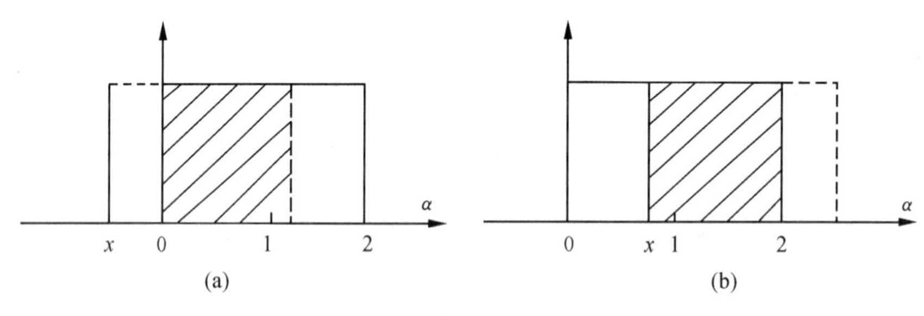

题 1.5 图

$$g(x)=2\begin{cases}1+\dfrac{x}{2}, & x\leqslant 0\\ 1-\dfrac{x}{2}, & x>0\end{cases}$$

即

$$g(x)=2\Lambda\left(\frac{x}{2}\right)$$

(3) $\mathrm{comb}(x)*\mathrm{rect}(x)=1$

1.6　(1) $\sqrt{\pi}\exp(-\pi^2\xi^2)$，(2) $\sqrt{2\pi}\sigma\exp(-2\pi^2\sigma^2\xi^2)$

1.7　应用广义帕塞瓦尔定理可得

(1) $\int_{-\infty}^{\infty}\mathrm{sinc}^2(x)\mathrm{sinc}^2(x)\mathrm{d}x=\int_{-\infty}^{\infty}\Lambda(\xi)\Lambda(\xi)\mathrm{d}\xi=\int_{-1}^{0}(1+\xi)^2\mathrm{d}\xi+\int_0^1(1-\xi)^2\mathrm{d}\xi=\dfrac{2}{3}$

(2) $\int_{-\infty}^{\infty}\mathrm{sinc}^2(x)\cos\pi x\mathrm{d}x=\dfrac{1}{2}\left\{\int_{-\infty}^{\infty}\Lambda(\xi)\delta\left(\xi+\dfrac{1}{2}\right)\mathrm{d}\xi+\int_{-\infty}^{\infty}\Lambda(\xi)\delta\left(\xi-\dfrac{1}{2}\right)\mathrm{d}\xi\right\}=\dfrac{1}{2}\left[\Lambda\left(-\dfrac{1}{2}\right)+\Lambda\left(\dfrac{1}{2}\right)\right]=\dfrac{1}{2}$

1.8　$\mathscr{F}\{\mathrm{sinc}(x)\mathrm{sinc}(2x)\}=\mathscr{F}\{\mathrm{sinc}(x)\}*\mathscr{F}\{\mathrm{sinc}(2x)\}=\dfrac{1}{2}\mathrm{rect}(\xi)*\mathrm{rect}\left(\dfrac{\xi}{2}\right)$

当 $-\dfrac{3}{2}\leqslant\xi<-\dfrac{1}{2}$ 时，如题 1.8 图(a)所示，

$$G(\xi)=\frac{1}{2}\int_{-1}^{\xi+\frac{1}{2}}\mathrm{d}u=\frac{3}{2}+\xi$$

当 $-\dfrac{1}{2}\leqslant\xi<\dfrac{1}{2}$ 时，如题 1.8 图(b)所示，

$$G(\xi)=\frac{1}{2}\int_{\xi-\frac{1}{2}}^{\xi+\frac{1}{2}}\mathrm{d}u=1$$

当$\dfrac{1}{2}\leqslant\xi<\dfrac{3}{2}$时，如题 1.8 图(c)所示.

$2G(\xi)$ 的图形如题 1.8 图(d)所示，由图可知

$$G(\xi)=\frac{3}{4}\Lambda\left(\frac{\xi}{3/2}\right)-\frac{1}{4}\Lambda\left(\frac{\xi}{1/2}\right)$$

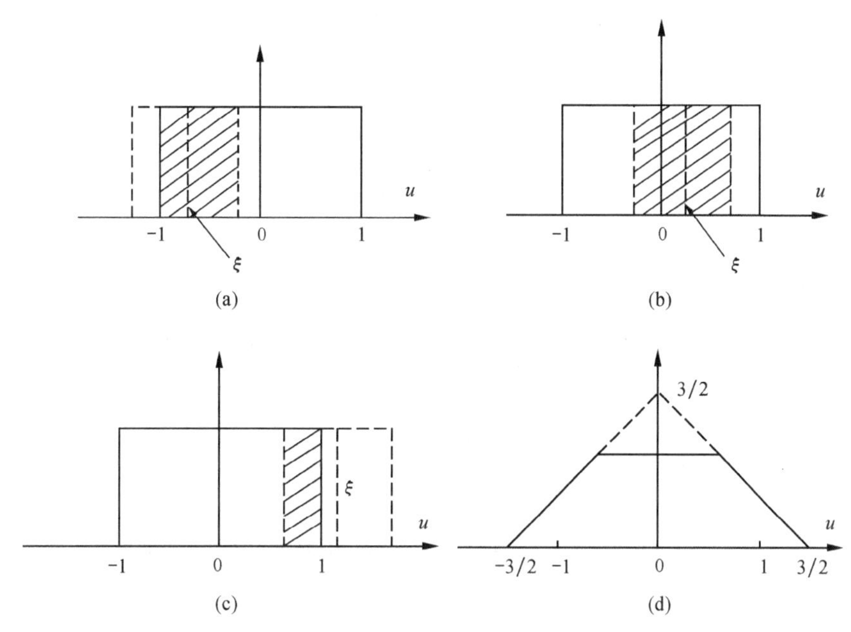

题 1.8 图

$$G(\xi)=\frac{1}{2}\int_{\xi-\frac{1}{2}}^{1}\mathrm{d}u=\frac{3}{2}-\xi$$

1.9 (1) $\mathscr{F}\{\exp(-\beta|x|)\}=\int_{-\infty}^{0}\exp(\beta x)\exp(-\mathrm{j}2\pi\xi x)\mathrm{d}x+\int_{0}^{\infty}\exp(-\beta x)\exp(-\mathrm{j}2\pi\xi x)\mathrm{d}x=\dfrac{2\beta}{\beta^2+(2\pi\xi)^2}$

(2) $\int_{-\infty}^{\infty}\exp(-\beta|x|)\mathrm{d}x=\dfrac{2\beta}{\beta^2+(2\pi\xi)^2}\Big|_{\xi=0}=\dfrac{2}{\beta}$

1.10
$$h(x)=\exp(-x)\mathrm{step}(x)=\exp(-x),\quad x>0$$
$$g(x)=\exp(x)*h(x)=\int_{0}^{\infty}\exp[-(x-\alpha)]\mathrm{d}\alpha=1-\exp(-x),\quad x>0$$

1.11 $H_1(\xi)=\mathrm{rect}(\xi),H_2(\xi)=\dfrac{1}{3}\mathrm{rect}\left(\dfrac{\xi}{3}\right)$

$$F(\xi)=\frac{1}{2}[\delta(\xi+1)+\delta(\xi-1)]$$
$$G_1(\xi)=H_1(\xi)F(\xi)=\frac{1}{2}[\delta(\xi+1)+\delta(\xi-1)]\mathrm{rect}(\xi)=0$$
$$G_2(\xi)=H_2(\xi)F(\xi)=\frac{1}{6}[\delta(\xi+1)+\delta(\xi-1)]\mathrm{rect}\left(\frac{\xi}{3}\right)=\frac{1}{6}[\delta(\xi+1)+\delta(\xi-1)]$$

所以

$$g_1(x)=\mathscr{F}^{-1}\{G_1(\xi)\}=0$$
$$g_2(x)=\mathscr{F}^{-1}\{G_2(\xi)\}=\frac{1}{3}\cos(2\pi x)$$

1.12 由题设知，

$$k\cos\alpha = 2,\ k\cos\beta = -3,\ k\cos\gamma = 4$$

$$k^2\cos^2\alpha = 4,\quad k^2\cos^2\beta = 9,\quad k^2\cos^2\gamma = 16$$

$$k = \frac{2\pi}{\lambda} = \sqrt{29},\quad \lambda = \frac{2\pi}{\sqrt{29}}$$

$$\xi = \frac{\cos\alpha}{\lambda} = \frac{1}{\pi},\quad \eta = \frac{\cos\beta}{\lambda} = -\frac{3}{2\pi},\quad \zeta = \frac{\cos\gamma}{\lambda} = \frac{2}{\pi}$$

1.13 $f = \dfrac{1}{\lambda} = \dfrac{k}{2\pi} = \dfrac{1}{2\pi}(k_x^2 + k_y^2 + k_z^2)^{1/2} = \dfrac{1}{2\pi}$

$$\xi = \frac{\cos\alpha}{\lambda} = \frac{1}{2\pi\sqrt{14}},\quad \eta = \frac{\cos\beta}{\lambda} = \frac{1}{\pi\sqrt{14}},\quad \zeta = \frac{\cos\gamma}{\lambda} = \frac{3}{2\pi\sqrt{14}}$$

习题 2

2.1 孔径平面上的透射场 $\boldsymbol{U}_0(x_0, y_0) = \mathrm{circ}\left(\dfrac{\sqrt{x_0^2 + y_0^2}}{\alpha}\right)$，由菲涅耳衍射公式(2.4.14)可知，当 $x = y = 0$ 时，得到轴上点的复振幅分布为

$$\boldsymbol{U}(0,0;z) = \frac{\exp(\mathrm{j}kz)}{\mathrm{j}\lambda z}\iint_{-\infty}^{\infty}\mathrm{circ}\left(\frac{\sqrt{x_0^2 + y_0^2}}{a}\right)\exp\left(\mathrm{j}k\frac{x_0^2 + y_0^2}{2z}\right)\mathrm{d}x_0\mathrm{d}y_0$$

$$= \frac{\exp(\mathrm{j}kz)}{\mathrm{j}\lambda z}\int_0^{2\pi}\mathrm{d}\theta\int_0^{\alpha}\exp\left(\mathrm{j}k\frac{r^2}{2z}\right)r\mathrm{d}r = -2\mathrm{j}\exp(\mathrm{j}kz)\exp\left(\mathrm{j}k\frac{a^2}{2z}\right)\sin\left(\frac{\pi a^2}{2\lambda z}\right)$$

$$I(0,0;z) = 4\sin^2\left(\frac{\pi a^2}{2\lambda z}\right)$$

2.2 设入射激光束的复振幅为 A_0，强度为 $I_0 = A_0^2$. 通过透镜后的出射光场为

$$\boldsymbol{U}_0(x_0, y_0) = A_0 P(x_0, y_0)\exp\left(-\mathrm{j}k\frac{x_0^2 + y_0^2}{2f}\right) = A_0\mathrm{circ}\left(\frac{\sqrt{x_0^2 + y_0^2}}{D_1/2}\right)\exp\left(-\mathrm{j}k\frac{x_0^2 + y_0^2}{2f}\right)$$

将此式代入菲涅耳衍射公式(2.4.14)，并令 $x = y = 0$，可得焦点处的复振幅和光强分别为

$$\boldsymbol{U}(0,0;f) = A_0\frac{\exp(\mathrm{j}kf)}{\mathrm{j}\lambda f}\iint_{-\infty}^{\infty}\mathrm{circ}\left(\frac{\sqrt{x_0 + y_0}}{D_1/2}\right)\mathrm{d}x_0\mathrm{d}y_0 = A_0\frac{\exp(\mathrm{j}kf)}{\mathrm{j}\lambda f}\frac{\pi D_1^2}{4}$$

$$I(0,0;f) = A_0^2\left(\frac{\pi D_1^2}{4\lambda f}\right)^2 \approx I_0 \times 10^6$$

2.3 模板后的透射场为 $U_{\mathrm{t}}(x,y) = U_{\mathrm{i}}(x,y)t(x,y)$, 又因 $U_{\mathrm{i}}(x,y) = 1$, 故 $A_{\mathrm{i}}\left(\dfrac{\cos\alpha}{\lambda}, \dfrac{\cos\beta}{\lambda}\right) = \delta\left(\dfrac{\cos\alpha}{\lambda}, \dfrac{\cos\beta}{\lambda}\right)$ 而 $T\left(\dfrac{\cos\alpha}{\lambda}, \dfrac{\cos\beta}{\lambda}\right) = \dfrac{1}{2}\delta\left(\dfrac{\cos\alpha}{\lambda}, \dfrac{\cos\beta}{\lambda}\right) + \dfrac{1}{4}\delta\left(\dfrac{\cos\alpha}{\lambda} - \dfrac{1}{3\lambda}, \dfrac{\cos\beta}{\lambda}\right) + \dfrac{1}{4}\delta\left(\dfrac{\cos\alpha}{\lambda} + \dfrac{1}{3\lambda}, \dfrac{\cos\beta}{\lambda}\right)$，于是模板后的角谱为

$$A_{\mathrm{t}}\left(\frac{\cos\alpha}{\lambda}, \frac{\cos\beta}{\lambda}\right) = A_{\mathrm{i}}\left(\frac{\cos\alpha}{\lambda}, \frac{\cos\beta}{\lambda}\right) * T\left(\frac{\cos\alpha}{\lambda}, \frac{\cos\beta}{\lambda}\right)$$

$$= \frac{1}{2}\delta\left(\frac{\cos\alpha}{\lambda}, \frac{\cos\beta}{\lambda}\right) + \frac{1}{4}\delta\left(\frac{\cos\alpha}{\lambda} - \frac{1}{3\lambda}, \frac{\cos\beta}{\lambda}\right) + \frac{1}{4}\delta\left(\frac{\cos\alpha}{\lambda} + \frac{1}{3\lambda}, \frac{\cos\beta}{\lambda}\right)$$

2.4 注意到等腰直角三角形三个边的方程分别为 $y_0 = x_0, y_0 = -x_0, x_0 = a$.由公式(2.6.10)得

$$U(x,y)=c'\iint_{-\infty}^{\infty}t(x_0,y_0)\exp[-\mathrm{j}2\pi(\xi x_0+\eta y_0)]\mathrm{d}x_0\mathrm{d}y_0=c'\int_0^a\mathrm{d}x_0\int_{-x_0}^{x_0}\exp[-\mathrm{j}2\pi(\xi x_0+\eta y_0)]\mathrm{d}y_0$$
$$=\frac{\mathrm{j}c'a}{2\pi\eta}\{\exp[-\mathrm{j}\pi(\xi+\eta)a]\mathrm{sinc}[(\xi+\eta)a]+\exp[-\mathrm{j}\pi(\xi-\eta)]\mathrm{sinc}[(\xi-\eta)a]\}$$

其中 $\xi=\dfrac{x}{\lambda f},\eta=\dfrac{y}{\lambda f}$.

2.5　由于孔径上的场没有相位变化，则孔径的透过率函数 $t(x,y)$ 为实函数，于是

$$T(\xi,\eta)=\iint_{-\infty}^{\infty}t(x,y)\exp[-\mathrm{j}2\pi(\xi x+\eta y)]\mathrm{d}x\mathrm{d}y=\left\{\iint_{-\infty}^{\infty}t(x,y)\exp[\mathrm{j}2\pi(\xi x+\eta y)]\mathrm{d}x\mathrm{d}y\right\}^*=T^*(-\xi,-\eta)$$

所以

$$I(\xi,\eta)=T(\xi,\eta)T^*(\xi,\eta)=T^*(-\xi,-\eta)T(-\xi,-\eta)=I(-\xi,-\eta)$$

2.6　设开孔的对称轴为 AB，直线 CD 是衍射图面上的过对称中心 O 并与开孔对称轴 AB 平行的直线. P，Q 是衍射图面上对称于 CD 的两点，由于对称性，P 和 Q 具有相同的强度. 由题 2.5 可知，将它们以 O 点为中心旋转π，P、Q 分别到达 P'、Q'，因它们与 P、Q 强度相同，所以 P、Q 和 P'、Q'四点的强度相同，最终强度分布对于过 O 点与 CD 垂直的 $C'D'$也是对称的. 因此，若开孔相对于 m 条直线是对称的，那么衍射图样对于通过对称中心的 $2m$ 条直线是对称的.

但在 m 为偶数的情况下，$2m$ 条直线中每两条互相重合变成一条直线，也就是变成对于 m 条直线是对称的了. 即使 m 比较大，m 为偶数的开孔的衍射图形比 m 为奇数的开孔的衍射图形简单.

2.7　我们把实孔径函数的夫琅禾费衍射图样的复振幅分布写成实部和虚部的形式，即

$$C+\mathrm{j}S=\iint_{-\infty}^{\infty}U_0(x,y)\cos 2\pi(\xi x+\eta y)\mathrm{d}x\mathrm{d}y+\mathrm{j}\iint_{-\infty}^{\infty}U_0(x,y)\sin 2\pi(\xi x+\eta y)\mathrm{d}x\mathrm{d}y$$

衍射图样的强度由 $I=C^2+S^2$ 给出. 为使它为零，必须使 C 和 S 都为零. 因为 C 和 S 各自为零的轨迹是曲线，所以强度为零是它们的交点，即强度为零处是“点”的形式表现出来的. 然而，若开孔对于原点对称，即 $U_0(x,y)=U_0(-x,-y)$，这时 $S=0$，强度为零的轨迹是用 $C=0$ 表示的曲线，在衍射图样中形成条纹花样.

2.8　假设某个小孔的透过率为 $t_0(x_0,y_0)$，它的频谱是 $T_0(\xi,\eta)$. 若在每个孔径内取一个位置相应的点 $O_n(\alpha_n,\beta_n)$ 代表该孔的位置，则整个衍射屏的透过率 $t(x_0,y_0)$ 可以表示成 N 个小孔透过率的组合，即

$$t(x_0,y_0)=\sum_{n=1}^{N}t_0(x_0-\alpha_n,y_0-\beta_n)=t_0(x_0,y_0)*\sum_{n=1}^{N}\delta(x_0-\alpha_n,y_0-\beta_n)$$

其衍射场分布为

$$T(\xi,\eta)=\mathscr{F}\{t(x_0,y_0)\}=T_0(\xi,\eta)\sum_{n=1}^{N}\exp[-\mathrm{j}2\pi(\xi\alpha_n+\eta\beta_n)]$$

衍射图样的强度分布为

$$I(\xi,\eta)=|T_0(\xi,\eta)|^2\left|\sum_{n=1}^{N}\exp[-\mathrm{j}2\pi(\xi\alpha_n+\eta\beta_n)]\right|^2=|T_0(\xi,\eta)|^2A(\xi,\eta)$$

这就是所谓的阵列定理，第一个因子相当于把某一个小孔的相应点移到原点 $(\alpha_n=\beta_n=0)$ 时的单孔夫琅禾费衍射图样；第二个因子相当于 N 个点源分别位于 (α_n,β_n) 时在观察面上形成的干涉图样. 第一个因子称为形状因子，它取决于单个小孔的衍射；第二个称为阵列因子，只取决于小孔的相互排列情况，而与衍射小孔本身的形状无关.

如果各衍射小孔的位置 α_n,β_n 是随机分布的，则可用概率论中的随机行走问题来计算 $A(\xi,\eta)$，其主要特性是

$$\xi=\eta=0\text{ 时，}A(0,0)=N^2$$

$\xi\neq 0,\eta\neq 0$时，$A(\xi,\eta)=\left|\sum_{n=1}^{N}\exp[-\mathrm{j}2\pi(\xi\alpha_n+\eta\beta)]\right|^2=\sum_m\sum_n\exp\{-\mathrm{j}2\pi[\xi(\alpha_m-\alpha_n)+\eta(\beta_m-\beta_n)]\}=\sum\sum_{m=n}+\sum\sum_{m\neq n}$

其中$\sum\sum_{m=n}=N$，而第二个求和项取+1 和−1 之间的大量值，其和为零，所以$A(\xi,\eta)=N$.

$$I(\xi,\eta)=N\left|\boldsymbol{T}_0(\xi,\eta)\right|^2$$

2.9　这里是小孔规则排列情况

$$t(x_0,y_0)=t_0(x_0,y_0)*\sum_{m=1}^{M}\sum_{n=1}^{N}\delta(x_0-mp,y_0-nq)$$

衍射图样的复振幅分布为

$$\begin{aligned}I(\xi,\eta)&=\boldsymbol{T}_0(\xi,\eta)\sum_{m=1}^{M}\sum_{n=1}^{N}\exp[-\mathrm{j}2\pi(m\xi p+n\eta q)]\\&=\boldsymbol{T}_0(\xi,\eta)\exp\{-\mathrm{j}\pi[(M+1)\xi p+(N+1)\eta q]\}\frac{\sin(M\pi\xi p)}{\sin(\pi\xi p)}\frac{\sin(N\pi\eta q)}{\sin(\pi\eta q)}\end{aligned}$$

衍射图样的强度分布为

$$T(\xi,\eta)=\left|\boldsymbol{T}_0(\xi,\eta)\right|^2\left|\frac{\sin(M\pi\xi p)}{\sin(\pi\xi p)}\right|^2\left|\frac{\sin(N\pi\eta q)}{\sin(\pi\eta q)}\right|^2=\left|\frac{2\mathrm{J}_1\left(\dfrac{2\pi a\sqrt{x^2+y^2}}{\lambda f}\right)}{2\pi a\sqrt{x^2+y^2}/\lambda f}\right|^2\left|\frac{\sin\left(M\pi\dfrac{x}{\lambda f}p\right)}{\sin\left(\pi\dfrac{x}{\lambda f}p\right)}\right|^2\left|\frac{\sin\left(N\pi\dfrac{y}{\lambda f}q\right)}{\sin\left(\pi\dfrac{y}{xf}q\right)}\right|^2$$

2.10　(1)将圆对称的振幅透过率函数写成直角坐标形式

$$t(x,y)=\left\{\frac{1}{2}+\frac{1}{4}\exp[-\mathrm{j}a(x^2+y^2)]+\frac{1}{4}\exp[\mathrm{j}a(x^2+y^2)]\right\}\mathrm{circ}\left(\frac{\sqrt{x^2+y^2}}{a}\right)$$

其中第一项仅仅是直接透射光的振幅衰减. 将第二和第三两项和透镜的相位变换因子$\exp\left[-\mathrm{j}\dfrac{k}{2f}(x^2+y^2)\right]$相比较可知，当用平面波垂直照射衍射屏时会产生会聚球面波、发散球面波和平面波. 因此，在成像和傅里叶变换性质上类似于透镜.

(2)会聚透镜焦距$f_1=\dfrac{\pi}{\lambda\alpha}$，发散透镜焦距$f_2=-\dfrac{\pi}{\lambda\alpha}$，无会聚或发散作用的平行平面玻璃板，可看成$f_3=\infty$.

习题 3

3.1　(1)由于原点的相位为零，于是与原点相位差为π 的条件是$\dfrac{k}{2d_0}(x_0^2+y_0^2)=\dfrac{kr_0^2}{2d_0}=\pi$, $r_0=\sqrt{\lambda d_0}$.

(2)根据式(3.1.5)，相干成像系统的点扩散函数是透镜光瞳函数的夫琅禾费衍图样，其中心位于理想像点$(\widetilde{x_0},\widetilde{y_0})$，则

$$\begin{aligned}h(x_0,y_0;x_\mathrm{i},y_\mathrm{i})&=\frac{1}{\lambda^2 d_0 d_\mathrm{i}}\iint_{-\infty}^{\infty}P(x,y)\exp\left\{-\mathrm{j}\frac{2\pi}{\lambda d_\mathrm{i}}[(x_\mathrm{i}-\widetilde{x_0})^2+(y_\mathrm{i}-\widetilde{y_0})^2]\right\}\mathrm{d}x\mathrm{d}y\\&=\frac{1}{\lambda^2 d_0 d_\mathrm{i}}\mathscr{F}\left\{\mathrm{circ}\left(\frac{r}{\alpha}\right)\right\}=\frac{1}{\lambda^2 d_0 d_\mathrm{i}}\frac{a\mathrm{J}_1(2\pi a\rho)}{\rho}\end{aligned}$$

式中 $r=\sqrt{x^2+y^2}$, 而

$$\rho=\sqrt{\xi^2+\eta^2}=\sqrt{\left(\frac{x_\mathrm{i}-\widetilde{x_0}}{\lambda d_\mathrm{i}}\right)^2+\left(\frac{y_\mathrm{i}-\widetilde{y_0}}{\lambda d_\mathrm{i}}\right)^2} \tag{1}$$

在点扩散函数的第一个零点处，$\mathrm{J}_1(2\pi a\rho_0)=0$，此时应有 $2\pi a\rho_0=3.83$，即

$$\rho_0=\frac{0.61}{a} \tag{2}$$

将式(2)代入式(1)，并注意观察点在原点 $(x_\mathrm{i}=y_\mathrm{i}=0)$，于是得

$$r_0=\frac{0.61\lambda d_0}{a} \tag{3}$$

(3)根据线性系统理论，像面上原点处的场分布，必须是物面上所有点在像面上的点扩散函数对于原点的贡献 $\boldsymbol{h}(x_0,y_0;0,0)$. 按照上面的分析，如果略去 $\boldsymbol{h}$ 第一个零点以外的影响，即只考虑 $\boldsymbol{h}$ 的中央亮斑对原点的贡献，那么这个贡献仅仅来自物平面原点附近 $r_0\leqslant 0.61\lambda d_0/a$ 范围内的小区域. 当这个小区域内各点的相位因子 $\exp(\mathrm{j}kr_0^2/2d_0)$ 变化不大时，就可认为式(3.1.3)近似成立，而将它弃去. 假设小区域内相位变化不大于几分之一弧度(例如 $\pi/16$)就满足以上要求，则 $kr_0^2/2d_0\leqslant\pi/16$, $r_0^2\leqslant\lambda d_0/16$，也即

$$a\geqslant 2.44\sqrt{\lambda d_0} \tag{4}$$

例如 $\lambda=600\mathrm{nm}, d_0=600\mathrm{mm}$, 则光瞳半径 $a\geqslant 1.46\mathrm{mm}$, 显然这一条件是极易满足的.

3.2 (1)斜入射的单色平面波在物平面上产生的场为 $A\exp(\mathrm{j}kx_0\sin\theta)t(x_0,y_0)$，为确定起见，设 $\theta>0$, 则物平面上的透射光场为

$$\begin{aligned}\boldsymbol{U}_0(x_0,y_0)&=A\exp(\mathrm{j}kx_0\sin\theta)t(x_0,y_0)\\&=\frac{A}{2}\left\{\exp\left(\mathrm{j}2\pi x_0\frac{\sin\theta}{\lambda}\right)+\frac{1}{2}\exp\left[\mathrm{j}2\pi x_0\left(f_0+\frac{\sin\theta}{\lambda}\right)\right]+\frac{1}{2}\exp\left[-\mathrm{j}2\pi x_0\left(f_0-\frac{\sin\theta}{\lambda}\right)\right]\right\}\end{aligned}$$

其频谱为

$$\boldsymbol{A}(\xi,\eta)=\mathscr{F}\{\boldsymbol{U}_0(x_0,y_0)\}=\frac{A}{2}\left\{\delta\left(\xi-\frac{\sin\theta}{\lambda}\right)+\frac{1}{2}\delta\left[\xi-\left(f_0+\frac{\sin\theta}{\lambda}\right)\right]+\frac{1}{2}\delta\left[\xi-\left(-f_0+\frac{\sin\theta}{\lambda}\right)\right]\right\}$$

由此可见，相对于垂直入射照明，物频谱沿 ξ 轴整体平移了 $\sin\theta/\lambda$ 距离.

(2)欲使像面有强度变化，至少要有两个频谱分量通过系统. 系统的截止频率 $\rho_\mathrm{c}=D/(4\lambda f)$，于是要求

$$\frac{\sin\theta}{\lambda}\leqslant\frac{D}{4\lambda f}\qquad -\frac{D}{4\lambda f}\leqslant -f_0+\frac{\sin\theta}{\lambda}\leqslant\frac{D}{4\lambda f}$$

由此得

$$\lambda f_0-\frac{D}{4f}\leqslant\sin\theta\leqslant\frac{D}{4f} \tag{1}$$

θ 角的最大值为

$$\theta_{\max}=\arcsin\left(\frac{D}{4f}\right) \tag{2}$$

此时像面上的复振幅分布和强度分布分别为

$$\boldsymbol{U}_\mathrm{i}(x_\mathrm{i},y_\mathrm{i})=\frac{A}{2}\exp\left(\mathrm{j}2\pi x_\mathrm{i}\frac{D}{4\lambda f}\right)\left[1+\frac{1}{2}\exp(-\mathrm{j}2\pi x_\mathrm{i}f_0)\right]$$

$$I_\mathrm{i}(x_\mathrm{i},y_\mathrm{i})=\frac{A^2}{4}\left(\frac{5}{4}+\cos 2\pi f_0 x\right)$$

(3)照明光束的倾角取最大值时，由式(1)和式(2)可得

$$\lambda f_0 - \frac{D}{4f} \leqslant \frac{D}{4f}$$

即

$$f_0 \leqslant \frac{D}{2\lambda f} \quad 或 \quad f_{0\max} = \frac{D}{2\lambda f} \tag{3}$$

$\theta = 0$ 时，系统的截止频率为 $\rho_c = D/(4\lambda f)$，因此光栅的最大频率为

$$f_{0\max} = \rho_c = \frac{D}{4\lambda f} \tag{4}$$

比较式(3)和式(4)可知，当采用 $\theta = \theta_{\max}$ 倾角的平面波照明时，系统截止频率提高了一倍，也就提高了系统的极限分辨率，但系统的通带宽度不变.

3.3　(1)在式(3.4.5)中，令

$$h(x_i, y_i) = \frac{h_I(x_i, y_i)}{\iint_{-\infty}^{\infty} h_I(x_i, y_i)\mathrm{d}x_i\mathrm{d}y_i}$$

为归一化强度点扩散函数，因此式(3.4.5)可写成

$$\mathscr{H}(\xi,\eta) = \iint_{-\infty}^{\infty} h(x_i, y_i)\exp[-\mathrm{j}2\pi(\xi x_i + \eta y_i)]\mathrm{d}x_i\mathrm{d}y_i$$

而

$$\mathscr{H}(0,0) = 1 = \iint_{-\infty}^{\infty} h(x_i, y_i)\mathrm{d}x_i\mathrm{d}y_i$$

即不考虑系统光能损失时，认定物面上单位强度点源的总光通量将全部弥漫在像面上，这便是归一化点扩散函数的意义.

(2)不能大于 1.

(3)对于理想成像，归一化点扩散函数是δ函数，其频谱为常数 1，即系统对任何频率的传递都是无损的.

3.4　由于 $h_I(x_i, y_i)$ 是实函数并且是中心对称的，即有 $h_I(x_i, y_i) = h_I^*(x_i, y_i), h_I(x_i, y_i) = h_I(-x_i, -y_i)$，应用光学传递函数的定义式(3.4.5)易于证明 $\mathscr{H}(\xi,\eta) = \mathscr{H}^*(\xi,\eta)$，即 $\mathscr{H}(\xi,\eta)$ 为实函数.

3.5　用公式(3.4.15)来分析.首先，由于出瞳上的小圆孔是随机排列的，因此无论沿哪个方向移动出瞳计算重叠面积，其结果都一样，即系统的截止频率在任何方向上均相同. 其次，作为近似估计，只考虑每个小孔自身的重叠情况，而不计和其他小孔的重叠. 这时 N 个小孔的重叠面积除以 N 个小孔的总面积，其结果与单个小孔的重叠情况是一样的，即截止频为约为 $2a/(\lambda d_i)$，由于 $2a$ 很小，所以系统实现了低通滤波.

习题 4

4.1　$\Delta\nu = \dfrac{\Delta\lambda}{\lambda^2}c = 1.5\times10^4\,\mathrm{Hz}$,　$l_c = ct_c = \dfrac{c}{\Delta\nu} = 20\times10^3\,\mathrm{m}$.

4.2　假设每一根谱线的线型为矩形，光源的归一化功率谱为

$$\widehat{\mathscr{G}}(\nu) = \frac{1}{2\delta\nu}\left[\mathrm{rect}\left(\frac{\nu-\nu_1}{\delta\nu}\right) + \mathrm{rect}\left(\frac{\nu-\nu_2}{\delta\nu}\right)\right]$$

(1)光场的复相干度为

$$\boldsymbol{r}(\tau)=\int_0^{\infty}\widehat{\mathscr{G}}(\nu)\exp(\mathrm{j}2\pi\tau)\mathrm{d}\nu$$
$$=\frac{1}{2}\mathrm{sinc}(\delta\nu\tau)\exp(\mathrm{j}2\pi\nu_1\tau)[1+\exp(\mathrm{j}2\pi\Delta\nu\tau)]$$

式中 $\Delta\nu=\nu_2-\nu_1$，复相干度的模为

$$|\boldsymbol{r}(\tau)|=|\mathrm{sinc}(\delta\nu\tau)||\cos\pi\Delta\nu\tau|$$

由于 $\Delta\nu\gg\delta\nu$，故第一个因子是 τ 的慢变化非周期函数，第二个因子是 τ 的快变化周期函数. 相干时间由第一个因子决定，它的第一个零点出现在 $\tau_{\mathrm{c}}=1/\delta\nu$ 的地方，τ_{c} 即为相干时间，故相干长度

$$l_{\mathrm{c}}=c\tau_{\mathrm{c}}=\frac{c}{\delta\nu}=\frac{\lambda^2}{\delta\lambda}\approx\frac{\overline{\lambda}^2}{\delta\lambda}$$

(2)可见到的条纹总数 $N=\dfrac{l_{\mathrm{c}}}{\lambda}=\dfrac{\overline{\lambda}}{\delta\lambda}=\dfrac{5893}{0.1}=58930$.

(3)复相干度的模中第二个因子的变化周期 $\tau=1/\Delta\nu$，故可见度的变化周期数

$$n=\frac{\tau_{\mathrm{c}}}{\lambda}=\frac{\overline{\lambda}}{\delta\lambda}=\frac{\Delta\lambda}{\delta\lambda}=\frac{6}{0.1}=60$$

每个周期内的条纹数 $=\dfrac{N}{n}=\dfrac{58930}{60}\approx982$.

4.3 (1) $\gamma(\tau)=\displaystyle\int_0^{\infty}\frac{1}{N}\sum_{n=-(N-1)/2}^{(N-1)/2}\delta(\nu-\overline{\nu}+n\Delta\nu)\exp(\mathrm{j}2\pi\nu\tau)\mathrm{d}\nu=\frac{\exp(\mathrm{j}2\pi\overline{\nu}\tau)}{N}\sum_{n=-(N-1)/2}^{(N-1)/2}\exp(-\mathrm{j}2\pi n\Delta\nu\tau)$

$$=\frac{\sin N\pi\Delta\nu\tau}{N\sin\pi\Delta\nu\tau}\exp(\mathrm{j}2\pi\overline{\nu}\tau)$$

$$|\gamma(\tau)|=\left|\frac{\sin(N\pi\Delta\nu\tau)}{N\sin(\pi\Delta\nu\tau)}\right|$$

(2)当 $N=3$ 时

$$\gamma(\tau)=\left|\frac{\sin(3\pi\Delta\nu\tau)}{3\sin(\pi\Delta\nu\tau)}\right|$$

4.4 应用范西泰特-策尼克定理得

$$\boldsymbol{u}(d)=\frac{\int_{-\infty}^{\infty}I_0\left[\delta\left(a+\frac{a}{2}\right)+\delta\left(a-\frac{a}{2}\right)\right]\exp\left(-\mathrm{j}\frac{2\pi}{\lambda z}\mathrm{d}\alpha\right)\mathrm{d}\alpha}{\int_{-\infty}^{\infty}I_0\left[\delta\left(a+\frac{a}{2}\right)+\delta\left(a-\frac{a}{2}\right)\right]\mathrm{d}\alpha}=\cos\left(\pi a\frac{d}{\lambda z}\right)$$

4.5 设光源所在平面的坐标为 (α,β)，孔平面的坐标为 (x,y). 点 P_1 和 P_2 的坐标分别为 (x_1,y_1) 和 (x_2,y_2). 对于准单色点光源，其强度可表示为

$$\boldsymbol{I}(\alpha,\beta)=\boldsymbol{I}_0\delta(\alpha-\alpha_1,\beta-\beta_1)$$

在傍轴近似下，由范西泰特-策尼克定理得

$$\boldsymbol{u}(P_1,P_2)=\frac{\exp(\mathrm{j}\phi)\iint_{-\infty}^{\infty}\boldsymbol{I}_0\delta(\alpha-\alpha_1,\beta-\beta_1)\exp\left[-\mathrm{j}\frac{2\pi}{\lambda z}(\Delta x\alpha+\Delta y\beta)\right]\mathrm{d}\alpha\mathrm{d}\beta}{\iint_{-\infty}^{\infty}\boldsymbol{I}_0\delta(\alpha-\alpha_1,\beta-\beta_1)\mathrm{d}\alpha\mathrm{d}\beta}$$
$$=\exp\left[\mathrm{j}\frac{\pi}{\lambda z}(x_2^2+y_2^2-x_1^2-y_1^2)\right]\exp\left[-\mathrm{j}\frac{2\pi}{\lambda z}(\Delta x\alpha_1+\Delta y\beta_1)\right]$$

因为 $|\boldsymbol{u}(P_1,P_2)|=1$，由点光源发出的准单色是完全相干的，或者说 xy 面上的相干面积趋于无限大.

习题 5

5.1　利用点源全息图公式(5.5.13)～(5.5.15)，取物平面上任一点来研究. 为简单起见，设 $\lambda_1=\lambda_2$, 参考光波和再现光波是波矢平行于 yz 平面的平面波，即 $z_p=z_r=\infty, x_p=x_r=0$. 于是有

$$z_i=\mp z_0,\quad x_i=z_i\left(\mp\frac{x_0}{z_0}\right)$$

$$y_i=z_i\left(\frac{y_p}{z_p}\pm\frac{y_r}{z_r}\mp\frac{y_0}{z_0}\right)=z_i\left(\tan\theta_p\pm\tan\theta_r\mp\frac{y_0}{z_0}\right)$$

对于原始虚像(第二组符号)有

$$z_i=z_0,\ x_i=x_0,\ y_i=y_0-z_0(\tan\theta_p-\tan\theta_r)$$

对于共轭实像(第一组符号)有

$$z_i=z_0,\ x_i=x_0,\ y_i=y_0-z_0(\tan\theta_p+\tan\theta_r)$$

不管是原始虚像或共轭实像，z_i 均与 x_0, y_0 无关，即不管物点在物面平上位于何处，其像点均在同一平面内，但位置有变化，随参考光波和再现光波的不同而在像平面内发生平移.

5.2　由公式(5.5.13)可得：(1)　$z_i=\mp 7.7\text{cm}$ ，(2)　$z_i=\mp 15.4\text{cm}$, $M=2$.

5.3　由公式(5.5.13)的第二组可得 $z_i=z_0, M=1$, 左方，虚像.

由公式(5.5.13)的第一组可得 $z_i=-z_0, M=1$, 右方，实像.

5.4　由公式(5.6.12)可得圆半径 $r_{\max}$ 的大小依次为 (mm)；3.16，3.8，19，38.

5.5　(1)物体位于透镜前 d_0 处，应用公式(2.6.9)，注意 $q=f$, 则物体 $\boldsymbol{g}(x_0,y_0)$ 在记录平面后焦面上造成的场分布为

$$\begin{aligned}\boldsymbol{U}_0(x,y)&=C'\exp\left[\mathrm{j}k\frac{f-d_0}{2f^2}(x^2+y^2)\right]\iint_{-\infty}^{\infty}\boldsymbol{g}(x_0,y_0)\exp\left[-\mathrm{j}2\pi(\xi x_0+\eta y_0)\right]\mathrm{d}x_0\mathrm{d}y_0\\&=C'\exp\left[\mathrm{j}k\frac{f-d_0}{2f^2}(x^2+y^2)\boldsymbol{G}(\xi,\eta)\right]\end{aligned}$$

式中，$\boldsymbol{G}(\xi,\eta)$ 是 $\boldsymbol{g}(x_0,y_0)$ 的频谱，$\xi=x/\lambda f, \eta=y/\lambda f$. 参考光波在后焦面上形成的场分布为

$$\begin{aligned}\boldsymbol{U}_r(x,y)&=R\exp\left[\mathrm{j}k\frac{f-d_0}{2f^2}(x^2+y^2)\right]\iint_{-\infty}^{\infty}\delta(x_0+b,y_0)\exp\left[-\mathrm{j}2\pi(\xi x_0+\eta y_0)\right]\mathrm{d}x_0\mathrm{d}y_0\\&=R\exp\left[\mathrm{j}k\frac{f-d_0}{2f^2}(x^2+y^2)\right]\exp(\mathrm{j}2\pi\xi b)\end{aligned}$$

这里记录平面并不是物和参考光的准确傅里叶变换平面，多了一个二次相位因子，因此说全息图平面是物光场分布的准傅里叶平面. 全息图平面上的光强分布为

$$I(x,y)=R^2+C'^2\left|\boldsymbol{G}(\xi,\eta)\right|^2+RC'\exp(-\mathrm{j}2\pi\xi b)\boldsymbol{G}(\xi,\eta)+RC'\exp(\mathrm{j}2\pi\xi b)\boldsymbol{G}^*(\xi,\eta)$$

由此可见，二次相位因子已互相抵消，只有倾斜因子和物频谱，故记录了物的傅里叶频谱，但记录面又不是物的准确傅里叶变换平面，所以称为准傅里叶变换全息图.

(2)物在透镜后 $f-d_0$ 处，应用公式(2.6.15)得透镜后焦面上的物场分布为

$$\boldsymbol{U}_0(x,y)=C'\exp\left(\mathrm{j}k\frac{x^2+y^2}{2d_0}\right)\iint_{-\infty}^{\infty}\boldsymbol{g}(x_0,y_0)\exp\left(-\mathrm{j}k\frac{xx_0+yy_0}{\mathrm{d}_0}\right)\mathrm{d}x_0\mathrm{d}y_0=C'\exp\left(\mathrm{j}k\frac{x^2+y^2}{2d_0}\right)\boldsymbol{G}(\xi,\eta)$$

式中 $\xi=x/(\lambda d), \eta=y/(\lambda d_0)$. 参考光源在后焦面上形成的光场为

$$U_0(x,y)=R\exp\left(jk\frac{x^2+y^2}{2d_0}\right)\iint_{-\infty}^{\infty}\delta(x_0+b,y_0)\exp\left(-jk\frac{xx_0+yy_0}{d_0}\right)dx_0dy_0=R\exp\left(jk\frac{x^2+y^2}{2d_0}\right)\exp(j2\pi b\xi)$$

记录面上的光强分布为

$$I(x,y)=R^2+C'^2\left|\boldsymbol{G}(\xi,\eta)\right|^2+C'R\boldsymbol{G}(\xi,\eta)\exp(-j2\pi b\xi)+C'R\boldsymbol{G}^*(\xi,\eta)\exp(j2\pi b\xi)$$

由于物光波和参考光波有相同的相位因子，可相互抵消，从而得到物体的准傅里叶变换全息图.

5.6 (1)对于散射物体的菲涅耳全息图，物体与底片之间的关系是点面对应关系，即每一物点所发出的光波都直接照射到记录介质的整个平面上；反过来，菲涅耳全息图上的每一点都包含了物体各点的全部信息，称为全息图的“冗余”性. 这意味着只要一小块全息图就可完整再现原始物的像. 因此，局部区域的划痕和脏迹并不影响物的完整再现，甚至取出一小块仍能完整再现原始物体的像.

(2)虽然冗余的各小块并不带来新的信息，但各小块再现像的叠加提高了像的信噪比，增加了像的亮度.

其次，一个物点再现为一个像点，是在假定全息记录介质即全息图为无限大的情况下得出的. 对于有限大小的全息图，物点的再现像是一个衍射斑，全息图越小，衍射斑越大，分辨率越低，碎块的再现像分辨率越低.

最后，通过全息图来观察再现像，犹如通过橱窗看里面的陈列品一样，如将橱窗的一部分遮挡，有些物品就可能看不到. 因此，小块全息图再现时，视场较小.

5.7 将点源置于透镜前焦点，由于透镜有像差，通过透镜出射的波面 Σ_0 不为平面. 参考光波用平面波，在全息图平面上物光和参考光波的复振幅分布分别为

$$\boldsymbol{U}_0(x,y)=A\exp[j\varphi_0(x,y)],\quad \boldsymbol{U}_r(x,y)=R\exp(jkx\sin\theta)$$

全息图上的光强分布为

$$I(x,y)=A^2+R^2+AR\exp\left\{j\left[\varphi_0(x,y)-kx\sin\theta\right]\right\}+AR\exp\left\{-j\left[\varphi_0(x,y)-kx\sin\theta\right]\right\}$$

全息图的振幅透过率为

$$\boldsymbol{t}=t_b+\beta' AR\exp\{j[\varphi_0(x,y)-kx\sin\theta]\}+\beta' AR\exp\{-j[\varphi_0(x,y)-kx\sin\theta]\}$$

再现时用参考光波的共轭波，即 $\boldsymbol{C}=\boldsymbol{R}^*$, 再现光波场为

$$\boldsymbol{U}_0(x,y)=\boldsymbol{R}^*\boldsymbol{t}=Rt_b\exp(-jkx\sin\theta)+\beta' AR\exp\{j[\varphi_0(x,y)-2kx\sin\theta]\}+\beta' AR\exp[-j\varphi_0(x,y)]$$

如果使 $\exp[-j\varphi_0(x,y)]$ 代表的光波 Σ_0^* 通过透镜，则与透镜所产生的有像差的波面 Σ_0 形状相同，方向相反，再经过一可变成平面波. 因此，在焦点平面上形成一个理想系统的衍射斑，如图题 5.2(b)所示，而其他两项不在轴线方向而发散了.

实验表明，采用全息图校正板后，在有限视场的情况下可以改善成像质量. 但也有如下缺点：全息图的衍射效率低；由于全息图存在色散效应，所以必须采用单色光；全息图校正又引入了自身的像差.

5.8 在彩虹全息照相中使用狭缝的目的是能在白光照明下再现准单色像. 在普通全息照相中，若用白光照明全息图再现，则不同波长的光同时进入人眼，我们将得到相互错位的不同颜色的再现像，造成再现像模糊，即色模糊. 在彩虹全息照相中，由于狭缝起了分色作用，再现过程中不同波长的光对应不同的水平狭缝位置，通过某一狭缝位置只能看到某一准单色的像，从而避免了色模糊.

在彩虹全息照相中，为了便于双眼观察，参考平面波的选择总是使全息图的光栅结构主要沿水平方向，因而色散沿竖直方向. 狭缝沿水平方向放置，这样的色散方向与狭缝垂直，即色模糊主要发生在与狭缝垂直的方向上. 这样做的目的是便于人眼上一移动选择不同颜色的准单色像.

5.9 傅里叶变换全息图的核心是：(1)通过一个傅里叶变换装置将频谱记录下来；(2)再通过一个傅里叶装置将物谱还原成物. 因此，不管记录和再现装置有何具体差异，只要有傅里叶变换功能即可.

当把物体置于变换透镜的前焦面时，若用平行光照明，则透镜的后焦面为物的标准频谱面；若用点光源照明，则点光源的物像共轭面正好为物的标准频谱面. 因此，记录时，无论有平行光或点光源照明，均可在相应的共轭面处记录下标准的物谱. 同样，再现时，无论用平行光照明或点光源照明，均可在共轭面处得到物像. 平行光照明和点光源照明可任意配置，这两种方式是独立的.

5.10　(1) 选择参考光源位于坐标的原点，且 y 轴方向向下，则在公式 $\eta=(y_{\mathrm{o}}-y_{\mathrm{r}})/(\lambda z)$ 中

$$y_{\mathrm{o\,max}}=0.2\mathrm{mm},\ y_{\mathrm{o\,min}}=0.1\mathrm{mm},\ y_{\mathrm{r}}=0, z=20\mathrm{mm}$$

$$\eta_{\max}=\frac{0.2}{10^{-7}\times20}=10^5(\text{周}/\mathrm{mm}),\quad \eta_{\min}=\frac{0.1}{10^{-7}\times20}=0.5\times10^5(\text{周}/\mathrm{mm})$$

因此，这样一张全息图所记录的空间频率范围为

$$0.5\times10^5\leqslant\eta\leqslant10^5$$

(2) 当用波长 600mm 的单色平面波垂直照射这张全息图时，设 $\boldsymbol{U}(x,y,0)$ 为透过全息图的光场复振幅分布，则它的角谱为

$$\boldsymbol{A}\left(\frac{\cos\alpha}{\lambda},\frac{\cos\beta}{\lambda}\right)=\iint_{-\infty}^{\infty}\boldsymbol{U}(x,y,0)\exp\left[-\mathrm{j}2\pi\left(\frac{\cos\alpha}{\lambda}x,\frac{\cos\beta}{\lambda}y\right)\right]\mathrm{d}x\mathrm{d}y$$

由于 $\xi=\cos\alpha/\lambda,\eta=\cos\beta/\lambda$, 所以

$$\boldsymbol{A}\left(\frac{\cos\alpha}{\lambda},\frac{\cos\beta}{\lambda}\right)=\begin{cases}\text{不为零}, & 0.5\times10^5\leqslant\cos\beta/\lambda\leqslant10^5\\ 0, & \text{其他}\end{cases}$$

根据角谱传播公式

$$\boldsymbol{A}\left(\frac{\cos\alpha}{\lambda},\frac{\cos\beta}{\lambda},z\right)=\boldsymbol{A}\left(\frac{\cos\alpha}{\lambda},\frac{\cos\beta}{\lambda},0\right)\exp\left[\mathrm{j}\frac{2\pi}{\lambda}z\sqrt{1-(\lambda\xi)^2-(\lambda\eta)^2}\right]$$

因为

$$(\eta_{\min}\lambda)^2=(0.5\times10^5\times6\times10^{-4})^2=30^2\gg1$$

所以

$$1-(\lambda\xi)^2-(\lambda\eta)^2<0$$

这就表明全息图所透过的波是倏逝波，在全息图后几个波长的距离内就衰减为零，没有波会通过透镜再现成像，故实验不会成功.

习题 6

6.1　(1) 假定物的空间尺寸和频宽均是有限的. 设物面的空间尺寸为 Δx 、Δy ，频宽为 $2B_x$ 、$2B_y$.根据抽样定理，抽样间距 δx 和 δy 必须满足 $\delta x\leqslant1/2B_x,\delta y\leqslant1/2B_y$ 才能使物复原，故抽样点数 N(即空间带宽积 SW) 为

$$N=\frac{\Delta x}{\delta x}\cdot\frac{\Delta y}{\delta y}=\Delta x\Delta y(2B_x)(2B_y)=\mathrm{SW}=10\times10\times(2\times5)\times(2\times5)=10^4$$

(2) 罗曼计算全息图的编码方法是在每一个抽样单元里用开孔的大小和开孔的位置来编码物光波在该点的振幅和相位. 根据抽样定理，在物面上的抽样单元数应为物面的空间带宽积，即 $N=\mathrm{SW}=10^4$. 要制作傅里叶变换全息图，为了不丢失信息，空间带宽积应保持不变，故在谱面上的抽样点数仍应为 $N=10^4$.

(3) 对于修正离轴参考的编码方法，为满足离轴的要求，载频 α 应满足：$\alpha\leqslant B_x$.

为满足制作全息图的要求，其抽样间隔必须满足 $\delta x\leqslant1/4B_x,\delta y\leqslant1/2B_y$. 因此其抽样点数为

$$N=\frac{\Delta x}{\delta x}\cdot\frac{\Delta y}{\delta y}=\Delta x\Delta y(4B_x)(2B_y)=10\times10\times20\times10=2\times10^4$$

(4) 两种编码方法的抽样点数为 2 倍关系，这是因为在罗曼型编码中，每一抽样单元编码一复数；在修正离轴型编码中，每一抽样单元编码一实数.

修正离轴加偏置量的目的是使全息函数变成实值非负函数，每个抽样单元都是实的非负值，因此不存在位置编码问题，比同时对振幅和相位进行编码的方法简便. 但由于加了偏置分量，增加了记录全息图的空间带宽积，因而增加了抽样点数，避免了相位编码是以增加抽样点数为代价.

6.2　设物的频宽为 $(2B_x,2B_y)$.

(1) 对于载频 α 的选择.

光学离轴，由图 6.2.5(b) 可知，$\alpha\geqslant 3B_x$.

修正离轴，由图 6.2.5(d) 可知：$\alpha\geqslant B_x$.

载频的选择是为了保证全息函数在频域中各结构分量不混叠.

(2) 对于制作计算全息图时抽样频率的选择.

光学离轴全息，由图 6.2.5(c) 可知：

在 x 方向的抽样频率应 $\geqslant 8B_x$, 即 x 方向的抽样间距 $\delta x\leqslant 1/8B_x$.

在 y 方向的抽样频率应 $\geqslant 8B_y$, 即 y 方向的抽样间距 $\delta y\leqslant 1/4B_y$.

修正离轴全息，由图 6.2.5(e) 可知：

在 x 方向的抽样频率应 $\geqslant 4B_x$, 即 x 方向的抽样间距 $\delta x\leqslant 1/4B_x$.

在 y 方向的抽样频率应 $\geqslant 2B_y$, 即 y 方向的抽样间距 $\delta y\leqslant 1/2B_y$.

抽样间距的选择必须保证整体频谱(包括各个结构分量)不混叠.

6.3　把全息函数重写为

$$h(x,y)=\frac{1}{2}A(x,y)+\frac{1}{4}A(x,y)\exp\left[\mathrm{j}\phi(x,y)\right]\exp(-\mathrm{j}2\pi\alpha x)+\frac{1}{4}A(x,y)\exp\left[-\mathrm{j}\phi(x,y)\right]\exp(\mathrm{j}2\pi\alpha x)$$

物函数为

$$\boldsymbol{f}(x,y)=A(x,y)\exp\left[\mathrm{j}\phi(x,y)\right]$$

并且是归一化的，即 $|A(x,y)|_{\max}=1$，参考光波 $R=1$. 经过处理后的振幅透过率为

$$\begin{aligned}t(x,y)&=t_0+\frac{1}{2}\beta' A(x,y)+\frac{1}{4}\beta' A(x,y)\exp[\mathrm{j}\phi(x,y)]\exp(-\mathrm{j}2\pi\alpha x)+\frac{1}{4}\beta' A(x,y)\exp[-\mathrm{j}\phi(x,y)]\exp(-\mathrm{j}2\pi\alpha x)\\&=t_0+\frac{1}{2}\beta' A(x,y)+\frac{1}{4}\beta'\boldsymbol{f}(x,y)\exp(-\mathrm{j}2\pi\alpha x)+\frac{1}{4}\beta'\boldsymbol{f}^*(x,y)\exp(-\mathrm{j}2\pi\alpha x)\end{aligned}$$

其频谱为

$$\boldsymbol{T}(\xi,\eta)=t_0\delta(\xi,\eta)+\frac{1}{2}\beta'\boldsymbol{F}(\xi,\eta)+\frac{1}{4}\beta'\boldsymbol{F}(\xi-\alpha,\eta)+\frac{1}{4}\beta'\boldsymbol{F}(-\xi-\alpha,-\eta)$$

(1) 设物的带宽为 $2B_x$、$2B_y$ 如题 6.3 图(a)所示.

全息函数的空间频谱结构如题 6.3 图(b)所示，载频 $\alpha\geqslant 2B_x$.

(2) 黄氏全息图的空间频率结构如题 6.3 图(c)所示，由此各得出：

在 x 方向的抽样频率应 $\geqslant 6B_x$, 即抽样间距 $\delta x\leqslant 1/6B_x$.

在 y 方向的抽样频率应 $\geqslant 2B_y$, 即抽样间距 $\delta y\leqslant 1/2B_y$.

抽样点数即空间带宽积为 $N=\mathrm{SW}=\dfrac{x}{\delta x}\dfrac{y}{\delta y}=12xyB_xB_y$.

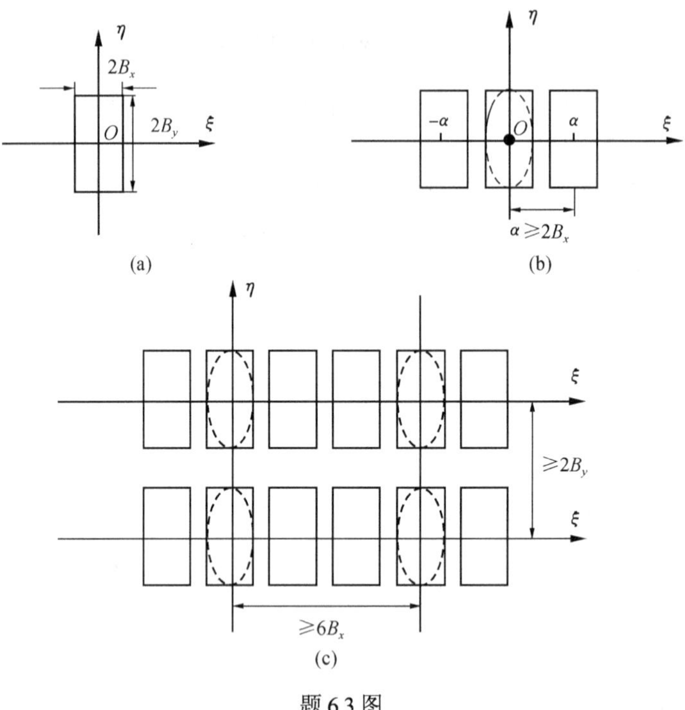

题 6.3 图

黄氏计算全息图的特点：

(1) 占用了更大的空间带宽积(博奇全息图的空间带宽积 $\mathrm{SW} = 8xyB_xB_y$)，不具有降低空间带宽积的优点；

(2) 黄氏全息图具有更高的对比度，可以放宽对显示器和胶片曝光显影精度的要求.

6.4　对于罗曼 I 型和 III 型，是用 $A\delta x$ 来编码振幅 $A(x,y)$，用 $\mathrm{d}\delta x$ 来编码相位 $\phi(x,y)$, 在复平面上用一个相幅矢量来表示，如题 6.4 图(a)所示.

对于罗曼 II 型，用两个相同宽度和高度的矩孔来代替 I，III 型中的一个矩孔. 两矩孔之间的距离 $A\delta x$ 是变化的，用这个变化来编码振幅 $A(x,y)$.在复平面上反映为两个矢量夹角的变化. 两个矩孔中心距离抽样单元中心的位移量 $\mathrm{d}\delta x$ 用作相位 $\phi(x,y)$ 的编码. 在复平面上两矢量的合成方向即表示了 $\phi(x,y)$ 的大小，如题 6.4 图(b)所示.

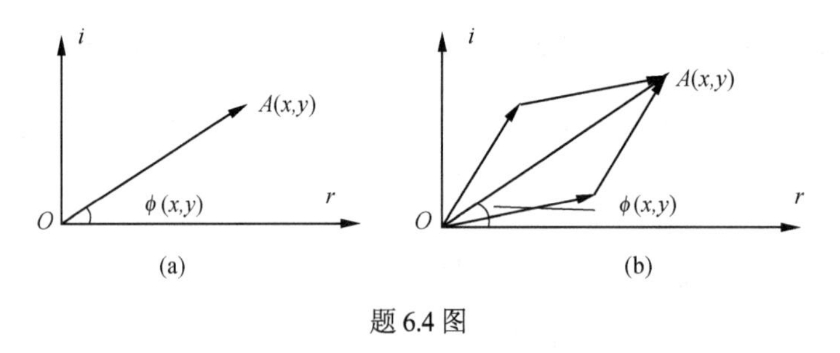

题 6.4 图

习题 8

8.1　显微镜是用于观察微小物体的，微小物体可近似看成一个点，物体近似位于物镜的前焦点上.设物镜直径为 D，焦距为 f，如题 8.1 图所示. 对于相干照明，系统的截止频率由物镜孔径限制的最大孔径角 θ_0 决定，截止频率为 $\sin\theta_0/\lambda$. 从几何看，近似有 $\sin\theta_0 \approx D/(2f)$. 截止频率的倒数即为分辨率，即

$$\delta_c = \frac{\lambda}{\sin\theta_0} = \frac{2\lambda f}{D}$$

对于非相干照明，由几何光学可知其分辨率为

$$\delta = 0.61\frac{\lambda}{\sin\theta_0}$$

非相干照明时显微镜的分辨率大约为相干照明时的两倍.

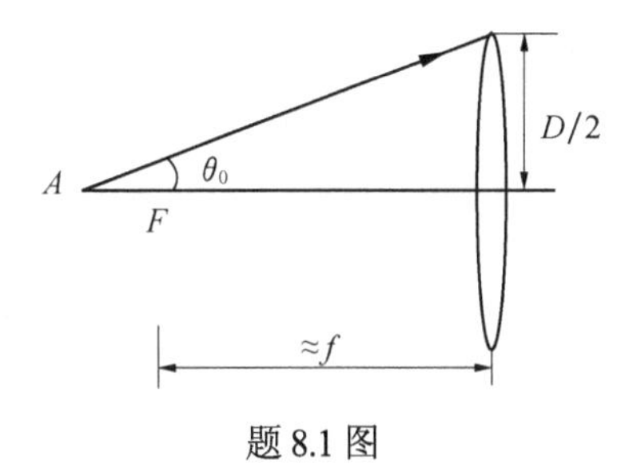

题 8.1 图

8.2　设光栅宽度比较大，可近似看成无穷，设周期为 d, 透光部分为 a ，则其透过率函数可表示为

$$f(x_1) = \sum_m \text{rect}\left(\frac{x_1 - md}{a}\right) = \text{rect}\left(\frac{x}{a}\right) * \sum_m \delta(x_1 - md) = \text{rect}\left(\frac{x}{a}\right) * \frac{1}{d}\text{comb}\left(\frac{x}{\text{d}}\right)$$

其频谱为

$$\begin{aligned} \boldsymbol{F}(\xi) &= \mathscr{F}\{f(x_1)\} = \mathscr{F}\left\{\text{rect}\left(\frac{x_1}{a}\right)\right\}\frac{1}{\text{d}}\mathscr{F}\left\{\text{comb}\left(\frac{x_1}{d}\right)\right\} \\ &= a\text{sinc}(a\xi)\text{comb}(\text{d}\xi) = \frac{a}{d}\sum_m \text{sinc}(a\xi)\delta\left(\xi - \frac{m}{d}\right) = \frac{a}{d}\sum_m \text{sinc}\left(\frac{ma}{d}\right)\delta\left(\xi - \frac{m}{d}\right) \end{aligned}$$

即谱点的位置由 $\xi = x_2/(\lambda f) = m/d$ 决定，即 m 级衍射在后焦面上的位置由下式确定:

$$x = m\lambda f/d$$

相邻衍射斑之间的间距

$$\Delta x = \lambda f/d$$

由此得焦距 f 为

$$f = \frac{\Delta x d}{\lambda} = \frac{2/40}{6328\times10^{-7}} = 79\text{mm}$$

物透明片位于透镜的前焦面，谱面为后焦面，谱面上的 ±5 级衍射斑对应于能通过透镜的最大空间频率应满足

$$\xi = \frac{\sin\theta}{\lambda} = \frac{1}{\lambda}\frac{D/2}{f} = \frac{5}{d}$$

于是求得透镜直径

$$D = 10\frac{\lambda f}{\text{d}} = 10\Delta x = 20\text{mm}$$

8.3　相位物体的透过率为

$$\boldsymbol{t}(x_1, y_1) = \exp\left[\text{j}\phi(x_1, y_1)\right] \approx 1 + \text{j}\phi(x_1, y_1)$$

其频谱为

$$\boldsymbol{T}(\xi,\eta)=\boldsymbol{F}\{1+\mathrm{j}\phi(x_1,y_1)\}=\delta(\xi,\eta)+\mathrm{j}\Phi(\xi,\eta)$$

若在谱平面上放置细小的不透明光阑作为空间波器，滤掉零频背景分量，则透过的频谱为

$$\boldsymbol{T}^M(\xi,\eta)=\mathrm{j}\Phi(\xi,\eta)$$

再经过一次傅里叶变换(在反演坐标系)得

$$\boldsymbol{t}^M(x_3,y_3)=\mathrm{j}\phi(x_3,y_3)$$

强度分布为

$$I(x_3,y_3)=\left|\mathrm{j}\phi(x_3,y_3)\right|^2=\phi^2(x_3,y_3)$$

因此在像面上得到了正比于物体相位平方分布的光强分布，实现了将相位转换为强度分布的目的. 不过光强不是相位的线性函数，这给分析带来了困难.

8.4　相位物体的频谱为

$$\boldsymbol{T}(\xi,\eta)=\delta(\xi,\eta)+\mathrm{j}\Phi(\xi,\eta)$$

现在用一个滤波器使零频减弱，同时使高频产生一个 $\pm\pi/2$ 的相移，即滤波器的透过率表达式为

$$\boldsymbol{H}(\xi,\eta)=\begin{cases}\pm\mathrm{j}\alpha, & \text{在}\xi=\eta=0\text{的小范围内}\\ 1, & \text{其他}\end{cases}$$

于是

$$\boldsymbol{T}^M(\xi,\eta)=\boldsymbol{H}(\xi,\eta)\boldsymbol{T}(\xi,\eta)=\pm\mathrm{j}\alpha\delta(\xi,\eta)+\mathrm{j}\Phi(\xi,\eta)$$

像的复振幅分布为

$$\boldsymbol{t}^M(x_3,y_3)=\pm\mathrm{j}\alpha+\mathrm{j}\phi(x_3,y_3)$$

像强度分布为

$$I(x_3,y_3)=\left|\pm\mathrm{j}a+\mathrm{j}\phi(x_3,y_3)\right|^2=\left|a\pm\phi(x_3,y_3)\right|^2=a^2\pm2a\phi(x_3,y_3)+\phi^2(x_3,y_3)\approx a^2\pm2a\phi(x_3,y_3)$$

像强度分布与相位分布成线性关系，易于分析.

8.5　扫描点的表达式为

$$f(x_1,y_1)=\sum_m\sum_n\delta(x_1-mx_0,y_1-ny_0)$$

其频谱为

$$\begin{aligned}F(\xi,\eta)&=\sum_m\sum_n\exp\left[-\mathrm{j}2\pi(\xi mx_0+\eta ny_0)\right]\\&=\frac{1}{x_0y_0}\sum_m\sum_n\delta(\xi-m/x_0,\eta-n/y_0)=\frac{1}{x_0y_0}\sum_m\sum_n\delta\left(\frac{x_2}{\lambda f}-\frac{m}{x_0},\frac{y_2}{\lambda f}-\frac{n}{y_0}\right)\end{aligned}$$

在上式的化简中应用了公式

$$\sum_{n=-\infty}^{\infty}\exp(\pm\mathrm{j}2\pi nax)=\frac{1}{a}\sum_{n=-\infty}^{\infty}\delta\left(x-\frac{n}{a}\right)$$

由此可见，点状结构的频谱仍然是点状结构，但点与点之间的距离不同. 扫描点频谱出现的位置为

$$\frac{x_2}{\lambda f}=\frac{m}{x_0},\quad\frac{y_2}{\lambda f}=\frac{n}{y_0}$$

点状结构是高频，所以采用低通滤波将其滤掉. 低通滤波器圆孔半径为

$$r = x_2 = \frac{\lambda f}{x_0} = \frac{6328\times10^{-7}\times100}{0.2} = 0.3164(\text{mm})$$

能传递的最高空间频率为

$$\xi = \frac{\sin\theta}{\lambda} = \frac{r}{\lambda f} = \frac{1}{\lambda f}\cdot\frac{\lambda f}{x_0} = \frac{1}{x_0} = 5l/\text{mm}$$

即高于 $5l/\text{mm}$ 的空间频率将被滤波掉，故输出图像的分辨率为 $5l/\text{mm}$.

8.6 考虑到系统孔径有限，一般用几何光学近似，引入光瞳函数 $P(x,y)$, 根据题意其表达式为

$$P(x,y) = \text{rect}\left(\frac{x}{30}\right)\text{rect}\left(\frac{y}{30}\right)$$

设系统的输入面位于透镜的前焦面，物透明片的复振幅分布为 $\boldsymbol{f}(x_1,y_1)$ ，它的频谱分布为 $\boldsymbol{F}(\xi,\eta)$ ，透镜后焦面上的场分布

$$\boldsymbol{U}_f(\xi,\eta) = \boldsymbol{C}'\mathscr{F}\left\{\boldsymbol{f}(x_1,y_1)\text{rect}\left(\frac{x_1}{30}\right)\text{rect}\left(\frac{y_1}{30}\right)\right\} = 900\boldsymbol{C}'\boldsymbol{F}(\xi,\eta)*[\text{sinc}(30\xi)\text{sinc}(30\eta)]$$

式中 $\xi = x_2/(\lambda f), \eta = y_2/(\lambda f)$. 由 U_f 的表达式可见，频谱面上能分辨的细节由 $\text{sinc}(30\xi)\text{sinc}(30\eta)$ 决定. 取一个方向来看，将 sinc 函数由最大降为零的宽度取为最小分辨单元，即要求满足 $30\Delta\xi = 1$ 或 $30\Delta x_2/(\lambda f) = 1$, 于是有

$$\Delta x_2 = \frac{\lambda f}{30} = \frac{6328\times10^{-7}\times100}{30} = 2.1\times10^{-3}(\text{mm}) = 2.1(\mu\text{m})$$

因为频谱平面模片也有同样细节，所以对准误差最大也不允许超过它的一半，约 $1\mu\text{m}$.

习题 10

10.1 如题 10.1 图所示，先将 $t(x)$ 展开成傅里叶级数

$$t(x) = \frac{a_0}{2} + \sum_{n=1}^{\infty}\left[a_n\cos\left(\frac{2n\pi x}{a+b}\right) + b_n\sin\left(\frac{2n\pi x}{a+b}\right)\right]$$

式中

$$a_0 = \frac{2a}{a+b} = 2R_0$$

$$a_n = \begin{cases} \dfrac{2}{n\pi}\sin\left(\dfrac{n\pi}{2}\right)\cos\left[\dfrac{n\pi(a-b)}{2(a+b)}\right], & n\text{为奇数} \\ \dfrac{2}{n\pi}\sin\left[\dfrac{n\pi(a-b)}{2(a+b)}\right]\cos\left(\dfrac{n\pi}{2}\right), & n\text{为偶数} \end{cases}$$

$$b_n = 0$$

所以

$$t(x) = R_0 + \sum_{n=\text{奇}}\frac{2}{n\pi}\sin\left(\frac{n\pi}{2}\right)\cos\left[\frac{n\pi(a-b)}{2(a+b)}\right]\cos\left(\frac{2n\pi x}{a+b}\right) + \sum_{n=\text{偶}}\frac{2}{n\pi}\cos\left(\frac{n\pi}{2}\right)\sin\left[\frac{n\pi(a-b)}{2(a+b)}\right]\cos\left(\frac{2n\pi x}{a+b}\right) = R_0 + R_1 + R_2$$

第一次曝光得

$$I_A t(x) = I_A R_0 + I_A R_1 + I_A R_2$$

对于 $t'(x)$ 是将光栅向 x 的负方向移动半个周期即 $(a+b)/2$, 将它展开成傅里叶级数得

$$t'(x) = R_0 - R_1 + R_2$$

第二次曝光得

$$I_B t'(t) = I_B R_0 - I_B R_1 + I_B R_2$$

$$\text{总曝光量}=(I_A+I_B)(R_0+R_2)+(I_A-I_B)R_1$$

即图像和的信息受到光栅偶数倍频的调制，图像差的信息受到光栅奇数倍频的调制.

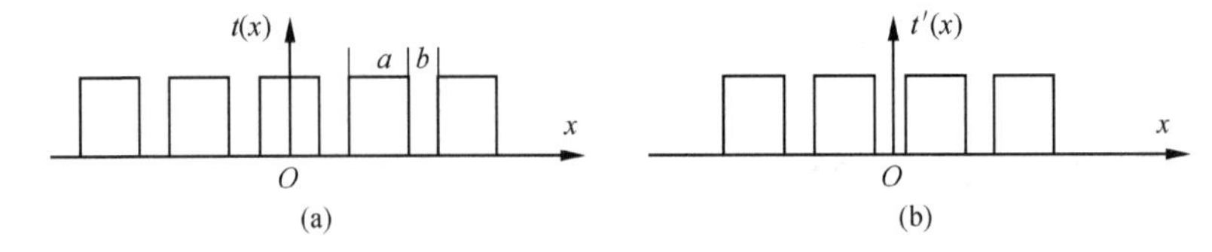

题 10.1 图

10.2　(1) 参看题 10.1 图(a)，设物面坐标为 (x_1,y_1)，胶片坐标为 (y_2,y_2)，则参考光波在记录胶片上造成的场分布为

$$\boldsymbol{U}_r(x_2,y_2)=A\exp(-\mathrm{j}2\pi\alpha y_2) \tag{1}$$

式中，A 为常数，$\alpha=\sin\theta/\lambda$ 为空间频率. 物透明片在记录胶片上形成的场分布为

$$\boldsymbol{U}_r(x_2,y_2)=C\exp\left[\mathrm{j}\frac{\pi}{\lambda f}(x_2^2+y_2^2)\right]\boldsymbol{S}(\xi,\eta)$$

式中，$\boldsymbol{S}(\xi,\eta)$ 为 $\boldsymbol{s}(x_1,y_1)$ 的频谱，且 $\xi=x_2/(\lambda f)$, $\eta=y_2/(\lambda f)$. 胶片上的光强分布为

$$\begin{aligned}I(x_2,y_2)&=\left|\boldsymbol{U}_r(x_2,y_2)+\boldsymbol{U}_1(x_2,y_2)\right|^2\\&=A^2+C^2\left|\boldsymbol{S}(\xi,\eta)\right|^2+CA\boldsymbol{S}^*(\xi,\eta)\exp\left[-\mathrm{j}2\pi\left(\frac{x_2^2+y_2^2}{2\lambda f}+\alpha y_2\right)\right]+CA\boldsymbol{S}(\xi,\eta)\exp\left[\mathrm{j}2\pi\left(\frac{x_2^2+y_2^2}{2\lambda f}+\alpha y_2\right)\right]\end{aligned} \tag{2}$$

将曝过光的胶片显影后制成透明片，使它的复振幅透过率正比于照射光的强度，即

$$\boldsymbol{t}(x_2,y_2)\propto\boldsymbol{I}(x_2,y_2) \tag{3}$$

将制得的透明片作为频率平面模片，放在题 10.1 图(b)所示的滤波系统中. 要综合出脉冲响应 $\boldsymbol{s}(x,y)$ 或 $s^*(-x,-y)$，只要考察当输入信号为单位脉冲 $\delta(x,y)$ 时，在什么条件下系统的脉冲响应为 $\boldsymbol{s}(x,y)$ 或 $s^*(-x,-y)$.

参看(b)，当输入信号为 $\delta(x_1,y_1)$ 时，在 L_2 的后焦面上形成的光场复振幅分布，根据公式(2.6.9)得

$$\boldsymbol{U}_2(x_2,y_2)=\exp\left[\mathrm{j}2\pi\left(1-\frac{d}{f}\right)\frac{x_2^2+y_2^2}{2\lambda f}\right]\iint_{-\infty}^{\infty}\delta(x_1,y_1)\exp\left[-\mathrm{j}\frac{2\pi}{\lambda f}(x_2x_1+y_2y_1)\right]\mathrm{d}x_1\mathrm{d}y_1=\exp\left[\mathrm{j}2\pi\left(1-\frac{d}{f}\right)\frac{x_2^2+y_2^2}{2\lambda f}\right] \tag{4}$$

透过频率平面模片的光场分布，由式(2)、式(3)和式(4)得

$$\begin{aligned}\boldsymbol{U}_2'(x_2,y_2)=\boldsymbol{U}_2(x_2,y_2)\boldsymbol{t}(x_2,y_2)&\propto\left[A^2+C^2\left|\boldsymbol{S}(\xi,\eta)\right|^2\right]\exp\left[\mathrm{j}2\pi\left(1-\frac{d}{f}\right)\frac{x_2^2+y_2^2}{2\lambda f}\right]\\&+CA\boldsymbol{S}^*(\xi,\eta)\exp\left[-\mathrm{j}2\pi\left(\frac{d}{f}\frac{x_2^2+y_2^2}{2\lambda f}+\alpha y_2\right)\right]+CA\boldsymbol{S}(\xi,\eta)\exp\left\{\mathrm{j}2\pi\left[\left(2-\frac{d}{f}\right)\frac{x_2^2+y_2^2}{2\lambda f}+\alpha y_2\right]\right\}\end{aligned} \tag{5}$$

如果要使系统是脉冲响应为 $\boldsymbol{s}(x,y)$ 的滤波器，应当利用式(5)中含有 $\boldsymbol{S}(\xi,\eta)$ 的第三项，要求该项的二次相位因子为零，即有

$$d=2f \tag{6}$$

这时的输出为(在反演坐标系中)

$$\boldsymbol{U}_3(x_3,y_3)=\boldsymbol{S}(x_3,y_3+\alpha\lambda f) \tag{7}$$

(2) 若要使系统的脉冲响应为 $s^*(-x,-y)$ 的匹配滤波器，应当利用式(5)中的第二项，要求 $d=0$, 则在输出面上形成的光场复振幅分布为(在反演坐标系中)

$$U_4(x_3,y_3)=s^*\left[-x_3,-(y_3-\alpha\lambda f)\right] \tag{8}$$

10.3 参见题 10.1 图，设用单位振幅的平面波垂直照明两张振幅透过率为 $h(x_1,y_1)$ 和 $g(x_1,y_1)$ 输入透明片，则透过两张透明片的光场的复振幅分布在透镜 L_2 的后焦面上形成的强度分布为(略去了二次相位因子)

$$\begin{aligned}I(x_2,y_2)&=\left|\mathscr{F}\left\{h\left(x_1,y_1-\frac{Y}{2}\right)+g\left(x_1,y_1+\frac{Y}{2}\right)\right\}\right|^2\\&=\left|\boldsymbol{H}(\xi,\eta)\right|^2+\left|\boldsymbol{G}(\xi,\eta)\right|^2+\boldsymbol{H}^*(\xi,\eta)\boldsymbol{G}(\xi,\eta)\exp(\mathrm{j}2\pi Y\eta)+\boldsymbol{H}(\xi,\eta)\boldsymbol{G}^*(\xi,\eta)\exp(-\mathrm{j}2\pi Y\eta)\end{aligned} \tag{1}$$

式中 $\xi=x_2/\lambda f,\eta=y_2/\lambda f$.

用照相胶片记录式(1)所表达的强度分布，从而可制得 $\gamma=2$ 的正透明片，它的复振幅透过率为

$$\boldsymbol{t}(x_2,y_2)=\beta\boldsymbol{I}(x_2,y_2) \tag{2}$$

将制得的正透明片置于透镜前再次进行傅里叶变换，若同样用单位振幅的单色平面波垂直照明，则透过透明片光场的复振幅分布在透镜后焦面形成的光场的复振幅分布，略去二次相位因子后，在反演坐标系中可表示为

$$\begin{aligned}\boldsymbol{U}(x_3,y_3)&=\mathscr{F}^{-1}\{\left|\boldsymbol{H}(\xi,\eta)\right|^2+\left|\boldsymbol{G}(\xi,\eta)\right|^2+\boldsymbol{H}^*(\xi,\eta)\boldsymbol{G}(\xi,\eta)\exp(\mathrm{j}2\pi Y\eta)+\boldsymbol{G}^*(\xi,\eta)\boldsymbol{H}(\xi,\eta)\exp(-\mathrm{j}2\pi Y\eta)\}\\&=\boldsymbol{h}(x_3,y_3)\star\boldsymbol{h}(x_3,y_3)+\boldsymbol{g}(x_3,y_3)\star\boldsymbol{g}(x_3,y_3)+\boldsymbol{h}(x_3,y_3)\star\boldsymbol{g}(x_3,y_3)*\delta(x_3,y_3+Y)\\&\quad+\boldsymbol{g}(x_3,y_3)\star\boldsymbol{h}(x_3,y_3)*\delta(x_3,y_3-Y)\end{aligned} \tag{3}$$

第三项和第四项是 $\boldsymbol{h}$ 和 $\boldsymbol{g}$ 的互相关，只是中心分别在 $(0,-Y)$ 和 $(0,Y)$.

设函数 $\boldsymbol{h}$ 在 y_3 方向的宽度为 $\boldsymbol{W}_{h,}$ ，函数 $\boldsymbol{g}$ 在 y_3 方向的宽度为 $\boldsymbol{W}_g$, 并且假定 $\boldsymbol{W}_h\geqslant\boldsymbol{W}_g$, 则由式(3)所表达的 $\boldsymbol{U}$ 中各项在 x_3y_3 平面上所处的位置，要使自相关和互相关分开，显然应满足

$$Y\geqslant\frac{3}{2}\boldsymbol{W}_h+\frac{1}{2}\boldsymbol{W}_g$$

10.4 由于是匀速运动，一个点便模糊成了一条线段，并考虑到归一化，具有模糊缺陷的点扩散函数为

$$h_{\mathrm{I}}(x)=\frac{1}{a}\mathrm{rect}\left(\frac{x}{a}\right)=2\mathrm{rect}(2x)$$

带有模糊缺陷的传递函数为

$$\boldsymbol{H}_{\mathrm{c}}(\xi)=\mathscr{F}\left\{\frac{1}{a}\mathrm{rect}\left(\frac{x}{a}\right)\right\}=\mathrm{sinc}(a\xi)=\mathrm{sinc}\left(\frac{\xi}{2}\right)$$

滤波函数的透过率为

$$\boldsymbol{H}(\xi)=1/\boldsymbol{H}_{\mathrm{c}}(\xi)=1/\mathrm{sinc}\left(\frac{\xi}{2}\right)$$

习题 11

11.1 (1)坐标为 $(-x,-y)$ 点的单位强度点数，投射到 $O(x,y)$ 上面在 P 平面上造成的分布即为系统的点扩散函数，其中心位置在 $(\overline{x}_{\mathrm{d}},\overline{y}_{\mathrm{d}})$, 由题 11.1 图得

$$\frac{\overline{x}_{\mathrm{d}}}{\varDelta}=\frac{-x}{d},\ \text{即}\ \overline{x}_{\mathrm{d}}=-\frac{\varDelta}{d}x$$

$$\frac{\overline{y}_{\mathrm{d}}}{\varDelta}=\frac{-y}{d},\ \text{即}\ \overline{y}_{\mathrm{d}}=-\frac{\varDelta}{d}x$$

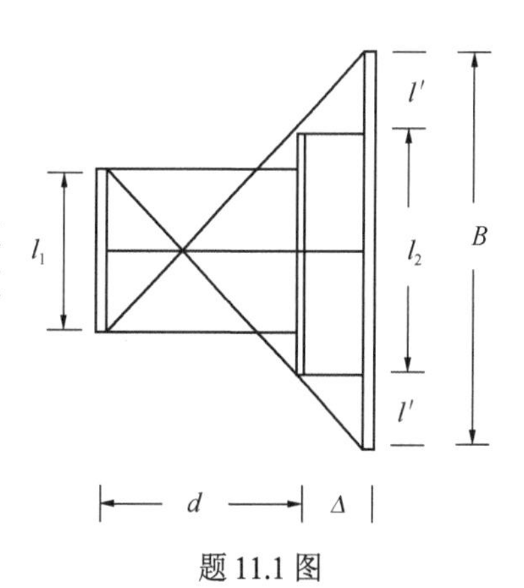

题 11.1 图

以 $(\overline{x}_{\mathrm{d}},\overline{y}_{\mathrm{d}})$ 为中心的函数 O 的形式为

$$O(x_d - \bar{x}_d, y_d - \bar{y}_d) = O\left(x_d + \frac{\varDelta}{d}x, y_d + \frac{\varDelta}{d}y\right)$$

再考虑到投影面积每边的放大倍数 $(d+\varDelta)/d$ ，于是系统的点扩散函数

$$|\boldsymbol{h}(x_d, y_d; x, y)|^2 = KO\left[\frac{d}{d+\varDelta}\left(x_d + \frac{\varDelta}{d}x\right), \frac{d}{d+\varDelta}\left(y_d + \frac{\varDelta}{d}y\right)\right]$$

(2) P 平面上点 (x_d, y_d) 所接收到的强度响应为物函数 $m(x,y)$ 与以 $(\bar{x}_d, \bar{y}_d)$ 为中心的点扩散函数乘积的积分，即

$$I_p(x_d, y_d) = K\iint_{-\infty}^{\infty} m(x,y) O\left[\frac{d}{d+\varDelta}\left(x_d + \frac{\varDelta}{d}x\right), \frac{d}{d+\varDelta}\left(y_d + \frac{\varDelta}{d}y\right)\right] \mathrm{d}x\mathrm{d}y$$

(3) 由题 11.1 图可知

$$\frac{l'}{\varDelta} = \left(\frac{l_1}{2} + \frac{l_2}{2}\right)/d \quad 即 \quad l' = \frac{l_1 + l_2}{2d}\varDelta$$

而

$$B = 2l' + l_2 = l_2 + \frac{\varDelta}{d}(l_1 + l_2)$$

11.4　输入 $f(x,y)$ 经透镜 L_1 和蝇眼透镜组，在每个电子掩模上产生一个 $f(x,y)$ 的像，故在 (m,n) 那个探测器 D_{mn} 处得到的光强输出为

$$I_{mn} = \iint f(x,y) h_{mn}(x,y) \mathrm{d}x\mathrm{d}y$$

式中， $m = 1, 2, \cdots, M; n = 1, 2, \cdots, N$.

这种相关器由于能使不同掩模同时与输入 $f(x,y)$ 相关，因此大大增强了相关器的处理能力.若用作识别装置，它能识别各种不同类型的目标，故得到广泛应用.

习题 15

15.4　**提示**　相同点：①从广义的信息传递和变换观点来看存在共性，干涉条纹和结构光变形条纹具有相近的形态和数学表达式；②两种计量方法都采用相移测量技术或者傅里叶分析方法计算相位，需要对截断相位进行相位展开；③虽然两种方法的测量精度和测量范围不同,但具有大致相同的相对测量精度. 不同点：①完全不同的物理过程，一个是干涉测量，另一个是结构光计量；②干涉计量主要用于光学波面检测，结构光计量主要用于漫反射表面检测；③干涉测量中光波长和结构光计量中的等效波长在数量上存在巨大差异,导致测量精度和测量范围不同.

15.6　等效波长 λ_e＝8.66mm，测量精度为 0.08mm.

参 考 书 目

玻恩 M，沃耳夫 E. 2005. 光学原理. 7 版. 上册. 杨葭荪，等译. 北京：电子工业出版社.

玻恩 M，沃耳夫 E. 2006. 光学原理. 7 版. 下册. 杨葭荪，译. 北京：电子工业出版社.

陈家璧，苏显渝. 2009. 光学信息技术原理及应用. 2 版. 北京：高等教育出版社.

顾德门 J W. 2020. 傅里叶光学导论. 4 版. 陈家璧，等译. 北京：科学出版社.

加斯基尔 J D. 1983. 线性系统·傅里叶变换·光学. 封开印，译. 北京：人民教育出版社.

金观昌. 2007. 计算机辅助光学测量. 2 版. 北京：清华大学出版社.

金国藩，李景镇. 1998. 激光测量学. 北京：科学出版社.

金国藩，严瑛白，邬敏贤，等. 1998. 二元光学. 北京：国防工业出版社.

金国藩，张浩，苏萍，等. 2020. 计算机制全息图. 北京：科学出版社.

李大海，曹益平，张启灿，等. 2013. 现代工程光学. 北京：科学出版社.

李俊昌，熊秉衡. 2009. 信息光学理论与计算. 北京：科学出版社.

梁铨廷. 2018. 物理光学. 5 版. 北京：电子工业出版社.

刘培森. 1990. 应用傅里叶变换. 北京：北京理工大学出版社.

刘旭，李海峰. 2009. 现代投影显示技术. 杭州：浙江大学出版社.

吕乃光，陈家璧，毛信强. 1985. 傅里叶光学(基本概念和习题). 北京：科学出版社.

吕乃光. 2016. 傅里叶光学. 3 版. 北京：机械工业出版社.

母国光，战元龄. 2009. 光学. 2 版. 北京：高等教育出版社.

宋菲君，Jutamulia S. 2014. 近代光学信息处理. 2 版. 北京：北京大学出版社.

苏显渝，吕乃光，陈家璧. 2010. 信息光学原理. 北京：电子工业出版社.

陶世荃. 1998. 光全息存储. 北京：北京工业大学出版社.

王仕璠. 2020. 信息光学理论与应用. 4 版. 北京：北京邮电大学出版社.

谢建平，明海，王沛. 2006. 近代光学基础. 北京：高等教育出版社.

杨振寰. 1986. 光学信息处理. 母国光，等译. 天津：南开大学出版社.

叶声华. 1980. 激光在精密测量中的应用. 北京：机械工业出版社.

于美文. 1984. 光学全息及信息处理. 北京：国防工业出版社.

郁道银，谈恒英. 2016. 工程光学. 4 版. 北京：机械工业出版社.

张广军. 2008. 视觉测量. 北京：科学出版社.

钟锡华. 2012. 现代光学基础. 2 版. 北京：北京大学出版社.

朱伟利，盛嘉茂. 1997. 信息光学基础. 北京：中央民族大学出版社.

Francis T S Yu, Suganda J, Shi Z Y, et al. 2006. 光信息技术及应用. 冯国英，等译. 北京：电子工业出版社.